Análise de Circuitos

Teoria e Prática

Vol. 1

Dados Internacionais de Catalogação na Publicação (CIP)
(Câmara Brasileira do Livro, SP, Brasil)

Robbins, Allan H.
Análise de Circuitos: Teoria e Prática.
vol. 1 / Allan H. Robbins e Wilhelm C. Miller;
tradução Paula Santos Diniz; revisão técnica Paulo
S. R. Diniz. -- São Paulo : Cengage Learning, 2019.

Título original: Circuit Analysis: theory and practice
2. reimpr. da 1 ed. brasileira de 2010.
Bibliografia
ISBN 978-85-221-0662-2

1. Circuitos elétricos 2. Circuitos elétricos -
Análise 3. Circuitos elétricos - Estudo e ensino
4. Circuitos elétricos - Problemas, exercícios
etc. I. Miller, Wilhelm C.. II. Título.

09-02040 CDD-621.319207

Índices para catálogo sistemático:
1. Análise de circuitos : Estudo e ensino
    621.319207
2. Circuitos : Análise : Estudo e ensino
    621.319207

Análise de Circuitos

Teoria e Prática

Vol. 1

Tradução da 4ª edição norte-americana

Allan H. Robbins

Wilhelm C. Miller

Revisão Técnica
Paulo S. R. Diniz
Ph.D. em Engenharia Elétrica
Professor de Engenharia Elétrica da COPPE/Poli/UFRJ

Tradução
Paula Santos Diniz

Austrália • Brasil • México • Cingapura • Reino Unido • Estados Unidos

Análise de Circuitos – Vol. 1 – Teoria e Prática
Allan H. Robbins / Wilhelm C. Miller

Gerente Editorial: Patricia La Rosa

Editora: Ligia Cantarelli

Supervisora de Produção Editorial: Fabiana Albuquerque Alencar

Produtora Editorial: Gisele Gonçalves Bueno Quirino de Souza

Pesquisa Iconográfica: Heloisa Avilez

Título Original: Circuit Analysis: Theory and Pratice

(ISBN: 978-1-4180-3861-8)

Tradução: Paula Santos Diniz

Revisão Técnica: Paulo S. R. Diniz

Copidesque: Marcos Soel Silveira Santos

Revisão: Luciane Helena Gomide e Sueli Bossi da Silva

Diagramação: Estúdio Lucmarc

Capa: Eduardo Bertolini

© 2007, 2008 de Thomson Delmar Learning, parte da Cengage Learning
© 2010 Cengage Learning Edições Ltda.

Todos os direitos reservados. Nenhuma parte deste livro poderá ser reproduzida, sejam quais forem os meios em prega dos, sem a permissão, por escrito, da Editora. Aos infratores aplicam-se as sanções pre vis tas nos artigos 102, 104, 106 e 107 da Lei nº 9.610, de 19 de fevereiro de 1998.

Esta editora empenhou-se em contatar os responsáveis pelos direitos autorais de todas as imagens e de outros materiais utilizados neste livro. Se porventura for constatada a omissão involuntária na identificação de alguns deles, dispomo-nos a efetuar, futuramente, os possíveis acertos.

A Editora não se responsabiliza pelo funcionamento dos links contidos neste livro que possam estar suspensos.

Para informações sobre nossos produtos, entre em contato pelo telefone **0800 11 19 39**

Para permissão de uso de material desta obra, envie seu pedido para direitosautorais@cengage.com

© 2010 Cengage Learning. Todos os direitos reservados.

ISBN 10: 85-221-0662-2
ISBN 13: 978-85-221-0662-2

Cengage Learning
Condomínio E-Business Park
Rua Werner Siemens, 111 – Prédio 11 – Torre A – Conjunto 12
Lapa de Baixo – CEP 05069-900 – São Paulo – SP
Tel.: (11) 3665-9900 – Fax: (11) 3665-9901
SAC: 0800 11 19 39

Para suas soluções de curso e aprendizado, visite
www.cengage.com.br

Impresso no Brasil
Printed in Brazil
2. reimpr. – 2019

Sumário

Prefácio IX
Ao Aluno XIII
Agradecimentos XV
Os Autores XVII

I Conceitos Fundamentais de DC 1

1 Introdução 3

1.1 Introdução 4
1.2 O Sistema de Unidades (SI) 6
1.3 Unidades de Conversão 8
1.4 Notação de Potência de 10 10
1.5 Prefixos, Notações de Engenharia e Resultados Numéricos 11
1.6 Diagramas de Circuitos 13
1.7 Análise de Circuitos com o Auxílio do Computador e Calculadoras 15
Problemas 17

2 Tensão e Corrente 25

2.1 Revisão da Teoria Atômica 26
2.2 A Unidade da Carga Elétrica: o Coulomb 30
2.3 Tensão 31
2.4 Corrente 33
2.5 Fontes Práticas de Tensão DC 36
2.6 Medição da Tensão e da Corrente 40
2.7 Chaves, Fusíveis e Disjuntores 43
Problemas 45

3 Resistência 51

3.1 Resistência de Condutores 52
3.2 Tabelas dos Fios Elétricos 54
3.3 Resistência dos Fios — Mil Circular 58
3.4 Efeitos da Temperatura 61
3.5 Tipos de Resistores 64
3.6 Código de Cores dos Resistores 67
3.7 Medindo a Resistência — o Ohmímetro 69
3.8 Termistores 71
3.9 Células Fotocondutoras 72
3.10 Resistência Não Linear 73
3.11 Condutância 75
3.12 Supercondutores 76
Problemas 77

4 Lei de Ohm, Potência e Energia 83

4.1 Lei de Ohm 84
4.2 Polaridade da Tensão e Direção da Corrente 89
4.3 Potência 91
4.4 Convenção para a Direção da Potência 94
4.5 Energia 96
4.6 Eficiência 97
4.7 Resistências Não Lineares e Dinâmicas 100
4.8 Análises de Circuito Usando Computador 101
Problemas 106

II Análise Básica de DC 113

5 Circuitos Série 115

5.1 Circuitos Série 116
5.2 Lei de Kirchhoff das Tensões 118
5.3 Resistores em Série 120
5.4 Fontes de Tensão em Série 122
5.5 Intercâmbio de Componentes Série 123
5.6 Regra do Divisor de Tensão 124
5.7 Circuito Terra 127
5.8 Subscritos de Tensão 128
5.9 Resistência Interna das Fontes de Tensão 132
5.10 Efeitos de Carga do Amperímetro 134
5.11 Análise de Circuitos Usando Computador 135
Problemas 138

6 Circuitos Paralelos — 151

- 6.1 Circuitos Paralelos — 152
- 6.2 Lei de Kirchhoff das Correntes — 153
- 6.3 Dois Resistores em Paralelo — 159
- 6.4 Fontes de Tensão em Paralelo — 161
- 6.5 Regra do Divisor de Corrente — 162
- 6.6 Análise de Circuitos Paralelos — 167
- 6.7 Efeitos de Carga do Voltímetro — 169
- 6.8 Análise Computacional — 171
- Problemas — 174

7 Circuitos Série-Paralelo — 187

- 7.1 A Rede Série-Paralela — 188
- 7.2 Análise de Circuitos Série-Paralelo — 189
- 7.3 Aplicações de Circuitos Série-Paralelo — 194
- 7.4 Potenciômetros — 200
- 7.5 Efeitos de Carga dos Instrumentos — 202
- 7.6 Análise de Circuitos Usando Computador — 206
- Problemas — 211

8 Métodos de Análise — 223

- 8.1 Fontes de Corrente Constante — 224
- 8.2 Conversões de Fonte — 226
- 8.3 Fontes de Corrente em Série e em Paralelo — 229
- 8.4 Análise da Corrente nos Ramos — 231
- 8.5 Análise de Malha (Malha Fechada) — 235
- 8.6 Análise Nodal — 242
- 8.7 Conversão Delta-Y (Π-T) — 248
- 8.8 Redes Ponte — 254
- 8.9 Análise de Circuitos Usando Computador — 261
- Problemas — 263

9 Teoremas de Rede — 275

- 9.1 Teorema da Superposição — 276
- 9.2 Teorema de Thévenin — 279
- 9.3 Teorema de Norton — 285
- 9.4 Teorema da Máxima Transferência de Potência — 292
- 9.5 Teorema da Substituição — 297
- 9.6 Teorema de Millman — 298
- 9.7 Teorema da Reciprocidade — 300
- 9.8 Análise de Circuitos Usando Computador — 302
- Problemas — 307

III Capacitância e Indutância — 317

10 Capacitores e Capacitância — 319

- 10.1 Capacitância — 320
- 10.2 Fatores que Afetam a Capacitância — 322
- 10.3 Campos Elétricos — 325
- 10.4 Dielétricos — 327
- 10.5 Efeitos Não Ideais — 329
- 10.6 Tipos de Capacitores — 329
- 10.7 Capacitores em Paralelo e em Série — 333
- 10.8 Corrente e Tensão nos Capacitores — 336
- 10.9 Energia Armazenada pelo Capacitor — 339
- 10.10 Falhas do Capacitor e Solução do Defeito — 339
- Problemas — 340

11 Carga e Descarga do Capacitor e Circuitos Conformadores de Onda — 347

- 11.1 Introdução — 348
- 11.2 Equações de Carga do Capacitor — 351
- 11.3 Capacitor com Tensão Inicial — 357
- 11.4 Equações de Descarga do Capacitor — 358
- 11.5 Circuitos mais Complexos — 359
- 11.6 Aplicação de Temporização RC — 366
- 11.7 Resposta ao Pulso do Circuito RC — 368
- 11.8 Análise Transiente Usando Computador — 371
- Problemas — 376

12 Magnetismo e Circuitos Magnéticos — 385

- 12.1 A Natureza do Campo Magnético — 386
- 12.2 Eletromagnetismo — 388
- 12.3 Fluxo Magnético e Densidade de Fluxo Magnético — 389
- 12.4 Circuitos Magnéticos — 391
- 12.5 Entreferro, Franja e Núcleo Laminado — 392
- 12.6 Elementos Série e Elementos Paralelos — 393
- 12.7 Circuitos Magnéticos com Excitação DC — 394
- 12.8 Intensidade do Campo Magnético e Curvas de Magnetização — 395
- 12.9 Lei de Ampère de Circuito — 397
- 12.10 Circuitos Magnéticos Série: dado Φ, encontre NI — 399
- 12.11 Circuitos Magnéticos Série e Paralelo — 403
- 12.12 Circuitos Magnéticos Série: dado NI, encontre Φ — 404
- 12.13 Força Provocada pelo Eletroímã — 406
- 12.14 Propriedades do Material Magnético — 407

12.15	Medição dos Campos Magnéticos	408	15.11	Medição da Tensão e Corrente AC	500
	Problemas	408	15.12	Análise de Circuitos Usando Computador	501

13 Indutância e Indutores — 415

- 13.1 Indução Eletromagnética — 416
- 13.2 Tensão Induzida e Indução — 417
- 13.3 Auto Indutância — 420
- 13.4 Cálculo da Tensão Induzida — 422
- 13.5 Indutâncias em Série e em Paralelo — 424
- 13.6 Considerações Práticas — 425
- 13.7 Indutância e Estado Estacionário DC — 427
- 13.8 Energia Armazenada pela Indutância — 429
- 13.9 Dicas para Identificar Defeitos no Indutor — 430
- Problemas — 430

14 Transientes Indutivos — 437

- 14.1 Introdução — 438
- 14.2 Transientes com Acúmulo de Correntes — 441
- 14.3 Interrupção de Corrente em um Circuito Indutivo — 445
- 14.4 Transientes durante a Descarga — 447
- 14.5 Circuitos mais Complexos — 449
- 14.6 Transientes em Circuitos *RL* Usando Computador — 454
- Problemas — 457

IV Conceitos Fundamentais de AC — 463

15 Fundamentos de AC — 465

- 15.1 Introdução — 466
- 15.2 Geração de Tensão AC — 467
- 15.3 Convenções para Tensão e Corrente em AC — 470
- 15.4 Frequência, Período, Amplitude e Valor de Pico — 472
- 15.5 Relações Angular e Gráfica para Ondas Senoidais — 475
- 15.6 Tensões e Correntes como Funções do Tempo — 479
- 15.7 Introdução aos Fasores — 484
- 15.8 Forma de Onda AC e Valor Médio — 491
- 15.9 Valores Eficazes (RMS) — 495
- 15.10 Taxa de Variação de uma Onda Senoidal (Derivada) — 500

Problemas — 503

16 Elementos *R*, *L* e *C* e o Conceito de Impedância — 515

- 16.1 Revisão de Números Complexos — 516
- 16.2 Números Complexos na Análise de Circuitos AC — 522
- 16.3 Circuitos *R*, *L* e *C* com Excitação Senoidal — 527
- 16.4 Resistência e AC Senoidal — 527
- 16.5 Indutância e AC Senoidal — 528
- 16.6 Capacitância e AC Senoidal — 532
- 16.7 O Conceito de Impedância — 536
- 16.8 Análise Computacional de Circuitos AC — 538
- Problemas — 541

17 Potência em Circuitos AC — 549

- 17.1 Introdução — 550
- 17.2 Potência em uma Carga Resistiva — 551
- 17.3 Potência em uma Carga Indutiva — 552
- 17.4 Potência em uma Carga Capacitiva — 553
- 17.5 Potência em Circuitos mais Complexos — 555
- 17.6 Potência Aparente — 557
- 17.7 A Relação entre *P*, *Q* e *S* — 557
- 17.8 Fator de Potência — 560
- 17.9 Medição da Potência AC — 564
- 17.10 Resistência Efetiva — 566
- 17.11 Relações de Energia em AC — 567
- 17.12 Análise de Circuitos Usando Computador — 568
- Problemas — 569

APÊNDICE

Respostas dos Problemas de Número Ímpar — 575

Glossário — 585

Índice Remissivo — 593

Prefácio

O Livro e o Público-alvo

O objetivo do livro *Análise de Circuitos: Teoria e Prática* é proporcionar aos alunos uma base sólida dos princípios de análise de circuitos e auxiliar os professores em seu ofício, oferecendo-lhes um livro-texto e uma ampla gama de ferramentas de auxílio. Especificamente desenvolvido para uso em cursos introdutórios de análise de circuitos, este livro foi, em princípio, escrito para alunos de eletrônica de instituições de ensino superior, escolas técnicas, assim como para programas de treinamento em indústrias. Ele aborda os fundamentos de circuitos AC e DC, os métodos de análise, a capacitância, a indutância, os circuitos magnéticos, os transientes básicos, a análise de Fourier e outros tópicos. Após completarem o curso utilizando este livro, os alunos terão um bom conhecimento técnico dos princípios básicos de circuito e capacidade comprovada para resolver uma série de problemas relacionados ao assunto.

Organização do Texto

O volume 1 contém 17 capítulos e é dividido em quatro partes principais: Conceitos Fundamentais de DC; Análise Básica de DC e Capacitância e Indutância; e Conceitos Fundamentais de AC. Os capítulos de 1 a 4 são introdutórios e abordam os conceitos fundamentais de tensão, corrente, resistência, lei de Ohm e potência. Os capítulos de 5 a 9 concentram-se nos métodos de análise DC. Neles, também estão incluídas as leis de Kirchhoff, os circuitos série e paralelo, as análises nodal e de malha, as transformações Y e Δ, as transformações de fonte, os teoremas de Thévenin e de Norton, o teorema da máxima transferência de potência, e assim por diante. Os capítulos de 10 a 14 abordam a capacitância, o magnetismo, a indutância, além dos circuitos magnéticos e transientes DC simples. Os capítulos de 15 a 17 cobrem os conceitos fundamentais de AC; a geração de tensão AC; as noções básicas de frequência, período, fase etc. Os conceitos de fasor e impedância são apresentados e utilizados para a solução de problemas simples. Investiga-se a potência em circuitos AC, e introduzem-se os conceitos de fator de potência e de triângulo de potência. No volume 2, os capítulos de 18 a 23 aplicam tais conceitos. Os tópicos incluem versões AC de técnicas DC até então descritas: por exemplo, as análises nodal e de malha, o teorema de Thévenin etc., assim como novos conceitos: ressonância, técnicas de Bode, sistemas trifásicos, transformadores e análise de formas de onda não senoidais.

Quatro apêndices complementam o livro, sendo que 3 deles (Apêndices A, B e C) estão disponíveis on-line no site www.cengage.com.br. O Apêndice A oferece instruções operacionais, material de referência e dicas para os usuários do PSpice e Multisim. O Apêndice B é um tutorial que descreve o uso habitual da matemática e da calculadora em análise de circuitos – incluindo métodos para resolver equações simultâneas com coeficientes reais e complexos. O Apêndice C mostra como aplicar o cálculo para deduzir o teorema da máxima transferência de potência para os circuitos DC e AC. E o Apêndice, apresentado no final deste volume, contém as respostas dos problemas de número ímpar constantes no fim de cada capítulo.

Conhecimentos Prévios Necessários

Os alunos precisam de familiaridade com os conhecimentos de álgebra e trigonometria básicas, além de possuir a habilidade de resolver equações lineares de segunda ordem, como as encontradas na análise de malha. Eles devem estar a par do Sistema de Unidades (SI) e da natureza atômica da matéria. O cálculo é introduzido de forma gradual nos capítulos finais para aqueles que precisarem. No entanto, o cálculo não é pré-requisito nem correquisito, uma vez que todos os tópicos podem ser prontamente compreendidos sem ele. Dessa forma, os alunos que sabem (ou estão estudando) cálculo podem usar seus conhecimentos para melhor compreender a teoria de circuitos. Já os que estão alheios a ele podem perpassar o livro sem prejuízo algum, uma vez que as partes de cálculo podem ser suprimidas sem, no entanto, comprometer a continuidade do material. (O conteúdo que exige o cálculo é assinalado pelo ícone ∫, para indicá-lo como opcional para alunos de nível avançado.)

Aspectos do Livro

- **Escrito de maneira clara e de fácil entendimento**, com ênfase em princípios e conceitos.
- **Mais de 1.200 diagramas e fotos.** Efeitos visuais em 3D são usados para demonstrar e esclarecer conceitos e auxiliar os aprendizes visuais.
- A abertura de cada capítulo contém os Termos-chave, os Tópicos, os Objetivos, a Apresentação Prévia do Capítulo e Colocando em Perspectiva.
- **Exemplos.** Centenas de exemplos detalhados com soluções passo a passo facilitam a compreensão do aluno e orientam-no na solução dos problemas.
- **Mais de 1.600 problemas no final dos capítulos, Problemas Práticos e Problemas para Verificação do Processo de Aprendizagem são oferecidos.**
- **Os Problemas Práticos** aparecem após a apresentação dos principais conceitos, incentivando o aluno a praticar o que acabou de aprender.
- **Problemas para Verificação do Processo de Aprendizagem.** São problemas curtos que propiciam uma revisão rápida do material já aprendido e auxiliam a identificação das dificuldades.
- **Colocando em Prática.** São miniprojetos ao final dos capítulos – como tarefas que exigem que o aluno faça alguma pesquisa ou pense em situações reais, semelhantes às que possam eventualmente encontrar na prática.
- **Colocando em Perspectiva.** São vinhetas curtas que fornecem informações interessantes sobre pessoas, acontecimentos e ideias que ocasionaram grandes avanços ou contribuições à ciência elétrica.
- **Apresentação Prévia do Capítulo** oferece o contexto, uma breve visão geral do capítulo e a resposta à pergunta: "Por que estou aprendendo isso?".
- **Os Objetivos Baseados na Competência** definem o conhecimento ou a habilidade que se espera que o aluno adquira após estudar cada capítulo.
- **Os Termos-chave** no início de cada capítulo identificam os novos termos a serem apresentados.
- **Notas** Marginais: incluem as notas práticas (que fornecem informações práticas, por exemplo, dicas de como se usar a unidade de comprimento, o metro) e as notas mais gerais, que fornecem mais informações ou acrescentam uma outra perspectiva ao conteúdo estudado.
- **Simulações no Computador.** As simulações Multisim e PSpice fornecem instruções passo a passo de como montar circuitos na tela, além da apreensão real na tela, para mostrar o que se deve ver quando as simulações são rodadas. Os problemas relacionados especificamente à simulação são indicados pelos símbolos do Multisim e do PSpice.
- Encontram-se centenas de exemplos com soluções detalhadas ao longo dos capítulos.
- Os Problemas para Verificação do Processo de Aprendizagem oferecem uma revisão rápida de cada seção.
- O Multisim e o PSpice são usados para demonstrar simulações de circuitos. Os problemas no final dos capítulos podem ser resolvidos com esses programas de simulação.
- As respostas dos problemas de número ímpar estão disponíveis no Apêndice do livro.
- Os Problemas Práticos desenvolvem no aluno a capacidade de resolver problemas, além de testarem sua compreensão.
- Os quadros Colocando em Prática são encontrados no final dos capítulos e descrevem problemas encontrados na prática.

Novidades nesta Edição

Parte do conteúdo das edições anteriores do livro foi reintegrada. Eis um breve resumo das mudanças:
- O Apêndice B, disponível no site do livro, denominado *A Matemática na Análise de Circuitos: um breve tutorial,* foi expandido com um novo enfoque para dar conta de técnicas de matemática e calculadora em análise de circuitos. As soluções das equações simultâneas fornecidas pela calculadora foram acrescentadas para complementar a abordagem que usa determinantes.

- O uso de calculadoras em análise de circuitos foi incorporado ao longo do texto. Como exemplo, demonstra-se o uso da calculadora TI-86.

Versões do PSpice e do Multisim Usadas neste Livro

As versões do PSpice e do Multisim usadas ao longo do livro datam da mesma época em que este foi escrito – ver Apêndice A, disponível no site do livro. O Apêndice A também apresenta os detalhes operacionais para esses produtos, assim como informações sobre downloads, sites, tutoriais úteis etc.

Ao Aluno

Aprender a teoria de circuitos é desafiador, interessante e (espera-se) divertido. No entanto, é também tarefa árdua, uma vez que só se alcançam as habilidades e o conhecimento almejados pela prática. Eis algumas orientações.

1. À medida que avançar pelo material, tente reconhecer de onde vem a teoria – ou seja, as leis experimentais básicas nas quais ela se baseia. Isso o auxiliará a compreender melhor os conceitos fundamentais em que a teoria se baseia.
2. Aprenda a terminologia e as definições. Termos novos e importantes são apresentados com frequência. Aprenda o que eles significam e onde são usados.
3. Estude atentamente cada seção e certifique a sua compreensão quanto às ideias básicas e à maneira como elas são encadeadas. Refaça os exemplos com o auxílio da calculadora. Primeiro, tente os problemas práticos e, depois, os contidos no final dos capítulos. Em princípio, nem todos os conceitos ficarão claros, e é bem provável que alguns deles exijam certa leitura antes que se adquira uma compreensão adequada do assunto.
4. Quando estiver preparado, teste sua compreensão usando os Problemas para Verificação do Processo de Aprendizagem (autotestes).
5. Uma vez dominado o conteúdo, prossiga para a próxima parte. Caso tenha dificuldade em alguns conceitos, consulte seu professor ou uma fonte com autoridade no assunto.

Calculadoras para Análise de Circuitos e Eletrônica

Você precisará de uma boa calculadora científica. Uma calculadora de qualidade permitirá que você domine com mais facilidade os aspectos numéricos ao resolver os problemas, possibilitando que tenha um tempo maior para se concentrar na teoria. Isso é particularmente verdade para os problemas de AC, em que, na maioria das vezes, se utilizam números complexos. No mercado, há algumas calculadoras eficientes, que utilizam a aritmética de números complexos quase tão facilmente quanto a de números reais. Há também alguns modelos mais baratos que são confiáveis. Você deve adquirir uma calculadora adequada (após consultar o professor) e aprender a usá-la com destreza.

Agradecimentos

Muitos contribuíram para o desenvolvimento deste texto. Começamos agradecendo aos nossos alunos por fornecer *feedbacks* sutis (e algumas vezes nem tão sutis assim). Em seguida, agradecemos aos revisores e revisores técnicos; nenhum livro-texto pode ser bem-sucedido sem a dedicação e o comprometimento dessas pessoas. Agradecemos aos:

Revisores

Sami Antoun, DeVry University, Columbus, OH
G. Thomas Bellarmine, Florida A & M University
Harold Broberg, Purdue University
William Conrad, IUPUI – Indiana University, Purdue University
Franklin David Cooper, Tarrant County College, Fourt Worth, TX
David Delker, Kansas State University
Timothy Haynes, Haywood Community College
Bruce Johnson, University of Nevada
Jim Pannell, DeVry University, Irving, TX
Alan Price, DeVry University, Pomona, CA
Philip Regalbuto, Trident Technical College
Carlo Sapijaszko, DeVry University, Orlando, FL
Jeffrey Schwartz, DeVry University, Long Island City, NY
John Sebeson, DeVry University, Addison, IL
Parker Sproul, DeVry University, Phoenix, AZ
Lloyd E. Stallkamp, Montana State University
Roman Stemprok, University of Texas
Richard Sturtevant, Springfield Tech Community College

Revisores técnicos

Chia-chi Tsui, DeVry University, Long Island City, NY
Rudy Hofer, Conestoga College, Kitchener, Ontário, Canadá
Marie Sichler, Red River College, Winnipeg, Manitoba, Canadá

Revisores da 4ª edição

David Cooper, Tarrant County College, Fort Worth, TX
Lance Crimm, Southern Polytechnic State University, Marietta, GA
Fred Dreyfuss, Pace University, White Palms, NY
Bruce Johnson, University of Nevada, Reno, NV
William Routt, Wake Tech Community College, Raleigh, NC

Dr. Hesham Shaalan, Texas A & M University, Corpus Christi, TX

Richard Sturtevant, Springfield Technical Community College, Springfield, MA

Os seguintes indivíduos e firmas forneceram fotografias, diagramas e outras informações úteis:

Allen-Bradley

Illinois Capacitor Inc.

AT &T

Electronics Workbench

AVX Corporation

JBL Professional

B + K Precision

Fluke Corporation

Bourns Inc.

Shell Solar Industries

Butterworth & Co. Ltd.

Tektronix

Cadence Design Systems Inc.

Transformers Manufactures Inc.

Condor DC Power Supplies Inc.

Vansco Electronics

Os Autores

Allan H. Robbins graduou-se em Engenharia Elétrica, obtendo os títulos de bacharel e mestrado com especialidade em Teoria de circuitos. Após ganhar experiência na indústria, entrou para o Red River College, onde atuou como chefe do Departamento de Tecnologia Elétrica e Computação. Na época desta publicação, o autor tinha mais de 35 anos de experiência em ensino e chefia de departamento. Além da carreira acadêmica, Allan é consultor e sócio em uma empresa de pequeno porte no ramo de eletrônica/microcomputadores. Começou a escrever como autor colaborador para a Osborne-McGraw-Hill, durante o período inicial da então recém-surgida área da microcomputação; e, além da participação nos livros para a Delmar, é também coautor de outro livro-texto. Atuou como presidente da seção do IEEE e como membro do conselho da Electronics Industry Association of Manitoba (Associação da Indústria Eletrônica de Manitoba).

Wilhelm (Will) C. Miller obteve o diploma em Tecnologia de Engenharia Eletrônica pelo Red River Community (o atual Red River College) e, posteriormente, graduou-se em Física e Matemática pela University of Winnipeg. Trabalhou na área de comunicações por dez anos, incluindo um trabalho de um ano na PTT, em Jedá, na Arábia Saudita. Durante vinte anos, Will foi professor nos cursos de Tecnologia em Eletrônica e de Computação e lecionou no Red River College e no College of The Bahamas (Nassau, Bahamas). Atualmente atua como presidente dos programas dos cursos de Tecnologia de Engenharia Eletrônica no Red River College. Além de oferecer consultoria acadêmica (mais recentemente em Doha, no Catar), Will é membro ativo do conselho de diretores do Canadian Technology Accreditation Board (CTAB, Conselho Canadense de Reconhecimento Tecnológico). O CTAB é um comitê permanente do Canadian Council of Technicians and Technologists (Conselho Canadense de Técnicos e Tecnólogos), responsável por assegurar que os programas técnicos e de tecnologia espalhados pelo Canadá atendam aos Canadian Technology Standards (Padrões Canadenses de Tecnologia)*. Ademais, Will é o presidente do grupo de examinadores da Certified Technicians and Technologists Association of Manitoba (CTTAM, Associação de Técnicos e Tecnólogos Reconhecidos de Manitoba).

---

* A Canadian Technology Standards tem como objetivo balizar os programas e profissionais de engenharia no Canadá. (N.R.T.)

Conceitos Fundamentais de DC

I

A teoria de circuitos oferece as ferramentas e os conceitos necessários para compreender e analisar os circuitos elétricos e eletrônicos. Os fundamentos dessa teoria foram formulados durante as últimas centenas de anos por pesquisadores pioneiros. Em 1780, o italiano Alessandro Volta desenvolveu uma célula elétrica (bateria) que forneceu uma primeira fonte do que hoje chamamos de tensão DC. Por volta da mesma época, o conceito de corrente foi desenvolvido (embora ainda não se soubesse da estrutura atômica da matéria). Em 1826, o alemão Georg Simon Ohm uniu os dois conceitos e determinou, em experiências, a relação entre a tensão e a corrente em um circuito resistivo. O resultado, conhecido como a lei de Ohm, abriu caminhos para o desenvolvimento da atual teoria de circuitos.

Na parte I, examinaremos os fundamentos dessa teoria. Veremos a tensão, a corrente, a energia e a relação entre elas. Os conceitos aqui desenvolvidos são usados no restante do livro e na prática. Eles constituem o alicerce sobre o qual toda a teoria de circuitos elétricos e eletrônicos se estrutura.

1 Introdução

2 Tensão e Corrente

3 Resistência

4 Lei de Ohm, Potência e Energia

• TERMOS-CHAVE

Pacotes de Aplicação; Base; Diagramas de Bloco; Teoria de Circuitos; Fator de Conversão; Notação de Engenharia; Expoente; Cavalo-vapor (HP)*; Joule; Newton; Diagrama Pictórico; Notações de Potências de 10; Prefixos; Linguagem de Programação; Resistência; Diagrama Esquemático; Notação Científica; Sistema SI; SPICE; Watt

• TÓPICOS

Introdução; O Sistema de Unidades (SI); Unidades de Conversão; Notações de Potências de 10; Prefixos; Diagramas de Circuitos; Análise de Circuitos com o Auxílio do Computador

• OBJETIVOS

Após estudar este capítulo, você será capaz de:

- descrever o Sistema SI de medidas;
- fazer conversão entre vários tipos de unidades;
- usar as notações de potências de 10 com o intuito de simplificar o manejo de números grandes;
- expressar unidades elétricas usando as notações com prefixo-padrão, como µA, kV, mW etc.,
- usar uma quantidade razoável de dígitos significativos em cálculos;
- descrever o que são diagramas de bloco e como eles são usados;
- converter um desenho simples de circuito para sua representação esquemática;
- descrever de maneira geral como computadores e calculadoras se encaixam no cenário da análise de circuitos elétricos e eletrônicos.

---

* Há também outra unidade de medida homônima – o cavalo-vapor (cv), cujo valor em watts é 736. (N.R.T.)

Introdução

Apresentação Prévia do Capítulo

Um circuito elétrico é um sistema de componentes interligados, como: resistores, capacitores, indutores, fontes de tensão, e assim por diante. O comportamento elétrico desses componentes é descrito por algumas leis experimentais básicas. Tais leis e princípios, além de conceitos, relações matemáticas e métodos de análise que evoluíram a partir deles, são conhecidos como **teoria de circuitos**.

Muito da teoria de circuitos envolve solução de problemas e análise numérica. Quando se analisa um problema ou se projeta um circuito, por exemplo, exige-se o cálculo dos valores de tensão, corrente e potência. Além disso, o valor numérico deve vir acompanhado de uma unidade. O sistema utilizado para isso é o Sistema SI (Sistema Internacional). O Sistema SI é um conjunto unificado das medidas métricas, que incluem as conhecidas unidades do sistema MKS (metro, quilograma e segundo, unidades de comprimento, massa e tempo, respectivamente), além de englobar as unidades para as grandezas elétricas e magnéticas.

Muitas vezes, entretanto, as unidades do SI geram números ou muito extensos ou muito pequenos para o uso conveniente. Para enfrentar esse tipo de problema, desenvolveu-se um conjunto de prefixos-padrão e a notação de engenharia. Neste capítulo, o uso deles na representação e no cálculo é descrito e ilustrado.

Em razão da natureza um tanto abstrata da teoria de circuitos, os diagramas são utilizados como auxílio na apresentação dos conceitos. Examinaremos alguns tipos — diagramas esquemáticos, pictóricos e o de blocos — e demonstraremos como utilizá-los para representar circuitos e sistemas.

Concluiremos o capítulo com uma breve observação sobre o uso do computador e da calculadora em análise de circuitos. Alguns dos pacotes de software mais comuns, incluindo o Electronics Workbench Multisim®, o Orcard's PSpice® e o Mathsoft's Mathcad®, são descritos.

Colocando em Perspectiva

Sugestões para Resolução de Problemas

Durante a análise de circuitos elétricos e eletrônicos, você irá deparar com alguns problemas. Uma abordagem organizada ajuda. A seguir, algumas diretrizes úteis:

1. Faça um esboço (por exemplo, um diagrama de circuito), marque nele o que sabe e, depois, o que estiver tentando determinar. Fique atento aos "dados implícitos", como a expressão "o capacitor está inicialmente sem carga". (Como verá posteriormente, isso significa que a tensão inicial no capacitor é nula.) Certifique-se de transformar todos os dados implícitos em explícitos, por exemplo, $V_0 = 0V$.

2. Pense no problema de modo a identificar os princípios envolvidos, e depois procure a relação entre as grandezas conhecidas e desconhecidas.

3. Substitua as informações dadas na(s) equação(ões) selecionada(s) e calcule as soluções para as grandezas desconhecidas. (Para problemas com números complexos, a solução pode exigir uma série de passos envolvendo vários conceitos. Caso não consiga identificar todos os passos antes de começar, comece assim mesmo. À medida que partes da solução surgirem, você estará mais próximo da resposta. Você pode iniciar dando passos errados. Até pessoas experientes nem sempre acertam na primeira tentativa. Observe também que é raro haver uma única forma "correta" para a solução de um problema; portanto, você poderá encontrar um método de solução correto e totalmente diferente do que os autores propõem.)

4. Verifique as respostas para ver se são lógicas, ou seja, se estão próximas da correta, se apresentam o sinal correto, e se as unidades coincidem.

1.1 Introdução

A tecnologia mudou drasticamente a maneira de realizarmos nossas atividades; hoje temos computadores e sistemas eletrônicos de entretenimento sofisticados em casa, sistemas de controle eletrônico nos carros, telefones celulares que podem ser usados em quase todos os lugares, robôs que montam produtos na linha de produção, e assim por diante.

A teoria do circuito elétrico é um primeiro passo para a compreensão dessas tecnologias. Ela fornece o conhecimento dos princípios básicos necessários para entender o comportamento dos dispositivos elétricos e eletrônicos, circuitos e sistemas. Neste livro, iremos desenvolver e explorar tais conceitos básicos.

Exemplos da Presença da Tecnologia no Trabalho

Antes de começar, vejamos alguns exemplos da presença da tecnologia no trabalho (veja a Nota).

Primeiro, considere a Figura 1-1, que mostra um sistema de *home theater*. Tal sistema possui circuitos elétricos e eletrônicos, circuitos magnéticos e tecnologia laser para seu funcionamento. Por exemplo, os resistores, os capacitores e os circuitos integrados são usados para controlar as tensões e as correntes que operam os motores do sistema de *home theater* e para amplificar seus sinais de áudio e vídeo; já o circuito laser é usado para a leitura de dados dos discos. O sistema de caixas acústicas depende de circuitos magnéticos para funcionar, enquanto outros circuitos magnéticos (os transformadores de potência) reduzem a tensão AC da tomada de 120 volts para os níveis mais baixos necessários para alimentar o sistema.

A Figura 1-2 mostra outro exemplo. Nela, uma imagem do padrão do fluxo magnético em um motor elétrico, gerada por computador, demonstra a utilização do computador em pesquisas e projetos. Os pacotes de software — como os usados neste livro — são programados para aplicar os conceitos básicos de circuitos magnéticos a formas complexas e possibilitam o desenvolvimento de motores mais eficazes e com melhor desempenho, unidades de disco, sistemas de alto-falantes e afins.

> **NOTAS...**
>
> À medida que passar pelos exemplos do livro, você verá componentes, dispositivos e grandezas que ainda não foram discutidos. Você aprenderá sobre eles mais tarde. Por ora, concentre-se apenas nos conceitos gerais.

Figura 1-1 Sistema de *home theater*. (Cortesia de Robert A. Fowkes.)

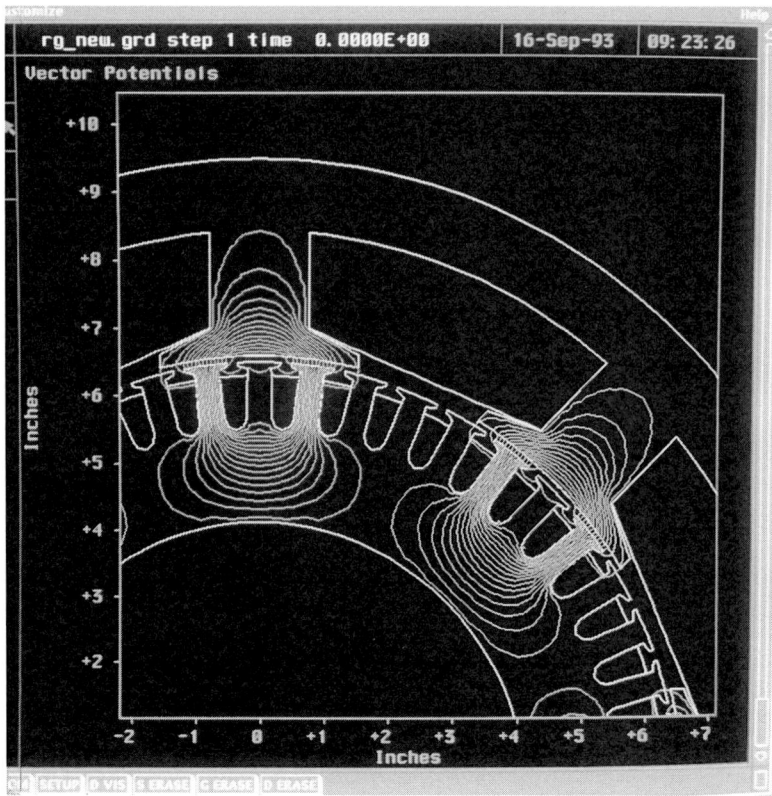

Figura 1-2 Padrão de fluxo magnético em um motor DC gerado por computador, excitação somente na armadura.
(*Cortesia de GE Research and Development Center.*)

A Figura 1-3 mostra outra aplicação: uma unidade de fabricação em que os delicados componentes para montagem em superfície (SMT) são colocados em placas de circuitos impressos, em alta velocidade, usando-se a centralização a laser e a verificação óptica. A parte inferior da Figura 1-4 mostra como esses componentes são pequenos. O controle pelo computador oferece a alta precisão necessária para posicionar com exatidão partes tão pequenas como essas.

Figura 1-3 Centralização a laser e verificação óptica em um processo de fabricação. (*Cortesia de Vansco Electronics Ltd.*)

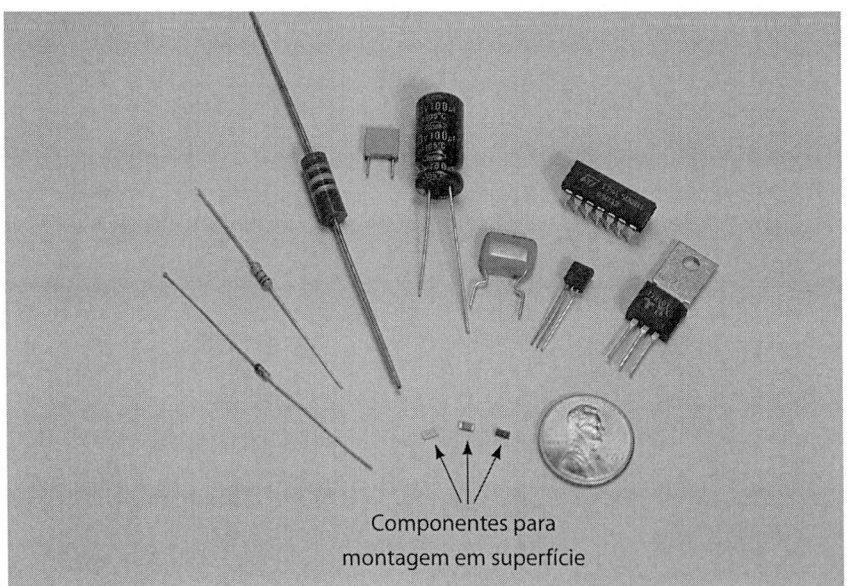

Figura 1-4 Alguns componentes eletrônicos comuns. Os componentes pequenos na parte inferior são para montagem em superfície e são instalados em placas de circuitos impressos pela máquina mostrada na Figura 1-3.

1.2 O Sistema de Unidades (SI)

A solução para problemas técnicos exige o uso de unidades. Atualmente, dois sistemas principais – o inglês, utilizado nos Estados Unidos, e o métrico – estão presentes no uso diário. No entanto, para fins técnicos e científicos, o sistema inglês foi quase totalmente substituído.

Em seu lugar, utiliza-se o **sistema SI**. A Tabela 1-1 mostra algumas grandezas encontradas com frequência e as respectivas unidades expressas nos dois sistemas.

O sistema SI une as unidades métricas MKS e as unidades elétricas em um único sistema: veja as Tabelas 1-2 e 1-3. (Não se preocupe ainda com as unidades elétricas. Elas serão definidas posteriormente, a partir do Capítulo 2.) Observe que alguns símbolos e abreviações são expressos com letra maiúscula e outros, com letra minúscula.

Poucas unidades não pertencentes ao SI ainda são usadas. Por exemplo, em geral, os motores elétricos são especificados em cavalo-vapor (HP), e os fios são especificados em tamanhos AWG (American Wire Gauge[1], Seção 3.2). Às vezes, será necessário converter as unidades não pertencentes ao SI para as unidades do SI. Para isso, pode-se usar a Tabela 1-4.

Definição das Unidades

Quando o sistema métrico foi concebido em 1792, definiu-se o metro como sendo um décimo milionésimo da distância do Polo Norte ao Equador, e o segundo como sendo $\frac{1}{60} \times \frac{1}{60} \times \frac{1}{24}$ do dia solar médio.

Posteriormente, adotaram-se definições mais precisas, baseadas nas leis físicas da natureza. Agora, define-se o metro como a distância percorrida pela luz no vácuo, durante 1/299 792 458 de segundo, e a unidade segundos, em termos do período do relógio atômico de césio. Define-se o quilograma como sendo a massa de um cilindro específico de platina e irídio (o protótipo internacional), preservado no Bureau Internacional de Pesos e Medidas, na França.

Dimensão Relativa das Unidades[2]

Para obter uma noção das unidades do SI e as respectivas dimensões relativas, consulte as Tabelas 1-1 e 1-4. Observe que 1 metro equivale a 39,37 polegadas; então, 1 polegada é igual a 1/39,37 = 0,0254 metro ou 2,54 centímetros. A força de uma libra é igual a 4,448 newtons; portanto, 1 **newton** é igual a 1/4,448 = 0,225 libra-força, que é aproximadamente a força necessária para levantar um peso de $\frac{1}{4}$ de libra. Um **joule** equivale ao trabalho realizado para movimentar uma distância de um metro contra uma força de 1 newton. Isso equivale a aproximadamente o trabalho necessário para se levantar um peso de $\frac{1}{4}$ de libra em um metro. O levantamento do peso em um metro, em um segundo, exige em torno de um watt de potência.

Tabela 1-1 Grandezas Comuns

1 metro = 100 centímetros = 39,37 polegadas
1 milímetro = 39,37 mils
1 polegada = 2,54 centímetros
1 pé = 0,3048 metro
1 jarda = 0,9144 metro
1 milha = 1,609 quilômetro
1 quilograma = 1.000 gramas = 2,2 libras
1 US-galão = 3,785 litros

Tabela 1-2 Algumas Unidades da Base do SI

Grandeza	Símbolo	Unidade	Abreviação
Comprimento	l	metro	m
Massa	m	quilograma	kg
Tempo	t	segundo	s
Corrente elétrica	I, i	ampere	A
Temperatura	T	kelvin	K

Tabela 1-3 Algumas Unidades Derivadas do SI*

Grandeza	Símbolo	Unidade	Abreviação
Força	F	newton	N
Energia	W	joule	J
Potência	P, p	watt	W
Tensão	V, v, E, e	volt	V
Carga	Q, q	coulomb	C
Resistência	R	ohm	Ω
Capacitância	C	farad	F
Indutância	L	henry	H
Frequência	f	hertz	Hz
Fluxo magnético	Φ	weber	Wb
Densidade do fluxo magnético	B	tesla	T

As grandezas elétricas e magnéticas serão explicadas ao longo do livro. Assim como na Tabela 1-2, a distinção entre letra maiúscula e minúscula é importante.

Tabela 1-4 Conversões

	Quando souber	Multiplique por	Para achar
Comprimento	polegadas (pol)	0,0254	metros (m)
	pés (pé)	0,3048	metros (m)
	milhas (mi)	1,609	quilômetros (km)
Força	libras (lb)	4,448	newtons (N)
Potência	horsepower (hp)	746	watts (W)
Energia	quilowatt-hora	$3,6 \times 10^6$	joules† (J)
	pé-libra	1,356	joules† (J)

† *1 joule (J) = 1 newton-metro.*

---

[1] O American Wire Gauge é um padrão norte-americano de medição do diâmetro dos fios.
[2] Parafraseado de Edward C. Jordan e Keith Balmair, *Electromagnetic waves and radiating systems*. 2. ed. Englewood Cliffs: Prentice-Hall, Inc; 1968.

O watt também é a unidade do SI para a potência elétrica. Uma lâmpada comum, por exemplo, dissipa potência a uma taxa de 60 watts, e uma torradeira, a uma taxa de 1.000 watts.

A relação entre as unidades elétricas e mecânicas pode ser estabelecida facilmente. Considere um gerador elétrico ou dínamo. A entrada de potência mecânica resulta na potência elétrica. Se o gerador ou dínamo fosse 100% eficiente, então um watt na entrada de potência mecânica produziria um watt na saída de potência elétrica. Claramente, esse exemplo liga os sistemas mecânico e elétrico.

Quão grande, porém, é um watt? Embora os exemplos citados sugiram que o watt seja relativamente pequeno, ele é, na verdade, bem grande em termos da taxa em que um ser humano pode trabalhar. Por exemplo, um indivíduo pode fazer trabalho manual em uma taxa em torno de 60 watts, quando tirada uma média durante 8 horas/dia — o suficiente para acender uma lâmpada-padrão de 60 watts durante esse tempo! Um cavalo pode ser mais eficiente. Com base em experimentos, James Watt determinou que um cavalo forte, transportador de carga, poderia produzir, em média, 746 watts. Após essa observação, ele definiu que 1 cavalo-vapor (hp) = 746 watts. Até hoje essa representação é utilizada.

1.3 Unidades de Conversão

Às vezes, as grandezas expressas em uma unidade podem ser convertidas em outra. Por exemplo, suponha que se queira determinar quantos quilômetros há em 10 milhas. Sendo 1 milha igual a 1,609 quilômetro (Tabela 1-1), você poderá anotar: 1 mi = 1,609 km, usando as abreviações da Tabela 1-4. Agora, multiplique ambos os lados por 10 (10 mi = 16,09 km).

Esse procedimento é adequado para conversões simples. Para conversões complexas, entretanto, pode ser difícil acompanhar as unidades. O procedimento descrito a seguir ajudará. Ele consiste em escrever as unidades na sequência de conversão, cancelando-as quando possível e, então, juntando as unidades restantes para assegurar que o resultado final possua as unidades corretas.

Para se ter uma ideia, suponha que se queira converter 12 centímetros em polegadas. De acordo com a Tabela 1-1, 2,54 cm = = 1 pol. Assim, pode-se representar:

$$\frac{2,54 \text{ cm}}{1 \text{ pol}} = 1 \quad \text{ou} \quad \frac{1 \text{ pol}}{2,54 \text{ cm}} = \qquad (1\text{-}1)$$

As grandezas na Equação 1-1 são denominadas fatores de conversão. Como se pode ver, os fatores de conversão equivalem a 1, portanto, podem ser multiplicados por qualquer expressão sem alterar o valor dela. Por exemplo, para completar a conversão de 12 cm em polegadas, escolha a segunda razão (de modo que as unidades se cancelem), e depois multiplique. Assim,

$$12 \text{ cm} = 12 \text{ cm} \times \frac{1 \text{ pol}}{2,54 \text{ cm}} = 4,72 \text{ pol}$$

Quando houver uma cadeia de conversões, selecione os fatores de modo que as unidades indesejadas se cancelem. Isso possibilita uma verificação automática do resultado final, como demonstrado na parte (b) do Exemplo 1-1.

Exemplo 1-1

Dada uma velocidade de 60 milhas por hora (mph),

a. converta-a em quilômetros por hora;

b. converta-a em metros por segundo.

Solução:

a. Lembre-se, 1 mi = 1,609 km. Assim,

$$1 = \frac{1,609 \text{ km}}{1 \text{ mi}}$$

(continua)

Exemplo 1-1 *(continuação)*

Agora multiplique ambos os lados por 60 mi/h e cancele as unidades:

$$60 \text{ mi/h} = \frac{60 \text{ mi}}{\text{h}} \times \frac{1{,}609 \text{ km}}{1 \text{ mi}} = 96{,}54 \text{ km/h}$$

b. Sendo 1 mi = 1,609 km, 1 km = 1.000 m, 1 h = 60 min, e 1 min = 60 s, escolha os fatores de conversão, como mostrado a seguir:

$$1 = \frac{1{,}609 \text{ km}}{1 \text{ mi}}, \; 1 = \frac{1.000 \text{ m}}{1 \text{ km}}, \; 1 = \frac{1 \text{ h}}{60 \text{ min}}, \; \text{e } 1 = \frac{1 \text{ min}}{60 \text{ s}}$$

Assim,

$$\frac{60 \text{ mi}}{\text{h}} = \frac{60 \text{ mi}}{\text{h}} \times \frac{1{,}609 \text{ km}}{1 \text{ mi}} \times \frac{1.000 \text{ m}}{1 \text{ km}} \times \frac{1 \text{ h}}{60 \text{ min}} \times \frac{1 \text{ min}}{60 \text{ s}} = 26{,}8 \text{ m/s}$$

Esse problema também é resolvido considerando-se o numerador e o denominador separadamente. Por exemplo, pode-se converter milhas em metros, horas em segundos, e depois fazer a divisão (ver Exemplo 1-2). Na análise final, os dois métodos se equivalem.

Exemplo 1-2

Faça o Exemplo 1-1 (b), ampliando o numerador e o denominador separadamente.

Solução:

$$60 \text{ mi} = 60 \text{ mi} \times \frac{1.609 \text{ km}}{1 \text{ mi}} \times \frac{1.000 \text{ m}}{1 \text{ km}} = 96.540$$

$$1 \text{ h} = 1 \text{ h} \times \frac{60 \text{ min}}{1 \text{ h}} \times \frac{60 \text{ s}}{1 \text{ min}} = 3.600 \text{ s}$$

Portanto, velocidade = 96.540 m/3.600 s = 26,8 m/s, como no exemplo acima.

PROBLEMAS PRÁTICOS 1

1. Área = πr^2. Sendo r = 8 polegadas, determine a área em metros quadrados (m^2).

2. Um carro percorre 60 pés em 2 segundos. Determine:

    a. sua velocidade em metros por segundo;

    b. sua velocidade em quilômetros por hora.

Para resolver a letra (b), utilize o método do Exemplo 1-1, e depois verifique utilizando o método do Exemplo 1-2.

Respostas
1. 0,130 m^2;   **2. a.** 9,14 m/s; **b.** 32,9 km/h

1.4 Notação de Potência de 10

Os valores elétricos variam muito de dimensão. Em sistemas eletrônicos, por exemplo, as tensões podem variar de alguns milionésimos de volts para alguns milhares de volts, enquanto nos sistemas de potência é comum as tensões atingirem centenas de milhares de volts. Para dar conta da ampla faixa de valores, usa-se a notação de potência de 10 (Tabela 1-5).

Para expressar um número com a notação de potência de 10, mova a vírgula decimal para onde deseja e multiplique o resultado pela potência de 10 necessária para retornar ao valor original. Assim, 247.000 = $2{,}47 \times 10^5$. (O número 10 é chamado de base, e a potência, de expoente.) Uma maneira fácil de determinar o expoente é contar o número de casas decimais (para a direita ou esquerda) que a vírgula decimal foi movida. Assim,

$$247.000 = 2\ 4\ 7.\ 0\ 0\ 0 = 2{,}47 \times 10^5$$

Paralelamente, o número 0,00369 pode ser expresso desta forma: $3{,}69 \times 10^{-3}$, como mostrado a seguir.

$$0{,}00369 = 0{,}0\ 0\ 3\ 6\ 9 = 3{,}69 \times 10^{-3}$$

Multiplicação e Divisão Usando Potência de 10

Na multiplicação de números com a notação de potência de 10, multiplique as bases e depois some seus expoentes.

$$(1{,}2 \times 10^3)(1{,}5 \times 10^4) = (1{,}2)(1{,}5) \times 10^{(3+4)} = 1{,}8 \times 10^7$$

Para a divisão, subtraia os expoentes dos numeradores dos expoentes dos denominadores.

$$\frac{4{,}5 \times 10^2}{3 \times 10^{-2}} = \frac{4{,}5}{3} \times 10^{2-(-2)} = 1{,}5 \times 10^4$$

Tabela 1-5 Multiplicadores de Potência de 10 Comuns

$1\ 000\ 000 = 10^6$	$0{,}000001 = 10^{-6}$
$100\ 000 = 10^5$	$0{,}00001 = 10^{-5}$
$10\ 000 = 10^4$	$0{,}0001 = 10^{-4}$
$1000 = 10^3$	$0{,}001 = 10^{-3}$
$100 = 10^2$	$0{,}01 = 10^{-2}$
$10 = 10^1$	$0{,}1 = 10^{-1}$
$1 = 10^0$	$1 = 10^{-0}$

Exemplo 1-3

Converta os seguintes números para a notação de potência de 10 e depois realize a operação indicada.

a. $276 \times 0{,}009$;

b. $98.200/20$.

Solução:

a. $276 \times 0{,}009 = (2{,}76 \times 10^2)(9 \times 10^{-3}) = 24{,}8 \times 10^{-1} = 2{,}48$

b. $\dfrac{98.200}{20} = \dfrac{9{,}82 \times 10^4}{2 \times 10^1} = 4{,}91 \times 10^3$

Adição e Subtração Usando Potência de 10

Para somar ou subtrair, primeiro ajuste todos os números para a mesma potência de 10. Não importa qual expoente você escolha, contanto que todos sejam iguais.

Exemplo 1-4

Some $3{,}25 \times 10^2$ e 5×10^3

a. usando a representação 10^2;

b. usando a representação 10^3.

Solução:

a. $5 \times 10^3 = 50 \times 10^2$. Assim, $3{,}25 \times 10^2 + 50 \times 10^2 = 53{,}25 \times 10^2$.

b. $3{,}25 \times 10^2 = 0{,}325 \times 10^3$. Assim, $0{,}325 \times 10^3 + 5 \times 10^3 = 5{,}325 \times 10^3$, que é igual à resposta $53{,}25 \times 10^2$, encontrada na letra a.

Potências

Elevar um número a uma potência é uma forma de multiplicação (ou divisão se o expoente for negativo). Por exemplo,

$$(2 \times 10^3)^2 = (2 \times 10^3)(2 \times 10^3) = 4 \times 10^6$$

Em geral, $(N \times 10^n)^m = N^m \times 10^{nm}$. Nesta notação, $(2 \times 10^3)2 = 2^2 \times 10^{3 \times 2} = 4 \times 10^6$, como anteriormente.

A potência fracionária de números inteiros representa raízes. Assim,

$$4^{1/2} = \sqrt{4} = 2 \text{ e } 27^{1/3} = \sqrt[3]{27} = 3$$

Exemplo 1-5

Expanda:

a. $(250)^3$ b. $(0,0056)^2$ c. $(141)^{-2}$ d. $(60)^{1/3}$

Solução:

a. $(250)^3 = (2,5 \times 10^2)^3 = (2,5)^3 \times 10^{2 \times 3} = 15,625 \times 10^6$
b. $(0,0056)^2 = (5,6 \times 10^{-3})^2 = (5,6)^2 \times 10^{-6} = 31,36 \times 10^{-6}$
c. $(141)^{-2} = (1,41 \times 10^2)^{-2} = (1,41)^{-2} \times (10^2)^{-2} = 0,503 \times 10^{-4}$
d. $(60)^{1/3} = \sqrt[3]{60} = 3,91$

NOTAS...

Ao lidar com números, use o bom senso. Na calculadora, por exemplo, geralmente é mais fácil trabalhar diretamente com os números na forma original do que convertê-los para a notação de potência de 10. (Por exemplo, é mais lógico multiplicar direto 276 × 0,009 do que converter o número decimal em notação de potência de 10, como fizemos no exemplo 1-3 (a). Caso seja necessário expressar o resultado na forma de potência de 10, você poderá fazer a conversão por último.

PROBLEMAS PRÁTICOS 2

1. Determine:

   a. $(6,9 \times 10^5)(0,392 \times 10^{-2})$
   b. $(23,9 \times 10^{11})/(8,15 \times 10^5)$
   c. $14,6 \times 10^2 + 11,2 \times 10^1$ (Expresse nas notações de 10^2 e 10^1.)
   d. $(29,6)^3$
   e. $(0,385)^{-2}$

Respostas
a. $2,70 \times 10^3$; **b.** $2,93 \times 10^6$; **c.** $15,72 \times 10^2 = 157,2 \times 10^1$; **d.** $25,9 \times 10^3$; **e.** $6,75$

1.5 Prefixos, Notação de Engenharia e Resultados Numéricos

Em trabalhos científicos, é comum encontrar números extensos e números muito pequenos expressos na notação de potência de 10. Na engenharia, entretanto, desenvolveram-se alguns elementos de estilo e práticas-padrão, originando o que se denomina **notação de engenharia**. Nessa notação, é mais comum usar prefixos do que potências de 10. A Tabela 1-6 apresenta os prefixos mais usados e seus respectivos símbolos. (Atenção: Na notação, a potência de 10 muda de 3 em 3.) Como exemplo, a corrente de 0,0045A (amperes) pode ser expressa assim: $4,5 \times 10^{-3}$A,

Tabela 1-6 Prefixos de Engenharia, Resultados Numéricos

Potências de 10	Prefixo	Símbolo
10^{12}	tera	T
10^9	giga	G
10^6	mega	M
10^3	quilo	k
10^{-3}	mili	m
10^{-6}	micro	μ
10^{-9}	nano	n
10^{-12}	pico	p

mas é preferível expressá-la das seguintes maneiras: 4,5 mA ou 4,5 miliamperes. Observe também que, muitas vezes, há algumas opções igualmente aceitas. Por exemplo, um intervalo de tempo de 15 × 10⁻⁵ s pode ser representado de três maneiras: 150 μs, 150 microssegundos ou 0,15 milissegundos. Vale lembrar que não está errado expressar o número na forma 15×10^{-5}; simplesmente, essa representação não é de praxe em engenharia. Daqui em diante, usaremos quase sempre a notação de engenharia.

Exemplo 1-6

Expresse os exemplos seguintes em notação de engenharia:

    a. 10×10^4 volts   b. $0{,}1 \times 10^{-3}$ watts   c. 250×10^{-7} segundos

Solução:

    a. $10 \times 10^4 \, V = 100 \times 10^3 \, V = 100$ quilovolts $= 100$ kV

    b. $0{,}1 \times 10^{-3} \, W = 0{,}1$ miliwatts $= 0{,}1$ mW

    c. $250 \times 10^{-7} \, s = 25 \times 10^{-6} \, s = 25$ microssegundos $= 25$ μs

Exemplo 1-7

Converta 0,1 MV em quilovolts (kV).

Solução:

$0{,}1 \, mv = 0{,}1 \times 10^6 \, v = (0{,}1 \times 10^3) \times 10^3 \, v = 100$ kV

Lembre-se de que um prefixo representa uma potência de 10, portanto, as regras do cálculo da potência de 10 são aplicáveis. Por exemplo, na adição ou subtração, coloque tudo em uma base comum, como mostra o Exemplo 1-8.

Exemplo 1-8

Calcule a soma de 1 ampere (amp) com 100 miliamperes:

Solução:

Coloque tudo em uma base comum, amperes (A) ou miliamperes (mA). Assim,

    $1 \, A + 100 \, mA = 1 \, A + 100 \times 10^{-3} \, A = 1 \, A + 0{,}1 \, A = 1{,}1 \, A$

ou $1 \, A + 100 \, mA = 1.000 \, mA + 100 \, mA = 1.100 \, mA$

PROBLEMAS PRÁTICOS 3

1. Converta 1.800 kV em megavolts (MV).

2. No Capítulo 4, mostraremos que a tensão é o produto da corrente vezes a resistência – ou seja, $V = I \times R$, onde V é expresso em volts, I, em amperes, e R em ohms. Sendo $I = 25$ mA e $R = 4$ kω, converta-os para a notação de potência de 10 e determine V.

3. Se $I_1 = 520$ μA, $I_2 = 0{,}157$ mA e $I_3 = 2{,}75 \times 10^4$, quanto é a soma de $I_1 + I_2 + I_3$ em mA? E em microamperes?

Respostas

1. 1,8 MV; **2.** 100 V; **3.** 0,952 mA, 952 μA

NOTAS...

1. Os números podem ser exatos ou aproximados. Normalmente, obtêm-se os números exatos com o processo de contagem ou por definição — por exemplo, define-se 1 hora como sendo igual a 60 minutos. Neste caso, 60 é exato (ou seja, não é 59,99 nem 60,01). Os cálculos baseados somente em números exatos não apresentam incerteza. No entanto, os cálculos envolvendo os números exatos e os aproximados carregam a incerteza dos números aproximados.

2. Neste livro, **salvo indicação em contrário, todos os números dos exemplos ou problemas devem ser considerados exatos**. Dessa forma, não haverá incerteza nas respostas calculadas.

3. Neste livro, podem aparecer mais de 3 dígitos nas respostas, uma vez que o processo de solução é de suma importância e pode ser encoberto pela eliminação de dígitos.

4. O assunto referente a dígitos significativos, precisão numérica e uso de números aproximados foi apenas introduzido aqui.

Resultados Numéricos

Como os computadores e as calculadoras exibem muitos dígitos, surge a pergunta: quantos números, na verdade, devem aparecer na resposta? Apesar da tentação de anotar todos eles, um exame mais detalhado mostra que isso pode não ser a atitude mais sensata. Para saber o motivo, repare que muito da engenharia se baseia em medidas. Na prática, por exemplo, o voltímetro mede a tensão, e o amperímetro mede a corrente. As medidas têm valor aproximado, uma vez que é impossível medir qualquer coisa exatamente. Como os valores medidos possuem um elemento de incerteza, os cálculos baseados neles também são de natureza incerta (ver as Notas). A título de exemplo, suponha que queira saber a área de um jardim cujas medidas de comprimento e largura são C = 5,76 m e l = 3,72 m. Suponha uma incerteza com valor de 1 no último dígito de cada medida – ou seja, C = 5,76 m ± 0,01 e L = 3,72 m ± 0,01. Isso significa que C pode ser tão pequeno quanto 5,75 e tão grande quanto 5,77, e L pode variar entre 3,71 e 3,73. Logo, a área pode variar entre 5,75 m × 3,71 m = 21,3 m^2 e 5,77 × 3,73 m = 21, 5 m^2. Repare que nem temos certeza do primeiro dígito após a vírgula nos resultados. Agora fica claro por que é irrelevante anotar todos os dígitos exibidos na calculadora, já que o resultado de 5,76 m × 3,72 m = 21,4272 m^2 seria mostrado em uma calculadora com o mostrador de 6 dígitos. Não faz sentido afirmar que se sabe quais são os 4 dígitos após a vírgula decimal, quando, de fato, não se sabe nem qual é o primeiro.

Então, o que fazer? Uma solução prática é manter todos os dígitos durante a solução do problema (é provável que a calculadora já faça isso) e arredondar a resposta para uma quantidade adequada de dígitos. Uma orientação útil é arredondar a resposta final para 3 dígitos, a menos que faça sentido fazer de outra maneira. No exemplo anterior, esse procedimento resultaria na resposta 21,4 m^2, que é, como se vê, a média dos valores maior e menor.

VERIFICAÇÃO DO PROCESSO DE APRENDIZAGEM 1

(As respostas encontran-se no final do capítulo.)

1. Qual é o valor de todos os fatores de conversão?

2. Converta 14 jardas em centímetros.

3. O item abaixo se reduz a que unidades?

   $$\frac{km}{h} \times \frac{m}{km} \times \frac{h}{min} \times \frac{min}{s}$$

4. Expresse os itens a seguir em notação de engenharia:

   a. 4.270 ms   b. 0,001 53 V;   c. 12,3 × 10^{-4} s

5. Expresse os resultados de cada uma das contas a seguir como um número vezes a potência de 10 indicada:

   a. 150 × 120 como um valor vezes 10^4; como um valor vezes 10^3;

   b. 300 × 6/0,005 como um valor vezes 10^4; como um valor vezes 10^5; como um valor vezes 10^6;

   c. 430 + 15 como um valor vezes10^2; como um valor vezes 10^1;

   d. (3 × 10^{-2})^3 como um valor vezes 10^{-6}; como um valor vezes 10^{-5}.

6. Expresse os itens a seguir como indicado:

   a. 752 µA em mA;

   b. 0,98 mV em µV;

   c. 270 µs + 0,13 ms em µs e em ms.

1.6 Diagramas de Circuitos

Utilizam-se componentes, como baterias, chaves, resistores, capacitores, transistores, fios interconectados etc. Para montar circuitos elétricos e eletrônicos. Os diagramas são utilizados para representar esses circuitos no papel; neste livro, usaremos três tipos deles: diagramas em bloco, diagramas pictoriais e diagramas esquemáticos.

Diagramas em Bloco

Os **diagramas em bloco** descrevem um circuito ou sistema de forma simplificada. O problema geral é desmembrado em blocos, cada um representando uma parte do sistema ou do circuito. Os blocos são rotulados para indicar o que fazem e o que contêm, e depois interligados para mostrar a relação entre eles. O fluxo de sinal geral é da direita para a esquerda e de cima para baixo. A Figura 1-5, por exemplo, representa um amplificador de áudio. Ainda que não tenha visto nenhum de seus circuitos, você deveria ser capaz de acompanhar facilmente as ideias gerais – o som é capturado por um microfone, convertido em um sinal elétrico, amplificado por um par de amplificadores; em seguida, transmitido para os alto-falantes, onde é convertido novamente em som. O sistema é energizado por uma fonte de alimentação. A vantagem do diagrama em bloco é que ele fornece a imagem geral e ajuda a entender a natureza do problema. No entanto, ele não fornece detalhes.

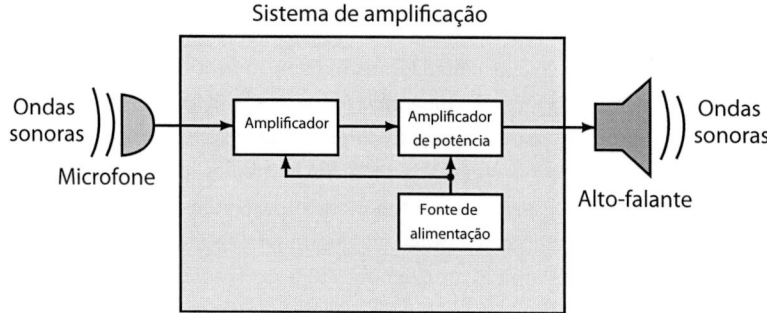

Figura 1-5 Exemplo de diagrama em bloco. O desenho é uma representação simplificada de um sistema de amplificação de áudio.

Diagramas Pictoriais

Os **diagramas pictoriais** fornecem detalhes. Eles ajudam a visualizar os circuitos e seu funcionamento, mostrando os componentes como eles realmente aparentam. Por exemplo, o circuito da figura 1-6 consiste de uma bateria, uma chave e uma lâmpada elétrica, todos interligados por um fio. É fácil visualizar o funcionamento – quando a chave está fechada, a bateria provoca a corrente no circuito, acendendo a lâmpada. A bateria é chamada de fonte e a lâmpada, de carga.

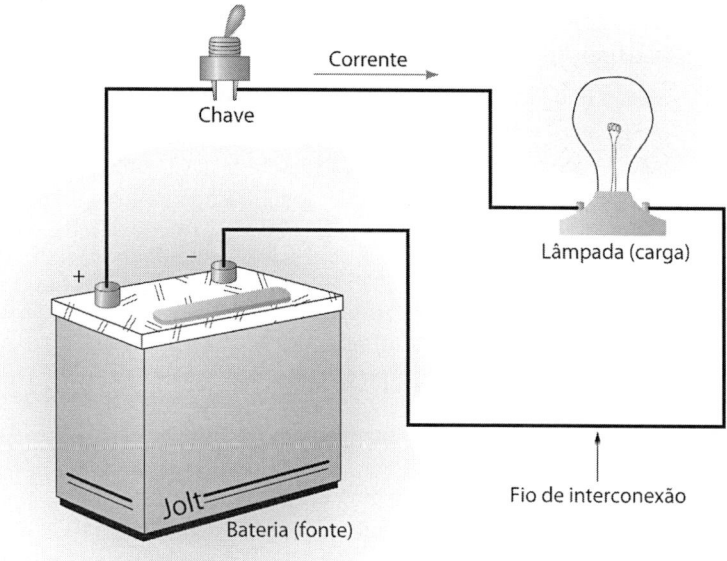

Figura 1-6 Diagrama pictorial. A bateria é chamada de fonte e a lâmpada, de carga. (Os sinais + e – representados na bateria serão discutidos no Capítulo 2.)

Diagramas Esquemáticos

Se, por um lado, os diagramas pictoriais auxiliam a visualizar os circuitos, eles são trabalhosos para desenhar. Os **diagramas esquemáticos** contornam esse problema usando símbolos-padrão simplificados para representar os componentes; veja a Tabela 1-7. (Os significados desses símbolos ficarão claros à medida que você

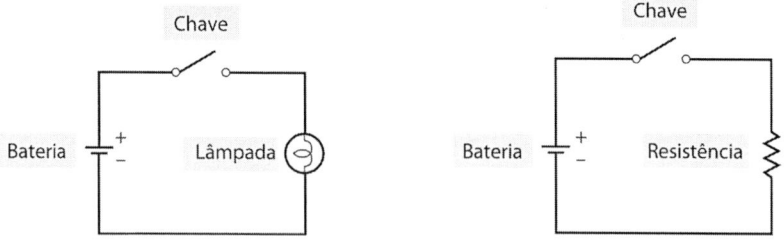

(a) Esquema usando a lâmpada como símbolo   (b) Esquema usando a resistência como símbolo

Figura 1-7 Representação esquemática da figura 1-6. A lâmpada possui uma propriedade do circuito denominada resistência (abordada no Capítulo 3).

avançar no livro.) Na Figura 1-7 (a), por exemplo, usamos alguns desses símbolos para criar um esquema para o circuito da Figura 1-6. Cada componente foi substituído pelos símbolos de circuito correspondentes.

Ao selecionar, escolha aqueles mais apropriados à ocasião. Considere a lâmpada na Figura 1-7(a). Como mostraremos mais tarde, a lâmpada possui uma propriedade denominada **resistência**. Quando quiser chamar a atenção para essa propriedade, use o símbolo da resistência no lugar do da lâmpada, como na Figura 1-7 (b).

Quando desenhamos os diagramas esquemáticos, geralmente os desenhamos em linhas horizontais e verticais, unidas em ângulo reto, como na Figura 1-7. Essa é uma prática-padrão. (Neste momento, você deveria dar uma olhada em alguns capítulos posteriores, por exemplo, o Capítulo 7, e estudar mais exemplos.)

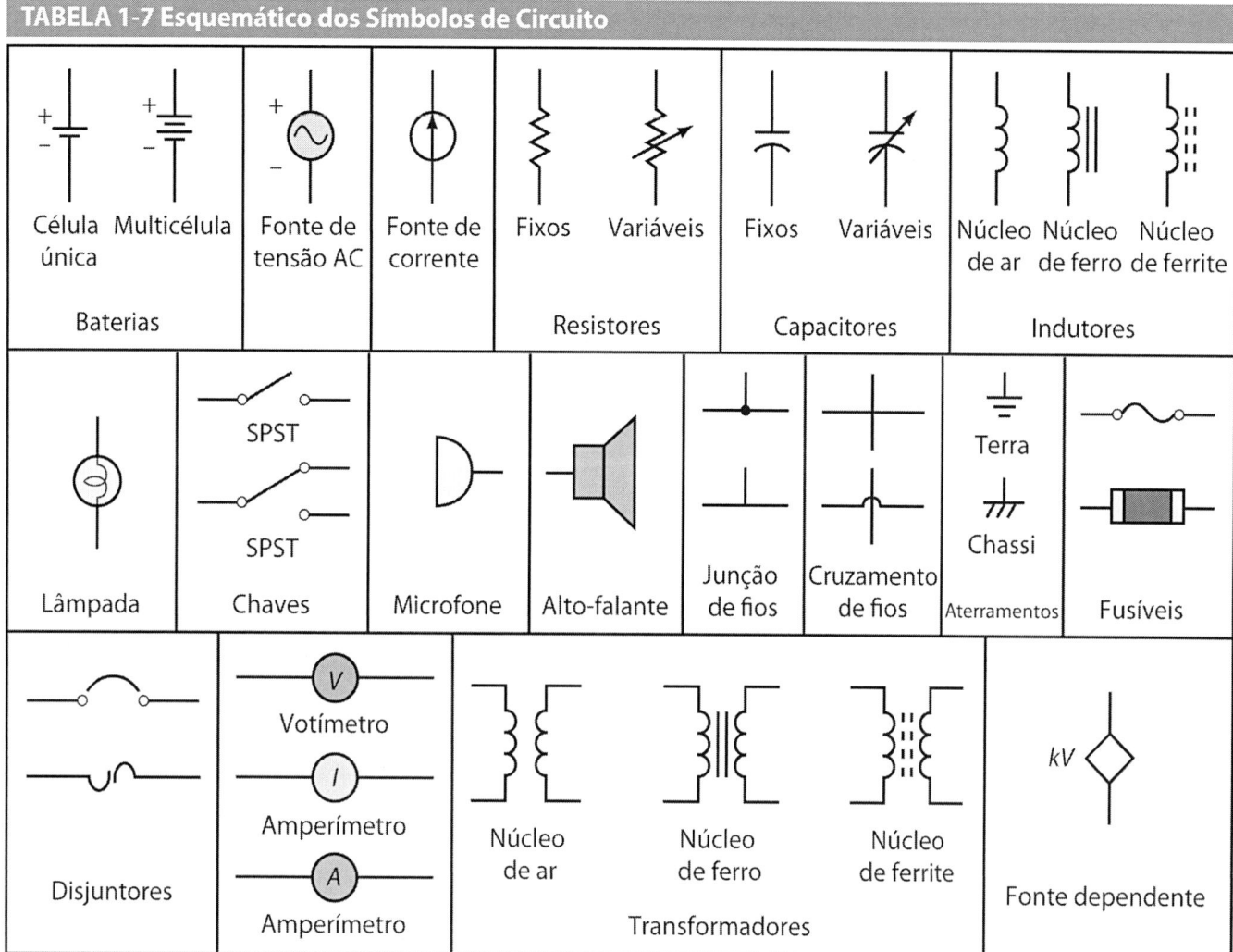

TABELA 1-7 Esquemático dos Símbolos de Circuito

1.7 Análise de Circuitos com o Auxílio do Computador e Calculadoras

Computadores e calculadoras são amplamente usados para análise e projeto de circuitos. Entre os softwares usados com frequência para essa finalidade, estão os softwares de simulação (como o Multisim e o PSpice) e os de análise numérica, como o Mathcad e o Matlab (ver as Notas). Começaremos com os softwares de simulação.

Softwares de Simulação de Circuito

O software de simulação resolve problemas, simulando o comportamento dos circuitos elétricos e eletrônicos, em vez de resolver uma série de equações. Para analisar um circuito, você o monta na tela selecionando os componentes (resistores, capacitores, transistores etc.) disponíveis na biblioteca do programa, para depois posicioná-los e interligá-los, com o objetivo de formar o circuito desejado. Com apenas um clique no mouse, os valores dos componentes, as ligações e as opções de análise podem ser modificados. As Figuras 1-8 e 1-9 mostram dois exemplos. Softwares como esses permitem que você monte e teste os circuitos na tela do computador sem precisar montar um protótipo.

NOTAS...

Softwares para uso técnico podem ser divididos em duas grandes categorias — dos softwares de aplicação (como o Multisim e o PSpice) e das linguagens de programação (como Java e C++). Os softwares de aplicação são desenvolvidos para resolver problemas sem que o usuário tenha de programar, enquanto as linguagens de programação exigem que ele escreva o código para cada tipo de problema a ser resolvido. Neste livro, não usamos as linguagens de programação.

A maioria dos pacotes de simulação utiliza uma ferramenta de software denominada **SPICE** (*Simulation Program With Integrated Circuit Emphasis*). Dois dos produtos mais conhecidos – o Multisim e o PSpice – são as ferramentas de simulação utilizadas neste livro. Cada um deles tem seu ponto forte. O Multisim, por exemplo, modela com mais exatidão uma bancada real (completa, com medidores realísticos) do que o PSpice; entretanto, o PSpice tem outras vantagens, como você verá ao longo do livro.

Por isso, é necessário resolver uma série de problemas manualmente, com o auxílio da calculadora, para desenvolver a compreensão da teoria e a percepção da resposta certa.

O software do computador é atualizado com frequência, e as versões utilizadas aqui são as vigentes na época da elaboração do livro (Multisim 9 e ORCAD 10.5).

Multisim® é uma marca registrada da Electronics Workbench, National Instruments Company, ORCAD®, ORCAD Capture® e PSpice® são marcas registradas da Cadence Design Systems Inc., e Mathcad® é um produto da Mathsoft Engineering and Education Inc.

> **NOTAS...**
>
> Devem-se usar as ferramentas de software de maneira sensata. Antes de usar o Multisim ou o PSpice, por exemplo, certifique-se de que tem conhecimento do assunto que está estudando, uma vez que o uso desse tipo de software sem algum conhecimento pode resultar em repostas absurdas — e você precisa saber reconhecer isso.

Pacotes de Software de Matemática

Uma outra categoria útil de softwares inclui os pacotes de matemática, como o Mathcad e o Matlab. Esses programas (que utilizam técnicas de análise numérica para resolver equações, dados gráficos etc.) também não exigem programação – é só inserir os dados e deixar que o computador faça o trabalho. Geralmente, esses softwares usam a notação matemática padrão (ou próxima disso); e são de grande ajuda para resolver equações simultâneas, como as encontradas em análises de malha e nodal, Capítulos 8 (neste volume) e 19 (no volume dois).

O Uso da Calculadora em Análises de Circuitos

Embora os programas de software mencionados sejam úteis, a calculadora será a nossa principal ferramenta na aprendizagem de análises de circuitos. Será necessária uma calculadora que trabalhe com números complexos nas formas retangular e polar. Calculadoras desse tipo nos fazem economizar tempo e esforço, além de reduzir substancialmente as chances de erro. A Figura 1-10 mostra o modelo TI-86, um tipo muito eficiente de calculadora gráfica. (De qualquer forma, consulte seu professor ou a lista do livro antes de comprar uma calculadora.) O livro contém dicas valiosas de como se usar calculadoras em análises de circuitos; no Apêndice B (publicado no site do livro na internet), elas se encontram resumidas.

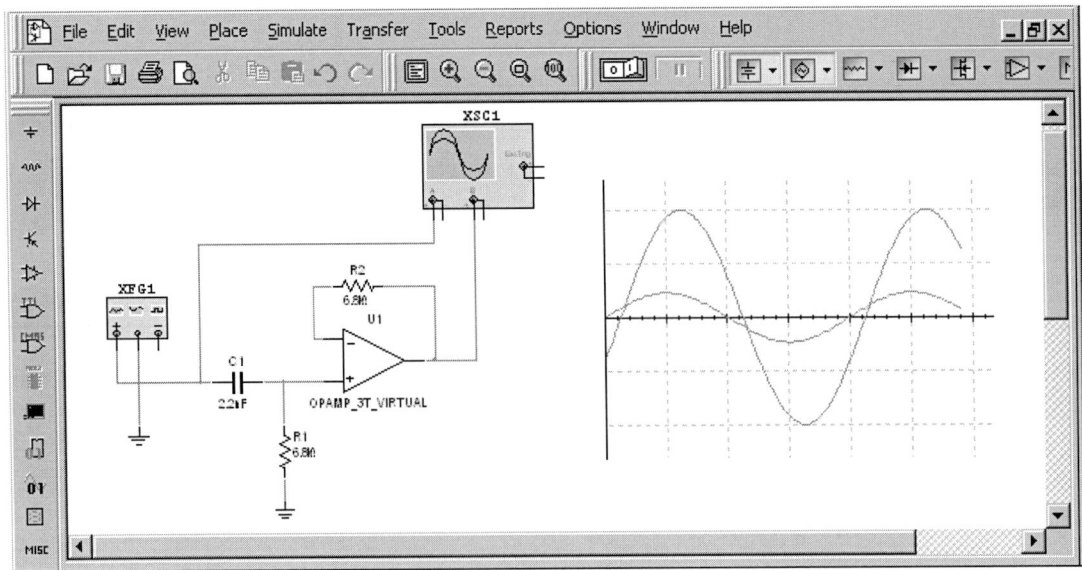

Figura 1-8 Tela do computador mostrando uma análise de circuitos utilizando o Multisim.

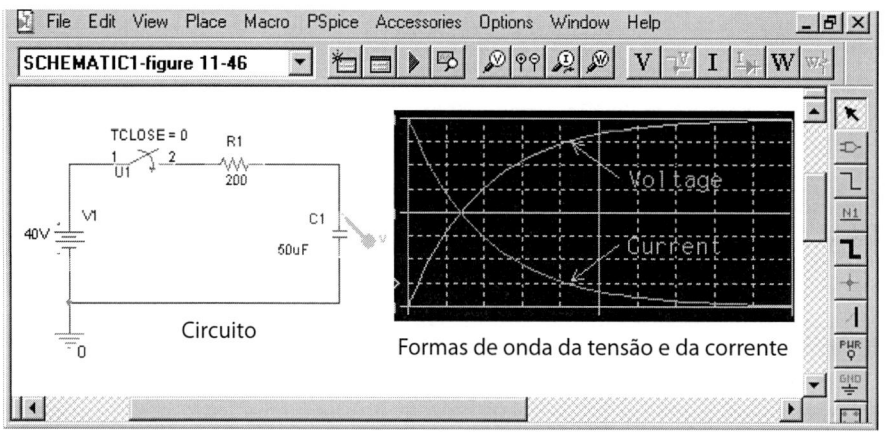

Figura 1-9 Tela do computador mostrando uma análise de circuitos utilizando o ORCAD PSpice.

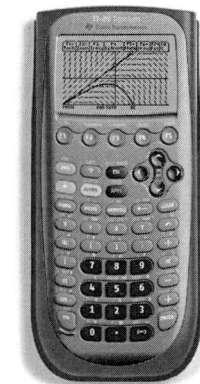

Figura 1-10 Há uma série de calculadoras que podem ser usadas em análises de circuitos. Esta foto mostra o modelo TI-89.
(Cortesia da Texas Instruments Ind. Foto reproduzida com permissão.)

PROBLEMAS

1.3 Unidades de Conversão

1. Faça a conversão dos itens a seguir:
   a. 27 minutos em segundos
   b. 0,8 hora em segundos
   c. 2 h 3 min 47 s em s
   d. 35 cavalos-vapor (hp) em watts
   e. 1.827 w em hp
   f. 23 revoluções em graus

2. Faça a conversão dos itens a seguir:
   a. 27 pés em metros
   b. 2,3 Jd em cm
   c. 36° F em °C
   d. 18 (US) galões em litros
   e. 100 pés quadrados em m^2
   f. 124 pés quadrados em m^2
   g. 47 libras-força em newtons

3. Defina os fatores de conversão, calcule o que se pede, e dê as respostas nas unidades indicadas.
   a. A área de uma chapa de 1,2 m por 70 cm em m^2.
   b. A área de um triângulo com base de 25 cm e altura de 0,5 m em m^2.
   c. O volume de uma caixa de 10 cm por 25 cm por 80 cm em m^3.
   d. O volume de uma esfera com raio de 10 pol em m^3.

4. Um ventilador elétrico rotaciona a 3.000 revoluções por minuto. Qual é o equivalente em graus por segundo?

5. Se o robô da superfície de montagem da Figura 1-3 posiciona 15 partes a cada 12 s, qual é a taxa de posicionamento por hora?

6. Se a sua impressora laser é capaz de imprimir 8 páginas por minuto, quantas páginas ela é capaz de imprimir em um décimo de hora?

7. Um carro percorre 27 milhas por (US) galão. Qual é o correspondente em quilômetros por litro?

8. O raio equatorial da Terra é igual a 3.963 milhas. Qual é a circunferência da Terra em quilômetros, na linha do Equador?

9. Uma roda rotaciona 18° em 0,02 s. Qual é o correspondente em revoluções por minuto?

10. Às vezes, a altura dos cavalos é medida em "palmos", e 1 palmo equivale a 4 polegadas. Em metros, qual é a altura de um cavalo de 16 palmos? E em centímetros?

11. Suponha que $s = vt$, em que s é a distância percorrida, v é a velocidade, e t é o tempo. Se você viajar a $v = 60$ mph durante 500 segundos, chega-se ao raciocínio errado, fazendo a substituição $s = vt = (60)(500) = 30.000$ milhas. O que está errado nesse cálculo? Qual é a resposta certa?

12. Uma pizza redonda tem uma circunferência de 47 pol. Quanto tempo um cortador de pizza leva, deslocando-se a 0,12 m/s, para cortar a pizza diagonalmente?

13. Pediu-se que Joe S. convertesse 2.000 jd/h em metros por segundo. Eis o que ele fez: velocidade = 2.000 × 0,9144 × 60/60 = =1828,8 m/s. Determine os fatores de conversão, anote as unidades na conversão e ache a resposta certa.

14. A distância média entre a Terra e a Lua é igual a 238.857 milhas. Os sinais de rádio se propagam a 299.792,458 m/s. Quanto tempo o sinal de rádio leva para alcançar a Lua?

15. Se você andar a uma velocidade de 3 km/h durante 8 minutos, 5 km/h durante 1,25 h e continuar a caminhada a uma velocidade de 4 km durante 12 minutos, quanto terá percorrido no total?

16. Suponha que você ande a 2 mph durante 12 minutos, 4 mph durante 0,75 h, e nos 15 minutos finais, ande a 5 mph. Quanto terá percorrido no total?

17. Durante 15 minutos, você anda a 2 km/h, durante 18 minutos, a 5 km/h, e no tempo restante, sua velocidade é igual a 2,5 km/h. Se a distância total percorrida é igual a 2,85 km, quantos minutos gastou andando a 2,5 km/h?

18. Durante 16 minutos, você anda a uma velocidade de 1,5 mph, acelera para 3,5 mph por um tempo, e diminui para 3 mph durante os 12 minutos finais. Se a distância total percorrida é igual a 1,7 milha, quanto tempo você gastou a uma velocidade de 3,5 mph?

19. Seu gerente industrial pede que você inspecione duas máquinas. O custo da eletricidade para operar a máquina #1 é de 43 centavos de dólar/minuto, e o da máquina #2 é de $200,00 por turno de 8 horas. O preço de compra, a capacidade de produção, os custos com a manutenção e a confiabilidade a longo prazo são iguais para ambas. Com base nessa informação, qual máquina deveria ser comprada e por quê?

20. Sendo 1 hp = 550 pés-lb/s, 1 pé = 0,3048 m, 1 lb = 4,448 N, 1 J = 1 N-m, e 1 W = 1 J/s, mostre que 1 hp = 746 W.

1.4 Notação de Potência de 10

21. Expresse cada um dos itens a seguir em notação de potência de 10, com um dígito não nulo, na casa decimal antes da vírgula:
    a. 8.675
    b. 0,008 72
    c. $12,4 \times 10^2$
    d. $37,2 \times 10^{-2}$
    e. $0,003\ 48 \times 10^5$
    f. $0,000\ 215 \times 10^{-3}$
    g. $14,7 \times 10^0$

22. Expresse a resposta para cada um dos itens a seguir na notação de potência de 10, com um dígito não nulo, na casa decimal antes da vírgula:
    a. (17,6) (100)
    b. (1.400) (27×10^{-3})
    c. $(0,15 \times 10^6)(14 \times 10^{-4})$
    d. $1 \times 10^{-7} \times 10^{-4} \times 10,65$
    e. (12,5) (1.000) (0,01)
    f. $(18,4 \times 10^0)(100)(1,5 \times 10^{-5})(0,001)$

23. Repita as instruções dadas na questão 22 para os itens a seguir:
    a. $\dfrac{125}{1.000}$
    b. $\dfrac{8 \times 10^4}{(0,001)}$
    c. $\dfrac{3 \times 10^4}{(1,5 \times 10^6)}$
    d. $\dfrac{(16 \times 10^{-7})(21,8 \times 10^6)}{(14,2)(12 \times 10^{-5})}$

24. Determine as repostas:

   a. $123{,}7 + 0{,}05 + 1.259 \times 10^{-3}$
   b. $72{,}3 \times 10^{-2} + 1 \times 10^{-3}$
   c. $86{,}95 \times 10^{2} - 383$
   d. $452 \times 10^{-2} + (697)(0{,}01)$

25. Converta os itens a seguir para a notação de potência de 10 e, sem o auxílio da calculadora, determine as respostas:

   a. $(4 \times 10^{3})(0{,}05)^{2}$
   b. $(4 \times 10^{3})(-0{,}05)^{2}$
   c. $\dfrac{(3 \times 2 \times 10)^{2}}{(2 \times 5 \times 10^{-1})}$
   d. $\dfrac{(30+20)^{-2}(2{,}5 \times 10^{6})(6000)}{(1 \times 10^{3})(2 \times 10^{-1})^{2}}$
   e. $\dfrac{(-0{,}027)^{1/3}(-0{,}2)^{2}}{(23+1)^{0} \times 10^{-3}}$

26. Para cada item a seguir, converta os números para a notação de potência de 10, e depois faça os cálculos indicados. Arredonde os números para quatro dígitos.

   a. $(452)(6{,}73 \times 10^{4})$
   b. $(0{,}009\,85)(4.700)$
   c. $(0{,}0892)(0{,}000\,067\,3)$
   d. $12{,}40 - 236 \times 10^{-2}$
   e. $(1{,}27)^{3} + 47{,}9/(0{,}8)^{2}$
   f. $(-643 \times 10^{-3})^{3}$
   g. $[(0{,}0025)^{1/2}][1{,}6 \times 10^{4}]$
   h. $[(-0{,}027)^{1/3}] / [1{,}5 \times 10^{-4}]$
   i. $\dfrac{(3{,}5 \times 10^{4})^{-2} \times (0{,}0045)^{2} \times (729)^{1/3}}{[(0{,}00872) \times (47)^{3}] - 356}$

27. Nos itens a seguir,

   a. converta os números para a notação de potência de 10 e faça os cálculos indicados;
   b. faça a operação diretamente na calculadora, sem fazer a conversão. Qual é a sua conclusão?

   i. $842 \times 0{,}0014$
   ii. $\dfrac{0{,}0352}{0{,}00791}$

28. Expresse os itens a seguir na notação convencional:

   a. $34{,}9 \times 10^{4}$
   b. $15{,}1 \times 10^{0}$
   c. $234{,}6 \times 10^{-4}$
   d. $6{,}97 \times 10^{-2}$
   e. $45\,786{,}97 \times 10^{-1}$
   f. $6{,}97 \times 10^{-5}$

29. Um coulomb (Capítulo 2) é a quantidade de carga representada por 6 240 000 000 000 000 000 elétrons. Expresse essa quantia em notação de potência de 10.

30. A massa de um elétron é igual a 0, 000 000 000 000 000 000 000 000 000 8999 kg. Expresse esse valor em potência de 10 com um dígito não nulo, na casa decimal antes da vírgula:

31. Se $6{,}24 \times 10^{18}$ elétrons passam por um fio em 1 s, quantos passam por ele durante um intervalo de tempo de 2 h, 47 min e 10 s?

32. Calcule a distância percorrida pela luz em metros, no vácuo, em $1{,}2 \times 10^{-8}$ segundo.

33. Quanto tempo leva para a luz percorrer $3{,}47 \times 10^{5}$ km no vácuo?

34. Qual é a distância em km que a luz percorre em um ano-luz?

35. Ao investigar um local para um projeto de hidroelétrica, determina-se que o fluxo da água é igual a $3{,}73 \times 104$ m³/s. Qual é o correspondente em litros/hora?

36. A força gravitacional entre dois corpos é $F = 6{,}6726 \times 10^{-11} \dfrac{m_{1}m_{2}}{R^{2}}$ N, onde as massas $m1$ e $m2$ estão em quilogramas, e a distância r entre os centros gravitacionais está em metros. Se o corpo 1 é uma esfera cujo raio tem 5.000 milhas e densidade de 25 kg/m³, e o corpo 2 é uma esfera de 20.000 km de diâmetro e densidade de 12 kg/m³, e a distância entre os centros é igual a 100.000 milhas, qual é a força gravitacional entre eles?

1.5 Prefixos, Notação de Engenharia e Resultados Numéricos

37. Quais são o prefixo e a abreviação apropriados para cada um destes multiplicadores?
    a. 1000
    b. 1 000 000
    c. 10^9
    d. 0,000 001
    e. 10^{-3}
    f. 10^{-12}

38. Expresse as abreviações dos itens a seguir, por exemplo, microwatts como µW. Atenção às capitalizações (por exemplo, V e não v para volts).
    a. miliamperes
    b. quilovolts
    c. megawatts
    d. microssegundos
    e. micrômetro
    f. milissegundos
    g. nanoamperes

39. Expresse os seguintes itens na notação de engenharia mais sensata (por exemplo, 1.270 µs = 1,27 ms).
    a. 0,0015 s
    b. 0,000 027 s
    c. 0,000 35 ms

40. Converta os itens a seguir:
    a. 156 mV em volts
    b. 0,15 mV em microvolts
    c. 47 kW em watts
    d. 0,057 mW em quilowatts
    e. $3,5 \times 10^4$ volts em quilovolts
    f. 0,000 035 7 amperes em microamperes

41. Determine os valores nos espaços em branco:
    a. 150 kV = × _____ × 10^3 V = _____ × 10^6 V
    b. 330 µW = _____ × 10^{-3} W = _____ × 10^{-5} W

42. Faça as operações indicadas e expresse as respostas nas unidades indicadas:
    a. 700 µA − 0,4 mA = _____ µA = _____ mA
    b. 600 mW + 300 × 10^4 W = _____ mW

43. Faça as operações indicadas e expresse as respostas nas unidades indicadas:
    a. 330 V + 0,15 kV + 0,2 × 10^3 V = _____ V
    b. 600 W + 100 w + 2700 mW _____ W

44. A tensão de uma linha de transmissão de alta tensão é $1,15 \times 10^5$ v. Qual é o valor da tensão em kV?

45. Você comprou para seu quarto um aquecedor elétrico de 1500 w. Qual é o valor correspondente em kW?

46. Considere a Figura 1-11. Como aprenderá no Capítulo 6, $I_4 = I_1 + I_2 + I_3$. Se $I_1 = 1,25$ mA, $I_2 = 350$ µA e $I_3 = 250 \times 10^{-5}$ A, qual é o valor de I_4?

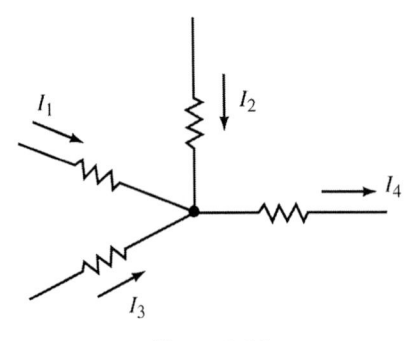

Figura 1-11

47. Para a Figura 1-12, $I_1 + I_2 - I_3 + I_4 = 0$. Se $I_1 + 12$ A, $I_2 = 0,150$ kA e $I_4 = 250 \times 10^{-1}$ A. Qual é o valor de I_3?

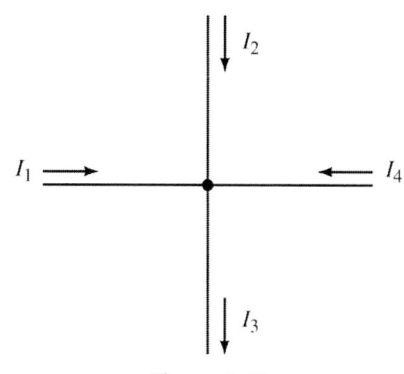

Figura 1-12

48. Em certo circuito eletrônico, $V_1 = V_2 - V_3 - V_4$. Se $V_1 = 120$ mV, $V_2 = 5.000$ μV e $V_3 = 20 \times 10^{-4}$ V, qual é o valor de V_4?

49. Ao consertar um aparelho de rádio antigo, você depara com um capacitor defeituoso de valor 39 mmfd. Após uma pesquisa rápida, você descobre que "mmfd" é uma unidade obsoleta, que significa "micromicrofarads". Você precisará repor o capacitor por outro de igual valor. Consultando a Tabela 1-6, qual valor corresponderia a 39 "micromicrofarads"?

50. a. Se a carga de 0,045 coulomb (questão 29) passa por um cabo em 15 ms, quantos elétrons equivalem a isso?

    b. Na taxa de $9,36 \times 10^{19}$ elétrons por segundo, quantos coulombs passam por um ponto em um fio em 20 μs?

51. Um sinal de rádio propaga a 299 792,458 km/s, e um sinal de telefone, a 150 m/μs. Se eles têm origem no mesmo ponto, qual chega primeiro ao destino cuja distância é igual a 5.000 km? Qual é a diferença de tempo?

52. No Capítulo 4, você aprenderá que a potência dc é obtida com o produto da tensão vezes a corrente, ou seja, $P = V \times I$ watts.

    a. Se $V = 50$ V e $I = 24$ mA (ambos valores exatos), qual é o valor de P em watts?

    b. Se o voltímetro mede a tensão $V = 50,0 \pm 0,1$ volts, e o amperímetro mede a corrente $I = 24,0 \pm 0,1$ mA, baseado nos valores medidos, o que se pode concluir sobre P?

53. No Capítulo 4, você aprenderá que a resistência é dada pela razão entre a tensão e a corrente, ou seja, $R = V \div I$ ohms.

    a. Se $V = 50$ V e $I = 24$ mA (ambos valores exatos), qual é o valor de r?

    b. Se a tensão é $V = 50,0 \pm 0,1$ volts, e a corrente é $I = 24,0 \pm 0,1$ mA, o que se pode concluir sobre o valor de R?

54. O componente soldado no circuito impresso, na Figura 1-13(a), é um dispositivo eletrônico conhecido como circuito integrado. Como indicado em (b), o espaço centro a centro de seus terminais é igual a $0,8 \pm 0,1$ mm. O diâmetro dos terminais pode variar de 0,25 mm a 0,45 mm. Considerando essas incertezas, calcule as distâncias mínima e máxima entre os terminais devido à tolerância do fabricante.

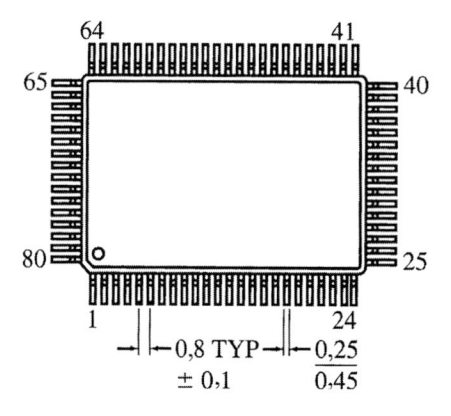

Figura 1-13

1.6 Diagramas de Circuitos

55. Considere o diagrama pictorial da Figura 1-14. Usando os símbolos apropriados disponíveis na Tabela 1-7, desenhe-o na forma esquemática. Sugestão: Nos próximos capítulos, há vários circuitos esquemáticos que contêm resistores, indutores e capacitores. Utilize-os como guia.

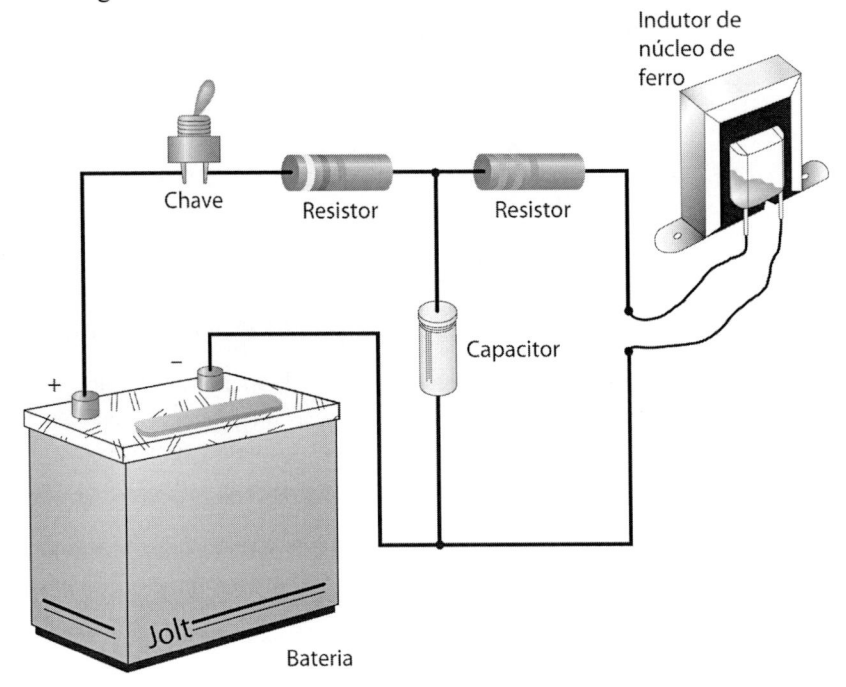

Figura 1-14

56. Faça um diagrama esquemático para uma lanterna simples.

1.7 Análise de Circuitos com o Auxílio do Computador

57. Muitas revistas de eletrônica e informática possuem anúncios de ferramentas de software, como o PSpice, o Mathcad, o Matlab e outros mais. Procure algumas dessas revistas na biblioteca de sua instituição; estudando tais anúncios, você poderá compreender melhor o que os pacotes de software são capazes de fazer.

RESPOSTAS DOS PROBLEMAS PARA VERIFICAÇÃO DO PROCESSO DE APRENDIZAGEM

Verificação do Processo de Aprendizagem 1

1. Um
2. 1.280 cm
3. m/s
4. **a.** 4,27 s; **b.** 1,53 mv; **c.** 1,23 ms
5. **a.** $1,8 \times 10^4 = 18 \times 10^3$;
   b. $36 \times 10^4 = 3,6 \times 10^5 = 0,36 \times 10^6$;
   c. $4,45 \times 10^2 = 44,5 \times 10^1$;
   d. $27 \times 10^{-6} = 2,7 \times 10^{-5}$.
6. **a.** 0,752 mA; **b.** 980 mV; **c.** 400 ms = 0,4 ms

• TERMOS-CHAVE

Ampere; Ampere-hora; Átomo; Bateria; Capacidade; Célula; Disjuntor; Condutor; Coulomb; Lei de Coulomb; Corrente; Carga Elétrica; Elétron; Elétrons Livres; Fusível; Isolante; Íon, Fracamente Atraídos; Nêutron; Polaridade; Diferença de Potencial; Próton; Semicondutor; Camada; Chave; Fortemente Atraídos; Valência; Tensão

• TÓPICOS

Revisão da Teoria Atômica; A Unidade da Carga Elétrica: O Coulomb; Tensão; Corrente; Fontes Práticas de Tensão DC; Medição da Tensão e da Corrente; Chaves, Fusíveis e Disjuntores

• OBJETIVOS

Após estudar este capítulo, você será capaz de:

- descrever a composição elementar de um átomo;
- explicar a relação entre as camadas de valência, os elétrons livres e a condução;
- descrever a força fundamental (coulomb) dentro de um átomo e a energia necessária para criar elétrons livres;
- definir o que são íons e como eles são criados;
- descrever as características dos condutores, isolantes e semicondutores;
- descrever o coulomb como medida de carga;
- definir o que é tensão;
- descrever como a bateria "gera" tensão;
- explicar a corrente como movimento de carga e como a tensão gera a corrente em um condutor;
- descrever tipos importantes de bateria e suas características;
- descrever como medir a tensão e a corrente.

Tensão e Corrente

Apresentação Prévia do Capítulo

A Figura 2-1 mostra um circuito elétrico básico, composto por uma fonte de energia elétrica, uma chave, uma carga e um fio de interconexão. Quando a chave está fechada, a corrente no circuito faz com que a lâmpada acenda. Esse circuito é uma representação de muitos circuitos comuns, encontrados na prática, incluindo os sistemas da lanterna e do farol de automóvel. Usaremos esse tipo de circuito para ajudar a desenvolver uma melhor compreensão da tensão e da corrente.

(a) Representação pictorial   (b) Representação esquemática

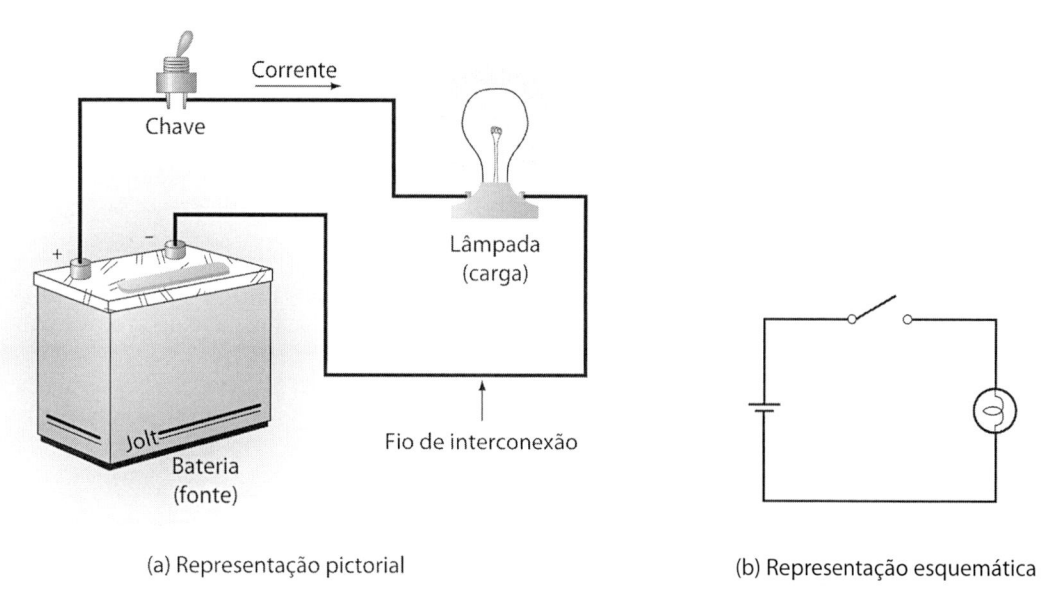

FIGURA 2-1 Exemplo de circuito elétrico básico.

A teoria atômica simples mostra que a corrente na Figura 2-1 é, na verdade, um fluxo de cargas. A "tensão" da fonte é que provoca o movimento. Embora na Figura 2-1 a fonte seja uma bateria, na prática, pode haver uma série de fontes, como geradores, fontes de alimentação, célula solar, e assim por diante.

Neste capítulo, veremos os conceitos básicos de tensão e corrente. Começaremos pela discussão da teoria atômica, o que acarreta a abordagem dos elétrons livres e a idéia de corrente como um movimento da carga. A tensão e a corrente serão, então, definidas. Em seguida, veremos algumas fontes comuns de tensão. No final do capítulo falaremos dos voltímetros e amperímetros, e da medida da tensão e da corrente na prática.

Colocando em Perspectiva

As Equações da Teoria de Circuitos

Neste capítulo, apresentaremos as primeiras equações e fórmulas usadas para descrever as relações na teoria de circuitos. É mais fácil se lembrar das fórmulas quando os princípios e conceitos nos quais elas se baseiam são compreendidos. Como deve se recordar da época das aulas de Física do ensino médio, as fórmulas podem surgir de experiências, por definição ou por manipulação matemática.

Fórmulas Experimentais

A teoria de circuitos baseia-se em alguns resultados experimentais básicos. Esses são resultados que não podem ser provados de outra maneira; são válidos somente porque a experiência mostrou que são verdadeiros. Os principais experimentos são denominados "leis"; eis quatro exemplos: lei de Ohm; lei de Kirchhoff das tensões, lei de Kirchhoff das correntes e lei de Faraday. (Essas leis serão encontradas em vários capítulos do livro.) Quando deparar com uma fórmula referida como uma lei ou um resultado experimental, lembre-se de que ela é baseada em experimentos e não pode ser obtida de outra maneira.

Fórmulas Definidas

Algumas fórmulas são criadas por definição, ou seja, são inventadas. Por exemplo, há 60 segundos em um minuto porque definimos o segundo como sendo 1/60 de um minuto. Com isso, temos a fórmula: $t_{seg} = 60 \times t_{min}$.

Fórmulas Deduzidas

Esse tipo de fórmula ou equação é criado matematicamente, da combinação ou manipulação de outras fórmulas. Ao contrário dos outros dois tipos de fórmula, o único modo de obter a relação deduzida é com a matemática.

É importante o aluno ter consciência de onde vem a teoria de circuitos. Tal conhecimento não só ajuda a entender e a lembrar as fórmulas; ele auxilia a compreender os fundamentos da teoria — as premissas experimentais básicas nas quais a teoria se baseia, as definições importantes e com que métodos os conceitos básicos foram reunidos. Isso pode ser extremamente útil para entender e lembrar os conceitos.

2.1 Revisão da Teoria Atômica

A Figura 2-2 mostra simbolicamente a estrutura elementar de um átomo: um núcleo de prótons e nêutrons rodeados por um grupo de elétrons em órbita. Como aprendeu nas aulas de Física, os elétrons têm carga negativa (−) e os prótons, carga positiva (+). Cada átomo (em estado normal) possui um número igual de prótons e elétrons, e como suas cargas são iguais e opostas, elas se anulam, deixando o átomo eletricamente neutro, ou seja, com uma carga total nula. A carga total do núcleo, entretanto, é positiva, já que ele é composto de prótons com carga positiva e nêutrons (que são desprovidos de carga).

A estrutura básica apresentada na Figura 2-2 aplica-se a todos os elementos; porém, cada elemento apresenta uma combinação única de elétrons, prótons e nêutrons. Por exemplo, o átomo de hidrogênio – o mais simples dos átomos — possui 1 próton e 1 elétron; já o átomo de cobre tem 29 elétrons, 29 prótons e 35 nêutrons. O silício – importante por sua utilização em transistores e outros dispositivos eletrônicos – tem 14 elétrons, 14 prótons e 14 nêutrons.

No modelo da Figura 2-2, os elétrons que têm aproximadamente o mesmo raio orbital podem dar a impressão de que formam camadas, o que dá origem ao desenho simplificado da Figura 2-3, onde agrupamos as órbitas próximas em camadas designadas como *K, L, M, N* etc. Cada camada comporta apenas um número determinado de elétrons e nenhum deles pode estar presente no espaço entre elas. O número máximo comportado em cada camada é de $2n^2$, onde n é o número da camada; portanto, pode haver até 2 elétrons na camada *K*, até 8 na camada *L*, até 18 na camada *M*, e até 32 na camada *N*.

O número de elétrons em qualquer camada depende do elemento. Por exemplo, o átomo de cobre – que tem 29 elétrons – possui todas as 3 camadas internas completas; porém, a camada mais externa (*N*) tem somente 1 elétron (Figura 2-4). A camada mais externa é chamada de **camada de valência**, e o elétron localizado nela denomina-se **elétron de valência**.

Nenhum elemento pode ter mais de 8 elétrons de valência; quando a camada atinge esse número, ela está completa. Como veremos, o número de elétrons de valência de um elemento afeta diretamente suas propriedades elétricas.

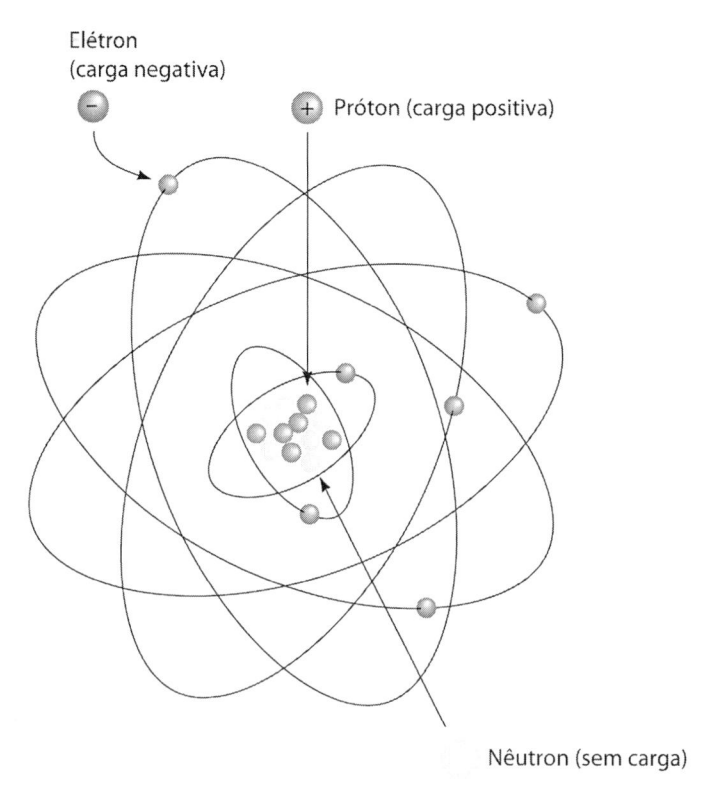

Figura 2-2 Modelo atômico de Bohr. Os elétrons circulam ao redor do núcleo a uma velocidade incrível, percorrendo bilhões de voltas em uma fração de segundo. A força de atração entre os elétrons e os prótons no núcleo os mantém em órbita.

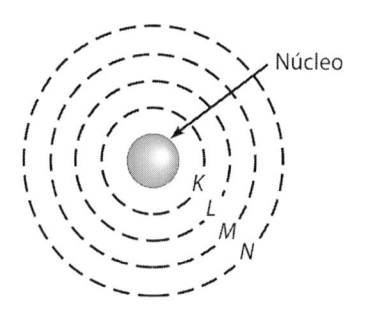

Figura 2-3 Representação simplificada de um átomo. Os elétrons circulam no que se pode chamar de órbitas esféricas, denominadas "camadas".

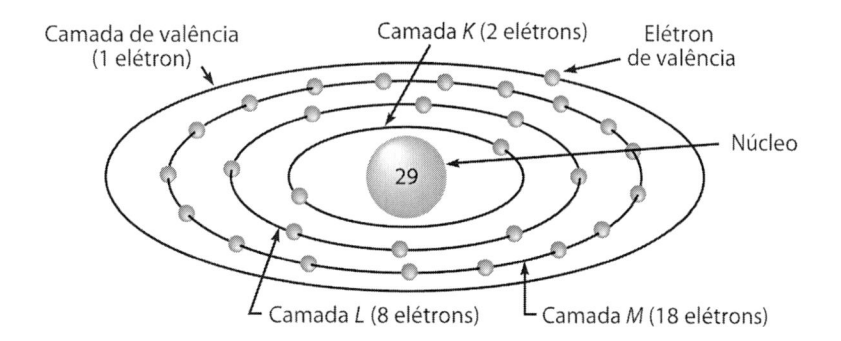

Figura 2-4 Átomo de cobre. Como o elétron de valência é pouco atraído em direção ao núcleo do átomo, diz-se que o elétron está "fracamente atraído".

Carga Elétrica

Nos parágrafos anteriores, mencionamos a palavra "carga". No entanto, precisamos nos deter mais em seu significado. Primeiro, é preciso saber que a carga elétrica é uma propriedade intrínseca da matéria que se manifesta na forma de forças — os elétrons repelem outros elétrons, mas atraem prótons, enquanto os prótons se repelem e atraem os elétrons.

Estudando essas forças, os cientistas determinaram que a carga de um elétron é negativa e a de um próton é positiva.

No entanto, o termo "carga" significa mais do que isso. A título de exemplo, considere novamente o átomo elementar da Figura 2-2. Ele tem o mesmo número de elétrons e prótons, e como as cargas são iguais e opostas, elas se anulam, deixando o átomo sem carga. No entanto, se o átomo adquire mais elétrons (ficando com mais elétrons do que prótons), dizemos que está negativamente carregado. Por outro lado, se ele perder elétrons e ficar com menos elétrons do que prótons, dizemos que o átomo está positivamente carregado. Nesse sentido, o termo "carga" denota um desequilíbrio entre o número de elétrons e prótons no átomo.

Passemos agora para o nível macroscópico. Nesse nível, as substâncias em seu estado normal estão geralmente sem carga; ou seja, elas têm o mesmo número de elétrons e prótons. Esse equilíbrio, entretanto, é perturbado com facilidade – os elétrons podem ser retirados de seus átomos de origem com simples ações, como andar em cima de um carpete, escorregar da cadeira, ou centrifugar roupas na secadora. (Lembre-se da "atração estática".) Considere mais dois exemplos provindos da Física. Suponha que haja o atrito entre um bastão de ebonite e a lã. Isso provoca uma transferência de elétrons da lã para o bastão; este adquire, portanto, o excesso de elétrons e fica com a carga negativa. Do mesmo modo, quando há o atrito entre um bastão de vidro e a seda, os elétrons são transferidos do bastão para a seda, deixando o bastão com uma carência de elétrons e, como consequência, com a carga positiva. Novamente, a carga refere-se ao desequilíbrio de elétrons e prótons.

Como demonstram esses exemplos, a "carga" pode se referir à carga de um elétron em particular ou à carga associada a um grupo de elétrons. Em ambos os casos, denota-se a carga pela letra Q, e a unidade de medida no Sistema SI é o coulomb. (A definição de coulomb será vista na Seção 2.2.) Em geral, a carga Q associada a um grupo de elétrons é igual ao produto do número de elétrons multiplicado pela carga em cada elétron. Como a carga se manifesta na forma de força, é também definida em termos dessa força. Discutiremos isso a seguir.

Lei de Coulomb

O cientista francês Charles Coulomb (1736-1806) estudou a força entre as cargas. Realizando experiências, Coulomb determinou que a força entre duas cargas Q_1 e Q_2 (Figura 2-5) é diretamente proporcional ao produto de suas cargas e inversamente proporcional ao quadrado da distância entre elas. Matematicamente, a lei de Coulomb estabelece que:

$$F = k \frac{Q_1 Q_2}{r^2} \quad \text{[newtons, N]} \tag{2-1}$$

onde Q_1 e Q_2 são as cargas em coulombs (a serem definidos na Seção 2-2), r é o espaço em metros de um centro ao outro da carga, e $k = 9 \times 10^9$. A lei de Coulomb aplica-se ao conjunto de cargas, demonstrado na Figura 2-5(a) e (b), assim como a um único elétron dentro do átomo, como em (c).

Como a lei de Coulomb indica, a força diminui de maneira inversamente proporcional ao quadrado da distância; dessa forma, se a distância entre duas cargas for dobrada, a força diminui para $(1/2)^2 = 1/4$ (ou seja, um quarto) do valor original. Por causa dessa relação, a atração entre os elétrons nas órbitas mais externas e o núcleo é mais fraca do que nas órbitas internas; isto é, eles são menos **fortemente atraídos** ao núcleo do que os mais próximos. Os elétrons de valência são os menos fortemente atraídos, e se adquirirem energia o suficiente, escapam dos átomos de origem.

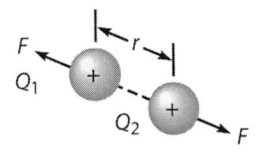

(a) Cargas iguais se repelem

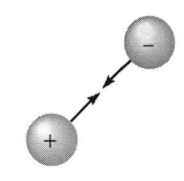

(b) Cargas opostas se atraem

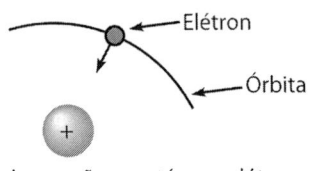

(c) A força de atração mantém os elétrons em órbita

Figura 2-5 As forças na lei de Coulomb.

Elétrons Livres

A quantidade de energia necessária para escapar depende do número de elétrons na camada de valência. Se o átomo tiver poucos elétrons de valência, a atração entre esses e o núcleo será relativamente fraca, e só uma pequena quantidade extra de energia será necessária. Por exemplo, em um metal como o cobre, os elétrons de valência podem adquirir sozinhos energia suficiente do calor (energia térmica) – até em temperatura ambiente – para escapar do átomo de origem e vagar de átomo em átomo por todo o material, como mostra a Figura 2-6. (Repare que esses elétrons não deixam a substância, eles simplesmente perambulam da camada de valência de um átomo para a camada de valência de outro. O material, portanto, permanece eletricamente neutro.)

Elétrons desse tipo são chamados elétrons livres. No cobre, há na ordem de 10^{23} **elétrons livres** por centímetro cúbico, em temperatura ambiente. Como podemos ver, o grande número de elétrons livres faz que o cobre seja um bom condutor de corrente elétrica. Por outro lado, se a camada de valência estiver completa (ou quase), os elétrons de valência encontram-se muito mais fortemente atraídos pelo núcleo. Materiais desse tipo apresentam poucos elétrons livres ou até mesmo nenhum deles.

Íons

Como assinalado anteriormente, quando um átomo neutro ganha ou perde um elétron, ele adquire uma carga elétrica nominal. O átomo com carga é denominado **íon**. Se o átomo perde um elétron, ele é chamado **íon positivo**; se ele ganha um elétron, é chamado **íon negativo**.

Condutores, Isolantes e Semicondutores

A estrutura atômica da matéria afeta a facilidade com que as cargas, ou seja, os elétrons se movem pela substância e, em consequência, como tal substância é usada eletricamente. Do ponto de vista elétrico, os materiais são classificados em condutores, isolantes e semicondutores.

Condutores

Os **condutores** são os materiais nos quais as cargas se movimentam com facilidade. Os bons metais condutores apresentam enorme número de elétrons livres (que se movem facilmente). Em particular, a prata, o cobre, o ouro e o alumínio são, em especial, excelentes condutores. Entre esses, o cobre é o mais utilizado, pois não só é um ótimo condutor, como também é barato e facilmente transformável em fio, o que o faz apropriado para desde uma fiação elétrica de uma casa até equipamentos eletrônicos sofisticados. O alumínio – embora seja somente 60% tão bom condutor quanto o cobre – também é utilizado, principalmente em aplicações, em que o peso leve é importante, como em redes aéreas de linhas de transmissão de energia. A prata e o ouro são muito caros para uso geral; no entanto, por oxidar menos que os outros materiais, o ouro é utilizado em aplicações especializadas. Por exemplo, os conectores elétricos críticos de equipamentos eletrônicos utilizam o ouro porque ele faz uma conexão mais confiável do que outros materiais.

Isolantes

Os materiais que não conduzem energia (por exemplo, vidro, porcelana, plástico, borracha etc.) são denominados **isolantes**. O revestimento dos fios da lâmpada elétrica é um isolante. Ele impede que toquemos nos fios e nos protege do choque elétrico.

Os isolantes não conduzem energia porque apresentam as camadas de valência quase completas ou completas; sendo assim, os elétrons encontram-se fortemente atraídos. No entanto, quando se aplica uma tensão alta o suficiente, a força é tão grande que os elétrons são literalmente arrancados do átomo de origem fazendo que o isolamento entre em colapso e a condução ocorra. No ar, isso pode ser visto como um salto de faísca ou de arco. Nos sólidos, geralmente ocorre o isolamento terra.

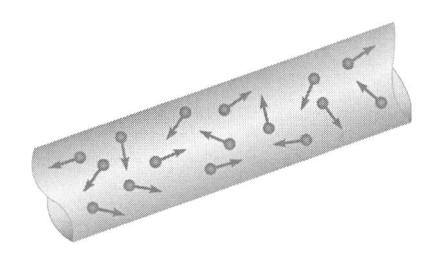

Figura 2-6 Movimento aleatório dos elétrons livres em um condutor.

Semicondutores

O silício e o germânio (além de alguns outros materiais) têm suas camadas de valência completas pela metade, não sendo, portanto, nem bons condutores nem bons isolantes. Conhecidos como **semicondutores**, eles têm uma propriedade elétrica exclusiva, que os torna importantes para a indústria eletrônica. O material principal é o silício, usado para fabricar transistores, diodos, circuitos integrados e outros dispositivos eletrônicos. Os semicondutores tornaram possíveis os computadores pessoais, sistemas de DVD, telefones celulares, calculadoras e uma gama de outros produtos eletrônicos.

VERIFICAÇÃO DO PROCESSO DE APRENDIZAGEM 1

(As respostas encontram-se no final do capítulo.)

1. Descreva a estrutura básica do átomo quanto às partículas constituintes: elétrons, prótons e nêutrons. Por que o núcleo tem a carga positiva? Por que o átomo como um todo é eletricamente neutro?

2. O que são camadas de valência? O que elas contêm?

3. Descreva a lei de Coulomb e utilize-a para explicar por que os elétrons afastados do núcleo são fracamente atraídos.

4. O que são elétrons livres? Descreva como eles são gerados, usando o cobre como exemplo. Explique o papel da energia térmica nesse processo.

5. Faça uma breve distinção entre um átomo normal (ou seja, sem carga), um íon positivo e um negativo.

2.2 A Unidade da Carga Elétrica: o Coulomb

Como dito na seção anterior, a unidade da carga elétrica no SI é o coulomb (C). O **coulomb** é a carga conduzida por $6{,}24 \times 10^{18}$ elétrons. Assim, se um corpo eletricamente neutro (ou seja, sem carga) tem $6{,}24 \times 10^{18}$ elétrons removidos, restará uma carga final positiva de 1 coulomb, ou seja, $Q = 1$ C. Por outro lado, caso se acrescentem $6{,}24 \times 10^{18}$ elétrons em um corpo desprovido de carga, ele terá uma carga final negativa de 1 coulomb, ou seja, $Q = -1$ C. Geralmente, entretanto, estamos mais interessados na carga que se move em um fio. Nesse caso, se $6{,}24 \times 10^{18}$ elétrons passam por um fio, dizemos que a carga é 1 C.

Agora podemos determinar a carga em 1 elétron: $Q_e = 1/(6{,}24 \times 10^{18}) = 1{,}602 \times 10^{-19}$ C.

Exemplo 2-1

Um corpo inicialmente neutro tem $1{,}7$ µC de carga negativa removida. Posteriormente, acrescentam-se $18{,}7 \times 10^{11}$ elétrons. Qual é a carga final do corpo?

Solução: Inicialmente, o corpo é neutro, ou seja, $Q_{inicial} = 0$ C. Quando $1{,}7$ µC de elétrons é removido, o corpo fica com a carga positiva de $1{,}7$ µC. Aí, acrescentam-se $18{,}7 \times 10^{11}$ elétrons. Isso é equivalente a

$$18{,}7 \times 10^{11} \text{ elétrons} \times \frac{1 \text{ coulomb}}{6{,}24 \times 10^{18} \text{ elétrons}} = 0{,}3 \text{ µC}$$

de carga negativa. A carga final do corpo é, portanto, $Q_f = 1{,}7 \text{ µC} - 0{,}3 \text{ µC} = +1{,}4 \text{ µC}$.

Para se ter uma ideia de quão extenso é um coulomb, podemos usar a lei de Coulomb. Caso fosse possível colocar 2 cargas de 1 coulomb a 1 metro de distância uma da outra, a força entre elas seria de:

$$F = (9 \times 10^9) \frac{(1C)(1C)}{(1m)^2} = 9 \times 10^9 \text{ N}, \text{ ou seja, cerca de 1 milhão de toneladas!}$$

PROBLEMAS PRÁTICOS 1

1. As cargas positivas $Q_1 = 2$ µC e $Q_2 = 12$ µC estão separadas de um centro ao outro por 10 mm. Calcule a força entre elas. A força é atrativa ou repulsiva?

2. Duas cargas iguais estão separadas por 1 cm. Se a força de repulsão entre elas é igual a $9{,}7 \times 10^{-2}$ N, qual é a carga delas? O que as cargas podem ser: ambas positivas, negativas ou uma positiva e a outra negativa?

3. Após um acréscimo de $10{,}61 \times 10^{13}$ elétrons a uma placa de metal, ela passa a ter uma carga negativa de 3 µC. Qual era a carga inicial em coulombs?

Respostas

1. 2.160 N, repulsiva; **2.** 32,8 nC, ambas (+) ou ambas (−); **3.** 14 µC (+)

2.3 Tensão

Quando as cargas são removidas de um corpo e transferidas para outro, o resultado é uma diferença de potencial ou uma tensão. Um exemplo conhecido é o da tensão gerada quando se anda pelo tapete. Tensões de dez mil volts podem ser geradas dessa maneira. (Definiremos o volt de forma rigorosa mais à frente.) Essa tensão se deve exclusivamente à separação das cargas positivas e negativas, ou seja, as cargas que foram separadas.

A Figura 2-7 mostra outro exemplo. Durante as tempestades elétricas, os elétrons das nuvens de tempestade são arrancados de seus átomos de origem pelas forças de turbulência e atraídos para a extremidade inferior da nuvem, deixando a extremidade superior com carência de elétrons (carga positiva) e a parte de baixo com excesso (carga negativa). A força de repulsão, então, conduz os elétrons para baixo das nuvens, deixando o solo positivamente carregado. Geram-se centenas de milhões de volts dessa forma. (Isso é o que provoca a ruptura do ar e o relâmpago.)

Figura 2-7 Tensões geradas pela separação de cargas em uma nuvem de tempestade. A força de repulsão leva os elétrons para baixo da nuvem, gerando tensão também entre a nuvem e a terra. Caso a tensão se torne grande o suficiente, o ar se rompe e ocorre a descarga elétrica que forma o relâmpago.

Fontes Práticas de Tensão

Como mostram os exemplos anteriores, a tensão é gerada apenas pela separação das cargas positivas e negativas. No entanto, as descargas estáticas e os ataques de relâmpagos não são fontes práticas de eletricidade. Veremos agora as fontes práticas. Um exemplo trivial são as pilhas; nelas, as cargas são separadas por uma ação química. A Figura 2-8 mostra a composição de uma pilha alcalina de uma lanterna.

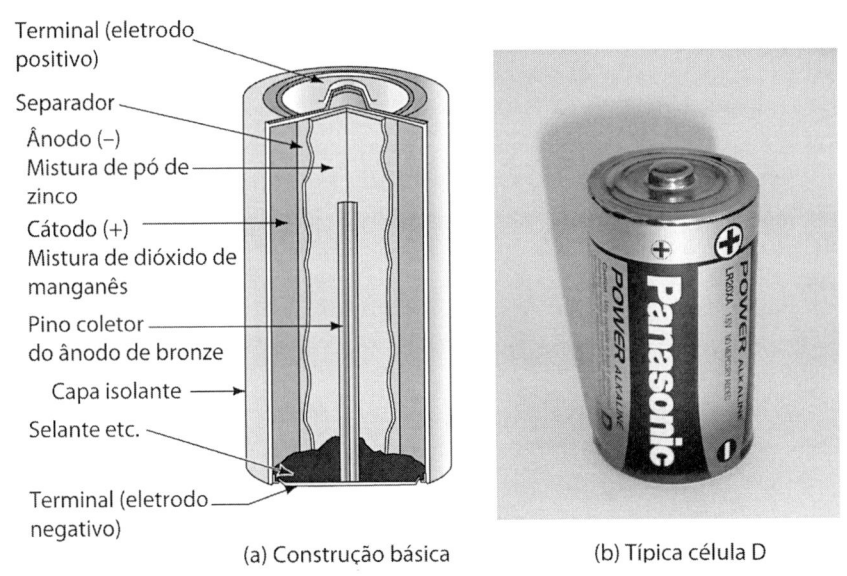

(a) Construção básica   (b) Típica célula D

Figura 2-8 Célula alcalina. A tensão é gerada pela separação entre as cargas, decorrente da ação química. A tensão nominal da célula é igual a 1,5 V.
(Cortesia de Panasonic. Reproduzida com permissão.)

O material alcalino (uma mistura de dióxido de manganês, grafite e eletrólito) e uma mistura de gel de zinco, separados por uma barreira de papel banhada em eletrólitos, são colocados em um copo de aço. O copo é ligado à extremidade superior para formar o cátodo ou terminal positivo, enquanto a mistura de zinco, através do pino de bronze, é ligada à base para formar o ânodo ou terminal negativo. (A base é isolada do resto do copo.) As reações químicas provocam um excesso de elétrons na mistura de zinco e uma carência deles no dióxido de manganês. Essa separação das cargas gera a tensão de aproximadamente 1,5 V, com a extremidade superior + e a base do copo −. A pilha é uma fonte útil porque as ações químicas geram um fornecimento contínuo de energia, capaz de iluminar uma lâmpada ou acionar um motor.

NOTAS...

É mais apropriado chamar a fonte da Figura 2-8 de célula ou pilha do que de bateria, uma vez que a "célula" se refere a uma única célula, enquanto a "bateria" se refere a um conjunto de células. No entanto, no uso cotidiano, tais células são chamadas de baterias. Daqui em diante, também as chamaremos assim.

Energia Potencial

O conceito de tensão está associado ao de energia potencial. Veremos brevemente, então, o conceito de energia.

Em mecânica, a energia potencial é a energia que o corpo possui em razão de sua posição. Por exemplo, uma sacola de areia suspensa por uma corda em uma roldana tem o potencial de realizar trabalho quando é lançada. A quantidade de trabalho necessária para gerar essa energia potencial é igual ao produto da força multiplicado pela distância na qual a sacola foi levantada (ou seja, o trabalho é igual à força multiplicada pela distância). No Sistema SI, mede-se a força em newtons e a distância, em metros. A unidade do trabalho é, portanto, newton-metros (a qual denominamos joule, Tabela 1-4, Capítulo 1).

De forma semelhante, trabalho é necessário para separar as cargas positivas e negativas. Isso fornece energia potencial a elas. Para compreender o motivo, considere novamente a nuvem da Figura 2-7, redesenhada na Figura 2-9. Suponha que a nuvem seja inicialmente desprovida de carga. Agora suponha que uma carga de Q elétrons se mova da extremidade superior da nuvem para a inferior. A carga positiva deixada na parte superior da nuvem exerce uma força nos elétrons para tentar trazê-los de volta, à medida que são levados. Uma vez que os elétrons são movidos contra essa força, exige-se o trabalho (força multiplicada pela distância). Como há uma força sobre as cargas separadas para que elas retornem ao topo da nuvem, elas têm o potencial de realizar trabalho quando são lançadas, ou seja, as cargas têm energia potencial. De modo semelhante, na pilha da Figura 2-8, as cargas – separadas por ação química – também têm energia potencial.

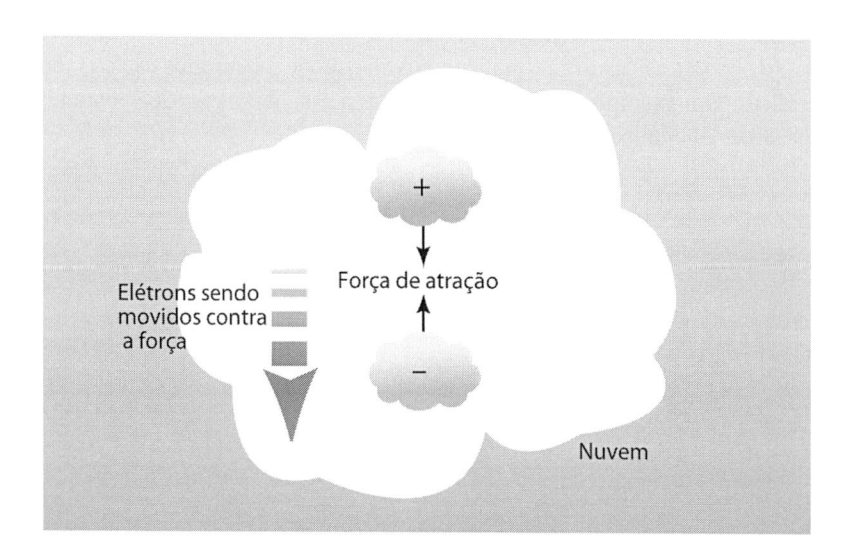

Figura 2-9 O trabalho (força × distância) é necessário para separar as cargas.

Definição de Tensão: o Volt

Em termos elétricos, a diferença de energia potencial é definida como **tensão**. Em geral, a quantidade de energia necessária para separar as cargas depende da tensão gerada e da quantidade de carga movimentada. Por definição, a tensão entre dois pontos é de um volt se um joule de energia for necessário para mover um coulomb de carga de um ponto para outro. A representação na forma de equação é:

$$V = \frac{W}{Q} \; [\text{volts, V}] \tag{2-2}$$

em que W é a energia em joules, Q é a carga em coulombs e V é a tensão resultante em volts (ver as Notas).

Observe que a tensão é definida entre pontos. No caso da pilha, por exemplo, a tensão aparece entre seus terminais; a tensão não existe em um único ponto, é sempre determinada em relação a algum outro ponto. (Por isso, a tensão também é chamada de **diferença de potencial**. Os dois termos são intercambiáveis.) Repare também que esse raciocínio se aplica independentemente de como se separam as cargas, seja por meios químicos, como na pilha, por meios mecânicos, como no gerador, ou por meios fotoelétricos, como na célula solar, e assim por diante.

Os arranjos alternativos para a Equação 2-2 são úteis:

$$W = QV \quad \text{[joules]} \tag{2-3}$$

$$Q = \frac{W}{V} \quad \text{[coulombs, C]} \tag{2-4}$$

Exemplo 2-2

Se 35 J de energia são necessários para mover uma carga de 5 C de um ponto a outro, qual é a tensão entre esses dois pontos?

Solução

$$V = \frac{W}{Q} = \frac{35 \text{ J}}{5 \text{ C}} = 7 \text{ J/C} = 7\text{V}$$

PROBLEMAS PRÁTICOS 2

1. A tensão entre dois pontos é igual a 19 V. Quanta energia é necessária para mover 67×10^{18} elétrons de um ponto a outro?

2. A diferença de potencial entre dois pontos é igual a 140 mV. Se 280 µJ de trabalho são necessários para mover uma carga Q de um ponto a outro, qual é o valor de Q?

Respostas:

1. 204 J; **2.** 2 mC.

Símbolos para as Fontes de Tensão DC

Considere novamente a Figura 2-1. A bateria é a fonte de energia elétrica que movimenta as cargas pelo circuito. Como será mencionado neste livro, essa movimentação de cargas se denomina corrente elétrica. Uma vez que um dos terminais da bateria é sempre positivo e o outro é sempre negativo, a corrente segue sempre na mesma direção. A corrente unidirecional é chamada **DC** ou **corrente** contínua, e a bateria é chamada **fonte DC**. A Figura 2-10 mostra os símbolos para as fontes DC. A barra comprida denota o terminal positivo. Nas baterias reais, o terminal positivo é geralmente marcado como POS (+) e o negativo, como NEG (−).

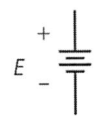

(a) Símbolo para a célula   (b) Símbolo para bateria   (c) Bateria de 1,5 volt

FIGURA 2-10 Símbolo para a bateria. A barra comprida denota o terminal positivo e a barra curta, o terminal negativo. Não é necessário, portanto, colocar os sinais + e − no diagrama. Para simplificar, usaremos em todo o livro o símbolo mostrado em (a).

2.4 Corrente

Você aprendeu que há um grande número de elétrons livres em metais como o cobre. Esses elétrons se movimentam aleatoriamente pelo material (Figura 2-6), mas o movimento resultante em qualquer direção é zero.

NOTAS...

O assunto abordado aqui pode parecer um pouco abstrato e um tanto distante da nossa experiência comum, que sugere que a tensão é a "força ou o impulso" que move a corrente elétrica por um circuito. Embora os dois pontos de vista estejam corretos (veremos o último mais detalhadamente a partir do Capítulo 4), para estabelecer uma teoria analítica coerente, precisamos de uma definição mais precisa. A Equação 2-2 fornece essa definição. Ainda que seja um pouco abstrata, ela oferece o alicerce no qual se baseiam muitas das relações importantes de circuito que você encontrará em breve.

Suponha agora que uma bateria é ligada, como na Figura 2-11. Como os elétrons são atraídos pelo polo positivo da bateria e repelidos pelo negativo, eles se movem ao redor do circuito, passando por fio, lâmpada e bateria. Esse movimento da carga é chamado **corrente elétrica**. Quanto mais elétrons por segundo passarem pelo circuito, maior será a corrente. Assim, a corrente é a *taxa do fluxo* (ou a *velocidade do movimento*) da carga.

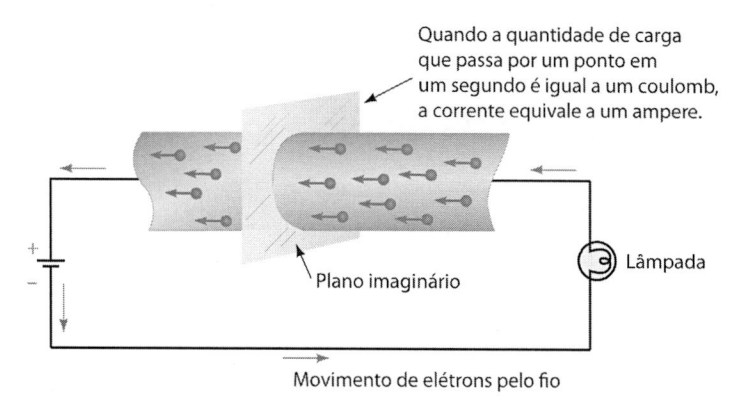

Figura 2-11 Fluxo de elétrons em um condutor. Os elétrons (–) são atraídos para o polo (+) da bateria. Como os elétrons se movimentam pelo circuito, eles são reabastecidos no polo negativo da bateria. Esse fluxo de carga se denomina corrente elétrica.

O Ampere

Como a carga é medida em coulombs, a taxa do fluxo é dada em coulombs por segundo. No Sistema SI, define-se um coulomb por segundo como 1 **ampere** (cuja abreviação é A). Sendo assim, 1 *ampere é a corrente de um circuito quando 1 coulomb de carga passa por um ponto, em 1 segundo* (Figura 2-11). O símbolo para a corrente é I. Eis a expressão matemática:

$$I = \frac{Q}{t} \quad [\text{amperes, A}] \tag{2-5}$$

onde Q é a carga (em coulombs) e t é o intervalo de tempo (em segundos) no qual a carga é medida. *Na Equação 2-5, é importante ressaltar que t não representa um ponto delimitado no tempo, mas sim um intervalo de tempo em que a transferência de cargas ocorre.* Eis duas formas alternativas para a Equação 2-5:

$$Q = It \quad [\text{coulombs, C}] \tag{2-6}$$

e

$$t = \frac{Q}{I} \quad [\text{segundos, s}] \tag{2-7}$$

Exemplo 2-3

Se uma carga de 840 coulombs passa pelo plano imaginário da Figura 2-11 durante um intervalo de tempo de 2 minutos, qual é a corrente?

Solução: Converta t para segundos. Assim,

$$I = \frac{Q}{t} = \frac{840 \text{ C}}{(2 \times 60) \text{s}} = 7 \text{ C/s} = 7 \text{ A}$$

PROBLEMAS PRÁTICOS 3

1. Entre $t = 1$ ms e $t = 14$ ms, uma carga de 8 µC passa por um fio. Qual é a corrente?

2. Após o fechamento da chave na Figura 2-1, a corrente é $I = 4$ A. Quanto de carga passa pela lâmpada durante o intervalo de tempo de 3 minutos (tempo entre o fechamento e a abertura da chave)?

Respostas:
1. 0,615 mA; **2.** 720 C.

Embora a Equação 2-5 seja a definição teórica da corrente, na verdade, nunca a usamos para medir a corrente. Na prática, usamos um instrumento chamado amperímetro (Seção 2.6). No entanto, essa é uma equação importante, que em breve usaremos para desenvolver outras relações.

Direção da Corrente

Nos primórdios da eletricidade, acreditava-se que a corrente fosse um movimento de cargas positivas e que essas cargas se movimentavam pelo circuito do terminal positivo da bateria para o negativo, como mostrado na Figura 2-12(a). Todas as leis, fórmulas e todos os símbolos na teoria de circuitos foram criados a partir dessa crença. (Agora nos referimos a essa direção como **direção convencional da corrente**.) Após a descoberta da natureza atômica da matéria, percebeu-se que, na verdade, o que se move nos condutores metálicos são os elétrons, e que eles se movimentam pelo circuito como demonstrado na Figura 2-12(b). Chama-se essa direção de **direção do fluxo de elétrons**. Há, portanto, duas formas possíveis de representação para a direção da corrente, cabendo escolher uma delas. Neste livro, usaremos a direção convencional (ver as Notas).

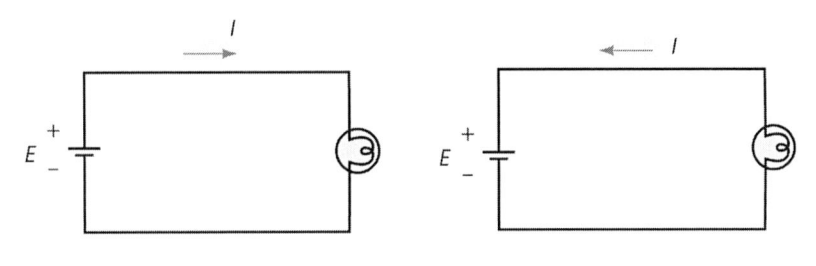

(a) Direção convencional da corrente   (b) Direção do fluxo de elétrons

Figura 2-12 Corrente convencional *versus* fluxo de elétrons. Neste livro, usaremos a direção convencional.

NOTAS...

Pode-se criar uma teoria perfeitamente coerente sobre ambas as direções representadas na Figura 2-2, e muitos livros de análise de circuitos e eletrônica foram escritos utilizando ou uma ou outra. Há, no entanto, razões convincentes para optar pela direção convencional; por exemplo, (1) os símbolos-padrão em eletrônica usados em diagramas de circuitos e encontrados em manuais dos fabricantes são baseados nela; (2) softwares de computador, como o PSpice e o Multisim, fazem uso dela, e (3) todos os níveis de engenharia e praticamente todos os programas de cursos técnicos de engenharia ou de faculdades a ensinam.

Corrente Alternada (AC)

Até agora, consideramos apenas a corrente DC. Antes de avançarmos, mencionaremos brevemente a AC ou corrente alternada. A **corrente alternada** é a corrente que muda de direção ciclicamente, ou seja, no circuito, ora o fluxo das cargas segue em uma direção, ora em outra. A fonte mais comum de AC é o sistema comercial de potência AC, que fornece energia para nossas casas. Mencionamos essa corrente aqui porque falaremos dela brevemente na Seção 2.5, e em detalhes, no Capítulo 15.

VERIFICAÇÃO DO PROCESSO DE APRENDIZAGEM 2

(As respostas encontram-se no final do capítulo.)

1. O corpo A tem uma carga negativa de 0,2 μC e o corpo B, de 0,37 μC (positiva). Se 87×10^{12} elétrons são transferidos de A para B, quais são as cargas em coulombs em A e em B após a transferência?

2. Descreva brevemente o mecanismo de criação de tensão usando como exemplo a célula alcalina da Figura 2-8 para ilustração.

3. Quando a chave na Figura 2-1 é aberta, a corrente é zero; mesmo assim, os elétrons livres no fio de cobre ainda se movem. Descreva o movimento deles. Por que o movimento não pode ser considerado uma corrente elétrica?

4. Se $12,48 \times 10^{20}$ elétrons passam por certo ponto do circuito em 2,5 s, qual é a corrente em amperes?

5. Suponha que a Figura 2-1 seja uma bateria de 12 V. A chave é fechada durante um curto intervalo de tempo. Se $I = 6$ A e a bateria consome 230.040 J movendo carga pelo circuito, por quanto tempo a chave ficou fechada?

2.5 Fontes Práticas de Tensão DC

Baterias

As baterias são a fonte mais comum de tensão DC. Elas têm vários formatos, tamanhos e classificações – de baterias miniaturas em forma de botão, capazes de fornecer apenas alguns microamperes, a grandes baterias automotivas, que fornecem centenas de amperes. Os tamanhos mais comuns são: AAA, AA, C, e D, como mostrado em várias fotos deste capítulo. Todas as baterias utilizam eletrodos condutores distintos imersos em um eletrólito. A interação química entre os eletrodos e os eletrólitos gera a tensão na bateria.

Baterias Primárias e Secundárias

Com o tempo, as baterias "descarregam". Alguns tipos de bateria, entretanto, podem ser "recarregadas" – são as chamadas baterias **secundárias**. Outros tipos, as baterias **primárias**, não podem ser recarregadas. Um exemplo conhecido de bateria secundária é a bateria automotiva; ela pode ser recarregada com a passagem de corrente oposta à sua direção de descarga. Um exemplo conhecido de célula primária é a bateria da lanterna de mão.

Tipos de Bateria e Suas Aplicações

A tensão de uma bateria, sua vida útil e outras características dependem do material com o qual ela é feita.

Alcalina

É a célula primária mais usada e tem várias finalidades. As pilhas alcalinas são utilizadas em lanternas, aparelhos de rádio portáteis, controles remotos para a TV, toca-fitas, câmeras, brinquedos etc. Estão disponíveis em vários tamanhos, como mostra a Figura 2-13. A tensão nominal da célula é igual a 1,5 V.

Zinco-Carbono

As pilhas de zinco-carbono, também denominadas **células secas**, foram durante muitos anos as células primárias mais usadas, mas agora deram lugar a outros tipos, como as pilhas alcalinas. A tensão nominal da célula é igual a 1,5 V.

Figura 2-13 Pilhas alcalinas. Da esquerda para a direita, uma bateria retangular de 9 V; uma célula AAA, uma célula D, uma célula AA e uma célula C.

Lítio

As baterias de lítio (Figura 2-14) são pequenas e de longa duração (por exemplo, vida útil de 10 a 20 anos). As aplicações incluem relógios, marca-passos, câmeras e bateria de *back-up* para me-

Figura 2-14 Algumas baterias de lítio. A bateria na placa-mãe do computador serve para *back-up* de memória.

mória de computadores. Vários tipos de células de lítio estão disponíveis, com a tensão variando entre 2 V e 3,5 V, e a corrente, na faixa de microampere para ampere.

Níquel-Cádmio

Geralmente chamadas de "NiCad", são as pilhas recarregáveis mais populares para diversas finalidades. Têm vida útil longa, funcionam em uma faixa grande de temperatura, e são fabricadas em muitos estilos e tamanhos, incluindo as C, D, AAA e AA. O preço bom dos carregadores torna economicamente possível o uso das pilhas níquel-cádmio nos equipamentos de entretenimento para as casas.

Chumbo-Ácido

É a conhecida bateria automotiva. A tensão básica da célula é em torno de 2 V, mas é comum seis células estarem ligadas internamente para fornecer 12 volts nos terminais. As baterias de chumbo-ácido são capazes de fornecer grande quantidade de corrente (mais de 100 A) durante curtos períodos, como é necessário, por exemplo, para o arranque do automóvel.

Capacidade de Uma Bateria

As baterias descarregam com o uso. Mas a partir de sua **capacidade**, ou seja, o ampere-hora, estima-se a sua vida útil. (O **ampere-hora** de uma bateria é igual ao produto da drenagem de corrente multiplicado pela quantidade de tempo que se espera para extrair a corrente específica antes que a bateria não seja mais útil.) Por exemplo, uma bateria com 200 Ah pode teoricamente fornecer 20 A durante 10 h, ou 5 A durante 40 h etc. A relação entre a capacidade, a duração e a drenagem de corrente é:

$$\text{duração} = \frac{\text{capacidade}}{\text{drenagem de corrente}} \qquad (2\text{-}8)$$

A capacidade de uma bateria não é um valor fixo, como sugerido antes; ela é afetada por taxas de descarga, escala de funcionamento, temperatura e outros fatores. Na melhor das hipóteses, portanto, a capacidade é uma estimativa da expectativa de duração da vida útil sob certas condições. A Tabela 2-1 mostra a capacidade aproximada de funcionamento para algumas pilhas de zinco-carbono de diferentes tamanhos para três valores de drenagem de corrente, a 20°C. Nas condições citadas, a célula AA tem a capacidade de (3 mA)(450 h) = 1.350 mAh a uma drenagem de 3 mA; porém a capacidade cai para (30 mA)(32 h) = 960 mAh a uma drenagem de 30 mA. A Figura 2-15 mostra a típica variação da capacidade de uma pilha NiCad, de acordo com a mudança de temperatura.

Tabela 2-1 Capacidade de Drenagem de Corrente de Algumas Células de Zinco-Carbono		
Célula	Drenagem inicial	(mA) Vida útil (h)
AA	3,0	450
	15,0	80
	30,0	32
C	5,0	520
	25,0	115
	50,0	53
D	10,0	525
	50,0	125
	100,0	57

Cortesia de T. R. Crompton. *Battery reference book*. Butterworths & Co. Ltd.

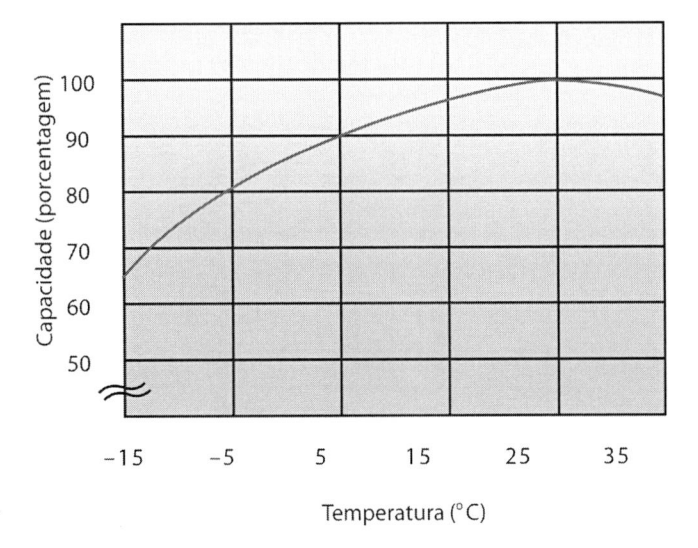

Figura 2-15 Variação típica da capacidade *versus* a temperatura de uma bateria NiCad.

Outras Características

Como as baterias não são perfeitas, a tensão nos terminais cai à medida que a corrente extraída delas aumenta. (Esse assunto será abordado no Capítulo 5.) Além disso, a tensão da bateria é afetada pela temperatura e por outros fatores que interferem na atividade química; no entanto, esses fatores não serão considerados neste livro.

Exemplo 2-4

Suponha que a bateria da Figura 2-15 tenha a capacidade de 240 Ah a 25°C. Qual é a capacidade a –15°C?

Solução: De acordo com o gráfico, a capacidade a –15°C é 65% do valor a 25°C. Dessa forma, capacidade = = 0,65 × 240 = 156 Ah.

Células em Série e em Paralelo

As células podem ser ligadas como nas Figuras 2-16 e 2-17 para aumentar a tensão e o potencial da corrente. Isso será discutido mais adiante.

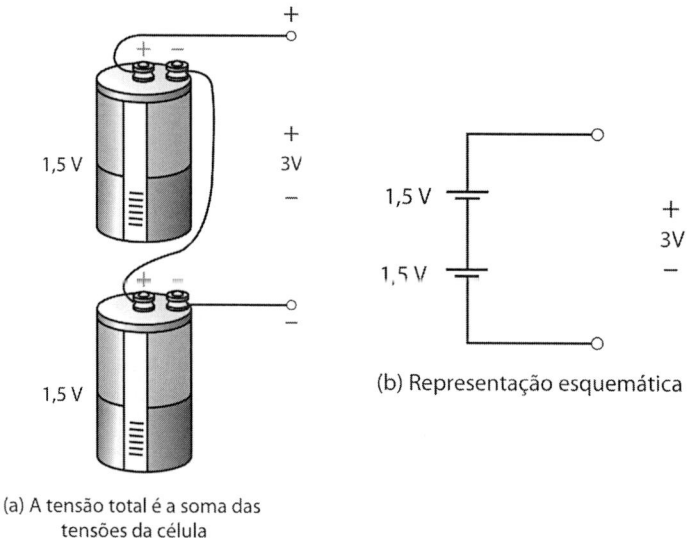

(a) A tensão total é a soma das tensões da célula

(b) Representação esquemática

Figura 2-16 Células ligadas em série para aumentar a tensão disponível.

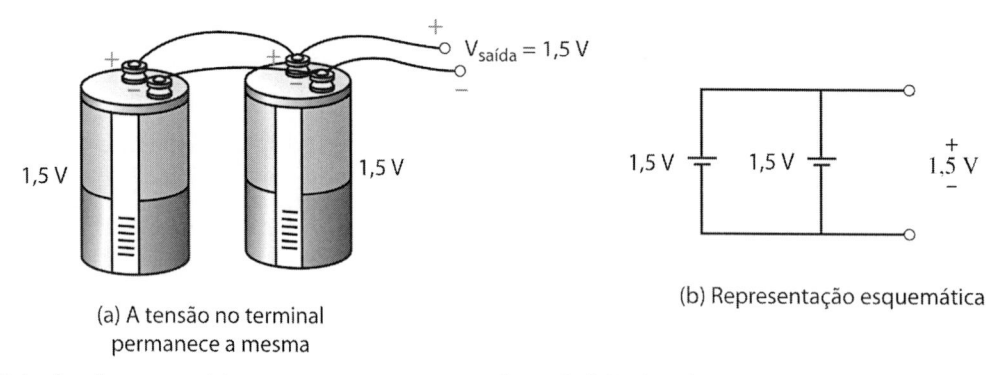

(a) A tensão no terminal permanece a mesma

(b) Representação esquemática

Figura 2-17 Células ligadas em paralelo para aumentar a corrente disponível. (Ambas devem ter a mesma tensão.) Não faça isso durante um período longo de tempo, pois não é recomendável.

Fontes de Alimentação Eletrônica

Os sistemas eletrônicos, como aparelhos de TV, VCRs, computadores etc., necessitam de DC para o seu funcionamento. Com exceção das unidades portáteis, que utilizam baterias, eles obtêm energia das linhas comerciais de potência AC, mediante fontes de alimentação internas (Figura 2-18). Tais fontes convertem as tensões AC que entram em tensões DC, das quais o equipamento necessita. As fontes de alimentação também são usadas em laboratórios eletrônicos; geralmente, elas são variáveis para fornecer a faixa de tensão necessária para o desenvolvimento do protótipo e o teste no circuito. A Figura 2-19 mostra uma fonte DC variável.

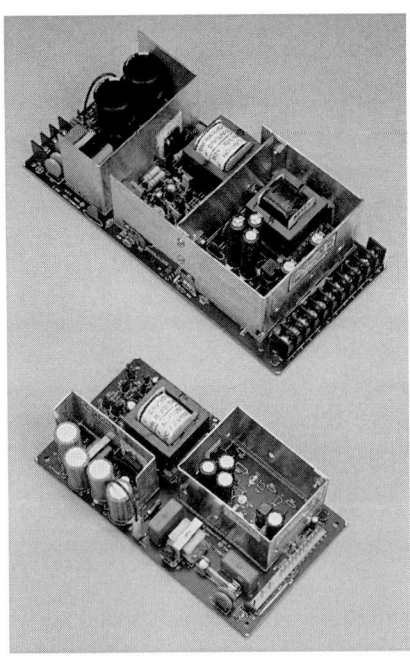

Figura 2-18 Fontes de alimentação fixas.
(*Cortesia de Condor PC Power Supplies Inc.*)

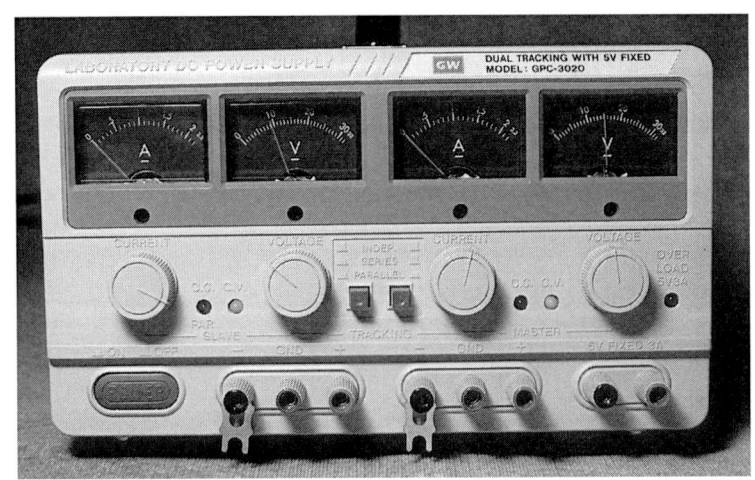

Figura 2-19 Fonte de alimentação variável, em laboratório.

Células Solares

As células solares convertem a energia da luz em energia elétrica usando os meios fotovoltaicos. A célula básica é composta de duas camadas de material semicondutor. Quando a luz atinge a célula, muitos elétrons adquirem energia suficiente para atravessar de uma camada a outra e criar a tensão DC.

A energia solar tem uma série de aplicações práticas. A Figura 2-20, por exemplo, mostra um grupo de painéis solares fornecendo energia para uma rede comercial AC. Em áreas remotas, os painéis solares são usados para alimentar sistemas de comunicação e bombas de irrigação. No espaço, são usados para alimentar satélites. No cotidiano, são utilizados para fornecer energia a calculadoras portáteis.

Figura 2-20 Painéis solares, Davis California Pacific Gas & Electric PVUSA (*Photovoltaic for Utility Scale Applications*). Os painéis solares geram DC, que deve ser convertida em AC antes de alimentar o sistema AC. Esta planta gera 176 quilowatts.
(*Cortesia de Shell Solar Industries, Camarillo, Califórnia.*)

Adaptador AC

Muitos aparelhos eletrônicos – incluindo os computadores portáteis, secretárias eletrônicas, modems etc. utilizam um adaptador AC para fornecer DC e alimentar seus circuitos. O adaptador liga-se a qualquer tomada-padrão AC de 120 V, converte AC em DC e usa a DC para alimentar o dispositivo desejado (como o teclado na Figura 2-21).

Figura 2-21 Os adaptadores AC são usados como fontes de DC para muitos aparelhos eletrônicos.

2.6 Medição da Tensão e da Corrente

Na prática, a tensão e a corrente são medidas com o auxílio dos instrumentos denominados **voltímetros** e **amperímetros**. Embora estejam disponíveis separadamente, é mais comum encontrá-los em um único instrumento multifuncional, chamado **multímetro**. Ambas as versões digital e analógica estão disponíveis (ver a Figura 2-22). Os multímetros digitais geralmente são chamados MMDs, e os analógicos, VOM (volts/ohms/miliamperes). Neste livro, consideraremos sobretudo as unidades digitais.

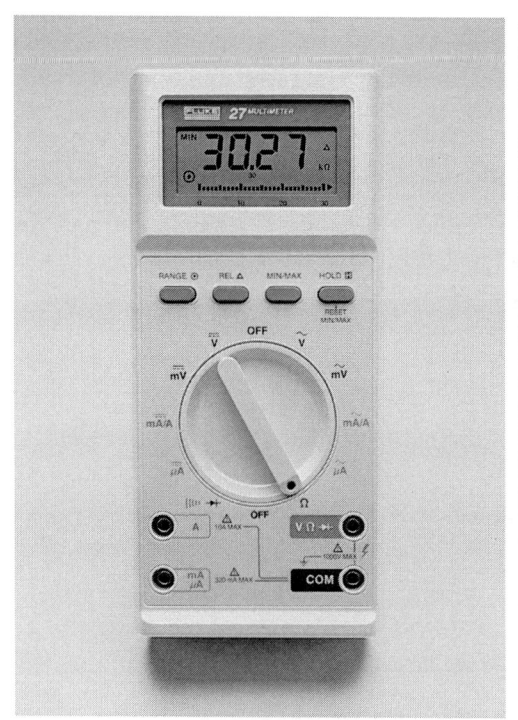

(a) Multímetro (MMD) portátil.

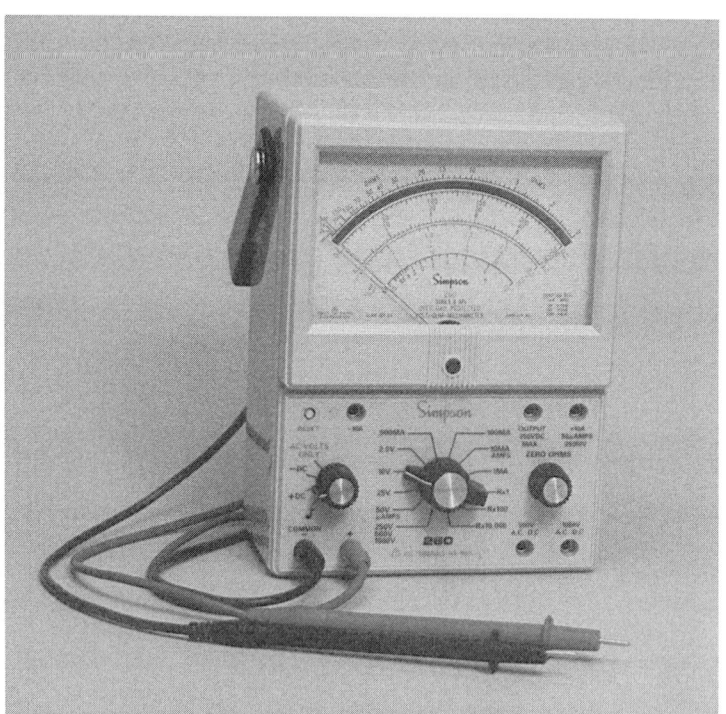

(b) Multímetro analógico (VOM).

Figura 2-22 Os multímetros são instrumentos multifuncionais para teste que unem o voltímetro, o amperímetro e o ohmímetro em um único aparelho. Alguns instrumentos usam a marcação + e −, outros VΩ e COM, e assim por diante. A indústria tem como padrão as pontas de prova utilizadas no código de cor vermelho e preto. (*Reproduzido com permissão da Fluke Corporation.*)

As Designações dos Terminais

Normalmente, os multímetros têm um conjunto de terminais, como mostrado na Figura 2-22. O VΩ é o terminal usado para medir a tensão e a resistência, enquanto o terminal A é usado para medir a corrente. O terminal COM serve para todas as medições. (Alguns multímetros unem os terminais VΩ e A em um único terminal assinalado como VΩA.) Em alguns instrumentos, o terminal VΩ é chamado terminal +, e o COM, terminal − (Figura 2-23).

Seleção da Função

Geralmente, os MMDs incluem a chave seletora de função (ou um conjunto de botões para apertar) que permite selecionar a grandeza a ser medida — por exemplo, tensão DC e AC, resistência, corrente DC e AC — e é necessário ajustar o medidor para a função desejada antes de fazer a medição; ver a Figura 2-23. Repare nos símbolos no mostrador; o símbolo V denota a tensão DC; Ã, a tensão AC; Ω, a resistência etc. Quando o instrumento é ajustado para medir a tensão DC, o medidor mostra a tensão entre os terminais VΩ (ou +) e COM (ou −), como indicado na Figura 2-23(a); quando ele é ajustado para a corrente DC, mede a corrente que passa por ele, ou seja, a corrente que entra no terminal A (ou +) e sai do terminal COM (ou −). Fique atento ao sinal da grandeza medida. (Em geral, os MMDs têm um recurso de **autopolaridade** que automaticamente determina o sinal para o usuário.) Dessa forma, se o medidor estiver conectado com a ponta de prova + ligado ao terminal + da fonte, o mostrador apresentará a tensão de 47,2 V, como indicado na figura; já se as pontas de prova forem invertidas, o mostrador apresentará a tensão de −47,2 V. De modo semelhante, se as pontas de prova forem invertidas para a medição da corrente (de modo que a corrente entre pelo terminal COM), o mostrador apresentará o valor de −3,6 A. Fique atento à convenção das cores-padrão para a ligação das pontas de prova.

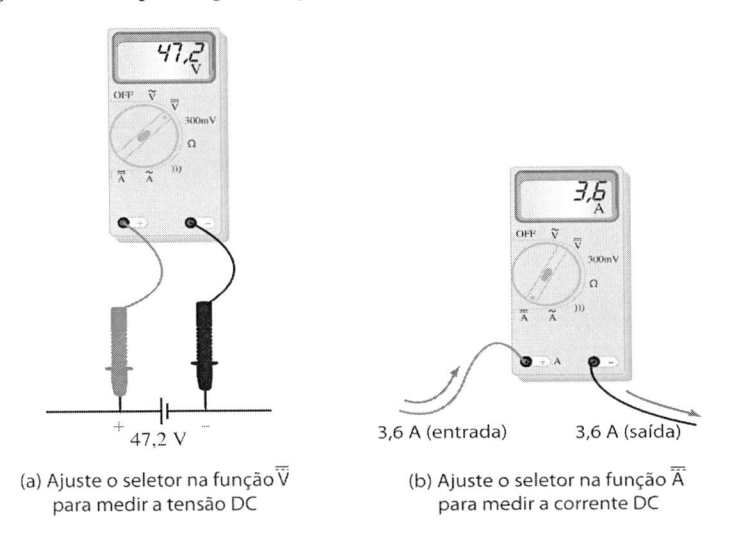

(a) Ajuste o seletor na função $\overline{\overline{V}}$ para medir a tensão DC

(b) Ajuste o seletor na função $\overline{\overline{A}}$ para medir a corrente DC

Figura 2-23 Medição da tensão e da corrente com um multímetro. Certifique-se de ajustar a chave seletora antes de energizar o circuito e ligar a ponta de prova vermelha ao terminal VΩ (+) e a ponta de prova preta ao terminal COM (−).

Como Medir a Tensão

Como a tensão é a diferença de potencial entre dois pontos, ela é medida posicionando as pontas de prova nos terminais do componente cuja tensão se deseja determinar, como vimos na Figura 2-23(a). A Figura 2-24 mostra outro exemplo: para medir a tensão da lâmpada, posicione uma ponta de prova em cada lado da lâmpada, como mostrado.

NOTAS...

O MMD como uma ferramenta de aprendizagem

1. A tensão e a corrente apresentadas anteriormente neste capítulo são conceitos um tanto abstratos que envolvem energia, carga e movimento da carga. Neste momento, o voltímetro e o amperímetro são introduzidos para ajudar a apresentar os conceitos de uma maneira mais significativa, fisicamente falando. Em particular, nos concentramos nos MMDs. A experiência tem mostrado que eles são ferramentas de aprendizagem de grande eficácia.

Por exemplo, quando lidamos com alguns tópicos (às vezes complicados) sobre convenções de polaridade da tensão, de direção da corrente etc. (como em capítulos mais à frente), o uso de MMDs mostrando leituras completas — inclusive com os sinais da polaridade da tensão e da direção da corrente — auxilia a compreender o assunto de uma maneira que o desenho de setas e a anotação de números em diagramas não conseguem. Nos primeiros capítulos deste volume, você perceberá que os MMDs são frequentemente usados com essa finalidade.

2. A maioria dos MMDs tem um conjunto de circuitos internos que automaticamente seleciona a faixa correta para medir a tensão. Tais instrumentos são chamados aparelhos "autofaixa" ou "auto escala".

Se o medidor não tiver autorregulação e você não tiver ideia de quão grande é a tensão, ajuste o medidor à faixa mais alta e a abaixe de modo a evitar danos ao instrumento.

NOTAS PRÁTICAS ...

As pontas de prova em código de cor (vermelho e preto) são padrões industriais. A prática-padrão pede que se ligue a ponta de prova vermelha na entrada VΩ (ou seja, +) do medidor e a preta, na entrada COM (−). (Essa é uma questão de segurança; seguindo esses passos, só de olhar para a ponta, você saberá qual ponta de prova está ligada a que entrada do medidor.) Acompanhando esse procedimento, se o voltímetro indica um valor positivo, o ponto no qual a ponta de prova vermelha toca é positivo em relação ao ponto em que a ponta de prova preta toca; por outro lado, se o medidor indicar um valor negativo, o ponto no qual a ponta de prova vermelha toca é negativo em relação ao ponto ao qual a ponta de prova preta está ligada. Para medir a corrente, se o medidor indicar um valor positivo, isso significa que a corrente entra na vermelha, ou seja, no terminal (+) ou VΩA e sai da preta, ou seja, o terminal (−) ou COM. Inversamente, se a leitura for negativa, isso significa que a direção da corrente vai rumo ao terminal COM e sai do (+) ou VΩA.

Como Medir a Corrente

Como indicado na Figura 2-23(b), a corrente que se deseja medir deve passar pelo medidor. Considere a Figura 2-25(a). Para medir essa corrente, abra o circuito como em (b) e insira o amperímetro. O sinal da leitura será positivo se a corrente entrar no terminal A ou (+), e negativo se entrar pelo terminal COM ou (−), como descrito em Notas Práticas.

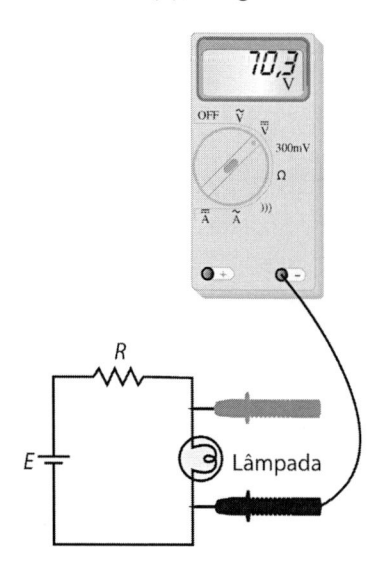

Figura 2-24 Para medir a tensão, posicione as pontas de prova no componente cuja tensão deseje determinar. Caso a leitura do voltímetro seja positiva, o ponto ao qual a ponta de prova vermelha está ligada é positivo em relação ao ponto onde a ponta de prova preta está ligada.

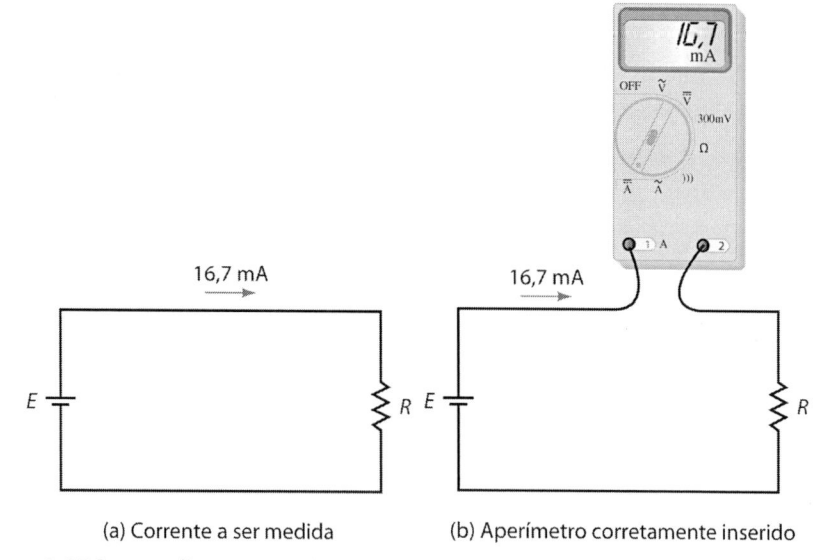

Figura 2-25 Para medir a corrente, insira o amperímetro no circuito para que a corrente que você deseja medir passe pelo instrumento. Nesse caso, a leitura é positiva porque a corrente entra no terminal + (A).

(a) Corrente a ser medida (b) Aperímetro corretamente inserido

Símbolos do Medidor

Até agora, mostramos os medidores pictorialmente. Em geral, entretanto, eles são mostrados de maneira esquemática. O símbolo esquemático para o voltímetro é representado pela letra V dentro de um círculo; o do amperímetro é a letra I também dentro de um círculo. Os circuitos das Figuras 2-24 e 2-25 foram redesenhados (Figura 2-26) para mostrar isso.

(a) Voltítmetro

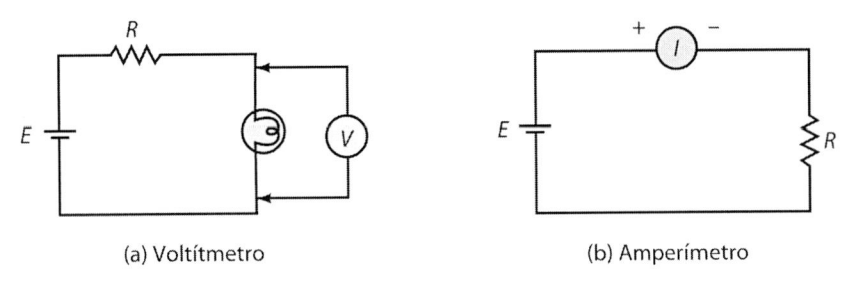

(b) Amperímetro

FIGURA 2-26 Símbolos esquemáticos para o voltímetro e o amperímetro.

NOTAS PRÁTICAS...

1. Às vezes, escutamos frases como "... a tensão que passa pelo resistor" ou "... a corrente em cima do resistor". Essas declarações estão erradas. A tensão não passa por nada; ela é uma diferença de potencial e aparece entre os terminais de algo. É por isso que ligamos um voltímetro *nos* componentes para medir a tensão. De modo semelhante, a corrente não aparece entre os terminais de algo; ela é um fluxo de carga que passa *pelos* elementos do circuito. É por isso que colocamos o amperímetro na passagem da corrente — para medir a corrente nela. Portanto, é correto dizer: "... a tensão no resistor..." e "... a corrente através do resistor, pelo resistor ou no resistor...".
2. *Não* ligue o amperímetro diretamente na fonte de tensão. A resistência dos amperímetros é próxima a zero, o que pode provocar danos ao instrumento.

2.7 Chaves, Fusíveis e Disjuntores

Chaves

A chave mais básica é a chave SPST (polo simples, saída simples), mostrada na Figura 2-27. Com a chave aberta, interrompe-se a passagem da corrente, e a lâmpada permanece desligada; com a chave fechada, ela é acesa. Esse tipo de chave é usado, por exemplo, nos interruptores encontrados nas casas.

A Figura 2-28(a) mostra uma chave SPDT (polo simples, saída dupla). Duas dessas chaves podem ser usadas, como em (b), para controlar a luz de duas maneiras. Às vezes, esse tipo de arranjo é usado em luzes nas escadas; é possível acender ou desligar a luz tanto na parte de baixo da escada quanto na parte de cima.

Na prática, há muitas outras configurações de chave; no entanto, não é necessário mostrá-las aqui.

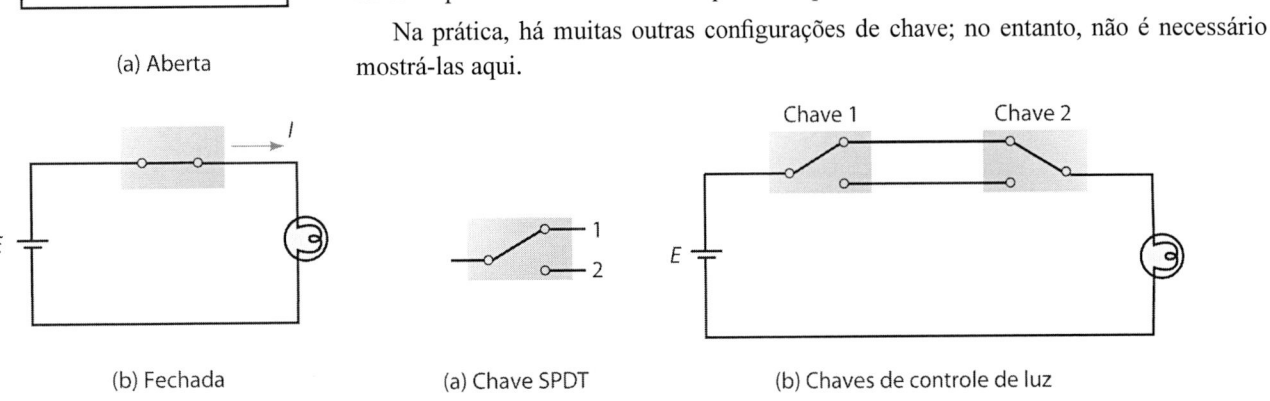

(a) Aberta

(b) Fechada

Figura 2-27 Chave SPST (polo simples, saída simples).

(a) Chave SPDT

(b) Chaves de controle de luz

Figura 2-28 Chave SPDT (polo simples, saída dupla).

Fusíveis e Disjuntores

Os fusíveis e disjuntores são ligados entre a fonte e a carga em um circuito, como mostra a Figura 2-29, para proteger o equipamento ou a fiação contra o excesso de corrente. Em casa, por exemplo, se você ligar muitos utensílios elétricos na tomada, o fusível ou o disjuntor do painel elétrico "queima". Os fusíveis e disjuntores abrem o circuito para protegê-lo contra a sobrecarga e um possível incêndio. Eles também podem ser instalados em equipamentos, como o automóvel, para proteger contra defeitos internos. A Figura 2-30 mostra vários fusíveis e disjuntores.

Os fusíveis utilizam um elemento metálico que derrete quando a corrente excede o valor preestabelecido. Dessa forma, se um fusível tem o valor de 3 A, irá "queimar" se uma corrente de mais de 3 amperes passar por ele. Há fusíveis de dois tipos: o de queima rápida e o de queima lenta. Os do tipo queima rápida são muito rápidos, geralmente queimam em uma fração de segundo. Já os do tipo queima lenta têm uma reação mais lenta e não explodem durante sobrecargas pequenas e momentâneas.

Os disjuntores funcionam sob um princípio diferente. Quando a corrente ultrapassa o valor do acionamento do disjuntor, o campo magnético gerado pela corrente excedente opera um mecanismo que abre a chave. Após a remoção da falha ou do estado de sobrecarga, o disjuntor pode ser restabelecido e novamente usado. Como são dispositivos mecânicos, o funcionamento deles é mais lento que o do fusível, fazendo que não "abram" durante sobrecargas momentâneas, por exemplo, quando se aciona um motor.

COLOCANDO EM PRÁTICA

A sua empresa está pensando em comprar um sistema eletrostático de purificação de ar para uma de suas instalações, e o seu supervisor pediu que você preparasse uma pequena apresentação para a diretoria. Os membros da diretoria têm algum conhecimento da teoria elementar de elétrica, porém não estão a par dos purificadores de ar eletrostáticos. Vá à biblioteca (os livros de física são uma boa fonte de consulta) ou pesquise na internet e prepare uma breve apresentação sobre os purificadores de ar eletrostáticos. Inclua um diagrama e a descrição de como o sistema funciona.

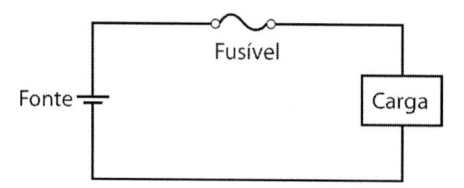

Figura 2-29 Uso de um fusível para proteger um circuito.

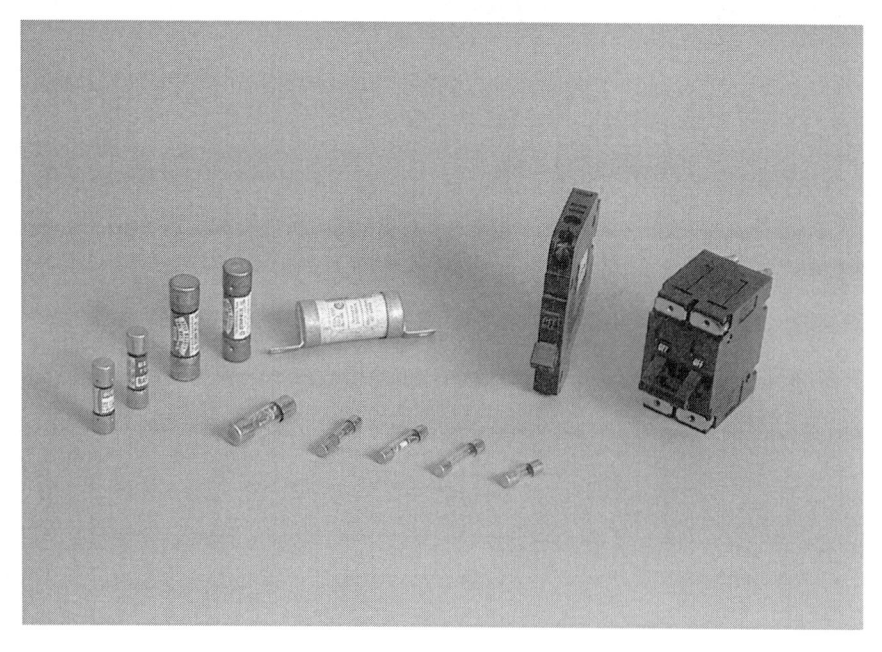

(a) Uma série de fusíveis e disjuntores.

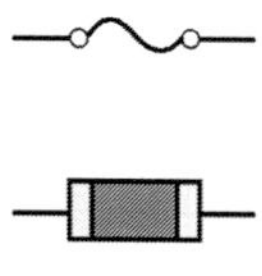

(b) Símbolos que representam o fusível

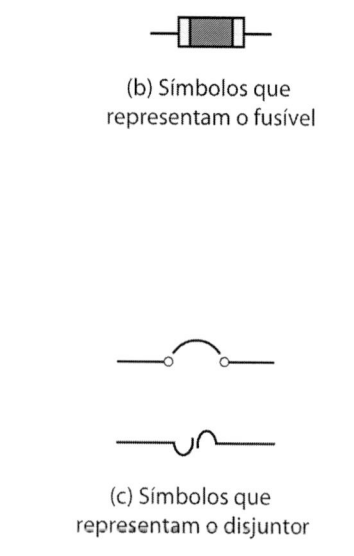

(c) Símbolos que representam o disjuntor

Figura 2-30 Fusíveis e disjuntores.

PROBLEMAS

2.1 Revisão da Teoria Atômica

1. Quantos elétrons livres há nos seguintes exemplos, em temperatura ambiente?
   a. 1 metro cúbico de cobre
   b. um fio de cobre de 5 m, cujo diâmetro é 0,163 cm

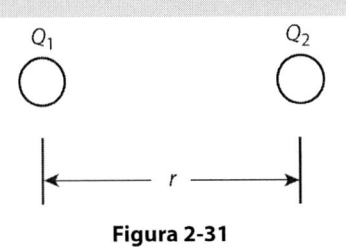

Figura 2-31

2. Duas cargas estão separadas por certa distância (Figura 2-31). Como a força entre elas é afetada se:
   a. a magnitude de ambas as cargas for dobrada?
   b. a distância entre as cargas for triplicada?

3. Duas cargas estão separadas por certa distância. Se a magnitude de uma carga for dobrada e a da outra triplicada, e a distância entre as duas for reduzida à metade, como a força será afetada?

4. Certo material tem 4 elétrons na camada de valência, e um outro material tem 1 elétron. Qual deles é o melhor condutor?

5. a. O que faz um material ser um bom condutor? (Na resposta, considere as camadas de valência e os elétrons livres.)
   b. Além do fato de ser bom condutor, dê duas razões para o amplo uso do cobre.
   c. O que faz um material ser um bom isolante?
   d. Normalmente, o ar é um isolante. No entanto, quando há relâmpagos, ocorre a condução. Relate brevemente o mecanismo do fluxo de carga quando ocorre essa descarga elétrica.

6. a. Embora o ouro seja muito caro, ele às vezes é usado em eletrônica como um revestimento dos contatos. Por quê?
   b. Por que às vezes o alumínio é usado, já que sua condutividade é apenas 60% da do cobre?

2.2 A Unidade da Carga Elétrica: o Coulomb

7. Calcule a força elétrica entre as seguintes cargas e diga se elas são atrativas ou repulsivas:
   a. uma carga + de 1 μC e uma carga + de 7 μC, separadas por 10 mm
   b. $Q_1 = 8$ μC e $Q_2 = -4$ μC, separadas por 12 cm
   c. dois elétrons separados por 12×10^{-8} m
   d. um elétron e um próton separados por $5,3 \times 10^{-11}$ m
   e. um elétron e um nêutron separados por $5,7 \times 10^{-11}$ m

NOTAS...

Nestas questões, todas as distâncias são de um centro ao outro.

8. O que significa dizer que um corpo está "carregado"?

9. A força entre uma carga positiva e uma negativa, que estão separadas por 2 cm, é igual a 180 N. Se $Q_1 = 4$ μC, qual é o valor de Q_2? A força é de atração ou de repulsão?

10. Se você pudesse colocar uma carga de 1 C em cada um de dois corpos separados por uma distância entre seus centros de 25 cm, qual seria a força entre os corpos em newtons? E em toneladas?

11. A força de repulsão entre duas cargas separadas por uma distância de 50 cm é igual a 0,02 N. Se $Q_2 = 5\,Q_1$, determine as cargas e seus possíveis sinais.

12. Uma carga de 1,63 μC equivale a quantos elétrons?

13. Determine a carga de 19×10^{13} elétrons.

14. Uma placa de metal eletricamente neutra adquire uma carga negativa de 47 μC. Quantos elétrons foram acrescentados a ela?

15. Foram acrescentados $14,6 \times 10^{13}$ elétrons a uma placa de metal. Posteriormente, adicionou-se uma carga de 1,3 μC. Se a carga final na placa é igual a 5,6 μC, qual é a carga inicial nela?

2.3 Tensão

16. Escorregar da cadeira ou tocar alguém pode resultar em um choque. Explique por quê.

17. Se 360 joules de energia são necessários para transferir 15 C de carga para a lâmpada da Figura 2-1, qual é a tensão da bateria?

18. Se 600 J de energia são necessários para movimentar $9{,}36 \times 10^{19}$ elétrons de um ponto a outro, qual é a diferença de potencial entre esses dois pontos?

19. Se 1,2 kJ de energia é necessário para movimentar 500 mC de um ponto a outro, qual é a tensão entre esses dois pontos?

20. Qual é a quantidade de energia necessária para movimentar 20 mC de carga para a lâmpada da Figura 2-23?

21. Qual é a energia ganha por uma carga de 0,5 µC à medida que ela se movimenta por uma diferença de potencial de 8,5 kV?

22. Se a tensão entre dois pontos é igual a 100 V, qual é a quantidade de energia necessária para movimentar um elétron entre dois pontos?

23. Sendo a tensão da bateria da Figura 2-1 de 12 V, qual é a quantidade de carga transferida para a lâmpada se são necessários 57 J de energia para transferi-la?

2.4 Corrente

24. No circuito da Figura 2-1, se 27 C passam pela a lâmpada em 9 segundos, qual é a corrente em amperes?

25. Se 250 µC passam pelo amperímetro da Figura 2-32 em 5 ms, qual será a leitura apresentada no mostrador?

26. Se a corrente $I = 4$ A na Figura 2-1, quantos coulombs passam pela lâmpada em 7 ms?

27. Qual é a quantidade de carga que passa pelo circuito da Figura 2-25 em 20 ms?

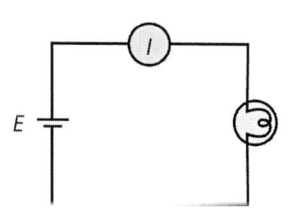

Figura 2-32

28. Quanto tempo é necessário para 100 µC passar por um ponto se a corrente é igual a 25 mA?

29. Se $93{,}6 \times 10^{12}$ elétrons passam por uma lâmpada em 5 ms, qual será a corrente?

30. A carga que passa por um fio é $q = 10t + 4$, onde q é representada em coulombs e t, em segundos.
    a. Qual é a quantidade de carga que passou em $t = 5$ s?
    b. Qual é a quantidade de carga que passou em $t = 8$ s?
    c. Qual é a corrente em amperes?

31. A carga que passa por um fio é $q = (80t + 20)$ C. Qual é a corrente?
    Sugestão: escolha dois valores arbitrários de tempo e prossiga como na Questão 30.

32. Quanto tempo é necessário para 312×10^{19} elétrons passarem pelo circuito da Figura 2-32 se a leitura do amperímetro mostra 8 A?

33. Se 1.353,6 J são necessários para movimentar 47×10^{19} elétrons pela lâmpada da Figura 2-32 em 1,3 min, quais são os valores de E e I?

2.5 Fontes Práticas de Tensão DC

34. O que significam DC e AC?

35. Considere três baterias ligadas, como na Figura 2-33.
    a. Se $E_1 = 1{,}47$ V, $E_2 = 1{,}61$ V e $E_3 = 1{,}58$ V, qual será o valor de E_T?
    b. Se a ligação à fonte 3 for invertida, qual será o valor de E_T?

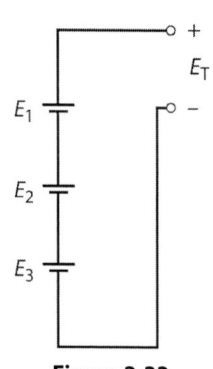

Figura 2-33

36. Como se carrega uma bateria secundária? Faça um esboço. É possível carregar uma bateria primária?

37. Uma bateria de 1.400 mAh fornece 28 mA para uma carga. Qual é a estimativa de duração dela?

38. Qual é aproximadamente a vida útil da célula D da Tabela 2-1 a uma drenagem de corrente de 10 mA? A 50 mA? A 100 mA? A que conclusão se pode chegar?

39. A bateria da Figura 2-15 é de 81 Ah a 5°C. Qual é a estimativa de duração (em horas) a uma drenagem de corrente de 5 A, a uma temperatura de −15°C?

40. A expectativa de duração da bateria da Figura 2-15 é de 17 h a uma drenagem de corrente de 1,5 A, a 25°C. Qual é a estimativa de duração a uma temperatura de 5°C e a uma drenagem de corrente de 0,8 A?

41. Na área de engenharia, às vezes precisamos fazer estimativas baseadas nas informações disponíveis. Nessa linha, suponha um aparelho que funcione com bateria e use uma célula D da Tabela 2-1. Se o aparelho puxa 10 mA, qual será a estimativa de tempo (em horas) da utilização dele?

2.6 Medição da Tensão e da Corrente

42. O voltímetro digital da Figura 2-34 tem autopolaridade. Para cada caso, determine a leitura fornecida pelo instrumento.

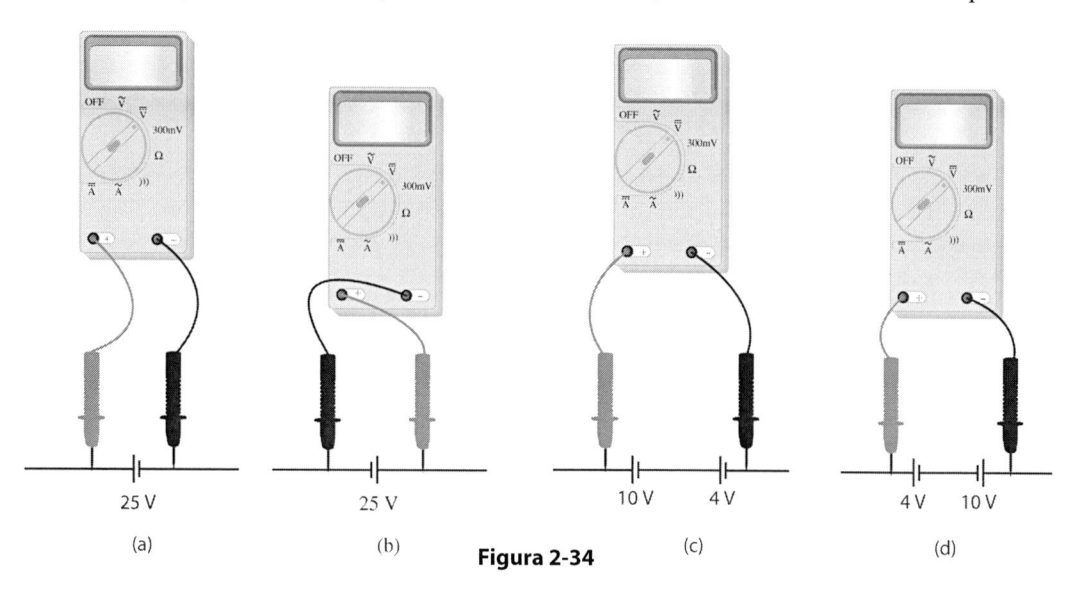

Figura 2-34

43. A corrente no circuito da Figura 2-35 é igual a 9,17 mA. Qual é o amperímetro que indica corretamente a corrente: (a) Medidor 1, (b) Medidor 2, (c) ambos?

44. O que está errado quando se diz que a tensão através da lâmpada da Figura 2-24 é igual a 70,3 V?

45. O que está errado no esquema do medidor mostrado na Figura 2-36? Conserte-o.

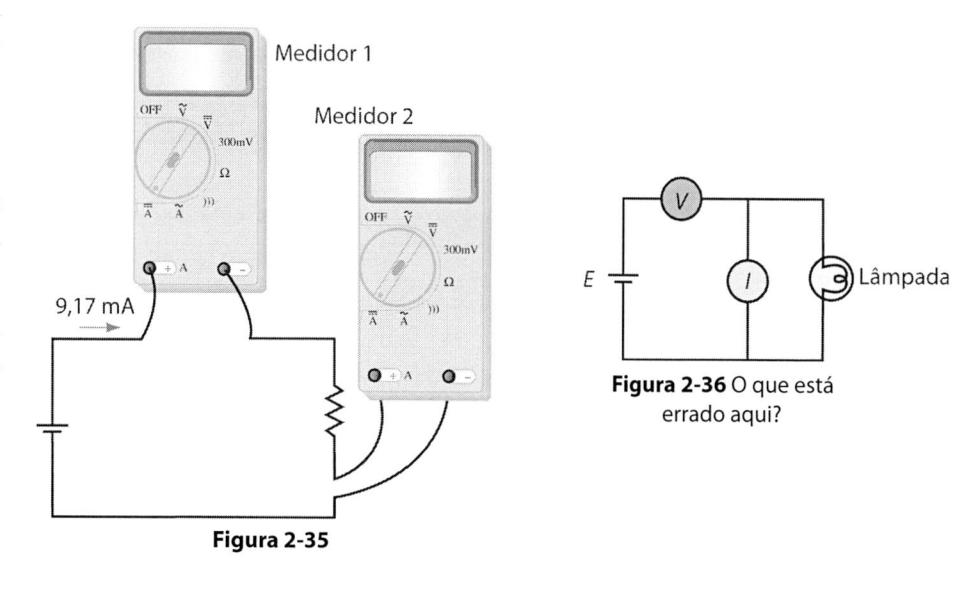

Figura 2-35

Figura 2-36 O que está errado aqui?

2.7 Chaves, Fusíveis e Disjuntores

46. É desejável que se utilizem duas chaves para controlar a luz como indica a Tabela 2-2. Desenhe o circuito exigido.

47. Os fusíveis têm uma graduação da corrente, o que torna possível selecionar o valor apropriado para proteger um circuito contra o excesso de corrente. Eles também têm uma graduação da tensão. Por quê? Sugestão: leia a seção sobre os isolantes — Seção 2-1.

Tabela 2-2

Chave 1	Chave 2	Lâmpada
Aberta	Aberta	Desligada
Aberta	Fechada	Ligada
Fechada	Aberta	Ligada
Fechada	Fechada	Ligada

RESPOSTAS DOS PROBLEMAS PARA VERIFICAÇÃO DO PROCESSO DE APRENDIZAGEM

Verificação do Processo de Aprendizagem 1

1. Um átomo é composto por um núcleo de prótons e nêutrons orbitados por elétrons. O núcleo é positivo porque os prótons são positivos, mas o átomo é neutro porque contém o mesmo número de elétrons e prótons, anulando, assim, suas cargas.

2. A camada de valência é a mais externa. Ela contém os elétrons de valência do átomo. O número de elétrons contidos nessa camada determina as propriedades do material, se ele é condutor, isolante ou semicondutor.

3. A força entre duas partículas carregadas é proporcional ao produto de suas cargas e inversamente proporcional ao quadrado do espaço entre elas. Já que a força diminui à medida que o quadrado do espaço aumenta, os elétrons distantes do núcleo sofrem pouca força de atração.

4. Se um elétron frouxamente atraído adquire energia o suficiente, ele pode se desprender do átomo de origem e vagar pelo material. Para materiais como o cobre, o calor (energia térmica) pode fornecer energia suficiente ao elétron para desalojá-lo do átomo de origem.

5. Um átomo normal é neutro porque tem o mesmo número de elétrons e prótons, anulando, assim, suas cargas. O átomo que perdeu elétrons é chamado de íon positivo, e o que ganhou elétrons é denominado íon negativo.

Verificação do Processo de Aprendizagem 2

1. $Q_A = 13,7$ μC (pos.), $Q_B = 13,6$ μC (neg.).

2. A ação química gera um excesso de elétrons na mistura de zinco e a carência deles na mistura de dióxido de manganês. Essa separação de cargas resulta na tensão de 1,5 V. A mistura de zinco é ligada ao terminal positivo pelo copo de aço (fazendo que ele seja o eletrodo positivo), e a mistura de dióxido de manganês é ligada ao terminal negativo do copo pelo pino de bronze (fazendo que ele seja o eletrodo negativo).

3. O movimento é aleatório. Como o movimento resultante é zero em todas as direções, a corrente é zero.

4. 80 A

5. 3.195 s

• TERMOS-CHAVE

Código de Cores; Condutância; Diodo; Ohmímetro; Circuito Aberto; Fotocélula; Resistência; Resistividade; Curto-Circuito; Supercondutância; Coeficiente de Temperatura; Termistor; Varistor; Bitola de Fios

• TÓPICOS

Resistência de Condutores; Tabelas de Fios Elétricos; Resistência dos Fios – Mil Circular; Efeitos da Temperatura; Tipos de Resistores; Código de Cores dos Resistores; Medindo a Resistência – o Ohmímetro; Termistores; Células Fotocondutoras; Resistência Não linear; Condutância; Supercondutores.

• OBJETIVOS

Após estudar este capítulo, você será capaz de:

- calcular a resistência de uma seção de condutor, fornecidos a área da seção transversal e o comprimento;
- fazer a conversão entre medidas de áreas em mil quadrado, metros quadrados e mil circular;
- usar as tabelas com os dados dos fios para obter as dimensões da seção transversal de várias bitolas de fios e prever as correntes permitidas para uma bitola de fio específica;
- usar o coeficiente de temperatura de um material para calcular a variação da resistência à medida que a temperatura da amostra varia;
- usar o código de cores dos resistores para determinar a resistência e a tolerância de um determinado resistor de composição fixa;
- demonstrar o procedimento de uso do ohmímetro para determinar a continuidade do circuito e medir a resistência tanto do componente isolado quanto do conectado a um circuito;
- desenvolver a compreensão de vários dispositivos ôhmicos, como os termistores e as fotocélulas;
- desenvolver a compreensão da resistência de dispositivos não lineares, como os varistores e os diodos;
- calcular a condutância de qualquer componente resistivo.

Resistência

3

Apresentação Prévia do Capítulo

Nos capítulos anteriores, o leitor foi apresentado aos conceitos de tensão e corrente e descobriu que a corrente envolve o movimento de carga. Em um condutor, os portadores de carga são os elétrons livres deslocados como decorrência da tensão de uma fonte aplicada externamente. À medida que esses elétrons circulam pelo material, colidem constantemente com átomos e outros elétrons dentro do condutor. Em um processo parecido com a fricção, os elétrons em movimento dissipam parte de sua energia na forma de calor. Essas colisões representam uma oposição ao movimento da carga, que é chamada de **resistência**. Quanto maior a oposição – ou seja, quanto maior a resistência –, menor será a corrente para uma determinada tensão aplicada.

Os componentes dos circuitos (denominados **resistores**) são especificamente projetados para possuir a resistência, e são usados em quase todos os circuitos elétricos e eletrônicos. Embora o resistor seja o componente mais simples em um circuito, seus efeitos são muito importantes para determinar o funcionamento do circuito.

A resistência é representada com o símbolo R (Figura 3-1), e é medida em unidades de ohms (em homenagem a Georg Simon Ohm). O símbolo para o ohm é a letra grega ômega em maiúsculo (Ω).

Neste capítulo, examinaremos a resistência em suas diversas formas. Começando pelos condutores metálicos, estudaremos os fatores que afetam a resistência neles. Em seguida, veremos os resistores comerciais, incluindo os tipos fixos e variáveis. Posteriormente, discutiremos os dispositivos importantes de resistência não linear, e concluiremos com um panorama da supercondutividade, seu impacto potencial e seu uso.

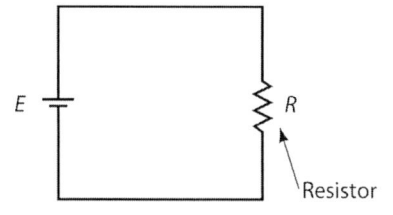

FIGURA 3-1 Circuito resistivo básico.

Colocando em Perspectiva

Georg Simon Ohm e a Resistência

Uma das relações fundamentais na teoria de circuitos dá-se entre tensão, corrente e resistência. Essa relação e as propriedades da resistência foram investigadas pelo físico alemão Georg Simon Ohm (1787-1854), usando um circuito parecido com o da Figura 3-1. Ao trabalhar com a bateria de Volta, então recentemente desenvolvida, e com fios de diferentes materiais, comprimentos e espessuras, Ohm descobriu que a corrente dependia tanto da tensão como da resistência. Para uma resistência fixa, ele descobriu que duplicar a tensão também duplicava a corrente; triplicar a tensão, triplicava a corrente, e assim por diante. Ainda, para uma tensão fixa, Ohm descobriu que a oposição à corrente era diretamente proporcional ao comprimento do fio, e inversamente proporcional à área da seção transversal. A partir disso, pôde definir a resistência de um fio e mostrar que a corrente era inversamente proporcional a essa resistência; por exemplo, quando ele duplicou a resistência, descobriu que a corrente era reduzida à metade do valor anterior.

Esses dois resultados, quando combinados, formam o que hoje é conhecido como lei de Ohm. (A lei de Ohm será abordada em detalhes no Capítulo 4.) Os resultados obtidos por Ohm são de suma importância, pois representam o verdadeiro ponto de partida do que hoje chamamos análise de circuitos elétricos.

3.1 Resistência de Condutores

Como mencionado na apresentação prévia do capítulo, os condutores são materiais que permitem o fluxo de carga. No entanto, nem sempre eles se comportam da mesma forma. Mais exatamente, a resistência de um material depende de alguns fatores:

- tipo de material;
- comprimento do condutor;
- seção transversal;
- temperatura.

Se certo comprimento do fio estiver sujeito a uma corrente, os elétrons em movimento irão colidir com outros elétrons dentro do material. As diferenças no nível atômico de diversos materiais provocam variação na maneira como as colisões afetam a resistência. Por exemplo, a prata possui mais elétrons livres do que o cobre, assim, a resistência do fio de prata será menor que a do fio de cobre se ambos tiverem as mesmas dimensões. Podemos, então, concluir o seguinte:

A resistência de um condutor depende do tipo de material.

Se duplicássemos o comprimento do fio, poderíamos esperar que o número de colisões sobre o comprimento do fio também duplicasse, fazendo que a resistência também dobrasse. Podemos, então, concluir que:

A resistência de um condutor metálico é diretamente proporcional ao seu comprimento.

Uma propriedade bem menos intuitiva do condutor é o efeito da área da seção transversal na resistência. À medida que a área da seção transversal aumenta, os elétrons em movimento são capazes de circular mais livremente pelo condutor, assim como a água corre mais livremente em uma tubulação de diâmetro largo do que na de diâmetro pequeno. Se a área da seção transversal for duplicada, os elétrons estarão envolvidos em metade do número de colisões sobre o comprimento do fio. Podemos resumir esse efeito da seguinte forma:

A resistência de um condutor metálico é inversamente proporcional à área da seção transversal de um condutor.

Os fatores que regulam a resistência de um condutor a uma dada temperatura podem ser apresentados com a seguinte expressão matemática:

$$R = \frac{\rho \ell}{A} \quad [\text{ohms}, \Omega] \tag{3-1}$$

onde:

ρ = resistividade, em ohm-metros (Ω-m);

ℓ = comprimento, em metros (m);

A = área da seção transversal, em metros quadrados (m²).

Na equação anterior, a letra grega rô em minúsculo, (ρ), é a constante de proporcionalidade e é chamada **resistividade** do material. A resistividade é a propriedade física de um material, e é medida em ohm-metros (Ω-m) no SI. A Tabela 3-1 enumera as resistividades dos vários tipos de material a uma temperatura de 20 ºC. Os efeitos da variação da temperatura na resistência serão examinados na Seção 3.4.

Já que a maioria dos condutores é circular, como mostra a Figura 3-2, pode-se determinar a área da seção transversal pelo raio ou pelo diâmetro, como demonstra a fórmula a seguir:

$$A = \pi r^2 = \pi \left(\frac{d}{2}\right)^2 = \frac{\pi d^2}{4} \qquad (3\text{-}2)$$

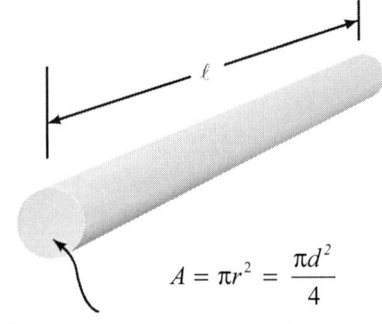

$$A = \pi r^2 = \frac{\pi d^2}{4}$$

FIGURA 3-2 Condutor com a seção transversal do círculo.

Tabela 3-1 Resistividade de Materiais, ρ

Material	Resistividade, ρ, a 20 ºC (Ω-m)
Prata	$1{,}645 \times 10^{-8}$
Cobre	$1{,}723 \times 10^{-8}$
Ouro	$2{,}443 \times 10^{-8}$
Alumínio	$2{,}825 \times 10^{-8}$
Tungstênio	$5{,}485 \times 10^{-8}$
Ferro	$12{,}30 \times 10^{-8}$
Chumbo	22×10^{-8}
Mercúrio	$95{,}8 \times 10^{-8}$
Nicromo	$99{,}72 \times 10^{-8}$
Carbono	3.500×10^{-8}
Germânio	$20 - 2.300^*$
Silício	$\cong 500*$
Madeira	$10^8 - 10^{14}$
Vidro	$10^{10} - 10^{14}$
Mica	$10^{11} - 10^{15}$
Ebonite	$10^{13} - 10^{16}$
Âmbar	5×10^{14}
Enxofre	1×10^{15}
Teflon	1×10^{16}

*A resistividade desses materiais depende das impurezas contidas neles.

Exemplo 3-1

A maioria das casas utiliza o fio de cobre sólido, cujo diâmetro é de 1,63 mm, para distribuir energia elétrica para as tomadas e lâmpadas elétricas. Determine a resistência de um fio de cobre sólido de 75 metros com o diâmetro mencionado (1,63 mm).

Solução: Primeiro, calcularemos a área da seção transversal do fio usando a Equação 3-2.

$$A = \frac{\pi d^2}{4}$$
$$= \pi \frac{(1{,}63 \times 10^{-3}\ \text{m})^2}{4}$$
$$= 2{,}09 \times 10^{-6}\ \text{m}^2$$

Agora, usando a Tabela 3-1, encontramos a resistência do fio como

$$R = \frac{\rho \ell}{A}$$
$$= \frac{(1{,}723 \times 10^{-8}\ \Omega\text{-m})(75\ \text{m})}{2{,}09 \times 10^{-6}\ \text{m}^2}$$
$$= 0{,}619\ \Omega$$

PROBLEMAS PRÁTICOS 1

Ache a resistência de um fio de tungstênio de 100 m de comprimento cuja seção transversal tem o diâmetro de 0,1 mm ($T = 20°C$):

Resposta

698 Ω

Exemplo 3-2

Os barramentos são condutores sólidos brutos (geralmente retangulares) usados para carregar grande quantidade de correntes em construções, como em estações de geração de energia, centrais telefônicas e grandes fábricas. Dado um pedaço de barramento de alumínio, como mostrado na Figura 3-3, determine a resistência entre suas extremidades a uma temperatura de 20°C:

Solução: A área da seção transversal é

$$A = (150 \text{ mm})(6 \text{ mm})$$
$$= (0,15 \text{ m})(0,006 \text{ m})$$
$$= 0,0009 \text{ m}^2$$
$$= 9,00 \times 10^{-4} \text{ m}^2$$

A resistência entre a extremidade é determinada como

$$R = \frac{\rho \ell}{A}$$
$$= \frac{(2,825 \times 10^{-8} \text{ } \Omega - \text{m})(270 \text{ m})}{9,00 \times 10^{-4} \text{ m}^2}$$
$$= 8,48 \times 10^{-3} \text{ } \Omega = 8,48 \text{ m}\Omega$$

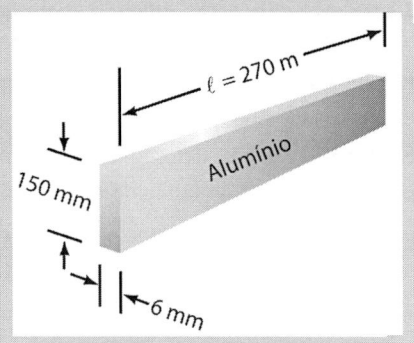

FIGURA 3-3 Condutor com uma seção transversal retangular.

VERIFICAÇÃO DO PROCESSO DE APRENDIZAGEM 1

(As respostas encontram-se no final do capítulo.)

1. Dados dois fios de dimensões idênticas, se um deles é feito de cobre e o outro de ferro, qual terá maior resistência? Quanto maior será a resistência?

2. Dados dois pedaços de fio de cobre com a mesma área da seção transversal, determine a resistência relativa do fio que é o dobro do tamanho do outro.

3. Dados dois pedaços de fio de cobre com o mesmo comprimento, determine a resistência relativa do fio que tem o dobro do diâmetro do outro.

3.2 Tabelas dos Fios Elétricos

Embora o SI seja o padrão de medida para as grandezas elétricas e outras grandezas físicas, o sistema inglês ainda é bastante utilizado nos Estados Unidos e, em menor grau, no restante dos países de língua inglesa. Uma área em que a conversão para o SI tem sido lenta é a da designação de cabos e fios, em que o American Wire Gauge (AWG) é o principal sistema utilizado para denotar os diâmetros do fio. Nele, o diâmetro do fio é especificado pelo número da bitola. Como mostra a Figura 3-4, quanto maior o número da bitola, menor será o diâmetro do cabo ou fio, por exemplo, um fio 22 AWG tem um diâmetro menor do que um 14 AWG. Como a resistência é inversamente proporcional ao quadrado do diâmetro, um fio 22 AWG terá uma resistência maior do que o fio 14 AWG. Em razão da diferença na resistência, podemos deduzir intuitivamente que os cabos de diâmetro maior serão capazes de conduzir mais corrente do que os cabos de diâmetro menor. A Tabela 3-2 fornece uma lista de dados para os fios brutos de cobre padrão.

Embora a Tabela 3-2 forneça os dados para os condutores maciços até 4/0 AWG, a maioria das aplicações não utiliza os tamanhos acima de 10 AWG para os condutores sólidos. Esses são difíceis de curvar e são facilmente danificados pelo arqueamento mecânico. Por isso, os cabos de diâmetro grande são quase sempre trançados em vez de maciços. Os fios e os cabos trançados utilizam de sete fios, como mostrado na Figura 3-5, a cem deles.

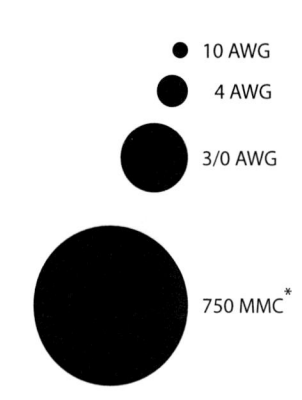

FIGURA 3-4 Um típico condutor de seções transversais (tamanho real).

* A sigla MMC significa "mil mil circular" em português. Na Seção 3.3, o leitor verá a definição da unidade mil circular. (N.R.T.)

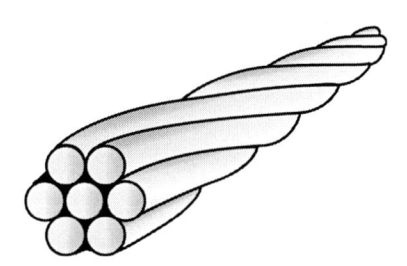

FIGURA 3-5 Fios trançados (7 fios).

Como era de esperar, os fios trançados utilizam a mesma notação AWG dos fios maciços; consequentemente, um fio trançado 10 AWG terá a área da seção transversal do condutor igual à do fio maciço 10 AWG. No entanto, por causa do maior espaço perdido entre os condutores, os fios trançados terão um diâmetro total maior do que o dos fios maciços. Ademais, como cada fio é retorcido, o comprimento total do fio trançado será um pouco maior do que o comprimento do cabo.

Tabelas de fios similares à 3-2 estão disponíveis para os cabos de cobre trançados e para os cabos feitos a partir de outros materiais (em particular, o alumínio).

Exemplo 3-3

Calcule a resistência de 200 pés de um fio 16 AWG de cobre sólido a 20°C.

Solução: Na Tabela 3-2, podemos ver que um fio 16 AWG tem uma resistência de 4,02 Ω por 1.000 pés. Dado o comprimento de apenas 200 pés, a resistência será determinada da seguinte forma:

$$R = \left(\frac{4{,}02\ \Omega}{1.000\ \text{pés}}\right)(200\ \text{pés}) = 0{,}804\ \Omega$$

Examinando a Tabela 3-2, observam-se alguns pontos importantes:
- Caso o fio aumente três números na medida do diâmetro, a área da seção transversal irá praticamente duplicar. Como a resistência é inversamente proporcional à área da seção transversal, determinado comprimento de cabo de maior diâmetro terá aproximadamente a metade da resistência de um cabo de diâmetro menor com comprimento semelhante.
- Se houver uma diferença de três números na medida do diâmetro entre os cabos, o cabo de diâmetro maior será capaz de conduzir aproximadamente duas vezes mais corrente do que o cabo de diâmetro menor. A quantidade de corrente que um condutor pode conduzir com segurança é diretamente proporcional à área da seção transversal.
- Caso o fio aumente dez números na medida do diâmetro, a área da seção transversal irá aumentar aproximadamente dez vezes. Devido à relação inversa entre a resistência e a área da seção transversal, o cabo de diâmetro maior terá aproximadamente um décimo da resistência de um cabo de comprimento semelhante e diâmetro menor.
- Para uma diferença de dez números AWG no tamanho dos cabos, o cabo de diâmetro maior terá dez vezes a área do de diâmetro menor, e, assim, será capaz de conduzir dez vezes mais corrente.

Tabela 3-2 Padrão para o Fio de Cobre Maciço em Temperatura de 20 °C

Tamanho (AWG)	Diâmetro polegadas	Diâmetro mm	Área MC	Área mm²	Resistência (Ω/1.000 pés)	Capacidade da corrente (A)
56	0,0005	0,012	0,240	0,000122	43 200	
54	0,0006	0,016	0,384	0,000195	27 000	
52	0,0008	0,020	0,608	0,000308	17 000	
50	0,0010	0,025	0,980	0,000497	10 600	
48	0,0013	0,032	1,54	0,000779	6 750	
46	0,0016	0,040	2,46	0,00125	4 210	
45	0,0019	0,047	3,10	0,00157	3 350	
44	0,0020	0,051	4,00	0,00243	2 590	
43	0,0022	0,056	4,84	0,00245	2 140	
42	0,0025	0,064	6,25	0,00317	1 660	
41	0,0028	0,071	7,84	0,00397	1 320	
40	0,0031	0,079	9,61	0,00487	1 080	
39	0,0035	0,089	12,2	0,00621	847	
38	0,0040	0,102	16,0	0,00811	648	
37	0,0045	0,114	20,2	0,0103	521	
36	0,0050	0,127	25,0	0,0127	415	
35	0,0056	0,142	31,4	0,0159	331	
34	0,0063	0,160	39,7	0,0201	261	
33	0,0071	0,180	50,4	0,0255	206	
32	0,0080	0,203	64,0	0,0324	162	
31	0,0089	0,226	79,2	0,0401	131	
30	0,0100	0,254	100	0,0507	104	
29	0,0113	0,287	128	0,0647	81,2	
28	0,0126	0,320	159	0,0804	65,3	
27	0,0142	0,361	202	0,102	51,4	
26	0,0159	0,404	253	0,128	41,0	0,75*
25	0,0179	0,455	320	0,162	32,4	
24	0,0201	0,511	404	0,205	25,7	1,3*
23	0,0226	0,574	511	0,259	20,3	
22	0,0253	0,643	640	0,324	16,2	2,0*
21	0,0285	0,724	812	0,412	12,8	
20	0,0320	0,813	1 020	0,519	10,1	3,0*
19	0,0359	0,912	1 290	0,653	8,05	
18	0,0403	1,02	1 620	0,823	6,39	5,0†
17	0,0453	1,15	2 050	1,04	5,05	
16	0,0508	1,29	2 580	1,31	4,02	10,0†
15	0,0571	1,45	3 260	1,65	3,18	
14	0,0641	1,63	4 110	2,08	2,52	15,0†
13	0,0720	1,83	5 180	2,63	2,00	
12	0,0808	2,05	6 530	3,31	1,59	20,0†
11	0,0907	2,30	8 230	4,17	1,26	

(*Continua*)

Tabela 3-2 (continuação)

Tamanho (AWG)	Diâmetro		Área		Resistência	Capacidade da corrente
	polegadas	mm	MC	mm²	(Ω/1.000 pés)	(A)
10	0,1019	2,588	10 380	5,261	0,998 8	30,0†
09	0,1144	2,906	13 090	6,632	0,792 5	
08	0,1285	3,264	16 510	8,367	0,628 1	
07	0,1443	3,665	20 820	10,55	0,498 1	
06	0,1620	4,115	26 240	13,30	0,395 2	
05	0,1819	4,620	33 090	16,77	0,313 4	
04	0,2043	5,189	41 740	21,15	0,248 5	
03	0,2294	5,827	52 620	26,67	0,197 1	
02	0,2576	6,543	66 360	33,62	0,156 3	
01	0,2893	7,348	83 690	42,41	0,123 9	
1/0	0,3249	8,252	105 600	53,49	0,098 25	
2/0	0,3648	9,266	133 100	67,43	0,077 93	
3/0	0,4096	10,40	167 800	85,01	0,061 82	
4/0	0,4600	11,68	211 600	107,2	0,049 01	

* A corrente é adequada para superfícies e condutores individuais ou fiação frouxa.
†Essa corrente pode ser acomodada em até três cabos revestidos. Para a quantidade de quatro a seis fios, a corrente em cada fio deve ser reduzida a 80% do valor indicado. Para a quantidade de sete a nove fios, a corrente em cada fio deve ser reduzida a 70% do valor indicado.

Exemplo 3-4

Se um fio de cobre sólido 14 AWG é capaz de conduzir 15 A de corrente, determine a capacidade de corrente esperada dos fios de cobre 24 AWG e 8 AWG, à temperatura de 20°C.

Solução: Como o tamanho do cabo 24 AWG é dez vezes menor do que o do 14 AWG, o fio menor será capaz de conduzir aproximadamente um décimo da capacidade do fio de diâmetro maior.

O fio 24 AWG conduz aproximadamente 1,5 A de corrente.

O fio 8 AWG é seis vezes maior do que o 14 AWG. Como a capacidade da corrente duplica quando há uma diminuição de três AWGs, o fio 11 AWG conduziria 30 A e o 8 AWG, 60 A.

PROBLEMAS PRÁTICOS 2

1. Consultando a Tabela 3-2, descubra os diâmetros em milímetros e as áreas da seção transversal em milímetros quadrados dos fios 19 AWG e 30 AWG.

2. Usando as áreas da seção transversal para os fios 19 AWG e 30 AWG, calcule aproximadamente as áreas que 16 AWG e 40 AWG deveriam ter.

3. Compare as áreas reais da seção transversal listadas na Tabela 3-2 às áreas encontradas nos Problemas 1 e 2. (O leitor encontrará uma pequena diferença entre os valores calculados e as áreas reais. Isso acontece porque o diâmetro real dos fios foi ajustado para fornecer tamanhos mais adequados para fabricação.)

Respostas

1. d_{AWG19} = 0,912 mm $\quad$ A_{AWG19} = 0,653 mm²
   d_{AWG30} = 0,254 mm $\quad$ A_{AWG30} = 0,507 mm²

2. $A_{AWG16} \cong 1{,}31 \text{ mm}^2$ $A_{AWG40} \cong 0{,}0051 \text{ mm}^2$
3. $A_{AWG16} = 1{,}31 \text{ mm}^2$ $A_{AWG40} = 0{,}00487 \text{ mm}^2$

VERIFICAÇÃO DO PROCESSO DE APRENDIZAGEM 2

(As respostas encontram-se no final do capítulo.)

1. Um fio 12 AWG é capaz de conduzir com segurança uma corrente de 20 amperes. Qual é a quantidade de corrente que um cabo de 2 AWG é capaz de conduzir?
2. O código elétrico, na verdade, permite uma corrente de até 120 A para o cabo descrito acima. Como o valor real pode ser relacionado ao valor teórico? Em sua opinião, a que se deve essa diferença?

3.3 Resistência dos Fios – Mil Circular

O sistema American Wire Gauge para a especificação do diâmetro dos fios foi desenvolvido usando-se uma unidade chamada **mil circular** (MC), que é definida como a área contida em um círculo, e cujo diâmetro é igual a 1 mil (1 mil = 0,001 pol). Define-se um **mil quadrado** como a área contida em um quadrado cujos lados têm dimensão de 1 mil. Em referência à Figura 3-6, é evidente que a área de um mil circular é menor do que a área de um mil quadrado.

(a) Mil circular   (b) Mil quadrado

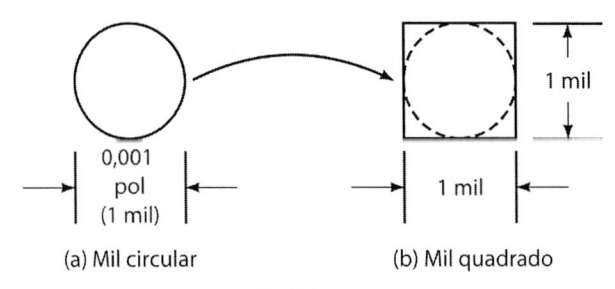

FIGURA 3-6

Como nem todos os condutores possuem a seção transversal circular, às vezes é necessário converter as áreas expressas em mil quadrado para mil circular. Agora determinaremos a relação entre o mil circular e o mil quadrado.

Suponha que um fio possui a seção transversal circular mostrada na Figura 3-6(a). Aplicando a Equação 3-2, a área, em mil quadrado, da seção transversal circular é assim determinada:

$$A = \frac{\pi d^2}{4}$$

$$= \frac{\pi (1 \text{ mil})^2}{4}$$

$$= \frac{\pi}{4} \text{ mil quadrado}$$

Dessa derivação, devem-se aplicar as seguintes relações:

$$1 \text{ MC} = \frac{\pi}{4} \text{ mil quadrado} \tag{3-3}$$

$$1 \text{ mil quadrado} = \frac{4}{\pi} \text{ mil quadrado} \tag{3-4}$$

A maior vantagem de usar o mil circular para expressar as áreas dos fios é a simplicidade com que os cálculos podem ser feitos. Diferentemente dos cálculos anteriores para a área que usavam o π, calcular a área pode reduzir-se simplesmente a achar o quadrado do diâmetro.

Se nos fornecerem uma seção transversal circular com o diâmetro d (em mil), a área da seção transversal será determinada da seguinte maneira:

$$A = \frac{\pi d^2}{4} \text{ [mil quadrado]}$$

Usando a Equação 3-4, converte-se a área de mil quadrado para mil circular. Conseqüentemente, se o diâmetro de um condutor circular é dado em mil, determina-se a área em mil circular:

$$A_{MC} = d_{mil}^2 \text{ [mil circular, MC]} \quad (3\text{-}5)$$

Exemplo 3-5

Determine a área da seção transversal em mil circular de um fio com os seguintes diâmetros:

a. 0,0159 polegada (fio 26 AWG)

b. 0,500 polegada

Solução:

a. $d = 0,0159$ polegada

= (0,0159 polegada) (1.000 mil/polegada)

= 15,9 mil

Agora, usando a Equação 3-5, obtém-se:

$$A_{MC} = (15,9)^2 = 253 \text{ MC}$$

Consultando a Tabela 3-2, percebe-se que o resultado anterior é exatamente a área dada para o fio 26 AWG.

b. $d = 0,500$ polegada

= (0,500 polegada) (1.000 mil/polegada)

= 500 mil

$$A_{MC} = (500)^2 = 250 \text{ MC}$$

No Exemplo 3-5(b), percebe-se que a área da seção transversal de um cabo pode ser grande quando expressa em mil circular. Para simplificar as unidades referentes à área, geralmente se usa o numeral romano M para representar 1.000. Se um fio tem a área da seção transversal de 250.000 MC, é mais fácil representá-lo assim: 250 MMC.

Claramente, isso contradiz o SI, em que M é usado para representar um milhão. Como não há uma forma simples de superar esse conflito, o aluno que for trabalhar com as áreas dos cabos expressas em MMC terá de lembrar que M se refere a mil e não a um milhão.

Exemplo 3-6

a. Determine a área da seção transversal em mil quadrado e em mil circular de um barramento de cobre com as seguintes dimensões da seção transversal: 0,250 polegada × 6,00 polegadas.

b. Se esse barramento de cobre fosse substituído por cabos 2/0 AWG, quantos cabos seriam necessários?

Solução:

a. $A_{\text{mil quadrado}} = (250 \text{ mil})(6.000 \text{ mil})$

= 1 500 000 mil quadrado

(*continua*)

Exemplo 3-6 (continuação)

Encontra-se a área em mil circular aplicando a Equação 3-4:

$$A_{MC} = (250 \text{ mil})(6.000 \text{ mil})$$
$$= (1500\,000 \text{ mil quadrado})\left(\frac{4}{\pi} \text{ MC/mil quadrado}\right)$$
$$= 1\,910\,000 \text{ MC}$$
$$= 1910 \text{ MMC}$$

b. Consultando a Tabela 3-2, vemos que o cabo 2/0 AWG tem uma área da seção transversal de 133,1 MMC (133.100 MC), assim, o barramento é equivalente aos seguintes números dos cabos:

$$n = \frac{1910 \text{ MMC}}{133,1 \text{ MMC}} = 14,4$$

Esse exemplo mostra que o equivalente ao barramento de 6 polegadas por 0,25 polegada seria a instalação de 15 cabos. Em razão do custo e da falta de praticidade de se utilizarem tantos cabos, o uso de barramentos é econômico. A principal desvantagem é que o condutor não é revestido por um isolante; logo, o barramento não proporciona a mesma proteção que o cabo oferece. No entanto, como o barramento geralmente é usado em locais onde só é permitido o acesso de técnicos experientes, essa desvantagem é pequena.

Como vimos na Seção 3.1, a resistência de um condutor era determinada da seguinte forma:

$$R = \frac{\rho \ell}{A}$$

Embora a equação original use as unidades do SI, a equação também terá aplicação se as unidades forem expressas em outro sistema de convenção. Se o comprimento do cabo normalmente é expresso em pés e a área, em mil circular, então a resistividade deve ser expressa nas unidades apropriadas. A Tabela 3-3 oferece a resistividade de alguns condutores representada em mil-ohm por pé.

O exemplo a seguir ilustra como usar a Tabela 3-3 para determinar a resistência de certa seção do fio.

Tabela 3-3 Resistividade de Condutores, ρ

Material	Resistividade, ρ, a 20°C (MC-Ω/pé)
Prata	9,90
Cobre	10,36
Ouro	14,7
Alumínio	17,0
Tungstênio	33,0
Ferro	74,0
Chumbo	132,0
Mercúrio	576,0
Nicromo	600,0

Exemplo 3-7

Determine a resistência de um fio de cobre 16 AWG, a 20°C, cujo diâmetro é de 0,0508 polegada e o comprimento é de 400 pés.

Solução: O diâmetro em mil é

$$d = 0,0508 \text{ polegadas} = 50,8 \text{ mil}$$

A área da seção transversal (em mil circular) do fio 16 AWG é, portanto,

$$A_{MC} = 50,8^2 = 2580 \text{ MC}$$

Agora, aplicando a Equação 3-1 e usando as unidades apropriadas, obtém-se:

$$R = \frac{\rho \ell}{A_{MC}}$$

$$= \frac{\left(10,36 \dfrac{\text{MC} - \Omega}{\text{pés}}\right)(400 \text{ pés})}{2580 \text{ MC}}$$

$$= 1,61 \, \Omega$$

PROBLEMAS PRÁTICOS 3

1. Determine a resistência de 1 milha (5.280 pés) do fio de cobre 19 AWG, a 20 °C, sendo a área da seção transversal de 1.290 MC.
2. Compare o resultado com o valor que seria obtido se a resistência (em ohms por mil pés), presente na Tabela 3-2, fosse utilizada.
3. Um condutor de alumínio, cuja área da seção transversal é 1843 MMC, é utilizado para transmitir energia de uma estação de geração de energia de alta-tensão DC (HVDC)[1] para um grande centro urbano. Se a cidade está a 900 km da estação de geração, determine a resistência do condutor a uma temperatura de 20 °C. (Use 1 pé = 0,3048 m.)

Respostas:

1. 42,4 Ω; **2.** 42,5 Ω; **3.** 27,2 Ω

VERIFICAÇÃO DO PROCESSO DE APRENDIZAGEM 3

(As respostas encontram-se no final do capítulo.)

Um condutor tem uma área da seção transversal de 50 mil quadrados. Determine a área da seção transversal em mil circular, metros quadrados e milímetros quadrados.

3.4 Efeitos da Temperatura

A Seção 3.1 mostrou que a resistência de um condutor não será constante em todas as temperaturas. À medida que a temperatura aumentar, mais elétrons escaparão de suas órbitas, provocando mais colisões dentro do condutor. Para a maioria dos materiais condutores, o aumento do número de colisões reflete em um aumento relativo da resistência, como mostra a Figura 3-7.

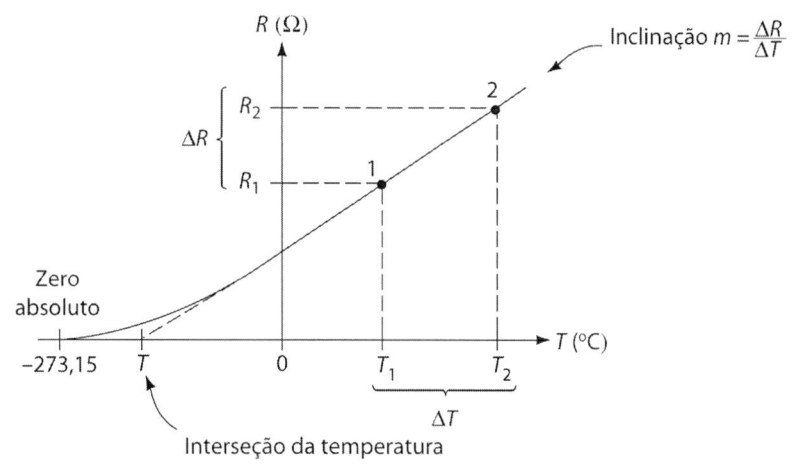

FIGURA 3-7 Efeitos da temperatura na resistência de um condutor.

A taxa em que a resistência de um material varia de acordo com a variação da temperatura depende do **coeficiente de temperatura** do material, que é assinalado pela letra grega alfa (α). Alguns materiais têm pouquíssima diferença na resistência, enquanto outros demonstram mudanças drásticas na resistência de acordo com a variação da temperatura.

Diz-se que um material tem um **coeficiente de temperatura positivo** quando a resistência aumenta de acordo com a elevação da temperatura.

Para os materiais semicondutores, como o carbono, o germânio e o silício, a elevação da temperatura permite que os elétrons escapem de suas órbitas normalmente fixas e se tornem livres para circular dentro do material. Ainda que ocorram colisões adicionais dentro do condutor, o efeito delas é mínimo se comparado à contribuição de elétrons extras para o fluxo total de cargas. À medida que a temperatura se eleva, o número de elétrons de carga aumenta, resultando em mais corrente. A elevação da temperatura resulta, portanto, na diminuição da resistência. Consequentemente, diz-se que esses materiais têm um **coeficiente de temperatura negativo**.

---

[1] A sigla inglesa HVDC corresponde, em português, a DC sob alta tensão.

A Tabela 3-4 apresenta os coeficientes de temperatura, α por grau Celsius, de diversos materiais nas temperaturas 20 °C e 0 °C.

Se considerarmos que a Figura 3-7 mostra como a resistência do cobre varia de acordo com a temperatura, observaremos um aumento quase linear na resistência conforme a temperatura se eleva. Além disso, percebemos que, conforme a temperatura diminui para o **zero absoluto** ($T = -273,15$ °C), a resistência aproxima-se de zero.

Na Figura 3-7, o ponto em que a porção linear da linha é extrapolada para cruzar a abscissa (eixo da temperatura) é chamado **interseção da temperatura** ou **temperatura absoluta inferida** T do material.

Examinando a parte da linha reta no gráfico, vemos que há dois triângulos similares, um com o vértice no ponto 1 e o outro com o vértice no 2. A seguinte relação se aplica aos triângulos similares:

$$\frac{R_2}{T_2 - T} = \frac{R_1}{T_1 - T}$$

Tabela 3-4 Interseções da Temperatura e Coeficientes para os Materiais Comuns

	T (°C)	α (°C)⁻¹ a 20°C	α (°C)⁻¹ a 0°C
Prata	−243	0,003 8	0,004 12
Cobre	−234,5	0,003 93	0,004 27
Alumínio	−236	0,003 91	0,004 24
Tungstênio	−202	0,004 50	0,004 95
Ferro	−162	0,005 5	0,006 18
Chumbo	−224	0,004 26	0,004 66
Nicromo	−2270	0,000 44	0,000 44
Bronze	−480	0,002 00	0,002 08
Platina	−310	0,003 03	0,003 23
Carbono		−0,000 5	
Germânio		−0,048	
Silício		−0,075	

Essa expressão pode ser reescrita para acharmos a resistência, R_2, em qualquer temperatura, T_2 como a seguir:

$$R_2 = \frac{T_2 - T}{T_1 - T} R_1 \tag{3-6}$$

Um método alternativo para determinar a resistência R_2 de um condutor a uma temperatura T_2 é usar o coeficiente de temperatura, α, do material. Examinando a Tabela 3-4, vemos que o coeficiente de temperatura não é constante para todas as temperaturas; ele depende da temperatura do material. O coeficiente de temperatura para qualquer material é obtido com:

$$\alpha = \frac{m}{R_1} \tag{3-7}$$

Normalmente, os livros de química fornecem o valor de α. Nessa expressão, mede-se alfa em (°C)⁻¹; R_1 é a resistência em ohms em uma temperatura T_1, e m é a inclinação da parte linear da curva ($m = \Delta R/\Delta T$). Os alunos usarão as Equações 3-6 e 3-7 nos problemas do final do capítulo para inferir a seguinte expressão da Figura 3-6:

$$R_2 = R_1 [1 + \alpha_1 (T_2 - T_1)] \tag{3-8}$$

Exemplo 3-8

Um fio de alumínio tem a resistência de 20 Ω em temperatura ambiente (20°C). Calcule a resistência do mesmo fio nas seguintes temperaturas: −40°C, 100° C e 200°C.

Solução: Consultando a Tabela 3-4, vemos que o alumínio tem uma temperatura absoluta inferida de −236°C.

(continua)

Exemplo 3-8 (continuação)

Em $T = -40°C$

Determina-se a resistência a $-40°C$ usando a Equação 3-6.

$$R_{-40°C} = \left[\frac{-40°C - (-236°C)}{20°C - (-236°C)}\right] 20\,\Omega = \left(\frac{196°C}{256°C}\right) 20\,\Omega = 15,3\,\Omega$$

Em $T = 100°C$

$$R_{100°C} = \left[\frac{100°C - (-236°C)}{20°C - (-236°C)}\right] 20\,\Omega = \left(\frac{336°C}{256°C}\right) 20\,\Omega = 26,3\,\Omega$$

Em $T = 200°C$

$$R_{200°C} = \left[\frac{200°C - (-236°C)}{20°C - (-236°C)}\right] 20\,\Omega = \left(\frac{436°C}{256°C}\right) 20\,\Omega = 34,1\,\Omega$$

Esse fenômeno indica que a resistência dos condutores varia de forma substancial de acordo com a variação da temperatura. Por isso, geralmente os fabricantes especificam a faixa de temperatura em que o condutor pode operar com segurança.

Exemplo 3-9

O fio de tungstênio é usado como filamento em lâmpadas elétricas incandescentes. A corrente provoca a elevação excessiva da temperatura do fio. Determine a temperatura do filamento de uma lâmpada elétrica de 100 W se a resistência em temperatura ambiente é 144 Ω.

Solução: Se reescrevermos a Equação 3-6, poderemos achar a temperatura T_2 da seguinte maneira:

$$T_2 = \left(\frac{T_1 - T}{256°C}\right)\frac{R_2}{R_1} + T$$

$$= \left[20°C - (-202°C)\right]\frac{144\,\Omega}{11,7\,\Omega} + (-202°C)$$

$$= 2530°C$$

PROBLEMAS PRÁTICOS 4

Uma linha de transmissão de alta-tensão (HVDC) deve ser capaz de operar dentro de uma extensa faixa de temperatura. Calcule a resistência de um condutor de alumínio de 1.843 MMC, cujo comprimento é de 900 km, a uma temperatura de −40°C e de +40°C:

Respostas:

20,8 Ω; 29,3 Ω

VERIFICAÇÃO DO PROCESSO DE APRENDIZAGEM 4

(As respostas encontram-se no final do capítulo.)

Explique o que significa coeficiente de temperatura positivo e coeficiente de temperatura negativo. O alumínio pertence a que categoria?

3.5 Tipos de Resistores

Praticamente todos os circuitos elétricos e eletrônicos envolvem o controle de tensão e/ou corrente. A melhor maneira de propiciar tal controle é inserir no circuito os valores apropriados da resistência. Ainda que tipos e tamanhos variados sejam usados em aplicações elétricas e eletrônicas, todos os resistores se encaixam em duas categorias principais: resistores fixos e resistores variáveis.

Resistores Fixos

Como o nome indica, os **resistores fixos** possuem os valores de resistência basicamente constantes. Há vários tipos de resistores fixos, variando do tamanho quase microscópico (como nos circuitos integrados) a resistores de alta potência, que são capazes de dissipar muitos watts de potência. A Figura 3-8 mostra a estrutura básica de um **resistor de carbono moldado**.

Como se vê na Figura 3-8, o resistor de carbono moldado é constituído de um núcleo de carbono misturado a um enchimento isolante. A razão entre o carbono e o enchimento determina o valor da resistência do componente: quanto maior a proporção de carbono, menor é a resistência. Um fio condutor de metal é inserido no núcleo de carbono e, em seguida, todo o resistor é encapsulado por um revestimento isolante. Há resistores de carbono com resistências menores do que 1 Ω, podendo chegar a 100 MΩ. Geralmente, as potências variam entre 1/8 W a 2 W. A Figura 3-9 mostra resistores de vários tamanhos; os maiores são capazes de dissipar mais energia do que os menores.

Embora os resistores de núcleo de carbono apresentem a vantagem de serem baratos e de fácil produção, possuem tolerância alta, e suas resistências são suscetíveis a grandes variações por causa da mudança de temperatura. Como mostra a Figura 3-10, a resistência do resistor de carbono pode variar até em 5% quando a temperatura varia 100°C.

Entre outros tipos de resistores fixos estão o de **filme de carbono, filme metálico, óxido metálico, de fio e pacotes de circuitos integrados**.

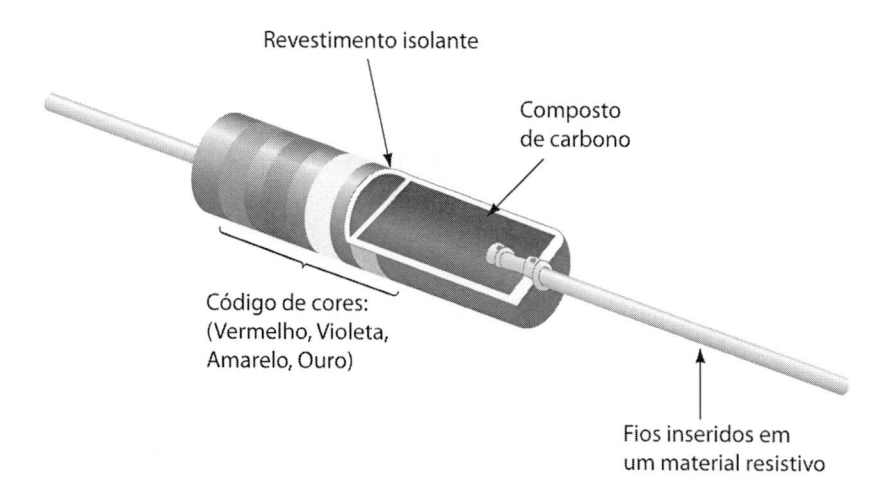

Figura 3-8 Estrutura de um resistor de carbono moldado.

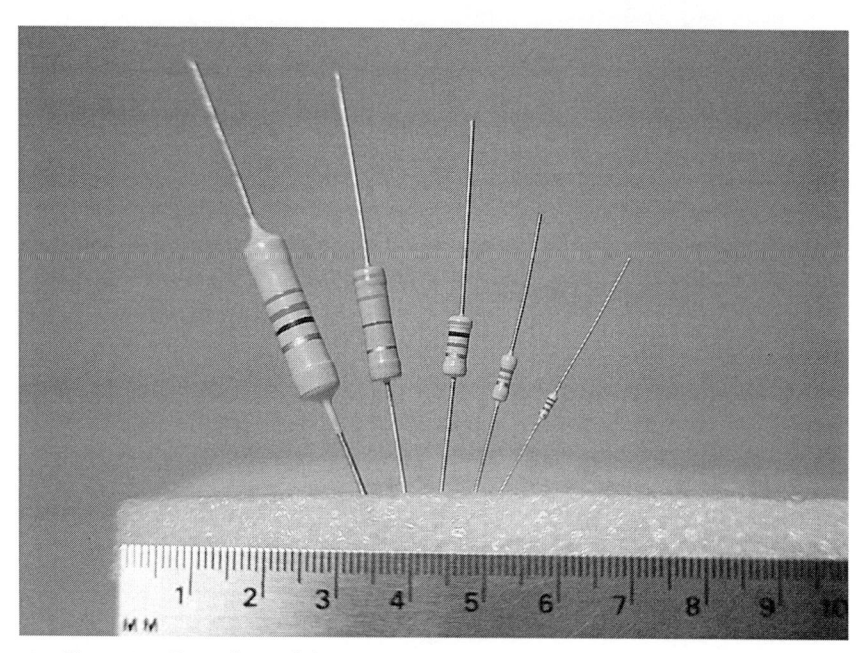

Figura 3-9 Tamanho real dos resistores de carbono (2W, 1W, ½ W, ¼ W, ⅛ W).

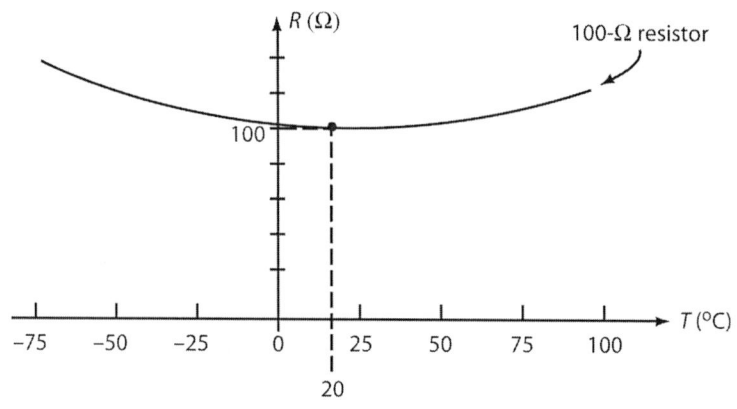

FIGURA 3-10 Variação na resistência de um resistor fixo de composição de carbono moldado.

Em aplicações nas quais a precisão é um fator importante, utilizam-se os resistores de filme: são compostos de filmes de carbono, filme metálico ou de óxido metálico depositados em cilindros de cerâmica. Obtém-se a resistência desejada ao remover parte do material resistivo, resultando em uma forma helicoidal ao redor do núcleo de cerâmica. Se a variação da resistência provocada pela temperatura não for de grande importância, utiliza-se o carbono de baixo custo. No entanto, caso sejam necessárias tolerâncias próximas para uma grande faixa de temperatura, os resistores são feitos de filmes de ligas metálicas, como o níquel-cromo, constantan ou manganin, que têm coeficientes de temperatura bem pequenos.

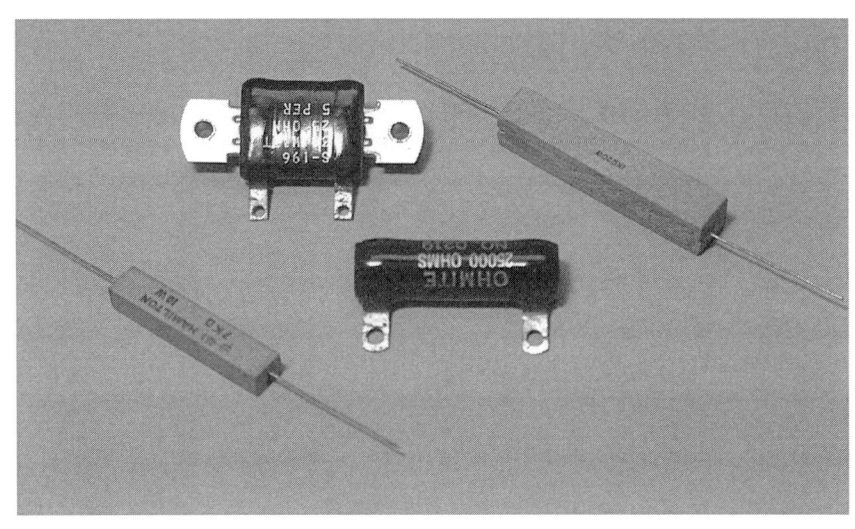

Figura 3-11 Resistores de potência.

Ocasionalmente, um circuito exige que o resistor seja capaz de dissipar uma grande quantidade de calor. Em tais casos, resistores de fio podem ser usados. Esses resistores são construídos de liga metálica enrolada em volta de um núcleo de porcelana oco, que é, então, coberto por uma fina camada de porcelana para selá-lo no lugar. A porcelana é capaz de dissipar rapidamente o calor gerado pela corrente que passa pelo fio. A Figura 3-11 mostra alguns dos vários tipos de resistores de potência disponíveis.

Nos circuitos em que a dissipação do calor não é a principal preocupação de projeto, as resistências fixas devem ser construídas em pacotes miniatura (denominados circuitos integrados ou CIs), que podem conter vários resistores individuais. A vantagem óbvia desses pacotes é a capacidade de economizar espaço em uma placa de circuitos. A Figura 3-12 mostra um típico resistor de pacote de CI.

Resistores Variáveis

Os resistores variáveis oferecem funções indispensáveis, que nos são úteis no dia a dia. Esses componentes são usados para ajustar o volume do rádio, controlar o nível de luz em nossas casas e ajustar o calor em fornalhas e fogões. A Figura 3-13 mostra as visões interna e externa de um típico resistor variável.

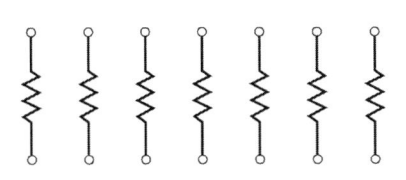

(a) Arranjo interno de um resistor

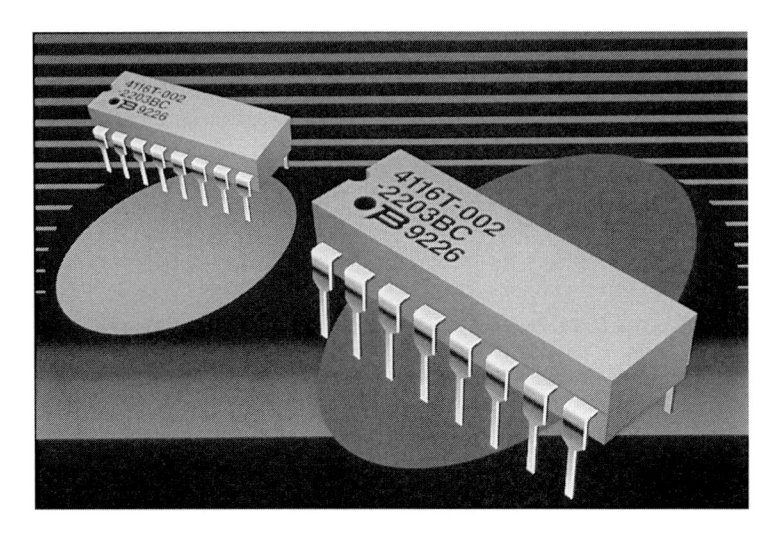

(b) Rede de resistores integrados

Figura 3-12 (*Cortesia, de Bourns, Inc.*)

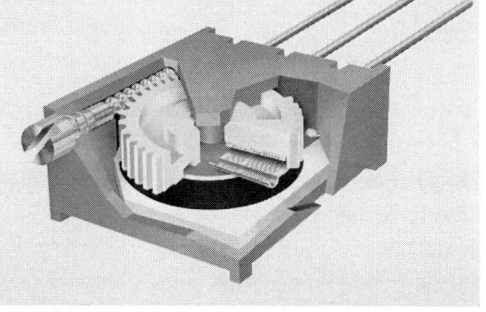

(a) Visão externa de resistores variáveis

(b) Visão interna de resistores variáveis

Figura 3-13 Resistores variáveis. (*Cortesia de Bourns, Inc.*)

Na Figura 3-14, percebemos que os resistores variáveis têm três terminais, dois deles fixados às extremidades do material resistivo. O terminal central é ligado a um contato que se move pelo material resistivo quando o eixo é girado por um botão ou uma chave de fenda. A resistência entre os dois terminais mais externos permanecerá constante, enquanto a resistência entre o terminal central e um desses dois irá variar de acordo com a posição do contato.

Se examinarmos o esquema de um resistor variável, como mostrado na Figura 3-14(b), a seguinte relação deve ser empregada:

$$R_{ac} = R_{ab} + R_{bc} \tag{3-9}$$

Os resistores variáveis são usados para duas funções principais. Usam-se os **potenciômetros** para ajustar a quantidade de potencial (tensão) fornecida para um circuito. Os **reostatos**, cujas ligações e esquemas são mostrados na Figura 3-15, são usados para ajustar a quantidade de corrente dentro de um circuito. As aplicações dos potenciômetros e reostatos serão abordadas em capítulos posteriores.

(a) Resistores variáveis

(b) Terminais de um resistor variável

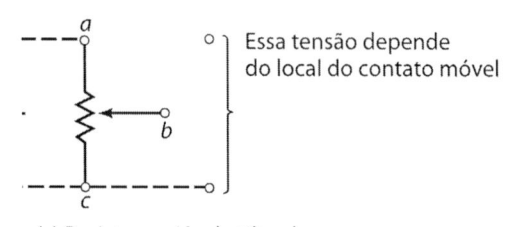

(c) Resistor variável utilizado como potenciômetro

Figura 13-14 (*Cortesia, de Bourns, Inc.*)

$R_{ab} = 0$ quando o contato móvel está em a

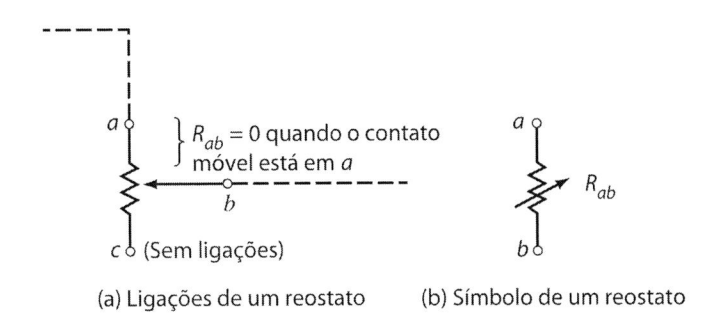

(Sem ligações)

(a) Ligações de um reostato

(b) Símbolo de um reostato

Figura 3-15

3.6 Código de Cores dos Resistores

Os resistores grandes, como o de fio, ou resistores de potência encapsulados em cerâmica apresentam os valores e as tolerâncias impressos em seus invólucros. Os resistores menores, tanto construídos de carbono moldado quanto de filme metálico, podem ser muito pequenos para terem seus valores impressos no componente. Em vez disso, são geralmente cobertos por um epóxi ou um revestimento isolante similar, em que faixas coloridas são impressas em formas de raios, como mostra a Figura 3-16.

Faixa 5 (confiabilidade) (Vermelho)
Faixa 4 (tolerância) (Ouro)
Faixa 3 (multiplicador) (Amarelo)
Faixa 2 (Branco)
Faixa 1 (Laranja)
Valores significativos

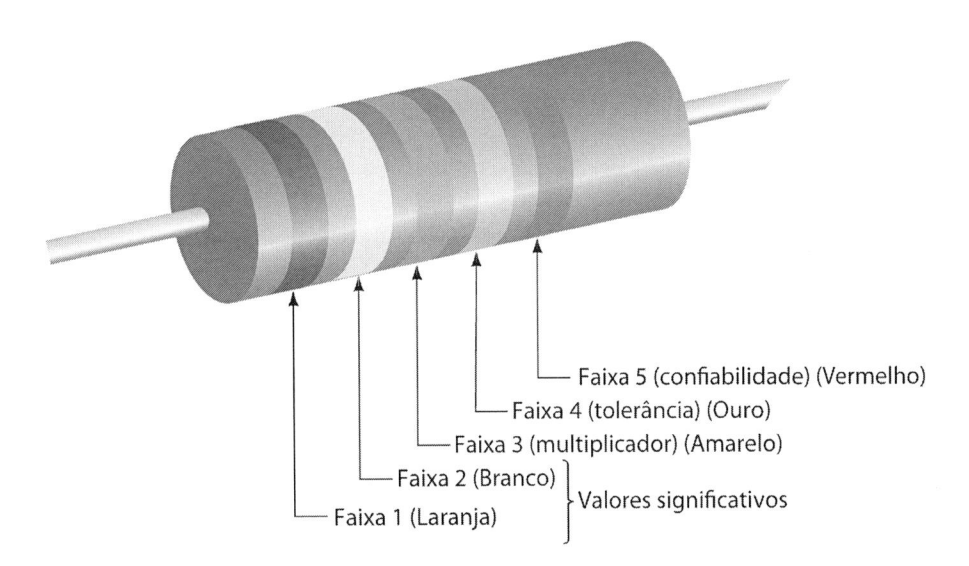

Figura 3-16 Códigos de cores do resistor.

As faixas coloridas proporcionam um código fácil de consulta para determinar o valor da resistência, a tolerância (em porcentagem) e, ocasionalmente, a confiabilidade esperada do resistor. São sempre lidas da esquerda para a direita, sendo a esquerda do resistor definida como a extremidade da qual as faixas estão mais perto.

As primeiras duas faixas representam o primeiro e o segundo dígitos do valor da resistência. A terceira chama-se faixa multiplicadora e representa o número de zeros que seguem os primeiros dois dígitos; geralmente o valor é representado em potência de dez. A quarta faixa indica a tolerância do resistor e a quinta (quando presente) é uma indicação da confiabilidade esperada do componente. A confiabilidade é uma indicação estatística do número esperado de componentes que não mais terão o valor da resistência indicado após 1.000 horas de uso. Por exemplo, se determinado resistor tem a confiabilidade de 1%, espera-se que, após 1.000 horas de uso, não mais de 1 resistor dentre 100 esteja fora do limite de resistência especificado, como indicado nas primeiras quatro faixas dos códigos de cores. A Tabela 3-5 elenca as cores das diversas faixas e seus respectivos valores.

Tabela 3-5 Código de Cores dos Resistores

Cor	Faixa 1 Valor significativo	Faixa 2 Valor significativo	Faixa 3 Multiplicador	Faixa 4 Tolerância	Faixa 5 Confiabilidade
Preto		0	$10^0 = 1$		
Marrom	1	1	$10^1 = 10$		1%
Vermelho	2	2	$10^2 = 100$		0,1%
Laranja	3	3	$10^3 = 1\,000$		0,01%
Amarelo	4	4	$10^4 = 10\,000$		0,001%
Verde	5	5	$10^5 = 100\,000$		
Azul	6	6	$10^6 = 1\,000\,000$		
Violeta	7	7	$10^7 = 10\,000\,000$		
Cinza	8	8			
Branco	9	9			
Ouro			0,1	5%	
Prata			0,01	10%	
Sem cor				20%	

Exemplo 3-10

Determine a resistência de um resistor de filme de carbono que possui o código de cores mostrado na Figura 3-17.

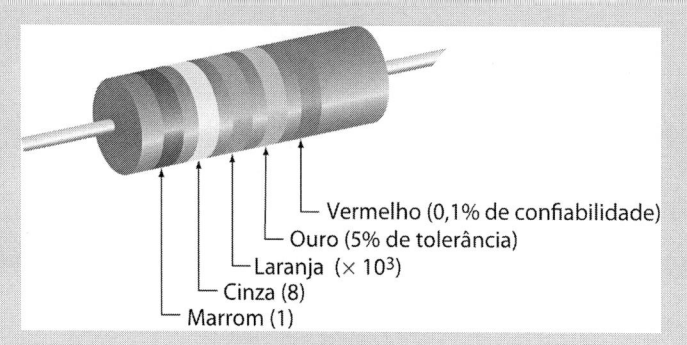

- Vermelho (0,1% de confiabilidade)
- Ouro (5% de tolerância)
- Laranja ($\times 10^3$)
- Cinza (8)
- Marrom (1)

Figura 3-17

Solução: Consultando a Tabela 3-5, vemos que o resistor tem o valor determinado da seguinte forma:

$$R = 18 \times 10^3 \, \Omega \pm 5\%$$
$$= 18 \text{ k}\Omega \pm 0,9 \text{ k}\Omega \text{ com a confiabilidade de } 0,1\%$$

Essa especificação indica que a resistência ficará entre 17,1 kΩ e 18,9 kΩ. Após 1.000 horas, é de se esperar que não mais de 1 resistor dentre 1.000 ficará fora do limite especificado.

PROBLEMAS PRÁTICOS 5

Um fabricante de resistor produz resistores de carbono de 100 MΩ, com uma tolerância de ± 5%. Quais serão os códigos de cores do resistor (da esquerda para a direita)?

Respostas

Marrom, Preto, Violeta, Ouro

3.7 Medindo a Resistência — O Ohmímetro

O **ohmímetro** é um instrumento que normalmente é parte de um multímetro (em geral, inclui um voltímetro e um amperímetro), usado para medir a resistência de um componente. Embora tenha limitações, o ohmímetro é usado quase diariamente em lojas de assistência técnica e laboratórios para medir a resistência dos componentes e determinar se o circuito é defeituoso. Além disso, também pode ser usado para determinar a condição dos dispositivos do semicondutor, como os diodos e transistores. A Figura 3-18 mostra um típico ohmímetro digital.

Para medir a resistência de um componente isolado ou de um circuito, coloca-se um ohmímetro diante do componente em teste, como mostra a Figura 3-19. A resistência é lida no mostrador.

Quando um ohmímetro for usado para medir a resistência de um componente localizado em um circuito em funcionamento, devem-se observar os seguintes passos:

1. Como mostra a Figura 3-20(a), remova todas as fontes de alimentação de um circuito ou componente a ser testado. Caso esse passo não seja seguido, a leitura no ohmímetro será, na melhor das hipóteses, sem valor, e o instrumento pode ser seriamente danificado.
2. Caso queira medir a resistência de um componente específico, é necessário isolá-lo do resto do circuito. Para isso, desconecta-se pelo menos um terminal do componente do circuito, como mostra a Figura 3-20(b). Caso esse passo não seja seguido, é muito provável que a resistência indicada pelo ohmímetro não seja a do resistor desejado, mas sim a resistência da combinação.

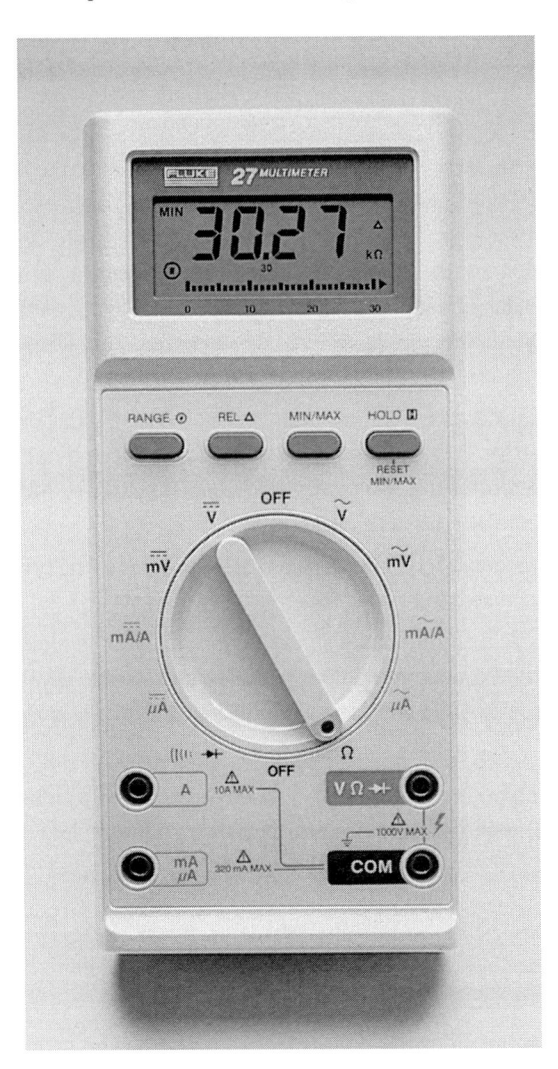

Figura 3-18 Ohmímetro digital. (*Reproduzido com permissão da Fluke Corporation.*)

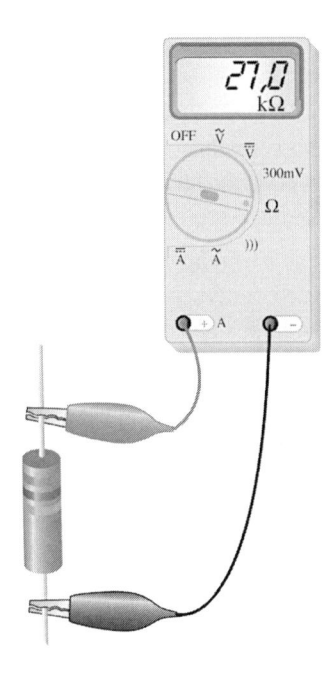

Figura 3-19 Ohmímetro usado para medir um componente isolado.

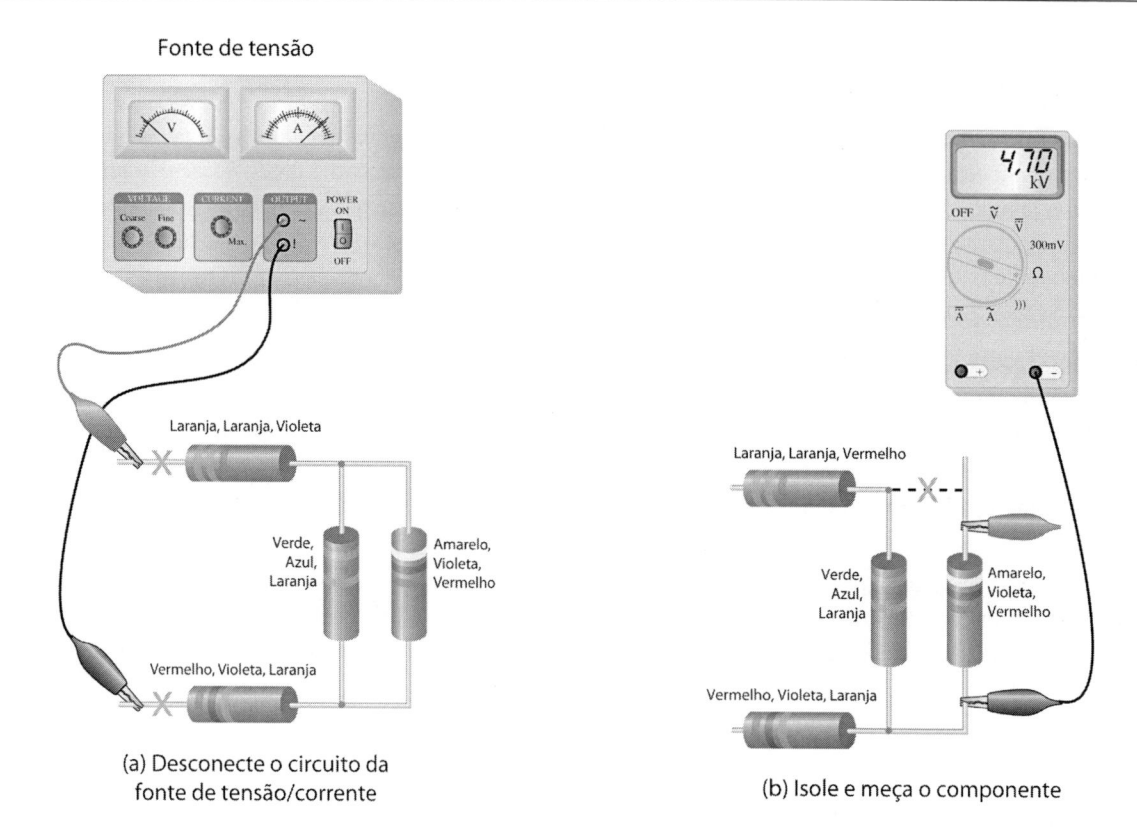

Figura 3-20 Uso de um ohmímetro para medir a resistência em um circuito.

3. Como mostrado na Figura 3-20 (b), conecte as duas pontas de prova do ohmímetro aos terminais do componente a ser medido. As pontas de prova vermelha e preta do ohmímetro podem ser trocadas quando os resistores forem medidos. Quando a resistência de outros componentes for medida, entretanto, ela dependerá da direção da corrente de sensoriamento. Dispositivos como esse serão abordados brevemente ainda neste capítulo.

4. Certifique-se de que o ohmímetro esteja dentro da faixa correta para oferecer a leitura mais precisa possível. Por exemplo, embora o multímetro digital possa fornecer uma leitura para um resistor de 1,2 kΩ na faixa de 2 MΩ, o mesmo ohmímetro fornecerá dígitos significativos adicionais (logo, maior precisão) quando for trocado para a faixa de 2 kΩ. Para os medidores analógicos, a melhor precisão é obtida quando a agulha estiver próxima ao centro da escala.

5. Quando tiver terminado, desligue o ohmímetro. Como o ohmímetro utiliza uma bateria interna para fornecer uma pequena corrente de sensoriamento, é possível descarregar a bateria se as pontas de prova ficarem conectadas durante um longo período.

Além de medir a resistência, o ohmímetro pode ser usado para indicar a continuidade de uma corrente. Muitos ohmímetros digitais modernos possuem um tom audível para indicar que um circuito está em curto de um ponto a outro. Como demonstra a Figura 3-21(a), o tom audível de um ohmímetro digital permite que o usuário determine o curto sem ter de olhar para o circuito em teste.

Os ohmímetros são instrumentos particularmente úteis para determinar se um dado circuito entrou em curto-circuito ou foi aberto.

O **curto-circuito** ocorre quando um condutor de baixa resistência, como um pedaço de fio ou qualquer outro condutor, está conectado entre dois pontos em um circuito. Em decorrência da resistência muito baixa do curto-circuito, a corrente irá contornar o resto do circuito e passar pelo curto.

NOTAS PRÁTICAS...

Quando um ohmímetro digital mede um circuito aberto, o mostrador no medidor normalmente será o dígito 1 no lado esquerdo, sem nenhum dígito a seguir. Essa leitura não deveria ser confundida com a de 1 Ω, 1 kΩ ou 1 MΩ, que aparece no lado direito do mostrador.

O circuito aberto ocorre quando um condutor se rompe entre os pontos em teste. O ohmímetro indicará uma resistência infinita quando for usado para medir a resistência de um circuito com um circuito aberto.

A Figura 3-21 mostra circuitos com o curto-circuito e com o circuito aberto.

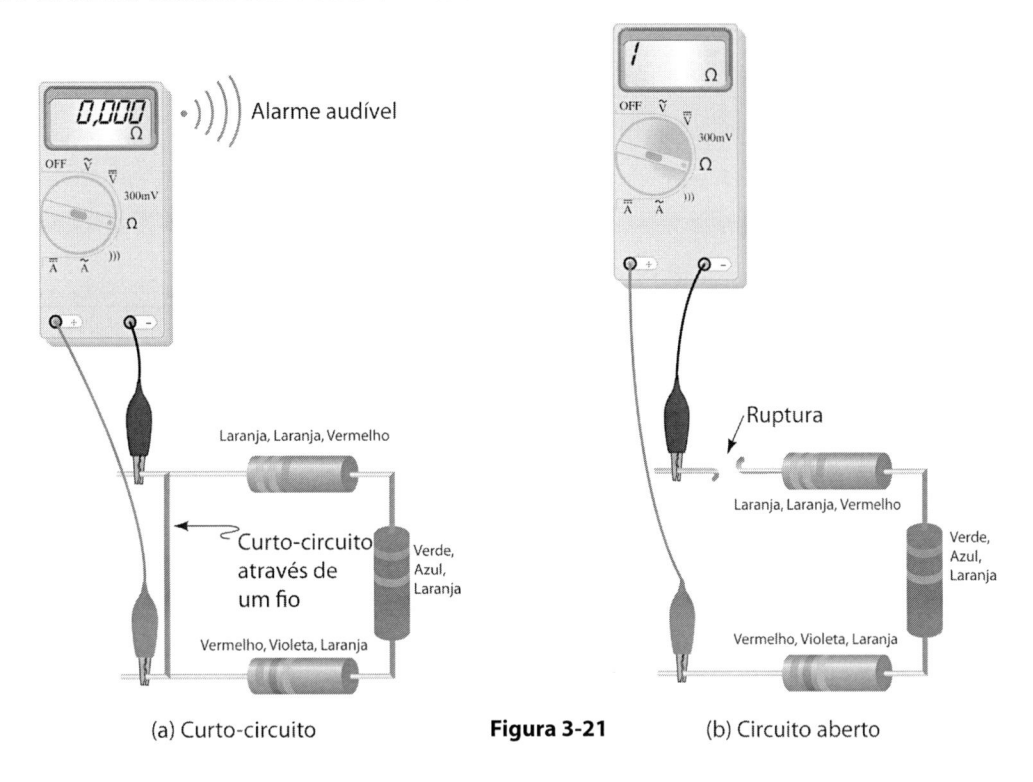

(a) Curto-circuito   **Figura 3-21**   (b) Circuito aberto

PROBLEMAS PRÁTICOS 6

Um ohmímetro é usado para medir os terminais de uma chave.

a. Qual será a indicação no ohmímetro quando a chave estiver fechada?
b. Qual será a indicação no ohmímetro quando a chave estiver aberta?

Respostas

a. 0 Ω (curto-circuito)
b. ∞ (circuito aberto)

3.8 Termistores

Na Seção 3.4, vimos como a resistência varia de acordo com a mudança na temperatura. Embora esse efeito geralmente seja indesejável em resistores, há muitas aplicações que utilizam componentes eletrônicos com características que variam de acordo com a mudança na temperatura. Qualquer dispositivo ou componente que provoque uma variação elétrica devida a uma variação física é chamado **transdutor**.

Um **termistor** é um transdutor de dois terminais no qual a resistência varia de maneira significativa de acordo com a variação da temperatura (logo, um termistor é um "resistor térmico"). A resistência dos termistores pode ser modificada tanto pela variação da temperatura externa quanto pela variação da temperatura provocada pela corrente que passa pelo componente. Aplicando-se esse princípio, os termistores podem ser usados em circuitos para controlar a corrente e medir ou controlar a temperatura. As aplicações típicas incluem termômetros eletrônicos e circuitos de controle termostático para fornos. A Figura 3-22 mostra um termistor típico e o seu símbolo elétrico.

(a) Fotografia   (b) Símbolo

Figura 3-22 Termistores.

Os termistores são feitos de óxidos de materiais variados, como cobalto, manganês, níquel e estrôncio. À medida que a temperatura do termistor aumenta, os elétrons da camada mais externa do átomo (valência) de determinado material torna-se mais ativos e se desprendem do átomo. Esses elétrons extras agora são livres para circular dentro do circuito, causando, assim, a redução da resistência do componente (coeficiente de temperatura negativo). A Figura 3-23 mostra como a resistência de um termistor varia de acordo com os efeitos da temperatura.

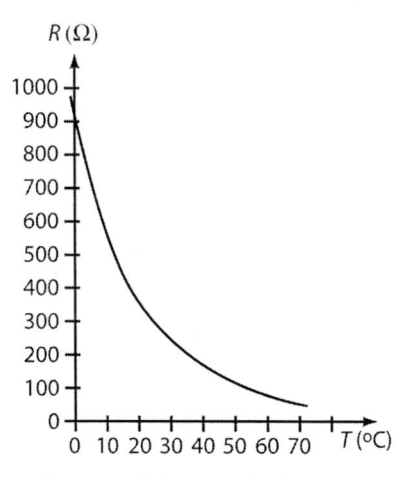

Figura 3-23 Resistência do termistor como função da temperatura.

PROBLEMAS PRÁTICOS 7

Em referência à Figura 3-22, determine a resistência aproximada de um termistor nas seguintes temperaturas:

a. 10°C;   b. 30°C;   c. 50°C.

Respostas

a. 550 Ω;   **b.** 250 Ω;   **c.** 120 Ω

3.9 Células Fotocondutoras

Células fotocondutoras ou **fotocélulas** são transdutores de dois terminais cuja resistência é determinada pela quantidade de luz que incide na célula. A maioria das fotocélulas é feita de sulfeto de cádmio (CdS) ou selenieto de cádmio (CdSe), e é sensível à luz com comprimentos de onda entre 4000 Å (luz azul) e 10000 Å (infravermelho). O angström (Å) é a unidade comumente usada para medir o comprimento de onda da luz, e tem a dimensão de $1 \text{ Å} = 1 \times 10^{-10}$ m. A luz, que é uma forma de energia, atinge o material da fotocélula e provoca a liberação de elétrons de valência, reduzindo, assim, a resistência do componente. A Figura 3-24 mostra a estrutura, o símbolo e a resistência característicos de uma fotocélula típica.

As fotocélulas podem ser usadas para medir a intensidade da luz e/ou controlar a iluminação. Geralmente, são utilizadas como parte de um sistema de segurança.

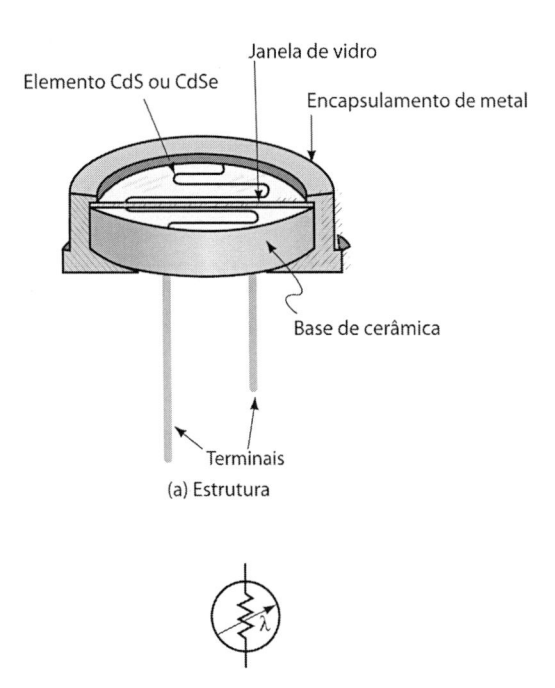

(a) Estrutura

(b) Símbolo de uma fotocélula

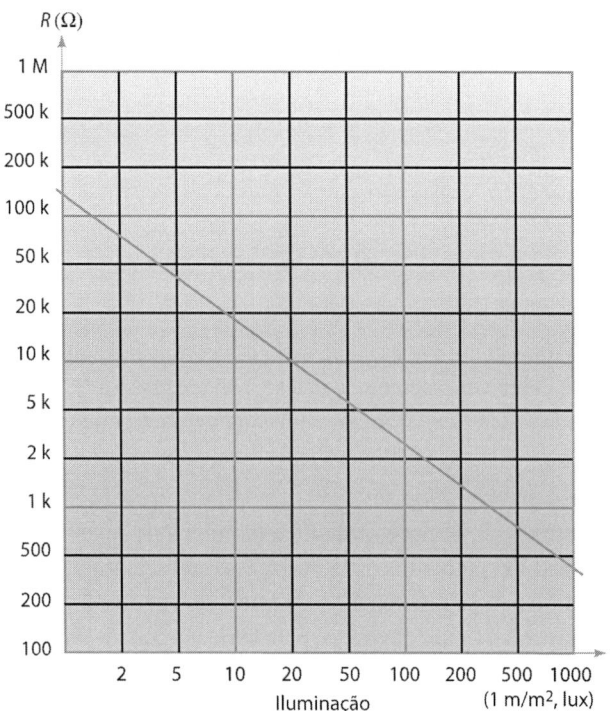

(c) Resistência *versus* iluminação

Figura 3-24 Fotocélula.

3.10 Resistência Não Linear

Até aqui, os componentes examinados tinham os valores das resistências basicamente constantes para determinada temperatura (ou, no caso de uma fotocélula, para certa quantidade de luz). Se examinássemos a relação corrente *versus* tensão para esses componentes, constataríamos que a resistência é linear, como mostra a Figura 3-25.

Se o dispositivo tiver a relação linear entre a corrente e a tensão (linha reta), diz-se que ele é um **dispositivo ôhmico**. (A relação linear entre a corrente e a tensão será abordada em mais detalhes no próximo capítulo.) Em eletrônica, é comum usarmos componentes que não possuem uma relação linear entre corrente e tensão; são os chamados **dispositivos não-ôhmicos**. Por outro lado, alguns componentes, como os termistores, podem ter tanto regiões ôhmicas quanto não-ôhmicas. O componente ficará mais quente se uma grande quantidade de corrente passar pelo termistor. Essa elevação de temperatura provoca a diminuição da resistência. Consequentemente, para grandes correntes, o termistor é um dispositivo não-ôhmico.

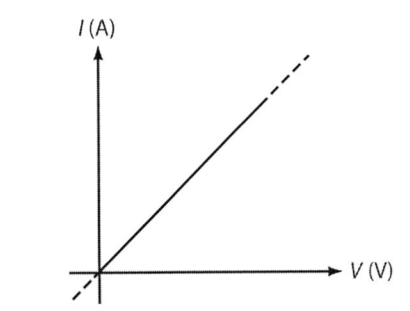

Figura 3-25 Relação linear entre a corrente e a tensão.

Agora, examinaremos brevemente dois dispositivos não-ôhmicos comuns.

Diodos

O diodo é um dispositivo semicondutor que permite o fluxo da corrente para somente uma direção. A Figura 3-26 mostra a aparência e o símbolo de um diodo típico. A direção da corrente convencional que passa pelo diodo vai do ânodo para o cátodo (a extremidade em que há uma linha ao redor da circunferência). Quando a corrente estiver nessa direção, o diodo é chamado de **diretamente polarizado** e opera na **região direta**. Como o diodo tem resistência muito baixa na região direta, ele se assemelha a um curto-circuito.

Se o circuito estiver ligado de modo que a direção da corrente seja do cátodo para o ânodo (contra a direção da seta na Figura 3-26), o diodo é **inversamente polarizado** e opera na **região inversa**. Por causa da alta resistência do diodo inversamente polarizado, ele se assemelha a um circuito aberto.

(a) Estrutura típica

(b) Símbolo

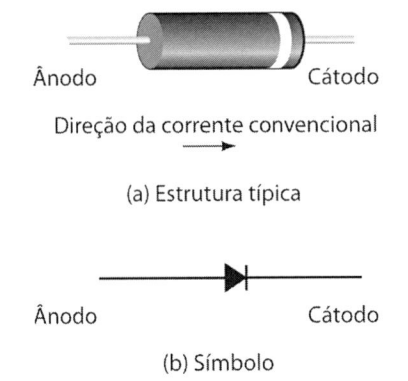

FIGURA 3-26 Diodo.

Ainda que este livro não tenha o objetivo de oferecer um estudo profundo sobre a teoria de diodos, a Figura 3-27 mostra os princípios do funcionamento do diodo direta e inversamente polarizado.

(a) Diodo diretamente polarizado

(b) Diodo inversamente polarizado

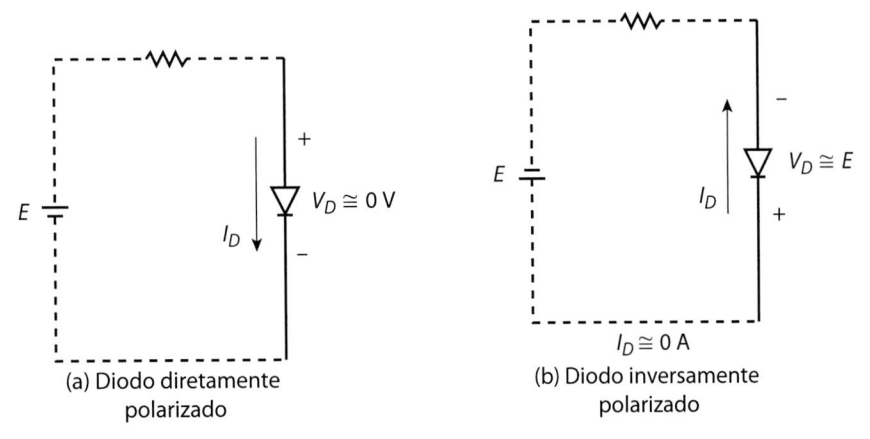

Figura 3-27 Relação entre a corrente e a tensão para um diodo de silício.

NOTAS PRÁTICAS...

Como o ohmímetro utiliza uma fonte de tensão interna para gerar uma pequena corrente de sensoriamento, o instrumento pode ser facilmente usado para determinar os terminais (e, portanto, a direção do fluxo convencional) de um diodo. (Ver a Figura 3-28.)

(a) Diodo em funcionamento na região inversa

(b) Diodo em funcionamento na região direta

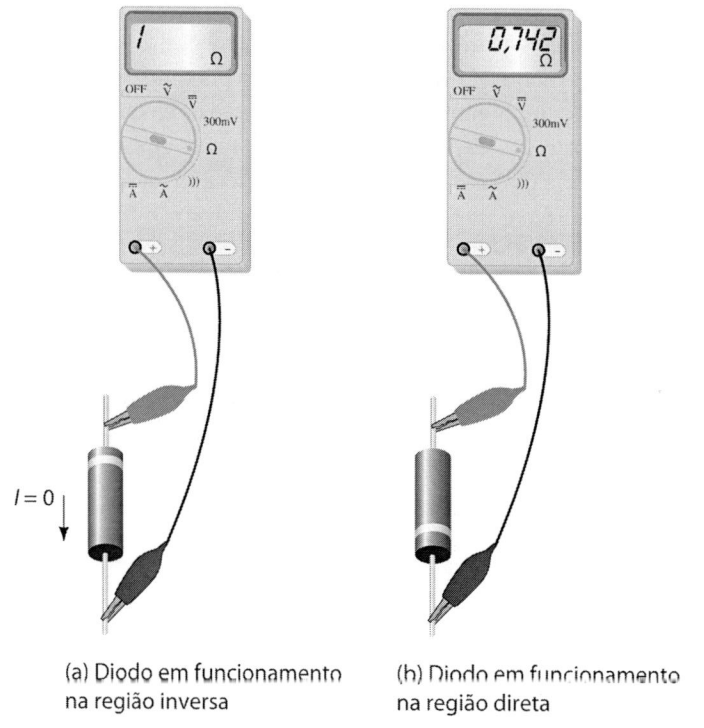

Figura 3-28 Determinação dos terminais do diodo usando um ohmímetro.

Se medirmos a resistência do diodo em ambos os terminais, veremos que a resistência será baixa quando o terminal positivo de um ohmímetro estiver ligado ao ânodo do diodo. Quando o terminal positivo estiver ligado ao cátodo, praticamente não haverá corrente no diodo; dessa forma, o ohmímetro indicará uma resistência infinita, normalmente representada pelo número 1 na esquerda.

Varistores

Os varistores, mostrados na Figura 3-29, são dispositivos semicondutores que apresentam resistências muito altas quando a tensão está abaixo do valor de avalanche.

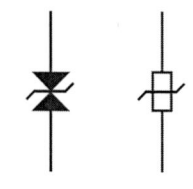

(a) Fotografia   (b) Símbolos dos varistores

Figura 3-29 Varistores.

Capítulo 3 • Resistência 75

No entanto, quando a tensão no varistor (ou a polaridade) ultrapassa o valor medido, a resistência do dispositivo torna-se subitamente muito baixa, permitindo que a carga circule. A Figura 3-30 mostra a relação entre corrente e tensão para varistores.

Os varistores são usados em circuitos sensíveis, como os presentes no computador, para garantir que, caso a tensão ultrapasse um valor predeterminado de maneira abrupta, o varistor se transformará efetivamente em um curto-circuito para o sinal indesejado, protegendo, assim, o resto do circuito da tensão excessiva.

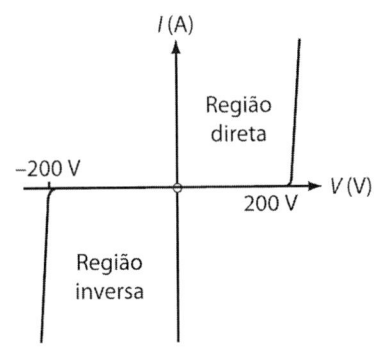

Figura 3-30 Relação entre corrente e tensão em um varistor de 200 V (pico).

3.11 Condutância

Define-se a condutância, G, como a medida da capacidade do material de permitir o fluxo de carga; sua unidade no SI é o siemens (S). A condutância elevada indica que o material é capaz de conduzir bem a corrente; já seu valor baixo indica que o material não permite prontamente o fluxo da carga. Em termos matemáticos, a condutância é definida como sendo o inverso da resistência. Dessa forma,

$$G = \frac{1}{R} \text{ [siemens, S]} \quad (3\text{-}10)$$

onde R é a resistência em ohms (Ω).

PROBLEMAS PRÁTICOS 8

Determinado cabo tem uma condutância de 5,0 mS. Determine o valor da resistência em ohms:

Se a condutância for duplicada, o que acontecerá com a resistência?

Respostas

1. 200 Ω;   2. Ela reduz à metade.

Embora a unidade do SI para a condutância (siemens) seja quase universalmente aceita, os livros mais antigos e os manuais de especificação registram a unidade da condutância como sendo o mho (o ohm escrito de trás para frente), e o símbolo como o ômega de cabeça para baixo, ℧. Nesse caso, temos a seguinte relação:

$$1\,℧ = 1\,\text{S} \quad (3\text{-}11)$$

Exemplo 3-11

Determine a condutância dos resistores:

a. 5 Ω b. 100 kΩ c. 50 mΩ

Solução:

a. $G = \dfrac{1}{5\,\Omega} = 0,2\,\text{S} = 200\,\text{mS}$

b. $G = \dfrac{1}{100\,\text{k}\Omega} = 0,01\,\text{mS} = 10\,\mu\text{S}$

c. $G = \dfrac{1}{50\,\text{m}\Omega} = 20\,\text{S}$

PROBLEMAS PRÁTICOS 9

Um manual de especificação para um transmissor de radar indica que um dos componentes tem uma condutância de 5 μμ℧ (símbolo).

a. Expresse a condutância nas unidades e nos prefixos adequados do SI.

b. Determine a resistência do componente em ohms.

Respostas

a. 5 pS;   **b.** $2 \times 10^{11}\,\Omega$

3.12 Supercondutores

Como já visto, todas as linhas de energia e redes de transmissão possuem resistência interna, o que resulta em perda de energia provocada pelo calor à medida que a carga circula pelo condutor. Se houvesse alguma maneira de eliminar a resistência dos condutores, a eletricidade poderia ser transmitida para mais longe e de modo mais econômico. Antigamente, a ideia de que a energia pudesse ser transmitida sem perdas ao longo de linhas de transmissão "supercondutoras" era um objetivo distante. No entanto, descobertas recentes em supercondutividades em alta temperatura prometem a capacidade quase mágica de transmitir e armazenar energia sem perda.

Em 1911, o físico holandês Heike Kamerlingh Onnes descobriu o fenômeno da supercondutividade. Estudos com mercúrio, estanho e chumbo demonstraram que a resistência desses materiais diminui para não mais do que um décimo bilionésimo da resistência em temperatura ambiente quando estão sujeitos a temperaturas de 4,6 K, 3,7 K e 6 K, respectivamente. Lembre-se de que a relação entre kelvins e graus Celsius é:

$$T_K = T_{(°C)} + 273{,}15° \quad (3\text{-}12)$$

A temperatura na qual o material se torna um supercondutor é chamada **temperatura crítica**, T_C, do material. A Figura 3-31 mostra como a resistência de uma amostra de mercúrio varia de acordo com a temperatura. Observe que a resistência cai subitamente para zero a uma temperatura de 4,6 K.

Experimentos com correntes em circuitos fechados super-refrigerados de um fio supercondutor revelaram que as correntes induzidas permanecerão irredutíveis por muitos anos dentro de um condutor desde que a temperatura seja mantida abaixo da **temperatura crítica** do condutor.

Uma propriedade peculiar e igualmente mágica dos supercondutores ocorre quando um ímã permanente é colocado acima do supercondutor. O ímã flutuará sobre a superfície do condutor como se estivesse desafiando a lei da gravidade (Figura 3-32).

Esse princípio se denomina *efeito Meissner* (em homenagem a Walther Meissner) e pode ser enunciado da seguinte maneira:

Quando um supercondutor é resfriado abaixo da temperatura crítica, os campos magnéticos podem rodear, mas não penetrar o supercondutor.

Explica-se o princípio da supercondutividade pelo comportamento dos elétrons dentro do supercondutor. Ao contrário dos condutores, que têm elétrons se movimentando aleatoriamente pelo condutor e colidindo com outros elétrons (Figura 3-33(a)), nos supercondutores os elétrons formam pares que se movem pelo material de maneira semelhante a uma banda marchando em um desfile. O movimento ordenado dos elétrons, demonstrado na Figura 3-33(b), resulta em um condutor ideal, uma vez que os elétrons não colidem mais.

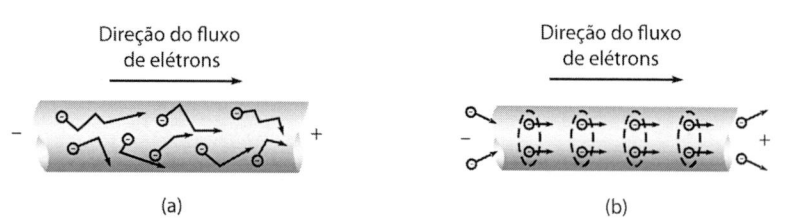

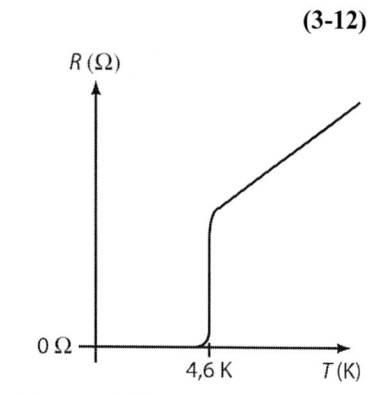

Figura 3-31 Temperatura crítica do mercúrio.

FIGURA 3-32 O efeito Meissner: um cubo magnético flutua sobre um disco do supercondutor de cerâmica. O disco é mantido abaixo da temperatura crítica em uma banheira de nitrogênio líquido. (*Cortesia de AT&T Bell Laboratories/Arquivos da AT&T.*)

FIGURA 3-33 (a) Nos condutores, os elétrons são livres para se movimentar em qualquer direção. Perde-se energia por causa das colisões com átomos e outros elétrons, aumentando a resistência do condutor.
(b) Nos supercondutores, os elétrons são combinados em pares e percorrem o condutor em cadência, evitando as colisões. Como não há perda de energia, o condutor não possui resistência.

A economia provocada pela temperatura crítica elevada levou à pesquisa por supercondutores de alta temperatura. Recentemente, a pesquisa no IBM Zurich Research Laboratory*, na Suíça, e na Universidade de Houston, no Texas, produziu materiais supercondutores capazes de funcionar em temperaturas como 98 K (−175° C). Embora essa temperatura ainda seja bem baixa,

---

* Laboratório de Pesquisa da IBM em Zurique. (N.R.T.)

isso significa que a condutividade pode ser alcançada usando o líquido de nitrogênio prontamente disponível em vez do líquido de hélio, que é muito mais caro e raro.

A supercondutividade foi encontrada em materiais aparentemente improváveis, como a cerâmica, feita de bário, lantânio, cobre e oxigênio. Agora, a pesquisa concentra-se no desenvolvimento de novos materiais que se tornam supercondutores em temperaturas sempre mais altas e que são capazes de superar as desvantagens dos primeiros supercondutores cerâmicos.

A condutividade em baixa temperatura – e muito cara – é atualmente usada em alguns aceleradores gigantes de partículas e, de modo limitado, em componentes eletrônicos (como as junções rápidas de Josephson e os SQUIDs, isto é, os dispositivos supercondutores de interferência quântica, que são usados para detectar campos magnéticos muito pequenos). Quando a pesquisa resultar em supercondutores de alta temperatura, viáveis comercialmente, as possibilidades para as aplicações serão praticamente ilimitadas. A supercondutividade de alta temperatura promete promover melhorias para o transporte, armazenamento e transmissão de energia, computadores, e para pesquisas e tratamento médicos.

COLOCANDO EM PRÁTICA

Você é um especialista em solucionar e identificar defeitos em uma pequena empresa de telefonia. Um dia, chega até a empresa a notícia de que uma subdivisão inteira está sem serviço telefônico. A suspeita é de que o cabo tenha sido cortado por um dos operadores de retroescavadeira trabalhando em um projeto de fornecimento de água, perto da subdivisão. No entanto, ninguém tem certeza do local exato onde o fio foi cortado. Você se recorda de que a resistência de um comprimento de fio é determinada por alguns fatores, incluindo o comprimento. Isso lhe dá a ideia de determinar a distância entre o escritório da central telefônica e o local do corte.

Em primeiro lugar, você vai aos registros do cabo de telefone, que mostram que a subdivisão utiliza fios de cobre 26 AWG. Como o telefone de cada cliente está ligado ao escritório central, você mede a resistência de alguns de seus circuitos fechados. Como era de esperar, algumas das medições indicam circuito aberto. No entanto, alguns pares de fio foram encurtados pela retroescavadeira, e cada um desses pares indica uma resistência total de 338 Ω. Qual é a distância entre o escritório central e o local onde ocorreu o corte?

PROBLEMAS

3.1 Resistência de Condutores

1. Determine a resistência, a 20°C, de um fio de alumínio maciço com os seguintes raios:

    a. 0,5 mm

    b. 1,0 mm

    c. 0,005 mm

    d. 0,5 cm

2. Determine a resistência, a 20°C, de 200 pés de condutores de ferro com as seguintes seções transversais:

    a. 0,25 pol por 0,25 pol quadrada

    b. 0,125 pol de diâmetro circular

    c. 0,125 pol por 4,0 pol retangular

3. Um barramento de cobre maciço de 250 pés de comprimento, mostrado na Figura 3-34, é usado para conectar a fonte de tensão ao painel de distribuição. Se o barramento tem uma resistência de 0,02 Ω a 20°C, calcule a altura do barramento em polegadas.

4. Utiliza-se o fio de nicromo para construir elementos aquecedores. Determine o comprimento de um fio de nicromo cujo diâmetro é igual a 1,0 mm, necessário para produzir o elemento aquecedor que possui uma resistência de 2,0 Ω a uma temperatura de 20°C.

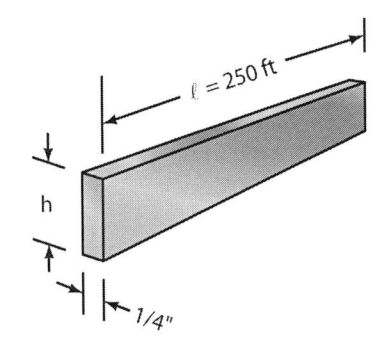

Figura 3-34

5. Um fio de cobre com 0,8 mm de diâmetro é mensurado para ter resistência de 10,3 Ω a 20°C. Qual é o tamanho desse fio em metros? E em pés?

6. Um pedaço de fio de alumínio tem uma resistência, a 20°C, de 20 Ω. Se esse fio for derretido e usado para fazer um segundo fio com o comprimento quatro vezes maior do que o original, qual será a resistência do novo fio a 20°C? (Dica: O volume do fio não sofreu alteração.)

7. Determine a resistividade (em ohmímetros) de um cilindro de grafite feito de carbono que tem 6,00 cm de comprimento, 0,50 mm de diâmetro, e a resistência de 3,0 Ω a 20°C. Como esse valor pode ser comparado à resistividade fornecida para o carbono?

8. Um fio circular maciço que possui 200 m de comprimento e 0,4 mm de diâmetro tem a resistência de 357 Ω, a 20°C. O fio é feito de que material?

9. Uma seção do fio de liga metálica de 2.500 m possui uma resistência de 32 Ω. Se o fio tem 1,5 mm de diâmetro, determine a resistividade do material em ohmímetros. A liga metálica é um melhor condutor do que o cobre?

10. Uma seção do fio de ferro possui o diâmetro de 0,030 polegada e tem uma resistência de 2.500 Ω (a uma temperatura de 20°C).
    a. Determine a área da seção transversal em metros quadrados e em milímetros quadrados (1 pol = 2,54 cm = 25,4 mm).
    b. Calcule o comprimento do fio em metros.

3.2 Tabelas de Fios Elétricos

11. Utilize a Tabela 3-2 para determinar a resistência de 300 pés dos condutores maciços de cobre 22 AWG e 19 AWG. Compare os diâmetros e a resistência dos fios.

12. Utilize a Tabela 3-2 para achar a resistência dos condutores maciços de cobre 8 AWG e 2 AWG, de 250 m de comprimento. Compare os diâmetros e a resistência dos fios.

13. Determine a corrente máxima conduzida pelos fios 19 AWG e 30 AWG.

14. Se um fio 8 AWG conduz no máximo 40 A, qual é a quantidade de corrente que um fio 2 AWG conduziria com segurança?

15. Uma bobina do fio de cobre 36 AWG do transformador tem a resistência de 550 Ω, a uma temperatura de 20°C. Qual é o comprimento desse fio em metros?

16. Qual é a quantidade de corrente que um fio de cobre 36 AWG seria capaz de conduzir?

3.3 Resistência dos Fios – Mil Circular

17. Determine a área em mil circular dos seguintes condutores (T = 20°C):
    a. fio circular com o diâmetro de 0,016 polegada
    b. fio circular com o diâmetro de 2,0 mm
    c. um barramento retangular com as dimensões de 0,25 pol por 6,0 pol

18. Expresse as áreas das seções transversais dos condutores do Problema 17 em mil quadrado e em milímetros quadrados.

19. Calcule a resistência, a 20°C, dos condutores de cobre de 400 pés de comprimento que têm as áreas das seções transversais fornecidas no Problema 17.

20. Determine o diâmetro em polegadas e em milímetros dos cabos circulares que têm as áreas das seções transversais fornecidas a seguir. (Considere que os cabos são condutores sólidos.)
    a. 250 MC
    b. 1.000 MC
    c. 250 MMC
    d. 750 MMC

21. Um fio maciço de cobre com o comprimento de 200 pés possui uma resistência de 0,500 Ω.

    a. Determine a área da seção transversal do fio em mil quadrado e em mil circular.

    b. Determine o diâmetro do fio em mil circular e em polegadas.

22. Repita o Problema 21 usando um fio de nicromo.

23. Uma bobina do fio de cobre maciço tem o diâmetro de 0,040 pol e a resistência de 12,5 Ω (a uma temperatura de 20°C).

    a. Determine a área da seção transversal em mil quadrado e em mil circular.

    b. Calcule o comprimento do fio em pés.

24. Ocasionalmente, utilizou-se um fio de ferro com o diâmetro igual a 30 mil circulares para a transmissão telegráfica. Um técnico mede a resistência da seção da linha telegráfica e constata que ela é igual a 2.500 Ω (a uma temperatura de 20°C).

    a. Determine a área da seção transversal em mil quadrado e em mil circular.

    b. Calcule o comprimento do fio em pés e em metros (1 pé = 0,3048 m). Compare a sua resposta à obtida no Problema 10.

3.4 Efeitos da Temperatura

25. Um condutor de alumínio tem a resistência de 50 Ω em temperatura ambiente. Encontre a resistência do mesmo condutor a −30°C e a 200°C.

26. Um fio de cobre maciço 14 AWG usado para fiação de casa é projetado para operar dentro da faixa de temperatura entre −40°C e +90°C. Calcule a resistência de um circuito com um fio de 200 pés em ambas as temperaturas. Atenção: o circuito em pés é o comprimento do cabo necessário para a corrente percorrer de uma carga à outra.

27. Determinado material tem a resistência igual a 20 Ω em temperatura ambiente (20°C) e 25 Ω a uma temperatura de 85°C.

    a. O material tem um coeficiente de temperatura positivo ou negativo? Explique de maneira sucinta.

    b. Determine o valor do coeficiente de temperatura, α, a 20°C.

    c. Assumindo que a função da resistência *versus* temperatura é linear, determine a resistência prevista para o material a 0°C (o ponto de solidificação da água) e a 100°C (o ponto de ebulição).

28. Determinado material tem a resistência de 100 Ω em temperatura ambiente (20°C) e de 150 Ω a uma temperatura de −25 Ω.

    a. O material tem um coeficiente de temperatura positivo ou negativo? Explique de maneira sucinta.

    b. Determine o valor do coeficiente de temperatura, α, a 20°C.

    c. Assumindo que a função da resistência *versus* temperatura é linear, determine a resistência prevista para o material a 0°C (o ponto de solidificação da água) e a −40°C.

29. Um aquecedor elétrico é feito de fio de nicromo. Esse fio tem a resistência igual a 15,2 Ω a uma temperatura de 20°C. Determine a resistência do fio de nicromo quando sua temperatura for elevada a 260°C.

30. Um diodo de silício tem a resistência de 500 Ω a 20°C. Determine a resistência do diodo quando a temperatura do componente for aumentada em 30°C por um ferro de solda. (Considere linear a função resistência *versus* temperatura.)

31. Um dispositivo elétrico apresenta uma resposta à temperatura linear. O dispositivo tem a resistência de 120 Ω a uma temperatura de −20°C, e a resistência de 190 Ω a 120°C.

    a. Calcule a resistência a 0°C.

    b. Calcule a resistência a 80°C.

    c. Determine a interseção da temperatura do material.

32. Deduza a expressão da Equação 3-8.

3.5 Tipos de Resistores

33. Inicialmente, um resistor variável de 10 kΩ tem o seu contato (terminal móvel *b*) no terminal inferior *c*. Determine a resistência R_{ab} entre os terminais *a* e *b*, e a resistência R_{bc} entre os terminais *b* e *c* sob as seguintes condições:

a. O contato está em c.

b. O contato é $1/5$ do caminho ao redor da superfície resistiva.

c. O contato é $4/5$ do caminho ao redor da superfície resistiva.

d. O contato está em a.

34. A resistência entre os terminais do contato b e o terminal inferior c de um resistor variável de 200 kΩ mede 50 kΩ. Determine a resistência entre o terminal superior a e o terminal de contato, b.

3.6 Código de Cores dos Resistores

35. Dados os resistores com os seguintes códigos de cores (lidos da esquerda para a direita), determine a resistência, tolerância e confiabilidade de cada componente. Expresse a incerteza em porcentagem e em ohms.

    a. Marrom Verde Amarelo Prata

    b. Vermelho Cinza Ouro Ouro Amarelo

    c. Amarelo Violeta Azul Ouro

    d. Laranja Branco Preto Ouro Vermelho

36. Determine os códigos de cores, caso necessite dos seguintes resistores para um projeto:

    a. 33 kΩ ± 5%, 0,1 % de confiabilidade

    b. 820 Ω ± 10%

    c. 15 Ω ± 20%

    d. 2,7 MΩ ± 5%

3.7 Medindo a Resistência – O Ohmímetro

37. Explique como um ohmímetro pode ser usado para determinar se a lâmpada elétrica está queimada.

38. Se um ohmímetro fosse colocado no terminal de uma chave, qual seria a resistência esperada quando seus contatos estivessem fechados? E quando estivessem abertos?

39. Explique como você usaria um ohmímetro para determinar aproximadamente a quantidade restante de fios em uma bobina de fio de cobre 24 AWG.

40. Um ohmímetro analógico é usado para medir a resistência de um componente de dois terminais. O ohmímetro indica a resistência de 1,5 kΩ. Quando as pontas de prova do instrumento são invertidas, o medidor indica que a resistência do componente é um circuito aberto. O componente apresenta defeitos? Caso não apresente, que tipo de componente está sendo testado?

3.8 Termistores

41. Um termistor tem as características mostradas na Figura 3-23.

    a. Determine a resistência do dispositivo em temperatura ambiente, 20°C.

    b. Determine a resistência do dispositivo a 40°C.

    c. O termistor tem um coeficiente de temperatura positivo ou negativo? Justifique.

3.9 Células Fotocondutoras

42. Determine a resistência para as fotocélulas com as características mostradas na Figura 3-24(c):

    a. em um porão escuro, com a iluminação de 10 lux

    b. em uma residência com a iluminação de 50 lux

    c. em uma sala de aula com a iluminação de 500 lux

3.11 Condutância

43. Calcule a condutância das seguintes resistências:
    a. 0,25 Ω
    b. 500 Ω
    c. 250 kΩ
    d. 12,5 MΩ

44. Determine a resistência de componentes com as seguintes condutâncias:
    a. 62,5 µS
    b. 2.500 mS
    c. 5,75 mS
    d. 25,0 S

45. Determine a condutância de 1000 m de um fio maciço de cobre 30 AWG a uma temperatura de 20°C.

46. Determine a condutância de um barramento de alumínio de 200 pés (a uma temperatura de 20°C), cuja dimensão da seção transversal é de 4,0 polegadas por 0,25 polegada. Se a temperatura aumentasse, o que aconteceria com a condutância do barramento?

RESPOSTAS DOS PROBLEMAS PARA VERIFICAÇÃO DO PROCESSO DE APRENDIZAGEM

Verificação do Processo de Aprendizagem 1

1. O fio de ferro terá aproximadamente sete vezes mais resistência do que o de cobre.
2. O fio mais comprido terá duas vezes mais resistência do que o mais curto.
3. O fio com o diâmetro maior terá um quarto da resistência do fio com o diâmetro menor.

Verificação do Processo de Aprendizagem 2

1. 200 A
2. O valor real é menor do que o valor teórico. Como só a superfície do cabo é capaz de dissipar calor, a corrente pode ser diminuída para prevenir o acúmulo de calor.

Verificação do Processo de Aprendizagem 3

$A = 63,7$ MC
$= 3,23 \times 10^{-8}$ m^2 = 0,0323 mm^2

Verificação do Processo de Aprendizagem 4

O coeficiente de temperatura positivo indica que a resistência de um material aumenta conforme a elevação da temperatura. O coeficiente de temperatura negativo indica que a resistência de um material diminui à medida que a temperatura aumenta. O alumínio tem o coeficiente de temperatura positivo.

• TERMOS-CHAVE

Resistência DC; Resistência Dinâmica; Eficiência; Energia; Resistência Linear; Resistência Não linear; Ohm; Ôhmico; Lei de Ohm; Circuito Aberto; Potência; Captura Esquemática; Convenção de Referência da Tensão.

• TÓPICOS

Lei de Ohm; Polaridade da Tensão e Direção da Corrente; Potência; Convenção para a Direção da Potência; Energia; Eficiência; Resistências Não lineares e Dinâmicas; Análises de Circuito Usando Computador.

• OBJETIVOS

Após estudar este capítulo, você será capaz de:

- calcular a tensão, corrente e resistência em um circuito simples usando a lei de Ohm;
- usar a convenção de referência da tensão para determinar a polaridade;
- descrever como a tensão, a corrente e a resistência estão relacionadas em um circuito resistivo;
- calcular a potência em circuitos DC;
- usar a convenção de referência da potência para descrever a direção da transferência de potência;
- calcular a energia usada nas cargas elétricas;
- determinar custos de energia;
- determinar a eficiência de máquinas e sistemas;
- usar o PSpice e o Multisim para resolver os problemas relativos à lei de Ohm.

Lei de Ohm, Potência e Energia 4

Apresentação Prévia do Capítulo

Nos dois capítulos anteriores, o leitor estudou a tensão, a corrente e a resistência separadamente. Neste capítulo, veremos as três juntas. Começando com a lei de Ohm, estudaremos a relação entre tensão e corrente em um circuito resistivo, as convenções de referência, a potência, a energia e a eficiência. Também neste capítulo, daremos início ao estudo dos métodos computacionais. Veremos dois pacotes de aplicação: o ORCAD PSpice (da Cadence Design Systems Inc.) e o Multisim (da Electronics Workbench, uma empresa da National Instruments Corporation).

Colocando em perspectiva

Georg Simon Ohm

No Capítulo 3, vimos brevemente os experimentos de Ohm. Agora conheceremos sua vida pessoal.

Georg Simon Ohm nasceu em Erlangen, na Baváira, em março de 1787. Seu pai era um mecânico-chefe que determinou que o filho se educasse em ciência. Embora Ohm fosse professor em uma escola do ensino médio, tinha pretensões de receber uma nomeação na universidade. A única maneira de seu desejo tornar-se realidade seria se apresentasse resultados importantes de pesquisas científicas. Ohm resolveu estudar o comportamento da corrente em circuitos resistivos, já que a ciência da eletricidade estava nos seus primórdios, e a célula elétrica havia sido então recentemente inventada pelo italiano Conte Alessandro Volta. Uma vez que os equipamentos eram caros e de difícil acesso, Ohm fez o seu próprio, graças, em grande parte, aos ensinamentos do pai. Usando esse equipamento, Ohm determinou, em experiências, que a quantidade de corrente transmitida ao longo do fio era diretamente proporcional à área da seção transversal do fio e inversamente proporcional ao seu comprimento. A partir desses resultados, ele pôde definir a resistência e mostrar que havia uma relação simples entre tensão, resistência e corrente. Essa relação, agora conhecida como lei de Ohm, é provavelmente a mais básica na teoria de circuitos. No entanto, quando publicados em 1827, os resultados de Ohm foram menosprezados. Por isso, Ohm não só perdeu a nomeação na universidade, como foi forçado a renunciar ao seu cargo na escola. Embora ele estivesse vivendo na pobreza e humilhação, seu trabalho tornou-se conhecido e apreciado fora da Alemanha. Em 1842, Ohm foi nomeado membro da Sociedade Real. Finalmente, em 1849, foi nomeado professor da Universidade de Munique, onde foi reconhecido pelas suas importantes contribuições.

4.1 Lei de Ohm

Considere o circuito da Figura 4-1. Usando um circuito com um conceito similar a esse, Ohm determinou experimentalmente que, *em um circuito resistivo, a corrente é diretamente proporcional à tensão aplicada nele e inversamente proporcional à sua resistência.* Na forma de equação, a lei de Ohm estabelece que

$$I = \frac{E}{R} \text{ [ampere, A]} \tag{4-1}$$

onde

E é a tensão em volts;

R é a resistência em ohms;

I é a corrente em amperes.

Disso se percebe que, quanto maior a tensão aplicada, maior é a corrente; por outro lado, quanto maior a resistência, menor será a corrente.

A relação de proporção entre a tensão e a corrente descrita na Equação 4-1 pode ser demonstrada pela substituição direta, como indicado na Figura 4-2. Para uma resistência fixa, duplicar a tensão, como mostrado em (b), significa duplicar a corrente; triplicar a tensão, como mostrado em (c), triplica a corrente, e assim por diante.

A Figura 4-3 demonstra a relação inversa entre a resistência e a corrente. Para uma tensão fixa, duplicar a resistência, como mostrado em (b), significa reduzir a corrente à metade; triplicar a resistência, como mostrado em (c), reduz a corrente para 1/3 do valor original, e assim sucessivamente.

Capítulo 4 • Lei de Ohm, Potência e Energia   **85**

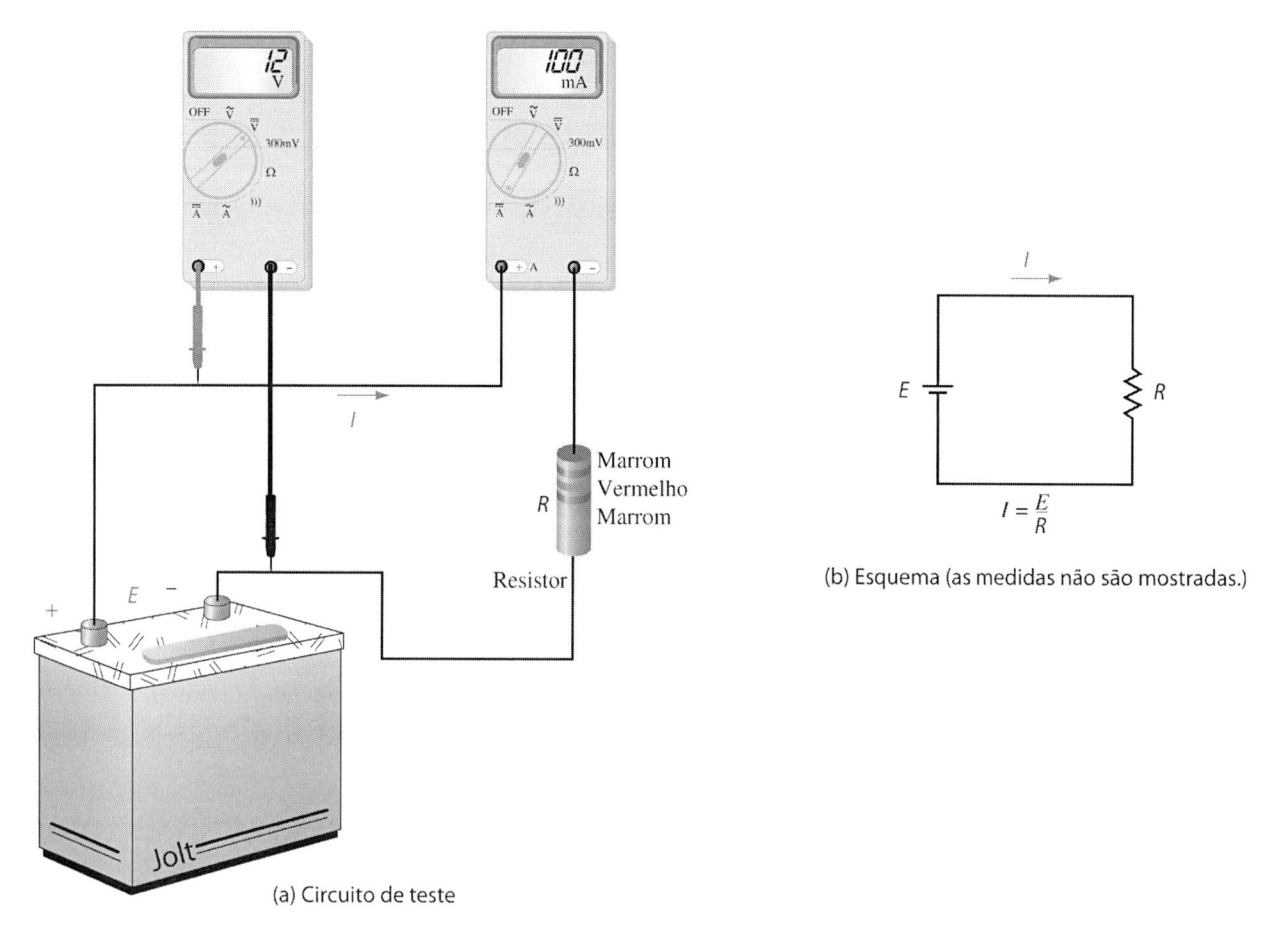

(a) Circuito de teste

(b) Esquema (as medidas não são mostradas.)

$$I = \frac{E}{R}$$

Figura 4-1 Circuito como ilustração da lei de Ohm.

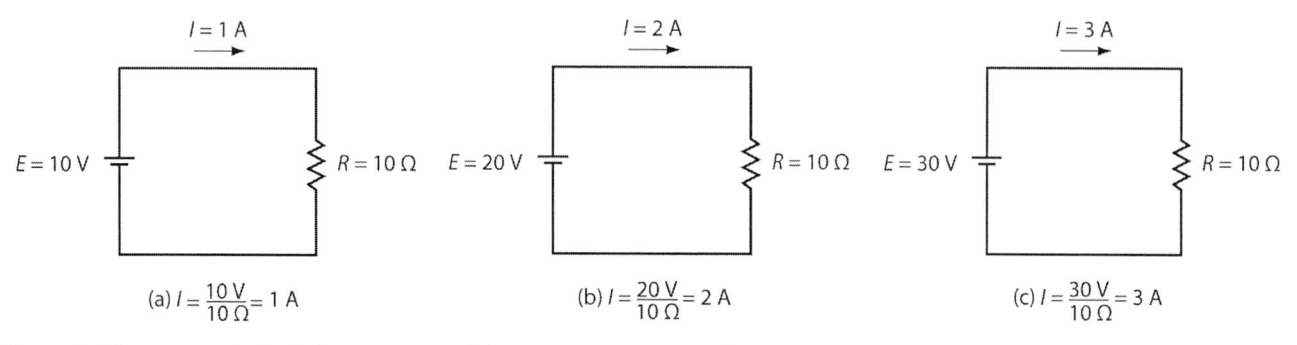

(a) $I = \frac{10\,V}{10\,\Omega} = 1\,A$

(b) $I = \frac{20\,V}{10\,\Omega} = 2\,A$

(c) $I = \frac{30\,V}{10\,\Omega} = 3\,A$

Figura 4-2 Para uma resistência fixa, a corrente é diretamente proporcional à tensão; portanto, duplicar a tensão, como em (b), duplica a corrente; triplicar a tensão, como em (c), triplica a corrente, e assim por diante.

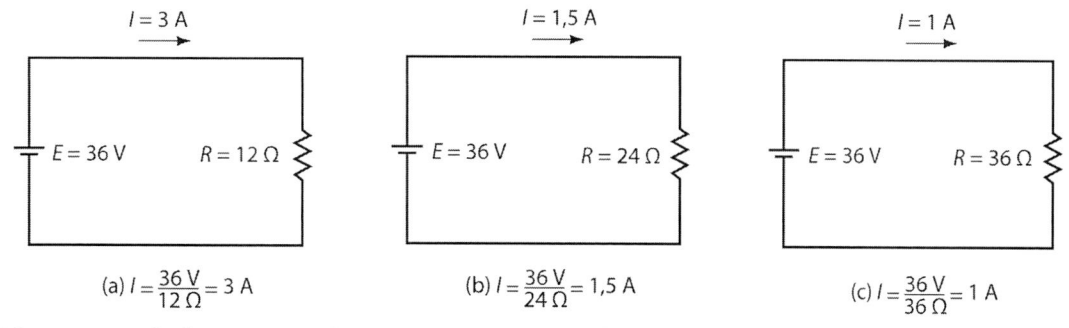

(a) $I = \frac{36\,V}{12\,\Omega} = 3\,A$

(b) $I = \frac{36\,V}{24\,\Omega} = 1,5\,A$

(c) $I = \frac{36\,V}{36\,\Omega} = 1\,A$

Figura 4-3 Para uma tensão fixa, a corrente é inversamente proporcional à resistência; portanto, duplicar a resistência, como em (b), reduz a corrente à metade; triplicar a resistência, como em (c), resulta em um terço da corrente, e assim sucessivamente.

Reorganizando a Equação 4-1, a lei de Ohm também pode ser expressa das seguintes formas:

$$E = IR \text{ [volts V]} \tag{4-2}$$

$$R = \frac{E}{I} \text{ [ohms, } \Omega\text{]} \tag{4-3}$$

Quando usar a lei de Ohm, certifique-se de expressar todas as grandezas nas unidades de base: volts, ohms, amperes, como nos Exemplos 4-1 a 4-3, ou utilize as relações entre os prefixos, como no Exemplo 4-4.

Exemplo 4-1

Um resistor de 27 Ω está ligado a uma bateria de 12 V. Qual é a corrente?

Solução: Substituindo os valores da resistência e tensão na lei de Ohm, obtém-se:

$$I = \frac{E}{R} = \frac{12 \text{ V}}{27 \text{ }\Omega} = 0,444 \text{ A}$$

Exemplo 4-2

A lâmpada da Figura 4-4 drena 25 mA quando ligada a uma bateria de 6 V. Qual é a resistência da lâmpada?

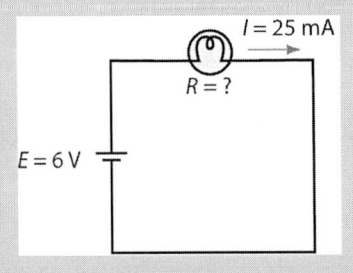

Figura 4-4

Solução: Usando a Equação 4-3,

$$R = \frac{E}{I} = \frac{6 \text{ V}}{25 \times 10^{-3} \text{ A}} = 240 \text{ }\Omega$$

Exemplo 4-3

Se 125 μA é o valor da corrente em um resistor com as faixas de cor vermelha, vermelha, amarela, qual é a tensão no resistor?

Solução: Usando o código de cores do Capítulo 3, $R = 220$ kΩ. Da lei de Ohm, obtém-se:

$$E = IR = (125 \times 10^{-6} \text{ A})(220 \times 10^{3} \text{ }\Omega) = 27,5 \text{ V}$$

Capítulo 4 • Lei de Ohm, Potência e Energia   **87**

Exemplo 4-4

Um resistor com o código de cores marrom, vermelho e amarelo está ligado a uma fonte de 30 V. Qual é o valor de *I*?

Solução: Quando *E* está em volts e *R*, em kΩ, a resposta é dada diretamente em mA. No código de cores, *R* = 120 kΩ; dessa forma,

$$I = \frac{E}{R} = \frac{30 \text{ V}}{120 \text{ k}\Omega} = 0{,}25 \text{ mA}$$

Tradicionalmente, os circuitos são desenhados com a fonte à esquerda e a carga à direita, como indicam as Figuras 4-1 a 4-3. Todavia, o leitor também encontrará circuitos com outras orientações. Os mesmos princípios são aplicados a eles. Como fizemos na Figura 4-4, simplesmente desenhe a seta indicadora da corrente saindo do terminal positivo da fonte e aplique a lei de Ohm da mesma forma. A Figura 4-5 mostra mais exemplos.

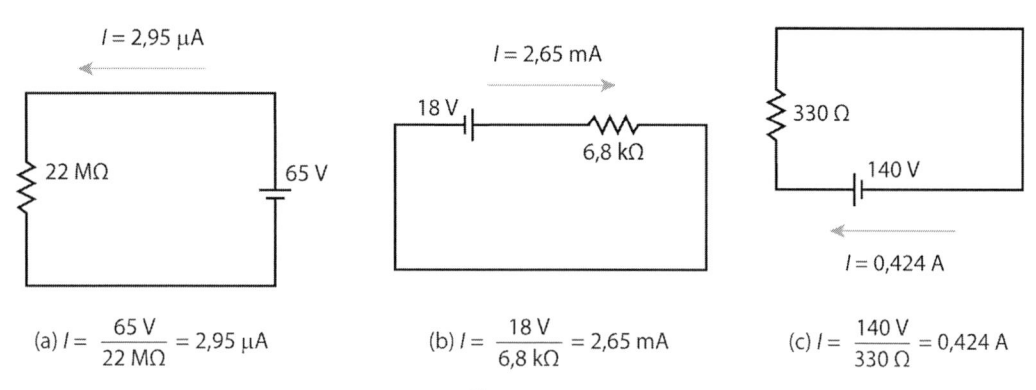

(a) $I = \dfrac{65 \text{ V}}{22 \text{ M}\Omega} = 2{,}95 \text{ μA}$ (b) $I = \dfrac{18 \text{ V}}{6{,}8 \text{ k}\Omega} = 2{,}65 \text{ mA}$ (c) $I = \dfrac{140 \text{ V}}{330 \text{ }\Omega} = 0{,}424 \text{ A}$

Figura 4-5

A Forma Gráfica da Lei de Ohm

Pode-se mostrar graficamente a relação entre a corrente e a tensão descrita pela Equação 4-1. Os gráficos, que são linhas retas, mostram de forma clara que a relação entre a tensão e a corrente é linear, ou seja, a corrente é diretamente proporcional à tensão.

PROBLEMAS PRÁTICOS 1

1. a. Para o circuito da Figura 4-2(a), mostre que reduzir a tensão à metade também reduz a corrente à metade.

   b. Para a corrente da Figura 4-3(a), mostre que reduzir a resistência à metade duplica a corrente.

   c. Esses resultados são compatíveis com o enunciado da lei de Ohm?

2. Para cada item a seguir, desenhe o circuito com os valores marcados e depois encontre os valores desconhecidos.

   a. Um resistor de 10.000 miliohms está ligado a uma bateria de 24 V. Qual é a corrente no resistor?

   b. Quantos volts são necessários para estabelecer uma corrente de 20 μA em um resistor de 100 kΩ?

   c. Se 125 V são aplicados a um resistor e há uma corrente de 5 mA, qual é a resistência?

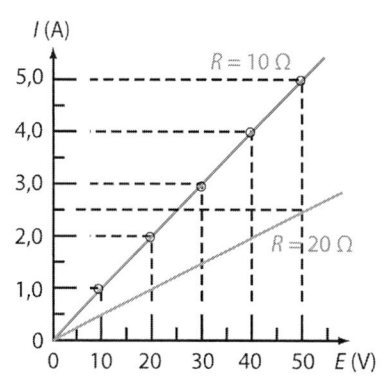

Figura 4-6 Representação gráfica da lei de Ohm. A linha vermelha representa um resistor de 10 Ω e a verde, um resistor de 20 Ω.

3. Para cada circuito da Figura 4-7, determine a corrente, incluindo sua direção (ou seja, a direção para a qual a seta deveria apontar).
4. Verifique todos os pontos na Figura 4-6 para $R = 10\ \Omega$.

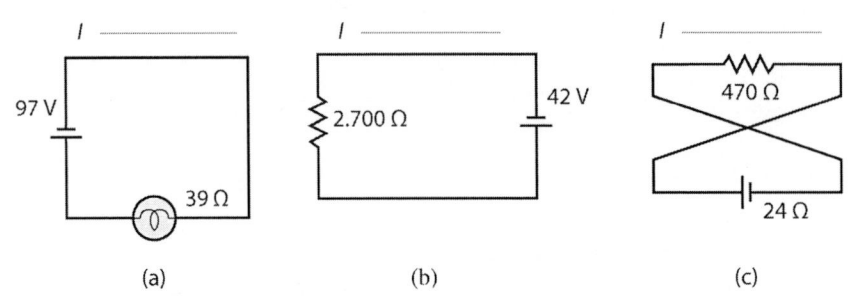

Figura 4-7 Qual é a direção da corrente e o valor para *I* em cada caso?

Respostas

1. **a.** $5\ \text{V}/10\ \Omega = 0{,}5\ \text{A}$; **b.** $36\ \text{V}/6\ \Omega = 6\ \text{A}$; **c.** Sim
2. **a.** 2,4 A; **b.** 2,0 V; **c.** 25 kΩ
3. **a.** 2,49 A, esquerda; **b.** 15,6 mA, direita; **c.** 51,1 mA, esquerda

Circuitos Abertos

A corrente só existe onde há um caminho condutor (por exemplo, um pedaço de fio). Para o circuito da Figura 4-8, I é igual a zero, já que não há condutor entre os pontos a e b. Chamamos isso de *circuito aberto*. Sendo $I = 0$, substituindo I por 0 na Equação 4-3, obtém-se

$$R = \frac{E}{I} = \frac{E}{0} \Rightarrow \infty\ \text{ohms}$$

Portanto, um circuito aberto tem a resistência infinita.

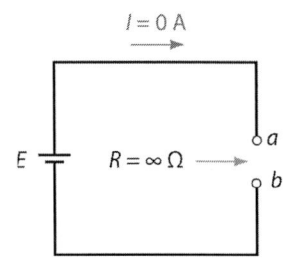

Figura 4-8 Um circuito aberto tem uma resistência infinita.

Símbolos para a Tensão

Normalmente, dois símbolos diferentes são usados para representar a tensão. Para as fontes, use a letra maiúscula *E*; para cargas (e outros componentes), use a letra maiúscula *V*. A Figura 4-9 ilustra essa convenção.

$$I = \frac{V}{R}\ [\text{amperes}] \quad (4\text{-}4)$$

$$V = IR\ [\text{volts}] \quad (4\text{-}5)$$

$$R = \frac{V}{I}\ [\text{ohms}] \quad (4\text{-}6)$$

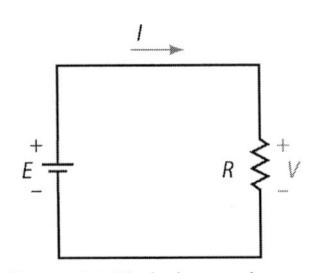

Figura 4-9 Símbolos usados para representar as tensões. *E* é usado para as tensões na fonte e *V* para as tensões nos componentes do circuito, como os resistores.

Essas relações servem para qualquer resistor em um circuito, não importando a complexidade do circuito. Como $V = IR$, é comum chamar essas tensões de *quedas IR*.

Exemplo 4-5

A corrente que passa através de cada resistor da Figura 4-10 é $I = 0{,}5$ A (ver a Nota). Calcule V_1 e V_2.

Figura 4-10 A lei de Ohm se aplica a cada resistor.

Solução: $V_1 = IR_1 = (0{,}5 \text{ A})(20 \text{ }\Omega) = 10$ V. Observe que I também é a corrente que passa através de R_2.

Portanto, $V_2 = IR_2 = (0{,}5 \text{ A})(100 \text{ }\Omega) = 50$ V.

NOTAS...

Por uma questão de concisão, geralmente desenhamos apenas uma porção do circuito, deixando o resto dele implícito (como mostrado na Figura 4-10).

Dessa forma, este circuito contém uma fonte e um fio de ligação, embora não sejam mostrados na figura.

4.2 Polaridade da Tensão e Direção da Corrente

Até agora, dedicamos pouca atenção à polaridade das tensões nos resistores – ou seja, em que terminal deveríamos colocar um sinal positivo e um negativo para a tensão? Essa questão, entretanto, é de suma importância. Felizmente, há uma relação simples entre a direção da corrente e a polaridade da tensão. Para compreender o raciocínio, considere a Figura 4-11(a). Nela, a polaridade de V é óbvia, uma vez que o resistor está ligado diretamente à fonte. Isso faz que o terminal superior do resistor seja positivo em relação ao inferior, e $V = E = 12$ V, como indicam os medidores (lembre-se: eles possuem autopolaridade).

Agora considere a corrente. I segue pelo resistor na direção de cima para baixo, como indica a seta da direção da corrente. Examinando a polaridade da tensão, percebemos que o sinal positivo para V está na cauda da seta. Em geral, essa observação é verdadeira e nos fornece uma convenção para marcarmos a polaridade da tensão em diagramas de circuito. *Para a tensão no resistor, sempre coloque o sinal* positivo *na cauda da seta referente à corrente*. Mais exemplos são mostrados nas Figuras 4-11(b) e (c).

(a) Convenção   (b) Exemplos   (c) Outro exemplo

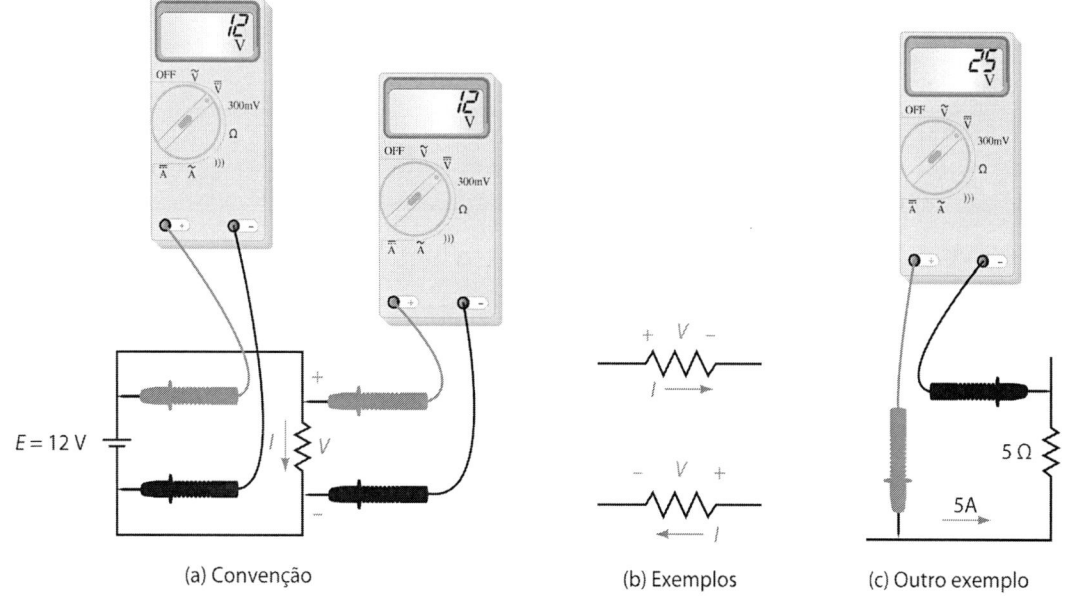

Figura 4-11 Convenção para a polaridade da tensão. Coloque o sinal + para V na cauda da seta da direção da corrente.

PROBLEMAS PRÁTICOS 2

Para cada resistor da Figura 4-12, calcule V e mostre a polaridade.

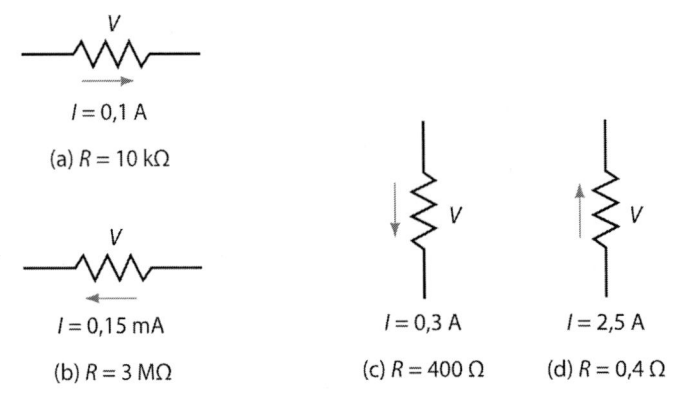

(a) $R = 10\ k\Omega$, $I = 0,1\ A$

(b) $R = 3\ M\Omega$, $I = 0,15\ mA$

(c) $R = 400\ \Omega$, $I = 0,3\ A$

(d) $R = 0,4\ \Omega$, $I = 2,5\ A$

FIGURA 4-12

Respostas
a. 1.000 V, + à esquerda;   **b.** 450 V, + à direita;   **c.** 120 V, + na parte superior;   **d.** 1 V, + na parte inferior

VERIFICAÇÃO DO PROCESSO DE APRENDIZAGEM 1

(As respostas encontram-se no final do capítulo.)

1. Um resistor tem as seguintes faixas coloridas: marrom, preta e vermelha, e a resistência de 25 mA. Determine a tensão nele.
2. Para um circuito resistivo, qual é o valor de I, se $E = 500$ V e R é um circuito aberto? A corrente mudará se a tensão for duplicada?
3. Certo circuito resistivo tem a tensão E e a resistência R. Se $I = 2,5$ A, qual será a corrente se:
   a. E permanecer inalterada e R for duplicada?
   b. E permanecer inalterada e R for quadruplicada?
   c. E permanecer inalterada e R *for* reduzida a 20% de seu valor original?
   d. R for duplicada e E for quadruplicada?
4. Os voltímetros da Figura 4-13 possuem autopolaridade. Determine a leitura de cada medidor, a grandeza e o sinal.

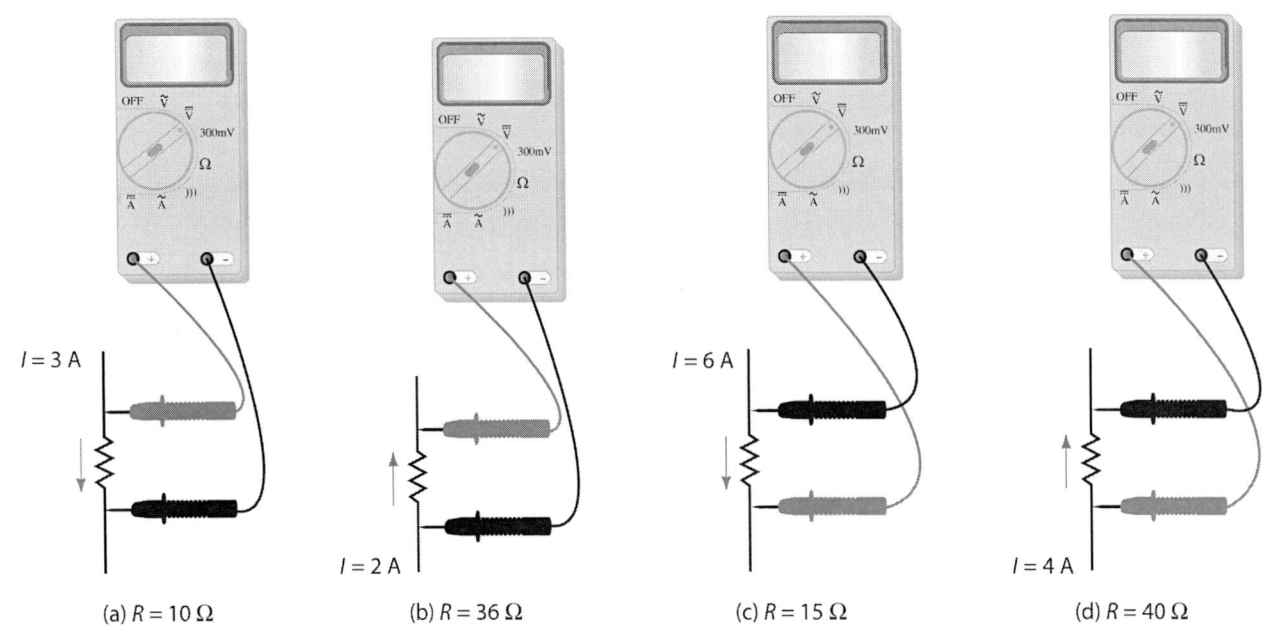

(a) $R = 10\ \Omega$, $I = 3\ A$

(b) $R = 36\ \Omega$, $I = 2\ A$

(c) $R = 15\ \Omega$, $I = 6\ A$

(d) $R = 40\ \Omega$, $I = 4\ A$

Figura 4-13

Representação da Corrente Revisitada

Antes de prosseguirmos, falaremos sobre mais um aspecto acerca da representação da corrente. Primeiro, repare que, para especificar a corrente por completo, seu valor e direção devem ser incluídos. (É por isso que mostramos as setas de referência para a direção da corrente nos diagramas de circuito.) Normalmente, mostramos a corrente saindo do terminal (+) da fonte, como na Figura 4-14(a). (Nela, $I = E/R = 5$ A, na direção mostrada. Essa é a direção real da corrente.) Como o leitor pode ver por esse (e outros exemplos anteriores deste capítulo), é fácil determinar a direção real da corrente em redes com uma única fonte. Todavia, quando analisamos circuitos complexos (como os com múltiplas fontes, que serão estudados nos próximos capítulos), nem sempre é fácil antecipar qual será a direção de todas as correntes. Dessa forma, ao resolver problemas desse tipo, é possível encontrar valores negativos para algumas correntes; e o que isso significa?

Para obter uma resposta, considere os dois itens da Figura 4-14. Em (a), a corrente é mostrada na direção habitual; já em (b), é mostrada na direção oposta. Para compensar a direção inversa, mudamos o sinal do valor de I. Pode-se concluir que uma corrente positiva em uma direção é igual a uma corrente negativa na direção oposta; portanto, (a) e (b) são duas representações da mesma corrente. Logo, se durante a resolução de um problema você obtiver um valor positivo para a corrente, isso significa que a direção real dela é a mesma da seta de referência; caso obtenha um valor negativo, a direção é oposta à seta de referência. Esse é um conceito importante e que será muito usado nos próximos capítulos. Ele foi introduzido neste momento para ajudar a explicar o fluxo de potência em carros elétricos no exemplo 4-9, a seguir. No entanto, salvo o exemplo do carro elétrico, por ora deixaremos de lado essas observações e as usaremos nos capítulos mais à frente. Isso significa que ao longo deste capítulo continuaremos a usar a representação da Figura 4-14.

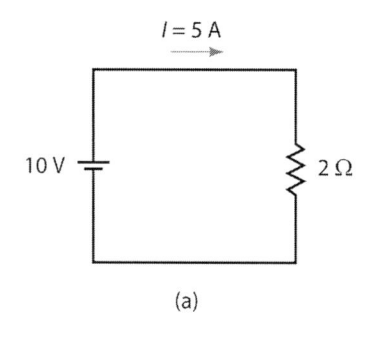

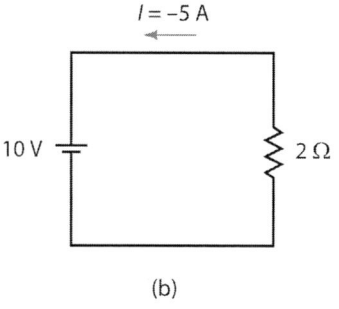

Figura 4-14 Duas representações de uma mesma corrente.

4.3 Potência

A potência é conhecida de todos nós, nem que seja de maneira superficial. Sabemos, por exemplo, que as lâmpadas e os aquecedores elétricos apresentam os valores em watts (W), e os motores, em cavalo-vapor (ou watts), sendo ambos unidades de potência, como visto no Capítulo 1. Também sabemos que, quanto maior o valor de um dispositivo em watts, maior é a quantidade de energia que podemos puxar dele por unidade de tempo. A Figura 4-15 ilustra essa ideia. Em (a), quanto maior o valor da potência da luz, maior é a energia luminosa que a lâmpada pode produzir por segundo. Em (b), quanto maior o valor da potência do aquecedor, maior é a quantidade de calor que o secador pode produzir por segundo. Em (c), quanto maior é o valor da potência do motor, maior é o trabalho mecânico que ele pode realizar por segundo.

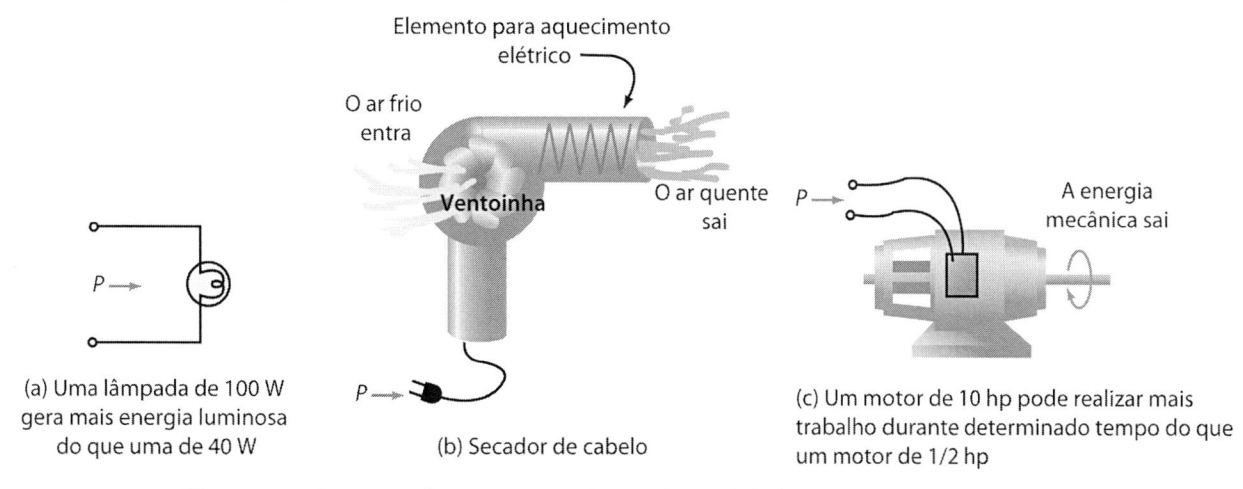

(a) Uma lâmpada de 100 W gera mais energia luminosa do que uma de 40 W

(b) Secador de cabelo

(c) Um motor de 10 hp pode realizar mais trabalho durante determinado tempo do que um motor de 1/2 hp

Figura 4-15 Conversão de energia. A potência P é a medida da taxa de conversão de energia.

Como se pode perceber, a potência está relacionada à energia, que é a capacidade de realizar trabalho. Formalmente, a **potência** é definida como a taxa da realização do trabalho ou a taxa de transferência de energia. O símbolo para a potência é P. Por definição,

$$P = \frac{W}{t} \quad [\text{watts, W}] \qquad (4\text{-}7)$$

onde W é o trabalho (ou energia) em joules, e t é o intervalo de tempo correspondente em t segundos (ver as Notas).

A unidade de potência no SI é o watt. Da Equação 4-7, vemos que P também apresenta as unidades joules por segundo. Se substituirmos $W = 1$ J e $t = 1$ s, teremos $P = 1$ J/1 s $= 1$ W. Dessa forma, depreende-se que *um watt equivale a um joule por segundo*. Ocasionalmente, será necessário também representar a potência em cavalo-vapor. Para fazer a conversão, lembre-se de que 1 hp = 746 watts.

A Potência em Sistemas Elétricos e Eletrônicos

Como estamos interessados na potência elétrica, precisamos de expressões de grandezas elétricas para P. Lembre-se (ver o Capítulo 2) de que a potência é definida como o trabalho dividido pela carga, e a corrente, como a taxa de transferência de carga, ou seja,

$$V = \frac{W}{Q} \qquad (4\text{-}8)$$

e

$$I = \frac{Q}{t} \qquad (4\text{-}9)$$

Da Equação 4-8, $W = QV$. Substituindo-a na Equação 4-7, obtém-se $P = W/t = (QV)/t = V(Q/t)$. Substituindo Q/t por I, obtém-se:

$$P = VI \quad [\text{watts, W}] \qquad (4\text{-}10)$$

e, para uma fonte,

$$P = EI \quad [\text{watts, W}] \qquad (4\text{-}11)$$

Mais relações podem ser obtidas ao substituir $V = IR$ e $I = V/R$ na Equação 4-10:

$$P = I^2R \quad [\text{watts, W}] \qquad (4\text{-}12)$$

$$P = \frac{V^2}{R} \quad [\text{watts, W}] \qquad (4\text{-}13)$$

NOTAS...

1. Como o denominador da Equação 4-7 representa um intervalo de tempo, quantitativamente falando, seria mais adequado utilizar Δt em vez de t. Do mesmo modo, como o numerador representa a quantidade de trabalho realizada durante esse intervalo, seria mais apropriado usar ΔW. Nesta notação, a potência seria expressa da seguinte forma:

   $P = \Delta W/\Delta t$ (4-7a)

   No entanto, em textos de introdução à análise de circuitos (como neste livro), é comum mostrar a potência como representada na Equação 4-7, e continuaremos a utilizá-la aqui. Nos capítulos posteriores, em ocasião oportuna, mudaremos para a forma representada na Equação 4-7a.

2. O símbolo para a energia é W, e a abreviação para watts é W. Em tecnologia, o uso de símbolos iguais é comum. Em tais casos, é preciso ver o contexto em que um símbolo é usado, de modo a identificar o seu significado.

Exemplo 4-6

Calcule a potência fornecida para o aquecedor elétrico da Figura 4-16 usando as três fórmulas para a potência elétrica:

Solução: $I = V/R = 120$ V/12 $\Omega = 10$ A. Dessa forma, calcula-se a potência das seguintes maneiras:

   a. $P = VI = (120$ V$)(10$ A$) = 1.200$ W
   b. $P = I^2R = (10$ A$)^2(12$ $\Omega) = 1.200$ W
   c. $P = V^2/R = (120$ V$)^2/12$ $\Omega = 1.200$ W

Repare que todas as fórmulas mostram o mesmo resultado, como deveria ser.

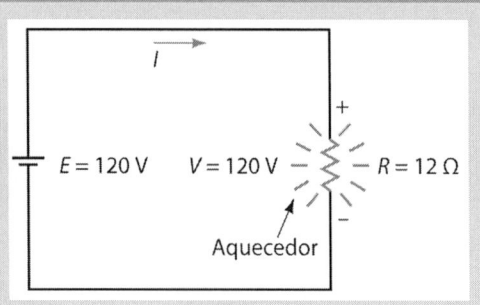

Figura 4-16 É possível calcular a potência para a carga (ou seja, o aquecedor) em qualquer uma das fórmulas de potência.

Exemplo 4-7

Calcule a potência para cada resistor da Figura 4-17 usando a Equação 4-13.

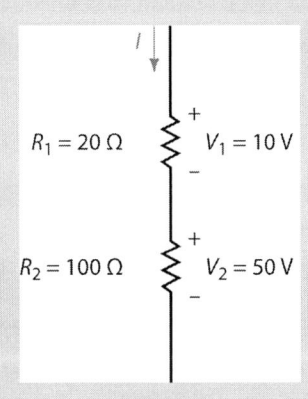

Figura 4-17

$R_1 = 20\ \Omega$, $V_1 = 10\ V$
$R_2 = 100\ \Omega$, $V_2 = 50\ V$

Solução: Deve-se usar a tensão apropriada na equação da potência. Para o resistor R_1, use V_1; para o R_2, use V_2.

a. $P_1 = V_1^2/R_1 = (10\ V)^2/20\ \Omega = 5\ W$

b. $P_2 = V_2^2/R_2 = (50\ V)^2/100\ \Omega = 25\ W$

Exemplo 4-8

Se o motor DC da Figura 4-15 drena 6 A de uma fonte de 120 V,

a. calcule a potência de entrada (i) em watts;

b. supondo que o motor é 100% eficiente (ou seja, que toda a potência elétrica fornecida para ele resulta em potência mecânica), calcule a potência de saída (o) em cavalo-vapor.

Solução:

a. $P_i = VI = (120\ V)(6\ A) = 720\ W$

b. $P_o = P_i = 720\ W$. Convertendo para cavalo-vapor, $P_o = (720\ W)/(746\ W/hp) = 0{,}965$ hp.

PROBLEMAS PRÁTICOS 3

a. Mostre que $I = \sqrt{\dfrac{P}{R}}$

b. Mostre que $V = \sqrt{PR}$

c. Um resistor de 100 Ω dissipa 169 W. Qual é a sua corrente?

d. Um resistor de 3 Ω dissipa 243 W. Qual é a tensão nele?

e. Para a Figura 4-17, $I = 0{,}5$ A. Use as Equações 4-10 e 4-12 para calcular a potência em cada resistor. Compare suas respostas às do Exemplo 4-7.

Respostas

c. 1,3 A;   **d.** 27 V;   **e.** $P_1 = 5$ W, $P_2 = 25$ W (iguais)

A Classificação da Potência nos Resistores

Os resistores devem ser capazes de dissipar o calor com segurança e sem dano. Por isso, são classificados em watts. (Por exemplo, os resistores de composição do tipo usado em eletrônica são feitos com as classificações padrão $\frac{1}{8}$, $\frac{1}{4}$, $\frac{1}{2}$, 1 e 2 W, como visto na Figura 3-8.) Para fornecer uma margem segura, é comum selecionar um resistor capaz de dissipar duas ou mais vezes a potência calculada. Um resistor com o valor acima da classificação irá operar um pouco mais frio.

NOTAS PRÁTICAS...

Um resistor escolhido de maneira correta é capaz de dissipar o calor com segurança, sem se tornar muito quente. No entanto, se o produto estiver ruim e, como consequência, houver uma falha do componente, a corrente se tornará excessiva e irá superaquecer o componente, podendo causar danos a ele, como mostra a Figura 4-18. Quando o resistor fica visivelmente mais quente do que os outros resistores do circuito, é um sinal de superaquecimento. (No entanto, cuidado, pois você pode se queimar ao tentar verificar com o tato se o resistor foi danificado.) A falha do componente também pode ser detectada pelo olfato. Os componentes queimados possuem um odor característico que o leitor logo reconhecerá. Caso detecte qualquer um desses sintomas, desligue o aparelho e procure a origem do problema. Observe, entretanto, que um componente superaquecido geralmente é o sintoma do problema, e não a causa.

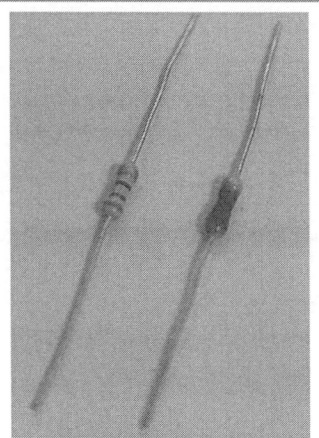

Figura 4-18 O resistor à direita foi danificado pelo superaquecimento.

Medindo a Potência

Pode-se medir a potência usando um aparelho chamado wattímetro. Mas como os wattímetros são principalmente usados para medir a potência AC, só voltaremos a falar dele no Capítulo 17. (O uso do wattímetro em circuitos DC é raro, uma vez que se pode determinar a potência como o produto da tensão vezes a corrente, e V e I são fáceis de se medir.)

4.4 Convenção para a Direção da Potência

Para circuitos com uma fonte e uma carga, a energia circula da fonte para a carga, e a direção da transferência de potência é óbvia. Para os circuitos com múltiplas fontes e cargas, no entanto, a direção do fluxo de energia em algumas partes da rede pode não ser evidente. É necessário, portanto, estabelecer uma convenção claramente definida para a transferência de potência.

Uma carga resistiva (Figura 4-19) pode ser usada para ilustrar a ideia. Como a direção do fluxo da potência só pode estar no resistor e nunca fora dele (já que o resistor não produz energia), definimos que a direção positiva da transferência de potência se dá quando ela sai da fonte para a carga, como em (a), e a indicamos com uma seta: $P \rightarrow$. Adotamos, então, a seguinte convenção: *para as polaridades relativas da tensão e para as direções da corrente e potência mostradas na Figura 4-19(a), quando a transferência de potência ocorre na direção da seta, diz-se que ela é positiva; quando ocorre na direção oposta à seta, ela é negativa.*

Para ajudar a interpretar a convenção, considere a Figura 4-19(b), que destaca a extremidade da fonte. Vemos que *a potência de saída da fonte é positiva quando as setas que indicam a corrente e a potência apontam para fora da fonte, quando I e P têm valores positivos, e a tensão da fonte tem a polaridade indicada.*

Agora considere a Figura 4-19(c), que destaca a terminação da carga. Observe a polaridade relativa da tensão na carga e a direção das setas da corrente e da potência. Vemos que *a potência da carga é positiva quando as setas da corrente e da potência apontam para a carga, a corrente e a carga têm valores positivos, e a tensão da carga tem a polaridade indicada.*

Capítulo 4 • Lei de Ohm, Potência e Energia **95**

Na Figura 4-19(d), generalizamos o conceito. O bloco pode conter tanto a fonte quanto a carga. Se P tiver um valor positivo, a transferência da potência se dá em direção ao bloco; se P tiver um valor negativo, ela se dá para fora do bloco.

(a) Transferência de potência (b) Extremidade da fonte (c) Extremidade da carga (d) Generalização

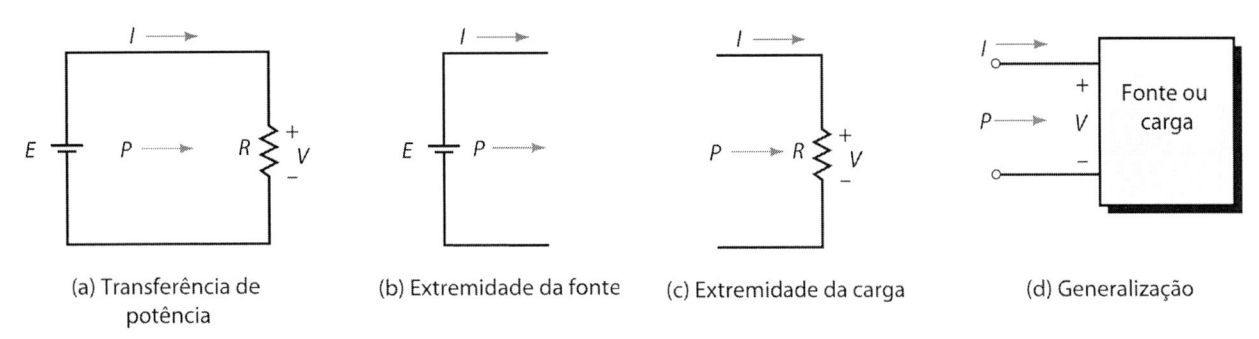

Figura 4-19 Convenção de referência da potência.

Exemplo 4-9

Utilize a convenção para a direção da potência de modo a descrever a transferência de potência para o veículo elétrico da Figura 4-20.

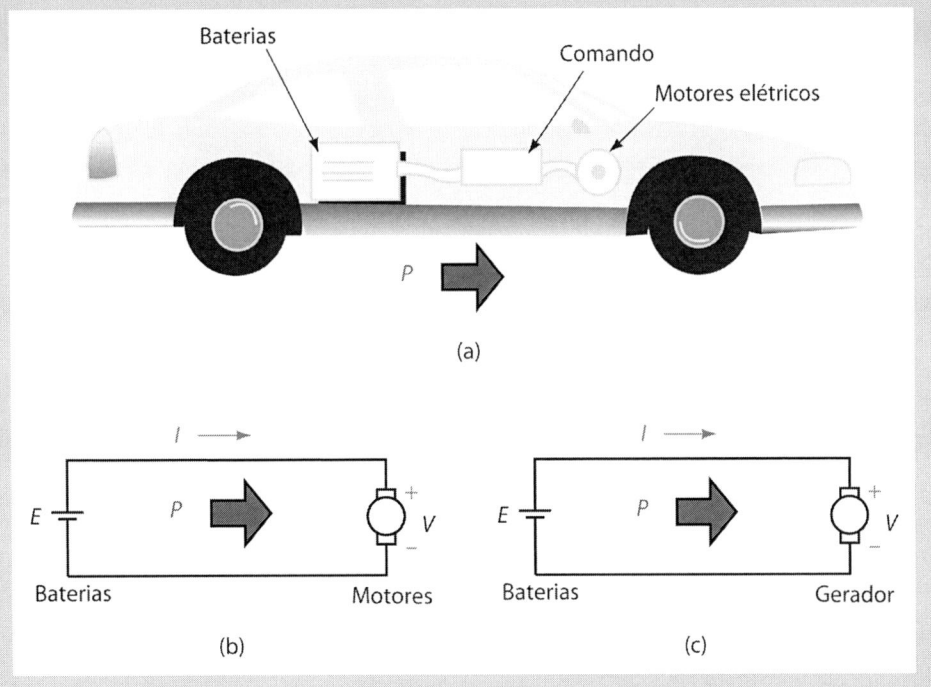

Figura 4-20

Solução: Durante a operação normal, as baterias fornecem potência para os motores, e a potência e a corrente são positivas, Figura 4-20(b). No entanto, quando o veículo está descendo uma ladeira, os motores são impulsionados pelo peso do carro e agem como geradores – como em (c). Uma vez que os motores agora agem como a fonte, e as baterias como a carga, a corrente real é oposta à direção da seta de referência mostrada, sendo, portanto, negativa (ver a Figura 4-14). Assim, $P = VI$ é negativo. Logo, depreende-se que a transferência de potência está na direção oposta à seta de referência para a potência. Por exemplo, se $V = 48$ volts e $I = -10$ A, então $P = VI = (48\text{ V})(-10\text{ A}) = -480$ W. Esse resultado é coerente com o que está acontecendo, já que -480 W de potência circulam do motor para as baterias, ajudando a carregá-las à medida que o carro desce a ladeira.

4.5 Energia

Anteriormente (Equação 4-7), definimos a potência como a taxa da realização do trabalho. Quando a equação é invertida, obtém-se a fórmula para a **energia**:

$$W = Pt \qquad (4\text{-}14)$$

Se t é medido em segundos, W tem as unidades em watt-segundos (ou seja, joules, J); se t é medido em horas, W tem os valores em watt-horas (Wh). Repare que, na Equação 4-14, P deve ser constante durante o intervalo de tempo considerado. Caso não seja, aplique a Equação 4-14 para cada intervalo de tempo durante o qual P é constante, como descreveremos mais adiante nesta seção. (Para o caso mais geral, necessita-se de cálculo, o que não consideraremos aqui.)

O exemplo mais conhecido do uso de energia é o que utilizamos em nossas casas e pelo qual pagamos mensalmente. Essa energia é usada em eletrodomésticos e luzes nas residências. Por exemplo, se uma lâmpada de 100 W funcionar durante 1 hora, a energia consumida será $W = Pt = (100\ W)(1\ h) = 100$ Wh; se um aquecedor elétrico de 1.500 W operar durante 12 horas, a energia consumida será $W = (1.500\ W)(12\ h) = 18.000$ Wh.

O último exemplo ilustra que o watt-hora é uma unidade muita pequena para fins práticos. Por isso, usamos o **quilowatt-horas** (kWh). Por definição,

$$\text{energia}_{(kWh)} = \frac{\text{energia}_{(Wh)}}{1.000} \qquad (4\text{-}15)$$

Sendo assim, para o último exemplo, W = 18 kWh. Na maior parte da América do Norte, o quilowatt-hora (kWh) é a unidade usada na cobrança da conta de luz*.

Para as múltiplas cargas, a energia total é a soma da energia das cargas individuais.

Exemplo 4-10

Determine o total de energia utilizado por uma lâmpada de 100 W durante 12 horas, e por um aquecedor de 1,5 kW por 45 minutos.

Solução: Converta todas as grandezas para as mesmas unidades, por exemplo, converta 1,5 kW para 1.500 W e 45 minutos para 0,75 h. Então,

$$W = (100\ W)(12\ h) + (1.500\ W)(0{,}75\ h) = 2.325\ Wh = 2{,}325\ kWh$$

Ou, primeiro, converta todas as potências para quilowatts. Assim,

$$W = (0{,}1\ kW)(12\ h) + (1{,}5\ kW)(0{,}75\ h) = 2{,}325\ kWh$$

Exemplo 4-11

Suponha que você use os seguintes aparelhos elétricos: um aquecedor de 1,5 kW durante 7½ horas; uma grelha de 3,6 kW durante 17 minutos; três lâmpadas de 100 W durante 4 horas; e uma torradeira de 900 W durante 6 minutos. Quanto você irá gastar, se 1 quilowatt-hora equivale a $ 0,09?

Solução: Converta o tempo expresso em minutos para hora. Assim,

$$W = (1.500)(7\,\tfrac{1}{2}) + (3.600)\left(\frac{17}{60}\right) + (3)(100)(4) + (900)\left(\frac{6}{60}\right)$$

$$= 13.560\ Wh = 13{,}56\ kWh$$

$$\text{custo} = (13{,}56\ kWh)(\$\ 0{,}09/kWh) = \$\ 1{,}22$$

Nos lugares do mundo em que as unidades do SI são predominantes no dia a dia, o **megajoule** (MJ) é às vezes usado no lugar do kWh (já que o kWh não é uma unidade do SI) – 1 kWh = 3,6 MJ.

---

* No Brasil, utiliza-se a mesma unidade nas cobranças da conta de luz. (N.R.T.)

Medidor de Watt-hora

Na prática, os medidores de watt-hora medem a energia; muitos deles são dispositivos eletromecânicos que incluem um motor elétrico pequeno cuja velocidade é proporcional à potência da carga. Esse motor impulsiona um conjunto de discos por meio de um sistema de engrenagem (Figura 4-21). Como o ângulo no qual os discos rodam depende da velocidade de rotação (ou seja, da potência consumida) e do período de tempo em que a potência circula, a posição do disco indica o consumo de energia. Observe, entretanto, que os dispositivos eletromecânicos estão começando a dar lugar aos medidores eletrônicos, que realizam essa função eletronicamente e apresentam os resultados em mostradores digitais.

Lei da Conservação de Energia

Antes de terminarmos esta seção, veremos a lei de conservação de energia, que postula que a energia não pode ser nem criada nem destruída, mas sim convertida de uma forma para outra. O leitor viu exemplos disso aqui – por exemplo, um resistor convertendo energia elétrica em calor e um motor convertendo energia elétrica em energia mecânica. Na verdade, diversos tipos de energia podem ser gerados simultaneamente. A energia elétrica, por exemplo, é convertida pelo motor em energia mecânica, porém gera-se também um pouco de calor. Isso resulta em uma queda da eficiência, que será nosso próximo tópico.

Figura 4.21 Medidor de watt-hora. Este medidor usa um sistema de engrenagem para impulsionar os discos. Os medidores mais novos possuem mostradores digitais.

4.6 Eficiência

A baixa eficiência provoca desperdício de energia e significa custos mais elevados. Por exemplo, um motor ineficiente custa mais para operar do que um eficiente para a mesma saída. Uma engrenagem eletrônica ineficiente gera mais calor do que uma eficiente, o que resulta em um gasto maior com ventoinhas, dissipadores de calor e afins. O calor, portanto, deve ser removido.

Pode-se expressar a eficiência em termos de energia ou potência. Geralmente, a potência é mais fácil de ser medida, portanto, é comum utilizá-la. A eficiência de um dispositivo ou sistema (Figura 4-22) é definida como a razão entre a potência de saída P_o e a potência de entrada P_i, e normalmente é expressa em porcentagem e assinalada pela letra grega η (eta). Assim,

$$\eta = \frac{P_o}{P_i} \times 100\% \tag{4-16}$$

Em termos de energia,

$$\eta = \frac{W_o}{W_i} \times 100\% \tag{4-17}$$

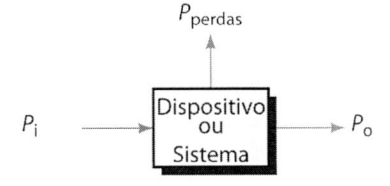

Figura 4-22 A potência de entrada é igual à potência de saída mais a perda.

Já que $P_i = P_o + P_{perdas}$, a eficiência pode ser expressa como

$$\eta = \frac{P_o}{P_o + P_{perdas}} \times 100\% \quad \frac{P_o}{1 + \dfrac{P_{perdas}}{P_o}} \times 100\% \tag{4-18}$$

A eficiência de equipamento e máquinas varia muito. Grandes transformadores de potência, por exemplo, apresentam eficiências de 98% ou mais, enquanto muitos amplificadores eletrônicos têm eficiências menores do que 50%. Observe que a eficiência será sempre menor do que 100%.

Exemplo 4-12

Um motor de 120 V consome 12 A e desenvolve uma potência de saída de 1,6 hp.

a. Qual é a eficiência do motor?

b. Qual é a quantidade de potência desperdiçada?

Solução:

a. $P_i = EI = (120\ V)(12\ A) = 1.440\ W$, e $P_o = 1,6\ hp \times 746\ W/hp = 1.194\ W$. Portanto,

$$\eta = \frac{P_o}{P_i} = \frac{1.194\ W}{1.440\ W} \times 100 = 82,9\%$$

b. $P_{perdas} = P_i - P_o = 1.440 - 1.194 = 246\ W$

Exemplo 4-13

A eficiência de um amplificador de potência é a razão entre a potência fornecida para a carga (por exemplo, alto-falantes) e a potência drenada da fonte de alimentação. Geralmente, essa eficiência não é muito alta. Por exemplo, suponhamos que um amplificador de potência forneça 400 W para o sistema de alto-falantes. Se a perda de potência é igual a 509 W, qual é a eficiência do amplificador?

Solução:

$$P_i = P_o + P_{perdas} = 400\ W + 509\ W = 909\ W$$

$$\eta = \frac{P_o}{P_i} \times 100\% = \frac{400\ W}{909\ W} \times 100\% = 44\%$$

Para os sistemas com subsistemas ou componentes em cascata (Figura 4-23), a eficiência total é o produto das eficiências de cada parte, com as eficiências expressas na forma decimal. Assim,

$$\eta_T = \eta_1 \times \eta_2 \times \eta_3 \ldots \times \eta_n \tag{4-19}$$

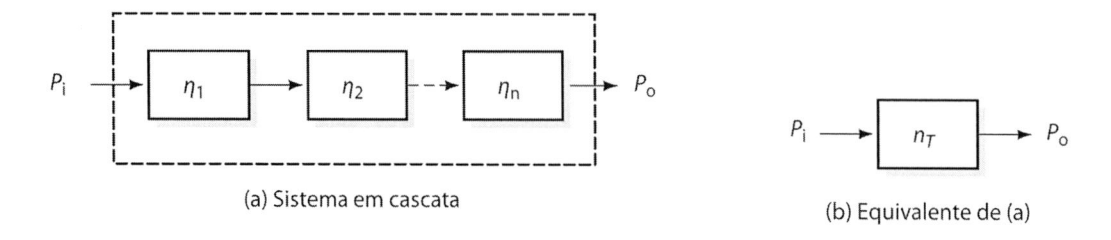

(a) Sistema em cascata

(b) Equivalente de (a)

Figura 4-23 Para os sistemas em cascata, a eficiência resultante é o produto das eficiências de cada estágio.

Exemplo 4-14

a. Para determinado sistema, $\eta_1 = 95\%$; $\eta_2 = 85\%$, e $\eta_3 = 75\%$. Qual é o valor de η_T?

b. Se $\eta_T = 65\%$, $\eta_2 = 80\%$ e $\eta_3 = 90\%$, qual é o valor de η_1?

Solução:

a. Converta todas as eficiências para valores decimais e, em seguida, multiplique. Dessa forma, $\eta_T = \eta_1 \eta_2 \eta_3$

= (0,95)(0,85)(0,75) = 0,61 ou 61%.

b. $\eta_1 = \eta_T/(\eta_2\,\eta_3) = (0,65)/(0,80 \times 0,90) = 0,903$ ou 90,3%

Exemplo 4-15

Um motor impulsiona uma bomba em uma caixa de câmbio (Figura 4-24). A potência de entrada do motor é de 1.200 W. Quantos cavalos-vapor são fornecidos para a bomba?

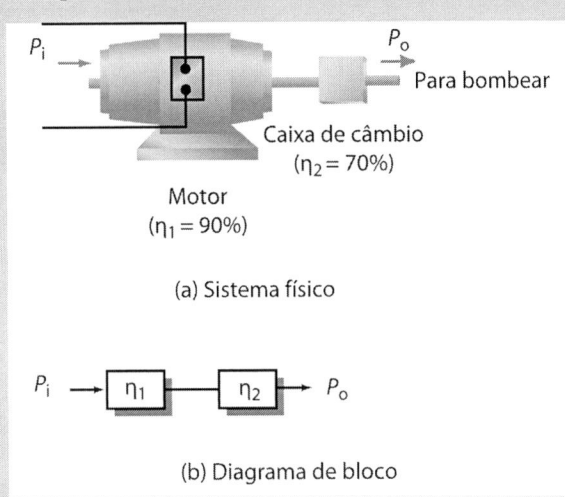

Figura 4-24 Um motor impulsionando a bomba pela caixa de câmbio

Solução: A eficiência da combinação motor-caixa de câmbio é $\eta_T = \eta_1 \times \eta_2 = (0,90)(0,70) = 0,63$. A potência de saída da caixa de câmbio (e, portanto, a potência de entrada da bomba) é $P_o = \eta_T \times P_i = (0,63)(1.200\text{ W}) = 756\text{ W}$. Convertendo para cavalo-vapor, $P_o = (756\text{W})/(746\text{ W/hp}) = 1,01$ hp.

Exemplo 4-16

O motor da Figura 4-24 opera das 9h às 12h, e das 13h às 17h, cinco dias por semana, gerando 7 hp para uma carga. Sendo 1 kWh o equivalente a $ 0,085, o custo semanal com a eletricidade é igual a U$ 22,19. Qual é a eficiência da combinação motor-caixa de câmbio?

Solução:
$$W_e = \frac{\$22,19/\text{W semana}}{\$0,085/\text{kWh}} = 261,1 \text{ kWh/semana}$$

O motor opera 35 h/semana. Portanto,

$$P_i = \frac{W_e}{t} = \frac{261,1 \text{ kWh/semana}}{35 \text{ h/wk}} = 7.460 \text{ W}$$

$$\eta T = \frac{P_o}{P_i} = \frac{(7\text{hp} \times 746 \text{ W/hp})}{7.460 \text{ W}} = 0,7$$

Portanto, a eficiência da combinação motor-caixa de câmbio é de 70%.

4.7 Resistências Não Lineares e Dinâmicas

Todos os resistores considerados até aqui têm valores constantes que não mudam com a tensão ou a corrente. Esses resistores são chamados **lineares** ou **ôhmicos**, já que a representação gráfica para a corrente-tensão (*I-V*) é uma linha reta. Contudo, a resistência de alguns materiais varia de acordo com a tensão ou a corrente, como vimos no Capítulo 3. Esses materiais são denominados **não lineares** porque a representação gráfica deles (*I-V*) é curvada (Figura 4-25).

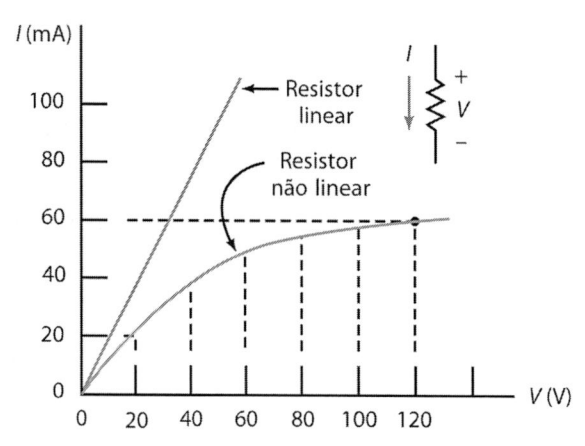

Figura 4-25 Características das resistências linear e não linear.

Como a resistência de todos os materiais varia de acordo com a temperatura, todos os resistores são, de certa forma, não lineares, já que todos produzem calor, que, por sua vez, modifica a resistência dos materiais. Para a maioria dos resistores, entretanto, esse efeito é pequeno sobre a faixa normal de operação; sendo assim, eles são considerados lineares. (Os resistores comerciais mostrados na Figura 3-8 e a maioria dos apresentados neste livro são lineares.)

Como *I-V* é a representação gráfica da lei de Ohm, a resistência pode ser calculada a partir da razão *V/I*. Primeiro, considere a representação linear da Figura 4-25. Uma vez que a inclinação é constante, a resistência é constante, e *R* pode ser calculado em qualquer ponto. Por exemplo, sendo *V* = 10 V, *I* = 20 mA, e *R* = 10 V/20 mA = 500 Ω. Paralelamente, sendo *V* = 20 V, *I* = 40 mA, e *R* = 20 V/40 mA = 500 Ω, resultado que é igual ao anterior. Isso é verdadeiro para todos os pontos da curva linear. A resistência resultante é chamada de resistência DC, R_{DC}. Dessa forma, R_{DC} = 500 Ω. Essa é a resistência que consideramos até agora neste capítulo.

A Figura 4-26 ilustra uma outra maneira de se calcular a resistência. No ponto 1, $V_1 = I_1 R$. No ponto 2, $V_2 = I_2 R$. Subtraindo-se a tensão e calculando *R*, obtém-se:

$$R = \frac{V_2 - V_1}{I_2 - I_1} = \frac{\Delta V}{\Delta I} \quad [\text{ohms}, \Omega] \tag{4-20}$$

onde $\Delta V/\Delta I$ é o inverso da inclinação da linha. (Δ, a letra grega delta, é usada para representar uma variação ou aumento de determinado valor.) A título de ilustração, caso você selecione ΔV para ser 20 V, verá que o valor correspondente a ΔI da Figura 4-26 é 40 mA. Assim, $R = \Delta V/\Delta I = 20$ V/40 mA = 500 Ω, como anteriormente. A resistência calculada na Figura 4-26 é chamada **AC** ou **resistência dinâmica**. Para os resistores lineares, $R_{AC} = R_{DC}$.

Agora, considere a representação da resistência não linear da Figura 4-25. Se *V* = 20 V, *I* = 20 mA; então, R_{DC} = 20 V/20 mA = 1,0 kΩ; se *V* = 120 V, *I* = 60 mA e R_{DC} = 120 V/60 mA = 2,0 kΩ. Essa resistência, portanto, aumenta com a tensão aplicada. Todavia, para pequenas variações em um ponto fixo na curva, a resistência AC será constante. Esse é um conceito importante que o leitor utilizará posteriormente, nos estudos de eletrônica. Por ora, é o suficiente.

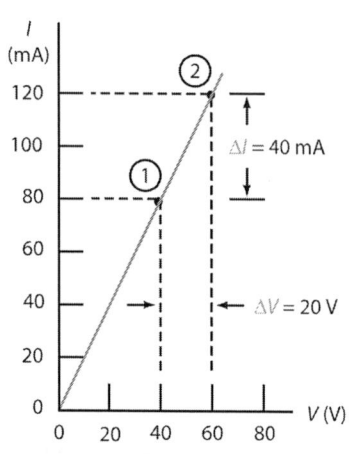

Figura 4-26 $R = \Delta V/\Delta I = 20$ V/40 mA = 500 Ω.

4.8 Análises de Circuito Usando Computador

Encerramos nossa introdução à lei de Ohm resolvendo vários problemas simples com o auxílio do Multisim e do PSpice. No que segue, partimos do princípio de que o leitor tenha o software adequado instalado no computador. Para começar a análise, deve-se primeiro montar o circuito na tela, um processo denominado **captura esquemática**. Começaremos com o circuito da Figura 4-27. Como essa é a primeira vez em que abordamos a simulação de circuitos, incluímos muitos detalhes. (Embora os procedimentos pareçam complexos, com a prática se tornam até intuitivos.) Quando montamos um problema para analisar, geralmente há algumas maneiras de proceder, e, com a experiência, aprendemos atalhos. Nesse meio-tempo, para começar, utilize os métodos sugeridos aqui.

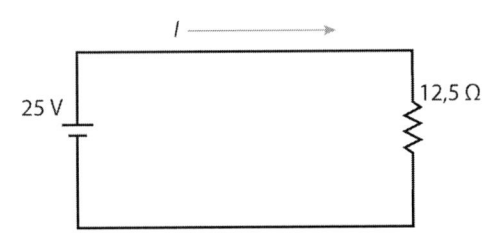

Figura 4-27 Circuito simples para ilustrar a análise computacional.

Multisim

O leitor deve ter o ícone do Multisim na tela. Para iniciar o Multisim, clique no ícone. Uma tela parecida com a da Figura 4-28 (porém em branco) deverá aparecer. (Caso não tenha este ícone, clique no botão Iniciar do Windows, selecione Programas, Electronics Workbench, Multisim 9, e clique em Multisim 9.) Para verificar se você tem as barras de ferramentas necessárias, clique em View, role para baixo até Toolbars, e em seguida certifique-se de que estas opções estão selecionadas: Standard, Main, Basic, Measurement Components, Power Source Components e Simulation. (Outras opções também podem ser selecionadas, mas essas são as necessárias.) Dependendo de como as barras de ferramentas são posicionadas, sua tela pode parecer um pouco diferente da nossa. Leia as Notas Operacionais do Multisim e, então, monte o circuito da seguinte forma:

- Localize o símbolo da fonte DC na barra de ferramentas e clique nele. Ele deveria aparecer como uma "sombra" fixa no cursor. Posicione a sombra na área de trabalho, como na Figura 4-28 e, em seguida, clique com o botão esquerdo do mouse para posicioná-lo. (Se a sombra permanecer após o posicionamento da fonte, clique com o botão direito do mouse para cancelá-la.)
- Repita o procedimento para selecionar e posicionar o amperímetro.
- Clique no símbolo do resistor e mova-o para a área de trabalho. Observe que ele é horizontal. Antes de posicioná-lo, pressione Ctrl/R (ver a Nota 7), e depois clique para posicionar o resistor rotacionado. (Caso posicione o resistor antes de rotaciná-lo, selecione-o e o rotacione conforme as Notas 3 e 7.)
- Igualmente, selecione e posicione os símbolos do aterramento e do voltímetro. Arraste com o mouse qualquer item que precise ser movido ou reposicionado.
- "Ligue" o circuito da seguinte forma: mova o cursor para a extremidade do símbolo da bateria, e ela se transformará em um retículo de fios cruzados. Clique para iniciar a conexão e mova o mouse. Aparecerá um fio conectado ao cursor.

NOTAS...

Notas Operacionais do Multisim

1. Salvo indicação em contrário, utilize o botão esquerdo do mouse para todas as operações.
2. Todos os circuitos do Multisim exigem aterramento.
3. Para selecionar um componente já posicionado na tela, clique nele. Aparecerá uma caixa tracejada indicando a seleção.
4. Para cancelar a seleção de um componente, posicione o cursor fora da caixa tracejada e clique com o botão esquerdo do mouse.
5. Para reposicionar um componente, selecione-o e, pressionando o botão esquerdo do mouse, arraste o componente para a nova posição e solte o botão.
6. Para excluir um componente, selecione-o e pressione a tecla Delete.
7. Para rotacionar um componente, selecione-o e, enquanto estiver pressionando a tecla Ctrl, pressione a tecla R. (Indicamos isso como Ctrl/R. A cada Ctrl/R, o componente rotaciona 90°.)
8. Para colocar um ponto conector, selecione Place na barra de menus, e clique em Junction. Posicione o ponto na tela e clique com o mouse para inseri-lo.
9. No máximo quatro fios podem ser conectados a qualquer ponto (junção).

(continua)

Mova-o para o pino de destino (neste caso, o pino do amperímetro esquerdo), e clique novamente. O fio se conecta. Repita o procedimento para ligar o fio do amperímetro ao voltímetro.

- Continue até que a ligação esteja completa. Arraste com o mouse qualquer item que precise ser movido ou reposicionado.
- Clique duas vezes no símbolo da bateria. Na caixa de diálogo, clique na guia Value (caso ainda não esteja selecionada), mude a tensão para **25**, e clique em OK. Igualmente, modifique o valor do resistor para 12,5, selecione Ohms, e clique em OK.

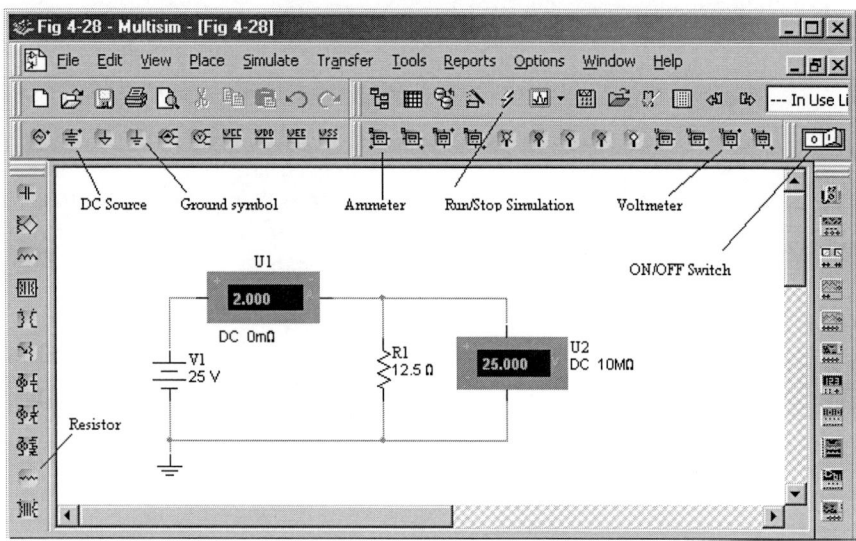

> **NOTAS...** *(continuação)*
>
> 10. Geralmente usamos uma forma abreviada para representar as ações sequenciais. Por exemplo, quando indicamos para clicar em View/Toolbars, essa é uma maneira abreviada de dizermos "selecione View na barra de menus, clique em Toolbars na lista suspensa que aparece".

Figura 4-28 Simulação em Multisim (Electronics Workbench) da Figura 4-27.

- Clique em File/Save as, e salve o arquivo como o da **Figura 4-28** em um diretório adequado.
- Ative o circuito, clicando no ícone Run/Stop Simulation ou na opção ON/OFF.

Quando a simulação estiver completa (geralmente, em alguns segundos), os medidores mostrarão a corrente do circuito (2 A) e a tensão no resistor (25 V), como representadas na Figura 4-28.

PROBLEMAS PRÁTICOS 4

Repita o exemplo anterior invertendo o símbolo da fonte da tensão para que o circuito seja operado por uma fonte de −25 V. Observe as leituras do voltímetro e do amperímetro e compare-as com a solução apresentada. Compare os resultados com as convenções da polaridade para a tensão e direção da corrente, discutidas no Capítulo 2 e neste.

PSpice

O PSpice oferece uma variedade de opções de análise. Para este exemplo, usaremos a **análise do ponto de polarização**. Embora essa opção seja limitada, é fácil de usar, além de ser uma boa escolha para circuitos DC com fontes fixas.

- Clique duas vezes no ícone Capture CIS Demo (ou clique no botão Iniciar do Windows, selecione Programas, ORCAD 10.5 Demo, e clique em Capture CIS Demo). Na tela que irá abrir, clique no ícone Create Document (ou File/New/Project). A caixa de diálogos New Project (Novo Projeto) mostrada no Apêndice A (Figura A-1) abrirá.
- Na caixa Name, tecle um nome para o arquivo, por exemplo, **Figura 4-29**, e selecione a opção Analog/Mixed A/D.
- Na caixa Location, é necessário identificar o caminho de acesso até a pasta em que desejar salvar o arquivo – ver a Nota Operacional do PSpice de número 11. Caso não tenha previamente criado o diretório onde deseja salvar o arquivo, clique em Browse, e aparecerá a caixa Select Directory. Perpasse os arquivos até chegar onde você quer colocar o diretório. Clique em Create Dir, tecle o novo nome do diretório e clique em OK (duas vezes). Caso o diretório que queria usar já tenha sido criado, clique em Browse, localize-o como mostrado acima e clique duas vezes nele. Depois clique em OK. O atalho completo de acesso aparece na caixa Location.

- A caixa de diálogo Create PSpice Project abrirá. Clique em Create a Blank Project e depois em OK. Clique em qualquer lugar. Aparecerá uma barra de ferramentas, como mostra a Figura 4-29. (Estude os comentários adicionados à Figura 4-29 de modo a ficar familiarizado com a tela da área de trabalho.)

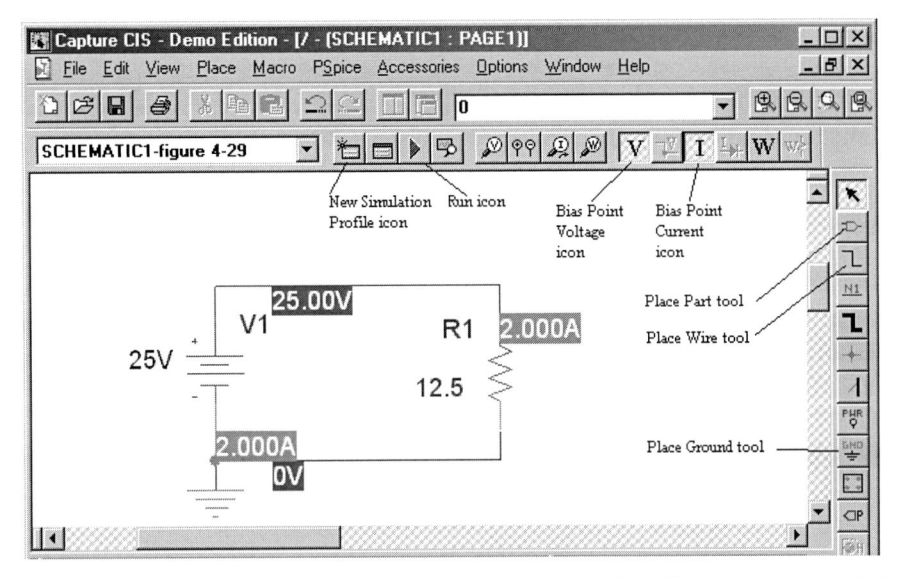

Figura 4-29 Simulação em PSpice da Figura 4-27, usando a técnica de análise do ponto de polarização.

- Clique na ferramenta Place Part, e abrirá uma caixa de diálogos. Examine a caixa Libraries e certifique-se de que as seguintes bibliotecas estão disponíveis: analog, eval, source e especial. Se alguma estiver faltando, adicione-a. Por exemplo, para adicionar eval, clique em Add Library, selecione eval e clique em Open (Abrir).
- Se souber o nome do componente que deseja, digite-o na janela Part. Por exemplo, para obter a fonte DC, tecle **VDC** e clique em OK (ou pressione Enter). (Caso não saiba o nome, percorra a lista até encontrá-lo, clique nele e depois em OK. Um símbolo da bateria aparecerá como uma "sombra fixa" no cursor. Posicione-a como na Figura 4-29 e pressione a tecla Esc para encerrar o posicionamento (ou clique com o botão direito do mouse e depois com o esquerdo, em End Mode).
- Clique na ferramenta Place Part, tecle **R**, e clique em OK. Observe que o resistor aparece na horizontal. Rotacione-o três vezes (ver a Nota Operacional do PSpice de número 7) pelos motivos descritos no Apêndice A. Posicione-o usando o botão esquerdo do mouse, como mostrado, e pressione Esc (ou clique com o botão direito do mouse e depois com o esquerdo, em End Mode).
- Clique na ferramenta Place Ground, selecione 0/SOURCE, clique em OK, coloque o símbolo e pressione Esc (ou clique com o botão direito do mouse e depois com o esquerdo, em End Mode).
- Para ligar o circuito, clique na ferramenta Place Wire, posicione o cursor na caixinha localizada na extremidade superior do símbolo da bateria e clique. Isso liga um fio. Movimente o cursor para a parte de cima do resistor, puxando o fio. Clique novamente e ele conecta. Conecte o restante do circuito da mesma maneira e pressione Esc para encerrar a colocação do fio. Para melhorar a aparência do circuito, reposicione os fios e os componentes como desejar. É só arrastá-los.
- Agora será necessário atualizar os valores dos componentes. Para modificar o valor do resistor, clique duas vezes no valor padrão de 1 k (e não no símbolo), digite **12,5** na caixa Value, e clique em OK. Igualmente, mude a tensão da fonte para 25V (e não 25 V – ver a Nota Operacional do PSpice de número 8).

NOTAS...

Notas Operacionais do PSpice

1. Salvo indicação em contrário, utilize o botão esquerdo do mouse para todas as operações.

2. Para selecionar um componente específico no esquema, posicione o cursor em cima dele e clique. O componente selecionado muda de cor.

3. Para desmarcar um componente selecionado, mova o cursor para um espaço vazio na tela e clique.

4. Para excluir um componente do esquema, selecione-o e pressione a tecla Delete.

5. Para arrastar um componente, posicione o cursor sobre ele, pressione o botão esquerdo do mouse e o mantenha pressionado, arraste o componente para onde desejar e solte o botão.

(continua)

- Clique no ícone New Simulation Profile (ver a Figura 4-29), digite um nome (por exemplo, **Figura 4-29**) na caixa Name, deixe None na caixa Inherit From, e clique em Create. A caixa Simulations Settings abrirá. Clique na guia Analysis do Analysis type, selecione Bias Point, e clique em OK.
- Clique no ícone Save Document para salvar seu trabalho, e depois no ícone Run. Após um pequeno período de execução, uma janela inativa Output se abre. Feche-a.
- Na barra de menus, clique nos ícones V e I para a tensão no ponto de polarização e para a corrente, respectivamente. Os valores calculados aparecerão na tela. Observe que $I = 2$ A, como esperado. (Para cancelar a exibição das respostas, clique novamente nos ícones V e I.)
- Para sair do PSpice, clique em × na caixa situada no canto superior direito da tela, e clique yes para salvar as alterações.

A análise de polarização é útil para problemas simples de DC. No entanto, para problemas mais complexos, talvez seja necessário o uso de medidores. Iremos mostrar a técnica instalando um amperímetro, como na Figura 4-30. No PSpice, o amperímetro é chamado de IPRINT.

- Clique no ícone Create Document e crie o circuito da Figura 4-30 como foi feito na Figura 4-29, com exceção da adição do amperímetro. Para adicionar o amperímetro, clique na ferramenta Part, digite **IPRINT** na caixa Part, clique em OK e depois posicione o amperímetro e conecte-o ao circuito.
- O IPRINT é um amperímetro para uso geral, sendo necessário configurá-lo para a operação DC. Clique duas vezes no símbolo referente a ele, e o Property editor abrirá. Clique na guia Parts (parte inferior da tela), localize a célula designada DC, digite **yes** na tela, clique em Apply; em seguida, feche o editor clicando na caixa × situada no canto superior direito da tela. (Atenção: certifique-se de que clicou no × do Property editor e não no × do PSpice, já que você não deseja sair do programa.)

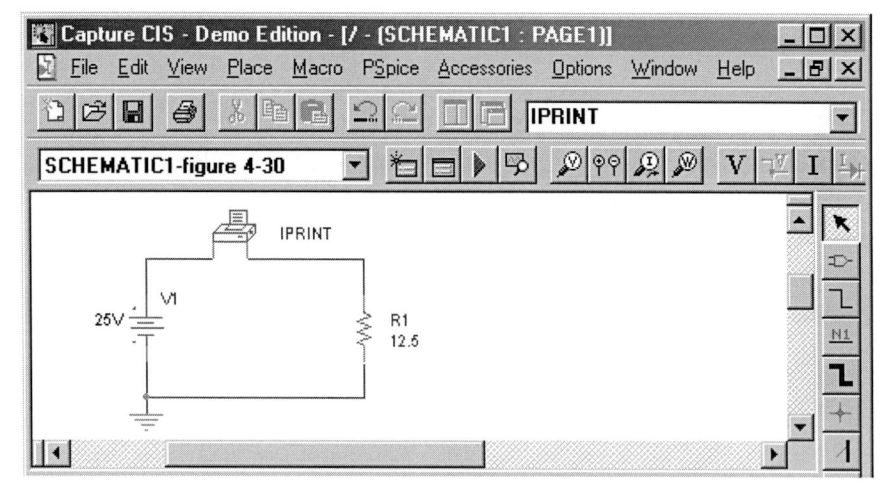

Figura 4-30 Simulação em PSpice da Figura 4.27, usando a técnica análise do ponto de polarização.

- Para este problema, é necessário usar o DC Sweep. Primeiro, clique no ícone New Simulation Profile. Em Name, digite **Figura 4-30**, e clique em Create. Clique na Figura 4.30 Simulação em PSpice da Figura 4.27, usando a técnica análise do ponto de polarização guia Analysis e em Analysis type, selecione DC Sweep, e na lista Options selecione Primary Sweep. Em Sweep Variable, escolha Voltage Source. Em seu esquema, verifique o nome da fonte de tensão – é provável que seja V1. Se for, digite V1 na caixa Name, clique no botão da lista Value, digite **25V** na caixa e clique em OK. (Infelizmente, embora esse procedimento configure de maneira correta a tensão para 25 V, ele não atualiza a exibição na tela.) Clique no item Save Document e salve seu trabalho.

NOTAS... *(continuação)*

6. Para modificar um valor-padrão, posicione o cursor sobre o valor numérico (e não no símbolo do componente) e clique duas vezes nele. Modifique para o valor adequado.

7. Para rotacionar um componente, selecione-o, clique com o botão direito do mouse e depois clique em Rotate. Ou mantenha pressionada a tecla Crtl e pressione a tecla R. (Isso é indicado como Ctrl/R.)

8. Não deve haver um espaço entre o valor e a respectiva unidade; portanto, use 25V, não 25 V etc.

9. Todos os circuitos do PSpice devem ter aterramentos.

10. À medida que for montando o circuito, você deverá clicar com frequência no ícone Save Document para salvar seu trabalho e se prevenir caso algo dê errado.

11. Como o PSpice cria muitos arquivos intermediários, é bom usar uma pasta separada para cada problema. Para o exemplo da Figura 4-29, um atalho comum seria C:\PSpicefiles\Figura4-29, e na Figura 4-29 você salvaria o arquivo Figura 4-29. Às vezes, as escolas técnicas e universidades têm suas próprias normas – se esse for o caso, procure seu professor para mais detalhes.

Capítulo 4 • Lei de Ohm, Potência e Energia   **105**

- Clique no ícone Run. Na janela Output que aparece após a simulação, clique em View e Output File na barra de ferramentas e, então, mova a barra de rolagem para baixo, onde encontrará a resposta.

    V_V1   I(V_PRINT 1)

    2,500E+01   2,000E+00

O símbolo V_V1 representa a tensão da fonte V_1, e 2,500E + 01 representa o seu valor (na base de 10). Dessa forma, V_1 = 2,500E + 01 = 2,5 × 10^1 = 25 (que é o valor inserido anteriormente). Paralelamente, I(V_PRINT1) representa a corrente medida pelo componente IPRINT. A corrente no circuito é, portanto, I = 2,000E + 00 = 2,0 × 10^0 = 2,0 (que, como se pode ver, está certo) – ver a Nota.

Representando a Lei de Ohm

O PSpice pode ser usado para calcular resultados gráficos. Variando a tensão da fonte da Figura 4-27 e representando I, por exemplo, pode-se obter a representação da lei de Ohm. Prossiga da seguinte maneira:

- Crie o circuito da Figura 4-27 na sua tela, mas modifique R para 10 ohms. Utilize **Figura 4-32** como o nome do arquivo.
- Clique no ícone New Simulation Profile, digite Figura 4-32 para o nome do arquivo, clique em Create e selecione DC Sweep na guia Analysis, e Primary Sweep na lista Options. Para Sweep Variable, escolha Voltage Source, e na caixa Name, digite o nome para a sua fonte de tensão. (Provavelmente será V1.) Escolha Linear como o tipo de variação, digite **0V** na caixa Start Value, **100V** na caixa End Value, **5V** na caixa Increment, e clique em OK. (Isso fará que a tensão varie de 0 a 100 V em etapas de 5 V em 5 V.)
- Clique no ícone Current Marker e posicione o marcador como mostrado na Figura 4-31. Clique no ícone Save Document para salvar seu trabalho. Clique no ícone Run. Essas representações da lei de Ohm (da Figura 4-32) aparecem na tela. Usando o cursor (ver o Apêndice A), leia os valores dos gráficos e verifique com a calculadora.

NOTAS...

Embora o uso de medidores como esse pareça estranho se comparado ao método do ponto de polarização, há razões irrefutáveis para aprender a usá-los. Por exemplo, quando abordarmos a análise AC nos capítulos mais à frente, não haverá outra escolha a não ser usar os medidores, uma vez que o método do ponto de polarização não identifica AC.

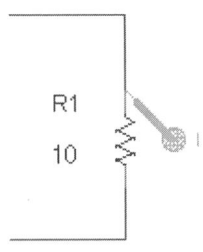

FIGURA 4-31 Uso do marcador de corrente para mostrar a corrente. (O marcador ficará cinza quando você posicioná-lo, mas ele fica com a cor do traçado que ele cria quando a simulação é executada.)

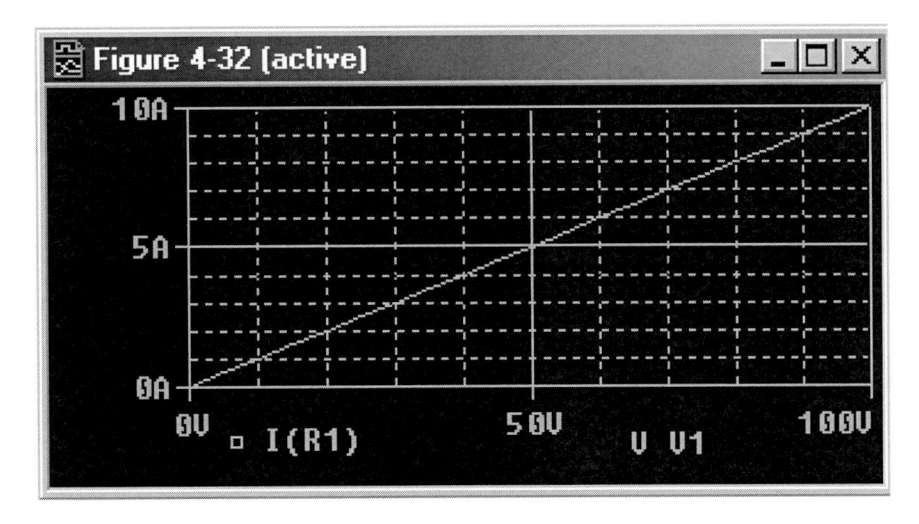

FIGURA 4-32 Representação da lei de Ohm para o circuito da Figura 4-29, sendo R = 10 Ω.

COLOCANDO EM PERSPECTIVA

Você foi designado para realizar a inspeção do projeto e a análise do custo de um produto existente. O produto utiliza uma fonte de alimentação de 12V ± 5%. Após uma consulta ao catálogo, você descobre uma nova fonte de alimentação com especificação de 12 V ± 2%, que, em razão da nova tecnologia, custa apenas cinco dólares a mais do que a atualmente em uso. Embora essa fonte ofereça um desempenho melhor para o produto, seu supervisor não irá aprová-la por causa do custo extra. No entanto, ele concorda que, se você conseguir diminuir a diferença de custo para US$ 3,00 ou menos, poderá usar a nova fonte. O leitor então olha para o esquema e descobre que uma série de resistores de 1% de precisão é usada em virtude da grande tolerância da fonte antiga. (Por exemplo, um resistor de 220 kΩ e tolerância de ± 1% é usado no lugar do resistor padrão de 5%, já que a pouca tolerância da fonte de alimentação original resulta em uma corrente que está fora de especificação. A corrente deve estar entre 50 mA e 60 mA quando a fonte de alimentação de 12 V estiver conectada ao resistor. No produto, há outros exemplos como esse – no total, são 15.) Você começa a refletir sobre a possibilidade de substituir os resistores de precisão (que custam US$ 0,24 cada) pelos resistores padrão de 5% (que custam US$ 0,03 cada) para economizar dinheiro e agradar o supervisor. Faça uma análise para determinar se o seu palpite está correto.

PROBLEMAS

4.1 Lei de Ohm

1. Para o circuito da Figura 4-33, determine a corrente I para cada item a seguir. Expresse a resposta na unidade mais apropriada: amperes, miliamperes, micoramperes etc.

    a. $E = 40$ V, $R = 20$ Ω

    b. $E = 35$ mV, $R = 5$ mΩ

    c. $V = 200$ V, $R = 40$ kΩ

    d. $E = 10$ V, $R = 2,5$ MΩ

    e. $E = 7,5$ V, $R = 2,5 \times 10^3$ Ω

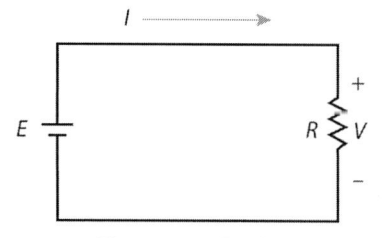

    f. $V = 12$ kV, $R = 2$ MΩ

    Figura 4-33 $E; I; R; V$

2. Determine R para cada um dos itens a seguir. Expresse a resposta na unidade mais apropriada: ohms, quilo-ohms, mega-ohms etc.

    a. $E = 50$ V, $I = 2,5$ A
    b. $E = 37,5$ V, $I = 1$ mA
    c. $E = 2$ kV, $I = 0,1$ kA
    d. $E = 4$ kV, $I = 8 \times 10^{-4}$ A

3. Para o circuito da Figura 4-33, calcule V para cada item a seguir:

    a. 1 mA, 40 kΩ
    b. 10 µA, 30 kΩ
    c. 10 mA, 4×10^4 Ω
    d. 12 A, 3×10^{-2} Ω

4. Um aquecedor de água de 48 Ω está conectado a uma fonte de 120 V. Qual é a corrente drenada?

5. Quando ligada a uma tomada de 120 V, uma lâmpada elétrica drena 1,25 A. Qual é a resistência dela?

6. Qual é a diferença de potencial entre as duas extremidades de um resistor de 20 kΩ quando a corrente é igual a 3×10^{-3} A?

7. Qual é a quantidade de tensão que pode ser aplicada em um resistor de 560 Ω se sua corrente não pode ultrapassar 50 mA?

8. Um relé com uma resistência da bobina de 240 Ω necessita de, no mínimo, 50 mA para operar. Qual é a tensão mínima para fazê-lo operar?

9. Para a Figura 4-33, se $E = 30$ V e a condutância do resistor é 0,2 S, qual é o valor de I? Sugestão: ver a Seção 3.11, Capítulo 3.

10. Se $I = 36$ mA, $E = 12$ V, qual será o valor de I se a fonte de 12 V for:

    a. substituída por uma fonte de 18 V?
    b. substituída por uma fonte de 4 V?

11. A corrente através de um resistor é igual a 15 mA. Se a queda de tensão no resistor é de 33 V, qual é o código de cores do resistor?

12. No circuito da Figura 4-34,
    a. qual é a indicação do medidor se $E = 28$ V?
    b. qual é a indicação do medidor se $E = 312$ V?

13. No circuito da Figura 4-34, se o resistor for substituído por outro com as faixas vermelha, vermelha e preta, qual será a tensão em que o fusível irá queimar?

14. Aplica-se uma fonte de 20 V a um resistor com as faixas marrom, preta, vermelha e prata.
    a. Calcule a corrente nominal no circuito.
    b. Calcule as correntes mínima e máxima, baseando-se na tolerância do resistor.

15. Um eletroímã é envolto por um fio de cobre 30 AWG. A bobina possui 800 espiras e o comprimento médio de cada espira é de 3 polegadas. Quando conectado a uma fonte DC de 48 V, qual é o valor da corrente
    a. a 20°C?   b. a 40°C?

16. Você quer fabricar um eletroímã com um fio de cobre cujo diâmetro é de 0,643 mm. Para criar o campo magnético necessário, a corrente na bobina deve ser de 1,75 A, a 20°C. O eletroímã é alimentado por uma fonte DC de 9,6 V. Quantos metros de fio são necessários para enrolar a bobina?

17. Um elemento resistivo do circuito é feito de 100 m de um fio de alumínio com 0,5 mm de diâmetro. Se a corrente a 20°C é igual a 200 mA, qual é a tensão aplicada?

18. Prepare um gráfico com a representação da lei de Ohm, parecido com o da Figura 4-7, para os resistores de 2,5 kΩ e 5 kΩ. Calcule e represente os pontos no gráfico a cada intervalo de 5 V, de $E = 0$ V a 25 V. Analisando os valores no gráfico, ache a corrente em $E = 14$ V.

19. A Figura 4-35 representa o gráfico I-V para o circuito da Figura 4-33. Qual é o valor de R?

20. Para um circuito resistivo, E é quadruplicado e R é reduzido à metade. Se a nova corrente é igual a 24 A, qual é o valor da corrente original?

21. Para um circuito resistivo, $E = 100$ V. Se R for duplicado e E for modificado de tal modo que a nova corrente seja o dobro da original, qual será o novo valor de E?

22. Você precisa medir um elemento do aquecedor elétrico, mas só dispõe de uma bateria de 12 V e de um amperímetro. Descreva como determinaria a resistência do elemento. Inclua um esquema.

23. Se um fio de nicromo de 25 m e 0,1 mm de diâmetro estiver ligado a uma bateria de 12 V, qual será a corrente a 20°C?

24. Se a corrente é igual 0,5 A quando um comprimento do fio de cobre 40 AWG está ligado a 48 V, qual é o comprimento do fio em metros? Considere a temperatura de 20°C.

4.2 Polaridade da Tensão e Direção da Corrente

25. Para cada resistor da Figura 4-36, determine a tensão V e sua polaridade, ou a corrente I e sua direção, de acordo com os dados fornecidos.

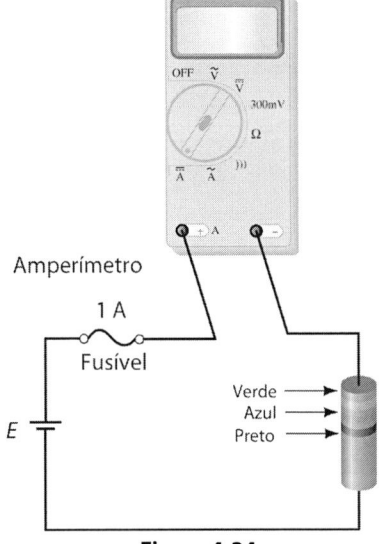

Figura 4-34

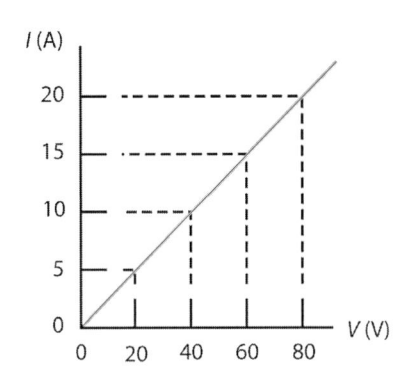

Figura 4-35

(a) $I = 3$ A

(b) $V = 60$ V

(c) $I = 6$ A

(d) $V = 105$ V

Figura 4-36 Todos os resistores são de 15 Ω.

26. Os amperímetros da Figura 4-37 têm autopolaridade. Determine suas leituras, magnitudes e polaridades.

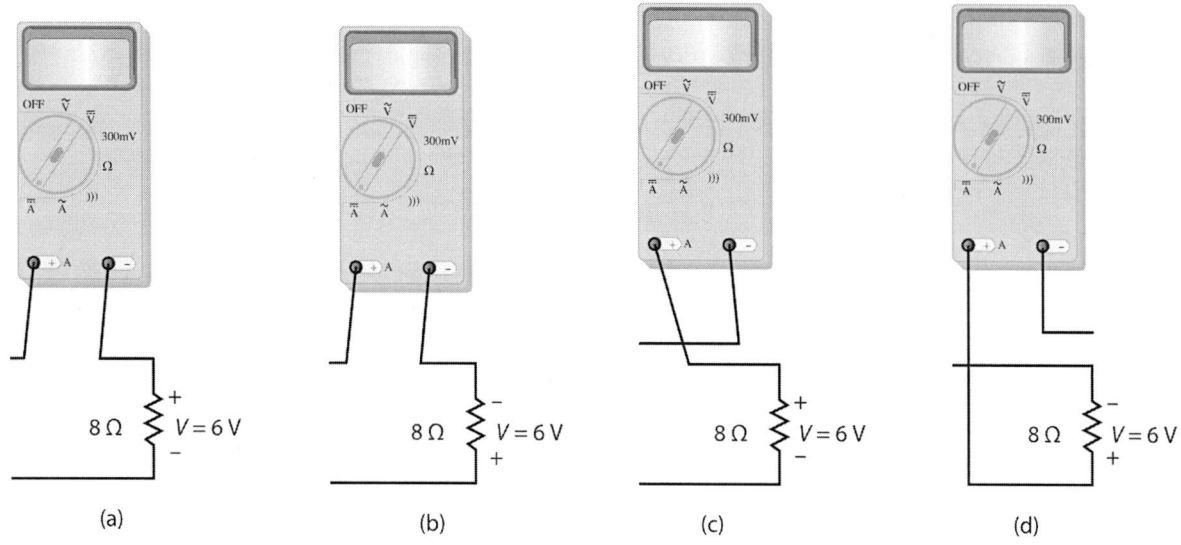

Figura 4-37

4.3 Potência

27. Um resistor dissipa 723 joules de energia em 3 minutos e 47 segundos. Calcule a velocidade, em joule por segundo, na qual a energia é transferida para este resistor. Qual é a dissipação da potência em watts?

28. Quanto tempo leva para um ferro de solda de 100 W dissipar 1.470 J?

29. Um resistor drena 3 A de uma bateria de 12 V. Qual é a quantidade de potência que a bateria fornece para o resistor?

30. Uma cafeteira elétrica de 120 V é classificada em 960 W. Determine sua resistência e o valor da corrente.

31. Um aquecedor elétrico de 1,2 kW tem a resistência de 6 Ω. Qual é a quantidade de corrente que ele drena?

32. Uma luz de advertência drena 125 mA quando dissipa 15 W. Qual é a sua resistência?

33. Quantos volts podem ser aplicados em um resistor de 3 Ω para que a dissipação de potência seja de 752 W?

34. Qual é o valor da queda de IR quando 90 W são dissipados por um resistor de 10 Ω?

35. Um resistor com as faixas marrom, preta e laranja dissipa 0,25 W. Calcule a tensão e a corrente.

36. Um resistor de 2,2 kΩ com uma tolerância de ± 5% está ligado a uma fonte DC de 12 V. Qual é a variação possível da potência dissipada pelo resistor?

37. Um rádio transmissor portátil tem uma potência de entrada de 0,455 kW. Qual é a quantidade de corrente que ele drena de uma bateria de 12 V?

38. Para um circuito resistivo, $E = 12$ V.

    a. Se a carga dissipar 8 W, qual será a corrente no circuito?

    b. Se a carga dissipar 36 W, qual será a resistência dela?

39. Um motor fornece 3,56 hp para uma carga. Qual é o equivalente em watts?

40. A carga de um circuito de 120 V é composta de 6 lâmpadas de 100 W, um aquecedor elétrico de 1,2 kW e um motor elétrico que consome 1.500 W. Se o fusível queima com uma corrente de 30 A, o que acontece quando uma torradeira de 900 W é conectada a ele? Justifique sua resposta.

41. Um resistor de 0,27 kΩ tem a classificação de 2 W. Calcule a tensão máxima que pode ser aplicada e a corrente máxima que ele pode carregar sem ultrapassar a especificação.

42. Determine qual resistor (se houver) pode ter sido danificado por causa do superaquecimento. Justifique sua resposta.

   a. 560 Ω, ½ W, com 75 V nele;

   b. 3 Ω, 20 W, com 4 A por ele;

   c. ¼ W, com 0,25 mA nele e 40 V por ele.

43. Um resistor de 25 Ω está ligado a uma fonte de alimentação cuja tensão é 100 V ± 5%. Qual é a variação possível da potência dissipada pelo resistor?

44. A resistência de uma carga feita de fio de cobre está ligada a uma fonte DC de 24 V. Quando a temperatura do fio está a 20°C, a potência dissipada pela carga é de 192 W. Qual será a potência dissipada quando a temperatura do fio cair para −10°C? (Considere a tensão permanente.)

4.4 Convenção para a Direção da Potência

45. Cada bloco da Figura 4-38 pode ser uma fonte ou uma carga. Para cada um deles, determine a potência e a direção dela.

46. A bateria de 12 V da Figura 4-39 é "carregada" por um carregador de bateria. A corrente equivale a 4,5 A, como indicado.

   a. Qual é a direção da corrente?

   b. Qual é a direção do fluxo de potência?

   c. Qual é a potência da bateria?

4.5 Energia

47. Uma luz de segurança de 40 W mantém-se acesa por 9 horas.

   a. Determine a energia utilizada em joules.

   b. Determine a energia utilizada em watt-horas.

   c. A uma razão de US$ 0,08/kWh, quanto custa fazer a lâmpada funcionar durante 9 horas?

48. Uma luz indicadora em um painel de controle opera continuamente, drenando 20 mA de uma fonte de 120 V. À razão de US$ 0,09 quilowatt-hora, qual é o custo anual para operar essa luz?

49. Determine o custo total de uso, a US$ 0,11 por kWh:

   a. de uma torradeira de 900 W, durante 5 minutos;

   b. de um aquecedor de 120 V, 8 A, durante 1,7 hora;

   c. de uma lava-louças de 1.100 W, durante 36 minutos;

   d. de um ferro de solda de 120 V, 288 Ω, durante 24 minutos.

50. Um dispositivo elétrico com o tempo cíclico de 1 hora opera durante 15 minutos com a potência total (400 W), com a metade da potência durante 30 minutos, e fica desligado no restante do tempo. O ciclo se repete continuamente. À razão de US$ 0,10/kWh, determine o custo anual para operar esse dispositivo.

51. Enquanto o dispositivo do Problema 50 opera, duas outras cargas também estão operando:

   a. um aquecedor de 4 kW, continuamente;

   b. um aquecedor de 3,6 kW, durante 12 horas por dia.

   Calcule o custo anual para fazer operar todas as cargas.

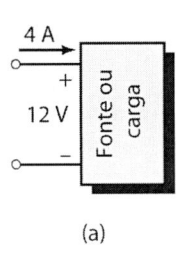

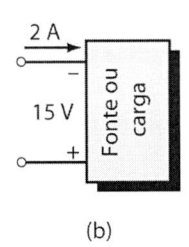

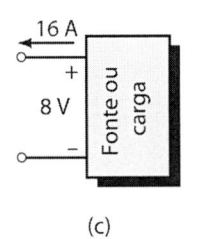

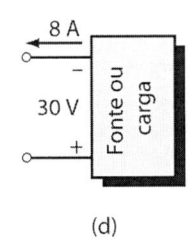

Figura 4-38

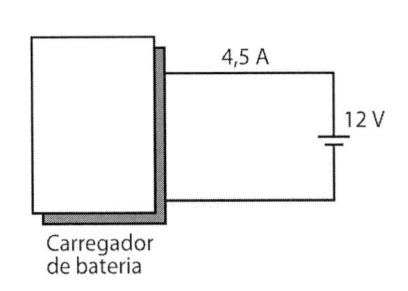

Figura 4-39

52. À razão de US$ 0,08 por quilowatt-hora, o custo para operar um aquecedor durante 50 horas de uma fonte de 120 V é de US$ 1,20. Qual é a quantidade de corrente que o aquecedor drena?

53. Se há 24 fatias de pão, e você tem uma torradeira de 1.100 W para duas fatias – que leva 1 minuto e 45 segundos para tostar as duas –, a US$ 0,13/kWh, quanto custa para torrar as 24 fatias?

4.6 Eficiência

54. A potência de entrada de um motor com a eficiência de 85% é de 690 W. Qual é a potência de saída?
    a. em watts
    b. em hp

55. A potência de saída de um transformador com η = 97% é de 50 kW. Qual é a potência de entrada?

56. Para determinado aparelho, η = 94%. Se as perdas são de 18 W, quais são as P_i e P_o?

57. A potência de entrada de um dispositivo é 1.100 W. Se a perda da potência provocada pelas várias ineficiências é de 190 W, qual é a eficiência do dispositivo?

58. Um aquecedor de água de 240 V e 4,5 A produz calor a uma razão de 3,6 MJ por hora. Calcule:
    a. a eficiência do aquecedor de água;
    b. o custo anual do funcionamento a US$ 0,09/kWh se o aquecedor ficar ligado durante 6 horas por dia.

59. Um motor DC de 120 V com eficiência de 89% drena 15 A da fonte. Qual é o cavalo-vapor de saída?

60. Um motor DC de 120 V desenvolve uma potência de saída de 3,8 hp. Se sua eficiência é de 87%, qual é a quantidade de corrente que ele drena?

61. O sistema de potência/controle de um carro elétrico consiste de um conjunto de baterias embarcadas, de uma unidade eletrônica de controle/direção, e de um motor (Figura 4-40). Se 180 A são drenados das baterias, quantos cavalos-vapor são fornecidos para as rodas propulsoras?

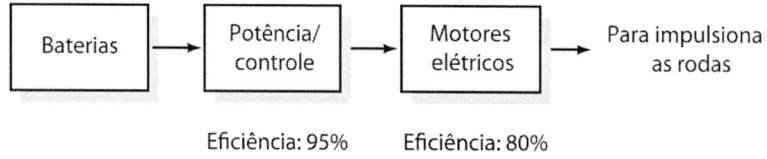

Figura 4-40

62. Mostre que a eficiência de n dispositivos ou sistemas em cascata é o produto das eficiências individuais deles, ou seja, que $\eta_T = \eta_1 \times \eta_2 \cdots \times \eta_n$.

63. Um motor DC de 120 V impulsiona uma bomba em uma caixa de engrenagem (Figura 4-24). Se a potência de entrada da bomba é de 1.100 W, a caixa de marchas tem a eficiência de 75%, e a potência de entrada do motor é de 1.600 W, determine o cavalo-vapor de saída do motor.

64. Se o motor do Problema 63 estiver protegido por um disjuntor de 15 A, o circuito irá abrir? Calcule a corrente para descobrir isso.

65. Se a eficiência total de uma estação de transmissão de rádio é equivalente a 55%, e ela transmite 35 kW durante 24 h/dia, calcule o custo de energia utilizada por dia a uma razão de US$ 0,09 kWh.

66. Em uma fábrica, duas máquinas – cada uma fornecendo 27 kW – são usadas em média de 8,7 h/dia, 320 dias/ano. Se a eficiência da máquina mais nova é de 87% e da mais velha é de 72%, calcule a diferença do custo anual, se as operarmos à razão de US$ 0,10 por quilowatt-hora.

4.7 Resistências Não linear e Dinâmica

67. Um resistor dependente da tensão possui a representação típica da Figura 4-41.
    a. Em V = 25 V, qual é o valor de I? E de R_{DC}?

b. Em $V = 60$ V, qual é o valor de I? E de R_{DC}?

c. Por que os dois valores são diferentes?

68. Para o resistor da Figura 4-41:

   a. Determine $R_{dinâmico}$ para V entre 0 e 40 V.

   b. Determine $R_{dinâmico}$ para V maior que 40 V.

   c. Se V varia de 20 V para 30 V, qual é a variação de I?

   d. Se V varia de 50 V para 70 V, qual é a variação de I?

4.8 Análise de Circuitos Usando Computador

69. Monte o circuito da Figura 4-33 e ache a corrente para os pares tensão-resistência dos Problemas 1a, 1c, 1d e 1e.

Figura 4-41

70. Um carregador de bateria com a tensão de 12,9 V é usado para carregar uma bateria, Figura 4-42 (a). A resistência interna do carregador é equivalente a 0,12 Ω, e a tensão da bateria parcialmente descarregada é igual a 11,6 V. O circuito equivalente para a combinação carregador-bateria é apresentado em (b). Como as duas tensões estão em oposição, a tensão total para o circuito será 12,9 V − 11,6 V = 1,3 V; portanto, a corrente para carregar a bateria será de 1,3 V/0,12 Ω = 10,8 A. Monte o circuito mostrado em (b) e use o Multisim para verificar a sua resposta.

71. Clique em Place na barra de menus; clique em Component; da lista Group, selecione Basic, role para baixo até Switch e clique; selecione SPDT e clique em OK. Insira a chave na tela e clique duas vezes no símbolo dela. Quando a caixa de diálogos abrir, selecione a guia Value, digite a letra A e clique em OK. [Este procedimento renomeia a chave, que passa a ser designada como (A). Pressione a tecla A por algumas vezes e observe que a chave irá abrir e fechar.] Selecione uma segunda chave e dê o nome (B). Adicione uma fonte DC de 12 V e uma lâmpada. (Para adicionar a lâmpada, clique em Place/Component, e da caixa Group, selecione Virtual_lamp.) Monte o circuito da Figura 2-27. Opere as chaves e verifique se você conseguiu um controle bidirecional.

72. Repita o Problema 69 usando o PSpice.

73. Repita o Problema 70 usando o PSpice.

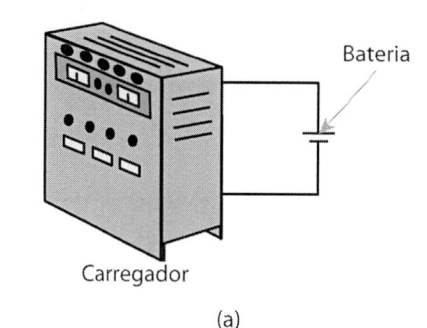

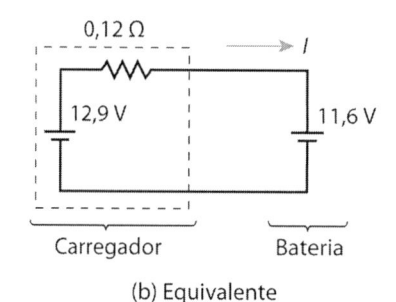

Figura 4-42

74. Repita a análise da lei de Ohm (Figura 4-32) usando $R = 25$ Ω e aumente a tensão de −10 V para +10 V em acréscimos de 1 V. Neste gráfico, o valor negativo significa o que para a corrente?

75. O cursor pode ser usado para ler valores nos gráficos do PSpice. Considere o gráfico do Problema 74 na tela e:

   a. Clique em Trace na barra de menus, selecione Cursor, clique em Display, e depois posicione o cursor no gráfico, e clique novamente. A leitura do cursor é indicada na caixa, na extremidade inferior do canto direito da tela.

   b. Pode-se posicionar o cursor com o mouse ou com as setas do teclado para a direita e esquerda. Posicione o cursor em 2 V e faça a leitura da corrente. Confirme usando a lei de Ohm. Repita a análise em vários outros pontos (positivos e negativos).

RESPOSTAS DOS PROBLEMAS PARA VERIFICAÇÃO DO PROCESSO DE APRENDIZAGEM

Verificação do Processo de Aprendizagem 1

1. 25 V

2. 0 A, Não

3. **a.** 1,25 A; **b.** 0,625 A; **c.** 12,5 A; **d.** 5 A

4. **a.** 30 V; **b.** −72 V; **c.** −90 V; **d.** 160 V

Análise Básica de DC

II

A Parte I apresentou os fundamentos nos quais a análise mais elaborada de circuitos se baseia. Os termos, unidades e definições utilizados nos capítulos anteriores revelaram o vocabulário usado em toda a tecnologia elétrica e eletrônica.

Na Parte II, desenvolveremos esses fundamentos com a aplicação dos conceitos abordados na Parte I para que possamos analisar inicialmente os circuitos DC série. Alguns teoremas, regras e leis serão elucidados nos próximos capítulos, fornecendo mais ferramentas para estender a teoria de circuitos à análise de circuitos paralelo e série-paralelo. Os teoremas de circuito serão usados para simplificar e transformar os circuitos mais complexos em um circuito equivalente representado por um único resistor ou fonte. Embora, em sua maioria, os circuitos sejam muito mais complexos do que os utilizados neste livro, todos eles, até os mais complexos, seguem as mesmas leis.

Geralmente, há diferentes técnicas disponíveis para analisar determinado circuito. Com o intuito de proporcionar uma visão geral, este livro utiliza diversos métodos para fins ilustrativos. O leitor será incentivado a usar diferentes técnicas para que possa desenvolver habilidades e se tornar proficiente em análise de circuitos.

5 Circuitos Série

6 Circuitos Paralelos

7 Circuitos Série-paralelo

8 Métodos de Análise

9 Teoremas de Rede

● TERMOS-CHAVE

Circuito Elétrico; Aterramento; Lei de Kirchhoff das Tensões; Efeito de Carga (Amperímetro); Projeto de Ohmímetro; Fontes Pontuais; Ligação Série; Resistência Equivalente Total; Regra do Divisor de Tensão; Subscritos de Tensão

● TÓPICOS

Circuitos Série; Lei de Kirchhoff das Tensões; Resistores em Série; Fontes de Tensão em Série; Intercâmbio de Componentes Série; Regra do Divisor de Tensão; Circuito Terra; Subscritos de Tensão; Resistência Interna das Fontes de Tensão; Efeitos de Carga do Amperímetro; Análise de Circuitos Usando Computador

● OBJETIVOS

Após estudar este capítulo, você será capaz de:

- determinar a resistência total em um circuito série e calcular a corrente do circuito;
- usar a lei de Ohm e a regra do divisor de tensão para calcular a tensão de todos os resistores de um circuito;
- expressar a lei de Kirchhoff das tensões e utilizá-la para analisar determinado circuito;
- calcular a potência dissipada por qualquer resistor em um circuito série e mostrar que a potência dissipada total é exatamente igual à potência fornecida por uma fonte de tensão;
- calcular a tensão entre dois pontos quaisquer em um circuito série ou paralelo;
- calcular o efeito de carga de um amperímetro em um circuito;
- usar o computador para auxiliar na análise de circuitos série simples.

Circuitos Série

Apresentação Prévia do Capítulo

No capítulo anterior, examinamos a relação entre corrente, tensão, resistência e potência em um único resistor do circuito. Neste capítulo, ampliaremos esses conceitos básicos para examinar o comportamento de circuitos com vários resistores em série.

Usaremos a lei de Ohm para deduzir a regra do divisor de tensão e verificar a lei de Kirchhoff das tensões. Uma boa compreensão desses princípios oferece a base sobre a qual as demais técnicas de análise de circuito são desenvolvidas. As leis de Kirchhoff das tensões e das correntes, que serão abordadas no próximo capítulo, são fundamentais para entendermos *todos* os circuitos elétricos e eletrônicos.

Após desenvolvermos a análise de circuitos série, aplicaremos as ideias para a análise e o projeto de voltímetros e ohmímetros simples. Embora os medidores sejam normalmente abordados em um curso separado, sobre instrumentos ou medições, examinaremos esses circuitos como mera aplicação dos conceitos da análise de circuitos.

Paralelamente, observaremos como os princípios do circuito são usados para explicar o efeito de carga no amperímetro colocado em série com um circuito.

Colocando em Perspectiva

Gustav Robert Kirchhoff

Kirchhoff foi um físico alemão nascido em 12 de março de 1824, em Königsberg, na Prússia. Sua primeira pesquisa foi em condução de eletricidade, o que o levou, em 1845, a apresentar as leis referentes aos circuitos elétricos fechados. As leis de Kirchhoff das correntes e das tensões aplicam-se a todos os circuitos elétricos, sendo, portanto, extremamente importantes para a compreensão do funcionamento de um circuito. Kirchhoff foi o primeiro a comprovar que um impulso elétrico se propaga na velocidade da luz.

Ainda que essas descobertas tenham imortalizado o nome de Kirchhoff na ciência elétrica, ele é mais conhecido pelo seu trabalho em conjunto com R. W. Bunsen, no qual deu importante contribuição para os estudos da espectroscopia, e avançou a pesquisa em radiação de corpo negro.

Kirchhoff faleceu em 17 de outubro de 1887, em Berlim.

5.1 Circuitos Série

Um **circuito elétrico** é a combinação de n fontes e cargas conectadas (não importando de que maneira) que permite o fluxo da carga. O circuito elétrico pode ser simples, composto de uma bateria e uma lâmpada elétrica, ou muito complexo, como os contidos em aparelhos de televisão, fornos micro-ondas e computadores. Não entanto, não importa o quão complicado seja o circuito, ele obedece a regras razoavelmente simples, de maneira previsível. Uma vez compreendidas as regras, pode-se analisar qualquer circuito para determinar seu funcionamento sob diversas condições.

Todos os circuitos elétricos obtêm energia ou da fonte de corrente contínua (DC) ou da fonte de corrente alternada (AC). Em alguns dos próximos capítulos, examinaremos a operação de circuitos alimentados por fontes (DC). Embora os circuitos AC e DC apresentem diferenças fundamentais, os teoremas, leis e regras aprendidos para um também servem para o outro.

No capítulo anterior, o leitor foi apresentado a um circuito DC simples composto de uma única fonte de tensão (como uma bateria química) e uma única fonte de resistência. A representação esquemática desse tipo de circuito simples foi abordada no Capítulo 4 e é mostrada novamente na Figura 5-1.

Apesar de o circuito da Figura 5-1 ser útil para inferir alguns conceitos importantes, pouquíssimos circuitos são simples. Todavia, veremos que até os circuitos DC mais complexos, em geral, podem ser simplificados e representados como o circuito da Figura 5-1.

Começaremos examinando as ligações mais simples, as **ligações série**. Na Figura 5-2, temos dois resistores, R_1 e R_2, ligados a um único ponto. Esse tipo é chamado ligação série.

Diz-se que dois elementos estão em série se estão ligados a um único ponto e se não há outras ligações condutoras de corrente nesse ponto.

Um **circuito série** é construído com a combinação de vários elementos em série, como mostra a Figura 5-3. A corrente deixará o terminal positivo da fonte de tensão, passará através dos resistores e retornará ao seu terminal negativo.

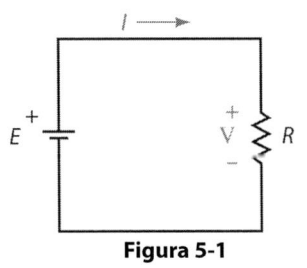

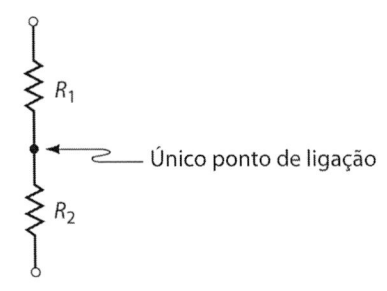

Figura 5-1

Figura 5-2 Resistores em série.

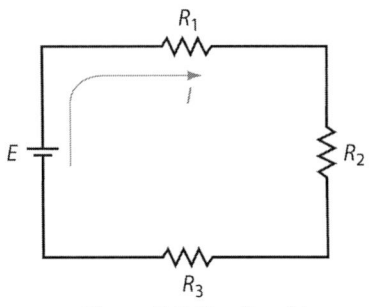

Figura 5-3 Circuito série.

No circuito da Figura 5-3, percebe-se que a fonte de tensão, E, está em série com R_1, R_1 está em série com R_2, e R_2 está em série com E. Ao examinarmos esse circuito, outra característica importante de um circuito série se torna evidente. Em analogia ao fluxo da água em um cano, a corrente de entrada em um elemento deve ser igual à de saída. Como a corrente não sai em nenhuma das ligações, podemos concluir que a seguinte sentença deve ser verdadeira:

A corrente é igual em todos os pontos de um circuito série.

Embora a afirmação pareça evidente por si só, veremos que ela ajudará a explicar muitas das outras características de um circuito série.

VERIFICAÇÃO DO PROCESSO DE APRENDIZAGEM 1

(As respostas encontram-se no final do capítulo.)
Quais são as duas condições que determinam se dois elementos estão ligados em série?

A Convenção da Polaridade da Tensão Revisitada

A convenção dos sinais + e − da Figura 5-4(a) tem um significado mais profundo do que o considerado até agora. *A tensão existe entre dois pontos, e quando colocamos um sinal + em um ponto e um − em outro, significa que estamos olhando para a tensão no ponto assinalado como + em relação ao assinalado como −.* Dessa forma, na Figura 5-4, $V = 6$ volts quer dizer que o ponto a é 6 V positivo em relação ao ponto b. Como a ponta de prova vermelha está no ponto a, e a preta no b, o medidor indicará +6 V.

Agora considere a Figura 5-5(b). [Como referência, a Parte (a) foi reproduzida da Figura 5-4.] Aqui, colocamos o sinal positivo no ponto b, o que significa que o interesse é na tensão em b em relação ao ponto a. Como o ponto b é 6 V negativo em relação ao ponto a, V terá o valor de menos 6 volts, ou seja, $V = -6$ volts. Repare também que o medidor indica −6 volts; como invertemos as pontas de prova, a vermelha está no ponto b e a preta no ponto a. *É importante perceber que a tensão em R não mudou. O que mudou foi a maneira de olharmos para ela e como conectamos o instrumento para medi-la.* Assim, como a tensão em questão é idêntica em ambos os casos, (a) e (b) são representações equivalentes.

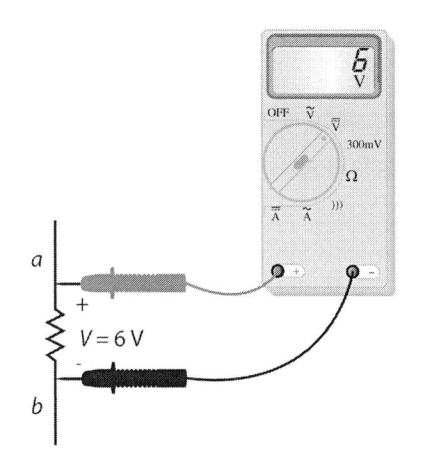

Figura 5-4 A simbologia + e − representa a análise da tensão em um ponto + em relação ao ponto −.

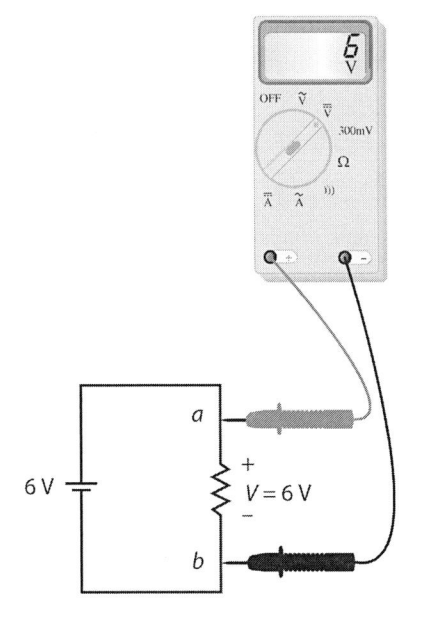

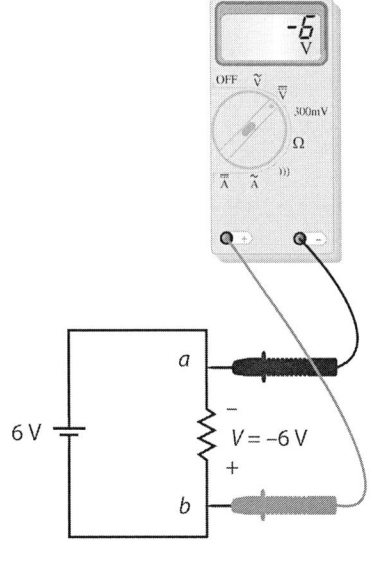

(a) A tensão em a em relação a b é de 6 volts.

(b) A tensão em b em relação ao ponto a é de −6 volts.

Figura 5-5 Duas representações para a mesma tensão.

Exemplo 5-1

Considere a Figura 5-6. Em (a), $I = 3$ A; em (b), $I = -3$ A. Usando a convenção para a polaridade da tensão, determine as tensões nos dois resistores e mostre que elas são idênticas.

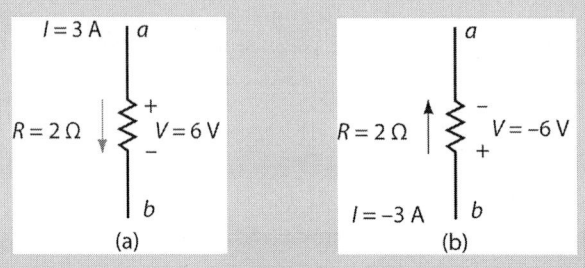

Figura 5-6

Solução: Em cada caso, coloque o sinal de + na cauda da seta que indica a direção da corrente. Em seguida, para (a), observa-se a polaridade de a em relação a b, e obtém-se $V = IR = (3$ A$)(2$ Ω$) = 6$ V, como esperado. Agora considere (b). Os marcadores indicam que o interesse é a polaridade de b em relação a a, sendo $V = IR = (-3$ A$)(2$ Ω$) = -6$ V. Isso significa que o ponto b é 6 V negativo em relação ao ponto a, ou, analogamente, a é 6 V positivo em relação a b. As duas tensões são, portanto, iguais.

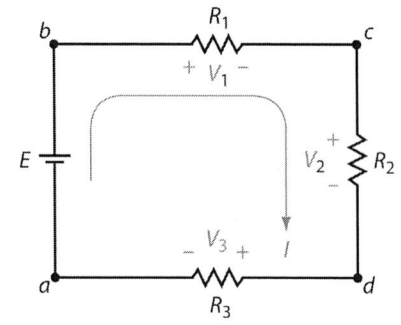

5.2 Lei de Kirchhoff das Tensões

Assim como a lei de Ohm, uma das leis mais importantes em eletricidade é a de Kirchhoff das tensões (KVL)*, que afirma o seguinte:

A soma das elevações e quedas de tensão ao redor de uma malha fechada é igual a zero. Simbolicamente, isso pode ser representado da seguinte forma:

$$\sum V = 0 \quad \text{para uma malha fechada} \tag{5-1}$$

Nessa representação simbólica, o sigma maiúsculo, a letra grega (Σ), designa a soma, e V, a elevação e queda de tensão. Define-se a **malha fechada** como qualquer caminho que surge em um ponto, circula ao redor de um circuito e retorna ao ponto original sem voltar a quaisquer segmentos.

Uma outra maneira de se referir à lei de Kirchhoff das tensões é a seguinte:

A soma das elevações de tensão é igual à soma das quedas de tensão ao redor da malha fechada.

$$\sum E_{\text{elevações}} = \sum E_{\text{quedas}} \quad \text{para uma malha fechada} \tag{5-2}$$

Considerando o circuito da Figura 5-7, podemos começar no ponto a, no canto inferior esquerdo. Seguindo arbitrariamente a direção da corrente, I, passamos pela fonte de tensão, que representa uma elevação no potencial do ponto a para o b. Em seguida, deslocando do ponto b para o c, passamos pelo resistor R_1, que representa a queda de potencial de V_1. Continuando pelos resistores R_2 e R_3, observam-se quedas adicionais de V_2 e V_3, respectivamente. Aplicando a lei de Kirchhoff das tensões ao redor da malha fechada, chegamos à seguinte expressão matemática:

$$E - V_1 - V_2 - V_3 = 0$$

Figura 5-7. Lei de Kirchhoff das tensões.

---

* Neste livro, usaremos a sigla correspondente ao nome em inglês, já que ela é mais difundida. No entanto, também é possível encontrar a sigla LKT. (N.R.T.)

Apesar de escolhermos seguir a direção da corrente na equação da lei de Kirchhoff das tensões, seria igualmente correto percorrer o circuito na direção oposta. Nesse caso, a equação seria a seguinte:

$$V_3 + V_2 + V_1 - E = 0$$

Com uma simples manipulação, é fácil mostrar que as duas equações são idênticas.

Exemplo 5-2

Comprove a lei de Kirchhoff das tensões para o circuito da Figura 5-8.

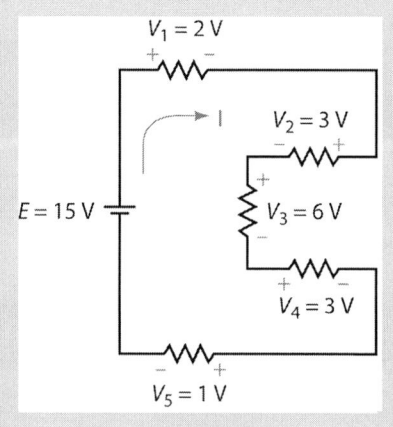

FIGURA 5-8

Solução: Se seguirmos a direção da corrente, representaremos a equação da malha fechada da seguinte forma:

$$15\,V - 2\,V - 3\,V - 6\,V - 3\,V - 1\,V = 0$$

PROBLEMAS PRÁTICOS 1

Comprove a lei de Kirchhoff das tensões para o circuito da Figura 5-9.

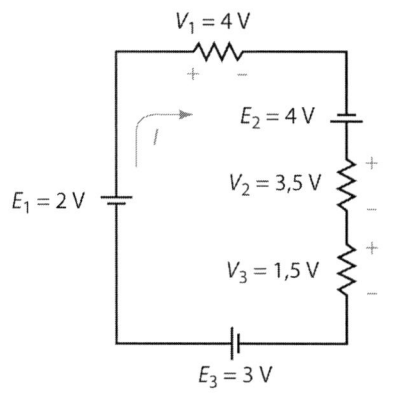

FIGURA 5-9

Respostas

$2\,V - 4\,V + 4\,V - 3,5\,V - 1,5\,V + 3\,V = 0$

VERIFICAÇÃO DO PROCESSO DE APRENDIZAGEM 2

(As respostas encontram-se no final do capítulo.)

Defina a lei das tensões de Kirchhoff.

5.3 Resistores em Série

Quase todos os circuitos complexos podem ser simplificados. Agora examinaremos como simplificar um circuito composto de uma fonte de tensão em série com alguns resistores. Considere o circuito mostrado na Figura 5-10.

Como o circuito é uma malha fechada, a fonte de tensão provocará a corrente I no circuito. Essa corrente, por sua vez, gera a queda de tensão em cada resistor, onde

$$V_x = IR_x$$

Aplicando a lei de Kirchhoff das tensões na malha fechada, obtém-se

$$\begin{aligned} E &= V_1 + V_2 + \ldots + V_n \\ &= IR_1 + IR_2 + \ldots + IR_n \\ &= I(R_1 + R_2 + \ldots + R_n) \end{aligned}$$

Se substituíssemos todos os resistores por uma resistência total equivalente, R_T, o circuito apareceria como mostra a Figura 5-11.

No entanto, aplicando a lei de Ohm no circuito da Figura 5-11, obtém-se:

$$E = IR_T \tag{5-3}$$

Como o circuito da Figura 5-11 é equivalente ao da Figura 5-10, concluímos que isso só pode ocorrer se obtivermos a resistência total de n resistores da seguinte forma:

$$R_T = R_1 + R_2 + \ldots + Rn \quad [\text{ohms}, \Omega] \tag{5-4}$$

Se cada um de n resistores tiver o mesmo valor, a resistência total será determinada como:

$$R_T = n_R \quad [\text{ohms}, \Omega] \tag{5-5}$$

Figura 5-10

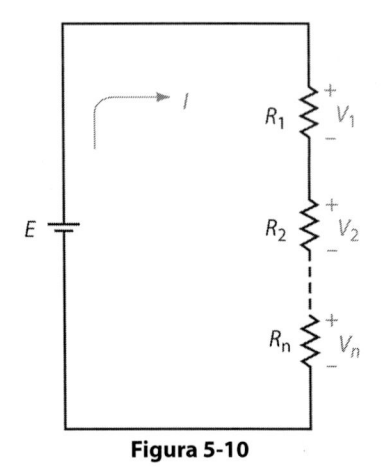

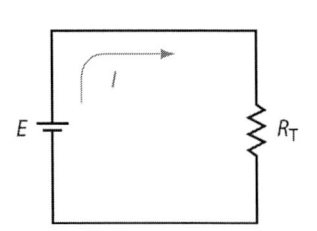

Figura 5-11

Exemplo 5-3

Determine a resistência total para cada uma das redes mostradas na Figura 5-12.

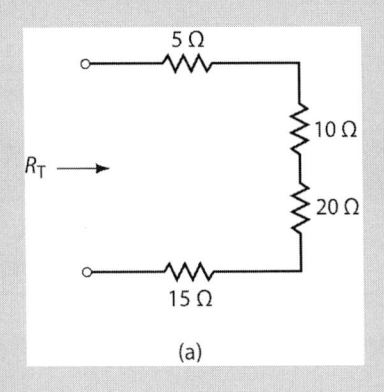

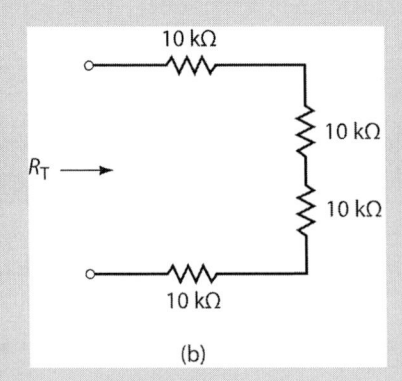

Figura 5-12

Solução:
a. $R_T = 5\,\Omega + 10\,\Omega + 20\,\Omega + 15\,\Omega = 50{,}0\,\Omega$
b. $R_T = 4(10\,\text{k}\Omega) = 40{,}0\,\text{k}\Omega$

Qualquer fonte de tensão ligada aos terminais de uma rede de resistores série fornecerá uma corrente igual a se uma única resistência, tendo o valor de R_T, estivesse ligada entre os terminais abertos. A partir da Lei de Ohm, obtemos

$$I = \frac{E}{R_T} \text{ [amperes, A]} \tag{5-6}$$

Determina-se a potência dissipada por cada resistor das seguintes formas:

$$P_1 = V_1 I = \frac{V_1^2}{R_1} = I^2 R_1 \text{ [watts, W]}$$

$$P_2 = V_2 I = \frac{V_2^2}{R_2} = I^2 R_2 \text{ [watts, W]}$$

$$P_n = V_n I = \frac{V_n^2}{R_n} = I^2 R_n \text{ [watts, W]} \tag{5-7}$$

No Capítulo 4, mostramos que a potência fornecida pela fonte de tensão para o circuito é dada por

$$P_T = EI \text{ [watts, W]} \tag{5-8}$$

Já que a energia deve ser conservada, a potência fornecida pela fonte de tensão é igual à potência total dissipada por todos os resistores. Logo,

$$P_T = P_1 + P_2 + ... + P_n \text{ [watts, W]} \tag{5-9}$$

Exemplo 5-4

Para os circuitos série mostrados na Figura 5-13, encontre o que se pede:

a. A resistência total, R_T.

b. A corrente do circuito, I.

c. A tensão em cada resistor.

d. A potência dissipada por cada resistor.

e. A potência fornecida para o circuito pela fonte de tensão.

f. Comprove que a potência dissipada pelos resistores é igual à potência fornecida pela fonte de tensão para o circuito.

Solução:

a. $R_T = 2\,\Omega + 6\,\Omega + 4\,\Omega = 12{,}0\,\Omega$

b. $I = (24\,\text{V})/(12\,\Omega) = 2{,}00\,\text{A}$

c. $V_1 = (2\,\text{A})(2\,\Omega) = 4{,}00\,\text{V}$

$V_2 = (2\,\text{A})(6\,\Omega) = 12{,}0\,\text{V}$

$V_3 = (2\,\text{A})(4\,\Omega) = 8{,}00\,\text{V}$

d. $P_1 = (2\,\text{A})^2(2\,\Omega) = 8{,}00\,\text{W}$

$P_2 = (2\,\text{A})^2(6\,\Omega) = 24{,}0\,\text{W}$

$P_3 = (2\,\text{A})^2(4\,\Omega) = 16{,}0\,\text{W}$

e. $P_T = (24\,\text{V})(2\,\text{A}) = 48{,}0\,\text{W}$

f. $P_T = 8\,\text{W} + 24\,\text{W} + 16\,\text{W} = 48{,}0\,\text{W}$

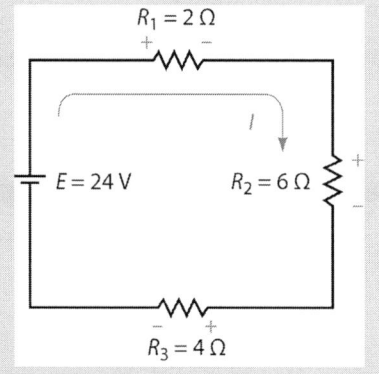

Figura 5-13

PROBLEMAS PRÁTICOS 2

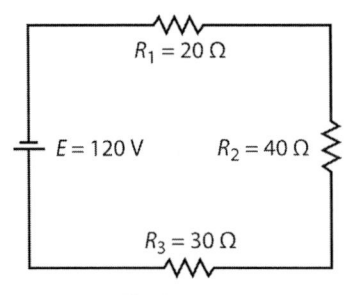

Figura 5-14

Para os circuitos série mostrados na Figura 5-14, encontre o que se pede:

a. A resistência total, R_T.
b. A direção e a magnitude da corrente, I.
c. A polaridade e a magnitude da tensão em cada resistor.
d. A potência dissipada em cada resistor.
e. A potência fornecida pela fonte de tensão para o circuito.
f. Mostre que a potência dissipada é igual à potência fornecida.

Respostas:

a. 90,0 Ω
b. 1,33 A, no sentido anti-horário
c. $V_1 = 26,7$ V, $V_2 = 53,3$ V, $V_3 = 40,0$ V
d. $P_1 = 35,6$ W, $P_2 = 71,1$ W, $P_3 = 53,3$ W
e. $P_T = 160,0$ W
f. $P_1 + P_2 + P_3 = 160,0$ W $= P_T$

VERIFICAÇÃO DO PROCESSO DE APRENDIZAGEM 3

(As respostas encontram-se no final do capítulo.)

Três resistores, R_1, R_2 e R_3, estão em série. Determine o valor de cada resistor se $R_T = 42$ kΩ, $R_2 = 3R_1$, e $R_3 = 2R_2$.

5.4 Fontes de Tensão em Série

Se um circuito tiver mais de uma fonte de tensão em série, elas poderão ser substituídas com eficiência por uma única fonte, cujo valor é a soma ou diferença das fontes individuais. Como elas podem ter diferentes polaridades, é necessário determinar a magnitude e a polaridade resultantes da fonte de tensão equivalente.

Caso as polaridades de todas as fontes de tensão apareçam como elevações de tensão em determinada direção, a fonte resultante será determinada pela simples adição das individuais, como mostra a Figura 5-15.

Se as polaridades das fontes de tensão não resultarem em elevações de tensão na mesma direção, então temos de comparar as elevações em uma direção com as elevações na outra direção. A magnitude da fonte resultante será a soma das elevações em uma direção menos a soma das elevações na direção oposta. A polaridade da fonte de tensão equivalente será igual à polaridade da direção que tiver a maior elevação. Considere as fontes de tensão mostradas na Figura 5-16.

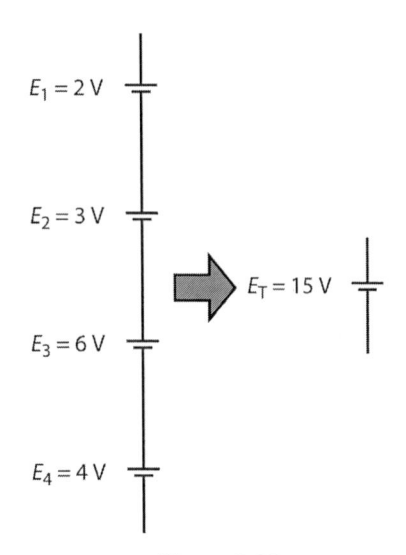

Figura 5-15

Se as elevações em uma direção fossem iguais às no sentido oposto, a fonte de tensão resultante seria igual a zero.

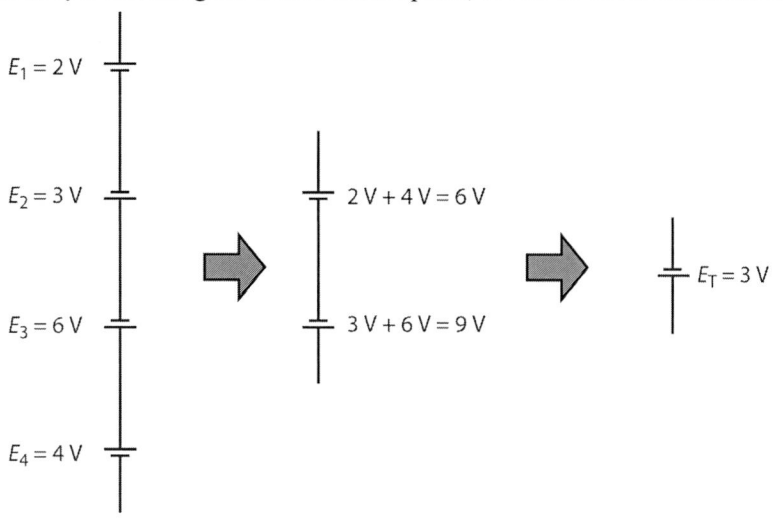

Figura 5-16

VERIFICAÇÃO DO PROCESSO DE APRENDIZAGEM 4

(As respostas encontram-se no final do capítulo.)

Uma típica bateria automotiva de chumbo-ácido é composta de seis células ligadas em série. Se o valor da tensão entre os terminais da bateria é igual a 13,06 V, qual é a tensão média de cada célula dentro da bateria?

5.5 Intercâmbio de Componentes Série

A ordem dos componentes série pode ser modificada sem afetar o funcionamento do circuito.

Os dois circuitos da Figura 5-17 são equivalentes.

Muitas vezes, quando redesenhamos os circuitos, é mais fácil visualizar como eles funcionam. Dessa forma, usaremos regularmente a técnica de intercambiar componentes para simplificar os circuitos antes de analisá-los.

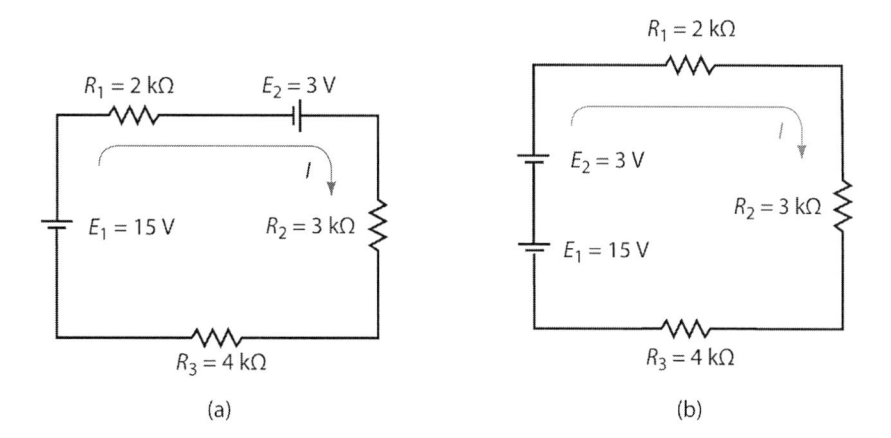

Figura 5-17

Exemplo 5-5

Simplifique o circuito da Figura 5-18 para uma única fonte em série com quatro resistores. Determine a direção e a magnitude da corrente no circuito resultante.

Solução: Podemos redesenhar o circuito realizando os dois passos mostrados na Figura 5-19. É necessário certificar-se de que as fontes de tensão são deslocadas corretamente, uma vez que é bem fácil assinalar a polaridade incorreta. Talvez a maneira mais fácil seja imaginar que deslizamos a fonte de tensão ao redor do circuito para a nova posição.

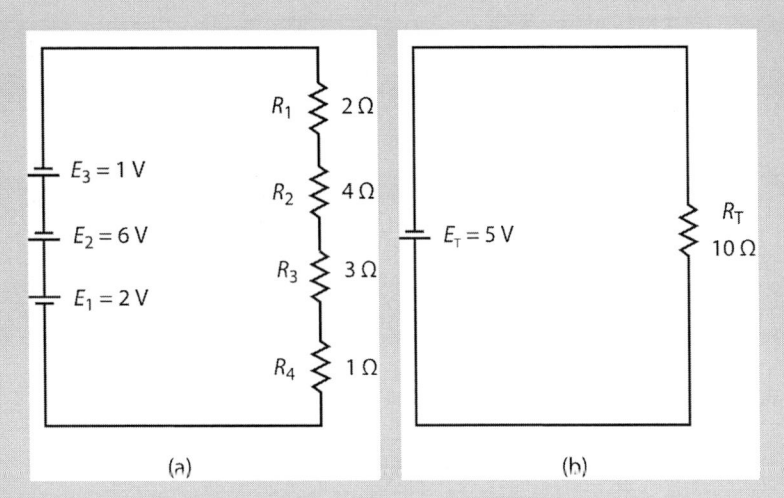

FIGURA 5-18

Figura 5-19

A direção da corrente através do circuito resultante estará no sentido anti-horário ao redor do circuito e terá a magnitude determinada da seguinte forma:

$$I = \frac{E_T}{R_T} = \frac{6\text{ V} + 1\text{ V} - 2\text{ V}}{2\text{ }\Omega + 4\text{ }\Omega + 3\text{ }\Omega + 1\text{ }\Omega} = \frac{5\text{ V}}{10\text{ }\Omega} = 0{,}500\text{ A}$$

Como, na realidade, os circuitos são equivalentes, a direção da corrente determinada na Figura 5-19 representa a direção para a corrente do circuito da Figura 5-18.

5.6 Regra do Divisor de Tensão

A queda de tensão em qualquer resistor série é proporcional à magnitude do resistor. A queda de tensão total em todos os resistores deve ser igual à tensão aplicada na(s) fonte(s) devido à KVL.

Considere o circuito da Figura 5-20.

Vemos que a resistência total $R_T = 10$ kΩ resulta em uma corrente de circuito de $I = 1$ mA. Da lei de Ohm, R_1 tem uma queda de tensão de $V_1 = 2{,}0$ V; enquanto R_2, que é quatro vezes maior do que R_1, tem uma queda de tensão quatro vezes maior, $V_2 = 8{,}0$ V.

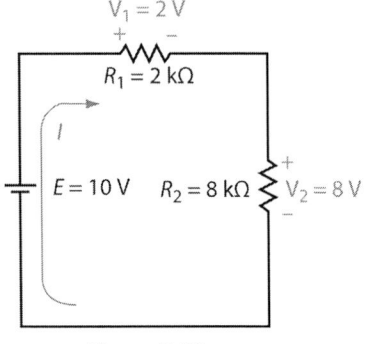

Figura 5-20

Percebemos também que a soma das quedas de tensão nos resistores é exatamente igual à elevação da tensão da fonte, isto é,

$$E = 10\text{ V} = 2\text{ V} + 8\text{ V}$$

A regra do divisor de tensão permite determinar a tensão em qualquer resistência série, em uma única etapa, sem precisar calcular primeiro a corrente. Vimos que a corrente no circuito é determinada pela lei de Ohm para qualquer número de resistores em série como

$$I = \frac{E}{R_T} \text{ [amperes; A]} \tag{5-10}$$

onde os dois resistores na Figura 5-20 resultam em uma resistência total de

$$R_T = R_1 + R_2$$

Aplicando novamente a lei de Ohm, calcula-se a queda de tensão em qualquer resistor no circuito série da seguinte maneira:

$$V_x = IR_x$$

Substituindo a Equação 5-4 na de cima, descrevemos a regra do divisor de tensão para dois resistores com uma equação simples:

$$V_x = \frac{R_x}{R_T} E = \frac{R_x}{R_1 + R_2} E$$

Em geral, para qualquer número de resistores, podemos achar a queda de tensão da seguinte forma:

$$V_x = \frac{R_x}{R_T} E \tag{5-11}$$

Exemplo 5-6

Utilize a regra do divisor de tensão para determinar a tensão em cada resistor do circuito mostrado na Figura 5-21. Mostre que a soma das quedas de tensão é igual à elevação de tensão aplicada no circuito.

Solução:

$$R_T = 6\ \Omega + 12\ \Omega + 7\ \Omega = 25{,}0\ \Omega$$

$$V_1 = \left(\frac{6\ \Omega}{25\ \Omega}\right)(18\text{ V}) = 4{,}32\text{ V}$$

$$V_2 = \left(\frac{12\ \Omega}{25\ \Omega}\right)(18\text{ V}) = 8{,}64\text{ V}$$

$$V_3 = \left(\frac{7\ \Omega}{25\ \Omega}\right)(18\text{ V}) = 5{,}40\text{ V}$$

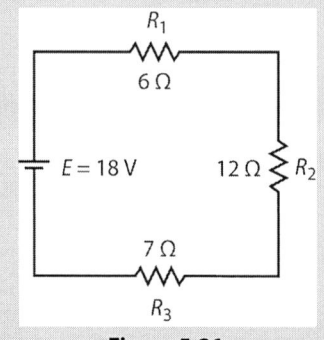

Figura 5-21

A queda de tensão total é a soma das tensões individuais:

$$V_T = 4{,}32\text{ V} + 8{,}64\text{ V} + 5{,}04\text{ V} = 18{,}0\text{ V} = E$$

Exemplo 5-7

Usando a regra do divisor de tensão, determine a tensão em cada um dos resistores do circuito mostrados na Figura 5-22.

Solução:

$$R_T = 2\,\Omega + 1\,000\,000\,\Omega = 1\,000\,002\,\Omega$$

$$V_1 = \left(\frac{2\,\Omega}{1\,000\,002\,\Omega}\right)(20V) \approx 40\,\mu\,V$$

$$V_2 = \left(\frac{1,0\,M\Omega}{1\,000\,002\,M\Omega}\right)(20V) = 19,999\,86\,V$$

$$\approx 20,0\,V$$

Figura 5-22

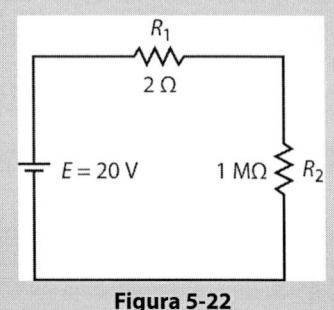

O exemplo anterior ilustra dois pontos importantes que são frequentes em circuitos eletrônicos. Se uma única resistência série é muito elevada em comparação com outras resistências série, a tensão naquele resistor será essencialmente a tensão total aplicada. Por outro lado, se uma resistência é muito pequena em comparação com outras resistências série, a queda de tensão no resistor de valor pequeno será basicamente zero. Como regra geral, se um resistor série tiver um valor mais de 100 vezes maior do que outro resistor série, o efeito do(s) resistor(es) de menor valor pode ser efetivamente negligenciado.

PROBLEMAS PRÁTICOS 3

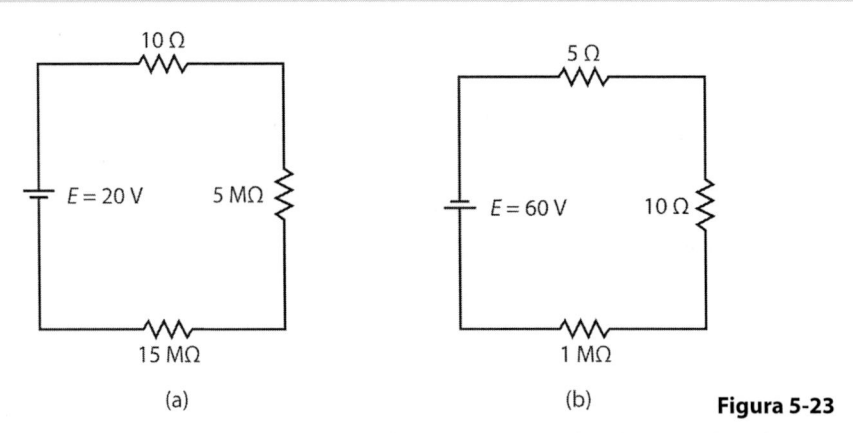

Figura 5-23

Para os circuitos mostrados na Figura 5-23, determine a queda de tensão aproximada em cada resistor, sem utilizar a calculadora. Compare suas aproximações com os valores reais obtidos em calculadora.

Respostas

a. $V_{10}\,\Omega \cong 0$ $V_5\,M\Omega \cong 5,00\,V$ $V_{10}\,M\Omega \cong 15,0\,V$

$V_{10}\,\Omega = 10,0\,\mu V$ $V_5\,M\Omega = 5,00\,V$ $V_{10}\,M\Omega = 15,0\,V$

b. $V_5\,\Omega \cong 0$ $V_{10}\,\Omega \cong 0$ $V_1\,M\Omega \cong 60\,V$

$V_5\,\Omega = 0,300\,mV$ $V_{10}\,\Omega = 0,600\,mV$ $V_1\,M\Omega = 60,0\,V$

VERIFICAÇÃO DO PROCESSO DE APRENDIZAGEM 5

(As respostas encontram-se no final do capítulo.)

Os valores da queda de tensão em três resistores são 10,0 V, 15,0 V e 25,0 V. Se o maior resistor tem 47,0 kΩ, determine o tamanho dos outros dois resistores.

5.7 Circuito Terra

Talvez um dos conceitos menos compreendidos em eletrônica seja o de aterramento. Esse mal-entendido ocasiona uma série de problemas quando os circuitos são montados e analisados. A Figura 5-24(a) mostra o símbolo padrão para o circuito terra, e a Figura 5-24(b) mostra o aterramento no chassi.

Grosso modo, o **aterramento** é simplesmente um "ponto elétrico arbitrário de referência" ou um "ponto comum" em um circuito. O uso do símbolo para o aterramento geralmente permite que o circuito seja esboçado com mais facilidade. Quando o símbolo para o aterramento é usado arbitrariamente para designar um ponto de referência, também é correto refazer o esquema do circuito mostrando todos os pontos de aterramento ligados juntos ou refazê-lo usando um ponto de referência totalmente diferente. Os circuitos mostrados na Figura 5-25 são exatamente equivalentes, embora os das Figuras 5-25(a) e 5-25(c) utilizem pontos de referência diferentes.

Apesar de o símbolo para o aterramento ser usado para designar um ponto de referência comum dentro de um circuito, em geral, para um tecnólogo ou engenheiro, ele significa mais do que isso. É muito comum conectar um chassi de metal de um aplicativo ao circuito terra. Tal conexão é chamada **aterramento do chassi**, e geralmente é especificada como mostra a Figura 5-24(b).

a) Circuito terra ou referência.

(b) Aterramento do chassi.

Figura 5-24

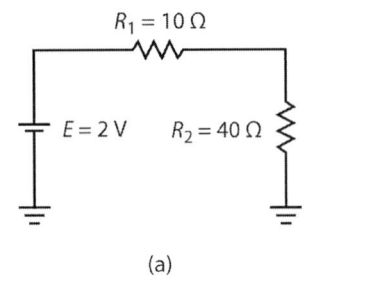

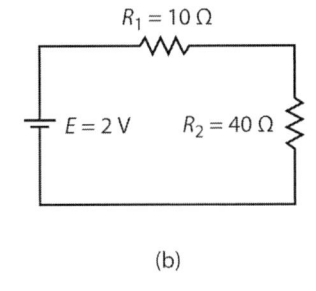

FIGURA 5-25

Para ajudar a prevenir a eletrocussão, o aterramento do chassi em geral é também conectado à **terra** por meio de uma conexão com uma tomada elétrica. Em caso de falha do circuito, o chassi redirecionaria a corrente para a terra (desarmando um disjuntor ou fusível) em vez de apresentar um risco para um operador insuspeito.

Como o nome insinua, o aterramento é uma conexão que está ligada à terra, ou por tubulações de água ou por uma conexão com as hastes de aterramento. Todos conhecem a tomada elétrica comum de 120 V AC, mostrada na Figura 5-26. O terminal arredondado da tomada é sempre o terminal de aterramento, e não só é usado em circuitos AC, mas também pode ser usado para proporcionar um ponto comum para os circuitos DC. Quando um circuito está ligado à terra pelo terminal de aterramento, o símbolo para o aterramento não mais representa uma conexão arbitrária, mas um tipo muito específico de conexão.

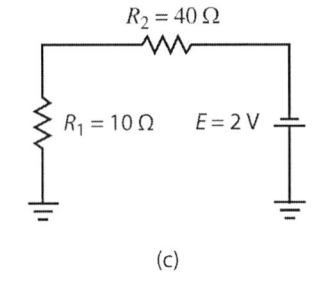

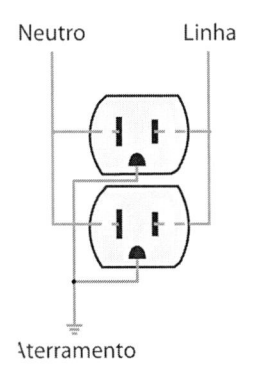

FIGURA 5-26 Conexão terra em uma tomada elétrica AC comum de 120 V.

VERIFICAÇÃO DO PROCESSO DE APRENDIZAGEM 6

(As respostas encontram-se no final do capítulo.)

Se a medida da resistência entre o terminal de aterramento de uma tomada de 120 V AC e o chassi de metal de um forno micro-ondas é igual a zero ohm, o que se pode dizer do chassi do forno?

5.8 Subscritos de Tensão

Subscritos Duplos

Como foi visto, as tensões sempre são expressas como a diferença de potencial entre dois pontos. Em uma bateria de 9 V, há uma elevação de 9 volts em potencial do terminal negativo para o positivo. A corrente através de um resistor resulta em uma queda de tensão nele, de tal modo que o terminal de saída da carga tem um potencial menor do que o de entrada. Agora examinaremos como as tensões em um circuito podem ser facilmente descritas como a tensão entre dois pontos. Quando queremos representar a tensão entre dois pontos (por exemplo, os pontos a e b em um circuito), expressamos tal tensão na forma subscrita (por exemplo, V_{ab}), em que o primeiro termo subscrito é o ponto de interesse e o segundo, o ponto de referência.

Considere o circuito série da Figura 5-27.

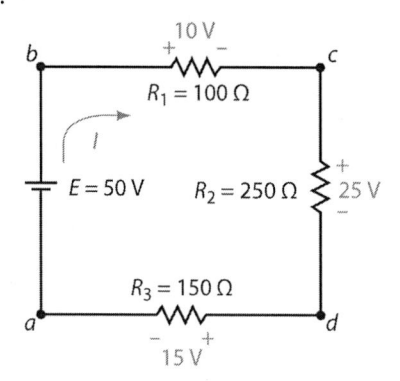

Figura 5-27

Se marcarmos os pontos do circuito a, b, c e d, vemos que o ponto b está em um potencial mais elevado do que o ponto a com valor igual ao da tensão de alimentação. Quantitativamente, podemos escrever: $V_{ba} = +50$ V. Embora o sinal positivo seja redundante, ele é mostrado aqui para indicar que o ponto b tem um potencial mais elevado do que a. Se examinarmos a tensão no ponto a em relação ao ponto b, vemos que a tem um potencial mais baixo do que b. Matematicamente, escreve-se $V_{ab} = -50$ V.

A partir dessas informações, obtém-se o seguinte enunciado geral:

$$V_{ab} = -V_{ba}$$

para dois pontos quaisquer em um circuito.

A corrente através do circuito resulta em quedas de tensão nos resistores, como mostra a Figura 5-27. Se determinarmos as quedas de tensão em todos os resistores e mostrarmos as polaridades corretas, veremos que as relações a seguir também são apropriadas:

$$V_{bc} = +10 \text{ V} \qquad V_{cb} = -10 \text{ V}$$
$$V_{cd} = +25 \text{ V} \qquad V_{dc} = -25 \text{ V}$$
$$V_{da} = +15 \text{ V} \qquad V_{ad} = -15 \text{ V}$$

Se desejarmos determinar a tensão entre quaisquer outros dois pontos no interior do circuito, é só adicionarmos todas as tensões entre dois pontos, considerando as polaridades das tensões. A tensão entre os pontos b e d seria determinada da seguinte maneira:

$$V_{bd} = V_{bc} + V_{cd} = 10 \text{ V} + 25 \text{ V} = +35 \text{ V}$$

De modo semelhante, seria possível determinar a tensão entre os pontos b e a usando as quedas de tensão dos resistores:

$$V_{ba} = V_{bc} + V_{cd} + V_{da} = 10 \text{ V} + 25 \text{ V} + 15 \text{ V} = +50 \text{ V}$$

Observe que o resultado é exatamente igual ao de quando determinamos V_{ba} usando apenas a fonte de tensão. Esse resultado indica que a tensão entre dois pontos não é dependente do caminho escolhido.

Exemplo 5-8

Para o circuito da Figura 5-28, encontre as tensões V_{ac}, V_{ad}, V_{cf} e V_{eb}.

Solução: Primeiro, determinamos que a tensão de alimentação para o circuito é

$$E_T = 3\text{ V} + 4\text{ V} - 2\text{ V} = 5{,}0\text{ V}$$

com uma polaridade que faz que a corrente se desloque em sentido anti-horário no circuito.

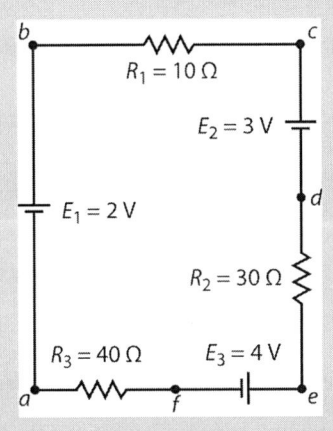

Figura 5-28

Em seguida, determinamos as tensões em todos os resistores usando a regra do divisor de tensão e assinalando as polaridades, com base na direção da corrente.

$$V_1 = \frac{R_1}{R_T} E_T$$

$$= \left(\frac{10\ \Omega}{10\ \Omega + 30\ \Omega + 40\ \Omega}\right)(5{,}0\text{ V}) = 0{,}625\text{ V}$$

$$V_2 = \frac{R_2}{R_T} E_T$$

$$= \left(\frac{30\ \Omega}{10\ \Omega + 30\ \Omega + 40\ \Omega}\right)(5{,}0\text{ V}) = 1{,}875\text{ V}$$

$$V_3 = \frac{R_3}{R_T} E_T$$

$$= \left(\frac{40\ \Omega}{10\ \Omega + 30\ \Omega + 40\ \Omega}\right)(5{,}0\text{ V}) = 2{,}50\text{ V}$$

A Figura 5-29 mostra as tensões que aparecem nos resistores.

Finalmente, calculamos as tensões entre os pontos indicados:

$$V_{ac} = -2{,}0\text{ V} - 0{,}625\text{ V} = -2{,}625\text{ V}$$

$$V_{ad} = -2{,}0\text{ V} - 0{,}625\text{ V} + 3{,}0\text{ V} = +0{,}375\text{ V}$$

$$V_{cf} = +3{,}0\text{ V} - 1{,}875\text{ V} + 4{,}0\text{ V} = +5{,}125\text{ V}$$

$$V_{eb} = +1{,}875\text{ V} - 3{,}0\text{ V} + 0{,}625\text{ V} = -0{,}500\text{ V}$$

Ou, selecionando o caminho oposto, obtém-se

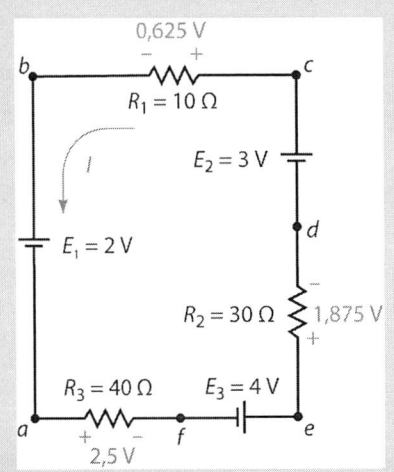

$$V_{eb} = +4{,}0\text{ V} - 2{,}5\text{ V} - 2{,}0\text{ V} = -0{,}500\text{ V}$$

Figura 5-29

NOTAS PRÁTICAS...

Como a maioria dos alunos inicialmente considera difícil determinar a polaridade correta para a tensão entre dois pontos, apresentaremos um método simplificado para determinar corretamente a tensão e a polaridade entre quaisquer dois pontos dentro de um circuito.

1. Determine a corrente do circuito. Calcule a queda de tensão em todos os componentes.

2. Polarize todos os resistores, baseando-se na direção da corrente. Atribui-se um sinal positivo para o terminal de entrada da corrente, enquanto o terminal de saída recebe o sinal negativo.

3. Para determinar a tensão no ponto a em relação ao b, comece no ponto b. Observe a Figura 5-30. Agora imagine que você está andando pelo circuito no ponto a.

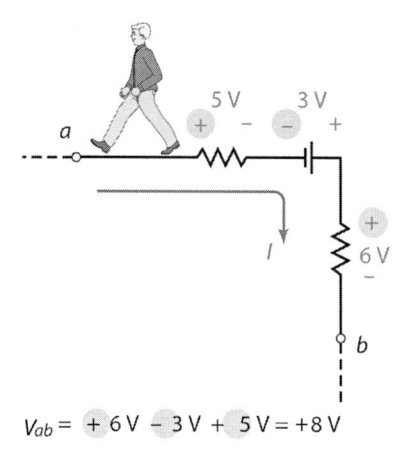

$$V_{ab} = +6V - 3V + 5V = +8V$$

Figura 5-30

4. À medida que for "andando" pelo circuito, adicione as quedas e elevações de tensão quando se aproximar delas. A polaridade atribuída à tensão em qualquer componente (seja ele uma fonte ou um resistor) é positiva se a tensão se elevar quando você "andar" pelo circuito, e negativa se a tensão diminuir quando você passar pelo componente.

5. A tensão resultante, V_{ab}, é a soma numérica de todas as tensões entre a e b.

Para a Figura 5-30, determina-se a tensão V_{ab} da seguinte forma:

$$V_{ab} = 6V - 3V + 5V = 8V$$

PROBLEMAS PRÁTICOS 4

Determine a tensão V_{ab} no circuito da Figura 5-31.

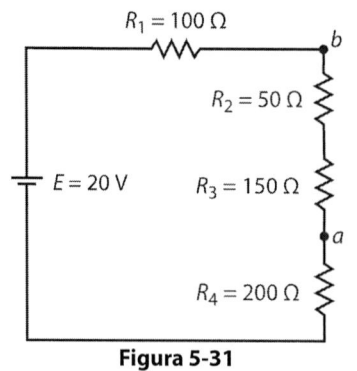

Figura 5-31

Resposta

$V_{ab} = -8,00$ V

Subscritos Únicos

Em um circuito com um ponto de referência (ou ponto de aterramento), a maioria das tensões será expressa em relação ao ponto de referência. Em casos como esse, não é mais necessário expressar a tensão usando um subscrito duplo. Se quisermos expressar a tensão no ponto a em relação ao aterramento, simplesmente a representamos como V_a. Paralelamente, a tensão no ponto b seria representada como V_b. Dessa forma, qualquer tensão que tenha apenas um subscrito está sempre relacionada ao ponto de aterramento do circuito.

Exemplo 5-9

Para o circuito da Figura 5-32, determine as tensões V_a; V_b; V_c e V_d.

Solução: Aplicando a regra do divisor de tensão, determinamos a tensão em cada resistor da seguinte maneira:

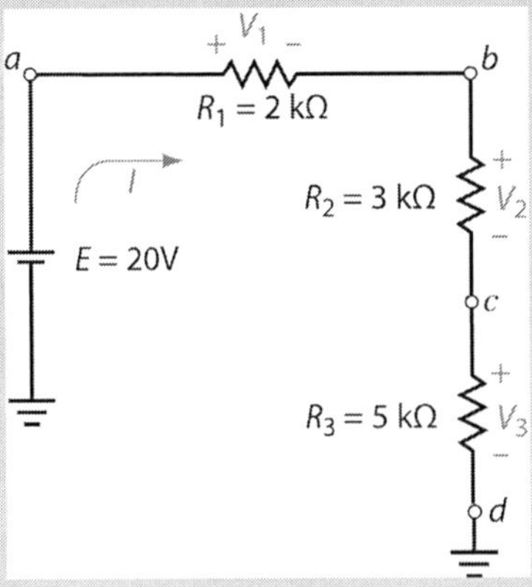

$$V_1 = \frac{2\ k\Omega}{2\ k\Omega + 3\ k\Omega + 5\ k\Omega}(20\ V) = 4,00\ V$$

$$V_2 = \frac{3\ k\Omega}{2\ k\Omega + 3\ k\Omega + 5\ k\Omega}(20\ V) = 6,00\ V$$

$$V_3 = \frac{5\ k\Omega}{2\ k\Omega + 3\ k\Omega + 5\ k\Omega}(20\ V) = 10,00\ V$$

Agora calculamos a tensão em cada um dos pontos:

$V_a = 4\ V + 6\ V + 10\ V = +20\ V = E$

$V_b = 6\ V + 10\ V = 16,0\ V$

$V_c = +10,0\ V$

$V_d = 0\ V$

Figura 5-32

Caso se conheça a tensão em relação ao aterramento em vários pontos do circuito, pode-se determinar com facilidade a tensão entre dois pontos:

$$V_{ab} = V_a - V_b \ [\text{volts, V}] \tag{5-12}$$

Exemplo 5-10

Para o circuito da Figura 5-33, determine as tensões V_{ab} e V_{cb}, dado que $V_a = +5\ V$; $V_b = +3\ V$, e $V_c = -8\ V$.

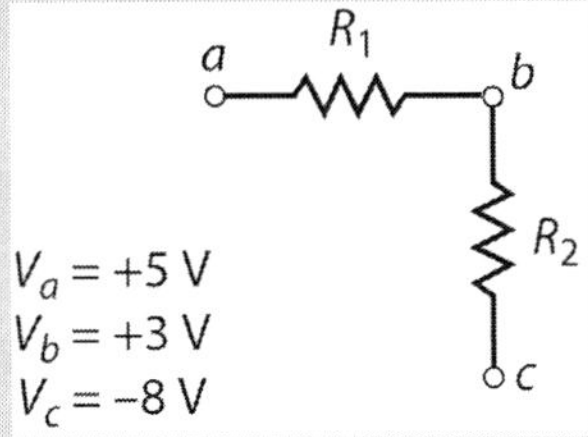

$V_a = +5\ V$
$V_b = +3\ V$
$V_c = -8\ V$

Figura 5-33

Solução:

$V_{ab} = +5\ V - (+3\ V) = +2\ V$

$V_{cb} = -8\ V - (+3\ V) = -11\ V$

Fontes Pontuais

A ideia das tensões relacionadas ao aterramento pode ser facilmente estendida para fontes de tensão. Quando há uma fonte de tensão ligada ao aterramento, ela pode ser simplificada no circuito como uma **fonte pontual**, mostrada na Figura 5-34.

Em geral, as fontes pontuais são usadas para simplificar a representação de circuitos. Deve-se lembrar que, em todos os casos como este, os pontos correspondentes sempre representam tensões em relação ao aterramento (mesmo se o aterramento não for mostrado).

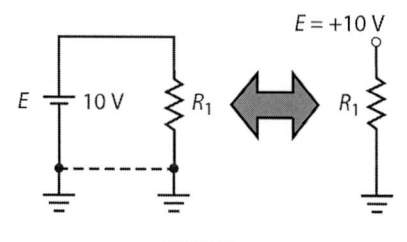

FIGURA 5-34

Exemplo 5-11

Determine a corrente e sua direção no circuito da Figura 5-35.

Solução: O circuito pode ser redesenhado mostrando-se o ponto de referência e convertendo-se as fontes pontuais para uma representação esquemática mais comum.

A Figura 5-36 mostra o circuito resultante.

Figura 5-35

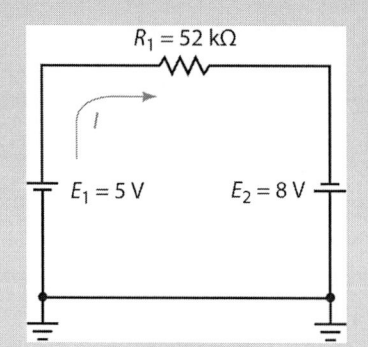

Figura 5-36

Agora fica fácil calcular a corrente no circuito:

$$I = \frac{E_T}{R_1} = \frac{5\text{ V} + 8\text{ V}}{52\text{ k}\Omega} = 0,250\text{ mA}$$

VERIFICAÇÃO DO PROCESSO DE APRENDIZAGEM 7

(As respostas encontram-se no final do capítulo.)

A tensão é medida em três pontos de um circuito, que são $V_a = +5,00$ V; $V_b = -2,50$ V; e $V_c = -5,00$ V. Determine as tensões V_{ab}, V_{ca} e V_{bc}.

5.9 Resistência Interna das Fontes de Tensão

Até agora, trabalhamos somente com as fontes de tensão ideais, que mantêm as tensões constantes, independentemente das cargas conectadas nos terminais. Considere uma típica bateria automotiva de chumbo-ácido, que possui uma tensão aproximada de 12 V. Igualmente, quatro baterias de célula C, quando conectadas em série, possuem uma tensão combinada de 12 V. Por que então não podemos usar quatro baterias de célula C para fazer o carro funcionar? A resposta deve-se em parte ao fato de que a bateria de chumbo-ácido tem uma resistência interna muito menor do que as células C de baixa energia. Na prática, todas as fontes de tensão possuem alguma resistência interna que irá reduzir a sua eficiência. É possível simbolizar esquematicamente uma fonte de tensão como uma fonte ideal em série com uma resistência interna. A Figura 5-37 mostra a fonte de tensão ideal e a fonte de tensão prática ou real.

(a) Fonte de tensão ideal   (b) Fonte de tensão real

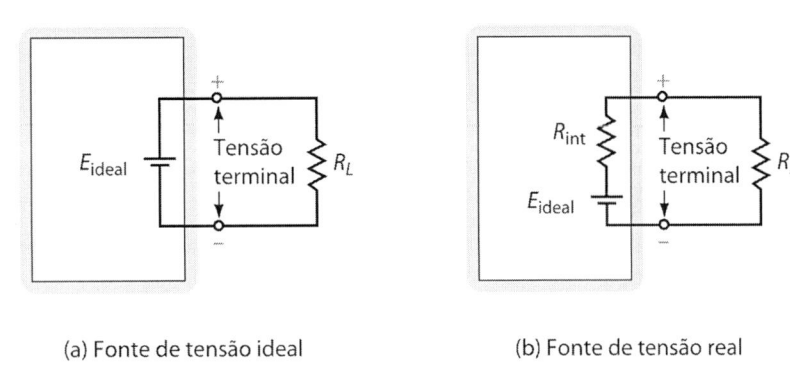

Figura 5-37

A tensão que aparece entre os terminais positivo e negativo é chamada **tensão terminal**. Em uma fonte de tensão ideal, a tensão terminal permanecerá constante independentemente da carga conectada. Uma fonte de tensão ideal será capaz de fornecer a quantidade de corrente necessária ao circuito. No entanto, em uma fonte de tensão real, a tensão terminal depende do valor da carga conectada a uma fonte de tensão. Como era de se esperar, a fonte de tensão real às vezes não é capaz de fornecer a quantidade de corrente exigida pela carga. Mais exatamente, a corrente no circuito é limitada pela combinação da resistência interna e da carga da resistência.

No estado "sem-carga" ($R_L = \infty\ \Omega$), não há corrente no circuito, então a tensão terminal será igual à que aparece na fonte de tensão ideal. Quando os terminais de saída curto-circuitam juntos ($R_L = 0\ \Omega$), a corrente no circuito será máxima e a tensão terminal terá o valor de aproximadamente zero. Em uma situação como essa, a queda de tensão na resistência interna será igual à tensão da fonte ideal.

O exemplo a seguir ajuda a ilustrar esses princípios.

Exemplo 5-12

Duas baterias com uma tensão de 12 V no terminal aberto são usadas para fornecer corrente para o sistema de ignição de um carro que tem a resistência de 0,10 Ω. Se uma das baterias tem uma resistência interna de 0,02 Ω, e a segunda bateria, de 100 Ω, calcule a corrente por meio da carga e a tensão terminal resultante para cada uma das baterias.

Solução: A Figura 5-38 mostra o circuito para cada um das baterias.

$Ri_{nt} = 0{,}02\ \Omega$

$$I = \frac{12\ \text{V}}{0{,}02\ \Omega + 0{,}10\ \Omega} = 100{,}0\ \text{A}$$

$V_{ab} = (100\ \text{A})(0{,}10\ \Omega) = 10{,}0\ \text{V}$

$Ri_{nt} = 100\ \Omega$

$$I = \frac{12\ \text{V}}{100\ \Omega + 0{,}10\ \Omega} = 0{,}120\ \text{A}$$

$V_{ab} = (0{,}120\ \text{A})(0{,}10\ \Omega) = 0{,}0120\ \text{V}$

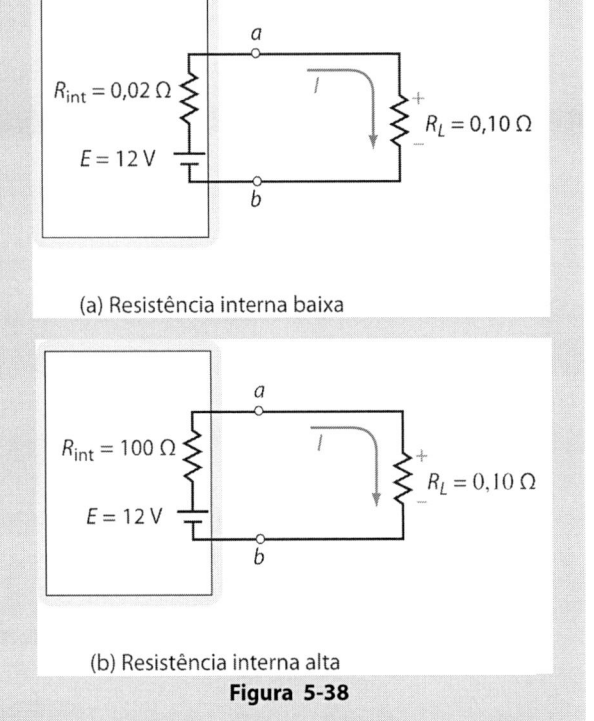

(a) Resistência interna baixa

(b) Resistência interna alta

Figura 5-38

Esse simples exemplo ajuda a ilustrar como uma bateria automotiva de 12 V (que, na verdade, é de 14,4 V) é capaz de iniciar um carro, enquanto oito pilhas de lanterna de 1,5 V conectadas em série terão praticamente nenhum efeito mensurável quando conectadas ao mesmo circuito.

5.10 Efeitos de Carga do Amperímetro

Como você já aprendeu, os amperímetros são instrumentos que medem a corrente em um circuito. Para usar um amperímetro, o circuito deve ser desconectado, e o amperímetro colocado em série com o ramo para o qual a corrente será determinada. Como o amperímetro utiliza a corrente no circuito para possibilitar a leitura, ele afetará o circuito a ser medido. Esse efeito é chamado **carga do medidor**. Todos os instrumentos, independentemente do tipo, carregarão o circuito até certo ponto. Para qualquer medidor, o efeito de carga é definido da seguinte maneira:

$$\text{efeito de carga} = \frac{\text{valor hipotético} - \text{valor medido}}{\text{valor hipotético}} \times 100\% \tag{5-13}$$

Exemplo 5-13

Para o circuito série da Figura 5-39, determine a corrente em cada circuito. Se um amperímetro com a resistência interna de 250 Ω for usado para medir a corrente nos circuitos, determine a corrente através do amperímetro e calcule o efeito de carga para cada circuito.

Figura 5-39

(a) Circuito # 1: $R_1 = 20$ kΩ, $E_1 = 10$ V, I_1

(b) Circuito # 2: $R_2 = 100$ Ω, $E_2 = 50$ mV, I_2

Solução: Circuito número 1: a corrente no circuito é:

$$I_1 = \frac{10 \text{ V}}{20 \text{ k}\Omega} = 0,500 \text{ mA}$$

Conectando o amperímetro ao circuito, como mostra a Figura 5-40(a), a resistência do instrumento irá afetar levemente o funcionamento do circuito.

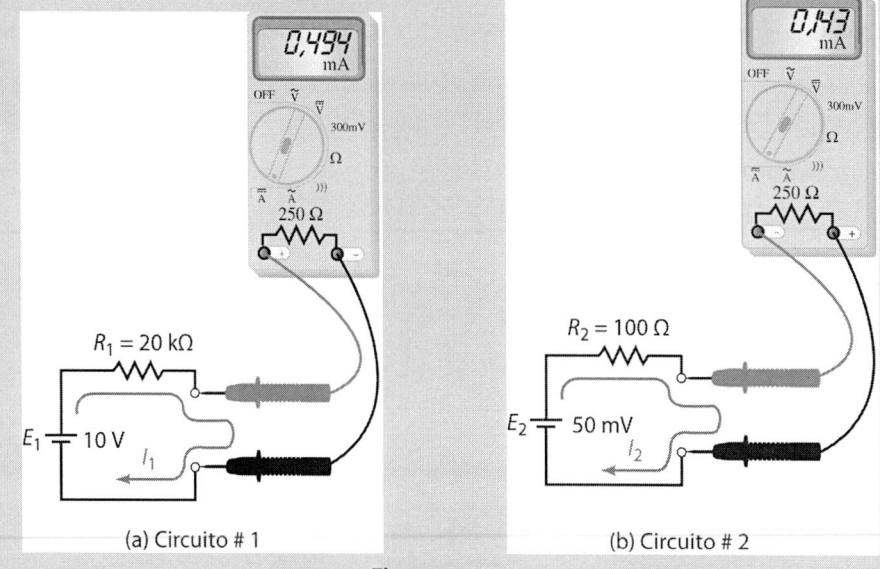

Figura 5-40

(a) Circuito # 1 — leitura 0,494 mA

(b) Circuito # 2 — leitura 0,143 mA

(continua)

Exemplo 5-13 *(continuação)*

A corrente resultante no circuito será reduzida para

$$I_1 = \frac{10 \text{ V}}{20 \text{ k}\Omega + 0,25 \text{ k}\Omega} = 0,494 \text{ mA}$$

Circuito número 1: vemos que, ligando o amperímetro no circuito 1, a resistência do medidor afeta levemente o funcionamento do circuito. Aplicando a Equação 5-16, temos o seguinte efeito de carga:

$$\text{efeito de carga} = \frac{0,500 \text{ mA} - 0,494 \text{ mA}}{0,500 \text{ mA}} \times 100\%$$

$$= 1,23\%$$

Circuito número 2: a corrente no circuito também pode ser encontrada da seguinte forma:

$$I_2 = \frac{50 \text{ mV}}{100 \text{ }\Omega} = 0,500 \text{ mA}$$

Conectando o amperímetro ao circuito, como mostra a Figura 5-40(b), a resistência do instrumento afetará significativamente o funcionamento do circuito. A corrente resultante do circuito será reduzida a

$$I_2 = \frac{50 \text{ mV}}{100 \text{ }\Omega + 250 \text{ }\Omega} = 0,143 \text{ mA}$$

Vemos que, ao ligarmos o amperímetro no circuito 2, a resistência do medidor irá, por outro lado, carregar o circuito. O efeito de carga será

$$\text{efeito de carga} = \frac{0,500 \text{ mA} - 0,143 \text{ mA}}{0,500 \text{ mA}} \times 100\%$$

$$= 71,4\%$$

Os resultados desse exemplo indicam que um amperímetro, cuja resistência, em geral, é razoavelmente baixa, não carregará de forma significativa um circuito com alguns milhares de ohms. No entanto, se o mesmo medidor for usado para medir a corrente em um circuito cujos valores de resistência são baixos, o efeito de carga será substancial.

5.11 Análise de Circuitos Usando Computador

Agora examinaremos como o Multisim e o PSpice são utilizados para determinar a tensão e a corrente em circuitos série. Embora os métodos sejam diferentes, veremos que os resultados são equivalentes nos dois pacotes de software.

Multisim

O exemplo a seguir será baseado nos conhecimentos adquiridos nos capítulos anteriores. Exatamente como no laboratório, o leitor medirá a tensão ligando os voltímetros no(s) componente(s) a ser(em) testado(s). É possível medir a corrente colocando um amperímetro em série com o(s) componente(s).

Exemplo 5-14

Use o Multisim para calcular a corrente do circuito e a tensão em cada um dos resistores na Figura 5-41.

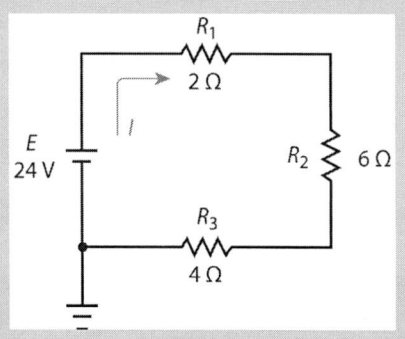

Figura 5-41

Solução: Abra o Multisim e construa esse circuito. Se necessário, reveja os passos descritos no capítulo anterior. Lembre-se de que o seu circuito precisará ter um circuito terra – que pode ser encontrado clicando no botão "Power Source Family". Quando o circuito estiver parecido com o apresentado na Figura 5-41, insira os amperímetros e os voltímetros no circuito, como mostra a Figura 5-42.

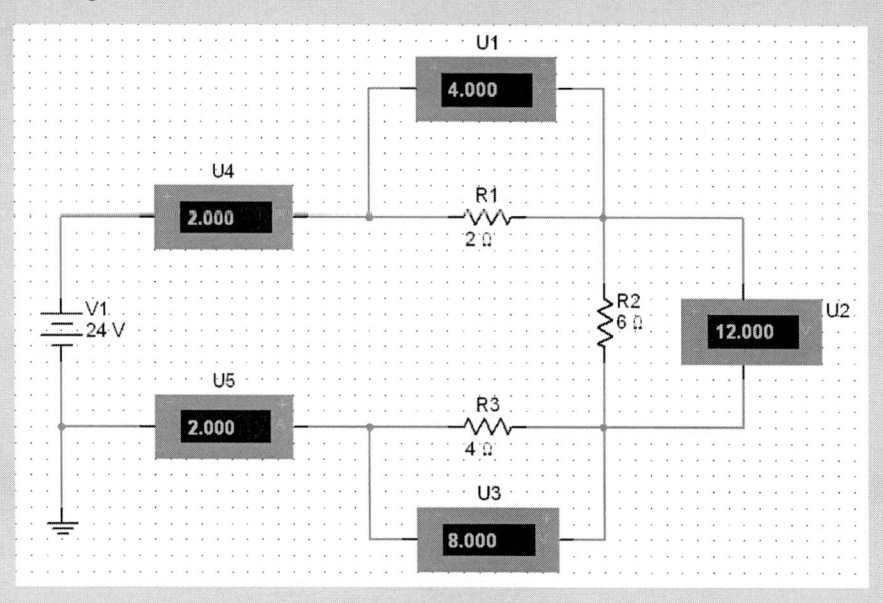

Figura 5-42

Observe que um amperímetro extra é ligado ao circuito. A única razão para isso é mostrar que a corrente é igual em qualquer ponto de um circuito série.

Uma vez inseridos todos os amperímetros e voltímetros com as polaridades corretas, você deve executar o simulador, movendo a chave alternada para a posição ON. Os indicadores devem mostrar leituras iguais aos valores da Figura 5-42. Se qualquer um dos valores indicados pelos medidores for negativo, será necessário desconectar o(s) medidor(es) e inverter os terminais usando a função Ctr+IR.

Embora esse exemplo seja muito simples, ele ilustra alguns pontos muito importantes que o leitor achará úteis quando estiver simulando a operação de um circuito.

1. Todos os voltímetros estão conectados nos componentes nos quais estamos tentando medir a queda de tensão.

2. Todos os amperímetros estão ligados em série com os componentes em que estamos tentando achar a corrente.

3. O símbolo para o aterramento (ou ponto de referência) é exigido por todos os circuitos simulados pelo Multisim.

PSpice

Embora o PSpice apresente algumas diferenças em relação ao Multisim, há também muitas semelhanças. O exemplo a seguir mostra como usar o PSpice para analisar o circuito anterior. Se necessário, consulte o Apêndice A para achar os marcadores Voltage Level (que indica a tensão em relação ao aterramento) e Current Into Pin.

Exemplo 5-15

Utilize o PSpice para calcular a corrente do circuito e a tensão em cada um dos resistores da Figura 5-41.

Solução: Esse exemplo cobre alguns dos passos mais importantes que o leitor precisará seguir. Para mais detalhes, consulte o Apêndice A e o exemplo do PSpice no Capítulo 4.

- Abra o software CIS Demo.
- Quando estiver na janela Capture, no menu, clique em File, selecione New e clique em Project.
- Na caixa New Project, digite **Cap. 5 PSpice 1** na caixa de texto Name. Certifique-se de que o Analog ou Mixed-Signal Circuit Wizard está ativado.
- Será necessário adicionar bibliotecas ao projeto. Selecione as bibliotecas breakout.olb e eval.ob. Para finalizar, clique em Finish.
- Nessa altura, o leitor deve estar na página do editor de esquemáticos. Clique em qualquer local para ativar a página. Monte o circuito como mostra a Figura 5-43. Lembre-se de rotacionar os componentes para estabelecer a distribuição correta dos nós. Modifique os valores dos componentes como desejado.
- Clique no ícone New Simulation Profile e digite um nome (por exemplo, **Figura 5-43**) na caixa de texto Name. Será necessário inserir as configurações adequadas para esse projeto na caixa Simulation Setting. Clique na guia Analysis, e selecione Bias Point da lista Analysis type. Clique em OK e salve o documento.

Figura 5-43

- Clique no ícone Run. Você verá uma tela A/D Demo. Quando fechar essa janela, verá as tensões de polaridade e correntes. Desses resultados, temos o seguinte:

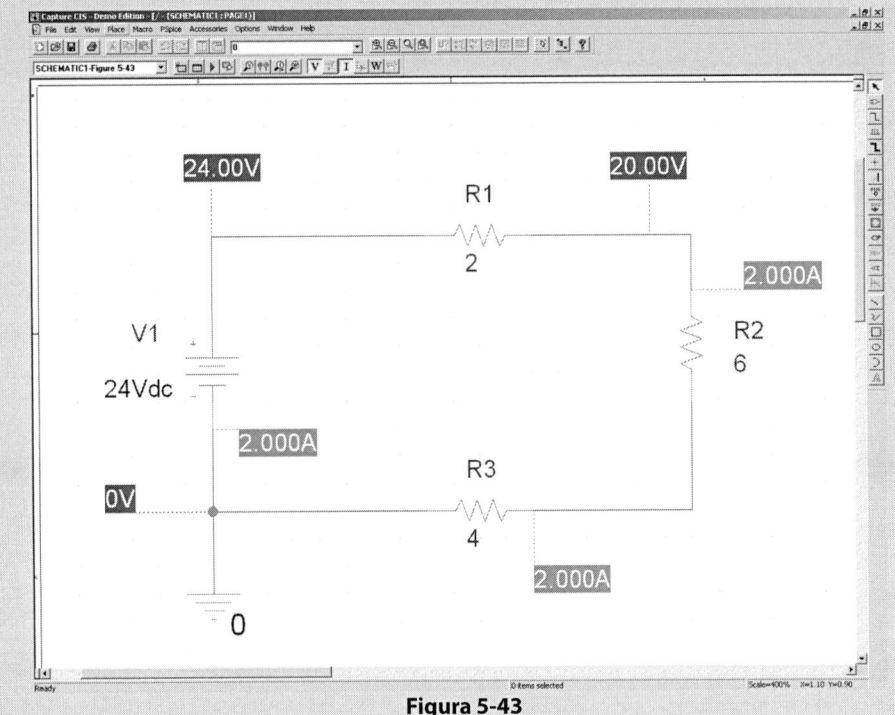

$V_1 = 24\text{ V} - 20\text{ V} = 4\text{ V}$

$V_2 = 20\text{ V} - 8\text{V} = 12\text{ V}$

$V_3 = 8\text{ V}$

Para a tensão de alimentação de 24 V, o valor da corrente é 2,00 A. Claramente, esses resultados condizem com as estimativas e os resultados obtidos com o uso do Electronics Workbench.

- Salve o projeto e saia do PSpice.

COLOCANDO EM PRÁTICA

Você faz parte de uma equipe de pesquisa de um departamento de medição elétrica de uma usina de processamento químico. Como parte de seu trabalho, você mede regularmente tensões compreendidas entre 200 V e 600 V. O único voltímetro à sua disposição apresenta a faixa de tensão de 20 V, 50 V e 100 V. É óbvio que você não pode usar o voltímetro com segurança para medir as tensões previstas. No entanto, você se recorda, do curso de elétrica, que é possível usar a rede do divisor de tensão para intencionalmente reduzir as tensões. Para manter os níveis de corrente em uma margem segura de valores, você decide usar resistores na faixa de mega-ohm. Sem modificar o sistema interno de circuitos do voltímetro, mostre como se pode usar resistores com grande valor para mudar a faixa de 100 V do voltímetro para que ele tenha efetivamente um valor máximo de 1.000 V. (É claro que você tomaria mais precauções quando estivesse medindo as tensões.) Mostre o esquema do projeto, incluindo a localização do voltímetro.

PROBLEMAS

5.1 Circuitos Série

1. Os voltímetros da Figura 5-44 têm autopolaridade. Determine a leitura de cada instrumento, fornecendo a magnitude e o sinal corretos.

2. Os voltímetros da Figura 5-45 têm autopolaridade. Determine a leitura de cada instrumento, fornecendo a magnitude e o sinal corretos.

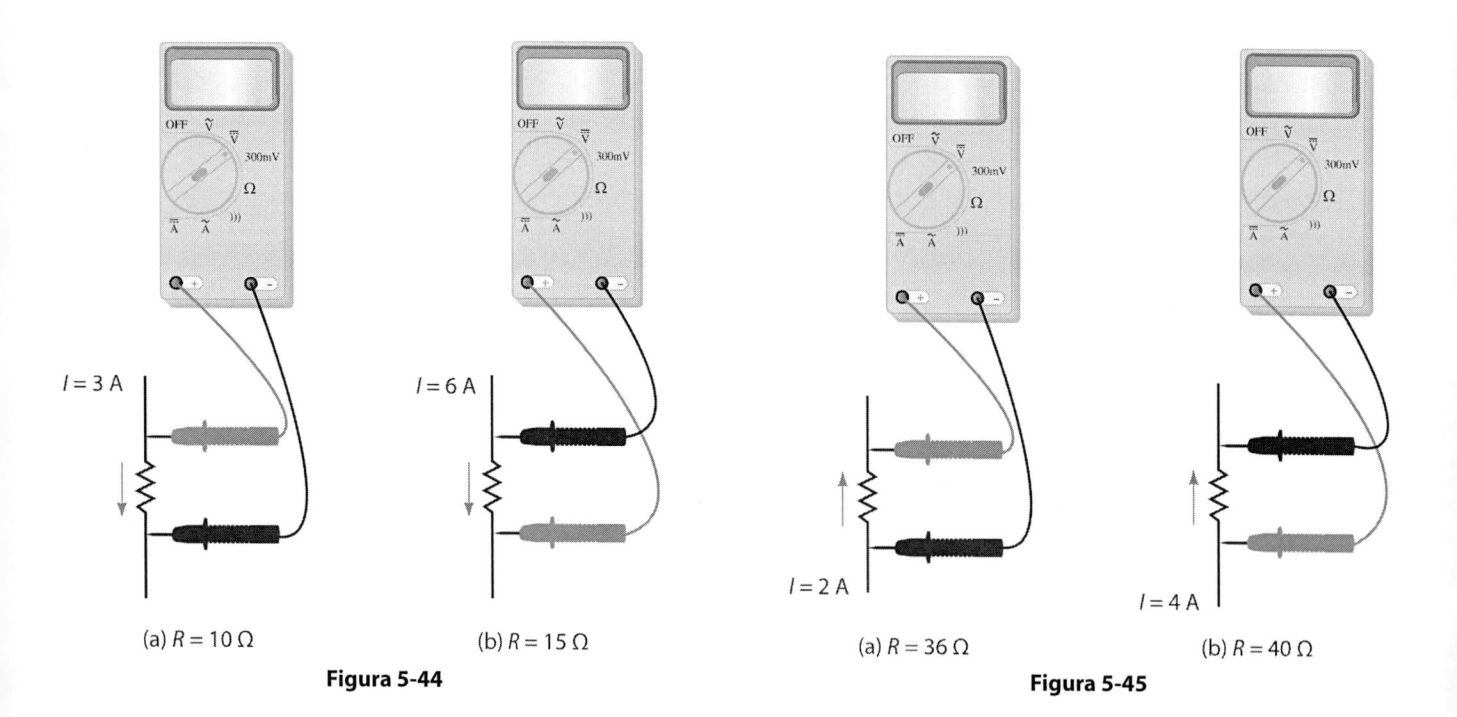

Figura 5-44
(a) $R = 10\,\Omega$, $I = 3$ A
(b) $R = 15\,\Omega$, $I = 6$ A

Figura 5-45
(a) $R = 36\,\Omega$, $I = 2$ A
(b) $R = 40\,\Omega$, $I = 4$ A

3. Todos os resistores da Figura 5-46 são de 15 Ω. Para cada caso, determine a magnitude e polaridade da tensão V.

4. Os amperímetros da Figura 5-47 têm autopolaridade. Determine suas leituras, fornecendo a magnitude e o sinal corretos.

(a) $I = 3$ A

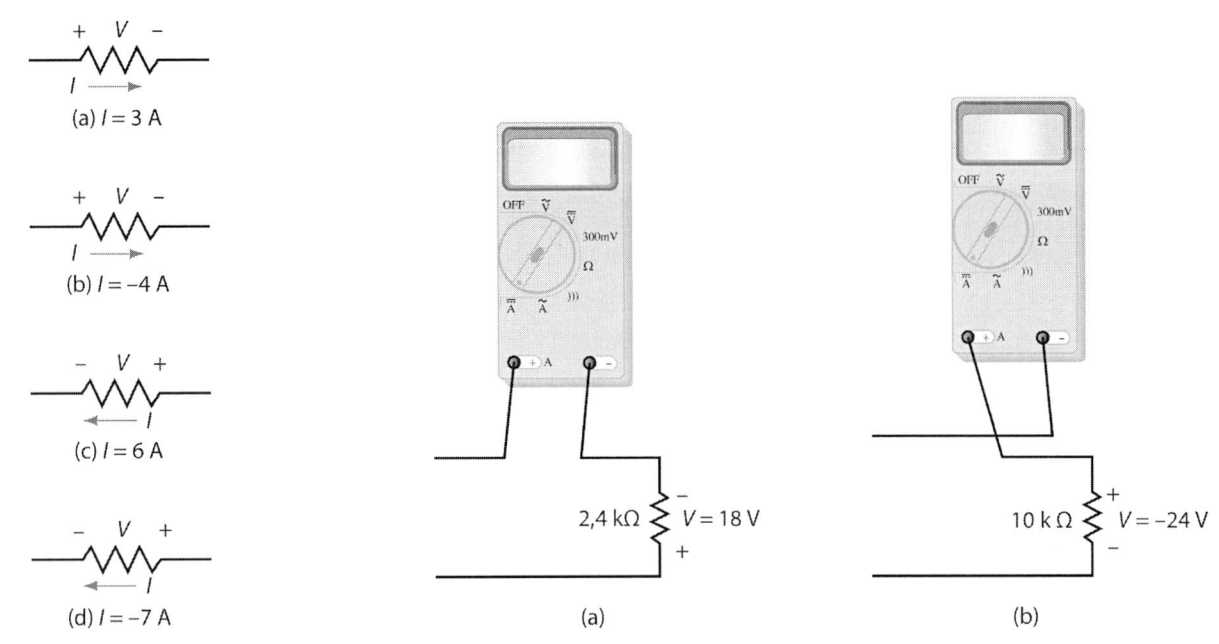

(b) $I = -4$ A

(c) $I = 6$ A

(d) $I = -7$ A

Figura 5-46 Todos os resistores possuem o valor de 15 Ω.

(a) 2,4 kΩ $V = 18$ V

(b) 10 kΩ $V = -24$ V

Figura 5-47

5.2 Lei de Kirchhoff das Tensões

5. Determine as tensões desconhecidas nas redes da Figura 5-48.

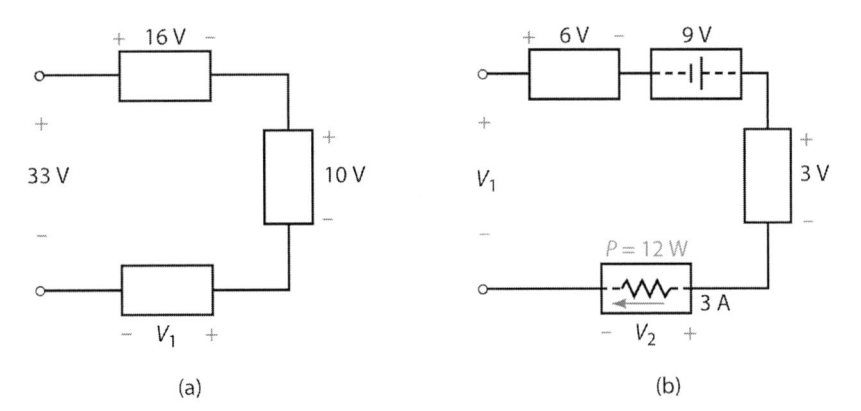

(a) 16 V, 33 V, 10 V, V_1

(b) 6 V, 9 V, V_1, 3 V, $P = 12$ W, 3 A, V_2

Figura 5-48

6. Determine as tensões desconhecidas nas redes da Figura 5-49.

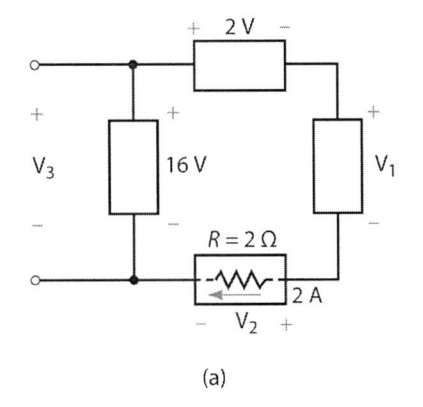

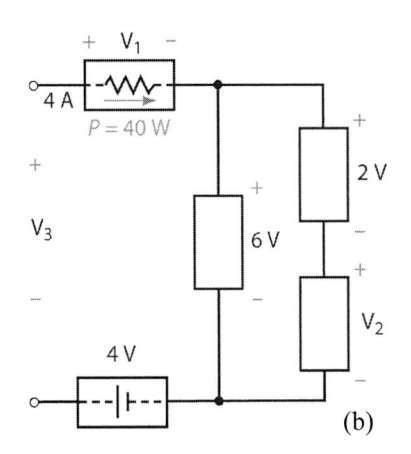

(a) 2 V, V_3, 16 V, V_1, $R = 2$ Ω, 2 A, V_2

(b) V_1, 4 A, $P = 40$ W, V_3, 2 V, 6 V, V_2, 4 V

Figura 5-49

7. Calcule as tensões desconhecidas no circuito da Figura 5-50.
8. Calcule as tensões desconhecidas no circuito da Figura 5-51.

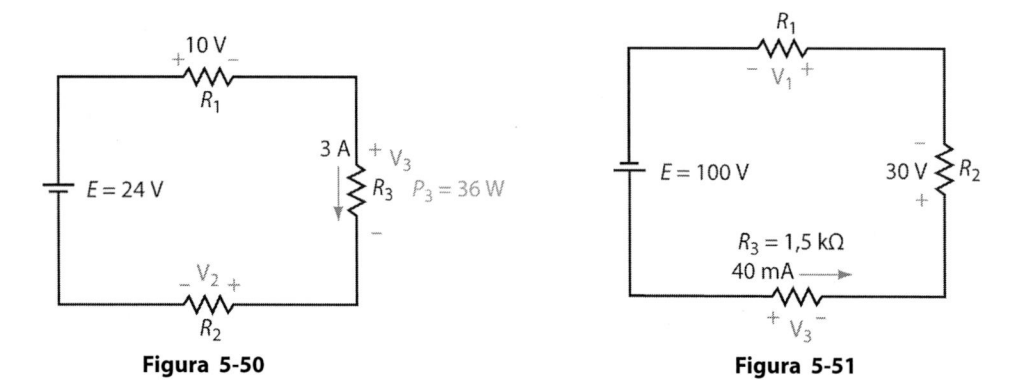

Figura 5-50

Figura 5-51

5.3 Resistores em Série

9. Determine a resistência total das redes mostradas na Figura 5-52.

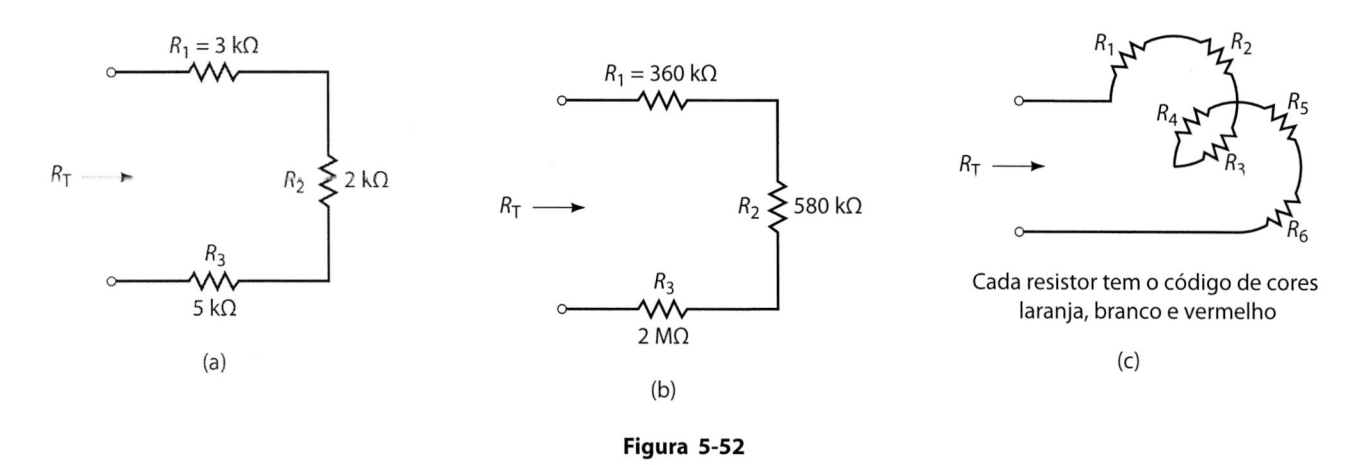

(a) $R_1 = 3\ k\Omega$, $R_2 = 2\ k\Omega$, $R_3 = 5\ k\Omega$

(b) $R_1 = 360\ k\Omega$, $R_2 = 580\ k\Omega$, $R_3 = 2\ M\Omega$

(c) Cada resistor tem o código de cores laranja, branco e vermelho

Figura 5-52

10. Determine a resistência desconhecida em cada um das redes na Figura 5-53.

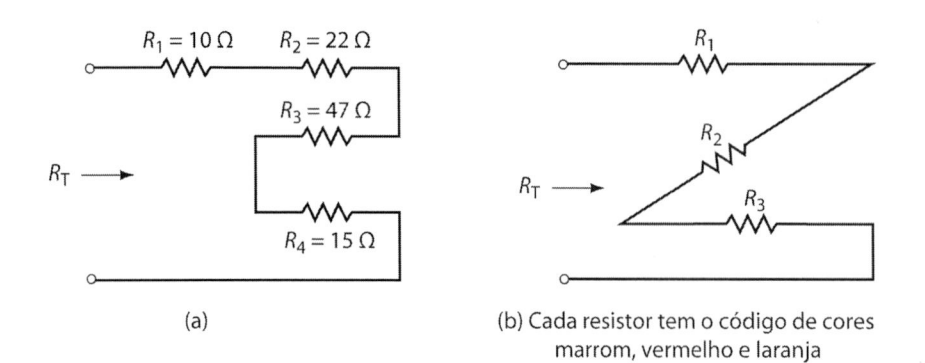

(a) $R_1 = 10\ \Omega$, $R_2 = 22\ \Omega$, $R_3 = 47\ \Omega$, $R_4 = 15\ \Omega$

(b) Cada resistor tem o código de cores marrom, vermelho e laranja

(c) $R_1 = 2R_2$, $R_T = 36\ \Omega$, $R_3 = 3R_1$

Figura 5-53

11. Para os circuitos mostrados na Figura 5-54, determine a resistência total, R_T, e a corrente, I.

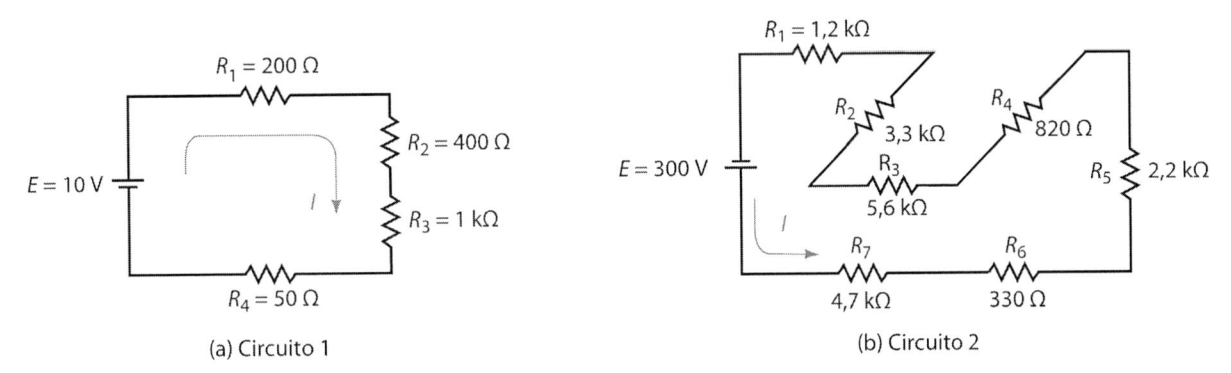

(a) Circuito 1: $E = 10$ V, $R_1 = 200\ \Omega$, $R_2 = 400\ \Omega$, $R_3 = 1$ kΩ, $R_4 = 50\ \Omega$

(b) Circuito 2: $E = 300$ V, $R_1 = 1{,}2$ kΩ, $R_2 = 3{,}3$ kΩ, $R_3 = 5{,}6$ kΩ, $R_4 = 820\ \Omega$, $R_5 = 2{,}2$ kΩ, $R_6 = 330\ \Omega$, $R_7 = 4{,}7$ kΩ

Figura 5-54

12. Os circuitos da Figura 5-55 têm a resistência total, R_T, como mostrado. Para cada um dos circuitos, encontre:

   a. a magnitude da corrente no circuito;

   b. a potência total fornecida pela fonte de tensão;

   c. a direção da corrente através de cada resistor do circuito;

   d. o valor da resistência desconhecida, R;

   e. a queda de tensão em cada resistor;

   f. a potência dissipada por cada resistor. Comprove que a soma das potências dissipadas pelos resistores é igual à potência fornecida pela fonte de tensão.

(a) Circuito 1: $E = 90$ V, $R_T = 12$ kΩ, resistores de 1 kΩ, 4 kΩ, 3 kΩ e R.

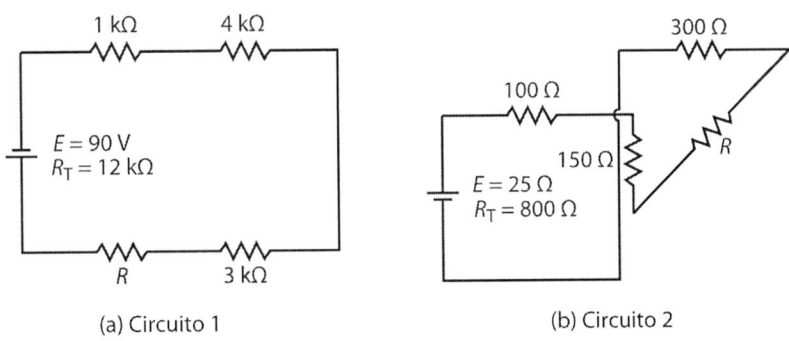

(b) Circuito 2: $E = 25$ Ω, $R_T = 800\ \Omega$, resistores de 100 Ω, 150 Ω, 300 Ω e R.

Figura 5-55

13. Para o circuito da Figura 5-56, encontre os valores para as seguintes magnitudes:

   a. A corrente do circuito.

   b. A resistência total do circuito.

   c. O valor da resistência desconhecida, R.

   d. A queda de tensão em todos os resistores no circuito.

   e. A potência dissipada por todos os resistores.

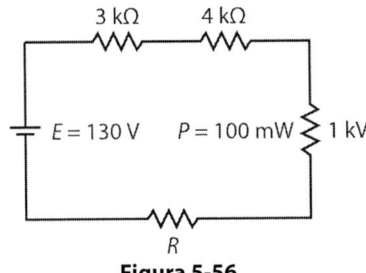

Figura 5-56: $E = 130$ V, $P = 100$ mW, resistores de 3 kΩ, 4 kΩ, 1 kV e R.

Figura 5-56

14. O circuito da Figura 5-57 tem uma corrente de 2,5 mA. Encontre os valores das seguintes magnitudes:

   a. A resistência total do circuito.

   b. O valor da resistência desconhecida, R_2.

   c. A queda de tensão em todos os resistores no circuito.

   d. A potência dissipada por cada resistor do circuito.

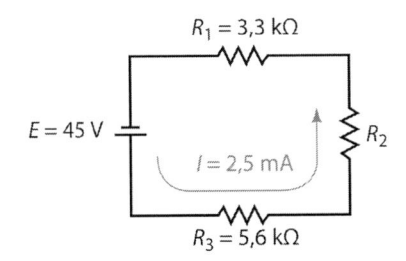

Figura 5-57: $E = 45$ V, $I = 2{,}5$ mA, $R_1 = 3{,}3$ kΩ, R_2, $R_3 = 5{,}6$ kΩ.

Figura 5-57

15. Para o circuito da Figura 5-58, encontre os valores para as seguintes magnitudes:

   a. A corrente, I.

   b. A queda de tensão em cada resistor.

   c. A tensão nos terminais abertos a e b.

16. Observe o circuito da Figura 5-59:

   a. Use a lei de Kirchhoff das tensões para achar as quedas de tensão em R_2 e R_3.

   b. Determine a magnitude da corrente, I.

   c. Calcule a resistência desconhecida, R_1.

17. Repita o Problema 16 para o circuito da Figura 5-60.

18. Observe o circuito da Figura 5-61.

   a. Encontre R_T.

   b. Calcule a corrente, I.

   c. Determine a queda de tensão em cada resistor.

   d. Comprove a lei de Kirchhoff das tensões na malha fechada.

   e. Encontre a potência dissipada por cada resistor.

   f. Determine a classificação mínima de potência de cada resistor se os resistores estiverem disponíveis com as seguintes classificações de potência: 1/8 W, 1/4 W, 1/2 W, 1 W e 2 W.

   g. Mostre que a potência fornecida pela fonte de tensão é igual à soma das potências dissipadas pelos resistores.

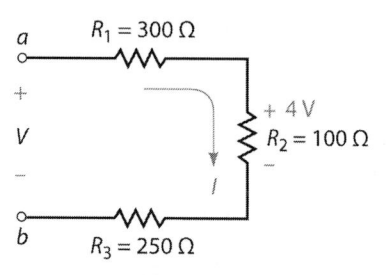

Figura 5-58

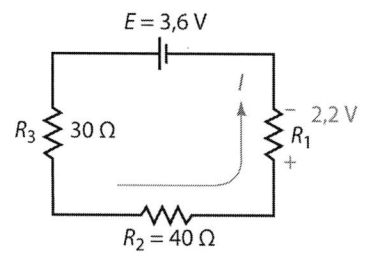

Figura 5-59

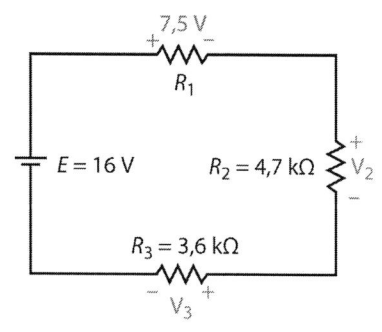

Figura 5-60

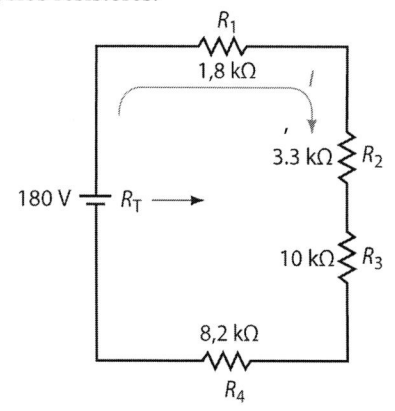

Figura 5-61

19. Repita o Problema 18 para o circuito da Figura 5-62.

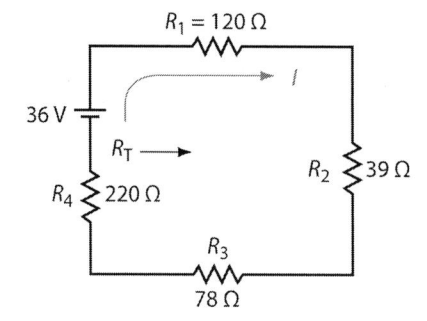

Figura 5-62

20. Observe o circuito da Figura 5-63.

   a. Calcule a tensão em cada resistor.

   b. Determine os valores dos resistores R_1 e R_2.

   c. Calcule a potência dissipada em cada um dos resistores.

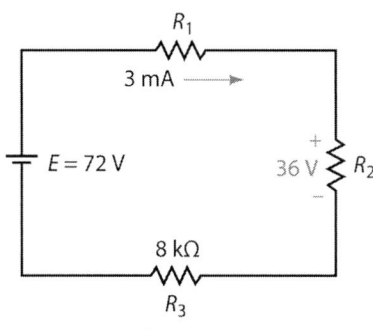

Figura 5-63

5.5 Intercâmbio de Componentes Série

21. Desenhe novamente os circuitos da Figura 5-64, mostrando uma única fonte de tensão para cada circuito. Calcule a corrente em cada circuito.

(a) Circuito 1

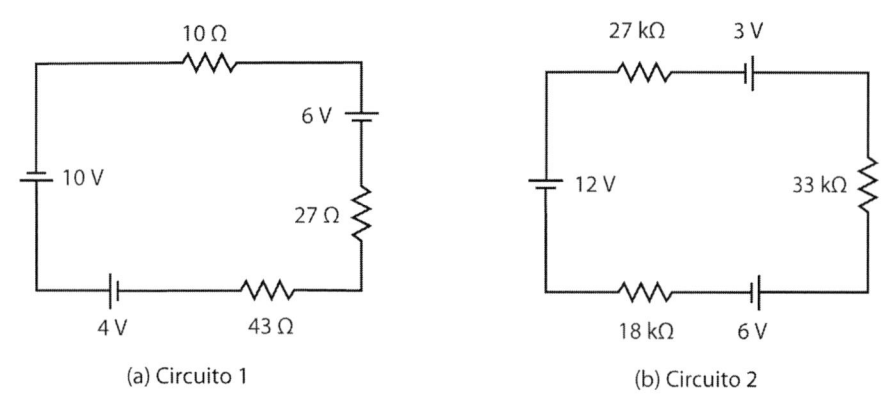

(b) Circuito 2

Figura 5-64

22. Utilize as informações disponíveis para determinar a polaridade e magnitude da fonte de tensão desconhecida em cada um dos circuitos da Figura 5-65.

(a)

(b)

(c)

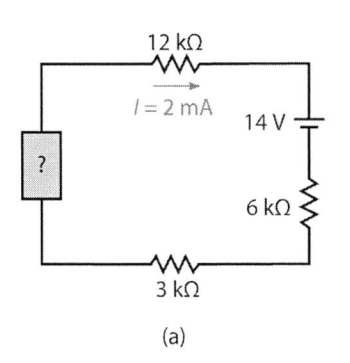

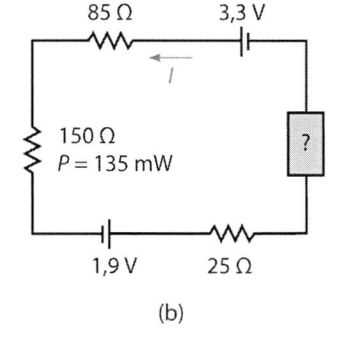

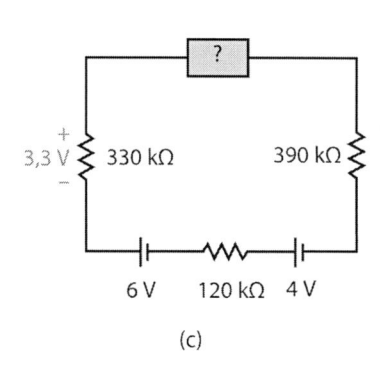

Figura 5-65

5.6 Regra do Divisor de Tensão

23. Utilize a regra do divisor de tensão em cada resistor dos circuitos da Figura 5-66. Use os resultados para comprovar a lei de Kirchhoff das tensões para cada circuito.

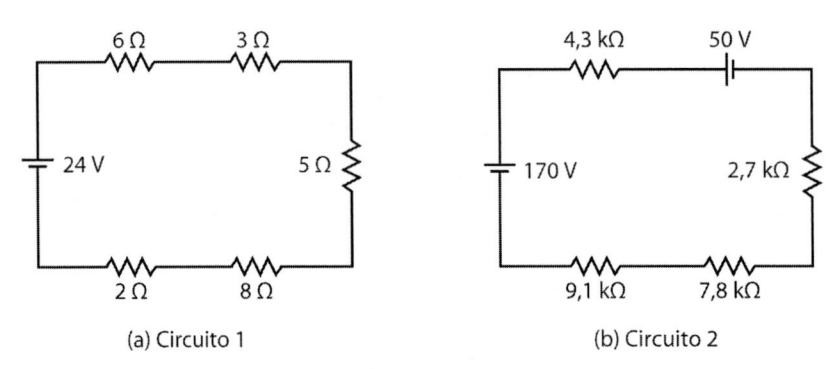

Figura 5-66

(a) Circuito 1 — fonte 24 V; resistores 6 Ω, 3 Ω, 5 Ω, 8 Ω, 2 Ω.

(b) Circuito 2 — fonte 50 V e fonte 170 V; resistores 4,3 kΩ, 2,7 kΩ, 7,8 kΩ, 9,1 kΩ.

24. Repita o Problema 23 para os circuitos da Figura 5-67.

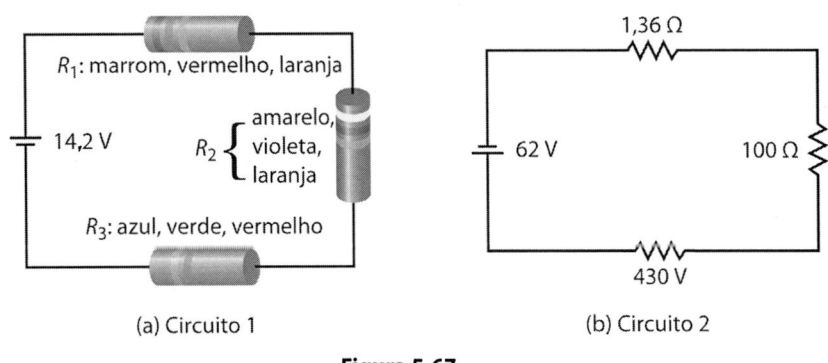

Figura 5-67

(a) Circuito 1 — fonte 14,2 V; R_1: marrom, vermelho, laranja; R_2: amarelo, violeta, laranja; R_3: azul, verde, vermelho.

(b) Circuito 2 — fonte 62 V e fonte 430 V; resistores 1,36 Ω e 100 Ω.

25. Observe os circuitos da Figura 5-68.
   a. Encontre os valores para os resistores desconhecidos.
   b. Calcule a tensão em cada resistor.
   c. Determine a potência dissipada por cada resistor.

26. Observe os circuitos da Figura 5-69.
   a. Ache os valores para os resistores desconhecidos usando a regra do divisor de tensão.
   b. Calcule a tensão em R_1 e R_3.
   c. Determine a potência dissipada por cada resistor.

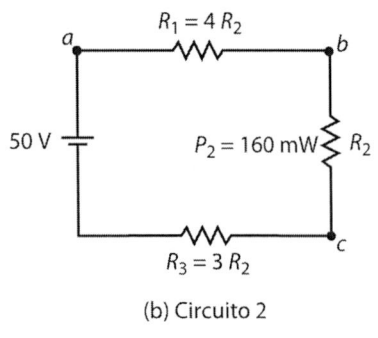

Figura 5-68

(a) Circuito 1 — fonte 24 V; $I = 20$ mA; $R_2 = 3{,}5 R_1$; $R_3 = 2 R_2$.

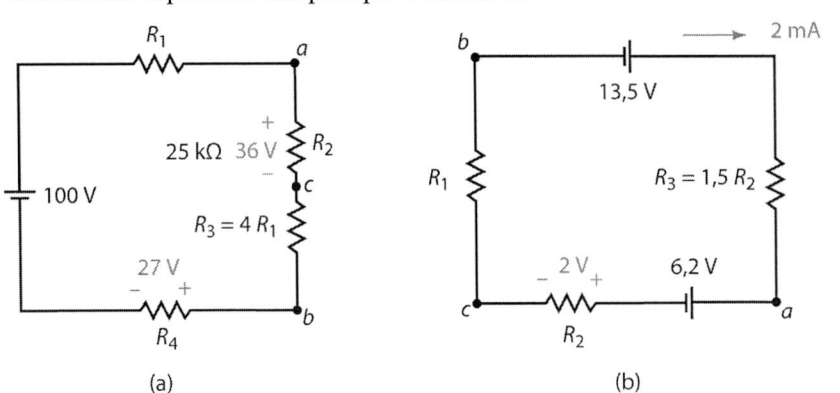

(b) Circuito 2 — fonte 50 V; $R_1 = 4 R_2$; $P_2 = 160$ mW; $R_3 = 3 R_2$.

Figura 5-69

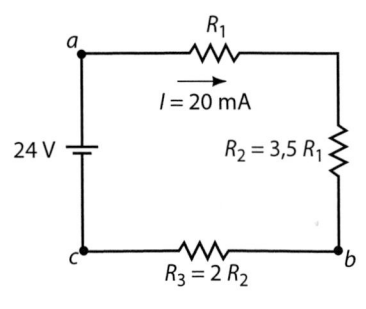

(a) fonte 100 V; R_1; 25 kΩ, 36 V; R_2; $R_3 = 4 R_1$; 27 V; R_4.

(b) 2 mA; 13,5 V; R_1; $R_3 = 1{,}5 R_2$; 2 V; 6,2 V; R_2.

27. Um fio com 24 lâmpadas elétricas série é conectado a uma fonte de alimentação de 120 V, como mostra a Figura 5-70.

   a. Calcule a corrente no circuito.

   b. Use a regra do divisor de tensão para achar a tensão em cada lâmpada.

   c. Calcule a potência dissipada pela lâmpada.

   d. Se uma única lâmpada elétrica se tornasse um circuito aberto, o fio inteiro pararia de funcionar. Para prevenir isso, cada lâmpada elétrica possui uma lâmina de metal pequena que a curto-circuita quando o filamento falha. Se duas lâmpadas no fio queimarem, repita os Passos de (a) a (c).

   e. Com base nos cálculos do Passo (d), o que você acha que aconteceria com a expectativa de duração das lâmpadas restantes caso as duas defeituosas não fossem trocadas?

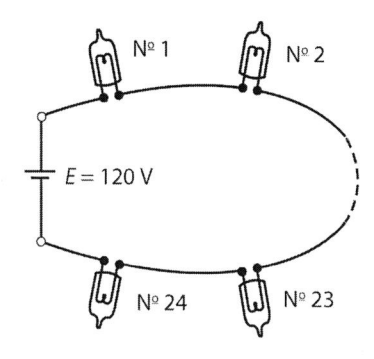

28. Repita o Problema 27 para um fio composto de 36 lâmpadas.

$R = 25\ \Omega$/lâmpada elétrica

Figura 5-70

5.8 Subscritos de Tensão

29. Calcule as tensões V_{ab} e V_{bc} nos circuitos da Figura 5-68.

30. Repita o Problema 29 para os circuitos da Figura 5-69.

31. Para os circuitos da Figura 5-71, determine a tensão em cada resistor e calcule a tensão V_a.

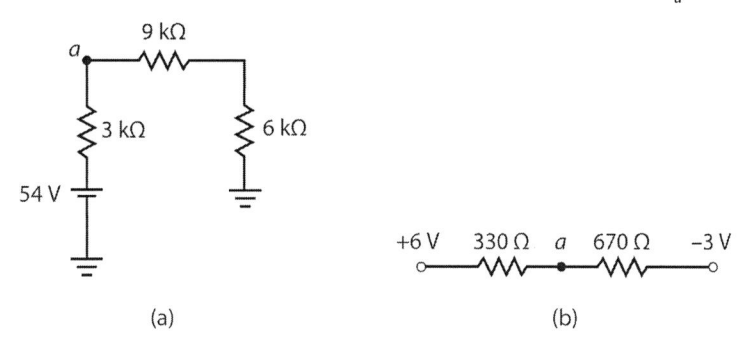

Figura 5-71

32. Dados os circuitos da Figura 5-72:

   a. determine a tensão em cada resistor;

   b. encontre a magnitude e direção da corrente em um resistor de 180 kΩ;

   c. calcule a corrente V_a.

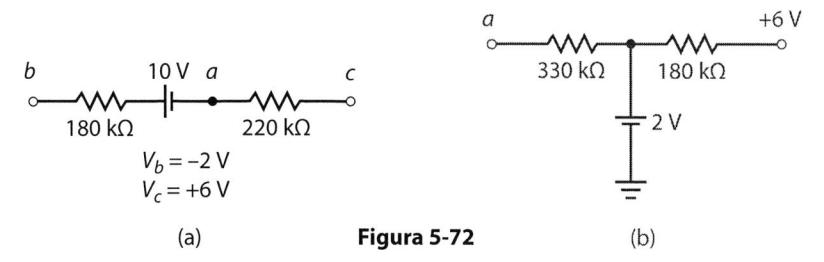

Figura 5-72

5.9 Resistência Interna das Fontes de Tensão

33. Uma bateria tem a tensão de 14,2 V no terminal aberto. Quando essa tensão está ligada a uma carga de 100 Ω, a tensão entre os terminais da bateria cai para 6,8 V.

   a. Determine a resistência interna da bateria.

   b. Se uma carga de 100 Ω fosse substituída por uma de 200 Ω, qual seria a tensão medida nos terminais da bateria?

34. A fonte de tensão mostrada na Figura 5-73 tem uma tensão de 24 V no circuito aberto. Quando uma carga de 10 Ω é conectada nos terminais, a tensão medida com um voltímetro cai para 22,8 V.

   a. Determine a resistência interna da fonte de tensão.

   b. Se a fonte tivesse apenas metade da resistência determinada em (a), qual seria a tensão medida nos terminais com um resistor de 10 Ω ligado a eles?

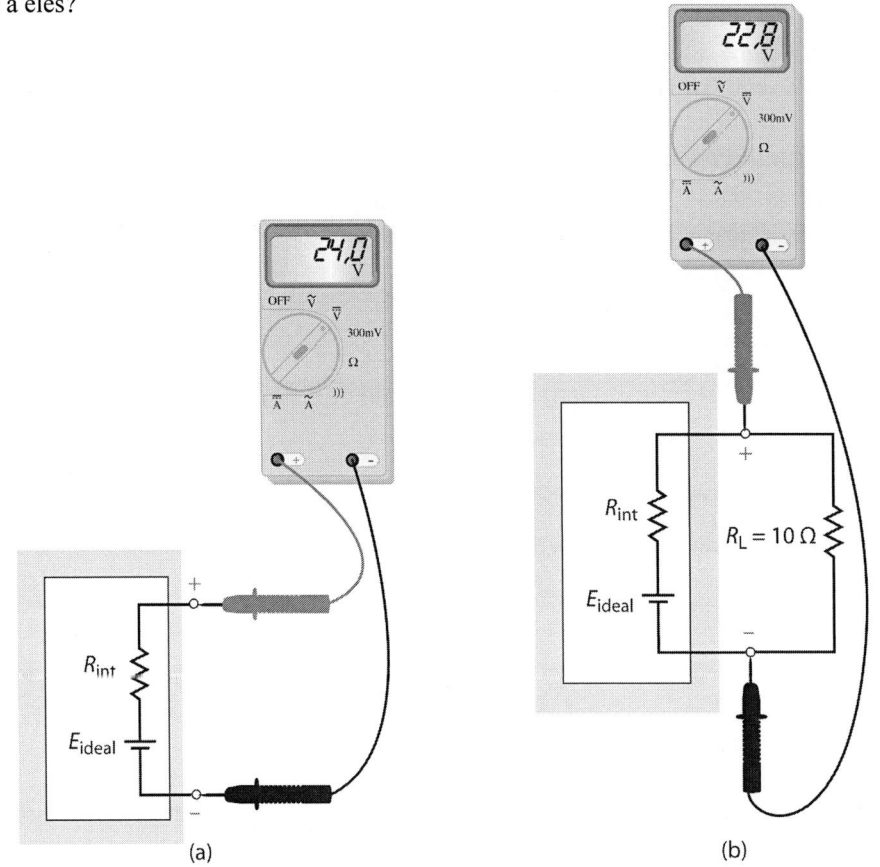

Figura 5-73

5.10 Efeitos de Carga do Amperímetro

35. Para os circuitos série da Figura 5-74, determine a corrente em cada circuito. Se um amperímetro com resistência interna de 50 Ω for usado para medir a corrente nos circuitos, determine a corrente através do amperímetro e calcule o efeito de carga para cada circuito.

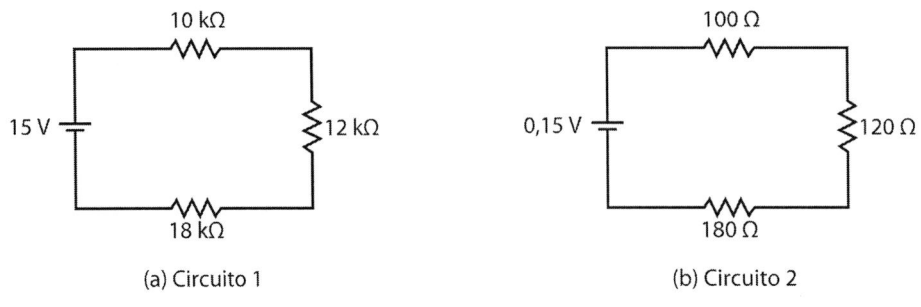

Figura 5-74

36. Repita o Problema 35 se o amperímetro tiver uma resistência de 10 Ω.

5.11 Análise de Circuitos Usando Computador

37. Observe os circuitos da Figura 5-66. Utilize o Multisim para encontrar:

    a. a corrente em cada circuito;

    b. a tensão em cada resistor no circuito.

38. Dado o circuito da Figura 5-75, use o Multisim para determinar:

    a. a corrente na fonte de tensão, I;

    b. a tensão em cada resistor;

    c. a tensão entre os terminais a e b;

    d. a tensão em relação ao aterramento no terminal c.

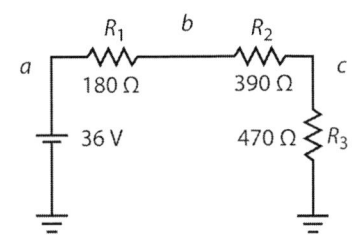

Figura 5-75

39. Observe o circuito da Figura 5-62. Use o PSpice para encontrar:

    a. a corrente no circuito;

    b. a tensão em cada resistor do circuito.

40. Observe o circuito da Figura 5-61. Use o PSpice para determinar:

    a. a corrente no circuito;

    b. a tensão em cada resistor do circuito.

RESPOSTAS DOS PROBLEMAS PARA VERIFICAÇÃO DO PROCESSO DE APRENDIZAGEM

Verificação do Processo de Aprendizagem 1

1. Dois elementos estão ligados no mesmo nó.
2. Nenhum elemento que conduz corrente está conectado ao nó comum.

Verificação do Processo de Aprendizagem 2

A soma das elevações e quedas de tensão ao redor de uma malha fechada é igual a zero; ou, a soma das elevações de tensão é igual à soma das quedas em volta de uma malha fechada.

Verificação do Processo de Aprendizagem 3

$R_1 = 4,2\ \text{k}\Omega$

$R_2 = 12,6\ \text{k}\Omega$

$R_3 = 25,2\ \text{k}\Omega$

Verificação do Processo de Aprendizagem 4

$E_{\text{CÉLULA}} = 2,18\ \text{V}$

Verificação do Processo de Aprendizagem 5

$R_1 = 18,8$ kΩ
$R_2 = 28,21$ kΩ

Verificação do Processo de Aprendizagem 6

O chassi do forno está aterrado quando conectado a uma tomada elétrica.

Verificação do Processo de Aprendizagem 7

$V_{ab} = 7,50$ V
$V_{ca} = -10,0$ V
$V_{bc} = 2,5$ V

• TERMOS-CHAVE

Regra do Divisor de Corrente; Lei de Kirchhoff das Correntes; Efeitos de Carga do Voltímetro; Nós; Circuitos Paralelos; Condutância Total; Resistência Equivalente Total

• TÓPICOS

Circuitos Paralelos; Lei de Kirchhoff das Correntes; Resistores em Paralelo; Fontes de Tensão em Paralelo; Regra do Divisor de Tensão; Análise de Circuitos Paralelos; Efeitos de Carga do Voltímetro; Análise Computacional

• OBJETIVOS

Após estudar este capítulo, você será capaz de:

- reconhecer quais elementos e ramos em um dado circuito estão ligados em paralelo e quais estão ligados em série;
- calcular a resistência e a condutância totais de uma rede de resistências paralelas;
- determinar a corrente em qualquer resistor de um circuito paralelo;
- calcular a tensão em quaisquer combinações paralelas de resistores;
- aplicar a lei de Kirchhoff das correntes para calcular as correntes desconhecidas em um circuito;
- explicar por que as fontes de tensão de diferentes magnitudes nunca podem ser ligadas em paralelo;
- usar a lei do divisor de corrente para calcular a corrente em qualquer resistor de uma combinação paralela;
- identificar e calcular os efeitos de carga de um voltímetro ligado a um circuito;
- usar o Multisim para observar os efeitos de carga em um voltímetro;
- usar o PSpice para avaliar a tensão e a corrente em um circuito paralelo.

Circuitos Paralelos

6

Apresentação Prévia do Capítulo

Dois circuitos fundamentais, série e paralelo, são a base para todos os circuitos elétricos. No capítulo anterior, examinamos os princípios e regras que se aplicam ao circuito série. Neste, estudaremos o **circuito paralelo** (ou *shunt**) e as regras que regulamentam o funcionamento desses circuitos.

A Figura 6-1 ilustra um exemplo simples de algumas lâmpadas elétricas ligadas em paralelo umas com as outras e uma bateria fornecendo tensão a elas.

Essa ilustração mostra uma das diferenças mais importantes entre os circuitos série e paralelo. O circuito paralelo continuará a operar mesmo que uma das lâmpadas elétricas apresente um filamento defeituoso (aberto). Apenas a lâmpada elétrica defeituosa não acenderá mais. No entanto, se o circuito fosse composto de algumas lâmpadas elétricas em série, a defeituosa impediria qualquer quantidade de corrente no circuito, e todas as lâmpadas estariam desligadas.

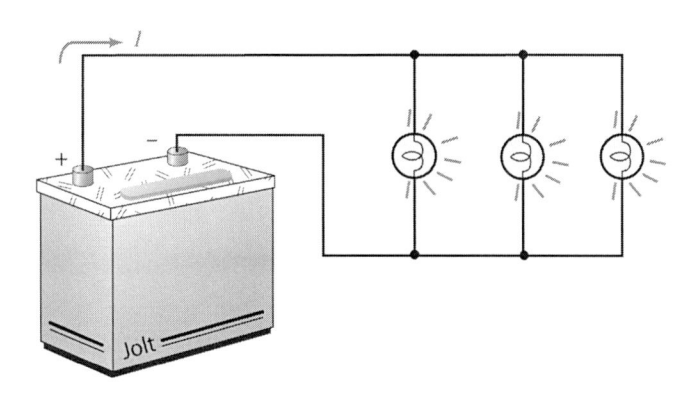

Figura 6-1 Circuito paralelo simples.

---

* O circuito paralelo também pode ser chamado de circuito *shunt* (N.R.T.)

Colocando em Perspectiva

Luigi Galvani e a Descoberta da Excitação do Nervo

Luigi Galvani nasceu em Bolonha, Itália, em 9 de setembro de 1737.

Seu principal experimento foi em anatomia, área pela qual foi nomeado professor assistente em uma universidade em Bolonha.

Galvani descobriu que, quando os nervos de uma rã estavam ligados a fontes de eletricidade, os músculos do animal se contraíam. Embora não pudesse determinar a origem dos impulsos elétricos no animal, o trabalho de Galvani foi relevante e deu abertura a novas descobertas sobre impulsos nervosos.

O nome de Galvani foi utilizado para designar o instrumento chamado **galvanômetro**, usado para detectar correntes de baixa intensidade.

Luigi Galvani faleceu na Bolonha, em 4 de dezembro de 1798. Apesar da grande contribuição à ciência, Galvani morreu pobre, em meio à polêmica provocada por sua recusa em jurar obediência a Napoleão.

6.1 Circuitos Paralelos

A ilustração da Figura 6-1 mostra que um terminal de cada lâmpada elétrica está ligado ao terminal positivo da bateria, e o outro, ao terminal negativo. Geralmente, esses pontos de ligação são chamados **nós**.

Os elementos ou ramos estão ligados em paralelo quando têm exatamente dois nós em comum. Além disso, esses elementos paralelos ou ramos terão a mesma tensão.

A Figura 6-2 mostra algumas maneiras diferentes de representar os elementos paralelos. Esses elementos entre os nós podem ser qualquer dispositivo com dois terminais, como fontes de tensão, resistores, lâmpadas elétricas e afins.

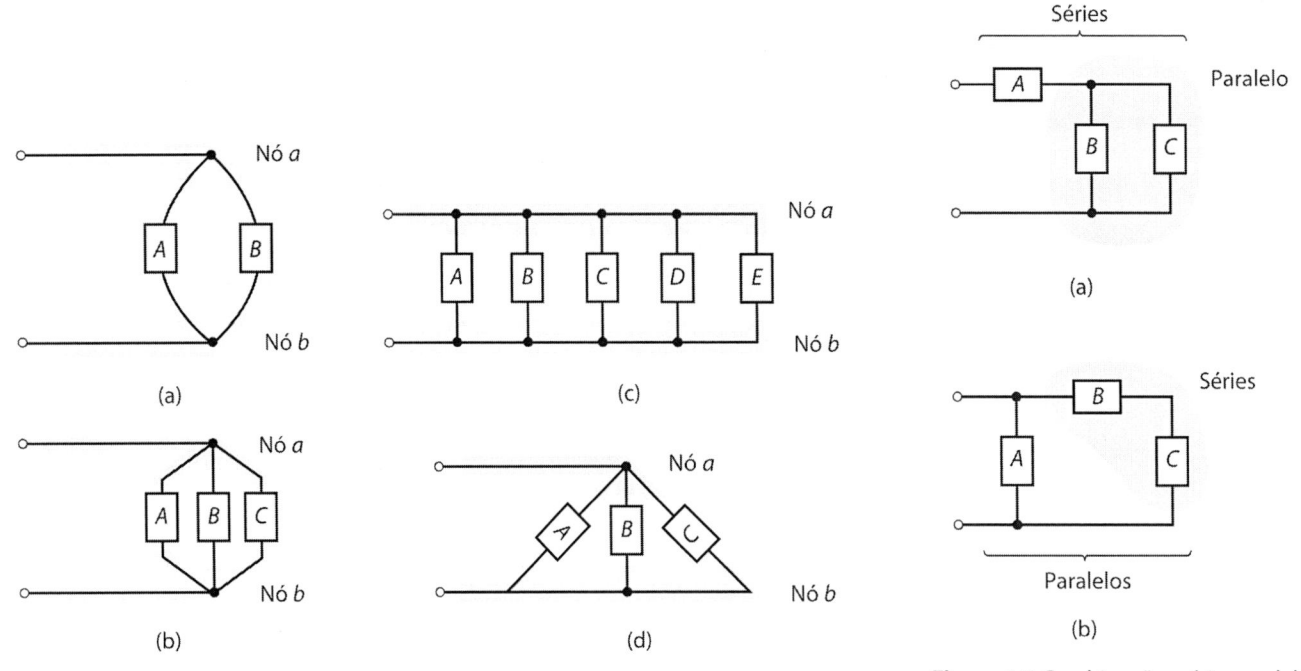

Figura 6-2 Elementos paralelos.

Figura 6-3 Combinações série-paralelo.

Nas ilustrações da Figura 6-2, observe que cada elemento tem dois terminais e que cada um desses terminais está ligado a um dos dois nós.

Muitas vezes, os circuitos contêm uma combinação de componentes série e paralelos. Ainda que estudemos esses circuitos com mais profundidade em capítulos posteriores, a essa altura, é importante reconhecer as várias ligações em uma dada rede. Considere as redes mostradas na Figura 6-3.

Quando analisamos determinado circuito, geralmente é mais fácil designar primeiro os nós (usaremos letras minúsculas) e depois os tipos de ligação. A Figura 6-4 mostra os nós para as redes da Figura 6-3.

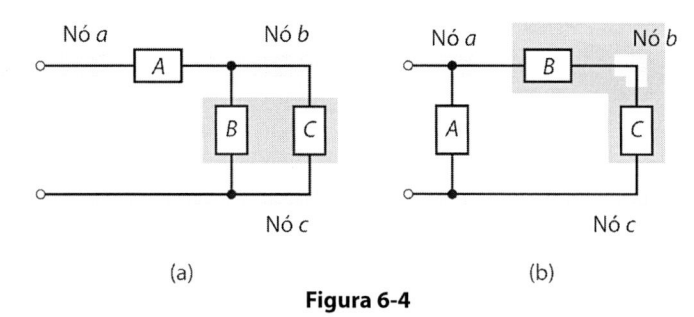

Figura 6-4

No circuito da Figura 6-4(a), vemos que o elemento B está em paralelo com o elemento C, já que eles têm os nós b e c em comum. Essa combinação paralela está em série com o elemento A.

No circuito da Figura 6-4(b), o elemento B está em série com o elemento C, já que esses elementos têm um único nó em comum: o b. O ramo que possui a combinação entre os elementos B e C está em paralelo com o elemento A.

6.2 Lei de Kirchhoff das Correntes

Lembre-se de que a lei de Kirchhoff das tensões foi extremamente útil na compreensão do funcionamento do circuito série. De modo semelhante, a lei de Kirchhoff das correntes é o princípio básico usado para explicar a operação de um circuito paralelo. A lei de Kirchhoff das correntes postula que:

A soma das correntes de entrada no nó é igual à soma das correntes de saída do nó.

Uma analogia que ajuda a entender o princípio da lei de Kirchhoff das correntes é o fluxo da água. Quando a água percorre uma tubulação fechada, a quantidade que entra em um ponto específico da tubulação é exatamente igual à que sai dela, uma vez que não há perda alguma de água. Quantitativamente, a lei de Kirchhoff das correntes é representada da seguinte forma:

$$\Sigma I_{\text{nó de entrada}} = \Sigma I_{\text{nó de saída}} \tag{6-1}$$

A Figura 6-5 é uma ilustração da lei de Kirchhoff das correntes. Nela, vemos que o nó possui duas correntes de entrada: $I_1 = 5$ A e $I_5 = 3$ A, e três correntes de saída: $I_2 = 2$ A; $I_3 = 4$ A e $I_4 = 2$ A. Agora vemos que a Equação 6-1 se aplica à ilustração, isto é:

$\Sigma I_i = \Sigma I_o$
$5\,A + 3\,A = 2\,A + 4\,A + 8\,A$
$ 8\,A = 8\,A$ (confere!)

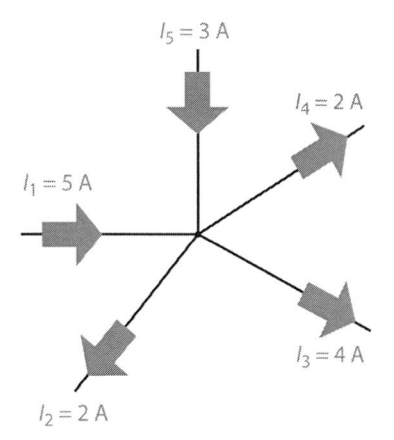

Figura 6-5 Lei de Kirchhoff das correntes.

PROBLEMAS PRÁTICOS 1

Comprove que a lei de Kirchhoff das correntes se aplica ao nó mostrado na Figura 6-6.

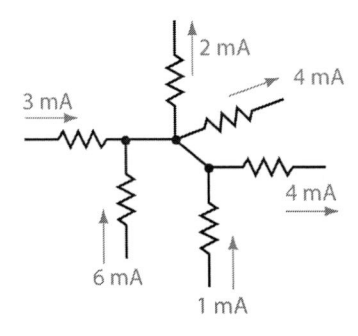

Figura 6-6

Resposta

3 mA + 6 mA + 1 mA = 2 mA + 4 mA + 4 mA

Muitas vezes, quando analisamos determinado circuito, não temos certeza da direção da corrente em um elemento específico dentro do circuito. Em casos como esse, adotamos uma direção de referência e baseamos os cálculos nessa premissa. Se a premissa estiver incorreta, os cálculos mostrarão que a corrente tem um sinal negativo, que apenas indica que a corrente é, na verdade, oposta à direção selecionada como referência. O exemplo a seguir ilustra esse conceito de fundamental importância.

Exemplo 6-1

Determine a magnitude e a direção corretas das correntes I_3 e I_5 para a rede da Figura 6-7.

Solução: Embora os pontos a e b estejam no mesmo nó, são tratados como dois nós separados com a resistência entre eles igual a 0 Ω.

Já que a lei de Kirchhoff das correntes tem de ser válida no ponto a, temos a seguinte expressão para este nó:

$$I_1 = I_2 + I_3$$

e assim,

$$I_3 = I_1 - I_2$$
$$= 2\,\text{A} - 3\,\text{A} = -1\,\text{A}$$

Observe que a direção de referência da corrente I_3 parte de a para b, enquanto o sinal negativo indica que a direção da corrente vai, na verdade, de b para a.

Paralelamente, usando a lei de Kirchhoff das correntes no ponto b, obtém-se:

$$I_3 = I_4 + I_5$$

que resulta na corrente I_5

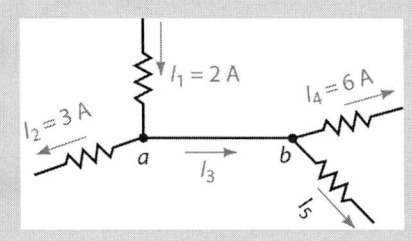

$$I_5 = I_3 - I_4$$
$$= -1\,\text{A} - 6\,\text{A} = -7\,\text{A}$$

Figura 6-7

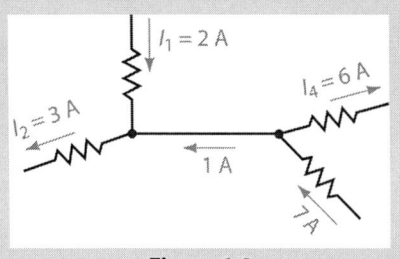

Figura 6-8

O sinal negativo indica que a corrente I_5 está, na verdade, indo em direção ao nó b, em vez de estar saindo dele. A Figura 6-8 mostra as direções e magnitudes reais das correntes.

Exemplo 6-2

Determine a magnitude das correntes desconhecidas para o circuito da Figura 6-9.

Solução: Se considerarmos o ponto a, vemos que há duas correntes desconhecidas, I_1 e I_3. Já que não há como achar esses valores, examinamos as correntes no ponto b, onde, novamente, há duas correntes desconhecidas, I_3 e I_4. Por fim, observamos que no ponto c só há uma corrente desconhecida, I_4. Usando a lei de Kirchhoff das correntes, calculamos a corrente desconhecida da seguinte forma: $I_4 + 3\,A + 2\,A = 10\,A$

Portanto, $I_4 = 10\,A - 3\,A - 2\,A = 5\,A$

Agora podemos ver que no ponto b a corrente de entrada é

$$I_3 = 5\,A + 3\,A + 2\,A = 10\,A$$

E, finalmente, aplicando a lei de Kirchhoff das correntes no ponto a, determinamos que a corrente I_1 é

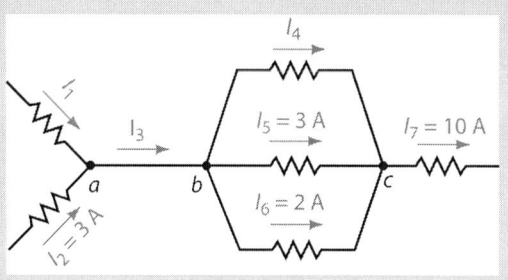

$$I_1 = 10\,A - 3\,A = 7\,A$$

Figura 6-9

Exemplo 6-3

Determine as correntes desconhecidas na rede da Figura 6-10.

Solução: Primeiro, adotamos as direções de referência para as correntes desconhecidas na rede.

Como é possível usar a analogia da água percorrendo uma tubulação, podemos designar facilmente as direções para as correntes I_3, I_5 e I_7. Contudo, a direção da corrente I_4 não é determinada com tanta facilidade; por isso, admitimos arbitrariamente que a direção é para a direita. A Figura 6-10(b) mostra os vários nós e as direções adotadas para as correntes.

Examinando a rede, vemos que há apenas uma fonte de corrente, $I_1 = 24\,A$. Usando a analogia das tubulações de água, conclui-se que a corrente de saída da rede é $I_7 = I_1 = 24\,V$

Aplicando a lei de Kirchhoff das correntes no nó a, calculamos a corrente I_3 da seguinte forma: $I_1 = I_2 + I_3$

Portanto, $I_3 = I_1 - I_2 = 24\,A - 11\,A = 13\,A$

De modo semelhante, temos no nó c $\quad I_3 + I_4 = I_6$

Portanto, $I_4 = I_6 - I_3 = 6\,A - 13\,A = -7\,A$

Embora a corrente I_4 seja oposta à direção de referência admitida, não mudaremos sua direção para os cálculos futuros. Usaremos a direção original juntamente com o sinal negativo; caso contrário, os cálculos serão desnecessariamente complicados.

Aplicando a lei de Kirchhoff das correntes no nó b, obtém-se $\quad I_2 = I_4 + I_5$

que resulta em $\quad I_5 = I_2 - I_4 = 11\,A - (-7\,A) = 18\,A$

Finalmente, aplicando a lei de Kirchhoff das correntes no nó d, obtém-se $\quad I_5 + I_6 = I_7$

resultando em $\quad I_7 = I_5 + I_6 = 18\,A + 6\,A = 24\,A$

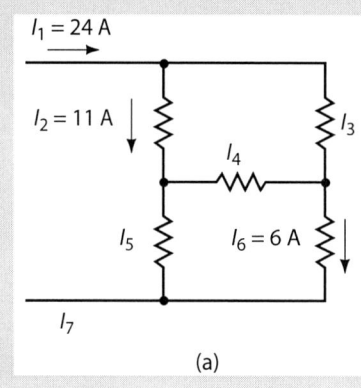

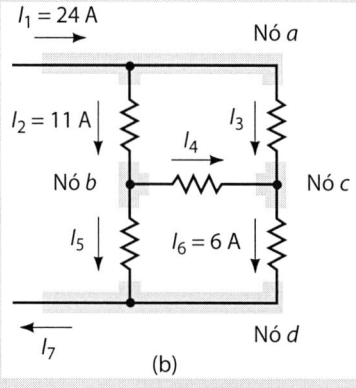

Figura 6-10

PROBLEMAS PRÁTICOS 2

Determine as correntes desconhecidas na rede da Figura 6-11.

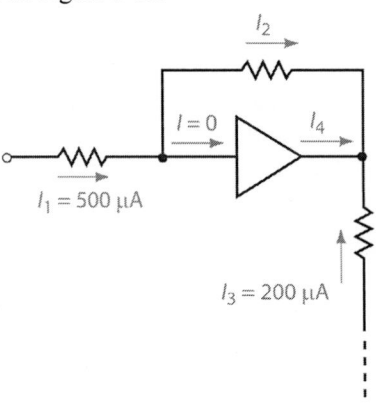

Figura 6-11

Respostas

$I_2 = 500\ \mu A;\ I_4 = -700\ \mu A$

6.3 Resistores em Paralelo

Um circuito paralelo simples é construído combinando-se uma fonte de tensão com alguns resistores, como mostra a Figura 6-12.

A fonte de tensão resultará em uma corrente do sinal positivo partindo do terminal da fonte para o nó a.

Neste ponto, a corrente irá se dividir entre os vários resistores e depois se unir novamente no nó b, antes de seguir em direção ao terminal negativo da fonte de tensão.

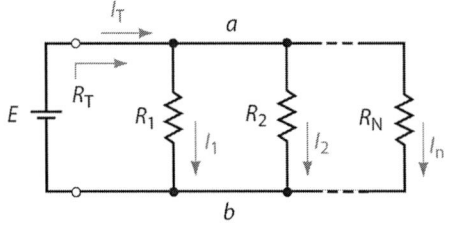

Figura 6-12

Esse circuito ilustra um conceito muito importante a respeito dos circuitos paralelos. Se aplicarmos a lei de Kirchhoff das tensões ao redor de cada malha fechada no circuito paralelo da Figura 6-12, veremos que a tensão em todos os resistores paralelos é exatamente igual, isto é, $V_{R_1} = V_{R_2} = V_{R_3} = E$. Dessa forma, aplicando a lei de Kirchhoff das tensões, postula-se o seguinte:

A tensão em todos os elementos paralelos de um circuito será a mesma.

Esse princípio permite determinar a resistência equivalente, R_T, de n resistores ligados em paralelo. A resistência equivalente, R_T, é a resistência efetiva "percebida" pela fonte, e determina a corrente total, I_T, fornecida ao circuito. Aplicando a lei de Kirchhoff das correntes no circuito da Figura 6-11, obtém-se a seguinte expressão:

$$I_T = I_1 + I_2 + ... + I_n$$

No entanto, como a lei de Kirchhoff das tensões também se aplica ao circuito paralelo, a tensão em cada resistor deve ser igual à tensão de alimentação, E. A corrente total no circuito, que é determinada pela tensão de alimentação e pela resistência equivalente, também pode ser representada como

$$\frac{E}{R_T} = \frac{E}{R_1} + \frac{E}{R_2} + ... + \frac{E}{R_n}$$

Simplificando essa relação, obtém-se a expressão geral para a resistência total de um circuito paralelo:

$$\frac{1}{R_T} = \frac{1}{R_1} + \frac{1}{R_2} + \ldots + \frac{1}{R_n} \quad \text{(siemens, S)} \tag{6-2}$$

Já que a condutância foi definida como o recíproco da resistência, podemos representar essa equação em termos de condutância, isto é,

$$G_T = G_1 + G_2 + \ldots + G_n \text{ (S)} \tag{6-3}$$

Enquanto os resistores série tinham uma resistência total determinada pela soma das resistências específicas, vemos que n resistores paralelos possuem a **condutância total** determinada pela soma das condutâncias individuais.

A **resistência equivalente** de n resistores paralelos pode ser determinada em uma etapa, como segue:

$$R_T = \frac{1}{\frac{1}{R_1} + \frac{1}{R_2} + \ldots + \frac{1}{R_n}} \; \Omega \tag{6-4}$$

Um efeito importante da combinação de resistores paralelos é que a resistência resultante sempre será mais baixa do que o resistor de menor valor na combinação.

Exemplo 6-4

Calcule a condutância total e a resistência equivalente total do circuito mostrado na Figura 6-13.

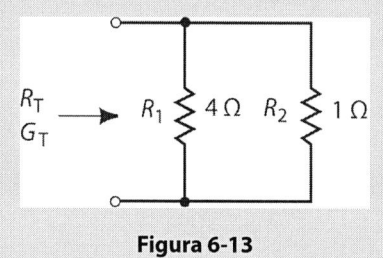

Figura 6-13

Solução: A condutância total é

$$G_T = G_1 + G_2 = \frac{1}{4\,\Omega} + \frac{1}{1\,\Omega} = 1{,}25 \text{ S}$$

A resistência equivalente total do circuito é

$$R_T = \frac{1}{G_T} = \frac{1}{1{,}25 \text{ S}} = 0{,}800 \; \Omega$$

Perceba que a resistência equivalente dos reistores paralelos é menor que o valor de cada resistor.

Exemplo 6-5

Determine a condutância e a resistência da rede da Figura 6-14.

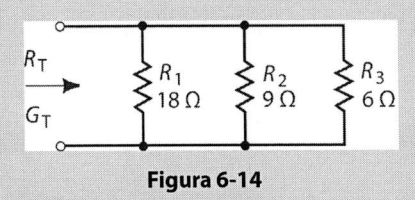

Figura 6-14

Solução: A condutância total é

$$G_T = G_1 + G_2 + G_3$$
$$= \frac{1}{18\,\Omega} + \frac{1}{9\,\Omega} + \frac{1}{6\,\Omega}$$
$$= 0,0\overline{5}\text{ S} + 0,1\overline{1}\text{ S} + 0,1\overline{6}\text{ S}$$
$$= 0,\overline{33}\text{ S}$$

onde a barra superior indica que o número abaixo dela é repetido infinitamente para a direita.

A resistência total é

$$R_T = \frac{1}{0,\overline{33}\text{ S}} = 3,00\,\Omega$$

Dica para o Uso da Calculadora: um método simplificado para calcular os resistores em paralelo é usar a tecla x^{-1}, disponível em todas as calculadoras científicas. Para algumas calculadoras, talvez seja necessário usar a função (Shift) e uma segunda tecla. Localize a tecla x^{-1} em sua calculadora. Para calcular a resistência equivalente da rede na Figura 6-14, execute as seguintes operações:

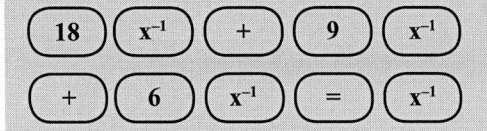

$$\boxed{18}\ \boxed{x^{-1}}\ \boxed{+}\ \boxed{9}\ \boxed{x^{-1}}$$
$$\boxed{+}\ \boxed{6}\ \boxed{x^{-1}}\ \boxed{=}\ \boxed{x^{-1}}$$

Dependendo da calculadora, o mostrador ficará parecido com o representado a seguir:

```
18-1+9-1+6-1
              .33333333333
Ans-1
                          3
```

PROBLEMAS PRÁTICOS 3

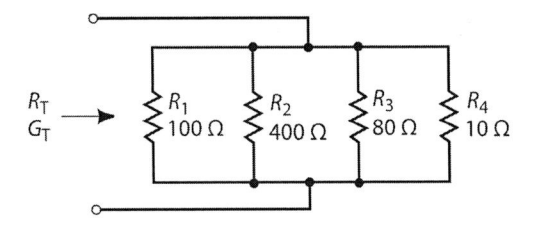

Figura 6-15

Para a rede paralela de resistores mostrada na Figura 6-15, encontre a condutância total, G_T, e a resistência total, R_T.

Respostas
$G_T = 0,125$ S, $R_T = 8,00\,\Omega$

n Resistores Iguais em Paralelo

Se houver n resistores em paralelo, cada resistor, R, terá a mesma condutância, G. Aplicando a Equação 6-3, a condutância total pode ser encontrada da seguinte maneira:

$$G_T = nG$$

Agora, a resistência total pode ser facilmente determinada como:

$$R_T = \frac{1}{G_T} = \frac{1}{nG} = \frac{R}{n} \tag{6-5}$$

Exemplo 6-6

Para as redes da Figura 6-16, calcule a resistência total.

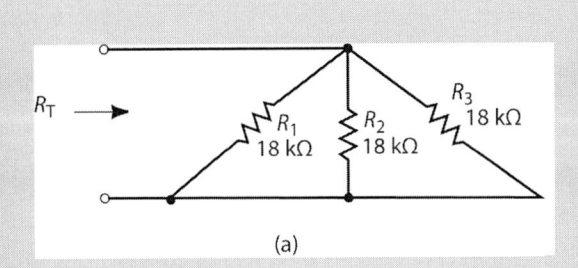

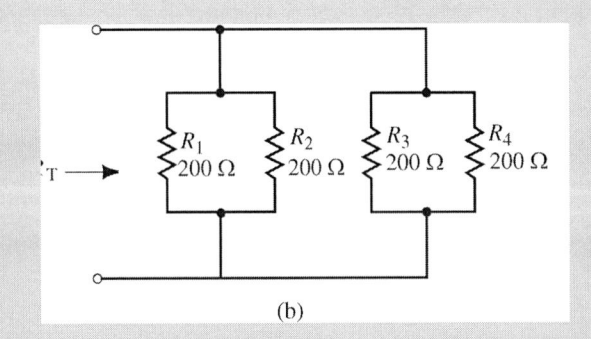

Figura 6-16

Solução:

a. $R_T = \dfrac{18\ k\Omega}{3} = 6\ k\Omega$ b. $R_T = \dfrac{200\ k\Omega}{4} = 50\ \Omega$

Dois Resistores em Paralelo

Muitas vezes, os circuitos possuem apenas dois resistores em paralelo. Nesse caso, é possível determinar a resistência total da combinação sem determinar a condutância.

Para dois resistores, a Equação 6-4 é representada desta forma:

$$R_T = \frac{1}{\dfrac{1}{R_1} + \dfrac{1}{R_2}}$$

Usando a multiplicação cruzada para os termos no denominador, a expressão fica

$$R_T = \frac{1}{\dfrac{R_1 + R_2}{R_1 R_2}}$$

Portanto, para dois resistores em paralelo, obtém-se a seguinte expressão:

$$R_T = \frac{R_1 R_2}{R_1 + R_2} \tag{6-6}$$

Para dois resistores ligados em paralelo, encontra-se a resistência equivalente com o produto dos dois valores dos resistores dividido pela soma deles.

Exeemplo 6-7

Determine a resistência total das combinações dos resistores da Figura 6-17.

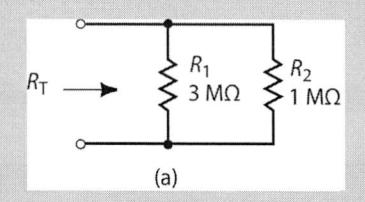

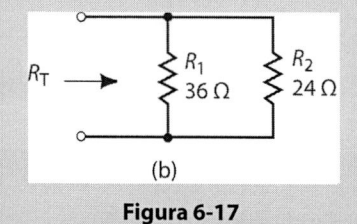

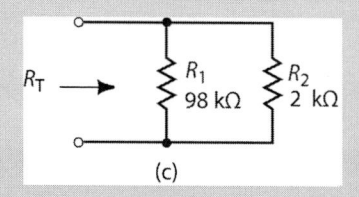

Figura 6-17

Solução:

a. $R_T = \dfrac{(3 \text{ M}\Omega)(1 \text{ M}\Omega)}{3 \text{ M}\Omega + 1 \text{ M}\Omega} = 0{,}75 \text{ M}\Omega = 750 \text{ k}\Omega$

b. $R_T = \dfrac{(36 \text{ }\Omega)(24 \text{ }\Omega)}{36 \text{ }\Omega + 24 \text{ }\Omega} = 14{,}4 \text{ }\Omega$

c. $R_T = \dfrac{(98 \text{ k}\Omega)(2 \text{ k}\Omega)}{98 \text{ k}\Omega + 2 \text{ k}\Omega} = 1{,}96 \text{ k}\Omega$

Embora a Equação 6.6 sirva primariamente para calcular dois resistores em paralelo, o método pode ser utilizado para calcular qualquer número de resistores, examinando-se somente dois deles de cada vez.

Exemplo 6-8

Calcule a resistência total da combinação do resistor da Figura 6-18.

Solução: Agrupando os resistores em combinações de dois, o circuito pode ser simplificado como mostra a Figura 6-19.
Determina-se a resistência equivalente de cada uma das combinações indicadas da seguinte maneira:

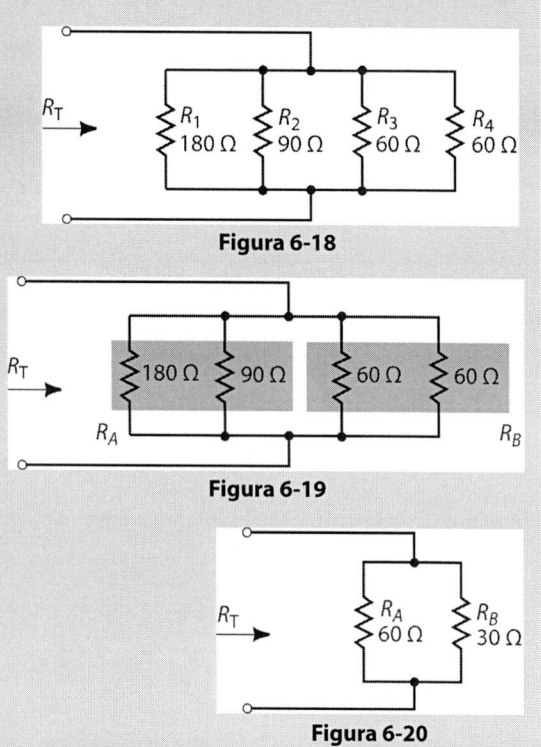

$R_A = \dfrac{(180 \text{ }\Omega)(90 \text{ }\Omega)}{180 \text{ }\Omega + 90 \text{ }\Omega} = 60 \text{ }\Omega$

$R_B = \dfrac{(60 \text{ }\Omega)(60 \text{ }\Omega)}{60 \text{ }\Omega + 60 \text{ }\Omega} = 30 \text{ }\Omega$

Figura 6-18

Figura 6-19

O circuito pode ser ainda mais simplificado como uma combinação de dois resistores, mostrada na Figura 6-20.
A resistência equivalente resultante é

$R_T = \dfrac{(60 \text{ }\Omega)(30 \text{ }\Omega)}{60 \text{ }\Omega + 30 \text{ }\Omega} = 20 \text{ }\Omega$

Figura 6-20

Três Resistores em Paralelo

Usando uma abordagem parecida com a dedução da Equação 6-6, podemos chegar a uma equação que calcule três resistores em paralelo. Na verdade, é possível fazer uma equação geral para calcular quatro, cinco resistores etc. Apesar de tal equação ser útil, os alunos ficam desencorajados a memorizar expressões tão extensas. Em geral, o leitor perceberá que é muito mais eficaz lembrar os princípios nos quais a equação se baseia. Consequentemente, a dedução da Equação 6-7 fica a cargo do aluno.

$$R_T = \frac{R_1 R_2 R_3}{R_1 R_2 + R_1 R_3 + R_2 R_3} \tag{6-7}$$

PROBLEMAS PRÁTICOS 4

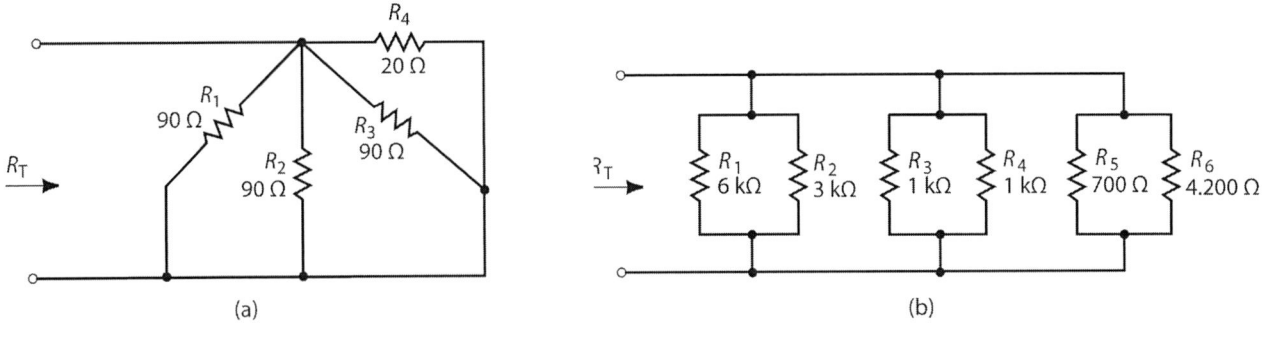

Figura 6-21

Encontre a resistência total equivalente para cada circuito da Figura 6-21.

Respostas

a. 12 Ω;   **b.** 240 Ω

VERIFICAÇÃO DO PROCESSO DE APRENDIZAGEM 1

(As respostas encontram-se no final do capítulo.)

Se o circuito da Figura 6-21(a) for conectado a uma fonte de tensão de 24 V, determine as seguintes grandezas:

a. a corrente total fornecida pela fonte de tensão;

b. a corrente em cada resistor da rede;

c. comprove a lei de Kirchhoff das correntes em um dos terminais da fonte de tensão.

6.4 Fontes de Tensão em Paralelo

Fontes de tensão nunca devem ser ligadas com potenciais diferentes em paralelo, uma vez que isso contradiz a lei de Kirchhoff das tensões. Contudo, quando duas fontes potenciais iguais estão ligadas em paralelo, cada uma delas irá fornecer a metade da corrente necessária no circuito. Por isso, algumas vezes, as baterias automotivas são ligadas em paralelo para auxiliar a iniciar um carro com bateria "fraca". A Figura 6-22 ilustra esse princípio.

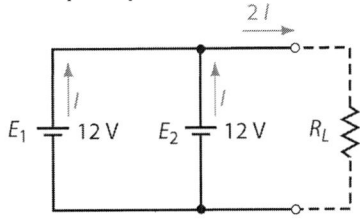

Figura 6-22 Fontes de tensão em paralelo.

A Figura 6-23 mostra que, se as fontes de tensão de dois potenciais diferentes são colocadas em paralelo, a lei de Kirchhoff das tensões é violada ao redor da malha fechada. Na prática, se as fontes de tensão de potenciais diferentes forem colocadas em paralelo, a malha fechada resultante poderá ter uma corrente muito elevada. Haverá corrente mesmo que não haja uma carga conectada às fontes. O Exemplo 6-9 mostra que podem ocorrer correntes muito elevadas quando duas baterias paralelas de diferentes potenciais estão ligadas.

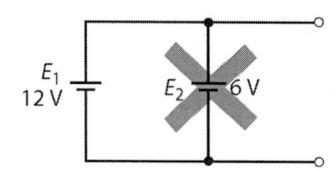

Figura 6-23 Fontes de tensão com diferentes tensões nunca devem ser colocadas em paralelo.

Exemplo 6-9

Uma bateria de 12 V e uma de 6 V (cada uma com uma resistência interna de 0,05 Ω) são inadvertidamente colocadas em paralelo, como mostra a Figura 6-24. Determine a corrente nas baterias.

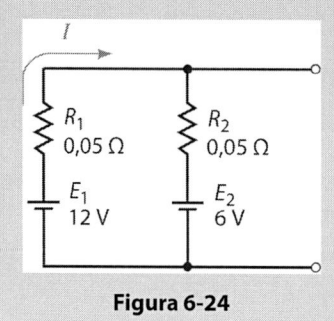

Figura 6-24

Solução: A partir da lei de Ohm,

$$I = \frac{E_T}{R_T} = \frac{12\text{ V} - 6\text{ V}}{0,05\text{ }\Omega + 0,05\text{ }\Omega} = 60\text{ A}$$

Esse exemplo mostra por que baterias de potenciais diferentes nunca devem ser ligadas em paralelo. Haverá correntes enormes dentro das fontes, o que poderá ocasionar incêndio ou explosão.

6.5 Regra do Divisor de Corrente

Quando examinamos os circuitos série, determinamos que a corrente na série era a mesma em qualquer ponto do circuito, enquanto as tensões nos elementos série eram diferentes. A regra do **divisor de tensão** (RDT) foi usada para determinar a tensão em todos os resistores dentro de uma rede série.

Em redes paralelas, a tensão em todos os elementos paralelos é a mesma. No entanto, as correntes nos vários elementos são tipicamente diferentes. A **regra do divisor de corrente (RDC)** é usada para determinar como a corrente que entra em um nó é dividida entre os vários resistores paralelos ligados ao nó.

Considere a rede de resistores paralelos mostrada na Figura 6-25.

Se essa rede de resistores é alimentada por uma fonte de tensão, a corrente total no circuito é

$$I_T = \frac{E}{R_T} \tag{6-8}$$

$$I_x = \frac{R_T}{R_x} I_T$$

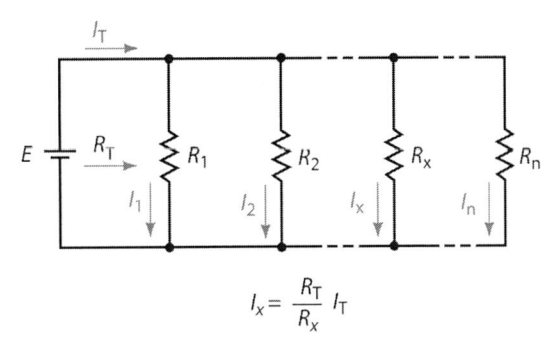

Figura 6-25 Regra do Divisor de Corrente

Como cada um dos n resistores paralelos possui a mesma tensão, E, nos terminais, a corrente em qualquer resistor na rede é dada por

$$I_x = \frac{E}{R_x} \tag{6-9}$$

Reescrevendo a Equação 6-8 como $E = I_T R_T$ e substituindo-a na Equação 6-9, obtém-se a regra do divisor de corrente, como a seguir:

$$I_x = \frac{R_T}{R_x} I_T \tag{6-10}$$

Uma maneira alternativa de representar a regra do divisor de corrente é expressá-la em termos de condutância. A Equação 6-10 pode ser modificada da seguinte forma:

$$I_x = \frac{G_x}{R_T} I_T \tag{6-11}$$

A regra do divisor de corrente permite calcular a corrente em qualquer resistor de uma rede paralela se soubermos a corrente total que entra na rede. Observe na semelhança entre a regra do divisor de tensão (para componentes série) e a do divisor de corrente (para componentes paralelos). A principal diferença é que a regra do divisor de corrente da Equação 6-11 usa a condutância do circuito em vez da resistência. Embora essa equação seja útil, geralmente é mais fácil utilizar a resistência para calcular a corrente.

Se a rede for composta de apenas dois resistores paralelos, a corrente em cada um deles poderá ser encontrada de uma forma um pouco diferente. Lembre-se de que, para dois resistores em paralelo, a resistência paralela total é obtida da seguinte maneira:

$$R_T = \frac{R_1 R_2}{R_1 + R_2}$$

Substituindo essa expressão pela da resistência total na Equação 6-10, obtém-se

$$I_1 = \frac{I_T R_T}{R_1}$$

$$= \frac{I_T \left(\frac{R_1 R_2}{R_1 + R_2} \right)}{R_1}$$

que pode ser simplificada para

$$I_1 = \frac{R_2}{R_1 + R_2} I_T \tag{6-12}$$

De modo semelhante,

$$I_2 = \frac{R_1}{R_1 + R_2} I_T \tag{6-13}$$

Algumas outras características importantes das redes paralelas tornam-se evidentes.

A corrente que entra em uma rede paralela composta de n resistores iguais será dividida igualmente entre todos os resistores.

A corrente que entra em uma rede paralela composta de resistências com valores diferentes será em maior quantidade no resistor de menor valor na rede. Inversamente, a resistência com o maior valor terá a menor quantidade de corrente.

Simplificando, podemos dizer que *a maior parte da corrente seguirá o caminho da menor resistência.*

Exemplo 6-10

Para a rede da Figura 6-26, determine as correntes I_1, I_2 e I_3.

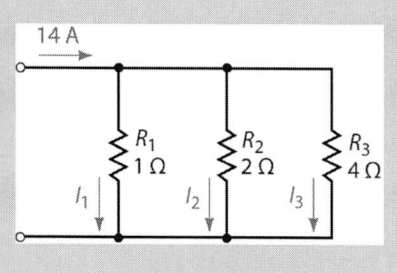

Figura 6-26

Solução : Em primeiro lugar, calculamos a condutância total da rede.

$$G_T = \frac{1}{1\,\Omega} + \frac{1}{2\,\Omega} + \frac{1}{4\,\Omega} = 1{,}75 \text{ S}$$

Agora, as correntes podem ser calculadas da seguinte maneira:

$$I_1 = \frac{G_1}{G_T} I_T = \left(\frac{1\text{ S}}{1{,}75\text{ S}}\right) 14\text{ A} = 8{,}00\text{ A}$$

$$I_2 = \frac{G_2}{G_T} I_T = \left(\frac{0{,}5\text{ S}}{1{,}75\text{ S}}\right) 14\text{ A} = 4{,}00\text{ A}$$

$$I_3 = \frac{G_3}{G_T} I_T = \left(\frac{0{,}25\text{ S}}{1{,}75\text{ S}}\right) 14\text{ A} = 2{,}00\text{ A}$$

Um modo alternativo é usar a resistência do circuito em vez da condutância.

$$R_T = \frac{1}{G_T} = \frac{1}{1{,}75\text{S}} = 0{,}571\Omega$$

$$I_1 = \frac{R_T}{R_1} I_T = \left(\frac{0{,}571\,\Omega}{1\,\Omega}\right) 14\text{ A} = 8{,}00\text{ A}$$

$$I_2 = \frac{R_T}{R_2} I_T = \left(\frac{0{,}571\,\Omega}{2\,\Omega}\right) 14\text{ A} = 4{,}00\text{ A}$$

$$I_3 = \frac{R_T}{R_3} I_T = \left(\frac{0{,}571\,\Omega}{5\,\Omega}\right) 14\text{ A} = 2{,}00\text{ A}$$

Exemplo 6-11

Para a rede da Figura 6-27, determine as correntes I_1, I_2 e I_3.

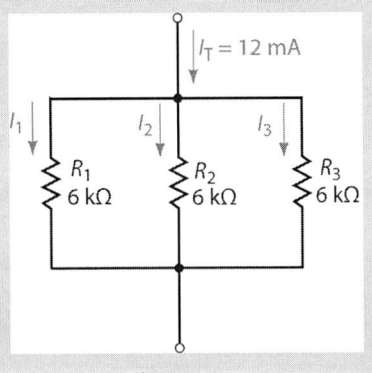

Figura 6-27

Solução: Como todos os resistores possuem o mesmo valor, a corrente de entrada será dividida igualmente entre as resistências. Dessa forma,

$$I_1 = I_2 = I_3 = \frac{12 \text{ mA}}{3} = 4,00 \text{ mA}$$

Exemplo 6-12

Determine as correntes I_1 e I_2 na rede da Figura 6-28.

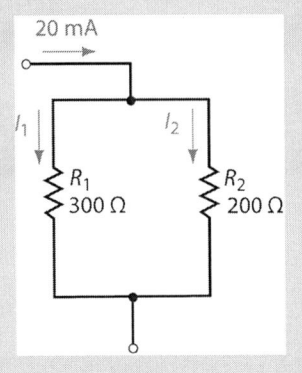

Figura 6-28

Solução: Como há apenas dois resistores nessa rede, usamos as Equações 6-12 e 6-13:

$$I_1 = \frac{R_2}{R_1 + R_2} I_T = \left(\frac{200 \text{ }\Omega}{300 \text{ }\Omega + 200 \text{ }\Omega}\right)(20 \text{ mA}) = 8,00 \text{ mA}$$

$$I_2 = \frac{R_1}{R_1 + R_2} I_T = \left(\frac{300 \text{ }\Omega}{300 \text{ }\Omega + 200 \text{ }\Omega}\right)(20 \text{ mA}) = 12,0 \text{ mA}$$

Exemplo 6-13

Determine a resistência R_1 de modo que a corrente seja dividida, como mostrado na rede da Figura 6-29.

Solução: Alguns métodos podem ser usados para resolver esse problema. Examinaremos somente dois deles.

Método I: como há dois resistores em paralelo, pode-se usar a Equação 6-13 para calcular o resistor desconhecido:

$$I_2 = \frac{R_1}{R_1 + R_2} I_T$$

$$5\,A = \left(\frac{R_1}{R_1 + 30\,\Omega}\right)(25\,A)$$

Usando a álgebra, obtém-se

$$(5A)\,R_1 + (5\,A)(30\,\Omega) = (25\,A)\,R_1$$

$$(20\,A)\,R_1 = 150\,V$$

$$R_1 = \frac{150\,V}{20\,A} = 7{,}50\,\Omega$$

Figura 6-29

Método II: aplicando a lei de Kirchhoff das correntes, vemos que a corrente em R_1 deve ser

$$I_1 = 25\,A - 5\,A = 20\,A$$

Como os elementos em paralelo devem ter a mesma tensão em seus terminais, a tensão em R_1 deve ser exatamente a mesma em R_2. Com base na lei de Ohm, a tensão em R_2 é

$$V_2 = (5\,A)(30\,\Omega) = 150\,V$$

Assim,

$$R_1 = \frac{150\,V}{20\,A} = 7{,}50\,\Omega$$

Como esperado, os resultados são idênticos. Esse exemplo ilustra que, normalmente, há mais de um método para resolver um dado problema. Embora os métodos sejam igualmente corretos, vemos que, no exemplo, o segundo é menos complicado.

PROBLEMAS PRÁTICOS 5

Utilize a regra do divisor de corrente para calcular as correntes desconhecidas para as redes da Figura 6-30.

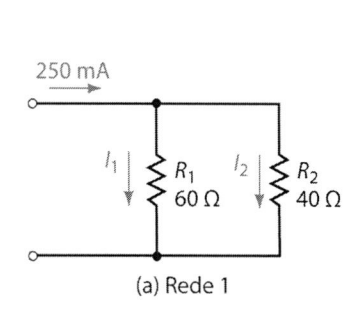

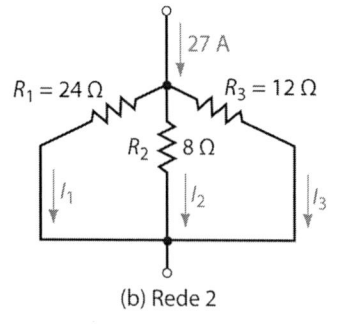

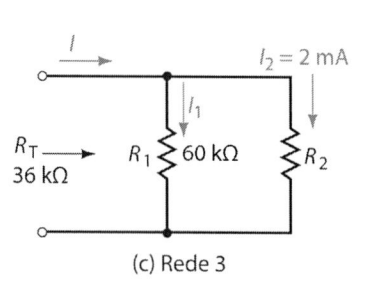

(a) Rede 1

(b) Rede 2

(c) Rede 3

Figura 6-30

Respostas:

Rede 1: $I_1 = 100$ mA; $I_2 = 150$ mA   **Rede 2:** $I_1 = 4{,}50$ A; $I_2 = 13{,}5$ A; $I_3 = 9{,}00$ A   **Rede 3:** $I_1 = 3{,}00$ mA; $I_2 = 5{,}00$ mA

VERIFICAÇÃO DO PROCESSO DE APRENDIZAGEM 2

(As respostas encontram-se no final do capítulo.)

Quatro resistores estão ligados em paralelo. Os valores deles são: 1 Ω; 3 Ω; 4 Ω e 5 Ω.

a. Usando apenas lápis e papel (sem calculadora), determine a corrente através de cada resistor, sendo o valor da corrente através do resistor de 5 Ω igual a 6 A.

b. Novamente, sem calculadora, calcule a corrente total aplicada na combinação paralela.

c. Utilize a calculadora para determinar a resistência total paralela dos quatro resistores. Use a regra do divisor de corrente e a corrente total obtida na parte (b) para calcular a corrente através de cada resistor.

6.6 Análise de Circuitos Paralelos

Agora veremos como usar os princípios desenvolvidos neste capítulo quando analisamos os circuitos paralelos. Nos exemplos a seguir, veremos que as leis de conservação de energia se aplicam tão bem nos circuitos paralelos quanto nos série. Embora tenhamos escolhido analisar os circuitos de certa maneira, lembre-se de que geralmente há mais de uma forma para alcançar a resposta correta. À medida que se tornar mais experiente em análise de circuitos, você usará o método mais eficiente. Por ora, entretanto, utilize o método com o qual se sinta mais confortável.

Exemplo 6-14

Para o circuito da Figura 6-31, determine as seguintes grandezas:

a. R_T

b. I_T

c. a potência fornecida pela fonte de tensão

d. I_1 e I_2 usando a regra do divisor de corrente

e. a potência dissipada pelos resistores

Figura 6-31

Solução:

a. $R_T = \dfrac{R_1 R_2}{R_1 + R_2} = \dfrac{(2\ \text{k}\Omega)(8\ \text{k}\Omega)}{2\ \text{k}\Omega + 8\ \text{k}\Omega} = 1,6\ \text{k}\Omega$

b. $I_T = \dfrac{E}{R_T} = \dfrac{36\ \text{V}}{1,6\ \text{k}\Omega} = 22,5\ \text{mA}$

c. $P_T = E I_T = (36\ \text{V})(22,5\ \text{mA}) = 810\ \text{mW}$

d. $I_2 = \dfrac{R_1}{R_1 + R_2} I_T = \left(\dfrac{2\ \text{k}\Omega}{2\ \text{k}\Omega + 8\ \text{k}\Omega}\right)(22,5\ \text{mA}) = 4,5\ \text{mA}$

$I_1 = \dfrac{R_2}{R_1 + R_2} I_T = \left(\dfrac{8\ \text{k}\Omega}{2\ \text{k}\Omega + 8\ \text{k}\Omega}\right)(22,5\ \text{mA}) = 18,0\ \text{mA}$

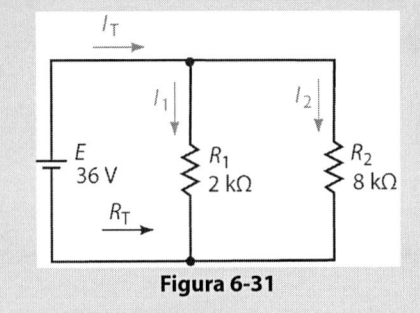

e. Como sabemos que a tensão em cada um dos resistores paralelos deve ser igual a 36 V, usamos essa tensão para determinar a potência dissipada por cada resistor. Seria igualmente correto usar a corrente em cada resistor para calcular a potência. No entanto, em geral, para fazer cálculos é melhor usar as informações já fornecidas do que os valores calculados, pois é menos provável cometermos erros.

$P_1 = \dfrac{E^2}{R_1} = \dfrac{(36\ \text{V})^2}{2\ \text{k}\Omega} = 648\ \text{mW}$

$P_2 = \dfrac{E^2}{R_2} = \dfrac{(36\ \text{V})^2}{8\ \text{k}\Omega} = 162\ \text{mW}$

Observe que a potência fornecida pela fonte de tensão é exatamente igual à potência total dissipada pelos resistores, ou seja, $P_T = P_1 + P_2$.

Exemplo 6-15

Observe o circuito da Figura 6-32:

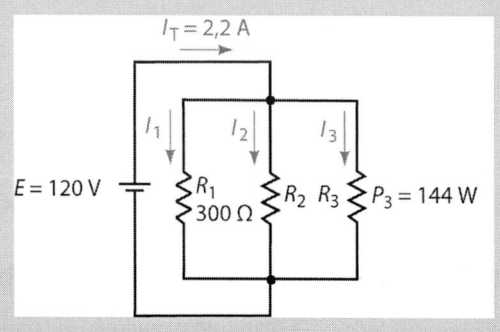

Figura 6-32

a. Calcule a potência total dissipada pela fonte de tensão.
b. Encontre as correntes I_1, I_2 e I_3.
c. Determine os valores dos resistores desconhecidos R_2 e R_3.
d. Calcule a potência dissipada por cada resistor.
e. Comprove que a potência dissipada é igual à potência fornecida pela fonte de tensão.

Solução:

a. $P_T = EI_T = (120 \text{ V})(2,2 \text{ A}) = 264 \text{ W}$

b. Como os três resistores do circuito estão em paralelo, sabemos que a tensão em todos os resistores deve ser igual a $E = 120$ V.

$$I_1 = \frac{V_1}{R_1} = \frac{120 \text{ V}}{300 \text{ }\Omega} = 0,4 \text{ A}$$

$$I_3 = \frac{P_3}{V_3} = \frac{144 \text{ W}}{120 \text{ V}} = 1,2 \text{ A}$$

Como a KCL tem de ser mantida em cada nó, determinamos a corrente I_2 da seguinte maneira:

$$I_2 = I_T - I_1 - I_3$$
$$= 2,2 \text{ A} - 0,4 \text{ A} - 1,2 \text{ A} = 0,6 \text{ A}$$

c. $R_2 = \dfrac{V_2}{I_2} = \dfrac{120 \text{ V}}{0,6 \text{ A}} = 200 \text{ }\Omega$

Embora fosse possível usar a corrente calculada I_3 para determinar a resistência, é melhor utilizar os dados já fornecidos do que os valores calculados.

$$R_3 = \frac{V_3^2}{P_3} = \frac{(120 \text{ V})^2}{144 \text{ W}} = 100 \text{ }\Omega$$

d. $P_1 = \dfrac{V_1^2}{R_1} = \dfrac{(120 \text{ V})^2}{300 \text{ }\Omega} = 48 \text{ W}$

$P_2 = I_2 E_2 = (0,6 \text{ A})(120 \text{ V}) = 72 \text{ W}$

e. $P_{\text{in}} = P_{\text{out}}$

$264 \text{ W} = P_1 + P_2 + P_3$

$264 \text{ W} = 48 \text{ W} + 72 \text{ W} + 144 \text{ W}$

$264 \text{ W} = 264 \text{ W}$ (confere!)

6.7 Efeitos de Carga do Voltímetro

No capítulo anterior, observamos que um voltímetro é essencialmente um medidor em série com uma resistência limitadora de corrente. Quando um voltímetro é colocado nos dois terminais para fornecer a leitura da tensão, o circuito é afetado da mesma forma que seria se houvesse uma resistência nos dois terminais. A Figura 6-33 mostra esse efeito.

Se a resistência do voltímetro estiver muito elevada em comparação com a resistência na qual a tensão será medida, o medidor indicará basicamente a mesma tensão encontrada antes de o instrumento estar conectado. Por outro lado, se o medidor tiver uma resistência interna com um valor próximo ao da resistência medida, inadvertidamente carregará o circuito, o que ocasionará uma leitura errônea. Em geral, se a resistência do medidor for mais que dez vezes superior à resistência onde a tensão é medida, o **efeito de carga** é considerado desprezível, podendo ser ignorado.

O circuito da Figura 6-34 não possui corrente, pois os terminais a e b são circuitos abertos. A tensão entre os terminais abertos deve ser $V_{ab} = 10$ V. Se inserirmos um voltímetro com a resistência interna de 200 kΩ entre os terminais, o circuito será fechado, resultando em pouca quantidade de corrente. A Figura 6-35 mostra como fica o circuito completo.

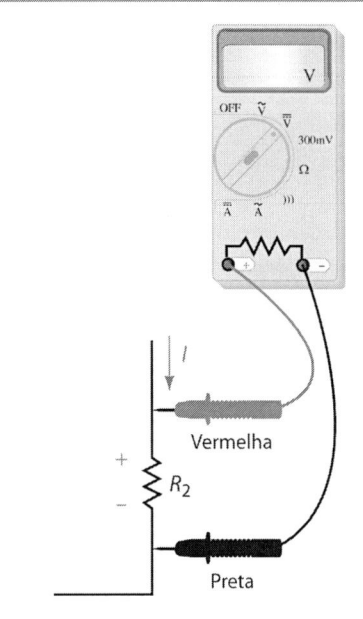

Figura 6-33

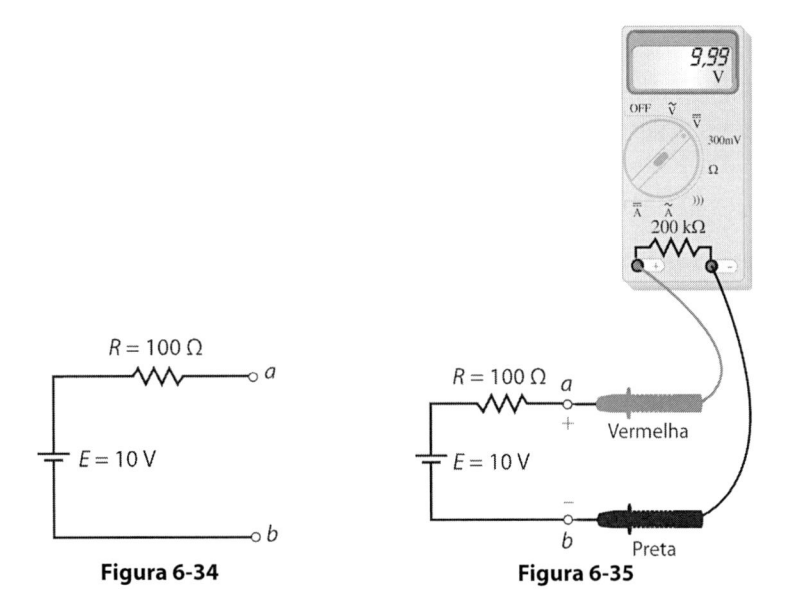

Figura 6-34

Figura 6-35

A leitura indicada no mostrador do instrumento é a tensão que aparece na resistência interna do medidor. Aplicando a lei de Kirchhoff das tensões, a tensão é

$$V_{ab} = \frac{200 \text{ k}\Omega}{200 \text{ k}\Omega + 100 \text{ }\Omega} (10 \text{ V}) = 9{,}995 \text{ V}$$

Claramente, a leitura no mostrador é, em essência, igual ao valor previsto de 10 V. Lembre-se de que no capítulo anterior definimos o efeito de carga de um medidor da seguinte forma:

$$\text{efeito de carga} = \frac{\text{valor real} - \text{leitura}}{\text{valor real}} \times 100\%$$

Para o circuito da Figura 6-35, o voltímetro tem um efeito de carga de

$$\text{efeito de carga} = \frac{10\text{ V} - 9{,}995\text{ V}}{10\text{ V}} \times 100\% = 0{,}05\%$$

Em teoria, esse erro de carregamento é indetectável para o circuito dado. Mas isso não seria verdadeiro se tivéssemos um circuito como o mostrado na Figura 6-36 e usássemos o mesmo voltímetro para fazer a leitura.

Novamente, se o circuito fosse deixado aberto, esperaríamos V_{ab} = 10 V.

Ligando o voltímetro de 200 kΩ entre os terminais, como mostra a Figura 6-37, vemos que a tensão detectada entre os terminais a e b não será mais a tensão desejada; em vez disso, será

$$V_{ab} = \frac{200\text{ k}\Omega}{200\text{ k}\Omega + 1\text{ k}\Omega}(10\text{ V}) = 1{,}667\text{ V}$$

O efeito de carga do medidor neste circuito é

$$\text{efeito de carga} = \frac{10\text{ V} - 1{,}667\text{ V}}{10\text{ V}} \times 100\% = 83{,}33\%$$

A ilustração anterior exemplifica um problema que pode ocorrer quando fazemos medições em circuitos eletrônicos. Quando um técnico ou tecnólogo inexperiente obtém um resultado não previsto, supõe-se que há algo errado com o circuito ou com o instrumento. Na verdade, ambos, o circuito e o instrumento, estão operando de maneira perfeitamente previsível. O profissional simplesmente se esqueceu de considerar o efeito de carga do medidor. Todos os instrumentos têm limitações e devemos ficar atentos a elas.

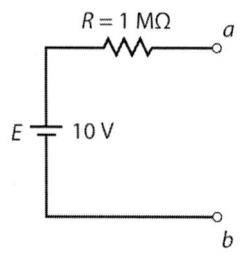

Figura 6-36

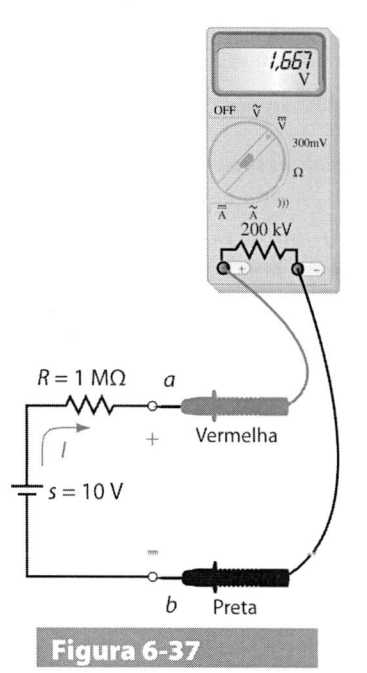

Figura 6-37

Exemplo 6-16

Um voltímetro digital com resistência interna de 5 MΩ é usado para medir a tensão nos terminais a e b no circuito da Figura 6-37.

a. Determine a leitura no medidor.
b. Calcule o efeito de carga do medidor.

Solução:

a. A tensão aplicada nos terminais do medidor é

$$V_{ab} = \left(\frac{5\text{ M}\Omega}{1\text{ M}\Omega + 5\text{ M}\Omega}\right)(10\text{ V}) = 8{,}33\text{ V}$$

b. O efeito de carga é

$$\text{erro de carregamento} = \frac{10\text{ V} - 8{,}33\text{ V}}{10\text{ V}} \times 100\% = 16{,}7\%$$

VERIFICAÇÃO DO PROCESSO DE APRENDIZAGEM 3

(As respostas encontram-se no final do capítulo.)

Todos os instrumentos têm um efeito de carga no circuito medido. Se houvesse dois voltímetros, um com resistência interna de 200 kΩ e outro de 1 MΩ, qual medidor carregaria mais o circuito? Explique.

6.8 Análise Computacional

Como o leitor já viu, a simulação no computador é útil, pois oferece uma visualização dos conhecimentos adquiridos. Usaremos tanto o Multisim quanto o PSpice para "medir" a tensão e a corrente em circuitos paralelos. Um dos principais recursos do Multisim é a capacidade de simular com precisão o funcionamento de um circuito real. Nesta seção, o leitor aprenderá como mudar as configurações do multímetro de modo a observar a carga do medidor em um circuito.

Multisim

Exemplo 6-17

Utilize o Multisim para determinar as correntes I_T, I_1 e I_2 no circuito da Figura 6-38. Este circuito já foi analisado no Exemplo 6-14.

Solução: Após abrir a janela Circuit:

- Selecione os componentes para o circuito na barra de ferramentas Parts Bin. É necessário selecionar a bateria e o símbolo para o aterramento na barra de ferramentas Sources. Na barra de ferramentas Basic, obtêm-se os resistores.
- Quando o circuito estiver completamente conectado, será possível selecionar os amperímetros na barra de ferramentas Indicators. Certifique-se de que os amperímetros estão corretamente inseridos no circuito. Lembre-se de que a barra maciça no amperímetro está conectada ao lado do circuito ou ramo com o potencial mais baixo.
- Simule o circuito clicando na chave de alimentação. O leitor deveria ver os mesmos resultados mostrados na Figura 6-39.

Figura 6-38

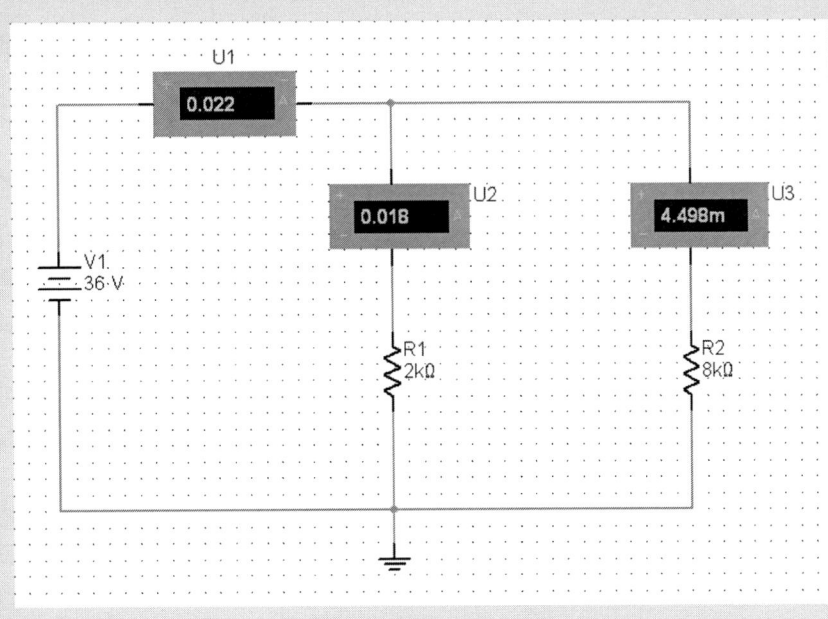

Figura 6-39

Observe que esses resultados são compatíveis com os encontrados no Exemplo 6-14.

Exemplo 6-18

Utilize o Multisim para demonstrar o efeito de carga do voltímetro usado na Figura 6-37. O voltímetro tem uma resistência interna de 200 kΩ.

Solução: Após abrir a janela Circuit:

- Construa o circuito inserindo a bateria, o resistor e o aterramento, como mostra a Figura 6-37.
- Selecione o multímetro da barra de ferramentas Instruments.
- Amplie o multímetro clicando duas vezes no símbolo.
- Clique no botão Settings, na parte da frente do multímetro.
- Modifique a resistência do voltímetro para 200 kΩ. Clique em OK para aceitar o novo valor.
- Execute a simulação clicando na chave de alimentação. A Figura 6-40 traz o resultado no mostrador.

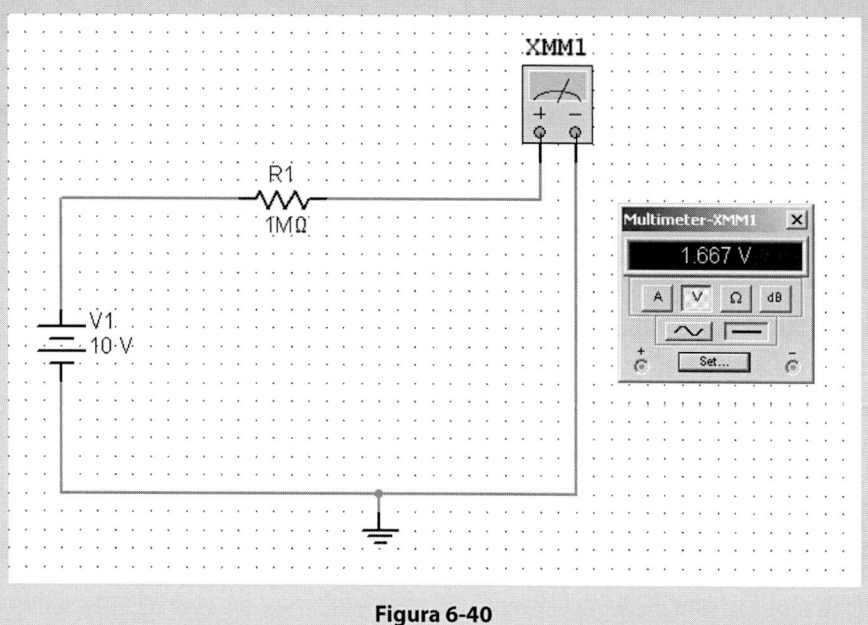

Figura 6-40

PSpice

Nos exemplos anteriores do PSpice, usamos a análise do ponto de polarização para obter uma corrente DC em um circuito. Neste capítulo, usaremos novamente a mesma técnica de análise para examinar os circuitos paralelos.

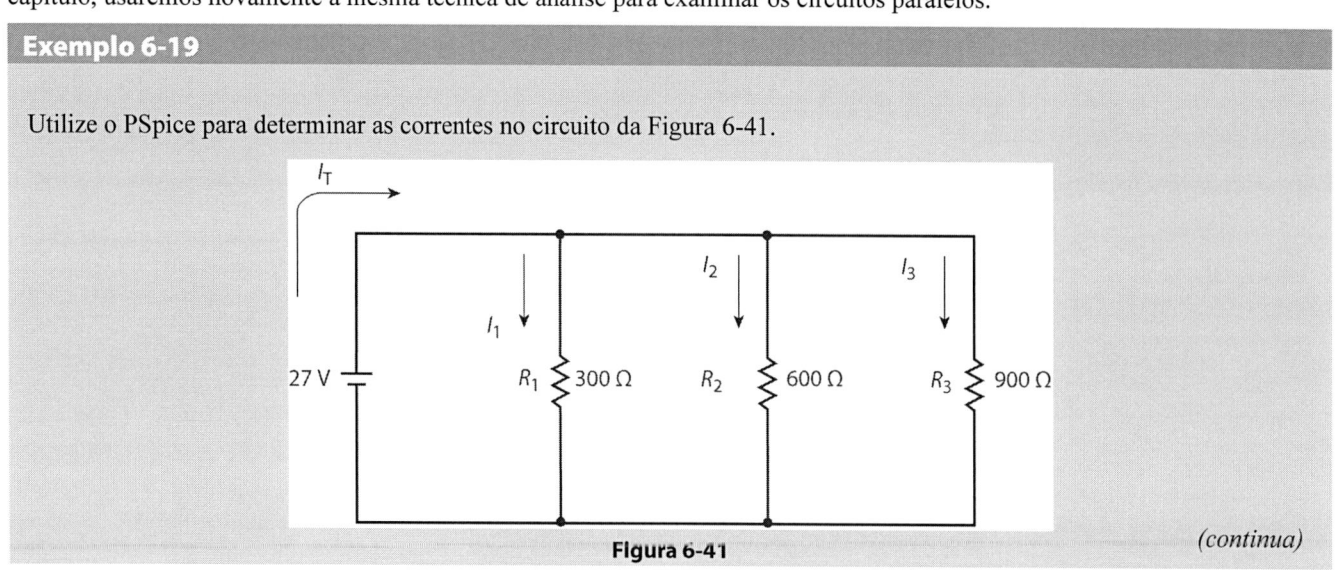

Exemplo 6-19

Utilize o PSpice para determinar as correntes no circuito da Figura 6-41.

Figura 6-41

(continua)

Exemplo 6-19 *(continuação)*

Solução:
• Abra o software CIS Demo e monte o circuito como ilustrado.

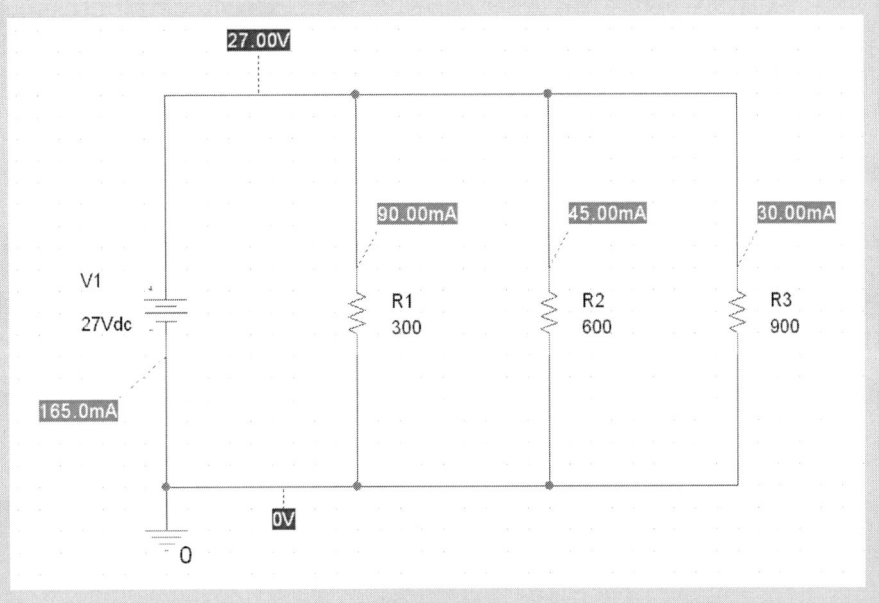

Figura 6-42

• Clique em New Simulation Profile e selecione Bias Point analysis.
• Após executar o projeto, você verá os valores das correntes e tensões. As correntes são: $I(R1) = 90$ mA, $I(R2) = 45$ mA, $I(R3) = 30$ mA, e $I(V1) = 165$ mA.

PROBLEMAS PRÁTICOS 6

Use o Multisim para determinar a corrente em cada resistor do circuito da Figura 6-21(a) quando uma fonte de tensão de 24 V estiver ligada nos terminais da rede de resistores.

Respostas

$I_1 = I_2 = I_3 = 0{,}267$ A, $I_4 = 1{,}20$ A

PROBLEMAS PRÁTICOS 7

Use o PSpice para determinar a corrente em cada resistor do circuito mostrado na Figura 6-43.

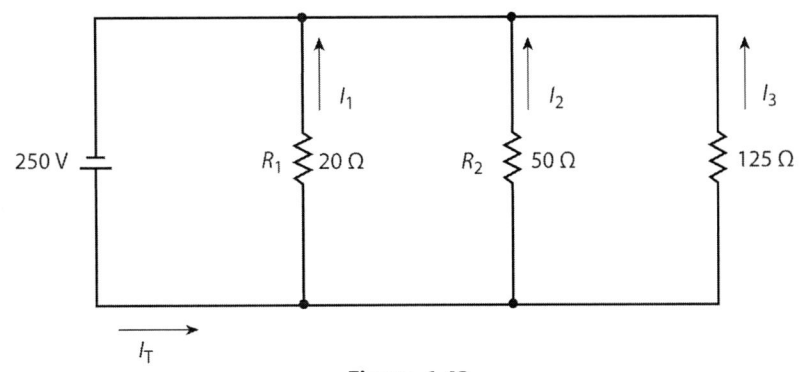

Figura 6-43

Respostas

$I_1 = 12{,}5$ A, $I_2 = 5{,}00$ A, $I_3 = 2{,}00$ A, $I_T = 19{,}5$ A

174 Análise de Circuitos • Análise Básica de DC

COLOCANDO EM PRÁTICA

Você foi contratado como consultor para uma empresa de aquecimento. Uma de suas tarefas é determinar o número de aquecedores de 1.000 W que podem ser suportados com segurança por um circuito elétrico. Em qualquer circuito, todos os aquecedores estão ligados em paralelo. Cada circuito opera a uma tensão de 240 V e tem a especificação para um máximo de 20 A. A corrente normal operando no circuito não deve exceder 80% da corrente determinada. Quantos aquecedores podem ser instalados com segurança em cada circuito? Se em uma sala é necessário retirar 5.000 W de potência dos aquecedores para fornecer o calor adequado durante o dia mais frio, quantos circuitos devem ser instalados nesta sala?

PROBLEMAS

6.1 Circuitos Paralelos

1. Indique quais dos elementos na Figura 6-44 estão ligados em paralelo e quais estão ligados em série.

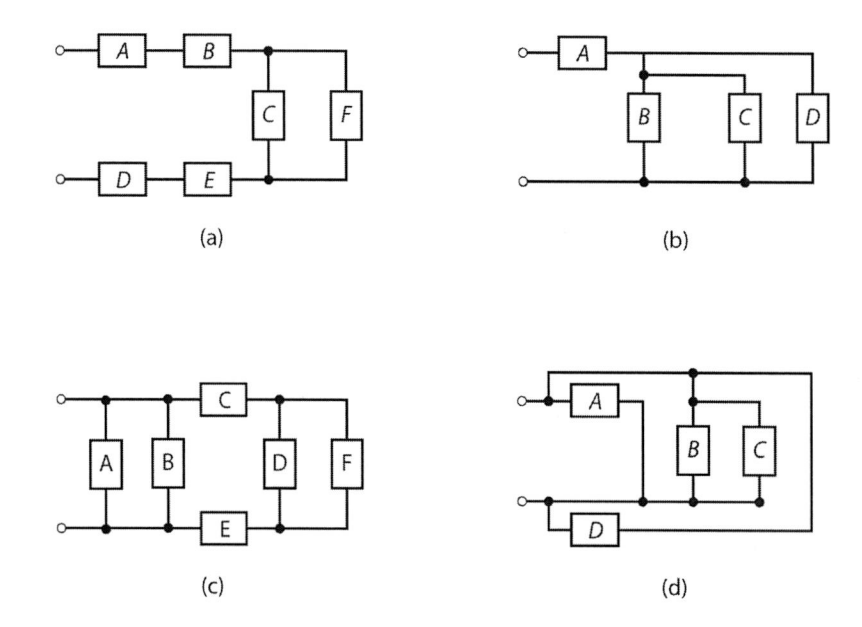

Figura 6-44

2. Para as redes da Figura 6-45, indique quais resistores estão ligados em série e quais estão ligados em paralelo.

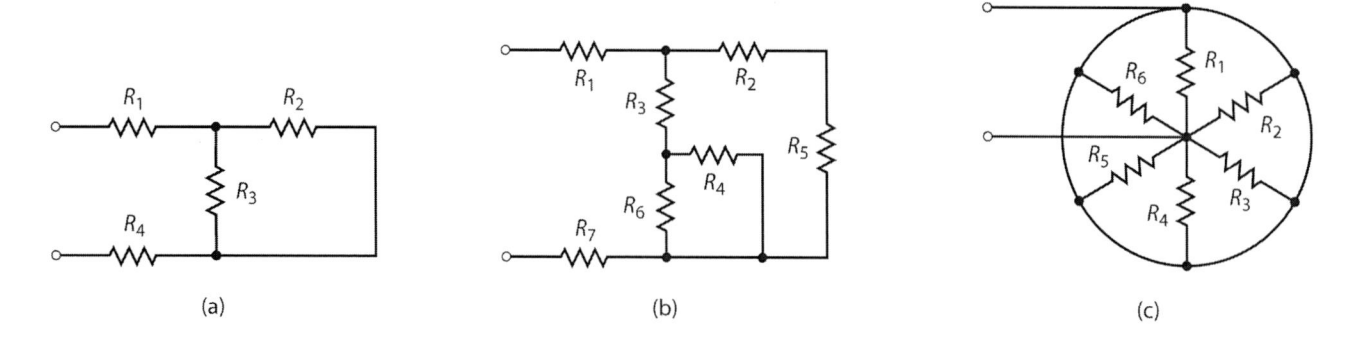

Figura 6-45

3. Sem mudar a posição dos componentes, mostre ao menos uma maneira de conectar todos os elementos da Figura 6-46 em paralelo.

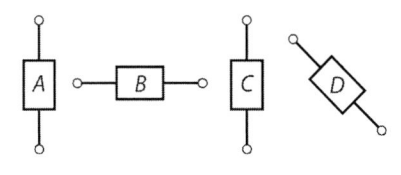

Figura 6-46

4. Repita o Problema 3 para os elementos mostrados na Figura 6-47.

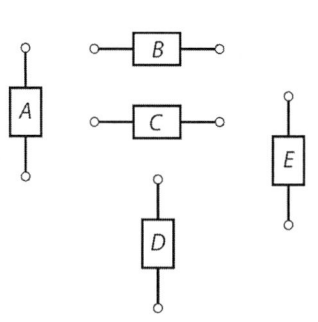

Figura 6-47

6.2 Lei de Kirchhoff das Correntes

5. Use a lei de Kirchhoff das correntes para determinar as magnitudes e direções das correntes indicadas em cada uma das redes mostradas na Figura 6-48.

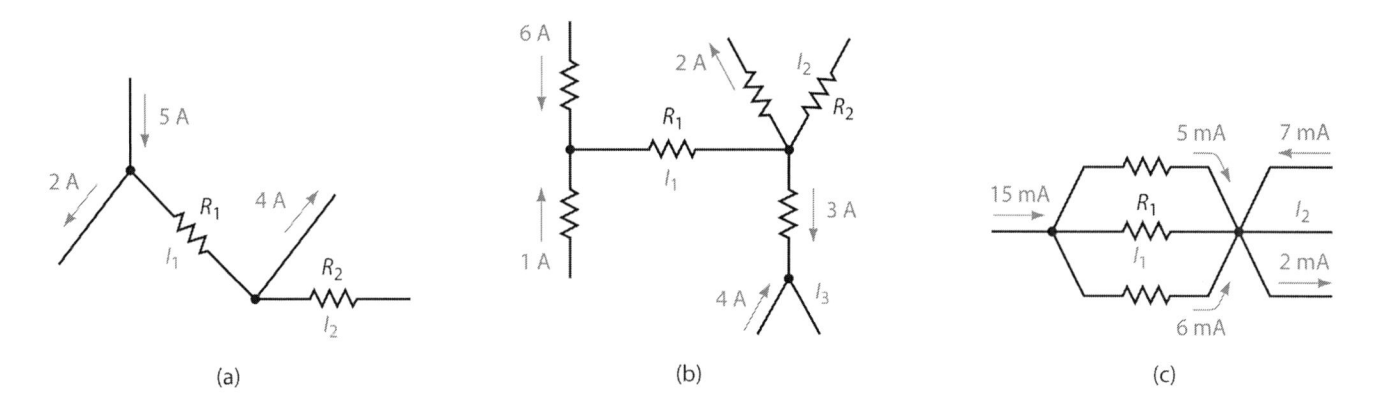

(a)   (b)   (c)

Figura 6-48

6. Para o circuito da Figura 6-49, determine a magnitude e direção de cada uma das correntes indicadas.
7. Considere a rede da Figura 6-50.
   a. Calcule as correntes I_1; I_2; I_3 e I_4.
   b. Determine o valor da resistência R_3.

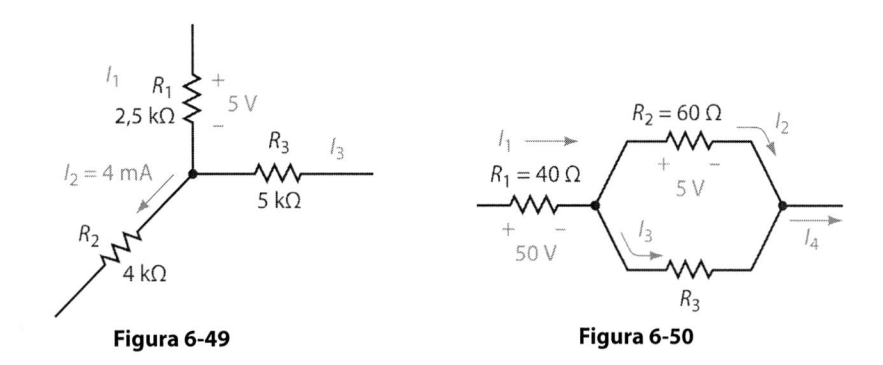

Figura 6-49

Figura 6-50

8. Ache cada uma das correntes desconhecidas nas redes da Figura 6-51.

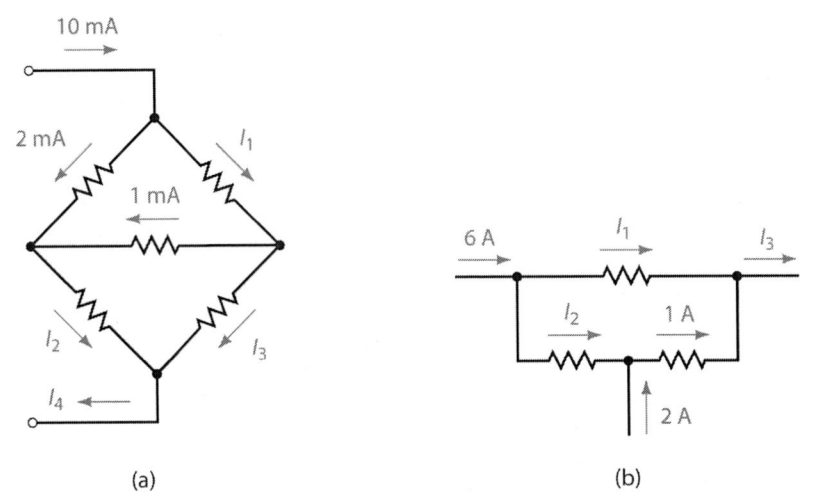

(a)   (b)

Figura 6-51

9. Observe a rede da Figura 6-52.

   a. Use a lei de Kirchhoff das correntes para calcular as correntes desconhecidas, I_1, I_2, I_3 e I_4.

   b. Calcule a tensão, V, na rede.

   c. Determine os valores dos resistores desconhecidos R_1, R_3 e R_4.

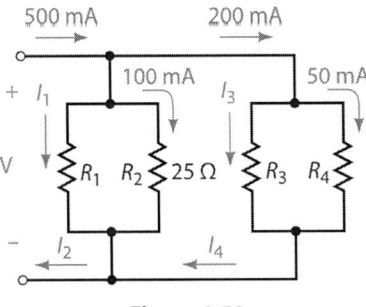

Figura 6-52

10. Observe a rede da Figura 6-53.

    a. Use a lei de Kirchhoff das correntes para calcular as correntes desconhecidas.

    b. Calcule a tensão, V, na rede.

    c. Determine o valor da fonte de tensão, E. (Sugestão: use a lei de Kirchhoff das tensões.)

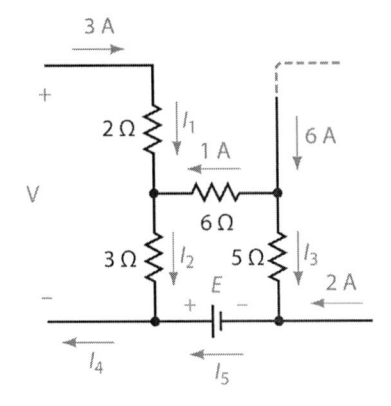

Figura 6-53

6.3 Resistores em Paralelo

11. Calcule a condutância e a resistência totais de cada uma das redes mostradas na Figura 6-54.

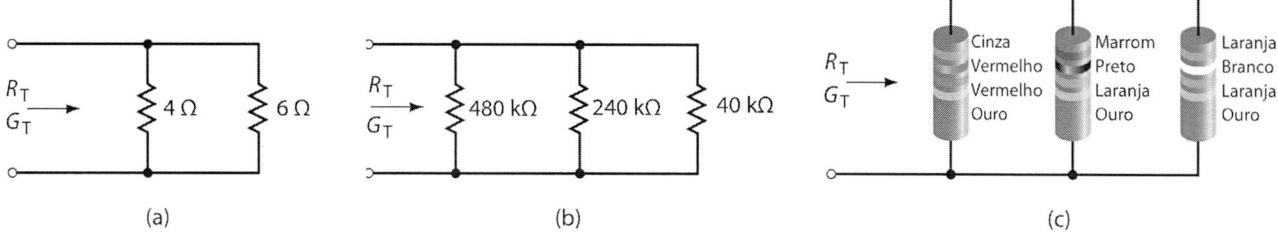

Figura 6-54

(a) R_T, G_T — $4\,\Omega$ ∥ $6\,\Omega$

(b) R_T, G_T — $480\,k\Omega$ ∥ $240\,k\Omega$ ∥ $40\,k\Omega$

(c) R_T, G_T — resistores com código de cores:
- Cinza, Vermelho, Vermelho, Ouro
- Marrom, Preto, Laranja, Ouro
- Laranja, Branco, Laranja, Ouro

12. Para as redes da Figura 6-55, determine o valor necessário da(s) resistência(s) desconhecida(s) para resultar na condutância total fornecida.

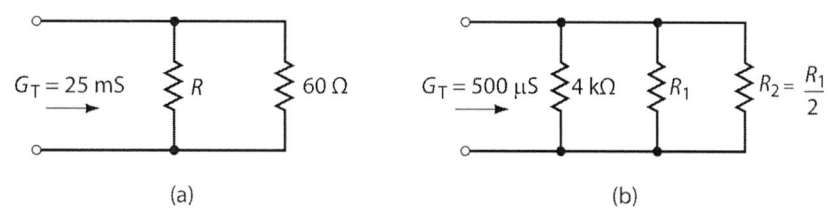

Figura 6-55

(a) $G_T = 25$ mS; R ∥ $60\,\Omega$

(b) $G_T = 500\,\mu$S; $4\,k\Omega$ ∥ R_1 ∥ $R_2 = \dfrac{R_1}{2}$

13. Para as redes da Figura 6-56, determine o valor necessário da(s) resistência(s) desconhecida(s) para resultar nas resistências totais fornecidas.

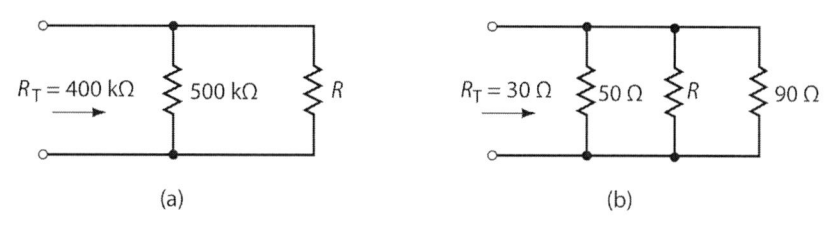

Figura 6-56

(a) $R_T = 400\,k\Omega$; $500\,k\Omega$ ∥ R

(b) $R_T = 30\,\Omega$; $50\,\Omega$ ∥ R ∥ $90\,\Omega$

14. Determine o valor de cada resistor desconhecido na rede da Figura 6-57, de modo que o valor da resistência seja igual a $100\,k\Omega$.

15. Observe a rede da Figura 6-58.

   a. Calcule os valores de R_1, R_2 e R_3 de modo que a resistência total da rede seja igual a $200\,\Omega$.

   b. Se R_3 tem uma corrente de 2 A, determine a corrente em cada um dos outros resistores.

   c. Qual é a quantidade de corrente que deve ser aplicada em toda a rede?

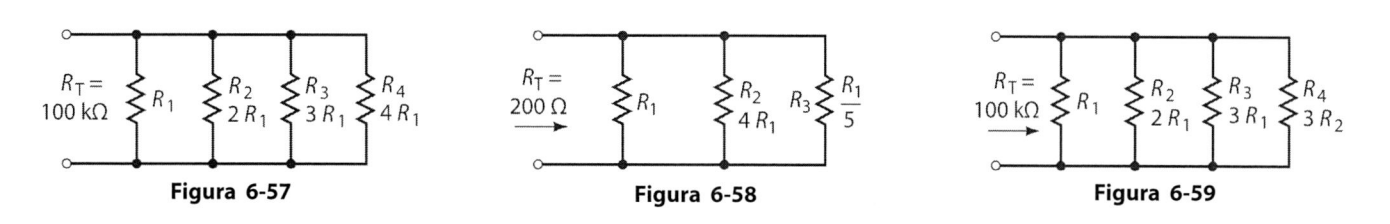

Figura 6-57: $R_T = 100\,k\Omega$; R_1 ∥ $R_2 = 2R_1$ ∥ $R_3 = 3R_1$ ∥ $R_4 = 4R_1$

Figura 6-58: $R_T = 200\,\Omega$; R_1 ∥ $R_2 = 4R_1$ ∥ $R_3 = \dfrac{R_1}{5}$

Figura 6-59: $R_T = 100\,k\Omega$; R_1 ∥ $R_2 = 2R_1$ ∥ $R_3 = 3R_1$ ∥ $R_4 = 3R_2$

16. Observe a rede da Figura 6-59.

   a. Calcule os valores de R_1, R_2, R_3 e R_4 de modo que a resistência total da rede seja igual a $100\,k\Omega$.

b. Se R_4 tem uma corrente de 2 mA, determine a corrente em cada um dos outros resistores.

c. Qual é a quantidade de corrente que deve ser aplicada em toda a rede?

17. Observe a rede da Figura 6-60.

    a. Ache as tensões em R_1 e R_2.

    b. Determine a corrente I_2.

18. Observe a rede da Figura 6-61.

    a. Ache as tensões em R_1, R_2 e R_3.

    b. Calcule a corrente I_2.

    c. Calcule a corrente I_3.

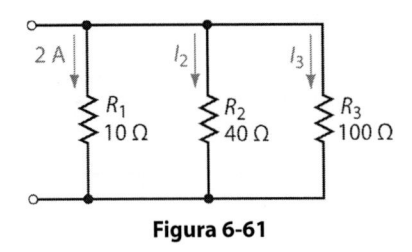

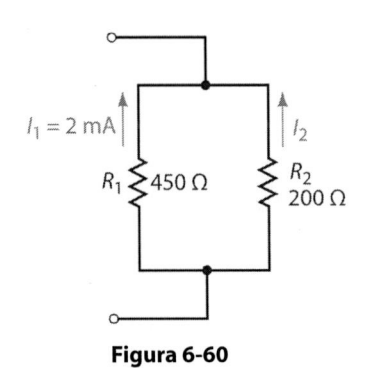

Figura 6-60

Figura 6-61

19. Determine a resistência total de cada rede da Figura 6-62.

20. Determine a resistência total de cada rede da Figura 6-63.

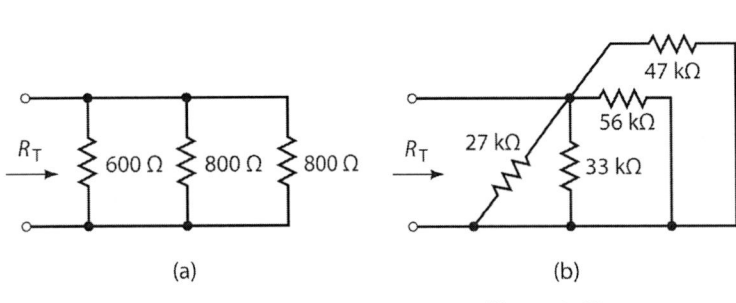

(a) (b) (c)

Figura 6-62

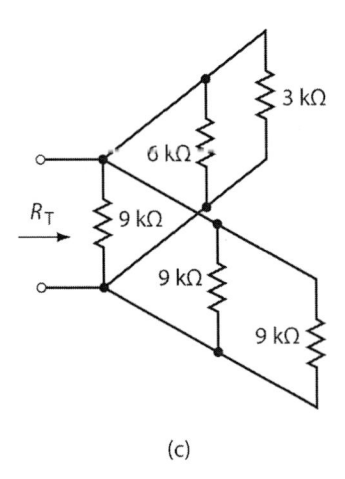

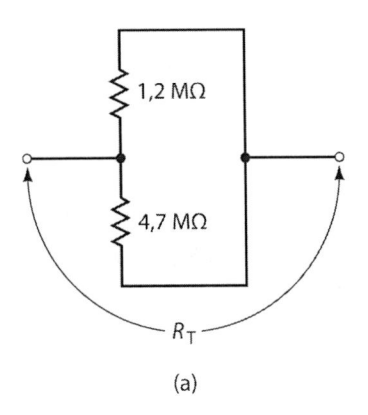

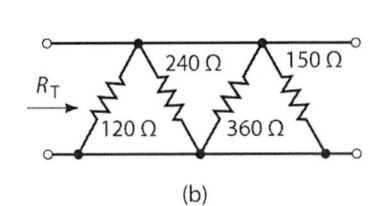

(a) (b) (c)

Figura 6-63

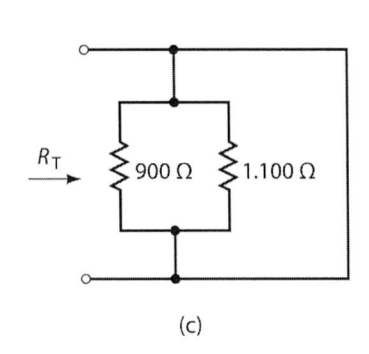

21. Determine os valores dos resistores no circuito da Figura 6-64, dadas as condições indicadas.

22. Dadas as condições indicadas, calcule todas as correntes e determine todos os valores dos resistores para o circuito da Figura 6-65.

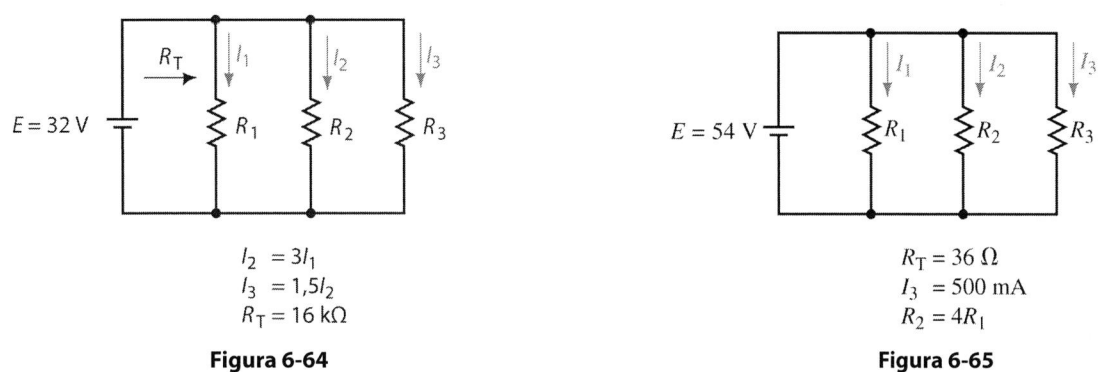

$I_2 = 3I_1$
$I_3 = 1,5I_2$
$R_T = 16\ k\Omega$

Figura 6-64

$R_T = 36\ \Omega$
$I_3 = 500\ mA$
$R_2 = 4R_1$

Figura 6-65

23. Sem usar lápis, papel ou calculadora, determine a resistência de cada rede da Figura 6

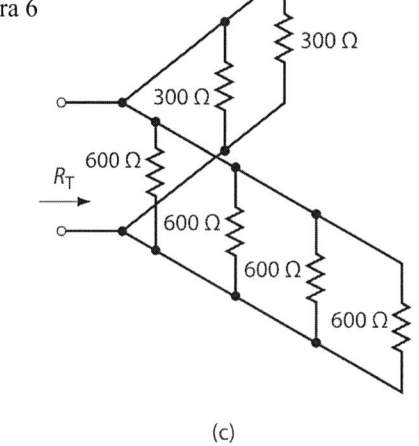

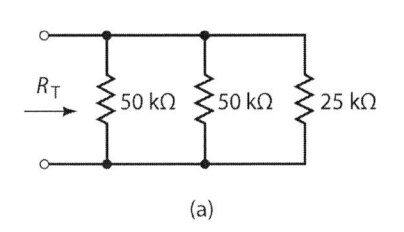

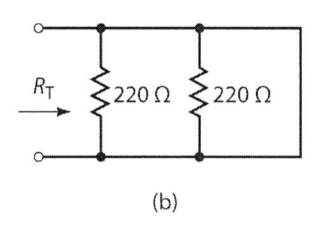

(a)   (b)   (c)

Figura 6-66

24. Sem usar lápis, papel ou calculadora, determine a resistência aproximada da rede da Figura 6-67.

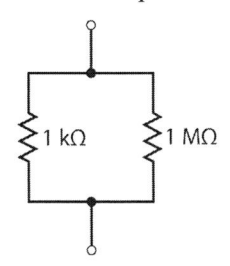

Figura 6-67

25. Sem usar lápis, papel ou calculadora, determine a resistência total da rede da Figura 6-68.

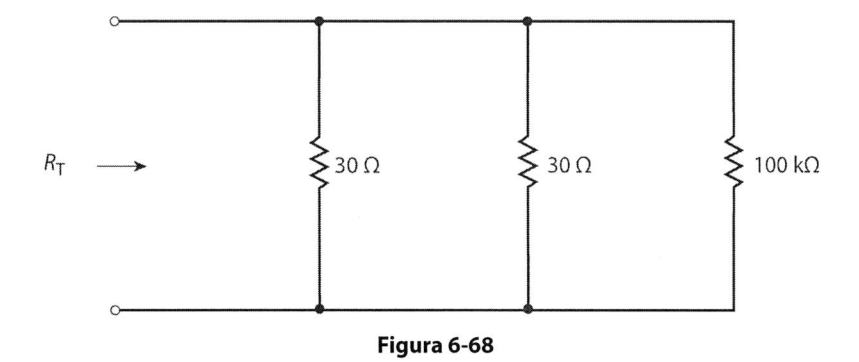

Figura 6-68

26. Deduza a Equação 6-7, usada para calcular a resistência total de três resistores paralelos.

6.4 Fontes de Tensão em Paralelo

27. Duas baterias de 20 V estão ligadas em paralelo para fornecer corrente a uma carga de 100 V, como mostra a Figura 6-69. Determine a corrente na carga e em cada bateria.

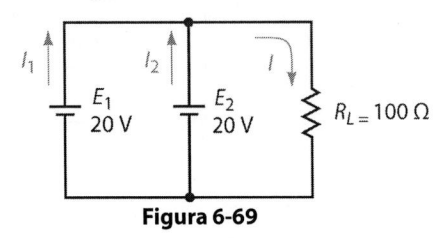

Figura 6-69

28. Duas baterias automotivas de chumbo-ácido estão ligadas em paralelo, como mostra a Figura 6-70, para fornecer corrente de partida adicional. Uma das baterias está carregada por completo a 14,2 V e a outra descarregou, ficando com 9 V. Se a resistência interna de cada bateria for de 0,01 Ω, determine a corrente nas baterias. Se cada bateria é destinada a fornecer um máximo de 150 A de corrente, este método é adequado para fazer um carro arrancar?

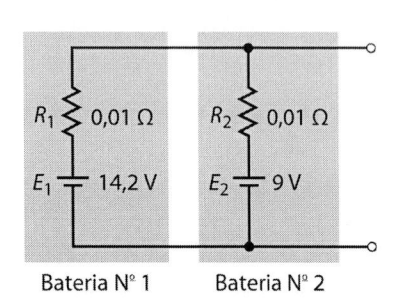

Figura 6-70

29. Use a regra do divisor de corrente para achar as correntes I_1 e I_2 nas redes da Figura 6-71.

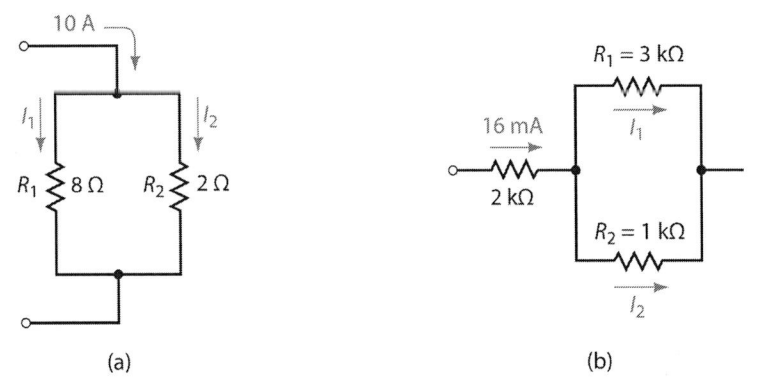

Figura 6-71

30. Repita o Problema 29 para a rede da Figura 6-72.

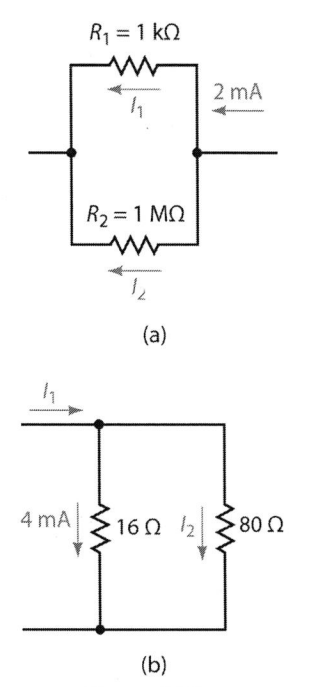

Figura 6-72

31. Use a regra do divisor de corrente para determinar todas as correntes desconhecidas para as redes da Figura 6-73.

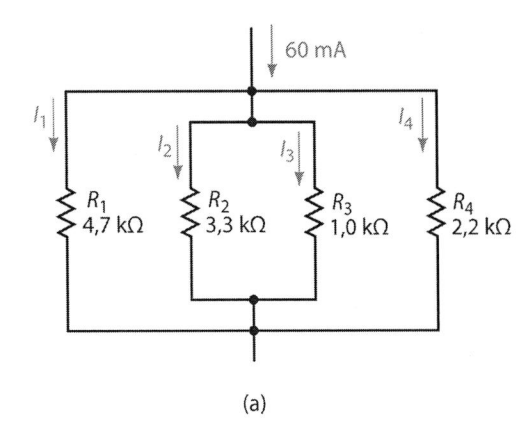

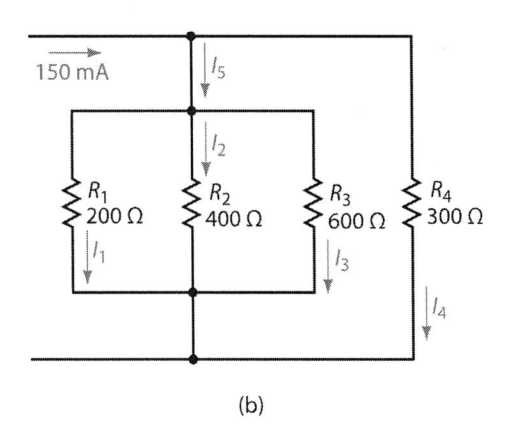

Figura 6-73

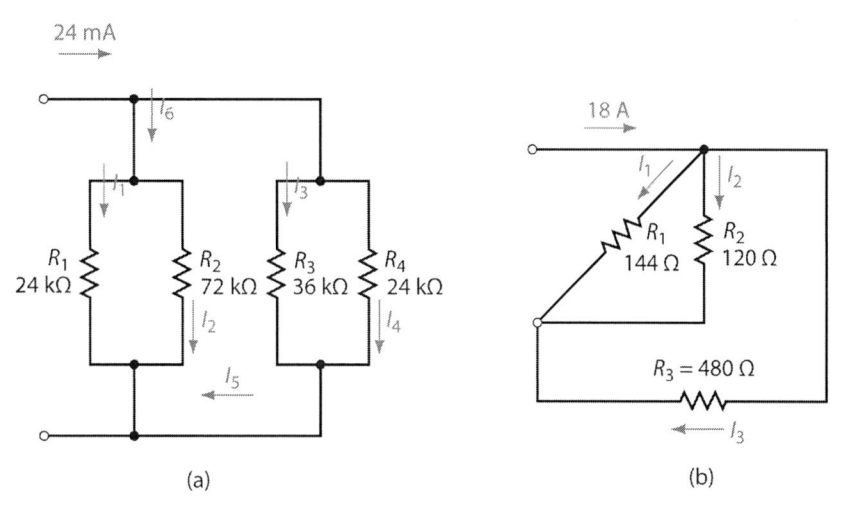

Figura 6-74

33. Use a regra do divisor de corrente para determinar a resistência desconhecida na rede da Figura 6-75.

34. Use a regra do divisor de corrente para determinar a resistência desconhecida na rede da Figura 6-76.

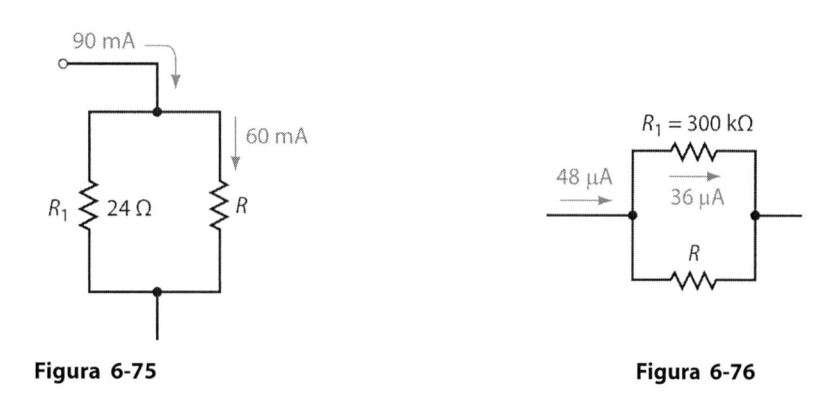

Figura 6-75

Figura 6-76

35. Observe o circuito da Figura 6-77.
    a. Determine a resistência equivalente, R_T, do circuito.
    b. Calcule a corrente I.
    c. Use a regra do divisor de corrente para determinar a corrente em cada resistor.
    d. Confirme a lei de Kirchhoff das correntes no nó a.

36. Repita o Problema 35 para o circuito da Figura 6-78.

Figura 6-77

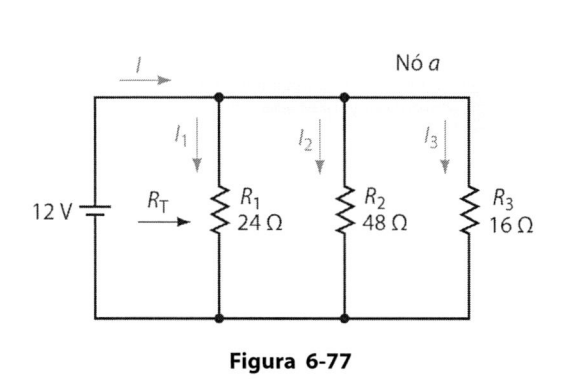

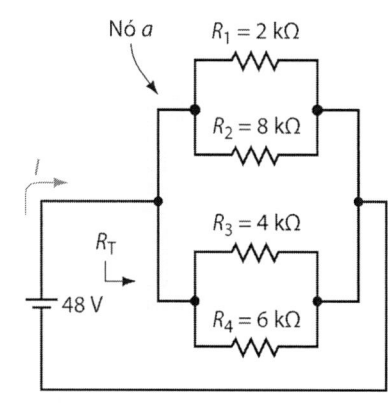

Figura 6-78

6.6 Análise de Circuitos Paralelos

37. Observe o circuito da Figura 6-79.

    a. Determine a resistência total, R_T, e calcule a corrente, I, pela fonte de tensão.

    b. Determine todas as correntes desconhecidas no circuito.

    c. Confirme a lei de Kirchhoff das correntes no nó a.

    d. Determine a potência dissipada em cada resistor. Comprove que a potência total dissipada pelos resistores é igual à potência fornecida pela fonte de tensão.

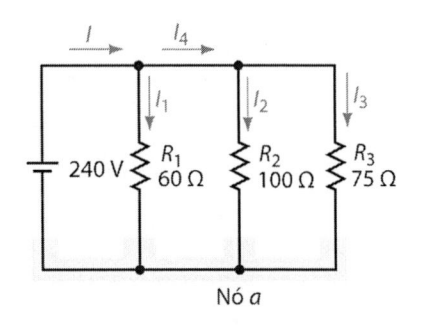

38. Repita o Problema 37 usando o circuito da Figura 6-80.

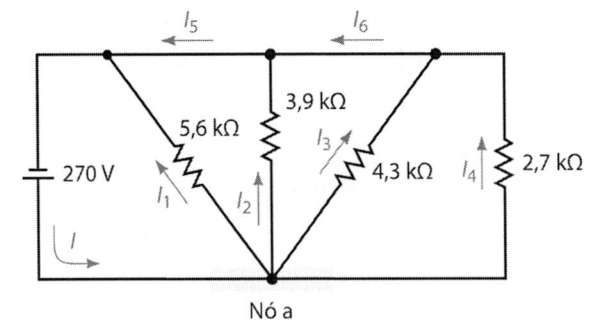

Figura 6-79

Figura 6-80

39. Observe o circuito da Figura 6-81.

    a. Calcule a corrente em cada resistor no circuito.

    b. Determine a corrente total fornecida pela fonte de tensão.

    c. Encontre a potência dissipada por cada resistor.

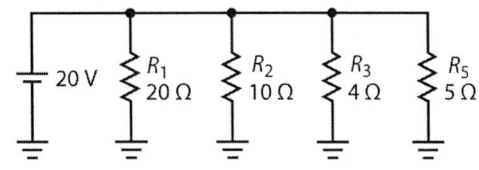

Figura 6-81

40. Observe o circuito da Figura 6-82.

    a. Calcule as correntes indicadas.

    b. Encontre a potência dissipada por cada resistor.

    c. Comprove que a potência total dissipada pela fonte de tensão é igual à potência dissipada pelos resistores.

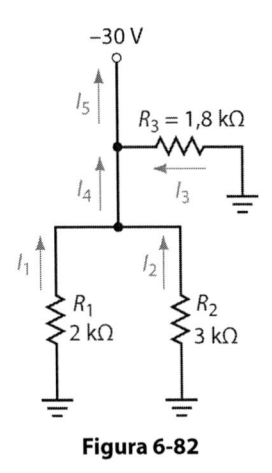

Figura 6-82

41. Dado o circuito da Figura 6-83.

    a. Determine os valores de todos os resistores.

    b. Calcule as correntes em R_1, R_2 e R_4.

    c. Determine as correntes I_1 e I_2.

    d. Determine a potência dissipada pelos resistores R_2, R_3 e R_4.

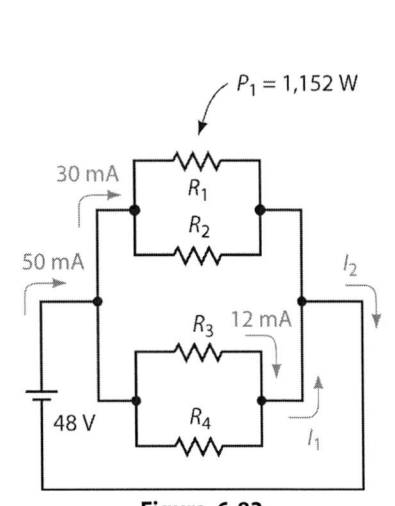

Figura 6-83

42. Um circuito consiste de quatro resistores ligados em paralelo e conectados a uma fonte de 20 V, como mostra a Figura 6-84. Determine a especificação mínima de potência de cada resistor caso eles estejam disponíveis com as seguintes especificações: 1/8 W, 1/4 W, 1/2 W, 1 W, e 2 W.

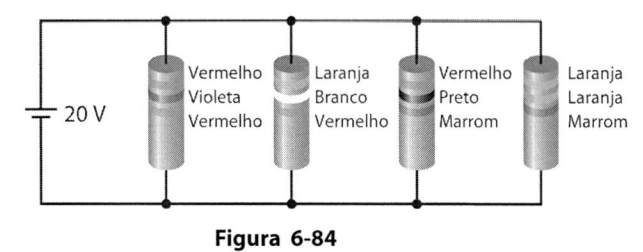

Figura 6-84

43. Para o circuito da Figura 6-85, determine cada uma das correntes indicadas. Se o circuito tiver um fusível de 15 A, como mostrado, será que a corrente é suficiente para abrir o fusível?

44. a. Para o circuito da Figura 6-85, calcule o valor de R_3 que irá resultar em uma corrente no circuito exatamente igual a $I_T = 15$ A.

    b. Se o valor de R_3 for aumentado acima do valor encontrado na parte (a), o que acontecerá com a corrente no circuito, I_T?

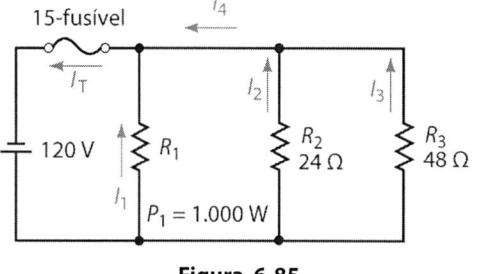

Figura 6-85

6.7 Efeitos de Carga do Voltímetro

45. Um voltímetro com a resistência interna de 1 MΩ é usado para medir a tensão indicada no circuito mostrado na Figura 6-86.

    a. Determine a leitura da tensão indicada pelo medidor.

    b. Calcule o efeito de carga do voltímetro quando ele for usado para medir a tensão indicada.

46. Repita o Problema 45 se o resistor de 500 kΩ da Figura 6-86 for substituído por um de 2 MΩ.

47. Um voltímetro analógico barato é usado para medir a tensão nos terminais a e b do circuito mostrado na Figura 6-87. Se o voltímetro indicar a tensão $V_{ab} = 1,2$ V, qual será a tensão real da fonte, sendo a resistência do medidor igual a 50 kΩ?

48. Qual seria a leitura se um medidor digital com a resistência interna de 10 MΩ fosse usado no lugar do analógico do Problema 47?

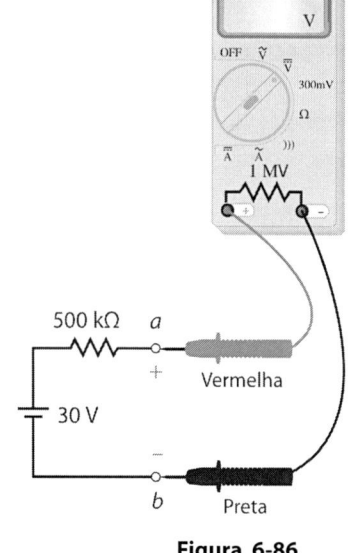

Figura 6-86

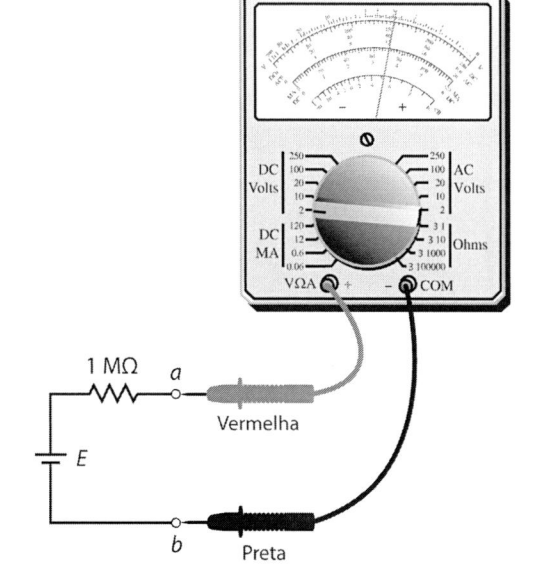

Figura 6-87

6.8 Análise Computacional

49. Use o Multisim para calcular a corrente em cada resistor do circuito da Figura 6-79.

50. Use o Multisim para calcular a corrente em cada resistor do circuito da Figura 6-80.

51. Use o Multisim para simular um voltímetro com a resistência interna de 1 MΩ utilizado para medir a tensão, como mostra a Figura 6-86.

52. Use o Multisim para simular um voltímetro com a resistência interna de 500 kΩ utilizado para medir a tensão, como mostra a Figura 6-86.

53. Use o PSpice para calcular a corrente em cada resistor no circuito da Figura 6-79.

54. Use o PSpice para calcular a corrente em cada resistor no circuito da Figura 6-80.

RESPOSTAS DOS PROBLEMAS PARA VERIFICAÇÃO DO PROCESSO DE APRENDIZAGEM

Verificação do Processo de Aprendizagem 1

a. $I = 2,00$ A

b. $I_1 = I_2 = I_3 = 0,267$ A, $I_4 = 1,200$ A

c. $3(0,267 \text{ A}) + 1,200 \text{ A} = 2,00 \text{ A}$ (como desejado)

Verificação do Processo de Aprendizagem 2

a. $I_{1\Omega} = 30,0$ A, $I_{3\Omega} = 10,0$ A, $I_{4\Omega} = 7,50$ A

b. $I_T = 53,5$ A

c. $R_T = 0,561$ Ω. (As correntes são iguais às determinadas na parte a.)

Verificação do Processo de Aprendizagem 3

O voltímetro com a menor resistência interna iria carregar mais o circuito, uma vez que uma maior quantidade de corrente do circuito entraria no instrumento.

• TERMOS-CHAVE

Correntes no Ramo; Circuito Ponte; Efeito de Carga; Ramos Paralelos; Circuitos do Potenciômetro; Ligações Série-paralelo; Polarização do Transistor; Polarização Universal; Regulação de Tensão; Diodo Zener

• TÓPICOS

Rede Série-paralela; Análise de Circuitos Série-paralelo; Aplicações de Circuitos Série-paralelo; Potenciômetros; Efeitos de Carga dos Instrumentos; Análise de Circuitos Usando Computador

• OBJETIVOS

Após estudar este capítulo, você será capaz de:

- achar a resistência total de uma rede composta de resistores ligados em variadas configurações série-paralelo;
- calcular a corrente em qualquer ramo ou componente de um circuito série-paralelo;
- determinar a diferença de potencial entre dois pontos quaisquer em um circuito série-paralelo;
- calcular a queda de tensão em um resistor conectado a um potenciômetro;
- analisar como o tamanho do resistor da carga conectado ao potenciômetro afeta a tensão de saída;
- calcular os efeitos de carga de um voltímetro ou amperímetro quando são usados para medir a tensão ou corrente em qualquer circuito;
- usar o PSpice para calcular as tensões e correntes em circuitos série-paralelo;
- usar o Multisim para calcular as tensões e correntes em circuitos série-paralelo.

Circuitos Série-Paralelo

7

Apresentação Prévia do Capítulo

A maioria dos circuitos encontrados em eletrônica não é nem circuito série simples nem circuito paralelo simples, mas sim uma combinação dos dois. Embora os circuitos série-paralelo pareçam mais complicados do que os dois tipos de circuitos analisados até o momento, percebemos que os mesmos princípios se aplicam.

Este capítulo examina como as leis de Kirchhoff das tensões e das correntes se aplicam à análise dos circuitos série-paralelo. Também veremos que as regras do divisor de tensão e de corrente são aplicadas em circuitos mais complexos. Na análise de circuitos série-paralelo, geralmente simplificamos o circuito em questão para que possamos ver com mais clareza como se aplicam as regras e leis da análise de circuito. Sempre que a solução de um problema não estiver imediatamente aparente, os alunos são incentivados a redesenhar os circuitos. Essa técnica é usada até por engenheiros, tecnólogos e técnicos mais experientes.

Começaremos examinando os circuitos com resistor simples. Os princípios de análise serão aplicados a circuitos mais práticos, como os compostos de diodos zener e transistores. Os mesmos princípios serão aplicados para determinar os efeitos de carga dos voltímetros e amperímetros em circuitos mais complexos.

Após analisar um circuito complexo, queremos saber se as soluções estão de fato corretas. Como já visto, em geral há mais de uma maneira de estudar os circuitos elétricos até alcançarmos uma solução. Uma vez encontradas as correntes e tensões para determinado circuito, é muito fácil determinar se a solução obedece à lei de conservação de energia e às leis de Kirchhoff das correntes e das tensões. Se ocorrer qualquer discrepância (em vez de erro de arredondamento), há um erro de cálculo!

Colocando em Perspectiva

Benjamin Franklin

Benjamin Franklin nasceu em Boston, Massachusetts, em 1706. Embora seja mais conhecido como um grande político e diplomata, ele também contribuiu para a ciência com seus experimentos em eletricidade. Particularmente, isso inclui seu trabalho com garrafas de Leyden, usadas para armazenar carga elétrica. Em seu famoso experimento de 1752, ele utilizou uma pipa para demonstrar que um relâmpago é um fenômeno elétrico. Franklin postulou que a eletricidade positiva e a negativa são, na verdade, um único "fluido".

Embora suas principais conquistas tenham resultado do esforço em alcançar a independência das Treze Colônias, ele foi um cientista ilustre.

Benjamin Franklin faleceu em casa, na Filadélfia, em 12 de fevereiro de 1790, aos 84 anos.

7.1 A Rede Série-Paralela

Em circuitos elétricos, definimos um **ramo** como qualquer parte de um circuito que pode ser simplificada, ficando com dois terminais. Os componentes entre os dois terminais podem ser qualquer combinação de resistores, fontes de tensão ou outros elementos. Muitos circuitos complexos podem ser separados em uma combinação de elementos série e/ou paralelo, enquanto outros possuem combinações ainda mais complicadas, que não são nem série nem paralelas.

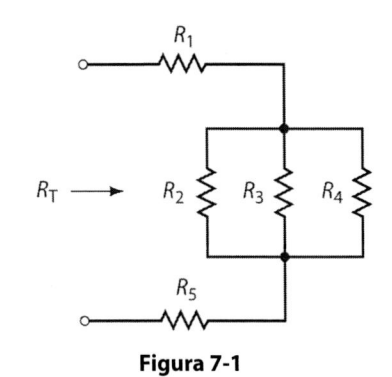

Para analisar um circuito complexo, é importante ser capaz de reconhecer quais elementos estão em série e quais elementos ou ramos estão em paralelo. Considere a rede de resistores mostrada na Figura 7-1.

Imediatamente, reconhecemos que os resistores R_2, R_3 e R_4 estão em paralelo. Essa combinação paralela está em série com os resistores R_1 e R_5. A resistência total deve ser escrita da seguinte forma:

$$R_T = R_1 + (R_2 \| R_3 \| R_4) + R_5$$

Figura 7-1

Exemplo 7-1

Para a rede da Figura 7-2, determine quais resistores e ramos estão em série e quais estão em paralelo. Escreva a expressão para a resistência equivalente total, R_T.

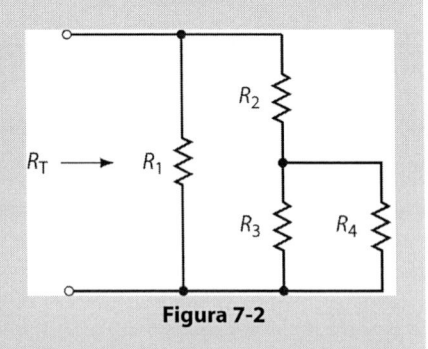

Solução: Primeiro, percebemos que os resistores R_3 e R_4 estão em paralelo: $(R_3 \| R_4)$.

Em seguida, vemos que essa combinação está em série com o resistor R_2: $[R_2 + (R_3 \| R_4)]$.

Finalmente, a combinação inteira está em paralelo com o resistor R_1.

A resistência total do circuito agora pode ser escrita da seguinte maneira:

$$R_T = R_1 \| [R_2 + (R_3 \| R_4)]$$

Figura 7-2

PROBLEMAS PRÁTICOS 1

Para a rede da Figura 7-3, determine quais resistores e ramos estão em série e quais estão em paralelo. Escreva a expressão para a resistência equivalente total, R_T.

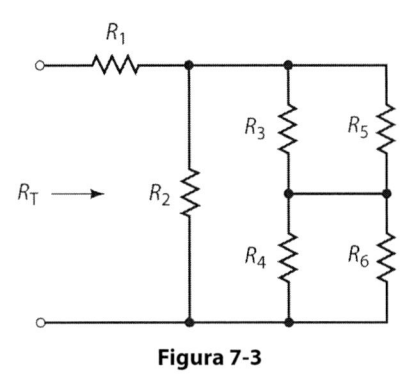

Figura 7-3

Resposta

$R_T = R_1 + R_2 \parallel [(R_3 \parallel R_5) + (R_4 \parallel R_6)]$

7.2 Análise de Circuitos Série-Paralelo

Muitas vezes, é difícil analisar as redes série-paralela, pois, em princípio, elas parecem confusas. No entanto, até a análise do circuito mais complexo pode ser simplificada quando seguimos alguns passos razoavelmente fáceis. Praticando (e não decorando) as técnicas resumidas nesta seção, você perceberá que a maioria dos circuitos pode ser reduzida a agrupamentos de combinações série e paralelas. Ao analisar circuitos desse tipo, é de suma importância lembrar que as regras para a análise dos elementos série e paralelos ainda se aplicam.

A mesma corrente percorre todos os elementos série.

A mesma tensão ocorre em todos os elementos paralelos.

Além disso, lembre-se de que as leis de Kirchhoff da tensão e da corrente são utilizadas em todos os circuitos, sejam eles série, paralelo ou série-paralelo. Os passos a seguir ajudarão a simplificar a análise dos circuitos série-paralelo:

1. Sempre que necessário, redesenhe os circuitos complicados, mostrando a ligação da fonte no lado esquerdo. Todos os nós devem ser identificados para assegurar que o circuito novo seja equivalente ao original. O leitor perceberá que, à medida que adquirir mais experiência em análise de circuitos, esse passo não será mais tão importante, podendo ser, portanto, omitido.

2. Examine o circuito de modo a determinar a estratégia que melhor funciona para analisar o circuito para as grandezas pedidas. Em geral, o leitor achará melhor começar a análise pelos componentes mais distantes da fonte.

3. Quando possível, simplifique as combinações identificáveis dos componentes, redesenhando o circuito resultante sempre que necessário. Mantenha as mesmas identificações para os nós correspondentes.

4. Determine a resistência equivalente do circuito, R_T.

5. Calcule a corrente total do circuito. Indique as direções de todas as correntes e identifique as polaridades corretas das quedas de tensão em todos os componentes.

6. Calcule como as correntes e tensões se dividem entre os elementos do circuito.

7. Como geralmente há diversas possibilidades de chegar a uma solução, confirme as respostas usando uma abordagem diferente. O tempo extra dedicado a esse passo, em geral, irá garantir que a resposta correta seja encontrada.

Exemplo 7-2

Considere o circuito da Figura 7-4.

a. Encontre RT.

b. Calcule I_1, I_2 e I_3.

c. Determine as tensões V_1 e V_2.

Solução: Examinando o circuito da Figura 7-4, vemos que os resistores R_2 e R_3 estão em paralelo. Essa combinação paralela está em série com o resistor R_1.

A combinação dos resistores pode ser representada por uma rede série simples, mostrada na Figura 7-5. Observe que os nós foram identificados usando a mesma notação.

a. A resistência total do circuito pode ser determinada com base na combinação

$$R_T = R_1 + R_2 \| R_3$$
$$R_T = 12 \text{ k}\Omega + \frac{(10 \text{ k}\Omega)(40 \text{ k}\Omega)}{10 \text{ k}\Omega + 40 \text{ k}\Omega}$$
$$= 12 \text{ k}\Omega + 8 \text{ k}\Omega = 20 \text{ k}\Omega$$

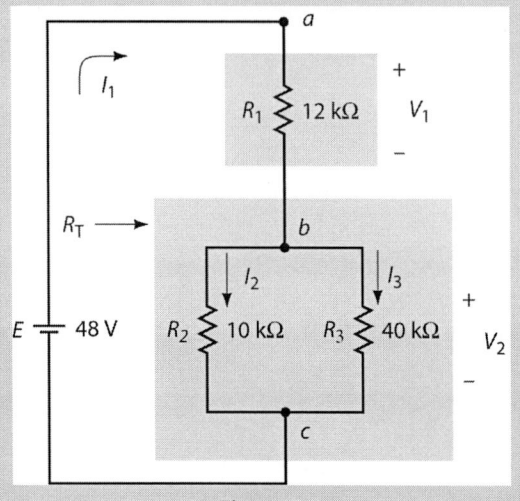

Figura 7-4

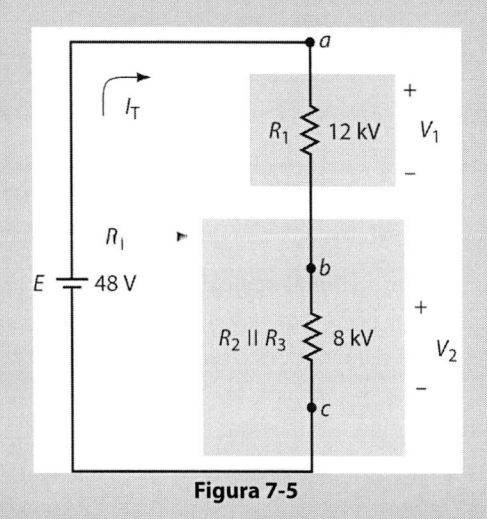

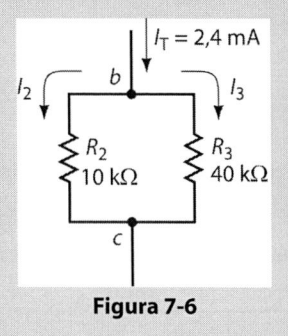

b. A partir da lei de Ohm, a corrente total é

$$I_T = I_1 = \frac{48 \text{ V}}{20 \text{ k}\Omega} = 2,4 \text{ mA}$$

A corrente I_1 entrará no nó b e se dividirá entre os dois resistores R_2 e R_3. Esse divisor de corrente pode ser simplificado, como mostrado no circuito parcial da Figura 7-6. Aplicando a regra do divisor de corrente nos dois resistores, obtém-se:

$$I_2 = \frac{(40 \text{ k}\Omega)(2,4 \text{ mA})}{10 \text{ k}\Omega + 40 \text{ k}\Omega} = 1,92 \text{ mA}$$

$$I_3 = \frac{(10 \text{ k}\Omega)(2,4 \text{ mA})}{10 \text{ k}\Omega + 40 \text{ k}\Omega} = 0,48 \text{ A}$$

Figura 7-5

c. Usando essas correntes e a lei de Ohm, determinam-se as tensões:

$$V_1 = (2,4 \text{ mA})(12 \text{ k}\Omega) = 28,8 \text{ V}$$

$$V_3 = (0,48 \text{ mA})(40 \text{ k}\Omega) = 19,2 \text{ V} = V_2$$

Para verificar as respostas, simplesmente aplicamos a lei de Kirchhoff das tensões ao longo de cada malha fechada que inclua a fonte de tensão:

Figura 7-6

$$\Sigma V = E - V_1 - V_3$$
$$= 48 \text{ V} - 28,8 \text{ V} - 19,2 \text{ V}$$
$$= 0 \text{ V (confere!)}$$

É possível confirmar a solução certificando-se de que a potência fornecida pela fonte de tensão é igual à soma das potências dissipadas pelos resistores.

VERIFICAÇÃO DO PROCESSO DE APRENDIZAGEM 1

(As respostas encontram-se no final do capítulo.)

Utilize os resultados do Exemplo 7-2 para confirmar que a lei de conservação de energia se aplica ao circuito da Figura 7-4, mostrando que a fonte de tensão fornece a mesma potência que a potência total dissipada por todos os resistores.

Exemplo 7-3

Encontre a tensão V_{ab} para o circuito da Figura 7-7.

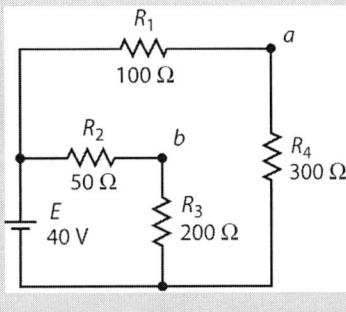

Figura 7-7

Solução: Em primeiro lugar, redesenhamos o circuito na forma de uma representação mais simples, como mostra a Figura 7-8, na qual vemos que o circuito original é composto de dois ramos paralelos, e cada um desses ramos é uma combinação em série de dois resistores.

Se examinarmos o circuito por um tempo, veremos que a tensão V_{ab} pode ser determinada pela combinação das tensões em R_1 e R_2. Também é possível achar a tensão pela combinação das tensões em R_3 e R_4.

Como de costume, alguns métodos de análise são possíveis. Como os dois ramos estão em paralelo, a tensão em cada um deles deve ser de 40 V.

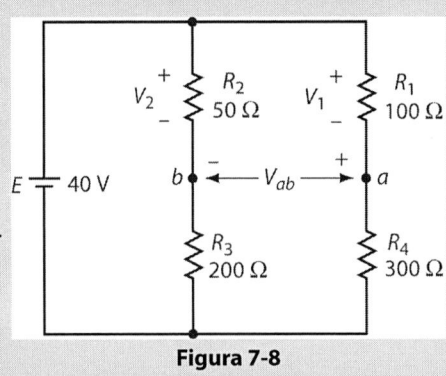

Figura 7-8

As regras do divisor de tensão nos permitem calcular rapidamente a tensão em cada resistor. Embora igualmente correto, calcular as tensões por outros métodos seria mais demorado.

$$V_2 = \frac{R_2}{R_2 + R_3} E$$

$$= \left(\frac{50\ \Omega}{50\ \Omega + 200\ \Omega}\right)(40\text{V}) = 8,0\text{ V}$$

$$V_1 = \frac{R_1}{R_1 + R_4} E$$

$$= \left(\frac{100\ \Omega}{100\ \Omega + 300\ \Omega}\right)(40\text{V}) = 10,0\text{ V}$$

Figura 7-9

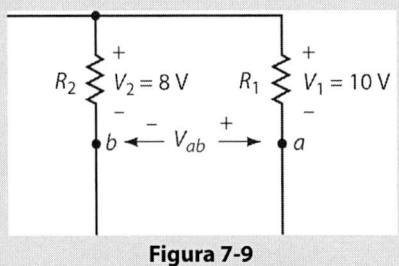

Como mostra a Figura 7-9, aplicamos a lei de Kirchhoff das tensões para determinar a tensão entre os terminais a e b.

$$V_{ab} = -10,0\text{ V} + 8,0\text{ V} = -2,0\text{ V}$$

Exemplo 7-4

Considere a Figura 7-10.

a. Encontre a resistência total R_T "percebida" pela fonte E.

b. Calcule I_T, I_1 e I_2.

c. Determine as tensões V_2 e V_4.

Solução: Começamos a análise redesenhando o circuito. Como normalmente gostamos de ver a fonte no lado esquerdo, a Figura 7-11 mostra uma forma possível de redesenhar o circuito resultante. Observe que as polaridades das tensões em todos os resistores foram mostradas.

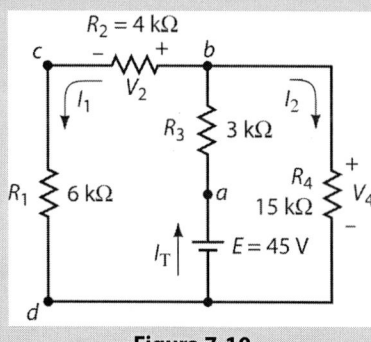

Figura 7-10

a. A partir do circuito redesenhado, a resistência total é

$$R_T = R_3 + [(R_1 + R_2 \| R_4]$$
$$= 3\ k\Omega + \frac{(4\ k\Omega + 6\ k\Omega)(15\ k\Omega)}{(4\ k\Omega + 6\ k\Omega)\ 15\ k\Omega}$$
$$= 3\ k\Omega + 6\ k\Omega = 9{,}00\ k\Omega$$

b. A corrente fornecida pela fonte de tensão é

$$I_T = \frac{E}{R_T} = \frac{45\text{V}}{9\ k\Omega} = 5{,}00\ mA$$

Vemos que a corrente da alimentação se divide entre os ramos paralelos, como mostra a Figura 7-12.

Aplicando a regra do divisor de corrente, calculamos as correntes no ramo da seguinte forma:

$$I_1 = I_T \frac{R'_T}{(R_1 + R_2)} = \frac{(5\ mA)(6\ k\Omega)}{4\ k\Omega + 6\ k\Omega} = 3{,}00\ mA$$

$$I_2 = I_T \frac{R'_T}{R_4} = \frac{(5\ mA)(6\ k\Omega)}{15\ k\Omega} = 2{,}00\ mA$$

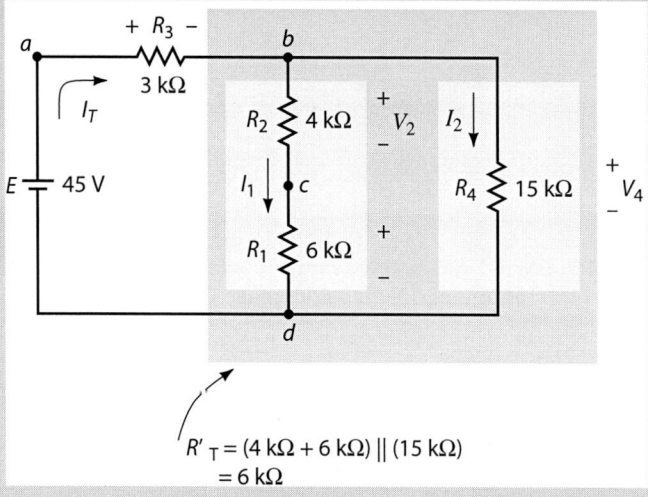

$R'_T = (4\ k\Omega + 6\ k\Omega) \| (15\ k\Omega)$
$= 6\ k\Omega$

Figura 7-11

Atenção: quando determinamos as correntes no ramo, usamos a resistência R'_T nos cálculos, em vez da resistência total do circuito. Isso ocorre porque a corrente $I_T = 5$ mA se divide entre os dois ramos de R'_T; a divisão não é afetada pelo valor de R_3.

c. As tensões V_2 e V_4 agora podem ser facilmente calculadas usando a lei de Ohm:

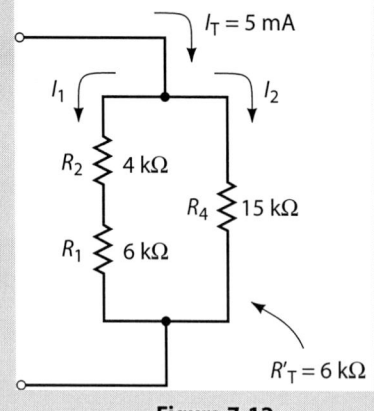

$$V_2 = I_1 R_2 = (3\ mA)(4\ k\Omega) = 12{,}0\ V$$

$$V_4 = I_2 R_4 = (2\ mA)(15\ k\Omega) = 30{,}0\ V$$

Figura 7-12

Exemplo 7-5

Para a Figura 7-13, encontre as correntes e tensões indicadas.

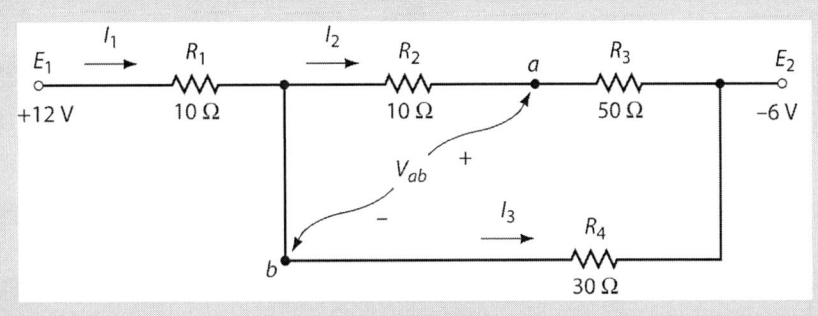

Figura 7-13

Solução: Como esse circuito contém fontes pontuais de tensão, é mais fácil analisá-lo se o redesenharmos, de modo a auxiliar a visualização de seu funcionamento.

As fontes pontuais são as tensões em relação ao aterramento, e, então, começamos desenhando um circuito com o ponto de referência de acordo com o que mostra a Figura 7-14.

Agora, é possível ver que o circuito pode ser ainda mais simplificado ao combinarmos as fontes de tensão ($E = E_1 + E_2$) e mostrarmos os resistores em uma localização mais adequada. A Figura 7-15 mostra o circuito simplificado.

Figura 7-14

A resistência total "percebida" pela fonte de tensão equivalente é

$$R_T = R_1 + [R_4 \| (R_2 + R_3)]$$
$$= 10\ \Omega + \frac{(30\ \Omega)(10\ \Omega + 50\ \Omega)}{30\ \Omega + (10\ \Omega + 50\ \Omega)} = 30{,}0\ \Omega$$

Então, a corrente total fornecida ao circuito é

$$I_T = \frac{E}{R_T} = \frac{18\ \text{V}}{30\ \Omega} = 0{,}600\ \text{A}$$

No nó b, essa corrente se divide entre os dois ramos da seguinte maneira:

$$I_3 = \frac{(R_2 + R_3)I_1}{R_1 + R_2 + R_3} = \frac{(60\ \Omega)(0{,}600\ \text{A})}{30\ \Omega + 10\ \Omega + 50\ \Omega} = 0{,}400\ \text{A}$$

$$I_2 = \frac{R_4 I_1}{R_4 + R_2 + R_3} = \frac{(30\ \Omega)(0{,}600\ \text{A})}{30\ \Omega + 10\ \Omega + 50\ \Omega} = 0{,}200\ \text{A}$$

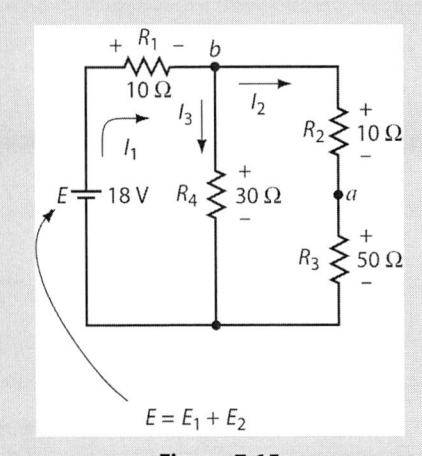

$E = E_1 + E_2$

Figura 7-15

A tensão V_{ab} tem a mesma magnitude da tensão no resistor R_2, mas com uma polaridade negativa (já que b tem um potencial mais elevado do que a):

$$V_{ab} = -I_2 R_2 = -(0{,}200\ \text{A})(10\ \Omega) = -2{,}0\ \text{V}$$

194 Análise de Circuitos • Análise Básica de DC

PROBLEMAS PRÁTICOS 2

Considere a Figura 7-16.

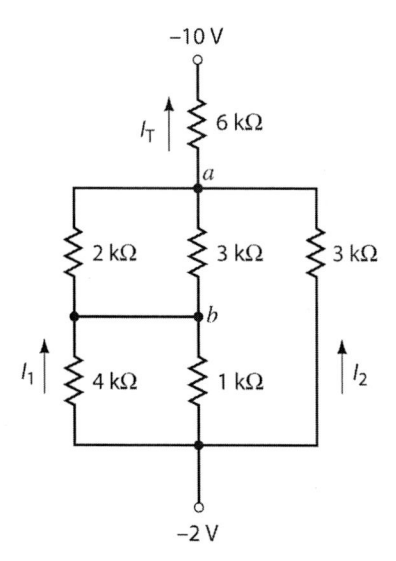

Figura 7-16

a. Encontre a resistência total, R_T.
b. Determine a corrente I_T nas fontes de tensão.
c. Calcule as correntes I_1 e I_2.
d. Calcule a tensão V_{ab}.

Respostas
a. $R_T = 7{,}20$ kΩ; **b.** $I_T = 1{,}11$ mA; **c.** $I_1 = 0{,}133$ mA, $I_2 = 0{,}444$ mA; **d.** $V_{ab} = -0{,}800$ V

7.3 Aplicações de Circuitos Série-Paralelo

Agora examinaremos como os métodos desenvolvidos nas duas primeiras seções deste capítulo são aplicados na análise prática de circuitos. O leitor pode ter a impressão de que alguns dos circuitos apresentam dispositivos desconhecidos. Por enquanto, não é necessário saber precisamente como esses dispositivos funcionam, basta saber que as tensões e correntes nos circuitos seguem as mesmas regras e leis usadas até aqui.

Exemplo 7-6

O circuito da Figura 7-17 é chamado **circuito ponte**, e é amplamente usado em instrumentos eletrônicos e científicos.

Calcule a corrente I e a tensão V_{ab} quando
a. $R_x = 0$ Ω (curto-circuito)
b. $R_x = 15$ kΩ
c. $R_x = \infty$ (circuito aberto)

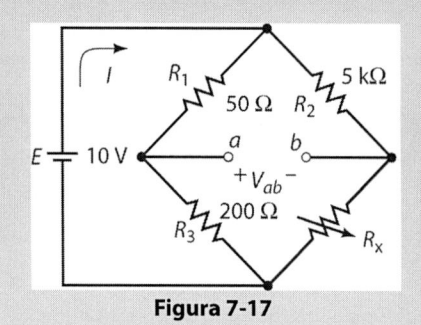

Figura 7-17

(continua)

Exemplo 7-6 (continuação)

Solução: a. $R_x = 0\ \Omega$:

O circuito é redesenhado como mostrado na Figura 7-18.

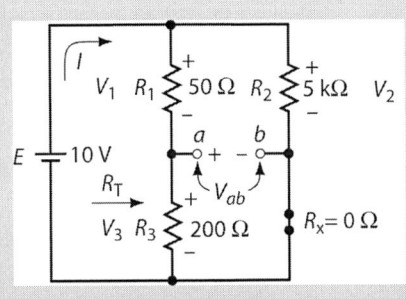

Figura 7-18

A fonte de tensão "percebe" uma resistência total de

$$R_T = (R_1 + R_3)\|R_2 = 250\ \Omega\|5.000\ \Omega = 238\ \Omega$$

resultando em uma corrente na fonte de

$$I = \frac{10\ \text{V}}{238\ \Omega} = 0,042\ \text{A} = 42,2\ \text{mA}$$

A tensão V_{ab} pode ser determinada pelo cálculo da tensão em R_1 e R_2.

A tensão em R_1 será constante independentemente do valor do resistor variável R_x. Logo,

$$V_1 = \left(\frac{50\ \Omega}{50\ \Omega + 200\ \Omega}\right)(10\ \text{V}) = 2,00\ \text{V}$$

Como o resistor variável é um curto-circuito, a fonte de tensão inteira aparecerá no resistor R_2, resultando em

$$V_2 = 10,0\ \text{V}$$

Sendo assim,

$$V_{ab} = -V_1 + V_2 = -2,00\ \text{V} + 10,0\ \text{V} = +8,00\ \text{V}$$

b. $R_x = 15\ \text{k}\Omega$:

O circuito é redesenhado como mostra a Figura 7-19.

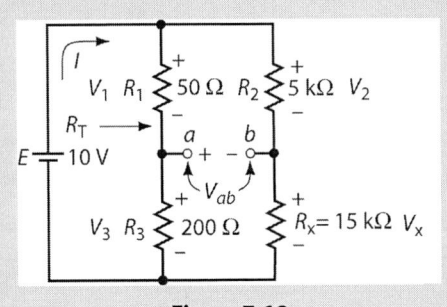

Figura 7-19

A fonte de tensão "percebe" uma resistência no circuito de

$$R_T = (R_1 + R_3)\|(R_2 + R_x)$$
$$= 250\ \Omega\|20\ \text{k}\Omega = 247\ \Omega$$

que resulta em uma corrente na fonte de

$$I = \frac{10\ \text{V}}{250\ \Omega} = 0,040\ \text{A} = 40\ \text{mA}$$

(continua)

Exemplo 7-6 *(continuação)*

As tensões em R_1 e R_2 são

$$V_1 = 2{,}00 \text{ V (como antes)}$$

$$V_2 = \frac{R_2}{R_2 + R_x} E$$

$$= \left(\frac{5 \text{ k}\Omega}{5 \text{ k}\Omega + 15 \text{ k}\Omega}\right)(10 \text{ V}) = 2{,}50 \text{ V}$$

A tensão nos terminais a e b é encontrada da seguinte maneira:

$$V_{ab} = -V_1 + V_2$$
$$= -2{,}0 \text{ V} + 2{,}5 \text{ V} = +0{,}500 \text{ V}$$

c. $R_x = \infty$:

O circuito é redesenhado na Figura 7-20. Como o segundo ramo é um circuito aberto por causa do resistor R_x, a resistência total "percebida" pela fonte é

$$R_T = R_1 + R_3 = 250 \text{ }\Omega$$

Figura 7-20

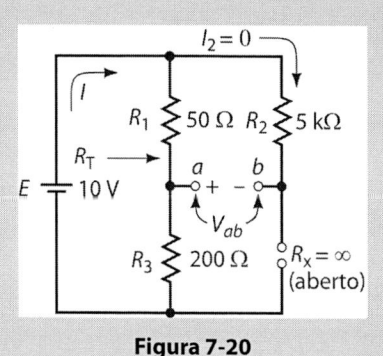

resultando em uma corrente na fonte de

$$I = \frac{10 \text{ V}}{250 \text{ }\Omega} = 0{,}040 \text{ A} = 40 \text{ mA}$$

As tensões em R_1 e R_2 são

$$V_1 = 2{,}00 \text{ V (como antes)}$$
$$V_2 = 0 \text{ V (já que o ramo está aberto)}$$

Assim, a tensão resultante entre os terminais a e b é

$$V_{ab} = -V_1 + V_2$$
$$= -2{,}0 \text{ V} + 0 \text{ V} = -2{,}00 \text{ V}$$

O exemplo anterior ilustra como as tensões e correntes em um circuito são afetadas pela variação em qualquer outro lugar dele. No exemplo, vimos que a tensão V_{ab} variou entre −2 V e +8 V, enquanto a corrente total no circuito variou entre um valor mínimo de 40 mA e um valor máximo de 42 mA. Essas variações aconteceram mesmo tendo o resistor R_x variado entre 0 Ω e ∞.

Um **transistor** é um dispositivo de três terminais que pode ser usado para amplificar pequenos sinais. Para que o transistor opere como um amplificador, no entanto, algumas condições de DC devem ser cumpridas. Essas condições estabelecem o "ponto de polarização" do transistor. A corrente de polarização de um circuito do transistor é determinada por uma fonte de tensão DC e alguns resistores. Embora o modo de operação de um transistor esteja fora do escopo deste capítulo, é possível analisar o circuito de polarização de um transistor usando uma teoria elementar de circuitos.

Exemplo 7-7

Utilize os dados fornecidos para determinar I_C, I_E, V_{CE} e V_B para o circuito do transistor da Figura 7-21.

Solução: Para simplificar o trabalho, o circuito da Figura 7-21 é separado em dois circuitos: um contendo a tensão conhecida V_{BE} e o outro a tensão desconhecida V_{CE}.

Como sempre começamos com as informações já fornecidas, redesenhamos novamente o circuito que contém a tensão conhecida V_{BE}, como ilustra a Figura 7-22.

Ainda que inicialmente o circuito da Figura 7-22 pareça ser um circuito série, vemos que não é o caso, pois sabemos que $I_E \cong I_C = 100 I_B$. Sabe-se que a corrente deve ser a mesma em qualquer ponto de um circuito série. No entanto, a lei de Kirchhoff das tensões ainda se aplica ao longo da malha fechada, resultando em:

$$V_{BB} = R_B I_B + V_{BE} + R_E I_E$$

A expressão anterior contém duas grandezas desconhecidas, I_B e I_E (V_{BE} é fornecida). Com as informações dadas, obtém-se a corrente $I_E \cong 100 I_B$, que nos permite escrever

$$V_{BB} = R_B I_B + V_{BE} + R_E (100 I_B)$$

Calculando a corrente desconhecida I_B, obtém-se

$$5{,}0 \text{ V} = (200 \text{ k}\Omega) I_B + 0{,}7 \text{ V} + (1 \text{ k}\Omega)(100 I_B)$$
$$(300 \text{ k}\Omega) I_B = 5{,}0 \text{ V} - 0{,}7 \text{ V} = 4{,}3 \text{ V}$$
$$I_B = \frac{4{,}3 \text{ V}}{300 \text{ k}\Omega} = 14{,}3 \text{ μA}$$

A corrente $I_E \cong I_C = 100 I_B = 1{,}43$ mA.

Como mencionado anteriormente, o circuito pode ser redesenhado como dois circuitos separados. A Figura 7-23 mostra o circuito que contém a tensão desconhecida V_{CE}. Observe que o resistor R_E aparece em ambas as Figuras 7-22 e 7-23. Aplicando a lei de Kirchhoff das tensões ao longo da malha fechada da Figura 7-23, temos:

$$V_{RC} + V_{CE} + V_{RE} = V_{CC}$$

Achamos a tensão V_{CE} da seguinte maneira:

$$V_{CE} = V_{CC} - V_{RC} - V_{RE}$$
$$= V_{CC} - R_C I_C - R_E I_E$$
$$= 20{,}0 \text{ V} - (4 \text{ k}\Omega)(1{,}43 \text{ mA}) - (1 \text{ k}\Omega)(1{,}43 \text{ mA})$$
$$= 20{,}0 \text{ V} - 5{,}73 \text{ V} - 1{,}43 \text{ V} = 12{,}8 \text{ V}$$

Por fim, aplicando a lei de Kirchhoff das tensões de B para o aterramento, temos

$$V_B = V_{BE} + V_{RE}$$
$$= 0{,}7 \text{ V} + 1{,}43 \text{ V}$$
$$= 2{,}13 \text{ V}$$

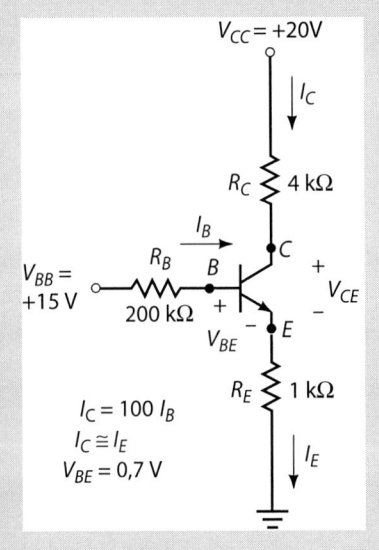

Figura 7-21

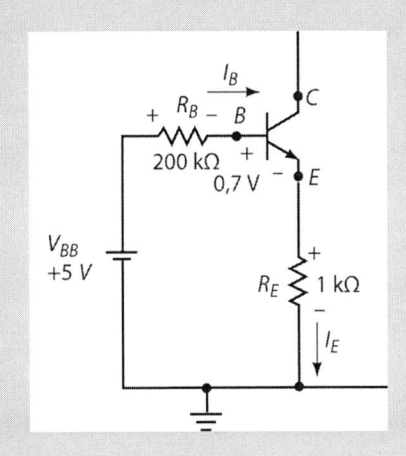

Figura 7-22

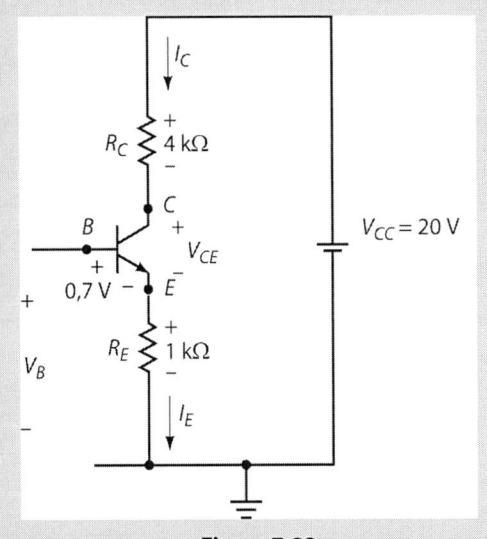

Figura 7-23

PROBLEMAS PRÁTICOS 3

Utilize as informações dadas para achar V_G, I_D e V_{DS} para o circuito da Figura 7-24.

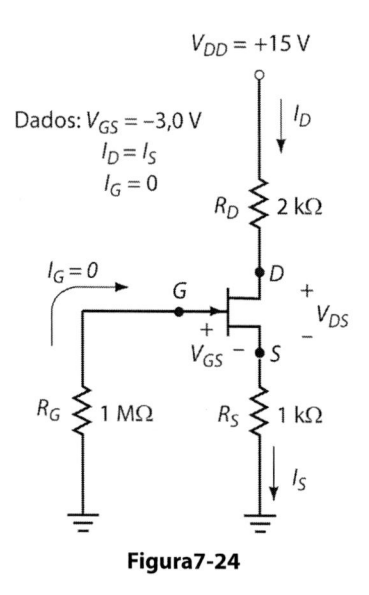

Figura 7-24

Dados: $V_{GS} = -3,0$ V
$I_D = I_S$
$I_G = 0$

$V_{DD} = +15$ V, $R_D = 2$ kΩ, $R_G = 1$ MΩ, $R_S = 1$ kΩ

Respostas

$V_G = 0$; $I_D = 3,00$ mA, $V_{DS} = 6,00$ V

O circuito de **polarização universal** é um dos circuitos transistorizados mais comuns usados em amplificadores. Agora, examinaremos como usar os princípios da análise de circuitos para analisar esse importante circuito.

Exemplo 7-8

Determine I_C e V_{CE} para o circuito da Figura 7-25.

Solução: Se examinarmos esse circuito, veremos que, como $I_B \approx 0$, admite-se que R_1 e R_2 estão efetivamente em série. Essa premissa estaria incorreta caso a corrente I_B não fosse tão baixa se comparada às correntes em R_1 e R_2. Utilizamos a regra do divisor de tensão para calcular a tensão, V_B. (Por essa razão, o circuito de polarização universal geralmente é chamado **polarização com divisor de tensão**.)

$$V_B = \frac{R_2}{R_1 + R_2} V_{CC}$$

$$= \left[\frac{10 \text{ k}\Omega}{80 \text{ k}\Omega + 10 \text{ k}\Omega}\right](20 \text{ V})$$

$$= 2,22 \text{ V}$$

Em seguida, usamos o valor de V_B e a lei de Kirchhoff das tensões para determinar a tensão em R_E.

$$V_{RE} = 2,22 \text{ V} - 0,7 \text{ V} = 1,52 \text{ V}$$

Aplicando a lei de Ohm, determinamos I_E da seguinte forma:

$$I_E = \frac{1,52 \text{ V}}{1 \text{ k}\Omega} = 1,52 \text{ mA} \cong I_C$$

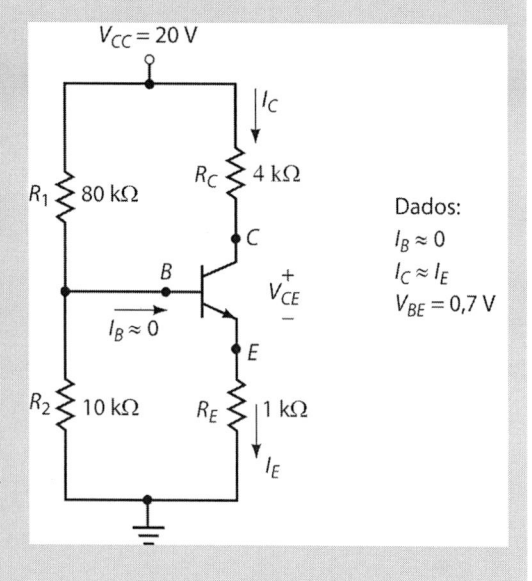

Dados:
$I_B \approx 0$
$I_C \approx I_E$
$V_{BE} = 0,7$ V

$V_{CC} = 20$ V, $R_1 = 80$ kΩ, $R_C = 4$ kΩ, $R_2 = 10$ kΩ, $R_E = 1$ kΩ

Figura 7-25

(continua)

Exemplo 7-8 (continuação)

Finalmente, aplicando as leis de Kirchhoff das tensões e a lei de Ohm, determinamos V_{CE} como segue:

$$V_{CC} = V_{RC} - V_{CE} + V_{RE}$$
$$V_{CE} = V_{CC} - V_{RC} - V_{RE}$$
$$= 20\text{ V} - (1,52\text{ mA})(4\text{ k}\Omega) - (1,52\text{ mA})(1\text{ k}\Omega)$$
$$= 12,4\text{ V}$$

O **diodo zener** é um dispositivo de dois terminais, semelhante a um varistor (ver o Capítulo 3). Quando a tensão no diodo zener "tenta" ir além da tensão especificada para o dispositivo, o diodo zener fornece um caminho de baixa resistência para a corrente extra. Por causa disso, mantém-se uma tensão, V_Z, relativamente constante no diodo zener. Essa característica é chamada **regulação de tensão** e tem muitas aplicações em circuitos elétricos e eletrônicos. Mais uma vez, embora a teoria sobre a operação do diodo zener esteja fora do escopo deste capítulo, é possível aplicar a teoria simples de circuitos para examinar como ele funciona.

Exemplo 7-9

Para o circuito regulador de tensão da Figura 7-26, calcule I_Z, I_1, I_2 e P_Z.

Solução Se dedicarmos um tempo para analisar o circuito, veremos que o diodo zener é colocado em paralelo com o resistor R_2. Essa combinação paralela está em série com o resistor R_1 e a fonte de tensão, E.

Para que o diodo zener funcione como um regulador, a tensão nele deverá estar acima da tensão zener sem a presença do diodo. Se removermos o diodo zener, o circuito aparecerá como mostra a Figura 7-27.

Da Figura 7-27, podemos determinar a tensão V_2 que estaria presente se o diodo zener não estivesse no circuito. Como o circuito é um circuito série simples, é possível usar a regra do divisor de tensão para determinar V_2:

$$V_2 = \frac{R_2}{R_1 + R_2} E = \left(\frac{10\text{ k}\Omega}{5\text{ k}\Omega + 10\text{ k}\Omega}\right)(15\text{ V}) = 10,0\text{ V}$$

Quando o diodo zener for colocado em paralelo com o resistor R_2, o dispositivo funcionará para limitar a tensão para $V_Z = 5$ V.

Como o diodo está operando como um regulador de tensão, a tensão tanto no diodo quanto no resistor R_2 deve ser a mesma, isto é, igual a 5 V. A combinação paralela de D_Z e R_2 está em série com o resistor R_1; assim, a tensão em R_1 pode ser facilmente determinada pela lei de Kirchhoff das tensões na forma:

$$V_1 = E - V_Z = 15\text{ V} - 5\text{ V} = 10\text{ V}$$

A partir da lei de Ohm, é fácil achar as correntes I_1 e I_2

$$I_2 = \frac{V_2}{R_2} = \frac{5\text{ V}}{10\text{ k}\Omega} = 0,5\text{ mA}$$

$$I_1 = \frac{V_1}{R_1} = \frac{10\text{ V}}{5\text{ k}\Omega} = 2,0\text{ mA}$$

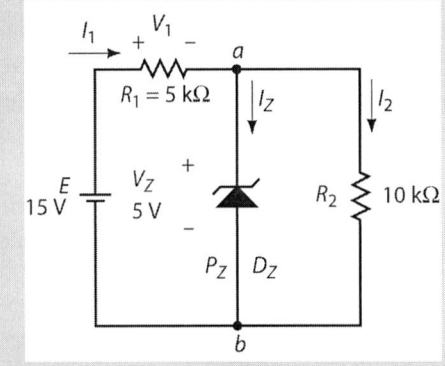

Figura 7-26

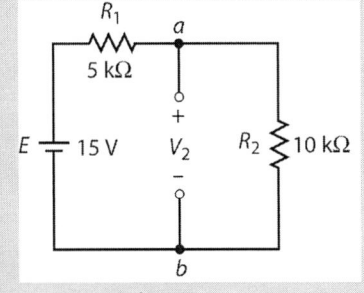

Figura 7-27

Aplicando a lei de Kirchhoff das correntes no nó a, obtemos a corrente no diodo zener da seguinte maneira:

$$I_Z = I_1 - I_2 = 2,0\text{ mA} - 0,5\text{ mA} = 1,5\text{ mA}$$

Finalmente, a potência dissipada pelo diodo zener deve ser

$$P_Z = V_Z I_Z = (5\text{ V})(1,5\text{ mA}) = 7,5\text{ mW}$$

VERIFICAÇÃO DO PROCESSO DE APRENDIZAGEM 2

(As respostas encontram-se no final do capítulo.)

Utilize os resultados do Exemplo 7-9 para mostrar que a potência fornecida ao circuito pela fonte de tensão da Figura 7-26 é igual à potência total dissipada pelos resistores e pelo diodo zener.

PROBLEMAS PRÁTICOS 4

1. Sendo o resistor R_1 elevado para 10 kΩ, determine I_1, I_Z e I_2 para o circuito da Figura 7-26.
2. Repita o Problema 1 se R_1 for elevado para 30 kΩ.

Respostas

1. $I_1 = 1{,}00$ mA, $I_2 = 0{,}500$ mA, $I_Z = 0{,}500$ mA
2. $I_1 = I_2 = 0{,}375$ mA, $I_Z = 0$ mA. (A tensão no diodo zener não é suficiente para o dispositivo funcionar.)

7.4 Potenciômetros

Como mencionado no Capítulo 3, resistores variáveis podem ser usados como potenciômetros para controlar a tensão em outro circuito (ver a Figura 7-28).

O controle do volume em um receptor ou amplificador é um exemplo de um resistor variável usado como um potenciômetro. Quando o terminal móvel está na posição mais elevada, a tensão que aparece entre os terminais b e c é calculada com a regra do divisor de tensão da seguinte maneira:

$$V_{bc} = \left(\frac{50 \text{ k}\Omega}{50 \text{ k}\Omega + 50 \text{ k}\Omega}\right)(120 \text{ V}) = 60 \text{ V}$$

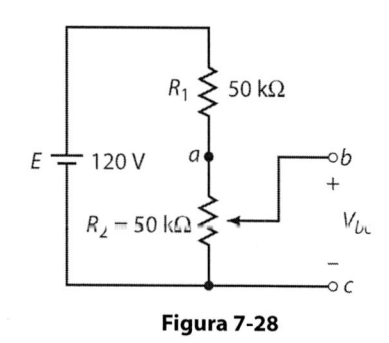

Figura 7-28

Por outro lado, quando o terminal móvel está na posição mais baixa, a tensão entre os terminais b e c é $V_{bc} = 0$ V, já que os dois terminais são efetivamente curto-circuitados e a tensão em um curto-circuito é sempre zero.

O circuito da Figura 7-28 representa um potenciômetro com uma tensão de saída ajustável entre 0 e 60 V. Essa saída é chamada **saída sem carga**, já que não há resistência de carga ligada entre os terminais b e c. Se a resistência de carga estivesse ligada entre esses terminais, a tensão de saída, denominada **saída com carga**, não seria mais a mesma.

O exemplo a seguir é uma ilustração do carregamento do circuito.

Exemplo 7-10

Para o circuito da Figura 7-29, determine a variação da tensão V_{bc} à medida que o potenciômetro varia entre o valor mínimo e o máximo.

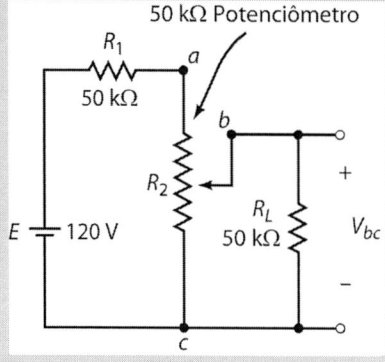

FIGURA 7-29

(continua)

Exemplo 7-10 (continuação)

Solução: A tensão mínima entre os terminais b e c ocorrerá quando o contato móvel estiver no contato mais baixo do resistor variável. Nessa posição, a tensão $V_{bc} = 0$ V, uma vez que os terminais b e c estão curto-circuitados.

A tensão máxima V_{bc} ocorrerá quando o contato móvel estiver no contato mais elevado do resistor variável. Nessa posição, o circuito pode ser representado como mostra a Figura 7-30.

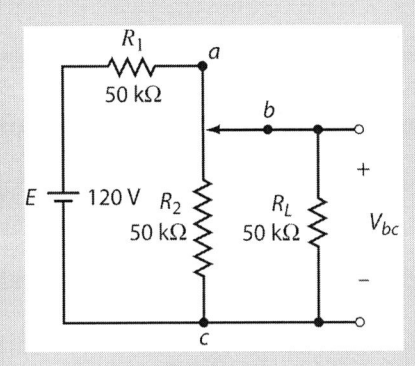

Figura 7-30

Na Figura 7-30, vemos que a resistência R_2 está em paralelo com o resistor de carga R_L. A tensão entre os terminais b e c é facilmente determinada com a regra do divisor de tensão, como a seguir:

$$V_{bc} = \frac{R_2 \| R_L}{(R_2 \| R_L) + R_1} E$$

$$= \left(\frac{25 \text{ k}\Omega}{25 \text{ k}\Omega + 50 \text{ k}\Omega}\right)(120 \text{ V}) = 40 \text{ V}$$

Conclui-se que a tensão na saída do potenciômetro é ajustável de 0 V para 40 V para uma resistência de carga de $R_L = 50$ kΩ. Ao fazermos uma análise, vemos que o potenciômetro sem carga no circuito da Figura 7-29 teria uma tensão de saída de 0 V a 60 V.

PROBLEMAS PRÁTICOS 5

Observe o circuito da Figura 7-29.

a. Sendo $R_L = 5$ kΩ

o resistor de carga, determine a variação da tensão de saída do potenciômetro.

b. Repita (a) se o resistor de carga for $R_L = 500$ kΩ.

c. O que se pode concluir sobre a tensão de saída de um potenciômetro quando a resistência de carga é alta em comparação com a do potenciômetro?

Respostas

a. De 0 a 10 V

b. De 0 a 57,1 V

c. Quando R_L for alta em comparação com a resistência do potenciômetro, a tensão de saída se aproximará mais da tensão sem carga. (Neste exemplo, a tensão sem carga é de 0 a 60 V.)

VERIFICAÇÃO DO PROCESSO DE APRENDIZAGEM 3

(As respostas encontram-se no final do capítulo.)

Um potenciômetro de 20 kΩ está conectado a uma fonte de tensão com um resistor de carga de 2 kΩ ligado entre o contato deslizante (terminal central) e o terminal negativo da fonte de tensão.

a. Qual será a porcentagem da fonte de tensão que aparecerá na carga quando o contato deslizante estiver a um quarto de distância do botão?

b. Determine a porcentagem da fonte de tensão que aparecerá na carga quando o contato estiver na metade da distância em relação ao botão e a três quartos dele.

c. Repita os cálculos de (a) e (b) para o resistor de carga de 200 kΩ.

d. A partir desses resultados, quais são as conclusões a que se pode chegar sobre o efeito da inserção de uma carga elevada em um potenciômetro?

7.5 Efeitos de Carga dos Instrumentos

Nos Capítulos 5 e 6, examinamos como os amperímetros e voltímetros afetam a operação dos circuitos série simples. O grau em que os circuitos são afetados é chamado **efeito de carga** do instrumento. Lembre-se de que, idealmente, o efeito de carga deveria ser igual a zero para que o instrumento fornecesse uma indicação precisa de como um circuito funciona. Na prática, é impossível que qualquer instrumento tenha o efeito de carga igual a zero, uma vez que todos eles absorvem energia do circuito sob teste, afetando, assim, a operação deste.

Nesta seção, determinaremos como o carregamento do instrumento afeta circuitos mais complexos.

Exemplo 7-11

Calcule os efeitos de carga quando um multímetro digital com resistência interna de 10 MΩ é usado para medir V_1 e V_2 no circuito da Figura 7-31.

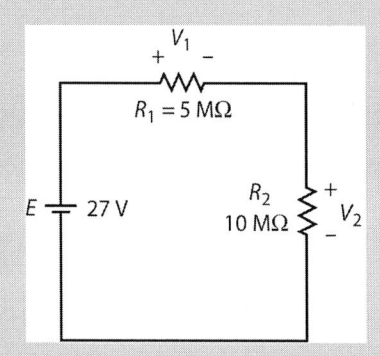

Figura 7-31

Solução: Para determinar o efeito de carga para uma leitura específica, é necessário calcular ambas as tensões sem carga e com carga.

Para o circuito fornecido pela Figura 7-31, a tensão sem carga em cada resistor é

$$V_1 = \left(\frac{5\ \text{M}\Omega}{5\ \text{M}\Omega + 10\ \text{M}\Omega}\right)(27\ \text{V}) = 9{,}0\ \text{V}$$

$$V_2 = \left(\frac{10\ \text{kV}}{5\ \text{M}\Omega + 10\ \text{M}\Omega}\right)(27\ \text{V}) = 18{,}0\ \text{V}$$

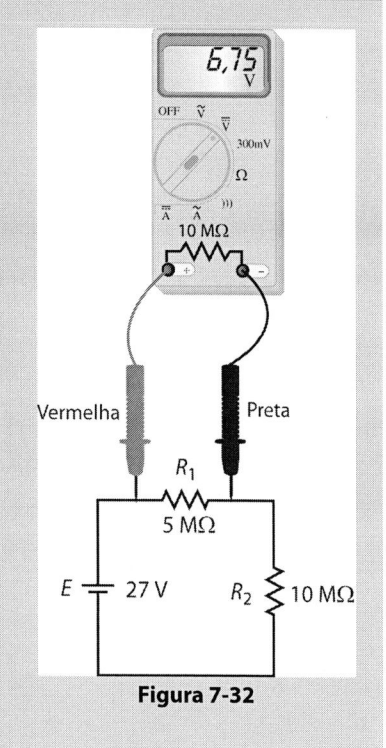

Quando o voltímetro é usado para medir V_1, o resultado equivale a ligar um resistor de 10 MΩ ao resistor R_1, como mostra a Figura 7-32.

Figura 7-32

(continua)

Exemplo 7-11 *(continuação)*

Calcula-se a tensão que aparece na combinação paralela de R_1 com a resistência do voltímetro da seguinte forma:

$$V_1 = \left(\frac{5 \text{ M}\Omega \| 10 \text{ M}\Omega}{(5 \text{ M}\Omega \| 10 \text{ M}\Omega) + 10 \text{ M}\Omega} \right)(27 \text{ V})$$

$$= \left(\frac{3,33 \text{ M}\Omega}{13,3 \text{ M}\Omega} \right)(27 \text{ V})$$

$$= 6,75 \text{ V}$$

Observe que a tensão medida é significativamente mais baixa do que a medida prevista de 9 V.

Com o voltímetro conectado no resistor R_2, o circuito aparece como mostra a Figura 7-33.

Calcula-se a tensão que aparece na combinação paralela de R_2 com a resistência do voltímetro da seguinte forma:

$$V_2 = \left(\frac{10 \text{ M}\Omega \| 10 \text{ M}\Omega}{5 \text{ M}\Omega + (10 \text{ M}\Omega \| 10 \text{ M}\Omega)} \right)(27 \text{ V})$$

$$= \left(\frac{5,0 \text{ M}\Omega}{10,0 \text{ M}\Omega} \right)(27 \text{ V})$$

$$= 13,5 \text{ V}$$

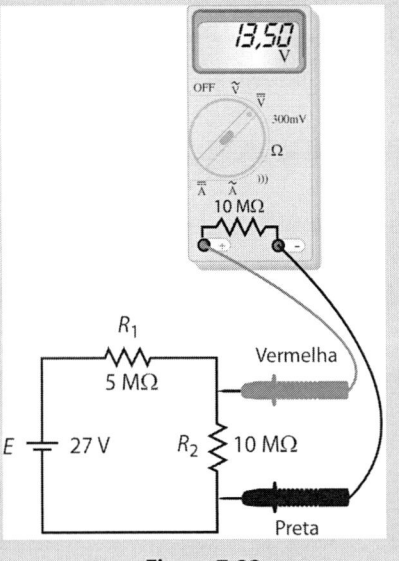

Figura 7-33

Novamente, observamos que a tensão medida é bem mais baixa do que os 18 V previstos.

Os efeitos de carga são calculados da seguinte maneira:

Quando medimos V_1:

$$\text{efeito de carga} = \frac{9,0 \text{ V} - 6,75 \text{ V}}{9,0 \text{ V}} \times 100\%$$

$$= 25\%$$

Quando medimos V_2

$$\text{efeito de carga} = \frac{18,0 \text{ V} - 13,5 \text{ V}}{18,0 \text{ V}} \times 100\%$$

$$= 25\%$$

Esse exemplo ilustra claramente um problema que os novatos enfrentam quando medem a tensão em circuitos de alta resistência. Se as tensões medidas $V_1 = 6,75$ V e $V_2 = 13,50$ V forem usadas para confirmar a lei de Kirchhoff das tensões, o iniciante dirá que isso representa uma contradição à lei (já que 6,75 V + 13,50 V ≠ 27,0 V). Na verdade, vemos que o circuito está se comportando exatamente conforme previsto pela teoria de circuitos. O problema ocorre quando as limitações dos instrumentos não são consideradas.

NOTAS PRÁTICAS...

Quando um instrumento é usado para medir uma grandeza, os efeitos de carga do instrumento sempre devem ser levados em conta.

PROBLEMAS PRÁTICOS 6

Calcule os efeitos de carga quando um voltímetro analógico com resistência interna de 200 kΩ é usado para medir V_1 e V_2 no circuito da Figura 7-31.

Respostas

V_1: efeito de carga = 94,3%

V_2: efeito de carga = 94,3%

Exemplo 7-12

Calcule o efeito de carga para o circuito da Figura 7-34, quando um amperímetro de 5,00 Ω é usado para medir as correntes I_T, I_1 e I_2.

Solução: Em primeiro lugar, determinamos as correntes sem carga no circuito.
Usando a lei de Ohm, calculamos as correntes I_1 e I_2:

$$I_1 = \frac{100 \text{ mV}}{25 \text{ }\Omega} = 4,0 \text{ mA}$$

$$I_2 = \frac{100 \text{ mV}}{5 \text{ }\Omega} = 20,0 \text{ mA}$$

Aplicando a lei de Kirchhoff das correntes,

$I_T = 4,0 \text{ mA} + 20,0 \text{ mA} = 24,0 \text{ mA}$

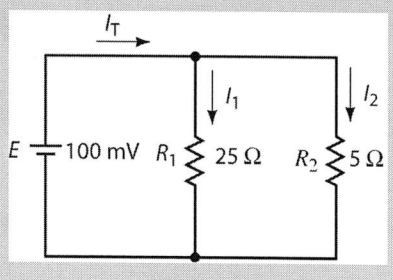

Figura 7-34

Se inseríssemos um amperímetro no ramo do resistor R_1, o circuito apareceria como mostra a Figura 7-35.

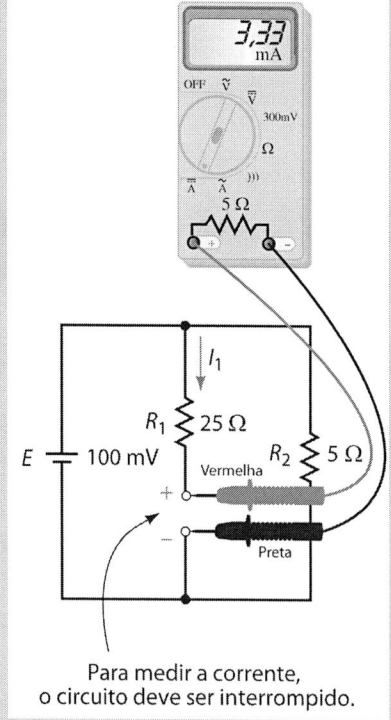

Figura 7-35

A corrente no amperímetro seria

$$I_1 = \frac{100 \text{ mV}}{25 \text{ }\Omega + 5 \text{ }\Omega} = 3,33 \text{ mA}$$

(continua)

Exemplo 7-12 (continuação)

Se inseríssemos o amperímetro no ramo do resistor R_2, o circuito apareceria como mostra a Figura 7-36.

A corrente no amperímetro seria

$$I_2 = \frac{100 \text{ mV}}{5 \, \Omega + 5 \, \Omega} = 10{,}0 \text{ mA}$$

Se o amperímetro fosse inserido no circuito para medir a corrente I_T, o circuito equivalente apareceria como mostra a Figura 7-37.

A resistência total do circuito seria $\quad R_T = 5 \, \Omega + 25 \, \Omega \| 5 \, \Omega = 9{,}17 \, \Omega$

Isso resultaria em uma corrente I_T determinada pela lei de Ohm como

$$I_T = \frac{100 \text{ mV}}{9{,}17 \, \Omega}$$
$$= 10{,}9 \text{ mA}$$

Os efeitos de carga para as diversas medidas da corrente são:

Quando medimos I_1,

$$\text{efeito de carga} = \frac{4{,}0 \text{ mA} - 3{,}33 \text{ mA}}{4{,}0 \text{ mA}} \times 100\%$$
$$= 16{,}7 \, \%$$

Quando medimos I_2,

$$\text{efeito de carga} = \frac{20 \text{ mA} - 10 \text{ mA}}{20 \text{ mA}} \times 100\%$$
$$= 50 \, \%$$

Quando medimos I_T,

$$\text{efeito de carga} = \frac{24 \text{ mA} - 10{,}9 \text{ mA}}{24 \text{ mA}} \times 100\%$$
$$= 54{,}5 \, \%$$

Observe que o efeito de carga em um amperímetro é mais notável quando o instrumento é usado para medir a corrente em ramos da mesma ordem de magnitude da carga do medidor.

Você também observará que, se esse amperímetro fosse usado em um circuito para comprovar a correção da lei de Kirchhoff das correntes, o efeito de carga no amperímetro geraria uma contradição aparente. A partir da KCL*,

$$I_T = I_1 + I_2$$

Substituindo os valores da corrente nessa equação, temos

$10{,}91 \text{ mA} = 3{,}33 \text{ mA} + 10{,}0 \text{ mA}$

$10{,}91 \text{ mA} \neq 13{,}33 \text{ mA} \text{ (contradição)}$

Esse exemplo ilustra que o efeito de carga de um medidor pode ser seriamente afetado pela corrente em um circuito, gerando resultados que parecem contradizer as leis da teoria de circuitos. Então, ao usar um instrumento para medir uma grandeza específica, sempre devemos considerar as limitações do instrumento e questionar a validade da leitura resultante.

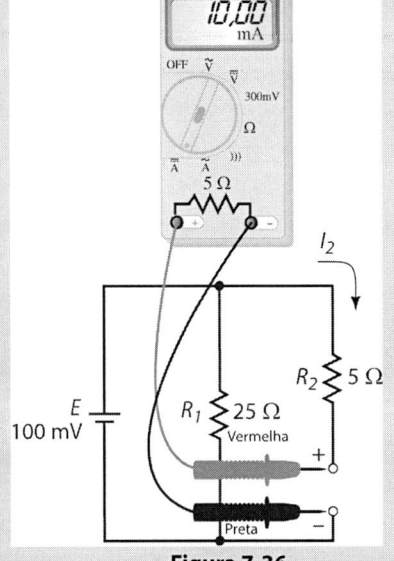

Figura 7-36

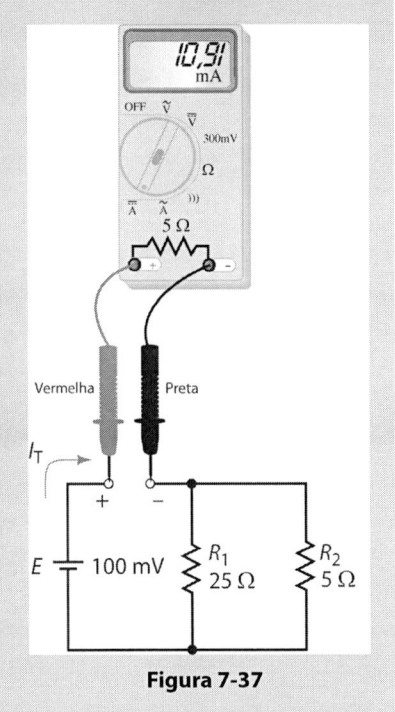

Figura 7-37

---

* Neste livro, para a lei de Kirchhoff das correntes, usaremos a sigla KCL, correspondente ao nome em inglês, já que ela é mais difundida. No entanto, também é possível encontrar a sigla LKC. (N.R.T.)

PROBLEMAS PRÁTICOS 7

Calcule as leituras e o erro de carregamento quando um amperímetro com a resistência interna de 1 Ω é usado para medir as correntes no circuito da Figura 7-34.

Respostas

$I_{T\,(RDG)}$ = 19,4 mA; erro de carregamento = 19,4%

$I_{1\,(RDG)}$ = 3,85 mA; erro de carregamento = 3,85%

$I_{T\,(RDG)}$ = 16,7 mA; erro de carregamento = 16,7%

7.6 Análise de Circuitos Usando Computador

Multisim

A análise dos circuitos série-paralelo no Multisim é quase idêntica aos métodos usados para analisar os circuitos série e paralelos nos capítulos anteriores. O exemplo a seguir mostra que o Multisim chega às mesmas soluções das obtidas no Exemplo 7-4.

Exemplo 7-13

Dado o circuito da Figura 7-38, utilize o Multisim para achar as seguintes grandezas:

a. A resistência total, R_T.

b. As tensões V_2 e V_4.

c. As correntes I_T, I_1 e I_2.

Solução:

a. Começamos por montar o circuito mostrado na Figura 7-39. Esse circuito é idêntico ao da Figura 7-38, com exceção da substituição da fonte de tensão pelo multímetro (no botão Instruments, na barra de ferramentas da caixa de componentes). A função ohmímetro é então selecionada, e a chave de alimentação é ligada. O valor encontrado para a resistência é de R_T = 9,00 kΩ.

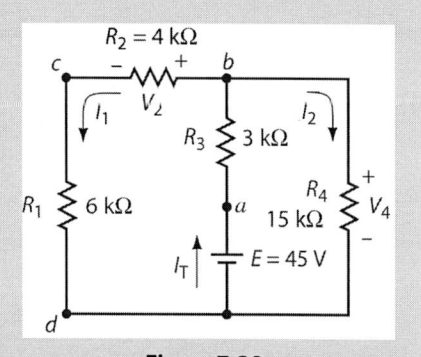

Figura 7-38

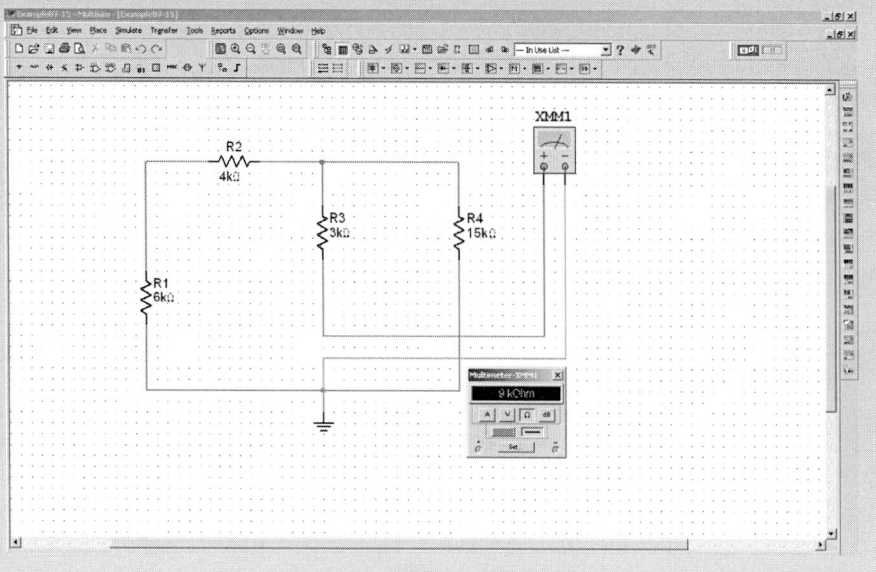

Figura 7-39

(continua)

Exemplo 7-13 (continuação)

b. Em seguida, remova o multímetro e insira a fonte de 45 V. Amperímetros e voltímetros são inseridos, como mostra a Figura 7-40.

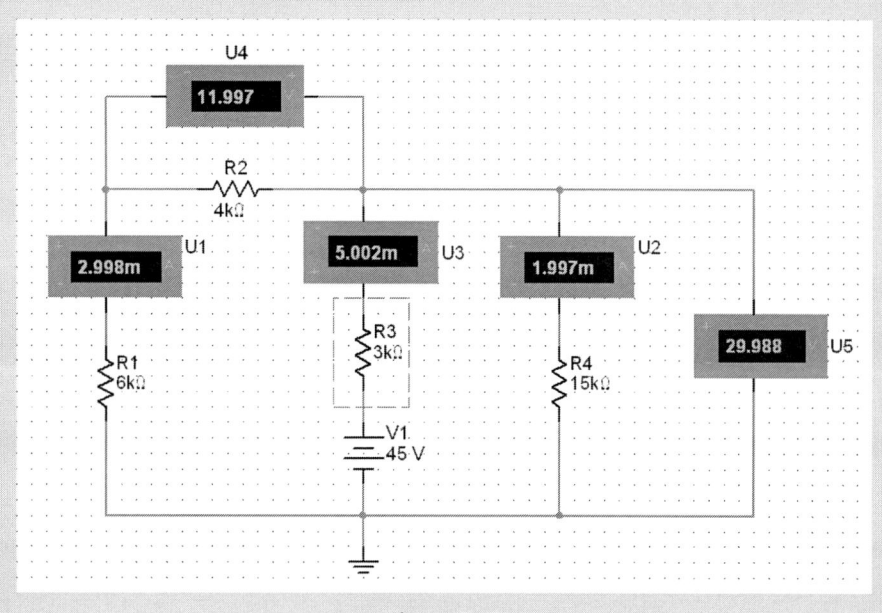

Figura 7-40

Temos como resultados $I_T = 5{,}00$ mA, $I_1 = 3{,}00$ mA, $I_2 = 2{,}00$ mA.

c. As tensões desejadas são $V_2 = 12{,}0$ V e $V_4 = 30{,}0$ V. Esses resultados são compatíveis com os obtidos no Exemplo 7-4.

O exemplo a seguir utiliza o Multisim para determinar a tensão em um circuito ponte. É utilizado um potenciômetro para fornecer resistência variável ao circuito. O Multisim pode mostrar a tensão (em um multímetro) à medida que a resistência varia.

Exemplo 7-14

Dado o circuito da Figura 7-41, use o Multisim para determinar os valores de I e V_{ab} quando $R_x = 0$ Ω, 15 kΩ e 50 kΩ.

Figura 7-41

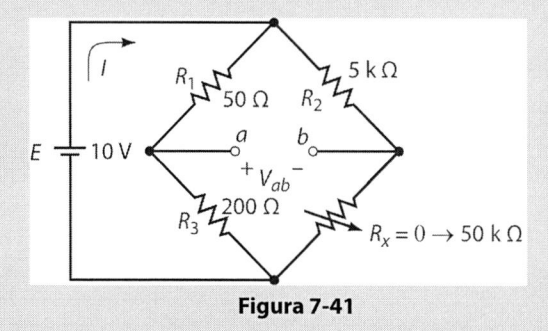

Solução:

1. Começamos por montar o circuito, como mostra a Figura 7-42. Seleciona-se o potenciômetro no botão Show Basic Family. Certifique-se de que o potenciômetro está inserido como ilustrado.

2. Clique duas vezes no símbolo do potenciômetro e altere o valor para 50 kΩ. Observe que o aumento do valor está configurado para 5%. Ajuste o valor de modo que fique a 10%. Usaremos isso em uma etapa seguinte.

(continua)

Exemplo 7-14 (continuação)

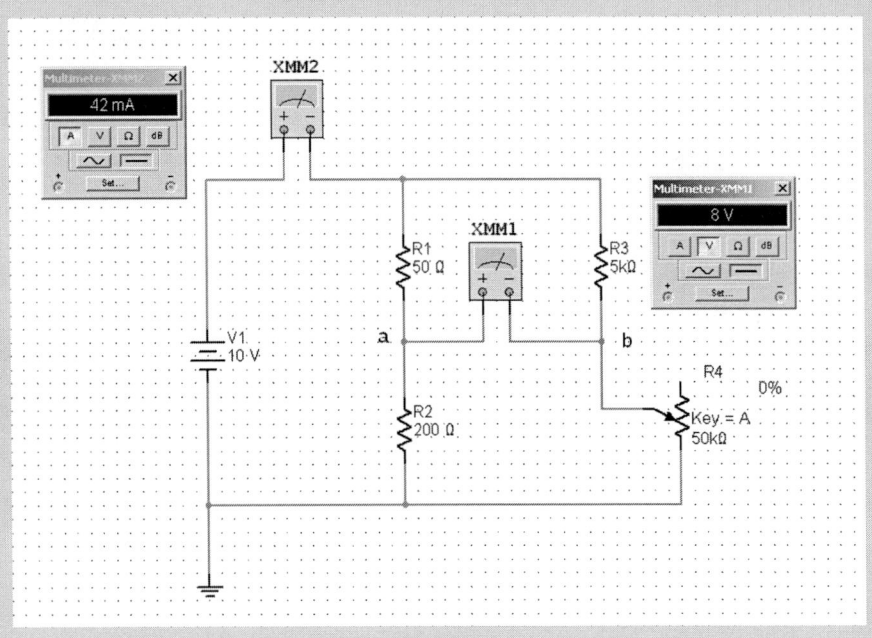

Figura 7-42

3. Quando o circuito estiver totalmente montado, a chave de alimentação é ligada. Observe que o valor do resistor está a 50%. Isso significa que o potenciômetro é ajustado de modo que o valor seja 25 kΩ. O passo a seguir mudará o valor do potenciômetro para 0 Ω.

4. O valor do potenciômetro agora pode ser facilmente alterado tanto por Shift **A** (para diminuir o valor de forma gradual) como por **A** (para aumentar o valor gradualmente). Conforme mudar o valor do potenciômetro, você observará que a tensão mostrada no multímetro também varia. O mostrador leva alguns segundos para estabilizar. Como mostra a Figura 7-42, $I = 42,0$ mA e $V_{ab} = 8,00$ V quando $R_x = 0$ Ω.

5. Finalmente, após ajustar o valor do potenciômetro, obtêm-se as seguintes leituras:

   $R_x = 15$ kΩ (30%): $I = 40,5$ mA e $V_{ab} = 0,500$ V

   $R_x = 50$ kΩ (100%): $I = 40,18$ mA e $V_{ab} = -1,091$ V

PSpice

O PSpice é um pouco diferente do Multisim na maneira como lidamos com os potenciômetros. Para inserir um resistor variável no circuito, é necessário definir os parâmetros do circuito para varrer rapidamente uma gama de valores. O exemplo a seguir ilustra o método usado para oferecer uma demonstração gráfica da tensão de saída e da corrente da fonte para uma variação de resistência. Embora o método seja diferente, os resultados são compatíveis com os do exemplo anterior.

Exemplo 7-15

Utilize o PSpice de modo a oferecer uma demonstração gráfica da tensão V_{ab} e da corrente I à medida que R_x variar de 0 para 50 kΩ no circuito da Figura 7-41.

Solução: O PSpice usa parâmetros globais para representar valores numéricos por nome. Isso permite estabelecer a análise que seleciona uma variável (nesse caso, um resistor) dentro de uma gama de valores.

- Abra o software CSI Demo e vá em Capture schematic, como descrito nos exemplos anteriores do PSpice. Você poderá nomear o projeto da seguinte forma: Cap. 7 PSpice 1.

(continua)

Exemplo 7-15 (continuação)

- Monte o circuito como mostra a Figura 7-43. Lembre-se de rotacionar os componentes para fornecer a indicação correta dos nós. Altere todos os valores dos componentes (exceto R4), como pedido.

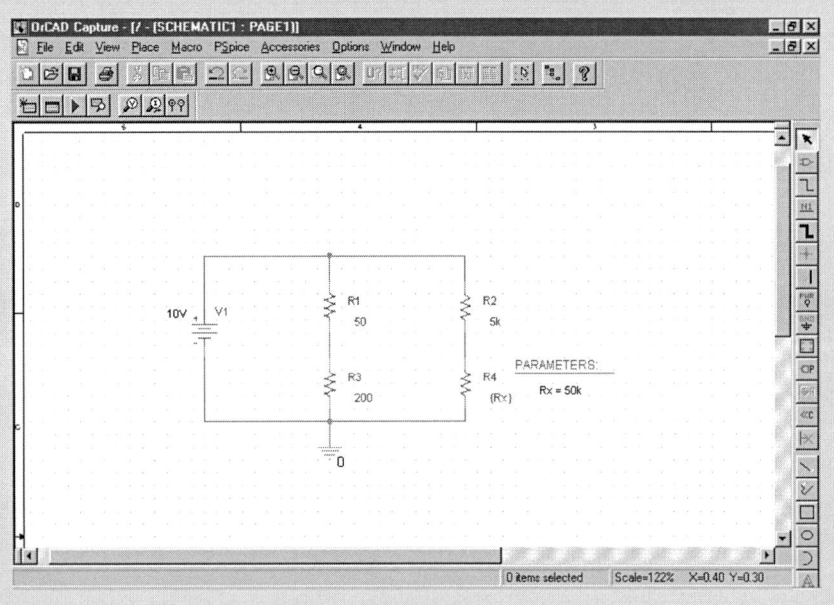

Figura 7-43

- Clique duas vezes no valor do componente R4. Digite **{Rx}** para este resistor na caixa de texto Value do Display Propeties. As chaves determinam que o PSpice avalie o parâmetro e use o valor dele.
- Clique na ferramenta Place. Selecione a biblioteca Special e clique no componente PARAM. Coloque o PARAM na posição adjacente ao resistor R4.
- Clique duas vezes em PARAMETERS. Clique no botão New Column. Uma caixa de diálogo irá aparecer alertando que o comando Undo estará indisponível; selecione Yes. Digite **Rx** como o nome da nova coluna e atribua **50k** como o valor padrão para este resistor. Clique em Apply. Como estamos adicionando apenas uma coluna a esse parâmetro, clique em Cancel para sair. Destaque a coluna que acabou de criar e selecione Name e Value em Display Properties. Saia do Property Editor. O circuito deverá aparecer como na Figura 7-43.
- Clique no ícone New Simulation e nomeie a simulação, como na Figura 7-43.
- Em Simulation Settings, selecione a guia Analysis. O Analysis Type é o DC Sweep. Selecione Primary Sweep na lista Options. Na caixa Sweep variable, selecione Global Parameter. Digite **Rx** na caixa de texto Parameter name. Selecione linear para o Sweep type e defina os limites da seguinte forma:

Start value: 100

End Value: 50k

Increment: 100

Essas configurações mudarão o valor do resistor de 100 Ω para 50 Ω em incrementos de 100 Ω. Clique em OK.

- Clique no ícone Run. Você verá uma tela em branco com uma abscissa (o eixo horizontal) mostrando R_x com escala de 0 Ω a 50 kΩ.
- O PSpice é capaz de representar graficamente a maioria das variáveis dos circuitos como uma função de R_x. Para solicitar uma representação de V_{ab}, clique em Trace e Add Trace. Digite **V(R3:1) − V(R4:1)** na caixa de texto Trace Expression. V_{ab} é a tensão entre o nó 1 de R_3 e o nó 1 de R_4. Clique em OK.
- Finalmente, para obter a representação gráfica da corrente I do circuito (a corrente na fonte), primeiro é necessário adicionar um eixo extra. Clique em Plot e depois em Add Y Axis. Para obter a representação gráfica da corrente, clique em Trace e Add Trace. Selecione **I(V1)**. A Figura 7-44 mostra o resultado que aparece no monitor.

(continua)

Exemplo 7-15 (continuação)

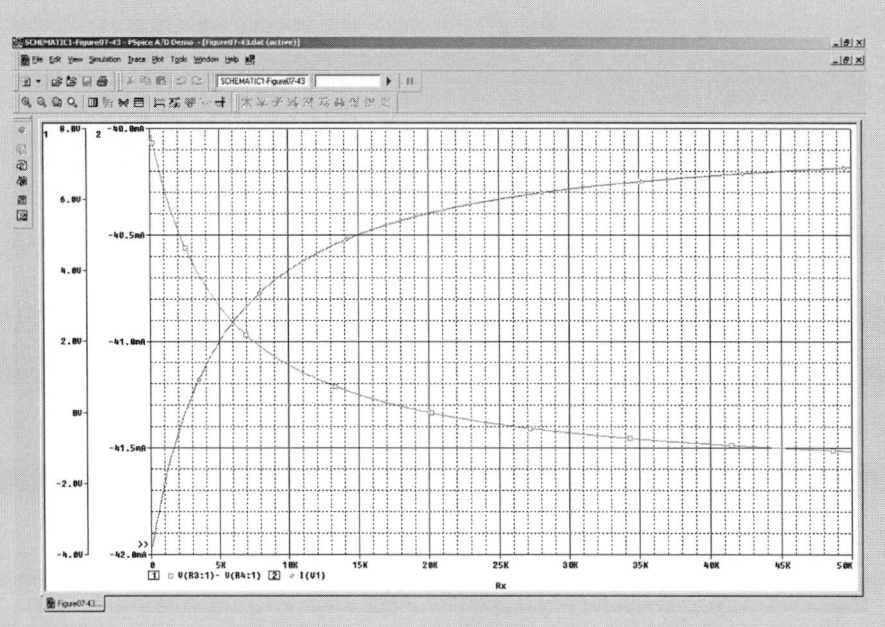

Figura 7-44

Observe que a corrente mostrada é negativa. Isso acontece porque o PSpice define a direção de referência por uma fonte de tensão do terminal positivo para o negativo. Uma forma de eliminar o sinal negativo é solicitar a corrente como −I(V1).

PROBLEMAS PRÁTICOS 8

Dado o circuito da Figura 7-45, utilize o Multisim para calcular V_{ab}, I e I_L, quando R_L for igual a 100 Ω, 500 Ω e 1.000 Ω.

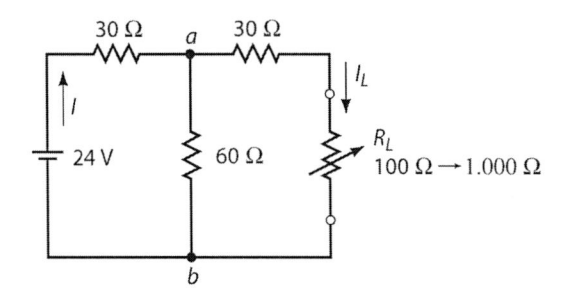

Figura 7-45

Respostas

$R_L = 100$ Ω: $I = 169$ mA, $V_{ab} = 6{,}93$ V, $I_L = 53{,}3$ mA

$R_L = 500$ Ω: $I = 143$ mA, $V_{ab} = 7{,}71$ V, $I_L = 14{,}5$ mA

$R_L = 1.000$ Ω: $I = 138$ mA, $V_{ab} = 7{,}85$ V, $I_L = 7{,}62$ mA

PROBLEMAS PRÁTICOS 9

Use o PSpice como arquivo de entrada para o circuito da Figura 7-45. A saída deve mostrar a corrente da fonte, I, a corrente na carga, I_L, e a tensão V_{ab}, à medida que o resistor R_L variar entre 100 Ω e 1.000 Ω a cada acréscimo de 100 Ω.

COLOCANDO EM PRÁTICA

Muitas vezes, os fabricantes fornecem esquemas mostrando as tensões DC previstas caso o circuito estivesse funcionando normalmente. A figura a seguir mostra parte do esquema de um circuito amplificador.

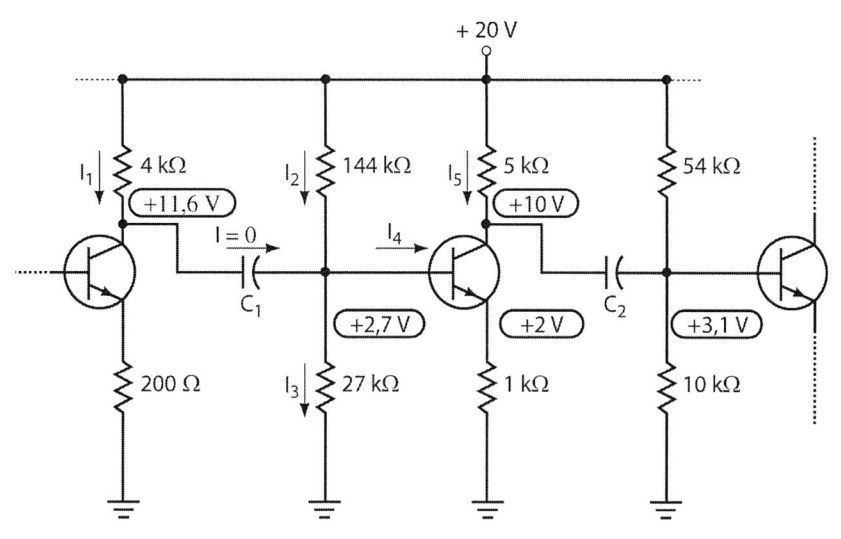

Embora o esquema possa incluir componentes com os quais o leitor não esteja familiarizado, as tensões DC fornecidas por ele permitem determinar as tensões e a corrente em várias partes do circuito. Se o circuito for defeituoso, as tensões e correntes medidas serão diferentes das hipotéticas, permitindo que o experiente reparador localize o defeito.

Examine o circuito apresentado. Utilize os dados da tensão no esquema para determinar os valores hipotéticos para as correntes I_1, I_2, I_3, I_4 e I_5. Ache a magnitude e a polaridade correta da tensão no dispositivo identificado como C_2. (É um capacitor, e será examinado em detalhes no Capítulo 10.)

PROBLEMAS

7.1 A Rede Série-paralela

1. Para as redes da Figura 7-46, determine quais resistores e ramos estão em série e quais estão em paralelo. Escreva uma expressão para a resistência total, R_T.

2. Para cada uma das redes da Figura 7-47, escreva uma expressão para a resistência total, R_T.

3. Escreva uma expressão para R_{T_1} e R_{T_2} para as redes da Figura 7-48.

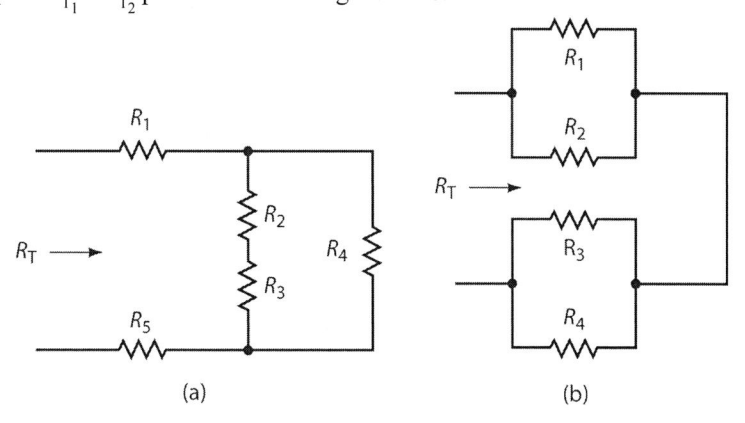

Figura 7-46

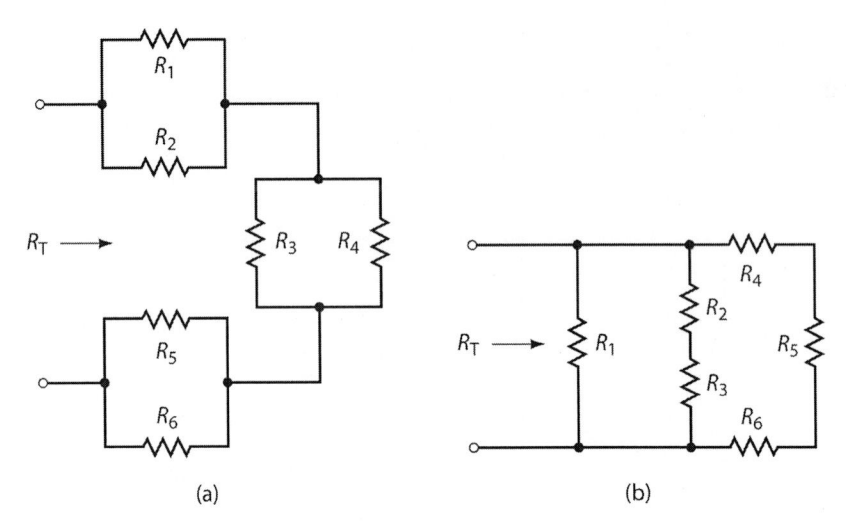

Figura 7-47

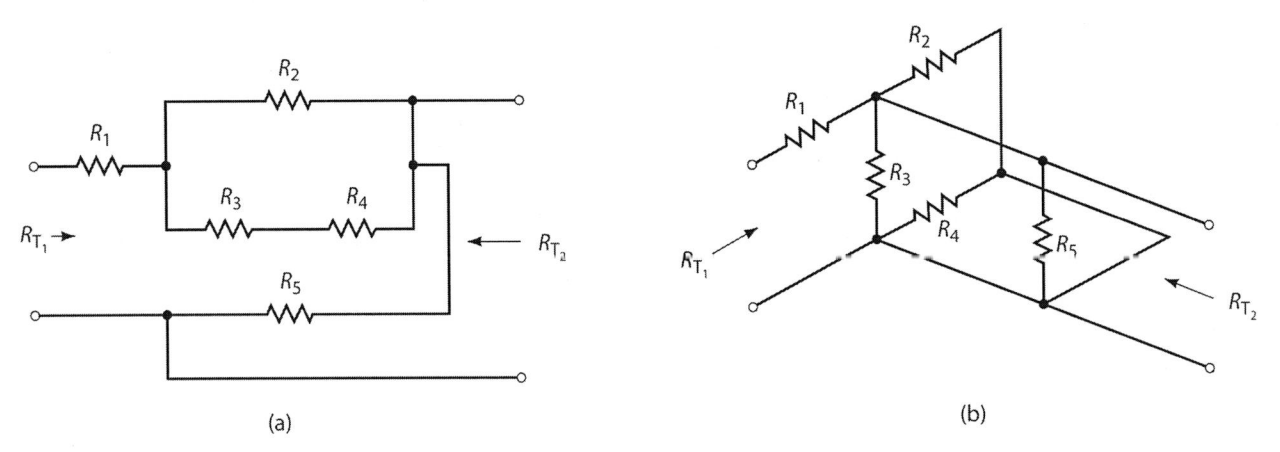

Figura 7-48

4. Escreva uma expressão para R_{T_1} e R_{T_2} para as redes da Figura 7-49.

5. As redes do resistor possuem as resistências totais fornecidas a seguir. Faça um esboço do circuito correspondente a cada expressão.

   a. $R_T = (R_1 \| R_2 \| R_3) + (R_4 \| R_5)$
   b. $R_T = R_1 + (R_2 \| R_3) + [R_4 \| (R_5 + R_6)]$

6. As redes do resistor possuem as resistências totais fornecidas a seguir. Faça um esboço do circuito correspondente a cada expressão.

   a. $R_T = [(R_1 \| R_2) + (R_3 \| R_4)] \| R_5$
   b. $R_T = (R_1 \| R_2) + R_3 + [(R_4 + R_5) \| R_6]$

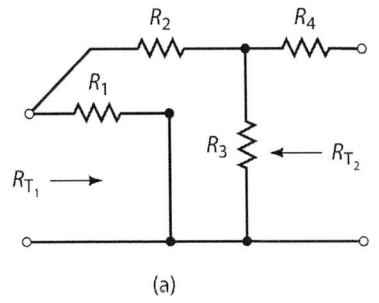

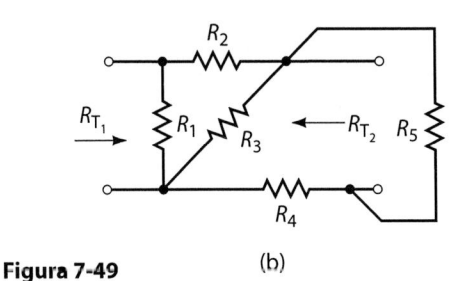

Figura 7-49

7.2 Análise de Circuitos Série-paralelo

7. Determine a resistência total de cada rede na Figura 7-50.

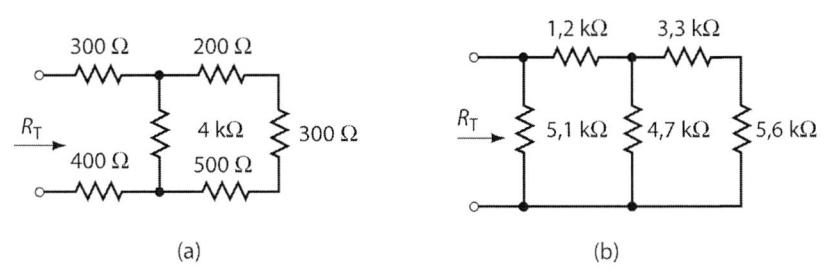

Figura 7-50

8. Determine a resistência total de cada rede na Figura 7-51.

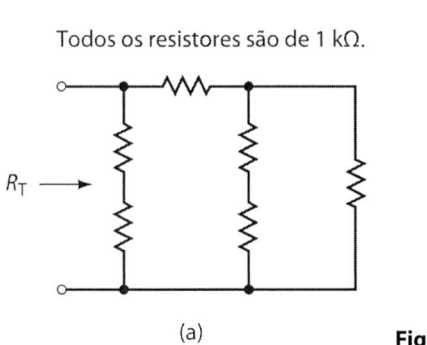

Figura 7-51

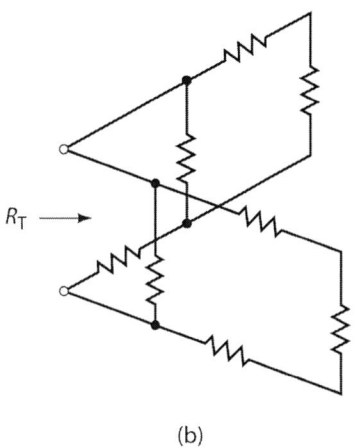

9. Calcule as resistências R_{ab} e R_{cd} no circuito da Figura 7-52.

10. Calcule as resistências R_{ab} e R_{bc} no circuito da Figura 7-53.

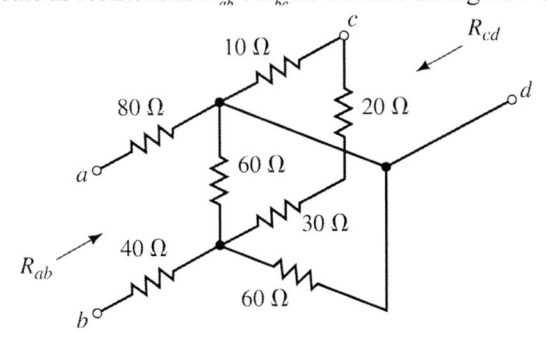

Figura 7-52

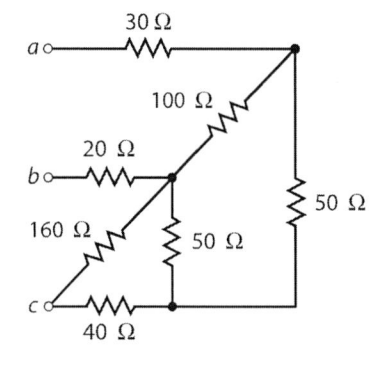

Figura 7-53

11. Observe o circuito da Figura 7-54. Encontre as seguintes grandezas:
    a. R_T
    b. I_T; I_1; I_2; I_3; I_4
    c. V_{ab}; V_{bc}

12. Observe o circuito da Figura 7-54. Encontre as seguintes grandezas:

   a. R_T (resistência equivalente "percebida" pela fonte de tensão)

   b. I_T, I_1, I_2, I_3, I_4

   c. V_{ab}, V_{bc}, V_{cd}

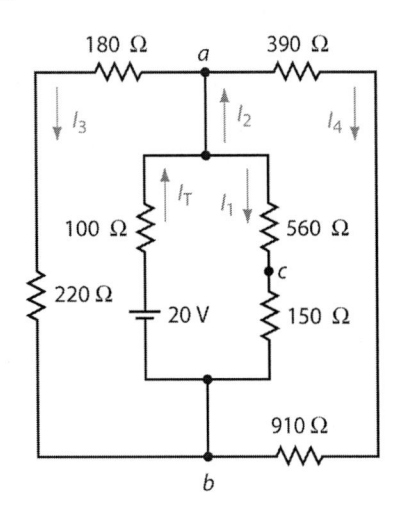

Figura 7-54

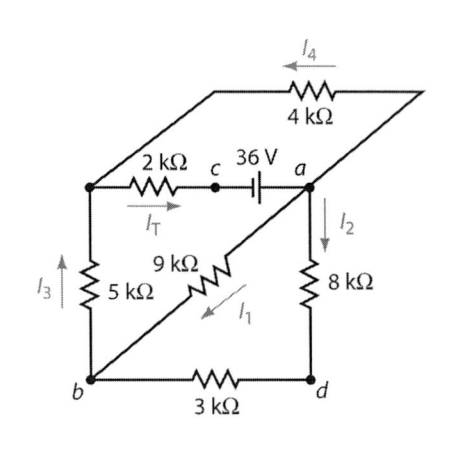

Figura 7-55

13. Observe o circuito da Figura 7-56.

   a. Encontre as correntes I_1, I_2, I_3, I_4, I_5 e I_6.

   b. Calcule as tensões V_{ab} e V_{cd}.

   c. Comprove que a potência fornecida ao circuito é igual à soma das potências dissipadas pelos resistores.

14. Observe o circuito da Figura 7-57.

   a. Encontre as correntes $I_1; I_2; I_3; I_4$ e I_5.

   b. Calcule as tensões V_{ab} e V_{bc}.

   c. Comprove que a potência fornecida ao circuito é igual à soma das potências dissipadas pelos resistores.

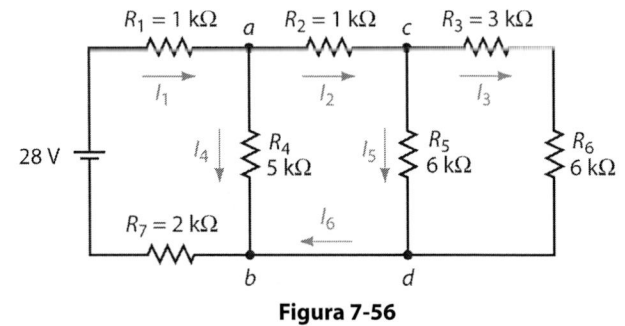

Figura 7-56

Figura 7-57

15. Observe o circuito da Figura 7-58.

    a. Encontre as correntes indicadas.

    b. Calcule a tensão V_{ab}.

    c. Comprove que a potência fornecida ao circuito é igual à soma das potências dissipadas pelos resistores.

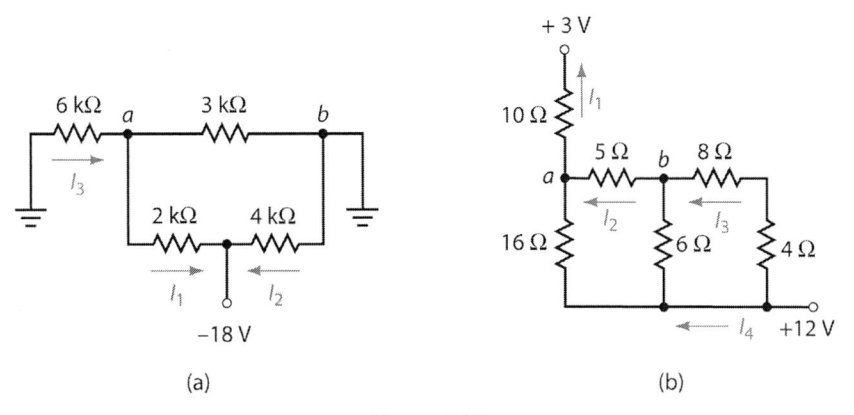

Figura 7-58

16. Observe o circuito da Figura 7-59.

    a. Calcule as correntes I_1, I_2 e I_3, quando $R_x = 0$ e $R_x = 5$ kΩ.

    b. Calcule a tensão V_{ab} quando $R_x = 0$ e $R_x = 5$ kΩ.

7.3 Aplicações de Circuitos Série-paralelo

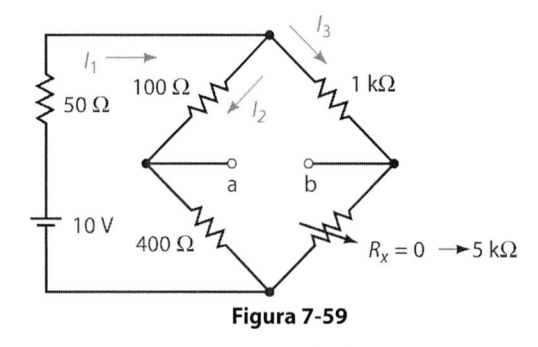

Figura 7-59

17. Calcule todas as correntes e quedas de tensão no circuito da Figura 7-60. Comprove que a potência fornecida pela fonte de tensão é igual à potência dissipada pelos resistores e pelo diodo zener.

18. Observe o circuito da Figura 7-61.

    a. Determine a potência dissipada pelo diodo zener de 6,2 V. Se o diodo zener for especificado para uma potência máxima de 1/4 W, é provável que ele seja destruído?

    b. Repita a Parte (a), se a resistência R_1 for duplicada.

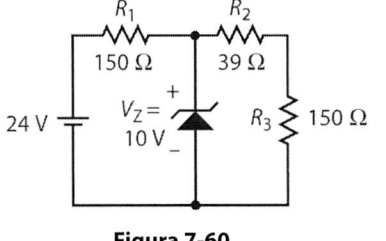

Figura 7-60

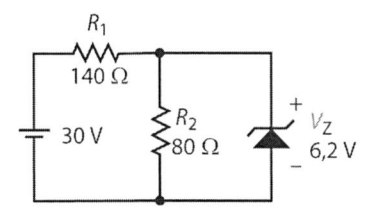

Figura 7-61

19. Dado o circuito da Figura 7-62, determine a variação de R (valores máximo e mínimo) que irá garantir que a tensão de saída V_L seja igual a 5,6 V enquanto a classificação da potência máxima do diodo zener não for ultrapassada.

20. Dado o circuito da Figura 7-63, determine a variação de R (valores máximo e mínimo) que irá garantir que a tensão de saída V_L seja igual a 5,6 V enquanto a classificação da potência máxima do diodo zener não for ultrapassada.

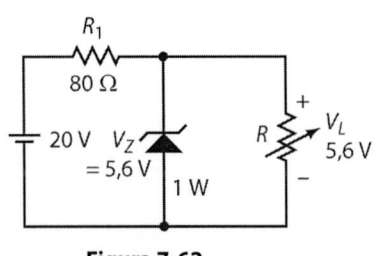

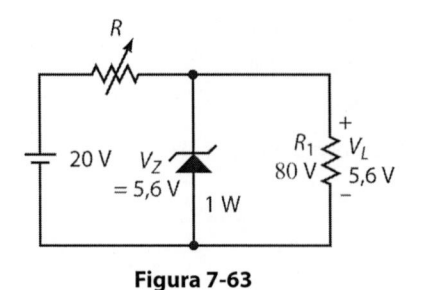

Figura 7-62

Figura 7-63

21. Dado o circuito da Figura 7-64, determine V_B, I_C e V_{CE}.

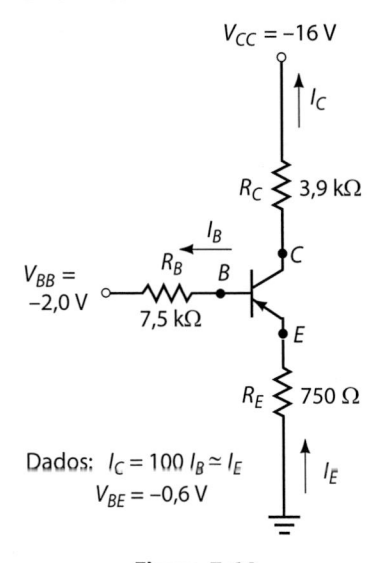

Dados: $I_C = 100\, I_B \approx I_E$
$V_{BE} = -0{,}6$ V

Figura 7-64

22. Repita o Problema 21 se R_B for aumentado para 10 kΩ. (Todas as outras grandezas permanecem inalteradas.)

23. Considere o circuito da Figura 7-65 e os valores indicados.
    a. Determine I_D.
    b. Calcule o valor exigido para R_S.
    c. Calcule V_{DS}.

24. Considere o circuito da Figura 7-66 e os valores indicados.
    a. Determine I_D e V_G.
    b. Defina os valores necessários para R_S e R_D.

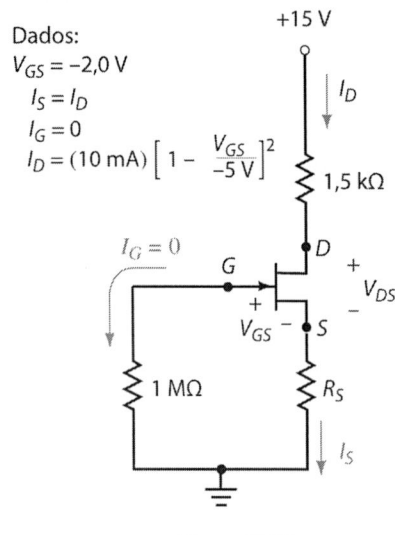

Dados:
$V_{GS} = -2{,}5$ V
$I_S = I_D$
$I_G = 0$
$I_D = (10\text{ mA})\left[1 - \dfrac{V_{GS}}{-5\text{ V}}\right]^2$
$V_{DS} = +6{,}0$ V

Dados:
$V_{GS} = -2{,}0$ V
$I_S = I_D$
$I_G = 0$
$I_D = (10\text{ mA})\left[1 - \dfrac{V_{GS}}{-5\text{ V}}\right]^2$

Figura 7-65

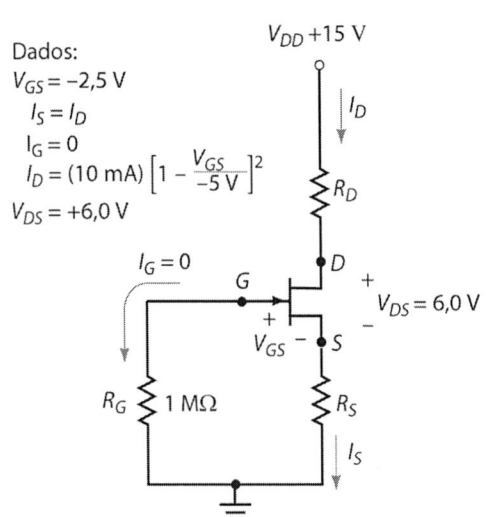

Figura 7-66

25. Calcule I_C e V_{CE} para o circuito da Figura 7-67.

26. Calcule I_C e V_{CE} para o circuito da Figura 7-68.

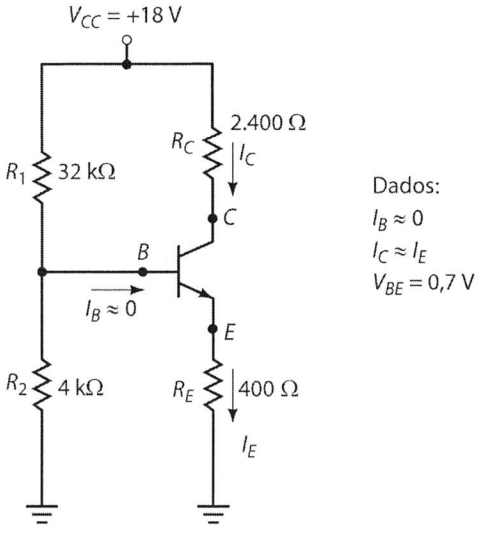

Figura 7-67

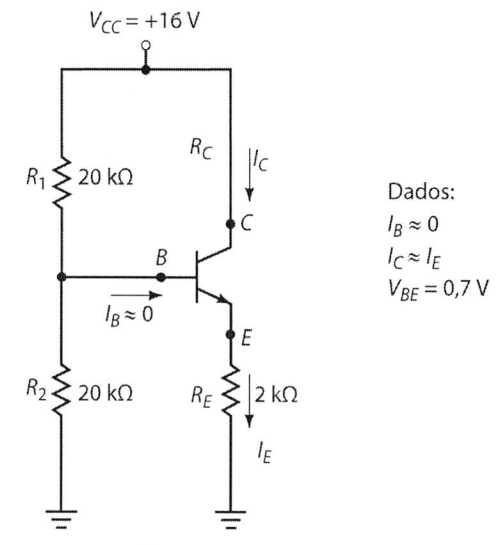

Dados:
$I_B \approx 0$
$I_C \approx I_E$
$V_{BE} = 0{,}7$ V

Figura 7-68

Dados:
$I_B \approx 0$
$I_C \approx I_E$
$V_{BE} = 0{,}7$ V

7.4 Potenciômetros

27. Observe o circuito da Figura 7-69.

    a. Determine a variação das tensões que aparecem em R_L à medida que o potenciômetro varia entre os valores máximo e mínimo.

    b. Se R_2 for ajustado para 2,5 kΩ, qual será a tensão V_L? Se o resistor de carga for removido, qual será a tensão entre os terminais a e b?

28. Repita o Problema 27 usando o resistor de carga $R_L = 30$ kΩ.

29. Se o potenciômetro da Figura 7-70 for ajustado de tal modo que R_2 seja igual a 200 Ω, determine as tensões V_{ab} e V_{bc}.

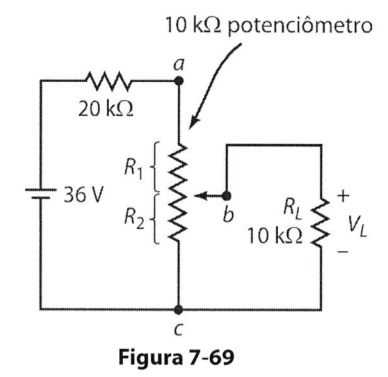

30. Calcule os valores de R_1 e R_2 necessários no potenciômetro da Figura 7-70 se a tensão V_L no resistor de carga for 6,0 V.

31. Observe o circuito da Figura 7-71.

    a. Determine a variação da tensão de saída (do mínimo para o máximo) prevista à medida que o potenciômetro é ajustado do valor mínimo para o máximo.

    b. Calcule R_2 quando $V_o = 20$ V.

32. No circuito da Figura 7-71, qual será o resultado de R_2 em uma tensão de saída de 40 V?

Figura 7-69

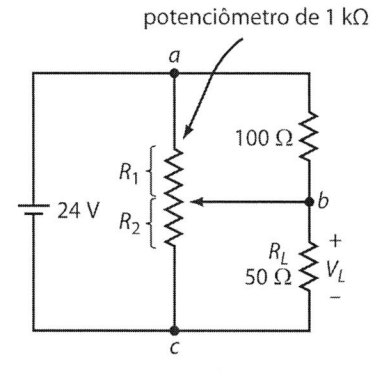

Figura 7-70

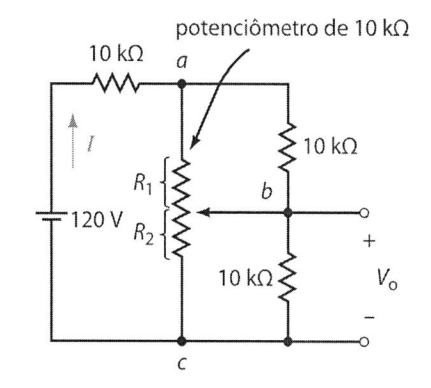

Figura 7-71

33. Dado o circuito da Figura 7-72, calcule a tensão de saída V_o quando R_L for igual a 0 Ω, 250 Ω e 500 Ω.

Figura 7-72

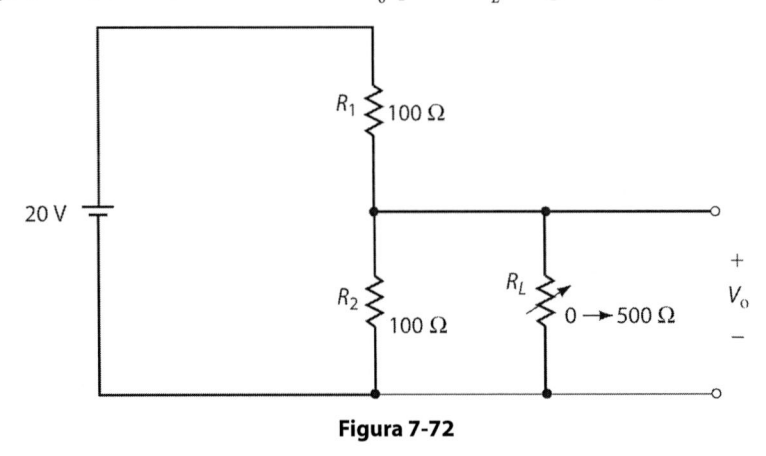

34. Dado o circuito da Figura 7-73, calcule a tensão de saída V_o quando R_L for igual a 0 Ω, 500 Ω e 1.000 Ω.

Figura 7-73

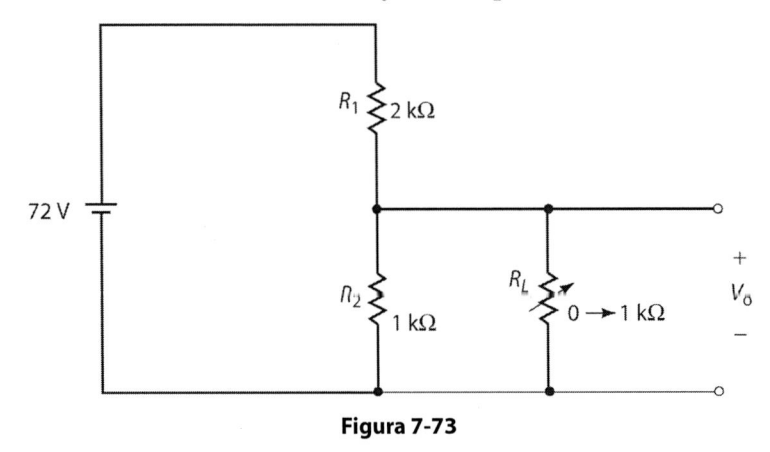

7.5 Efeitos de Carga dos Instrumentos

35. Um voltímetro que apresentar uma sensibilidade $S = 20$ kΩ/V é usado com a especificação de 10 V (resistência interna total de 200 kΩ) para medir a tensão no resistor de 750 kΩ da Figura 7-74. A tensão indicada pelo medidor é de 5,00 V.

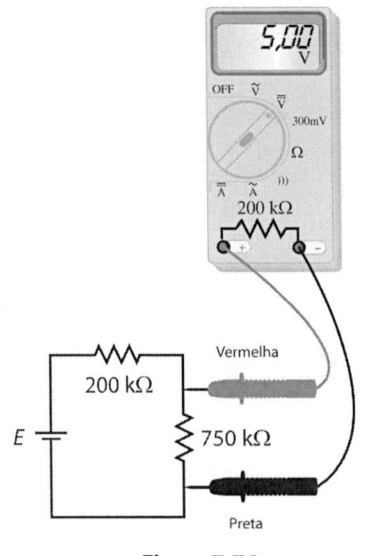

Figura 7-74

a. Determine o valor da tensão de alimentação, E.

b. Qual será a tensão no resistor de 750 kΩ quando o voltímetro for removido do circuito?

c. Calcule o efeito de carga no medidor quando ele for usado conforme mostrado.

d. Se o mesmo voltímetro fosse usado para medir a tensão no resistor de 200 kΩ, qual seria a tensão indicada?

36. O voltímetro da Figura 7-75 tem uma sensibilidade $S = 2$ kΩ/V.

    a. Se o medidor for usado com a especificação de 50 V ($R = 100$ kΩ) para medir a tensão em R_2, quais serão a leitura no instrumento e o erro de carregamento?

    b. Se o medidor for alterado para a especificação de 20 V ($R = 40$ kΩ), determine a leitura nessa especificação e o erro de carregamento. O medidor será danificado nessa especificação? O erro de carregamento será maior ou menor do que na Parte (a)?

37. Um amperímetro é usado para medir a corrente no circuito mostrado na Figura 7-76.

    a. Explique como conectar corretamente o amperímetro para medir a corrente I_1.

    b. Determine os valores indicados quando o amperímetro for usado para medir cada uma das correntes indicadas no circuito.

    c. Calcule o efeito de carga do instrumento quando ele estiver medindo cada uma das correntes.

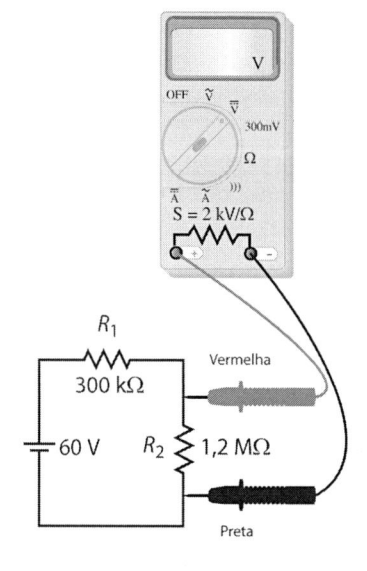

Figura 7-75

38. Suponha que o amperímetro na Figura 7-76 tenha uma resistência interna de 0,5 Ω.

    a. Determine os valores indicados quando o amperímetro for usado para medir as correntes indicadas no circuito.

    b. Calcule o efeito de carga do instrumento quando ele estiver medindo cada uma das correntes.

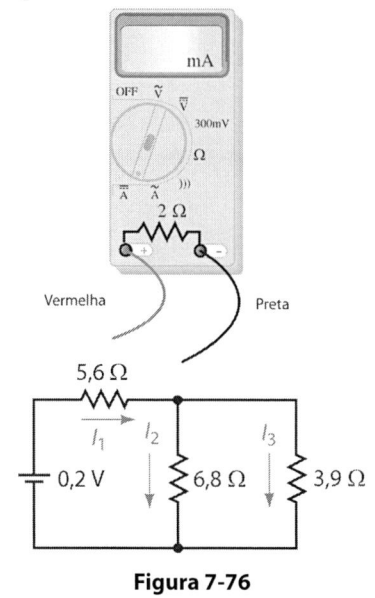

Figura 7-76

7.6 Análise de Circuitos Usando Computador

39. Use o Multisim para calcular V_2, V_4, I_T, I_1 e I_2 no circuito da Figura 7-10.

40. Use o Multisim para calcular V_{ab}, I_1, I_2 e I_3 no circuito da Figura 7-13.

41. Use o Multisim para calcular a leitura do medidor no circuito da Figura 7-75 se o instrumento for usado com a especificação de 50 V.

42. Repita o Problema 41 se o medidor for usado com a especificação de 20 V.

43. Use o PSpice para calcular V_2, V_4, I_T, I_1 e I_2 no circuito da Figura 7-10.

44. Use o PSpice para calcular V_{ab}, I_1, I_2 e I_3 no circuito da Figura 7-13.

45. Use o PSpice para obter V_{ab} e I_1 no circuito da Figura 7-59. Permita que R_x varie de 500 Ω para 5 kΩ usando acréscimos de 100 Ω.

RESPOSTAS DOS PROBLEMAS PARA VERIFICAÇÃO DO PROCESSO DE APRENDIZAGEM

Verificação do Processo de Aprendizagem 1

$P_T = 115{,}2$ mW, $P_1 = 69{,}1$ mW, $P_2 = 36{,}9$ mW, $P_3 = 9{,}2$ mW

$P_1 + P_2 + P_3 = 115{,}2$ mW, como pedido.

Verificação do Processo de Aprendizagem 2

$P_T = 30{,}0$ mW, $P_{R1} = 20{,}0$ mW, $P_{R2} = 2{,}50$ mW; $PZ = 7{,}5$ mW

$P_{R1} + P_{R2} + P_Z = 30$ mW, como pedido.

Verificação do Processo de Aprendizagem 3

$R_L = 2$ kΩ:
   a. $N = 1/4$: $V_L = 8{,}7\%$ de V_i
   b. $N = 1/2$: $V_L = 14{,}3\%$ de V_i
   $N = 3/4$: $V_L = 26{,}1\%$ de V_i

$R_L = 200$ kΩ:
   c. $N = 1/4$: $V_L = 24{,}5\%$ de V_i
   $N = 1/2$: $V_L = 48{,}8\%$ de V_i
   $N = 3/4$: $V_L = 73{,}6\%$ de V_i
   d. Se $R_L \gg R_1$, o efeito de carga será mínimo.

• TERMOS-CHAVE

Ponte Equilibrada; Análise da Corrente nos Ramos; Redes Ponte; Fontes de Corrente Constante; Conversões Delta-Y; Redes Lineares Bilaterais; Análise de Malha; Condutância Mútua; Análise Nodal; Conversões Y-Delta

• TÓPICOS

Fontes de Corrente Constante; Conversões de Fonte; Fontes de Corrente em Série e em Paralelo; Análise da Corrente nos Ramos; Análise de Malha (Malha Fechada); Análise Nodal; Conversão Delta-Y (π-T); Redes Ponte; Análise de Circuitos Usando Computador

• OBJETIVOS

Após estudar este capítulo, você será capaz de:

- converter a fonte de tensão em uma fonte de corrente equivalente;
- converter a fonte de corrente em uma fonte de tensão equivalente;
- analisar os circuitos com duas ou mais fontes de corrente em paralelo;
- escrever e resolver as equações dos ramos para uma rede;
- escrever e resolver as equações das malhas para uma rede;
- escrever e resolver as equações dos nós para uma rede;
- converter um delta resistivo em um circuito Y equivalente ou um Y em um circuito delta equivalente e resolver o circuito simplificado;
- determinar a tensão ou a corrente em qualquer parte de uma rede ponte;
- usar o PSpice para analisar circuitos com múltiplas malhas;
- usar o Multisim para analisar circuitos com múltiplas malhas.

Métodos de Análise

8

Apresentação Prévia do Capítulo

As redes com as quais o leitor trabalhou até agora, em geral, tinham uma única fonte de tensão e podiam ser facilmente analisadas com o uso de técnicas como as leis de Kirchhoff das tensões e das correntes. Neste capítulo, examinaremos os circuitos com mais de uma fonte de tensão ou que não podem ser facilmente analisados com as técnicas estudadas em capítulos anteriores.

Os métodos utilizados para determinar a operação de redes complexas abrangerão a análise da corrente nos ramos, a análise de malha (ou malha fechada) e a análise nodal. Embora se possa utilizar qualquer um desses métodos, alguns circuitos são analisados com mais facilidade quando se usa determinada abordagem. As vantagens de cada método serão discutidas na seção apropriada.

Ao se usar essas técnicas, assume-se que as **redes** são **lineares bilaterais**. O termo **linear** indica que os componentes usados no circuito apresentam características da tensão-corrente que seguem uma linha reta. Observe a Figura 8-1.

O termo **bilateral** indica que os componentes na rede terão características que independem da direção da corrente através do elemento ou da tensão nele. O resistor é um exemplo de um componente linear bilateral, já que a tensão em um resistor é diretamente proporcional à corrente através dele; a operação do resistor é a mesma independentemente da direção da corrente.

Neste capítulo, o leitor será apresentado à conversão da rede de uma configuração delta (Δ) para uma equivalente ípsilon (Y). Inversamente, examinaremos a transformação da configuração Y para a equivalente Δ*.

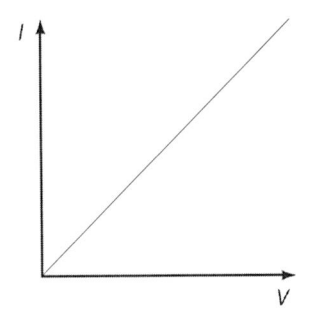

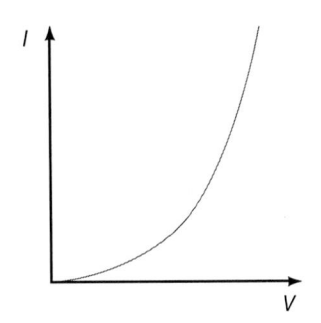

(a) Características lineares V-I

(b) Características não-lineares V-I

Figura 8-1

---
* Δ e Y também podem ser chamados de triângulo e estrela, respectivamente. (N.R.T.)

Colocando em Perspectiva

Sir *Charles Wheatstone*

Charles Wheatstone nasceu em Gloucester, Inglaterra, em 6 de fevereiro de 1802. O interesse inicial de Wheatstone era nos estudos da acústica e dos instrumentos musicais. No entanto, ele conquistou a fama e um título de nobreza graças à invenção do telégrafo e ao aperfeiçoamento do gerador elétrico.

Embora não tenha inventado o circuito ponte, Wheatstone utilizou-o para medir a resistência com bastante precisão. Ele descobriu que, quando as correntes na ponte de Wheatstone estão perfeitamente em equilíbrio, a resistência desconhecida pode ser comparada a um padrão já conhecido.

Faleceu em Paris, em 19 de outubro de 1875.

8.1 Fontes de Corrente Constante

Todos os circuitos apresentados até aqui usaram fontes de tensão como um meio de fornecer energia. No entanto, a análise de determinados circuitos é mais fácil quando trabalhamos com a corrente em vez da tensão. Diferentemente de uma fonte de tensão, uma **fonte de corrente** mantém a mesma corrente em seu ramo do circuito, independentemente da maneira como os componentes estão ligados externamente à fonte. A Figura 8-2 mostra o símbolo para a fonte de corrente constante.

A direção da seta da fonte de corrente indica a direção da corrente convencional no ramo. Nos capítulos anteriores, você aprendeu que a magnitude e a direção da corrente em uma fonte de tensão variam de acordo com o tamanho das resistências do circuito e com a maneira como outras fontes de tensão estão conectadas ao circuito. Para as fontes de corrente, a tensão nelas depende do modo como os outros componentes estão ligados.

FIGURA 8-2 Fonte de corrente constante ideal.

Exemplo 8-1

Observe o circuito da Figura 8-3:

a. Calcule a tensão V_S na fonte de corrente se o resistor for de 100 Ω.

b. Calcule a tensão se o resistor for de 2 kΩ.

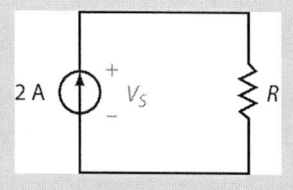

Figura 8-3

Solução: A fonte de corrente mantém uma corrente constante de 2 A no circuito. Dessa forma,

a. $V_S = V_R = (2\ A)(100\ \Omega) = 200\ V$.

b. $V_S = V_R = (2\ A)(2\ k\Omega) = 4.000\ V$.

Se a fonte de corrente for a única fonte no circuito, então a polaridade da tensão na fonte será conforme mostrado na Figura 8-3. No entanto, esse pode não ser o caso se houver mais de uma fonte. O exemplo a seguir ilustra esse princípio.

Exemplo 8-2

Determine as tensões V_1, V_2 e V_S e a corrente I_S para o circuito da Figura 8-4.

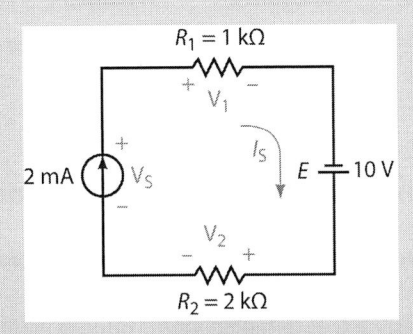

Figura 8-4

Solução: Como o dado circuito é um circuito série, a corrente em qualquer ponto dele deve ser a mesma, ou seja,

$$I_S = 2 \text{ mA}$$

Usando a lei de Ohm,

$$V_1 = (2 \text{ mA})(1 \text{ k}\Omega) = 2{,}00 \text{ V}$$
$$V_2 = (2 \text{ mA})(2 \text{ k}\Omega) = 4{,}00 \text{ V}$$

Aplicando a lei de Kirchhoff das tensões ao redor da malha fechada,

$$\Sigma V = V_S - V_1 - V_2 + E = 0$$
$$V_S = V_1 + V_2 - E$$
$$= 2 \text{ V} + 4 \text{ V} - 10 \text{ V} = -4{,}00 \text{ V}$$

Desse resultado, vemos que a polaridade real de V_S é oposta à pressuposta.

Exemplo 8-3

Calcule as correntes I_1 e I_2 e a tensão V_S para o circuito da Figura 8-5.

Figura 8-5

Solução: Como a alimentação de 5 V efetivamente está atravessando o resistor de carga na direção assumida,

$$I_1 = \frac{5 \text{ V}}{10 \text{ }\Omega} = 0{,}5 \text{ A}$$

Aplicando a lei de Kirchhoff das correntes no ponto a,

$$I_2 = 0{,}5 \text{ A} + 2{,}0 \text{ A} = 2{,}5 \text{ A}$$

Da lei de Kirchhoff das tensões,

$$\Sigma V = -10 \text{ V} + V_S + 5 \text{ V} = 0 \text{ V}$$

$$V_S = 10 \text{ V} - 5 \text{ V} = +5 \text{ V}$$

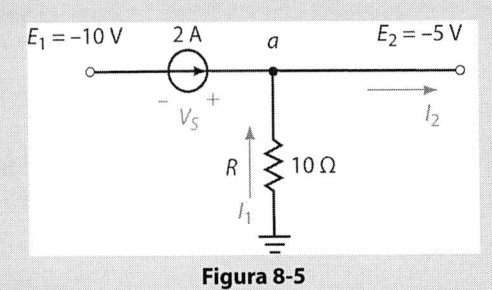

Examinando os exemplos anteriores, pode-se chegar às seguintes conclusões em relação às fontes de corrente:

A fonte de corrente constante determina a corrente em seu ramo do circuito.

A magnitude e a polaridade da tensão em uma fonte de corrente constante dependem da rede à qual a fonte está ligada.

8.2 Conversões de Fonte

Na seção anterior, a fonte ideal de corrente constante foi apresentada. Essa é uma fonte que não possui resistência interna como parte do circuito. Como se recorda, as fontes de tensão sempre possuem algumas resistências série, embora, em alguns casos, elas sejam tão baixas em comparação com outras resistências do circuito que podem até ser efetivamente ignoradas quando determinamos a operação do circuito. De modo semelhante, uma fonte de corrente constante sempre terá alguma resistência *shunt* (ou paralela). Se a resistência for muito alta em comparação a outras do circuito, a resistência interna da fonte poderá ser novamente ignorada. **Uma fonte de corrente ideal possui uma resistência *shunt* infinita.**

A Figura 8-6 mostra fontes de tensão e corrente equivalentes.

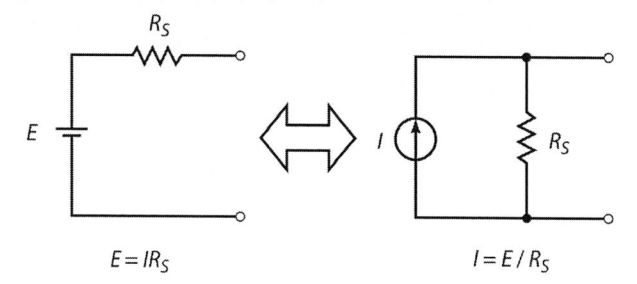

$E = IR_S$ $I = E/R_S$

Figura 8-6

Se a resistência interna de uma fonte for levada em consideração, a fonte, seja ela de tensão ou de corrente, será facilmente convertida em um outro tipo. A fonte de corrente da Figura 8-6 será equivalente à fonte de tensão se

$$I = \frac{E}{R_S} \tag{8-1}$$

e a resistência em ambas as fontes for R_S.

Igualmente, uma fonte de corrente pode ser convertida em uma fonte de tensão equivalente:

$$E = IR_S \tag{8-2}$$

Esses resultados podem ser confirmados com facilidade ao conectarmos uma resistência externa, R_L, em cada fonte. As fontes só podem ser equivalentes se a tensão em R_L for a mesma para as duas. Igualmente, as fontes só são equivalentes se a corrente em R_L for a mesma quando estiver conectada a qualquer uma das fontes.

Considere o circuito mostrado na Figura 8-7. Obtém-se a tensão no resistor de carga da seguinte maneira

$$V_L = \frac{R_L}{R_L + R_S} E \tag{8-3}$$

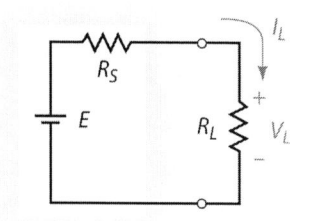

Figura 8-7

Obtém-se a corrente através do resistor R_L da seguinte forma:

$$I_L = \frac{E}{R_L + R_S} \quad (8\text{-}4)$$

Em seguida, considere uma fonte de corrente equivalente conectada a uma mesma carga, como mostra a Figura 8-8. A corrente no resistor R_L é dada por

$$I_L = \frac{E}{R_S + R_L} I$$

No entanto, quando convertemos a fonte, temos

$$I = \frac{E}{R_S}$$

Assim,

$$I_L = \left(\frac{R_S}{R_S + R_L}\right)\left(\frac{E}{R_S}\right)$$

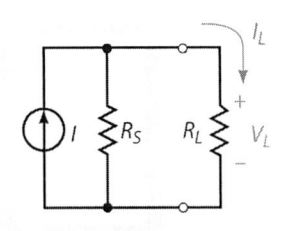

Figura 8-8

Esse resultado é equivalente à corrente obtida na Equação 8-4. A tensão no resistor é dada por

$$V_L = I_L R_L$$
$$= \left(\frac{E}{R_S + R_L}\right) R_L$$

A tensão no resistor é exatamente a mesma da obtida na Equação 8-3. Concluímos, portanto, que a corrente na carga e a queda de tensão são as mesmas, sendo a fonte uma fonte de tensão ou de corrente equivalente.

NOTAS...

Ainda que as fontes sejam equivalentes, as correntes e tensões dentro delas podem não ser mais iguais. As fontes só são equivalentes em relação aos elementos conectados externamente aos terminais.

Exemplo 8-4

Converta a fonte de tensão da Figura 8-9(a) em uma fonte de corrente e comprove que a corrente, I_L, na carga é a mesma para cada uma das fontes.

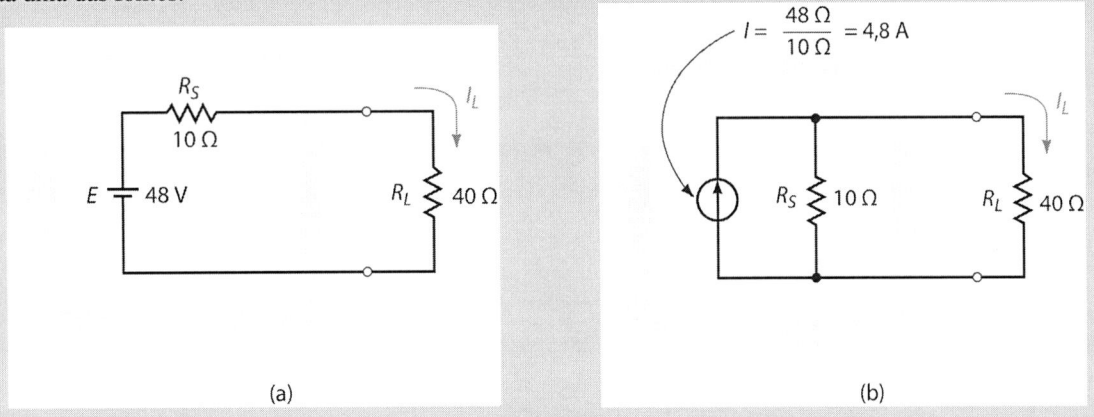

Figura 8-9

Solução: A fonte de corrente equivalente terá uma magnitude de corrente dada por

$$I = \frac{48\text{ V}}{10\text{ }\Omega} = 4{,}8\text{ A}$$

(continua)

Exemplo 8-4 (continuação)

A Figura 8-9(b) mostra o circuito resultante.

Para o circuito da Figura 8-9(a), encontra-se a corrente na carga da seguinte forma

$$I_L = \frac{48 \text{ V}}{10 \text{ }\Omega + 40 \text{ }\Omega} = 0,96 \text{ A}$$

Para o circuito equivalente da Figura 8-9(b), a corrente na carga é

$$I_L = \frac{(4,8 \text{ A})(10 \text{ }\Omega)}{10 \text{ }\Omega + 40 \text{ }\Omega} = 0,96 \text{ A}$$

É evidente que os resultados são iguais.

Exemplo 8-5

Converta a fonte de corrente da Figura 8-10(a) em uma fonte de tensão e comprove que a tensão, V_L, na carga é a mesma para cada fonte.

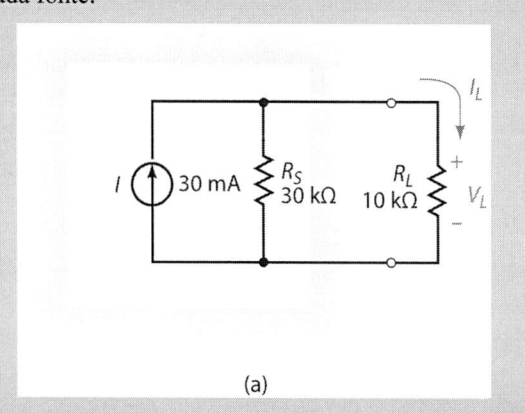

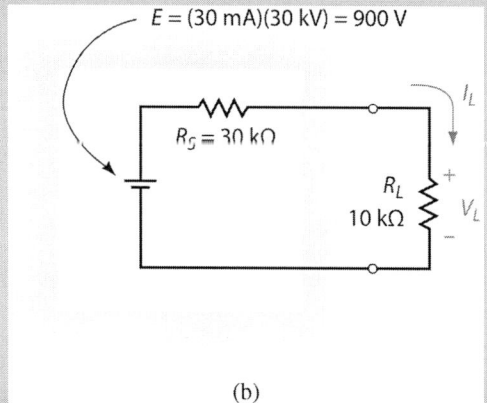

Figura 8-10

Solução: A fonte de tensão equivalente terá a magnitude dada por

$$E = (30 \text{ mA})(30 \text{ k}\Omega) = 900 \text{ V}$$

A Figura 8-10(b) mostra o circuito resultante.

Para o circuito da Figura 8-10(a), a tensão na carga é determinada da seguinte maneira:

$$I_L = \frac{(30 \text{ k}\Omega)(30 \text{ mA})}{30 \text{ k}\Omega + 10 \text{ k}\Omega} = 22,5 \text{ mA}$$

$$V_L = I_L R_L = (22,5 \text{ mA})(10 \text{ k}\Omega) = 225 \text{ V}$$

Para o circuito equivalente da Figura 8-10(b), a tensão na carga é

$$V_L = \frac{10 \text{ k}\Omega}{10 \text{ k}\Omega + 30 \text{ k}\Omega}(900 \text{ V}) = 225 \text{ V}$$

Novamente, vemos que os circuitos são equivalentes.

PROBLEMAS PRÁTICOS 1

1. Converta as fontes de tensão da Figura 8-11 em fontes de corrente equivalentes.

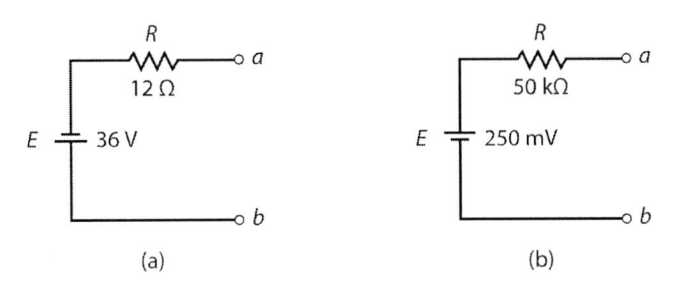

Figura 8-11

2. Converta as fontes de corrente da Figura 8-12 em fontes de tensão equivalentes.

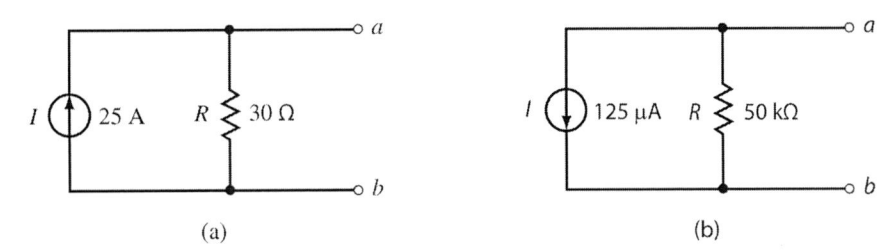

Figura 8-12

Respostas

1. **a.** $I = 3{,}00$ A (para baixo) em paralelo com $R = 12\ \Omega$
   b. $I = 5{,}00\ \mu$A (para cima) em paralelo com $R = 50\ k\Omega$
2. **a.** $E = V_{ab} = 750$ V em série com $R = 30\ \Omega$
   b. $E = V_{ab} = -6{,}25$ V em série com $R = 50\ k\Omega$

8.3 Fontes de Corrente em Série e em Paralelo

Quando algumas fontes de corrente são colocadas em paralelo, o circuito pode ser simplificado se combinarmos essas fontes em uma única fonte de corrente. Determinam-se a magnitude e a direção dessa fonte resultante pela soma das correntes em uma direção e pela subtração das correntes na direção oposta.

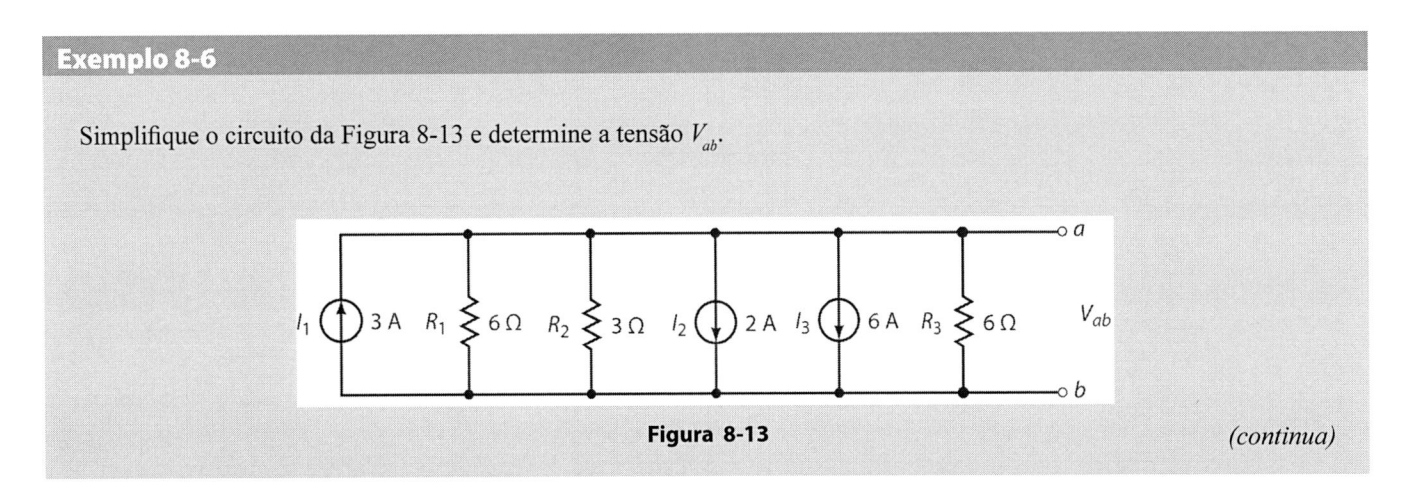

Exemplo 8-6

Simplifique o circuito da Figura 8-13 e determine a tensão V_{ab}.

Figura 8-13

(continua)

Exemplo 8-6 (continuação)

Solução: Como todas as fontes de corrente estão em paralelo, elas podem ser substituídas por uma única fonte de corrente. A fonte de corrente equivalente terá a mesma direção de I_2 e I_3, uma vez que a magnitude da corrente é maior na direção para baixo do que para cima. A fonte de corrente equivalente tem uma magnitude de

$$I = 2\,A + 6\,A - 3\,A = 5\,A$$

como mostra a Figura 8-14(a).

O circuito pode ser ainda mais simplificado pela combinação dos resistores em um único valor.

$$R_T = 6\,\Omega \| 3\,\Omega \| 6\,\Omega = 1{,}5\,\Omega$$

A Figura 8-14(b) mostra o circuito equivalente.

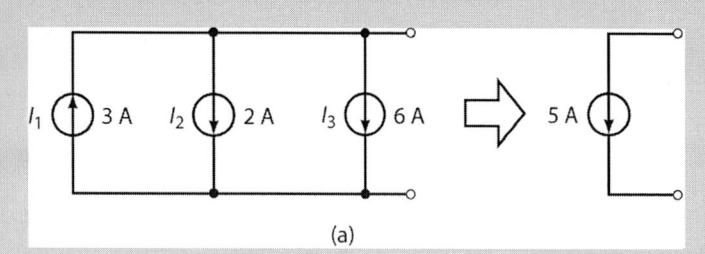

Figura 8-14

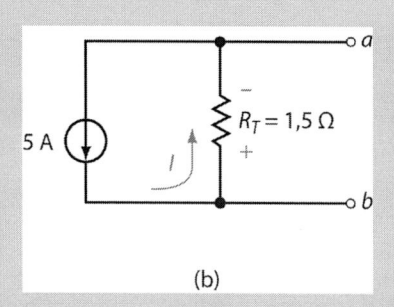

Acha-se a tensão V_{ab} da seguinte forma

$$V_{ab} = -(5\,A)(1{,}5\,\Omega) = -7{,}5\,V$$

Exemplo 8-7

Reduza o circuito da Figura 8-15 a uma única fonte de corrente e calcule a corrente no resistor R_L.

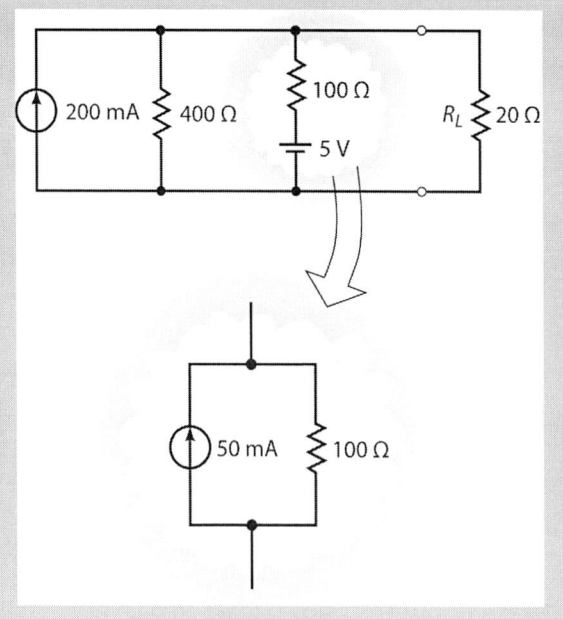

Figura 8-15

(continua)

Exemplo 8-7 (continuação)

Solução: Converte-se a fonte de tensão neste circuito em uma fonte de corrente equivalente. O circuito resultante pode ser simplificado para uma única fonte de corrente onde

$I_S = 200$ mA $+ 50$ mA $= 250$ mA

e

$R_S = 400\ \Omega \| 100\ \Omega = 80\ \Omega$

A Figura 8-16 mostra o circuito simplificado.

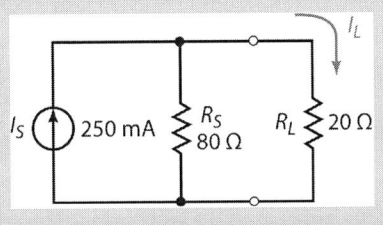

Figura 8-16

Agora, calcula-se a corrente em R_L como

$$I_L = \left(\frac{80\ \Omega}{80\ \Omega + 20\ \Omega}\right)(250\text{ mA}) = 200\text{ mA}$$

As fontes de corrente nunca devem ser colocadas em série. Caso seja escolhido um nó entre as fontes de corrente, fica evidente que a corrente que entra no nó não é igual à que sai dele. Claramente, isso não pode ocorrer, já que violaria a lei de Kirchhoff das correntes (ver a Figura 8-17).

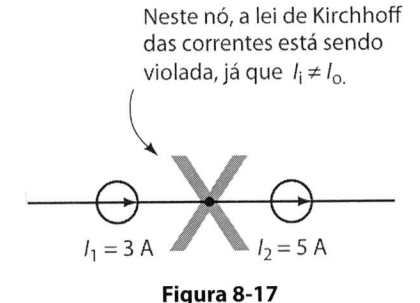

Figura 8-17

> **NOTAS...**
>
> Fontes de corrente com valores diferentes nunca são colocadas em série.

VERIFICAÇÃO DO PROCESSO DE APRENDIZAGEM 1

(As repostas encontram-se no final do capítulo.)

1. Explique de maneira sucinta o procedimento para a conversão de uma fonte de tensão em uma fonte de corrente equivalente.
2. Qual é a regra mais importante que determina como as fontes de corrente estão conectadas a um circuito?

8.4 Análise da Corrente nos Ramos

Em capítulos anteriores, usamos as leis de Kirchhoff dos circuitos e das tensões para calcular equações para circuitos com uma única fonte de tensão. Nesta seção, usaremos essas ferramentas de grande eficácia para analisar circuitos com mais de uma fonte.

A **análise da corrente nos ramos** permite calcular diretamente a corrente em cada ramo de um circuito. Como o método envolve a análise de algumas equações lineares simultâneas, você pode achar adequado fazer uma revisão de determinantes.

Incluiu-se o Apêndice B de modo a oferecer uma recapitulação dos mecanismos de resolução de equações lineares simultâneas.

Para aplicar a análise da corrente nos ramos, é útil a seguinte técnica:

1. Atribua de maneira arbitrária as direções da corrente para cada ramo na rede. Se determinado ramo possui uma fonte de corrente, este passo, então, não é necessário, pois já sabemos a magnitude e direção da corrente nesse ramo.
2. Usando as correntes assinaladas, marque as polaridades das quedas de tensão em todos os resistores no circuito.
3. Aplique a lei de Kirchhoff das tensões ao redor de cada malha fechada. Escreva o número suficiente de equações para incluir todos os ramos nas equações das malhas. Caso o ramo possua apenas uma fonte de corrente e nenhuma resistência série, não é necessário inclui-lo nas equações da KVL.
4. Aplique a lei de Kirchhoff das correntes no número suficiente de nós para certificar-se de que todas as correntes nos ramos foram incluídas. Caso um ramo possua apenas uma fonte de corrente, será necessário que ela seja incluída neste passo.
5. Resolva as equações lineares simultâneas.

Exemplo 8-8

Encontre a corrente em cada ramo no circuito da Figura 8-18.

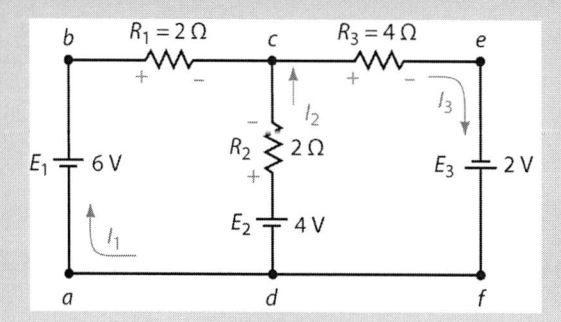

Figura 8-18

Solução:

1º Passo: determine as correntes, como mostrado na Figura 8-18.

2º Passo: indique as polaridades das quedas de tensão em todos os resistores no circuito, usando as supostas direções da corrente.

3º Passo: escreva as equações da lei de Kirchhoff das tensões.

Malha *abcda*:
$$6\text{ V} - (2\text{ }\Omega)I_1 + (2\text{ }\Omega)I_2 - 4\text{ V} = 0\text{ V}$$

Observe que o circuito ainda possui um ramo, o *cefd*, que não foi incluído nas equações da KVL. Esse ramo seria incluído caso uma equação das malhas fosse escrita para *cefdc* ou *abcefda*. Não há razão para escolher uma malha no lugar da outra, já que o resultado geral permanecerá inalterado, apesar de os passos intermediários não fornecerem os mesmos resultados.

Malha *cefdc*:
$$4\text{ V} - (2\text{ }\Omega)I_2 - (4\text{ }\Omega)I_3 + 2\text{ V} = 0\text{ V}$$

Agora que todos os ramos foram incluídos nas equações das malhas, não há necessidade de escrever mais equações. Ainda que existam mais malhas, expressar mais equações complicaria os cálculos inutilmente.

(continua)

Exemplo 8-8 (continuação)

4º Passo: escreva a(s) equação(ões) da lei de Kirchhoff das correntes.

Aplicando a KCL no nó c, todas as correntes nos ramos da rede estão incluídas.

Nó c: $\quad I_3 = I_1 + I_2$

Para simplificar a resolução de equações lineares simultâneas, podemos escrevê-las da seguinte maneira:

$$2I_1 - 2I_2 + 0I_3 = 2$$
$$0I_1 - 2I_2 - 4I_3 = -6$$
$$1I_1 + 1I_2 - 1I_3 = 0$$

Os princípios da álgebra linear (Apêndice B) permitem calcular o determinante do denominador como a seguir:

$$D = \begin{vmatrix} 2 & -2 & 0 \\ 0 & -2 & -4 \\ 1 & 0 & -1 \end{vmatrix}$$

$$= 2\begin{vmatrix} -2 & -4 \\ 1 & -1 \end{vmatrix} - 0\begin{vmatrix} -2 & 0 \\ 1 & -1 \end{vmatrix} + 1\begin{vmatrix} -2 & 0 \\ -2 & -4 \end{vmatrix}$$

$$= 2(2+4) - 0 + 1(8) = 20$$

Agora, calculando as correntes, temos o seguinte:

$$I_1 = \frac{\begin{vmatrix} 2 & -2 & 0 \\ -6 & -2 & -4 \\ 0 & 1 & -1 \end{vmatrix}}{D}$$

$$= \frac{2\begin{vmatrix} -2 & -4 \\ 1 & -1 \end{vmatrix} - (-6)\begin{vmatrix} -2 & 0 \\ 1 & -1 \end{vmatrix} + 0\begin{vmatrix} -2 & 0 \\ -2 & -4 \end{vmatrix}}{20}$$

$$= \frac{2(2+4) + 6(2) + 0}{20} = \frac{24}{20} = 1,200 \text{ A}$$

De modo semelhante,

$$I_2 = \frac{\begin{vmatrix} 2 & 2 & 0 \\ 0 & -6 & -4 \\ 1 & 0 & -1 \end{vmatrix}}{D}$$

$$= \frac{4}{20} = 0,200 \text{ A}$$

e

$$I_3 = \frac{\begin{vmatrix} 2 & -2 & 2 \\ 0 & -2 & -6 \\ 1 & 1 & 0 \end{vmatrix}}{D}$$

$$= \frac{28}{20} = 1,400 \text{ A}$$

Dica para o Uso da Calculadora: o uso de calculadoras como a TI-86 e de programas de computadores como o Mathcad tornou muito mais fácil a resolução das equações lineares simultâneas. Se usássemos a TI-86 para calcular três incógnitas neste exemplo, registraríamos os coeficientes a_{11}, a_{12}, a_{13} e b_1 da primeira equação da seguinte maneira:

```
a1,1x1...a1,3x3=b1
a1,1=2
a1,2=-2
a1,3=0
b1=2
```

Igualmente, registraríamos os coeficientes para as duas equações restantes resultando nesta solução:

```
x1=1.2
x2=.2
x3=1.4
```

Esses resultados são compatíveis com os encontrados quando usamos os determinantes, ou seja, $I_1 = 1,2$ A; $I_2 = 0,2$ A, e $I_3 = 1,4$ A.

Exemplo 8-9

Ache as correntes para cada ramo do circuito mostrado na Figura 8-19. Calcule a tensão V_{ab}.

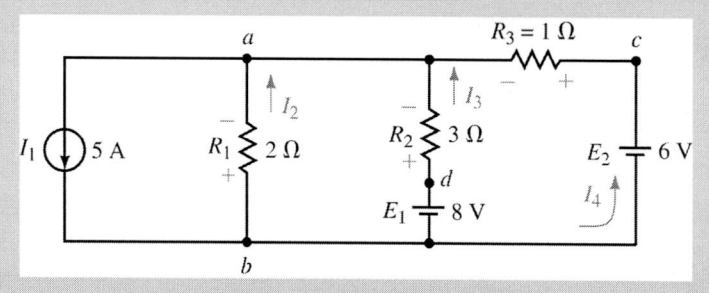

Figura 8-19

Solução: Observe que, embora esse circuito tenha quatro correntes, apenas três delas são **desconhecidas**: I_2, I_3 e I_4. A corrente I_1 é fornecida pelo valor da fonte de corrente constante. Para resolver essa rede, precisaremos de três equações lineares. Como dito anteriormente, as equações são determinadas pelas leis de Kirchhoff das tensões e das correntes.

1º Passo: as correntes estão indicadas no circuito dado.

2º Passo: as polaridades das tensões em todos os resistores estão assinaladas.

3º Passo: a lei de Kirchhoff das tensões é aplicada nas malhas indicadas:

Malha $badb$: $\qquad -(2\,\Omega)(I_2) + (3\,\Omega)(I_3) - 8\,\text{V} = 0\,\text{V}$

Malha $bacb$: $\qquad -(2\,\Omega)(I_2) + (1\,\Omega)(I_4) - 6\,\text{V} = 0\,\text{V}$

4º Passo: aplica-se a lei de Kirchhoff das correntes da seguinte maneira:

Nó a: $\qquad I_2 + I_3 + I_4 = 5\,\text{A}$

Reescrevendo as equações lineares,

$$-2I_2 + 3I_3 + 0I_4 = 8$$
$$-2I_2 + 0I_3 + 1I_4 = 6$$
$$1I_2 + 1I_3 - 1I_4 = 5$$

O determinante do denominador tem o valor de:

$$D = \begin{vmatrix} -2 & 3 & 0 \\ -2 & 0 & 1 \\ 1 & 1 & 1 \end{vmatrix} = 11$$

Calculando as correntes, temos

$$I_2 = \frac{\begin{vmatrix} 8 & 3 & 0 \\ 6 & 0 & 1 \\ 5 & 1 & 1 \end{vmatrix}}{D} = -\frac{11}{11} = -1{,}00\,\text{A}$$

$$I_3 = \frac{\begin{vmatrix} -2 & 8 & 0 \\ -2 & 6 & 1 \\ 1 & 5 & 1 \end{vmatrix}}{D} = -\frac{22}{11} = 2{,}00\,\text{A}$$

$$I_4 = \frac{\begin{vmatrix} -2 & 3 & 8 \\ -2 & 0 & 6 \\ 1 & 1 & 5 \end{vmatrix}}{D} = -\frac{44}{11} = 4{,}00\,\text{A}$$

(continua)

Exemplo 8-9 (continuação)

A corrente I_2 é negativa, o que significa que a direção real da corrente é oposta à direção escolhida.

Embora a rede possa ser analisada usando as direções pressupostas da corrente, é mais fácil compreender a operação do circuito quando mostramos as direções reais da corrente, como na Figura 8-20.

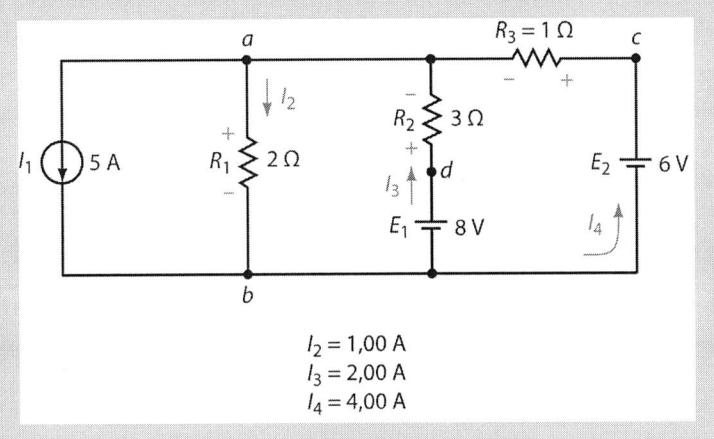

$I_2 = 1,00$ A
$I_3 = 2,00$ A
$I_4 = 4,00$ A

Figura 8-20

Usando a direção real para I_2,

$$V_{ab} = +(2\ \Omega)(1\ \text{A}) = +2,00\ \text{V}$$

PROBLEMAS PRÁTICOS 2

Use a análise da corrente nos ramos para calcular as correntes indicadas no circuito da Figura 8-21.

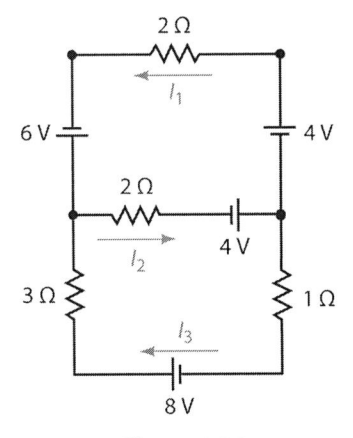

Figura 8-21

Respostas
$I_1 = 3,00$ A, $I_2 = 4,00$ A, $I_3 = 1,00$ A

8.5 Análise de Malha (Malha Fechada)

Na seção anterior, você usou as leis de Kirchhoff para calcular a corrente em cada ramo de uma dada rede. Ainda que os métodos utilizados sejam relativamente simples, é inconveniente usar a análise da corrente nos ramos porque ela geralmente envolve a resolução de algumas equações lineares simultâneas. Não é difícil perceber que pode haver um número excessivo de equações até para um circuito relativamente simples.

Uma abordagem melhor, além de ser uma das mais utilizadas na análise de redes lineares bilaterais, é a chamada análise de malha (ou malha fechada). Apesar de a técnica ser parecida com a análise da corrente nos ramos, o número de equações lineares simultâneas tende a ser menor. A principal diferença entre a análise de malha e a da corrente nos ramos é que apenas precisamos aplicar a lei de Kirchhoff das tensões ao redor das malhas fechadas, sem haver necessidade de aplicar a lei de Kirchhoff das correntes.

A seguir, os passos para resolver um circuito usando a análise de malha:

1. Arbitrariamente, estabeleça uma corrente no sentido horário para cada malha fechada interna no circuito. Embora a corrente assinalada possa apontar para qualquer direção, utiliza-se o sentido horário para simplificar o trabalho posterior.
2. Usando as correntes determinadas para a malha, indique as polaridades da tensão em todos os resistores do circuito. Para um resistor comum a duas malhas, as polaridades da queda de tensão ocasionada pela corrente em cada malha devem ser identificadas no lado adequado do componente.
3. Aplique a lei de Kirchhoff das tensões, escreva as equações das malhas para cada malha na rede. Não se esqueça de que os resistores comuns às duas malhas ocasionarão duas quedas de tensão, uma para cada malha.
4. Resolva as equações lineares simultâneas.
5. As correntes nos ramos são determinadas pela combinação algébrica das correntes na malha que são comuns aos ramos.

Exemplo 8-10

Ache a corrente em cada ramo para o circuito da Figura 8-22.

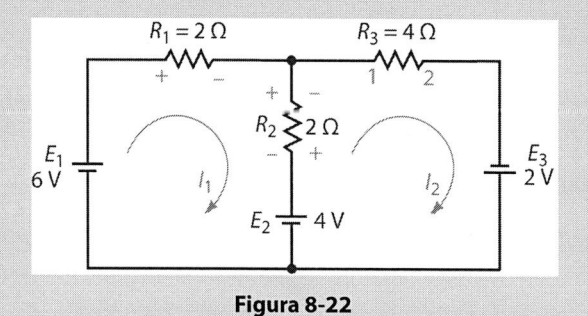

Figura 8-22

Solução

1º Passo: as correntes na malha são assinaladas como mostra a Figura 8-22. Essas correntes são designadas como I_1 e I_2.

2º Passo: assinalam-se as polaridades da tensão de acordo com as correntes na malha. Observe que a resistência R_2 possui duas polaridades de tensão diferentes, por causa da diferença das correntes na malha.

3º Passo: as equações das malhas são escritas aplicando-se a lei de Kirchhoff das tensões em cada uma das malhas. Eis as equações:

Malha 1: $\quad 6\,V - (2\,\Omega)I_1 - (2\,\Omega)I_1 + (2\,\Omega)I_2 - 4\,V = 0$

Malha 2: $\quad 4\,V - (2\,\Omega)I_2 + (2\,\Omega)I_1 - (4\,\Omega)I_2 + 2\,V = 0$

Observe que a tensão em R_2 causada pelas correntes I_1 e I_2 é indicada como dois termos separados, um deles representando a queda de tensão na direção de I_1 e o outro, uma elevação de tensão na mesma direção. A magnitude e a polaridade da tensão em R_2 são determinadas pela ordem de grandeza e direções reais das correntes nas malhas. As equações das malhas podem ser simplificadas da seguinte maneira:

Malha 1: $\quad (4\,\Omega)I_1 - (2\,\Omega)I_2 = 2\,V$

Malha 2: $\quad -(2\,\Omega)I_1 + (6\,\Omega)I_2 = 6\,V$

(continua)

Exemplo 8-10 (continuação)

Usando-se determinantes, resolvem-se facilmente as equações das malhas:

$$I_1 = \frac{\begin{vmatrix} 2 & -2 \\ 6 & 6 \end{vmatrix}}{\begin{vmatrix} 4 & -2 \\ -2 & 6 \end{vmatrix}} = \frac{12+12}{24-4} = \frac{24}{20} = 1,20 \text{ A}$$

e

$$I_2 = \frac{\begin{vmatrix} 4 & 2 \\ -2 & 6 \end{vmatrix}}{\begin{vmatrix} 4 & -2 \\ -2 & 6 \end{vmatrix}} = \frac{24+4}{24-4} = \frac{28}{20} = 1,40 \text{ A}$$

Desses resultados, vemos que as correntes nos resistores R_1 e R_3 são respectivamente I_1 e I_2. Determina-se a corrente no ramo para R_2 combinando as correntes na malha nesse resistor:

$$I_{R_2} = 1,40 \text{ A} - 1,20 \text{ A} = 0,20 \text{ A (para cima)}$$

Os resultados obtidos pela análise de malha são exatamente os mesmos dos obtidos pela análise da corrente nos ramos. Enquanto a análise da corrente nos ramos exigia três equações, a análise de malha requer a resolução de apenas duas equações lineares simultâneas. A análise de malha também exige apenas a aplicação da lei de Kirchhoff das tensões, o que mostra claramente por que ela é preferível à análise da corrente nos ramos.

Se o circuito analisado tiver fontes de corrente, o procedimento é um pouco mais complicado. O circuito pode ser simplificado pela conversão da(s) fonte(s) de corrente em fontes de tensão; depois resolvemos a rede resultante usando o procedimento mostrado no exemplo anterior. Por outro lado, podemos optar por não alterar o circuito; nesse caso, a fonte de corrente fornecerá uma das correntes na malha.

Exemplo 8-11

Determine a corrente em uma bateria de 8 V para o circuito mostrado na Figura 8-23.

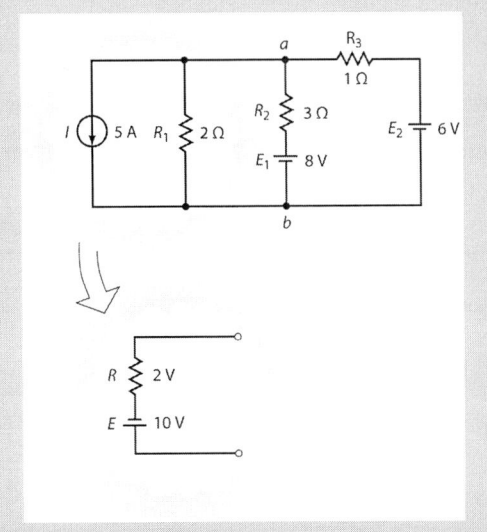

Figura 8-23

(continua)

Exemplo 8-11 (continuação)

Solução: Converta a fonte de corrente em uma fonte de tensão equivalente. Agora, o circuito equivalente poderá ser analisado usando-se as correntes mostradas na malha na Figura 8-24.

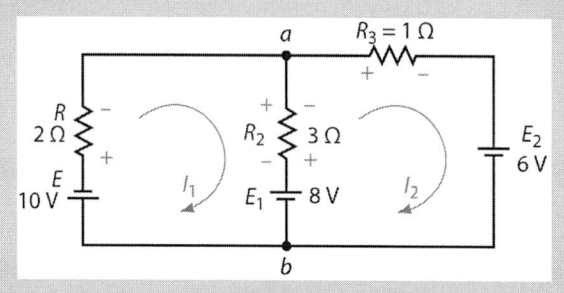

Figura 8-24

Malha 1: $\quad -10\text{ V} - (2\,\Omega)I_1 - (3\,\Omega)I_1 + (3\,\Omega)I_2 - 8\text{ V} = 0$

Malha 2: $\quad 8\text{ V} - (3\,\Omega)I_2 + (3\,\Omega)I_1 - (1\,\Omega)I_2 - 6\text{ V} = 0$

Reescrevendo as equações lineares, obtêm-se:

Malha 1: $\quad (5\,\Omega)I_1 - (3\,\Omega)I_2 = -18\text{ V}$

Malha 2: $\quad -(3\,\Omega)I_1 + (4\,\Omega)I_2 = 2\text{ V}$

Ao resolver as equações usando os determinantes, temos:

$$I_1 = \frac{\begin{vmatrix} -18 & -3 \\ 2 & 4 \end{vmatrix}}{\begin{vmatrix} 5 & -3 \\ -3 & 4 \end{vmatrix}} = -\frac{66}{11} = -6{,}00\text{ A}$$

$$I_2 = \frac{\begin{vmatrix} 5 & -18 \\ -3 & 2 \end{vmatrix}}{11} = -\frac{44}{11} = -4{,}00\text{ A}$$

Se a direção adotada para a corrente na bateria de 8 V é I_2, então,

$$I = I_2 - I_1 = -4{,}00\text{ A} - (-6{,}00\text{ A}) = 2{,}00\text{ A}$$

A direção da corrente resultante é igual à de I_2 (para cima).

O circuito da Figura 8-23 também pode ser analisado sem a conversão da fonte de corrente em uma fonte de tensão. Embora, em geral, essa abordagem não seja utilizada, o exemplo a seguir ilustra a técnica.

Exemplo 8-12

Determine a corrente em R_1 para o circuito da Figura 8-25

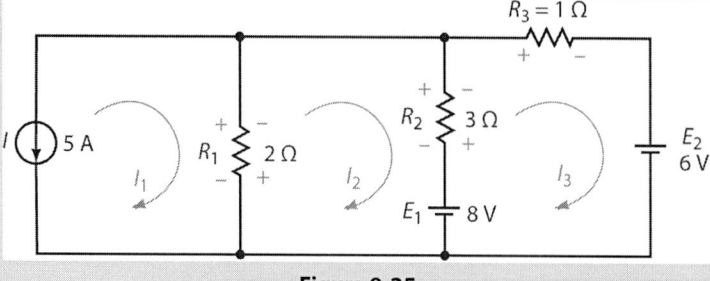

Figura 8-25

(continua)

Exemplo 8-12 (continuação)

Solução: Por inspeção, vemos que a corrente na malha é $I_1 = -5$ A. As equações das malhas para as outras duas malhas são:

Malha 2: $\quad -(2\,\Omega)I_2 + (2\,\Omega)I_1 - (3\,\Omega)I_2 + (3\,\Omega)I_3 - 8\,\text{V} = 0$

Malha 3: $\quad 8\,\text{V} - (3\,\Omega)I_3 + (3\,\Omega)I_2 - (1\,\Omega)I_3 - 6\,\text{V} = 0$

Apesar de ser possível analisar o circuito resolvendo três equações lineares, é mais fácil substituir o valor conhecido $I_1 = -5$ A na equação das malhas para a malha 2. Esta equação pode ser representada da seguinte maneira:

Malha 2: $\quad -(2\,\Omega)I_2 - 10\,\text{V} - (3\,\Omega)I_2 + (3\,\Omega)I_3 - 8\,\text{V} = 0$

As equações das malhas são simplificadas:

Malha 2: $\quad (5\,\Omega)I_2 - (3\,\Omega)I_3 = -18\,\text{V}$

Malha 3: $\quad -(3\,\Omega)I_2 + (4\,\Omega)I_3 = 2\,\text{V}$

As equações lineares simultâneas são resolvidas da seguinte forma:

$$I_2 = \frac{\begin{vmatrix} -18 & -3 \\ 2 & 4 \end{vmatrix}}{\begin{vmatrix} 5 & -3 \\ -3 & 4 \end{vmatrix}} = -\frac{66}{11} = -6{,}00\,\text{A}$$

$$I_3 = \frac{\begin{vmatrix} 5 & -18 \\ -3 & 2 \end{vmatrix}}{11} = -\frac{44}{11} = -4{,}00\,\text{A}$$

Os valores calculados das correntes de referência adotadas permitem determinar a corrente real em vários resistores da seguinte maneira:

$$I_{R_1} = I_1 - I_2 = -5\,\text{A} - (-6\,\text{A}) = 1{,}00\,\text{A para baixo}$$

$$I_{R_2} = I_3 - I_2 = -4\,\text{A} - (-6\,\text{A}) = 2{,}00\,\text{A para cima}$$

$$I_{R3} = -I_3 = -4{,}00\,\text{A esquerda}$$

Esses resultados são compatíveis com os obtidos no Exemplo 8-9.

Método de Estruturação para a Análise de Malha

Para escrever equações da malha para qualquer rede linear bilateral, podemos usar uma técnica muito simples. Quando esse método de estruturação é utilizado, as equações lineares simultâneas para uma rede com n malhas independentes aparecerão da seguinte maneira:

$$R_{11}I_1 - R_{12}I_2 - R_{13}I_3 - \ldots - R_{1n}I_n = E_1$$

$$-R_{21}I_1 + R_{22}I_2 - R_{23}I_3 - \ldots - R_{2n}I_n = E_2$$

$$\vdots$$

$$-R_{n1}I_1 - R_{n2}I_2 - R_{n3}I_3 - \ldots + R_{nn}I_n = E_n$$

Os termos $R_{11}, R_{22}, R_{33}, \ldots, R_{nn}$ representam a resistência total em cada malha e são obtidos pela simples soma de todas as resistências em uma determinada malha. O termos restantes da resistência são chamados de termos da resistência mútua. A resistência mútua representa a resistência compartilhada entre duas malhas. Por exemplo, a resistência mútua R_{12} é a resistência da malha 1, que está localizada no ramo entre as malhas 1 e 2. Se não houver resistência entre as duas malhas, o termo será igual a zero.

Os termos que contêm $R_{11}, R_{22}, R_{33}, ..., R_{nn}$ são positivos, e todos os termos da resistência mútua são negativos. Isso ocorre porque a direção de todas as correntes está no sentido horário.

Se as equações lineares estiverem representadas corretamente, o leitor verá que os coeficientes ao longo da diagonal principal ($R_{11}, R_{22}, R_{33}, ..., R_{nn}$) serão positivos. Todos os outros coeficientes serão negativos. Ainda, se as equações estiverem escritas corretamente, os termos serão simétricos em relação à diagonal principal, por exemplo, $R_{12} = R_{21}$.

Os termos $E_1, E_2, E_3, ..., E_n$ são a soma das elevações de tensão na direção das correntes na malha. Caso uma fonte de tensão apareça em um ramo compartilhado por duas malhas, ela será incluída no cálculo da elevação de tensão para cada malha.

Eis a aplicação do método de estruturação da análise de malha:

1. Converta as fontes de corrente para fontes de tensão equivalentes.
2. Assinale as direções no sentido horário para a corrente em cada malha independente na rede.
3. Escreva equações lineares simultâneas na formatação apresentada.
4. Resolva as equações lineares simultâneas.

Exemplo 8-13

Calcule as correntes em R_2 e R_3 no circuito da Figura 8-26.

Solução:

1º Passo: embora vejamos que o circuito possui uma fonte de corrente, de imediato é possível que não fique claro como a fonte pode ser convertida em uma fonte de tensão equivalente. Redesenhando o circuito para uma forma mais reconhecível, como mostra a Figura 8-27, vemos que a fonte de corrente de 2 mA está em paralelo com o resistor de 6 kΩ. A Figura 8-27 também ilustra a conversão da fonte.

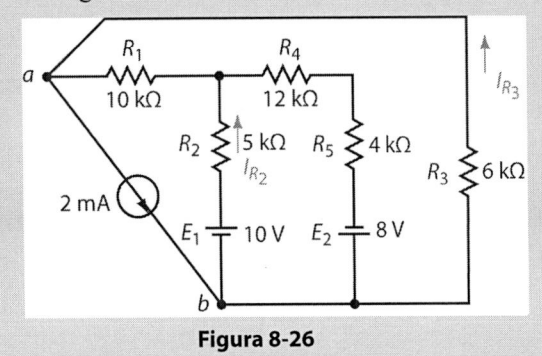

Figura 8-26

Figura 8-27

2º Passo: ao redesenhar o circuito, podemos simplificá-lo ainda mais quando nomeamos alguns dos nós; nesse caso, a e b. Após uma conversão da fonte, temos um circuito com duas malhas, como mostra a Figura 8-28. As direções das correntes para I_1 e I_2 também estão ilustradas.

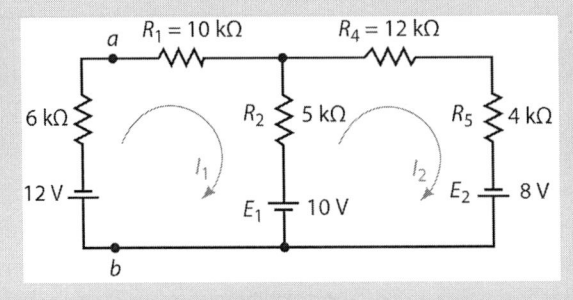

Figura 8-28

(continua)

Exemplo 8-13 (continuação)

3º Passo: as equações das malhas são:

Malha 1: $(6\text{ k}\Omega + 10\text{ k}\Omega + 5\text{ k}\Omega)I_1 - (5\text{ k}\Omega)I_2 = -12\text{ V} - 10\text{ V}$

Malha 2: $-(5\text{ k}\Omega)I_1 + (5\text{ k}\Omega + 12\text{ k}\Omega + 4\text{ k}\Omega)I_2 = 10\text{ V} + 8\text{ V}$

Na malha 1, ambas as tensões são negativas, já que aparecem como quedas de tensão quando seguem a direção da corrente na malha.

As equações são reescritas da seguinte maneira:

$$(21\text{ k}\Omega)I_1 - (5\text{ k}\Omega)I_2 = -22\text{ V}$$

$$-(5\text{ k}\Omega)I_1 + (21\text{ k}\Omega)I_2 = 18\text{ V}$$

4º Passo: de modo a simplificar as equações lineares anteriores, podemos eliminar dos cálculos as unidades (kΩ e V). Por inspeção, vemos que as unidades para as correntes devem estar em miliamperes. Calculando as correntes I_1 e I_2, obtêm-se:

$$I_1 = -0{,}894\text{ mA}$$

e

$$I_2 = 0{,}644\text{ mA}$$

Determina-se com facilidade a corrente através do resistor R_2:

$$I_2 - I_1 = 0{,}644\text{ mA} - (-0{,}894\text{ mA}) = 1{,}54\text{ mA (para cima)}$$

A corrente em R_3 não é facilmente encontrada. Um erro comum é afirmar que a corrente em R_3 é a mesma através do resistor de 6 kΩ no circuito da Figura 8-28. **Este não é o caso.** Como esse resistor fazia parte da conversão da fonte, ele não está mais na mesma posição em que estava no circuito original.

Entre as maneiras de encontrar a corrente desejada, o método que utilizamos aqui é a aplicação da lei de Ohm. Se examinarmos a Figura 8-26, veremos que a tensão em R_3 é igual a V_{ab}. A partir da Figura 8-28, determinamos V_{ab} usando o valor calculado de I_1.

$$V_{ab} = -(6\text{ k}\Omega)I_1 - 12\text{ V} = -(6\text{ k}\Omega)(-0{,}894\text{ mA}) - 12\text{ V} = -6{,}64\text{ V}$$

Esse cálculo indica que a corrente em R_3 está na direção para cima (pois o ponto a é negativo em relação ao b). A corrente tem o valor de

$$I_{R_3} = \frac{6{,}64\text{ V}}{6\text{ k}\Omega} = 1{,}11\text{ mA}$$

PROBLEMAS PRÁTICOS 3

Use a análise de malha para achar as correntes na malha no circuito da Figura 8-29.

Respostas

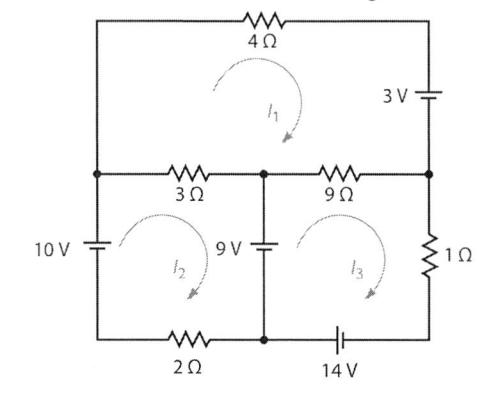

$I_1 = 3{,}00\text{ A}, I_2 = 2{,}00\text{ A}, I_3 = 5{,}00\text{ A}$

Figura 8-29

8.6 Análise Nodal

Na seção anterior, aplicamos a lei de Kirchhoff das tensões para encontrar as correntes nas malhas em uma rede. Nesta, aplicaremos a lei de Kirchhoff das correntes para determinar a diferença de potencial (tensão) em qualquer nó, em relação a algum ponto de referência arbitrário em uma rede. Como os potenciais de todos os nós são conhecidos, é fácil determinar outras grandezas, como a corrente e a potência no interior de uma rede.

Eis os passos utilizados para resolver um circuito pela análise nodal:

1. Arbitrariamente, determine um nó de referência no circuito e indique-o como o aterramento. Geralmente, o nó de referência está localizado na parte de baixo do circuito, embora possa estar situado em qualquer lugar.
2. Converta cada fonte de tensão na rede para uma fonte de corrente equivalente. Ainda que não seja absolutamente necessário, esse passo facilitará a compreensão de futuros cálculos.
3. De forma arbitrária, assinale as tensões (V_1, V_2, ... V_n) para os nós restantes no circuito. (Lembre-se de que você já determinou um nó de referência, logo, essas tensões serão determinadas em relação à referência escolhida.)
4. Arbitrariamente, determine uma direção da corrente para cada ramo no qual não haja fonte de corrente. Usando as direções assinaladas da corrente, indique as polaridades correspondentes das quedas de tensão em todos os resistores.
5. Com exceção do nó de referência (aterramento), aplique a lei de Kirchhoff das correntes em cada um dos nós. Se um circuito tiver um total de $n + 1$ nós (incluindo o de referência), haverá n equações lineares simultâneas.
6. Reescreva cada uma das correntes determinadas de forma arbitrária quanto à diferença de potencial em uma resistência conhecida.
7. Resolva as equações lineares simultâneas para as tensões (V_1, V_2, ... V_n).

Exemplo 8-14

Dado o circuito da Figura 8-30, utilize a análise nodal para calcular a tensão V_{ab}.

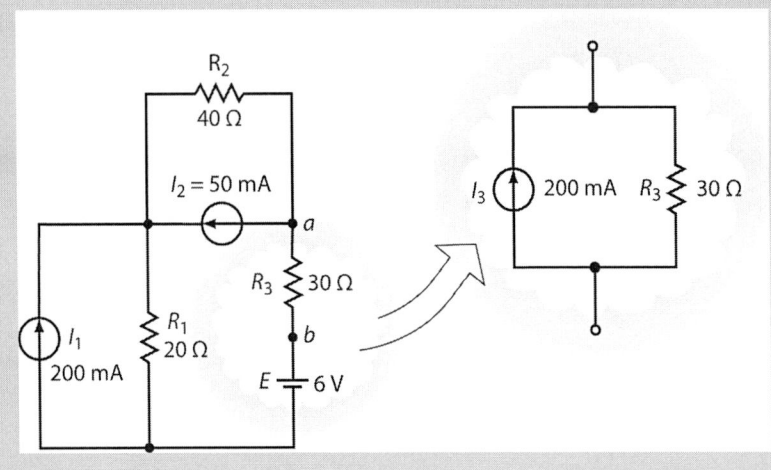

Figura 8-30

Solução:

1º Passo: selecione um nó de referência conveniente.

2º Passo: converta as fontes de tensão em fontes de corrente equivalentes.

A Figura 8-31 mostra o circuito equivalente.

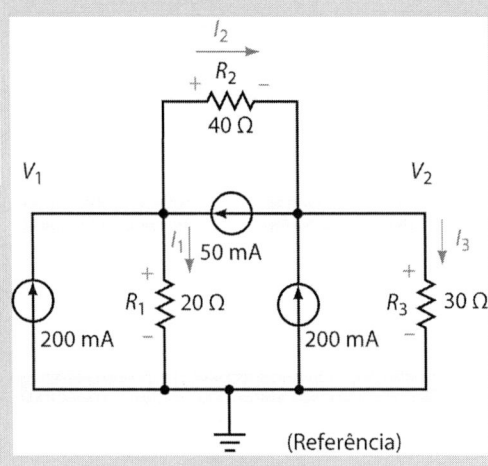

Figura 8-31

(continua)

Exemplo 8-14 (continuação)

3º e 4º Passos: de maneira arbitrária, determine as tensões nos nós e as correntes nos ramos. Indique as polaridades da tensão em todos os resistores, de acordo com as pressupostas direções das correntes.

5º Passo: agora, aplicamos a lei de Kirchhoff das correntes nos nós identificados como V_1 e V_2:

Nó V_1:
$$\Sigma I_{entrada} = \Sigma I_{saída}$$
$$200 \text{ mA} + 50 \text{ mA} = I_1 + I_2$$

Nó V_2:
$$\Sigma I_{entrada} = \Sigma I_{saída}$$
$$200 \text{ mA} + I_2 = 50 \text{ mA} + I_3$$

6º Passo: as correntes são reescritas em relação às tensões nos resistores da seguinte maneira:

$$I_1 = \frac{V_1}{20 \text{ }\Omega}$$

$$I_2 = \frac{V_1 - V_2}{40 \text{ }\Omega}$$

$$I_3 = \frac{V_2}{30 \text{ }\Omega}$$

As equações nodais tornam-se

$$200 \text{ mA} + 50 \text{ mA} = \frac{V_1}{20 \text{ }\Omega} + \frac{V_1 - V_2}{40 \text{ }\Omega}$$

$$200 \text{ mA} + \frac{V_1 - V_2}{40 \text{ }\Omega} = 50 \text{ mA} + \frac{V_2}{30 \text{ }\Omega}$$

Substituindo as expressões da tensão nas equações nodais originais, temos as seguintes equações lineares simultâneas:

$$\left(\frac{1}{20 \text{ }\Omega} + \frac{1}{40 \text{ }\Omega}\right)V_1 - \left(\frac{1}{40 \text{ }\Omega}\right)V_2 = 0,25 \text{ A}$$

$$-\left(\frac{1}{40 \text{ }\Omega}\right)V_1 + \left(\frac{1}{30 \text{ }\Omega} + \frac{1}{40 \text{ }\Omega}\right)V_2 = 0,15 \text{ A}$$

Se voltarmos ao circuito inicial da Figura 8-30, veremos que a tensão V_2 é igual à V_a, ou seja,

$$V_a = 4,67 \text{ V} = 6,0 \text{ V} + V_{ab}$$

Logo, a tensão V_{ab} pode ser facilmente encontrada como

$$V_{ab} = 4,67 - 6,0 \text{ V} = -1,33 \text{ V}$$

Dica para o Uso da Calculadora: a calculadora TI-86 é capaz de trabalhar facilmente com as equações lineares deste exemplo, sem haver necessidade de cálculos intermediários. O passo a seguir mostra que, usando a função inversa (x^{-1}), os coeficientes da primeira equação podem ser inseridos diretamente na calculadora.

```
a1,1x1+a1,2x2=b1
a1,1=20-1+40-1
a1,2=-40-1
b1=0.25
```

Após inserir os coeficientes da segunda equação, obtém-se a seguinte solução:

```
x1=4.88888888889
x2=4.66666666667
```

Logo, as soluções das equações lineares dadas são $V_1 = 4,89$ V e $V_2 = 4,67$ V.

Exemplo 8-15

Determine as tensões nodais para o circuito mostrado na Figura 8-32.

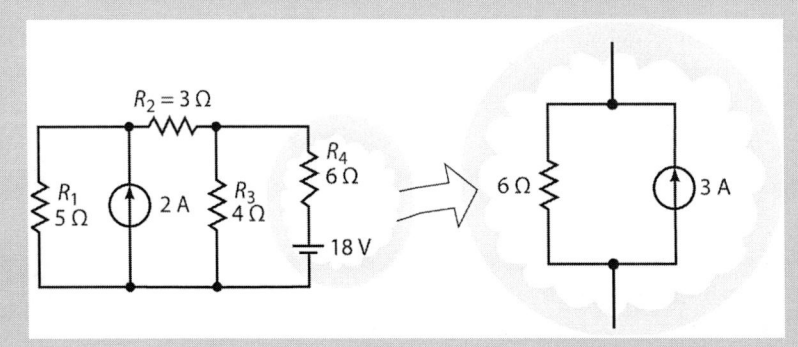

Figura 8-32

Solução: Seguindo os passos descritos, o circuito poderá ser redesenhado conforme mostrado na Figura 8-33.

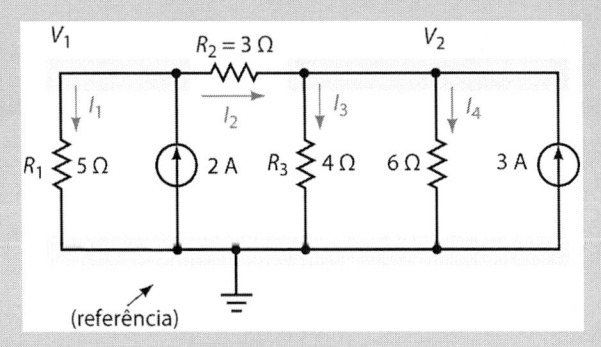

Figura 8-33

Aplicando a lei de Kirchhoff das correntes nos nós correspondentes a V_1 e V_2, obtemos as seguintes equações nodais:

$$\Sigma I_{entrada} = \Sigma I_{saída}$$

Nó V_1: $\quad I_1 + I_2 = 2\,A$

Nó V_2: $\quad I_3 + I_4 = I_2 + 3\,A$

Novamente, as correntes podem ser escritas em relação às tensões nos resistores:

$$I_1 = \frac{V_1}{5\,\Omega}$$

$$I_2 = \frac{V_1 - V_2}{3\,\Omega}$$

$$I_3 = \frac{V_2}{4\,\Omega}$$

$$I_4 = \frac{V_2}{6\,\Omega}$$

As equações nodais passam a ser

Nó V_1: $\quad \dfrac{V_1}{5\,\Omega} + \dfrac{(V_1 + V_2)}{3\,\Omega} = 2\,A$

Nó V_2: $\quad \dfrac{V_2}{4\,\Omega} + \dfrac{V_2}{6\,\Omega} = \dfrac{(V_1 + V_2)}{3\,\Omega} + 3\,A$

(continua)

Exemplo 8-15 (continuação)

Essas equações podem ser simplificadas da seguinte forma:

Nó V_1:
$$\left(\frac{1}{5\,\Omega} + \frac{1}{3\,\Omega}\right)V_1 - \left(\frac{1}{3\,\Omega}\right)V_2 = 2\text{ A}$$

Nó V_2:
$$-\left(\frac{1}{3\,\Omega}\right)V_1 + \left(\frac{1}{4\,\Omega} + \frac{1}{6\,\Omega} + \frac{1}{3\,\Omega}\right)V_2 = 3\text{ A}$$

Podemos usar qualquer um dos métodos utilizados anteriormente para resolver as equações lineares simultâneas. Consequentemente, as soluções para V_1 e V_2 são:

$$V_1 = 8{,}65\text{ V}$$

e

$$V_2 = 7{,}85\text{ V}$$

Nos dois exemplos anteriores, você deve ter observado que as equações lineares simultâneas têm um formato parecido com as desenvolvidas para a análise de malha. Quando escrevemos a equação nodal para o nó V_1, o coeficiente para a variável V_1 era positivo e tinha uma magnitude dada pela soma das condutâncias ligadas a esse nó. O coeficiente para a variável V_2 era negativo e tinha uma magnitude fornecida pela condutância mútua entre os nós V_1 e V_2.

Método de Estruturação

É possível usar um método de estruturação simples para escrever as equações nodais para qualquer rede com $n + 1$ nós. Há n equações lineares simultâneas, onde um dos nós é designado como o nó de referência. As equações aparecem da seguinte maneira:

$$G_{11}V_1 - G_{12}V_2 - G_{13}V_3 - \ldots - R_{1n}V_n = I_1$$
$$-G_{21}V_1 + G_{22}V_2 - G_{23}V_3 - \ldots - R_{2n}V_n = I_2$$
$$\vdots$$
$$-G_{n1}V_1 - G_{n2}V_2 - G_{n3}V_3 - \ldots + R_{nn}V_n = I_n$$

Os coeficientes (constantes) G_{11}, G_{22}, G_{33}, ..., G_{nn} representam a soma das condutâncias ligadas ao nó específico. Os coeficientes restantes são denominados termos de **condutância mútua**. Por exemplo, a condutância mútua G_{23} é a condutância ligada ao nó V_2, que é comum ao nó V_3. Se não houver condutância comum aos dois nós, o termo será igual a zero. Observe que os termos G_{11}, G_{22}, G_{33}, ..., G_{nn} são positivos e os termos da condutância mútua são negativos. Ainda, se as equações estiverem escritas corretamente, os termos serão simétricos em relação à diagonal principal, por exemplo, $G_{23} = G_{32}$.

Os termos V_1, V_2, ..., V_n são as tensões desconhecidas dos nós. Cada tensão representa a diferença de potencial entre o nó em questão e o nó de referência.

Os termos I_1, I_2, ..., I_n são a soma das fontes de corrente que entram no nó. Se uma fonte de corrente tiver uma corrente saindo do nó, a corrente será assinalada como negativa. Se uma fonte de corrente específica for compartilhada entre dois nós, essa corrente deverá ser incluída nas duas equações nodais.

Eis a aplicação do método de estruturação da análise nodal:

1. Converta as fontes de tensão para fontes de corrente equivalentes.
2. Identifique os nós de referência como ⏚. Identifique os nós restantes como V_1, V_2, ..., V_n.
3. Escreva as equações lineares simultâneas na estrutura apresentada.
4. Resolva as equações lineares simultâneas para V_1, V_2, ..., V_n.

Os próximos exemplos ilustrarão como o método de estruturação é usado para resolver os problemas de circuito.

Exemplo 8-16

Determine as tensões nodais para o circuito mostrado na Figura 8-34.

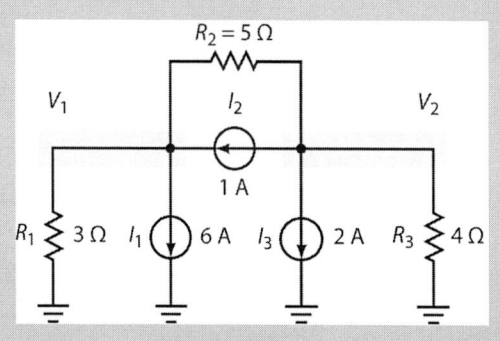

Figura 8-34

Solução: O circuito tem um total de três nós: o nó de referência (com um potencial de zero volt) e outros dois nós, V_1 e V_2. Aplicando o método de estruturação para escrever as equações nodais, obtêm-se duas equações:

Nó V_1:
$$\left(\frac{1}{3\,\Omega} + \frac{1}{5\,\Omega}\right) V_1 - \left(\frac{1}{5\,\Omega}\right) V_2 = -6\text{ A} + 1\text{ A}$$

Nó V_2:
$$-\left(\frac{1}{5\,\Omega}\right) V_1 + \left(\frac{1}{5\,\Omega} + \frac{1}{4\,\Omega}\right) V_2 = -1\text{ A} - 2\text{ A}$$

No lado direito dessas equações, as correntes que estiverem saindo dos nós recebem um sinal negativo.

A solução dessas equações lineares resulta em

$$V_1 = -14{,}25\text{ V}$$

$$V_2 = -13{,}00\text{ V}$$

Exemplo 8-17

Utilize a análise nodal de modo a achar as tensões nodais para o circuito da Figura 8-35. Use as respostas para calcular a corrente em R_1.

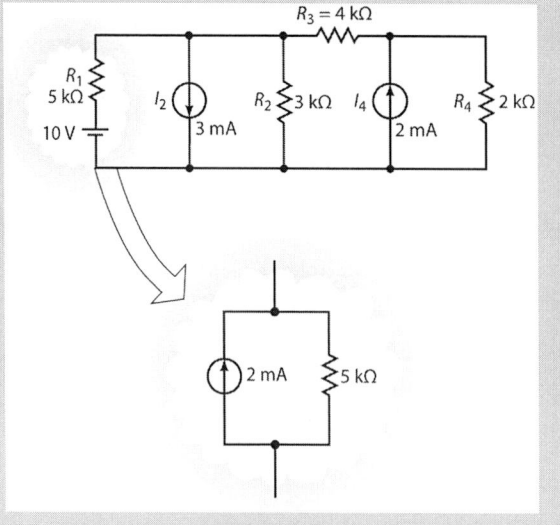

Figura 8-35

(continua)

Exemplo 8-17 (continuação)

Solução: Para aplicar a análise nodal, em primeiro lugar, precisamos converter a fonte de tensão para uma fonte de corrente equivalente. A Figura 8-36 mostra o circuito resultante.

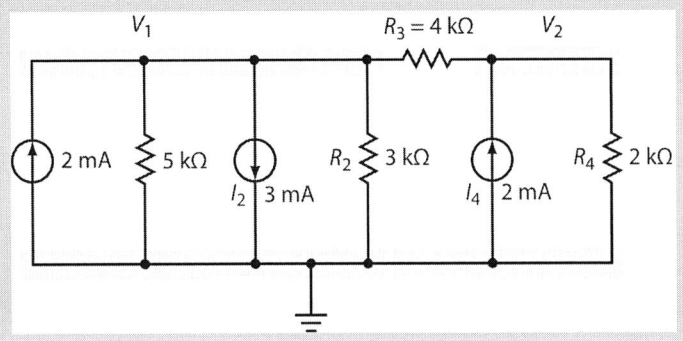

Figura 8-36

Identificando os nós e escrevendo as equações nodais, obtemos:

Nó V_1:
$$\left(\frac{1}{5\text{ k}\Omega} + \frac{1}{3\text{ k}\Omega} + \frac{1}{4\text{ k}\Omega}\right)V_1 - \left(\frac{1}{4\text{ k}\Omega}\right)V_2 = 2$$

Nó V_2:
$$-\left(\frac{1}{4\text{ k}\Omega}\right)V_1 + \left(\frac{1}{4\text{ k}\Omega} + \frac{1}{2\text{ k}\Omega}\right)V_2 = 2\text{ mA}$$

Por ser inconveniente usar quilo-ohms e miliamperes nos cálculos, podemos eliminar essas unidades. Já vimos que qualquer tensão obtida com o uso dessas grandezas resulta na unidade "volt"; logo, quando inserirmos os valores na calculadora, podemos desprezar as unidades.

As soluções são as seguintes:

$$V_1 = -0,476\text{ V}$$

e

$$V_2 = 2,51\text{ V}$$

Usando os valores derivados para as tensões nos nós, é possível calcular qualquer outra grandeza no circuito. Para determinar a corrente através do resistor $R_1 = 5\text{ k}\Omega$, primeiro reorganizamos o circuito conforme ele apareceu inicialmente. Como a tensão no nó V_1 é a mesma nos dois circuitos, ela é usada para determinar a corrente desejada. O resistor pode ser isolado, como mostra a Figura 8-37.

Acha-se facilmente a corrente da seguinte maneira:

$$I = \frac{10\text{ V} - (-0,476\text{ V})}{5\text{ k}\Omega} = 2,10\text{ mA (para cima)}$$

NOTAS...

Um erro corriqueiro é determinar a corrente usando a fonte de corrente equivalente em vez do circuito original. Lembre-se de que os circuitos só são equivalentes na parte externa da conversão.

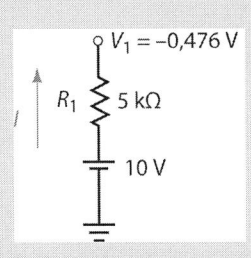

Figura 8-37

PROBLEMAS PRÁTICOS 4

Use a análise nodal para determinar as tensões nodais para o circuito da Figura 8-38.

Respostas

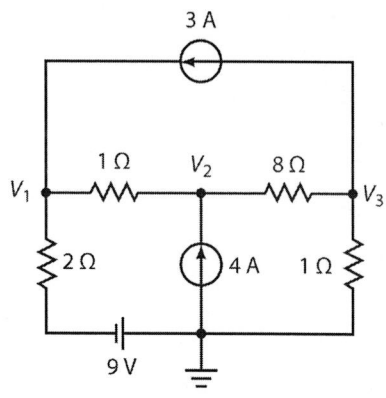

$V_1 = 3,00$ V; $V_2 = 6,00$ V $V_3 = -2,00$ V

Figura 8-38

8.7 Conversão Delta-Y (π-T)

Anteriormente, você examinou redes com resistores envolvendo combinações série, paralela e série-paralela. Em seguida, examinaremos as redes que não se encaixam em nenhuma dessas categorias. Embora esses circuitos possam ser analisados usando as técnicas desenvolvidas anteriormente neste capítulo, há uma abordagem mais fácil. Por exemplo, considere o circuito mostrado na Figura 8-39.

Este circuito poderia ser analisado usando a análise de malhas. No entanto, vemos que a análise envolveria a resolução de quatro equações lineares simultâneas, já que há quatro malhas separadas no circuito. Se usássemos a análise nodal, a solução exigiria a determinação de três tensões nodais, pois há três nós além do de referência. Se não se utilizar o computador, ambas as técnicas são demoradas e propensas a erros.

Como já visto, em geral é mais fácil examinar um circuito após convertê-lo em alguma forma equivalente. Agora desenvolveremos uma técnica para converter um circuito de **delta** (ou π) em um equivalente **Y** (ípsilon) (ou T). Considere os circuitos mostrados na Figura 8-40. Começaremos admitindo que as redes da Figura 8-40(a) são equivalentes às da Figura 8-40(b). Em seguida, usando essa suposição, determinaremos as relações matemáticas entre os vários resistores nos circuitos equivalentes.

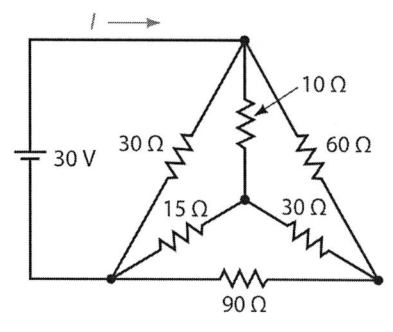

Figura 8-39

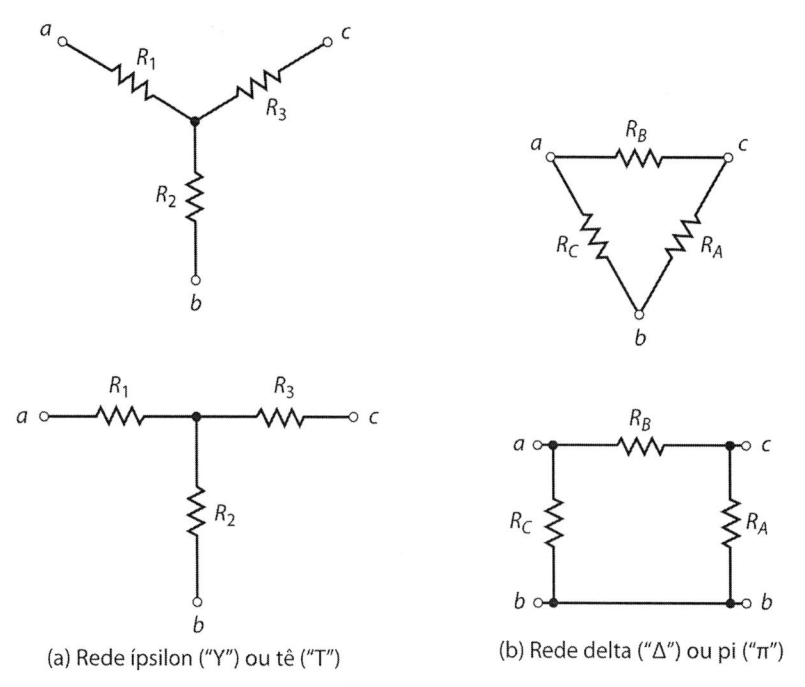

(a) Rede ípsilon ("Y") ou tê ("T")

(b) Rede delta ("Δ") ou pi ("π")

Figura 8-40

O circuito da Figura 8-40(a) pode ser equivalente ao da Figura 8-40(b) apenas se a resistência "percebida" entre quaisquer dois terminais for exatamente a mesma. Se ligássemos uma fonte entre os terminais a e b da rede "Y", a resistência entre os terminais seria

$$R_{ab} = R_1 + R_2 \tag{8-5}$$

Porém, a resistência entre os terminais a e b da rede "Δ" é

$$R_{ab} = R_C \| (R_A + R_B) \tag{8-6}$$

Combinando as Equações 8-5 e 8-6, temos

$$R_1 + R_2 = \frac{R_C(R_A + R_B)}{R_A + R_B + R_C} \tag{8-7}$$

$$R_1 + R_2 = \frac{R_A R_C + R_B R_C}{R_A + R_B + R_C}$$

Usando uma abordagem parecida entre os terminais b e c, temos

$$R_2 + R_3 = \frac{R_A R_B + R_A R_C}{R_A + R_B + R_C} \tag{8-8}$$

e entre os terminais c e a temos

$$R_1 + R_3 = \frac{R_A R_B + R_B R_C}{R_A + R_B + R_C} \tag{8-9}$$

Se subtrairmos a Equação 8-8 da Equação 8-7, então

$$R_1 + R_2 - (R_2 + R_3) = \frac{R_A R_C + R_B R_C}{R_A + R_B + R_C} - \frac{R_A R_B + R_A R_C}{R_A + R_B + R_C}$$

$$R_1 - R_3 = \frac{R_B R_C - R_A R_B}{R_A + R_B + R_C} \tag{8-10}$$

Somando as Equações 8-9 e 8-10, temos

$$R_1 + R_3 + R_1 - R_3 = \frac{R_A R_B + R_B R_C}{R_A + R_B + R_C} + \frac{R_B R_C - R_A R_B}{R_A + R_B + R_C}$$

$$2R_1 = \frac{2R_B R_C}{R_A + R_B + R_C}$$

$$R_1 = \frac{R_B R_C}{R_A + R_B + R_C} \tag{8-11}$$

Usando uma abordagem semelhante, temos

$$R_2 = \frac{R_A R_C}{R_A + R_B + R_C} \tag{8-12}$$

$$R_3 = \frac{R_A R_B}{R_A + R_B + R_C} \tag{8-13}$$

Repare que qualquer resistor ligado a um ponto da rede "Y" é obtido pelo produto dos resistores ligados a um mesmo ponto em "Δ" e, posteriormente, pela divisão desse resultado pela soma de todas as resistências de "Δ".

Se todos os resistores em um circuito Δ tiverem o mesmo valor, RΔ, os resistores resultantes na rede equivalente Y também serão iguais e terão um valor dado por

$$R_Y = \frac{R_\Delta}{3}$$ (8-14)

Exemplo 8-18

Determine o circuito equivalente Y para o circuito Δ mostrado na Figura 8-41.

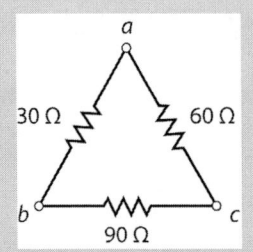

Figura 8-41

Solução: A partir do circuito da Figura 8-41, temos os seguintes valores para os resistores:

$$R_A = 90\ \Omega$$
$$R_B = 60\ \Omega$$
$$R_C = 30\ \Omega$$

Aplicando as Equações 8-11 a 8-13, temos os seguintes valores para os resistores "Y" equivalentes:

$$R_1 = \frac{(30\ \Omega)(60\ \Omega)}{30\ \Omega + 60\ \Omega + 90\ \Omega}$$
$$= \frac{1.800\ \Omega}{180} = 10\ \Omega$$
$$R_2 = \frac{(30\ \Omega)(90\ \Omega)}{30\ \Omega + 60\ \Omega + 90\ \Omega}$$
$$= \frac{2.700\ \Omega}{180} = 15\ \Omega$$
$$R_3 = \frac{(60\ \Omega)(90\ \Omega)}{30\ \Omega + 60\ \Omega + 90\ \Omega}$$
$$= \frac{5.400\ \Omega}{180} = 30\ \Omega$$

A Figura 8-42 mostra o circuito resultante.

Figura 8-42

Conversão Y-Delta

Usando as Equações 8-11 a 8-13, é possível deduzir outro conjunto de equações que permite a conversão da rede "Y" em uma "Δ" equivalente. Examinando as Equações 8-11 a 8-13, vemos que o seguinte deve ser verdadeiro:

$$R_A + R_B + R_C = \frac{R_A R_B}{R_3} = \frac{R_A R_C}{R_2} = \frac{R_B R_C}{R_1}$$

Dessa expressão, podemos escrever as duas equações a seguir:

$$R_B = \frac{R_A R_1}{R_2} \qquad (8\text{-}15)$$

$$R_C = \frac{R_A R_1}{R_3} \qquad (8\text{-}16)$$

Substituindo as Equações 8-15 e 8-16 na Equação 8-11, obtemos o seguinte:

$$R_1 = \frac{\left(\dfrac{R_A R_1}{R_2}\right)\left(\dfrac{R_A R_1}{R_3}\right)}{R_A + \left(\dfrac{R_A R_1}{R_2}\right) + \left(\dfrac{R_A R_1}{R_3}\right)}$$

Colocando R_A de cada termo em evidência no denominador, podemos chegar a:

$$R_1 = \frac{\left(\dfrac{R_A R_1}{R_2}\right)\left(\dfrac{R_A R_1}{R_3}\right)}{R_A\left[1 + \left(\dfrac{R_1}{R_2}\right) + \left(\dfrac{R_1}{R_3}\right)\right]}$$

$$R_1 = \frac{\left(\dfrac{R_A R_1 R_1}{R_2 R_3}\right)}{\left[1 + \left(\dfrac{R_1}{R_2}\right) + \left(\dfrac{R_1}{R_3}\right)\right]}$$

$$= \frac{\left(\dfrac{R_A R_1 R_1}{R_2 R_3}\right)}{\left(\dfrac{R_1 R_2 + R_1 R_3 + R_2 R_3}{R_2 R_3}\right)}$$

$$= \frac{R_A R_1 R_1}{R_1 R_2 + R_1 R_3 + R_2 R_3}$$

Reescrevendo essas expressões, temos:

$$R_A = \frac{R_1 R_2 + R_1 R_3 + R_2 R_3}{R_1} \qquad (8\text{-}17)$$

De modo semelhante,

$$R_B = \frac{R_1R_2 + R_1R_3 + R_2R_3}{R_2} \tag{8-18}$$

e

$$R_C = \frac{R_1R_2 + R_1R_3 + R_2R_3}{R_3} \tag{8-19}$$

Em geral, encontramos os resistores em qualquer lado da rede "Δ" somando todas as combinações de dois produtos dos valores dos resistores de "Y" e depois dividindo o resultado pela resistência na rede "Y", que é oposta ao resistor calculado.

Se os resistores em uma rede Y são todos iguais, então os resistores resultantes no circuito Δ equivalente também serão iguais e fornecidos da seguinte forma

$$R_\Delta = 3R_Y \tag{8-20}$$

Exemplo 8-19

Encontre a rede Δ equivalente à rede Y, mostrada na Figura 8-43.

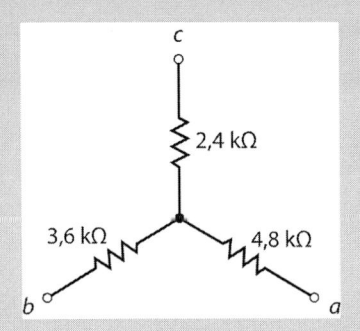

Figura 8-43

Solução: A Figura 8-44 mostra a rede Δ equivalente. Os valores dos resistores são determinados da seguinte maneira:

$$R_A = \frac{(4,8 \text{ k}\Omega)(2,4 \text{ k}\Omega) + (4,8 \text{ k}\Omega)(3,6 \text{ k}\Omega) + (2,4 \text{ k}\Omega)(3,6 \text{ k}\Omega)}{4,8 \text{ k}\Omega}$$

$$= 7,8 \text{ k}\Omega$$

$$R_B = \frac{(4,8 \text{ k}\Omega)(2,4 \text{ k}\Omega) + (4,8 \text{ k}\Omega)(3,6 \text{ k}\Omega) + (2,4 \text{ k}\Omega)(3,6 \text{ k}\Omega)}{3,6 \text{ k}\Omega}$$

$$= 10,4 \text{ k}\Omega$$

$$R_C = \frac{(4,8 \text{ k}\Omega)(2,4 \text{ k}\Omega) + (4,8 \text{ k}\Omega)(3,6 \text{ k}\Omega) + (2,4 \text{ k}\Omega)(3,6 \text{ k}\Omega)}{2,4 \text{ k}\Omega}$$

$$= 15,6 \text{ k}\Omega$$

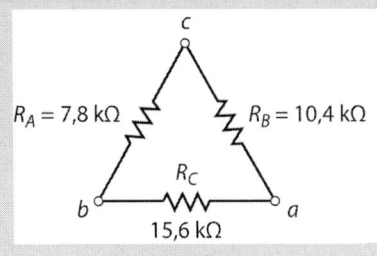

Figura 8-44

Exemplo 8-20

Dado o circuito da Figura 8-45, encontre a resistência total, R_T, e a corrente total, I.

Solução: Como de costume, o circuito mostrado pode ser resolvido de uma das duas maneiras. Podemos converter o circuito "Δ" no equivalente "Y", e resolver o circuito colocando os ramos resultantes em paralelo, ou podemos converter "Y" no equivalente "Δ". Como os resistores na rede "Y" têm o mesmo valor, optamos por usar a segunda conversão. O circuito equivalente "Δ" terá todos os resistores dados por

$$R_\Delta = 3(10\ \Omega) = 30\ \Omega$$

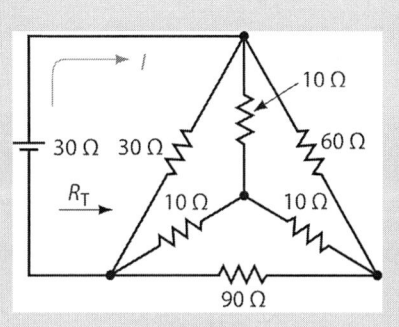

Figura 8-45

A Figura 8-46(a) mostra o circuito resultante.

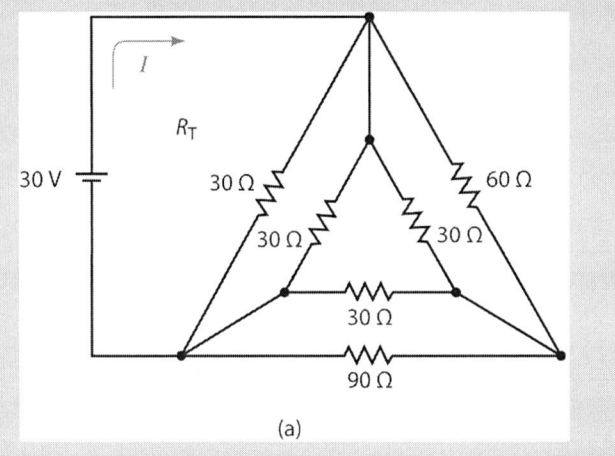

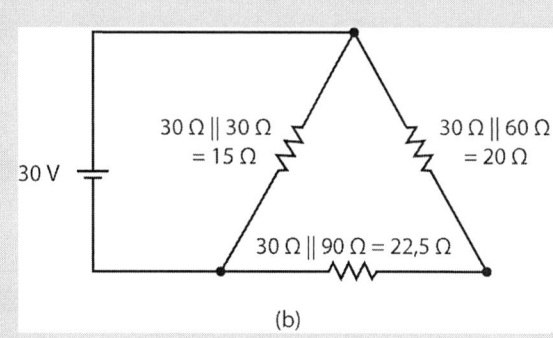

Figura 8-46

Vemos que os lados dos circuitos resultantes "Δ" estão em paralelo, o que permite simplificar ainda mais o circuito, como mostra a Figura 8-46(b). A resistência total do circuito agora pode ser facilmente determinada como

$$R_T = 15\ \Omega \| (20\ \Omega + 22,5\ \Omega)$$
$$= 11,09\ \Omega$$

Isso resulta em uma corrente no circuito de

$$I = \frac{30\ \text{V}}{11,09\ \Omega} = 2,706\ \text{A}$$

PROBLEMAS PRÁTICOS 5

Converta a rede Δ da Figura 8-44 para uma rede equivalente Y. Verifique se o resultado obtido é o mesmo encontrado na Figura 8-43.

Respostas

$R_1 = 4{,}8\ \text{k}\Omega$, $R_2 = 3{,}6\ \text{k}\Omega$, $R_3 = 2{,}4\ \text{k}\Omega$

8.8 Redes Ponte

Nesta seção, apresentaremos as **redes ponte**. As redes ponte são utilizadas em aparelhos de medição eletrônica para medir com precisão a resistência em circuitos DC e grandezas similares em circuitos AC. Originalmente, o circuito ponte foi usado por sir Charles Wheatstone, em meados do século XIX, para medir a resistência equilibrando as correntes de baixa intensidade. Ainda se usa o circuito ponte de Wheatstone para medir a resistência com bastante precisão. A ponte digital, mostrada na Figura 8-47, é um exemplo desse tipo de instrumento.

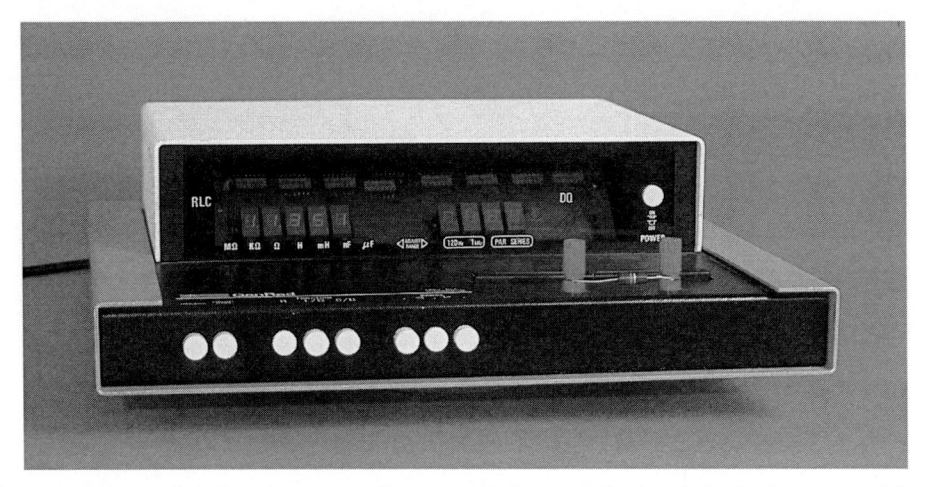

Figura 8-47 Ponte digital usada para medir com precisão a resistência, a indutância e a capacitância.

Utilizaremos as técnicas desenvolvidas anteriormente neste capítulo para analisar a operação dessas redes. Os circuitos ponte podem ser mostrados com configurações diferentes, como na Figura 8-48.

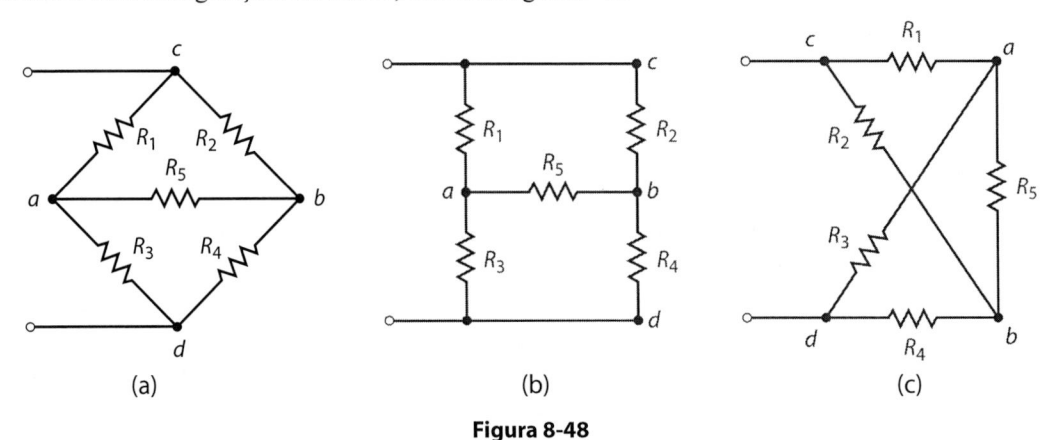

(a)   (b)   (c)

Figura 8-48

Embora o circuito ponte possa aparecer em uma das três formas, percebe-se que eles são equivalentes. Há, no entanto, dois estados de ponte: a ponte equilibrada e a ponte desequilibrada.

Uma **ponte equilibrada** é aquela em que a corrente na resistência R_5 é igual a zero. Em circuitos práticos, R_5 geralmente é um resistor variável em série com um galvanômetro sensível. Quando a corrente em R_5 é zero, tem-se

$$V_{ab} = (R_5)(0\text{ A}) = 0\text{ V}$$

$$I_{R_1} = I_{R_3} = \frac{V_{cd}}{R_1 + R_3}$$

$$I_{R_2} = I_{R_4} = \frac{V_{cd}}{R_2 + R_4}$$

Mas a tensão V_{ab} é obtida da seguinte maneira:

$$V_{ab} = V_{ad} - V_{bd} = 0$$

Portanto, $V_{ad} = V_{bd}$ e

$$R_3 I_{R_3} = R_4 I_{R_4}$$

$$R_3 \left(\frac{V_{cd}}{R_1 + R_3} \right) = R_4 \left(\frac{V_{cd}}{R_2 + R_4} \right),$$

que pode ser simplificada para

$$\frac{R_3}{R_1 + R_3} = \frac{R_4}{R_2 + R_4}$$

Agora, se invertermos os dois lados da equação e simplificá-la, obtemos o seguinte:

$$\frac{R_1 + R_3}{R_3} = \frac{R_2 + R_4}{R_4}$$

$$\frac{R_1}{R_3} + 1 = \frac{R_2}{R_4} + 1$$

Por fim, subtraindo 1 de cada lado, obtemos a seguinte razão para uma ponte equilibrada:

$$\frac{R_1}{R_3} = \frac{R_2}{R_4} \tag{8-21}$$

Da Equação 8-21, observa-se que uma rede ponte está equilibrada sempre que as razões dos resistores nos dois ramos são iguais.

Uma ponte desequilibrada é aquela em que a corrente em R_5 não é igual a zero; assim, as razões citadas não se aplicam a uma rede desequilibrada. A Figura 8-49 mostra cada condição de uma rede ponte.

Se uma ponte equilibrada aparecer como parte de um circuito completo, a análise será bem simples, já que o resistor R_5 pode ser removido e substituído por um curto (já que $V_{R_5} = 0$) ou um aberto (já que $I_{R_5} = 0$).

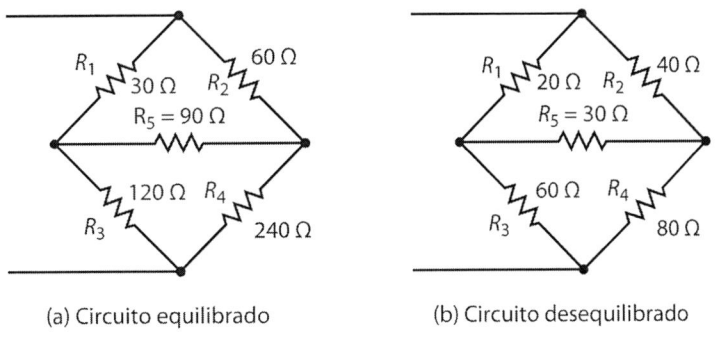

(a) Circuito equilibrado   (b) Circuito desequilibrado

Figura 8-49

No entanto, se o circuito tiver uma ponte desequilibrada, a análise será mais complicada. Nesse caso, é possível determinar as correntes e as tensões usando a análise de malha, a nodal ou a conversão Δ-Y. Os exemplos a seguir ilustram como as pontes podem ser analisadas.

Exemplo 8-21

Calcule as correntes em R_1 e R_4 no circuito da Figura 8-50.

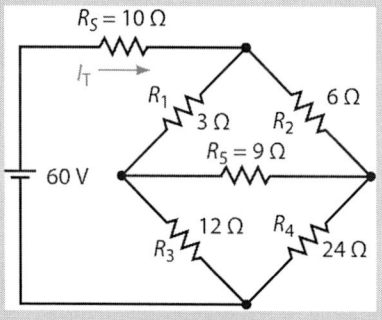

Figura 8-50

Solução: Vemos que a ponte do circuito está equilibrada (já que $R_1/R_3 = R_2/R_4$). Como o circuito está equilibrado, podemos remover R_5 e substituí-lo por um curto-circuito (já que a tensão em um curto-circuito é zero) ou por um circuito aberto (a corrente em um circuito aberto é zero). Resolve-se o circuito restante usando um dos métodos desenvolvidos em capítulos anteriores. Ambos serão ilustrados para mostrar que os resultados são exatamente iguais.

Método 1: se R_5 for substituído por um circuito aberto, teremos o circuito mostrado na Figura 8-51.

Obtém-se a resistência total no circuito da seguinte maneira

$$R_T = 10\ \Omega + (3\ \Omega + 12\ \Omega) \| (6\ \Omega + 24\ \Omega)$$
$$= 10\ \Omega + 15\ \Omega \| 30\ \Omega$$
$$= 20\ \Omega$$

A corrente no circuito é

$$I_T = \frac{60\ \Omega}{20\ \Omega} = 3{,}0\ \text{A}$$

Figura 8-51

Usando a regra do divisor de corrente, acha-se a corrente em cada ramo:

$$I_{R_1} = \left(\frac{30\ \Omega}{30\ \Omega + 15\ \Omega}\right)(3{,}0\ \text{A}) = 2{,}0\ \text{A}$$

$$I_{R_4} = \frac{10\ \Omega}{24\ \Omega + 6\ \Omega}(3{,}0\ \text{A}) = 1{,}0\ \text{A}$$

Método 2: se R_5 for substituído por um curto-circuito, teremos o circuito mostrado na Figura 8-52.

Obtém-se a resistência total no circuito da seguinte maneira:

$$R_T = 10\ \Omega + (3\ \Omega \| 6\ \Omega) + (12\ \Omega \| 24\ \Omega)$$
$$= 10\ \Omega + 2\ \Omega + 8\ \Omega$$
$$= 20\ \Omega$$

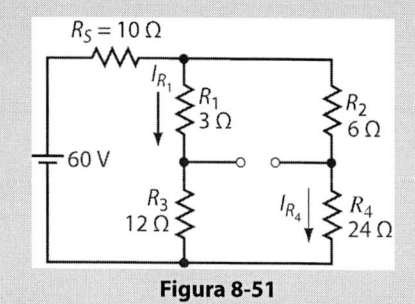

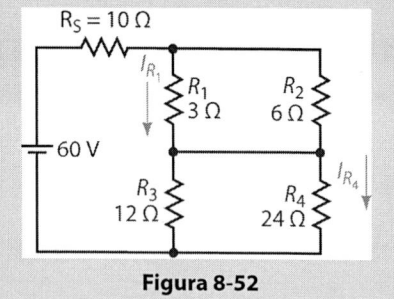

Figura 8-52

O resultado é exatamente igual ao encontrado no Método 1. Logo, a corrente no circuito permanecerá $I_T = 3{,}0$ A.

Usando a regra do divisor de corrente, obtém-se as correntes em R_1 e R_4:

e
$$I_{R_1} = \left(\frac{6\ \Omega}{6\ \Omega + 3\ \Omega}\right)(3{,}0\ \text{A}) = 2{,}0\ \text{A}$$

$$I_{R_4} = \left(\frac{12\ \Omega}{12\ \Omega + 24\ \Omega}\right)(3{,}0\ \text{A}) = 1{,}0\ \text{A}$$

Esses resultados são iguais aos obtidos no Método 1, o que mostra que os dois métodos são equivalentes. No entanto, lembre-se de que R_5 pode ser substituído por um curto-circuito ou um circuito aberto apenas quando a ponte está equilibrada.

Exemplo 8-22

Use a análise de malha para achar as correntes em R_1 e R_5 no circuito de uma ponte desequilibrada, mostrado na Figura 8-53.

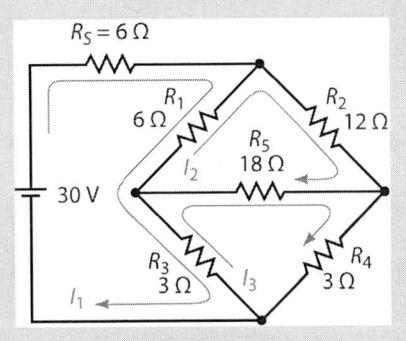

Figura 8-53

Solução: Depois de determinar as correntes na malha, como mostrado, escrevemos as equações das malhas:

Malha 1: $(15\,\Omega)I_1 - (6\,\Omega)I_2 - (3\,\Omega)I_3 = 30\text{ V}$

Malha 2: $-(6\,\Omega)I_1 + (36\,\Omega)I_2 - (18\,\Omega)I_3 = 0$

Malha 3: $-(3\,\Omega)I_1 - (18\,\Omega)I_2 + (24\,\Omega)I_3 = 0$

Os valores das correntes na malha são:

$$I_1 = 2{,}586\text{ A}$$
$$I_2 = 0{,}948\text{ A}$$

e

$$I_3 = 1{,}034\text{ A}$$

A corrente em R_1 é

$$I_{R_1} = I_1 - I_2 = 2{,}586\text{ A} - 0{,}948\text{ A} = 1{,}638\text{ A}$$

A corrente em R_5 é

$$I_{R_5} = I_3 - I_2 = 1{,}034\text{ A} - 0{,}948\text{ A}$$
$$= 0{,}086\text{ A para a direita}$$

O exemplo anterior mostra que, se a ponte não estiver equilibrada, sempre haverá alguma corrente através do resistor R_5. O circuito desequilibrado pode ser facilmente abordado com a análise nodal, como mostra o exemplo a seguir.

Exemplo 8-23

Determine as tensões nodais e a tensão V_{R_5} para o circuito da Figura 8-54.

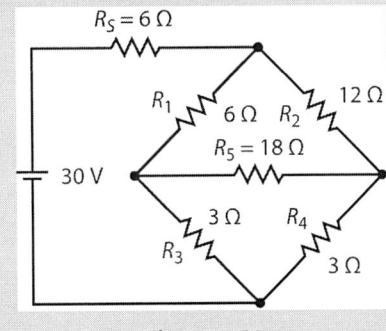

Figura 8-54

(continua)

Exemplo 8-23 (continuação)

Solução: Convertendo a fonte de tensão para uma fonte de corrente equivalente, obtém-se o circuito mostrado na Figura 8-55.

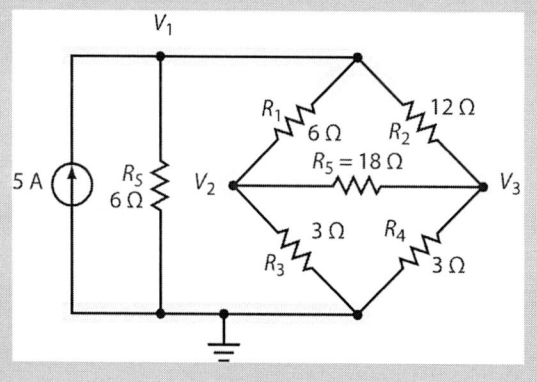

Figura 8-55

As equações nodais para o circuito são:

Nó 1:
$$\left(\frac{1}{6\,\Omega} + \frac{1}{6\,\Omega} + \frac{1}{12\,\Omega}\right)V_1 - \left(\frac{1}{6\,\Omega}\right)V_2 - \left(\frac{1}{12\,\Omega}\right)V_3 = 5\text{ A}$$

Nó 2:
$$-\left(\frac{1}{6\,\Omega}\right)V_1 + \left(\frac{1}{6\,\Omega} + \frac{1}{3\,\Omega} + \frac{1}{18\,\Omega}\right)V_2 - \left(\frac{1}{18\,\Omega}\right)V_3 = 0\text{ A}$$

Nó 3:
$$-\left(\frac{1}{12\,\Omega}\right)V_1 - \left(\frac{1}{18\,\Omega}\right)V_2 + \left(\frac{1}{3\,\Omega} + \frac{1}{12\,\Omega} + \frac{1}{18\,\Omega}\right)V_3 = 0\text{ A}$$

Observe novamente que os elementos na diagonal principal são positivos e que o determinante é simétrico em relação à diagonal principal.

As tensões nos nós são

$$V_1 = 14{,}48\text{ A}$$
$$V_2 = 4{,}66\text{ V}$$

e

$$V_3 = 3{,}10\text{ V}$$

Usando esses resultados, encontramos a tensão em R_5:

$$V_{R_5} = V_2 - V_3 = 4{,}655\text{ V} - 3{,}103\text{ V} = 1{,}55\text{ V}$$

A corrente em R_5 é

$$I_{R_5} = \frac{1{,}55\text{ V}}{18\,\Omega} = 0{,}086\text{ A}\quad \text{para a direita}$$

Como esperado, os resultados são iguais usando a análise de malha ou a nodal. A escolha da abordagem fica, portanto, a critério pessoal.

Um último método para analisar as redes ponte envolve o uso da conversão Δ-Y, ilustrado no exemplo a seguir.

Exemplo 8-24

Ache a corrente em R_5 para o circuito mostrado na Figura 8-56.

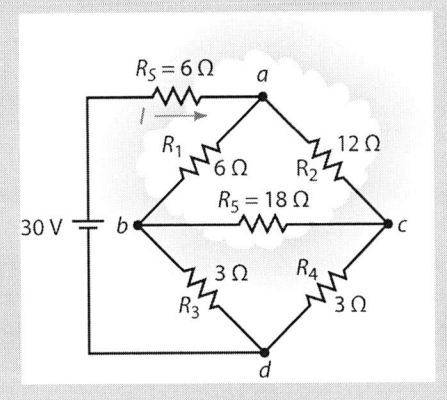

Figura 8-56

Solução: Por inspeção, vemos que o circuito não está equilibrado, já que

$$\frac{R_1}{R_3} \neq \frac{R_2}{R_4}$$

Portanto, a corrente em R_5 não pode ser zero. Observe também que o circuito contém duas configurações possíveis para Δ. Se resolvermos converter o circuito Δ acima no equivalente Y, obtemos o circuito da Figura 8-57.

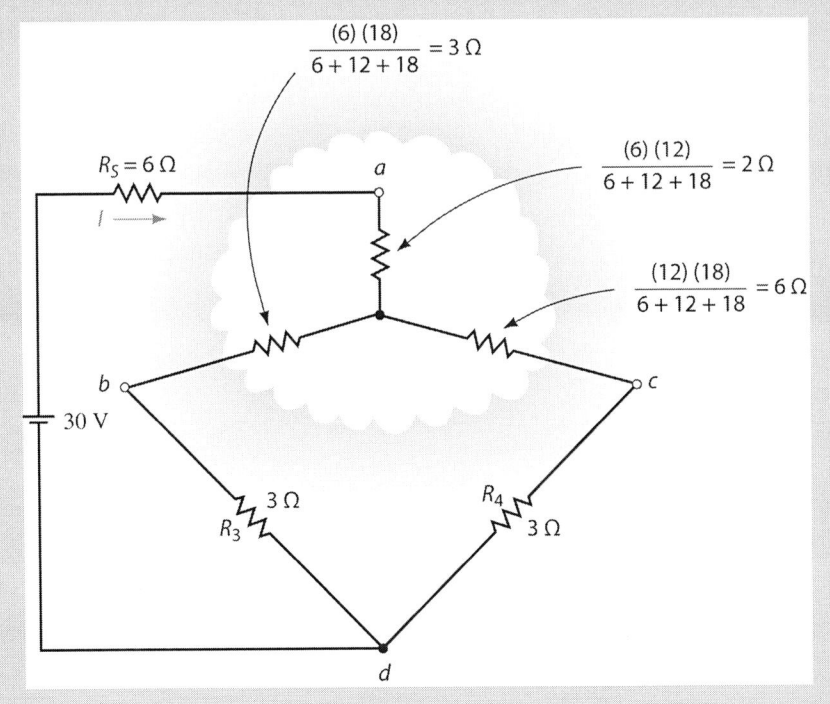

$$\frac{(6)(18)}{6+12+18} = 3\,\Omega$$

$$\frac{(6)(12)}{6+12+18} = 2\,\Omega$$

$$\frac{(12)(18)}{6+12+18} = 6\,\Omega$$

Figura 8-57

Combinando os resistores, é possível reduzir o circuito complexo para o circuito série simples mostrado na Figura 8-58.

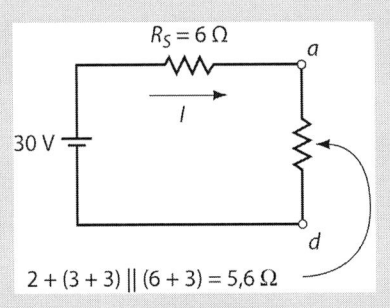

$2 + (3 + 3) \parallel (6 + 3) = 5{,}6\,\Omega$

Figura 8-58

O circuito da Figura 8-58 dá origem a uma corrente total no circuito de

$$I = \frac{30\text{ V}}{6\,\Omega + 2\,\Omega + 3{,}6\,\Omega} = 2{,}59\text{ A}$$

(continua)

Exemplo 8-24 (continuação)

Usando a corrente calculada, é possível voltar ao circuito original. As correntes nos resistores R_3 e R_4 são encontradas para os ramos correspondentes dos resistores com a regra do divisor de corrente, como mostra a Figura 8-57.

$$I_{R_3} = \frac{(6\,\Omega + 3\,\Omega)}{(6\,\Omega + 3\,\Omega) + (3\,\Omega + 3\,\Omega)} (2{,}59\,\text{A}) = 1{,}55\,\text{A}$$

$$I_{R_4} = \frac{(3\,\Omega + 3\,\Omega)}{(6\,\Omega + 3\,\Omega) + (3\,\Omega + 3\,\Omega)} (2{,}59\,\text{A}) = 1{,}03\,\text{A}$$

Esses resultados são exatamente iguais aos encontrados nos Exemplos 8-21 e 8-22. Usando essas correntes, agora é possível determinar a tensão V_{bc} da seguinte maneira:

$$V_{bc} = -(3\,\Omega)I_{R_4} + (3\,\Omega)I_{R_3}$$
$$= (-3\,\Omega)(1{,}034\,\text{A}) + (3\,\Omega)(3{,}103\,\text{A})$$
$$= 1{,}55\,\text{V}$$

A corrente em R_5 é

$$I_{R_5} = \frac{1{,}55\,\text{V}}{18\,\Omega} = 0{,}086\,\text{A} \quad \text{para a direita}$$

VERIFICAÇÃO DO PROCESSO DE APRENDIZAGEM 2

(As respostas encontram-se no final do capítulo.)

1. Qual será o valor da tensão entre os pontos centrais dos ramos de uma ponte equilibrada?
2. Se colocarmos um resistor ou um galvanômetro sensível entre os ramos de uma ponte equilibrada, qual será a corrente através do resistor?
3. Para simplificar a análise de uma ponte equilibrada, como a resistência R_5 entre os braços da ponte poderá ser substituída?

PROBLEMAS PRÁTICOS 6

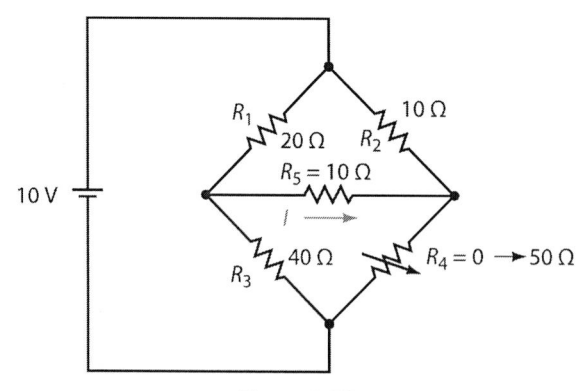

Figura 8-59

1. Para o circuito mostrado na Figura 8-59, qual valor de R_4 irá garantir que a ponte está equilibrada?
2. Determine a corrente I em R_5 na Figura 8-59 quando $R_4 = 0\,\Omega$ e $R_4 = 50\,\Omega$.

Respostas

1. 20 V; **2.** 286 mA, −52,6 mA

8.9 Análise de Circuitos Usando Computador

O Multisim e o PSpice são capazes de analisar um circuito sem a necessidade de fazer a conversão entre fontes de tensão e corrente ou de escrever equações lineares longas. Com o programa, é possível gerar o valor da tensão ou da corrente em qualquer elemento de um dado circuito. Os exemplos a seguir foram analisados anteriormente com alguns outros métodos ao longo deste capítulo.

Exemplo 8-25

Dado o circuito da Figura 8-60, use o Multisim para achar a tensão V_{ab} e a corrente em cada resistor.

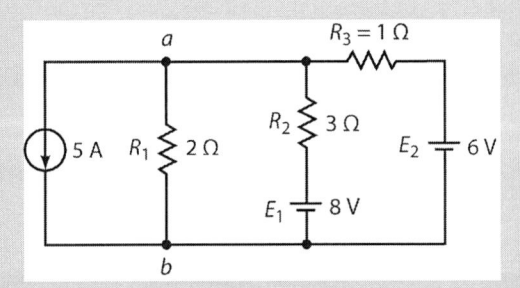

Figura 8-60

Solução: O circuito aparece como mostra a Figura 8-61. Obtém-se a fonte de corrente clicando no botão Sources na caixa de componentes localizada na barra de ferramentas. Como antes, é necessário incluir no esquema um símbolo do aterramento, apesar de o circuito original da Figura 8-60 não apresentá-lo. Certifique-se de mudar todos os valores padrão para os necessários ao circuito.

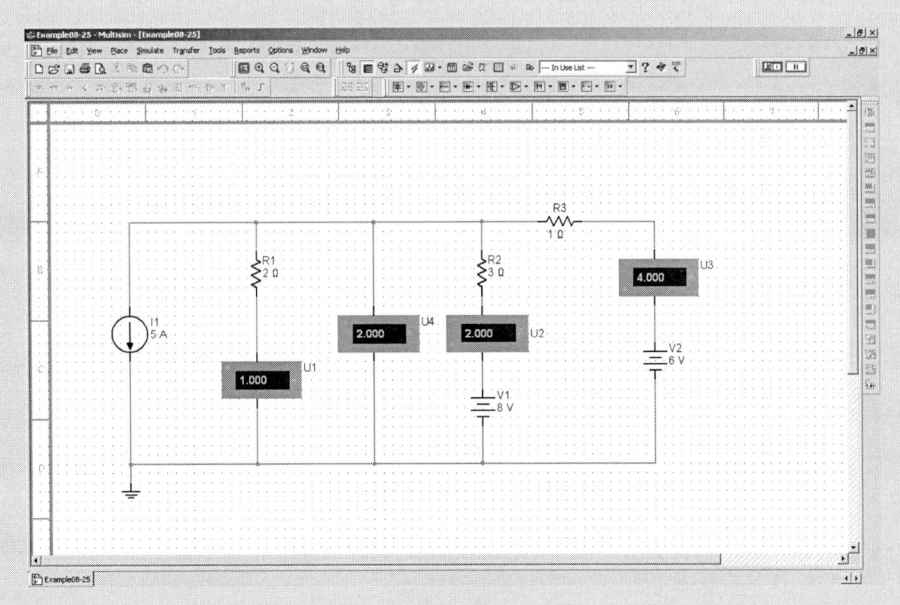

Figura 8-61

Dos resultados acima, temos os seguintes valores:

$$V_{ab} = 2{,}00 \text{ V}$$
$$I_{R_1} = 1{,}00 \text{ A (para baixo)}$$
$$I_{R_2} = 2{,}00 \text{ A (para cima)}$$
$$I_{R_3} = 4{,}00 \text{ A (para a esquerda)}$$

(continua)

Exemplo 8-25 (continuação)

Use o PSpice para encontrar as correntes em R_1 e R_5 no circuito da Figura 8-62.

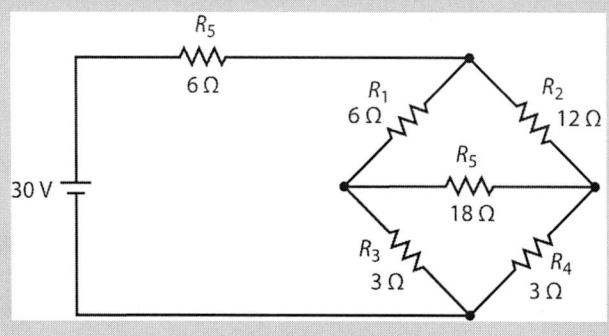

Figura 8-62

Solução: O arquivo do PSpice aparece como mostra a Figura 8-63.

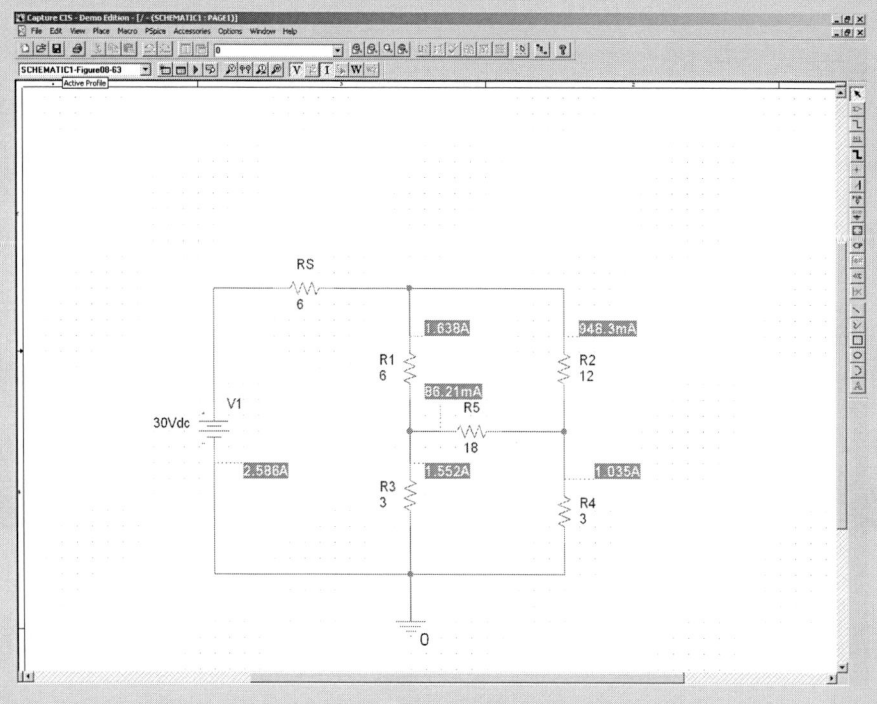

Figura 8-63

Quando tiver selecionado New Simulation Profile, clique no ícone Run. Selecione View e Output File para ver os resultados da simulação. As correntes são: $I_{R_1} = 1{,}64$ A e $I_{R_5} = 86{,}2$ mA. Esses resultados são compatíveis com os obtidos no Exemplo 8-22.

PROBLEMAS PRÁTICOS 7

Use o Multisim para determinar as correntes I_T, I_{R_1} e I_{R_4} no circuito da Figura 8-50. Compare seus resultados com os obtidos no Exemplo 8-21.

Respostas

$I_T = 3{,}00$ A, $I_{R_1} = 2{,}00$ A e $I_{R_4} = 1{,}00$ A

PROBLEMAS PRÁTICOS 8

Utilize o PSpice para gerar o circuito da Figura 8-50. Determine o valor de I_{R_5} quando $R_4 = 0\,\Omega$ e $R_4 = 48\,\Omega$.
Atenção: como o PSpice não permite $R_4 = 0\,\Omega$, será necessário colocar um valor muito baixo, como 1 μΩ (1 e-6).
Respostas
$I_{R_5} = 1{,}08$ A quando $R_4 = 0\,\Omega$ e $I_{R_5} = 0{,}172$ A quando $R_4 = 48\,\Omega$

PROBLEMAS PRÁTICOS 9

Use o PSpice para gerar o circuito da Figura 8-54, de modo que o arquivo de saída forneça as correntes em R_1, R_2 e R_5. Compare seus resultados aos obtidos no Exemplo 8-23.

COLOCANDO EM PRÁTICA...

Os extensômetros são fabricados com fios muito finos montados em superfícies isoladas que são, então, coladas a estruturas metálicas grandes. Esses instrumentos são usados por engenheiros civis para medir o movimento e a massa de objetos grandes, como pontes e edificações. Quando os finíssimos fios de um extensômetro são submetidos à tensão, o comprimento efetivo aumenta (devido ao estiramento) ou diminui (devido à compressão). Essa mudança no comprimento resulta em uma variação muito pequena na resistência. Colocando um ou mais extensômetros em um circuito ponte, é possível detectar variações na resistência, ΔR. Essa variação pode ser calibrada para corresponder a uma força aplicada. Consequentemente, é possível usar esse tipo de ponte como um meio de medir massas muito pesadas. Considere que há dois extensômetros montados em uma ponte, como mostra a figura a seguir.

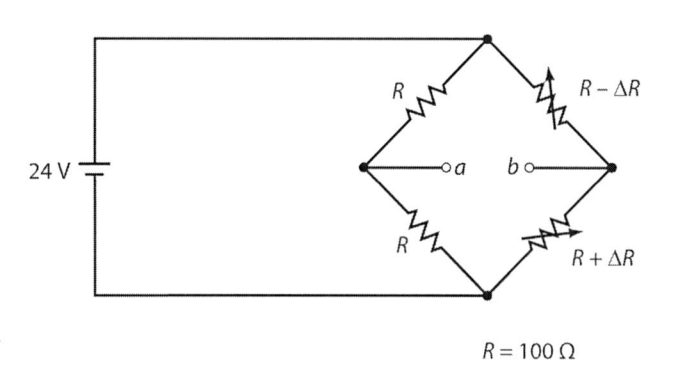

Ponte do extensômetro.

Os resistores variáveis R_2 e R_4 são extensômetros montados nos lados opostos de uma viga de aço para medir massas muito pesadas. Quando uma massa é aplicada a uma viga, o extensômetro em um lado da viga irá comprimir, reduzindo a resistência. O extensômetro no outro lado irá esticar, aumentando a resistência. Quando nenhuma massa for aplicada, não haverá compressão ou estiramento; a ponte estará, portanto, equilibrada, resultando em uma tensão $V_{ab} = 0$ V.

Escreva a expressão para ΔR como uma função de V_{ab}. Suponha que a balança esteja calibrada de modo que a variação da resistência de $\Delta R = 0{,}02\,\Omega$, corresponda a uma massa de 5.000 kg. Sendo $V_{ab} = -4{,}20$ mV, determine o valor da massa.

PROBLEMAS

8.1 Fontes de Corrente Constante

1. Encontre a tensão V_S para o circuito mostrado na Figura 8-64.
2. Encontre a tensão V_S para o circuito mostrado na Figura 8-65.

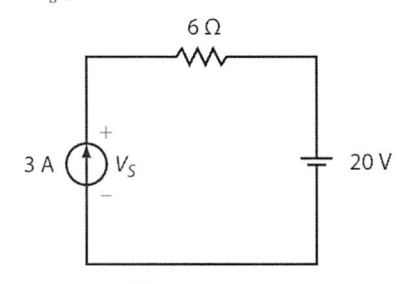

Figura 8-64

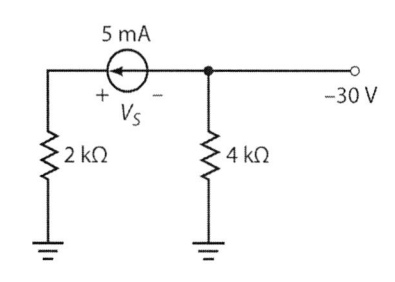

Figura 8-65

3. Observe o circuito da Figura 8-66.
   a. Encontre a corrente I_3.
   b. Determine as tensões V_S e V_1.

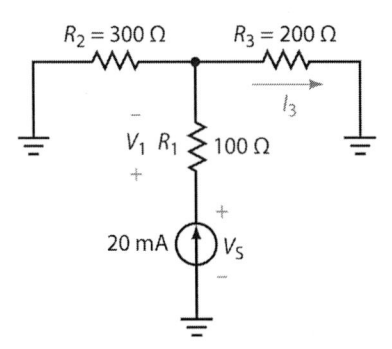

Figura 8-66

4. Considere o circuito da Figura 8-67.
   a. Calcule as tensões V_2 e V_S.
   b. Encontre as correntes I e I_3.

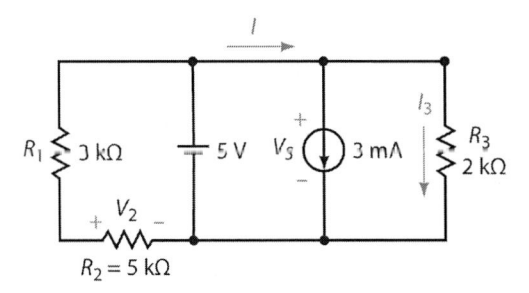

Figura 8-67

5. Para o circuito da Figura 8-68, determine as correntes I_1 e I_2.

6. Observe o circuito da Figura 8-69.
   a. Determine as tensões V_S e V_2.
   b. Determine a corrente I_4.

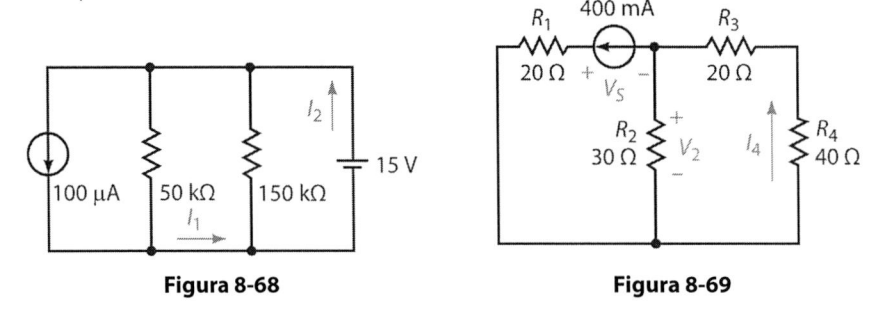

Figura 8-68

Figura 8-69

7. Comprove que a potência fornecida pelas fontes é igual à soma das potências dissipadas pelos resistores no circuito da Figura 8-68.

8. Comprove que a potência fornecida pela fonte é igual à soma das potências dissipadas pelos resistores no circuito da Figura 8-69.

8.2 Conversões de Fonte

9. Converta cada uma das fontes de tensão da Figura 8-70 na fonte de corrente equivalente.

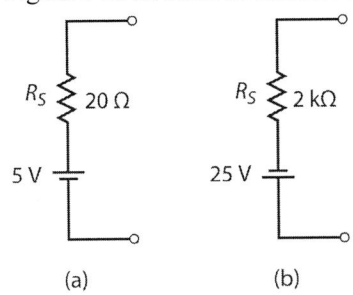

Figura 8-70

10. Converta cada uma das fontes de corrente da Figura 8-71 na fonte de tensão equivalente.

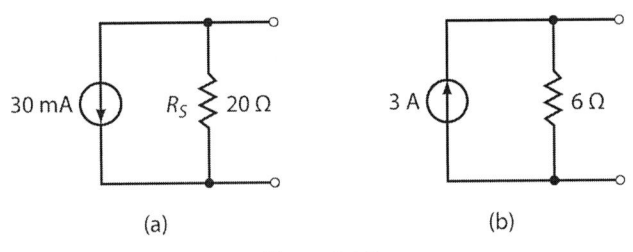

Figura 8-71

11. Observe o circuito da Figura 8-72.

    a. Calcule a corrente através do resistor de carga usando a regra do divisor de corrente.

    b. Converta a fonte de corrente em uma fonte de tensão equivalente e, novamente, determine a corrente através da carga.

12. Ache V_{ab} e I_2 para a rede da Figura 8-73.

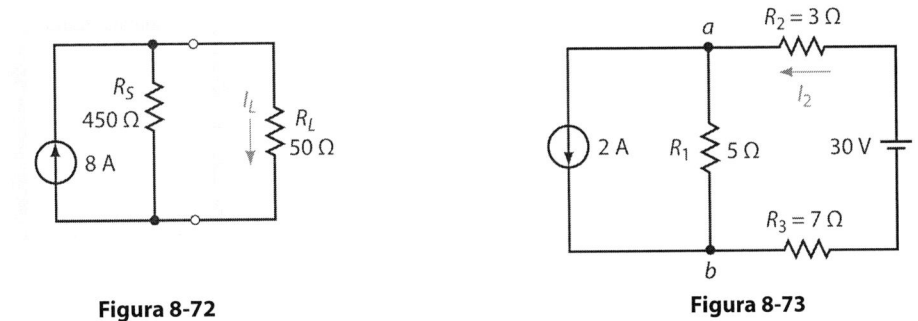

Figura 8-72

Figura 8-73

13. Observe o circuito da Figura 8-74.

    a. Converta a fonte de corrente e o resistor de 330 Ω em uma fonte de tensão equivalente.

    b. Calcule a corrente I em R_L.

    c. Determine a tensão V_{ab}.

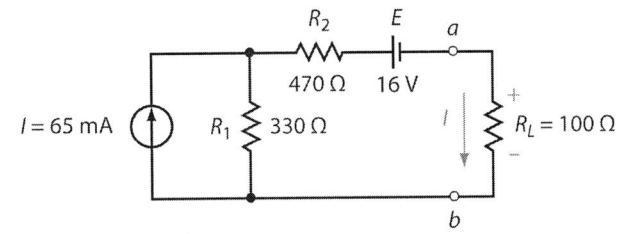

Figura 8-74

14. Observe o circuito da Figura 8-75.

    a. Converta a fonte de tensão e o resistor de 36 Ω em uma fonte de corrente equivalente.

    b. Calcule a corrente I em R_L.

    c. Determine a tensão V_{ab}.

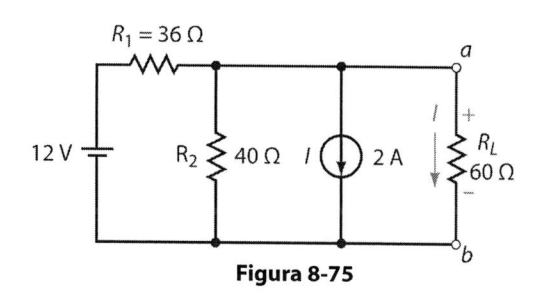

Figura 8-75

8.3 Fontes de Corrente em Série e em Paralelo

15. Ache a tensão V_2 e a corrente I_1 para o circuito da Figura 8-76.

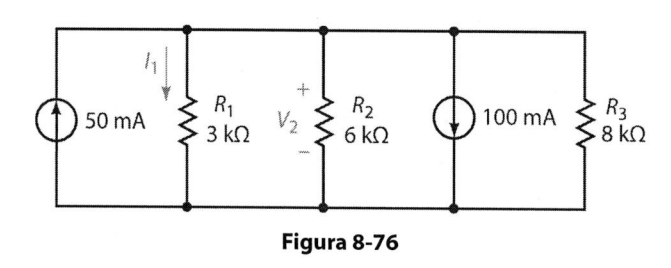

Figura 8-76

16. Converta as fontes de tensão da Figura 8-77 nas fontes de corrente e calcule a corrente I_1 e a tensão V_{ab}.

17. Para o circuito da Figura 8-78, converta a fonte de corrente e o resistor de 2,4 kΩ para uma fonte de tensão e determine a tensão V_{ab} e a corrente I_3.

18. Para o circuito da Figura 8-78, converta a fonte de tensão e os resistores série em uma fonte de corrente equivalente.

    a. Determine a corrente I_2.

    b. Calcule a tensão V_{ab}.

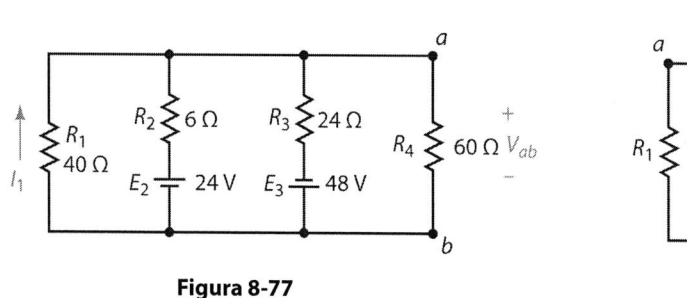

Figura 8-77

Figura 8-78

8.4 Análise da Corrente nos Ramos

19. Escreva as equações das correntes nos ramos para o circuito mostrado na Figura 8-79 e calcule as correntes nos ramos usando determinantes.

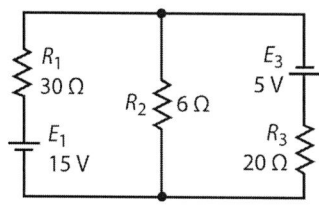

Figura 8-79

20. Observe o circuito da Figura 8-80.

   a. Calcule a corrente I_1 usando a análise da corrente nos ramos.

   b. Determine a tensão V_{ab}.

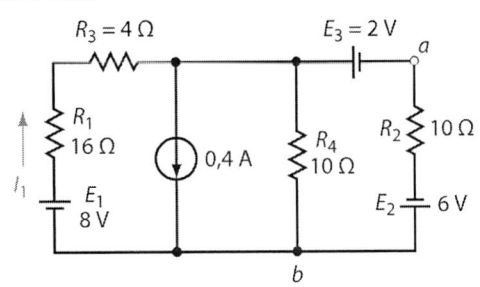

Figura 8-80

21. Escreva as equações da corrente nos ramos para o circuito mostrado na Figura 8-81 e calcule a corrente I_2.

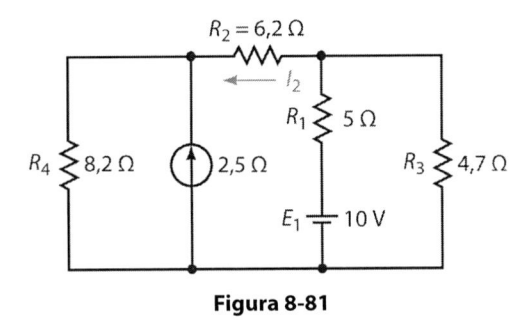

Figura 8-81

22. Observe o circuito da Figura 8-82.

   a. Escreva as equações da corrente nos ramos.

   b. Calcule as correntes I_1 e I_2.

   c. Determine a tensão V_{ab}.

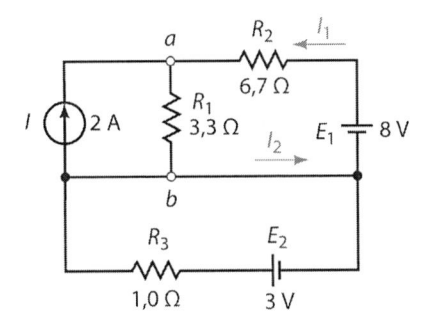

Figura 8-82

23. Observe o circuito mostrado na Figura 8-83.

   a. Escreva as equações da corrente nos ramos.

   b. Calcule a corrente I_2.

   c. Determine a tensão V_{ab}.

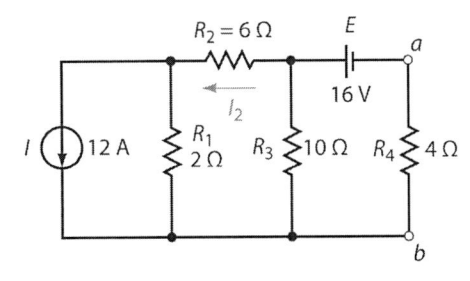

Figura 8-83

24. Observe o circuito mostrado na Figura 8-84.

   a. Escreva as equações da corrente nos ramos.

   b. Calcule a corrente I.

   c. Determine a tensão V_{ab}.

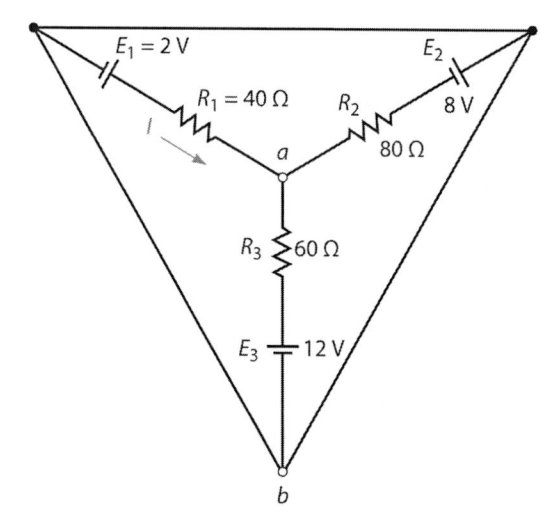

Figura 8-84

8.5 Análise de Malha (Malha Fechada)

25. Escreva as equações das malhas para o circuito mostrado na Figura 8-79 e calcule as correntes na malha.

26. Use a análise de malha no circuito da Figura 8-80 para calcular a corrente I_1.

27. Use a análise de malha para calcular a corrente I_2 no circuito da Figura 8-81.

28. Use a análise de malha para calcular as correntes nas malhas no circuito da Figura 8-83. Utilize os resultados para determinar I_2 e V_{ab}.

29. Use a análise de malha para calcular as correntes nas malhas no circuito da Figura 8-84. Utilize os resultados para determinar I e V_{ab}.

30. Usando a análise de malha, determine a corrente através do resistor de 6 Ω no circuito da Figura 8-85.

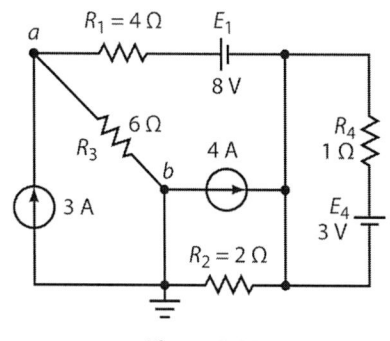

Figura 8-85

31. Escreva as equações das malhas para a rede da Figura 8-86. Calcule as correntes na malha usando determinantes.

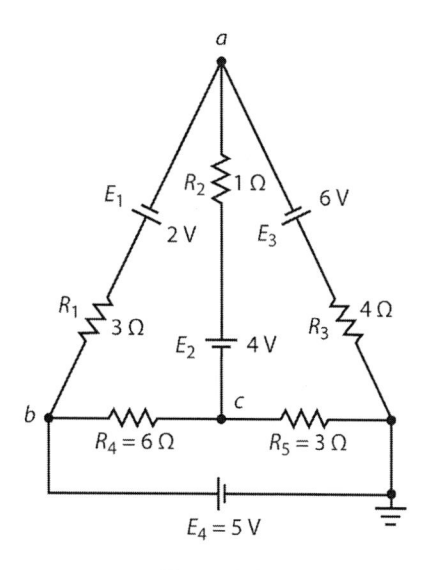

Figura 8-86

32. Repita o Problema 31 para a rede da Figura 8-87.

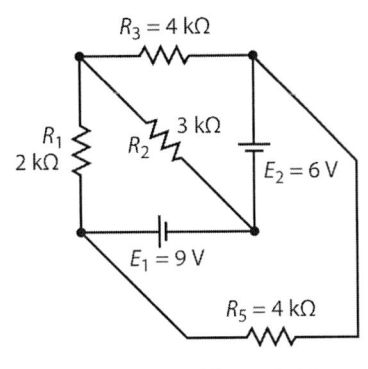

Figura 8-87

8.6 Análise Nodal

33. Escreva as equações nodais para o circuito da Figura 8-88 e calcule as tensões nodais.

34. Escreva as equações nodais para o circuito da Figura 8-89 e determine a tensão V_{ab}.

35. Repita o Problema 33 para o circuito da Figura 8-90.

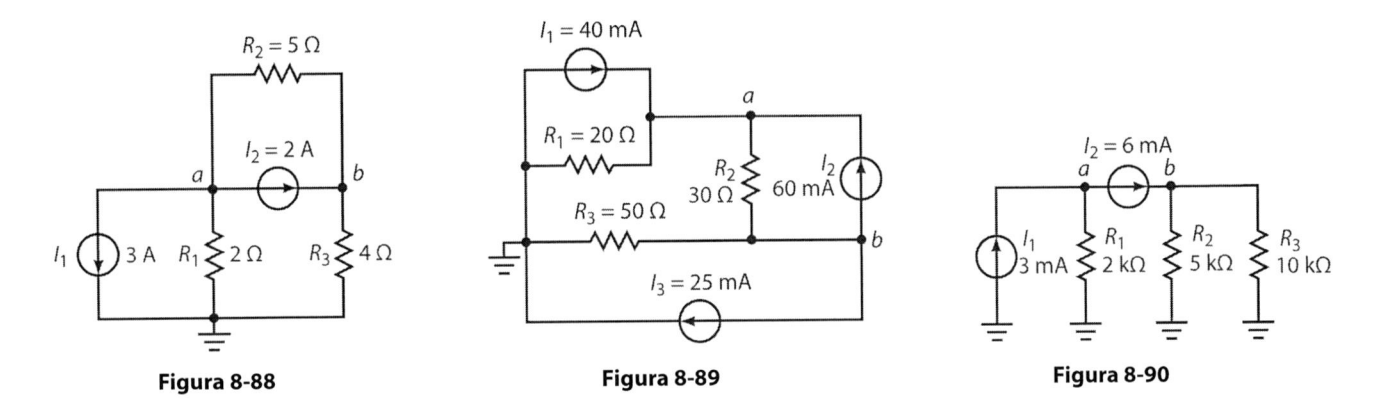

Figura 8-88

Figura 8-89

Figura 8-90

36. Repita o Problema 34 para o circuito da Figura 8-91.

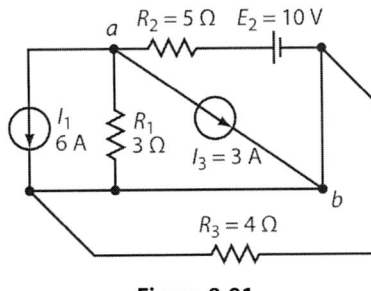

Figura 8-91

37. Escreva as equações nodais para o circuito da Figura 8-86 e calcule $V_{6\Omega}$.

38. Escreva as equações nodais para o circuito da Figura 8-85 e calcule $V_{6\Omega}$.

8.7 Conversão Delta-Y (π-T)

39. Converta cada uma das redes Δ da Figura 8-92 na configuração Y equivalente.

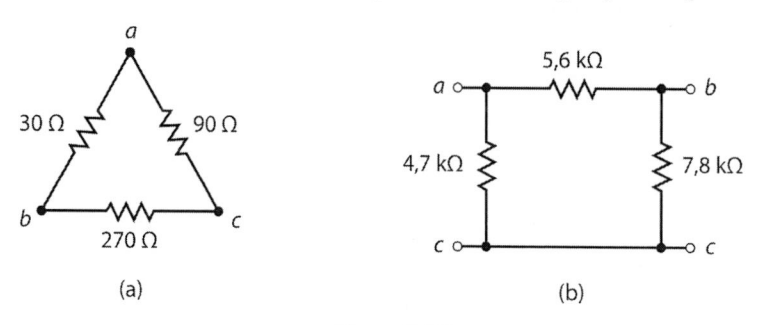

Figura 8-92

40. Converta cada uma das redes Δ da Figura 8-93 na configuração Y equivalente.

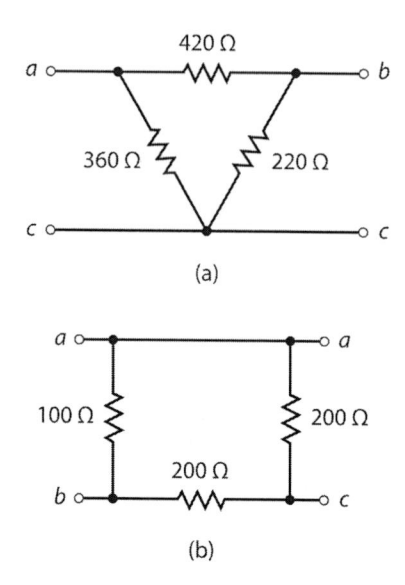

Figura 8-93

41. Converta cada uma das redes Y da Figura 8-94 na configuração equivalente Δ.

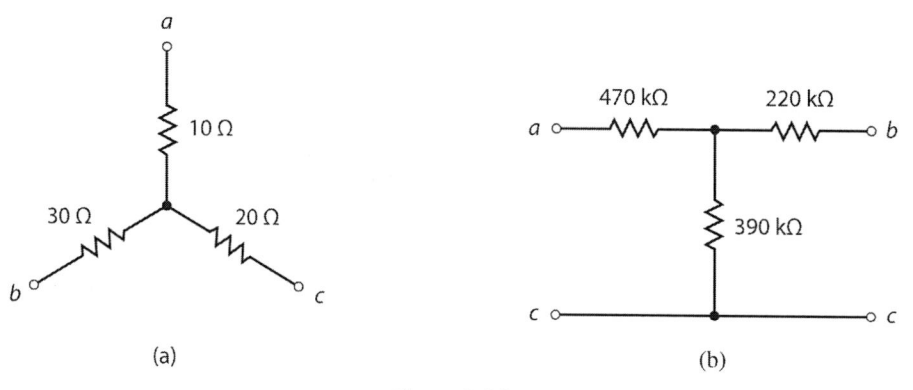

Figura 8-94

42. Converta cada uma das redes Y da Figura 8-95 na configuração equivalente Δ.

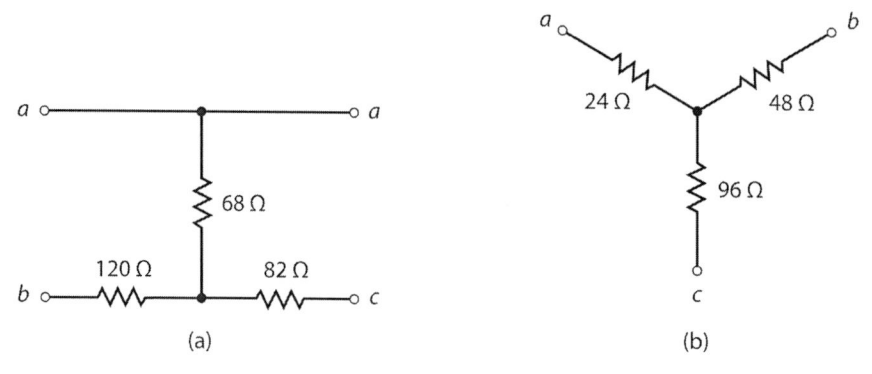

Figura 8-95

43. Usando as conversões Δ-Y ou Y-Δ, determine a corrente I para o circuito da Figura 8-96.

44. Usando as conversões Δ-Y ou Y-Δ, encontre a corrente I e a tensão V_{ab} para o circuito da Figura 8-97.

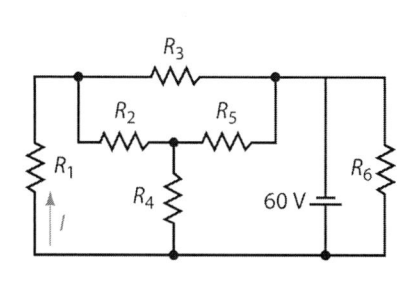

Figura 8-96
Todos os resistores marcam 4,5 kΩ

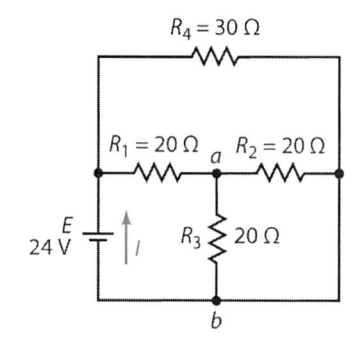

Figura 8-97

45. Repita o Problema 43 para o circuito da Figura 8-98.

46. Repita o Problema 44 para o circuito da Figura 8-99.

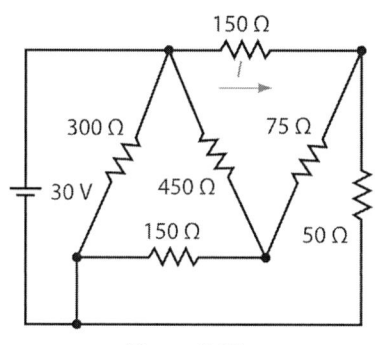

Figura 8-98

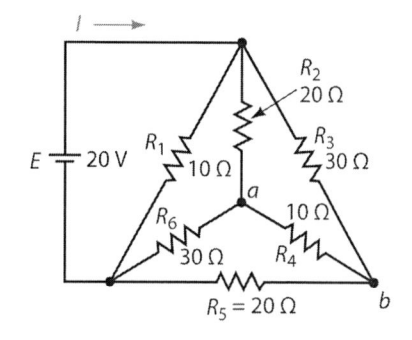

Figura 8-99

8.8 Redes Ponte

47. Observe o circuito ponte da Figura 8-100.
    a. A ponte está equilibrada? Justifique.
    b. Escreva a equação das malhas.
    c. Calcule a corrente em R_5.
    d. Determine a tensão em R_5.

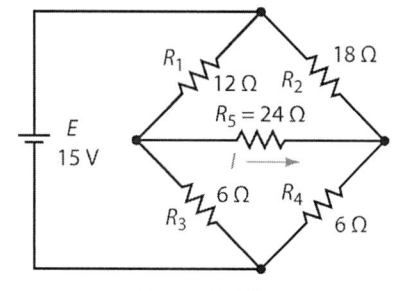

Figura 8-100

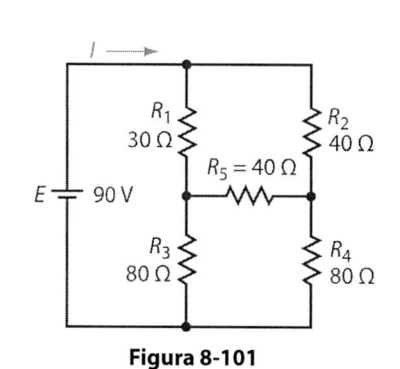

48. Considere o circuito ponte da Figura 8-101.
    a. A ponte está equilibrada? Justifique.
    b. Escreva a equação das malhas.
    c. Calcule a corrente em R_5.
    d. Determine a tensão em R_5.

Figura 8-101

49. Dado o circuito ponte da Figura 8-102, encontre a corrente em cada resistor.

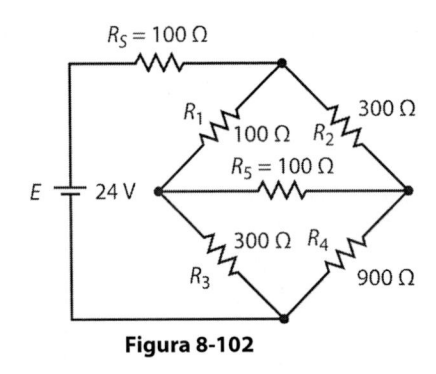

Figura 8-102

50. Observe o circuito da Figura 8-103.
    a. Determine o valor da resistência R_x de modo que a ponte fique equilibrada.
    b. Calcule a corrente em R_5 quando $R_x = 0\ \Omega$ e $R_x = 10\ k\Omega$.

Figura 8-103

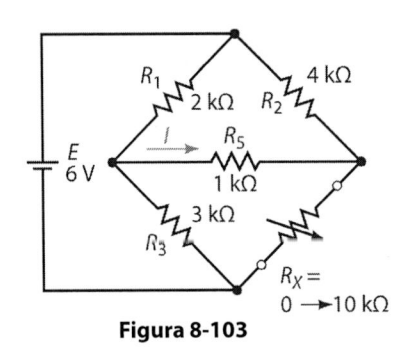

8.9 Análise de Circuitos Usando Computador

51. Utilize o Multisim para calcular as correntes em todos os resistores do circuito mostrado na Figura 8-86.

52. Utilize o Multisim para calcular a tensão no resistor de 5 kΩ no circuito da Figura 8-87.

53. Utilize o PSpice para calcular as correntes em todos os resistores no circuito mostrado na Figura 8-96.

54. Utilize o PSpice para calcular as correntes em todos os resistores no circuito mostrado na Figura 8-97.

RESPOSTAS DOS PROBLEMAS PARA VERIFICAÇÃO DO PROCESSO DE APRENDIZAGEM

Verificação do Processo de Aprendizagem 1

1. Uma fonte de tensão E em série com um resistor R é equivalente a uma fonte de corrente que contém uma fonte de corrente ideal $I = E/R$ em paralelo com a mesma resistência, R.
2. Fontes de corrente nunca são ligadas em série.

Verificação do Processo de Aprendizagem 2

1. A tensão é zero.
2. A corrente é zero.
3. R_5 pode ser substituída por um curto-circuito ou um circuito aberto.

• TERMOS-CHAVE

Máxima Transferência de Potência; Teorema de Millman; Teorema de Norton; Teorema da Reciprocidade; Teorema da Substituição; Teorema da Superposição; Teorema de Thévenin

• TÓPICOS

Teorema da Superposição; Teorema de Thévenin; Teorema de Norton; Teorema da Máxima Transferência de Potência; Teorema da Substituição; Teorema de Millman; Teorema da Reciprocidade; Análise de Circuitos Usando Computador.

• OBJETIVOS

Após estudar este capítulo, você será capaz de:

- aplicar o teorema da superposição para determinar a corrente ou a tensão em qualquer resistência em uma dada rede;
- formular o teorema de Thévenin e determinar o circuito equivalente de Thévenin a qualquer rede resistiva;
- formular o teorema de Norton e determinar o circuito equivalente de Norton a qualquer rede resistiva;
- determinar a resistência de carga necessária para qualquer circuito de modo a assegurar que a carga receba a máxima potência do circuito;
- aplicar o teorema de Millman para determinar a corrente ou tensão em qualquer resistor alimentado por *n* fontes em paralelo;
- formular o teorema da reciproci‑de e demonstrar que ele se aplica a um dado circuito com uma única fonte;
- formular o teorema da substituição e aplicá-lo para simplificar a opera‑ção de um dado circuito.

Teoremas de Rede

Apresentação Prévia do Capítulo

Neste capítulo, o leitor aprenderá como usar teoremas básicos que permitem analisar até as redes resistivas mais complexas. Os teoremas mais úteis para a análise de redes são o da superposição, o de Thévenin, o de Norton e o da máxima transferência de potência.

Também serão apresentados outros teoremas, que, embora proporcionem uma boa compreensão da análise de circuitos, são de uso limitado. Tais teoremas, que se aplicam a tipos específicos de circuitos, são o da substituição, o da reciprocidade e o de Millman. O instrutor poderá optar por omiti-los sem prejudicar a continuidade do assunto.

Colocando em Perspectiva

André Marie Ampère

André Marie Ampère nasceu em Polémieux, Ródano, perto de Lyon, na França, em 22 de janeiro de 1775. Quando adolescente, Ampère era um matemático brilhante, capaz de dominar a matemática avançada aos 12 anos. No entanto, a família Ampère não ficou imune à Revolução Francesa e à decorrente anarquia que assolou a França de 1789 a 1799. O pai de Ampère, um notável comerciante e funcionário público de Lyon, foi executado na guilhotina em 1793. O jovem André sofreu um colapso nervoso do qual nunca se recuperou totalmente. Mais tarde, em 1804, seu sofrimento aumentou com o falecimento de sua esposa, após apenas cinco anos de casamento.

Mesmo assim, Ampère contribuiu imensamente para o campo da Matemática, da Química e da Física. Ainda jovem, foi designado professor de Química e Física em Bourges. Napoleão foi um grande admirador do trabalho de Ampère, embora este tivesse uma fama de "professor distraído". Posteriormente, mudou-se para Paris, onde ensinou matemática.

Ampère mostrou que dois fios condutores de corrente eram atraídos um ao outro quando a corrente neles fluía na mesma direção. Quando a corrente nos fios estava em direções opostas, eles se repeliam. Esse trabalho foi um passo inicial para a descoberta dos princípios da teoria dos campos elétrico e magnético. Ampère foi o primeiro cientista a usar os princípios eletromagnéticos para medir a corrente em um fio. Em reconhecimento à sua contribuição para o estudo da eletricidade, mede-se a corrente em unidades de amperes.

Apesar do sofrimento pessoal, Ampère continuou a ser uma pessoa conhecida e amigável. Ele morreu de pneumonia em Marselha, em 10 de junho de 1836, tão logo adoeceu.

9.1 Teorema da Superposição

O **teorema da superposição** é um método que permite determinar a corrente ou a tensão em qualquer resistor ou ramo de uma rede. A vantagem de usar essa abordagem em vez da análise de malha ou da análise nodal é que não precisamos utilizar determinantes ou matrizes algébricas para analisar um dado circuito. O teorema postula o seguinte:

A corrente ou tensão total em um resistor ou ramo pode ser determinada pela soma dos efeitos de cada fonte independente.

Para aplicar o teorema da superposição, é necessário remover todas as fontes além da que está sendo examinada. Para "zerar" uma fonte de tensão, nós a **substituímos por um curto-circuito**, já que a tensão em um curto-circuito é igual a zero volt. Uma fonte de corrente é zerada **quando a substituímos por um circuito aberto**, uma vez que a corrente através de um circuito aberto é igual a zero ampere.

Se quisermos determinar a potência dissipada por qualquer resistor, em primeiro lugar devemos achar a tensão no resistor ou a corrente através dele:

$$P = I^2 R = \frac{V^2}{R}$$

> **NOTAS...**
>
> O teorema da superposição não se aplica à potência, já que esta não é uma grandeza linear. A potência é obtida pelo quadrado da corrente ou da tensão.

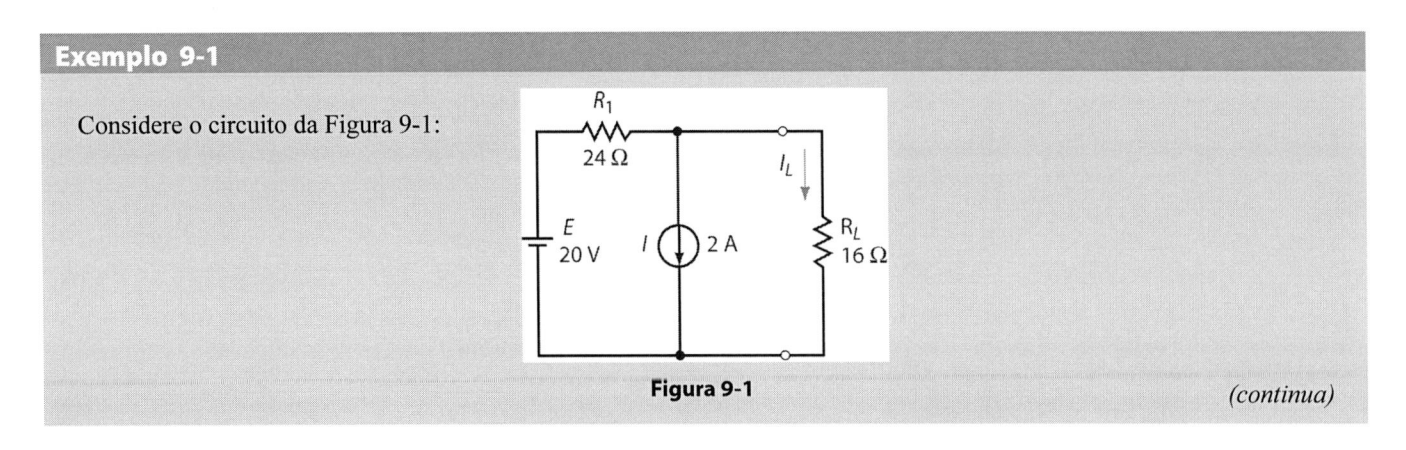

Exemplo 9-1

Considere o circuito da Figura 9-1:

Figura 9-1

(continua)

Exemplo 9-1 (continuação)

a. Determine a corrente no resistor de carga, R_L.

b. Comprove que o teorema da superposição não se aplica à potência.

Solução: Em primeiro lugar, determinamos a corrente através de R_L ocasionada pela fonte de tensão removendo a fonte de corrente e substituindo-a por um circuito aberto (zero ampere), como mostra a Figura 9-2.

A corrente resultante através de R_L é determinada a partir da lei de Ohm:

$$I_{L(1)} = \frac{20 \text{ V}}{16 \text{ Ω} + 24 \text{ Ω}} = 0,500 \text{ A}$$

Em seguida, determinamos a corrente através de R_L ocasionada pela fonte de corrente removendo a fonte de tensão e substituindo-a por um curto-circuito (zero volt), como mostra a Figura 9-3.

Figura 9-2

A corrente resultante através de R_L é encontrada a partir da regra do divisor de corrente:

$$I_{L(2)} = \left(\frac{24 \text{ Ω}}{24 \text{ Ω} + 16 \text{ Ω}}\right)(2 \text{ A}) = -1,20 \text{ A}$$

A corrente resultante através de R_L é encontrada a partir do teorema da superposição:

$$I_L = 0,5 \text{ A} - 1,2 \text{ A} = -0,700 \text{ A}$$

O sinal negativo indica que a corrente através de R_L é oposta à direção de referência assumida. Consequentemente, a corrente através de R_L terá, na verdade, o sentido para cima com uma magnitude de 0,7 A.

b. Se admitíssemos (de maneira incorreta) que o teorema da superposição se aplica à potência, teríamos a potência ocasionada pela primeira fonte da seguinte forma:

$$P_1 = I^2_{L(1)} R_L = (0,5 \text{ A})^2(16 \text{ Ω}) = 4,0 \text{ W}$$

e a potência ocasionada pela segunda fonte como:

$$P_2 = I^2_{L(2)} R_L = (1,2 \text{ A})^2(16 \text{ Ω}) = 23,04 \text{ W}$$

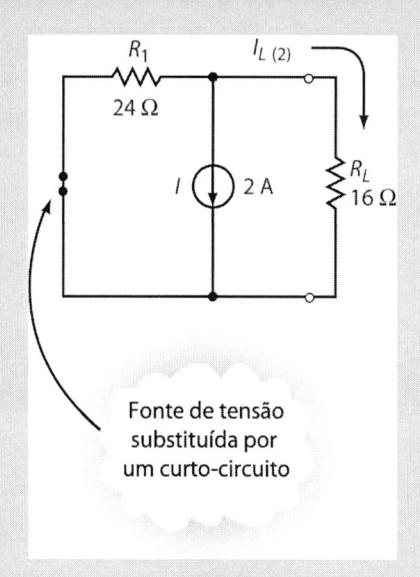

Figura 9-3

Quando aplicada à superposição, a potência total seria

$$P_T = P_1 + P_2 = 4,0 \text{ W} + 23,04 \text{ W} = 27,04 \text{ W}$$

Claramente, esse resultado está errado, uma vez que a potência real dissipada pelo resistor de carga é fornecida de maneira correta como

$$P_L = I^2_L R_L = (0,7 \text{ A})^2(16 \text{ Ω}) = 7,84 \text{ W}$$

O teorema da superposição também pode ser usado para determinar a tensão em qualquer componente ou ramo dentro de um circuito.

Exemplo 9-2

Determine a queda de tensão no resistor R_2 mostrado na Figura 9-4.

Solução: Como esse circuito tem três fontes separadas, é necessário determinar a tensão em R_2 ocasionada pelas fontes individuais.

Primeiro, consideramos a tensão em R_2 ocasionada pela fonte de 16 V, como mostra a Figura 9-5.

A tensão em R_2 será igual à tensão na combinação paralela de $R_2 \| R_3 = 0,8$ kΩ. Dessa forma,

$$V_{R_2(1)} = -\left(\frac{0,8 \text{ k}\Omega}{0,8 \text{ k}\Omega + 2,4 \text{ k}\Omega}\right)(16\text{V}) = -4,00 \text{ V}$$

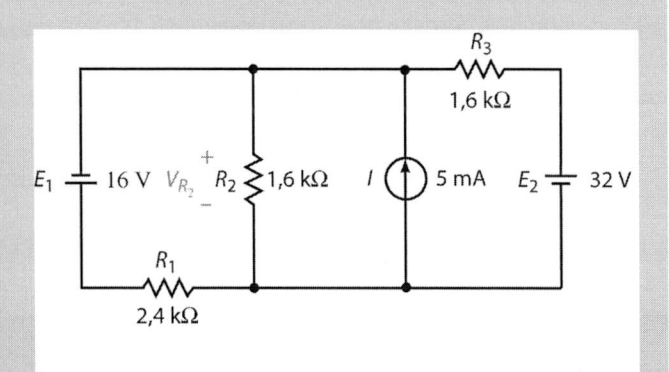

Figura 9-4

O sinal negativo nesse cálculo apenas indica que a tensão no resistor ocasionada pela primeira fonte é oposta à suposta polaridade de referência.

Em seguida, consideramos a fonte de corrente. A Figura 9-6 mostra o circuito resultante. A partir dele, pode-se notar que a resistência total "percebida" pela fonte de corrente é

$$R_T = R_1 \| R_2 \| R_3 = 0,6 \text{ k}\Omega$$

A tensão resultante em R_2 é

$$V_{R_2(2)} = (0,6 \text{ k}\Omega)(5 \text{ mA}) = 3,00 \text{ V}$$

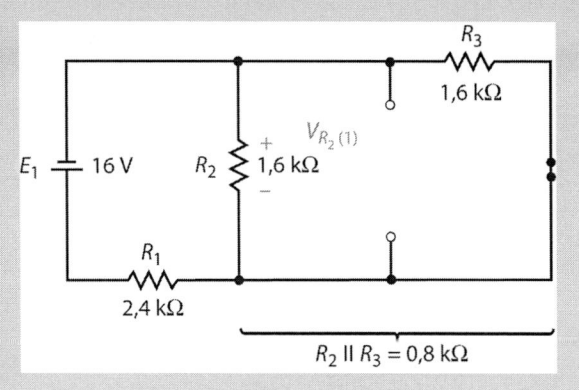

Figura 9-5

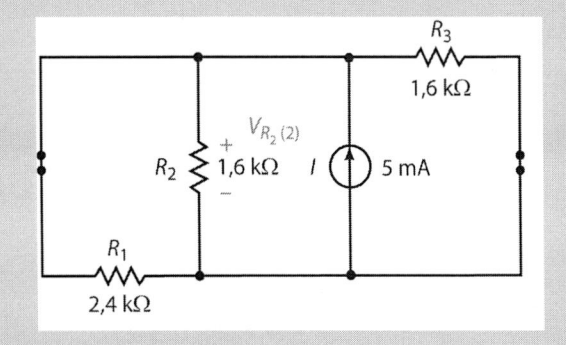

Figura 9-6

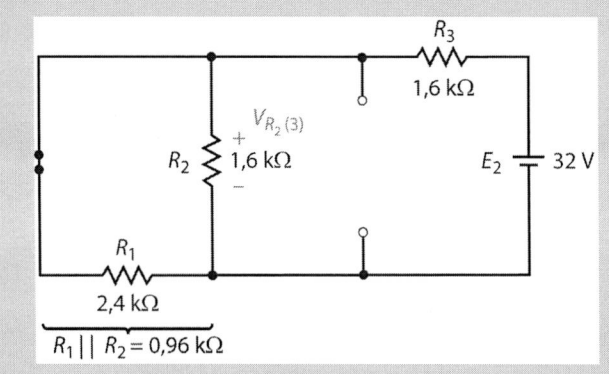

Figura 9-7

Finalmente, analisando o circuito da Figura 9-7, encontramos a tensão ocasionada por uma fonte de 32 V. A tensão em R_2 é

$$V_{R_2(3)} = \left(\frac{0,96 \text{ k}\Omega}{0,96 \text{ k}\Omega + 1,6 \text{ k}\Omega}\right)(32 \text{ V}) = 12,0 \text{ V}$$

Pela superposição, a tensão resultante é

$$V_{R_2} = -4,0 \text{ V} + 3,0 \text{ V} + 12,0 \text{ V} = 11,0 \text{ V}$$

PROBLEMAS PRÁTICOS 1

Utilize o teorema da superposição para determinar a tensão em R_1 e R_3 no circuito da Figura 9-4.

Respostas

$V_{R_1} = 27,0$ V; $V_{R_3} = 21,0$ V

VERIFICAÇÃO DO PROCESSO DE APRENDIZAGEM 1

(As repostas encontram-se no final do capítulo.)

Utilize os resultados finais do Exemplo 9-2 e do Problema Prático 1 para determinar a potência dissipada pelos resistores no circuito da Figura 9-4. Comprove que o teorema da superposição não se aplica à potência.

9.2 Teorema de Thévenin

Nesta seção, aplicaremos um dos teoremas mais importantes em circuitos elétricos. O **teorema de Thévenin** permite que até os circuitos mais complicados possam ser reduzidos a uma única fonte de tensão e a uma única resistência. A importância de tal teorema fica evidente quando tentamos analisar um circuito como o mostrado na Figura 9-8.

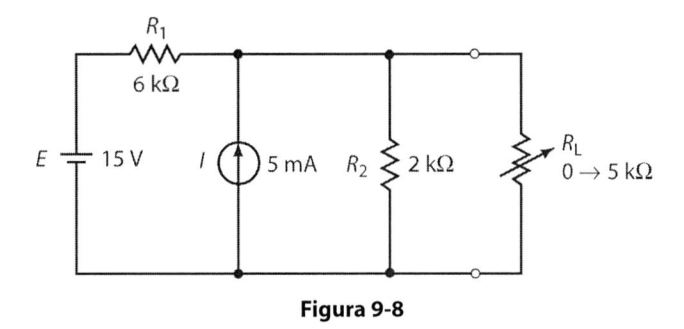

Figura 9-8

Se quiséssemos achar a corrente em um resistor de carga variável quando $R_L = 0$, $R_L = 2$ kΩ e $R_L = 5$ kΩ usando os métodos existentes, precisaríamos analisar o circuito três vezes. No entanto, se reduzíssemos todo o circuito externo ao resistor de carga para uma única fonte de tensão em série com um resistor, a solução seria muito fácil.

O teorema de Thévenin é uma técnica para análise de circuitos que reduz qualquer rede linear bilateral a um circuito equivalente com apenas uma fonte de tensão e um resistor série. O circuito resultante de dois terminais é equivalente ao circuito original quando está ligado a qualquer ramo ou componente externo. Em suma, o teorema de Thévenin postula que:

Qualquer rede linear bilateral pode ser reduzida a um circuito simplificado de dois terminais contendo uma única fonte de tensão em série com um único resistor como o mostrado na Figura 9-9.

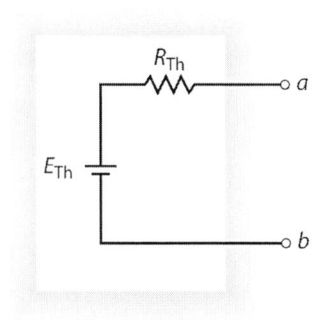

Figura 9-9 Circuito equivalente de Thévenin.

Lembre-se de que uma rede linear é qualquer rede que contenha componentes que tenham uma relação linear (em linha reta) entre a tensão e a corrente. O resistor é um bom exemplo de componente linear, já que a tensão nele aumenta proporcionalmente à elevação da corrente que passa por ele. As fontes de tensão e de corrente também são componentes lineares. No caso da fonte de tensão, a tensão permanece constante, embora a corrente que passa pela fonte possa variar.

Uma rede bilateral é qualquer rede que opere da mesma forma independentemente da direção da corrente através dela. Mais uma vez, o resistor é um bom exemplo de um componente bilateral, pois a magnitude da corrente em um resistor não depende da polaridade da tensão no componente. (O diodo não é um componente bilateral, porque a magnitude da corrente no dispositivo depende da polaridade da tensão aplicada ao diodo.)

Os passos a seguir oferecem uma técnica que converte qualquer circuito em seu equivalente de Thévenin:

1. Identifique e remova a carga do circuito.
2. Nomeie os dois terminais resultantes. Aqui eles serão identificados como *a* e *b*, embora qualquer notação possa ser utilizada.
3. Ajuste todas as fontes no circuito para zero.

   As fontes de tensão são ajustadas para zero quando as substituímos por curtos-circuitos (zero volt).
4. As fontes de corrente são ajustadas para zero quando as substituímos por circuitos abertos (zero ampere).

   Determine a resistência equivalente de Thévenin, R_{Th}, calculando a resistência "percebida" entre os terminais *a* e *b*. Para simplificar esse passo, talvez seja necessário redesenhar o circuito.
5. Recoloque as fontes removidas no 3º Passo e determine a tensão entre os terminais do circuito aberto. Se o circuito tiver mais de uma fonte, talvez seja necessário usar o teorema da superposição. Nesse caso, será preciso determinar a tensão no circuito aberto decorrente de cada fonte separadamente, e, então, determinar o efeito combinado. A tensão resultante no circuito aberto será o valor da tensão de Thévenin, E_{Th}.
6. Desenhe o circuito equivalente de Thévenin usando a resistência determinada no 4º Passo e a tensão calculada no 5º. Como parte do circuito resultante, inclua a porção da rede removida no 1º Passo.

Exemplo 9-3

Determine o circuito equivalente de Thévenin externo ao resistor R_L para o circuito da Figura 9-10. Use o circuito equivalente de Thévenin para calcular a corrente em R_L.

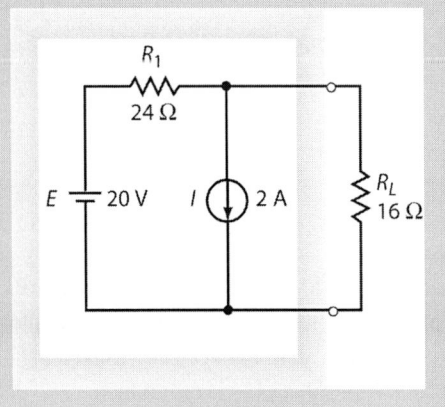

Figura 9-10

Solução:

1º e 2º Passos: Removendo o resistor de carga do circuito e identificando os terminais restantes, obtém-se o circuito mostrado na Figura 9-11.

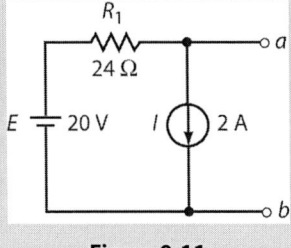

Figura 9-11

(continua)

Exemplo 9-3 *(continuação)*

3º Passo: Ajustando as fontes para zero, obtém-se o circuito mostrado na Figura 9-12.

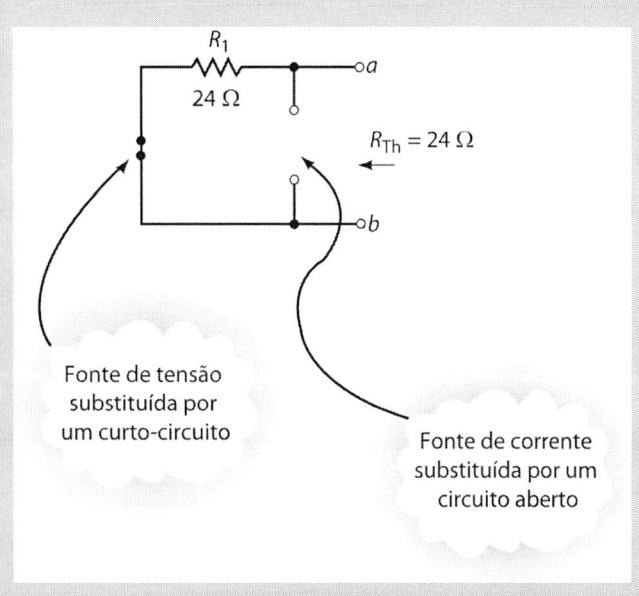

Figura 9-12

4º Passo: A resistência de Thévenin entre os terminais é $R_{Th} = 24\,\Omega$.

5º Passo: Na Figura 9-11, a tensão entre os terminais a e b do circuito aberto é

$$V_{ab} = 20\,\text{V} - (24\,\Omega)(2\,\text{A}) = -28,0\,\text{V}$$

6º Passo: A Figura 9-13 mostra o resultado do circuito equivalente de Thévenin.

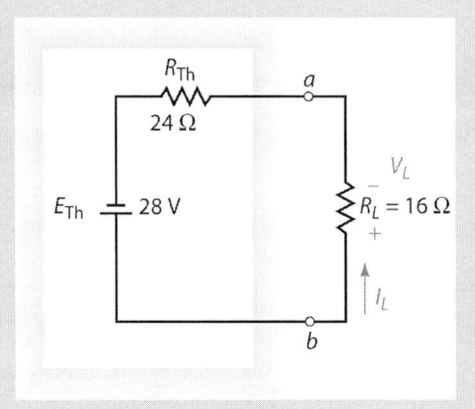

Figura 9-13

Usando esse circuito equivalente de Thévenin, encontramos com facilidade a corrente através de R_L:

$$I_L = \left(\frac{28\,\text{V}}{24\,\Omega + 16\,\Omega}\right) = 0,700\,\text{A} \quad \text{(para cima)}$$

Esse resultado é igual ao obtido quando usamos o teorema da superposição no Exemplo 9-1.

Exemplo 9-4

Encontre o circuito equivalente de Thévenin da área indicada na Figura 9-14. Usando o circuito equivalente, determine a corrente através do resistor de carga quando $R_L = 0$, $R_L = 2$ kΩ, e $R_L = 5$ kΩ.

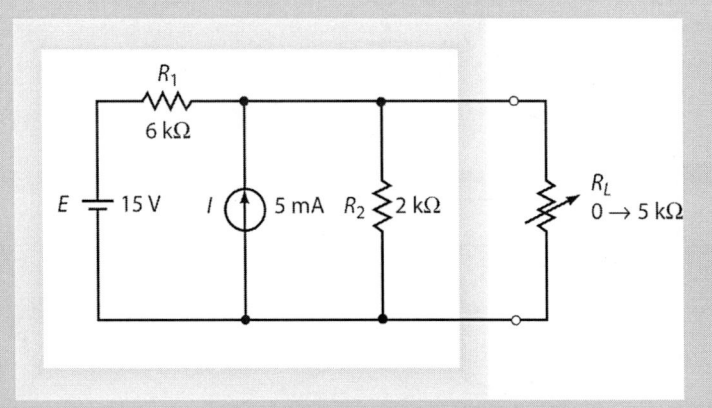

Figura 9-14

Solução: **1º, 2º e 3º Passos:** Após remover a carga, identificar os terminais e ajustar as fontes para zero, obtém-se o circuito mostrado na Figura 9-15.

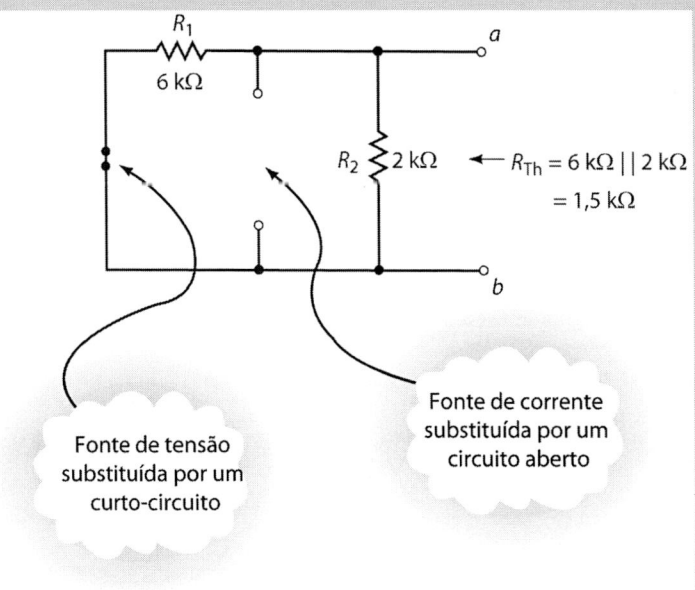

$R_{Th} = 6$ kΩ $||$ 2 kΩ = 1,5 kΩ

Fonte de tensão substituída por um curto-circuito

Fonte de corrente substituída por um circuito aberto

Figura 9-15

4º Passo: A resistência de Thévenin entre os terminais é

$$R_{Th} = 6 \text{ k}\Omega \, || \, 2 \text{ k}\Omega = 1,5 \text{ k}\Omega$$

5º Passo: Embora alguns métodos sejam possíveis, usaremos o teorema da superposição para determinar a tensão V_{ab} no circuito aberto. A Figura 9-16 mostra o circuito para determinar a contribuição decorrente da fonte de 15 V.

$$V_{ab(1)} = \left(\frac{2 \text{ k}\Omega}{2 \text{ k}\Omega + 6 \text{ k}\Omega} \right) = (15\text{V}) = +3,75\text{V}$$

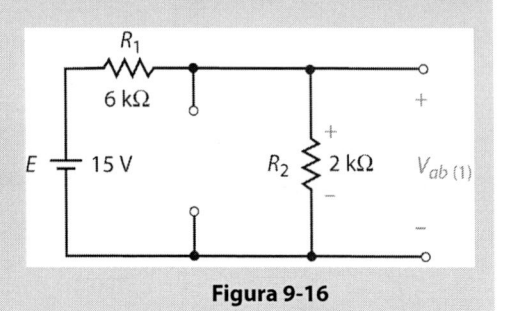

Figura 9-16

(continua)

Exemplo 9-4 (continuação)

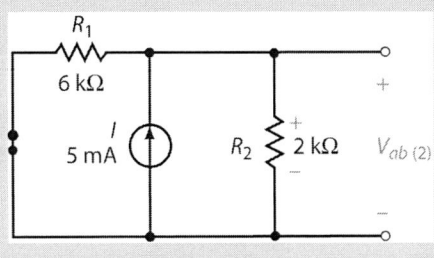

Figura 9-17

A Figura 9-17 mostra o circuito para determinar a contribuição devida à fonte de 5 mA.

$$V_{ab(2)} = \left(\frac{(2\ \text{k}\Omega)(6\ \text{k}\Omega)}{2\ \text{k}\Omega + 6\ \text{k}\Omega}\right)(5\text{mA}) = +7{,}5\ \text{V}$$

A resistência equivalente de Thévenin é

$$E_{\text{Th}} = V_{ab(1)} + V_{ab(2)} = +3{,}75\ \text{V} + 7{,}5\ \text{V} = 11{,}25\ \text{V}$$

6º Passo: A Figura 9-18 mostra o resultado do circuito equivalente de Thévenin. A partir dele, fica fácil determinar a corrente para qualquer valor do resistor de carga:

$R_L = 0\ \Omega$: $\quad I_L = \dfrac{11{,}25\ \text{V}}{1{,}5\ \text{k}\Omega} = 7{,}5\ \text{mA}$

$R_L = 2\ \text{k}\Omega$: $\quad I_L = \dfrac{11{,}25\ \text{V}}{1{,}5\ \text{k}\Omega + 2\ \text{k}\Omega} = 3{,}21\ \text{mA}$

$R_L = 5\ \text{k}\Omega$: $\quad I_L = \dfrac{11{,}25\ \text{V}}{1{,}5\ \text{k}\Omega + 5\ \text{k}\Omega} = 1{,}73\ \text{mA}$

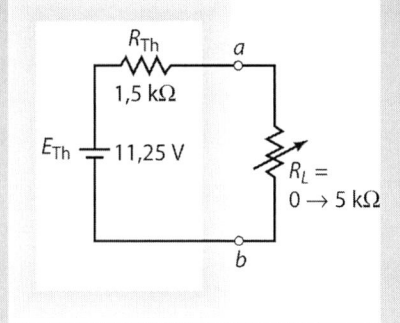

Figura 9-18

Exemplo 9-5

Encontre o circuito equivalente de Thévenin externo a R_5 no circuito da Figura 9-19. Use o circuito equivalente para determinar a corrente através do resistor.

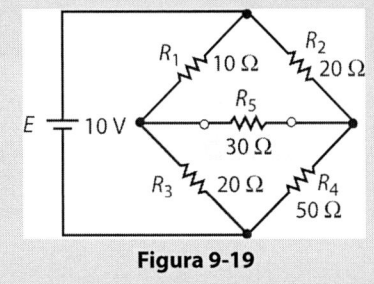

Figura 9-19

Solução: Observe que o circuito é um circuito em ponte desequilibrada. Se usássemos as técnicas do capítulo anterior, teríamos de resolver três equações das malhas ou três equações nodais.

(continua)

Exemplo 9-5 (continuação)

1º e 2º Passos: Removendo o resistor R_5 do circuito e identificando os dois terminais como a e b, obtém-se o circuito mostrado na Figura 9-20.

Examinando o circuito mostrado na Figura 9-20, vemos que não é fácil determinar o circuito equivalente entre os terminais a e b. Redesenhando o circuito ilustrado na Figura 9-21, simplifica-se o processo.

Observe que o circuito da Figura 9-21 tem os nós a e b mostrados de forma conveniente nas partes de cima e de baixo do circuito. Adicionam-se mais nós (nós c e d) para simplificar a colocação correta dos resistores entre os nós.

Após a simplificação, é sempre bom se certificar de que o circuito resultante é efetivamente um circuito equivalente. A equivalência de dois circuitos pode ser comprovada quando verificamos que cada componente está ligado entre os mesmos nós de cada circuito.

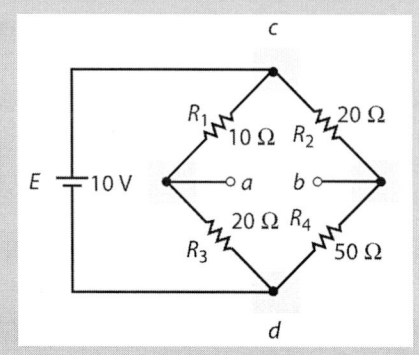

Figura 9-20

Agora que o circuito está mais fácil de ser analisado, podemos determinar o equivalente de Thévenin.

3º Passo: Ajustando a fonte de tensão para zero quando a substituímos por um curto-circuito, obtemos o circuito mostrado na Figura 9-22.

4º Passo: A resistência resultante de Thévenin é

$$R_{Th} = 10\ \Omega \| 20\ \Omega + 20\ \Omega \| 50\ \Omega$$
$$= 6{,}67\ \Omega + 14{,}29\ \Omega = 20{,}95\ \Omega$$

5º Passo: Encontramos a tensão no circuito aberto entre os terminais a e b primeiro indicando as correntes de malha I_1 e I_2 no circuito da Figura 9-23.

Como a fonte de tensão, E, fornece uma tensão constante nas combinações dos resistores R_1-R_3 e R_2-R_4, simplesmente usamos a regra do divisor de tensão para determinar a tensão em vários componentes:

$$V_{ab} = -V_{R_1} + V_{R_2}$$
$$= \frac{(10\ \Omega)(10\ V)}{30\ \Omega} + \frac{(20\ \Omega)(10\ V)}{70\ \Omega}$$
$$= -0{,}476\ V$$

Observação: A técnica descrita não poderia ser usada se a fonte tivesse algumas resistências série, já que a tensão fornecida para as combinações dos resistores R_1-R_3 e R_2-R_4 não mais seria o valor total da fonte de alimentação, mas sim dependente do valor da resistência série da fonte.

6º Passo: A Figura 9-24 mostra o circuito resultante de Thévenin.

A partir do circuito da Figura 9-24, é possível calcular a corrente através do resistor R_5 da seguinte maneira:

$$I = \frac{0{,}476\ V}{20{,}95\ \Omega + 30\ \Omega} = 9{,}34\ mA \quad (\text{de } b \text{ para } a)$$

Esse exemplo ilustra a importância de identificar os terminais que permanecem após a remoção de um componente ou ramo. Se não tivéssemos identificado os terminais e desenhado um circuito equivalente, não acharíamos com facilidade a corrente através de R_5.

Figura 9-21

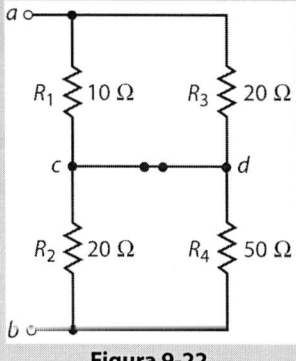

Figura 9-22

Figura 9-23

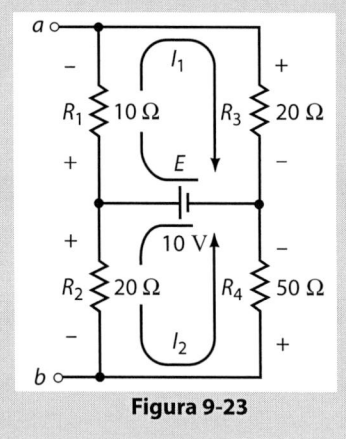

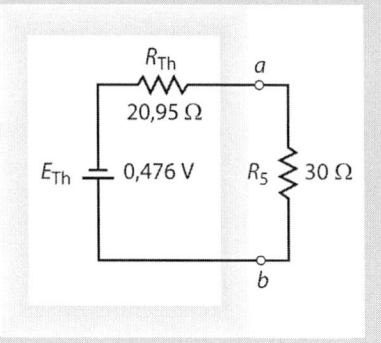

Figura 9-24

PROBLEMAS PRÁTICOS 2

Determine o circuito equivalente de Thévenin externo ao resistor R_1 no circuito da Figura 9-1.

Resposta

$R_{Th} = 16\ \Omega;\ E_{Th} = 52\ V$

PROBLEMAS PRÁTICOS 3

Use o teorema de Thévenin para determinar a corrente através do resistor de carga R_L para o circuito da Figura 9-25.

Resposta

$I_L = 10,0$ mA para cima

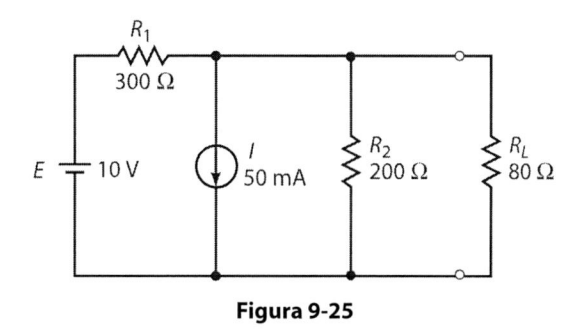

Figura 9-25

VERIFICAÇÃO DO PROCESSO DE APRENDIZAGEM 2

(As respostas encontram-se no final do capítulo.)

No circuito da Figura 9-25, qual seria o valor de R_1 necessário para que a resistência de Thévenin fosse igual a $R_L = 80\ \Omega$?

9.3 Teorema de Norton

O teorema de Norton é uma técnica de análise de circuito similar ao teorema de Thévenin. Usando esse teorema, o circuito é reduzido a uma única fonte de corrente e a um único resistor paralelo. Como no circuito equivalente de Thévenin, o circuito resultante de dois terminais é equivalente ao original quando estiver conectado a qualquer ramo ou componente externo. Em suma, o **teorema de Norton** postula que:

Qualquer rede linear bilateral pode ser reduzida a um circuito simplificado de dois terminais composto de uma única fonte de corrente e um único resistor shunt como o mostrado na Figura 9-26.

Os passos a seguir oferecem uma técnica que permite converter qualquer circuito em seu equivalente de Norton:

1. Identifique e remova a carga do circuito.
2. Nomeie os dois terminais resultantes. Eles serão identificados como a e b, embora qualquer notação possa ser utilizada.

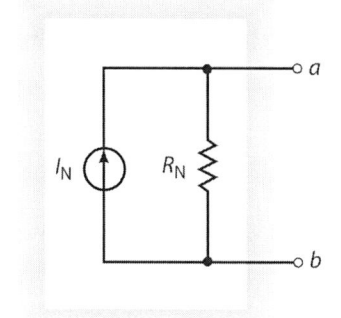

Figura 9-26 Circuito equivalente de Norton.

3. Ajuste todas as fontes no circuito para zero. Como anteriormente, ajustamos as fontes de tensão para zero quando as substituímos por curtos-circuitos (zero volt), e as fontes de corrente são ajustadas para zero quando são substituídas por circuitos abertos (zero ampere).
4. Determine a resistência equivalente de Norton, R_N, calculando a resistência entre os terminais a e b. Para simplificar este passo, talvez seja necessário redesenhar o circuito.
5. Substitua as fontes removidas no 3º Passo e determine a corrente que iria ocorrer em um curto-circuito se ele estivesse ligado entre os terminais a e b. Se o circuito original tiver mais de uma fonte, talvez seja necessário usar o teorema da superposição.

Neste caso, será preciso determinar a corrente de curto-circuito devido a cada fonte separadamente e, então, determinar o efeito combinado. A corrente resultante no curto-circuito será o valor da corrente de Norton, I_N.

6. Faça o esboço do circuito equivalente de Norton usando a resistência determinada no 4º Passo e a corrente calculada no 5º. Como parte do circuito resultante, inclua a porção da rede removida no 1º Passo.

O circuito equivalente de Norton também pode ser determinado diretamente do equivalente de Thévenin usando a técnica de conversão de fonte desenvolvida no Capítulo 8 (neste volume). Como resultado, os circuitos de Thévenin e Norton mostrados na Figura 9-27 são equivalentes.

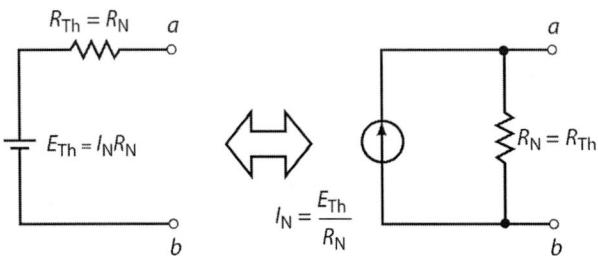

Figura 9-27

Da Figura 9-27, vemos que a relação entre os circuitos é demonstrada das seguintes formas:

$$E_{Th} = I_N R_N \tag{9-1}$$

$$I_N = \frac{E_{Th}}{R_{Th}} \tag{9-2}$$

Exemplo 9-6

Determine o circuito equivalente de Norton externo ao resistor R_L para o circuito da Figura 9-28. Use o circuito equivalente de Norton para calcular a corrente através de R_L. Compare os resultados aos obtidos quando usamos o teorema de Thévenin, no Exemplo 9-3.

Solução:

1º e 2º Passos: Remova o resistor de carga R_L do circuito e identifique os terminais restantes como a e b. A Figura 9-29 mostra o circuito resultante.

3º Passo: Zere as fontes de tensão e corrente, como mostrado no circuito da Figura 9-30.

$R_N = 24\,\Omega$

Fonte de tensão substituída por um curto-circuito

Fonte de corrente substituída por um circuito aberto

Figura 9-28

Figura 9-29

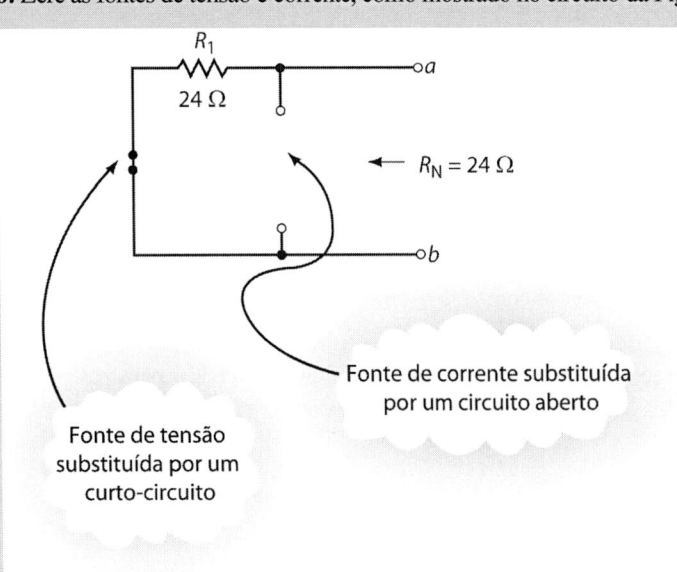

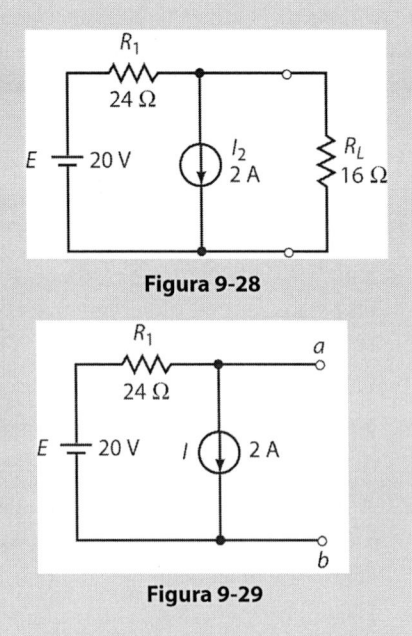

Figura 9-30

(continua)

Exemplo 9-6 (continuação)

4º Passo: A resistência resultante de Norton entre os terminais é

$$R_N = R_{ab} = 24\ \Omega$$

5º Passo: Determina-se a corrente no curto-circuito calculando primeiro a corrente através do curto devido a cada fonte. A Figura 9-31 ilustra o circuito para cada cálculo.

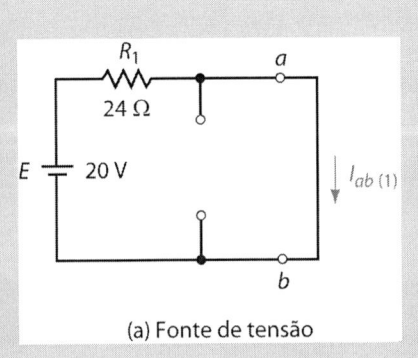

Repare que R_1 é curto-circuitado pelo curto-circuito entre a e b

(a) Fonte de tensão   (b) Fonte de corrente

Figura 9-31

Fonte de tensão, E: A corrente no curto entre os terminais a e b [Figura 9-31(a)] é obtida da lei de Ohm da seguinte maneira:

$$I_{ab(1)} = \frac{20\ \text{V}}{24\ \Omega} = 0{,}833\ \text{A}$$

Fonte de corrente, I: Examinando o circuito para a fonte de corrente [Figura 9-31(b)], vemos que o curto-circuito entre os terminais a e b efetivamente remove R_1 do circuito. Portanto, a corrente através do curto será

$$I_{ab(2)} = -2{,}00\ \text{A}$$

Observe que a corrente I_{ab} está indicada como sendo uma grandeza negativa.

Figura 9-32

Como vimos, esse resultado apenas indica que a corrente real é oposta à direção de referência assumida.

Agora, aplicando o teorema da superposição, achamos a corrente de Norton da seguinte maneira:

$$I_N = I_{ab(1)} + I_{ab(2)} = 0{,}833\ \text{A} - 2{,}0\ \text{A} = -1{,}167\ \text{A}$$

Como antes, o sinal negativo indica que a corrente do curto-circuito sai, na verdade, do terminal b em direção ao terminal a.

6º Passo: A Figura 9-32 mostra o resultado do circuito equivalente de Norton.

Agora podemos facilmente achar a corrente através do resistor de carga R_L usando a regra do divisor de corrente:

$$I_L = \left(\frac{24\ \Omega}{24\ \Omega + 16\ \Omega}\right)(1{,}167\ \text{A}) = 0{,}700\ \text{A} \quad \text{(para cima)}$$

Consultando o Exemplo 9-3, vemos que se obteve o mesmo resultado de quando tentamos achar o circuito equivalente de Thévenin. Um método alternativo para achar o circuito equivalente de Norton é converter o circuito de Thévenin do Exemplo 9-3 no equivalente de Norton mostrado na Figura 9-33.

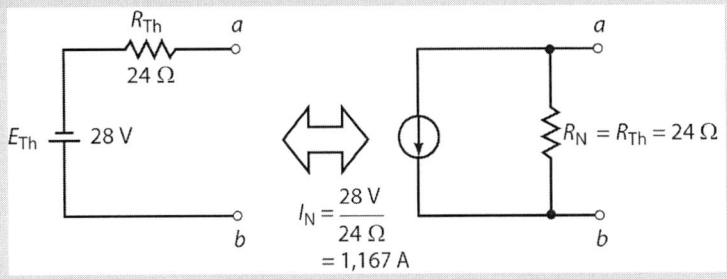

Figura 9-33

Exemplo 9-7

Determine o equivalente de Norton do circuito externo ao resistor R_L na Figura 9-34. Use o circuito equivalente para determinar a corrente na carga I_L quando $R_L = 0{,}2$ kΩ e 5 kΩ.

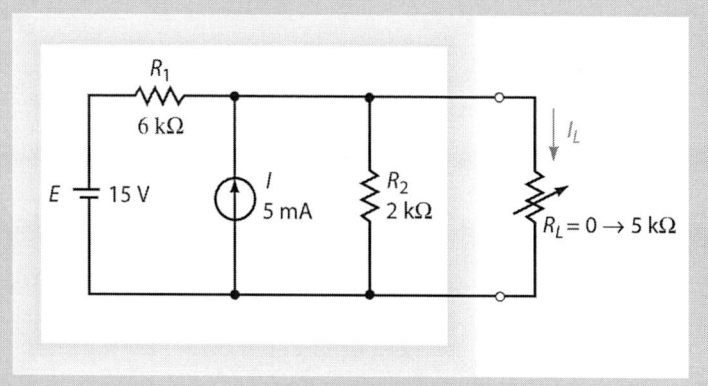

Figura 9-34

Solução:

1º, 2º e 3º Passos: Após remover o resistor de carga, identificar os dois terminais restantes a e b e ajustar as fontes para zero, teremos o circuito da Figura 9-35.

$R_N = 6$ kΩ || 2 kΩ = 1,5 kΩ

Fonte de tensão substituída por um curto-circuito

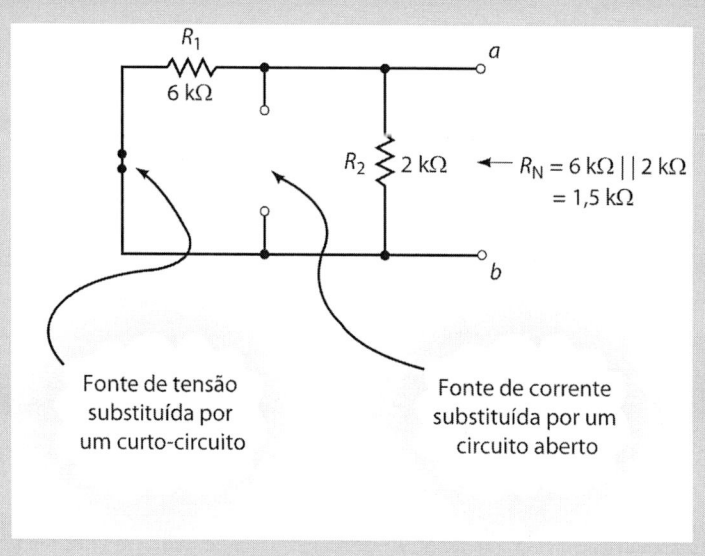

Fonte de corrente substituída por um circuito aberto

Figura 9-35

4º Passo: Acha-se a resistência de Norton do circuito da seguinte maneira:

$$R_N = 6 \text{ k}\Omega || 2 \text{ k}\Omega = 1{,}5 \text{ k}\Omega$$

5º Passo: Obtém-se o valor da fonte de corrente constante de Norton determinando os efeitos da corrente devido a cada fonte independente que age em um curto-circuito entre os terminais a e b.

Fonte de tensão, E: Consultando a Figura 9-36(a), um curto-circuito entre os terminais a e b elimina o resistor R_2 do circuito. A corrente de curto-circuito ocasionada pela fonte de tensão é

$$I_{ab(1)} = \frac{15 \text{ V}}{6 \text{ k}\Omega} = 2{,}50 \text{ mA}$$

(continua)

Exemplo 9-7 (continuação)

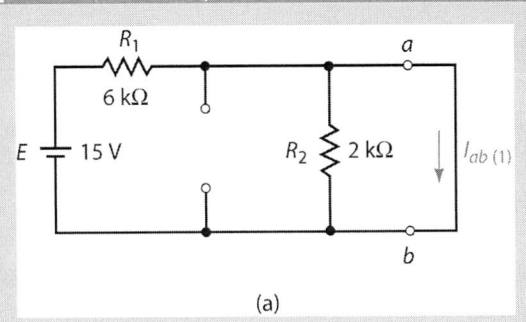

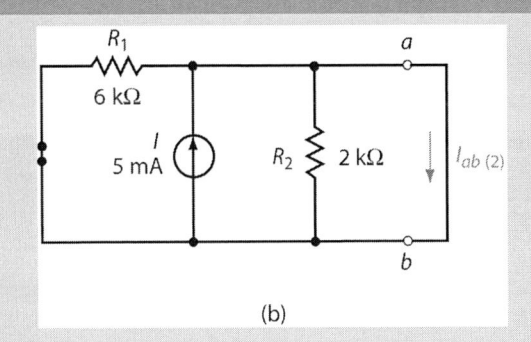

Figura 9-36

Fonte de corrente, I: Consultando a Figura 9-36(b), o curto-circuito entre os terminais *a* e *b* elimina os resistores R_1 e R_2. A corrente de curto-circuito resultante da fonte de corrente é, portanto,

$$I_{ab(2)} = 5,00 \text{ mA}$$

Pela superposição, acha-se a corrente resultante de Norton como

$$I_N = I_{ab(1)} + I_{ab(2)} = 2,50 \text{ mA} + 5,00 \text{ mA} = 7,50 \text{ mA}$$

6º Passo: A Figura 9-37 mostra o circuito equivalente de Norton.

Seja $R_L = 0$: A corrente I_L deve ser igual à corrente da fonte, e assim,

$$I_L = 7,50 \text{ mA}$$

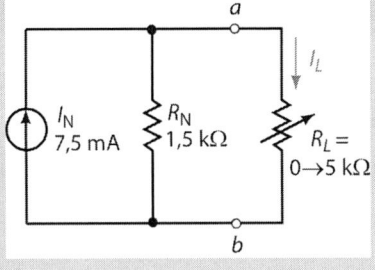

Figura 9-37

Seja $R_L = 2$ kΩ: Da regra do divisor de corrente, encontra-se a corrente I_L como

$$I_L = \left(\frac{1,5 \text{ k}\Omega}{1,5 \text{ k}\Omega + 2 \text{ k}\Omega} \right)(7,50 \text{ mA}) = 3,21 \text{ mA}$$

Seja $R_L = 5$ kΩ: Usando novamente a regra do divisor de corrente, acha-se a corrente I_L como

$$I_L = \left(\frac{1,5 \text{ k}\Omega}{1,5 \text{ k}\Omega + 5 \text{ k}\Omega} \right)(7,50 \text{ mA}) = 1,73 \text{ mA}$$

Comparando esses resultados aos obtidos no Exemplo 9-4, vemos que são exatamente iguais.

Exemplo 9-8

Considere o circuito da Figura 9-38:

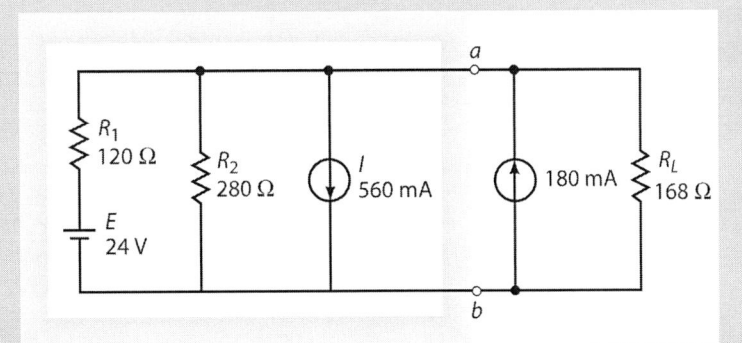

Figura 9-38

(continua)

Exemplo 9-8 (continuação)

a. Encontre o circuito equivalente de Norton externo aos terminais a e b.

b. Determine a corrente através de R_L.

Solução: a. **1º e 2º Passos:** Após remover a carga (que é composta de uma fonte de corrente em paralelo com um resistor), obtemos o circuito da Figura 9-39.

3º Passo: Após zerar as fontes, temos a rede mostrada na Figura 9-40.

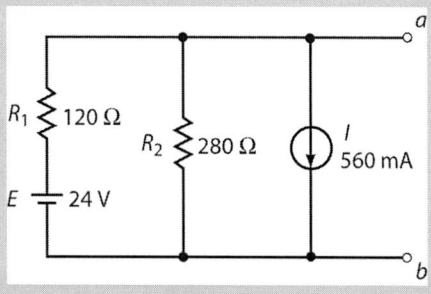

Figura 9-39

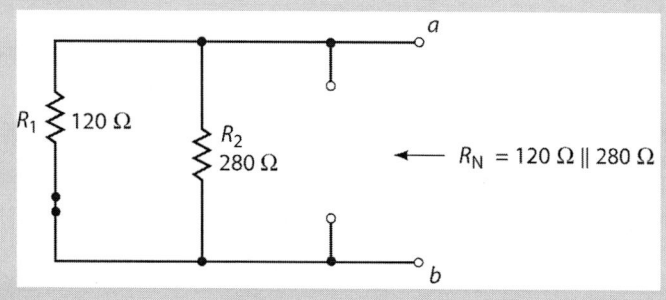

Figura 9-40

4º Passo: Acha-se a resistência equivalente de Norton da seguinte maneira:

$$R_N = 120\ \Omega \| 280\ \Omega = 84\ \Omega$$

5º Passo: Para determinar a corrente de Norton, devemos novamente determinar a corrente de curto-circuito resultante de cada fonte separadamente e, então, combinar os resultados usando o teorema da superposição.

Fonte de tensão, E: Consultando a Figura 9-41(a), observe que o resistor R_2 é curto-circuitado pelo curto-circuito entre os terminais a e b. A corrente no curto-circuito é, portanto,

$$I_{ab(1)} = \frac{24\ V}{120\ \Omega} = 0,2\ A = 200\ mA$$

Fonte de corrente, I: Consultando a Figura 9-41(a), o curto-circuito entre os terminais a e b eliminará ambos os resistores. A corrente através do curto-circuito será simplesmente a corrente da fonte. No entanto, como a corrente não sairá de a para b, mas sim na direção oposta, escrevemos

$$I_{ab(2)} = -560\ mA$$

(a) Esse resistor é curto-circuitado entre os terminais a e b pelo curto-circuito

(b) Ambos os resistores são curto-circuitados entre os terminais a e b pelo curto-circuito

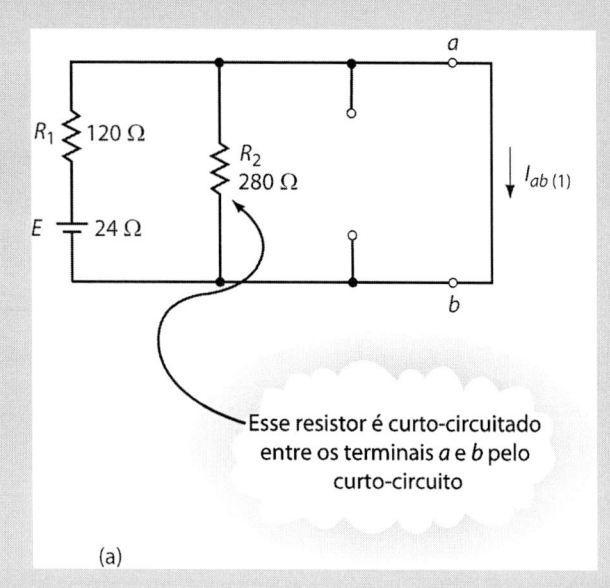

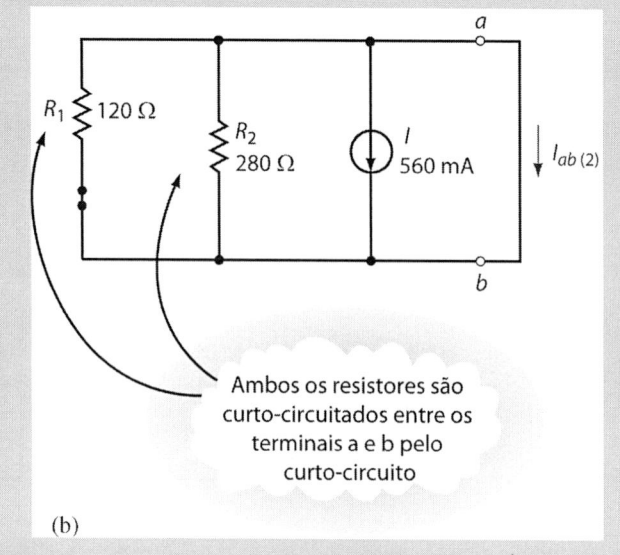

Figura 9-41

(continua)

Exemplo 9-8 (continuação)

Acha-se a corrente de Norton como a soma das correntes de curto-circuito originadas de cada fonte:

$$I_N = I_{ab(1)} + I_{ab(2)} = 200 \text{ mA} + (-560 \text{ mA}) = -360 \text{ mA}$$

O sinal negativo para a corrente nesse cálculo indica que, se um curto-circuito fosse colocado entre os terminais a e b, na verdade, a corrente seria na direção de b para a. A Figura 9-42 mostra o circuito equivalente de Norton.

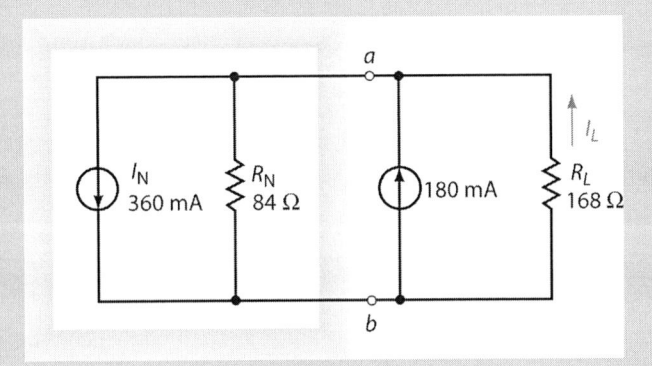

Figura 9-42

b. Aplicando a regra do divisor de corrente, acha-se a corrente através do resistor de carga:

$$I_L = \left(\frac{84 \text{ }\Omega}{84 \text{ }\Omega + 168 \text{ }\Omega}\right)(360 \text{ mA} - 180 \text{ mA}) = 60 \text{ mA} \quad \text{(para cima)}$$

PROBLEMAS PRÁTICOS 4

Determine o equivalente de Norton do circuito na Figura 9-43. Use a técnica de conversão das fontes para determinar o equivalente de Thévenin do circuito entre os pontos a e b.

Respostas

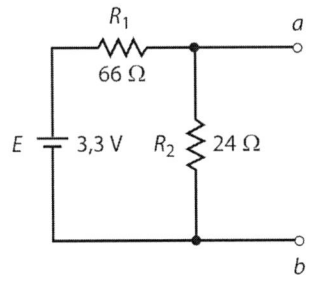

$R_N = R_{Th} = 17,6 \text{ }\Omega; I_N = 0,05 \text{ A}, E_{Th} = 0,88 \text{ V}$

Figura 9-43

PROBLEMAS PRÁTICOS 5

Determine o equivalente de Norton externo a R_L no circuito da Figura 9-44. Calcule a corrente I_L quando $R_L = 0$, 10 kΩ, 50 kΩ, e 100 kΩ.

Respostas

$R_N = 42 \text{ k}\Omega, I_N = 1,00 \text{ mA}$

Para $R_L = 0$: $I_L = 1,00 \text{ mA}$

Para $R_L = 10 \text{ k}\Omega$: $I_L = 0,808 \text{ mA}$

Para $R_L = 50 \text{ k}\Omega$: $I_L = 0,457 \text{ mA}$

Para $R_L = 100 \text{ k}\Omega$: $I_L = 0,296 \text{ mA}$

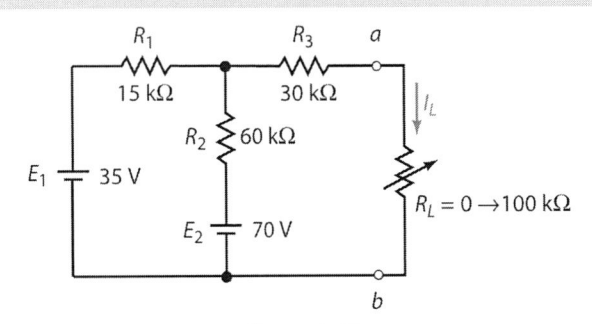

Figura 9-44

VERIFICAÇÃO DO PROCESSO DE APRENDIZAGEM 3

(As repostas encontram-se no final do capítulo.)

1. Mostre a relação entre o circuito equivalente de Thévenin e o de Norton. Faça um esboço de cada circuito.
2. Se um circuito equivalente de Thévenin tem $E_{Th} = 100$ mV e $R_{Th} = 500$ Ω, desenhe o circuito equivalente de Norton correspondente.
3. Se um circuito equivalente de Norton tem $I_N = 10$ μA e $R_N = 20$ kΩ, desenhe o circuito equivalente de Thévenin correspondente.

9.4 Teorema da Máxima Transferência de Potência

Nos amplificadores e na maioria dos circuitos de comunicação, como receptores e transmissores de rádio, geralmente é desejável que a carga receba da fonte a quantidade máxima de potência.

O **teorema da máxima transferência de potência** postula o seguinte:

Uma resistência de carga receberá a potência máxima de um circuito quando a resistência da carga for exatamente igual à resistência de Thévenin (Norton) equivalente ao circuito visto da carga.

Provamos o teorema da máxima transferência de potência com o circuito equivalente de Thévenin, e isso envolve cálculo. Esse teorema é demonstrado no Apêndice C.

Da Figura 9-45, vemos que, uma vez simplificada a rede usando o teorema de Thévenin ou de Norton, haverá a potência máxima quando:

$$R_L = R_{Th} = R_N \tag{9-3}$$

Examinando os circuitos equivalentes da Figura 9-45, vemos que as equações a seguir determinam a potência fornecida para a carga:

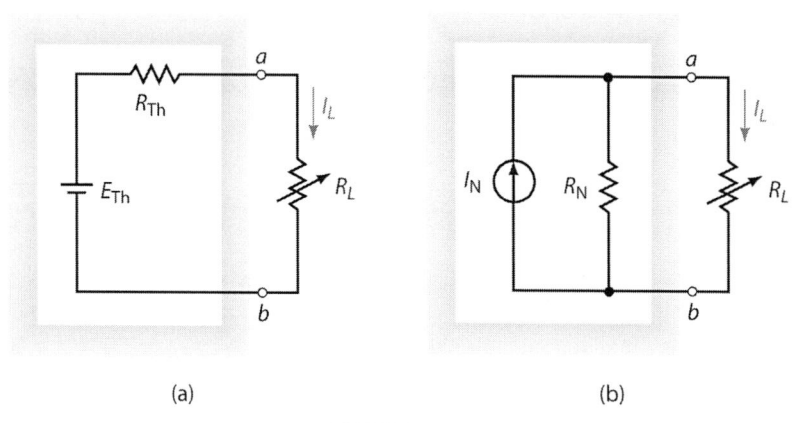

$$P_L = \frac{\left(\dfrac{R_L}{R_L + R_{Th}} \times E_{Th}\right)^2}{R_L}$$

FIGURA 9-45

que gera

$$P_L = \frac{E_{Th}^2 R_L}{(R_L + R_{Th})^2} \tag{9-4}$$

De modo semelhante,

$$P_L = \left(\frac{I_N R_N}{R_L + R_N}\right)^2 \times R_L \tag{9-5}$$

Sob as condições da potência máxima ($R_L = R_{Th} = R_N$), essas equações podem ser usadas para determinar a potência máxima fornecida à carga e podem, portanto, ser escritas das seguintes formas:

$$P_{máx} = \frac{E^2_{Th}}{4R_{Th}} \qquad (9\text{-}6)$$

$$P_{máx} = \frac{I^2_N R_N}{4} \qquad (9\text{-}7)$$

Exemplo 9-9

Para o circuito da Figura 9-46, faça um esboço dos gráficos de V_L, I_L e P_L como funções de R_L.

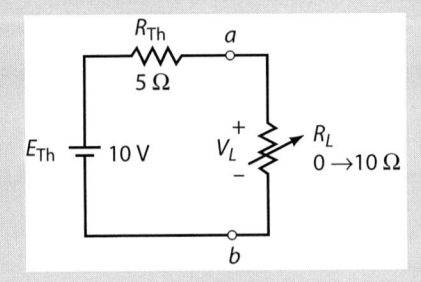

Figura 9-46

Tabela 9-1

R_L (Ω)	V_L (V)	I_L (A)	P_L (W)
0	0	2,000	0
1	1,667	1,667	2,778
2	2,857	1,429	4,082
3	3,750	1,250	4,688
4	4,444	1,111	4,938
5	5,000	1,000	5,000
6	5,455	0,909	4,959
7	5,833	0,833	4,861
8	6,154	0,769	4,734
9	6,429	0,714	4,592
10	6,667	0,667	4,444

Solução: Em primeiro lugar, podemos montar uma tabela de dados para diversos valores da resistência, R_L. Veja a Tabela 9-1. Usando a regra do divisor de tensão e a lei de Ohm, determinam-se os valores da tensão e da corrente respectivamente. A potência P_L para cada valor da resistência é determinada pelo produto $P_L = V_L I_L$ ou pela Equação 9-4.

Se representarmos os dados da Tabela 9-1 em gráficos lineares, estes aparecerão como mostram as Figuras 9-47, 9-48 e 9-49.

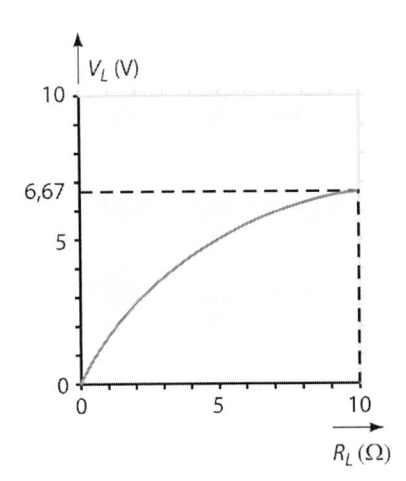

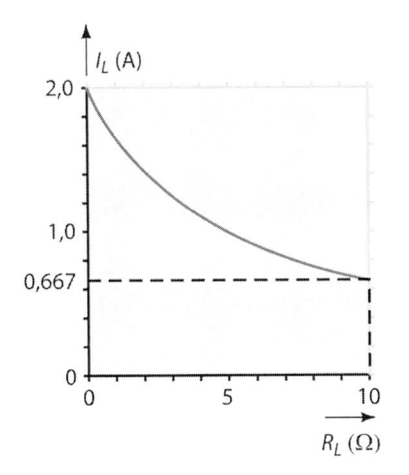

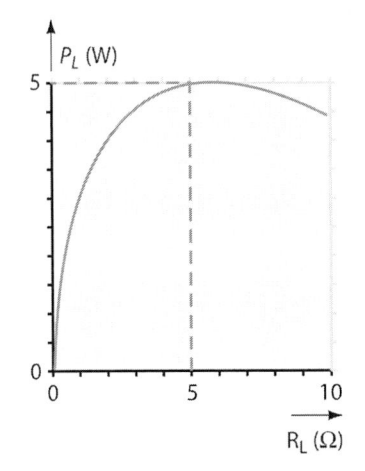

Figura 9-47 Tensão *versus* R_L.

Figura 9-48 Corrente *versus* R_L.

Figura 9-49 Potência *versus* R_L.

Observe que, embora a tensão na carga aumente à medida que R_L aumenta, a potência fornecida para a carga será máxima quando $R_L = R_{Th} = 5$ Ω. A razão para essa aparente contradição é que, à medida que R_L aumenta, a redução da corrente neutraliza o aumento correspondente da tensão.

Exemplo 9-10

Considere o circuito da Figura 9-50:

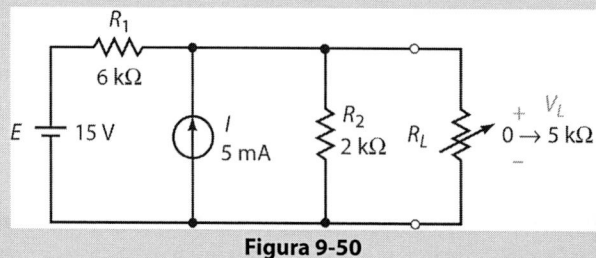

Figura 9-50

a. Determine o valor da resistência de carga necessário para assegurar que a potência máxima seja transferida para a carga.

b. Determine V_L, I_L e P_L quando a potência máxima for fornecida à carga.

Solução: a. Para determinar as condições para a máxima transferência de potência, primeiro é necessário determinar o circuito equivalente externo à carga. Podemos determinar o circuito equivalente de Thévenin ou de Norton. Esse circuito foi analisado no Exemplo 9-4 usando o teorema de Thévenin, e o seu equivalente é mostrado na Figura 9-51.

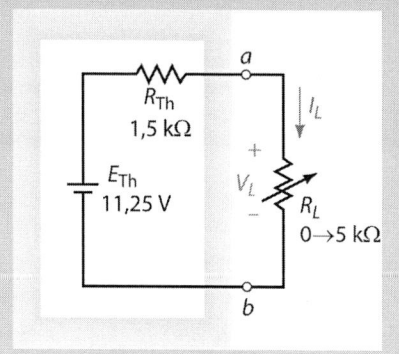

Figura 9-51

A potência máxima será transferida para a carga quando $R_L = 1,5$ kΩ.

b. Sendo $R_L = 1,5$ kΩ, vemos que metade da tensão de Thévenin irá aparecer no resistor de carga e a outra metade, na resistência de Thévenin. Então, na potência máxima,

$$V_L = \frac{E_{Th}}{2} = \frac{11,25 \text{ V}}{2} = 5,625 \text{ V}$$

$$I_L = \frac{5,625 \text{ V}}{1,5 \text{ k}\Omega} = 3,750 \text{ mA}$$

Acha-se a potência fornecida para a carga da seguinte forma:

$$P_L = \frac{V_L^2}{R_L} = \frac{(5,625 \text{ V})^2}{1,5 \text{ k}\Omega} = 21,1 \text{ mW}$$

Ou, usando a corrente, calculamos a potência como:

$$P_L = I_L^2 R_L = (3,75 \text{ mA})^2(1,5 \text{ k}\Omega) = 21,1 \text{ mW}$$

Na resolução do problema, poderíamos também ter usado o circuito equivalente de Norton para determinar os valores pedidos.

Lembre-se de que a eficiência foi definida como sendo a razão entre a potência de saída e a potência de entrada:

$$\eta = \frac{P_o}{P_i}$$

ou como uma porcentagem:

$$\eta = \frac{P_o}{P_i} \times 100\%$$

Usando o teorema da máxima transferência de potência, vemos que, sob a condição da potência máxima, a eficiência é

$$\eta = \frac{P_o}{P_i} \times 100\%$$

$$= \frac{\dfrac{E^2_{Th}}{4R_{Th}}}{\dfrac{E^2_{Th}}{2R_{Th}}} \times 100\% = 0,500 \times 100\% = 50\% \qquad (9\text{-}8)$$

Para os circuitos de comunicação e para muitos circuitos de amplificadores, o valor de 50% representa a máxima eficiência possível. A esse nível de eficiência, a tensão fornecida para o estágio seguinte seria apenas metade da tensão máxima no terminal.

Na transmissão de potência, como a alimentação de 115 Vac, 60 Hz em nossa casa, a condição para a potência máxima não é uma exigência. Sob a condição da máxima transferência de potência, a tensão na carga será reduzida à metade da tensão terminal máxima disponível. É claro que, se estamos trabalhando com fontes de alimentação, desejamos garantir uma eficiência o mais próxima possível dos 100%.

Nesses casos, mantém-se a resistência de carga R_L muito maior do que a resistência interna da fonte de tensão (geralmente, $R_L \geq 10 R_{int}$), garantindo que a tensão que aparece na carga será bem próxima da tensão terminal máxima da fonte de tensão.

Exemplo 9-11

Consulte o circuito da Figura 9-52, que representa uma típica fonte de alimentação DC.

a. Determine o valor de R_L necessário para a máxima transferência de potência.

b. Determine a tensão terminal V_L e a eficiência quando o valor do resistor de carga for $R_L = 50 \, \Omega$.

c. Determine a tensão terminal V_L e a eficiência quando o valor do resistor de carga for $R_L = 100 \, \Omega$.

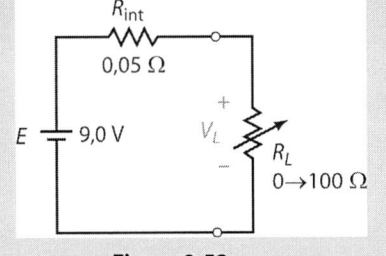

Figura 9-52

Solução

Para a máxima transferência de potência, o resistor de carga será dado como $R_L = 0,05 \, \Omega$. Com a resistência de carga a esse valor, a eficiência será de apenas 50%.

Para $R_L = 50 \, \Omega$, a tensão que aparece nos terminais de saída da fonte de tensão é

$$V_L = \left(\frac{50 \, \Omega}{50 \, \Omega + 0,05 \, \Omega}\right)(9,0 \, V) = 8,99 \, V$$

A eficiência é

$$\eta = \frac{P_o}{P_i} \times 100\%$$

$$= \frac{\dfrac{(8,99 \, V)^2}{50 \, \Omega}}{\dfrac{(9,0 \, V)^2}{50,05 \, \Omega}} \times 100\%$$

$$= \frac{1,6168 \, W}{1,6184 \, W} \times 100\% = 99,90\%$$

(continua)

Exemplo 9-11 (continuação)

c. Para $R_L = 100\ \Omega$, a tensão que aparece nos terminais de saída da fonte de tensão é

$$V_L = \left(\frac{100\ \Omega}{100\ \Omega + 0,05\ \Omega}\right)(9,0\ \text{V}) = 8,995\ 50\ \text{V}$$

A eficiência é

$$\eta = \frac{P_o}{P_i} \times 100\%$$

$$= \frac{\dfrac{(8,9955\ \text{V})^2}{100\ \Omega}}{\dfrac{(9,0\ \text{V})^2}{100,05\ \Omega}} \times 100\%$$

$$= \frac{1,6168\ \text{W}}{1,6184\ \text{W}} \times 100\% = 99,95\%$$

A partir desse exemplo, vemos que, se a eficiência for importante (como ela é na transmissão de potência), a resistência de carga deverá ser muito maior do que a resistência da fonte (geralmente, $R_L \geq 10 R_{\text{int}}$). Se, por outro lado, for mais importante garantir a máxima transferência de potência, então, a resistência de carga deverá ser igual à resistência da fonte ($R_L = R_{\text{int}}$).

PROBLEMAS PRÁTICOS 6

Consulte o circuito da Figura 9-44. Para qual valor de R_L a carga receberá a potência máxima? Determine a potência quando $R_L = R_N$, quando $R_L = 25\ \text{k}\Omega$, e quando $R_L = 50\ \text{k}\Omega$.

Respostas

$R_L = 42\ \text{k}\Omega$: $P_L = 10,5\ \text{mW}$

$R_L = 25\ \text{k}\Omega$: $P_L = 9,82\ \text{mW}$

$R_L = 25\ \text{k}\Omega$: $P_L = 10,42\ \text{mW}$

VERIFICAÇÃO DO PROCESSO DE APRENDIZAGEM 4

(As respostas encontram-se no final do capítulo.)

Um circuito equivalente de Thévenin é composto de $E_{\text{Th}} = 10\ \text{V}$ e $R_{\text{Th}} = 2\ \text{k}\Omega$. Determine a eficiência do circuito quando

a. $R_L = R_{\text{Th}}$
b. $R_L = 0,5 R_{\text{Th}}$
c. $R_L = 2 R_{\text{Th}}$

VERIFICAÇÃO DO PROCESSO DE APRENDIZAGEM 5

(As respostas encontram-se no final do capítulo.)

1. Em quais instâncias a máxima transferência de potência é uma característica desejável para um circuito?
2. Em quais circunstâncias a máxima transferência de potência é uma característica indesejável para um circuito?

9.5 Teorema da Substituição

O **teorema da substituição** postula o seguinte:

Qualquer ramo dentro de um circuito pode ser substituído por um ramo equivalente, desde que o ramo de substituição tenha as mesmas correntes e tensões do ramo original.

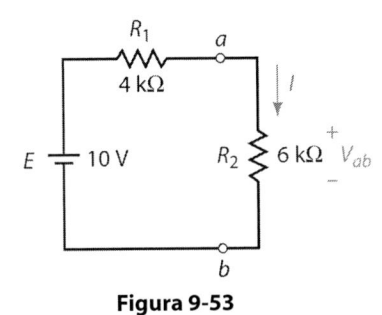

Figura 9-53

Esse teorema é mais bem ilustrado quando examinamos a operação de um circuito. Considere o circuito da Figura 9-53. Obtêm-se a tensão V_{ab} e a corrente I no circuito da Figura 9-53 da seguinte maneira:

$$V_{ab} = \left(\frac{6\ k\Omega}{4\ k\Omega + 6\ k\Omega}\right)(V) = +6,0\ V$$

e

$$I = \frac{10\ V}{4\ k\Omega + 6\ k\Omega} = 1\ mA$$

O resistor R_2 pode ser substituído por qualquer combinação de componentes, desde que os componentes resultantes mantenham as condições supra. Vemos que cada um dos ramos da Figura 9-54 é equivalente ao ramo original entre os terminais a e b do circuito na Figura 9-53.

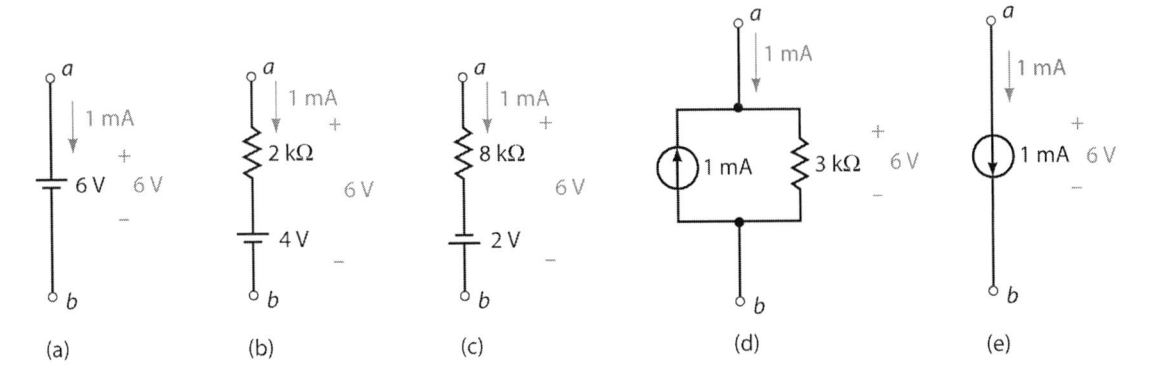

Figura 9-54

Embora cada um dos ramos na Figura 9-54 seja diferente, a corrente que entra ou sai deles será a mesma daquela do ramo original. De modo semelhante, a tensão em cada ramo será igual. Se qualquer um desses ramos for substituído no circuito original, o equilíbrio será o mesmo do original. Como exercício, você pode verificar que cada circuito se comporta da mesma forma que o original.

Esse teorema permite a substituição de qualquer ramo de um dado circuito por um ramo equivalente, simplificando, assim, a análise do circuito restante.

Exemplo 9-12

Sendo a porção indicada no circuito da Figura 9-55 substituída por uma fonte de corrente e um resistor shunt de 240 Ω, determine a magnitude e a direção da fonte de corrente necessária.

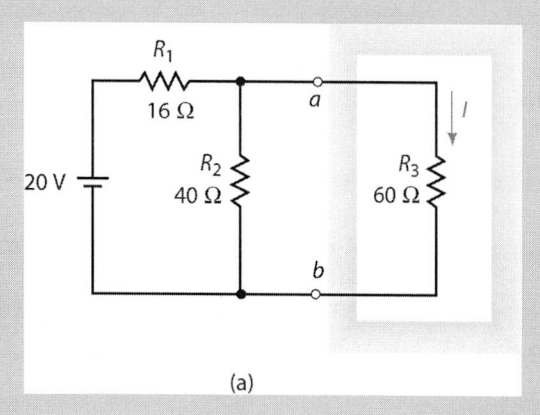

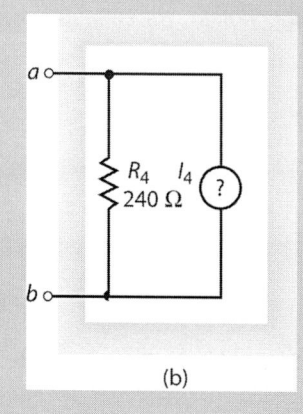

Figura 9-55

Solução: A tensão do ramo no circuito original é

$$V_{ab} = \left(\frac{40\ \Omega\ ||\ 60\ \Omega}{16\ \Omega + (40\ \Omega\ ||\ 60\ \Omega)}\right)(20\ \text{V}) = \left(\frac{24\ \Omega}{16\ \Omega + 24\ \Omega}\right)(20\ \text{V}) = 12{,}0\ \text{V}$$

que resulta em uma corrente de

$$I = \frac{12{,}0\ \text{V}}{60\ \Omega} = 0{,}200\ \text{A} = 200\ \text{mA}$$

Para manter a mesma tensão terminal, $V_{ab} = 12{,}0$ V, a corrente através do resistor $R_4 = 240\ \Omega$ deve ser

$$I_{R_4} = \frac{12{,}0\ \text{V}}{240\ \Omega} = 0{,}050\ \text{A} = 50\ \text{mA}$$

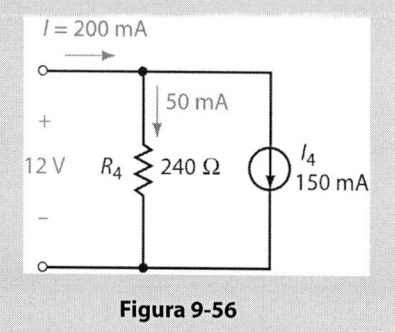

Figura 9-56

Finalmente, sabemos que a corrente que entra no terminal a é $I = 200$ mA. Para que a lei de Kirchhoff das correntes seja satisfeita neste nó, a fonte de corrente deve ter a magnitude de 150 mA e a direção deve apontar para baixo, como mostra a Figura 9-56.

9.6 Teorema de Millman

O **teorema de Millman** é usado para simplificar circuitos com algumas fontes de tensão paralelas, como ilustra a Figura 9-57. Embora qualquer um dos outros teoremas apresentados neste capítulo funcione dessa maneira, o teorema de Millman fornece um circuito equivalente muito mais simples e direto.

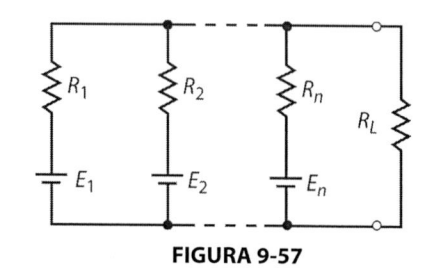

Em circuitos do tipo mostrado na Figura 9-57, as fontes de tensão podem ser substituídas por uma única fonte equivalente, como mostra a Figura 9-58.

Para determinar os valores da fonte de tensão equivalente E_{eq} e da resistência série R_{eq}, é necessário converter cada uma das fontes de tensão da Figura 9-57 para a fonte de corrente equivalente usando a técnica desenvolvida no Capítulo 8. O valor de cada fonte de corrente é determinado pela lei de Ohm (ou seja, $I_1 = E_1/R_1$, $I_2 = E_2/R_2$ etc.). Após as conversões de fonte, o circuito aparece como mostrado na Figura 9-59.

FIGURA 9-57

Figura 9-58

Figura 9-59

Pelo circuito da Figura 9-59, vemos que todas as fontes de corrente apresentam a mesma direção. É claro que nem sempre esse será o caso, já que a direção de cada fonte de corrente será determinada pela polaridade inicial da fonte de tensão correspondente.

Agora é possível substituir n fontes de corrente por uma única fonte de corrente, com uma magnitude dada por

$$I_{eq} = \sum_{x=0}^{n} I_x = I_1 + I_2 + I_3 + \ldots + I_n \tag{9-9}$$

que pode ser escrita da seguinte forma

$$I_{eq} = \frac{E_1}{R_1} + \frac{E_2}{R_2} + \frac{E_3}{R_3} + \ldots + \frac{E_n}{R_n} \tag{9-10}$$

Se a direção de qualquer corrente for oposta à mostrada, teremos de subtrair a magnitude correspondente, em vez de somá-la. Na Figura 9-59, vemos que a remoção de fontes de corrente resulta em uma resistência equivalente dada por

$$R_{eq} = R_1 \| R_2 \| R_3 \| \ldots \| R_n \tag{9-11}$$

que pode ser determinada da seguinte maneira:

$$R_{eq} = \frac{1}{G_{eq}} = \frac{1}{\dfrac{1}{R_1} + \dfrac{1}{R_2} + \dfrac{1}{R_3} + \ldots + \dfrac{1}{R_n}} \tag{9-12}$$

A expressão geral para a tensão equivalente é

$$E_{eq} = I_{eq} R_{eq} = \frac{\dfrac{E_1}{R_1} + \dfrac{E_2}{R_2} + \dfrac{E_3}{R_3} + \ldots + \dfrac{E_n}{R_n}}{\dfrac{1}{R_1} + \dfrac{1}{R_2} + \dfrac{1}{R_3} + \ldots + \dfrac{1}{R_n}} \tag{9-13}$$

Exemplo 9-13

Use o teorema de Millman para simplificar o circuito da Figura 9-60, de modo que ele fique com uma única fonte. Utilize o circuito simplificado para encontrar a corrente no resistor de carga, R_L.

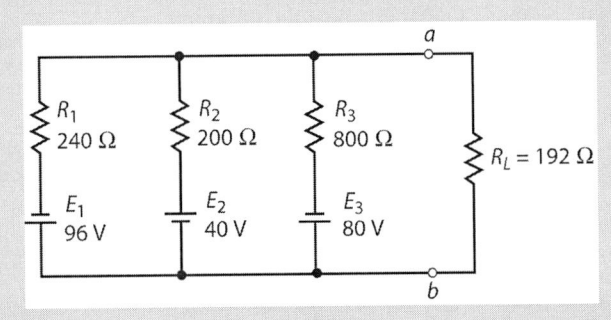

Figura 9-60

(continua)

Exemplo 9-13 (continuação)

Solução: Da Equação 9-13, expressamos a tensão equivalente como

$$V_{ab} = E_{eq} = \frac{\dfrac{-96\text{ V}}{240\text{ }\Omega} + \dfrac{40\text{ V}}{200\text{ }\Omega} + \dfrac{-80\text{ V}}{800\text{ }\Omega}}{\dfrac{1}{240\text{ }\Omega} + \dfrac{1}{200\text{ }\Omega} + \dfrac{1}{800\text{ }\Omega}}$$

$$V_{ab} = \frac{-0{,}300}{10{,}42\text{ mS}} = -28{,}8\text{ V}$$

A resistência equivalente é

$$R_{eq} = \frac{1}{\dfrac{1}{240\text{ }\Omega} + \dfrac{1}{200\text{ }\Omega} + \dfrac{1}{800\text{ }\Omega}} = \frac{1}{10{,}42\text{ mS}} = 96\text{ }\Omega$$

A Figura 9-61 mostra o circuito equivalente de acordo com o teorema de Millman. Observe que a fonte de tensão equivalente tem uma polaridade que é oposta à assumida inicialmente. Isso ocorre porque as fontes de tensão E_1 e E_3 têm magnitudes que invertem a polaridade e suplantam a magnitude da fonte E_2.

$$I_L = \frac{28{,}8\text{ V}}{96\text{ }\Omega + 192\text{ }\Omega} = 0{,}100\text{ A} = 100\text{ mA} \quad \text{(para cima)}$$

Com o circuito equivalente da Figura 9-61, é fácil determinar a corrente através do resistor de carga:

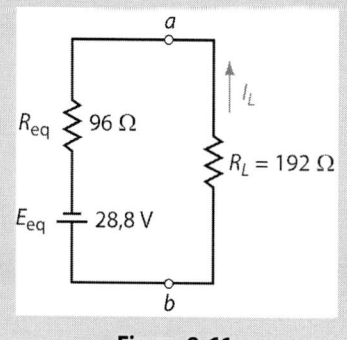

Figura 9-61

9.7 Teorema da Reciprocidade

O **teorema da reciprocidade** só pode ser usado com circuitos com uma única fonte. Entretanto, ele pode ser aplicado tanto para fontes de tensão quanto para fontes de corrente. O teorema postula o seguinte:

Fontes de Tensão

Uma fonte de tensão que provoca uma corrente I em qualquer ramo de um circuito pode ser removida da localização original e colocada no ramo com a corrente I. A fonte de tensão no novo local irá gerar uma corrente na localização da fonte original exatamente igual à corrente, I, originalmente calculada.

Para aplicar o teorema da reciprocidade para a fonte de tensão, devemos seguir estes passos:

1. A fonte de tensão é substituída por um curto-circuito no local original.
2. A polaridade da fonte na nova localidade é tal que a direção da corrente naquele ramo permanece inalterada.

Fontes de Corrente

Uma fonte de corrente que provoca uma tensão V em qualquer nó de um circuito pode ser removida da localidade original e ligada àquele nó. A fonte de corrente na nova localidade irá gerar uma tensão no local da fonte original exatamente igual à tensão, V, inicialmente calculada.

Ao aplicar o teorema da reciprocidade para a fonte de corrente, devemos seguir estes passos:
1. A fonte de corrente é substituída por um circuito aberto no local original.
2. A direção da fonte na nova localidade é tal que a polaridade da tensão no nó ao qual a fonte de corrente está ligada permanece inalterada.

Os exemplos a seguir ilustram como o teorema da reciprocidade é usado em um circuito.

Exemplo 9-14

Considere o circuito da Figura 9-62:

a. Calcule a corrente I.

b. Remova a fonte de tensão E e coloque-a no ramo que contém R_3. Mostre que a corrente através do ramo que anteriormente continha E é agora igual à corrente I.

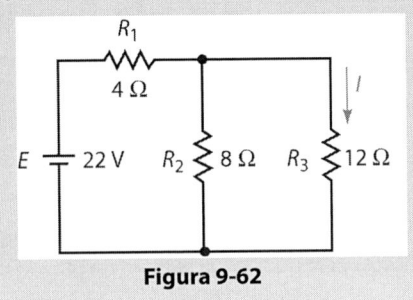

Figura 9-62

Solução:

a.

$$V_{12\Omega} = \left(\frac{8\,\Omega \| 12\,\Omega}{4\,\Omega + (8\,\Omega \| 2\,\Omega)}\right)(22\,\text{V}) = \left(\frac{4,8}{8,8}\right)(22\,\text{V}) = 12,0\,\text{V}$$

$$I = \frac{V_{12\Omega}}{12\,\Omega} = \frac{12,0\,\text{V}}{12\,\Omega} = 1,00\,\text{A}$$

b. Removendo a fonte de tensão de seu local original e movendo-a para o ramo que contém a corrente I, obtém-se o circuito mostrado na Figura 9-63.

Para o circuito da Figura 9-63, determinamos a corrente I da seguinte maneira:

$$V_{4\Omega} = \left(\frac{4\,\Omega \| 8\,\Omega}{12\,\Omega + (4\,\Omega \| 8\,\Omega)}\right)(22\,\text{V}) = \left(\frac{2,6}{14,6}\right)(22\,\text{V}) = 4,00\,\text{V}$$

$$I = \frac{V_{4\Omega}}{4\,\Omega} = \frac{4,00\,\text{V}}{4\,\Omega} = 1,00\,\text{A}$$

A polaridade da fonte é tal que a direção da corrente permanence inalterada.

Quando E é removida, é substituída por um curto-circuito.

Figura 9-63

Com esse exemplo, vemos que o teorema da reciprocidade realmente se aplica.

Exemplo 9-15

Considere o circuito da Figura 9-64:

a. Determine a tensão V no resistor R_3.

b. Remova a fonte de corrente I e coloque-a entre o nó b e o de referência. Mostre que a tensão no local anterior da fonte de corrente (o nó a) é agora igual à tensão V.

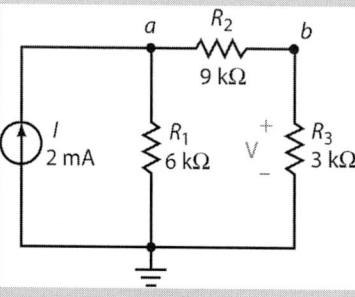

Figura 9-64

Solução:

a. As tensões nos nós para o circuito da Figura 9-64 são determinadas da seguinte forma:

$$R_T = 6\ k\Omega \| (9\ k\Omega + 3\ k\Omega) = 4\ k\Omega$$
$$V_a = (2\ mA)(4\ k\Omega) = 8{,}00\ V$$
$$V_b = \left(\frac{3\ k\Omega}{3\ k\Omega + 9\ k\Omega}\right)(8{,}0\ V) = 2{,}00\ V$$

b. Após reposicionar a fonte de corrente e conectá-la entre o nó b e o aterramento, obtém-se o circuito mostrado na Figura 9-65. As tensões resultantes dos nós são encontradas da seguinte forma:

$$R_T = 3\ k\Omega \| (6\ k\Omega + 9\ k\Omega) = 2{,}50\ k\Omega$$
$$V_b = (2\ mA)(2{,}5\ k\Omega) = 5{,}00\ V$$
$$V_a = \left(\frac{6\ k\Omega}{6\ k\Omega + 9\ k\Omega}\right)(5{,}0\ V) = 2{,}00\ V$$

Com esses resultados, conclui-se que o teorema da reciprocidade se aplica novamente ao circuito dado.

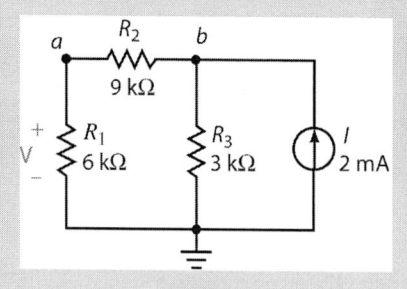

Figura 9-65

9.8 Análise de Circuitos Usando Computador

O Multisim e o PSpice são facilmente usados para ilustrar os importantes teoremas desenvolvidos neste capítulo. Para comprovar os teoremas, utilizaremos cada pacote de software com uma abordagem um pouco diferente. O Multisim permite "montar e testar" um circuito como se ele estivesse sendo montado em laboratório. Quando usarmos o PSpice, ativaremos o pós-processador Probe para oferecer uma visualização gráfica da tensão, da corrente e da potência como funções de carga.

Multisim

Exemplo 9-16

Use o Multisim para encontrar os circuitos equivalentes de Thévenin e de Norton externos ao resistor de carga no circuito da Figura 9-66:

Solução: **1.** Usando o Multisim, monte o circuito como mostra a Figura 9-67.

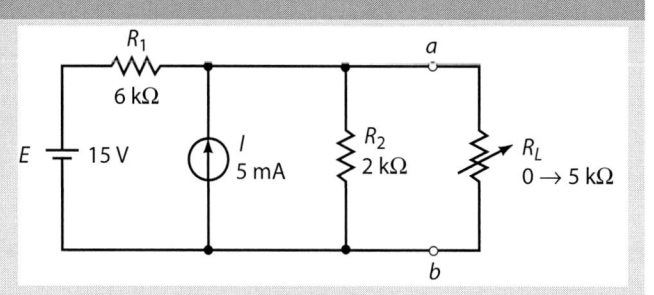

Figura 9-66

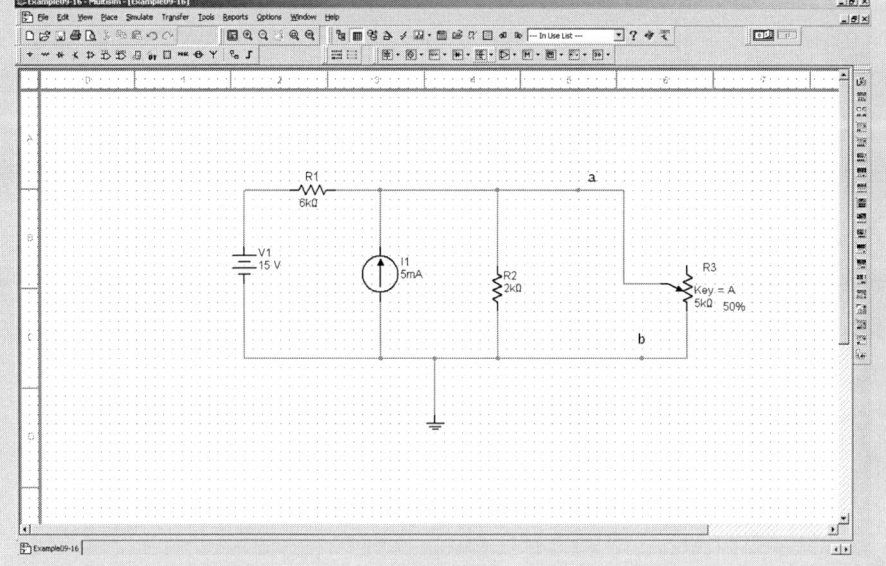

Figura 9-67

2. Assim como no laboratório, usaremos um multímetro para determinar a tensão do circuito aberto (Thévenin) e a corrente do curto-circuito (Norton). Igualmente, o multímetro é usado para medir a resistência de Thévenin (Norton). Os passos para essas medições são, em essência, os mesmos dos usados para determinar hipoteticamente os circuitos equivalentes.

a. Primeiro, removemos o resistor de carga R_L do circuito (usando o menu Edit e os itens do menu Cut/Paste). Identificam-se os terminais restantes como a e b.

b. Mede-se a tensão de Thévenin conectando o multímetro entre os terminais a e b. Após clicar na chave de alimentação, obtemos a leitura de $E_{Th} = 11,25$ V, como mostra a Figura 9-68.

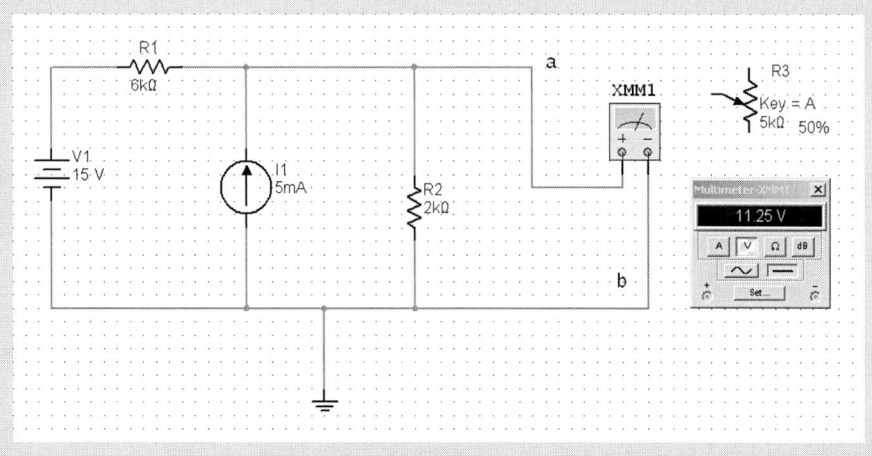

Figura 9-68

(continua)

Exemplo 9-16 *(continuação)*

c. Com o multímetro entre os terminais *a* e *b*, mede-se com facilidade a corrente de Norton trocando o multímetro para a opção do amperímetro. Após clicar na chave de alimentação, obtém-se uma leitura de 7,50 mA, como mostra a Figura 9-69.

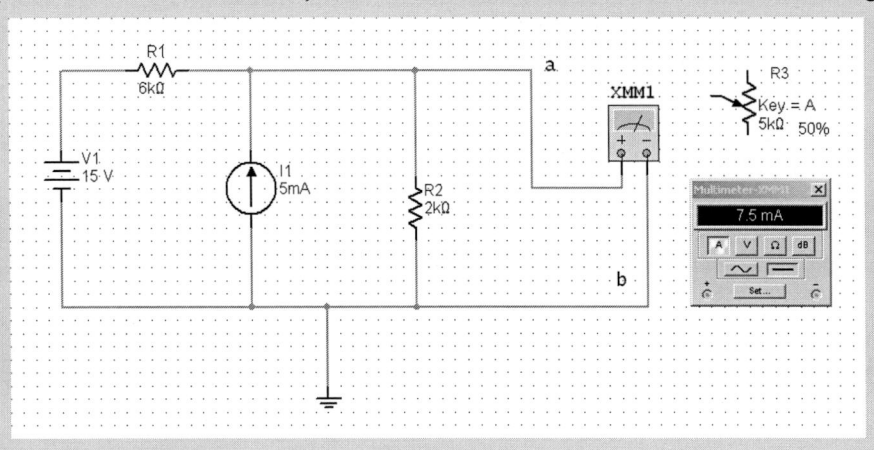

Figura 9-69

d. Para medir a resistência de Thévenin, removemos a fonte de tensão e a substituímos por um curto-circuito (fio), e removemos a fonte de corrente e a substituímos por um circuito aberto. O multímetro conectado entre os terminais *a* e *b* é configurado para medir a resistência (quando clicamos no botão Ω). Após clicar na chave de alimentação, obtemos a tela mostrada na Figura 9-70. O multímetro apresenta a resistência de Thévenin como $R_{Th} = 1,5$ kΩ.

3. Com os resultados medidos, é possível desenhar os circuitos equivalentes de Thévenin e de Norton, como mostra a Figura 9-71.

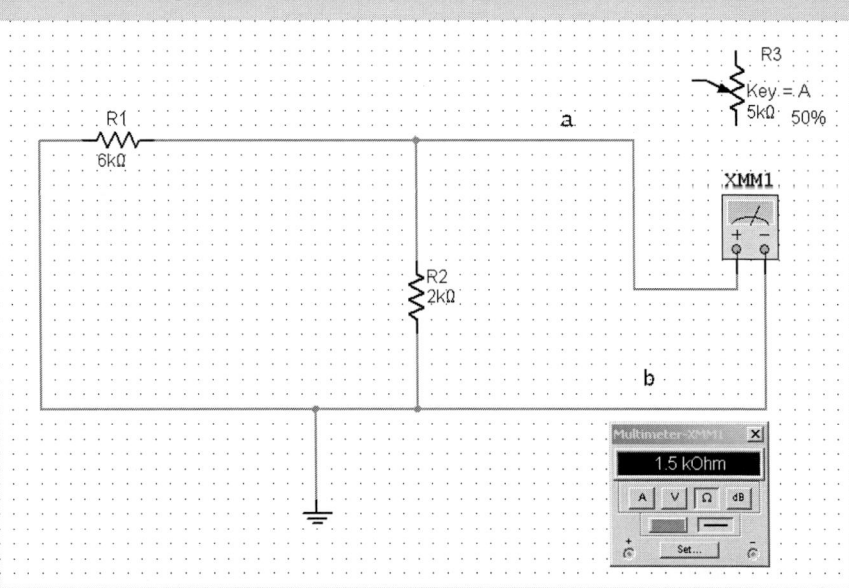

Figura 9-70

(a) Circuito equivalente de Thévenin

(b) Circuito equivalente de Norton

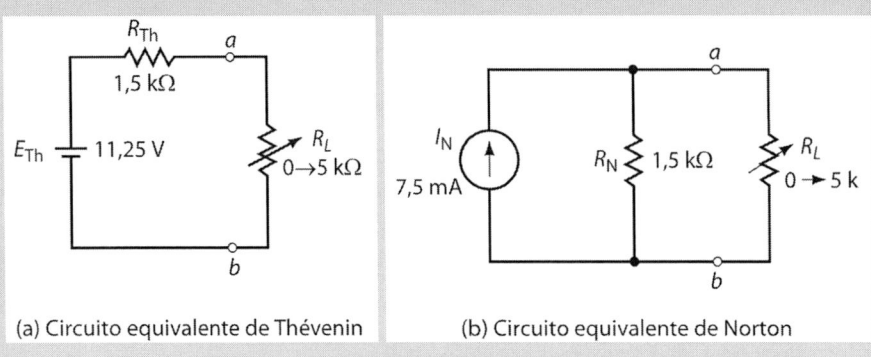

Figura 9-71

Esses resultados são compatíveis com os obtidos no Exemplo 9-4.

Observação: Pelo exemplo anterior, vemos que não é necessário medir diretamente a resistência de Thévenin (Norton), já que o valor pode ser facilmente calculado com base na tensão de Thévenin e na corrente de Norton. A equação a seguir é uma aplicação da lei de Ohm e sempre é usada quando tentamos achar um circuito equivalente.

$$R_{Th} = R_{N} = \frac{E_{Th}}{I_{N}} \qquad (9\text{-}14)$$

Aplicando a Equação 9-14 para as medidas do Exemplo 9-16, obtemos

$$R_{Th} = R_{N} = \frac{11{,}25 \text{ V}}{7{,}50 \text{ mA}} = 1{,}50 \text{ k}\Omega$$

Claramente, esse é o mesmo resultado do obtido quando realizamos o passo extra de remover as fontes de tensão e corrente. Essa abordagem é a mais prática e geralmente é usada quando medimos a resistência de Thévenin (Norton) de um circuito.

PROBLEMAS PRÁTICOS 7

Use o Multisim para determinar os circuitos equivalentes de Thévenin e de Norton externos ao resistor de carga no circuito da Figura 9-25.

Respostas

E_{Th} = 2,00 V, I_{N} = 16,67 mA, R_{Th} = R_{N} = 120 Ω

PSpice

Como já vimos, o PSpice tem um pós-processador denominado Probe, que é capaz de oferecer uma visualização gráfica de muitas variáveis. O exemplo a seguir usa o PSpice para ilustrar o teorema da máxima transferência de potência.

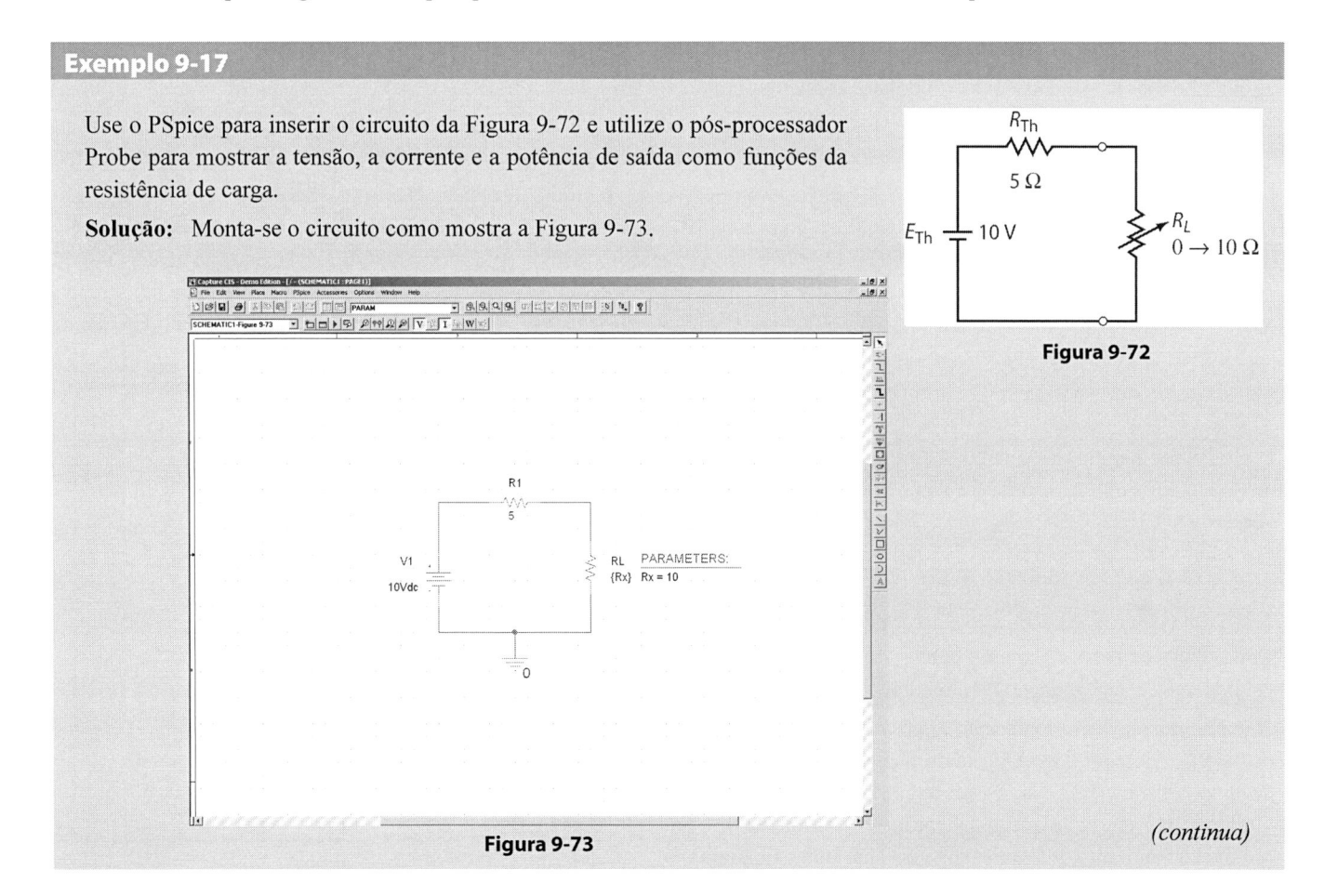

Exemplo 9-17

Use o PSpice para inserir o circuito da Figura 9-72 e utilize o pós-processador Probe para mostrar a tensão, a corrente e a potência de saída como funções da resistência de carga.

Solução: Monta-se o circuito como mostra a Figura 9-73.

Figura 9-72

Figura 9-73

(continua)

Exemplo 9-17 (continuação)

- Clique duas vezes com o mouse em cada resistor no circuito e altere as células Reference para RTH e RL. Clique em Apply para aceitar as mudanças.
- Clique duas vezes no valor para RL e digite **{Rx}**. Clique na parte PARAM, adjacente a RL. Use o Property Editor para designar um valor padrão de 10 Ω para Rx. Clique em Apply. Após a tela mostrar o nome e o valor, saia do Property Editor.
- Ajuste Simulation Settings para resultar em uma varredura DC do resistor de carga de 0,1 Ω para 10 Ω em incrementos de 0,1 Ω. [Consulte o Exemplo 7-15 (Capítulo 7, neste volume) para obter o procedimento completo.]
- Clique no ícone Run quando o circuito estiver completo.
- Uma vez simulado o esquema, você verá uma tela branca com a abscissa (eixo horizontal) RX com escala de 0 a 10 Ω.
- Como queremos obter uma visualização da tensão, corrente e potência, é necessário realizar os seguintes procedimentos:

Para visualizar V_L: Clique em Trace e depois em Add Trace. Selecione **V(RL:1)**. Clique em OK, e a tensão de carga aparecerá como uma função da resistência de carga.

Para visualizar I_L: Em primeiro lugar, adicione outro eixo clicando em Plot e Add Y Axis. Em seguida, clique em Trace e depois em Add Trace. Selecione **I(RL)**. Clique em OK, e a corrente de carga aparecerá como uma função da resistência de carga.

Para visualizar P_L: Adicione o eixo Y. Clique em Trace e Add Trace. Como a potência não é uma das opções que podem ser automaticamente selecionadas, é necessário digitar a potência na caixa Trace Expression. Um método para fazer isso é digitar **I(RL)*V(RL:1)**, e depois clicar em OK. Ajuste os limites do eixo Y clicando em Plot e Axis Settings. Clique na guia Y Axis e selecione User Defined Data Range. Ajuste os limites de 0W para 5W. A tela aparecerá como mostra a Figura 9-74.

Figura 9-74

PROBLEMAS PRÁTICOS 8

Use o PSpice para inserir o circuito da Figura 9-66. Utilize o pós-processador Probe de modo a obter a tensão, a corrente e a potência para o resistor de carga à medida que ele variar de 0 a 5 kΩ.

COLOCANDO EM PRÁTICA...

Uma célula de bateria (como a célula "D") pode ser representada como um circuito equivalente de Thévenin, como mostra a figura ao lado.

A tensão de Thévenin representa a tensão no circuito aberto (ou sem carga) da célula de bateria, enquanto a resistência de Thévenin é a resistência interna da bateria. Quando uma resistência de carga estiver conectada nos terminais da bateria, a tensão V_{ab} diminuirá por causa da queda de tensão no resistor interno. Fazendo duas medições, é possível achar o circuito equivalente de Thévenin da bateria.

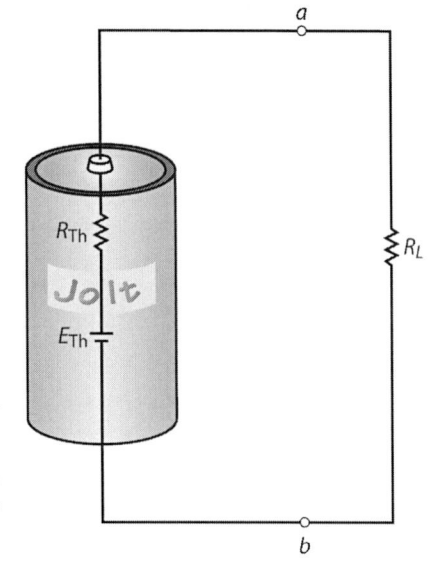

Quando uma carga está ligada aos terminais da bateria, encontra-se o valor de V_{ab} = 1,493 V para a tensão terminal. Quando uma resistência de R_L = 10,6 Ω é conectada nos terminais, a tensão medida é V_{ab} = 1,430 V. Determine o circuito equivalente de Thévenin da bateria. Use as medidas para determinar a eficiência da bateria para uma dada carga.

PROBLEMAS

9.1 Teorema da Superposição

1. Dado o circuito da Figura 9-75, use a superposição para calcular a corrente através de cada resistor.

2. Use a superposição para determinar a queda de tensão em cada resistor do circuito na Figura 9-76.

3. Use a superposição para calcular a tensão V_a e a corrente I no circuito da Figura 9-77.

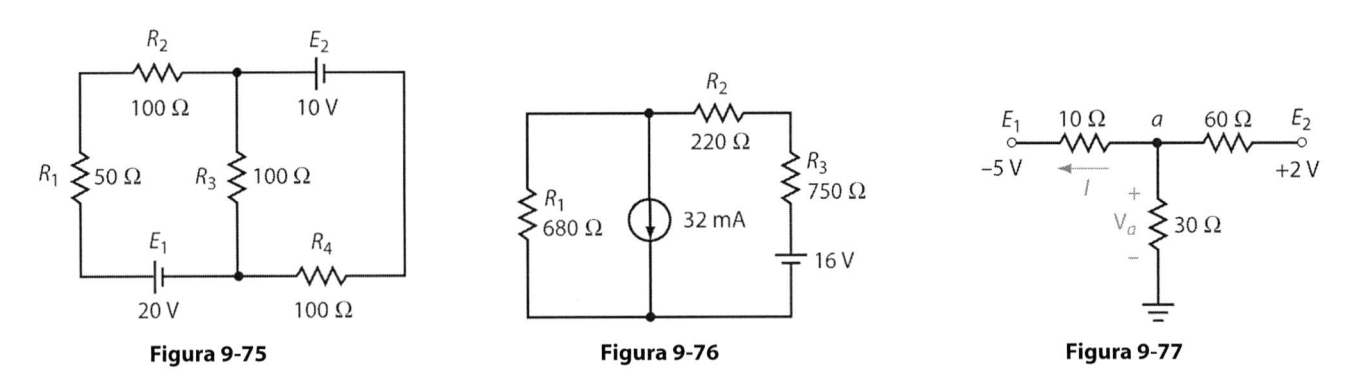

Figura 9-75

Figura 9-76

Figura 9-77

4. Usando a superposição, encontre a corrente através de um resistor de 480 Ω no circuito da Figura 9-78.

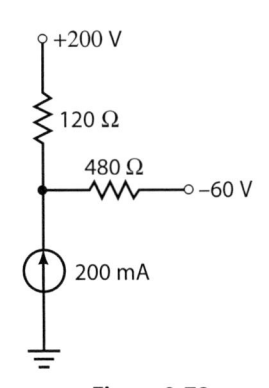

Figura 9-78

5. Dado o circuito da Figura 9-79, qual deve ser o valor da fonte de tensão desconhecida que garanta que a corrente através da carga seja I_L = 5 mA, como mostrado? Verifique os resultados usando a superposição.

6. Se o resistor de carga no circuito da Figura 9-80 dissipa 120 W, determine o valor da fonte de tensão desconhecida. Verifique os resultados usando a superposição.

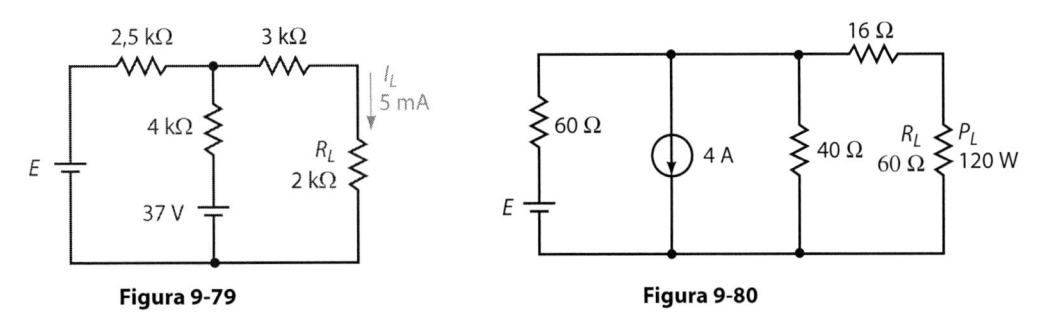

Figura 9-79

Figura 9-80

9.2 Teorema de Thévenin

7. Determine o equivalente de Thévenin externo a R_L no circuito da Figura 9-81. Use o circuito equivalente para encontrar V_{ab}.

8. Repita o Problema 7 para o circuito da Figura 9-82.

9. Repita o Problema 7 para o circuito da Figura 9-83.

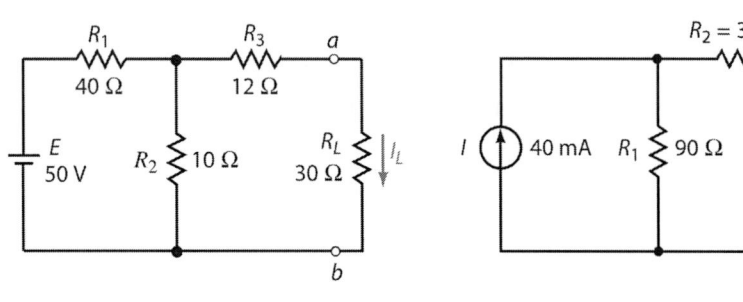

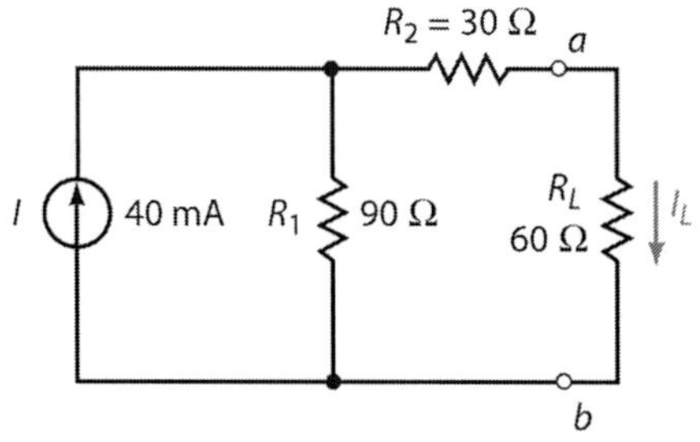

Figura 9-81

Figura 9-82

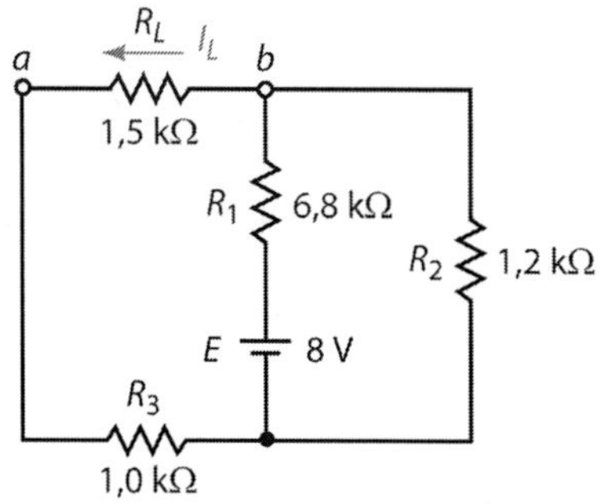

Figura 9-83

10. Repita o Problema 7 para o circuito da Figura 9-84.

11. Observe o circuito da Figura 9-85.

    a. Encontre o circuito equivalente de Thévenin externo a R_L.

    b. Use o circuito equivalente para determinar V_{ab} quando $R_L = 20\ \Omega$ e quando $R_L = 50\ \Omega$.

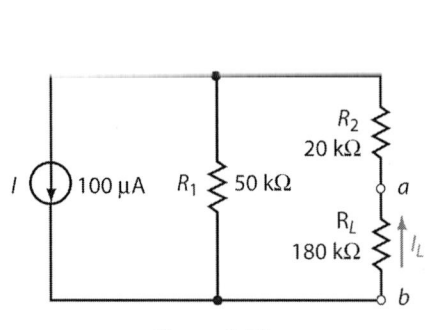

Figura 9-84

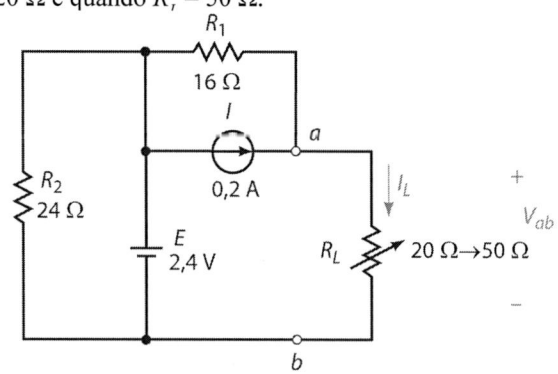

Figura 9-85

12. Observe o circuito da Figura 9-86.

    a. Encontre o circuito equivalente de Thévenin externo a R_L.

    b. Use o circuito equivalente para determinar V_{ab} quando $R_L = 10\ \text{k}\Omega$ e quando $R_L = 20\ \text{k}\Omega$.

13. Observe o circuito da Figura 9-87.

    a. Encontre o circuito equivalente de Thévenin externo aos terminais indicados.

    b. Use o circuito equivalente para determinar a corrente através do ramo indicado.

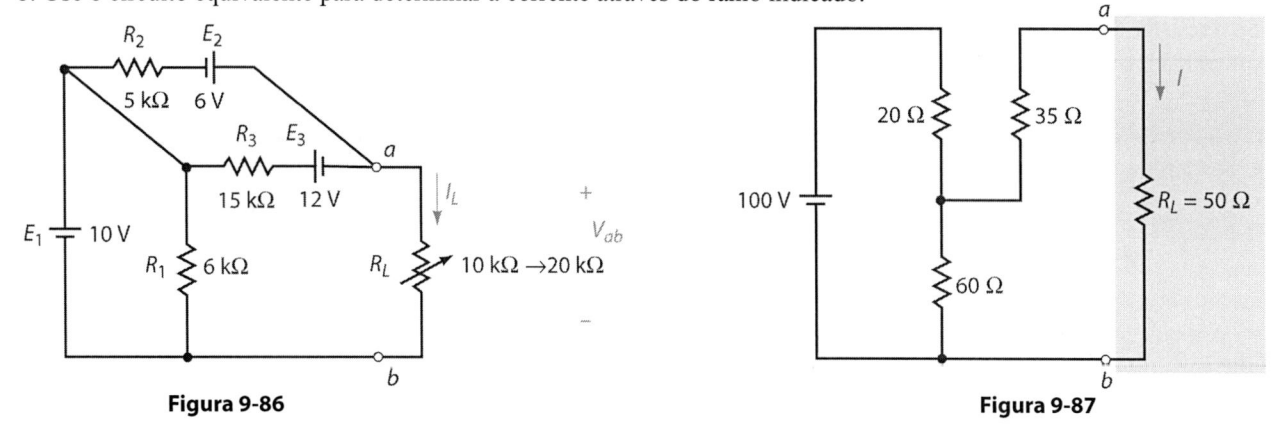

Figura 9-86

Figura 9-87

14. Observe o circuito da Figura 9-88.
    a. Encontre o circuito equivalente de Thévenin externo a R_L.
    b. Use o circuito equivalente de Thévenin para achar V_L.

15. Observe o circuito da Figura 9-89.
    a. Encontre o circuito equivalente de Thévenin externo aos terminais indicados.
    b. Use o circuito equivalente para determinar a corrente através do ramo indicado.

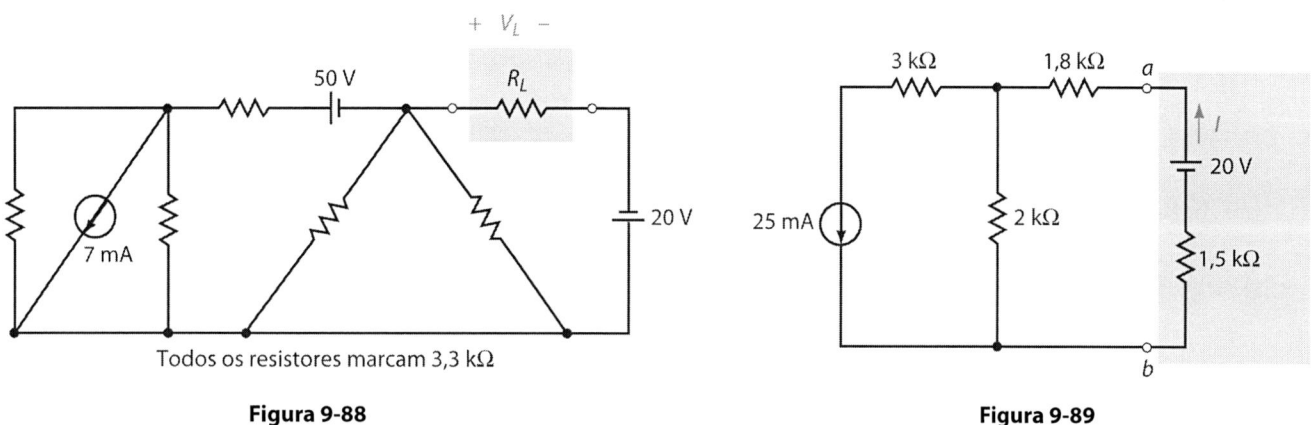

Figura 9-88

Todos os resistores marcam 3,3 kΩ

Figura 9-89

16. Observe o circuito da Figura 9-90.
    a. Encontre o circuito equivalente de Thévenin externo aos terminais indicados.
    b. Sendo $R_5 = 1$ kΩ, use o circuito equivalente de Thévenin para determinar a tensão V_{ab} e a corrente através do resistor.

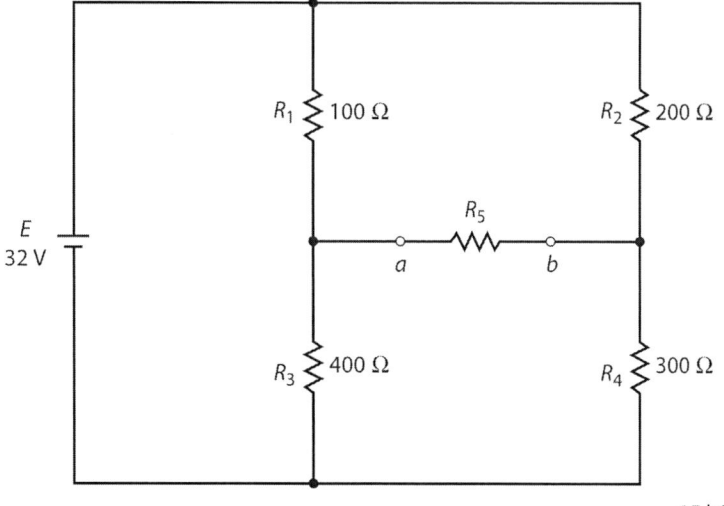

Figura 9-90

17. Observe o circuito da Figura 9-91.
    a. Encontre o circuito equivalente de Thévenin externo a R_L.
    b. Use o circuito equivalente de Thévenin para achar a corrente I quando $R_L = 0$, 10 kΩ e 50 kΩ.

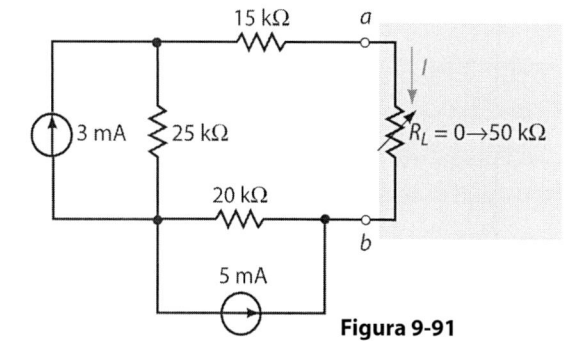

Figura 9-91

18. Observe o circuito da Figura 9-92.
    a. Encontre o circuito equivalente de Thévenin externo a R_L.
    b. Use o circuito equivalente de Thévenin para achar a potência dissipada por R_L.

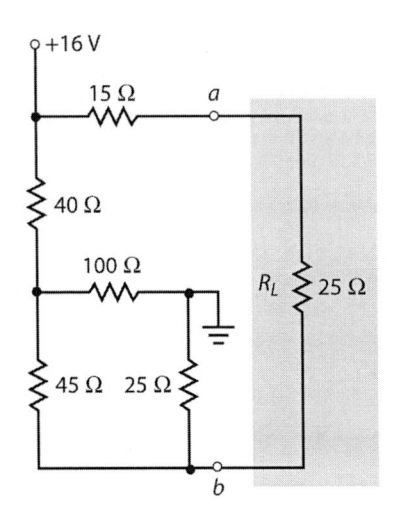

Figura 9-92

19. Repita o Problema 17 para o circuito da Figura 9-93.

20. Repita o Problema 17 para o circuito da Figura 9-94.

21. Encontre o circuito equivalente de Thévenin para a rede externa ao ramo indicado, como mostrado na Figura 9-95.

22. Observe o circuito da Figura 9-96.
    a. Encontre o circuito equivalente de Thévenin externo aos terminais indicados.
    b. Use o circuito equivalente para determinar a corrente através do ramo indicado.

23. Repita o Problema 22 para o circuito da Figura 9-97.

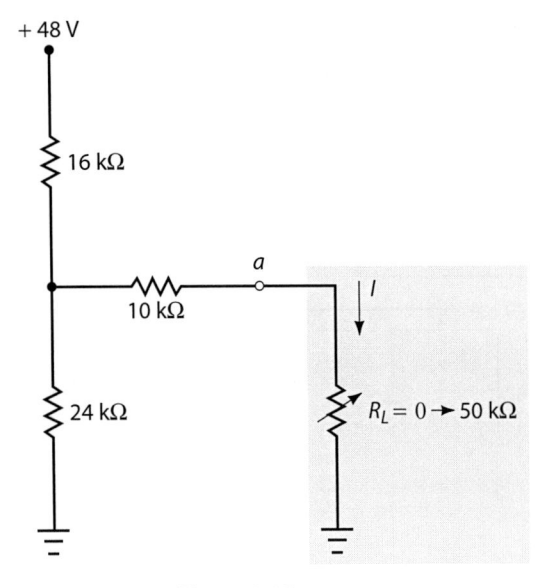

Figura 9-93

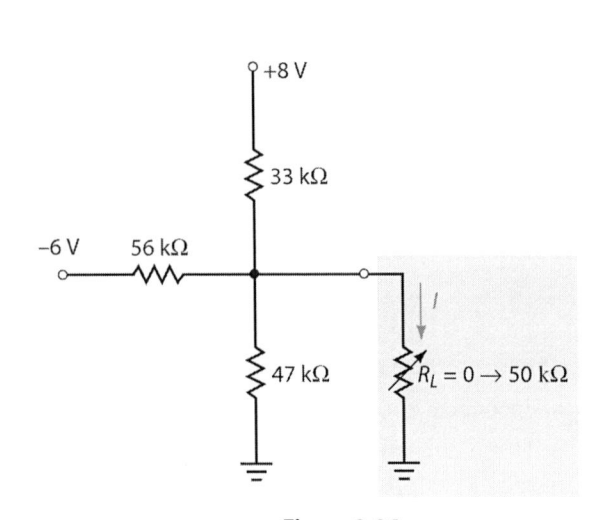

Figura 9-94

Figura 9-95

Figura 9-96

Figura 9-97

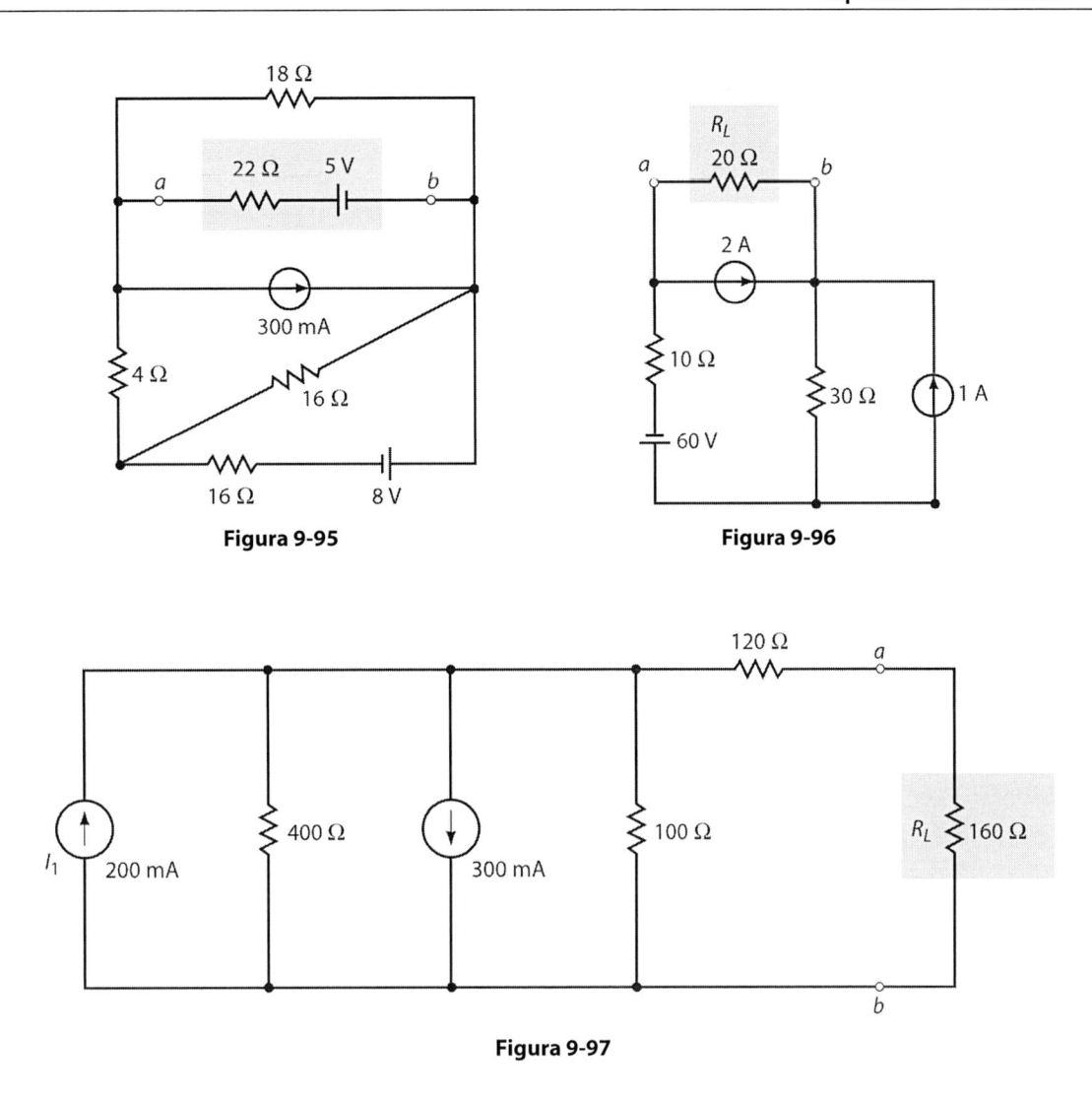

24. Repita o Problema 22 para o circuito da Figura 9-98.

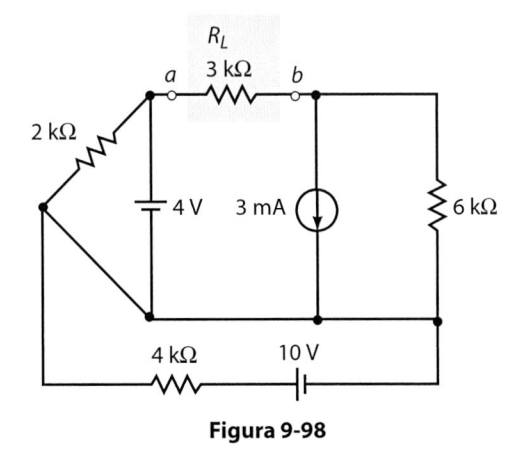

Figura 9-98

9.3 Teorema de Norton

25. Encontre o equivalente de Norton externo a R_L no circuito da Figura 9-81. Use o circuito equivalente para achar I_L para o circuito.

26. Repita o Problema 25 para o circuito da Figura 9-82.

27. Repita o Problema 25 para o circuito da Figura 9-83.

28. Repita o Problema 25 para o circuito da Figura 9-84.

29. Observe o circuito da Figura 9-85.
    a. Encontre o circuito equivalente de Norton externo a R_L.
    b. Use o circuito equivalente para determinar I_L quando $R_L = 20\ \Omega$ e quando $R_L = 50\ \Omega$.

30. Observe o circuito da Figura 9-86.
    a. Encontre o circuito equivalente de Norton externo a R_L.
    b. Use o circuito equivalente para determinar I_L quando $R_L = 10\ k\Omega$ e quando $R_L = 20\ k\Omega$.

31. a. Determine o equivalente de Norton externo aos terminais indicados da Figura 9-87.
    b. Converta o circuito equivalente de Thévenin do Problema 13 para o seu equivalente de Norton.

32. a. Encontre o equivalente de Norton externo a R_L no circuito da Figura 9-88.
    b. Converta o circuito equivalente de Thévenin do Problema 14 para o seu equivalente de Norton.

33. Repita o Problema 31 para o circuito da Figura 9-91.

34. Repita o Problema 31 para o circuito da Figura 9-92.

35. Repita o Problema 31 para o circuito da Figura 9-95.

36. Repita o Problema 31 para o circuito da Figura 9-96.

9.4 Teorema da Máxima Transferência de Potência

37. a. Para o circuito da Figura 9-91, determine o valor de R_L de modo que a potência máxima seja fornecida à carga.
    b. Calcule o valor da potência máxima que pode ser fornecida à carga.
    c. Desenhe a curva da potência *versus* a resistência à medida que R_L é ajustada de $0\ \Omega$ a $50\ k\Omega$ em incrementos de $5\ k\Omega$.

38. Repita o Problema 37 para o circuito da Figura 9-94.

39. a. Para o circuito da Figura 9-99, calcule o valor de R de modo que $R_L = R_{Th}$.
    b. Calcule a potência máxima dissipada por R_L.

40. Repita o Problema 39 para o circuito da Figura 9-100.

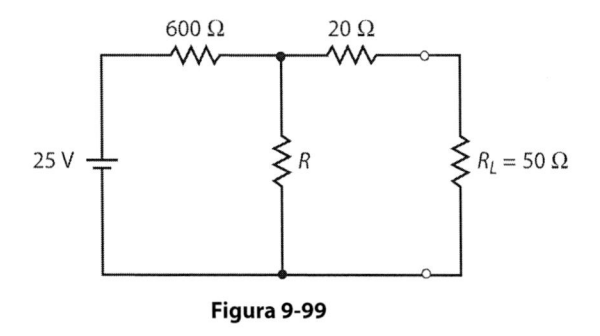

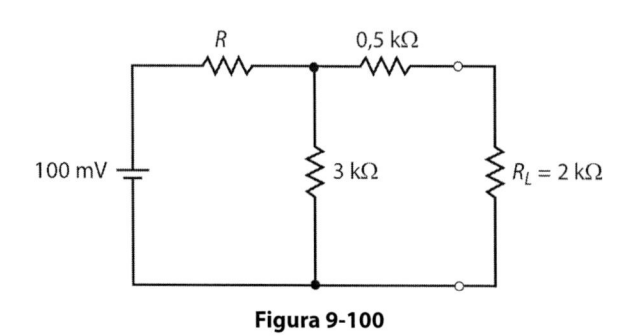

Figura 9-99

Figura 9-100

41. a. Para o circuito da Figura 9-101, determine os valores de R_1 e R_2, de modo que a carga de 32 kΩ receba a potência máxima.

    b. Calcule a potência máxima fornecida para R_L.

42. Repita o Problema 41 se o resistor de carga for $R_L = 25$ kΩ.

9.5 Teorema da Substituição

43. Se a parte indicada do circuito na Figura 9-102 for substituída por uma fonte de tensão e um resistor série de 50 Ω, determine a magnitude e a polaridade da fonte de tensão resultante.

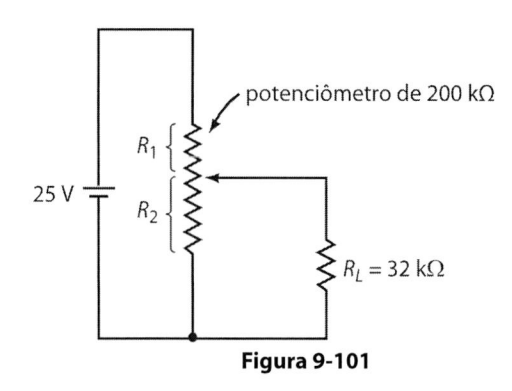

Figura 9-101

44. Se a parte indicada do circuito na Figura 9-102 for substituída por uma fonte de corrente e um resistor shunt de 200 Ω, determine a magnitude e a direção da fonte de corrente resultante.

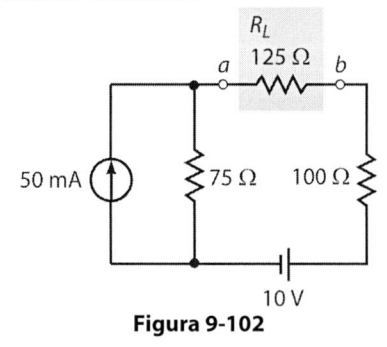

Figura 9-102

9.6 Teorema de Millman

45. Use o teorema de Millman para achar a corrente através de R_L e a potência dissipada por ele no circuito da Figura 9-103.

46. Repita o Problema 45 para o circuito da Figura 9-104.

47. Repita o Problema 45 para o circuito da Figura 9-105.

48. Repita o Problema 45 para o circuito da Figura 9-106.

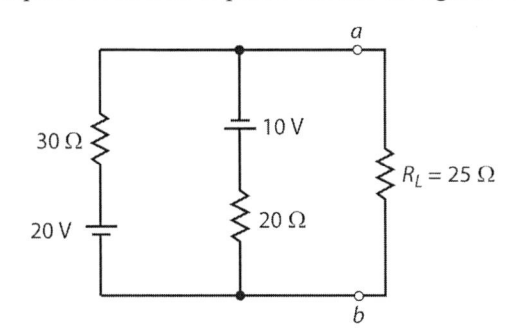

Figura 9-103

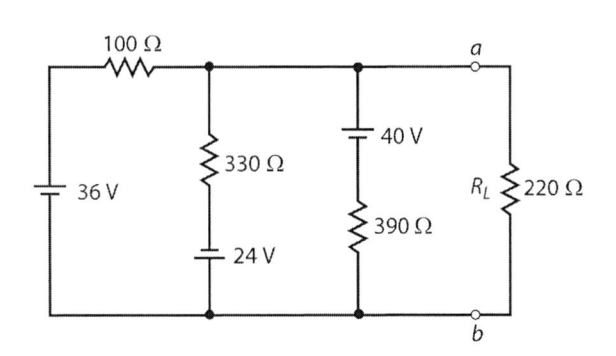

Figura 9-104

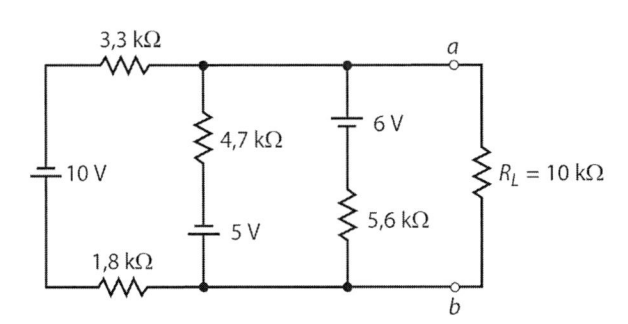

Figura 9-105

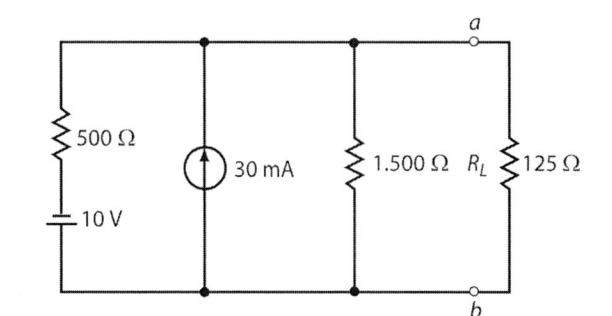

Figura 9-106

9.7 Teorema da Reciprocidade

49. a. Determine a corrente I no circuito da Figura 9-107.
    b. Mostre que a reciprocidade se aplica ao circuito dado.

50. Repita o Problema 49 para o circuito da Figura 9-108.

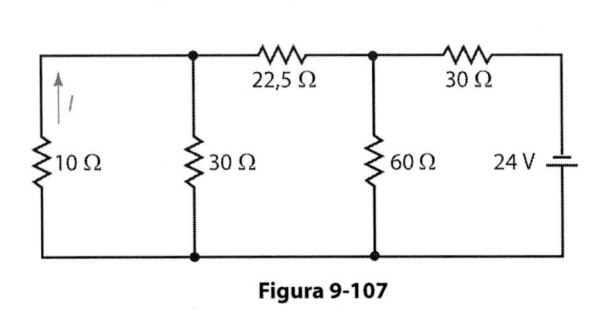

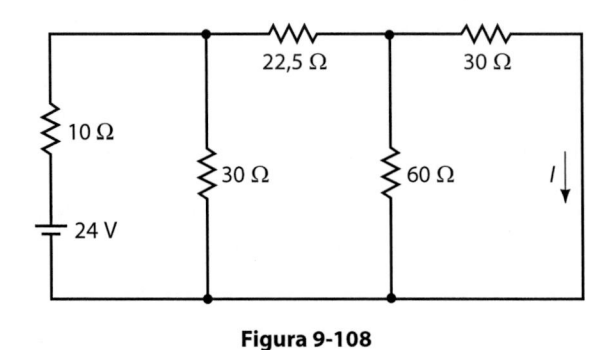

Figura 9-107

Figura 9-108

51. a. Determine a tensão V no circuito da Figura 9-109.
    b. Mostre que a reciprocidade se aplica ao circuito dado.

52. Repita o Problema 51 para o circuito da Figura 9-110.

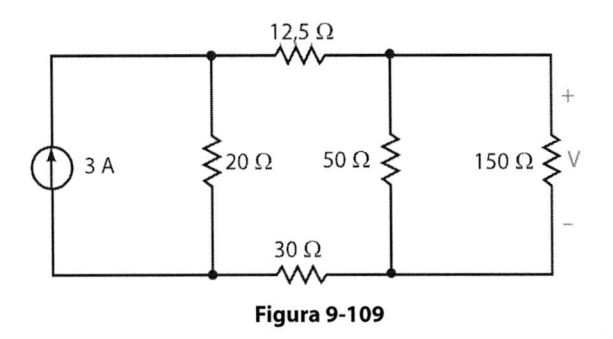

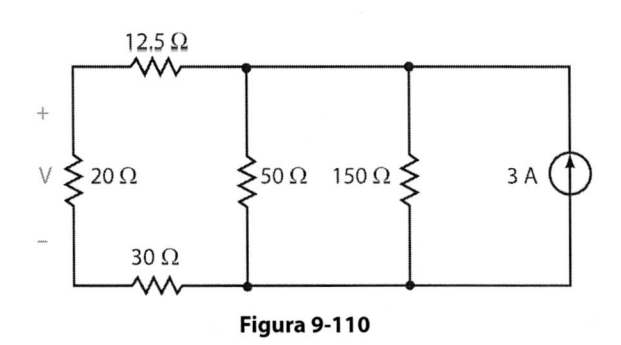

Figura 9-109

Figura 9-110

9.8 Análise de Circuitos Usando Computador

53. Use o Multisim para encontrar os circuitos equivalentes de Thévenin e de Norton externos ao resistor de carga no circuito da Figura 9-81.

54. Repita o Problema 53 para o circuito da Figura 9-82.

55. Use o editor esquemático do PSpice para inserir o circuito da Figura 9-83, e use o pós-processador para visualizar a tensão, a corrente e a potência de saída como funções da resistência de carga. Utilize o cursor no pós-processador Probe para determinar o valor da resistência de carga para o qual a carga receberá a potência máxima. A resistência irá variar de 100 Ω para 4.000 Ω em incrementos de 100 Ω.

56. Repita o Problema 55 para o circuito da Figura 9-84. Deixe a resistência de carga variar de 1 kΩ para 100 kΩ em incrementos de 1 kΩ.

RESPOSTAS DOS PROBLEMAS PARA VERIFICAÇÃO DO PROCESSO DE APRENDIZAGEM

Verificação do Processo de Aprendizagem 1

$P_{R1} = 304$ mW, $P_{R_2} = 76$ mW, $P_{R_3} = 276$ mW

Supondo que a superposição se aplica à potência:

$P_{R_1(1)} = 60$ mW, $P_{R_1(2)} = 3,75$ mW, $P_{R_1(3)} = 60$ mW

No entanto, $P_{R_1} = 304$ mW $\cdot$ 123,75 mW

Verificação do Processo de Aprendizagem 2

$R_1 = 133\ \Omega$

Verificação do Processo de Aprendizagem 3

1. Consulte a Figura 9-27.
2. $I_N = 200\ \mu A$, $R_N = 500\ \Omega$
3. $E_{Th} = 0,2$ V, $R_{Th} = 20$ kΩ

Verificação do Processo de Aprendizagem 4

a. $\eta = 50\%$
b. $\eta = 33,3\%$
c. $\eta = 66,7\ \%$

Verificação do Processo de Aprendizagem 5

1. Em circuitos de comunicação e em alguns amplificadores, a máxima transferência de potência é uma característica desejável.
2. Na transmissão de potência e nas fontes de tensão DC, a máxima transferência de potência não é desejável.

Capacitância e Indutância

III

A resistência, indutância e capacitância são as três propriedades básicas dos circuitos que usamos para controlar as tensões e correntes em circuitos elétricos e eletrônicos. No entanto, cada uma delas se comporta de maneira essencialmente diferente. A resistência, por exemplo (como você estudou em capítulos anteriores), opõe-se à corrente, enquanto a indutância se opõe a qualquer variação da corrente (como verá em breve), e a capacitância opõe-se a qualquer variação da tensão. Além disso, a resistência dissipa energia; já a indutância e a capacitância armazenam energia – a primeira no campo magnético, e a segunda no campo elétrico.

Nota

A Parte III deste livro aborda os fundamentos básicos dos capacitores, indutores, circuitos magnéticos e transientes simples. No entanto, algumas escolas técnicas e universidades abordam alguns desses tópicos em uma ordem diferente da apresentada aqui; por exemplo, ensina-se AC antes de transientes. A Parte III foi organizada de tal modo que o estudo dos Capítulos 11, 12 e 14 ou de parte deles possa ser postergado (sem haver perda de continuidade), para atender a diferentes ementas.

10 Capacitores e Capacitância

11 Carga e Descarga do Capacitor, e Circuitos Conformadores de Onda

12 Magnetismo e Circuitos Magnéticos

13 Indutância e Indutores

14 Transientes Indutivos

● TERMOS-CHAVE

Capacitância, Capacitor; Carregado; Dielétrico; Absorção Dielétrica; Ruptura Dielétrica; Constante Dielétrica; Intensidade Dielétrica; Campo Elétrico; Intensidade do Campo Elétrico; Fluxo Elétrico; Densidade do Fluxo Elétrico; Eletrolítico; Farad; Película/Filme; Grandezas Instantâneas; Fuga; Filme Metalizado; Coeficiente de Temperatura Negativo; Capacitor Ajustável (*Padder*); Permissividade; Polarizado; Coeficiente de Temperatura Positivo; Autorreparo; Vida Útil; Dispositivos para Montagem em Superfície; Capacitor Ajustável (*Trimmer*); Ruptura de Tensão; Tensão de Operação; Coeficiente de Temperatura Nulo

● TÓPICOS

Capacitância; Fatores que Afetam a Capacitância; Campos Elétricos; Dielétricos; Efeitos Não Ideais; Tipos de Capacitores; Capacitores em Paralelo e em Série; Corrente e Tensão nos Capacitores; Energia Armazenada pelo Capacitor; Falhas do Capacitor e Solução do Defeito

● OBJETIVOS

Após estudar este capítulo, você será capaz de:

- descrever a construção básica de capacitores;
- explicar como os capacitores armazenam carga;
- definir a capacitância;
- descrever que fatores afetam a capacitância e de que maneira;
- descrever o campo elétrico de um capacitor;
- calcular as tensões de ruptura de vários materiais;
- descrever vários tipos de capacitores comerciais;
- calcular a capacitância de capacitores em combinações em série e paralelas;
- calcular a tensão e a corrente no capacitor para formas de onda simples que variam em função do tempo;
- determinar a energia armazenada;
- descrever os defeitos dos capacitores e a solução para eles.

Capacitores e Capacitância

10

Apresentação Prévia do Capítulo

O capacitor é um componente do circuito desenvolvido para armazenar carga elétrica. Se ligarmos uma fonte de tensão DC a um capacitor, por exemplo, ele irá "carregar" com a tensão da fonte. Se em seguida desconectarmos a fonte, o capacitor permanecerá carregado, ou seja, sua tensão ficará no valor alcançado quando ele estava ligado à fonte (supondo que não haja fuga). Em virtude dessa tendência de manter a tensão, *o capacitor opõe-se à variação da tensão*. É essa característica que proporciona propriedades exclusivas aos capacitores.

Os capacitores são amplamente usados em aplicações elétricas e eletrônicas. São utilizados em sistemas de rádio e TV, por exemplo, para sintonizar em sinais; em câmeras fotográficas para armazenar a carga que dispara o *flash*; em bombas e motores de refrigeração para elevar o torque inicial; em sistemas de potência elétrica para aumentar a eficiência do trabalho, e assim por diante. Abaixo, uma foto com alguns capacitores típicos.

A capacitância é a propriedade elétrica dos capacitores: é a medida da quantidade de carga que um capacitor pode manter. Neste capítulo, examinaremos a capacitância e suas propriedades básicas. No Capítulo 11, analisaremos os capacitores em circuitos DC e de pulso; nos capítulos posteriores, trataremos dos capacitores em aplicações AC.

Capacitores típicos.

Colocando em Perspectiva

Michael Faraday e o Conceito de Campo

A unidade da capacitância, o farad, recebeu esse nome em homenagem a Michael Faraday (1791-1867). Nascido na Inglaterra em uma família da classe operária, Faraday obteve uma educação limitada. Não obstante, foi responsável por muitas das descobertas fundamentais em eletricidade e magnetismo. Carecendo de conhecimento matemático, ele usou sua habilidade intuitiva em vez dos modelos matemáticos para desenvolver uma descrição conceitual dos fenômenos básicos. Seu desenvolvimento do conceito de campo tornou possível mapear os campos que existem ao redor dos polos magnéticos e das cargas elétricas.

Para compreender esse conceito, o leitor deve se recordar de que cargas opostas se atraem e as iguais se repelem (Capítulo 2 deste volume), ou seja, há uma força entre as cargas elétricas. A região onde essa força atua se chama campo elétrico. Para visualizar esse campo, usamos o conceito de campo de Faraday e desenhamos linhas de força (ou linhas de fluxo) que mostram a magnitude e a direção da força em cada ponto no espaço. Agora, em lugar de supormos que uma carga exerce determinada força sobre a outra, imaginamos que as cargas originais geram um campo no espaço, e que as outras inseridas nesse campo experimentam uma força ocasionada por ele. Esse conceito é útil para o estudo de certos aspectos dos capacitores, como se verá neste capítulo.

O desenvolvimento do conceito de campo teve um impacto importante na ciência. Hoje, descrevemos vários fenômenos importantes quanto aos campos, incluindo os campos elétricos, a gravitação e o magnetismo. Quando, em 1844, Faraday publicou sua teoria, ela não foi levada a sério, assim como o trabalho de Ohm duas décadas antes. É também interessante observar que o desenvolvimento do conceito de campo originou-se da pesquisa de Faraday sobre magnetismo e não sobre carga elétrica.

10.1 Capacitância

Um **capacitor** é composto de dois condutores separados por um isolante. A Figura 10-1 mostra uma das formas básicas do capacitor de placas paralelas. Este é composto de duas placas metálicas separadas por um material não-condutor (ou seja, um isolante) denominado **dielétrico**. O dielétrico pode ser o ar, o óleo, a mica, o plástico, a cerâmica ou qualquer outro material isolante adequado.

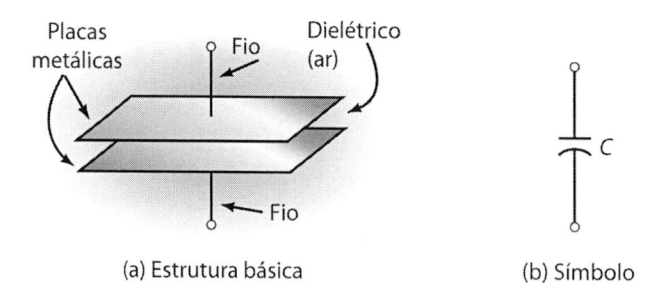

Figura 10-1 Capacitor de placas paralelas.

Por serem de metal, as placas do capacitor contêm uma quantidade enorme de elétrons livres. Em estado normal, no entanto, elas estão sem carga, ou seja, não há excesso ou deficiência de elétrons nas placas. Quando conectamos uma fonte DC às placas (Figura 10-2), os elétrons são puxados da placa superior pelo potencial positivo da bateria, e a mesma quantidade deles é depositada na placa inferior. Isso deixa a placa superior com uma deficiência de elétrons (ou seja, carga positiva) e a inferior com um excesso (carga negativa). Nesse estado, diz-se que o capacitor está **carregado**. (Observe que nenhuma corrente pode passar pelo dielétrico entre as placas; logo, o movimento de elétrons ilustrado na Figura 10-2 cessará quando o capacitor atingir a carga completa.)

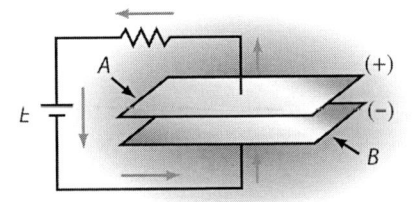

Figura 10-2 Capacitor durante a carga.

No instante em que conectar a fonte, há um aumento repentino de corrente à medida que os elétrons são puxados da placa A e a mesma quantidade deles é depositada na B. Isso deixa a placa superior com carga positiva e a inferior com carga negativa. Quando a carga estiver completa, não haverá mais movimento de elétrons, sendo a corrente, portanto, nula.

Se Q coulombs de elétrons são transferidos durante o processo de carga (deixando a placa superior com uma deficiência de Q elétrons e a inferior com um excesso de Q), dizemos que o capacitor tem uma carga de Q.

Se desconectarmos a fonte (Figura 10-3), o excesso de elétrons que foi transferido para a placa inferior permanece retido, já que não há como os elétrons retornarem à placa superior. Logo, o capacitor permanece carregado com a tensão E nele, embora não haja a presença de uma fonte. Por isso, dizemos que *um capacitor pode armazenar carga*. Os capacitores com pouca fuga (ver a Seção 10.5) podem conservar a carga durante um tempo considerável – às vezes, anos.

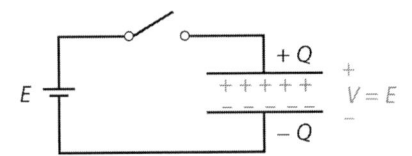

Figura 10-3 Capacitor após a carga.

Quando desconectar a fonte, os elétrons ficarão retidos na placa inferior e não poderão retornar à superior – portanto, a carga fica armazenada.

Os capacitores com valores altos, carregados para altas tensões, possuem uma grande quantidade de energia e podem armazenar uma carga potencialmente fatal; portanto, você deve tomar muito cuidado com eles. Até unidades com valor alto e baixa tensão podem conter energia suficiente para fazer uma chave de fenda evaporar e espirrar metal nos olhos se tentarmos curto-circuitar os fios. Caso queira manusear um capacitor ou trabalhar com ele, sempre o descarregue após a remoção da potência. Isso pode ser feito conectando-se um resistor de alta potência (às vezes chamado de resistor de descarga) com valor em torno de 50 Ω/V da tensão medida nos terminais do capacitor, até ele descarregar. No entanto, previna-se do choque. Observe também que alguma tensão pode retornar em virtude da absorção dielétrica após o resistor ter sido removido – ver a Seção 10.5.

Definição de Capacitância

A quantidade de carga Q que um capacitor pode armazenar depende da tensão aplicada. Experimentos mostram que, para um dado capacitor, Q é proporcional à tensão. Sendo C a constante de proporcionalidade, então

$$Q = CV \tag{10-1}$$

Reorganizando os termos, obtém-se

$$C = \frac{Q}{V} \quad \text{(farads, F)} \tag{10-2}$$

Define-se o termo C como sendo a capacitância do capacitor. Como já indicado, sua unidade é o **farad**. Por definição, *a capacitância de um capacitor é um farad se ele armazenar um coulomb de carga quando a tensão em seus terminais for igual a um volt*. No entanto, o farad é uma unidade muito ampla. A maioria dos capacitores práticos tem valores de picofarads (pF ou 10^{-12} F) a microfarads (μF ou 10^{-6} F). Quanto maior o valor de C, mais carga o capacitor conservará para uma dada tensão.

Exemplo 10-1

a. Qual é a quantidade de carga armazenada em um capacitor de 10 μF quando ele estiver conectado a uma fonte de 24 volts?

b. A carga em um capacitor de 20 nF é de 1,7 μC. Qual será a tensão?

Solução:

a. Da Equação 10-1, $Q = CV$. Assim, $Q = (10 \times 10^{-6} \text{ F})(24 \text{ V}) = 240$ μC.

b. Reorganizando a Equação 10-1, $V = Q/C = (1,7 \times 10^{-6} \text{ C})/(20 \times 10^{-9} \text{ F}) = 85$ V.

10.2 Fatores que Afetam a Capacitância

Efeito da Área

Como mostrado na Equação 10-2, a capacitância é diretamente proporcional à carga. Isso significa que, quanto mais carga for colocada nas placas de um capacitor para uma dada tensão, maior será sua capacitância. Considere a Figura 10-4. O capacitor de (b) tem a área quatro vezes maior que o de (a). Como ele possui o mesmo número de elétrons livres por unidade de área, tem quatro vezes a carga total e, portanto, quatro vezes a capacitância. Em geral, isso é verdadeiro, ou seja, *a capacitância é diretamente proporcional à área da placa*.

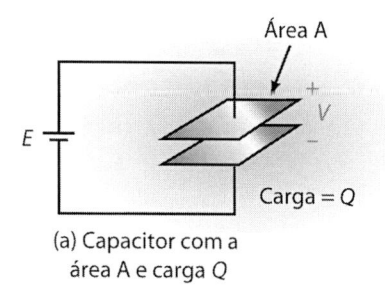

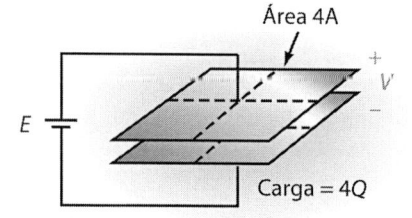

Figura 10-4 Para uma separação fixa, a capacitância é proporcional à área da placa.

Efeito do Espaço

Agora considere a Figura 10-5. Como a placa superior tem uma deficiência de elétrons e a inferior um excesso, há uma força de atração no vão. Para um espaço físico como em (a), as cargas estão em equilíbrio. Junte mais as placas como em (b). À medida que o espaço diminui, a força de atração aumenta, puxando mais elétrons do material da placa *B* para a superfície superior. Isso gera uma deficiência de elétrons na parte de baixo de *B*. Para compensar, a fonte transfere mais elétrons ao redor do circuito, deixando *A* com uma deficiência e *B* com um excesso ainda maiores. Logo, a carga nas placas aumenta, assim como a capacitância (de acordo com a Equação 10-2). Conclui-se, portanto, que a diminuição do espaço aumenta a capacitância e vice-versa. Na verdade, como mostraremos mais tarde, *a capacitância é inversamente proporcional ao espaço da placa*.

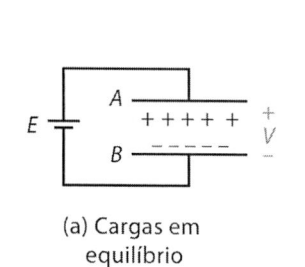

Figura 10-5 A diminuição do espaço aumenta a capacitância.

Efeito do Dielétrico

A capacitância também depende do dielétrico. Considere a Figura 10-6(a), que mostra um capacitor com dielétrico de ar. Se o ar for substituído por materiais diferentes, a capacitância aumentará. A Tabela 10-1 mostra o fator pelo qual a capacitância aumenta para um número de materiais diferentes. Por exemplo, se o Teflon® for usado no lugar do ar, a capacitância aumenta por um fator de 2,1. Esse fator é chamado **constante dielétrica relativa** ou **permissividade relativa** do material. (A permissividade mede o grau de facilidade para se estabelecer o fluxo elétrico em um material.) Observe que a alta permissividade da cerâmica aumenta a capacitância em 7.500, como indica a Figura 10-6(b).

Tabela 10-1 Constantes Dielétricas Relativas (também chamadas Permissividades Relativas)

Material	ϵ_r (Valores Nominais)
Vácuo	1
Ar	1,0006
Cerâmica	30–7.500
Mica	5,5
Mylar	3
Óleo	4
Papel (seco)	2,2
Poliestireno	2,6
Teflon	2,1

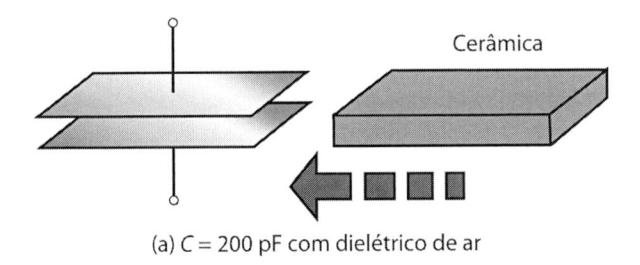

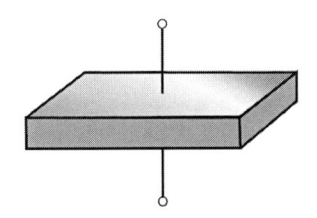

(a) $C = 200$ pF com dielétrico de ar

(b) $C = 1,5$ μF com dielétrico de cerâmica de alta permissividade

Figura 10-6 O fator pelo qual um dielétrico provoca o aumento da capacitância é chamado *constante dielétrica relativa*. A cerâmica usada aqui tem um valor de 7.500.

Capacitância de um Capacitor com Placas Paralelas

Com base nessas observações, vemos que a capacitância é diretamente proporcional à área da placa, inversamente proporcional à separação da placa, e dependente do dielétrico. Na forma de equação,

$$C = \epsilon \frac{A}{d} \quad (F) \tag{10-3}$$

onde a área A está em metros quadrados e o espaço, em metros.

Constante Dielétrica

A constante ϵ na Equação 10-3 é a **constante dielétrica absoluta** do material isolante. Sua unidade está em farads por metro (F/m). Para o ar ou o vácuo, ϵ tem o valor de $\epsilon_o = 8,854 \times 10^{-12}$ F/m. Para outros materiais, ϵ é expressa como o produto da constante dielétrica relativa, ϵ_r (mostrada na Tabela 10-1) vezes ϵ_o. Ou seja,

$$\epsilon = \epsilon_r \epsilon_o \tag{10-4}$$

Considere novamente a Equação 10-3: $C = \epsilon A/d = \epsilon_r \epsilon_o A/d$. Observe que $\epsilon_o A/d$ é a capacitância de um capacitor com dielétrico de vácuo (ou ar). Vamos designá-la por C_o. Então, para qualquer outro dielétrico,

$$C = \epsilon_r C_o \tag{10-5}$$

> **NOTA...**
>
> A Equação 10-3 em geral é verdadeira, ou seja, serve para outros formatos além da conFiguração com placas paralelas. Só é mais difícil determinar a área efetiva para outras formas geométricas.

Exemplo 10-2

Calcule a capacitância de um capacitor de placas paralelas com placas de 10 cm por 20 cm, separação de 5 mm, e

a. um dielétrico de ar;

b. um dielétrico de cerâmica com uma permissividade relativa de 7.500.

Solução: Converta todas as dimensões em metros. Dessa forma, $A = (0,1 \text{ m})(0,2 \text{ m}) = 0,02 \text{ m}^2$, e $d = 5 \times 10^{-3}$ m.

a. Para o ar, $C = \epsilon_o A/d = (8,854 \times 10^{-12})(2 \times 10^{-12})/(5 \times 10^{-3}) = 35,4 \times 10^{-12}$ F $= 35,4$ pF.

b. Para a cerâmica com $\epsilon_r = 7.500$, $C = 7.500(35,4 \text{ pF}) = 0,266$ μF.

Exemplo 10-3

Um capacitor de placas paralelas com um dielétrico de ar tem um valor de $C = 12$ pF. Qual é a capacitância de um capacitor que tem:

a. a mesma separação e o mesmo dielétrico, mas cinco vezes a área da placa?

b. o mesmo dielétrico, mas quatro vezes a área e um quinto do espaço da placa?

c. um dielétrico de papel seco, seis vezes a área da placa e duas vezes o espaço da placa?

Solução:

a. Como a área da placa aumentou por um fator de cinco e todo o resto permanece o mesmo, C aumenta por um fator de cinco. Assim, $C = 5(12 \text{ pF}) = 60$ pF.

b. Com quatro vezes a área da placa, C aumenta por um fator de quatro. Com um quinto do espaço da placa, C aumenta por um fator de cinco. Assim, $C = (4)(5)(12 \text{ pF}) = 240$ pF.

c. O papel seco aumenta C por um fator de 2,2. O aumento da área da placa eleva C por um fator de seis. Dobrando o espaço da placa, reduz-se C à metade. Assim, $C = (2,2)(6)(1/2)(12 \text{ pF}) = 79,2$ pF.

VERIFICAÇÃO DO PROCESSO DE APRENDIZAGEM 1

(As respostas encontram-se no final do capítulo.)

1. Um capacitor com placas de 7,5 cm × 8 cm e um espaço de 0,1 mm entre elas possui um dielétrico de óleo.

   a. Calcule a capacitância do capacitor.

   b. Se a carga nesse capacitor for de 0,424 μC, qual será a tensão nas placas?

2. Para um capacitor de placas paralelas, se triplicarmos a área da placa e reduzirmos à metade o espaço entre elas, como será a variação da capacitância?

3. Para o capacitor da Figura 10-6, se usarmos a mica no lugar da cerâmica, qual será a capacitância?

4. Qual será o dielétrico para o capacitor da Figura 10-7(b)?

(a) $C = 24$ pF com dielétrico de ar

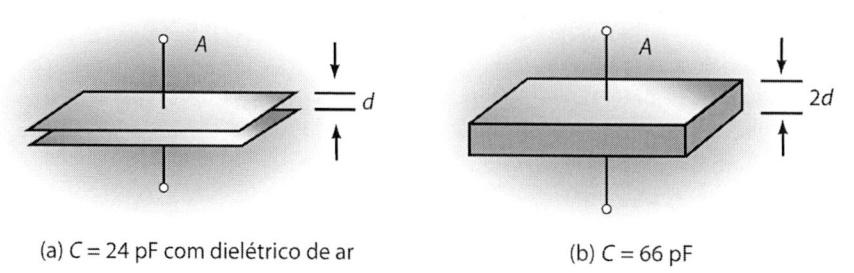

(b) $C = 66$ pF

Figura 10-7

10.3 Campos Elétricos

Fluxo Elétrico

No Capítulo 2, você aprendeu que cargas opostas se atraem, enquanto as iguais se repelem, ou seja, existe uma força entre as cargas. A região onde existe essa força é chamada **campo elétrico**. Para visualizar esse campo, Faraday apresentou a ideia de usar uma pequena quantidade de carga de prova positiva Q_t para mapear as forças. Ele definiu a direção de um campo como sendo a direção da força que atua na carga de prova, e a intensidade do campo como sendo a força por unidade de carga (considerada a seguir). Então, mapeou o campo como sendo linhas de força, e a direção das linhas representava a direção da força, ao passo que sua densidade representava a intensidade. Para ilustração, considere a Figura 10-8(a). Como as cargas iguais se repelem, a direção da força na carga de prova aponta para fora, resultando em um campo radial, conforme indicado. Agora considere (b). A carga de prova será repelida pela carga $+Q$ e atraída por $-Q$, resultando em um campo curvado. Faraday determinou que as linhas nunca se cruzam e que, quanto mais intenso o campo, mais densas são as linhas. A Figura 10-8(c) mostra outro exemplo: o campo de um capacitor de placas paralelas. Neste caso, o campo é uniforme no espaço entre elas com algumas franjas perto das extremidades. As **linhas do campo elétrico** (também chamadas de **linhas de fluxo**) são designadas pela letra grega ψ (psi).

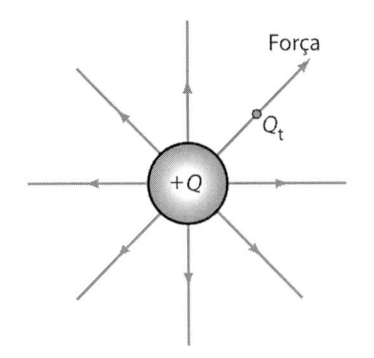

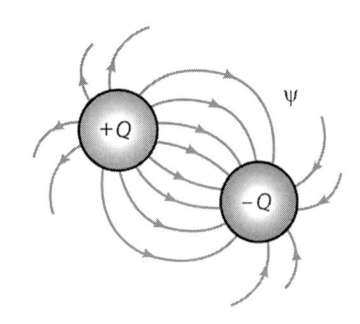

(a) Força que atua em uma carga de prova Q_t

(b) Campo ao redor de um par de cargas positivas e negativas

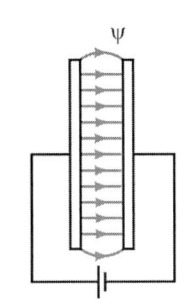

(c) Campo de um capacitor de placas paralelas

Figura 10-8 Campos elétricos.

Intensidade do Campo Elétrico

Como visto, define-se a intensidade de um campo elétrico como sendo a força por unidade de carga que o campo exerce sobre uma pequena quantidade de carga de prova positiva Q_t. Sendo a intensidade do campo designada por $\mathcal{E}$, por definição, tem-se

$$\mathcal{E} = F/Q_t \quad \text{(newtons/coulomb, N/C)} \tag{10-6}$$

Para ilustrar, determinaremos o campo ao redor da carga pontual Q da Figura 10-8(a). Quando a carga de prova for colocada perto de Q, ele experimentará uma força de $F = kQQ_t/r^2$ (lei de Coulomb, Capítulo 2). A constante na lei de Coulomb é, na verdade, igual a $1/4\pi\in$. Portanto, $F = QQ_t/4\pi\in r^2$; da Equação 10-6,

$$\mathcal{E} = \frac{F}{Q_t} = \frac{Q}{4\pi\in r^2} \quad (\text{N/C}) \tag{10-7}$$

Densidade do Fluxo Elétrico

Em razão da presença de $\in$ na Equação 10-7, a intensidade do campo elétrico depende do meio onde a carga está localizada. Definamos uma nova grandeza, D, que independe do meio:

$$D = \in \mathcal{E} \tag{10-8}$$

D é conhecida como a **densidade do fluxo elétrico**. Como mostrado em física, D representa a densidade das linhas de fluxo no espaço, ou seja,

$$D = \frac{\text{fluxo total}}{\text{área}} = \frac{\psi}{A} \tag{10-9}$$

onde ψ é o fluxo que passa pela área A.

Fluxo Elétrico (Revisitado)

Considere a Figura 10-9. O fluxo ψ decorre da carga Q. Novamente, como mostrado na física, no sistema SI o número de linhas de fluxo que emanam da carga Q é igual à carga, ou seja,

$$\psi = Q \text{ (C)} \tag{10-10}$$

Uma maneira fácil de visualizar isso é imaginar uma linha de fluxo emanando de cada carga positiva no corpo, como mostra a Figura 10-9. Como indicado, o número total de linhas será igual ao número total de cargas.

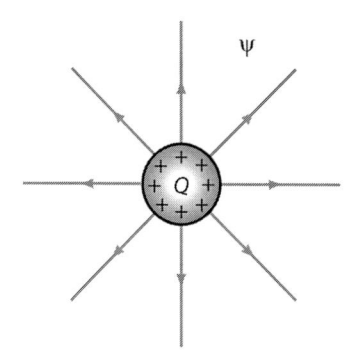

Figura 10-9 No sistema SI, o fluxo total ψ é igual à carga Q.

Campo de um Capacitor de Placas Paralelas

Agora considere um capacitor de placas paralelas (Figura 10-10). O campo é criado pela carga distribuída nas placas. Como a placa A possui uma deficiência de elétrons, parece uma lâmina de carga positiva, enquanto a placa B parece uma lâmina de carga negativa. Uma carga de prova positiva Q_t entre essas lâminas é, portanto, repelida pela lâmina positiva e atraída pela negativa.

Agora, transfira a carga de prova da placa B para a A. O trabalho W necessário para transportar a carga contra a força F é igual à força vezes a distância. Logo,

$$W = Fd \text{ (J)} \tag{10-11}$$

No Capítulo 2, definimos a tensão como sendo o trabalho dividido pela carga, ou seja, $V = W/Q$. Como a carga em questão é a carga de prova, Q_t, a tensão entre as placas A e B é

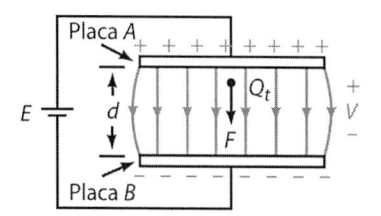

$$V = W/Q_t = (Fd)/Q_t \text{ (V)} \tag{10-12}$$

Figura 10-10 O trabalho que move a carga de prova Q_t é igual à força vezes a distância.

Divida ambos os lados por d. Isso gera $V/d = F/Q_t$. Mas $F/Q_t = \mathcal{E}$ (Equação 10-6). Logo,

$$\mathcal{E} = V/d \text{ (V/m)} \tag{10-13}$$

A Equação 10-13 mostra que a intensidade do campo elétrico entre as placas do capacitor é igual à tensão nas placas dividida pela distância entre elas. Logo, se $V = 30$ V e $d = 10$ mm, $\mathscr{E} = 3.000$ V/m.

Exemplo 10-4

Suponha que a intensidade do campo elétrico entre as placas de um capacitor é 50.000 V/m quando se aplicam 80 V.

a. Qual será o espaço entre as placas se o dielétrico for o ar? E se o dielétrico for a cerâmica?

b. Qual será $\mathscr{E}$ se reduzirmos pela metade o espaço entre as placas?

Solução:

a. $\mathscr{E} = V/d$, independentemente do dielétrico. Portanto,

$$d = \frac{V}{\mathscr{E}} = \frac{80 \text{ V}}{50 \times 10^3 \text{ V/m}} = 1,6 \times 10^{-3} \text{ m}$$

b. Como $\mathscr{E} = V/d$, $\mathscr{E}$ será duplicado para 100.000 V/m.

PROBLEMAS PRÁTICOS 1

1. O que acontece com a intensidade do campo elétrico de um capacitor se:

    a. duplicarmos a tensão aplicada?

    b. triplicarmos a tensão aplicada e duplicarmos o espaço entre as placas?

2. Se a intensidade do campo elétrico de um capacitor com o dielétrico de poliestireno e placa de 2 cm por 4 cm é igual a 100 kV/m quando 50 V são aplicados, qual é a sua capacitância?

Respostas

1. **a.** Ela duplica; **b.** Ela diminui por um fator de 1,5; **2.** 36,8 pF

Capacitância (Revisitada)

Com esses conhecimentos, podemos examinar a **capacitância** com um pouco mais de rigor. Lembre-se de que $C = Q/V$. Usando as relações acima, obtemos

$$C = \frac{Q}{V} = \frac{\psi}{V} = \frac{AD}{\mathscr{E}d} = \frac{D}{\mathscr{E}} \left(\frac{A}{d}\right) = \in \frac{A}{d}$$

Isso confirma a Equação 10-3 que desenvolvemos de maneira intuitiva na Seção 10.2.

10.4 Dielétricos

Como vimos na Figura 10-6, um dielétrico aumenta a capacitância. Agora examinaremos o motivo. Considere a Figura 10-11. Para um capacitor carregado, as órbitas do elétron (que normalmente são circulares) se tornam elípticas à medida que os elétrons são atraídos para a placa positiva (+) e repelidos da negativa (−). Isso faz que a extremidade do átomo mais próximo da placa positiva apareça negativa, enquanto a outra extremidade apareça positiva. Tais átomos estão **polarizados**. Ao longo da maior parte do dielétrico, a extremidade negativa de um átomo polarizado está adjacente à positiva de outro átomo polarizado, cancelando o efeito. No entanto, nas superfícies dos dielétricos não há átomos para cancelar; o efeito total é como se existisse uma camada de carga negativa na superfície do dielétrico da

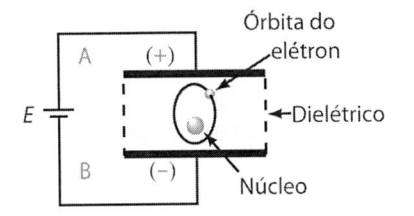

Figura 10-11 Efeito do campo elétrico de um capacitor em um átomo de seu dielétrico.

placa positiva e uma camada de carga positiva na placa negativa. Isso faz com que as placas apareçam mais unidas, aumentando, portanto, a capacitância. Os materiais para os quais o acúmulo de carga na superfície do dielétrico é maior resultam no aumento da capacitância.

Ruptura de Tensão

Se a tensão da Figura 10-11 for elevada para além do valor crítico, a força que atua sobre os elétrons será tão grande que eles literalmente serão arrancados da órbita. Isso se chama **ruptura dielétrica**, e a intensidade do campo elétrico (Equação 10-13) na ruptura denomina-se **intensidade dielétrica** do material. Para o ar, a ruptura ocorre quando o gradiente de tensão alcança 3 kV/mm. A Tabela 10-2 mostra as intensidades de ruptura para outros materiais. Como a qualidade do dielétrico depende de muitos fatores, a intensidade dele varia de amostra para amostra.

A ruptura não está restrita só aos capacitores; ela pode ocorrer em qualquer tipo de equipamento elétrico que tem seu isolamento forçado para além dos limites seguros. (Por exemplo, ocorrem rupturas de ar que produzem faísca em linhas de transmissão de alta tensão quando elas são atingidas por um raio.) O formato dos condutores também afeta a tensão de ruptura. A ruptura ocorre em tensões mais baixas em pontas agudas, em vez das não agudas. Esse efeito é usado em pára-raios.

Tabela 10-2 Intensidade Dielétrica*

Material	kV/mm
Ar	3
Cerâmica (alta ϵ_r)	3
Mica	40
Mylar	16
Óleo	15
Poliestireno	24
Borracha	18
Teflon®	60

*Os valores dependem da composição do material. Esses são os valores que usamos neste livro.

Exemplo 10-5

Um capacitor cuja placa tem as dimensões de 2,5 cm por 2,5 cm e um dielétrico de cerâmica com $\epsilon_r = 7.500$ experimentam rupturas a 2.400 V. Qual é o valor de C?

Solução: De acordo com a Tabela 10-2, a intensidade dielétrica é igual a 3 kV/mm. Dessa forma, $d = 2.400$ V/3.000 V/mm $= 0,8$ mm $= 8 \times 10^{-4}$ m. Assim, $C = \epsilon_r \epsilon_o A/d$
$= (7.500)(8,854 \times 10^{-12})(0,025 \text{ m})^2/(8 \times 10^{-4} \text{ m})$
$= 51,9$ nF

NOTAS PRÁTICAS...

A ruptura em dielétricos sólidos normalmente é destrutiva. Em geral, o resultado é um buraco carbonizado, e, como esse buraco é um meio condutor, o dielétrico deixa de ser um isolante útil. Por outro lado, o ar, o vácuo e os líquidos isolantes como o óleo se recuperam dos arcos assim que estes são extintos.

PROBLEMAS PRÁTICOS 2

1. Para qual valor de tensão ocorrerá a ruptura para o capacitor com dielétrico de plástico Mylar cujo espaço entre as placas é de 0,25 cm?

2. Um capacitor com dielétrico de ar rompe-se a 500 V. Se o espaço entre as placas for duplicado e o capacitor for preenchido com óleo, para qual valor de tensão ocorrerá a ruptura?

Respostas

1. 40 kV; **2.** 5 kV

Classificação da Tensão do Capacitor

Por causa da ruptura dielétrica, os capacitores são classificados para uma tensão máxima de operação (denominada **tensão de operação**) pelo fabricante (indicado como WVDC ou **tensão de operação DC**). Operar um capacitor além de sua tensão de operação pode danificá-lo.

10.5 Efeitos Não Ideais

Até agora, vimos capacitores ideais. No entanto, os capacitores reais apresentam algumas características não ideais.

Fuga de Corrente

Após ser desconectado da fonte, um capacitor carregado irá descarregar com o tempo. Isso ocorre porque nenhum isolante é perfeito, e uma pequena quantidade de carga "vaza" pelo dielétrico. De modo semelhante, uma pequena quantidade de fuga de corrente passará pelo dielétrico quando um capacitor for conectado à fonte.

O efeito da **fuga** é exemplificado com um resistor na Figura 10-12. Com exceção dos capacitores eletrolíticos (ver a Seção 10.6), a fuga é muito pequena e R é muito alto – geralmente centenas de megaohms. Quanto maior o valor de R, maior será o tempo em que o capacitor manterá a carga. Para a maioria dos aplicativos, a fuga pode ser desprezada, e o capacitor pode ser tratado como ideal.

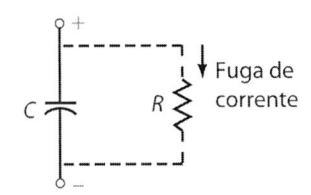

Figura 10-12 Fuga de corrente.

Absorção Dielétrica

Quando você descarrega um capacitor ao colocar temporariamente um resistor em seus terminais, ele deve apresentar zero (ou quase zero) volt após a remoção do resistor. No entanto, uma quantidade considerável de tensão residual pode voltar. Para saber o porquê, lembre-se da polarização, Figura 10-11. Em alguns dielétricos, quando a tensão da fonte é removida, o relaxamento dos átomos para o seu estado não polarizado pode levar um tempo razoável, e é a carga residual do restante desses átomos polarizados que gera a tensão residual. Tal efeito se chama **absorção dielétrica**. Em circuitos elétricos, a tensão resultante da absorção dielétrica pode alterar os níveis de tensão; em tubos de TV e equipamentos de potência elétrica, pode-se chegar a tensões altas e potencialmente perigosas. Talvez seja necessário colocar um resistor em paralelo para completar a descarga.

Coeficiente de Temperatura

Como os dielétricos são afetados pela temperatura, a capacitância pode variar com ela. Se a capacitância aumentar com a elevação da temperatura, o capacitor terá um **coeficiente de temperatura positivo**; se ela diminuir, o capacitor terá um **coeficiente de temperatura negativo**; se permanecer basicamente constante, o capacitor terá um **coeficiente de temperatura nulo**.

O coeficiente de temperatura é especificado como uma variação na capacitância em partes por milhão (ppm) por grau Celsius. Considere um capacitor de 1 µF. Como 1 µF = 1 milhão de pF, 1 ppm é 1 pF. Portanto, um capacitor de 1 µF com coeficiente de temperatura de 200 ppm/°C poderia ter uma variação de até 200 pF por grau Celsius. Se o circuito que estiver projetando for sensível ao valor de um capacitor, será necessário usar um capacitor com um coeficiente de temperatura pequeno.

10.6 Tipos de Capacitores

Como apenas um tipo de capacitor não serve para todos os aplicativos, há vários tipos e tamanhos de capacitores, entre eles, os tipos fixos e variáveis com diferentes dielétricos e áreas recomendadas para aplicação.

Capacitores Fixos

Geralmente, os capacitores fixos são identificados pelos seus dielétricos. Os materiais típicos do dielétrico incluem a cerâmica, o plástico, a mica; para os capacitores eletrolíticos, o alumínio e o óxido de tântalo. Os modelos incluem placas tubulares e placas entre lâminas. O modelo entre lâminas (Figura 10-13) utiliza várias placas para aumentar a área efetiva da placa. Uma camada de isolante separa as placas, e placas alternadas são ligadas entre si. O modelo tubular (Figura 10-14) utiliza folhas de lâmina metálica separadas por um isolante, como um filme plástico. Os capacitores fixos são encapsulados em plástico, resina epóxi ou outro material isolante, e identificados com o valor, a tolerância e outros dados convenientes, mediante marcações nele próprio ou com código de cores. As características elétricas e o tamanho dependem do dielétrico usado.

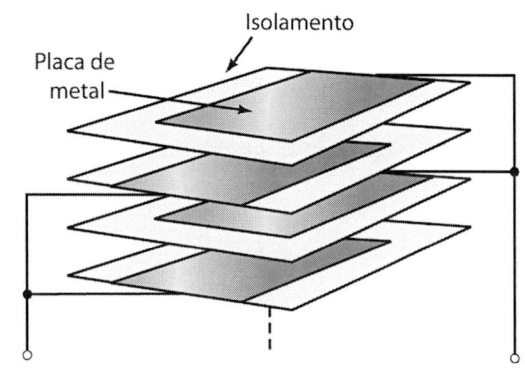

Figura 10-13 Construção empilhada de um capacitor. A pilha é comprimida, os fios são ligados a ela, e a unidade é revestida com resina epóxi ou com outro material isolante.

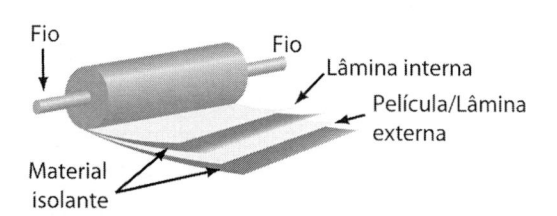

Figura 10-14 Capacitor tubular com fios no eixo.

Capacitores Cerâmicos

Em primeiro lugar, considere a cerâmica. A permissividade da cerâmica varia muito (como indica a Tabela 10-1). De um lado, estão as cerâmicas com uma permissividade extremamente alta. Isso permite implementar uma grande quantidade de capacitância em um espaço pequeno, mas propicia capacitores cujas características variam bastante com a temperatura e a tensão de operação. No entanto, elas são comuns em aplicativos onde as variações de temperatura são modestas, e o tamanho pequeno e o custo são importantes. Do outro lado, estão as cerâmicas que possuem características extremamente estáveis. Elas propiciam capacitores cujos valores variam pouco com a temperatura, a tensão ou o tempo. Contudo, como suas constantes dielétricas são relativamente baixas (tipicamente de 30 a 80), esses capacitores são fisicamente maiores do que os equivalentes feitos com cerâmica de alta permissividade. Muitos capacitores de montagem em superfície (que serão vistos mais adiante nesta seção) usam dielétricos de cerâmica.

Capacitores de Filme Plástico

Há dois tipos básicos de capacitores de filme plástico: de lâmina/filme ou de filme metalizado. Os capacitores de **lâmina/filme** utilizam uma lâmina de metal separada por um filme plástico, como na Figura 10-14, enquanto o capacitor de **filme metalizado** tem o seu material laminado depositado a vácuo diretamente no filme plástico. Os capacitores de lâmina/filme geralmente são maiores do que as unidades com lâminas metalizadas, mas apresentam uma capacitância mais estável e uma maior resistência de isolamento. Os materiais de filmes mais comuns são o poliéster, o Mylar, o polipropileno e o policarbonato. A Figura 10-15 mostra uma seleção de capacitores de filme plástico.

Os capacitores de filme metalizado apresentam **autorreparo**. Portanto, se a elevação da tensão exceder a ruptura, forma-se um arco que evapora a área metalizada ao redor da falha, isolando o defeito. (Os capacitores de lâmina/filme não apresentam autorreparo.)

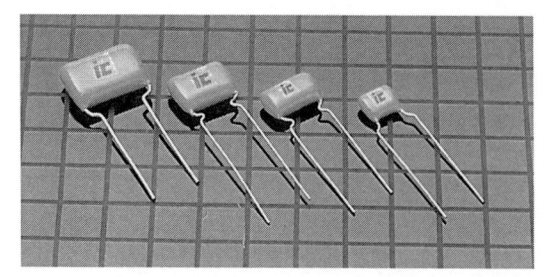

Figura 10-15 Capacitores com fios de metal radiais. (Cortesia de *Illinois Capacitor Inc.*)

Capacitores de Mica

Os capacitores de mica têm custo baixo e apresentam pouca fuga e boa estabilidade. Os valores disponíveis variam de alguns picofarads para em torno de 0,1 μF.

Capacitores Eletrolíticos

Capacitores **eletrolíticos** proporcionam capacitância elevada (ou seja, até algumas centenas de milhares de microfarads) a um custo relativamente baixo. (A capacitância é elevada porque esses capacitores têm como dielétrico uma camada muito fina de óxido.) Porém, a fuga é relativamente alta, e a tensão de ruptura é baixa. O material da placa dos eletrolíticos é o alumínio ou o tântalo. Os dispositivos de tântalo são menores do que os de alumínio, apresentam menos fuga e são mais estáveis.

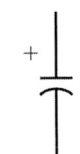

Figura 10-16 Símbolo para um capacitor eletrolítico.

A construção de um capacitor eletrolítico básico de alumínio é parecida com a da Figura 10-14, com lâminas de alumínio separadas por uma gaze impregnada com um eletrólito. Na fabricação, a ação química gera uma camada fina de óxido que age como o dielétrico. Essa camada deve ser mantida durante o uso. Por essa razão, os capacitores eletrolíticos são polarizados (marcados pelos sinais + e −); o terminal (+) deve ser sempre mantido positivo em relação ao terminal (−). Os capacitores eletrolíticos têm uma **vida útil**, ou seja, se não forem usados durante muito tempo, podem falhar quando ligados novamente. A Figura 10-16 mostra o símbolo para um capacitor eletrolítico, e a Figura 10-17 exibe uma seleção de dispositivos reais.

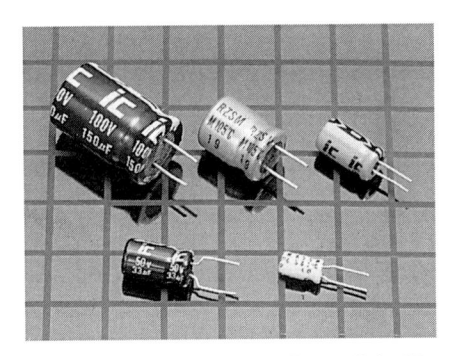

Figura 10-17 Capacitores eletrolíticos de alumínio com fios radiais. *(Cortesia de Illinois Capacitor Inc.)*

Os capacitores de tântalo são de dois tipos: o com cápsula úmida e o com dielétrico sólido. A Figura 10-18 mostra a visão parcial de uma unidade de tântalo sólido. A cápsula, feita do pó de tântalo, é altamente porosa e proporciona uma grande área da superfície interna que é coberta por um óxido para formar o dielétrico. Os capacitores de tântalo são polarizados e devem ser inseridos no circuito de maneira correta.

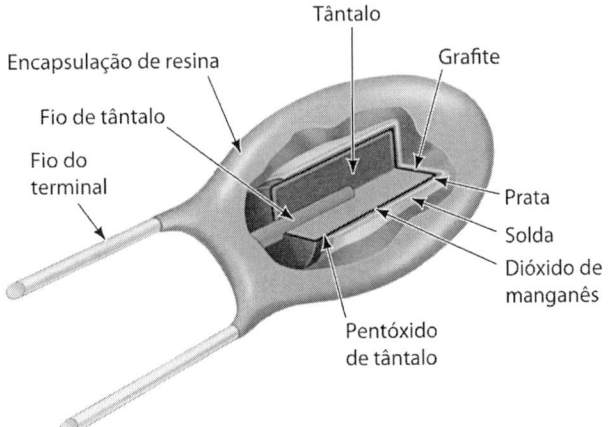

Figura 10-18 Visão parcial de um capacitor de tântalo sólido. *(Cortesia AVX Corporation.)*

Capacitores para Montagem em Superfície

Muitos produtos eletrônicos agora utilizam os **dispositivos para montagem em superfície** (SMDs). (Os SMDs não têm fios de conexão, eles são soldados diretamente nas placas de circuitos impressos.) A Figura 10-19 mostra um capacitor de cerâmica integrado para a montagem em superfície. Dispositivos como este são extremamente pequenos e proporcionam uma alta densidade de empacotamento – ver a Figura 1-4 (Capítulo 1, neste volume).

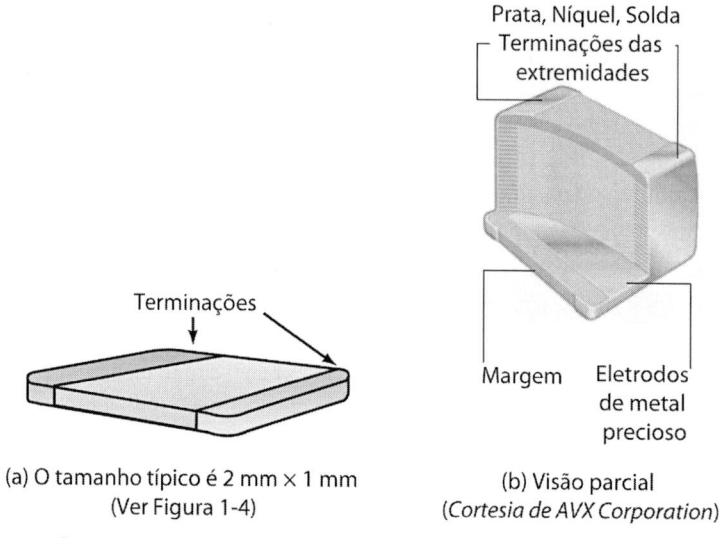

Figura 10-19 Capacitor de cerâmica para montagem de superfície.

(a) O tamanho típico é 2 mm × 1 mm (Ver Figura 1-4)

(b) Visão parcial (*Cortesia de AVX Corporation*)

Capacitores Variáveis

Os capacitores variáveis mais comuns são os usados nos circuitos para sintonia de rádio (Figura 10-20). Eles têm um conjunto de placas fixas e um de placas móveis que são agrupadas e montadas em um eixo. Conforme o usuário gira o eixo, as placas móveis se integram com as fixas, mudando a área efetiva da superfície (e, consequentemente, a capacitância).

Outro tipo ajustável é o capacitor de ajuste *trimmer* ou *padder*, usado para ajustes finos, normalmente para uma variação muito pequena. Ao contrário do capacitor variável (que, em geral, é alterado pelo usuário), um *trimmer* é regulado para o valor exigido e nunca mais modificado.

(a) Tipo de capacitor variável usado em rádios

(b) Símbolo

Figura 10-20

PROBLEMAS PRÁTICOS 3

Um capacitor de 25 µF apresenta uma tolerância de +80% e −20%. Determine seus valores máximo e mínimo.

Resposta
4,5 µF e 2 µF

10.7 Capacitores em Paralelo e em Série

Capacitores em Paralelo

Para os capacitores em paralelo, a área efetiva da placa é a soma de suas áreas individuais; portanto, a capacitância total é a soma das capacitâncias individuais. Matematicamente, isso pode ser demonstrado com facilidade. Considere a Figura 10-21. A carga em cada capacitor é dada pela Equação 10-1, ou seja, $Q_1 = C_1 V$ e $Q_2 = C_2 V$. Logo, $Q_T = Q_1 + Q_2 = C_1 V + C_2 V = (C_1 + C_2)V$. Todavia, $Q_T = C_T V$. Portanto, $C_T = C_1 + C_2$. Para mais de dois capacitores,

$$C_T = C_1 + C_2 + \ldots + C_N \tag{10-14}$$

A capacitância total dos capacitores em paralelo é a soma das capacitâncias individuais.

(a) Capacitores paralelos

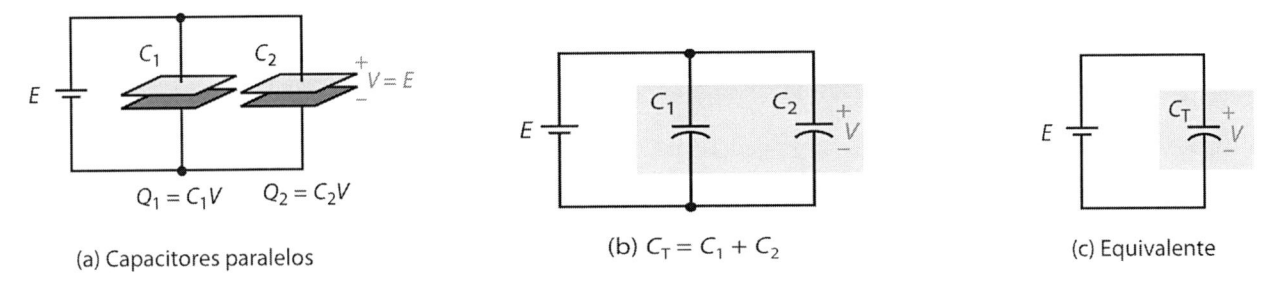

(b) $C_T = C_1 + C_2$

(c) Equivalente

Figura 10-21 Capacitores em paralelo. A capacitância é a soma das capacitâncias individuais.

Exemplo 10-6

Os capacitores de 10 µF, 15 µF e 100 µF são ligados em paralelo a uma fonte de 50 V. Determine:

a. A capacitância total.

b. A carga total armazenada.

c. A carga em cada capacitor.

Solução:

a. $C_T = C_1 + C_2 + C_3 = 10\ \mu F + 15\ \mu F + 100\ \mu F = 125\ \mu F$

b. $Q_T = C_T V = (125\ \mu F)(50\ V) = 6{,}25\ mC$

c. $Q_1 = C_1 V = (10\ \mu F)(50\ V) = 0{,}5\ mC$

d. $Q_2 = C_2 V = (15\ \mu F)(50\ V) = 0{,}75\ mC$

e. $Q_3 = C_3 V = (100\ \mu F)(50\ V) = 5{,}0\ mC$

Confira: $Q_T = Q_1 + Q_2 + Q_3 = (0{,}5 + 0{,}75 + 5{,}0)\ mC = 6{,}25\ mC$.

PROBLEMAS PRÁTICOS 4

1. Três capacitores estão ligados em paralelo. Se $C_1 = 20\ \mu F$, $C_2 = 10\ \mu F$ e $C_T = 32{,}2\ \mu F$, qual é o valor de C_3?
2. Três capacitores estão em paralelo em uma fonte de 80 V, com $Q_T = 0{,}12\ C$. Se $C_1 = 200\ \mu F$ e $C_2 = 300\ \mu F$, qual é o valor de C_3?
3. Três capacitores estão em paralelo. Se o valor do segundo capacitor é duas vezes o do primeiro, o valor do terceiro é um quarto do segundo, e a capacitância total é 70 µF, quais são os valores de cada capacitor?

Respostas

1. 2,2 µF; **2.** 1.000 µF; **3.** 20 µF, 40 µF e 10 µF

Capacitores em Série

Os capacitores em série (Figura 10-22) têm a mesma carga. Portanto, $Q = C_1V_1 = Q = C_2V_2$ etc. Calculando as tensões, obtém-se $V_1 = Q/C_1$, $V_2 = Q/C_2$, e assim por diante. Aplicando a KVL, temos $V = V_1 + V_2 + ... + V_N$. Portanto,

$$V = \frac{Q}{C_1} + \frac{Q}{C_2} + \cdots + \frac{Q}{C_N} = Q\left(\frac{1}{C_1} + \frac{1}{C_2} + \cdots + \frac{1}{C_N}\right)$$

Todavia, $V = Q/C_T$. Igualando essa expressão com o lado direito e cancelando Q, obtém-se

$$\frac{1}{C_T} = \frac{1}{C_1} + \frac{1}{C_2} + \cdots + \frac{1}{C_N} \qquad (10\text{-}15)$$

Para dois capacitores em série, isso se reduz a

$$C_T = \frac{C_1 C_2}{C_1 + C_2} \qquad (10\text{-}16)$$

Para N capacitores iguais em série, a Equação 10-15 gera $C_T = C/N$.

> **NOTA...**
>
> 1. Para capacitores em paralelo, a capacitância total é sempre maior do que a maior capacitância; para os capacitores em série, a capacitância total é sempre menor do que a menor capacitância.
>
> 2. A fórmula para os capacitores em paralelo é parecida com a dos resistores em série; a fórmula para os capacitores em série é parecida com a dos resistores em paralelo.

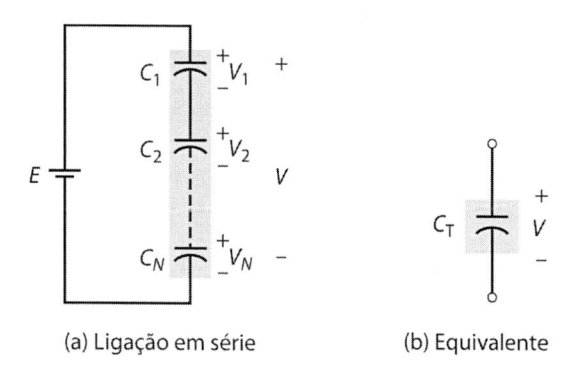

(a) Ligação em série (b) Equivalente

Figura 10-22 Capacitores em série $\frac{1}{C_T} = \frac{1}{C_1} + \frac{1}{C_2} + \cdots + \frac{1}{C_N}$.

Exemplo 10-7

Observe a Figura 10-23(a).

a. Determine C_T.
b. Se 50 V forem aplicados nos capacitores, determine Q.
c. Determine a tensão em cada capacitor.

30 µF 60 µF 20 µF   10 µF
 C_1 C_2 C_3 C_T
      (a)   (b)

Figura 10-23

Solução:

a. $\dfrac{1}{C_T} = \dfrac{1}{C_1} + \dfrac{1}{C_2} + \dfrac{1}{C_3} = \dfrac{1}{30\ \mu F} + \dfrac{1}{60\ \mu F} + \dfrac{1}{20\ \mu F}$

$= 0{,}0333 \times 10^6 + 0{,}0167 \times 10^6 + 0{,}05 \times 10^6 = 0{,}1 \times 10^6$

(continua)

Exemplo 10-7 *(continuação)*

Dessa forma, como indicado em (b).

$$C_T = \frac{1}{0,1 \times 10^6} = 10 \text{ μF}$$

b. $Q = C_T V = (10 \times 10^{-6} \text{ F})(50 \text{ V}) = 0,5 \text{ mC}$

c. $V_1 = Q/C_1 = (0,5 \times 10^{-3} \text{ C})/(30 \times 10^{-6} \text{ F}) = 16,7 \text{ V}$
$V_2 = Q/C_2 = (0,5 \times 10^{-3} \text{ C})/(60 \times 10^{-6} \text{ F}) = 8,3 \text{ V}$
$V_3 = Q/C_3 = (0,5 \times 10^{-3} \text{ C})/(20 \times 10^{-6} \text{ F}) = 25,0 \text{ V}$
Confira: $V_1 + V_2 + V_3 = 16,7 + 8,3 + 25 = 50 \text{ V}$.

Dicas para Uso da Calculadora: A calculadora também pode ser usada para avaliar a Equação 10-15. Para os capacitores do Exemplo 10-7, a solução para a C_T apareceria (em uma TI-86, por Exemplo) da seguinte maneira:

```
30-1+60-1+20-1
                .1
Ans-1
                10
```

Portanto, $C_T = 10 \text{ μF}$

Exemplo 10-8

Para o circuito da Figura 10-24(a), determine C_T.

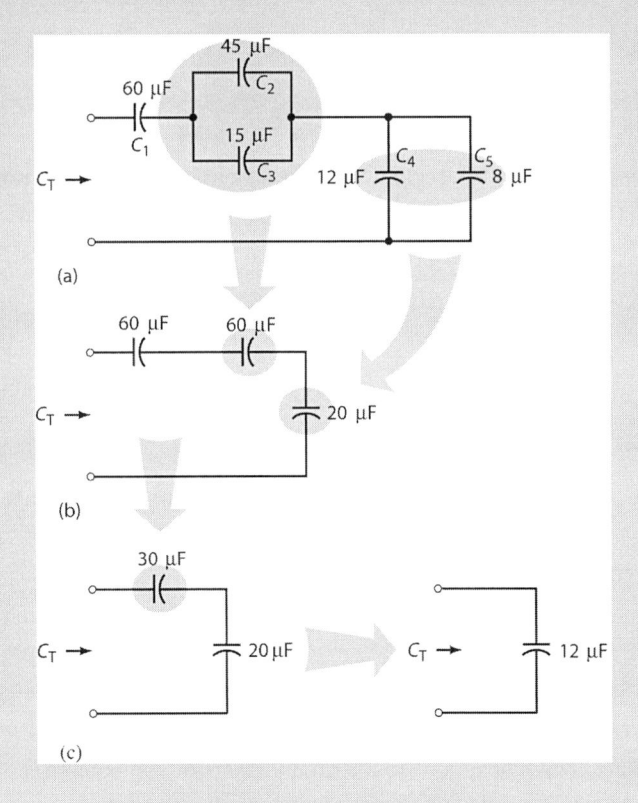

Figura 10-24 Redução sistemática.

Solução: O problema pode ser facilmente resolvido com uma redução passo a passo. C_2 e C_3 em paralelo geram 45 μF + 15 μF = 60 μF. C_4 e C_5 em paralelo totalizam 20 μF. O circuito reduzido é mostrado em (b). As duas capacitâncias de 60 μF em série se reduzem a 30 μF. A combinação série de 30 μF e de 20 μF pode ser encontrada com a Equação 10-16. Assim,

$$C_T = \frac{30 \text{ μF} \times 20 \text{ μF}}{30 \text{ μF} + 20 \text{ μF}} = 12 \text{ μF}$$

Use a calculadora para reduzir (b) de acordo com a descrição do Exemplo 10-7.

A Regra do Divisor de Tensão para os Capacitores em Série

Para capacitores em série (Figura 10-25), pode-se criar uma simples regra do divisor de tensão. Lembre-se, para capacitores individuais, $Q_1 = C_1V_1$, $Q_2 = C_2V_2$ etc., e para a sequência completa, $Q_T = C_T V_T$. Como visto anteriormente, $Q_1 = Q_2 = ... Q_T$. Assim, $C_1V_1 = C_T V_T$. Calculando V_1, temos

$$V_1 = \left(\frac{C_T}{C_1}\right) V_T$$

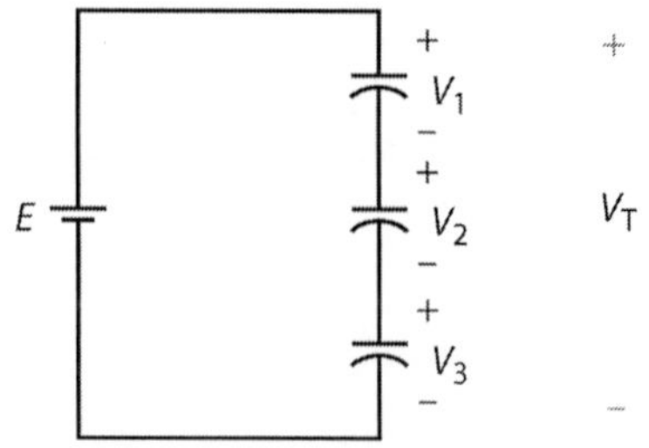

Esse tipo de relação serve para todos os capacitores. Portanto,

$$V_x = \left(\frac{C_T}{C_x}\right) V_T \qquad (10\text{-}17)$$

Figura 10-25 Divisor de tensão capacitivo

Então, observa-se que a tensão em um capacitor é inversamente proporcional à sua capacitância, ou seja, quanto menor a capacitância, maior a tensão, e vice-versa. Outras variações úteis são

$$V_1 = \left(\frac{C_2}{C_1}\right) V_2, \qquad V_1 = \left(\frac{C_3}{C_1}\right) V_3, \qquad V_2 = \left(\frac{C_3}{C_2}\right) V_3, \qquad \text{etc.}$$

PROBLEMAS PRÁTICOS 5

1. Confirme as tensões do Exemplo 10-7 usando a regra do divisor de tensão para os capacitores.
2. Determine a tensão em cada capacitor da Figura 10-24 se a tensão em C_5 for 30 V.

Respostas
1. $V_1 = 16,7$ V, $V_2 = 8,3$ V, $V_3 = 25,0$ V; **2.** $V_1 = 10$ V, $V_2 = V_3 = 10$ V, $V_4 = V_5 = 30$ V

10.8 Corrente e Tensão nos Capacitores

Como já visto (Figura 10-2), durante a carga, os elétrons são transferidos de uma placa do capacitor para a outra. Algumas observações devem ser feitas.

1. Esse movimento dos elétrons constitui uma corrente.
2. Essa corrente dura apenas o tempo suficiente para carregar o capacitor. Quando o capacitor estiver totalmente carregado, a corrente será nula.
3. Durante o processo de carga, a corrente no circuito é ocasionada somente pelo movimento de elétrons de uma placa para a outra ao redor do circuito externo pela bateria. Nenhuma corrente passa pelo dielétrico entre as placas.
4. À medida que a carga é depositada na placa, gera-se tensão no capacitor. No entanto, essa tensão não salta imediatamente para o valor total, uma vez que a transferência de elétrons de uma placa para outra é demorada (bilhões de elétrons devem ser transferidos).
5. Como a tensão é gerada à medida que o processo de carga avança, a diferença de tensão entre a fonte e o capacitor diminui e, portanto, a taxa do movimento dos elétrons (ou seja, a corrente) diminui conforme o capacitor alcança a carga completa.

A Figura 10-26 mostra a tensão e a corrente durante o processo de carga. Como indicado, a corrente começa com um aumento abrupto e depois cai para zero; já a tensão do capacitor sobe gradualmente do zero para a tensão total. Normalmente, o tempo de carga varia de nanossegundos para milissegundos, dependendo da resistência e da capacitância do circuito. (Estudaremos essas relações em detalhe no Capítulo 11 deste volume). Um surto parecido (porém na direção oposta) ocorre durante a descarga.

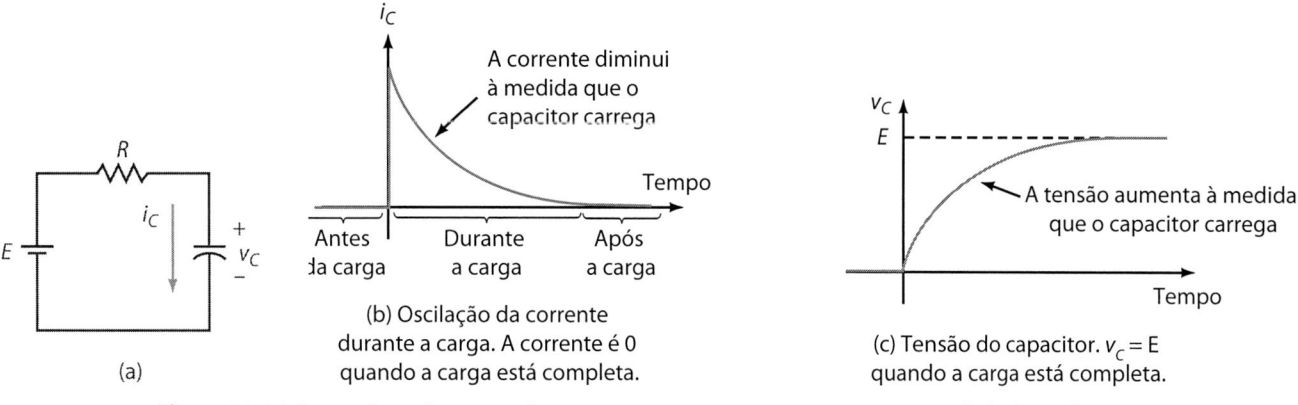

Figura 10-26 O capacitor não carrega instantaneamente, uma vez que uma quantidade finita de tempo é necessária para movimentar os elétrons ao redor do circuito.

(b) Oscilação da corrente durante a carga. A corrente é 0 quando a carga está completa.

(c) Tensão do capacitor. $v_C = E$ quando a carga está completa.

Como indica a Figura 10-26, há corrente somente enquanto a tensão do capacitor varia. Em geral, isso é verdade, ou seja, *há corrente em um capacitor apenas enquanto a tensão estiver variando*, e não é difícil entender a razão: como visto, o dielétrico de um capacitor é um isolante e, por conseguinte, nenhuma corrente pode passar por ele (assumindo uma fuga nula). As únicas cargas que podem se movimentar, portanto, são os elétrons livres que existem nas placas do capacitor. Quando a tensão do capacitor é constante, essas cargas estão em equilíbrio, não há um movimento resultante das cargas, sendo a corrente, portanto, igual a zero. Todavia, se a tensão da fonte aumentar, mais elétrons serão extraídos da placa positiva; de modo contrário, se a tensão da fonte diminuir, o excesso de elétrons na placa negativa retorna à positiva. Portanto, em ambos os casos, a corrente do capacitor surge quando a tensão do capacitor varia. Como mostraremos a seguir, essa corrente é proporcional à taxa de variação da tensão. Antes, porém, precisaremos examinar os símbolos.

Símbolos para a Tensão e a Corrente Variáveis no Tempo

As grandezas que variam com o tempo são denominadas **grandezas instantâneas**. *A prática padrão da indústria exige que se usem letras minúsculas para as grandezas variáveis no tempo, em vez da letra maiúscula usada para DC.* Por isso, usamos v_C e i_C para representar a variação da tensão e corrente do capacitor, em vez de V_C e I_C. (Normalmente, eliminamos os subscritos e usamos apenas v e i.) Como essas grandezas são funções do tempo, também podem ser representadas como $v_C(t)$ e $i_C(t)$.

A Relação v-i do Capacitor

A Equação 10-1 fornece a relação entre a carga e a tensão para um capacitor. No caso da variação com o tempo, a equação é

$$q = Cv_C \quad (10\text{-}18)$$

Mas a corrente é a taxa do movimento da carga. Na notação de cálculo, isso equivale a $i_C = dq/dt$.

$$i_C = \frac{dq}{dt} = \frac{d}{dt}(Cv_C) \quad (10\text{-}19)$$

Como C é constante, obtém-se

$$i_C = C\frac{dv_C}{dt} \text{ (A)} \quad (10\text{-}20)$$

A Equação 10-20 mostra que *a corrente em um capacitor é igual a C vezes a taxa de variação da tensão nele*. Isso significa que, quanto mais rápida a variação da tensão, maior será a corrente, e vice-versa. Isso também significa que, se a tensão é constante, a corrente é nula (como observado anteriormente).

NOTA...

Neste momento, o cálculo é introduzido para auxiliar o desenvolvimento das ideias e ajudar a explicar os conceitos. No entanto, nem todos que usam este livro sabem cálculo. Logo, o material é apresentado de uma forma que torna desnecessário se debruçar totalmente na matemática. Assim, quando houver cálculo, apresentaremos explicações intuitivas. Todavia, para proporcionar um enriquecimento que o cálculo oferece, incluímos derivações e problemas opcionais, que estão marcados pelo ícone ∫, e que podem ser omitidos, se desejado.

A Figura 10-27 mostra as convenções de referência para a tensão e a corrente. Como de costume, o sinal positivo fica na cauda da seta da corrente. Se houver um aumento da tensão, dv_C/dt será positiva, e a direção da corrente apontará para o mesmo sentido da seta de referência. Se a tensão diminuir, dv_C/dt será negativa, e a direção da corrente apontará para o sentido oposto ao da seta.

Figura 10-27 O sinal de + para v_C fica na cauda da seta da corrente.

A derivada dv_C/dt da Equação 10-20 é a inclinação da curva da tensão do capacitor *versus* o tempo. Quando a tensão do capacitor varia linearmente com o tempo (ou seja, a relação é uma linha reta, como mostra a Figura 10-28), a Equação 10-20 se reduz a

$$i_C = C \frac{\Delta v_C}{\Delta t} = C \frac{\text{elevação}}{\text{intervalo}} = C \times \text{inclinação da linha} \tag{10-21}$$

Exemplo 10-9

Um gerador de sinal aplica tensão em um capacitor de 5 μF com uma forma de onda, como mostra a Figura 10-28(a). A tensão aumenta linearmente de 0 a 10 V em 1 ms, cai de forma linear para −10 V em $t = 3$ ms, permanece constante até $t = 4$ ms, sobe para 10 V em $t = 5$ ms e permanece constante daí em diante.

a. Determine a inclinação de v_C em cada intervalo de tempo.

b. Determine a corrente e desenhe o gráfico.

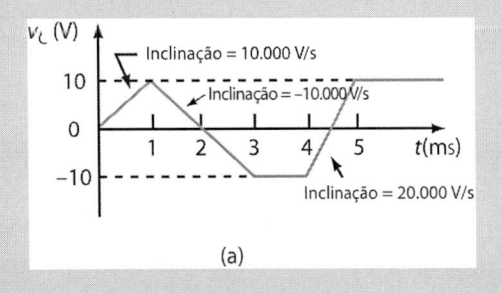

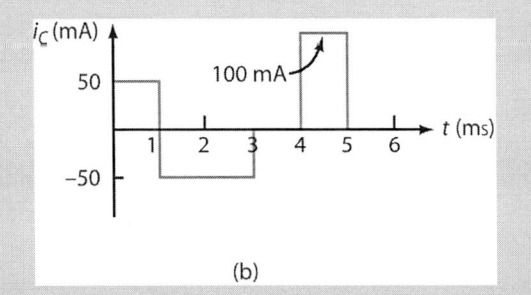

Figura 10-28

Solução: Precisamos da inclinação de v_C durante cada intervalo de tempo em que a inclinação = elevação/intervalo = $\Delta v/\Delta t$.

a. 0 ms para 1 ms: $\Delta v = 10$ V; $\Delta t = 1$ ms; portanto, a inclinação = 10 V/1 ms = 10.000 V/s.

1 ms para 3 ms: Inclinação = −20 V/2 ms = −10.000 V/s.

3 ms para 4 ms: Inclinação = 0 V/s.

4 ms para 5 ms: Inclinação = 20 V/1 ms = 20.000 V/s.

b. $i_C = C dv_C/dt = C$ vezes a inclinação. Assim,

0 ms para 1 ms: $i = (5 \times 10^{-6} \text{ F})(10.000 \text{ V/s}) = 50$ mA.

1 ms para 3 ms: $i = -(5 \times 10^{-6} \text{ F})(10.000 \text{ V/s}) = -50$ mA.

3 ms para 4 ms: $i = (5 \times 10^{-6} \text{ F})(0 \text{ V/s}) = 0$ mA.

4 ms para 5 ms: $i = (5 \times 10^{-6} \text{ F})(20.000 \text{ V/s}) = 100$ mA.

A corrente é representada na Figura 10-28(b).

Exemplo 10-10

A tensão em um capacitor de 20 µF é $v_C = 100\, t\, e^{-t}$ V. Determine a corrente i_C.

Solução: A diferenciação em partes usando $\dfrac{d(uv)}{dt} = u\dfrac{dv}{dt} + v\dfrac{du}{dt}$ com $u = 100\, t$ e $v = e^{-t}$ gera

$$i_C = C\frac{d}{dt}(100\, t\, e^{-t}) = 100\, C\frac{d}{dt}(t\, e^{-t}) = 100\, C\left(t\frac{d}{dt}(e^{-t}) + e^{-t}\frac{dt}{dt}\right)$$

$$= 2.000 \times 10^{-6}(-t\, e^{-t} + e^{-t})\, \text{A} = 2{,}0\,(1-t)\,e^{-t}\, \text{mA}$$

10.9 Energia Armazenada pelo Capacitor

O capacitor ideal não dissipa potência. Quando a potência é transferida para um capacitor, é toda armazenada como energia no campo elétrico do capacitor. Quando o capacitor é descarregado, essa energia armazenada retorna ao circuito.

Para determinar a energia armazenada, considere a Figura 10-29. Obtém-se a potência com $p = vi$ watts. Fazendo uso do cálculo (ver ∫), a energia armazenada pode ser obtida com

$$W = \frac{1}{2}CV^2\ (\text{J}) \qquad (10\text{-}22)$$

onde V é a tensão no capacitor. Isso significa que a energia em qualquer tempo depende do valor da tensão no capacitor nesse tempo.

∫ Derivando a Equação 10-22

Obtém-se a potência do capacitor (Figura 10-29) com $p = vi$, onde $i = Cdv/dt$. Logo, $p = Cdv/dt$. No entanto, $p = dW/dt$. Equacione os dois valores de p e, após alguma manipulação, você poderá integrá-los. Assim,

$$W = \int_0^t p\, dt = C\int_0^t v\frac{dv}{dt}\, dt = C\int_0^t v\, dv = \frac{1}{2}CV^2$$

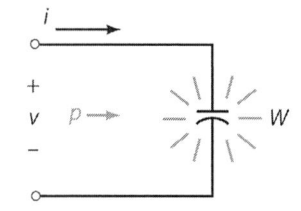

Figura 10-29 Armazenamento de energia em um capacitor.

10.10 Falhas do Capacitor e Solução do Defeito

Embora os capacitores sejam um tanto confiáveis, eles falham em razão de uso indevido, excesso de tensão, corrente, temperatura, ou, simplesmente, porque ficam velhos. Eles podem curto-circuitar na parte interna; os fios podem se abrir; os dielétricos podem apresentar excesso de fuga, e os capacitores, falhar de maneira catastrófica por causa do uso incorreto. (Se um capacitor eletrolítico for conectado com a capacidade invertida, por exemplo, ele pode explodir.) Os capacitores devem ser usados dentro de seus limites de especificação. O excesso de tensão pode levar à perfuração do dielétrico, criando buracos que curto-circuitam as placas que estão juntas. Temperaturas elevadas causam um aumento da fuga e/ou uma variação na capacitância. Essas temperaturas elevadas são provocadas pela refrigeração, por corrente excessiva, dielétricos com perdas, ou por uma frequência de operação além do limite especificado para o capacitor. Normalmente os capacitores são tão baratos que, quando houver suspeita de defeitos, é só substituí-los. Para auxiliar a localização dos capacitores defeituosos, às vezes se usa um ohmímetro ou um provador de capacitor, como mencionaremos a seguir.

Teste Básico com um Ohmímetro

Alguns testes básicos (fora do circuito) são feitos com um ohmímetro analógico. O ohmímetro detecta circuitos abertos e curtos-circuitos e, até certo ponto, dielétricos com fuga. Primeiro, certifique-se de que o capacitor está descarregado, depois, ajuste o ohmímetro para sua variação máxima e conecte-o ao capacitor. (Para dispositivos eletrolíticos, certifique-se de que o lado (+) do ohmímetro está ligado ao lado (+) do capacitor.)

Inicialmente, a leitura do ohmímetro deve ser baixa; assim, um bom capacitor aumentará de forma gradual para o infinito à medida que ele carregar com o ohmímetro. (Ou, pelo menos, a um valor muito alto, já que a maioria dos bons capacitores, exceto os eletrolíticos, apresenta uma resistência de centenas de megaohms.) (Provavelmente, esse teste é inútil para capacitores de valor pequeno, pois o tempo de carga talvez seja muito curto para gerar os resultados úteis.)

Os capacitores defeituosos respondem de maneira diferente. Se um capacitor for curto-circuitado, a leitura da resistência no medidor permanecerá baixa. Se o capacitor apresentar fuga, a leitura será mais baixa do que o normal. Se ele estiver aberto, o medidor indicará imediatamente o infinito, sem cair para zero quando for conectado pela primeira vez.

Provadores de Capacitor

Testar capacitores com ohmímetros apresenta algumas limitações; talvez sejam necessárias outras ferramentas. A Figura 10-30 mostra duas delas. O MMD em (a) é capaz de medir a capacitância e mostrá-la diretamente no visor. O RLC (medidor da resistência, indutância, capacitância) em (b) é capaz de determinar a capacitância, além de detectar circuitos abertos e curtos-circuitos. Há provadores mais sofisticados que determinam o valor da capacitância, a fuga em uma tensão especificada, a absorção dielétrica e assim sucessivamente.

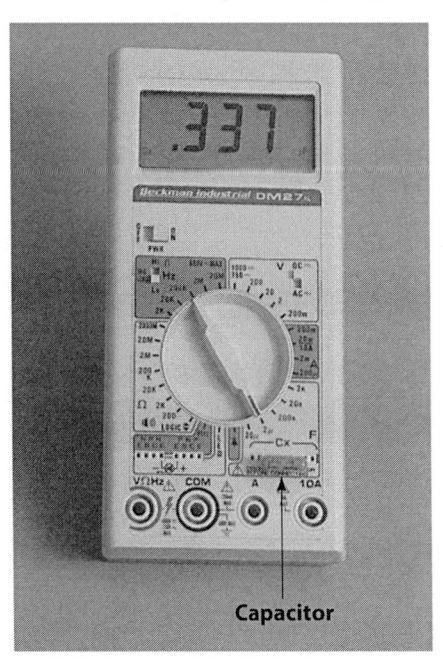

(a) Medição de C por um MMD
(nem todos os MMDs podem medir a capacitância)

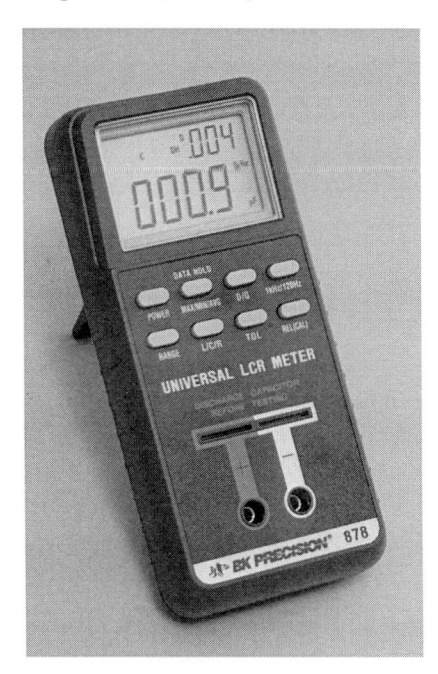

(b) Medidor do capacitor/indutor
(Cortesia de B + K Precision)

Figura 10-30 Teste do capacitor.

PROBLEMAS

10.1 Capacitância

1. Para a Figura 10-31, determine a carga no capacitor, sua capacitância, ou a tensão nele, de acordo com cada um dos itens a seguir:
   a. $E = 40$ V, $C = 20$ µF
   b. $V = 500$ V, $Q = 1.000$ µC

Figura 10-31

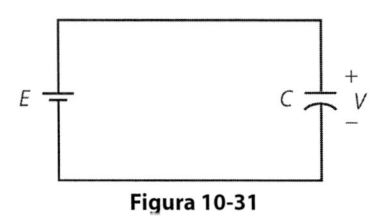

c. $V = 200$ V, $C = 500$ nF
d. $Q = 3 \times 10^{-4}$ C, $C = 10 \times 10^{-6}$ F
e. $Q = 6$ mC, $C = 40$ μF
f. $V = 1.200$ V, $Q = 1,8$ mC

2. Repita a Questão 1 para os seguintes itens:
   a. $V = 2,5$ kV, $Q = 375$ μC
   b. $V = 1,5$ kV, $C = 0,04 \times 10^{-4}$ F
   c. $V = 150$ V, $Q = 6 \times 10^{-5}$ C
   d. $Q = 10$ μC, $C = 400$ nF
   e. $V = 150$ V, $C = 40 \times 10^{-5}$ F
   f. $Q = 6 \times 10^{-9}$ C, $C = 800$ pF

3. A carga em um capacitor de 50 μF é 10×10^{-3}. Qual é a diferença de potencial entre os terminais?

4. Quando uma carga de 10 μC é colocada em um capacitor, sua tensão é de 25 V. Qual é a capacitância?

5. Você carrega um capacitor de 5 μF com 150 V. Seu companheiro de laboratório coloca momentaneamente um resistor nos terminais e tira o excesso de carga, deixando a tensão cair para 84 V. Qual é a carga final no capacitor?

10.2 Fatores que Afetam a Capacitância

6. Um capacitor com placas circulares de 0,1 m de diâmetro e um dielétrico de ar apresenta um espaço de 0,1 mm entre as placas. Qual é a sua capacitância?

7. Um capacitor de placas paralelas com dielétrico de mica tem dimensões de 1 cm × 1,5 cm e separação de 0,1 mm. Qual é a sua capacitância?

8. Para o capacitor do Problema 7, se a mica for removida, qual será a nova capacitância?

9. A capacitância de um capacitor preenchido com óleo é de 200 pF. Se a separação entre suas placas é de 0,1 mm, qual será a área das placas?

10. Um capacitor de 0,01 μF apresenta a cerâmica com uma constante dielétrica de 7.500. Se a cerâmica for removida, a separação das placas for duplicada, e o espaço entre as placas, preenchido com óleo, qual será o novo valor para C?

11. Um capacitor com um dielétrico de Teflon tem a capacitância de 33 μF. Um segundo capacitor com dimensões físicas idênticas, mas com um dielétrico de plástico Mylar, carrega uma carga de 55×10^{-4} C. Qual será a tensão nele?

12. A área da placa de um capacitor é 4,5 pol² e a separação da placa é 5 mils. Se a permissividade relativa do dielétrico é 80, qual é o valor de C?

10.3 Campos Elétricos

13. a. Qual é a intensidade do campo elétrico $\mathscr{E}$ a uma distância de 1 cm de um carga de 100 mC em um óleo de transformador?
    b. Qual é o valor de $\mathscr{E}$ a uma distância duas vezes maior?

14. Suponha que 150 V são aplicados em um capacitor de placas paralelas de 100 pF, cujas placas são separadas por 1 mm. Qual é a intensidade do campo elétrico $\mathscr{E}$ entre as placas?

10.4 Dielétricos

15. Um capacitor que tem o ar como dielétrico tem um espaço de 1,5 mm entre as placas. Qual é a quantidade de tensão que pode ser aplicada antes que haja a ruptura?

16. Repita o Problema 15 com o dielétrico de mica e o espaço de 2 mils circulares.

17. Um capacitor com dielétrico de mica rompe-se quando são aplicados E volts. A mica é removida, e o espaço entre as placas é duplicado. Se houver uma ruptura a 500 V, qual será o valor de E?

18. Determine a que tensão um capacitor com dielétrico de plástico Mylar de 200 nF, com a placa cuja área é 0,625 m², irá romper.

19. A Figura 10-32 mostra alguns vãos, incluindo um capacitor de placas paralelas, um conjunto de pequenos pontos esféricos e um par de pontos agudos. O espaço é o mesmo para cada um. À medida que a tensão aumenta, qual vão se rompe para cada caso?

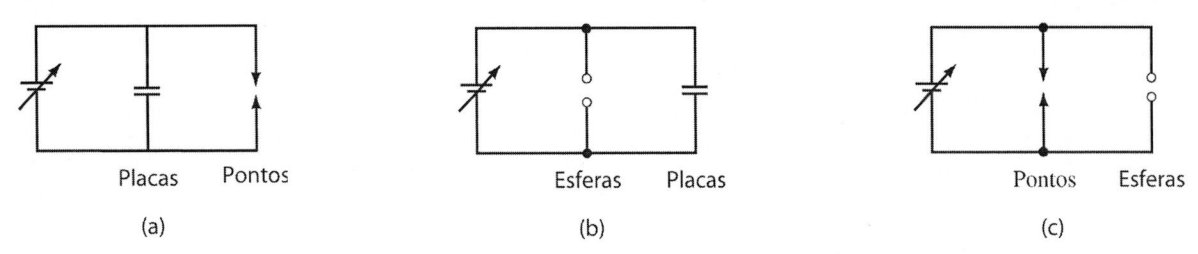

Figura 10-32 Eleva-se a tensão da fonte até que um dos vãos se rompa.
(A fonte tem uma alta resistência interna para limitar a corrente que sucede a ruptura.)

20. Se continuarmos a aumentar a tensão da fonte das Figuras 10-32(a), (b) e (c), após a ruptura de um vão, o segundo vão também romperá?

10.5 Efeitos Não Ideais

21. Um capacitor de 25 µF tem um coeficiente de temperatura negativo de 175 ppm/°C. Quais serão a variação e a direção se a temperatura aumentar 50 °C? Qual será o novo valor do capacitor?

22. Se um capacitor de 4,7 µF varia para 4,8 µF quando a temperatura aumenta para 40 °C, qual é o seu coeficiente de temperatura?

10.7 Capacitores em Paralelo e em Série

23. Qual é a capacitância equivalente de 10 µF, 12 µF, 22 µF e 33 µF ligados em paralelo?

24. Qual é a capacitância equivalente de 0,10 µF, 220 nF e 4,7 × 10⁻⁷ F ligados em paralelo?

25. Repita o Problema 23 se os capacitores estiverem ligados em série.

26. Repita o Problema 24 se os capacitores estiverem ligados em série.

27. Determine C_T para cada circuito da Figura 10-33.

Figura 10-33

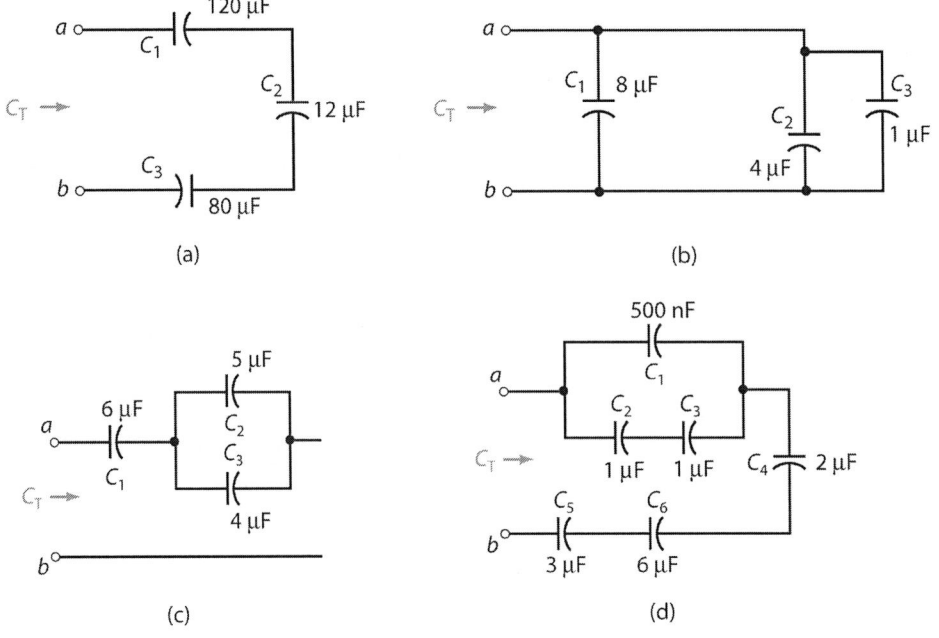

Capítulo 10 • Capacitores e Capacitância   **343**

28. Determine a capacitância total examinando os terminais para cada circuito da Figura 10-34.

29. Um capacitor de 30 µF é ligado em paralelo com um capacitor de 60 µF, e um de 10 µF está ligado em série com a combinação paralela. Qual é o valor de C_T?

30. Para a Figura 10-35, determine C_x.

31. Para a Figura 10-36, determine C_3 e C_4.

32. Para a Figura 10-37, determine C_T.

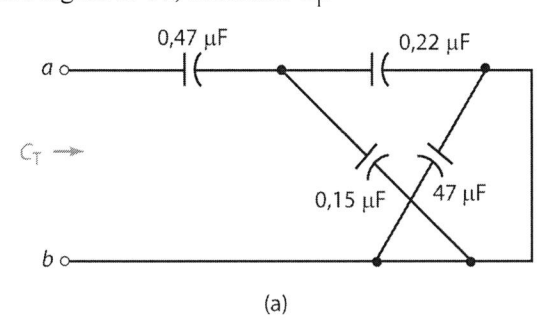

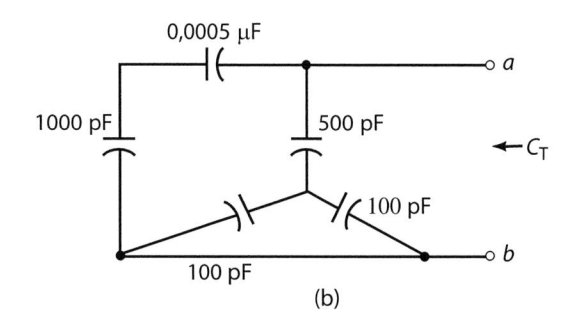

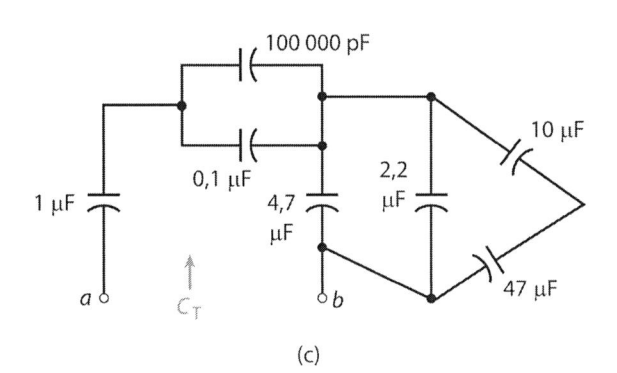

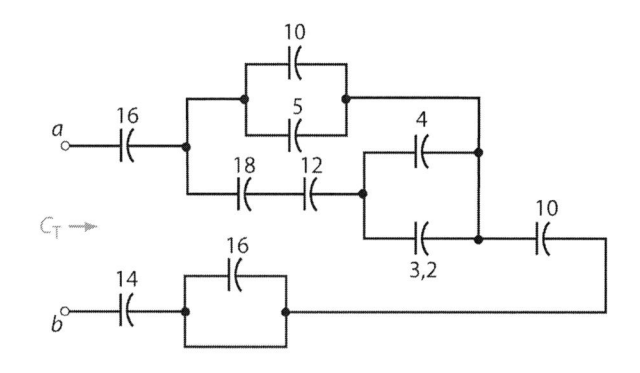

Figura 10-34

Figura 10-35   **Figura 10-36**   **Figura 10-37**

33. Há capacitores de 22 µF, 47 µF, 2,2 µF e 10 µF. Ligando-os como desejar, qual será a maior capacitância equivalente alcançada? E a menor?

34. Um capacitor de 10 µF e um de 4,7 µF estão ligados em paralelo. Acrescenta-se um terceiro capacitor ao circuito, $C_T = 2,695$ µF. Qual é o valor do terceiro capacitor? Como ele está ligado?

35. Considere os capacitores de 1 µF, 1,5 µF e 10 µF. Se $C_T = 10,6$ µF, como os capacitores estão ligados?

36. Para os capacitores do Problema 35, sendo $C_T = 2,304$ µF, como os capacitores estão ligados?

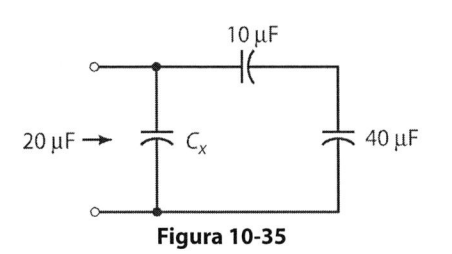

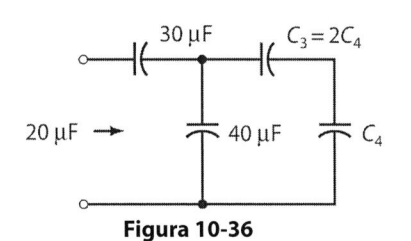

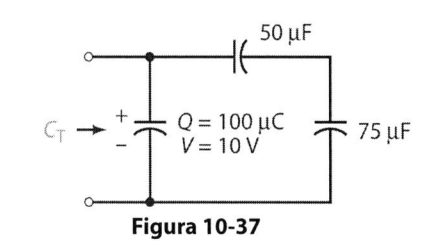

Figura 10-38

37. Para as Figuras 10-33(c) e (d), determine a tensão em cada capacitor se 100 V forem aplicados nos terminais a-b.

344 Análise de Circuitos • Capacitância e Indutância

38. Utilize a regra do divisor de tensão para encontrar a tensão em cada capacitor da Figura 10-38.

39. Repita o Problema 38 para o circuito da Figura 10-39.

40. Para a Figura 10-40, $V_x = 50$ V. Determine C_x e C_T.

41. Para a Figura 10-41, determine C_x.

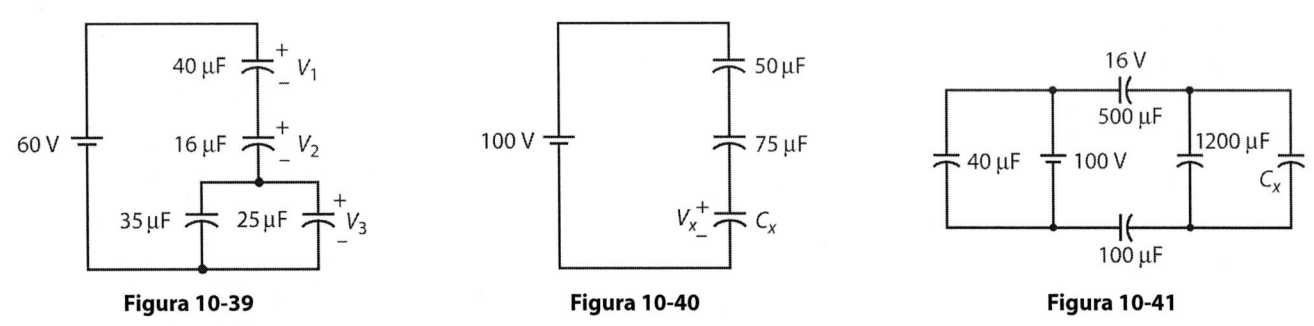

Figura 10-39

Figura 10-40

Figura 10-41

42. Uma fonte DC está ligada nos terminais *a-b* da Figura 10-35. Se C_x é 12 µF e a tensão no capacitor de 40 µF é igual a 80 V,

    a. Qual é a tensão da fonte?

    b. Qual é a carga total nos capacitores?

    c. Qual é a carga em cada capacitor individual?

10.8 Corrente e Tensão nos Capacitores

43. A tensão no capacitor da Figura 10-42(a) é mostrada em (b). Faça o esboço da corrente i_C em uma escala com valores numéricos.

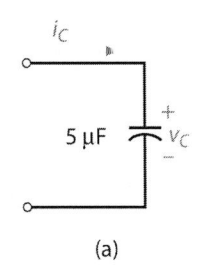

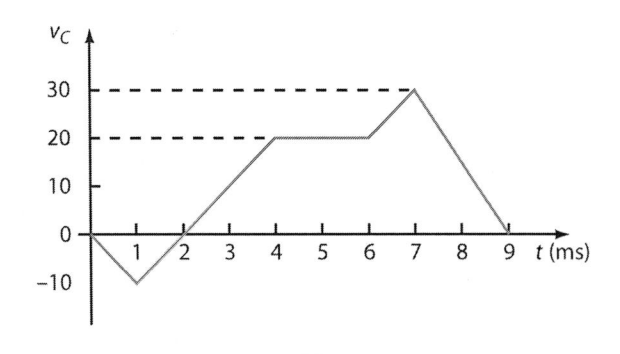

Figura 10-42

44. A Figura 10-43 mostra a corrente em um capacitor de 1 µF. Desenhe a tensão v_C em uma escala com valores numéricos. A tensão em $t = 0$ s é 0 V.

45. Se a tensão em um capacitor de 4,7 µF é $v_C = 100e^{-0,05t}$ V, qual é o valor de i_C?

46. A corrente em um capacitor de 0,1 µF é $i_C = t\,e^{-t}$ µA. Se a tensão do capacitor é 0 V, a $t = 0$, determine a equação para v_C. Sugestão: Use a integral da Equação 10-20.

10.9 Energia Armazenada pelo Capacitor

47. Para a Figura 10-42, determine a energia do capacitor em cada um dos tempos a seguir: $t = 0,1$ ms, 4 ms, 7 ms e 9 ms.

48. Para o circuito da Figura 10-38, determine a energia armazenada em cada capacitor.

10.10 Falhas do Capacitor e Solução do Defeito

49. Para cada caso mostrado na Figura 10-44, qual é o provável defeito?

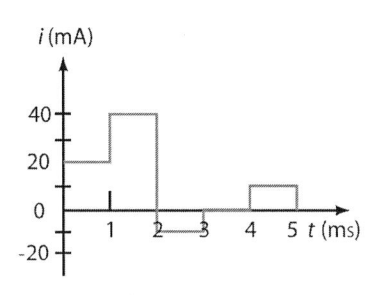

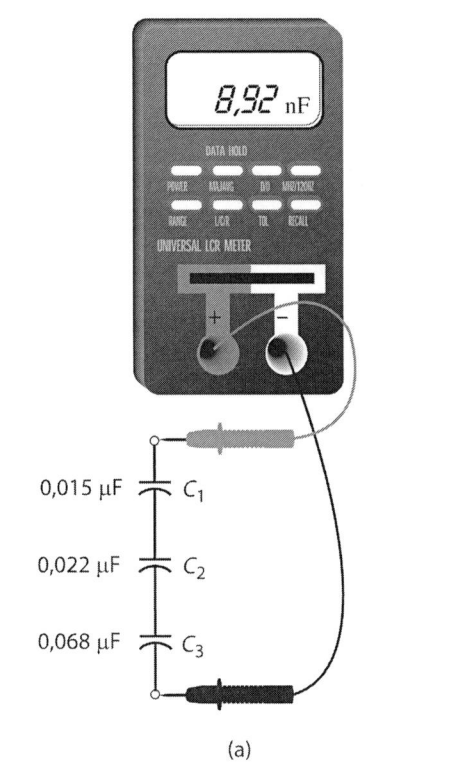

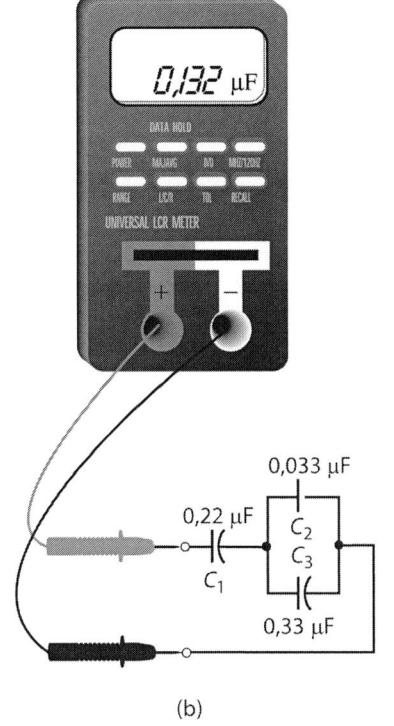

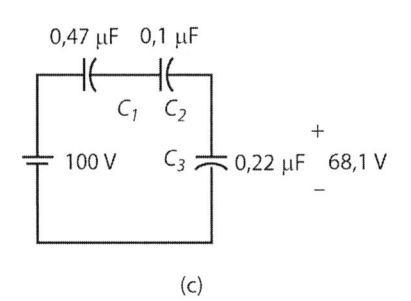

Figura 10-43

Figura 10-44 Para cada caso, qual é o provável defeito?

RESPOSTAS DOS PROBLEMAS PARA VERIFICAÇÃO DO PROCESSO DE APRENDIZAGEM

Verificação do Processo de Aprendizagem 1

1. **a.** 2,12 nF
   b. 200 V
2. Ela se torna seis vezes maior.
3. 1,1 nF
4. mica

• TERMOS-CHAVE

Carregamento Capacitivo; Contínuo/Descontínuo; Circuito Diferenciador; Funções Exponenciais; Condições Iniciais; Circuito Integrador; Período; Pulso; Taxa de Repetição de Pulso; Trem de Pulso; Largura de Pulso (tp); Tempo de Subida e de Descida (ts, td); Onda Quadrada; Tensão Degrau; Estado Estacionário; Capacitância Parasita; Constante de Tempo ($\tau = RC$); Transiente; Duração Transiente (5τ); Curva Universal para a Constante de Tempo

• TÓPICOS

Introdução; Equações de Carga do Capacitor; Capacitor com Tensão Inicial; Equações de Descarga do Capacitor; Circuitos mais Complexos; Aplicação de Temporização RC; Resposta ao Pulso do Circuito RC; Análise Transiente Usando Computador

• OBJETIVOS

Após estudar este capítulo, você será capaz de:

- explicar por que os transientes ocorrem em circuitos RC;
- explicar por que um capacitor sem carga se comporta como um curto-circuito quando é alimentado pela primeira vez;
- descrever por que um capacitor se comporta como um circuito aberto no estado estacionário DC;
- descrever a carga e descarga de circuitos RC simples com excitação DC;
- determinar as tensões e correntes em circuitos RC simples, durante a carga e a descarga;
- representar graficamente os transi--entes de tensão e corrente;
- compreender o papel das constantes de tempo na determii-minação da duração transiente;
- calcular as constantes de tempo;
- descrever o uso de formas de onda dos processos de carga e descarga em aplicações simples de temporização;
- calcular a resposta ao pulso do circuito RC;
- resolver problemas simples de transientes RC usando o PSpice e o Multisim.

Carga e Descarga do Capacitor e Circuitos Conformadores de Onda

Apresentação Prévia do Capítulo

Como visto no Capítulo 10, Figura 10-26, um capacitor não carrega instantaneamente; pelo contrário, leva-se tempo para as tensões e correntes atingirem novos valores. Esse tempo depende da capacitância do circuito e da resistência pela qual o capacitor carrega – quanto maiores a resistência e a capacitância, maior será o tempo. (Isso também vale para a descarga.) Como as tensões e as correntes presentes durante o processo de carga e descarga são transitórias por natureza, são chamadas de **transientes***. Os transientes não duram muito tempo; em geral, apenas uma fração de segundo. No entanto, são importantes por uma série de razões; você aprenderá algumas neste capítulo.

Os transientes ocorrem em circuitos capacitivos e indutivos. Nos capacitivos, ocorrem porque a tensão no capacitor não pode variar de maneira instantânea; nos circuitos indutivos, resultam da corrente no indutor, que também não pode variar instantaneamente. Neste capítulo, veremos os transientes capacitivos; no Capítulo 14 (neste volume), examinaremos os transientes indutivos. Como o leitor verá, muitos dos princípios básicos são iguais.

---

* Os transientes também podem ser chamados de transitórios. (N.R.T.)

Colocando em Perspectiva

Transientes Desejáveis e Indesejáveis

Os transientes ocorrem em circuitos capacitivos e indutivos sempre que há variação das condições dos circuitos, por exemplo, uma súbita aplicação de tensão, troca de elementos dos circuitos ou o mau funcionamento de um componente do circuito. Alguns transientes são desejáveis e úteis, outros ocorrem sob condições anormais e são potencialmente destrutivos por natureza.

Um exemplo desse último tipo é o transiente que ocorre depois que o raio atinge uma linha de transmissão de energia. Após o raio, a tensão na linha – que antes poderia ser de alguns milhares de volts – eleva-se momentaneamente para centenas de milhares de volts ou mais e cai rapidamente. Já a corrente, que talvez fosse de apenas algumas centenas de amperes, aumenta de repente para um valor muito mais alto do que o normal. Embora esses transientes não durem muito, eles podem causar sérios danos. Ainda que esse seja um exemplo um tanto grave de um transiente, ele mostra que, durante as condições transientes, muitos dos problemas mais difíceis de um circuito ou sistema podem surgir.

Por outro lado, alguns efeitos transientes são úteis. Por exemplo, muitos dispositivos e circuitos eletrônicos (como osciladores e temporizadores) utilizam efeitos transientes ocasionados pela carga e descarga como base de sua operação.

11.1 Introdução

Carga do Capacitor

A carga e a descarga do capacitor podem ser estudadas com o uso do circuito simples da Figura 11-1. Começaremos com a carga. Primeiro, assumimos que o capacitor está sem carga, e a chave está aberta. Agora, movemos a chave para a posição de carga, Figura 11-2(a). No momento em que a chave é fechada, a corrente salta para E/R amperes e depois cai para zero; enquanto a tensão, que é zero nesse mesmo instante, sobe gradualmente para E volts. Isso é mostrado em (b) e (c). Os formatos das curvas são facilmente explicados.

Primeiro, considere a tensão. Para mudar a tensão no capacitor, os elétrons devem ser transferidos de uma placa para a outra. Até em um capacitor relativamente pequeno transferem-se bilhões de elétrons. Isso leva tempo. Por conseguinte, *a tensão no capacitor não pode variar instantaneamente*, ou seja, *ela não pode saltar de maneira abrupta de um valor para outro*. Ao contrário, ela sobe gradativa e uniformemente, como ilustra a Figura 11-2(b). Dito de outra forma, a tensão no capacitor deve ser **contínua** em todos os tempos.

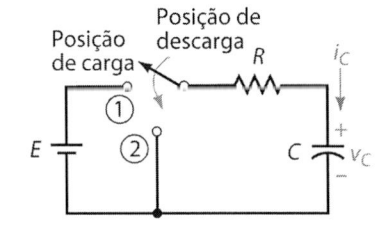

Figura 11.1 Circuito desenhado para estudar a carga e a descarga do capacitor. Quando o circuito é chaveado, têm-se como resultado as tensões e correntes transientes.

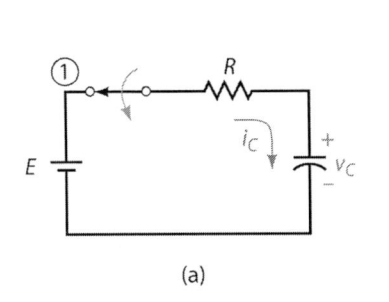

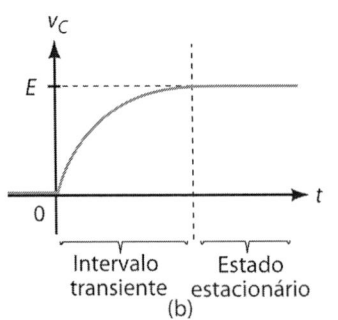

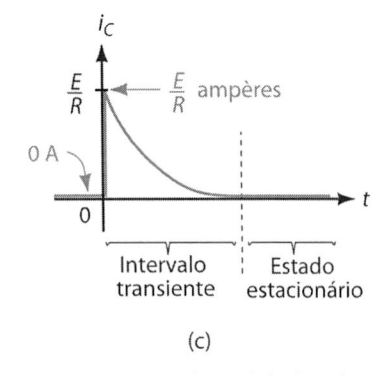

Figura 11.2 Tensão e corrente no capacitor durante a carga. Define-se o tempo $t = 0$ s como o instante em que a chave é deslocada para a posição de carga. Inicialmente, o capacitor está sem carga.

Agora, considere a corrente. O movimento de elétrons mencionado é a corrente. Como indica a Figura 11-2(c), essa corrente salta abruptamente de 0 para E/R amperes, ou seja, a corrente é **descontínua**. Para entender o porquê, considere a Figura 11-3(a). Como a tensão no capacitor não pode variar de maneira instantânea, o seu valor logo após o fechamento da chave será o mesmo de antes, ou seja, 0 V. Já que a tensão no capacitor logo após a chave ser fechada é zero (embora haja corrente nele), *momentaneamente, o capacitor se comporta como um curto-circuito*. Isso está indicado em (b). Essa é uma observação importante e, em geral, verdadeira, ou seja, *um capacitor sem carga comporta-se como um curto-circuito no momento do chaveamento*. Aplicando a lei de Ohm, temos $i_C = E/R$ amperes, o que está de acordo com o que indicamos na Figura 11-2(c).

Finalmente, observe a parte final da curva da corrente na Figura 11-2(c). Como o dielétrico entre as placas do capacitor é um isolante, nenhuma corrente pode passar por ele, o que significa que a corrente no circuito – provocada inteiramente pelo movimento de elétrons de uma placa à outra através da bateria – deve cair para zero à medida que o capacitor carregar.

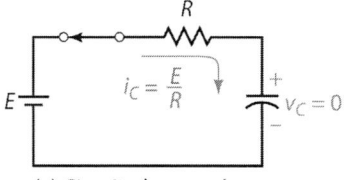

Condições do Estado Estacionário

Quando a tensão e a corrente no capacitor atingem seus valores finais e param de variar [Figuras 11-2(b) e (c)], diz-se que o circuito está em **estado estacionário**. A Figura 11-4(a) mostra o circuito após ter alcançado o estado estacionário. Observe que $v_C = E$ e $i_C = 0$. Como o capacitor apresenta alguma tensão e nenhuma corrente, comporta-se como um circuito aberto, conforme indicado em (b). Essa também é uma observação importante e, em geral, verdadeira, ou seja, *um capacitor se comporta como um circuito aberto no estado estacionário DC*.

(a) Circuito logo após o deslocamento da chave para a posição de carga; v_C ainda é igual a zero.

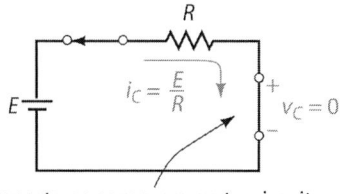

Comporta-se como um curto-circuito

(b) Como $v_C = 0$, $i_C = E/R$

Figura 11-3 No instante do chaveamento, um capacitor sem carga comporta-se como um curto-circuito.

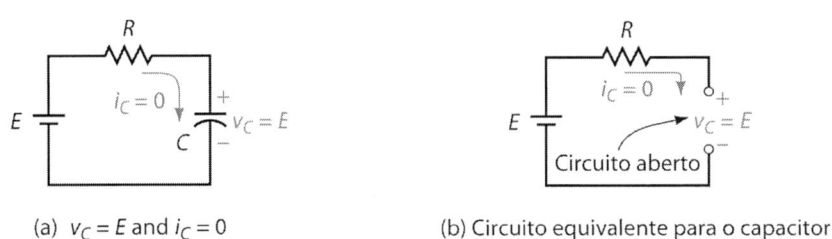

(a) $v_C = E$ and $i_C = 0$

(b) Circuito equivalente para o capacitor

Figura 11-4 Circuito de carga após ter atingido o estado estacionário. Como o capacitor apresenta alguma tensão, mas nenhuma corrente, ele se comporta como um circuito aberto em estado estacionário DC.

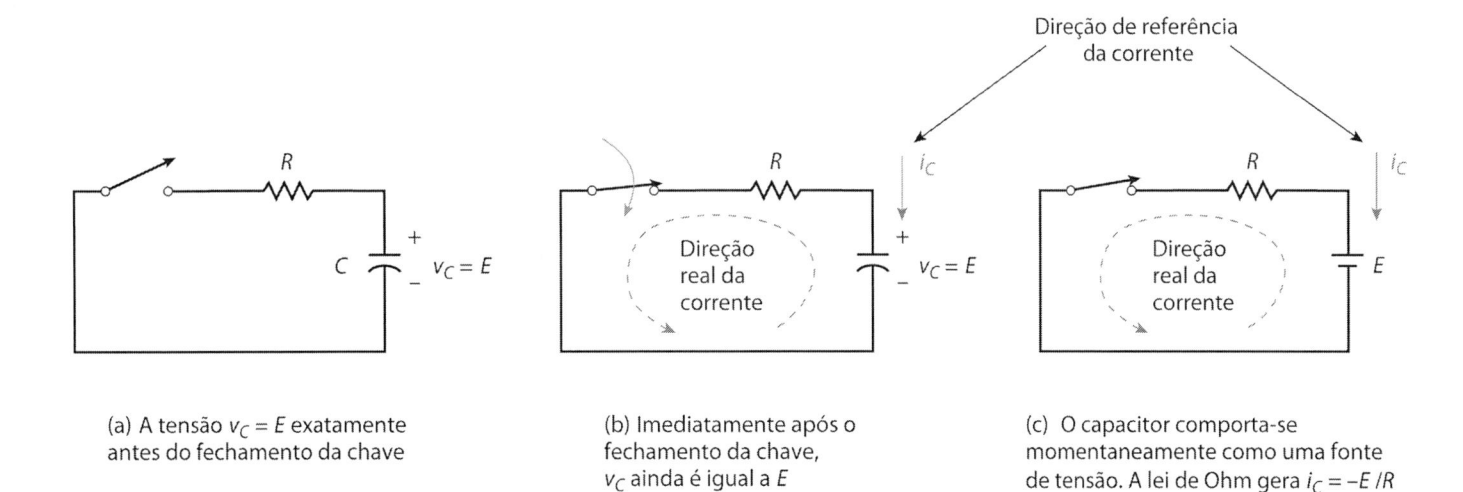

(a) A tensão $v_C = E$ exatamente antes do fechamento da chave

(b) Imediatamente após o fechamento da chave, v_C ainda é igual a E

(c) O capacitor comporta-se momentaneamente como uma fonte de tensão. A lei de Ohm gera $i_C = -E/R$

Figura 11-5 Um capacitor carregado comporta-se como uma fonte de tensão no instante do chaveamento. A corrente é negativa, já que aponta para o sentido contrário ao da direção da seta de referência.

Descarga do Capacitor

Agora considere o processo de descarga, Figuras 11-5 e 11-6. Em primeiro lugar, suponha que o capacitor é carregado para E volts e que a chave está aberta, Figura 11-5(a). Então, feche a chave. Como o capacitor apresenta E volts exatamente antes de a chave ser fechada, e como a tensão não pode variar instantaneamente, ele ainda terá E volts logo após o fechamento da chave. Isso está indicado em (b). O capacitor, então, comporta-se como uma fonte de tensão por um momento, (c), e a corrente salta imediatamente para $-E/R$ amperes. (Observe que a corrente é negativa, já que aponta para o sentido contrário ao da direção da seta de referência.) A tensão e a corrente caem para zero, como mostra a Figura 11-6.

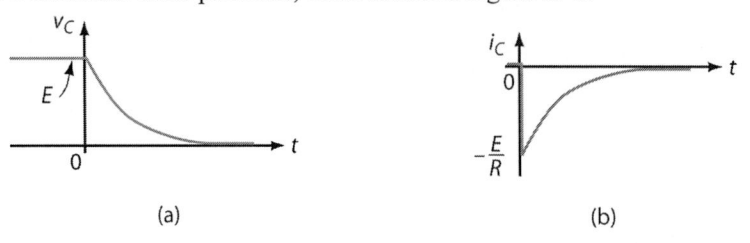

Figura 11-6 Tensão e corrente durante a descarga. Define-se o tempo $t = 0$ s como o instante em que a chave é deslocada para a posição de descarga.

Exemplo 11-1

Para a Figura 11-1, $E = 40$ V, $R = 10$ Ω, e o capacitor inicialmente está sem carga. A chave é invertida para a posição de carga, e o capacitor está livre para ser totalmente carregado. Em seguida, a chave é deslocada para a posição de descarga e o capacitor está livre para ser totalmente descarregado. Desenhe as curvas da tensão e corrente e determine os valores no chaveamento e no estado estacionário.

Solução: A Figura 11-7 mostra as curvas da corrente e da tensão. Inicialmente, $i = 0$ A, já que a chave está aberta. Logo após o deslocamento da chave para a posição de carga, a corrente salta para $E/R = 40$ V/10 Ω $= 4$ A, depois cai para zero. Ao mesmo tempo, v_C começa em 0 V e sobe para 40 V. Quando a chave é deslocada para a posição de descarga, o capacitor comporta-se momentaneamente como uma fonte de 40 V e a corrente salta para um valor negativo de -40 V/10 Ω $= -4$ A, e depois cai para zero. Ao mesmo tempo, v_C também cai para zero.

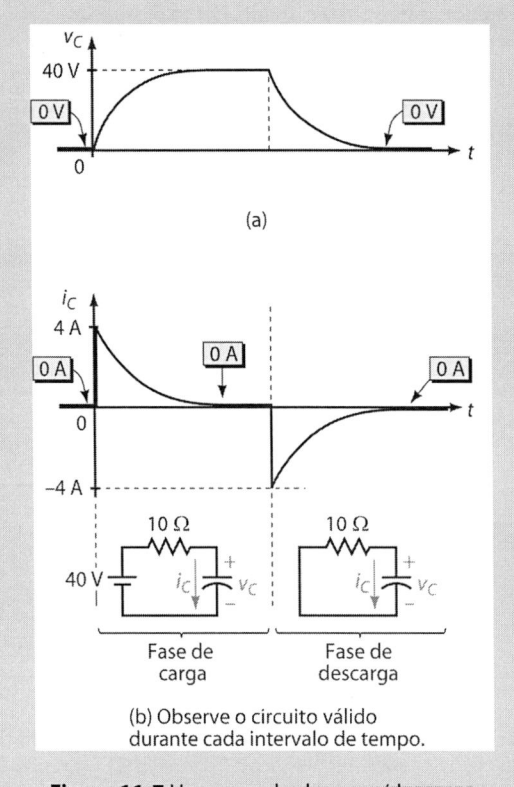

Figura 11-7 Um exemplo de carga/descarga.

A Importância do Tempo em Análises Transientes

O tempo t usado em análises transientes é medido desde o instante do chaveamento. Portanto, define-se $t = 0$ na Figura 11-2 como o instante em que a chave é deslocada para o processo de carga; enquanto na Figura 11-6 ele é o instante em que a chave é invertida para o processo de descarga. Após o chaveamento, as tensões e correntes podem ser representadas como $v_C(t)$ e $i_C(t)$. Por exemplo, a tensão em um capacitor em $t = 0$ s pode ser designada como $v_C(0)$, em $t = 10$ ms como $v_C(10 \text{ ms})$, e assim por diante.

Quando a grandeza é descontínua, como é o caso da corrente na Figura 11-2(c), surge um problema. Como o valor da corrente varia em $t = 0$ s, $i_C(0)$, não pode ser definido. Para resolver esse problema, definimos dois valores para 0 s. Definimos $t = 0^-$ s como $t = 0$ s exatamente antes do chaveamento e $t = 0^+$ s logo depois dele. Na Figura 11-2(c), portanto, $i_C(0^-) = 0$ A e $i_C(0^+) = E/R$ amperes. Para a Figura 11-6, $i_C(0^-) = 0$ A e $i_C(0^+) = -E/R$ amperes. Observe que $v_C(0^+) = v_C(0^-)$ – ver as Nota.

> **NOTAS...**
>
> $v_C(0^+) = v_C(0^-)$ é, na verdade, um enunciado de continuidade para a tensão no capacitor. Se ocorrer o chaveamento em algum outro tempo sem ser $t = 0$ s, o mesmo enunciado será válido. Por Exemplo, se ocorrer o chaveamento em $t = 20$ s, o enunciado de continuidade passa a ser $v_C(20^+) = v_C(20^-)$. Como a corrente não é contínua, $i_C(0^+) \neq i_C(0^-)$ etc.

Funções Exponenciais

Como mostraremos em breve, as formas de onda das Figuras 11-2 e 11-6 são exponenciais e variam de acordo com e^{-x} ou $(1 - e^{-x})$, onde e é a base do logaritmo natural. Felizmente, as funções exponenciais são fáceis de avaliar com calculadoras modernas usando a função e^x. Será possível avaliar $e^{-x}(1 - e^{-x})$ para qualquer valor de x. A Tabela 11-1 mostra uma tabulação de valores para ambos os casos. Observe que, à medida que x aumenta, e^{-x} diminui e se aproxima de zero, enquanto $(1 - e^{-x})$ aumenta e se aproxima de 1. Essas observações serão importantes para os tópicos a seguir.

Tabela 11-1 Tabela de Exponenciais

x	e^{-x}	$1 - e^{-x}$
0	1	0
1	0,3679	0,6321
2	0,1353	0,8647
3	0,0498	0,9502
4	0,0183	0,9817
5	0,0067	0,9933

PROBLEMAS PRÁTICOS 1

1. Utilize a calculadora e confirme os itens na Tabela 11-1. Certifique-se de mudar o sinal de x antes de usar a função e^x. Observe que $e^{-0} = e^0 = 1$, já que qualquer grandeza elevada à potência de zero é 1.
2. Represente os valores calculados em um gráfico e confirme se eles geram curvas parecidas com as mostradas nas Figuras 11-2(b) e (c).
3. Suponha que a chave da Figura 11-7 seja movida em $t = 10$ ms. Quais são os valores de $i_C(10 \text{ ms}^-)$ e $i_C(10 \text{ ms}^+)$? Qual é o enunciado da continuidade para v_C?

Respostas

3. $i_C(10 \text{ ms}^-) = 0$ A; $i_C(10 \text{ ms}^+) = -4$ A; $v_C(10 \text{ ms}^+) = v_C(10 \text{ ms}^-) = 40$ V

11.2 Equações de Carga do Capacitor

Agora, desenvolveremos as equações para as tensões e corrente durante a carga. Considere a Figura 11-8. Com a KVL, temos

$$v_R + v_C = E \tag{11-1}$$

Mas $v_R = RiC$ e $i_C = Cdv_C/dt$ (Equação 10-20). Assim, $v_R = RCdv_C/dt$. Substituindo essa relação na Equação 11-1, obtém-se

$$RC\frac{dv_C}{dt} + v_C = E \tag{11-2}$$

Usando cálculo básico (ver ∫), pode-se achar v_C com a Equação 11-2. O resultado é

$$v_C = E(1 - e^{-t/RC}) \tag{11-3}$$

onde R está em ohms, C em farads e t em segundos, e $e^{-t/RC}$ é a função exponencial discutida anteriormente. O produto de RC apresenta a unidade em segundos. (Fica a cargo do aluno mostrar esta equação.)

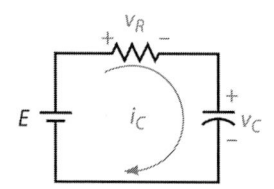

Figura 11-8 Circuito que representa a carga. Inicialmente, o capacitor está descarregado.

Resolução da Equação 11-2 (Derivação opcional – ver Notas)

Primeiro, reorganize a Equação 11-2:

$$\frac{dv_C}{dt} = \frac{1}{RC}(E - v_C)$$

Reorganize novamente:

$$\frac{dv_C}{E - v_C} = \frac{dt}{RC}$$

Agora, multiplique ambos os lados por -1 e faça a integral.

$$\int_0^{v_C} \frac{dv_C}{v_C - E} = -\frac{1}{RC}\int_0^t dt$$

$$[\ln(v_C - E)]_0^{v_C} = \left[-\frac{t}{RC}\right]_0^t$$

Agora, substitua os limites da integral,

$$\ln(v_C - E) - \ln(-E) = -\frac{t}{RC}$$

$$\ln\left(\frac{v_C - E}{-E}\right) = -\frac{t}{RC}$$

Por fim, aplique o logaritmo inverso de ambos os lados. Assim,

$$\frac{v_C - E}{-E} = e^{-t/RC}$$

Reorganizando essa expressão, obtém-se a Equação 11-3, isto é,

$$v_C = E(1 - e^{-t/RC})$$

NOTAS

Os problemas opcionais e as derivações auxiliados por cálculo estão assinalados com o ícone ∫. Eles podem ser omitidos sem que haja a perda de continuidade para aqueles que não precisam usar cálculo.

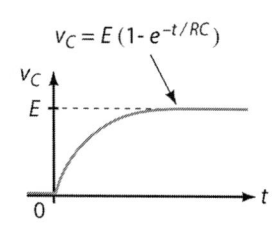

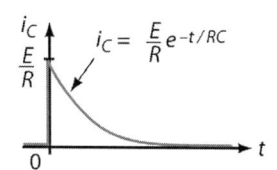

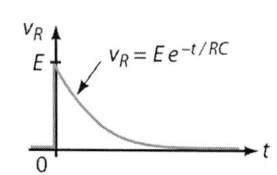

Figura 11-9 Curvas para o circuito da Figura 11-8.

Agora considere a tensão no resistor. A partir da Equação 11-1, $v_R = E - v_C$. Substituindo v_C da Equação 11-3, obtém-se $v_R = E - E(1 - e^{-t/RC}) = E - E + Ee^{-t/RC}$. Após o cancelamento, temos,

$$v_R = Ee^{-t/RC} \tag{11-4}$$

Agora divida ambos os lados por R. Como $i_C = i_R = v_R/R$, obtém-se

$$i_C = \frac{E}{R} e^{-t/RC} \tag{11-5}$$

A Figura 11-9 mostra as formas de onda. Em qualquer tempo, os valores podem ser determinados por substituição.

Exemplo 11-2

Suponha que $E = 100$ V, $R = 10$ kΩ e $C = 10$ μF:

a. Determine a expressão para v_C.

b. Determine a expressão para i_C.

c. Calcule a tensão no capacitor em $t = 150$ ms.

d. Calcule a corrente no capacitor em $t = 150$ ms.

e. Localize os pontos calculados nas curvas.

Solução:

a. $RC = (10 \times 10^3 \, \Omega)(10 \times 10^{-6} \, F) = 0{,}1$ s. Da Equação 11-3, $v_C = E(1 - e^{-t/RC}) = 100(1 - e^{-t/0,1}) = 100(1 - e^{-10t})$ V.

b. Da Equação 11-5, $i_C = (E/R) e^{-t/RC} = (100 \text{ V}/10 \text{ k}\Omega)e^{-10t} = 10e^{-10t}$ mA.

c. Em $t = 0{,}15$ s, $v_C = 100(1 - e^{-10t}) = 100(1 - e^{-10(0,15)}) = 100(1 - e^{-1,5}) = 100(1-0{,}223) = 77{,}7$ V.

d. $i_C = 10e^{-10t}$ mA $= 10e^{-10(0,15)}$ mA $= 10e^{-1,5}$ mA $= 2{,}23$ mA.

e. A Figura 11-10 mostra os pontos correspondentes.

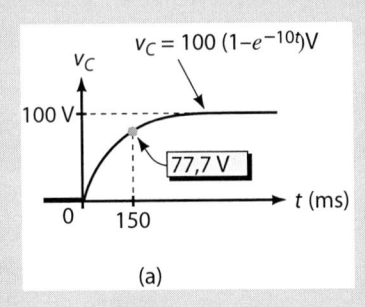

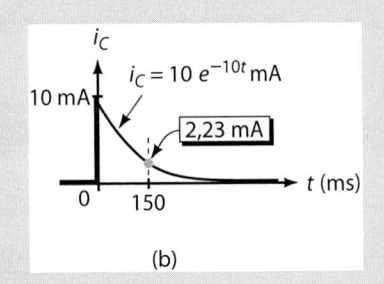

Figura 11-10 Os pontos calculados estão representados nas curvas v_C e i_C.

Nesse exemplo, expressamos a tensão como $v_C = 100(1 - e^{-t/0,1})$ e $v_C = 100(1 - e^{-10t})$ V. De modo semelhante, a corrente pode ser expressa como $i_C = 10e^{-t/0,1}$ ou como $10e^{-10t}$. Embora alguns prefiram uma notação em vez da outra, ambas estão corretas e podem ser usadas de forma intercambiável.

PROBLEMAS PRÁTICOS 2

1. Determine pontos adicionais para a tensão e a corrente na Figura 11-10, calculando os valores de v_C e i_C nos valores de tempo de $t = 0$ s a $t = 500$ ms, em intervalos de 100 ms. Represente graficamente os resultados.

2. A chave da Figura 11-11 é fechada em $t = 0$ s. Se $E = 80$ V, $R = 4$ kΩ e $C = 5$ μF, determine as expressões para v_C e i_C. Represente graficamente os resultados de $t = 0$ s para $t = 100$ ms, em intervalos de 20 ms. Observe que aqui a carga leva menos tempo do que no Problema 1.

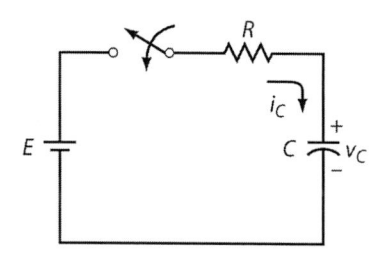

Figura 11-11

Respostas

1.

t(ms)	V_C(V)	i_C(mA)
0	0	10
100	63,2	3,68
200	86,5	1,35
300	95,0	0,498
400	98,2	0,183
500	99,3	0,067

2. $80(1- e^{-50t})$ V $20e^{-50t}$ mA

t(ms)	V_C(V)	i_C(mA)
0	0	20
20	50,6	7,36
40	69,2	2,70
60	76,0	0,996
80	78,6	0,366
100	79,4	0,135

Exemplo 11-3

Para o circuito da Figura 11-11, $E = 60$ V, $R = 2$ kΩ e $C = 25$ μF. A chave é fechada em $t = 0$ s, aberta 40 ms depois, permanecendo aberta. Determine as equações para a tensão e corrente no capacitor e plote-as.

Solução: $RC = (2$ kΩ$)(25$ μF$) = 50$ ms. Desde que a chave esteja fechada (ou seja, de $t = 0$ s a 40 ms), as seguintes equações são válidas:

$$v_C = E(1 - e^{-t/RC}) = 60(1 - e^{-t/50ms})$$ V

$$i_C = (E/R)e^{-t/RC} = 30e^{-t/50ms}$$ mA

A tensão inicia a 0 V e aumenta exponencialmente. Em $t = 40$ ms, a chave é aberta, interrompendo, assim, a carga. Neste instante, $v_C = 60(1 - e^{-(40/50)}) = 60(1 - e^{-0,8}) = 33,0$ V. Como a chave fica aberta, a tensão permanece constante a 33 V, como indica a Figura 11-12. (A curva tracejada mostra como a tensão continuaria a aumentar caso a chave permanecesse fechada.)

Agora considere a corrente. A corrente começa em 30 mA e cai para $i_C = 30 e^{-(40/50)}$ mA $= 13,5$ mA em $t = 40$ ms. Neste momento, a chave se abre e a corrente cai instantaneamente para zero. (A linha tracejada mostra como a corrente teria caído caso a chave não tivesse sido aberta.)

NOTAS...

À medida que passar pelos Exemplos e problemas neste capítulo, o leitor terá a sensação de que não poderá simplesmente substituir os números nas equações para chegar à solução correta – na verdade, talvez seja necessário cumprir algumas etapas. Isso pode ser visto no Exemplo ao lado, em que o chaveamento precoce cessa prematuramente o processo de carga.

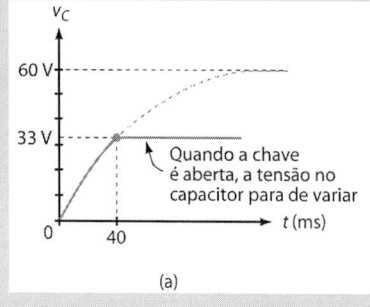

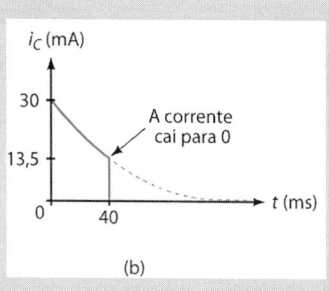

Figura 11-12 Processo de carga incompleto. A chave da Figura 11-11 foi aberta em $t = 40$ ms, o que fez o carregamento parar.

A Constante de Tempo

A taxa na qual um capacitor carrega depende do produto de R e C. Esse produto é conhecido como a **constante de tempo** do circuito e é dado pelo símbolo τ (a letra grega tau). Como observado anteriormente, RC é representado em segundos. Portanto,

$$\tau = RC \text{ (segundos, s)} \tag{11-6}$$

Usando τ, as Equações 11-3 a 11-5 podem ser escritas da seguinte maneira:

$$v_C = E(1 - e^{-t/\tau}) \tag{11-7}$$

$$i_C = \frac{E}{R} e^{-t/\tau} \tag{11-8}$$

e

$$v_R = E e^{-t/\tau} \tag{11-9}$$

Duração de um Transiente

O tempo de duração de um transiente depende da função exponencial $e^{-t/\tau}$. À medida que t aumenta, $e^{-t/\tau}$ diminui, e quando atinge o zero, o transiente some. Teoricamente, isso leva um tempo infinito. Na prática, entretanto, mais de 99% da transição ocorre durante as cinco primeiras constantes de tempo (ou seja, os transientes possuem 1% de seu valor final em $t = 5\tau$). Isso pode ser comprovado pela substituição direta. Em $t = 5\tau$, $v_C = E(1 - e^{-t/\tau}) = E(1 - e^{-5}) = E(1 - 0,0067) = 0,993E$, o que significa que o transiente alcançou 99,3% de seu valor final. De modo semelhante, a corrente cai para 1% de seu valor final em cinco constantes de tempo. Dessa forma, *por questões práticas, pode-se considerar que os transientes duram apenas cinco constantes de tempo* (Figura 11-13). A Figura 11-14 resume como as tensões e as correntes transientes são afetadas pela constante de tempo de um circuito – quanto maior a constante de tempo, maior a duração do transiente.

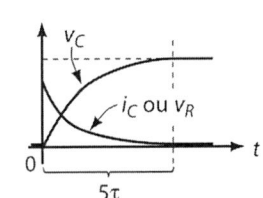

Figura 11-13 A duração dos transientes é de cinco constantes de tempo.

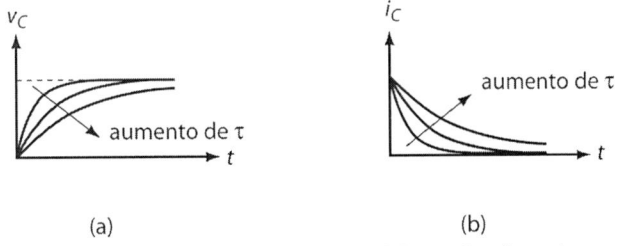

Figura 11-14 Ilustração de como a tensão e a corrente em um circuito RC são afetadas pela constante de tempo. Quanto maior a constante de tempo, mais tempo levará o capacitor para carregar.

Exemplo 11-4

Para o circuito da Figura 11-11, quanto tempo levará para o capacitor carregar se $R = 2$ kΩ e $C = 10$ μF?

Solução: $\tau = RC = (2 \text{ k}\Omega)(10 \text{ μF}) = 20$ ms. Portanto, o capacitor carrega em $5\tau = 100$ ms.

Exemplo 11-5

O transiente em um circuito com $C = 40$ μF dura 0,5 s. Qual é o valor de R?

Solução: $5\tau = 0,5$ ms. Portanto, $\tau = 0,1$ s e $R = \tau/C = 0,1\text{s}/(40 \times 10^{-6} \text{ F}) = 2,5$ kΩ.

Curvas Universais para a Constante de Tempo

Agora representemos graficamente a tensão e a corrente no capacitor com seus eixos de tempo escalados como múltiplos de τ e os eixos verticais em porcentagem. Os resultados (Figura 11-15) são as **curvas universais para a constante de tempo**.

Calculam-se os pontos de $v_C = 100(1 - e^{-t/\tau})$ e $i_C = 100e^{-t/\tau}$. Por exemplo, em $t = \tau$, $v_C = 100(1 - e^{-\tau/\tau}) = 100(1 - e^{-1}) = 100(1 - e^{-1}) = 63{,}2$ V, ou seja, 63,2%, e $i_C = 100\,e^{-t/\tau} = 100e^{-1} = 36{,}8$ A, que é 36,8%, e assim por diante. Essas curvas permitem utilizar um método fácil para determinar as tensões e correntes com o mínimo de cálculo possível.

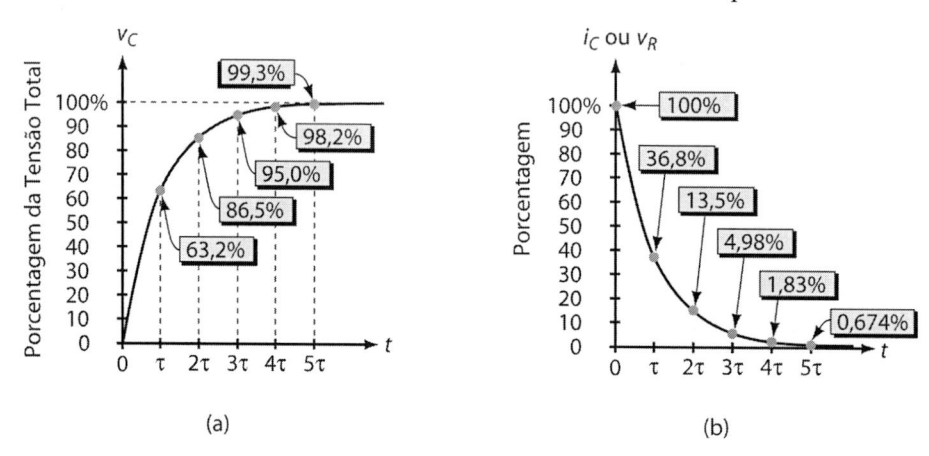

Figura 11-15 Curvas universais para a tensão e corrente para circuitos RC.

Exemplo 11-6

Usando a Figura 11-15, calcule v_C e i_C em duas constantes de tempo em carregamento para um circuito com $E = 25$ V, $R = 5$ kΩ e $C = 4$ μF. Qual é o valor correspondente para o tempo?

Solução: Em $t = 2\tau$, v_C é igual a 86,5% de E ou $0{,}865(25\text{ V}) = 21{,}6$ V. De modo semelhante, $i_C = 0{,}135 I_0 = 0{,}135\,(E/R) = 0{,}675$ mA. Esses valores ocorrem em $t = 2\tau = 2RC = 40$ ms.

VERIFICAÇÃO DO PROCESSO DE APRENDIZAGEM 1

(As respostas encontram-se no final do capítulo.)

1. Se o capacitor da Figura 11-16 estiver descarregado, qual será a corrente imediatamente após o fechamento da chave?
2. Dado $i_C = 50e^{-20t}$ mA.
   a. Qual é o valor de τ?
   b. Calcule a corrente em $t = 0 +$ s, 25 ms, 50 ms, 75 ms, 100 ms e 250 ms e desenhe-a. Confirme as respostas usando as curvas universais para as constantes de tempo.
3. Dado $v_C = 100(1 - e^{-50t})$ V, calcule v_C nos mesmos pontos do Problema 2 e represente-os graficamente.
4. Para a Figura 11-16, determine as expressões para v_C e i_C. Calcule a tensão e a corrente no capacitor em $t = 0{,}6$ s. Confirme as respostas usando as curvas universais para as constantes de tempo.
5. Consulte a Figura 11-10.
   a. Quais são os valores de $v_C(0^-)$ e $v_C(0^+)$?
   b. Quais são os valores de $i_C(0^-)$ e $i_C(0^+)$?
   c. Quais são os estados estacionários da tensão e da corrente?
6. Para o circuito da Figura 11-11, a corrente exatamente após o fechamento da chave é igual a 2 mA. O transiente dura 40 ms e o capacitor é carregado para 80 V. Determine E, R e C.

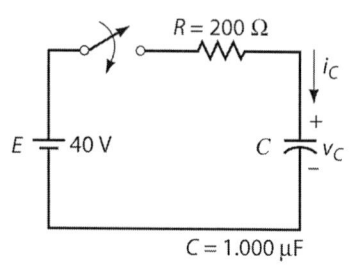

Figura 11-16

11.3 Capacitor com Tensão Inicial

Suponha que um capacitor previamente carregado não tenha sido descarregado e, portanto, ainda apresenta alguma tensão. Designa-se essa tensão como V_0. Se o capacitor for colocado em um circuito como o da Figura 11-16, a tensão e a corrente durante a carga serão afetadas pela tensão inicial. Nesse caso, as Equações 11-7 e 11-8 passam a ser

$$v_C = E + (V_0 - E)\, e^{-t/\tau} \tag{11-10}$$

$$i_C = \frac{E - V_0}{R}\, e^{-t/\tau} \tag{11-11}$$

Alguns comentários devem ser feitos acerca dessas equações. Considere a Equação 11-10. Quando se determina $t = 0$, obtém-se $v_C = E + (V_0 - E) = V_0$. Esta relação está de acordo com a declaração de que o capacitor estava inicialmente carregado para V_0. Se agora determinarmos $t = \infty$, obteremos $v_C = E$, o que confirma que o capacitor carrega para E volts, como esperado. Considere a Equação 11-11. Quando se determina $t = 0$, obtém-se $i_C = (E - V_0)/R$. Lembrando que um capacitor inicialmente carregado se comporta como uma fonte de tensão [ver a Figura 11-5(c)], vemos que, se substituirmos C na Figura 11-16 por uma fonte V_0, a corrente em $t = 0$ será $(E - V_0)/R$, como mencionado. Observe também que essas relações se remetem às Equações 11-7 e 11-8 quando determinamos $V_0 = 0$ V.

Exemplo 11-7

Suponha que o capacitor da Figura 11-16 tenha 25 volts com sua polaridade mostrada no instante em que a chave é fechada.

Determine a expressão para v_C.

Determine a expressão para i_C.

Calcule v_C e i_C em $t = 0{,}1$ s.

Desenhe v_C e i_C.

Solução: $\tau = RC = (200\ \Omega)(1.000\ \mu F) = 0{,}2$ s

a. Da Equação 11-10,

$$v_C = E + (V_0 - E)\, e^{-t/\tau} = 40 + (25 - 40)e^{-t/0{,}2} = 40 - 15\, e^{-5t}\ \text{V}$$

b. Da Equação 11-11,

$$i_C = \frac{E - V_0}{R}\, e^{-t/\tau} = \frac{40 - 25}{200}\, e^{-5t} = 75 e^{-5t}\ \text{mA}$$

c. Em $t = 0{,}1$ s,

$$v_C = 40 - 15 e^{-5t} = 40 - 15 e^{-0{,}5} = 30{,}9\ \text{V}$$
$$i_C = 75 e^{-5t}\ \text{mA} = 75 e^{-0{,}5}\ \text{mA} = 45{,}5\ \text{mA}$$

d. As formas de onda são mostradas na Figura 11-17 com a representação gráfica desses pontos.

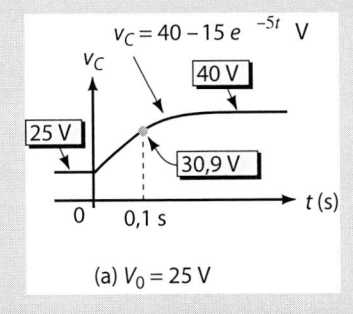

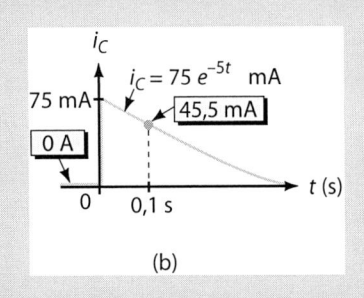

Figura 11-17 Capacitor com tensão inicial.

358 Análise de Circuitos • Capacitância e Indutância

PROBLEMAS PRÁTICOS 3

1. Para o Exemplo 11-7, calcule a tensão e a corrente em $t = 0,25$ s.
2. Repita o Exemplo 11-7 para o circuito da Figura 11-16, sendo $V_0 = -150$ V.

   Respostas

1. 35,7 V; 21,5 mA
2. **a.** $40 - 190e^{-5t}$ V

   b. $0,95\, e^{-5t}$ A

   c. $-75,2$ V; 0,576 A

   d. As curvas são parecidas com as da Figura 11-17, com exceção de que v_C inicia em -150 V e aumenta para 40 V. Já i_C inicia em 0,95 A e cai para zero.

11.4 Equações de Descarga do Capacitor

Para determinar as equações de descarga, desloque a chave para a posição de descarga (Figura 11-18). (Observe com cuidado a direção de referência da corrente i_C.) A KVL gera $v_R + v_C = 0$. Substituindo $v_R = RCdv_C/dt$ da Seção 11.2, obtém-se:

$$RC \frac{dv_C}{dt} + v_C = 0 \qquad (11\text{-}12)$$

Usando o cálculo básico, podemos achar v_C. O resultado é

$$v_C = V_0 e^{-t/RC} \qquad (11\text{-}13)$$

onde V_0 é a tensão no capacitor no instante em que a chave é invertida para a descarga. Agora considere a tensão no resistor. Como $v_R + v_C = 0$, $v_R = -v_C$ e

$$v_R = -V_0 e^{-t/RC} \qquad (11\text{-}14)$$

Divida agora ambos os lados por R. Como $i_C = i_R = v_R/R$,

$$i_C = -\frac{V_0}{R} e^{-t/RC} \qquad (11\text{-}15)$$

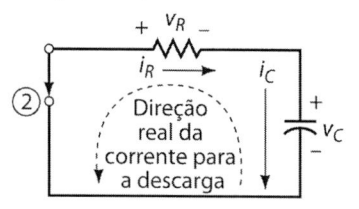

Figura 11-18 O processo de descarga. A tensão inicial do capacitor é V_0. Observe a referência para i_C. (Para obedecer à convenção de referência da tensão/corrente, deve-se desenhar i_C nesta direção, de modo que o sinal + para v_C esteja na cauda da seta da corrente.) Como a direção real da corrente aponta para o sentido oposto à direção de referência, i_C será negativa. Isso está indicado na Figura 11-19(b).

Observe que o sinal é negativo, já que durante a descarga a corrente real aponta para o sentido oposto ao da direção da seta de referência da Figura 11-18. A Figura 11-19 mostra a tensão v_C e a corrente i_C. Como no processo de carga, *os transientes de descarga duram cinco constantes de tempo*. Essas equações também podem ser escritas em termos de τ, por exemplo, $v_C = V_0 e^{-t/\tau}$ etc.

Nas Equações 11-13 a 11-15, V_0 representa a tensão no capacitor no instante em que a chave é deslocada para a posição de descarga. Se a chave tiver ficado na posição de carga tempo o suficiente para o capacitor carregar totalmente, $V_0 = E$ e as Equações 11-13 e 11-15 passam a ser $v_C = Ee^{-t/RC}$ e $i_C = -(E/R)e^{-t/RC}$, respectivamente.

Durante a descarga, i_C é negativa, como determinado na Figura 11-18

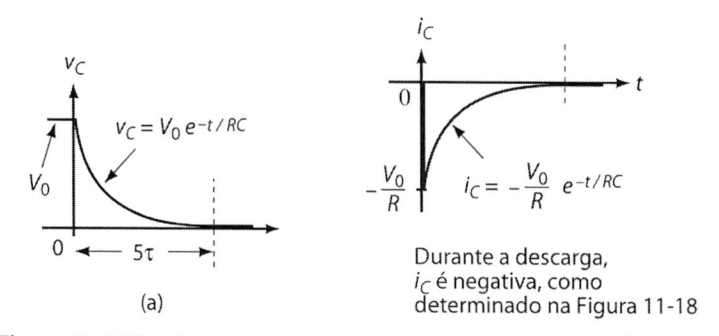

Figura 11-19 Tensão e corrente no capacitor para o processo de descarga.

Exemplo 11-8

Para o circuito da Figura 11-18, suponha que o capacitor seja carregado para 100 V antes de a carga ser movida para a posição de descarga. Suponha que $R = 5$ kΩ e $C = 25$ μF. Após a chave ser deslocada para a posição de descarga,

a. determine a expressão para v_C;

b. determine a expressão para i_C;

c. calcule a tensão e a corrente em 0,375 s.

Solução: $RC = (5$ k$\Omega)(25$ μF$) = 0,125$ s e $V_0 = 100$ V. Dessa forma,

a. $v_C = V_0 e^{-t/RC} = 100 e^{-t/0,125} = 100 e^{-8t}$ V.

b. $i_C = -(V_0/R) e^{-t/RC} = -20 e^{-8t}$ mA.

c. Em $t = 0,375$ s,

$$v_C = 100 e^{-8t} \text{ V} = 100 e^{-3} = 4,98 \text{ V}$$

$$i_C = -20 e^{-8t} \text{ mA} = -20 e^{-3} \text{ mA} = -0,996 \text{ mA}$$

Confirmemos as respostas do Exemplo 11-8 usando a curva universal para a constante de tempo. Como observado, $\tau = 0,125$ s, portanto, $0,375$ s = 3τ. Da Figura 11-15(b), vemos que a tensão no capacitor caiu para 4,98% de E em 3τ. Isso resulta em $(0,0498)(100$ V$) = 4,98$ V, como calculado anteriormente. Pode-se confirmar a corrente de modo semelhante. Essa tarefa ficará a cargo do leitor.

NOTAS...

A curva universal para a constante de tempo da Figura 11-15(b) também pode ser usada para os problemas do processo de descarga, já que ela tem o mesmo formato das formas de onda da descarga.

11.5 Circuitos mais Complexos

As equações de carga e descarga e as curvas universais para a constante de tempo servem somente para os circuitos das formas mostradas nas Figuras 11-2 e 11-5. Felizmente, muitos circuitos podem ser reduzidos para essas formas pelo uso de técnicas-padrão de redução do circuito, como as combinações série e paralelo, as conversões de fonte, o teorema de Thévenin, e assim sucessivamente. Uma vez reduzido o circuito para o seu equivalente série, pode-se usar qualquer uma dessas técnicas que desenvolvemos até aqui.

Exemplo 11-9

Para o circuito da Figura 11-20(a), determine as expressões para v_C e i_C. Inicialmente, os capacitores estão descarregados.

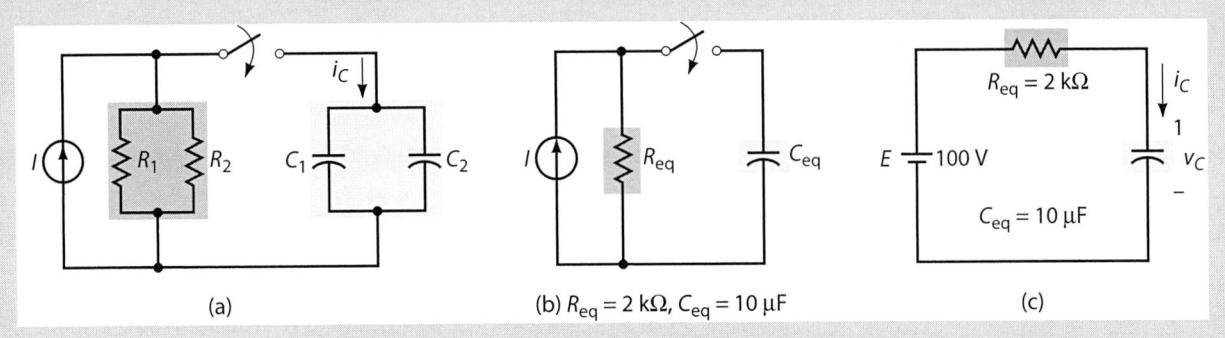

Figura 11-20 $I = 50$ mA, $R_1 = 3$ kΩ, $R_2 = 6$ kΩ; $C_1 = 8$ μF, $C_2 = 2$ μF.

Solução: $R_{eq} = 3$ k$\Omega \| 6$ k$\Omega = 2$ kΩ, $C_{eq} = 8$ μF$\| 2$ μF $= 10$ μF. O circuito reduzido é mostrado em (b). Convertendo em uma representação da fonte de tensão, temos (c).

$$R_{eq} C_{eq} = (2 \text{ k}\Omega)(10 \times 10^{-6} \text{ F}) = 0,020 \text{ s}.$$

(continua)

Exemplo 11-9 (continuação)

Assim,

$$v_C = E(1 - e^{-t/R_{eq}C_{eq}}) = 100(1 - e^{-t/0,02}) = 100(1 - e^{-50t}) \text{ V}$$

$$i_C = \frac{E}{R_{eq}} e^{-t/R_{eq}C_{eq}} = \frac{100}{2.000} e^{-t/0,02} = 50 \, e^{-50t} \text{ mA}$$

Exemplo 11-10

Inicialmente, o capacitor da Figura 11-21 está descarregado. Feche a chave em $t = 0$ s.

a. Determine a expressão para v_C.
b. Determine a expressão para i_C.
c. Determine a corrente e a tensão no capacitor em $t = 5$ ms e $t = 10$ ms.

Solução: Reduza o circuito para seu equivalente série usando o teorema de Thévenin:

$$R'_2 = R_2 \| R_3 = 160 \, \Omega$$

A partir da Figura 11-22(a),

$$R_{Th} = R_1 \| R'_2 + R_4 = 240 \| 160 + 104 = 96 + 104 = 200 \, \Omega$$

Da Figura 11-22(b),

$$V'_2 = \left(\frac{R'_2}{R_1 + R'_2}\right) E = \left(\frac{160}{240 + 160}\right) \times 100 \text{ V} = 40 \text{ V}$$

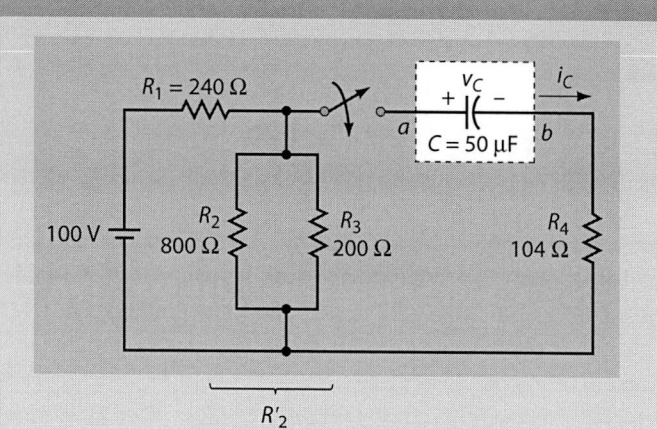

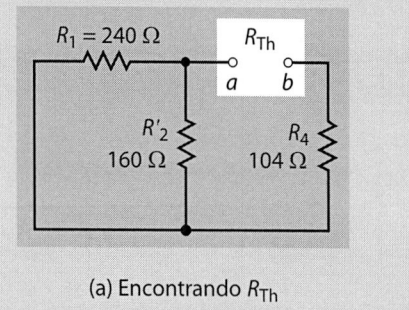

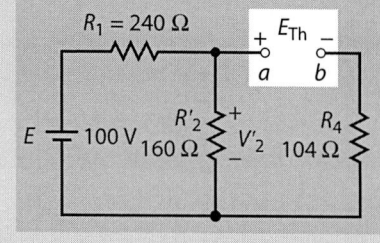

Figura 11-21

(a) Encontrando R_{Th}

(b) Encontrado em E_{Th}

Figura 11-22 Determinação do equivalente de Thévenin da Figura 11-21 após o fechamento da chave.

(continua)

Capítulo 11 • Carga e Descarga do Capacitor e Circuitos Conformadores de Onda

Exemplo 11-10 (continuação)

A partir da KVL, $E_{Th} = V_2 = 40$ V. A Figura 11-23 mostra o circuito equivalente resultante.

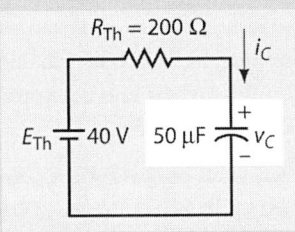

Figura 11-23 O circuito equivalente de Thévenin da Figura 11-21.

$$\tau = R_{Th}C = (200\ \Omega)(50\ \mu F) = 10\ ms$$

a. $v_C = E_{Th}(1 - e^{-t/\tau}) = 40(1 - e^{-100t})$ V

b. $i_C = \dfrac{E_{Th}}{R_{Th}} e^{-t/\tau} = \dfrac{400}{200} e^{-t/0{,}01} = 200 e^{-100t}$ mA

c. Em $t = 5$ ms, $i_C = 200 e^{-100(5\ ms)} = 121$ mA. De modo semelhante, $v_C = 15{,}7$ V. Igualmente, em 10 ms, $i_C = 73{,}6$ mA e $v_C = 25{,}3$ V.

PROBLEMAS PRÁTICOS 4

1. Para o Exemplo 11-10, determine v_C e i_C em 5 ms e 10 ms usando as curvas universais para a constante de tempo e compare com os resultados que acabamos de obter. (Será necessário estimar o ponto nas curvas para $t = 5$ ms.)
2. Para a Figura 11-21, sendo $R_1 = 400\ \Omega$, $R_2 = 1.200\ \Omega$, $R_3 = 300\ \Omega$, $R_4 = 50\ \Omega$, $C = 20\ \mu F$ e $E = 200$ V, determine as equações para v_C e i_C.
3. Usando os valores mostrados na Figura 11-21, determine as equações para v_C e i_C, sendo a tensão inicial do capacitor igual a 60 V.
4. Usando os valores do Problema 2, determine as equações para v_C e i_C, sendo a tensão inicial do capacitor igual a -50 V.

Respostas

1. 1,57 V, 121 mA; 25,3 V; 73,6 mA
2. $75(1 - e^{-250t})$ V; $0{,}375 e^{-250t}$ A
3. $40 + 20 e^{-100t}$ V; $-0{,}1 e^{-100t}$ A
4. $75 - 125 e^{-250t}$ V; $0{,}625 e^{-250t}$ A

NOTAS PRÁTICAS...

Notas sobre as Referências e Constantes de Tempo

1. Até agora, vimos os problemas dos processos de carga e descarga separadamente. Para eles, definimos $t = 0$ como o instante em que a chave é deslocada para a posição de carga nos problemas de carga e para a posição de descarga nos problemas de descarga.
2. Quando em um mesmo problema há os processos de carga e descarga, é necessário estabelecer claramente o que se quer dizer com "tempo". Utilizamos os seguintes procedimentos: as expressões correspondentes para v_C e i_C. Tais expressões e a escala de tempo correspondente permanecem válidas até que a chave seja deslocada para uma nova posição.

(continua)

362 Análise de Circuitos • Capacitância e Indutância

NOTAS PRÁTICAS... *(continuação)*

a. Defina t = 0 s como o instante em que a chave é movida para a primeira posição; em seguida, determine as expressões correspondentes para v_C e i_C. Tais expressões e a escala de tempo correspondente permanecem válidas até que a chave seja deslocada para uma nova posição.

b. Quando a chave for movida para a nova posição, modifique a referência de tempo, de modo que t = 0 s seja o tempo em que a chave é deslocada para a nova posição. Em seguida, determine as expressões correspondentes para v_C e i_C. Essas novas expressões são válidas somente a partir do novo ponto de referência para t = 0 s. As velhas expressões não são válidas na nova escala de tempo.

c. Agora temos duas escalas de tempo para o mesmo gráfico. No entanto, geralmente só se mostra explicitamente a primeira escala; a segunda fica implícita. Os cálculos baseados nas novas equações devem usar a escala nova.

d. Use τ_c para representar a constante de tempo para o processo de carga e τ_d para o de descarga. Como a resistência e a capacitância equivalentes para a descarga podem ser diferentes para o processo de carga, as constantes de tempo devem ser diferentes para os dois casos.

Exemplo 11-11

O capacitor da Figura 11-24(a) está descarregado. A chave é movida para a posição 1 em 10 ms e depois para a posição 2, onde ela permanece.

a. Determine v_C durante a carga.

b. Determine i_C durante a carga.

c. Determine v_C durante a descarga.

d. Determine i_C durante a descarga.

e. Desenhe as formas de onda para a carga e descarga.

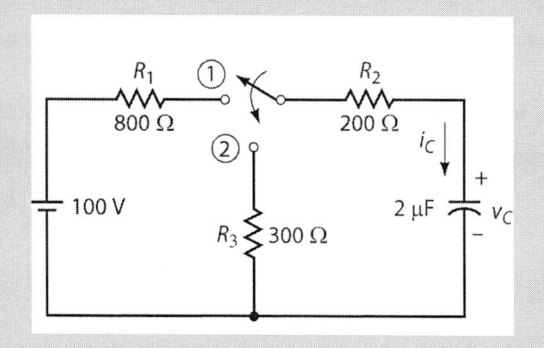

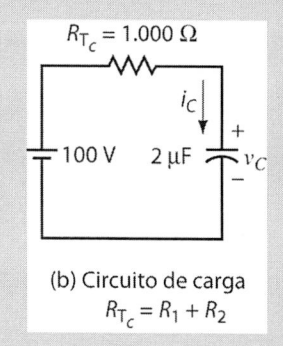

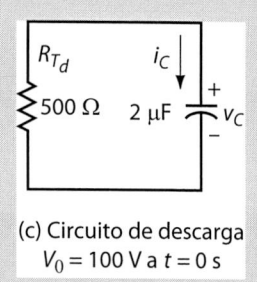

Figura 11-24 R_{T_c} é a resistência total do circuito de carga, enquanto R_{T_d} é a resistência total do circuito de descarga.

Solução: A Figura 11-24(b) mostra o circuito de carga equivalente. Nele,

$$\tau_c = (R_1 + R_2)C = (1 \text{ k}\Omega)(2 \text{ }\mu\text{F}) = 2{,}0 \text{ ms}.$$

a. $v_C = E(1 - e^{-t/\tau_c}) = 100(1 - e^{-500t})$ V

b. $i_C = \dfrac{E}{R_{T_c}} e^{-t/\tau_c} = \dfrac{100}{1000} e^{-500t} = 100\, e^{-500t}$ mA

(continua)

Capítulo 11 • Carga e Descarga do Capacitor e Circuitos Conformadores de Onda

Exemplo 11-11 (continuação)

Como $5\tau_C = 10$ ms, a carga estará completa no momento em que a chave for invertida para a descarga. Dessa forma, $V_0 = 100$V quando a descarga começa.

c. A Figura 11-24(c) mostra o circuito equivalente da descarga.

$$\tau_d = (500\ \Omega)(2\ \mu F) = 1{,}0\ ms$$

$$v_C = V_0 e^{-t/\tau_d} = 100 e^{-1000t}\ V$$

onde $t = 0$ s foi redefinido para a descarga, como visto anteriormente.

d. $i_C = -\dfrac{V_0}{R_2 + R_3} e^{-t/\tau_d} = -\dfrac{100}{500} e^{-1000t} = -200\ e^{-1000t}$ mA

e. Veja a Figura 11-25. Observe que a descarga é mais rápida do que a carga, uma vez que $\tau d < \tau c$.

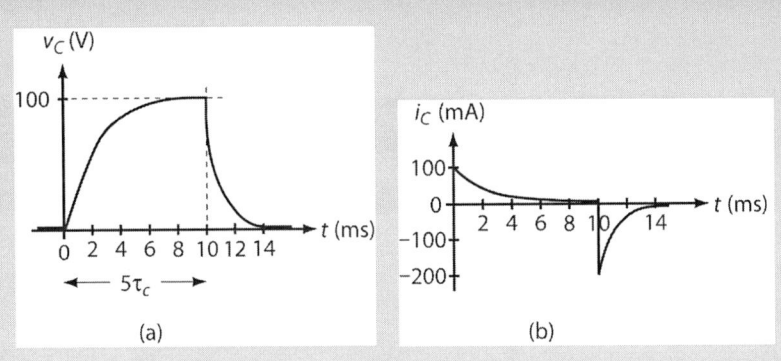

Figura 11-25 Formas de onda para o circuito da Figura 11-24. Observe que apenas a primeira escala é mostrada explicitamente.

NOTAS...

Quando resolvemos um problema sobre transientes com múltiplas operações de chaveamento, sempre devemos desenhar o circuito como ele se comporta durante cada intervalo de tempo de interesse. (Isso não leva muito tempo e auxilia a deixar claro o que se deve observar para cada parte da solução.) O Exemplo 11-11 ilustra esse processo. Nele, desenhamos o circuito da Figura 11-24(b) do modo como ele se comporta durante a carga e em (c) como ele se comporta durante a descarga. Esses diagramas deixam claro quais componentes são relevantes para as fases de carga e de descarga.

Exemplo 11-12

O capacitor da Figura 11-26 está descarregado. A chave desloca-se para a posição 1 em 5 ms, em seguida, para a posição 2 e permanece nela.

a. Determine v_C enquanto a chave está na posição 1.
b. Determine i_C enquanto a chave está na posição 1.
c. Calcule v_C e i_C em $t = 5$ ms.
d. Determine v_C enquanto a chave está na posição 2.
e. Determine i_C enquanto a chave está na posição 2.
f. Desenhe as formas de onda da tensão e da corrente.
g. Determine v_C e i_C em $t = 10$ ms.

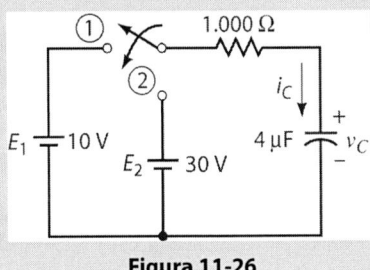

Figura 11-26

Solução:

$$\tau_c = \tau_d = RC = (1\ k\Omega)(4\ \mu F) = 4\ ms$$

a. $v_C = E_1(1 - e^{-t/\tau c}) = 10(1 - e^{-250t})$ V

b. $i_C = \dfrac{E_1}{R} e^{-t/\tau_C} = \dfrac{10}{1.000} e^{-250t} = 10\ e^{-250t}$ mA

(continua)

Exemplo 11-12 (continuação)

c. Em $t = 5$

$$v_C = 10(1 - e^{-250 \times 0{,}005}) = 7{,}14 \text{ V}$$
$$i_C = 10e^{-250 \times 0{,}005} \text{ mA} = 2{,}87 \text{ mA}$$

d. Na posição 2, $E_2 = 30$ V e $V_0 = 7{,}14$ V. Use a Equação 11-10:

$$v_C = E_2 + (V_0 - E_2)e^{-t/\tau_d} = 30 + (7{,}14 - 30)e^{-250t}$$
$$= 30 - 22{,}86e^{-250t} \text{ V}$$

onde $t = 0$ s foi redefinido para a posição 2.

e. $i_C = \dfrac{E_2 - V_0}{R} e^{-t/\tau_d} = \dfrac{30 - 7{,}14}{1.000} e^{-250t} = 22{,}86 e^{-250t}$ mA

f. Ver a Figura 11-27.

g. $t = 10$ ms equivale a 5 ms na nova escala de tempo. Assim, $v_C = 30 - 22{,}86e^{-250(5 \text{ ms})} = 23{,}5$ V e $i_C = 22{,}86e^{-250(5 \text{ ms})} = 6{,}55$ mA. Os valores estão representados no gráfico.

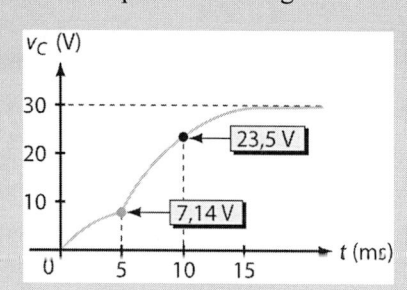

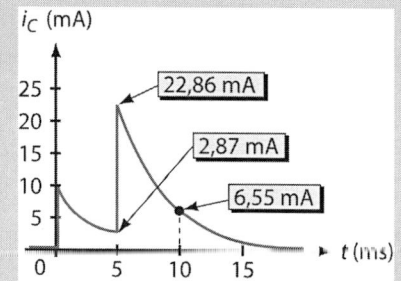

Figura 11-27 Tensão e corrente no capacitor para o circuito da Figura 11-26.

Exemplo 11-13

Na Figura 11-28(a), o capacitor está inicialmente descarregado. A chave é deslocada para a posição de carga e, em seguida, para a de descarga, gerando a corrente mostrada em (b). Determine:

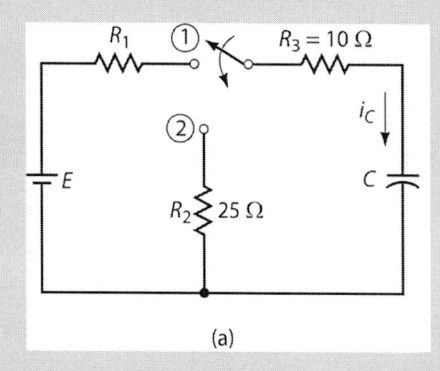

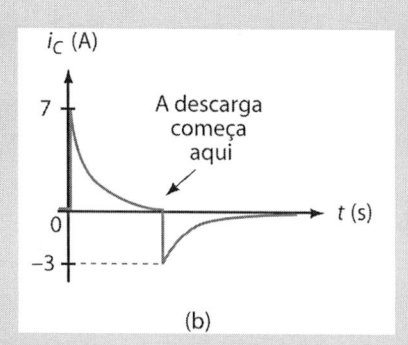

a. E b. R_1 c. C

Figura 11-28

Solução:

a. Como o capacitor carrega por completo, ele apresenta o valor de E volts quando invertido para a descarga. O pico da corrente de descarga é, portanto,

$$-\frac{E}{10\,\Omega + 25\,\Omega} = -3 \text{ A}$$

(continua)

Exemplo 11-13 (continuação)

Assim, $E = 105$ V.

b. O pico de carga da corrente tem o valor de

$$\frac{E}{10\ \Omega + R_1} = 7\ \text{A}$$

Como $E = 105$ V, $R_1 = 5\ \Omega$.

c. $5\ \tau_d = 1{,}75$ ms. Portanto, $\tau_d = 350\ \mu\text{s}$. Mas $\tau_d = (R_2 + R_3)C$. Então, $C = 350\ \mu\text{s}/35\ \Omega = 10\ \mu\text{F}$.

Circuitos RC em Estado Estacionário DC

Quando um circuito RC atinge o estado estacionário DC, seu capacitor comporta-se como circuitos abertos, não sendo necessária uma análise transiente – ver as Notas.

Exemplo 11-14

O circuito da Figura 11-29(a) atingiu o estado estacionário. Determine as tensões do capacitor.

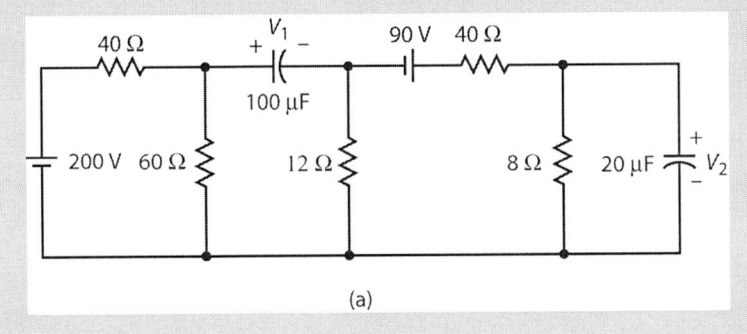

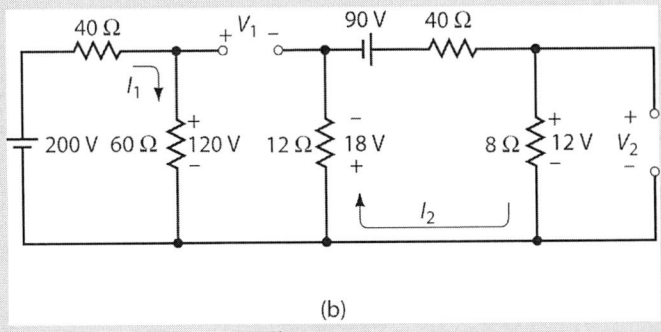

Figura 11-29

Solução: Substitua todos os capacitores por circuitos abertos. Assim,

$$I_1 = \frac{200\ \text{V}}{40\ \Omega + 60\ \Omega} = 2\ \text{A}, \qquad I_2 = \frac{90\ \text{V}}{40\ \Omega + 8\ \Omega + 12\ \Omega} = 1{,}5\ \text{A}$$

KVL: $V_1 - 120 - 18 = 0$. Assim, $V_1 = 138$ V. Além disso,

$$V_2 = (8\ \Omega)(1{,}5\ \text{A}) = 12\ \text{V}$$

NOTAS...

Como um capacitor é composto de placas condutoras separadas por um isolante, não há caminho condutor de um terminal a outro pelo capacitor. Sendo assim, quando um capacitor é colocado em uma fonte DC, com exceção de um rápido surto transiente, sua corrente é nula. Logo, como concluímos anteriormente, um capacitor se comporta como em um circuito aberto quando no estado estacionário DC.

PROBLEMAS PRÁTICOS 5

1. A princípio, o capacitor da Figura 11-30(a) permanece inalterado. Em $t = 0$ s, a chave é deslocada para a posição 1, e 100 ms depois, para a posição 2. Determine as expressões de v_C e i_C para a posição 2.
2. Repita o procedimento para a Figura 11-30(b). Sugestão: Use o teorema de Thévenin.

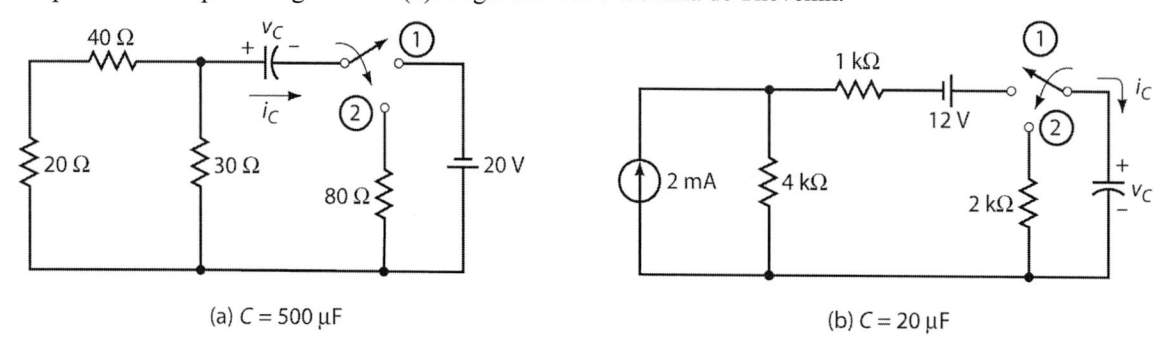

(a) $C = 500$ μF

(b) $C = 20$ μF

Figura 11-30

3. O circuito da Figura 11-31 atingiu o estágio estacionário. Determine as correntes I_1 e I_2 da fonte.

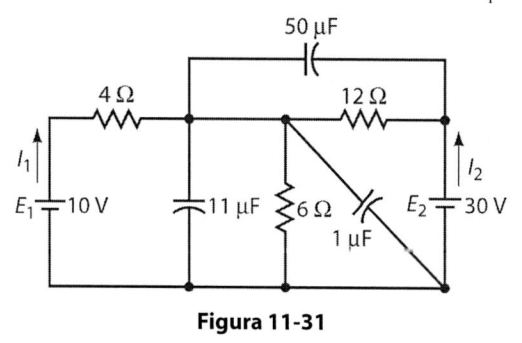

Figura 11-31

Respostas

1. $20e^{-20t}$ V; $-0{,}2\,e^{-20t}$ A
2. $12{,}6e^{-25t}$ V; $-6{,}3e^{-25t}$ mA
3. 0 A; 1,67 A

11.6 Aplicação de Temporização RC

Os circuitos RC são usados para gerar atrasos em alarmes, controles motores e aplicações de temporização. A Figura 11-32 mostra uma aplicação de alarme. A unidade de alarme contém um detector limiar, e quando a entrada para esse detector excede um valor presente, o alarme é acionado.

(a) Circuito de atraso

(b)

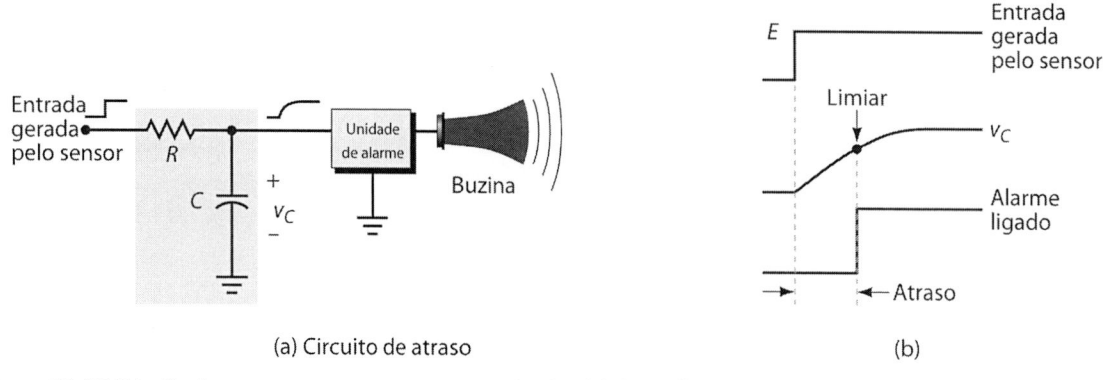

Figura 11-32 Criação de um atraso no tempo com um circuito RC. Suponha que a unidade de alarme não carregue o circuito RC.

Exemplo 11-15

O circuito da Figura 11-32 é parte de um sistema de segurança de um edifício. Quando uma porta "armada" se abre, há um número específico de segundos para desarmar o sistema antes que o alarme dispare. Sendo $E = 20$ V, $C = 40$ μF, o alarme é acionado quando v_C atinge 16 V. No entanto, deseja-se um atraso de no mínimo 25 s. Quais são os valores necessários de R?

Solução

$v_C = E(1 - e^{-t/RC})$. Após alguma manipulação, obtém-se

$$e^{-t/RC} = \frac{E - v_C}{E}$$

Aplicando o log natural de ambos os lados, temos

$$-\frac{t}{RC} = \ln\left(\frac{E - v_C}{E}\right)$$

Em $t = 25$ s, $v_C = 16$ V. Assim,

$$-\frac{t}{RC} = \ln\left(\frac{20 - 16}{20}\right) = \ln 0,2 = -1,6094$$

Substituindo $t = 25$ s e $C = 40$ μF, obtém-se

$$R = \frac{t}{1,6094 C} = \frac{25 \text{ s}}{1,6094 \times 40 \times 10^{-6}} = 388 \text{ k}\Omega$$

Escolha o próximo valor-padrão maior, ou seja, 390 kΩ.

PROBLEMAS PRÁTICOS 6

1. Suponha que você queira aumentar o tempo de desarme do Exemplo 11-15 para no mínimo 35 s. Calcule o novo valor de R.
2. Se, no Exemplo 11-15, o limiar é 15 V e $R = 1$ MΩ, qual é o tempo de desarme?

Respostas

1. 544 kΩ. Use 560 kΩ.

2. 55,5 s

VERIFICAÇÃO DO PROCESSO DE APRENDIZAGEM 2

(As respostas encontram-se no final do capítulo.)

1. Consulte a Figura 11-16.
    a. Determine a expressão para v_C quando $V_0 = 80$ V. Desenhe v_C.
    b. Repita (a) se $V_0 = 40$ V. Por que não há transiente?
    c. Repita (a) se $V_0 = -60$ V.
2. Para a Parte (c) da Questão 1, v_C começa em −60 V e sobe para +40 V. Determine em qual tempo v_C passa por 0 V, usando a técnica do Exemplo 11-15.
3. Para o circuito da Figura 11-18, suponha que $R = 10$ kΩ e $C = 10$ μF.
    a. Determine as expressões para v_C e i_C quando $V_0 = 100$ V. Desenhe v_C e i_C.
    b. Repita (a) se $V_0 = -100$ V.
4. Repita o Exemplo 11-12 se a fonte de tensão 2 for invertida, ou seja, $E_2 = -30$ V.

VERIFICAÇÃO DO PROCESSO DE APRENDIZAGEM 2 (Continuação)

(As respostas encontram-se no final do capítulo.)

5. A chave da Figura 11-33(a) é fechada em $t = 0$ s. O circuito equivalente de Norton na caixa é mostrado em (b). Determine as expressões para v_C e i_C. Inicialmente, o capacitor está descarregado.

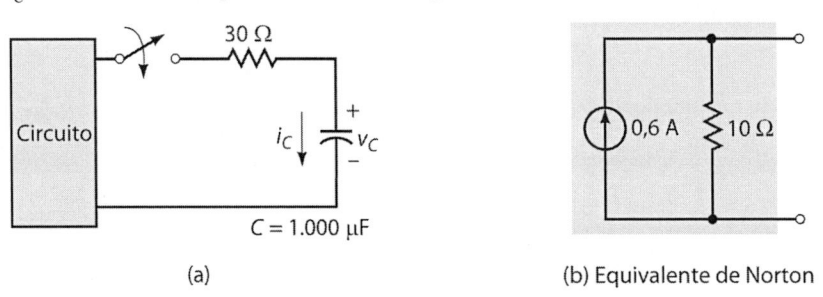

Figura 11-33 Sugestão: Utilize uma fonte de transformação.

11.7 Resposta ao Pulso do Circuito RC

Nas seções anteriores, vimos a resposta de circuitos RC às entradas DC chaveadas. Nesta seção, consideraremos o efeito que os circuitos RC têm nas formas de onda dos pulsos. Como muitos dispositivos e sistemas eletrônicos utilizam o pulso ou formas de onda retangulares, incluindo computadores, sistemas de comunicação e circuitos de controle motor, essas considerações são importantes.

Fundamentos do Pulso

O **pulso** é uma tensão ou corrente que varia de um nível para o outro, como mostram as Figuras 11-34(a) e (b). O **trem de pulso** é um fluxo repetitivo de pulsos, como em (c). Se o tempo em que o valor da forma de onda é mais elevado for igual ao tempo em que o seu valor é mais baixo, como em (d), ela é chamada **onda quadrada**.

A duração de cada ciclo de um trem de pulso é chamada de **período**, T, e o número de pulsos por segundo é definido como a **taxa de repetição de pulso** (TRP) **ou a frequência de repetição de pulso** (FRP). Por exemplo, em (e), há dois ciclos completos em um segundo; portanto FRP = 2 pulsos/s. Com dois ciclos a cada segundo, o tempo para um ciclo é $T = 1/2$ s. Observe que isso é igual a 1/FRP; em geral, essa relação é verdadeira, ou seja,

$$T = \frac{1}{\text{PRR}} \text{ s} \quad (11\text{-}16)$$

A largura, t_p, de um pulso em relação ao seu período [Figura 11-34(c)] é seu **ciclo ativo**. Dessa forma,

$$\text{porcentagem do ciclo ativo} = \frac{t_p}{T} \times 100\% \quad (11\text{-}17)$$

Uma onda quadrada [Figura 11-34(d)] tem, portanto, o ciclo ativo de 50%, enquanto uma forma de onda com $t_p = 1{,}5$ μs e um período de 10 μs tem o ciclo ativo de 15%.

Na prática, as formas de onda não são ideais, isto é, elas não variam de baixo para cima ou de cima para baixo instantaneamente; em vez disso, apresentam **tempos** de **subida** e de **descida** finitos, que são designados como t_s e t_d, e medidos entre os pontos de 10% e 90%, conforme indicado na Figura 11-35(a). Mede-se a **largura de pulso** no ponto equivalente a 50%. Geralmente, a diferença entre forma de onda real e a ideal é pequena. Por exemplo, os tempos de subida e descida de pulsos reais podem ser apenas alguns nanossegundos, e, quando vistos em um osciloscópio, como na Figura 11-35(b), parecem ser ideais. Daqui em diante, consideraremos formas de onda ideais.

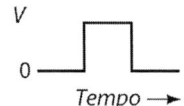

(a) Pulso positivo

(b) Pulso negativo

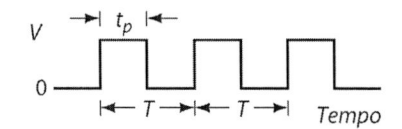

(c) Trem de pulso. T refere-se ao período de tempo do trem de pulso

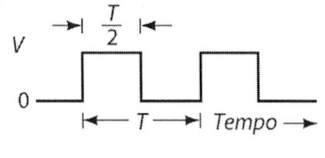

(d) Onda quadrada

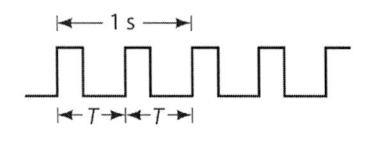

(e) PRR = 2 pulsos/s

Figura 11-34 Pulsos ideais e ondas de pulso.

Figura 11-35 Formas de onda de pulso práticas.

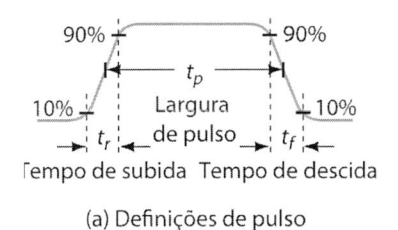

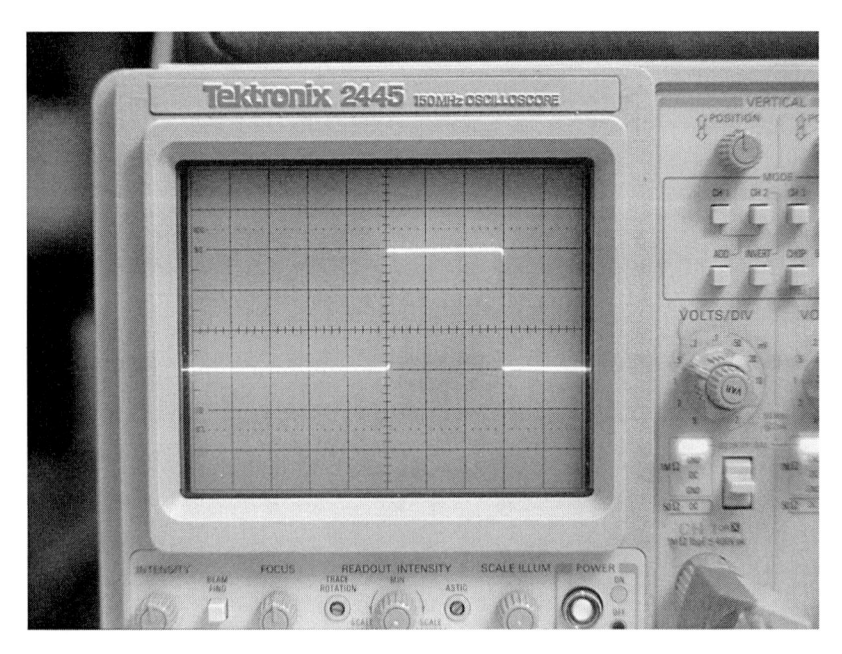

(a) Definições de pulso

(b) Forma de onda de pulso vista em um osciloscópio

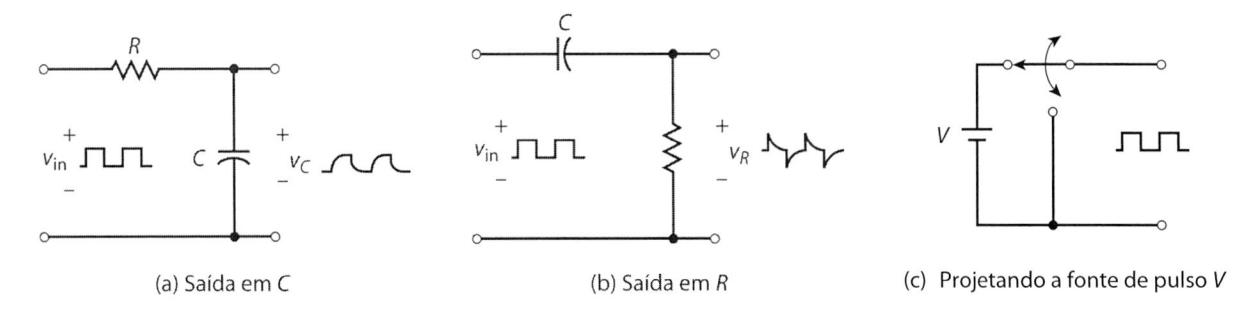

(a) Saída em C (b) Saída em R (c) Projetando a fonte de pulso V

Figura 11-36 Circuitos RC com entrada de pulso. Embora tenhamos aqui projetado a fonte como uma bateria e uma chave, na prática, os pulsos são geralmente criados por circuitos eletrônicos.

O Efeito da Largura de Pulso

A largura de um pulso relativa à constante de tempo do circuito determina como ele é afetado por um circuito RC. Considere a Figura 11-36. Em (a), o circuito foi desenhado para dar destaque à tensão em C; em (b), para destacar a tensão em R. (Quanto aos outros aspectos, os circuitos são iguais.) Uma maneira fácil de visualizar a operação desses circuitos é supor que o pulso é gerado por uma chave que é rapidamente deslocada para frente e para trás entre V e o nó comum, como em (c). Isso gera um circuito de carga e um de descarga; portanto, todas as ideias desenvolvidas neste capítulo se aplicam diretamente.

Largura de Pulso $t_p \gg 5\tau$

Em primeiro lugar, considere a saída do circuito (a). Quando a largura de pulso e o tempo entre os pulsos são muito extensos se comparados à constante de tempo do circuito, o capacitor carrega e descarrega completamente, Figura 11-37(b). (Este caso é parecido com o que já vimos neste capítulo.) Observe que os processos de carga e descarga ocorrem nas transições do pulso. Dessa forma, os transientes aumentam os tempos de subida e de descida da saída. Em circuitos de alta velocidade, isso pode ser um problema. (O leitor aprenderá mais sobre esse assunto nos cursos de eletrônica digital.)

Exemplo 11-16

Aplica-se uma onda quadrada na entrada da Figura 11-36(a). Sendo $R = 1$ kΩ e $C = 100$ pF, avalie o tempo de subida e de queda do sinal de saída usando a curva universal da constante de tempo da Figura 11-15(a).

Solução: $\tau = RC = (1 \times 10^3)(100 \times 10^{-12}) = 100$ ns. Com base na Figura 11-15(a), observe que v_C alcança o ponto equivalente a 10% por volta de 0,1 τ, que é $(0,1)(100$ ns$) = 10$ ns. O ponto equivalente a 90% é alcançado por volta de 2,3 τ, que é $(2,3)(100$ ns$) = 230$ ns. O tempo de subida é, portanto, de aproximadamente 230 ns $-$ 10 ns. $= 220$ ns. O tempo de descida será o mesmo.

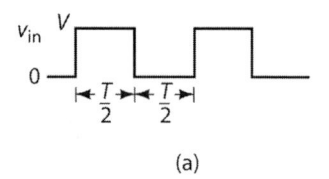

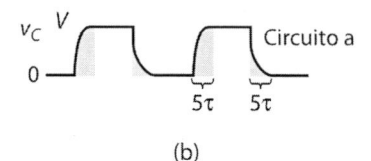

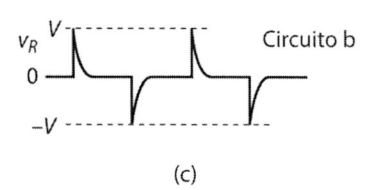

Figura 11-37 Largura de pulso muito maior do que 5 τ. Observe que as áreas sombreadas indicam onde o capacitor está carregando e descarregando. Os picos ocorrem nas transições de tensão de entrada.

Agora considere o circuito na Figura 11-36(b). Nele, a corrente i_C será parecida com a da Figura 11-7(b), com exceção das larguras de pulso, que serão mais estreitas. Sendo a tensão $v_R = R\,i_C$, a saída será uma série de picos breves e pontiagudos que ocorrem nas transições de entrada, como na Figura 11-37(c). Nessas condições (ou seja, com a largura de pulso muito maior do que a constante de tempo do circuito), v_R é uma aproximação da derivada de v_i, e o circuito é chamado **circuito diferenciador**. Circuitos desse tipo são úteis e importantes.

Largura de Pulso $t_p = 5\tau$

A Figura 11-38 mostra essas formas de onda. Como a largura de pulso é 5 τ, o capacitor carrega e descarrega por completo durante cada pulso. Neste caso, portanto, as formas de onda são parecidas com as que vimos ao longo de todo o capítulo.

Largura de Pulso $t_p \ll 5\tau$

Este caso difere do que foi visto até agora no presente capítulo apenas quanto ao fato de que não há tempo para o capacitor carregar e descarregar de maneira significativa entre os pulsos. Como resultado, o chaveamento ocorre na parte inicial (quase linha reta) das curvas de carga e descarga, tendo v_C uma forma quase triangular, Figura 11-39(a). Como mostrado a seguir, v_C tem um valor médio de $V/2$. Nessas condições, v_C é a integral aproximada de v_i, sendo o circuito chamado **circuito integrador**.

Deve-se observar que v_C não atinge imediatamente o estado estacionário mostrado na Figura 11-39. Em vez disso, ela atua durante um período de cinco constantes de tempo (Figura 11-40). A título de ilustração, admita uma onda quadrada de entrada de 5 V com a largura de pulso de 0,1 s e $\tau = 0,1$ s. Prossiga da seguinte maneira:

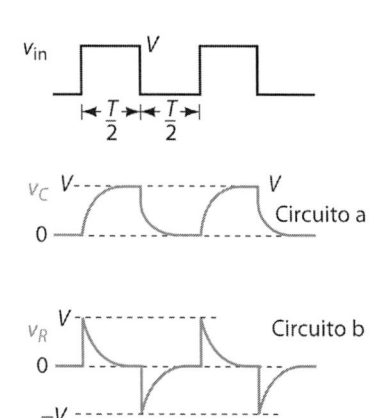

Figura 11-38 A largura de pulso é igual a 5 τ. Essas formas de onda são iguais às da Figura 11-37, com exceção de que as transições são relativamente mais longas.

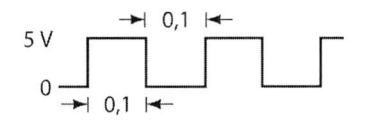

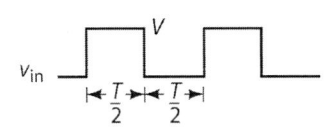

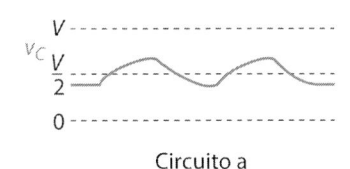

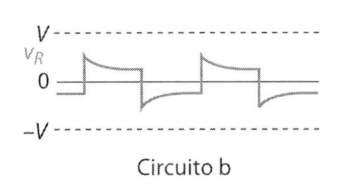

Capítulo 11 • Carga e Descarga do Capacitor e Circuitos Conformadores de Onda

(a) Forma de onda de entrada

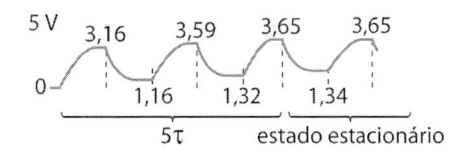

(b) Tensão v_C de saída

Figura 11-40 Observe como a solução leva cinco constantes de tempo para atingir o estado estacionário; depois disso, v_C oscila entre 1,34 e 3,65 V. Isso pode ser facilmente observado quando usamos o Multisim ou o PSpice.

Circuito a

Circuito b

Figura 11-39 A largura de pulso é menor do que 5 τ. Não há tempo suficiente para o capacitor carregar ou descarregar de maneira significativa.

Pulso 1 $v_C = E(1 - e^{-t/\tau})$. Ao final do primeiro pulso ($t = 0,1$ s), v_C terá subido para $5(1 - e^{-0,1/0,1}) = 5(1 - e^{-1}) = 3,16$ V. Do final do pulso 1 para o início do pulso 2 (ou seja, durante um intervalo de 0,1 s), v_C cai de 3,16 V para $3,16e^{-0,1/0,1} = 3,16e^{-1} = 1,16$ V.

Pulso 2 v_C começa em 1,16 V, e 0,1 s depois terá o valor de $v_C = E + (V_0 - E)e^{-t/\tau} = 5 + (1,16 - 5)e^{-0,1/0,1} = 5 - 3,84e^{-1} = 3,59$ V. Depois v_C cai para $3,59e^{-1} = 1,32$ V durante o próximo 0,1 s.

Continuando com esse procedimento, os valores restantes para a Figura 11-40(b) podem ser determinados. Após 5 τ, v_C oscila entre 1,34 e 3,65 V, com média de $(1,34 + 3,65)/2 = 2,5$ V, ou metade da amplitude do pulso de entrada.

PROBLEMAS PRÁTICOS 7

Confirme os outros pontos da Figura 11-40(b).

Carregamento Capacitivo

A capacitância ocorre sempre que os condutores estão separados por um material isolante. Isso significa que há capacitância entre fios em cabos, entre os trilhos das placas de circuito impresso etc. Em geral, essa capacitância não é desejável, porém não pode ser evitada. Ela é chamada **capacitância parasita**. Felizmente, muitas vezes a capacitância parasita é tão pequena que pode ser desprezada. No entanto, em circuitos de alta velocidade, ela pode causar problemas.

Para ilustração, considere a Figura 11-41. O acionador eletrônico de (a) gera pulsos quadrados. Contudo, quando ele aciona uma linha extensa como em (b), a capacitância parasita carrega-o e aumenta o tempo de subida e de descida do sinal (uma vez que a capacitância demora a carregar e descarregar). Se os tempos de subida e descida se tornarem excessivamente longos, o sinal que atinge a carga poderá ser tão baixo que o sistema não funcionará bem. (O carregamento capacitivo é um assunto importante, mas o deixaremos para cursos futuros.)

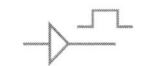

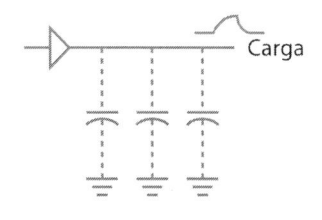

(a) Acionador descarregado

(b) Sinal distorcido

Figura 11-41 Distorção causada pelo carregamento capacitivo.

11.8 Análise Transiente Usando Computador

O Multisim e o PSpice são bem apropriados para estudarmos os transientes, pois ambos possuem recursos gráficos que podem ser usados para a representação gráfica dos resultados diretamente na tela. Quando plotar os transientes, você deverá especificar o tempo de duração para o gráfico, ou seja, a duração esperada para o transiente. (Esse tempo é assinalado como TSTOP tanto no Multisim como no PSpice.) Um bom valor para se iniciar é 5 τ, onde τ é a constante de tempo do circuito. (Para circuitos complexos, se τ for desconhecida, faça uma estimativa, rode a simulação, ajuste a escala de tempo e repita o procedimento até alcançar um gráfico aceitável.)

Multisim

Como um primeiro exemplo, considere o circuito de carga RC da Figura 11-42. Represente graficamente a forma de onda da tensão no capacitor. Depois, usando o cursor, determine as tensões em $t = 50$ ms e $t = 150$ ms. Leia as Notas Operacionais do Multisim e depois prossiga da seguinte forma:

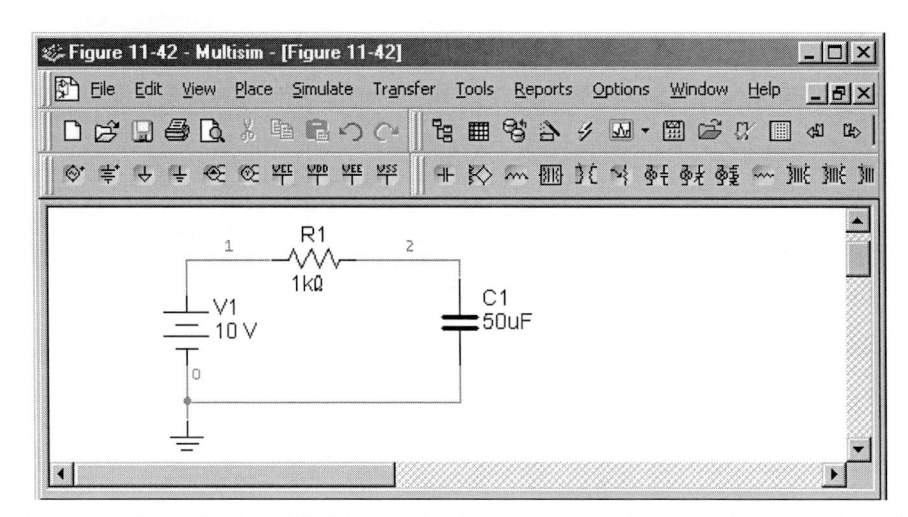

Figura 11-42 exemplo no Multisim. Não há necessidade de uma chave, já que a solução transiente é iniciada pelo software. Sendo τ = 50 ms, rode a simulação para 0,25 s (ou seja, 5τ).

- Crie o circuito da Figura 11-42 na tela. (Use o capacitor virtual e rotacione-o apenas uma vez, de modo que a extremidade "1" esteja na parte superior, como descrito no Apêndice A.)
- Clique em *Options/Sheet Properties* e em *Net Names*, clique em *Show All*, e depois em *OK*. Os números dos nós irão aparecer no esquema.
- Clique em *Simulate/Analysis* e selecione *Transient Analysis*. Faça uma estimativa da duração do transiente (é 0,25 s) e digite esse valor como TSTOP. Na caixa *Initial Conditions*, escolha *Set to zero*. Clique na guia *Output*, selecione o nó na extremidade superior do capacitor (é o nó 2 na Figura 11-42), clique em *Add*, e depois em *Simulate*.
- Uma forma de onda igual à da Figura 11-43 deverá aparecer. (Sua tela terá um fundo preto; clique em *View* e em *Reverse Colors* caso queria mudar a cor. Além disso, clique em *Show/Hide Select Marks*, caso queira se livrar dos símbolos na forma de onda.) Mude para a tela cheia. Clique no ícone *Show/Hide Grid* localizado na barra de menu Analysis Graphs, e depois no ícone *Show/Hide cursor*. Arraste os cursores para 50 ms e 150 ms, e faça a leitura das tensões.

Análise dos Resultados

Como indicado na Figura 11-43, $v_C = 6{,}32$ V em $t = 50$ ms e 9,50 V em $t = 150$ ms. (Confira substituindo os resultados em $v_C = 10(1 - e^{-20t})$. Os resultados são exatamente iguais.)

Condições Iniciais no Multisim

Modifiquemos esse último problema para incluir uma tensão inicial de 20 V no capacitor. Coloque o circuito da Figura 11-42 de volta na tela, clique duas vezes no símbolo do capacitor, e na caixa de diálogo clique em *Initial Conditions*, digite **20**, certifique-se de que as unidades estão ajustadas para V, e clique em *OK*. Selecione *Transient Analysis*. Na caixa *Initial Conditions*, escolha *User-defined*. Rode a simulação e observe que o transiente começa em 20 V e cai para o valor de 10 V de seu estado estacionário em cinco constantes de tempo, como esperado. Com o cursor, determine alguns valores do gráfico e confirme-os usando a Equação 11-10.

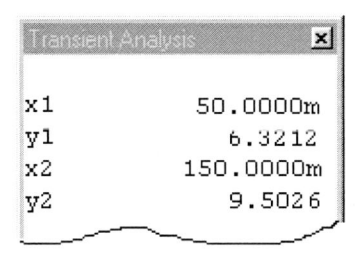

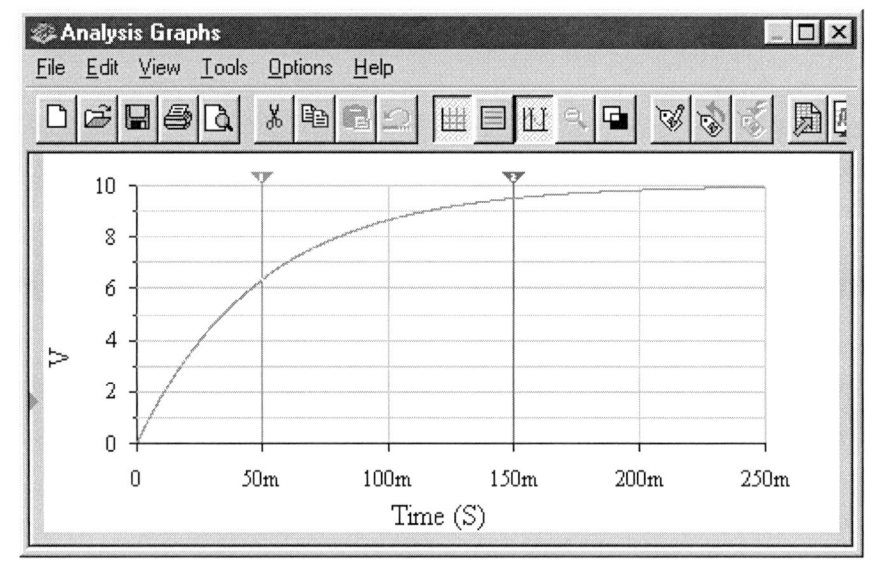

Figura 11-43 Solução para o circuito da Figura 11-42.

Outro Exemplo

Usando a fonte de relógio da caixa Signal Source Components, monte o circuito da Figura 11-44(a). (Com suas conFigurações-padrão, o relógio gera uma onda quadrada que oscila entre 0 V e 5 V com a duração do ciclo de $T = 1$ ms.) Isso significa que o tempo t_p quando ele está ligado é $T/2 = 500$ μs. Como a constante de tempo da Figura 11-44 é $\tau = RC = 50$ μs, t_p é maior do que 5 τ. O resultado deveria ser uma forma de onda parecida com a da Figura 11-37(c). Para confirmar esse resultado, siga o procedimento do exemplo anterior, mas configure o End Time (TSTOP) para 0,0025 na caixa de diálogos Analysis/Transient, e selecione os nós 1 e 2 para visualização. Aparecerá a forma de onda da Figura 11-44(b). Observe que os picos de saída ocorrem nas transições da forma de onda de entrada, como previsto.

(a)

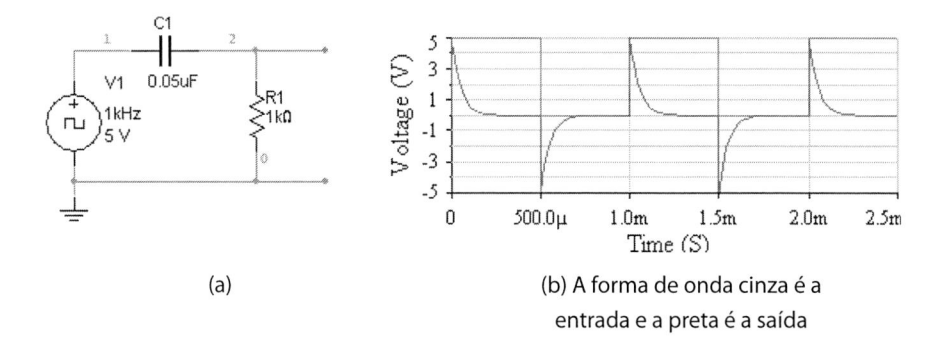

(b) A forma de onda cinza é a entrada e a preta é a saída

Figura 11-44 Análise no Multisim do circuito da Figura 11-36. Compare (b) com a Figura 11-37(c).

NOTAS...

Notas Operacionais do Multisim

1. O Multisim oferece a opção de plotar as formas de onda com o recurso-padrão de gráficos ou do osciloscópio. (Neste capítulo, usaremos o recurso-padrão; no Capítulo 14 neste volume, apresentaremos o osciloscópio.)

2. Só é possível plotar as tensões em relação ao aterramento; entretanto, este pode ser posicionado onde o usuário quiser.

3. A chave não é necessária para iniciar um transiente. Simplesmente, monte o circuito sem uma chave e selecione a análise transiente. O Multisim, então, efetua a simulação e representa graficamente os resultados.

4. O Multisim gera intervalos de tempo automaticamente quando plota as formas de onda. No entanto, há ocasiões em que ele não gera intervalos o suficiente, o que resulta em uma curva dentada. Se isso acontecer, clique em *Mininum number of time points* na caixa de diálogos Transient Analysis (a caixa de diálogo onde se insere o valor para TSTOP), e digite um número maior (por Exemplo, 1.000). Vá tentando até obter uma curva regular e adequada.

5. Antes de começar, use o cursor para rever e identificar os ícones na tela, porque você usará alguns novos aqui.

PSpice

Como um primeiro exemplo, considere a Figura 11-2 com $R = 200\ \Omega$, $C = 50\ \mu F$ e $E = 40$ V. Deixe o capacitor inicialmente descarregado (ou seja, $V_0 = 0$ V). Primeiro, leia as Notas Operacionais do PSpice, e prossiga da seguinte maneira:

Crie o circuito na tela, como na Figura 11-45. (A chave pode ser encontrada na biblioteca EVAL como Sw_tClose.) Lembre-se de rotacionar o capacitor três vezes, como discutido no Apêndice A (disponível no site deste livro), e depois ajuste a condição inicial (*IC*) para zero. Para fazer isso, clique duas vezes no símbolo do capacitor, digite **0V** na célula intitulada IC do Property Editor, clique em Apply, e depois feche o editor. Clique no ícone New Simulation Profile, digite um nome (por exemplo, **Figura 11-46**) e clique em Create. Na caixa Simulation Settings, clique na guia Analysis, selecione Time Domain (Transient), e em Options, selecione General Settings. Ajuste a duração do transiente (TSTOP) para 50ms (ou seja, cinco constantes de tempo). Encontre o marcador da tensão na barra de ferramentas e posicione-o como mostrado. (Ele estará na cor cinza e não verde, mas mudará de cor após a simulação).

Clique no ícone Run. Quando a simulação estiver completa, aparecerá o tracejado da tensão no capacitor *versus* o tempo (o tracejado cinza da Figura 11-46). Clique em Plot (na barra de ferramentas) e em Add Y Axis para criar o segundo eixo. Se necessário, ative os ícones adicionais da barra de ferramentas, descritos na Nota Operacional 5, e clique em Trace, Add Trace na barra de ferramentas. Na caixa de diálogos, clique em I(C1) (supondo que o capacitor esteja designado como C_1), e clique em OK. Esse procedimento faz que o tracejado da corrente seja adicionado.

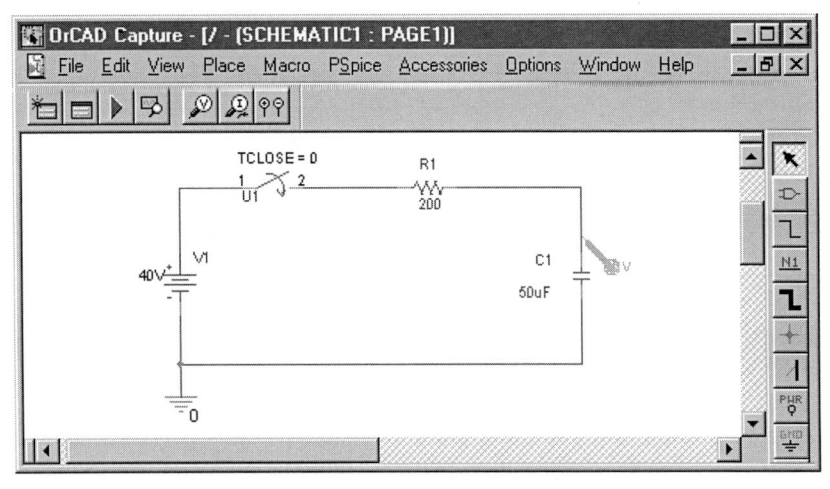

Figura 11-45 Exemplo no PSpice. O marcador da tensão mostra a tensão relativa ao aterramento, que, nesse caso, é a tensão em C_1.

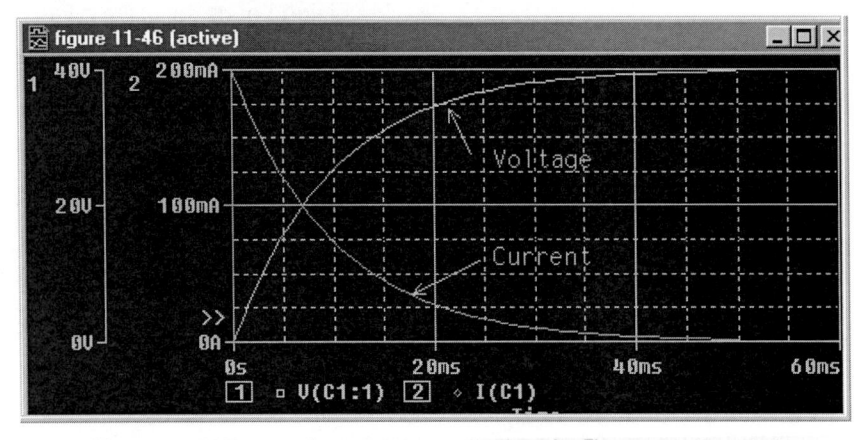

Figura 11-46 Formas de onda para os circuitos das Figuras 11-45 e 11-47.

NOTAS...

Notas Operacionais do PSpice

1. Não utilize espaço entre o valor e a unidade. Dessa forma, use 50ms e não 50 ms etc.

2. Quando for instruído a digitar dados pelo editor Property, primeiro clique na guia Parts, na parte inferior da tela, role-a para a direita até achar a célula desejada, digite o valor nela e clique em Apply.

3. Muitas vezes, obtêm-se formas de onda picadas. Se isso acontecer, digite um valor adequado para o Maximum step size, na caixa Simulation Profile. Se o valor for muito alto, a forma de onda será picada; se o valor for muito baixo, ela será muito comprida. Geralmente, os valores não são críticos, mas talvez seja necessário experimentar um pouco.

4. Para problemas com transientes, é necessário especificar uma condição inicial (IC) para cada capacitor e indutor, mesmo que eles sejam nulos. Esse procedimento é descrito nos exemplos.

5. Para ativar os ícones usados para adicionar e visualizar as formas de onda nesses Exemplos, é necessário conFigurar mais ícones na barra de ferramentas. Prossiga da seguinte forma: quando a tela da Figura 11-46 aparecer, clique em *Tools*, Costumize, selecione a guia Toolbars, selecione todas as barras de ferramenta mostradas, ou seja, File, Edit, Simulate, Probe e Cursor, e clique em OK. Posicione o cursor sobre os ícones para observar suas funções.

(continua)

Análise dos Resultados

Clique no ícone Toggle cursor e use o cursor para determinar os valores da tela. Por exemplo, em $t = 5$ ms, deveremos encontrar $v_C = 15{,}7$ V e $i_C = 121$ mA. (Uma solução analítica para este circuito (Figura 11-23) pode ser encontrada no exemplo 11-10, parte (c). O resultado é exatamente igual à solução do PSpice.)

Como um segundo exemplo, considere o circuito da Figura 11-21 (mostrado na Figura 11-47). Crie o circuito usando o mesmo procedimento geral do exemplo anterior, mas não rotacione o capacitor. Novamente, certifique-se de ajustar V_0 (a tensão inicial do capacitor) para zero. Na caixa Simulation Profile, ajuste TSTOP para 50ms. Posicione os marcadores diferenciais de tensão (encontrados na barra de ferramentas na parte superior da tela) em C (com o marcador V⁺ à esquerda) para representar graficamente a tensão no capacitor. Rode a análise, crie um segundo eixo e adicione a representação gráfica da corrente. O gráfico igual (ou seja, o da Figura 11-46) ao exemplo anterior deverá aparecer, pois aquele circuito é o equivalente de Thévenin deste.

NOTAS... *(Continuação)*

Notas Operacionais do PSpice

6. Para selecionar a forma de onda para a qual o usuário deseja que o cursor se dirija, clique no símbolo apropriado na parte inferior da tela – por exemplo, o pequeno quadrado para a tensão ou o pequeno losango para a corrente Figura 11-46.

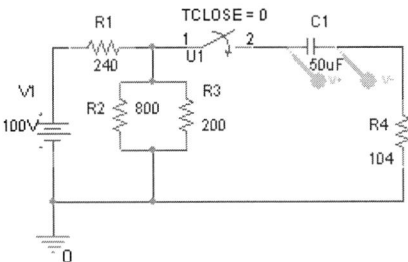

Figura 11-47 Os marcadores diferenciais mostram a tensão em C_1.

Como um exemplo final, considere a Figura 11-48(a), que mostra um chaveamento duplo.

Exemplo 11-17

O capacitor da Figura 11-48(a) tem uma tensão inicial de -10 V. A chave é deslocada para a posição de carga durante 1 s, e depois para a posição de descarga, onde permanece. Determine as curvas para v_C e i_C.

Solução: O PSpice não possui chaves que implementam a sequência de chaveamento da Figura 11-48. No entanto, mover a chave primeiro para a posição de carga e depois para a de descarga equivale a colocar 20 V na combinação RC para o tempo de carga, e depois 0 V, como indicado em (b). Isso poderá ser feito com uma fonte de pulso (VPULSE), como indicado na Figura 11-49(a). (Encontra-se o VPULSE na biblioteca SOURCE.) Observe os parâmetros listados ao lado do símbolo. Clique em cada um e ajuste como indicado; por exemplo, clique em V1, e quando a caixa de parâmetros abrir, digite **0V**. (Isso define um pulso com um período de 5 s, uma duração de 1 s, tempos de subida e descida de 1 μs, amplitude de 20 V e um valor inicial de 0 V.) Clique duas vezes no símbolo do capacitor e ajuste *IC* para -10 V no Property Editor; clique em Apply e feche. Clique no ícone New Simulation Profile e ajuste TSTOP para 2s. Coloque um Current Marker, como mostrado, e clique em Run. O traço da corrente deverá aparecer na tela como em (b). Adicione o segundo eixo e o tracejado da tensão, como descrito nos exemplos anteriores. A curva vermelha da tensão deverá aparecer.

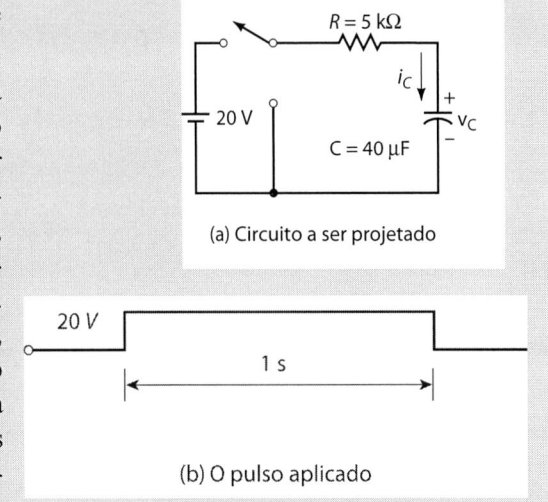

(a) Circuito a ser projetado

(b) O pulso aplicado

Figura 11-48 Criando formas de onda de carga/descarga no PSpice.

(continua)

Exemplo 11-17 (continuação)

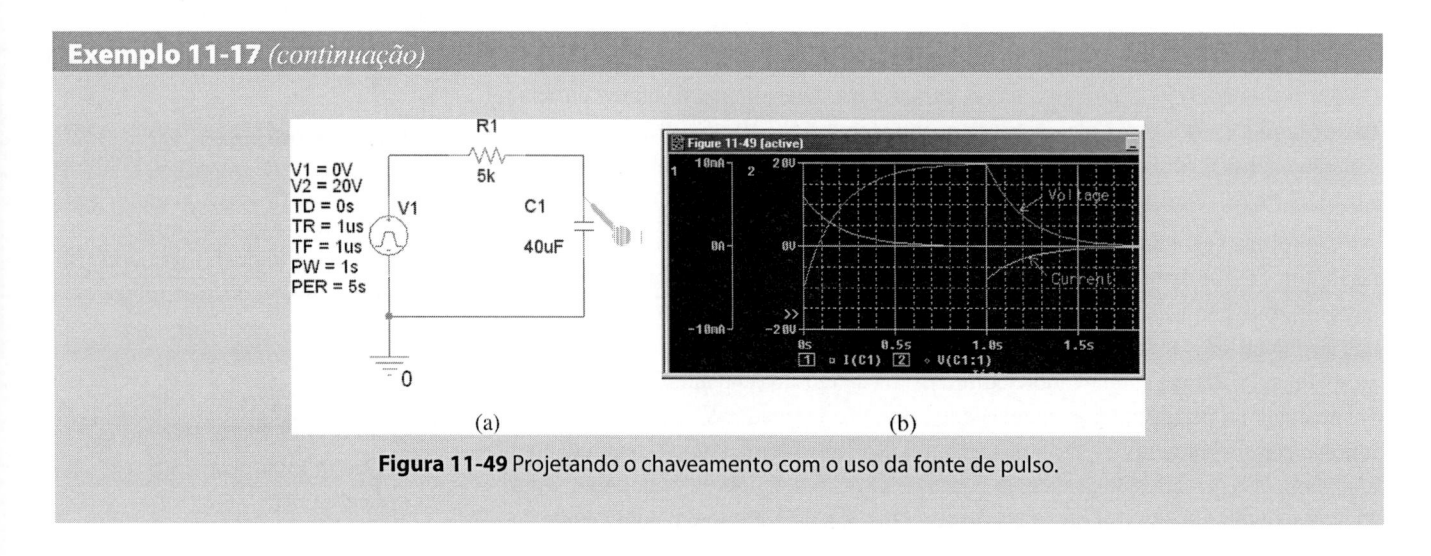

Figura 11-49 Projetando o chaveamento com o uso da fonte de pulso.

Observe que a tensão começa em −10 V e salta para 20 V, enquanto a corrente começa em $(E - V_0)/R = 30$ V/5 kΩ = 6 mA e cai para zero. Quando a chave é invertida para a posição de descarga, a corrente cai de 0 A para −20 V/5 kΩ = −4 mA e depois volta para zero. Já a tensão cai de 20 V para zero. (Utilize o cursor para confirmar.) A solução confere.

COLOCANDO EM PRÁTICA

Um dispositivo eletrônico utiliza um circuito temporizador do tipo mostrado na Figura 11-32(a), ou seja, um circuito RC de carga e um detector limiar. [As formas de onda de temporização são idênticas às mostradas na Figura 11-32(b).] A entrada do circuito RC é um degrau de 0 a 5 V ± 4%, R = 680 kΩ ± 10%, C = 0,22 μF ± 10%. O detector limiar entra em ação em v_C = 1,8 V ± 0,05 V, e o atraso necessário é de 67 ms ± 18 ms. À medida que saem de linha, algumas unidades são testadas, e descobre-se que elas não estão de acordo com as especificações de temporização. Faça uma inspeção do produto e determine a causa. Desenhe novamente a porção de temporização do circuito da maneira mais econômica possível.

PROBLEMAS

11.1 Introdução

1. O capacitor da Figura 11-50 está descarregado.

    a. Qual é o valor da tensão e da corrente logo após o fechamento da chave?

    b. Qual é o valor da tensão e da corrente após o carregamento total do capacitor?

2. Repita o Problema 1 se a fonte de 20 V for substituída por uma fonte de −60 V.

    a. Como se comporta um capacitor descarregado no instante do chaveamento?

    b. Como se comporta um capacitor carregado no instante de chaveamento?

    c. Como se comporta um capacitor no estado estacionário DC?

    d. O que significa $i(0^-)$? E $i(0^+)$?

4. Para um circuito de carga, E = 25 V, R = 2,2 kΩ, e o capacitor está inicialmente descarregado. A chave é fechada em t = 0. Qual é o valor de $i(0^+)$?

5. Para um circuito de carga, R = 5,6 kΩ e $v_C(0^-)$ = 0 V. Se $i(0^+)$ = 2,7 mA, qual é o valor de E?

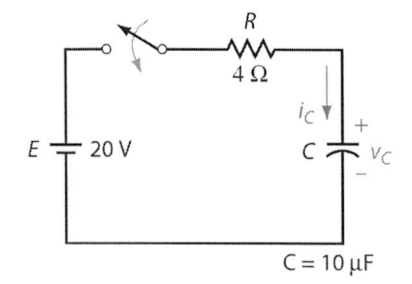

Figura 11-50 C = 10 μF

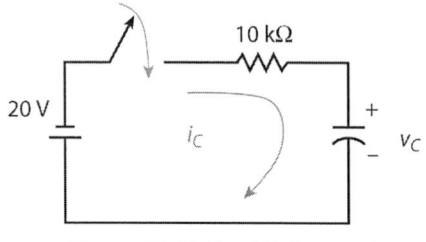

Figura 11-51 V_0 = 0 V, C = 10 μF.

11.2 Equações de Carga do Capacitor

6. A chave da Figura 11-50 é fechada a $t = 0$ s. O capacitor está inicialmente descarregado.

   a. Determine a equação para a tensão de carga v_C.
   b. Determine a equação para a corrente de carga i_C.
   c. Pela substituição direta, calcule v_C e i_C em $t = 0+$ s, 40 μs, 80 μs, 120 μs, 160 μs e 200 μs.
   d. Plote v_C e i_C em um papel milimetrado, usando os resultados de (c). Sugestão: Veja o Exemplo 11-2.

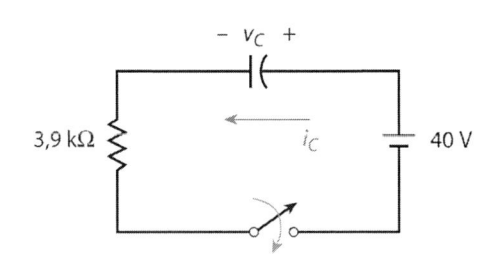

   Figura 11-52 $C = 10$ μF, $V_0 = 0$ V.

7. Repita o Problema 6 com $R = 500$ Ω, $C = 25$ μF, $E = 45$ V, e calcule e represente graficamente os valores para $t = 0^+$ s, 20 ms, 40 ms, 60 ms, 80 ms e 100 ms.

8. A chave da Figura 11-51 é fechada em $t = 0$ s. Determine as equações para a tensão e a corrente no capacitor. Calcule v_C e i_C em $t = 50$ ms.

9. Repita o Problema 8 para o circuito da Figura 11-52.

10. O capacitor da Figura 11-2 está descarregado no instante em que a chave é fechada. Sendo $E = 80$ V, $C = 10$ μF e $i_C(0+) = 20$ mA, determine as equações para v_C e i_C.

11. Determine a constante de tempo para o circuito da Figura 11-50. Quanto tempo (em segundos) levará para o capacitor carregar?

12. Um capacitor leva 200 ms para carregar. Sendo $R = 5$ kΩ, qual é o valor de C?

13. Na Figura 11-50, a tensão no capacitor com a chave aberta é 0 V. Feche a chave em $t = 0$ e determine a tensão e a corrente no capacitor em $t = 0^+$, 40 μs, 80 μs, 120 μs, 160 μs e 200 μs, usando as curvas universais das constantes de tempo.

14. Sendo $i_C = -25e^{-40t}$ A, qual será a constante de tempo τ, e quanto tempo o transiente irá durar?

15. Na Figura 11-2, a corrente salta para 3 mA quando a chave é fechada. O capacitor leva 1 s para carregar. Sendo $E = 75$ V, determine R e C.

16. Na Figura 11-2, sendo $v_C = 100(1 - e^{-50t})$ V e $i_C = 25e^{-50t}$ mA, qual é o valor de E, R e C?

17. Na Figura 11-2, determine E, R e C se o capacitor levar 5 ms para carregar, se a corrente na constante de tempo 1 for 3,679 mA após o fechamento da chave, e o capacitor carregar para o estado estacionário de 45 V.

18. Na Figura 11-2, $v_C(\tau) = 41{,}08$ V e $i_C(2\tau) = 219{,}4$ mA. Determine E e R.

11.3 Capacitor com Tensão Inicial

19. O capacitor da Figura 11-50 tem uma tensão inicial. Sendo $V_0 = 10$ V, qual será a corrente logo após o fechamento da chave?

20. Repita o Problema 19, com $V_0 = -10$ V.

21. Para o capacitor da Figura 11-51, $V_0 = 30$ V.

    a. Determine a expressão para a tensão de carga v_C.
    b. Determine a expressão para a corrente i_C.
    c. Desenhe v_C e i_C.

22. Repita o Problema 21, com $V_0 = -5$ V.

11.4 Equações de Descarga do Capacitor

23. Para o circuito da Figura 11-53, suponha que o capacitor seja carregado para 50 V antes que a chave seja fechada.

    a. Determine a equação para a tensão de descarga v_C.

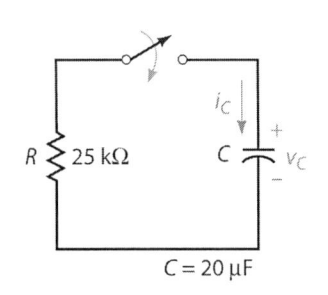

Figura 11-53

b. Determine a equação para a corrente de descarga i_C.

c. Determine a constante de tempo do circuito.

d. Calcule v_C e i_C em $t = 0^+$ s, $t = \tau, 2\tau, 3\tau, 4\tau, 5\tau$.

e. Plote os resultados de (d) com o eixo do tempo escalado em segundos e em constantes de tempo.

24. A tensão inicial no capacitor da Figura 11-53 é de 55 V. A chave é fechada em $t = 0$. Determine a tensão e a corrente no capacitor em $t = 0^+$, 0,5 s, 1 s, 1,5 s, 2 s e 2,5 s, usando as curvas universais para a constante de tempo.

25. Um capacitor de 4,7 µF é carregado para 43 volts. Se um resistor de 39 kΩ for ligado ao capacitor, qual será a tensão no capacitor 200 ms após a ligação?

26. A tensão inicial no capacitor da Figura 11-53 é de 55 V. A chave é fechada em $t = 0$ s e aberta 1 s depois. Desenhe v_C. Qual será a tensão no capacitor em $t = 3,25$ s?

27. Para a Figura 11-54, suponha que $E = 200$ V, $R_2 = 1$ kΩ e $C = 0,5$ µF. Após a carga completa do capacitor na posição 1, a chave é movida para a posição 2.

    a. Qual é a tensão no capacitor logo após a mudança da chave para a posição 2? Qual é a corrente nele?

    b. Qual é a constante de tempo de descarga?

    c. Determine as equações de descarga para v_C e i_C.

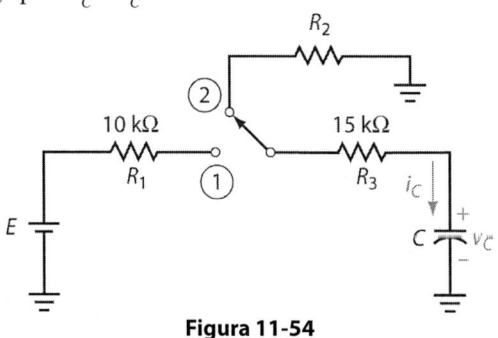

Figura 11-54

28. Na Figura 11-54, C está totalmente carregado antes de a chave ser deslocada para a descarga. A corrente logo após o movimento da chave é $i_C = -4$ mA, e C leva 20 ms para descarregar. Sendo $E = 80$ V, quais são os valores de R_2 e C?

11.5 Circuitos mais Complexos

29. Os capacitores da Figura 11-55 estão descarregados. A chave é fechada em $t = 0$. Determine a equação para v_C. Calcule v_C em uma constante de tempo usando a equação e as curvas universais para a constante de tempo. Compare as respostas.

30. Na Figura 11-56, a chave é fechada em $t = 0$. Dado $V_0 = 0$ V.

    a. Determine as equações para v_C e i_C.

    b. Calcule a tensão no capacitor em $t = 0^+$, 2, 4, 6, 8, 10 e 12 ms.

    c. Repita (b) para a corrente no capacitor.

    d. Por que 225 V/30 Ω também gera $i(0^+)$?

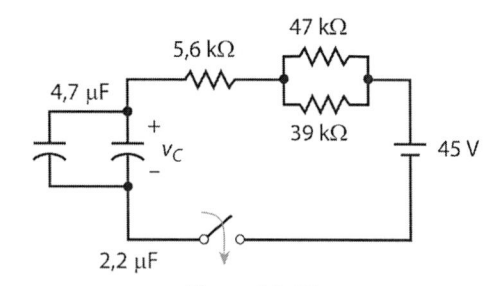

Figura 11-55

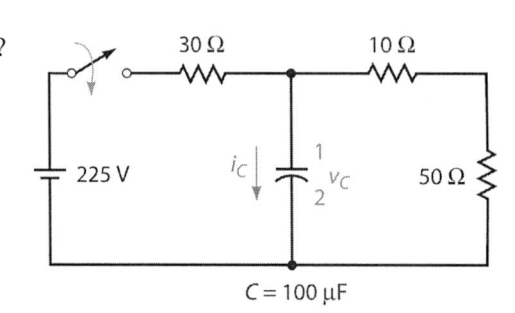

Figura 11-56

31. Repita o Problema 30, partes (a) a (c) para o circuito da Figura 11-57.

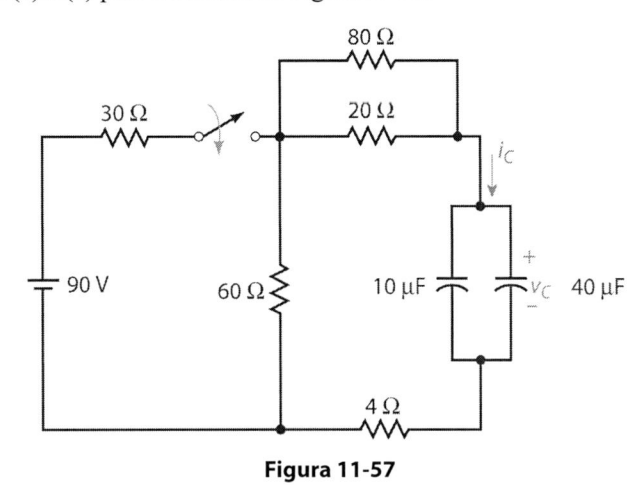

Figura 11-57

32. Novamente, considere a Figura 11-54. Suponha que $E = 80$ V, $R_2 = 25$ kΩ e $C = 0{,}5$ µF.

   a. Qual é a constante de tempo de carga?

   b. Qual é a constante de tempo de descarga?

   c. Com o capacitor inicialmente descarregado, desloque a chave para a posição 1 e determine as equações para v_C e i_C durante a carga.

   d. Mova a chave para a posição de descarga. Quanto tempo leva para o capacitor descarregar?

   e. Desenhe v_C e i_C do momento em que a chave é posicionada para a posição de carga até o instante em que o capacitor está totalmente descarregado. Suponha que a chave permaneça na posição de carga durante 80 ms.

33. No circuito da Figura 11-54, o capacitor está inicialmente descarregado. Primeiro, move-se a chave para a carga, depois para a descarga, gerando a corrente mostrada na Figura 11-58. O capacitor carrega por completo em 12,5 s. Determine E, R_2 e C.

34. Observe o circuito da Figura 11-59.

   a. Qual é a constante de tempo de carga?

   b. Qual é a constante de tempo de descarga?

   c. A chave está na posição 2 e o capacitor está descarregado. Mova a chave para a posição 1 e determine as equações para v_C e i_C.

   d. Após o processo de carga do capacitor durante duas constantes de tempo, mova a chave para a posição 2 e determine as equações para v_C e i_C durante a descarga.

   e. Desenhe v_C e i_C.

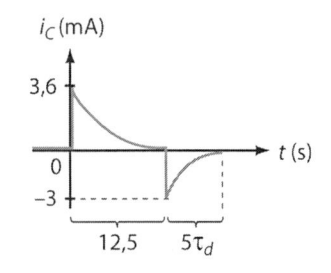

Figura 11-58

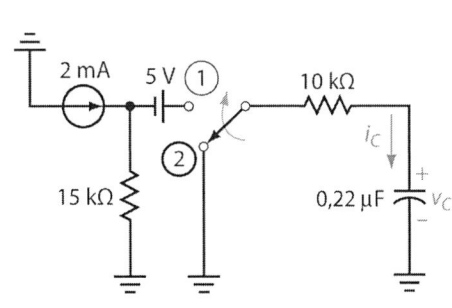

Figura 11-59

35. Determine as tensões no capacitor e a corrente na fonte para o circuito da Figura 11-60 após ele ter alcançado o estado estacionário.

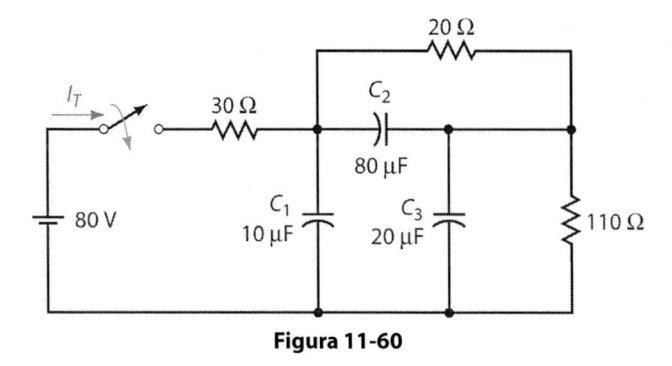

Figura 11-60

36. Uma caixa-preta contendo fontes DC e resistores tem a tensão de 45 volts no circuito aberto, como na Figura 11-61(a). Quando a saída é curto-circuitada como em (b), a corrente no curto-circuito é de 1,5 mA. Uma chave e um capacitor descarregado de 500 µF estão ligados conforme mostrado em (c). Determine a tensão e a corrente no capacitor 35 s após o fechamento da chave.

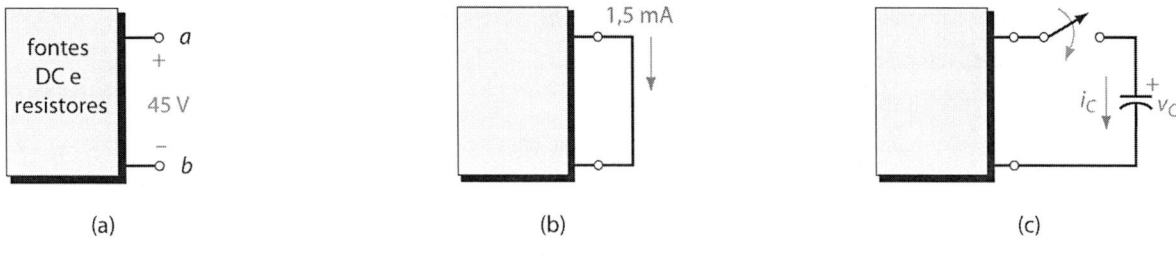

Figura 11-61

11.6 Aplicação de Temporização RC

37. No circuito de alarme da Figura 11-32, se a entrada gerada pelo sensor for de 5 V, $R = 750$ kΩ, e o alarme for acionado em 15 s, quando $v_C = 3,8$ V, qual será o valor de C?

38. No circuito de alarme da Figura 11-32, a entrada gerada pelo sensor é igual a 5 V, $C = 47$ µF, e o alarme é ativado quando $v_C = 4,2$ V. Escolha o valor-padrão mais próximo para o resistor, de modo que o circuito alcance uma atraso de no mínimo 37 s.

11.7 Resposta ao Pulso do Circuito RC

39. Considere a forma de onda da Figura 11-62.
    a. Qual é o período?
    b. Qual é o ciclo ativo?
    c. Qual é a FRP?

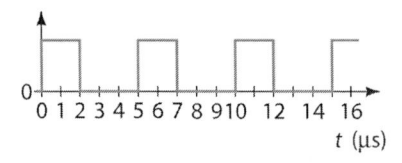

Figura 11-62

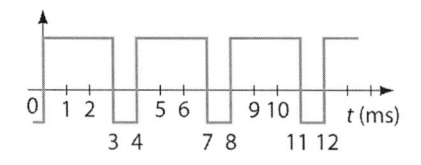

Figura 11-63

40. Repita o Problema 39 para a forma de onda da Figura 11-63.

41. Determine os tempos de subida e descida, e a largura de pulso para o pulso da Figura 11-64.

42. Um único pulso é aplicado ao circuito da Figura 11-65. Assumindo que o capacitor esteja inicialmente descarregado, desenhe a saída para cada par de valores a seguir:
    a. $R = 2$ kΩ, $C = 1$ µF.

b. $R = 2\ k\Omega$, $C = 0{,}1\ \mu F$.

Figura 11-64

Figura 11-65

43. Aplica-se um degrau ao circuito da Figura 11-66. Sendo $R = 150\ \Omega$ e $C = 20\ pF$, dê a estimativa do tempo de subida da tensão de saída.

44. Um trem de pulso é aplicado ao circuito da Figura 11-66. Supondo que o capacitor esteja inicialmente descarregado, desenhe a saída para cada par de valores a seguir, após o circuito ter alcançado o estado estacionário:
    a. $R = 2\ k\Omega$, $C = 0{,}1\ \mu F$.
    b. $R = 2\ k\Omega$, $C = 0{,}1$

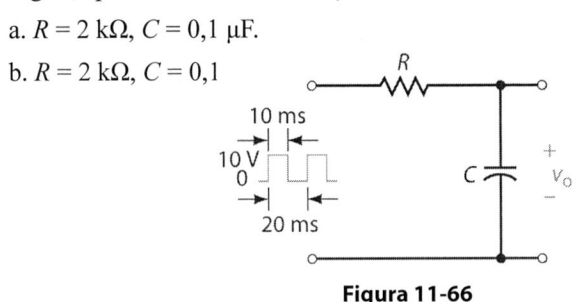

Figura 11-66

NOTAS ...

Como o Multisim representa graficamente apenas as tensões em relação ao aterramento, deve-se colocar o aterramento na posição que se deseja utilizar como ponto de referência. Isso significa que em alguns problemas deve-se mover o aterramento e fazer uma nova simulação para obter algumas das respostas.

11.8 Análise Transiente Usando Computador

45. Desenhe a tensão no capacitor para o circuito da Figura 11-2 com $E = -25\ V$, $R = 40\ \Omega$, $V_0 = 0\ V$ e $C = 400\ \mu F$ (ver a Nota 1). Usando o cursor, represente em escala os valores do gráfico em $t = 20\ ms$. Compare com os resultados obtidos quando usamos a Equação 11-3 ou a curva da Figura 11-15(a).

46. Obtenha a representação gráfica da tensão *versus* a corrente em R para o circuito da Figura 11-67 (ver a Nota 1). Suponha que o capacitor está inicialmente descarregado. Utilize o cursor para ler a tensão em $t = 50\ ms$ e use a lei de Ohm para calcular a corrente. Compare com os valores determinados analiticamente. Repita com $V_0 = 100\ V$.

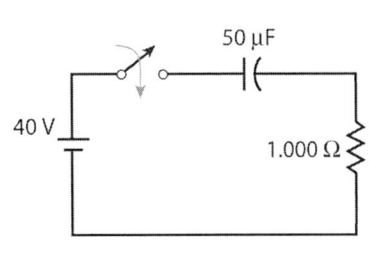

Figura 11-67

47. Considere a Figura 11-58. Usando o Multisim e pressupondo condições iniciais nulas para ambos os capacitores, faça o seguinte (ver a Nota 3).
    a. Represente graficamente a tensão para o circuito da Figura 11-58 e encontre v_C em $t = 4\ ms$.
    b. Determine a corrente no resistor de $4\ \Omega$ em $t = 3{,}5\ ms$.

48. Usando o Multisim, construa a Figura 11-68 na tela. (Encontra-se a fonte em Sources Group. Clique em *Place/Component* para achá-la.) Repita o Exemplo 11-17 e plote a tensão no capacitor. Como solução, deve-se obter a curva cinza da Figura 11-49(b).

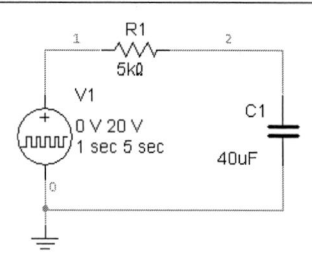

Figura 11-68

49. Usando o PSpice, plote a tensão no capacitor e a corrente para um circuito de carga com $E = -25$ V, $R = 40$ Ω, $V_0 = 0$ V e $C = 400$ μF. Usando o cursor, represente em escala os valores do gráfico. Compare com os resultados obtidos usando a Equação 11-3 ou a curva da Figura 11-15.

50. Repita o problema da Questão 46 usando o PSpice. Plote a tensão e a corrente.

51. A chave da Figura 11-69 é fechada em $t = 0$ s. Usando o PSpice, plote as formas de onda da tensão e da corrente. Use o cursor para determinar v_C e i_C em $t = 10$ ms.

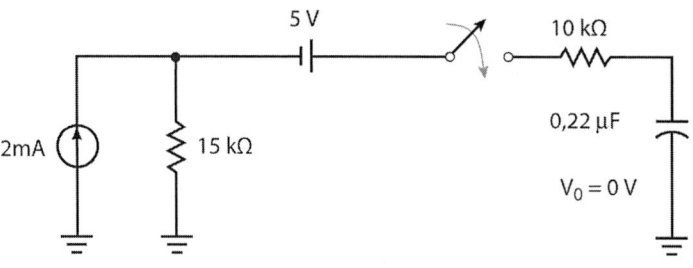

Figura 11-69

52. Usando o PSpice, refaça o Exemplo 11-17 com a chave na posição de carga para 0,5 s. Com a calculadora, calcule v_C e i_C em 0,5 s e compare-as com as representações gráficas do PSpice. Repita o procedimento para i_C logo depois de mover a chave para a posição de descarga.

53. Use o PSpice para calcular as tensões e correntes no circuito da Figura 11-60. Em seguida, determine as tensões e correntes finais (estado estacionário) e compare-as com as respostas do Problema 35.

RESPOSTAS DOS PROBLEMAS PARA VERIFICAÇÃO DO PROCESSO DE APRENDIZAGEM

Verificação do Processo de Aprendizagem 1

1. 0,2 A
2. a. 50 ms
   b.

t(ms)	i_C(mA)
0	50
25	30,3
50	18,4
75	11,2
100	6,8
250	0,337

3.

t(ms)	v_C(mA)
0	0
25	71,3
50	91,8
75	97,7
100	99,3
250	100

4. $40(1 - e^{-5t})$ V, $200e^{-5t}$ mA, 38,0 V, 9,96 mA
5. a. $v_C(0^+) = v_C(0^-) = 0$; b. $i_C(0^-) = 0$; $i_C(0^+) = 10$ mA; c. 100 V, 0 A
6. 80 V, 40 kΩ, 0,2 μF

Verificação do Processo de Aprendizagem 2

1. **a.** $40 + 40e^{-5t}$ V. v_C começa em 80 V e cai exponencialmente para 40 V.
   b. Não há transiente, uma vez que o valor inicial = valor final.
   c. $40 - 100e^{-5t}$ V. v_C começa em −60 V e salta exponencialmente para 40 V.

2. 0,1833 s

3. **a.** $100e^{-10t}$ V; $-10e^{-10t}$ mA; v_C começa em 100 V e cai exponencialmente para 0 em 0,5 s (ou seja, em 5 constantes de tempo); i_C começa em −10 mA e cai para 0 em 0,5 s.
   b. $-100e^{-10t}$ V; $10e^{-10t}$ mA; v_C começa em −100 V e cai para 0 em 0,5 s (ou seja, em 5 constantes de tempo); i_C começa em 10 mA e cai para 0 em 0,5 s.

4. **a., b.** e **c.** Iguais ao Exemplo 11-12
   d. $-30 + 37{,}14e^{-250t}$ V
   e. $-37{,}14e^{-250t}$ mA

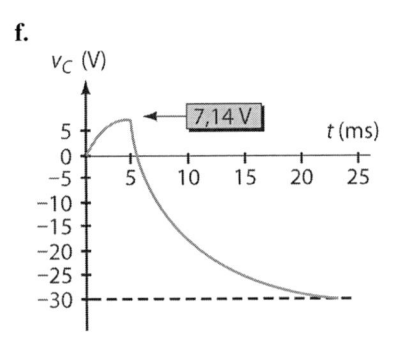

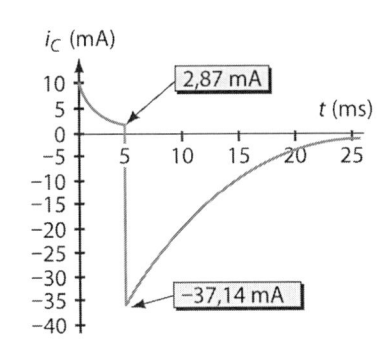

   f.

5. $6(1 - e^{-25t})$ V; $150e^{-25t}$ mA

• TERMOS-CHAVE

Lei de Ampère; Amperes-espiras; Teoria dos Domínios; Ferromagnético; Fluxo; Densidade do Fluxo; Franja; Efeito Hall; Histerese; Circuito Magnético; Campo Magnético; Intensidade do Campo Magnético; Força Magnetomotriz; Permeabilidade; Polos; Relutância; Magnetismo Residual; Regra da Mão Direita; Saturação; Fator de Empilhamento; Tesla; Weber

• TÓPICOS

A Natureza do Campo Magnético; Eletromagnetismo; Fluxo Magnético e Densidade de Fluxo Magnético; Circuitos Magnéticos; Entreferro, Franja e Núcleo Laminado; Elementos Série e Elementos Paralelos; Circuitos Magnéticos com Excitação DC; Intensidade do Campo Magnético e Curvas de Magnetização; Lei de Ampere de Circuito; Circuitos Magnéticos Série: Dado Φ, Encontre NI; Circuitos Magnéticos Série e Paralelo; Circuitos Magnéticos Série: Dado NI, Encontre Φ; Força Provocada pelo Eletroímã; Propriedades do Material Magnético; Medição dos Campos Magnéticos

• OBJETIVOS

Após estudar este capítulo, você será capaz de:

- representar campos magnéticos usando o conceito de fluxo de Faraday;
- descrever quantitativamente os campos magnéticos em termos de fluxo e densidade de fluxo;
- explicar o que são circuitos magnéticos e por que eles são usados;
- determinar a intensidade do campo magnético ou a densidade de fluxo magnético de uma curva B-H;
- resolver circuitos magnéticos série;
- resolver circuitos magnéticos série-paralelo;
- calcular a força de atração de um eletroímã;
- explicar a teoria dos domínios do magnetismo;
- descrever o processo de desmagnetização.

Magnetismo e Circuitos Magnéticos

12

Apresentação Prévia do Capítulo

Muitos dispositivos comuns dependem do magnetismo. Entre os exemplos conhecidos, estão as unidades de disco dos computadores, os gravadores de fita, VCRs, transformadores, motores, geradores etc. Para entender o seu funcionamento, é necessário conhecer o magnetismo e os princípios dos circuitos magnéticos. Neste capítulo, veremos os fundamentos do magnetismo, as relações entre grandezas elétricas e magnéticas, os conceitos de circuitos magnéticos e os métodos de análise. No Capítulo 13 (a seguir), examinaremos a indução eletromagnética e a indutância, e, no Capítulo 24 (volume 2), aplicaremos os princípios magnéticos para o estudo de transformadores.

Colocando em Perspectiva

Magnetismo e Eletromagnetismo

Embora desde tempos remotos já se tivesse conhecimento sobre fatos básicos acerca do magnetismo, foi só no início do século XIX que se fez a associação entre eletricidade e magnetismo e se estabeleceram os fundamentos da teoria eletromagnética moderna.

Em 1819, Hans Christian Oersted, um cientista dinamarquês, provou que a eletricidade e o magnetismo estavam relacionados quando mostrou que uma agulha da bússola era totalmente defletida por um condutor de corrente. No ano seguinte, Andre Ampere (1775-1836) demonstrou que condutores de corrente se atraem ou repelem uns aos outros, da mesma maneira que os ímãs. No entanto, foi Michael Faraday (ver o Capítulo 10) quem desenvolveu nosso conceito atual de campo magnético como uma coleção de linhas de fluxo no espaço que representam conceitualmente tanto a intensidade quanto a direção do campo. Foi esse conceito que levou à compreensão do magnetismo e ao desenvolvimento de dispositivos práticos importantes, como o transformador e o gerador elétrico.

Em 1873, James Clerk Maxwell, um cientista escocês, uniu os conceitos teóricos e experimentais então conhecidos e desenvolveu uma teoria unificada do eletromagnetismo que previa a existência de ondas de rádio. Por volta de 30 anos depois, Heinrich Hertz, um físico alemão, mostrou com experimentos que tais ondas existiam, comprovando, assim, as teorias de Maxwell e abrindo o caminho para a televisão e o rádio modernos.

12.1 A Natureza do Campo Magnético

Fluxo Magnético

O conceito de fluxo de Faraday (ver o item *Colocando em Perspectiva*, Capítulo 10 neste volume) ajuda a visualizar esse campo. Usando a representação de Faraday, os campos magnéticos são desenhados como linhas no espaço. Essas linhas, chamadas **linhas de fluxo** ou **linhas de força**, mostram a direção e a intensidade do campo em todos os pontos. A Figura 12-1 ilustra essa representação para o campo de um ímã em barra. Como indicado, o campo é mais forte nos **polos** do ímã (onde as linhas de fluxo são mais densas), sua direção é do norte (N) para o sul (S) externamente ao ímã, e as linhas de fluxo nunca se cruzam. O símbolo para o fluxo magnético (Figura 12-1) é a letra grega Φ (fi).

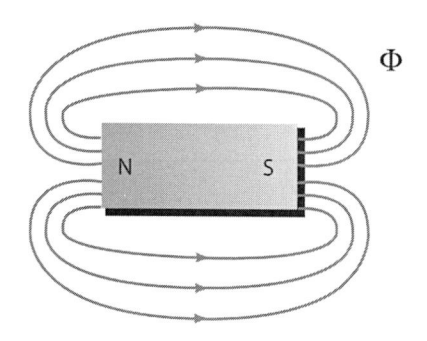

Figura 12-1 Campo de um ímã em barra. O fluxo magnético é designado pelo símbolo Φ.

NOTAS...

1. Fluxo talvez não seja um nome apropriado para se referir a um campo magnético. O fluxo sugere o movimento contínuo, mas nada realmente flui em um circuito magnético; um campo magnético é apenas uma condição de espaço, ou seja, uma região onde existe força magnética. Não obstante, o conceito de **fluxo** é extremamente útil para visualizarmos o fenômeno magnético e continuaremos a usá-lo com essa finalidade.

2. O magnetismo refere-se à força que age entre os ímãs e os materiais magnéticos. Sabemos, por exemplo, que os ímãs atraem pedaços de ferro, defletem agulhas de bússolas, atraem ou repelem outros ímãs etc. Essa força age a uma distância e sem necessidade de contato físico direto. A região onde se sente a força é chamada "campo do ímã" ou, simplesmente, **campo magnético**; portanto, *um campo magnético é uma força magnética*.

A Figura 12-2 mostra o que acontece quando dois ímãs são colocados juntos. Em (a), os polos opostos se atraem, e as linhas de fluxo passam de um ímã para o outro. Em (b), os polos iguais se repelem, e as linhas de fluxo recuam, como indicado pelo achatamento do campo entre os dois ímãs.

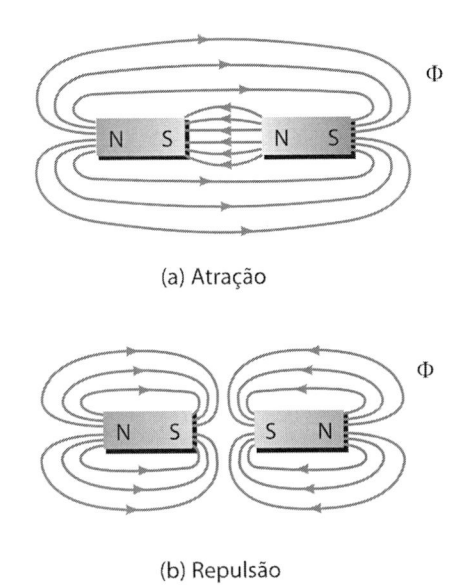

(a) Atração

(b) Repulsão

Figura 12-2 Padrão do campo devido à atração e repulsão.

Materiais Ferromagnéticos

Os materiais magnéticos (são atraídos por ímãs como ferro, níquel, cobalto e suas ligas metálicas) são chamados materiais **ferromagnéticos**. Tais materiais propiciam um caminho fácil para o fluxo magnético. Isso está ilustrado na Figura 12-3, em que as linhas de fluxo percorrem o caminho mais longo (porém mais fácil) através do ferro doce[*], em vez do caminho mais curto (da Figura 12-1) que elas normalmente percorreriam. Observe, no entanto, que os materiais não magnéticos (plástico, madeira, vidro etc.) não produzem efeito no campo.

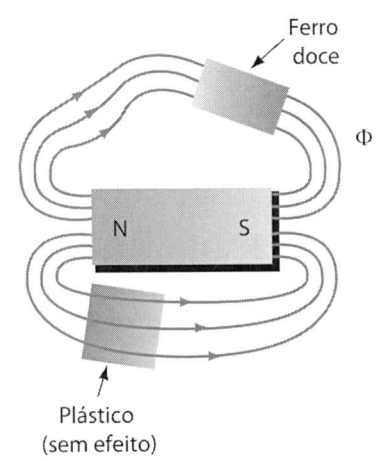

Figura 12-3 O campo magnético segue o trajeto mais longo (porém mais fácil) através do ferro. O plástico não produz efeito no campo.

A Figura 12-4 mostra uma aplicação desses princípios. A parte (a) traz uma representação simplificada de um alto-falante, e a parte (b) mostra mais detalhes de seu campo magnético. O campo é criado pelo ímã permanente, e os pedaços de ferro do polo guiam o campo e concentram-no no vão onde a bobina do alto-falante é colocada. (Para uma descrição do funcionamento do alto-falante, ver a Seção 12.4.) Dentro da estrutura de ferro, o fluxo amontoa-se nas arestas agudas internas, espalha-se nas arestas exteriores e é basicamente uniforme em qualquer outro local. Isso é característico dos campos magnéticos no ferro.

---
[*] Também chamado de ferro puro. (N.R.T.)

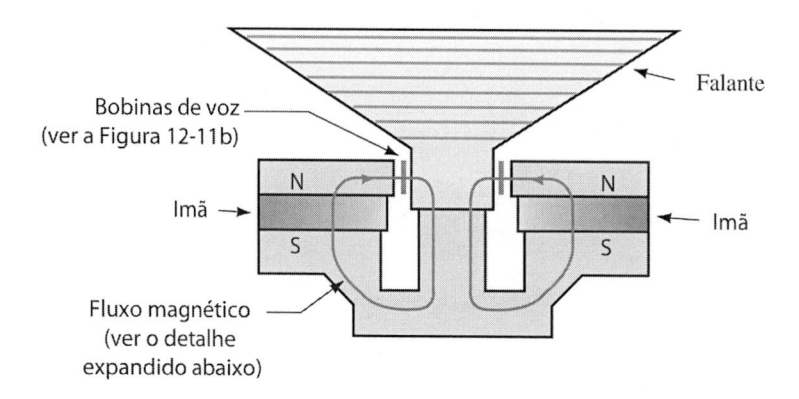

(a) Representação simplificada do campo magnético. Nesse caso, o campo complexo de (b) está representado simbolicamente por uma única linha.

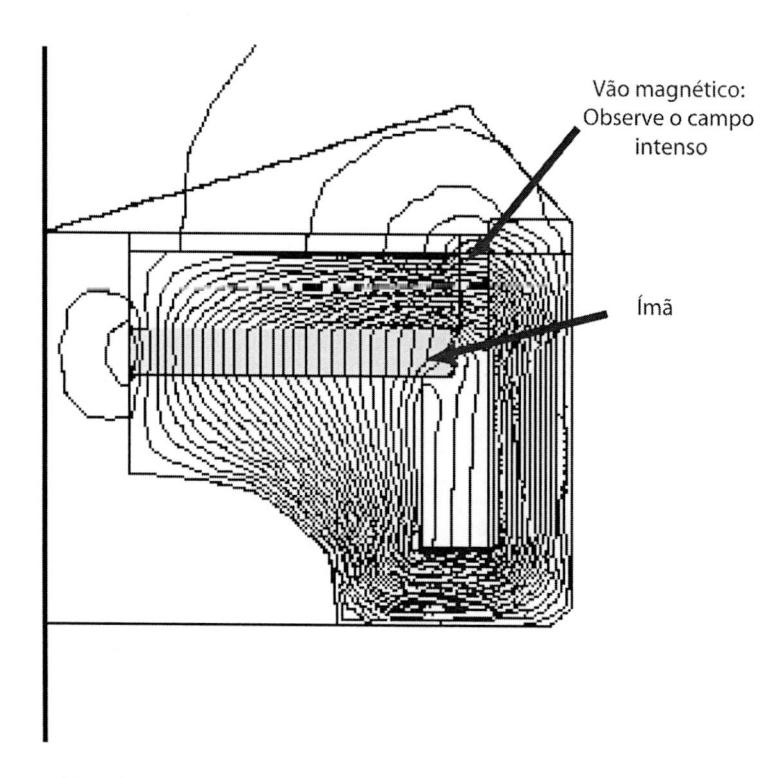

(b) Padrão do campo magnético para o alto-falante. Uma vez que o campo é simétrico, apenas metade da estrutura é mostrada. (*Cortesia de JBL Professional.*)

Figura 12-4 Circuito magnético de um alto-falante. A estrutura magnética e a bobina de voz são chamadas "motores do alto-falante". O ímã permanente cria o campo.

12.2 Eletromagnetismo

A maioria das aplicações de magnetismo envolve efeitos magnéticos ocasionados pelas correntes elétricas. Primeiro, examinaremos alguns princípios básicos. Considere a Figura 12-5. A corrente, I, cria um campo magnético que é concêntrico do condutor, uniforme ao longo de sua extensão, e cuja intensidade é diretamente proporcional a I. Observe a direção do campo. Ela pode ser lembrada com o auxílio da **regra da mão direita**. Como indicado em (b), imagine colocar a mão direita em um condutor com o polegar apontando para a direção da corrente. Os dedos, então, apontam para a direção do campo. Se a direção da corrente for invertida, a do campo também irá inverter. Se o condutor é enrolado em uma bobina, os campos de suas espiras individuais combinam, gerando um campo como na Figura 12-6. A direção do fluxo da bobina também pode ser lembrada por uma regra simples: curve os dedos da mão direita ao redor da bobina, na direção da corrente, e seu polegar apontará para a direção do campo. Caso a direção da corrente seja invertida, o campo também inverte. Desde que não haja material ferromagnético, a intensidade do campo da bobina é diretamente proporcional à corrente nela.

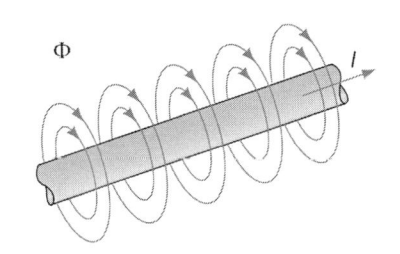

(a) Campo magnético gerado pela corrente. O campo é proporcional a I.

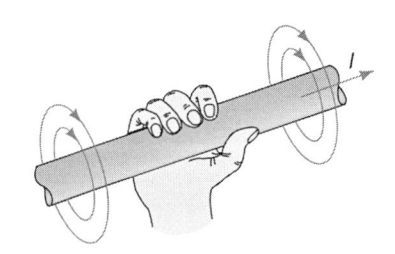

(b) Regra da mão direita

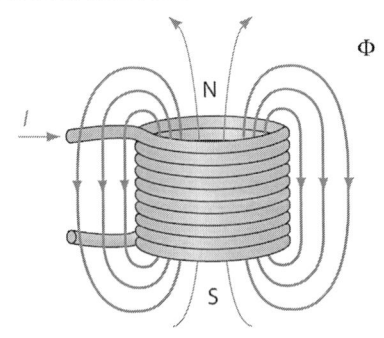

Figura 12-6 Campo gerado por uma bobina.

Figura 12.5 Campo de um condutor de corrente. Se a corrente for invertida, o campo permanece concêntrico, mas a direção das linhas de fluxo inverte.

Se a bobina for enrolada em um núcleo ferromagnético, como na Figura 12-7 (os transformadores são construídos dessa maneira), quase todo o fluxo fica confinado no núcleo, embora uma pequena quantidade (chamada parasita ou fluxo de fuga) passe pelo ar em volta. No entanto, como há presença de material ferromagnético, o fluxo no núcleo não é mais proporcional à corrente. O motivo para isso será discutido na Seção 12.14.

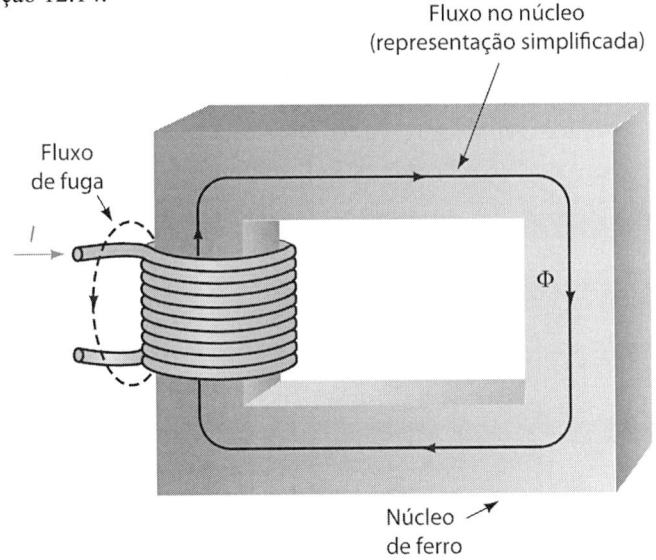

Figura 12-7 Para materiais ferromagnéticos, a maior parte do fluxo fica confinada no núcleo.

NOTAS...

Embora a essa altura o weber pareça apenas uma grandeza abstrata, ele pode, na verdade, ser relacionado às unidades conhecidas do sistema elétrico. Por Exemplo, se passarmos um condutor por um campo magnético de modo que o condutor corte as linhas de fluxo a uma taxa de 1 Wb por segundo, a tensão induzida será de 1 V.

12.3 Fluxo Magnético e Densidade de Fluxo Magnético

Como visto na Figura 12-1, o fluxo magnético é representado pelo símbolo Φ. No sistema SI, a unidade do fluxo é o **weber** (Wb), em homenagem ao pesquisador pioneiro, Wilhelm Eduard Weber (1804-1891). Contudo, geralmente estamos mais interessados na **densidade de fluxo** B (ou seja, o fluxo por área) do que no fluxo total Φ. Como o fluxo é medido em Φ e a área A em m², a densidade de fluxo é medida em Wb/m². Para homenagear Nikola Tesla (outro pesquisador pioneiro, 1856-1943), a unidade da densidade de fluxo é chamada **tesla** (T), onde 1 T = 1 Wb/m². Encontramos o fluxo de densidade dividindo o fluxo total que passa perpendicularmente através da área pelo tamanho dela, Figura 12-8. Assim,

$$B = \frac{\Phi}{A} \quad \text{(tesla, t)} \tag{12-1}$$

Dessa forma, se $\Phi = 600$ μWb de fluxo passar perpendicularmente pela área $A = 20 \times 10^{-4}$ m², a densidade de fluxo será $B = (600 \times 10^{-6}$ Wb$)/(20 \times 10^{-4}$ m²$) = 0{,}3$ T. Quanto maior a densidade de fluxo, mais intenso será o campo.

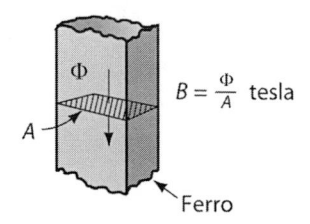

Figura 12-8 Conceito de densidade de fluxo. 1 T = 1 Wb/m².

Exemplo 12-1

Para o núcleo magnético da Figura 12-9, a densidade de fluxo na seção transversal 1 é $B_1 = 0{,}4$ T. Determine B_2.

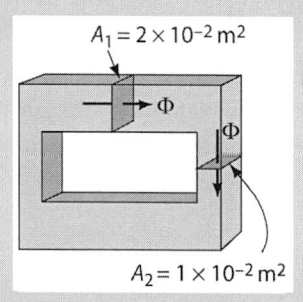

Figura 12-9

Solução: $\Phi = B_1 \times A_1 = (0{,}4$ T$)(2 \times 10^{-2}$ m²$) = 0{,}8 \times 10^{-2}$ Wb. Como todo o fluxo está confinado no núcleo, o fluxo na seção transversal 2 é o mesmo da seção transversal 1.

Dessa forma,

$$B_2 = \Phi/A_2 = (0{,}8 \times 10^{-2} \text{ Wb})/(1 \times 10^{-2} \text{ m}^2) = 0{,}8 \text{ T}$$

PROBLEMAS PRÁTICOS 1

1. Observe o núcleo da Figura 12-8:

    a. Se A é 2 cm × 2,5 cm e $B = 0{,}4$ T, calcule Φ em webers.

    b. Se A é 0,5 pol por 0,8 pol e $B = 0{,}35$ T, calcule Φ em webers.

2. Na Figura 12-9, se $\Phi = 100 \times 10^{-4}$ Wb, calcule B_1 e B_2.

Respostas

1. a. 2×10^{-4} Wb; **b.** 90,3 μWb; **2.** 0,5 T; 1,0 T

Para uma noção da dimensão das unidades magnéticas, observe que a intensidade do campo da Terra é aproximadamente 50 μT perto de sua superfície; o campo de um gerador ou motor grande é da ordem de 1 ou 2 T, e os campos mais vastos gerados até agora (usando ímãs supercondutores) são da ordem de 25 T.

Outros sistemas de unidade (atualmente muito ultrapassados) são os sistemas CGS e o inglês. No sistema CGS, o fluxo é medido em maxwells, e a densidade de fluxo, em gauss. No sistema inglês, mede-se o fluxo em linhas, e a densidade de fluxo é medida em linhas por polegada quadrada. A Tabela 12-1 fornece os fatores de conversão. Neste livro, usamos apenas o sistema SI.

Tabela 12-1 Tabela de Conversão das Unidades Magnéticas

Sistema	Fluxo (Φ)	Densidade de Fluxo
SI	webers (Wb)	teslas (T)
		$1\ T = 1\ Wb/m^2$
Inglês	linhas	linhas/pol²
	$1\ Wb = 10^8$ linhas	$1\ T = 6{,}452 \times 10^4$ linhas/pol²
CGS	maxwells	gauss
	$1\ Wb = 10^8$ maxwells	$1\ gauss = 1\ maxwell/cm^2$
		$1\ T = 10^4\ gauss$

VERIFICAÇÃO DO PROCESSO DE APRENDIZAGEM 1

(As respostas encontram-se no final do capítulo.)

1. Um campo magnético é um campo ....
2. Com o conceito de fluxo de Faraday, a densidade de linhas representa a .... do campo, e as direções delas representam a .... do campo.
3. São três os materiais ferromagnéticos: ...., ... e ....
4. A direção de um campo magnético é do .... para o .... do lado de fora de um ímã.
5. Nas Figuras 12-5 e 12-6, se a direção da corrente for invertida, desenhe como ficarão os campos.
6. Se o núcleo mostrado na Figura 12-7 fosse plástico, desenhe como seria o campo.
7. A densidade de fluxo B é definida como a razão Φ/A, onde A é a área (paralela/perpendicular) a Φ.
8. Na Figura 12-9, sendo $A_1 = 2\ cm \times 2{,}5\ cm$, $B_1 = 0{,}5\ T$ e $B_2 = 0{,}25\ T$, qual será o valor de A_2?

12.4 Circuitos Magnéticos

A maioria das aplicações práticas de magnetismo usa estruturas magnéticas para guiar e moldar os campos magnéticos, propiciando um caminho bem definido para o fluxo. Tais estruturas, encontradas em motores, geradores, unidades de disco do computador, gravadores de fita etc., são chamadas **circuitos magnéticos**. O alto-falante da Figura 12-4 ilustra o conceito. Ele faz uso de um ímã potente para gerar fluxo e de um circuito de ferro para guiar o fluxo ao entreferro e possibilitar o campo intenso exigido pela bobina de voz. Observe como a atividade é eficiente; quase todo o fluxo produzido pelo ímã está confinado no caminho do ferro, com pouca fuga no ar.

As Figuras 12-10 e 12-11 mostram um segundo exemplo. Gravadores de fita, VCRs e unidades de disco do computador armazenam dados magneticamente nas superfícies cobertas por óxido de ferro, para que eles possam ser usados e recuperados no futuro. A Figura 12-10 mostra simbolicamente o esquema básico do gravador de fitas. O som capturado pelo microfone é convertido em sinal elétrico, amplificado, e a saída é

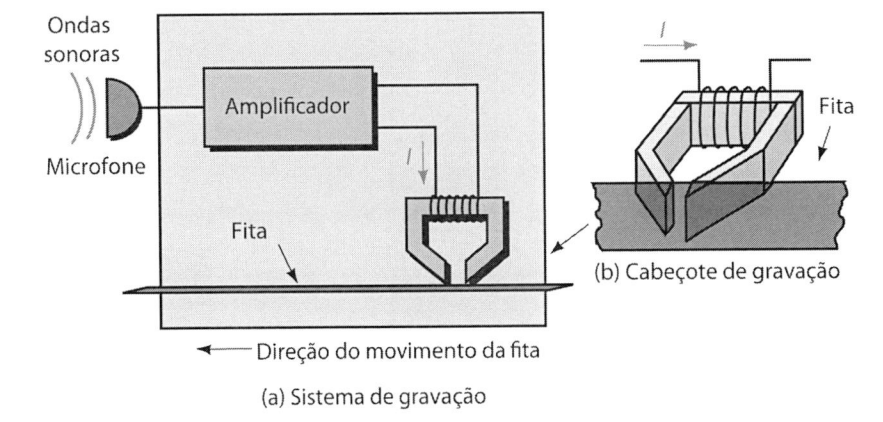

Figura 12-10 O cabeçote de gravação de um gravador de fitas é um circuito magnético.

aplicada ao cabeçote de gravação. O cabeçote de gravação é um pequeno circuito magnético. A corrente que sai do amplificador passa pela bobina dele, criando um campo magnético que magnetiza a fita em movimento. Os padrões magnetizados na fita correspondem à entrada original do som.

Durante a reprodução, a fita magnetizada passa por um cabeçote de reprodução, como mostra a Figura 12-11(a). As tensões induzidas nas bobinas de reprodução são amplificadas e aplicadas ao alto-falante. O alto-falante (b) utiliza um cone flexível para reproduzir o som. Uma bobina com fios delgados conectada no vértice desse cone é colocada no campo do entreferro do alto-falante. A corrente que sai do amplificador passa pela bobina, cria um campo variante que interage com o campo fixo do ímã do alto-falante, gerando forças que fazem o cone vibrar. Como essas vibrações correspondem aos padrões magnetizados da fita, reproduz-se o som original. As unidades de disco do computador usam um esquema similar para gravar/reproduzir; neste caso, armazenam-se e recuperam-se padrões lógicos binários, em vez da música e da voz.

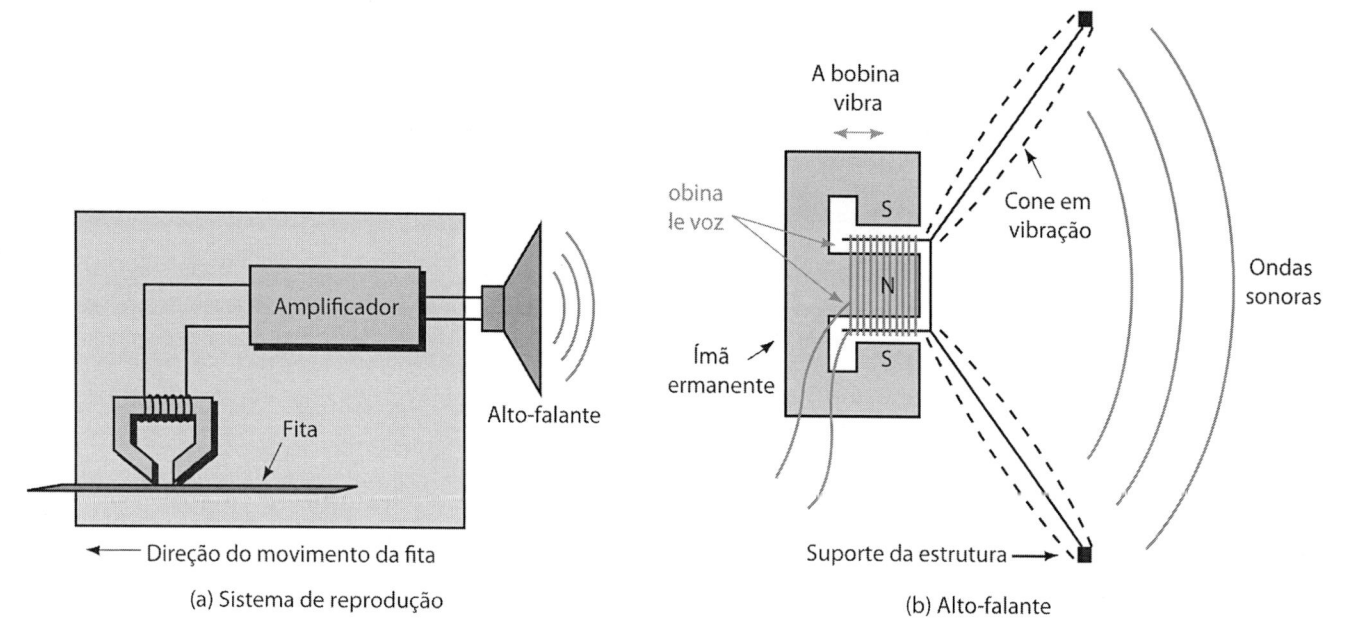

Figura 12-11 Os sistemas de reprodução e de alto-falante utilizam os circuitos magnéticos.

12.5 Entreferro, Franja e Núcleo Laminado

Considere novamente a Figura 12-10. Observe a fenda no cabeçote de gravação. Isso se chama entreferro. A maioria dos circuitos magnéticos práticos possui entreferros, que são fundamentais para a operação do circuito. Nas fendas, há as **franjas**, que diminuem a densidade de fluxo nos entreferros, como mostra a Figura 12-12(a). Para entreferros curtos, em geral, a franja pode ser desprezada. De forma alternativa, pode-se fazer a correção aumentando a dimensão de cada seção transversal do entreferro pelo tamanho da fuga para compensar a diminuição na densidade de fluxo.

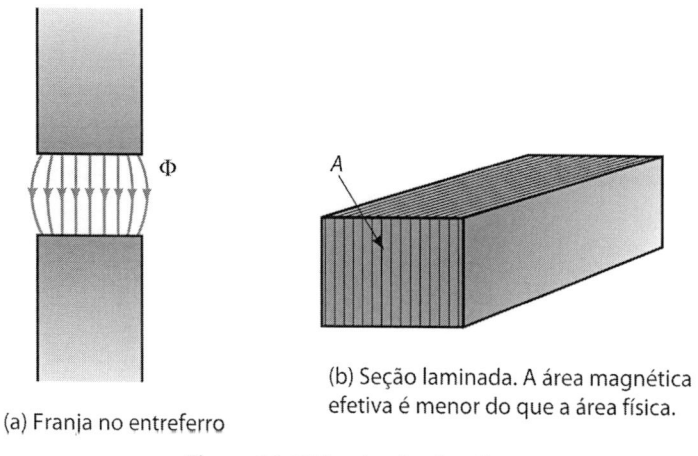

Figura 12-12 Franja e laminações.

Exemplo 12-2

Um núcleo com as dimensões da seção transversal de 2,5 cm por 3 cm tem um entreferro de 0,1 mm. Sendo a densidade de fluxo $B = 0,86$ T no ferro, qual é aproximadamente a densidade de fluxo não-correta e correta no entreferro?

Solução: Desprezando a franja, a área do entreferro é a mesma área do núcleo. Por isso, $B_g \approx 0,86$ T. Corrigindo para a franja, obtém-se

$$\Phi = BA = (0,86 \text{ T})(2,5 \times 10^{-2} \text{ m})(3 \times 10^{-2} \text{ m}) = 0,645 \text{ mWb}$$

$$A_g \approx (2,51 \times 10^{-2} \text{ m})(3,01 \times 10^{-2}) = 7,555 \times 10^{-4} \text{ m}^2$$

Assim,

$$B_g \approx 0,645 \text{ mWb}/7,555 \times 10^{-4} \text{ m}^2 = 0,854 \text{ T}$$

Agora considere as laminações. Muitos circuitos magnéticos práticos (como os transformadores) usam finas chapas de ferro ou aço empilhado, como mostrado na Figura 12-12(b). Como o núcleo não é um bloco maciço, a área da seção transversal (ou seja, a área real do ferro) é menor do que a área física. O **fator de empilhamento**, definido como a razão entre área real do material ferroso e a área física do núcleo, permite determinar a área efetiva do núcleo.

PROBLEMAS PRÁTICOS 2

Uma seção laminada do núcleo tem as dimensões de 0,03 m por 0,05 m para a seção transversal e um fator de empilhamento de 0,9.

a. Qual é a área efetiva do núcleo?

b. Dado $\Phi = 1,4 \times 10^{-3}$ Wb, qual será a densidade de fluxo, B?

Respostas

a. $1,35 \times 10^{-3}$ m²; **b.** $1,04$ T

12.6 Elementos Série e Elementos Paralelos

Os circuitos magnéticos podem ter seções de diferentes materiais. Por exemplo, o circuito da Figura 12-13 tem seções de ferro fundido, de chapa de aço, e um entreferro. Para esse circuito, o fluxo Φ é igual em todas as seções. Ele é chamado **circuito magnético série**. Embora o fluxo seja o mesmo em todas as seções, a densidade de fluxo em cada uma delas pode variar dependendo da área efetiva da seção transversal, como vimos.

Um circuito também pode ter elementos em paralelo (Figura 12-14). Em cada junção, a soma dos fluxos que entram é igual à soma dos que saem. Isso é o equivalente da lei de Kirchhoff das correntes. Dessa forma, para a Figura 12-14, sendo $\Phi_1 = 25$ μWb e $\Phi_2 = 15$ μWb, então $\Phi_3 = 10$ μWb. Para os núcleos que são simétricos na perna central, $\Phi_2 = \Phi_3$.

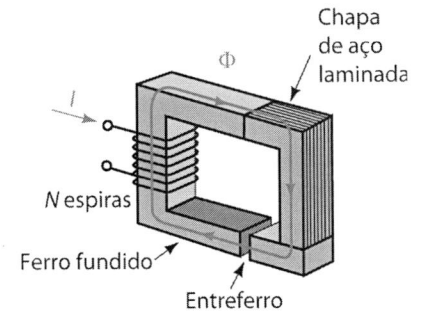

Figura 12-13 Circuito magnético série. O fluxo Φ é igual em todo o circuito.

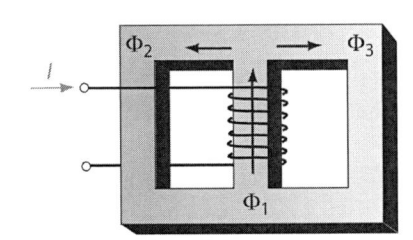

Figura 12-14 A soma do fluxo que entra em uma junção é igual à soma que sai. Nesse caso, $\Phi_1 = \Phi_2 + \Phi_3$.

VERIFICAÇÃO DO PROCESSO DE APRENDIZAGEM 2

(As respostas encontram-se no final do capítulo.)

1. Por que a densidade de fluxo de cada seção da Figura 12-13 é diferente?
2. Na Figura 12-13, Φ = 1,32 mWb, a seção transversal do núcleo é 3 cm por 4 cm, a seção laminada tem um fator de empilhamento de 0,8, e o entreferro é de 1 mm. Determine a densidade de fluxo em cada seção, levando a franja em consideração.
3. Se o núcleo da Figura 12-14 é simétrico na perna central, $B_1 = 0,4$ T, e a área da seção transversal da perna central é 25 cm², qual é o valor de Φ_2 e Φ_3?

12.7 Circuitos Magnéticos com Excitação DC

Veremos agora a análise dos circuitos magnéticos com excitação DC. Há dois problemas básicos a considerar: (1) dado o fluxo, a determinação da corrente necessária para gerá-lo, e (2) dada a corrente, o cálculo do fluxo gerado. Para auxiliar a resolver problemas desse tipo, primeiro fazemos uma analogia entre circuitos magnéticos e circuitos eletrônicos.

FMM: A Fonte do Fluxo Magnético

A corrente através de uma bobina cria o fluxo magnético. Quanto maior a corrente ou o número de espiras, maior será o fluxo. Essa capacidade de produzir corrente a partir da bobina é chamada força **magnetomotriz (fmm)** e é medida em **amperes-espiras**. Dado o símbolo $\mathscr{F}$, ela é definida como

$$\mathscr{F} = NI \text{ (ampere-espiras, At)} \qquad (12\text{-}2)$$

Assim, uma bobina com 100 espiras e 2,5 amperes terá uma fmm de 250 amperes-espiras, enquanto uma bobina com 500 espiras e 4 amperes terá uma fmm de 2.000 amperes-espiras.

Relutância, $\mathscr{R}$: Oposição ao Fluxo Magnético

O fluxo em um circuito magnético também depende da oposição que o circuito apresenta a ele. Chamada **relutância**, essa oposição depende da dimensão do núcleo e do material do qual ele é feito. Como a resistência de um fio, a relutância é diretamente proporcional ao comprimento e inversamente proporcional à área da seção transversal. Na forma de equação, temos

$$\mathscr{R} = \frac{\ell}{\mu A} \qquad \text{(At/Wb)} \qquad (12\text{-}3)$$

onde μ é uma propriedade do material do núcleo chamada **permeabilidade** (discutida na Seção 12.8). A permeabilidade é uma medida da facilidade com que se cria fluxo em um material. Materiais ferromagnéticos têm alta permeabilidade e, portanto, baixa $\mathscr{R}$, enquanto materiais não-magnéticos têm baixa permeabilidade e alta $\mathscr{R}$.

Lei de Ohm para Circuitos Magnéticos

A relação entre o fluxo, a fmm e a relutância é

$$\Phi = \mathscr{F}/\mathscr{R} \qquad \text{(Wb)} \qquad (12\text{-}4)$$

Essa relação também é parecida com a lei de Ohm e é representada simbolicamente na Figura 12-15. (Lembre-se, no entanto, de que o fluxo, diferentemente da corrente elétrica, não flui – ver a Nota na Seção 12-1).

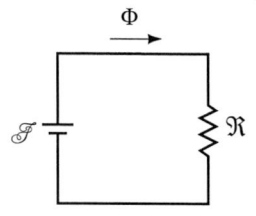

Figura 12-15 Analogia entre um circuito elétrico e um circuito magnético. $\Phi = \mathscr{F}/\mathscr{R}$.

Exemplo 12-3

Na Figura 12-16, se a relutância do circuito magnético for $\mathcal{R} = 12 \times 10^4$ At/Wb, qual será o fluxo no circuito?

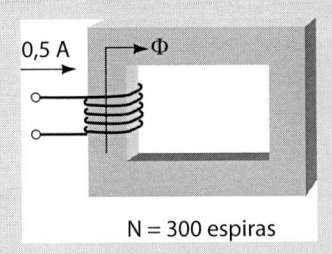

Figura 12-16

Solução: $\mathcal{F} = NI = (300)(0{,}5\text{ A}) = 150$ At

$\Phi = \mathcal{F}/\mathcal{R} = (150\text{ At})/(12 \times 10^4\text{ At/Wb}) = 12{,}5 \times 10^{-4}$ Wb

No Exemplo 12-3, assumimos que a relutância do núcleo era constante. Isso somente é quase possível sob certas condições. Em geral, não é verdade, uma vez que $\mathcal{R}$ é uma função da densidade de fluxo. Assim, a Equação 12-4 na realidade não é muito útil, já que, para o material ferromagnético, $\mathcal{R}$, depende do fluxo, que é exatamente a grandeza a qual se está tentando encontrar. O principal uso das Equações 12-3 e 12-4 é possibilitar uma analogia entre as análises de circuitos elétricos e magnéticos.

12.8 Intensidade do Campo Magnético e Curvas de Magnetização

Agora veremos uma abordagem mais prática para analisar circuitos magnéticos. Em primeiro lugar, é necessária uma grandeza chamada **intensidade do campo magnético**, H (também conhecida como **força magnetizante**). Ela é uma medida da fmm por unidade de comprimento de um circuito.

Para se ter uma ideia, suponha que você aplique a mesma fmm (digamos, 600 At) para dois circuitos com caminhos de comprimentos diferentes (Figura 12-17). Em (a), há 600 amperes-espiras da fmm para "conduzir" através de 0,6 m do núcleo; em (b), há a mesma fmm, mas ela é espalhada por apenas 0,15 m do comprimento do caminho. Dessa forma, a fmm por unidade de comprimento é mais intensa no segundo caso. Com base nessa ideia, pode-se definir a intensidade do campo magnético como a razão da fmm aplicada ao comprimento do caminho no qual ela atua. Portanto,

$$H = \mathcal{F}/\ell = NI/\ell \quad \text{(At/m)} \qquad (12\text{-}5)$$

Para o circuito da Figura 12-17(a), $H = 600$ At/0,6 m = 1.000 At/m, enquanto para o circuito em (b), $H = 600$ At/0,15 m = 4.000 At/m. Assim, em (a), temos 1.000 amperes-espiras da "força condutora" por metro para gerar o fluxo no núcleo, enquanto em (b) temos quatro vezes mais. (No entanto, não teremos quatro vezes mais fluxo, já que a oposição a ele varia de acordo com a densidade do fluxo.)

Reorganizando a Equação 12-5, obtém-se um resultado importante:

$$NI = H\ell \quad \text{(At)} \qquad (12\text{-}6)$$

Figura 12-17 Por definição, $H = $ fmm/comprimento $= NI/\ell$.

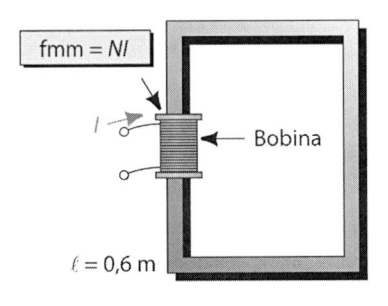

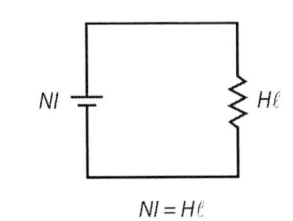

(a) Caminho longo

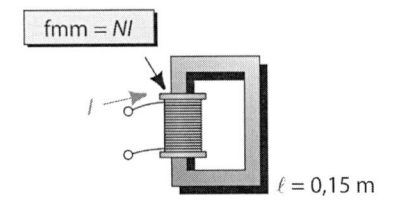

(b) Caminho curto

Figura 12-18 Circuito análogo, modelo $H\ell$.

Fazendo uma analogia com os circuitos elétricos (Figura 12-18), o produto NI é uma **fonte de fmm**, enquanto o produto $H\ell$ é uma **queda de fmm**.

A Relação entre B e H

A partir da Equação 12-5, pode-se ver que a força magnetizante, H, é uma medida da habilidade da bobina de produzir fluxo (já que ela depende de NI). Sabe-se que B é uma medida do fluxo resultante (já que $B = \Phi/A$). Portanto, B e H são relacionados. A relação entre eles é

$$B = \mu H \tag{12-7}$$

onde μ é a permeabilidade do núcleo (ver a Equação 12-3).

Foi mencionado que a permeabilidade é a medida da facilidade com que se cria o fluxo em um material. Para saber o motivo, observe, da Equação 12-7, que quanto maior o valor de μ, maior a densidade de fluxo para uma dada H. Entretanto, H é proporcional à corrente; então, quanto maior o valor de μ, maior será a densidade de fluxo para uma dada corrente magnetizante.

No sistema SI, μ tem unidades de webers por amperes-espiras-metro. A permeabilidade do espaço livre é $\mu_0 = 4\pi \times 10^{-7}$. Para fins práticos, a permeabilidade do ar e de outros materiais não magnéticos (por exemplo, o plástico) é a mesma que a do vácuo. Assim, em entreferros,

$$B_g = \mu_0 H_g = 4\pi \times 10^{-7} \times H_g \tag{12-8}$$

Reorganizando a Equação 12-8, temos

$$H_g = \frac{B_g}{4\pi \times 10^{-7}} = 7{,}96 \times 10^5 B_g \quad \text{(At/m)} \tag{12-9}$$

PROBLEMAS PRÁTICOS 3

Na Figura 12-16, a seção transversal do núcleo é 0,05 m × 0,08 m. Se o entreferro for cortado no núcleo e H no entreferro for de $3{,}6 \times 10^5$ At/m, qual será o fluxo Φ no núcleo? Despreze a franja.

Resposta

1,81 mWb

Curvas B-H

Para materiais ferromagnéticos, μ não é constante, varia de acordo com a densidade de fluxo, e não há um jeito fácil de calculá-la. Todavia, na realidade, não estamos interessados em μ, o que realmente queremos saber é, dado B, qual é o valor de H e vice-versa. Um conjunto de curvas – chamadas de *B-H* ou curvas de *magnetização* – fornece essa informação. (Essas curvas são obtidas experimentalmente e estão disponíveis em manuais. Cada material requer uma curva separada.) A Figura 12-19 mostra curvas típicas para o ferro e o aço fundidos, e a chapa de aço.

Exemplo 12-4

Sendo $B = 1{,}4$ T para a chapa de aço, qual será o valor de H?

Solução: Na Figura 12-19, dê entrada no eixo em $B = 1{,}4$ T, continue até encontrar a curva para a chapa de aço, e depois faça a leitura do valor correspondente para H, como indicado na Figura 12-20: $H = 1.000$ At/m.

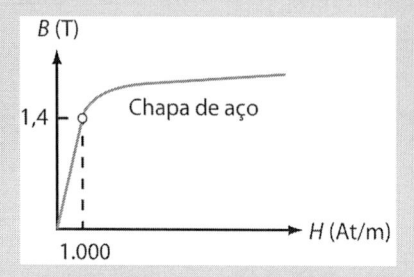

Figura 12-20 Para a chapa de aço, $H = 1.000$ At/m quando $B = 1{,}4$ T.

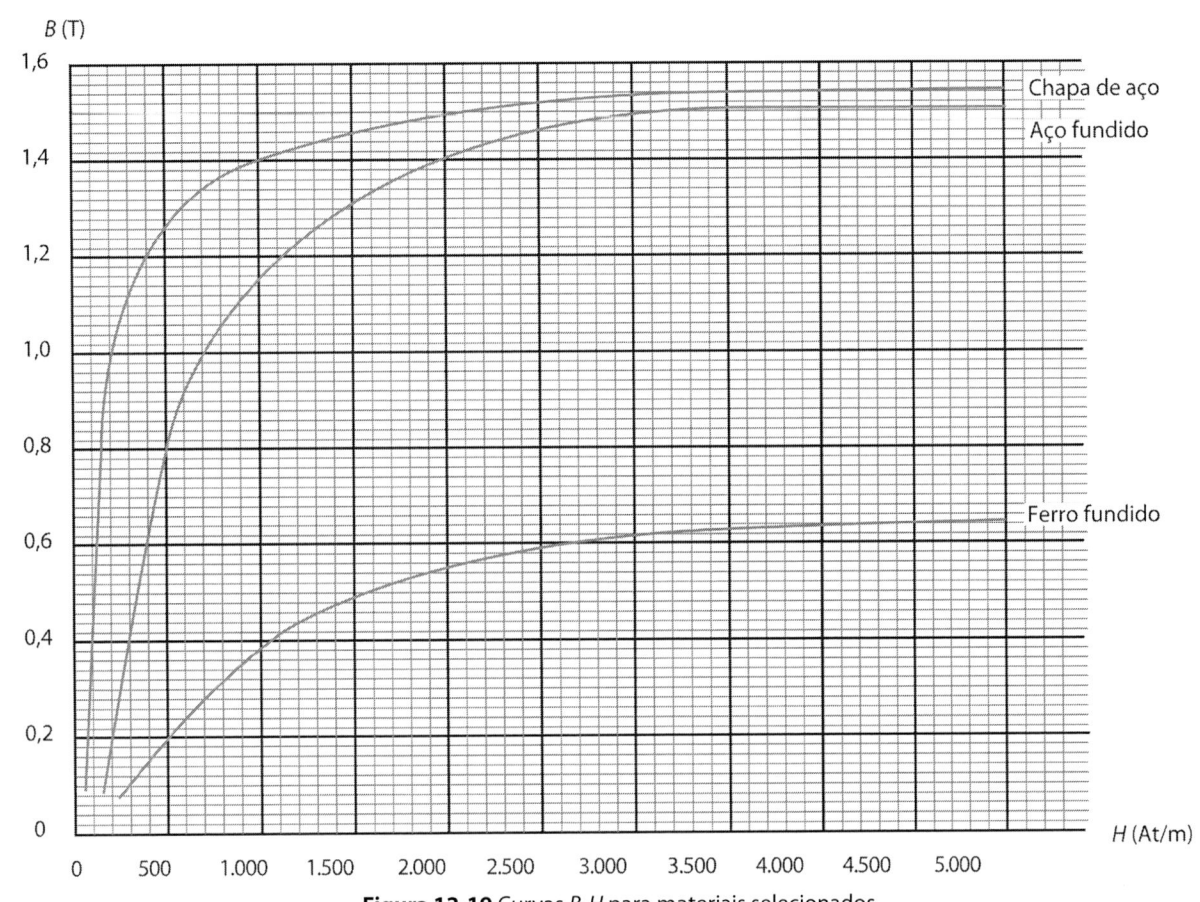

Figura 12-19 Curvas B-H para materiais selecionados.

PROBLEMAS PRÁTICOS 4

1. A seção transversal de um núcleo com uma chapa de aço é 0,1 m × 0,1 m, e o fator de empilhamento é 0,93. Sendo Φ = 13,5 mWb, qual será o valor de *H*?
2. Desenhe as curvas *B-H* para o ar e o plástico.

Respostas

1. 1.500 At/m.
2. $B = \mu H$. Para o ar, μ é constante (lembre-se de que $\mu_0 = 4\pi \times 10^{-7}$). Logo, *B* é proporcional a *H*, e a curva está em linha reta. Escolha dois pontos arbitrários para fixá-la. Quando $H = 0$, $B = 0$; assim, ela passa pela origem. Quando $H = 5.000$, $B = (4\pi \times 10^{-7})(5.000) = 6,28 \times 10^{-3}$ T. A curva para o plástico é igual.

12.9 Lei de Ampère de Circuito

Uma das principais relações na teoria de circuitos magnéticos é a **lei de Ampère de circuito**. A lei de Ampère foi determinada experimentalmente, e é uma generalização da relação $\mathscr{F} = NI = H\ell$ desenvolvida aqui anteriormente. Ampère mostrou que a soma algébrica das fmm ao redor de uma malha fechada em um circuito magnético é zero, independentemente do número de seções ou bobinas. Isto é,

$$\Sigma_\circlearrowleft \mathscr{F} = 0 \tag{12-10}$$

Pode-se reescrever a equação como

$$\Sigma_\Theta \, NI = \Sigma_\Theta \, H\ell \quad \text{At} \tag{12-11}$$

que postula que a soma de fmms aplicadas ao redor de uma malha fechada é igual à soma de quedas de fmms. O somatório é algébrico, e os termos são aditivos ou subtrativos, dependendo da direção do fluxo e de como a bobina está enrolada. Para ilustrar, considere novamente a Figura 12-13. Aqui,

$$NI - H_{\text{ferro}} \ell_{\text{ferro}} - H_{\text{aço}} \ell_{\text{aço}} - H_g \ell_g = 0$$

Logo,

$$\underbrace{NI}_{\text{fmm aplicada}} = \underbrace{H_{\text{ferro}} \ell_{\text{ferro}} + H_{\text{aço}} \ell_{\text{aço}} + H_g \ell_g}_{\text{soma de quedas de fmm}}$$

O caminho a ser usado para $H\ell$ é o caminho médio.

Agora, há dois modelos de circuitos magnéticos (Figura 12-21). Embora o modelo da relutância (a) não seja muito útil para a resolução de problemas, ele ajuda a relacionar os problemas de circuitos magnéticos a conceitos conhecidos de circuitos elétricos. Por outro lado, o modelo da lei de Ampère nos permite resolver problemas práticos. Na próxima seção, veremos como fazer isso.

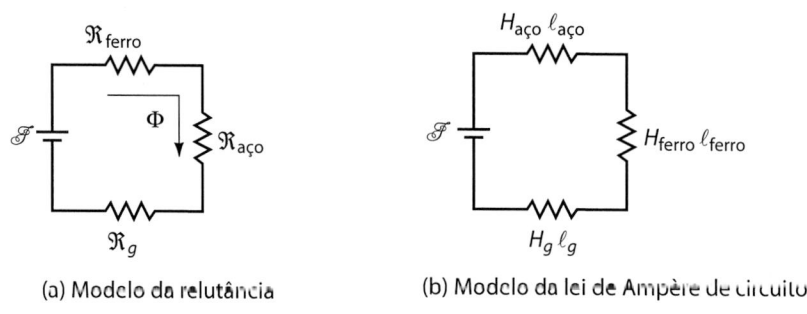

Figura 12-21 Dois modelos para o circuito magnético da Figura 12-13.

VERIFICAÇÃO DO PROCESSO DE APRENDIZAGEM 3

(As repostas encontram-se no final do capítulo.)

1. Se a fmm de uma bobina de 200 espiras for de 700 At, a corrente será de .... amperes.
2. Na Figura 12-17, sendo $H = 3.500$ At/m e $N = 1.000$ espiras, então, para (a), I será .... A, enquanto para (b), I será .... A.
3. Para o ferro fundido, sendo $B = 0,5$ T, H será .... At/m.
4. Um circuito série é composto de uma bobina, uma seção de ferro, uma seção de aço e dois entreferros (de dimensões diferentes). Desenhe o modelo da lei de Ampère.
5. Qual é o valor da corrente para o circuito da Figura 12-22?

    a. A lei de Ampère ao redor da malha 1 gera ($NI = H_1\ell_1 + H_2\ell_2$, ou $NI = H_1\ell_1 - H_2\ell_2$).

    b. A lei de Ampère ao redor da malha 2 gera ($0 = H_2\ell_2 + H_3\ell_3$, ou $0 = H_2\ell_2 - H_3\ell_3$).
6. No circuito da Figura 12-23, o comprimento ℓ a ser usado na lei de Ampère é (0,36 m, 0,32 m, 0,28 m). Por quê?

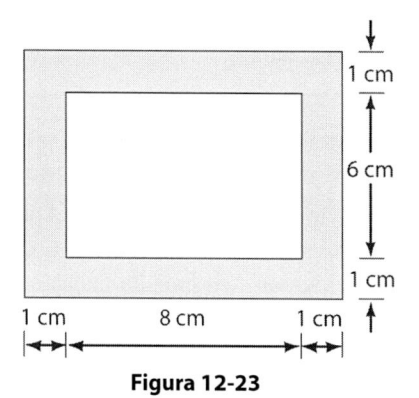

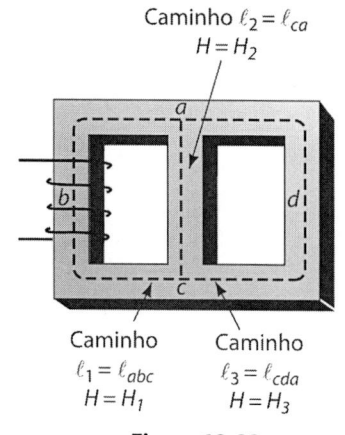

Figura 12-22

Figura 12-23

12.10 Circuitos Magnéticos Série: Dado Φ, Encontre NI

Agora você possui as ferramentas necessárias para resolver problemas básicos de circuitos magnéticos. Começaremos com os circuitos série com Φ conhecido e dos quais queremos achar a excitação para produzir o fluxo. Usando quatro passos básicos, podemos resolver problemas desse tipo:

1. Calcule B para cada seção usando $B = \Phi/A$.

2. Determine H para cada seção magnética das curvas B-H. Use $Hg = 7{,}96 \times 10^5 B_g$ para os entreferros.

3. Calcule NI usando a lei de Ampere de circuito.

4. Use o valor calculado de NI para determinar a corrente ou espiras na bobina. (O procedimento para os circuitos com mais de uma bobina é igual ao do Exemplo 12-6.)

Certifique-se de usar o caminho médio pelo circuito quando aplicar a lei de Ampere. Salvo indicação em contrário, despreze a franja.

> **NOTAS...**
>
> A análise de circuitos magnéticos não é tão precisa quanto a de circuitos elétricos porque (1) a hipótese da densidade de fluxo uniforme fracassa em arestas pontiagudas, como vimos na Figura 12-4, e (2) a curva *B-H* é uma curva média e apresenta um considerável grau de incerteza, como será discutido (Seção 12-14).
>
> Embora as respostas sejam aproximadas, elas são adequadas para a maioria dos usos.

Exemplo 12-5

Se o núcleo da Figura 12-24 é ferro fundido e $\Phi = 0{,}1 \times 10^{-3}$ Wb, qual será a corrente na bobina?

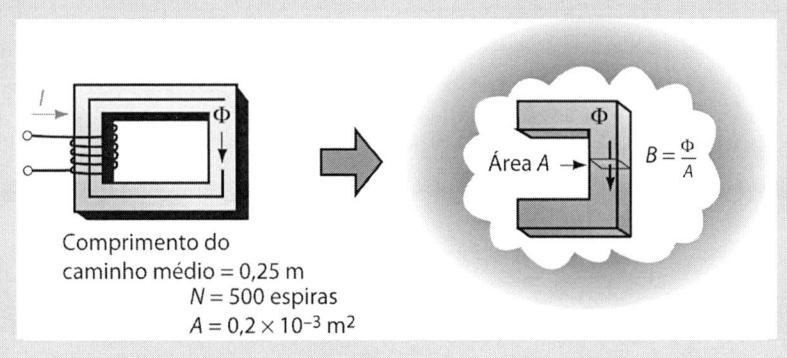

Comprimento do caminho médio = 0,25 m
N = 500 espiras
$A = 0{,}2 \times 10^{-3}$ m²

Figura 12-24

Solução: Seguindo os quatro passos descritos,

1. A densidade de fluxo é

$$B = \frac{\Phi}{A} = \frac{0{,}1 \times 10^{-3}}{0{,}2 \times 10^{-3}} = 0{,}5 \text{ T}$$

2. Da curva B-H (ferro fundido), Figura 12-19, $H = 1.550$ At/m.

3. Aplique a lei de Ampere. Há somente uma bobina e uma seção do núcleo.
   Comprimento = 0,25 m. Logo,

$$H\ell = 1.550 \times 0{,}25 = 338 \text{ At} = NI$$

4. Calcule I:

$$I = H\ell/N = 338/500 = 0{,}78 \text{ ampere}$$

Exemplo 12-6

Adiciona-se uma segunda bobina, como mostra a Figura 12-25. Sendo $\Phi = 0{,}1 \times 10^{-3}$ Wb, como anteriormente, mas $I_1 = 1{,}5$ ampere, qual será o valor de I_2?

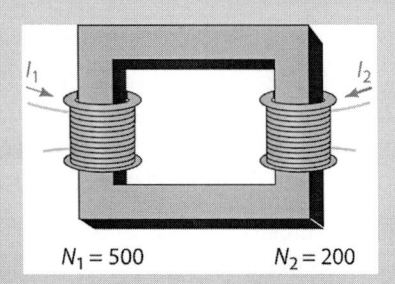

Figura 12-25

$N_1 = 500 \quad N_2 = 200$

Solução: Do exemplo anterior, sabe-se que uma corrente de 0,78 ampere na bobina 1 gera $\Phi = 0{,}1 \times 10^{-3}$ Wb. Mas já há 1,5 ampere na bobina 1. Portanto, a bobina 2 deve ser enrolada de maneira oposta para que sua fmm seja subtrativa. Aplicando a lei de Ampere, obtemos $N_1 I_1 - N_2 I_2 = H\ell$. Logo,

$$(500)(1{,}5\,A) - 200 I_2 = 388 \text{ At}$$

e, assim, $I_2 = 1{,}8$ ampere.

NOTAS...

Como os circuitos magnéticos não são lineares, não se pode usar a superposição, ou seja, não se pode considerar cada bobina da Figura 12-25 individualmente e depois somar os resultados. Elas devem ser consideradas simultaneamente, como nesse Exemplo.

Mais Exemplos

Se um circuito magnético tiver um entreferro, adicione outro elemento aos modelos conceituais (ver a Figura 12-21). Como o ar representa um caminho magnético pobre, sua relutância será alta se comparada à do ferro. Relembrando a analogia com os circuitos elétricos, isso sugere que a queda de fmm no entreferro será maior se comparada à do ferro. Isso pode ser visto no exemplo a seguir.

Exemplo 12-7

O núcleo da Figura 12-24 tem um corte de 0,008 m no entreferro, como mostra a Figura 12-26. Determine a elevação da corrente de modo a manter o fluxo original do núcleo. Despreze a franja.

Solução:

Ferro

$\ell_{\text{ferro}} = 0{,}25 - 0{,}008 = 0{,}242$ m. Como Φ não varia, B e H serão os mesmos. Logo, $B_{\text{ferro}} = 0{,}5$ T e $H_{\text{ferro}} = 1.550$ At/m.

Entreferro

B_g é igual a B_{ferro}. Logo, $B_g = 0{,}5$ T e $H_{\text{ferro}} = 7{,}96 \times 10^5 B_g = 3{,}98 \times 10^5$ At/m.

Lei de Ampere

$NI = H_{\text{ferro}} \ell_{\text{ferro}} + H_g \ell_g = (1.550)(0{,}242) + (3{,}98 \times 10^5)(0{,}008) = 375 + 3.184 = 3.559$ At. Logo, $I = 3.559/500 = 7{,}1$ amperes. Observe que a corrente teve de aumentar de 0,78 para 7,1 amperes de modo a manter o mesmo fluxo, significando um aumento de nove vezes o seu valor.

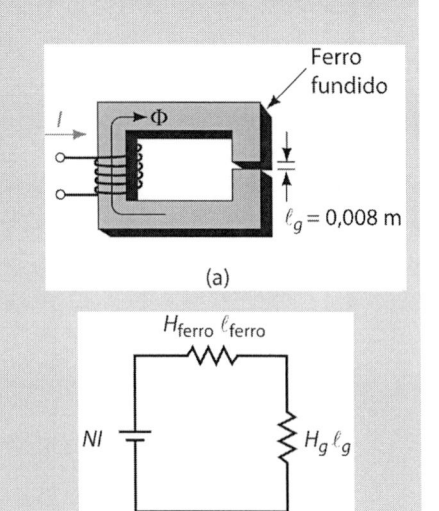

(a) $\ell_g = 0{,}008$ m, Ferro fundido

(b)

Figura 12-26

Exemplo 12-8

A seção da chapa de aço laminada da Figura 12-27 tem um fator de empilhamento de 0,9. Calcule a corrente necessária para gerar um fluxo de $\Phi = 1{,}4 \times 10^{-4}$ Wb. Despreze a franja. Todas as dimensões estão em polegadas.

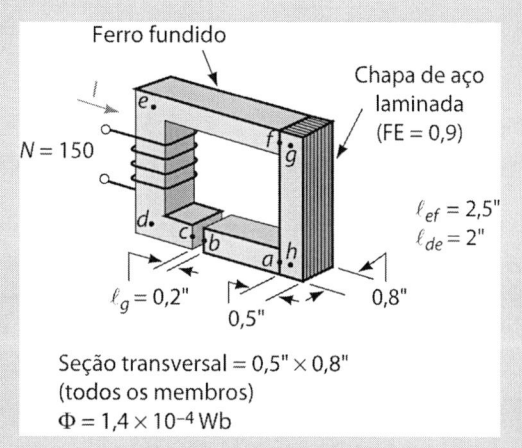

Figura 12-27

Solução: Converta todas as dimensões para metros.

Ferro fundido

$\ell_{\text{ferro}} = \ell_{adef} - \ell_g = 2{,}5 + 2 + 2{,}5 - 0{,}2 = 6{,}8 \text{ pol} = 0{,}173 \text{ m}$

$A_{\text{ferro}} = (0{,}5 \text{ pol})(0{,}8 \text{ pol}) = 0{,}4 \text{ pol}^2 = 0{,}258 \times 10^{-3} \text{ m}^2$

$B_{\text{ferro}} = \Phi/A_{\text{ferro}} = (1{,}4 \times 10^{-4})/(0{,}258 \times 10^{-3}) = 0{,}54 \text{ T}$

$H_{\text{ferro}} = 1.850 \text{ At/m}$ (da Figura 12-19)

Chapa de aço

$\ell_{ferro} = \ell_{fg} + \ell_{gh} + \ell_{ha} = 0{,}25 + 2 + 0{,}25 = 2{,}5 \text{ pol} = 6{,}35 \times 10^{-2} \text{ m}$

$A_{ferro} = (0{,}9)(0{,}258 \times 10^{-3}) = 0{,}232 \times 10^{-3} \text{ m}^2$

$B_{ferro} = \Phi/A_{ferro} = (1{,}4 \times 10^{-4})/(0{,}232 \times 10^{-3}) = 0{,}60 \text{ T}$

$H_{ferro} = 125 \text{ At/m}$ (da Figura 12-19)

Entreferro

$\ell_g = 0{,}2 \text{ pol} = 5{,}8 \times 10^{-3} \text{ m}$

$B_g = B_{ferro} = 0{,}54 \text{ T}$

$H_g = (7{,}96 \times 10^5)(0{,}54) = 4{,}3 \times 10^5 \text{ At/m}$

Lei de Ampere

$NI = H_{ferro}\ell_{ferro} + H_{aço}\ell_{aço} + H_g \ell_g$

$= (1.850)(0{,}173) + (125)(6{,}35 \times 10^{-2}) + (4{,}3 \times 10^5)(5{,}08 \times 10^{-3})$

$= 320 + 7{,}9 + 2.184 = 2.512 \text{ At}$

$I = 2.512/N = 2512/150 = 16{,}7 \text{ amperes}$

Exemplo 12-9

A Figura 12-28 mostra parte de um solenoide. O fluxo é $\Phi = 4 \times 10^{-4}$ Wb quando $I = 2,5$ amperes. Encontre o número de espiras na bobina.

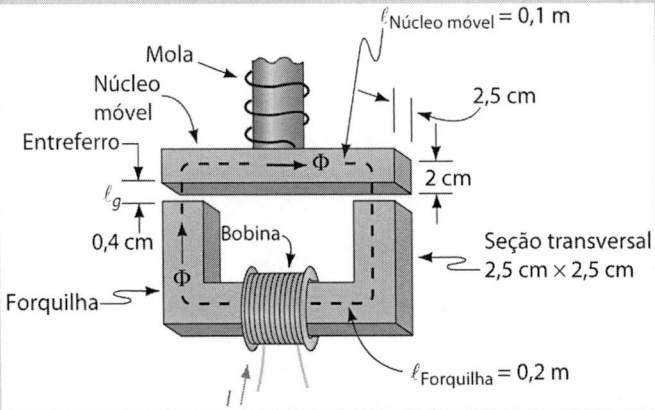

Figura 12-28 Solenoide. Todas as partes são de aço fundido.

Solução:

Forquilha

$$A_{\text{Forquilha}} = 2,5 \text{ cm} \times 2,5 \text{ cm} = 6,25 \text{ cm}^2 = 6,25 \times 10^{-4} \text{ m}^2$$

$$B_{\text{Forquilha}} = \frac{\Phi}{A_{\text{Forquilha}}} = \frac{4 \times 10^{-4}}{6,25 \times 10^{-4}} = 0,64 \text{ T}$$

$$H_{\text{Forquilha}} = 410 \text{ At/m} \quad \text{(da Figura 12-19)}$$

Núcleo móvel

$$A_{\text{Núcleo móvel}} = 2,0 \text{ cm} \times 2,5 \text{ cm} = 5,0 \text{ cm}^2 = 5,0 \times 10^{-4} \text{ m}^2$$

$$B_{\text{Núcleo móvel}} = \frac{\Phi}{A_{\text{Núcleo móvel}}} = \frac{4 \times 10^{-4}}{5,0 \times 10^{-4}} = 0,8 \text{ T}$$

$$H_{\text{Núcleo móvel}} = 500 \text{ At/m} \quad \text{(da Figura 12-19)}$$

Entreferro

Há dois entreferros iguais. Para cada,

$$B_g = B_{\text{forquilha}} = 0,64 \text{ T}$$

Assim,

$$H_g = (7,96 \times 10^5)(0,64) = 5,09 \times 10^5 \text{ At/m}$$

Os resultados estão resumidos na Tabela 12-2.

Lei de Ampere

$$NI = H_{\text{forquilha}} \ell_{\text{forquilha}} + H_{\text{núcleo móvel}} \ell_{\text{núcleo móvel}} + 2 H_g \ell_g = 82 + 50 + 2(2.036) = 4.204 \text{ At}$$

$$N = 4.204/2,5 = 1.682 \text{ espiras}$$

Tabela 12-12

Material	Seção	Comprimento (m)	A (m²)	B (T)	H (At/m)	Hℓ (At)
Aço fundido	forquilha	0,2	$6,25 \times 10^{-4}$	0,64	410	82
Aço fundido	núcleo móvel	0,1	5×10^{-4}	0,8	500	50
Ar	entreferro	$0,4 \times 10^{-2}$	$6,25 \times 10^{-4}$	0,64	$5,09 \times 10^5$	2.036

12.11 Circuitos Magnéticos Série e Paralelo

Para os circuitos magnéticos série e paralelo, usam-se o princípio das somas dos fluxos (Figura 12-14) e a lei de Ampère.

Exemplo 12-10

O núcleo da Figura 12-29 é de aço fundido. Determine a corrente para criar um fluxo no entreferro de $\Phi g = 6 \times 10^{-3}$ Wb. Despreze a franja.

Solução: Considere cada seção de uma vez.

Entreferro

$$B_g = \Phi_g/A_g = (6 \times 10^{-3})/(2 \times 10^{-2}) = 0,3 \text{ T}$$
$$H_g = (7,96 \times 10^5)(0,3) = 2,388 \times 10^5 \text{ At/m}$$

Seções ab e cd

$$B_{ab} = B_{cd} = B_g = 0,3 \text{ T}$$
$$H_{ab} = H_{cd} = 250 \text{ At/m} \quad \text{(da Figura 12-19)}$$

Lei de Ampère (Malha 2)

$\Sigma_\circ NI = \Sigma_\circ H\ell$. Como o sentido é oposto ao fluxo na perna da, o termo correspondente (ou seja, $H_{da}\ell_{da}$) será subtrativo. Além disso, $NI = 0$ para a malha 2. Então,

$$0 = \Sigma_{\circ \text{ malha2}} H\ell$$
$$0 = H_{ab}\ell_{ab} + H_g\ell_g + H_{cd}\ell_{cd} - H_{da}\ell_{da}$$
$$= (250)(0,25) + (2,388 \times 10^5)(0,25 \times 10^{-3}) + (250)(0,25) - 0,2H_{da}$$
$$= 62,5 + 59,7 + 62,5 - 0,2H_{da} = 184,7 - 0,2H_{da}$$

Logo, $0,2H_{da} = 184,7$ e $H_{da} = 925$ At/m. Da Figura 12-19, $B_{da} = 1,12$ T.

$$\Phi_2 = B_{da}A = 1,12 \times 0,02 = 2,24 \times 10^{-2} \text{ Wb}$$
$$\Phi_1 = \Phi_2 + \Phi_3 = 2,84 \times 10^{-2} \text{ Wb}$$
$$B_{dea} = \Phi_1/A = (2,84 \times 10^{-2})/0,02 = 1,42 \text{ T}$$
$$H_{dea} = 2.125 \text{ At/m (da Figura 12-9)}$$

Lei de Ampère (Malha 1)

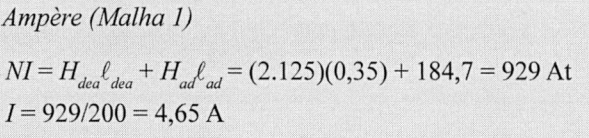

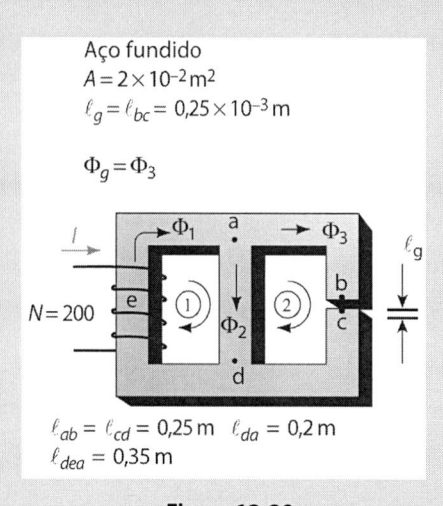

$$NI = H_{dea}\ell_{dea} + H_{ad}\ell_{ad} = (2.125)(0,35) + 184,7 = 929 \text{ At}$$
$$I = 929/200 = 4,65 \text{ A}$$

Aço fundido
$A = 2 \times 10^{-2}$ m²
$\ell_g = \ell_{bc} = 0,25 \times 10^{-3}$ m

$\Phi_g = \Phi_3$

$N = 200$

$\ell_{ab} = \ell_{cd} = 0,25$ m $\ell_{da} = 0,2$ m
$\ell_{dea} = 0,35$ m

Figura 12-29

PROBLEMAS PRÁTICOS 5

O núcleo de ferro fundido da Figura 12-30 é simétrico. Determine a corrente I. Sugestão: Para achar NI, escreva a lei de Ampère ao redor de cada malha. Certifique-se de usar a simetria.

Resposta

6,5 A

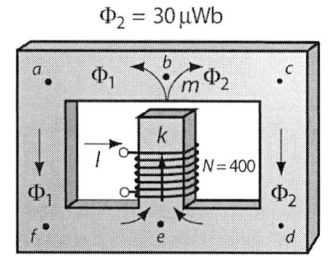

$\Phi_2 = 30 \mu$Wb

$\ell_{ab} = \ell_{bc} = \ell_{cd} = 4$ cm
Entreferro: $\ell_g = 0,5$ cm
$\ell_{ek} = 3$ cm

Dimensões do núcleo: 1 cm × 1 cm

Figura 12-30

12.12 Circuitos Magnéticos Série: Dado *NI*, Encontre Φ

Em problemas anteriores, fornecia-se o fluxo e pedia-se para determinar a corrente. Agora veremos o problema inverso: dado *NI*, encontre o fluxo resultante. Para o caso específico do núcleo composto de um material e com a seção transversal constante (Exemplo 12-11), a solução é direta. Para todos os outros casos, deve-se usar o método de tentativa e erro.

Exemplo 12-11

Para o circuito da Figura 12-31, $NI = 250$ At. Determine Φ.

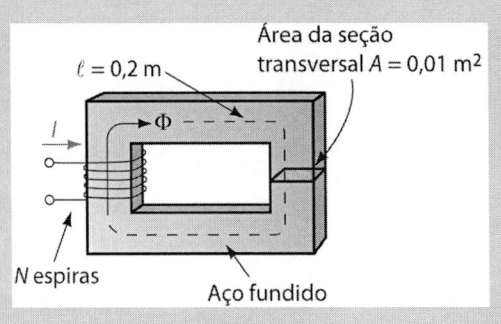

Figura 12-31

Solução: $H\ell = NI$. Logo, $H = NI/\ell = 250/0,2 = 1.250$ At/m. Da curva *B-H* da Figura 12-19, $B = 1,24$ T. Portanto, $\Phi = BA = 1,24 \times 0,01 = 1,24 \times 10^{-2}$ Wb.

Para circuitos com duas ou mais seções, o processo não é tão simples. Antes de determinar *H* em qualquer seção, por exemplo, é necessário saber a densidade de fluxo. No entanto, para determinar a densidade de fluxo, é necessário conhecer *H*. Logo, não se pode achar Φ ou *H* sem conhecer o outro primeiro.

Para contornar esse problema, use o método de tentativa e erro. Primeiro, suponha um valor para o fluxo, calcule *NI* usando o 4º passo do procedimento da Seção 12.10, e depois compare o valor calculado de *NI* com o *NI* já fornecido. Se eles estiverem de acordo, o problema estará resolvido. Caso contrário, ajuste o seu palpite e tente novamente. Repita o procedimento até chegar a uma margem de proximidade de 5% do valor dado de *NI*.

A questão é como dar um bom primeiro palpite. Para circuitos do tipo da Figura 12-32, observe que $NI = H_{aço}\ell_{aço} + H_g\ell_g$. Como primeiro palpite, suponha que a relutância do entreferro seja tão elevada que a queda total de fmm apareça no entreferro. Assim, $NI \simeq H_g\ell_g$, e

$$H_g \simeq NI/\ell_g \qquad (12\text{-}12)$$

É possível também aplicar a lei de Ampère para ver o quão próximo do *NI* já fornecido é o seu palpite (ver Notas).

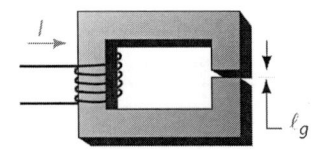

$\mathscr{F} = H_{aço}\ell_{aço} + H_g\ell_g$
$\simeq H_g\ell_g$ se $H_g\ell_g \gg H_{aço}\ell_{aço}$

Figura 12-32

Exemplo 12-12

O núcleo da Figura 12-32 é de aço fundido, $NI = 1.100$ At, a área da seção transversal em qualquer ponto é $0,0025$ m², $\ell_g = 0,002$ m, e $\ell_{aço} = 0,2$ m. Determine o fluxo no núcleo.

Solução:

Palpite Inicial

Suponha que 90% de fmm apareça no entreferro. A fmm aplicada é 1.100 At, e 90% desse valor é 990 At. Logo, $H_g \approx 0,9\ NI/\ell = 990/0,002 = 4,95 \times 10^5$ At/m e $B_g = \mu_0 H_g = (4\pi \times 10^{-7})(4,95 \times 10^5) = 0,62$ T.

1ª Tentativa

Como a área do aço é igual à área do entreferro, a densidade de fluxo é a mesma, desprezando-se a franja. Assim, $B_{aço} = B_g = 0,62$ T. Da curva B-H, $H_{aço} = 400$ At/m. Agora aplique a lei de Ampere:

$NI = H_{aço}\ell_{aço} + H_g\ell_g = (400)(0,2) + (4,95 \times 10^5)(0,002) = 80 + 990 = 1.070$ At

Essa resposta é 2,7% mais baixa do que o NI de 1.100 At fornecido e é, portanto, aceitável. Dessa forma, $\Phi = BA = 0,62 \times 0,0025 = 1,55 \times 10^{-3}$ Wb.

NOTAS...

Sabe-se que alguma queda de fmm aparece no aço, então é possível começar em menos de 100% para o entreferro. O bom senso e um pouco de experiência ajudam. A dimensão relativa das quedas de fmm também depende do material do núcleo. Para o ferro fundido, a queda de porcentagem no ferro é maior do que a porcentagem de um pedaço parecido de chapa de aço ou de aço fundido. As Figuras 12-12 e 12-13 ilustram isso.

O palpite inicial no Exemplo 12-12 gerou uma resposta aceitável na primeira tentativa. (É raro ter essa sorte).

Exemplo 12-13

Se o núcleo do exemplo 12-12 é um ferro fundido em vez do aço, calcule Φ.

Solução: Como o ferro fundido possui H maior para uma dada densidade de fluxo (Figura 12-19), ele terá uma queda maior de $H\ell$ e menos fluxo aparecerá no entreferro. Suponha 75% de fluxo no entreferro.

Palpite Inicial

$H_g \approx 0,75\ NI/\ell = (0,75)(1.100)/0,002 = 4,125 \times 10^5$ At/m.

$B_g = \mu_0 H_g = (4\mu \times 10^{-7})(4,125 \times 10^5) = 0,52$ T.

1ª Tentativa

$B_{ferro} = B_g$. Logo, $B_{ferro} = 0,52$ T. Na curva B-H, $H_{ferro} = 1.700$ At/m.

Lei de Ampere

$NI = H_{ferro}\ell_{ferro} + H_g\ell_g = (1.700)(0,2) + (4,125 \times 10^5)(0,002)$
$= 340 + 825 = 1.165$ At (aumento de 5,9%)

2ª Tentativa

Reduza o palpite em 5,9 % para $B_{ferro} = 0,49$ T. Assim, $H_{ferro} = 1.500$ At/m (na curva B-H) e $H_g = 7,96 \times 10^5\ B_g = 3,90 \times 10^5$ At/m.

Lei de Ampere

$NI = H_{ferro}\ell_{ferro} + H_g\ell_g = (1.500)(0,2) + (3,90 \times 10^5)(0,002)$
$= 300 + 780 = 1.080$ At

Agora, o erro é de 1,82%, o que é excelente. Portanto, $\Phi = BA = (0,49)(2,5 \times 10^{-3}) = 1,23 \times 10^{-3}$ Wb. Se o erro fosse maior do que 5%, seria necessária uma terceira tentativa.

12.13 Força Provocada pelo Eletroímã

Os eletroímãs são usados em relés, campainhas, levantadores magnéticos etc. Para um relé eletromagnético como o da Figura 12-33, podemos mostrar que a força gerada pelo campo magnético é

$$F = \frac{B_g^2 A_g}{2\mu_0} \quad (12\text{-}13)$$

onde Bg é a densidade de fluxo no entreferro, em teslas, Ag é a área do entreferro em metros quadrados, e F é a força em newtons.

Exemplo 12-14

A Figura 12-33 mostra um relé típico. A força devida à bobina condutora de corrente empurra o braço pivotado contra a pressão da mola para fechar os contatos e alimentar a carga. Se a superfície do polo é 1/4 de polegada quadrada e $\Phi = 0,5 \times 10^{-4}$ Wb, qual será a tração da armadura em libras?

Figura 12-33 Um relé típico.

Solução: Converta para unidades métricas.

$$A_g = (0,25 \text{ pol})(0,25 \text{ pol}) = 0,0625 \text{ pol}^2 = 0,403 \times 10^{-4} \text{ m}^2$$

$$B_g = \Phi/A_g = (0,5 \times 10^{-4})(0,403 \times 10^{-4}) = 1,24 \text{ T}$$

Logo

$$F = \frac{B_g^2 A}{2\mu_0} = \frac{(1,24)^2 (0,403 \times 10^{-4})}{2(4\pi \times 10^{-7})} = 24,66 \text{ N} = 5,54 \text{ lb}$$

A Figura 12-34 mostra como um relé é usado na prática. Quando a chave é fechada, a bobina energizada empurra a armadura para baixo. Isso fecha os contatos e alimenta a carga. Quando a chave é aberta, a mola força a abertura dos contatos de novo. Esquemas como esses usam pouca corrente para controlar cargas elevadas. Além disso, permitem o controle remoto, já que o relé e a carga podem estar a uma distância considerável da chave atuante.

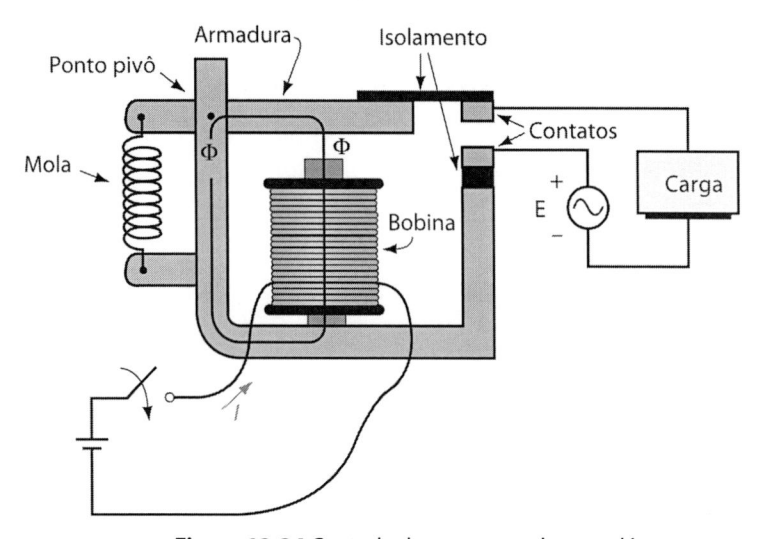

Figura 12-34 Controle da carga usando um relé.

12.14 Propriedades do Material Magnético

As propriedades magnéticas estão relacionadas à estrutura atômica. Cada átomo de uma substância, por exemplo, gera um campo magnético muito pequeno no nível atômico porque seus elétrons em movimento (ou seja, em órbita) constituem uma corrente no nível atômico, e correntes criam campos magnéticos. Para materiais não magnéticos, esses campos são orientados aleatoriamente e se anulam. No entanto, para materiais ferromagnéticos, os campos em pequenas regiões, chamados **domínios** (Figura 12-35), não se anulam. (Os domínios são microscópicos, mas são grandes o suficiente para comportar de 1.017 a 1.021 átomos.) Se os campos do domínio em um material ferromagnético se alinham, o material é magnetizado; se eles são orientados aleatoriamente, o material não é magnetizado.

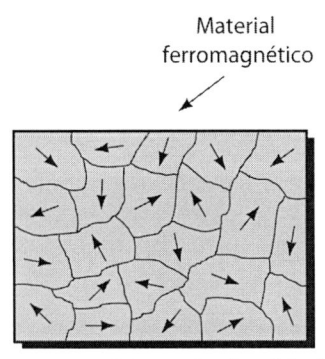

Figura 12-35 Orientação aleatória dos campos microscópicos em um material ferromagnético não magnetizado. As pequenas regiões são chamadas domínios.

Magnetização de uma Amostra

Uma amostra não magnetizada pode ser magnetizada por meio da organização dos campos do domínio. A Figura 12-36 mostra como isso pode ser feito. À medida que a corrente através da bobina se eleva, a intensidade do campo aumenta, e mais e mais domínios se alinham nas direções do campo. Se o campo for forte o suficiente, quase todos os campos do domínio se organizam, e diz-se que o material está em **saturação** (a parte mais plana da curva B-H). Na saturação, a densidade de fluxo aumenta lentamente à medida que a intensidade da magnetização aumenta. Isso significa que, se o material estiver em saturação, por mais que se tente, não é possível magnetizá-lo por muito tempo. O caminho 0-a traçado do estado não magnetizado para o estado saturado é chamado **curva DC** ou **curva de magnetização normal**. (Essa é a curva B-H usada anteriormente, quando resolvemos os problemas de circuitos magnéticos.)

(a) O circuito magnetizante

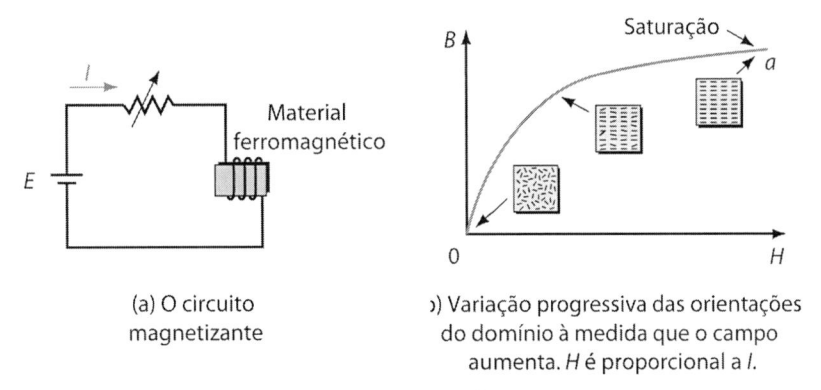

(b) Variação progressiva das orientações do domínio à medida que o campo aumenta. H é proporcional a I.

Figura 12-36 O processo de magnetização.

Histerese

Se a corrente for reduzida a zero, veremos que o material ainda retém algum magnetismo, chamado **magnetismo residual** (Figura 12-37, ponto b). Se invertermos a corrente, o fluxo inverte, e a parte de baixo da curva pode ser traçada. Invertendo a corrente novamente em d, a curva pode ser traçada de novo no ponto a. O resultado é chamado **laço de histerese**. Agora, uma grande origem de incerteza no comportamento de circuitos magnéticos deveria estar aparente. Como você pode ver, a densidade de fluxo depende não só da corrente, mas também de em qual braço da curva a amostra é magnetizada, ou seja, ela depende do passado histórico do circuito. Dessa forma, as curvas B-H são a média dos dois braços do laço de histerese, isto é, a curva DC da Figura 12-36.

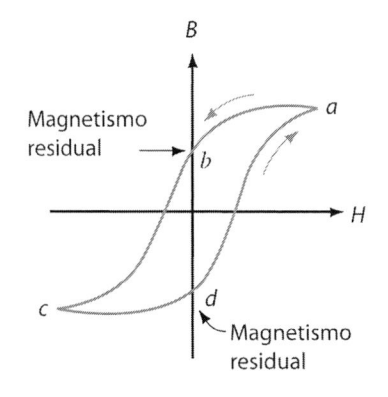

Figura 12-37 Laço de histerese.

O Processo de Desmagnetização

Como mencionado, somente desligar a corrente não desmagnetiza o material ferromagnético. Para desmagnetizá-lo, deve-se reduzir sucessivamente o laço de histerese a zero, como na Figura 12-38. É possível colocar a amostra dentro de uma bobina alimentada por uma fonte AC variável e gradativamente reduzir a zero a corrente na bobina; ou usar uma alimentação fixa AC e paulatinamente retirar a amostra do campo. Tais procedimentos são adotados por técnicos de manutenção que utilizam a função *degauss* para desmagnetizar os tubos de imagem da televisão. (O termo "degauss" remete-nos ao gauss, unidade anteriormente usada para a medição da densidade do fluxo magnético – ver a Tabela 12-1.)

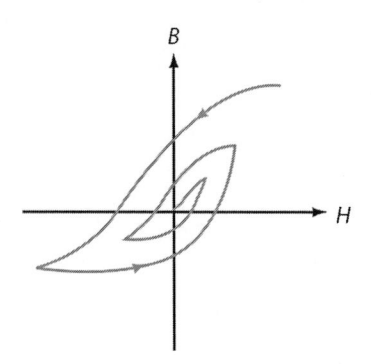

Figura 12-38 Desmagnetização pela sucessiva diminuição do laço de histerese.

12.15 Medindo os Campos Magnéticos

Uma maneira de medir a intensidade do campo magnético é usar o **efeito Hall** (em homenagem a E. H. Hall). A Figura 12-39 ilustra a ideia básica. Quando uma lâmina de arsenieto de índio é colocada em um campo magnético, uma pequena quantidade de tensão, denominada tensão de Hall, V_H, aparece em extremidades opostas. Para uma corrente fixa, I, V_H é proporcional à intensidade do campo magnético B. Os instrumentos que usam esse princípio são chamados **gaussímetros do efeito Hall**. Para medir o campo magnético com um medidor desse tipo, insira a ponta de prova no campo perpendicular ao campo (Figura 12-40). O medidor indica a densidade de fluxo diretamente em tesla.

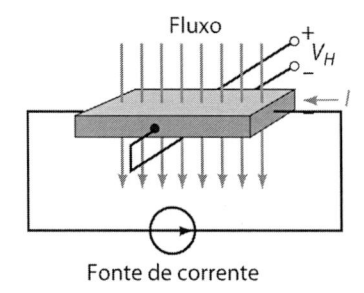

Figura 12-39 O efeito Hall.

Figura 12-40 Medida do campo magnético.

PROBLEMAS

12.3 Fluxo Magnético e Densidade de Fluxo

1. Observe a Figura 12-41.
   a. Qual é a área, A_1 ou A_2, usada para calcular a densidade de fluxo?
   b. Sendo Φ = 28 mWb, qual é a densidade de fluxo em teslas?

2. Em relação à Figura 12-41, sendo Φ = 250 μWb, A_1 = 1,25 pol², A_2 = 2,0 pol², qual será a densidade de fluxo no sistema inglês de unidades?

3. O toroide da Figura 12-42 tem uma seção transversal circular e Φ = 628 μWb. Sendo r_1 = 8 cm e r_2 = 12 cm, qual será a densidade de fluxo em teslas?

4. Se r_1 da Figura 12-42 é 3,5 pol e r_2 é 4,5 pol, qual é a densidade de fluxo no sistema inglês de unidades se Φ = 628 μWb?

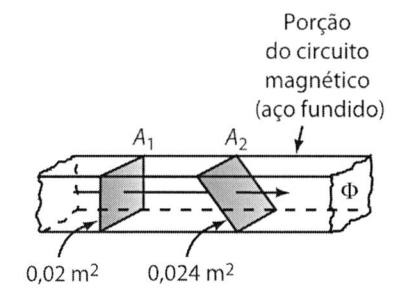

Figura 12-41

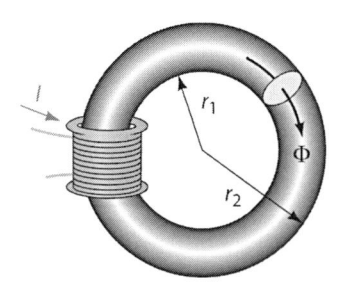

Figura 12-42

12.5 Entreferros, Franja e Núcleos Laminados

5. Se a seção do núcleo na Figura 12-43 é 0,025 m por 0,04 m, tem um fator de empilhamento de 0,85, e B = 1,45 T, qual é o valor de Φ em webers?

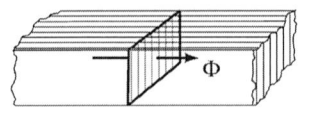

Figura 12-43

12.6 Elementos Série e Elementos Paralelos

6. Para o núcleo de ferro da Figura 12-44, a densidade de fluxo é B_2 = 0,6 T. Calcule B_1 e B_3.

7. Para a seção do núcleo de ferro da Figura 12-45, sendo Φ_1 = 12 mWb e Φ_3 = 2 mWb, qual será o valor de B_2?

8. Para a seção do núcleo de ferro da Figura 12-45, sendo B_1 = 0,8 T e B_2 = 0,6 T, qual será o valor de B_3?

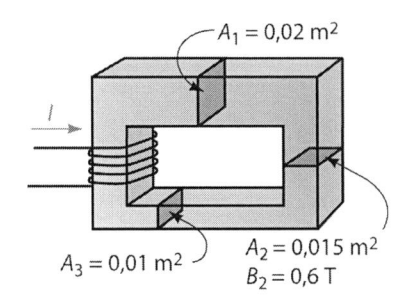

Figura 12-44

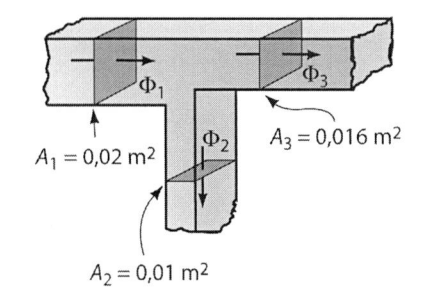

Figura 12-45

12.8 Intensidade do Campo Magnético e Curvas de Magnetização

9. Um núcleo com dimensões de 2 cm × 3 cm tem uma intensidade magnética de 1.200 At/m. Qual será o valor de Φ se o núcleo for de ferro fundido? E se ele for de aço fundido? E se ele for de chapa de aço com FE = 0,94?

10. A Figura 12-46 mostra dois circuitos elétricos equivalentes a circuitos magnéticos. Mostre que μ em $\Re = \ell / \mu A$ é igual a μ em $B = \mu H$.

11. Considere novamente a Figura 12-42. Sendo $I = 10$ A, $N = 40$ espiras, $r_1 = 5$ cm e $r_2 = 7$ cm, qual é o valor de H em amperes-espiras por metro?

12.9 Lei de Ampère de Circuito

12. Sejam H_1 e ℓ_1 respectivamente a força magnetizante e o comprimento do caminho, onde existe o fluxo Φ_1 na Figura 12-47, e similarmente para Φ_2 e Φ_3. Escreva a lei de Ampere ao redor de cada uma das janelas.

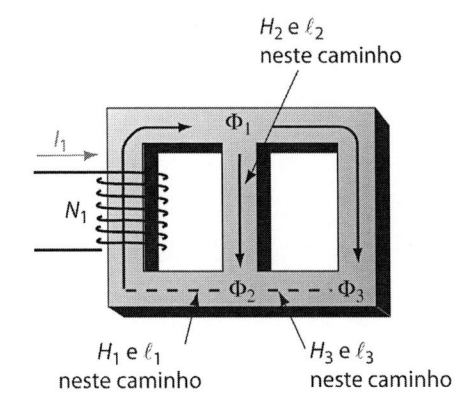

Figura 12-47

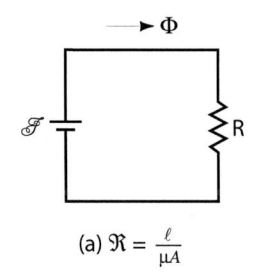

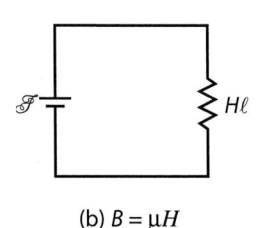

(a) $\mathfrak{R} = \dfrac{\ell}{\mu A}$

(b) $B = \mu H$

Figura 12-46 $\mathscr{F} = NI$.

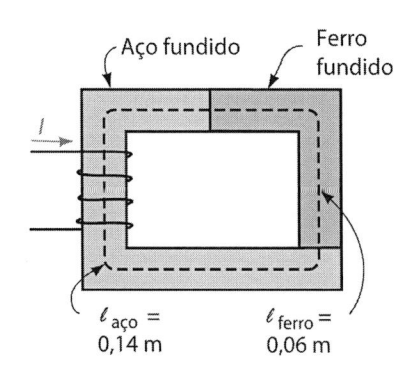

13. Suponha que uma bobina N_2 conduzindo a corrente I_2 seja adicionada à perna 3 do núcleo mostrado na Figura 12-47 e que ela produza o fluxo direcionado para cima. Suponha, no entanto, que o fluxo total na perna 3 ainda esteja direcionado para baixo. Escrevas as equações da lei de Ampère para este caso.

14. Repita o Problema 13 se o fluxo total na perna 3 estiver direcionado para cima, mas as direções de Φ_1 e Φ_2 permanecerem como na Figura 12-47.

12.10 Circuitos Magnéticos Série: Dado Φ, Encontre NI

15. Determine a corrente I na Figura 12-48, sendo $\Phi = 0{,}16$ mWb.

16. Deixe tudo igual ao Problema 15, com exceção da parte de aço fundido, que será substituída por uma chapa de aço laminada com um fator de empilhamento de 0,85.

17. Um entreferro de 0,5 mm está aberto na parte de aço fundido do núcleo na Figura 12-48. Determine a corrente para $\Phi = 0{,}128$ mWb. Despreze a franja.

18. Dois entreferros, cada um com 1 mm, estão cortados no circuito da Figura 12-48, um na porção de aço fundido e o outro na de ferro fundido. Determine a corrente para $\Phi = 0{,}128$ mWb. Despreze a franja.

19. O núcleo de ferro fundido da Figura 12-49 mede 1 cm × 1,5 cm, $\ell_g = 0{,}3$ mm, a densidade de fluxo do entreferro é 0,426 T e $N = 600$ espiras. As partes das extremidades são semicírculos. Considerando a franja, encontre a corrente I.

20. Para o circuito da Figura 12-50, $\Phi = 141$ μWb e $N = 400$ espiras. O membro da parte inferior é uma chapa de aço com um fator de empilhamento de 0,94, enquanto o restante é aço fundido. Todas as partes medem 1 cm × 1 cm. O comprimento do caminho do aço fundido é 16 cm. Determine a corrente I.

21. Para o circuito da Figura 12-51, $\Phi = 30$ μWb e $N = 2.000$ espiras. Despreze a franja, ache a corrente I.

$\ell_{\text{aço}} = 0{,}14$ m
$\ell_{\text{ferro}} = 0{,}06$ m
$A = 3{,}2 \times 10^{-4}$ m²
$N = 300$ espiras

Figura 12-48

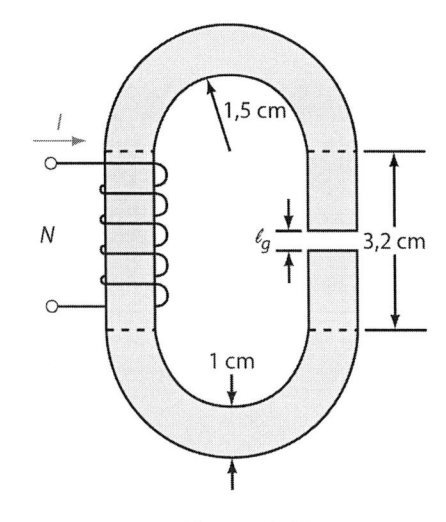

Figura 12-49

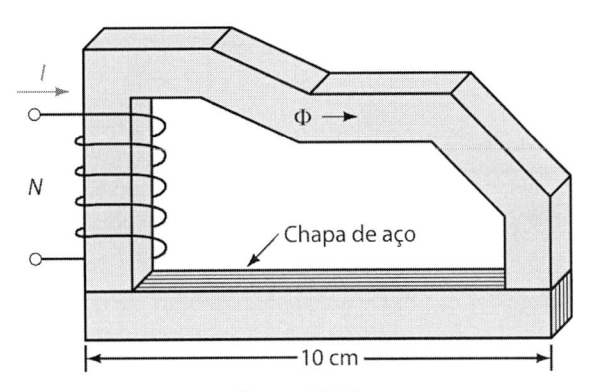

Figura 12-50

22. Para o circuito da Figura 12-52, $\Phi = 25.000$ linhas. O fator de empilhamento para a porção de chapa de aço é 0,95. Encontre a corrente I.

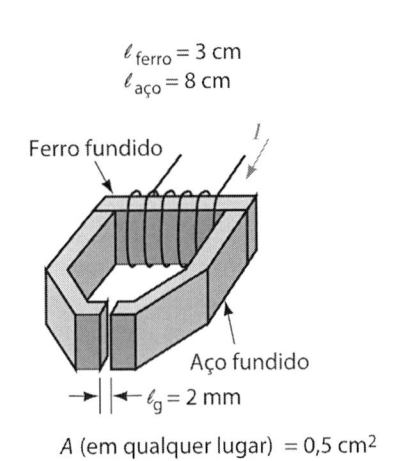

$\ell_{ferro} = 3$ cm
$\ell_{aço} = 8$ cm
Ferro fundido
Aço fundido
$\ell_g = 2$ mm
A (em qualquer lugar) $= 0,5$ cm²

Figura 12-51

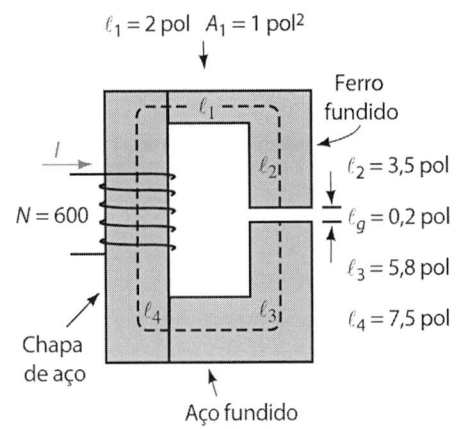

$\ell_1 = 2$ pol $A_1 = 1$ pol²
Ferro fundido
$N = 600$
$\ell_2 = 3,5$ pol
$\ell_g = 0,2$ pol
$\ell_3 = 5,8$ pol
$\ell_4 = 7,5$ pol
Chapa de aço
Aço fundido
Área de todas as seções (exceto A_1) 2 pol²

Figura 12-52

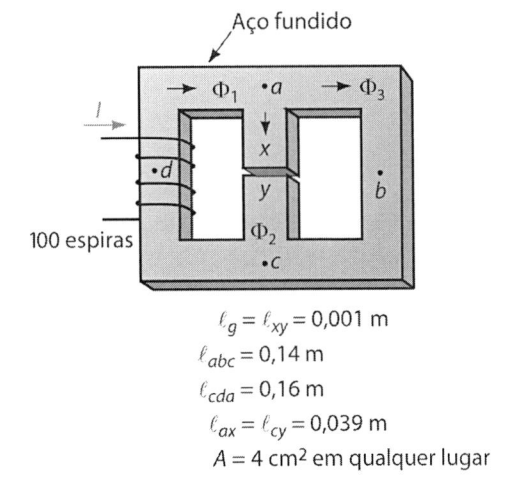

Aço fundido
100 espiras
$\ell_g = \ell_{xy} = 0,001$ m
$\ell_{abc} = 0,14$ m
$\ell_{cda} = 0,16$ m
$\ell_{ax} = \ell_{cy} = 0,039$ m
$A = 4$ cm² em qualquer lugar

Figura 12-53

23. Uma segunda bobina de 450 espiras com $I_2 = 4$ amperes é enrolada na parte de aço fundido da Figura 12-52. O fluxo na bobina está na direção oposta ao fluxo produzido pela bobina original. O fluxo resultante são 35.000 linhas na direção do sentido horário. Encontre a corrente I_1.

12.11 Circuitos Magnéticos Série e Paralelo

24. Para a Figura 12-53, sendo $\Phi g = 80$ μWb, determine I.

25. Se o circuito da Figura 12-53 não tiver entreferro e $\Phi 3 = 0,2$ mWb, encontre I.

12.12 Circuitos Magnéticos Série: Dado NI, Encontre Φ

26. Um circuito magnético de aço fundido com $N = 2.500$ espiras, $I = 200$ mA e uma área da seção transversal de 0,03 m² tem um entreferro de 0,00254 m. Supondo que 90% da fmm apareça no entreferro, dê uma estimativa do fluxo no núcleo.

27. Sendo $NI = 644$ At para o núcleo de aço fundido da Figura 12-54, encontre o fluxo, Φ.

28. Um entreferro de $\ell = 0,004$ m está aberto no núcleo da Figura 12-54. O restante permanece o mesmo. Encontre o fluxo, Φ.

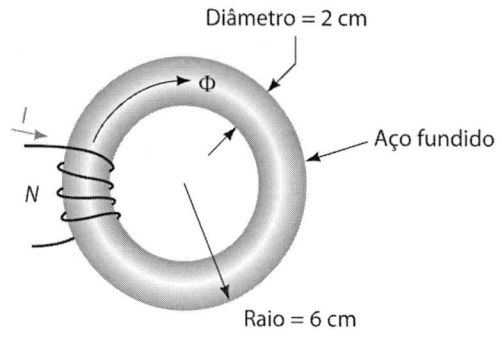

Figura 12-54

12.13 Força Provocada pelo Eletroímã

29. Para o relé da Figura 12-34, se a superfície do polo é 2 cm por 2 cm e uma força de 2 libras é necessária para fechar a fenda, qual é o fluxo (em webers) necessário?

30. Para o solenoide da Figura 12-28, $\Phi = 4 \times 10^{-4}$ Wb. Encontre a força de atração no núcleo móvel em newtons e em libras.

RESPOSTAS DOS PROBLEMAS PARA VERIFICAÇÃO DO PROCESSO DE APRENDIZAGEM

Verificação do Processo de Aprendizagem 1

1. Força
2. Intensidade, direção
3. Ferro, níquel, cobalto
4. Norte, sul
5. Igual, com a exceção de que a direção do fluxo é invertida
6. Igual ao da Figura 12-6, já que o plástico não afeta o campo.
7. Perpendicular
8. 10 cm²

Verificação do Processo de Aprendizagem 2

1. Enquanto o fluxo é o mesmo, a área efetiva de cada seção varia.
2. $B_{ferro} = 1,1$ T; $B_{aço} = 1,38$ T; $B_g = 1,04$ T
3. $\Phi_2 = \Phi_3 = 0,5$ mWb

Verificação do Processo de Aprendizagem 3

1. 3,5 A
2. **a.** 2,1 A;
   b. 0,525 A.
3. 1.550 At/m
4. Igual à Figura 12-21(b), mas adicione $H_g^2 \ell_g^2$.
5. **a.** $NI = H_1\ell_1 + H_2\ell_2$;
   b. $0 = H_2\ell_2 - H_3\ell_3$
6. 0,32 m; use o comprimento do caminho médio.

• TERMOS-CHAVE

Bobinas com Núcleo de Ar; Tensão de Retorno*; *Choke*; Força Contraeletromotriz; Lei de Faraday; Acoplamento do Fluxo; Henry; Tensão Induzida; Indutância; Indutor; Bobinas com Núcleo de Ferro; Lei de Lenz; Reatores; Auto indutância; Indutância Parasita; Capacitância Parasita

• TÓPICOS

Indução Eletromagnética; Tensão Induzida e Indução; Auto indutância; Cálculo da Tensão Induzida; Indutâncias em Série e em Paralelo; Considerações Práticas; Indutância e Estado Estacionário DC; Energia Armazenada pela Indutância; Dicas para Identificar Defeitos no Indutor

• OBJETIVOS

Após estudar este capítulo, você será capaz de:

- descrever o que é um indutor e qual é seu efeito na operação do circuito;
- explicar as leis de Faraday e de Lenz;
- calcular a tensão induzida usando a lei de Faraday;
- definir a indutância;
- calcular a tensão em uma indutância;
- calcular a indutância para as conFigurações série e paralela;
- calcular as tensões nos indutores e as correntes para a excitação do estado estacionário DC;
- calcular a energia armazenada em uma indutância;
- descrever os problemas comuns dos indutores e como testá-los.

---

*Tradução livre. (N.R.T.)

Indutância e Indutores

Apresentação Prévia do Capítulo

Neste capítulo, examinaremos a auto indutância (geralmente chamada apenas de indutância) e os indutores. Para compreender o conceito, lembre-se de que, quando a corrente circula em um condutor, ela cria um campo magnético; como você verá neste capítulo, esse campo afeta a operação do circuito. Para descrever esse efeito, apresentaremos um parâmetro do circuito denominado **indutância**. A indutância é inteiramente ocasionada pelo campo magnético criado pela corrente, e o seu efeito é desacelerar o aumento e o colapso da corrente e, em geral, se opor à variação. Logo, de certa forma, a indutância pode ser comparada à inércia em um sistema mecânico. A vantagem de usar a indutância em nossas análises é que podemos dispensar todas as considerações acerca do magnetismo e dos campos magnéticos e só nos concentrarmos nas grandezas de circuitos conhecidas – tensão e corrente – e no parâmetro do circuito recém-apresentado, a indutância.

O elemento do circuito construído para conter a indutância é o **indutor**. Em sua forma mais simples, o indutor é apenas a bobina de um fio, Figura 13-1(a). Idealmente, os condutores têm somente a indutância. No entanto, como são feitos de fio, os indutores práticos também apresentam alguma resistência. Inicialmente, entretanto, assumiremos que essa resistência é desprezível e trataremos os indutores como ideais – ou seja, admitiremos que eles não têm nenhuma outra propriedade além da indutância. (A resistência da bobina será examinada nas Seções 13.6 e 13.7.) Na prática, os indutores também são chamados de **chokes** (porque tentam limitar ou "restringir" a variação da corrente) ou de **reatores** (por razões discutidas no Capítulo 16). Neste capítulo, eles serão chamados basicamente de indutores.

Em diagramas de circuito e em equações, a indutância é representada pela letra L. O símbolo para o circuito é uma bobina, como mostrado em (b). A unidade da indutância é o **henry**.

Os indutores são usados em vários lugares. Nos rádios, são parte do circuito de sintonia que ajustamos quando selecionamos uma estação de rádio. Nas lâmpadas fluorescentes, são parte do reator que limita a corrente quando a lâmpada é acesa. Em sistemas de potência, são parte da proteção do sistema de circuitos usado para controlar as correntes no curto-circuito durante as condições de falha.

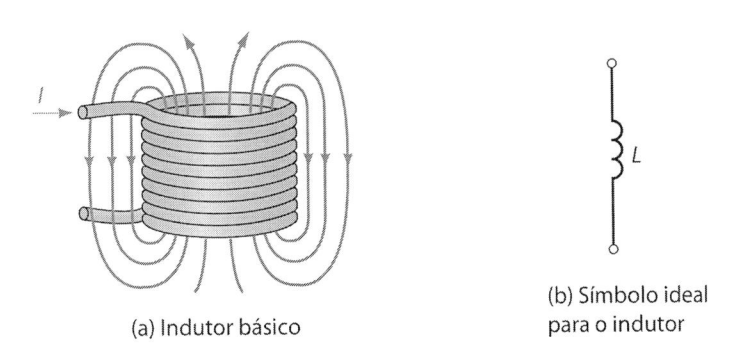

(a) Indutor básico

(b) Símbolo ideal para o indutor

Figura 13-1 A indutância é ocasionada pelo campo magnético criado pela corrente elétrica.

Colocando em Perspectiva

A Descoberta da Indução Eletromagnética

A maioria das ideias relacionadas à indutância e às tensões induzidas se deve a Michael Faraday (ver o Capítulo 12 neste volume) e a Joseph Henry (1797-1878). Trabalhando de forma independente (Faraday na Inglaterra e Henry nos Estados Unidos), eles descobriram, quase ao mesmo tempo, as leis fundamentais que regem a indução eletromagnética.

Enquanto fazia experiências com campos magnéticos, Faraday desenvolveu o transformador. Ele enrolou duas bobinas em um anel de ferro e alimentou uma delas com uma bateria. Quando fechou a chave que energizava a primeira bobina, Faraday percebeu que uma tensão momentânea era induzida na segunda bobina, e quando abriu a chave, descobriu que uma tensão momentânea era novamente induzida, mas com a polaridade oposta. Quando a corrente estava estável, nenhuma tensão era gerada.

Faraday explicou esse efeito em termos de linhas magnéticas do conceito de fluxo. Quando a corrente foi ligada pela primeira vez, ele visualizou as linhas como se estivessem saltando para o espaço; quando ela foi desligada, ele as imaginou como se estivessem se contraindo. Ele então descobriu que a tensão era gerada por essas linhas à medida que atravessavam os condutores do circuito. Experiências concomitantes mostraram que a tensão também era gerada quando um ímã passava por uma bobina ou quando um condutor passava através de um campo magnético. Novamente, ele imaginou essas tensões como se fossem um fluxo cortando um condutor.

Trabalhando de maneira independente nos Estados Unidos, Henry descobriu basicamente os mesmos resultados. O trabalho de Henry precedeu o de Faraday por alguns meses; porém, como ele não o publicou primeiro, Faraday ficou com os méritos. No entanto, atribui-se a Henry a descoberta da auto indução, e, em homenagem ao seu trabalho, chama-se a unidade da indutância de henry.

13.1 Indução Eletromagnética

A indutância depende da **tensão induzida**. Dessa forma, começamos com uma revisão da indução eletromagnética. Primeiro, examinaremos os resultados de Faraday e Henry. Considere a Figura 13-2. Em (a), o ímã passa através da bobina de fio, e essa ação induz uma tensão na bobina. Quando o ímã é impulsionado na bobina, o ponteiro do medidor se desloca para a direita; quando ele é removido, o ponteiro do medidor se desloca para a esquerda, indicando que a polaridade mudou. A magnitude da tensão é proporcional à velocidade com que o ímã se desloca.

Em (b), quando um condutor passa pelo campo, a tensão é induzida. Se o condutor for deslocado para a direita, sua extremidade mais distante será positiva; se ele for deslocado para a esquerda, a polaridade será invertida, e a extremidade mais distante se tornará negativa. Novamente, a magnitude da tensão é proporcional à velocidade com que o fio é deslocado. Em (c), a tensão é induzida na bobina 2 por causa do campo magnético criado pela corrente na bobina 1. No momento em que a chave é fechada, o medidor atinge um valor mais alto; quando a chave é aberta, ele atinge um valor menor.

Em (d), a tensão é induzida em uma bobina pela corrente da bobina. No instante em que a chave é fechada, a extremidade superior da bobina torna-se positiva; já no instante em que é aberta, a polaridade é invertida e torna-se negativa. Observe que nenhuma tensão é induzida em qualquer um dos casos quando o fluxo que acopla o circuito é constante – ou seja, quando o ímã está estacionário em (a), quando o fio está imóvel em (b), ou quando a corrente tiver alcançado um estado estacionário em (c) e (d).

Lei de Faraday

Com base nessas informações, Faraday concluiu que *a tensão é induzida em um circuito sempre que o fluxo que acopla o circuito* (ou seja, que passa através dele) *varia, e que a magnitude da tensão é proporcional à taxa de variação dos acoplamentos do*

> **NOTAS...**
>
> Como trabalhamos neste capítulo com acoplamentos do fluxo que são variáveis no tempo, usamos φ para o fluxo em vez de Φ (como fizemos no Capítulo 12). Esse procedimento é só para nos atermos à prática-padrão de usar símbolos com letra minúscula para grandezas variáveis no tempo e símbolos com letra maiúscula para grandezas DC.

fluxo. Esse resultado, conhecido como **lei de Faraday**, é também algumas vezes postulado em termos da taxa das linhas de fluxo cortantes. Examinaremos este ponto de vista no Capítulo 15 (neste volume).

(a) Fem de movimento

(b) Fem de movimento

(c) Tensão mutuamente induzida

(d) Tensão auto-induzida

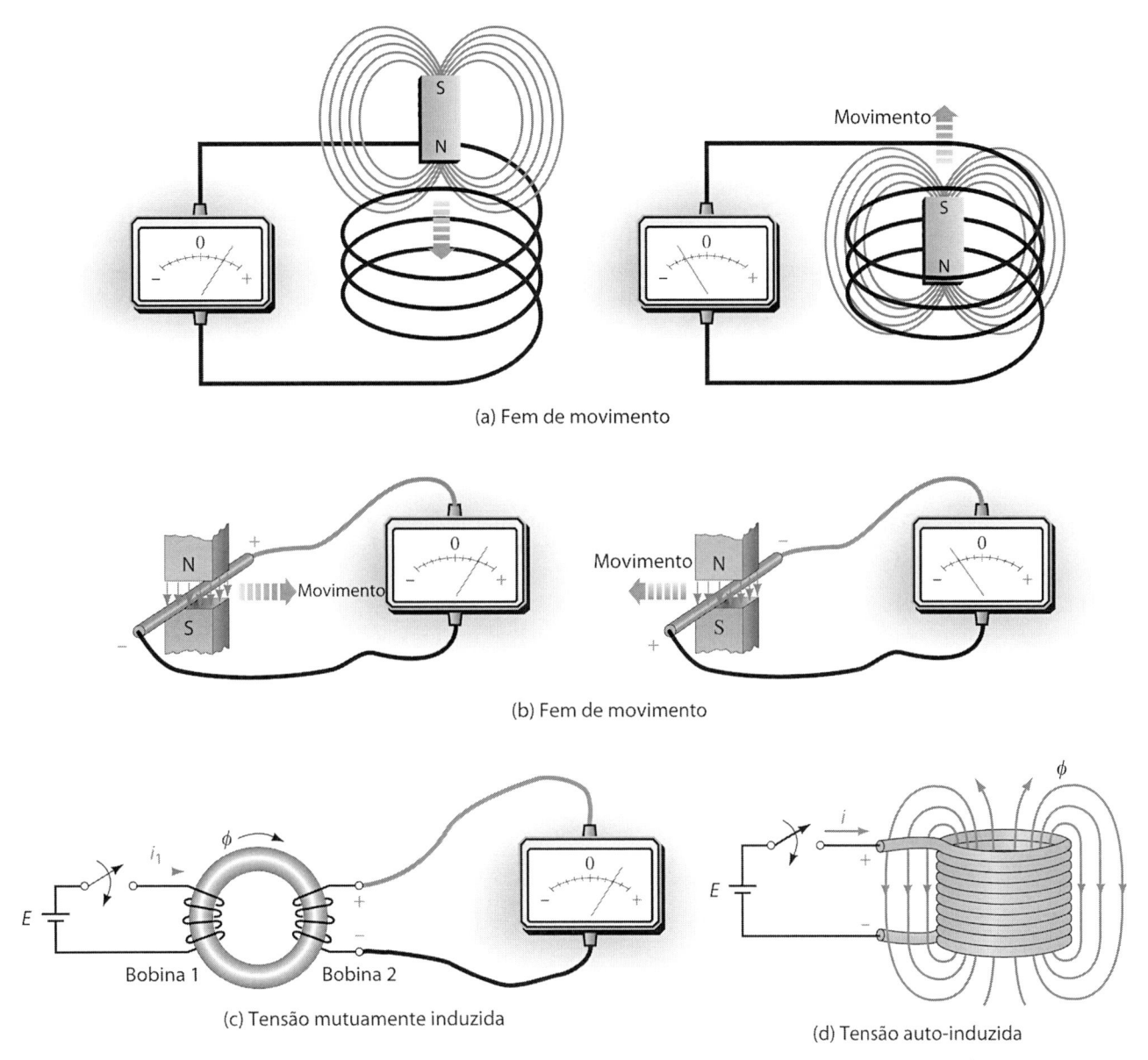

Figura 13-2 Ilustração dos experimentos de Faraday. A tensão é induzida somente enquanto o acoplamento do fluxo em um circuito estiver variando.

Lei de Lenz

Heinrich Lenz (físico russo, 1804-1865) determinou um resultado concomitante. Ele mostrou que *a polaridade da tensão induzida é tal que se opõe ao que a gerou*. Esse resultado é conhecido como **lei de Lenz**.

13.2 Tensão Induzida e Indução

Agora dirigiremos nossa atenção para os indutores, Figura 13-2(d). Como observado anteriormente, a indutância é totalmente provocada pelo campo magnético criado pela corrente. Considere a Figura 13-3 (que mostra o indutor em três momentos).

Em (a), a corrente é constante, e como o campo magnético é provocado pela corrente, ele também é constante. Aplicando a lei de Faraday, vemos que, como o fluxo que acopla a bobina não está variando, a tensão induzida é zero. Agora considere (b). Aqui, a corrente (e, portanto, o campo) está aumentando. De acordo com a lei de Faraday, a tensão induzida é proporcional à velocidade com que o campo varia, e, segundo a lei de Lenz, a polaridade dessa tensão deve ser tal de modo a se opor ao aumento da corrente. Observe que, quanto mais rápido a corrente aumentar, maior será a tensão antagônica. Agora considere (c). Como a corrente está diminuindo, a lei de Lenz mostra que a polaridade da tensão induzida inverte, ou seja, o campo em colapso gera uma tensão que tenta manter a continuidade da corrente. Novamente, quanto mais rápido a corrente variar, maior será a tensão.

(a) Corrente invariável: a tensão induzida é zero.

(b) Aumento da corrente: a tensão induzida se opõe ao acúmulo de corrente.

(c) Diminuição da corrente: a tensão induzida se opõe ao declínio da corrente.

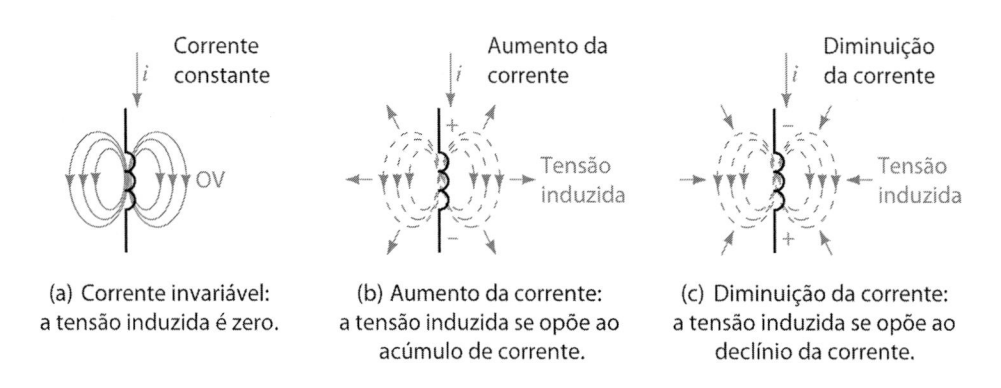

Figura 13-3 Tensão auto induzida devido à corrente da bobina. A tensão induzida opõe-se à variação da corrente. Observe com atenção as polaridades em (b) e (c).

Força Contra-eletromotriz

Como a tensão induzida na Figura 13-3 tenta se contrapor às variações na corrente, ela é chamada **força contra-eletromotriz** ou **tensão de retorno**. Observe com cuidado, entretanto, que essa tensão não se opõe à corrente, ela se opõe somente à variação na corrente. Ela também não previne a variação da corrente: apenas previne a variação brusca. O resultado é que a corrente em um indutor varia gradual e suavemente de um valor para outro, como indicado na Figura 13-4(b). O efeito da indutância é, portanto, similar ao da inércia em um sistema mecânico. Um armazenador cinético de energia (*flywheel*) usado em uma máquina, por exemplo, previne mudanças bruscas na velocidade da máquina, mas não impede que a máquina varie gradualmente de uma velocidade à outra.

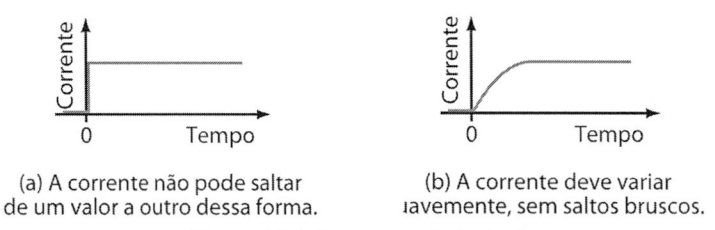

(a) A corrente não pode saltar de um valor a outro dessa forma.

(b) A corrente deve variar suavemente, sem saltos bruscos.

Figura 13-4 Corrente na indutância.

Indutores com Núcleos de Ferro e de Ar

Como descobriu Faraday, a tensão induzida em uma bobina depende dos acoplamentos de fluxo, e estes dependem dos materiais do núcleo. Bobinas com núcleos ferromagnéticos (chamadas **bobinas com núcleo de ferro**) têm seu fluxo quase totalmente confinado em seus núcleos, enquanto as bobinas enroladas em materiais não ferromagnéticos não o têm. (Estas são às vezes chamadas **bobinas com núcleo de ar** porque todos os materiais não magnéticos do núcleo apresentam a mesma permeabilidade que o ar, e, portanto, comportam-se da mesma maneira que ele.)

Primeiro, considere o caso do núcleo de ferro, Figura 13-5. Em teoria, todas as linhas de fluxo estão confinadas no núcleo e, dessa forma, passam por todas (acoplam) as espiras do enrolamento. O produto do fluxo vezes o número de espiras pelo qual ele passa é definido como **acoplamento do fluxo** da bobina. Para a Figura 13-5, φ linhas passam através de N espiras, gerando um acoplamento de fluxo de $N\varphi$. De acordo com a lei de Faraday, a tensão induzida é proporcional à taxa de variação de $N\varphi$. No sistema SI, a constante de proporcionalidade é um, e a lei de Faraday para este caso pode ser postulada como

$$e = N \times \text{a taxa de variação de } \varphi \tag{13-1}$$

Na notação de cálculo,

$$e = N\frac{d\phi}{dt} \quad \text{(volts, V)} \quad \text{(13-2)}$$

onde φ é representado em webers, *t* em segundos e *e* em volts. Dessa forma, se o fluxo varia a uma velocidade de 1 Wb/s em uma 1 espira da bobina, a tensão induzida é 1 volt.

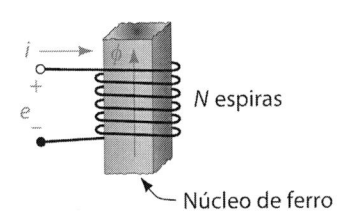

Figura 13-5 Quando o fluxo φ passa por todas as *N* espiras, o fluxo que acopla a bobina é *N*φ.

NOTAS...

A Equação 13-2 é mostrada às vezes com um sinal negativo. No entanto, este sinal é desnecessário. Na teoria de circuitos, usamos a Equação 13-2 para determinar a magnitude da tensão induzida e a lei de Lenz para determinar a polaridade.

Exemplo 13-1

Se o fluxo através de uma bobina com 200 espiras varia uniformemente de 1 Wb para 4 Wb em um segundo, qual é a tensão induzida?

Solução: O fluxo varia 3 Wb em um segundo. Então, a velocidade da variação é

$e = N \times$ a taxa de variação de φ

$= (200 \text{ espiras})(3 \text{ Wb/s}) = 600 \text{ volts}$

Agora considere um indutor com núcleo de ar (Figura 13-6). Como nem todas as linhas de fluxo passam por todos os enrolamentos, é difícil determinar os acoplamentos do fluxo como fizemos anteriormente. No entanto (como não há a presença de material ferromagnético), o fluxo é diretamente proporcional à corrente. Neste caso, como a tensão induzida é proporcional à taxa de variação do fluxo, e como o fluxo é proporcional à corrente, a tensão induzida será proporcional à taxa de variação da corrente. Sendo *L* a constante de proporcionalidade, temos

$$e = L \times \text{a taxa de variação da corrente} \quad \text{(13-3)}$$

Na notação de cálculo, isso pode ser escrito na forma

$$e = L\frac{di}{dt} \quad \text{(volts, V)} \quad \text{(13-4)}$$

L é chamada **auto indutância** da bobina, e sua unidade é o henry no sistema SI. (Isso será discutido em mais detalhes na Seção 13.3.)

Agora temos duas equações para a tensão na bobina. A Equação 13-4 é a forma mais útil para este capítulo, enquanto a Equação 13-2 é a mais útil para os circuitos do Capítulo 24 (no volume 2). Na próxima seção, examinaremos a Equação 13-4.

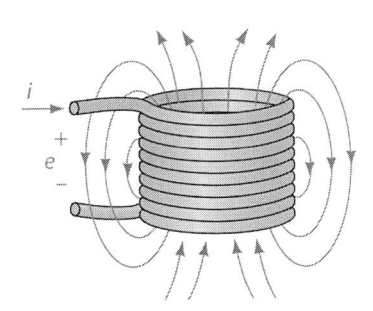

Figura 13-6 O fluxo que acopla a bobina é proporcional à corrente. O acoplamento do fluxo é *LI*.

VERIFICAÇÃO DO PROCESSO DE APRENDIZAGEM 1

(As respostas encontram-se no final do capítulo.)

1. Quais gráficos da corrente mostrados na Figura 13-7 não podem ser a corrente em um indutor? Por quê?

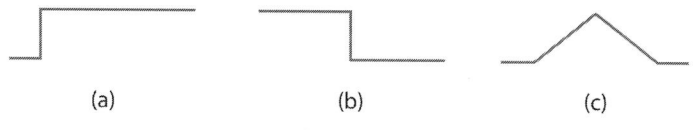

(a)   (b)   (c)

Figura 13-7

2. Calcule o acoplamento do fluxo para a bobina da Figura 13-5, dados φ 500 mWb e $N = 1.200$ espiras.
3. Se o fluxo φ da Questão 2 variar regularmente de 500 mWb para 525 mWb em 1 s, qual será a tensão induzida na bobina?
4. Se o fluxo φ da Questão 2 variar regularmente de 500 mWb para 475 mWb em 100 ms, qual será a tensão induzida?
5. Se o fluxo para a bobina de 200 espiras da Figura 13-5 é dado por $\varphi = 25\, t\, e^{-t}$ mWb, qual será a equação para a tensão induzida?

13.3 Auto indutância

Na seção anterior, mostramos que a tensão induzida em uma bobina é $e = L\,di/dt$, onde L é a auto indutância da bobina (em geral, chamada simplesmente de indutância), e di/dt é a taxa da variação da corrente nela. No sistema SI, L é medida em henry. A partir do que vimos na Equação 13-4, L é a razão entre a tensão induzida em uma bobina e a taxa de variação da corrente que gera essa tensão. Disso, obtém-se a definição do henry. Por definição, *a indutância de uma bobina será igual a um henry se a tensão gerada pela corrente variante for igual a um volt quando a corrente variar a uma taxa de um ampere por segundo.*

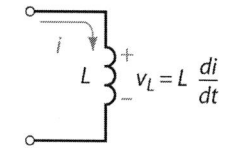

Figura 13-8 Convenção de referência para a tensão-corrente. Como de costume, o sinal positivo para a tensão fica na cauda da seta da corrente.

Na prática, a tensão em uma indutância é designada por v_L em vez de e (Figura 13-8). Assim,

$$v_L = L\frac{di}{dt} \quad (V) \tag{13-5}$$

Exemplo 13-2

Se a corrente em uma indutância de 5-mH variar a uma taxa de 1.000 A/s, qual será a tensão induzida?

Solução: $v_L = L \times$ taxa de variação da corrente
$= (5 \times 10^{-3}\,H)(1.000\,A/s) = 5$ volts

PROBLEMAS PRÁTICOS 1

1. A tensão em uma indutância é de 250 V quando a corrente varia a uma taxa de 10 mA/μs. Qual é o valor de L?
2. Se a tensão em uma indutância de 2 mH é de 50 V, qual é a taxa de variação da corrente?

Respostas
1. 25 mH; **2.** 25×10^3 A/s

Fórmulas da Indutância

A indutância para algumas formas simples pode ser determinada usando-se os princípios do Capítulo 12. Por exemplo, a indutância aproximada da bobina da Figura 13-9 pode ser mostrada como

$$L = \frac{\mu N^2 A}{\ell} \quad (H) \tag{13-6}$$

onde ℓ está em metros, A está em metros quadrados, N é o número de espiras e μ é a permeabilidade do núcleo. (Mais detalhes sobre isso podem ser encontrados em livros de física.)

$$L = \frac{\mu N^2 A}{\ell} \text{ H}$$

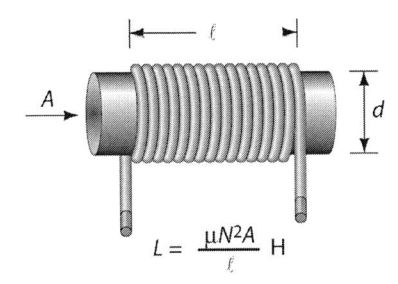

Figura 13-9 Fórmula aproximada da indutância para uma única camada de bobina.

Exemplo 13-3

Uma bobina com núcleo de ar de 0,15 m de comprimento tem o raio de 0,006 m e 120 espiras. Calcule a sua indutância.

Solução:

$$A = \pi r^2 = 1{,}131 \times 10^{-4} \text{ m}^2$$
$$\mu = \mu_0 = 4\pi \times 10^{-7}$$

Assim,

$$L = 4\pi \times 10^{-7} (120)^2 (1{,}131 \times 10^{-4})/0{,}15 = 13{,}6 \text{ μH}$$

A precisão da Equação 13-6 perde a validade para razões pequenas de ℓ/d. (Se ℓ/d for maior do que 10, o erro será menor do que 4%.) Fórmulas mais elaboradas podem ser encontradas em compêndios de projetos, como o *Radio's Amateur's Handbook*, publicado pela American Radio Relay League (ARRL).

Para obter uma indutância maior em espaços menores, às vezes se usam os núcleos de ferro. A permeabilidade varia e a indutância não é constante, a menos que o fluxo no núcleo seja mantido abaixo da saturação. Para alcançar uma indutância relativamente constante, pode-se usar um entreferro (Figura 13-10). Se o entreferro for grande o suficiente para ser dominante, a indutância da bobina será aproximadamente

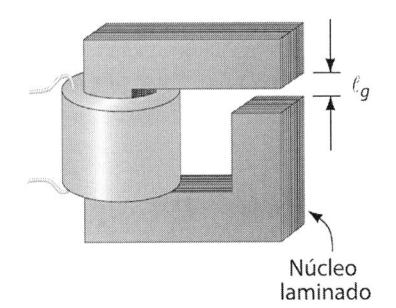

Figura 13-10 Bobina com núcleo de ferro. O entreferro previne o núcleo de ficar saturado.

$$L \approx \frac{\mu_0 N^2 A_g}{\ell_g} \quad \text{(H)} \quad (13\text{-}7)$$

onde μ_0 é a permeabilidade do ar, A_g é a área do entreferro, e ℓ_g é o comprimento da bobina. (Ver o Problema 11 do final do capítulo.) Uma outra maneira de elevar a indutância é usar o núcleo de ferrite (Seção 13.6).

Exemplo 13-4

O indutor da Figura 13-10 tem 1.000 espiras, o entreferro de 5 mm, e a área da seção transversal no entreferro de 5×10^{-4} m². Qual será a indutância dele?

Solução:

$$L \approx (4\pi \times 10^{-7})(1.000)^2 (5 \times 10^{-4})/(5 \times 10^{-3}) = 0{,}126 \text{ H}$$

NOTAS ...

Como a indutância é provocada pelo campo magnético de um condutor, ela depende dos mesmos fatores dos quais o campo magnético depende. Quanto mais intenso for um dado circuito, maior será a indutância. Portanto, uma bobina com muitas espiras terá mais indutância do que uma com poucas (L é proporcional a N^2), e a bobina enrolada em um núcleo magnético terá maior indutância do que a enrolada em uma forma não magnética.

Contudo, se uma bobina estiver enrolada em um núcleo magnético, a permeabilidade μ poderá variar de acordo com a densidade de fluxo. Como a densidade de fluxo depende da corrente, L passa a ser uma função da corrente. Por exemplo, o indutor da Figura 13-11 tem uma indutância não linear ocasionada pela saturação do núcleo. Partimos do princípio de que todos os indutores encontrados neste livro são lineares, ou seja, apresentam valores constantes.

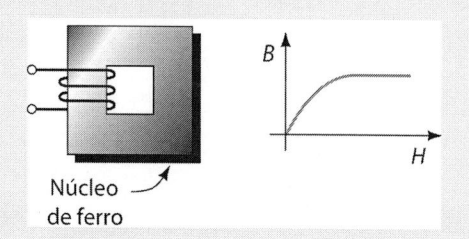

Figura 13-11 Esta bobina não apresenta uma indutância fixa porque seu fluxo não é proporcional à corrente.

VERIFICAÇÃO DO PROCESSO DE APRENDIZAGEM 2

(As respostas encontram-se no final do capítulo.)

A tensão em uma indutância cuja corrente varia 10 mA uniformemente em 4 μs é de 70 volts. Qual é o valor da indutância?

Se triplicarmos o número de espiras no indutor da Figura 13-10 e mantivermos o resto da mesma forma, em quantas vezes a indutância aumentará?

13.4 Cálculo da Tensão Induzida

Anteriormente, determinamos que a tensão em uma indutância é dada por $v_L = L\,di/dt$, e as referências para a tensão e a corrente estão mostradas na Figura 13-8. Observe que a polaridade de v_L depende do aumento ou diminuição da corrente. Por exemplo, se a corrente estiver aumentando, di/dt será positiva, assim como v_L; se a corrente estiver diminuindo, di/dt será negativa, assim como v_L.

Para calcular a tensão, é necessário determinar di/dt. Em geral, isso exige cálculo. Mas, como di/dt é uma inclinação, pode-se determinar a tensão sem o uso de cálculo para correntes que podem ser descritas por linhas retas, como na Figura 13-12. Para qualquer segmento Δt, a inclinação = $\Delta i/\Delta t$, onde Δi representa o quanto a corrente varia durante um intervalo de tempo de Δt.

Exemplo 13-5

A Figura 13-12 mostra a corrente em uma indutância de 10 mH. Determine a tensão v_L e a desenhe.

Solução: Divida o problema em intervalos nos quais a inclinação é constante, determine a inclinação para cada segmento, e calcule a tensão usando $v_L = L \times$ a inclinação para aquele intervalo:

0 a 1 ms: Inclinação = 0. Assim, $v_L = 0$ V.

1ms a 2 ms: Inclinação = $\Delta i/\Delta t$ = 4 A $(1 \times 10^{-3}$ s$) = 4 \times 10^3$ A/s.

Assim, $v_L = L\Delta i/\Delta t = (0{,}010$ H$)(4 \times 10^3$ A/s$) = 40$ V.

2 ms a 4 ms: Inclinação = $\Delta i/\Delta t = -8$ A$/(2 \times 10^{-3}$ s$) = -4 \times 10^3$ A/s.

Assim, $v_L = L\Delta i/\Delta t = (0{,}010$ H$)(-4 \times 10^3$ A/s$) = -40$ V.

4 ms a 5 ms: Inclinação = 0. Assim, $v_L = 0$ V.

5 ms a 6 ms: A mesma inclinação do intervalo de 1 ms a 2 ms. Assim, $v_L = 40$ V.

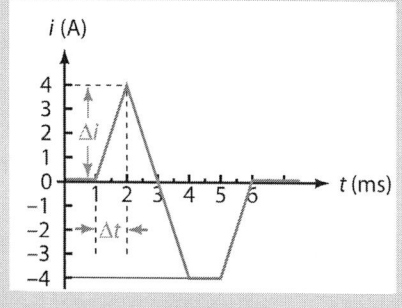

Figura 13-12

(continua)

Exemplo 13-5 (continuação)

A Figura 13-13 mostra a forma de onda da tensão.

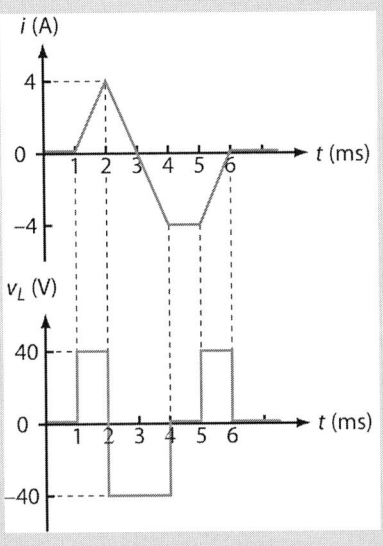

Figura 13-13

Para correntes que não são funções lineares do tempo, é preciso usar cálculo, como ilustra o exemplo a seguir.

Exemplo 13-6

Qual é a equação para a tensão em uma indutância de 12,5 H cuja corrente é $i = te^{-t}$ amperes?

Solução: Diferencie em partes, usando

$$\frac{d(uv)}{dt} = u\frac{dv}{dt} + v\frac{du}{dt} \quad \text{com } u = t \text{ e } v = e^{-t}$$

Assim,

$$v_L = L\frac{di}{dt} = L\frac{d}{dt}(te^{-t}) = L[t(te^{-t}) + e^{-t}] = 12,5\, e^{-t}(1-t) \text{ volts}$$

PROBLEMAS PRÁTICOS 2

1. A Figura 13-14 mostra a corrente através de uma indutância de 5 H. Determine a tensão v_L e represente-a graficamente.
2. Se a corrente da Figura 13-12 for aplicada a uma indutância desconhecida, e a tensão de 1 ms para 2 ms for de 28 volts, qual será o valor de L?
3. ∫ A corrente em uma indutância de 4 H é $i = t^2e^{-5t}$ A. Qual é o valor de v_L?

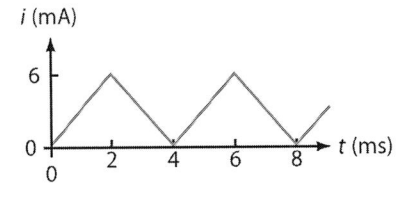

Figura 13-14

Respostas

1. v_L é uma onda quadrada. Entre 0 e 2 ms, seu valor é de 15 V; entre 2 ms e 4 ms, o valor é de −15 V etc.
2. 7 mH;   **3.** $4e^{-5t}(2t - 5t^2)$ V

VERIFICAÇÃO DO PROCESSO DE APRENDIZAGEM 3

(As respostas encontram-se no final do capítulo.)

1. Uma indutância L_1 de 50 mH está em série com uma indutância L_2 de 35 mH. Se a tensão em L_1 em algum momento é de 125 volts, qual é a tensão em L_2 nesse mesmo instante? Observação: Como a mesma corrente passa pelos dois indutores, a taxa de variação da corrente é a mesma para ambos.

2. A corrente através de uma indutância de 5 H varia linearmente de 10 A para 12 A em 0,5 s. Agora, suponha que a corrente varie linearmente de 2 mA para 6 mA em 1 ms. Embora as correntes sejam significativamente diferentes, a tensão induzida é a mesma em ambos os casos. Por quê? Calcule a tensão.

3. Se a corrente para uma bobina de 5 H é dada por $i = 4\,t^3\,e^{-2t} + 4$ A, qual é a equação para a tensão v_L?

4. Sendo $i = 50\,\text{sen}\,1.000\,t$ mA, repita a Questão 3.

13.5 Indutâncias em Série e em Paralelo

Para as indutâncias em série ou em paralelo, encontramos a indutância equivalente usando as mesmas regras utilizadas para a resistência. Para o caso da indutância em série (Figura 13-15), a indutância total é a soma das indutâncias individuais:

$$L_T = L_1 + L_2 + L_3 + \ldots + L_N \quad (13\text{-}8)$$

Figura 13-15 $L_T = L_1 + L_2 + L_3 + \ldots + L_N$.

Para o caso da indutância em paralelo (Figura 13-16),

$$\frac{1}{L_T} = \frac{1}{L_1} + \frac{1}{L_2} + \frac{1}{L_3} + \ldots + \frac{1}{L_N} \quad (13\text{-}9)$$

Para duas indutâncias, a Equação 13-9 se reduz a

$$L_T = \frac{L_1 L_2}{L_1 + L_2} \quad (13\text{-}10)$$

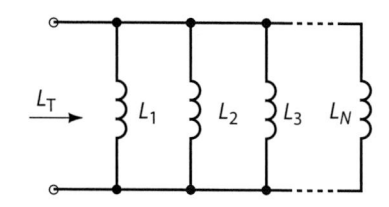

Figura 13-16 $\frac{1}{L_T} = \frac{1}{L_1} + \frac{1}{L_2} + \frac{1}{L_3} + \ldots + \frac{1}{L_N}$

Exemplo 13-7

Determine L_T para o circuito da Figura 13-17.

Solução: A combinação paralela de L_2 e L_3 é

$$L_{eq} = \frac{L_2 L_3}{L_2 + L_3} = \frac{6 \times 2}{6 + 2} = 1{,}5\ \text{H}$$

A combinação está em série com L_1 e L_4. Logo, $L_T = 2{,}5 + 1{,}5 + 11 = 15$ H.

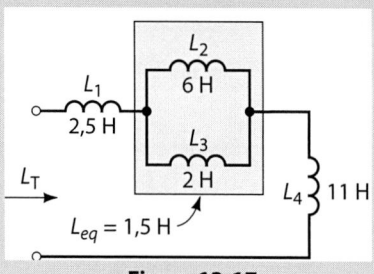

Figura 13-17

Dica para o uso da calculadora: com a tecla da calculadora referente à função inversa, é possível determinar o equivalente paralelo das indutâncias utilizando o mesmo procedimento do usado para a resistência paralela. Por exemplo, com a TI-86, a tela mostraria o seguinte resultado:

```
6⁻¹+2⁻¹
              .67
Ans⁻¹
             1.50
```

PROBLEMAS PRÁTICOS 3

1. Na Figura 13-18, $L_T = 2,25$ H. Determine L_x.

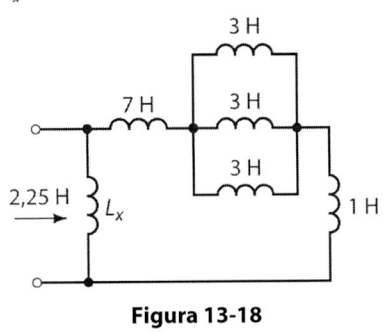

Figura 13-18

2. Na Figura 13-15, a corrente é igual em cada indutância, e $v_1 = L_1 di/dt$, $v_2 = L_2 di/dt$, e assim por diante. Aplique a KVL e mostre que $L_T = L_1 + L_2 + L_3 + ... + L_N$.

Resposta
1. 3 H

13.6 Considerações Práticas

Tipos de Núcleo

O tipo de núcleo usado em um indutor depende em grande parte da intenção de uso e da faixa de frequência. (Embora você ainda não tenha estudado a frequência, é possível ter uma noção sobre ela ao observar que o sistema de potência elétrica opera em baixa frequência [60 ciclos por segundo, ou 60 hertz], enquanto o rádio e a televisão operam em alta frequência [centenas de megahertz]). Indutores usados em aplicações de áudio ou de fontes de alimentação normalmente têm núcleos de ferro (porque precisam de valores altos para a indutância), enquanto os indutores para circuitos na frequência de rádio usam em geral os núcleos de ar ou de ferrite. (O ferrite é uma mistura de óxido de ferro e um aglutinante de cerâmica. Possui características que o tornam adequado para operações de alta frequência.) O ferro não pode ser usado, porque em alta frequência perde grande quantidade de potência (por razões que serão discutidas no Capítulo 17, neste volume).

Indutores Variáveis

Os indutores podem ser feitos de modo que a indutância deles seja variável. Em um método, varia-se a indutância mudando o espaço da bobina com uma chave de fenda. Em outro (Figura 13-19), um pedaço de ferrite em forma de rosca é aparafusado em uma bobina ou desparafusado para variar sua indutância. (Como o ferrite contém material ferromagnético, ele aumenta o fluxo no núcleo e, portanto, a indutância.)

Figura 13-19 Um indutor variável com o núcleo de ferrite removido para visualização.

Símbolos Usados para os Circuitos

A Figura 13-20 mostra os símbolos para os indutores. Os núcleos de ferro são identificados pelas duas linhas inteiras, enquanto as linhas tracejadas denotam um núcleo de ferrite. Os indutores com núcleo de ar não apresentam símbolo para o núcleo. Uma seta designa um indutor variável.

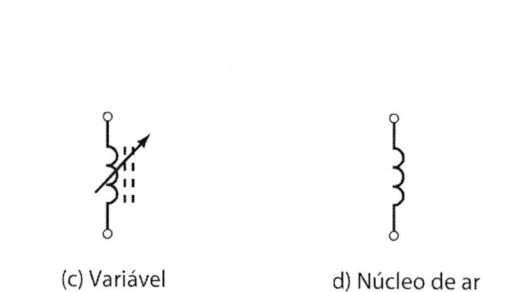

(a) Núcleo de ferro   b) Núcleo de ferrite

(c) Variável   d) Núcleo de ar

Figura 13-20 Símbolos dos circuitos para os indutores.

Resistência da Bobina

Idealmente, os indutores têm apenas a indutância. Todavia, como eles são feitos de condutores imperfeitos (por exemplo, fio de cobre), também apresentam a resistência. (Podemos visualizar essa resistência como estando em série com a indutância da bobina, conforme indicado na Figura 13-21(a). A Figura também mostra a capacitância parasita, que será abordada a seguir.) Embora a resistência da bobina geralmente seja pequena, ela nem sempre pode ser ignorada –, portanto, em algumas ocasiões, deve ser incluída na análise de um circuito. Na Seção 13.7, mostramos como a resistência é levada em conta na análise DC; em capítulos futuros, você aprenderá a considerá-la em análises AC.

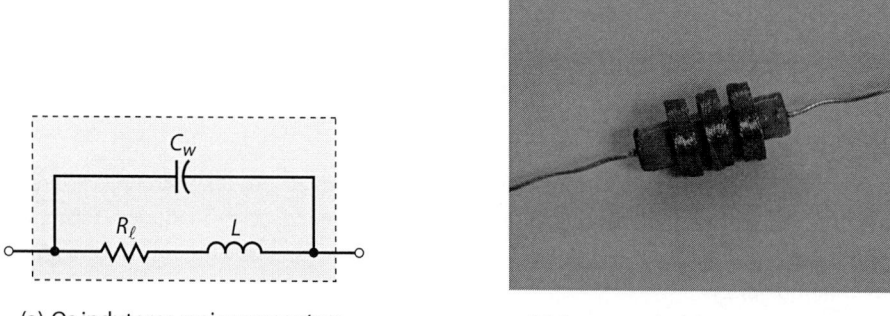

(a) Os indutores reais apresentam capacitância parasita e resistência no enrolamento.

(b) Separar a bobina em seções ajuda a reduzir a capacitância parasita.

Figura 13-21 Um *choke* de núcleo de ferrite.

Capacitância Parasita

Como as espiras de um indutor são separadas umas das outras por isolantes, há uma pequena quantidade de capacitância de enrolamento para enrolamento. Esta é chamada **capacitância parasita**. Embora ela seja distribuída de espira para espira, seu efeito pode ser aproximado concentrando-se todas as capacitâncias, como na Figura 13-21(a). O efeito da capacitância parasita depende da frequência. Em baixa frequência, ela pode ser desprezada; em altas frequências, talvez tenha de ser levada em conta, como você verá em cursos futuros. Algumas bobinas são enroladas em seções múltiplas [ver a Figura 13-21(b)], para reduzir a capacitância parasita.

Indutância Parasita

Como a indutância é totalmente ocasionada pelos efeitos magnéticos da corrente elétrica, todos os condutores de corrente têm indutância. Isso significa que todos os condutores nos componentes de circuito, como resistores, capacitores, transistores etc., têm indutância, assim como os trilhos nas placas de circuito impresso e os fios nos cabos. Chamamos essa indutância de **indutância parasita**. Felizmente, em muitos casos, a indutância parasita é tão pequena que pode ser desprezada (ver as Notas Práticas).

13.7 Indutância e Estado Estacionário DC

Agora examinaremos circuitos indutivos com corrente constante DC. Considere a Figura 13-22. A tensão em uma indutância ideal com a corrente constante DC é zero porque a taxa de variação da corrente é zero. Isso está indicado em (a). Como o indutor possui corrente através dele, mas nenhuma tensão, ele se comporta como um curto-circuito, (b). Em geral, isso é verdade, ou seja, *um indutor ideal se comporta como um curto-circuito em estado estacionário DC*. (Esse fato não deve surpreender, já que é apenas um pedaço de fio para DC.) Para um indutor não ideal, seu equivalente DC é a sua resistência da bobina (Figura 13-23). Para o estado estacionário DC, podem-se resolver problemas usando técnicas simples de análise DC.

NOTAS PRÁTICAS...

Embora a indutância parasita seja pequena, ela nem sempre é desprezível. Em geral, a indutância parasita não será problema para fios curtos em frequências de baixa a moderada. No entanto, até um pedaço pequeno de fio pode ser um problema em frequências elevadas, ou um pedaço grande de fio em frequências baixas. Por exemplo, a indutância de um condutor com poucos centímetros em um sistema lógico de alta velocidade pode ser não desprezível, já que a corrente através dele varia em uma alta velocidade.

(a) Como o campo é constante, a tensão induzida é zero.

(b) O equivalente de um induto em DC é um curto-circuito.

Figura 13-22 A indutância comporta-se como um curto-circuito no estado estacionário DC.

(a) Bobina (b) Equivalente DC

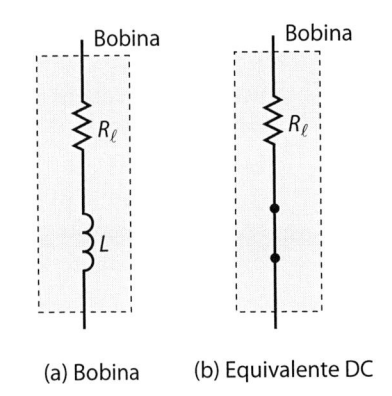

Figura 13-23 Equivalente DC no estado estacionário de uma bobina com resistência nos enrolamentos.

Exemplo 13-8

Na Figura 13-24(a), a resistência da bobina é de 14,4 Ω. Qual é a corrente, I, no estado estacionário?

(a)
$R_\ell = 14,4\ \Omega$

(b) Bobina substituída pelo seu equivalente DC

Figura 13-24

(continua)

Exemplo 13-8 (continuação)

Solução: Reduza o circuito como em (b).

$$E_{Th} = (9/15)(120) = 72 \text{ V}$$
$$R_{Th} = 6 \, \Omega \| 9 \, \Omega = 3{,}6 \, \Omega$$

Agora substitua a bobina pelo seu circuito equivalente DC, como em (b). Assim,

$$I = E_{Th}/R_T = 72/(3{,}6 + 14{,}4) = 4 \text{ A}$$

Exemplo 13-9

A resistência da bobina 1 na Figura 13-25(a) é de 30 Ω e a da bobina 2 é de 15 Ω. Admitindo o estado estacionário DC, encontre a tensão no capacitor.

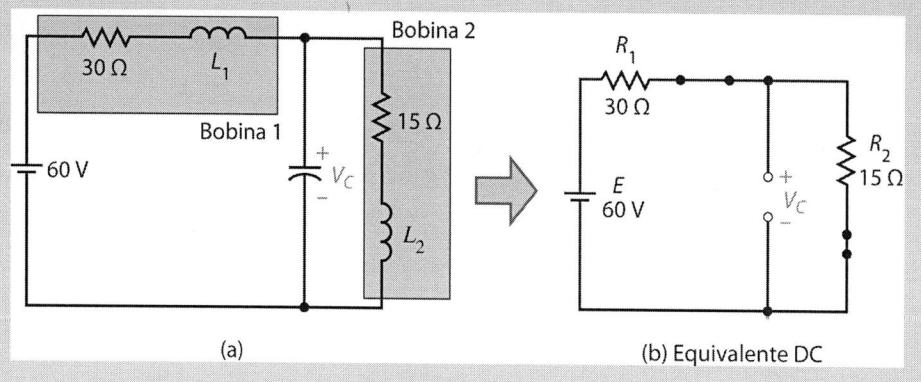

Figura 13-25

Solução: Substitua cada indutância da bobina por um curto-circuito, e o capacitor por um circuito aberto. Como se pode ver a partir de (b), a tensão em C é igual à tensão em R_2. Logo,

$$V_C = \frac{R_2}{R_1 + R_2} E = \left(\frac{15 \, \Omega}{45 \, \Omega} \right) (60 \text{ V}) = 20 \text{ V}$$

PROBLEMAS PRÁTICOS 4

Para a Figura 13-26, determine I, V_{C1} e V_{C2} no estado estacionário DC.

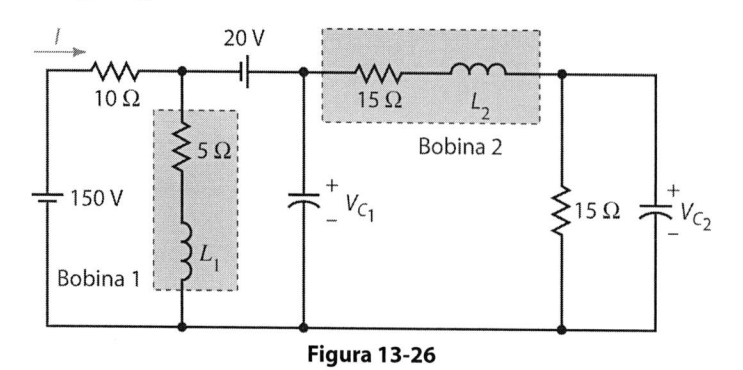

Figura 13-26

Respostas
10,7 A; 63 V; 31,5 V

13.8 Energia Armazenada pela Indutância

Quando a potência flui em um indutor, a energia é armazenada em seu campo magnético. Quando o campo entra em colapso, essa energia retorna para o circuito. Para um indutor ideal, $R\ell = 0$ ohm, não havendo potência dissipada; logo, um indutor ideal tem uma perda de potência nula.

Para determinar a energia armazenada por um indutor ideal, considere a Figura 13-27. A potência do indutor é dada por $p = v_L i$ watts, onde $v_L = L\, di/dt$. Somando essa potência (veja o próximo **∫**), acha-se a energia da seguinte maneira:

$$W = \frac{1}{2} Li^2 \text{ (J)} \tag{13-11}$$

onde i é o valor instantâneo da corrente. Quando a corrente alcança seu valor de estado estacionário, I, $W = 1/2\, LI^2$ J. Essa energia permanece armazenada no campo, desde que a corrente continue. Quando a corrente atinge zero, o campo se desfaz, e a energia retorna ao circuito.

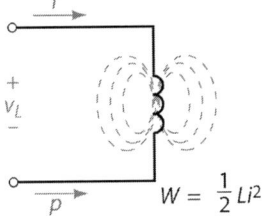

Figura 13-27 A energia é armazenada no campo magnético de um indutor.

Exemplo 13-10

A bobina da Figura 13-28(a) tem uma resistência de 15 Ω. Quando a corrente alcança seu valor de estado estacionário, a energia armazenada é de 12 J. Qual é a indutância da bobina?

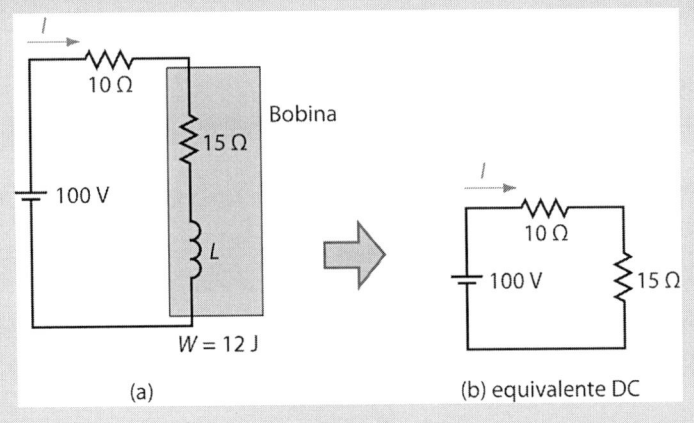

Figura 13-28

Solução: A partir de (b),

$$I = 100\text{V}/25\,\Omega = 4 \text{ A}$$

$$W = \frac{1}{2} LI^2 \text{ (J)}$$

$$12 \text{ J} = \frac{1}{2} L\,(4 \text{ A})^2$$

Logo, $\quad L = 2(12)/4^2 = 1{,}5$

Dedução da Equação 13-11

A potência do indutor na Figura 13-27 é dada por $p = v_L i$, onde $v_L = L di/dt$. Logo, $p = Li di/dt$. Então, $p = dW/dt$. A integral gera

$$W = \int_0^t p\,dt = \int_0^t Li\frac{di}{dt}dt = L\int_0^t i\,di = \frac{1}{2}Li^2$$

13.9 Dicas para Identificar Defeitos no Indutor

Os indutores podem apresentar defeitos quando abrem ou quando curto-circuitam. As falhas são ocasionadas por uso indevido, defeitos de fabricação ou instalação defeituosa.

Bobina aberta

Os abertos podem ser o resultado de juntas de solda deficientes ou ligações interrompidas. Primeiro, analise a olho nu. Caso não encontre nada de errado, desconecte o indutor e verifique-o com um ohmímetro. Uma bobina com circuito aberto tem a resistência infinita.

Curtos

Os curtos podem ocorrer entre as espiras ou entre a bobina e seu núcleo (para uma unidade de núcleo de ferro). Um curto pode resultar em corrente excessiva e em superaquecimento. Novamente, verifique a olho nu. Procure por isolantes queimados, componentes descoloridos, odor forte e outro sinal de superaquecimento. Pode-se usar o ohmímetro para verificar curtos entre os enrolamentos e o núcleo. No entanto, é de pouca valia verificar a resistência da bobina para as espiras curto-circuitadas, principalmente se apenas algumas delas estiverem curto-circuitadas, porque o curto-circuito de alguns enrolamentos pode não alterar a resistência total o suficiente para se medir. Às vezes, o único teste conclusivo é substituir um indutor suspeito por outro bom.

PROBLEMAS

Salvo indicação em contrário, suponha indutores e bobinas ideais.

13.2 Tensão Induzida e Indução

1. Se o fluxo que acopla uma bobina com 75 espiras (Figura 13-29) varia a uma velocidade de 3 Wb/s, qual será a tensão na bobina?

2. Se 80 volts são induzidos quando o fluxo que acopla uma bobina varia uniformemente de 3,5 mWb para 4,5 mWb em 0,5 ms, quantas espiras a bobina tem?

3. O fluxo que varia em uma taxa uniforme durante 1 ms induz 60 V em uma bobina. Qual será a tensão induzida se a mesma variação de fluxo acontecer em 0,01 s?

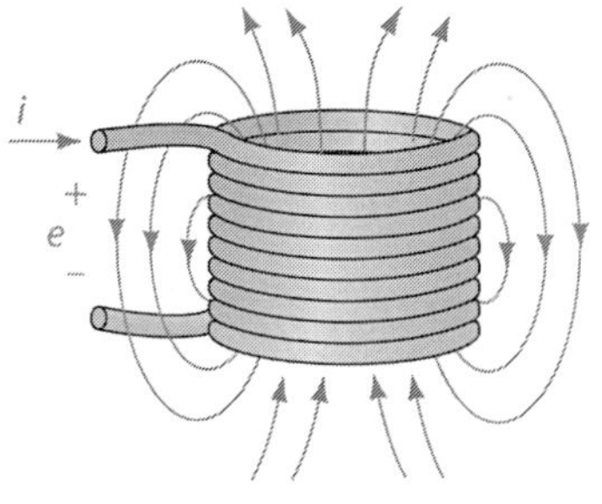

Figura 13-29

13.3 Auto indutância

4. A corrente em um indutor de 0,4 H (Figura 13-30) está variando a uma taxa de 200 A/s. Qual é a tensão nele?

5. A corrente em um indutor de 75 mH (Figura 13-30) varia 200 µA uniformemente em 0,1 ms. Qual é a tensão nele?

6. A tensão em uma indutância é de 25 volts quando a corrente varia a 5 A/s. Qual é o valor de L?

7. A tensão induzida quando uma corrente varia uniformemente de 3 amperes para 5 amperes em um indutor de 10 H é de 180 volts. Quanto tempo levou para a corrente variar de 3 para 5 amperes?

8. A corrente que varia em uma taxa uniforme para 1 ms induz 45 V em uma bobina. Qual será a tensão induzida se a mesma variação de corrente ocorrer em 100 µs?

9. Calcule a indutância da bobina com núcleo de ar da Figura 13-31, sendo ℓ = 20 cm, N = 200 espiras e d = 2 cm.

10. O indutor com núcleo de ferro da Figura 13-32 tem 2.000 espiras, uma seção transversal de 1,5 × 1,2 polegadas e um entreferro de 0,2 polegada. Calcule sua indutância.

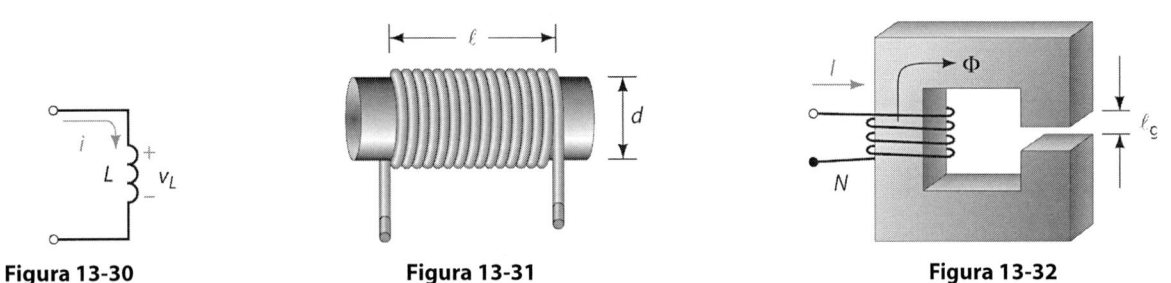

Figura 13-30 **Figura 13-31** **Figura 13-32**

11. O indutor com núcleo de ferro da Figura 13-32 tem um núcleo com alta permeabilidade. Logo, pela lei de Ampere, $NI \approx H_g \ell_g$. Como o entreferro é dominante, a saturação não ocorre, e o fluxo do núcleo é proporcional à corrente, ou seja, o acoplamento do fluxo é igual a LI. Além disso, como todo o fluxo passa pela bobina, o acoplamento do fluxo é igual a $N\Phi$. Equacionando os dois valores do acoplamento do fluxo e usando os conceitos do Capítulo 12, mostre que a indutância da bobina é

$$L = \frac{\mu_0 N^2 A_g}{\ell_g}$$

13.4 Cálculo da Tensão Induzida

12. A Figura 13-33 mostra a corrente em um indutor de 0,75 H. Determine v_L e represente graficamente sua forma de onda.

13. A Figura 13-34 mostra a corrente em uma bobina. Se a tensão de 0 a 2 ms é igual a 100 volts, qual será o valor de L?

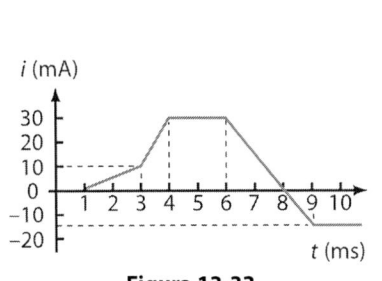

Figura 13-33 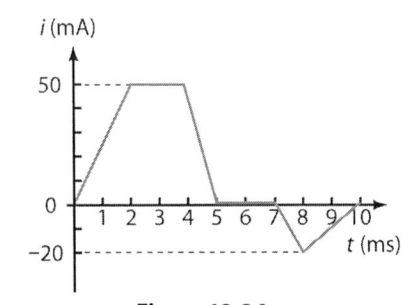 **Figura 13-34** 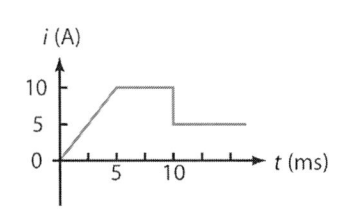 **Figura 13-35**

14. Por que a corrente no indutor na Figura 13-35 não é válida? Faça um esboço da tensão em L para mostrar o motivo. Preste especial atenção em t = 10 ms.

15. A Figura 13-36 mostra o gráfico da tensão em uma indutância. A corrente varia de 4 A para 5 A durante um intervalo de tempo de 4 s para 5 s.

   a. Qual é o valor de L?

   b. Determine a forma de onda para a corrente e represente-a graficamente.

   c. Qual é a corrente em t = 10 s?

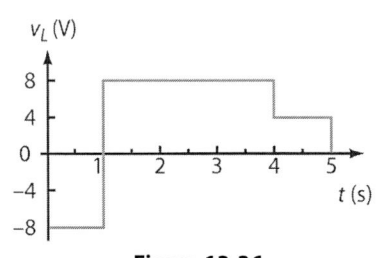

Figura 13-36

16. Se a corrente em uma indutância de 25 H é $i_L = 20e^{-12t}$, qual é o valor de v_L?

13.5 Indutâncias em Série e em Paralelo

17. Qual é a indutância equivalente de 12 mH, 14 mH, 22 mH e 36 mH ligadas em série?

18. Qual é a indutância equivalente de 0,010 H, 22 mH, 86×10^{-3} H, e 12.000 μH ligadas em série?

19. Repita o Problema 17 se as indutâncias estiverem ligadas em paralelo.

20. Repita o Problema 18 se as indutâncias estiverem ligadas em paralelo.

21. Determine L_T para os circuitos da Figura 13-37.

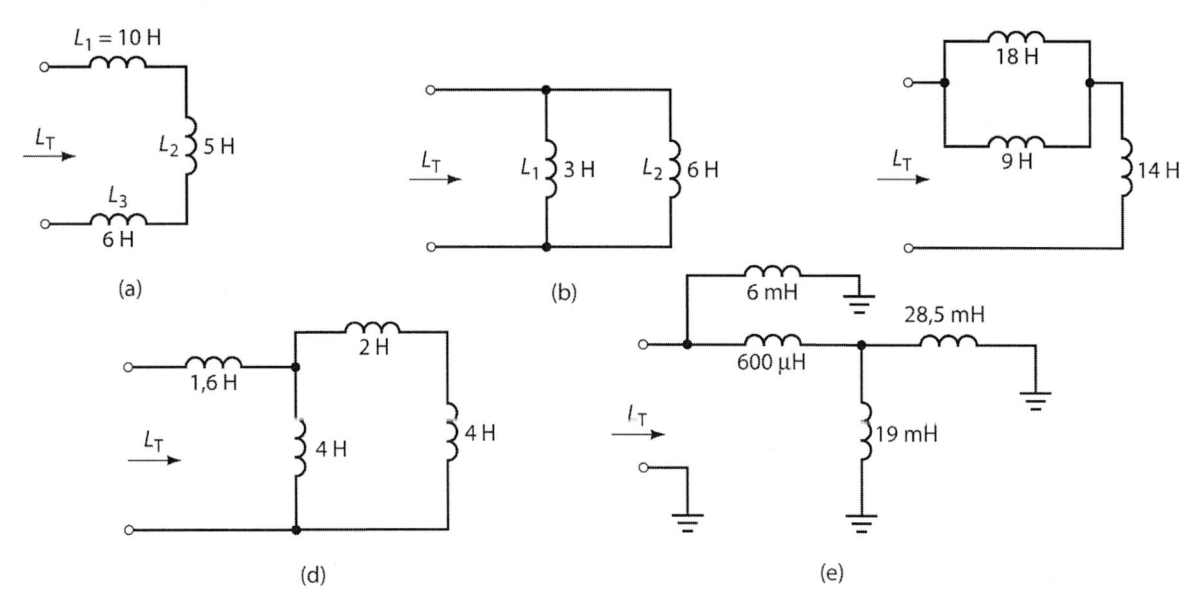

Figura 13-37

22. Determine L_T para os circuitos da Figura 13-38.

23. Uma indutância de 30 μH está ligada em série com uma de 60 μH, e uma indutância de 10 μH está ligada em paralelo com a combinação série. Qual é o valor de L_T?

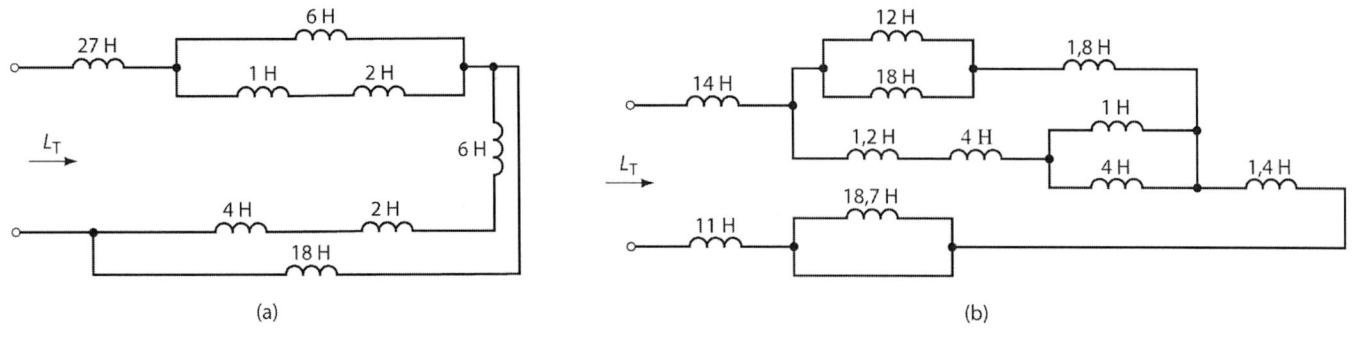

Figura 13-38

Capítulo 13 • Indutância e Indutores **433**

24. Para a Figura 13-39, determine L_x.

25. Para os circuitos da Figura 13-40, determine L_3 e L_4.

26. Você tem indutâncias de 24 mH, 36 mH, 22 mH e 10 mH. Ligando-as como preferir, qual será a maior indutância equivalente obtida? E a menor?

Figura 13-39

(a)

(b)

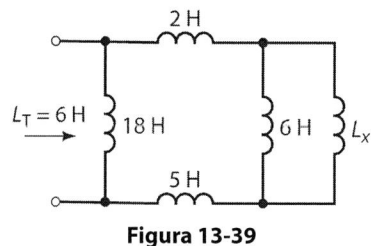

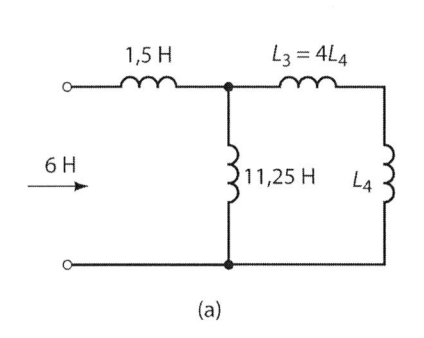

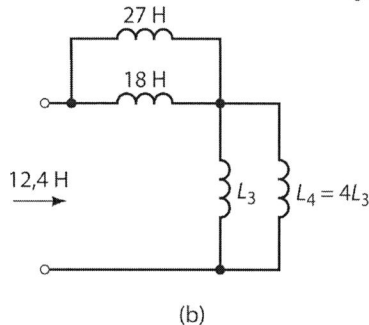

Figura 13-40

27. As indutâncias de 6 H e 4 H estão ligadas em paralelo. Após adicionar uma terceira indutância, L_T = 4 H. Qual é o valor da terceira indutância e como ela foi ligada?

28. As indutâncias de 2 H, 4 H e 9 H estão ligadas em um circuito. Sendo L_T = 3,6 H, como os indutores estão ligados?

29. As indutâncias de 8 H, 12 H e 1,2 H estão ligadas em um circuito. Sendo L_T = 6 H, como os indutores estão ligados?

30. Para os indutores em paralelo (Figura 13-41), aparece uma mesma tensão em cada um deles. Dessa forma, $v = L_1 di_1/dt$, $v = L_2 di_2/dt$ etc. Aplique a KCL e mostre que $1/L_T = 1/L_1 + 1/L_2 + ... + 1/L_N$.

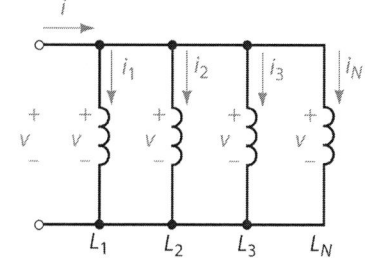

Figura 13-41

31. Combinando os elementos, reduza cada um dos circuitos da Figura 13-42 para sua forma mais simples.

(a)

(b)

(c)

(d)

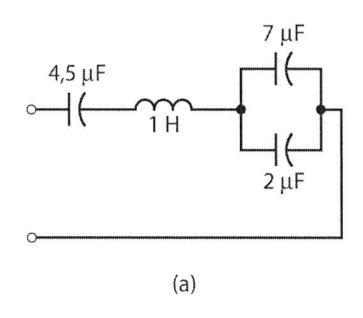

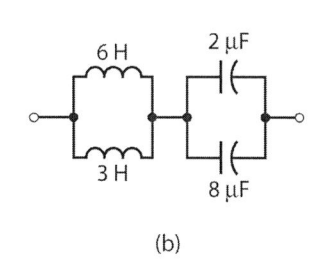

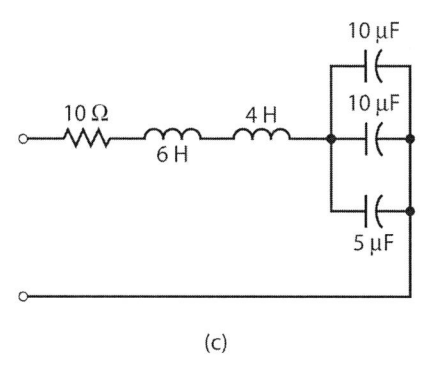

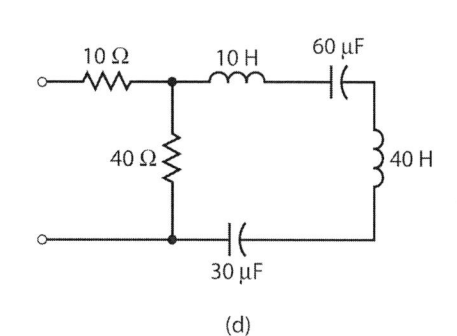

Figura 13-42

13.7 Indutância e Estado Estacionário DC

32. Para cada um dos circuitos da Figura 13-43, as tensões e as correntes alcançaram seus valores finais (estado estacionário). Calcule as grandezas indicadas.

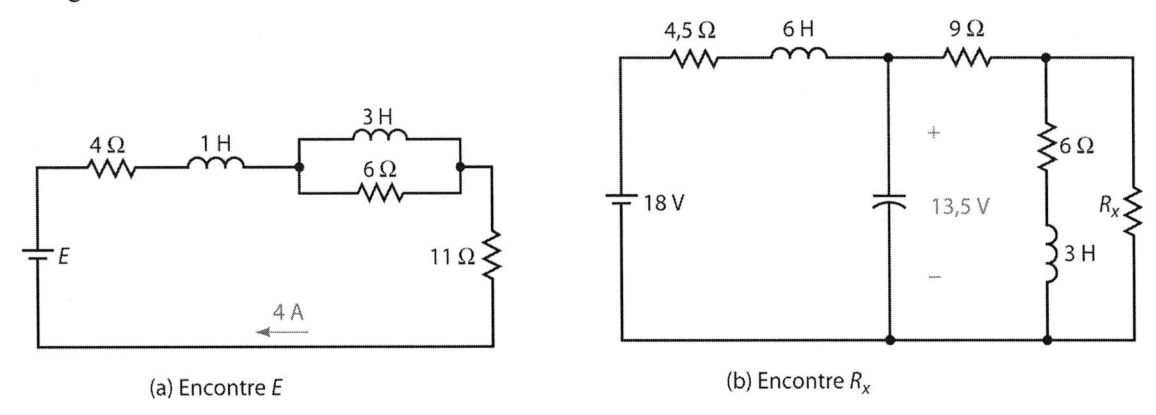

(a) Encontre E

(b) Encontre R_x

Figura 13-43

13.8 Energia Armazenada pela Indutância

33. Determine a energia armazenada no indutor da Figura 13-44.

34. Na Figura 13-45, $L_1 = 2L_2$. A energia total armazenada é $W_T = 74$ J. Determine L_1 e L_2.

13.9 Dicas para Identificar Defeitos no Indutor

35. Na Figura 13-46, um medidor de indutância mostra 7 H. Qual é o provável defeito?

36. Na Figura 13-47, um medidor de indutância mostra $L_T = 8$ mH. Qual é o provável defeito?

Figura 13-44

Figura 13-45

Figura 13-46

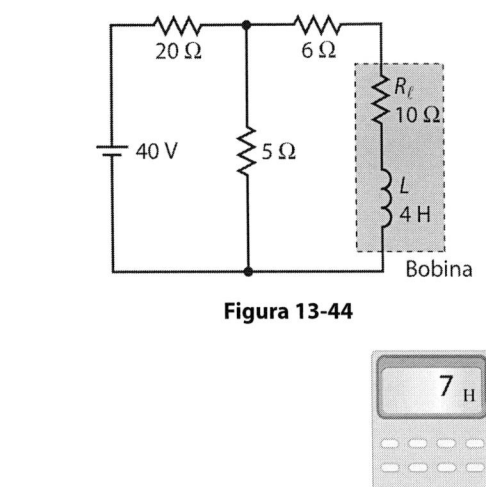

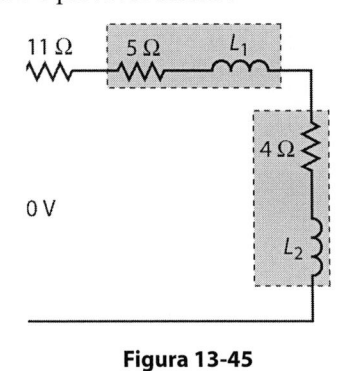

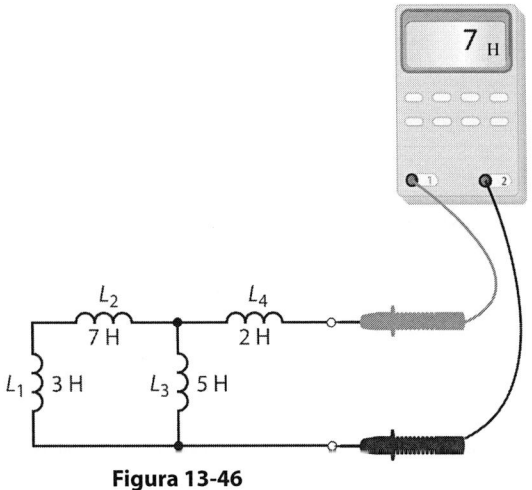

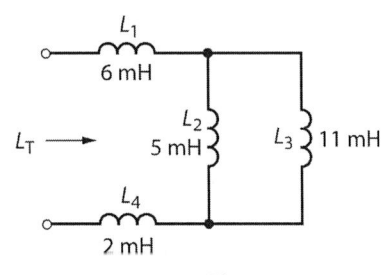

Figura 13-47

RESPOSTAS DOS PROBLEMAS PARA VERIFICAÇÃO DO PROCESSO DE APRENDIZAGEM

Verificação do Processo de Aprendizagem 1

1. Os gráficos a e b. A corrente não pode variar instantaneamente.
2. 600 Wb-espiras
3. 30 V
4. −300 V
5. $5e^{-t}(1-t)$ V

Verificação do Processo de Aprendizagem 2

1. 28 mH
2. 9 vezes

Verificação do Processo de Aprendizagem 3

1. 87,5 V
2. A taxa de variação da corrente é a mesma; 20 V
3. $20t^2 e^{-2t}(3-2t)$ V
4. $250 \cos 1.000t$

• TERMOS-CHAVE

Continuidade da Corrente; Transientes durante a Descarga; Condição Inicial do Circuito; Condição Inicial da Rede; Transientes em Circuitos *RL*

• TÓPICOS

Introdução; Transientes com Acúmulo de Correntes; Interrupção de Corrente em um Circuito Indutivo; Transientes durante a Descarga; Circuitos mais Complexos; Transientes em Circuitos *RL* Usando Computador

• OBJETIVOS

Após estudar este capítulo, você será capaz de:

- explicar por que os transientes ocorrem em circuitos *RL*;
- explicar por que um condutor com as condições iniciais nulas se comporta como um circuito aberto no instante de aplicação de carga;
- calcular as constantes de tempo para os circuitos *RL*;
- calcular a tensão e a corrente transientes em circuitos *RL* durante a fase de aumento da corrente;
- calcular a tensão e a corrente transientes em circuitos *RL* durante a fase de diminuição da corrente;
- explicar por que um indutor com condições iniciais não nulas se assemelha a uma fonte de corrente quando perturbada;
- resolver problemas razoavelmente complexos de transientes *RL* usando as técnicas de simplificação de circuitos;
- resolver problemas de transientes *RL* usando o Multisim e o PSpice.

Transientes Indutivos

14

Apresentação Prévia do Capítulo

No Capítulo 11, você aprendeu que os transientes ocorrem em circuitos capacitivos porque a tensão do capacitor não pode variar instantaneamente. Neste capítulo, veremos que os transientes ocorrem em circuitos indutivos porque a corrente não pode variar de maneira instantânea. Embora haja alguns detalhes diferentes, o leitor perceberá que muitas ideias básicas são as mesmas.

Os transientes indutivos ocorrem quando os circuitos que contêm a indutância são interrompidos. Mais do que os capacitivos, os transientes indutivos são potencialmente destrutivos e perigosos. Por exemplo, se a corrente for interrompida em um circuito indutivo, poderá haver um pico de tensão de algumas centenas de volts ou mais. Tal pico pode facilmente danificar os componentes eletrônicos sensíveis caso não sejam tomadas as devidas precauções. (Os transientes causados pelo acionamento da corrente não geram esses picos.)

Neste capítulo, estudaremos os transientes *RL* básicos. Examinaremos o transiente durante o aumento e a diminuição de corrente, e aprenderemos a calcular as tensões e correntes resultantes. Em estudos posteriores, você aprenderá como controlar os circuitos e protegê-los dos efeitos dos transientes potencialmente destrutivos.

Colocando em Perspectiva

Indutância, a Recíproca da Capacitância

A indutância é a recíproca da capacitância. Isso significa que o efeito que a indutância tem na operação do circuito é idêntico ao da capacitância se trocarmos os termos "corrente" por "tensão", "circuito aberto" por "curto-circuito" etc. Por exemplo, para transientes DC simples, a corrente em um circuito RL tem a mesma forma da tensão no circuito RC: ambas aumentam e atingem o valor final exponencialmente, de acordo com $1 - e^{-t/\tau}$. De modo semelhante, a tensão em uma indutância cai da mesma maneira que a corrente através da capacitância, isto é, de acordo com $e^{-t/\tau}$. Na verdade, como você verá, há uma dualidade entre todas as equações que descrevem a tensão transiente e o comportamento da corrente em circuitos capacitivos e indutivos.

A dualidade aplica-se ao estado estacionário e também às representações da condição inicial. Para o estado estacionário DC, por exemplo, o capacitor comporta-se como um circuito aberto, enquanto o indutor se comporta como um curto-circuito. De modo semelhante, o dual de um capacitor que se comporta como um curto-circuito no instante do chaveamento é um indutor que se comporta como um circuito aberto. Finalmente, o dual de um capacitor que tem uma condição inicial de V_0 volts é uma indutância com condição inicial de I_0 amperes.

O princípio da dualidade é útil para a análise de circuitos, já que permite transferir os princípios e conceitos aprendidos em uma área diretamente para a outra. Muitas das ideias aprendidas no Capítulo 11 reaparecerão aqui em sua forma correspondente.

14.1 Introdução

Como vimos no Capítulo 11, quando um circuito contendo capacitância é interrompido, as tensões e as correntes não passam a ter valores novos imediatamente; em vez disso, elas passam por uma fase de transição à medida que a capacitância do circuito carrega ou descarrega. As tensões e correntes nesse intervalo de transição são chamadas **transientes**. De maneira correspondente, os transientes ocorrem quando circuitos contendo as indutâncias são interrompidos. Nesse caso, no entanto, os transientes acontecem porque a corrente na indutância não pode variar instantaneamente.

Para compreender o conceito, considere a Figura 14-1. Em (a), vemos um circuito puramente resistivo. No instante em que a chave é fechada, a corrente salta de 0 para E/R, como exige a lei de Ohm. Logo, não ocorre transiente (ou seja, a fase transitória), porque a corrente alcança imediatamente seu valor final. Agora considere (b). Aqui adicionamos a indutância. No instante em que a chave é fechada, uma força contra-eletromotriz aparece na indutância. Essa tensão tenta prevenir a variação da corrente, o que, por conseguinte, desacelera sua elevação. A corrente, portanto, não salta imediatamente para E/R, como em (a), mas aumenta de forma gradual e suave, como em (b). Quanto maior a indutância, mais tempo leva a transição.

(a) Nenhum transiente ocorre em um circuito puramente resistivo.

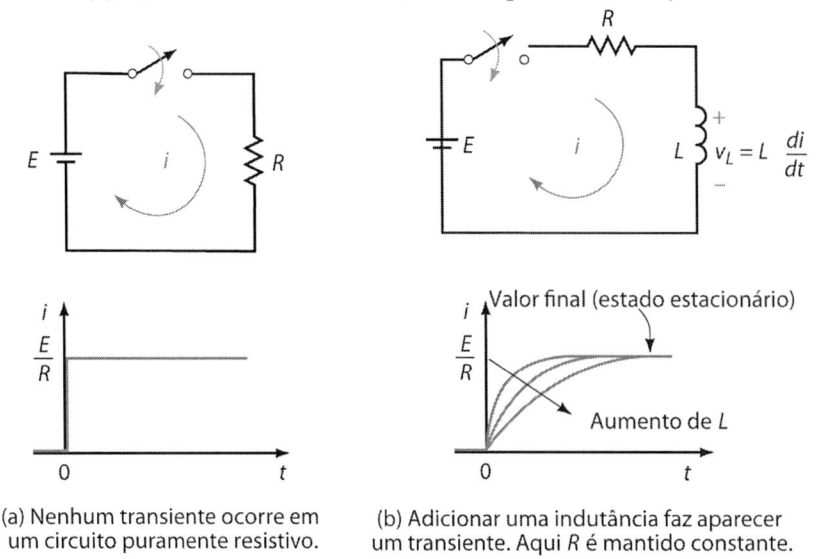

(b) Adicionar uma indutância faz aparecer um transiente. Aqui R é mantido constante.

Figura 14-1 Transiente ocasionado pela indutância. Adicionar a indutância a um circuito resistivo, como em (b), desacelera o aumento e a queda da corrente, gerando, assim, um transiente.

Continuidade da Corrente

Como ilustra a Figura 14-1(b), *a corrente através de uma indutância não pode variar instantaneamente, isto é, não pode saltar de maneira abrupta de um valor para outro, mas deve ser contínua em todos os valores do tempo*. Essa observação é conhecida como o enunciado da **continuidade da corrente para a indutância** (ver Notas). Você verá que esse enunciado é de grande valia para a análise de circuitos que contenham indutância. Iremos usá-lo várias vezes daqui em diante.

Tensão no Indutor

Agora considere a tensão no indutor. Com a chave aberta, como na Figura 14-2(a), a corrente no circuito e a tensão em L são iguais a zero. Feche a chave. Imediatamente após o fechamento da chave, a corrente ainda é zero (ela não pode variar de maneira instantânea). Como $v_R = Ri$, a tensão em R também é zero e, assim, a tensão total na fonte aparece em L como mostrado em (b). A tensão no indutor, portanto, salta de 0 V antes de a chave ser fechada para E volts logo depois. Ela então cai para zero, já que, como vimos no Capítulo 13, a tensão na indutância é zero no estado estacionário DC. Isso está indicado em (c).

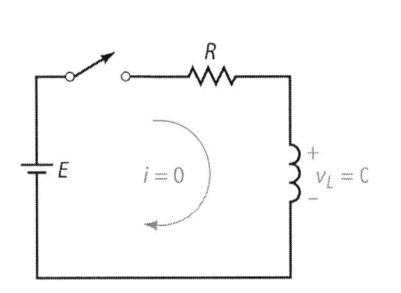

NOTAS...

O enunciado da continuidade da corrente para a indutância tem um embasamento matemático sólido. Lembre-se: a tensão induzida é proporcional à taxa de variação da corrente. Na notação de cálculo,

$$v_L = L\frac{di}{dt}$$

Isso significa que, quanto mais rápida a variação da corrente, maior será a tensão induzida. Se a corrente no indutor pudesse variar de um valor a outro instantaneamente como na Figura 14-1(a), a taxa de variação (isto é, di/dt) seria infinita; logo, a tensão induzida também seria infinita. Mas é impossível haver tensão infinita. Concluímos, portanto, que a corrente no indutor não pode variar instantaneamente.

(a) Circuito antes do fechamento da chave. A corrente $i = 0$.

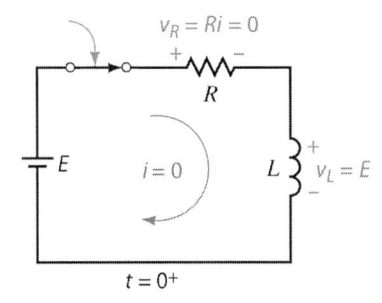

(b) Circuito logo após o fechamento da chave. A corrente ainda é igual a zero. Assim, $v_L = E$.

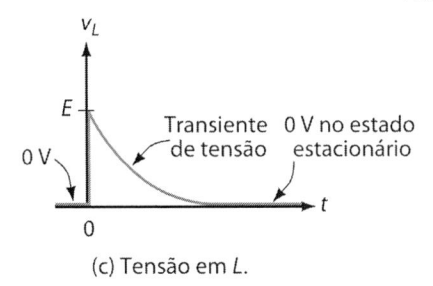

(c) Tensão em L.

Figura 14-2 Tensão em L.

Circuito Aberto Equivalente a uma Indutância

Considere novamente a Figura 14-2(b). Observe que, logo após o fechamento da chave, o indutor apresenta tensão, porém não apresenta corrente. Por um momento, ele se comporta como um circuito aberto. Isso está indicado na Figura 14-3. Em geral, essa observação é verdadeira, ou seja, *um indutor com a corrente inicial nula comporta-se como um circuito aberto no momento do chaveamento*. (Posteriormente, ampliaremos esse enunciado, de modo a incluir correntes iniciais diferentes de zero.)

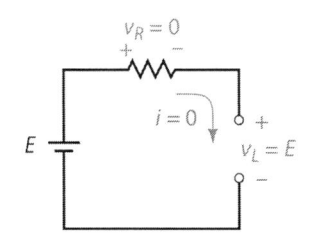

Figura 14-3 O indutor com a corrente inicial zero comporta-se como um circuito aberto no instante em que a chave é fechada.

Circuitos com Condição Inicial

Imediatamente após o chaveamento, as tensões e correntes no circuito devem ser calculadas às vezes. Elas podem ser determinadas com o auxílio do circuito aberto equivalente. Substituindo as indutâncias por circuitos abertos, é possível ver como fica o circuito logo após o chaveamento. Tal circuito é chamado de **circuito com condição inicial**.

Exemplo 14-1

Uma bobina e dois resistores estão ligados a uma fonte de 20 V, como mostra a Figura 14-4(a). Determine a corrente i da fonte e a tensão v_L no indutor no momento em que a chave é fechada.

(a) Circuito original

(b) Rede em condição inicial

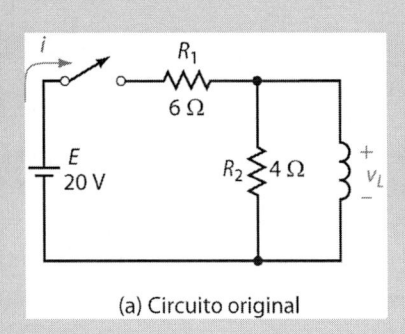

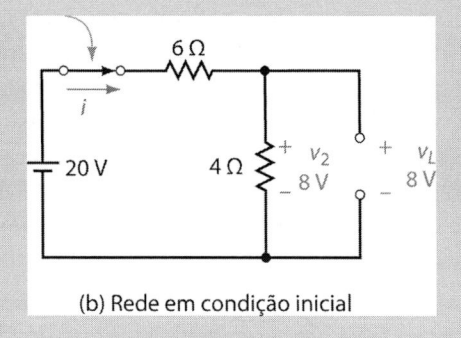

Figura 14-4

Solução: Substitua a indutância por um circuito aberto. Isso gera a rede mostrada em (b). Assim, $i = E/R_T = 20\text{ V}/10\text{ }\Omega = 2\text{ A}$, e a tensão em R_2 é $v_2 = (2\text{ A})(4\text{ }\Omega) = 8\text{ V}$. Como $v_L = v_2$, $v_L = 8$ volts também.

As redes com condição inicial geram tensões e correntes apenas no instante do chaveamento, ou seja, em $t = 0^+$ s. Dessa forma, o valor de 8 V calculado no exemplo 14-1 é apenas um valor momentâneo, como ilustrado na Figura 14-5. Às vezes, tudo de que precisamos é um valor inicial; em outros casos, a solução completa é necessária. Isso será abordado a seguir, na Seção 14.2.

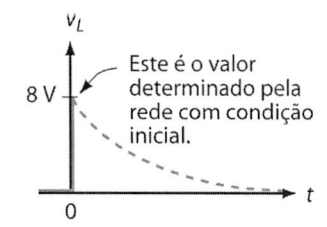

Figura 14-5 A rede com condição inicial só gera valores em $t = 0^+$ s.

PROBLEMAS PRÁTICOS 1

Determine todas as tensões e correntes no circuito da Figura 14-6 imediatamente após a chave ser fechada e no estado estacionário.

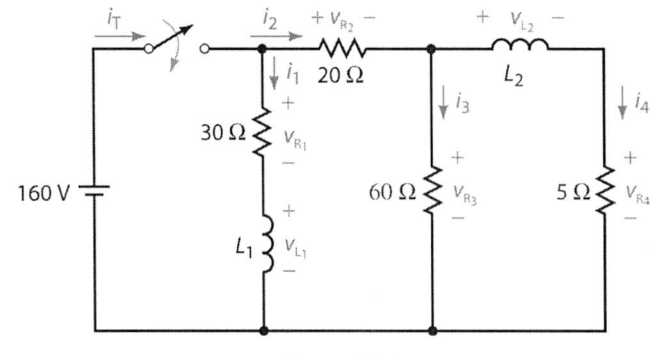

Figura 14-6

Respostas

Inicial: $v_{R_1} = 0$ V; $v_{R_2} = 40$ V; $v_{R_3} = 120$ V; $v_{R_4} = 0$ V; $v_{L_1} = 160$ V; $v_{L_2} = 120$ V; $i_T = 2$ A; $i_1 = 0$ A, $i_2 = 2$ A; $i_3 = 2$ A; $i_4 = 0$ A.

Estado estacionário: $v_{R_1} = 160$ V; $v_{R_2} = 130$ V; $v_{R_3} = v_{R_4} = 30$ V; $v_{L_1} = v_{L_2} = 0$ V; $i_T = 11,83$ A; $i_1 = 5,33$ A; $i_2 = 6,5$ A; $i_3 = 0,5$ A; $i_4 = 6,0$ A

14.2 Transientes com Acúmulo de Correntes

Corrente

Agora desenvolveremos as equações para descrever as tensões e correntes durante a carga. Considere a Figura 14-7. A KVL gera

$$v_L + v_R = E \qquad (14\text{-}1)$$

Substituindo $v_L = L\,di/dt$ e $v_R = Ri$ na Equação 14-1, obtém-se

$$L\frac{di}{dt} + Ri = E \qquad (14\text{-}2)$$

É possível resolver a Equação 14-2 usando cálculo simples, de modo semelhante ao que fizemos para os circuitos RC no Capítulo 11. O resultado é

$$i = \frac{E}{R}(1 - e^{-Rt/L})\;(\text{A}) \qquad (14\text{-}3)$$

onde R está em ohms, L em henries e t em segundos. A Equação 14-3 descreve o acúmulo de corrente. É possível achar os valores da corrente em qualquer ponto no tempo pela substituição direta, como ilustraremos a seguir. Observe que E/R é a corrente final (estado estacionário), pois o indutor se comporta como um curto-circuito no estado estacionário DC (ver a Seção 13.7).

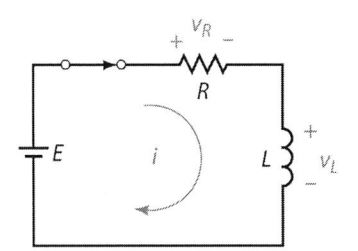

Figura 14-7 A KVL gera $v_L + v_R = E$.

Exemplo 14-2

Para o circuito da Figura 14-7, suponha que $E = 50$ V, $R = 10\;\Omega$ e $L = 2$ H.

a. Determine a expressão para i.
b. Calcule e tabele os valores de i em $t = 0^+$; 0,2; 0,4; 0,6; 0,8 e 1,0 s.
c. Usando esses valores, plote a corrente.
d. Qual é o valor da corrente no estado estacionário?

Solução:

a. Substituindo os valores na Equação 14-3, temos

$$i = \frac{E}{R}(1 - e^{-Rt/L}) = \frac{50\text{ V}}{10\;\Omega}(1 - e^{-10t/2}) = 5(1 - e^{-5t})\text{ amperes}$$

b. Em $t = 0^+$ s, $i = 5(1 - e^{-5t}) = 5(1 - e^0) = 5(1 - 1) = 0$ A.
Em $t = 0{,}2$ s, $i = 5(1 - e^{-5(0{,}2)}) = 5(1 - e^{-1}) = 3{,}16$ A.
Em $t = 0{,}4$ s, $i = 5(1 - e^{-5(0{,}4)}) = 5(1 - e^{-2}) = 4{,}32$ A.
Prosseguindo dessa maneira, obtemos a Tabela 14-1.

c. Os valores estão representados na Figura 14-8. Observe que essa curva é exatamente igual às determinadas intuitivamente na Figura 14-1(b).

d. A corrente no estado estacionário é $E/R = 50\text{ V}/10\;\Omega = 5$ A. Esse valor está de acordo com a curva da Figura 14-8.

Tabela 14-1

Tempo	Corrente
0	0
0,2	3,16
0,4	4,32
0,6	4,75
0,8	4,91
1,0	4,97

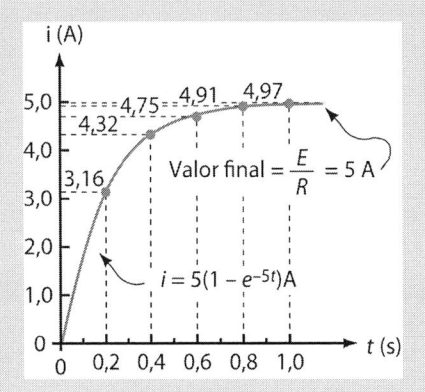

Figura 14-8 Transiente com acúmulo de corrente.

Tensões no Circuito

Conhecendo i, é possível determinar as tensões no circuito. Considere a tensão v_R. Como $v_R = Ri$, quando se multiplica R pela Equação 14-3, obtém-se

$$v_R = E(1 - e^{-Rt/L}) \text{ (V)} \tag{14-4}$$

Observe que a fórmula para v_R tem a mesma conFiguração da fórmula para a corrente. Agora considere v_L. É possível achar a tensão v_L subtraindo v_R de E de acordo com a Equação 14-1:

$$v_L = E - v_R = E - E(1 - e^{-Rt/L}) = E - E + Ee^{-Rt/L}$$

Assim,

$$v_L = Ee^{-Rt/L} \tag{14-5}$$

Uma análise da Equação 14-5 mostra que v_L tem um valor inicial de E em $t = 0^+$ s e depois cai exponencialmente para zero. Isso está de acordo com a nossa observação na Figura 14-2(c).

Exemplo 14-3

Repita o Exemplo 14-2 para a tensão v_L.

Solução:

a. Da Equação 14-5,
$$v_L = Ee^{-Rt/L} = 50e^{-5t} \text{ volts}$$

b. Em $t = 0^+$ s, $v_L = 50e^{-5t} = 50e^0 = 50(1) = 50$ V.
Em $t = 0,2$ s, $v_L = 50e^{-5(0,2)} = 50e^{-1} = 18,4$ V.
Em $t = 0,4$ s, $v_L = 50e^{-5(0,4)} = 50e^{-2} = 6,77$ V.

Prosseguindo dessa maneira, obtemos a Tabela 14-2.

c. A Figura 14-9 mostra a forma de onda.

d. A tensão no estado estacionário é 0 V, como se vê na Figura 14-9.

Tabela 14-2

Tempo	Tensão (V)
0	50,0
0,2	18,4
0,4	6,77
0,6	2,49
0,8	0,916
1,0	0,337

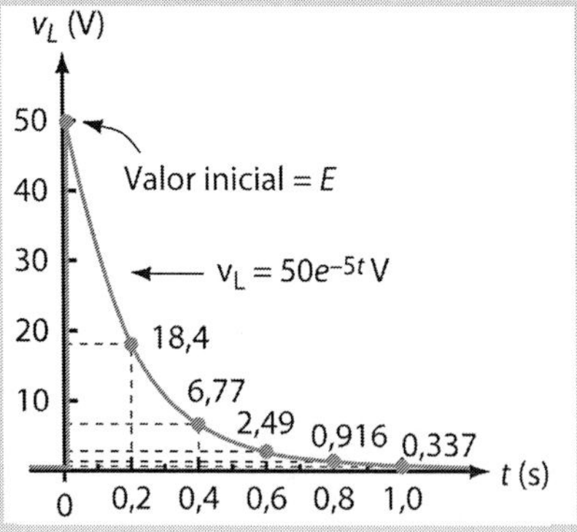

Figura 14-9 Transiente de tensão no indutor.

PROBLEMAS PRÁTICOS 2

Para o circuito da Figura 14-7, com $E = 80$ V, $R = 5$ kΩ e $L = 2,5$ mH:

a. Determine as expressões para i, v_L e v_R.
b. Calcule e tabele os valores em $t = 0^+$; 0,5; 1,0; 1,5; 2,0 e 2,5 μs.

c. Para cada ponto no tempo, $v_L + v_R$ é igual a E?

d. Plote i, v_L e v_R usando os valores calculados em (b).

Respostas

a. $i = 16(1 - e^{-2 \times 10^6 t})$ mA; $v_L = 80\, e^{-2 \times 10^6 t}$ V; $v_R = 80(1 - e^{-2 \times 10^6 t})$

b.

t(μs)	v_L (V)	i_L (mA)	v_R (V)
0	80	0	0
0,5	29,4	10,1	50,6
1,0	10,8	13,8	69,2
1,5	3,98	15,2	76,0
2,0	1,47	15,7	78,5
2,5	0,539	15,9	79,5

c. Sim.

d. i e v_R seguem a forma mostrada na Figura 14-8, e v_L segue a da Figura 14-9, com os valores de acordo com a tabela mostrada em b.

Constante de Tempo

Nas Equações 14-3 a 14-5, L/R é a constante de tempo do circuito.

$$\tau = \frac{L}{R} \text{ (s)} \quad (14\text{-}6)$$

Observe que τ tem o segundo como unidade. (Isso é deixado como exercício para o aluno.) As Equações 14-3, 14-4 e 14-5 agora podem ser reescritas como

$$i = \frac{E}{R}(1 - e^{-t/\tau}) \text{ (A)} \quad (14\text{-}7)$$

$$v_L = E e^{-t/\tau} \text{ (V)} \quad (14\text{-}8)$$

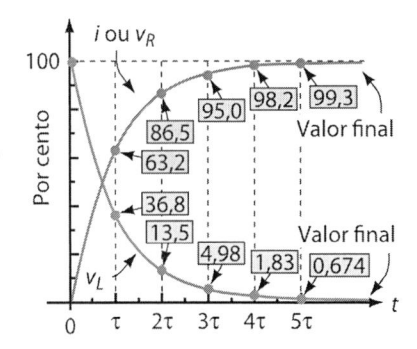

$$v_R = E(1 - e^{-t/\tau}) \text{ (V)} \quad (14\text{-}9)$$

Figura 14-10 Curvas da constante universal do tempo para o circuito RL.

As curvas *versus* a constante de tempo estão representadas na Figura 14-10. Como previsto, as transições duram aproximadamente 5 τ; assim, *para fins práticos, os transientes indutivos duram cinco constantes de tempo*.

Exemplo 14-4

Em um circuito onde $L = 2$ mH, os transientes duram 50 μs. Qual é o valor de R?

Solução: Os transientes duram cinco constantes de tempo. Assim, $\tau = 50$ μs/5 $= 10$ μs. Agora, $\tau = L/R$. Portanto, $R = L/\tau = 2$mH$/10$ μs $= 200\ \Omega$.

Exemplo 14-5

Para um circuito RL, $i = 40(1 - e^{-5t})$ e $v_L = 100 e^{-5t}$ V.

a. Qual é o valor de E e de τ?

b. Qual é o valor de R?

c. Determine L.

(continua)

Exemplo 14-5 (continuação)

Solução:

a. Da Equação 14-8, $v_L = Ee^{-t/\tau} = 100e^{-5t}$. Assim, $E = 100$ V e

$$\tau = \frac{1}{5} = 0,2 \text{ s.}$$

b. Da Equação 14-7,

$$i = \frac{E}{R}(1 - e^{-t/\tau}) = 40(1 - e^{-5t})$$

Logo, $E/R = 40$ A e $R = E/40$ A $= 100$ V/40 A $= 2,5$ Ω.

c. $\tau = L/R$. Assim, $L = R\tau = (2,5)(0,2) = 0,5$ H.

Às vezes é mais fácil resolver problemas usando as curvas universais para a constante de tempo do que as equações. (Certifique-se de converter primeiro as porcentagens da curva para um valor decimal, por exemplo, 63,2% para 0,632.) Para ilustração, considere o problema dos Exemplos 14-2 e 14-3. Na Figura 14-10, em $t = \tau = 0,2$ s, $i = 0,632E/R$ e $v_L = 0,368E$. Então, $i = 0,632(5 \text{ A}) = 3,16$ A e $v_L = 0,368(50 \text{ V}) = 18,4$ V, como encontramos anteriormente.

A Figura 14-11 mostra o efeito da indutância e da resistência na duração do transiente. Quanto maior a indutância, mais longo será o transiente para uma dada resistência. A resistência tem o efeito oposto: para uma indutância fixa, quanto maior a resistência, mais curto é o transiente. [Isso não é difícil de entender. À medida que R aumenta, o circuito fica mais e mais resistivo. Se chegarmos ao ponto em que a indutância é desprezível se comparada à resistência, o circuito comporta-se de maneira puramente resistiva, como na Figura 14-1(a), e não ocorre transiente.]

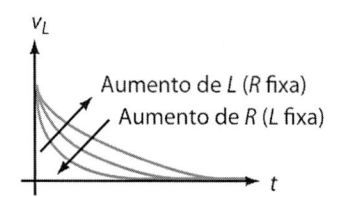

Figura 14-11 Efeito de R e L em uma duração do transiente.

VERIFICAÇÃO DO PROCESSO DE APRENDIZAGEM 1

(As respostas encontram-se no final do capítulo.)

1. No circuito da Figura 14-12, a chave é fechada em $t = 0$ s.

   a. Determine as expressões para v_L e i.

   b. Calcule v_L e i em $t = 0^+$; 10 μs; 20 μs; 30 μs; 40 μs e 50 μs.

   c. Plote as curvas para v_L e i.

2. Para o circuito da Figura 14-7, $E = 85$ V, $R = 50$ Ω e $L = 0,5$ H. Use as curvas universais da constante de tempo para determinar v_L e i em $t = 20$ ms.

3. Para determinado circuito RL, os transientes duram 25 s. Sendo $L = 10$ H e a corrente do estado estacionário é igual a 2 A, qual é o valor de E?

4. Um circuito RL tem $E = 50$ V e $R = 10$ Ω. A chave é fechada em $t = 0$ s. Qual é o valor da corrente no final de 1,5 constante de tempo?

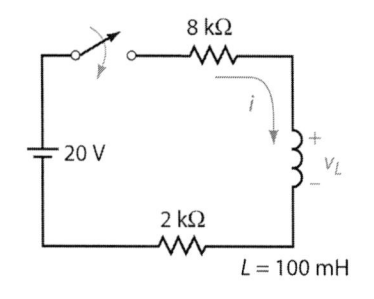

Figura 14-12

14.3 Interrupção de Corrente em um Circuito Indutivo

Agora examinaremos o que acontece quando a corrente no indutor é interrompida. Considere a Figura 14-13. No instante em que a chave é aberta, o campo começa a entrar em colapso, o que induz uma tensão na bobina. Se a indutância for grande e a corrente alta, uma grande quantidade de energia será liberada em um período de tempo muito curto, gerando uma tensão muita alta que pode danificar o equipamento, além do perigo de choque. (Essa tensão induzida é chamada de **salto indutivo**.) Por exemplo, interromper abruptamente a corrente através de um indutor grande (como um motor ou uma bobina geradora de campo) pode gerar picos de tensão de até alguns milhares de volts, um valor grande o suficiente para gerar longos arcos, como indicado na Figura 14-13. Até indutâncias com valores moderados nos sistemas eletrônicos são capazes de gerar tensão suficiente para provocar danos caso os circuitos de proteção não sejam usados.

Não é difícil compreender o mecanismo do arco elétrico durante o chaveamento. Quando o campo entra em colapso, a tensão na bobina eleva-se rapidamente. Parte dessa tensão aparece na chave. À medida que a tensão na chave aumenta, ela ultrapassa rapidamente a intensidade da ruptura do ar, provocando um arco entre os contatos da chave. Uma vez atingido, o arco elétrico é facilmente mantido, porque ele gera gases ionizados que proporcionam um caminho com pouca resistência para a condução. Quando os contatos se separam, os arcos elétricos alongam-se e, finalmente, são extintos, já que a energia da bobina é dissipada e a tensão na bobina cai para um valor abaixo do exigido para sustentar o arco elétrico – ver as Notas.

Há alguns pontos importantes a serem observados:

1. Arcos elétricos, como na Figura 14-13, geralmente são indesejáveis. No entanto, podem ser controlados mediante planejamento adequado de engenharia. (Uma solução é usar o resistor de descarga, como no próximo exemplo; outra solução é usar um diodo, como você verá no curso de eletrônica.)
2. Por outro lado, as tensões elevadas geradas pela interrupção das correntes indutivas têm alguma utilidade. Uma delas é o sistema de ignição em automóveis, em que a corrente no enrolamento primário de uma bobina do transformador é interrompida no tempo adequado por um circuito de controle, de modo a gerar centelhas necessárias para acionar um motor.
3. Não é possível analisar o circuito da Figura 14-13 com precisão, porque a resistência do arco varia à medida que a chave abre. No entanto, as ideias principais poderão ser estabelecidas quando estudarmos circuitos com resistores fixos. Faremos isso a seguir.

NOTAS...

A explicação fornecida aqui de maneira intuitiva apresenta um sólido embasamento matemático. Lembre-se: a força contra-eletromotriz (tensão induzida) em uma bobina é dada por

$$v_L = L\frac{di}{dt} \approx L\frac{\Delta i}{\Delta t}$$

onde Δi é a variação na corrente e Δt é o intervalo de tempo no qual ocorre a variação. Quando a chave é aberta, a corrente começa a cair imediatamente em direção ao zero. Como Δi é finita e $\Delta t \to 0$, a razão $\Delta i/\Delta t$ é muito grande; logo, a tensão eleva-se para valores muito altos, provocando um arco. Após o arco, há um caminho no qual a corrente pode declinar, e Δt, embora pequeno, não mais atinge o zero. O resultado é um pico de tensão alto em L, porém finito.

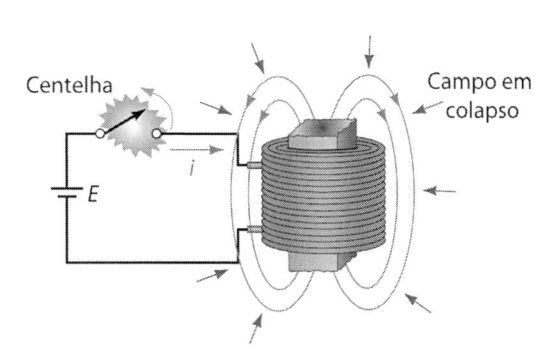

Figura 14-13 O colapso repentino do campo magnético quando a chave é aberta provoca na bobina uma grande tensão induzida (o resultado pode ser alguns milhares de volts). A chave gera centelha por causa dessa tensão.

As Ideias Básicas

Começamos com o circuito da Figura 14-14. Suponha que a chave esteja fechada e o circuito se encontre no estado estacionário. Como a indutância se comporta como um curto-circuito [Figura 14-15(a)], sua corrente é i_L = 120 V/30 Ω = 4 A.

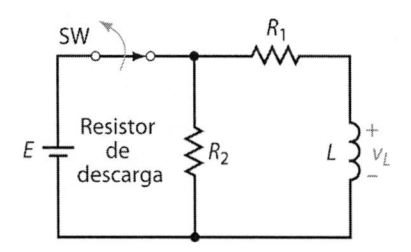

Figura 14-14 O resistor de descarga R_2 auxilia a limitar a dimensão da tensão induzida.

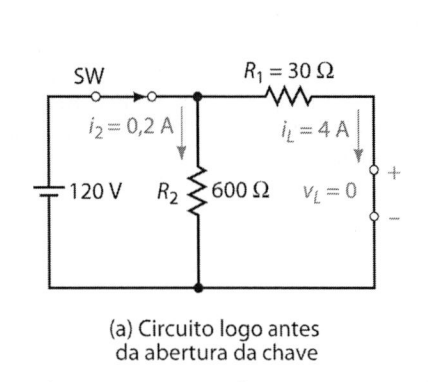

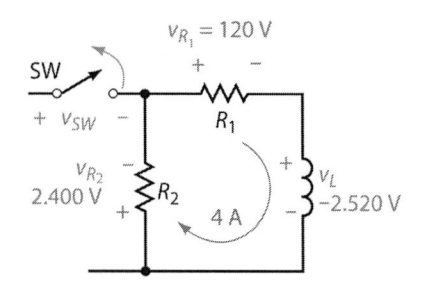

(a) Circuito logo antes da abertura da chave

(b) Circuito logo após a abertura da chave
Como a polaridade da tensão na bobina é oposta à mostrada, v_L é negativo.

Figura 14-15 Circuito da Figura 14-14 imediatamente antes e depois da abertura da chave. Neste exemplo, a tensão na bobina salta de 0 V para –2.520 V.

Agora abra a chave novamente. Logo antes de abri-la, i_L = 4 A; portanto, logo após a abertura, i_L ainda deve ser 4 A. Como indicado em (b), essa corrente de 4 A passa pelas resistências R_1 e R_2, gerando as tensões v_{R_1} = 4 A × 30 Ω = 120 V e v_{R_2} = 4 A × 600 Ω = 2.400 V com a polaridade mostrada. De KVL, $v_L + v_{R_1} + v_{R_2} = 0$. Dessa forma, no instante em que a chave é aberta,

$$v_L = -(v_{R_1} + v_{R_2}) = -2.520 \text{ volts}$$

aparecem na bobina, gerando um pico de tensão negativo, como na Figura 14-16. Observe que esse pico é 20 vezes maior do que a tensão na fonte. Como veremos na próxima seção, a dimensão desse pico depende da razão entre R_2 e R_1; quanto maior for a razão, maior será a tensão.

Considere novamente a Figura 14-15. Observe que a corrente i_2 varia de maneira brusca de 0,2 A logo antes do chaveamento para –4 A logo depois dele. Isso, entretanto, é permitido, já que i_2 não passa pelo indutor, e somente as correntes através da indutância não podem variar bruscamente.

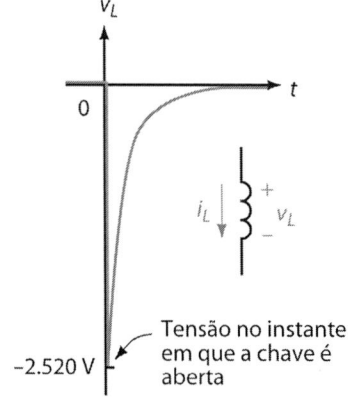

Figura 14-16 Pico de tensão para o circuito da Figura 14-14. Essa tensão é 20 vezes maior do que a tensão na fonte.

PROBLEMAS PRÁTICOS 3

A Figura 14-16 mostra a tensão na bobina da Figura 14-14. Faça um desenho parecido para a tensão na chave e no resistor R_2. Use a KVL para encontrar v_{CH} e v_{R2}.

Resposta

v_{CH}: Com a chave fechada, v_{CH} = 0 V; quando a chave é aberta, v_{CH} salta para 2.520 V, e depois cai para 120 V. v_{R_2}: O formato é idêntico ao da Figura 14-16, com exceção de que v_{R_2} começa em –2.400 V, em vez de em –2.520 V.

Equivalente do Indutor no Chaveamento

A Figura 14-17 mostra a corrente através de L igual à da Figura 14-15. Como a corrente é a mesma imediatamente antes e após o chaveamento, é constante durante um intervalo de tempo de $t = 0^-$ s para $t = 0^+$ s. Como em geral isso é verdade, vemos que *uma indutância com uma corrente inicial se comporta como uma fonte de corrente no instante do chaveamento*. O valor da fonte de corrente é o da corrente no indutor no momento do chaveamento, Figura 14-18. Como indicado na Figura 14-17, $I_0 = i_L(0^+)$. Em qualquer problema, pode-se usar qualquer uma das duas representações, mas, dependendo do enfoque, deve-se escolher uma delas.

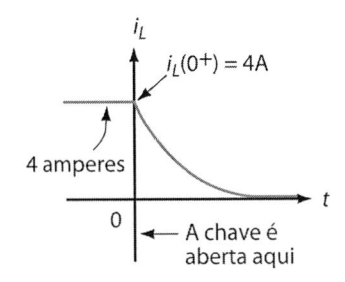

Figura 14-17 Corrente no indutor para o circuito da Figura 14-15. Observe que a corrente inicial $i_L(0^+)$ geralmente é representada pelo símbolo I_0. Nesta notação, $I_0 = 4$ A.

(a) Corrente no momento do chaveamento

(b) Equivalente da fonte de corrente

Figura 14-18 Uma corrente no indutor comporta-se como uma fonte de corrente no momento do chaveamento.

14.4 Transientes durante a Descarga

Agora veremos as equações para as tensões e correntes **transientes durante a descarga** descritas na seção anterior.

Considere a Figura 14-19(a). Designemos a corrente inicial no indutor como I_0 amperes. Agora abra a chave como em (b). A KVL gera $v_L + v_{R_1} + v_{R_2} = 0$.

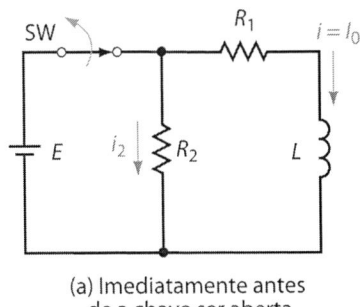

(a) Imediatamente antes de a chave ser aberta

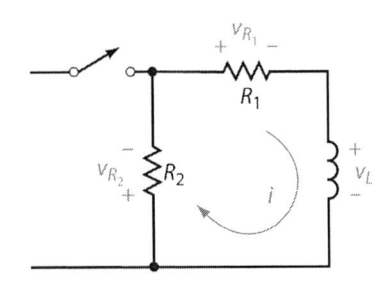

b) Circuito em decaimento

Figura 14-19 Circuito para o estudo de transientes em decaimento.

NOTAS...

Para ajudá-lo a compreender e resolver os problemas deste capítulo, observe que as partes transitórias dos transientes indutivos (como os transientes capacitivos) são sempre exponenciais quanto à forma – variando de acordo com $e^{-t/\tau'}$ou $1 - e^{-t/\tau'}$ – e têm o formato geral da Figura 14-9 ou da 14-8. Tendo isso em mente e compreendendo os princípios básicos, você não precisará preocupar-se tanto com decorar fórmulas. Esse é o procedimento de muitas pessoas experientes.

Substituindo $v_L = Ldi/dt$, $v_{R_1} = R_1 i$ e $v_{R_2} = R_2 i$, obtemos $Ldi/dt + (R_1 + R_2)i = 0$. Fazendo uso de cálculo, a solução é

$$i = I_0 e^{-t/\tau'} \quad \text{(A)} \tag{14-10}$$

onde

$$\tau' = L\frac{L}{R_T} = \frac{L}{R_1 + R_2} \quad \text{(s)} \tag{14-11}$$

é a constante de tempo do circuito de descarga. Caso o circuito esteja no estado estacionário antes de a chave ser aberta, a corrente inicial é $I_0 = E/R_1$, e a Equação 14-10 passa a ser

$$i = \frac{E}{R_1} e^{-t/\tau'} \quad \text{(A)} \tag{14-12}$$

Exemplo 14-6

Para a Figura 14-19(a), admita que a corrente tenha atingido o estado estacionário com a chave fechada. Suponha que $E = 120$ V, $R_1 = 30\ \Omega$, $R_2 = 600\ \Omega$ e $L = 126$ mH.

a. Determine I_0.

b. Determine a constante de tempo de decaimento.

c. Determine a equação para o decaimento da corrente.

d. Calcule a corrente i em $t = 0{,}5$ ms.

Solução:

a. Considere a Figura 14-19(a). Como o circuito está no estado estacionário, o indutor comporta-se como um curto-circuito para DC. Dessa forma, $I_0 = E/R_1 = 4$ A.

b. Considere a Figura 14-19(b). $\tau' = L/(R_1 + R_2) = 126$ mH$/630\ \Omega = 0{,}2$ ms.

c. $i = I_0 e^{-t/\tau'} = 4e^{-t/0{,}2\ \text{ms}}$ A.

d. Em $t = 0{,}5$ ms, $i = 4e^{-0{,}5\text{ms}/0{,}2\ \text{ms}} = 4e^{-2{,}5} = 0{,}328$ A.

Agora considere a tensão v_L. Fazendo uso do cálculo, percebe-se que

$$v_L = V_0 e^{-t/\tau'} \tag{14-13}$$

onde V_0 é a tensão em L logo após a abertura da chave. Sendo $i = I_0$ na Figura 14-19 (b), vemos que $V_0 = -I_0(R_1 + R_2) = -I_0 R_T$. Então, a Equação 14-13 pode ser escrita como

$$v_L = -I_0 R_T e^{-t/\tau'} \tag{14-14}$$

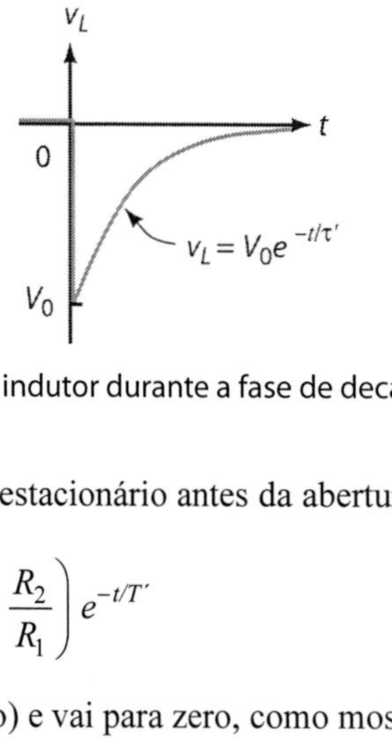

Figura 14-20 Tensão no indutor durante a fase de decaimento. V_0 é negativo.

Finalmente, se a corrente tiver alcançado o estado estacionário antes da abertura da chave, $I_0 = E/R_1$, e a Equação 14-14 passa a ser

$$v_L = -E\left(1 + \frac{R_2}{R_1}\right) e^{-t/T'} \tag{14-15}$$

Observe que v_L começa em V_0 volts (que é negativo) e vai para zero, como mostra a Figura 14-20.

Agora considere as tensões no resistor. Cada uma delas é o produto da resistência pela corrente (Equação 14-10). Assim,

$$V_{R_1} = R_1 I_0 e^{-t/\tau'} \tag{14-16}$$

e

$$V_{R_2} = R_2 I_0 e^{-t/\tau'} \tag{14-17}$$

Se a corrente tiver alcançado o estado estacionário antes do chaveamento, as equações passam a ser

$$V_{R_1} = E e^{-t/\tau'} \tag{14-18}$$

e

$$v_{R_2} = \frac{R_2}{R_1} E e^{-t/\tau'} \tag{14-19}$$

Substituindo os valores do Exemplo 14-6 nessas equações, obtêm-se $v_L = -2.520e^{-t/0,2ms}$ V, $v_{R_1} = 120e^{-t/0,2ms}$ e $v_{R_2} = 2400e^{-t/0,2ms}$ V para o circuito da Figura 14-19. Esses valores também podem ser escritos como $v_L = -2.520e^{-5000t}$ V, e assim por diante.

Os problemas de decaimento podem ser resolvidos usando a parte de decaimento das curvas universais para a constante de tempo mostrada na Figura 14-10.

Exemplo 14-7

O circuito da Figura 14-21 está em estado estacionário com a chave fechada. Use a Figura 14-10 para encontrar i_L e v_L em $t = 2\tau$ após a abertura da chave.

Solução: Antes da abertura da chave, o indutor comporta-se como um curto-circuito e sua corrente é $E/R_1 = 120$ V/$40\,\Omega = 3$ A. A corrente logo após a abertura da chave será a mesma. Dessa forma, $I_0 = 3$ A. Em $t = 2\tau$, a corrente terá caído 13,5% em relação a esse valor inicial.

Assim, $i_L = 0{,}135 I_0 = 0{,}405$ A e $v_L = -(R_1 + R_2)i = -(60\,\Omega)(0{,}405\text{ A})$
$= -24{,}3$ V. (Alternativamente, $V_0 = -(3\text{ A})(60\,\Omega) = -180$ V. Em $t = 2\tau$, esse valor caiu para 13,5%. Assim, $v_L = 0{,}135(-180\text{ V}) = -24{,}3$ V, como acima).

Figura 14-21

14.5 Circuitos mais Complexos

As equações desenvolvidas até agora só se aplicam aos circuitos dos moldes das Figuras 14-7 ou 14-19. Felizmente, muitos circuitos podem ser reduzidos a essas formas usando-se técnicas de redução de circuitos, como as combinações em série e paralela, as conversões de fonte, o teorema de Thévenin etc.

Exemplo 14-8

Sendo $L = 5$ H, determine i_L para o circuito da Figura 14-22(a).

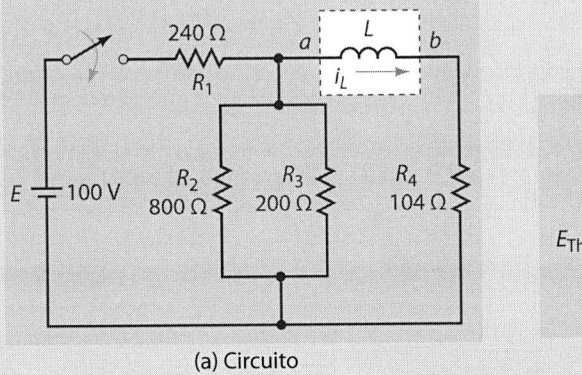

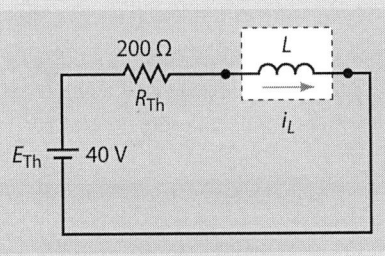

(a) Circuito

(b) Equivalente de Thévenin

Figura 14-22

Solução: O circuito pode ser reduzido ao seu equivalente de Thévenin (b), como visto no Capítulo 11 (Seção 11.5). Para este circuito, $\tau = L/R_{Th} = 5$ H/$200\,\Omega = 25$ ms. Agora aplique a Equação 14-7. Logo,

$$i_L = \frac{E_{Th}}{R_{Th}}(1 - e^{-t/\tau}) = \frac{40}{200}(1 - e^{-t/25\text{ ms}}) = 0{,}2(1 - e^{-40t})\text{ (A)}$$

Exemplo 14-9

No circuito da Figura 14-8, em qual momento a corrente atinge 0,12 ampere?

Solução:

$$i_L = 0,2(1 - e^{-40t/\tau}) \quad (A)$$

Assim,

$$0,12 = 0,2(1 - e^{-40t/\tau}) \quad \text{(Figura 14-23)}$$
$$0,6 = 1 - e^{-40t/\tau}$$
$$e^{-40t/\tau} = 0,4$$

Aplicando o logaritmo natural nos dois lados,

$$\ln e^{-40t/\tau} = \ln 0,4$$
$$-40t = -0,916$$
$$t = 22,9 \text{ ms}$$

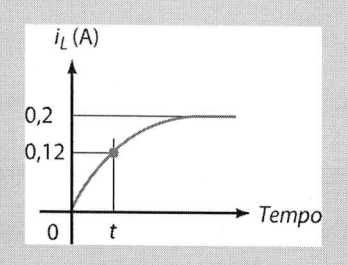

Figura 14-23

PROBLEMAS PRÁTICOS 4

1. Para o circuito da Figura 14-22, calcule i_L e v_{R_4} em $t = 50$ ms.
2. Para o circuito da Figura 14-22, sendo $E = 120$ V, $R_1 = 600$ Ω, $R_2 = 3$ kΩ, $R_3 = 2$ kΩ, $R_4 = 100$ Ω e $L = 0,25$ H:
   a. Determine i_L e faça a sua representação gráfica.
   b. Determine v_L e faça a sua representação gráfica.
3. Todos os valores são iguais ao Problema 1, com exceção de L. Sendo $i_L = 0,12$ A e $t = 20$ ms, qual será o valor de L?

Respostas

1. 0,173 A, 17,99 V ≈ 18,0 V
2. a. $160(1 - e^{-2000t})$ mA; b. $80 e^{-2000t}$ V; i_L salta de 0 para 160 mA com a forma de onda da Figura 14-1(b), atingindo o estado estacionário em 2,5 ms. v_L é semelhante à da Figura 14-2(c). Começa em 80 V e cai para 0 V em 2,5 ms.
3. 7,21 H

Observação sobre a Escala de Tempo

Até agora, consideramos as fases de carga e descarga separadamente. Quando ambas ocorrem em um mesmo problema, deve-se definir claramente o que o tempo significa. Uma maneira de lidar com esse problema (como fizemos com os circuitos RC) é definir $t = 0$ s como o início da primeira fase e calcular normalmente as tensões e correntes; depois, mudar o eixo do tempo para o começo da segunda fase, redefinir $t = 0$ s e resolver a segunda parte. Isso é ilustrado pelo Exemplo 14-10. Observe que apenas a primeira escala de tempo é mostrada explicitamente no gráfico.

Exemplo 14-10

Observe o circuito da Figura 14-24.

a. Feche a chave em $t = 0$ e determine as equações para i_L e v_L.

b. Em $t = 300$ ms, abra a chave e determine as equações para i_L e v_L durante a fase de decaimento.

c. Determine a tensão e a corrente em $t = 100$ ms e $t = 350$ ms.

d. Desenhe i_L e v_L. Marque os pontos de (c) no gráfico.

(continua)

Capítulo 14 • Transientes Indutivos **451**

Exemplo 14-10 *(continuação)*

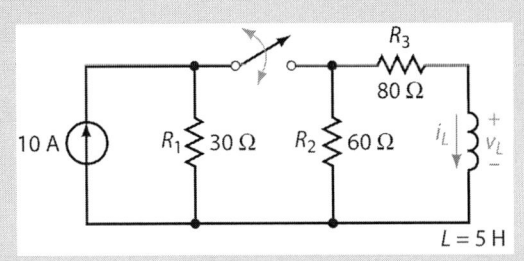

Figura 14-24

Solução:

a. Converta o circuito à esquerda de L em seu equivalente de Thévenin. Como indica a Figura 14-25(a), $R_{Th} = 60\|30 + 80 = 100\ \Omega$. Em (b), $E_{Th} = V_2$, onde

$$V_2 = (10\ A)(20\ \Omega) = 200\ V$$

(a)

(b)

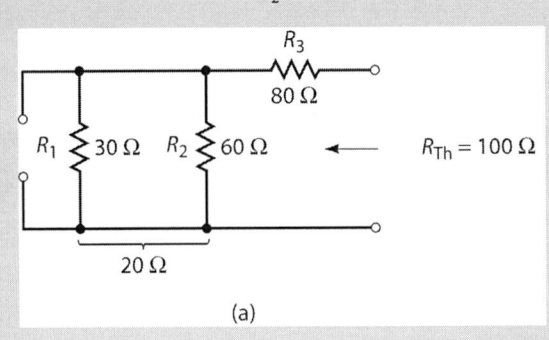

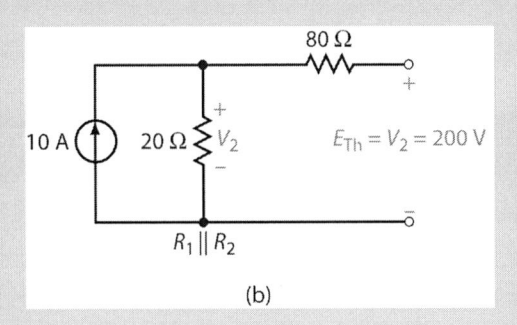

Figura 14-25

A Figura 14-26(a) mostra o circuito equivalente de Thévenin. $\tau = L/R_{Th} = 5\ H/100\ \Omega = 50\ ms$. Assim, durante o aumento de corrente,

$$i_L = \frac{E_{Th}}{R_{Th}}(1 - e^{-t/T}) = \frac{200}{100}(1 - e^{-t/50\ ms}) = 2(1 - e^{-20t})\ A$$

$$v_L = E_{Th}e^{-t/T} = 200\ e^{-20t}\ V$$

b. O aumento de corrente está representado na Figura 14-26(b). Como $5\tau = 250$ ms, a corrente encontra-se no estado estacionário quando a chave é aberta em 300 ms. Dessa forma, $I_0 = 2$ A. Quando a chave é aberta, a corrente cai para zero através de uma resistência de $60 + 80 = 140\ \Omega$, como mostrado na Figura 14-27. Assim, $\tau' = 5\ H/140\ \Omega = 35{,}7$ ms. Se $t = 0$ s for redefinido como o instante em que a chave é aberta, a equação para o decaimento será

$$i_L = I_0 e^{-t/\tau'} = 2e^{-t/35{,}7\ ms} = 2e^{-28t}\ A$$

(a) Equivalente de Thévenin da Figura 14-24

(b)

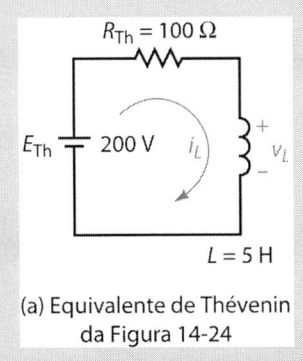

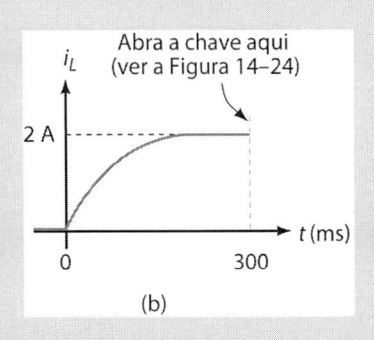

Figura 14-26 Circuito e corrente durante a fase de aumento

(continua)

Exemplo 14-10 (continuação)

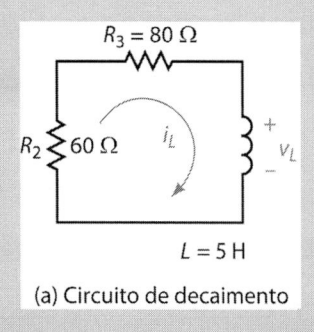

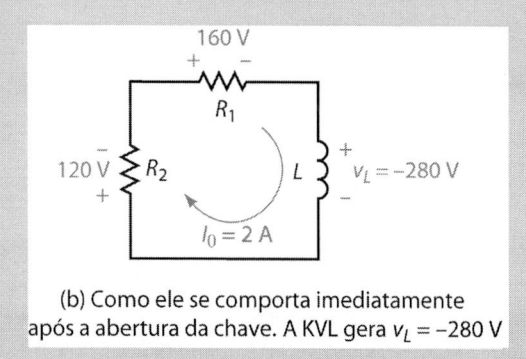

Figura 14-27 O circuito da Figura 14-24 na fase de decaimento.

(a) Circuito de decaimento

(b) Como ele se comporta imediatamente após a abertura da chave. A KVL gera $v_L = -280$ V

Agora, considere a tensão. Como indicado na Figura 14-27(b), a tensão em L logo após a abertura da chave é $V_0 = -280$ V. Assim,

$$v_L = V_0 e^{-t/\tau'} = -280 e^{-28t} \text{ V}$$

c. É possível usar as curvas universais para a constante de tempo em $t = 100$ ms, já que 10 ms representam 2 τ. Em 2 τ, a corrente terá atingido 86,5% de seu valor final. Dessa forma, $i_L = 0,865(2 \text{ A}) = 1,73$ A. A tensão terá caído para 13,5%. Assim, $v_L = 0,135(200 \text{ V}) = 27,0$ V. Agora considere $t = 350$ ms: Observe que isso está 50 ms dentro da parte de decréscimo da curva. No entanto, como o valor de 50 ms não é múltiplo de τ', é difícil usar as curvas; utilize, portanto, as equações. Logo,

$$i_L = 2 \text{ A } e^{-28(50\text{ms})} = 2 \text{ A } e^{-1,4} = 0,493 \text{ A}$$

$$v_L = (-280 \text{ V})e^{-28(50 \text{ ms})} = (-280 \text{ V})e^{-1,4} = -69,0 \text{ V}$$

d. Esses pontos estão representados nas formas de onda da Figura 14-28.

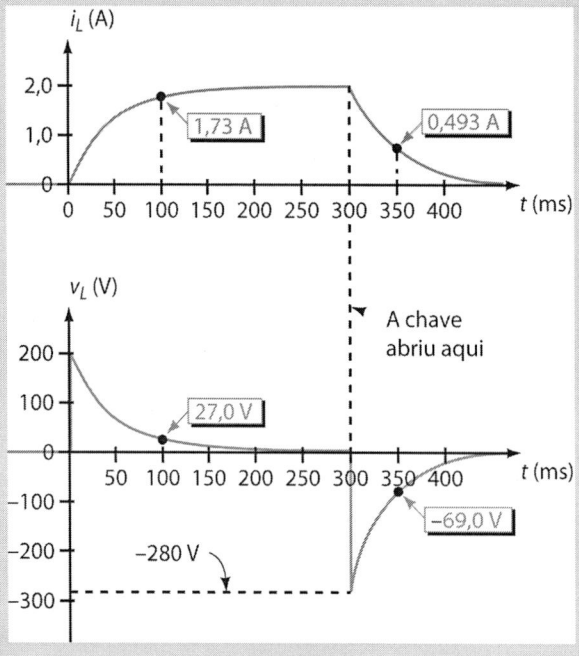

Figura 14-28

Os princípios básicos desenvolvidos neste capítulo nos permitem resolver problemas que não correspondem exatamente aos circuitos das Figuras 14-7 e 14-19. O exemplo a seguir ilustra isso.

Exemplo 14-11

O circuito da Figura 14-29(a) encontra-se no estado estacionário com a chave aberta. Em $t = 0$ s, a chave é fechada.

(a) A corrente no estado estacionário com a chave aberta é $\dfrac{100\ V}{50\ \Omega} = 2$ A

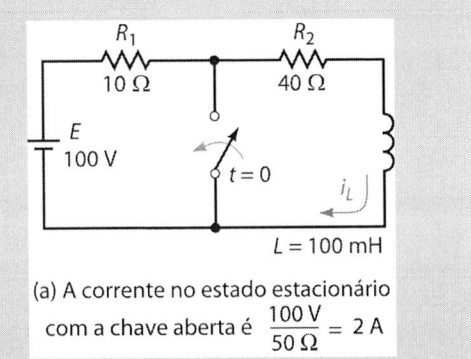

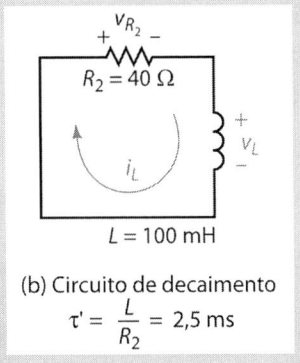

(b) Circuito de decaimento $\tau' = \dfrac{L}{R_2} = 2{,}5$ ms

Figura 14-29

a. Desenhe como se comportará o circuito depois de a chave ser fechada e determine τ'.
b. Determine a corrente i_L em $t = 0^+$ s.
c. Determine a expressão para i_L.
d. Determine v_L em $t = 0^+$ s.
e. Determine a expressão para v_L.
f. Qual é a duração do transiente?
g. Desenhe i_L e v_L.

Solução:

a. Quando a chave é fechada, o ramo E/R_1 é curto-circuitado, resultando no circuito de decaimento de (b). Assim, $\tau' = L/R_2 = 100$ mH$/40\ \Omega = 2{,}5$ ms.

b. No estado estacionário com a chave aberta, $i_L = I_0 = 100$ V$/50\ \Omega = 2$ A. Esta é a corrente logo antes do fechamento da chave. Portanto, logo após a chave ser fechada, i_L ainda será igual a 2 A (Figura 14-30).

c. i_L cai de 2 A para 0. Da Equação 14-10, $i_L = I_0 e^{-t/\tau'} = 2e^{-t/2{,}5\ ms} = 2e^{-400t}$ A.

d. Em $t = 0^+$, a KVL gera $v_L = -v_{R2} = -R_2 I_0 = -(40\ \Omega)(2\ A) = -80$ V. Dessa forma, $V_0 = -80$ V.

e. v_L cai de -80 V para 0. Assim, $v_L = V_0 e^{-t/\tau'} = -80e^{-400t}$ V.

f. Os transientes duram $5\tau' = 5(2{,}5\ ms) = 12{,}5$ ms.

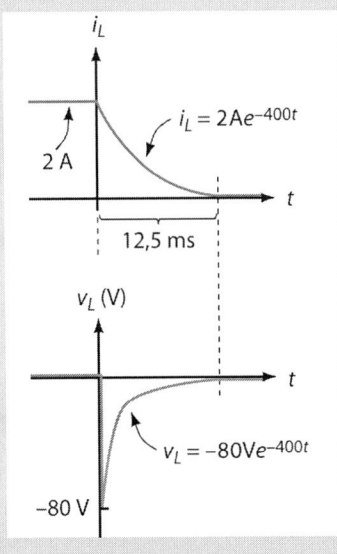

Figura 14-30

14.6 Transientes em Circuitos *RL* Usando Computador

Multisim

Como um primeiro exemplo de um transiente *RL*, calculemos e representemos graficamente a corrente para o indutor da Figura 14-22(a). Crie o circuito na tela, Figura 14-31. (Para fazer as ligações aos ramos R_2/R_3, serão necessários pontos de junção. Clique em *Place/Junction* e coloque os pontos onde for necessário.) Clique em *Simulate/Analysis/Transient Analysis*, e na caixa de diálogos, digite 0,1 para TSTOP e ajuste as condições iniciais para zero. Clique na guia Output e selecione Il1#branch em Variables in Circuit, e clique em *Add*. A seleção deve aparecer no canto direito da tela. (Se houver outros itens mostrados no canto direito, selecione-os e remova-os.) Clique em *Simulate*. A forma de onda em (b) deve aparecer – ver a Nota 3. Se desejar, adicione a grade, amplie para a tela cheia, e use o cursor (ver o Apêndice A, disponível no site deste livro) para determinar o tempo no qual a corrente é igual a 0,12 A. Como indicado em (c), o resultado obtido deverá ser 22,9 ms. (Tal resultado está de acordo com o obtido no Exemplo 14-9.)

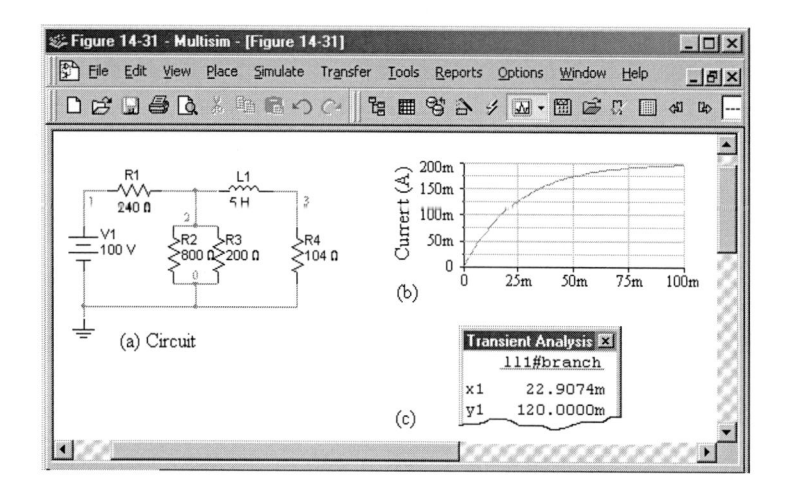

Figura 14-31 (a) Representação da Figura 14-22 no Multisim. Não há necessidade de uma chave, já que o software inicia a solução transiente. (b) Valores escalonados a partir da forma de onda de (a).

NOTAS...

Multisim

1. Para os Exemplos utilizando computador, há apenas passos básicos, uma vez que os procedimentos neste capítulo são parecidos com os do Capítulo 11. Caso necessite de auxílio, consulte o Capítulo 11 ou o Apêndice A (disponível no site deste livro).

2. Quando escalamos valores em uma representação gráfica no computador, nem sempre é possível posicionar o cursor exatamente onde queremos (por causa da natureza dos programas de simulação). Consequentemente, talvez seja necessário colocá-lo o mais próximo possível, e depois estimar o valor que tentamos medir. (Em geral, se visualizarmos o gráfico em tela cheia, poderemos posicioná-lo com mais precisão.)

3. As representações gráficas do Multisim geralmente aparecem como traços coloridos em um fundo preto. Caso queira mudar a cor do fundo para branco, clique no ícone *Reverse Colors* (ou *View/Reverse Colors*) no ícone da barra de ferramentas Analysis Graphs.

Usando o Osciloscópio do Multisim

Crie o circuito da Figura 14-32 na tela. (Quando ajustar o valor para o indutor, certifique-se de que a condição dele é 0.) Observe que usamos uma fonte de relógio para facilitar a aplicação de uma tensão de grau ao circuito em $t = 0$. Ajuste a frequência dele para 0,5 Hz e a amplitude para 100 V. Clique duas vezes no osciloscópio e ajuste a base de tempo para 10 ms/div, o Channel A para 5 V/div, e o Y position para −3 (para determinar a origem do traço na parte inferior da tela). Para Edge em Trigger, selecione Rising, selecione A, digite um valor positivo pequeno (5 mV é um valor adequado) para Level, e selecione *Sing* em Type (para visualizar uma única vez a forma de onda). Clique no ícone *Run/Stop* (ou na chave ON/OFF). Arraste o cursor para $t = 50$ ms e faça a leitura da tensão. A resposta obtida deve ser 17,99 V – igual à do Problema Prático 4 #1.

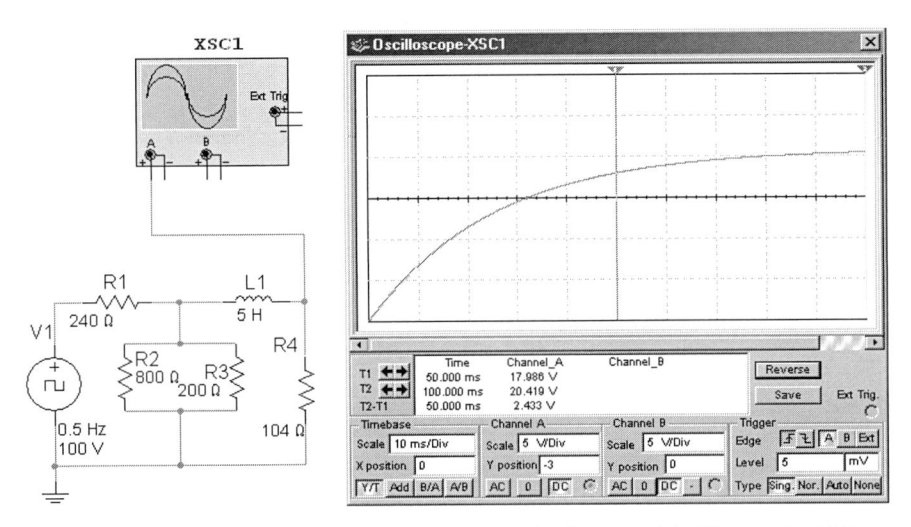

Figura 14-32 Para o osciloscópio, o aterramento não é necesssário, já que o Multisim aterra-o automaticamente.

PSpice

Como um primeiro exemplo de um transiente *RL*, considere a Figura 14-33. O circuito está no estado estacionário com a chave fechada. Em $t = 0$, a chave é aberta. Utilize o PSpice para representar graficamente a tensão e a corrente no indutor, e depois use o cursor para determinar os valores em $t = 100$ ms. Confirme manualmente.

Preâmbulo Primeiro, observe que, após a abertura da chave, a corrente se acumula em R_1, R_2 e R_3 em série. Dessa forma, a constante de tempo do circuito é $\tau = L_1/R_T = 3$ H/30 Ω = 0,1 s. Agora siga estes procedimentos:

- Monte o circuito na tela (ver as Notas 1 e 2). Clique no ícone New Profile e dê um nome ao arquivo. Na caixa Simulation Settings, selecione transient analysis e ajuste o TSTOP para 0,5 (5 constantes de tempo). Clique em OK.

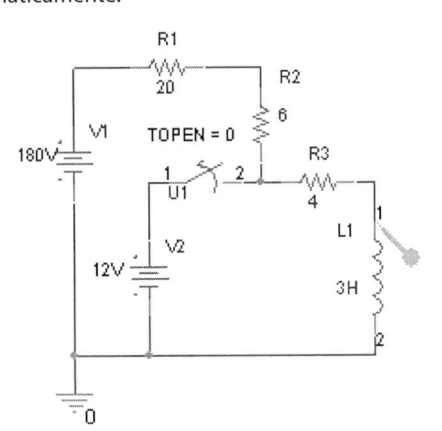

Figura 14-33 O marcador da corrente cria automaticamente o traço para a corrente da Figura 14-34. Como detalhado no texto, o traço da tensão foi adicionado depois.

NOTAS...

PSpice

1. Como esse processo é similar ao do Capítulo 11, daremos apenas instruções breves.

2. Há duas opções: é possível deixar o PSpice determinar a condição inicial (ou seja, a corrente inicial do indutor, I_0), como apresentado no Apêndice A (no site do livro), ou você pode calculá-la e digitá-la. Neste Exemplo, deixaremos que o PSpice faça o cálculo.

3. Caso queira ajustar sozinho a condição inicial, calcule-a como mencionado na Nota 4 e clique duas vezes no símbolo do indutor. No Property Editor que se abre, digite **3A** na célula intitulada IC, clique em Apply, e feche o editor. Rode a simulação normalmente. Tente fazer.

4. Para esse problema, é fácil determinar a corrente inicial do indutor. Observe que, antes de a chave ser aberta, o ramo R_3/L_1 possui 12 V. Como o circuito está no estado estacionário DC, o indutor comporta-se como um curto-circuito e $I_0 = 12$ V/4 Ω = = 3 A, confirmando o resultado mostrado na Figura 14-34.

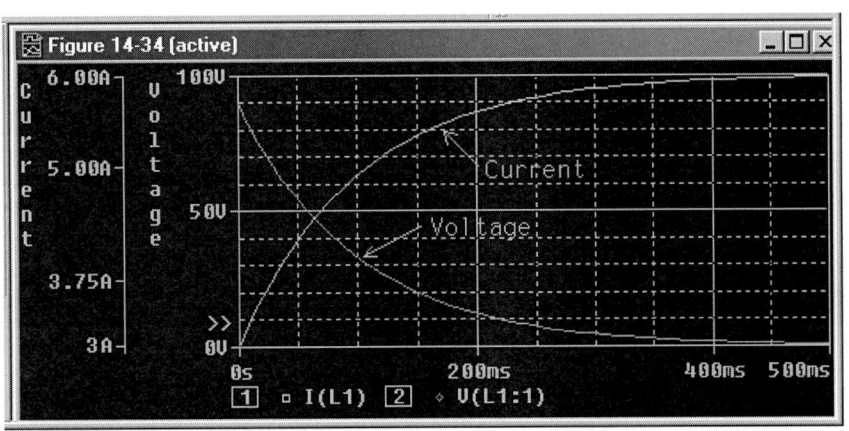

Figura 14-34 Tensão e corrente no indutor para o circuito da Figura 14-33.

- Clique no ícone Run. Quando a simulação estiver completa, aparecerá o traço para a corrente no indutor *versus* o tempo. Crie um segundo Y Axis, e adicione o traço da tensão V(L1:1). As curvas da Figura 14-34 devem aparecer na tela.

Resultados: Considere a Figura 14-33. Inicialmente, com a chave fechada, a corrente no indutor é de 12 V/4 Ω = 3 A (já que o indutor se comporta como um curto-circuito para o estado estacionário DC). Por causa da continuidade, ela também é a corrente em $t = 0^+$; portanto, $I_0 = 3$ A. Usando a KVL, pode-se encontrar a tensão no indutor em $t = 0^+$ como $V_0 = 180$ V − (3 A)(30 Ω) = 90 V. Essa tensão então vai para zero, enquanto a corrente aumenta do valor inicial de 3 A para seu novo estado estacionário de 180 V/30 Ω = 6 A. A duração do transiente é de 5 constantes de tempo (que é 0,5 s), como indicado na Figura 14-34. Agora, com o cursor, escalone os valores das tensões e correntes em $t = 100$ ms. Os resultados obtidos devem ser 33,1 V para v_L e 4,9 A para i_L. (Para verificar o resultado, observe que as equações para a tensão e corrente no indutor são $v_L = 90e^{-10t}$ V e $i_L = 6 - 3e^{-10t}$ A, respectivamente. Substitua $t = 100$ ms nessas equações e confirme os resultados.)

Exemplo 14-12

Considere o circuito da Figura 14-24, Exemplo 14-10. A chave é fechada em $t = 0$ e aberta 300 ms depois. Prepare uma análise do PSpice para esse problema e determine v_L e i_L em $t = 100$ ms e em $t = 350$ ms.

Solução: No PSpice, não há uma chave que abre e fecha. No entanto, é possível simular uma desse tipo usando duas chaves, como na Figura 14-35. Comece criando o circuito na tela usando IDC para a fonte de corrente. Agora clique duas vezes em TOPEN da chave U2 e ajuste o valor para 300 ms. Clique no ícone New Profile e nomeie o arquivo. Na caixa Simulation Settings, selecione transient analysis e digite o valor de 0,5 para TSTOP. Rode a simulação, crie um segundo eixo Y e adicione o traço da tensão V(L1: 1). As curvas da Figura 14-36 devem aparecer na tela. (Compare com a Figura 14-28.) Usando o cursor, faça a leitura dos valores em $t = 100$ ms e $t = 350$ ms. O resultado deve ser de aproximadamente 27 V e 1,73 A em $t = 100$ ms, e −69 V e 490 mA em $t = 350$ ms, como no Exemplo 14-10.

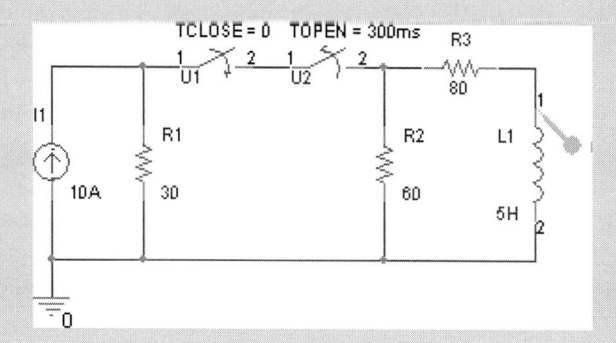

Figura 14-35 Simulação do circuito da Figura 14-10. Duas chaves são usadas para modelar o fechamento e a abertura da chave da Figura 14-24.

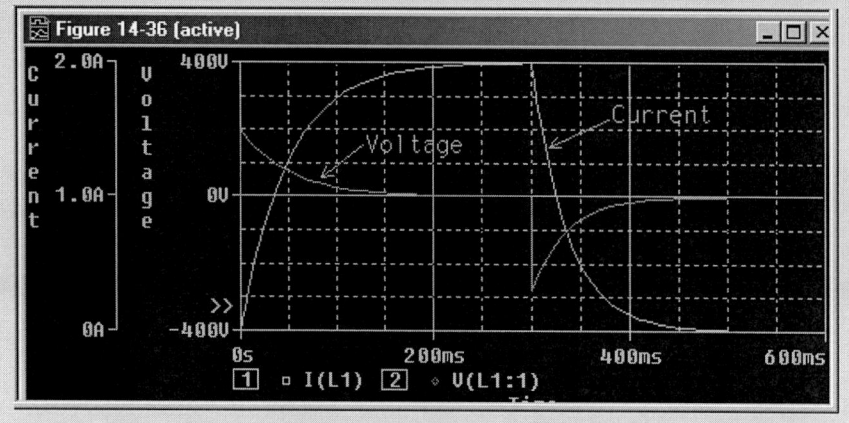

Figura 14-36 Tensão e corrente no indutor para o circuito da Figura 14-35.

Capítulo 14 • Transientes Indutivos

COLOCANDO EM PRÁTICA...

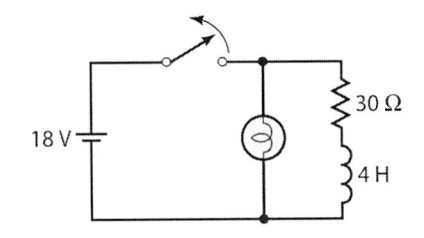

A primeira amostra de um novo produto que sua empresa projetou apresenta uma falha no indicador luminoso. (Sintoma: Quando ligamos uma unidade nova, o indicador luminoso também fica aceso, como deveria. Mas quando desligamos e depois ligamos a unidade, a lâmpada não acende de novo.) Você foi designado para investigar o problema e planejar uma solução. Você consegue uma cópia do esquemático e estuda a parte do circuito onde o indicador luminoso está localizado. Como ilustrado na Figura ao lado, a lâmpada é usada para indicar o *status* da bobina; a luz deve estar acesa quando a bobina está carregada e desligada quando a bobina não está. Imediatamente, você percebe o problema, solda um componente, e conserta o defeito. Faça algumas anotações para o seu supervisor, destacando a natureza do problema, explicando por que a lâmpada queimou e por que a modificação de projeto sugerida por você solucionou o problema. Assinale também que a modificação proposta não resultou em qualquer aumento significativo no consumo de potência (ou seja, não se usou um resistor). Atenção: Este problema exige um diodo. Caso você não tenha sido apresentado à eletrônica, não será possível resolvê-lo.

PROBLEMAS

14.1 Introdução

1. a. Como se comporta um indutor que não conduz corrente no instante do chaveamento?

   b. Para cada circuito da Figura 14-37, determine i_S e v_L imediatamente após a chave ser fechada.

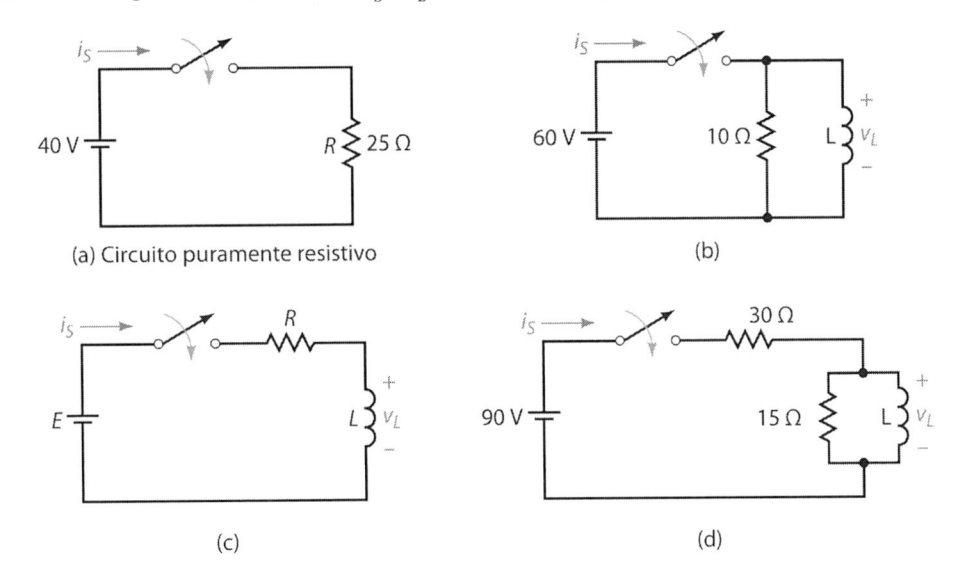

Figura 14-37 Não há necessidade de mostrar o valor de L aqui, pois ele não influencia a solução.

2. Determine todas as tensões e correntes na Figura 14-38 imediatamente após o fechamento da chave.

3. Sendo L_1 substituída por um capacitor descarregado, repita o Problema 2.

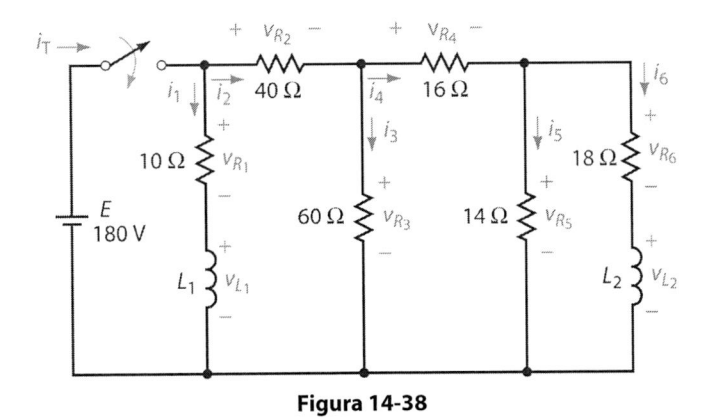

Figura 14-38

14.2 Transientes com Acúmulo de Correntes

4. a. Sendo $i_L = 8(1 - e^{-500t})$, qual será a corrente em $t = 6$ ms?

   b. Sendo $v_L = 125e^{-500t}$ V, qual será a tensão em $t = 5$ ms?

5. A chave da Figura 14-39 é fechada em $t = 0$ s.

   a. Qual é a constante de tempo do circuito?

   b. Quanto tempo leva para a corrente alcançar o valor estacionário?

   c. Determine as equações para i_L e v_L.

   d. Calcule os valores para i_L e v_L nos intervalos de uma constante de tempo de $t = 0$ a 5τ.

   e. Desenhe i_L e v_L. Descreva os eixos em τ e em segundos.

6. Feche a chave em $t = 0$ s e determine as equações para i_L e v_L para o circuito da Figura 14-40. Calcule i_L e v_L em $t = 1,8$ ms.

7. Repita o Problema 5 para o circuito da Figura 14-41, com $L = 4$ H.

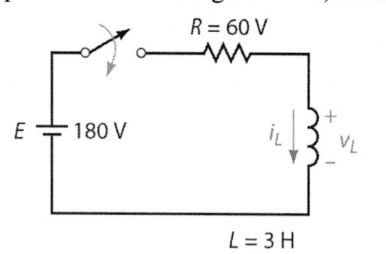

Figura 14-39

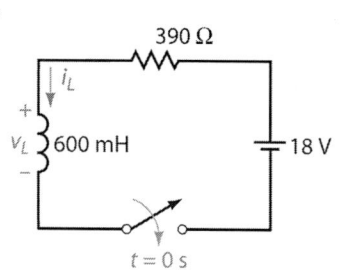

Figura 14-40

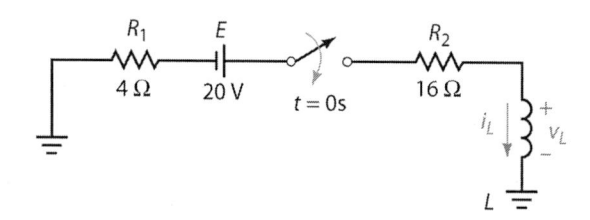

Figura 14-41

8. Para o circuito da Figura 14-39, determine a tensão e a corrente no indutor em $t = 50$ ms usando a curva universal para a constante de tempo da Figura 14-10.

9. Feche a chave em $t = 0$ s e determine as equações para i_L e v_L para o circuito da Figura 14-42. Calcule i_L e v_L em $t = 3,4$ ms.

10. Usando a Figura 14-10, encontre v_L em uma constante de tempo para o circuito da Figura 14-42.

11. No circuito da Figura 14-1(b), a tensão na indutância no instante em que a chave é fechada é de 80 V, o estado estacionário final da corrente é 4 A, e o transiente dura 0,5 s. Determine E, R e L.

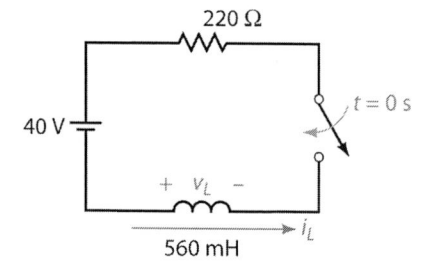

Figura 14-42

12. Para um circuito RL, $i_L = 20(1 - e^{-t/\tau})$ mA e $v_L = 40\,e^{-t/\tau}$ V. Se o transiente dura 0,625 ms, quais são os valores de E, R e L?

13. Na Figura 14-1(b), se $v_L = 40\,e^{-2000t}$ V e o estado estacionário da corrente é 10 mA, quais são os valores de E, R e L?

14.4 Transientes durante a Descarga

14. Para a Figura 14-43, $E = 80$ V, $R_1 = 200\,\Omega$, $R_2 = 300\,\Omega$ e $L = 0,5$ H.

a. Quando a chave é fechada, quanto tempo leva para i_L alcançar o estado estacionário? Qual é o valor do estado estacionário?

b. Quando a chave é aberta, quanto tempo leva para i_L alcançar o estado estacionário? Qual é o valor do estado estacionário?

c. Após o circuito atingir o estado estacionário com a chave fechada, ela é aberta. Determine as equações para i_L e v_L.

15. Na Figura 14-43, $R_1 = 20\ \Omega$, $R_2 = 230\ \Omega$, $L = 0,5$ H, e a corrente no indutor alcançou o valor estacionário de 5 A com a chave fechada. Em $t = 0$ s, a chave é aberta.

    a. Qual é a constante do tempo de decaimento?

    b. Determine as equações para i_L e v_L.

    c. Calcule os valores para i_L e v_L nos intervalos de uma constante de tempo de $t = 0$ a 5τ.

    d. Desenhe i_L e v_L. Descreva os eixos em τ e em segundos.

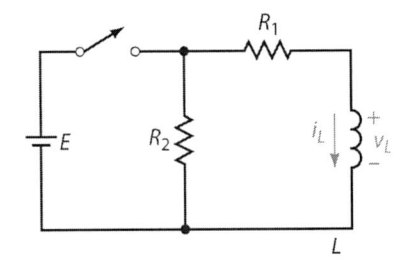

    Figura 14-43

16. Com os valores do Problema 15, determine a tensão e a corrente em $t = 3\tau$ usando as curvas universais para a constante de tempo mostradas na Figura 14-10.

17. Dado $v_L = -2.700\ e^{-100t}$, use a curva universal para a constante de tempo para encontrar v_L em $t = 20$ ms.

18. Para a Figura 14-43, a tensão no indutor no momento do fechamento da chave é de 150 V e $i_L = 0$ A. Após o circuito atingir o estado estacionário, a chave é aberta. No instante em que ela é aberta, $i_L = 3$ A e v_L salta para -750 V. O transiente de decaimento dura 5 ms. Determine E, R_1, R_2 e L.

19. Para a Figura 14-43, $L = 20$ H. A Figura 14-44 mostra a corrente durante o aumento e a queda. Determine R_1 e R_2.

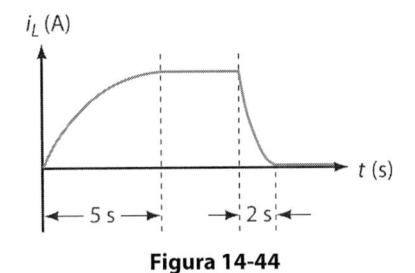

    Figura 14-44

20. Para a Figura 14-43, quando a chave for movida para a posição de carga, $i_L = 2$ A $(1 - e^{-10t})$. Agora, abra a chave após o circuito atingir o estado estacionário e redefina $t = 0$ s como o instante em que a chave é aberta. Para este caso, $v_L = -400\ Ve^{-25t}$. Determine E, R_1, R_2 e L.

14.5 Circuitos mais Complexos

21. Para a bobina da Figura 14-45, $R\ell = 1,7\ \Omega$ e $L = 150$ mH. Determine a corrente na bobina em $t = 18,4$ ms.

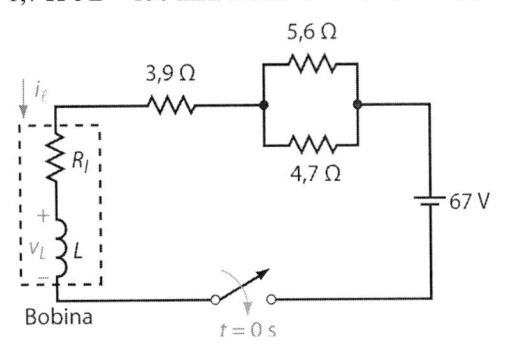

    Figura 14-45

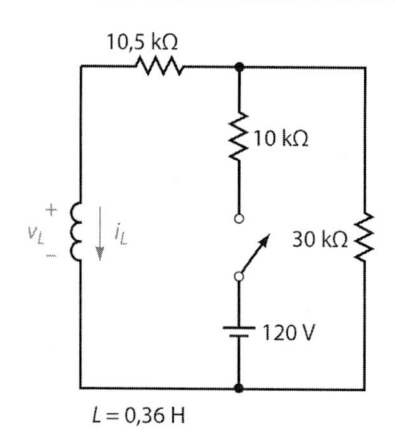

Figura 14-46

22. Consulte a Figura 14-46.
    a. Qual é a constante de tempo do circuito de carga?
    b. Feche a chave e determine a equação para i_L e v_L durante o aumento de corrente.
    c. Qual é a tensão no indutor e a corrente através dele em $t = 20$ μs?

23. Na Figura 14-46, o circuito alcançou o estado estacionário com a chave fechada. Agora abra a chave.
    a. Determine a constante de tempo do circuito durante a descarga.
    b. Determine as equações para i_L e v_L.
    c. Encontre a tensão no indutor e a corrente através dele em $t = 17,8$ μs, usando as equações determinadas na Parte (b).

24. Repita a Parte (c) do Problema 23 usando as curvas universais para a constante de tempo mostradas na Figura 14-10.

25. a. Repita o Problema 22, Partes (a) e (b) para o circuito da Figura 14-47.
    b. Quais são os valores de i_L e v_L em $t = 25$ ms?

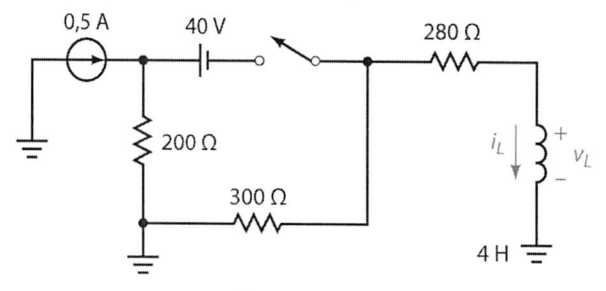

Figura 14-47

26. Repita o Problema 23 para o circuito da Figura 14-27, porém determine i_L e v_L em $t = 13,8$ ms.

27. Um circuito desconhecido contendo fontes DC e resistores apresenta uma tensão de 45 volts no circuito aberto. Quando os terminais de saída são curto-circuitados, a corrente no curto-circuito é de 0,15 A. Uma chave, um resistor e uma indutância são ligados ao circuito (Figura 14-48). Determine a corrente e a tensão no indutor 2,5 ms após o fechamento da chave.

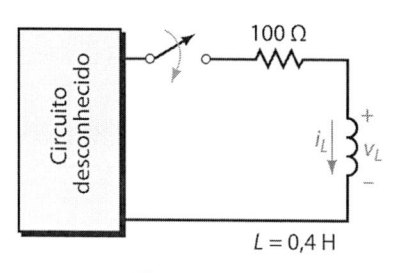

Figura 14-48

28. O circuito da Figura 14-49 está em estado estacionário com a chave na posição 1. Em $t = 0$, ela é deslocada para a posição 2, onde fica por 1,0 s. Então é deslocada para a posição 3, onde permanece. Desenhe as curvas para i_L e v_L no período entre $t = 0^-$ até o circuito alcançar o estado estacionário na posição 3. Calcule a tensão e a corrente no indutor em $t = 0,1$ s e $t = 1,1$ s.

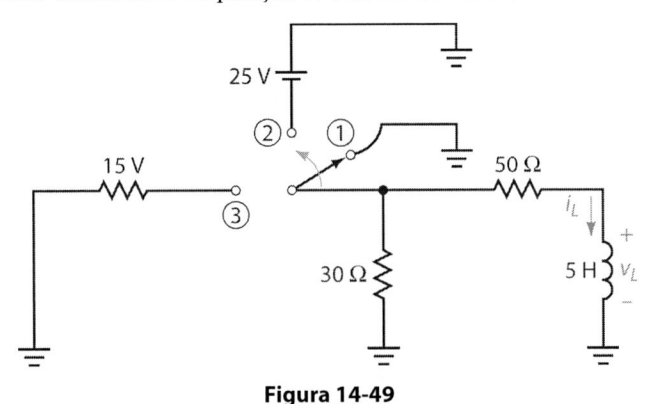

Figura 14-49

14.6 Transientes em Circuitos RL Usando Computador

29. O circuito da Figura 14-46 está no estado estacionário com a chave aberta. Em $t = 0$, ela é fechada e permanece assim. Represente graficamente a tensão em L e determine v_L em 20 μs usando o cursor.

30. No circuito da Figura 14-47, feche a chave em $t = 0$ e determine v_L em $t = 10$ ms. (Para o PSpice, use a fonte de corrente IDC.)

31. Para a Figura 14-6, suponha $L_1 = 30$ mH e $L_2 = 90$ mH. Feche a chave em $t = 0$ e encontre a corrente no resistor de 30 Ω em $t = 2$ ms.

32. Para a Figura 14-41, suponha $L = 4$ H. Calcule v_L e i_L. Usando o cursor, calcule os valores em $t = 200$ ms e 500 ms. (Usuários do Multisim: talvez seja necessário rodar as soluções para a corrente e tensão separadamente, de modo a conseguir um traço visível para a corrente.)

33. Resolvemos o circuito da Figura 14-22(a) reduzindo-o ao seu equivalente de Thévenin. Usando o PSpice, analise o circuito em sua forma original e plote a corrente no indutor. Marque alguns pontos na curva calculando os valores de acordo com a solução do Exemplo 14-8 e compare aos valores obtidos na tela.

34. O circuito da Figura 14-46 está no estado estacionário com a chave aberta. Em $t = 0$, a chave é fechada. Ela permanece fechada durante 150 μs, depois é aberta e deixada assim. Calcule e plote i_L e v_L. Com o cursor, determine os valores em $t = 60$ μs e $t = 165$ μs.

RESPOSTAS DOS PROBLEMAS PARA VERIFICAÇÃO DO PROCESSO DE APRENDIZAGEM

Verificação do Processo de Aprendizagem 1

1. a. $20e^{-100\,000t}$ V; $2(1 - e^{-100\,000t})$ mA

b.

t(μs)	v_L (v)	i_L (mA)
0	20	0
10	7,36	1,26
20	2,71	1,73
30	0,996	1,90
40	0,366	1,96
50	0,135	1,99

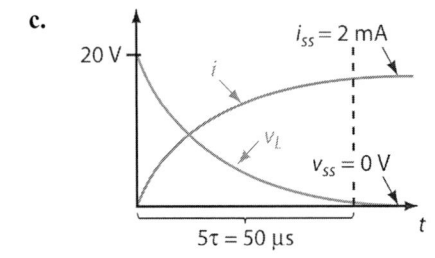

c.

2. 11,5 V; 1,47 A

3. 4 V

4. 3,88 A

Conceitos Fundamentais de AC

IV

Nos capítulos anteriores, concentramo-nos predominantemente na análise DC. Agora, voltaremos nossa atenção para a AC (corrente alternada).

A AC é importante por uma série de razões. Em primeiro lugar, é a base do sistema elétrico de potência que fornece energia elétrica para residências e estabelecimentos comerciais. A AC é usada no lugar da DC porque apresenta algumas vantagens importantes; a primeira delas é que a potência AC pode ser transmitida para longas distâncias com facilidade e eficiência. No entanto, a importância da AC vai além de seu uso no setor de energia elétrica. O estudo de eletrônica, por exemplo, lida bastante com processamento de sinais AC, resposta em frequência e afins, em vários campos: sistemas de áudio, comunicações, controle e outros. Na verdade, quase todos os aparelhos elétricos e eletrônicos que usamos no dia a dia operam em AC ou, de alguma maneira, envolvem o uso dela.

Começaremos a Parte IV deste volume examinando os conceitos fundamentais de AC. Examinaremos as maneiras de gerar tensões AC, os métodos para representar as tensões e correntes AC, as relações entre as grandezas AC em circuitos resistivos, indutivos e capacitivos e, finalmente, o significado e a representação da potência em sistemas AC. Isso prepara o terreno para os capítulos subsequentes que abordam as técnicas de análise dos circuitos AC, incluindo as versões AC dos variados métodos utilizados para os circuitos DC, que foram abordados nos capítulos anteriores.

15 Fundamentos de AC

16 Elementos R, L, e C e o Conceito de Impedância

17 Potência em Circuitos AC

TERMOS-CHAVE

AC; Corrente Alternada; Tensão Alternada; Amplitude; Velocidade Angular; Valor Médio; Ciclo; Valor Eficaz; Frequência; Em Fase; Valor Instantâneo; Atrasado; Adiantado; Osciloscópio; Fora de Fase; Tensão de Pico a Pico; Valor de Pico; Período; Diferença de Fase; Deslocamentos de Fase; Fasor; RMS; Onda Senoidal; Regra do Trapézio

TÓPICOS

Introdução; Geração de Tensão AC; Convenções para Tensão e Corrente em AC; Frequência, Período, Amplitude e Valor de Pico; Relações Angular e Gráfica para Ondas Senoidais; Tensões e Correntes como Funções do Tempo; Introdução aos Fasores; Formas de Onda AC e Valor Médio; Valores Eficazes (RMS); Taxa de Variação de uma Onda Senoidal (Derivada); Medição da Tensão e Corrente AC; Análise de Circuitos Usando Computador

OBJETIVOS

Após estudar este capítulo, você será capaz de:
- explicar por que as tensões e correntes AC são diferentes das DC;
- desenhar formas de onda para as tensões e correntes AC e explicar o que elas significam;
- explicar as convenções para a polaridade da tensão e a direção da corrente usada para AC;
- descrever os geradores AC básicos e explicar como a tensão é gerada;
- definir e calcular a frequência, o período, a amplitude e os valores de pico a pico;
- calcular as tensões ou as correntes senoidais instantâneas em qualquer instante no tempo;
- definir as relações entre ω, T e f para a onda senoidal;
- definir e calcular as diferenças de fase entre as formas de onda;
- usar fasores para representar as tensões e correntes senoidais;
- determinar as relações de fase entre as formas de onda usando fasores;
- definir e calcular os valores médios para as formas de onda variáveis no tempo;
- definir e calcular os valores eficazes (RMS) para as formas de onda variáveis no tempo;
- usar o Multisim e o PSpice para estudar as formas de onda AC.

Fundamentos de AC

15

Apresentação Prévia do Capítulo

As correntes alternadas (AC) são aquelas que alternam a direção (geralmente, inúmeras vezes por segundo), passando por um circuito primeiro em uma direção e depois na outra. Tais correntes são geradas pelas fontes de tensão cujas polaridades alternam entre positiva e negativa (em vez de ficarem fixas como nas fontes DC). Por convenção, as correntes alternadas são chamadas de correntes AC e as tensões alternadas, de tensões AC.

A variação de uma tensão ou corrente AC *versus* o tempo é denominada forma de onda. Como as formas de onda variam com o tempo, são designadas pelas letras minúsculas v(t), i(t), e(t) etc. em vez das maiúsculas V, I e E que usamos para a DC. Em geral, abandonamos a notação funcional [por exemplo, v(t)] e usamos uma notação mais simples: v, i e e.

Embora muitas formas de onda sejam importantes para nós, a principal é a senoidal (também chamada de AC senoidal). Na verdade, a onda senoidal é tão importante que muitos associam o termo AC ao termo senoidal, ainda que AC se refira a qualquer grandeza que alterne com o tempo.

Neste capítulo, examinaremos os princípios básicos de AC, incluindo a geração de tensões AC e as maneiras de representar e manipular as grandezas AC. Essas ideias serão usadas no restante deste volume e em todo o seguinte para o desenvolvimento de métodos de análise para os circuitos AC.

Colocando em Perspectiva

Thomas Alva Edison

Agora partimos do pressuposto de que os sistemas elétricos de potência são AC. (Isso é reiterado toda vez que vemos uma parte do equipamento classificada como "60 hertz AC".) No entanto, nem sempre foi assim. No final no século XIX, uma batalha ferrenha — a chamada "guerra das correntes" — foi travada no início do setor de energia elétrica. Thomas Alva Edison liderou as forças a favor do uso da DC, e George Westinghouse (Capítulo 23, volume 2) e Nikola Tesla (Capítulo 24, volume 2) lideraram aqueles a favor do uso da AC.

Edison, um inventor produtivo que nos proporcionou a lâmpada elétrica, o fonógrafo e muitas outras invenções notáveis, lutou energicamente pela DC. Ele dedicou uma considerável quantidade de tempo e dinheiro no desenvolvimento de potência DC, colocando em jogo muito dinheiro e prestígio. Edison estava tão determinado nessa batalha que primeiro convenceu o Estado de Nova York a adotar a AC para o projeto da nova cadeira elétrica para mostrar como a AC era fatal. No final, uma série de vantagens da AC em relação à DC e a firme oposição de Tesla e Westinghouse fizeram que a AC triunfasse.

Edison nasceu em Milan, Ohio, em 1847. A maioria de seu trabalho foi feita em dois locais de Nova Jersey: primeiro em um laboratório em Menlo Park e, posteriormente, em um laboratório maior, em West Orange, onde cinco mil pessoas faziam parte de sua equipe. Ele recebeu patente como inventor e coinventor de aproximadamente 1.300 itens – um feito incrível que provavelmente o tornou o maior inventor de todos os tempos.

Thomas Edison morreu aos 84 anos, em 18 de outubro de 1931.

15.1 Introdução

Anteriormente, você aprendeu que as fontes DC têm polaridades e magnitudes fixas e, portanto, geram correntes com valor constante e direção fixa, como ilustra a Figura 15-1. Em contrapartida, as tensões das fontes AC alternam a polaridade e variam a magnitude, gerando, assim, correntes que variam em magnitude e alternam a direção.

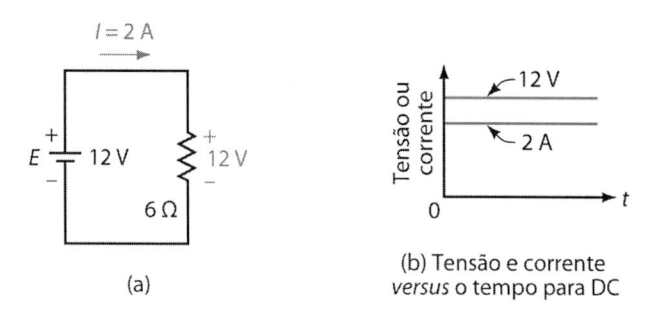

Figura 15-1 Em um circuito DC, as polaridades da tensão e as direções da corrente não variam.

Tensão AC Senoidal

Para ilustração, considere a tensão na tomada da parede de sua casa. Denominada **onda senoidal** ou **forma de onda AC senoidal** (por razões que serão discutidas na Seção 15.5), essa tensão tem o formato mostrado na Figura 15-2. Com início em zero, a tensão aumenta para um valor máximo positivo, diminui para zero, muda a polaridade, cai para um valor máximo negativo e depois retorna a zero novamente. Uma variação completa é chamada de **ciclo**. Como a forma de onda se repete em intervalos regulares como em (b), ela é denominada forma de onda **periódica**.

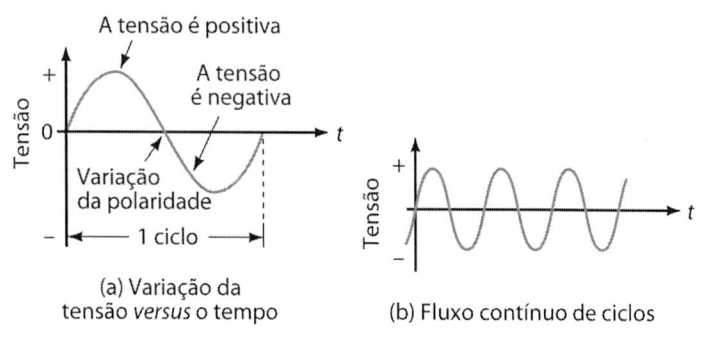

Figura 15-2 Formas de onda AC senoidal. Os valores acima do eixo são positivos, e os abaixo dele são negativos.

Símbolo para uma Fonte de Tensão AC

A Figura 15-3 mostra o símbolo para uma fonte de tensão senoidal. Observe que a letra minúscula *e* é usada para representar a tensão em vez da maiúscula *E*, já que a tensão é uma função do tempo. Os indicadores da polaridade também estão ilustrados, mas, como a polaridade da fonte varia, seu significado ainda tem de ser determinado.

Corrente AC Senoidal

A Figura 15-4 mostra um resistor ligado a uma fonte AC. Durante o primeiro meio-ciclo, a tensão na fonte é positiva; portanto, a direção da corrente está no sentido horário. Durante o segundo meio-ciclo, a polaridade da tensão é invertida; portanto, a direção da corrente está no sentido anti-horário. Como a corrente é proporcional à tensão, seu formato também é senoidal (Figura 15-5).

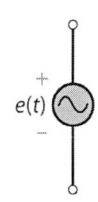

Figura 15-3 Símbolo para uma fonte de tensão senoidal. A letra minúscula *e* é usada para indicar que a tensão varia com o tempo.

Figura 15-4 A direção da corrente é invertida quando a polaridade da fonte se inverte.

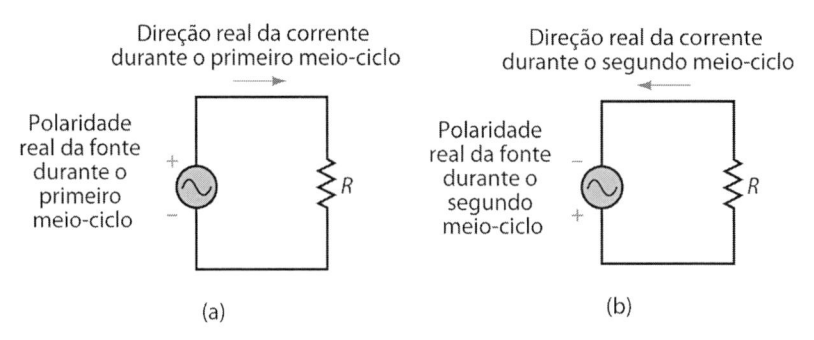

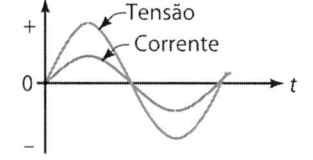

Figura 15-5 A corrente tem a onda com o mesmo formato da tensão.

15.2 Geração de Tensão AC

Uma forma de gerar tensão AC é girar uma bobina de fio a uma velocidade angular constante em um campo magnético fixo, Figura 15-6. (Os anéis deslizantes e as escovas ligam a bobina à carga.) A magnitude da tensão resultante é proporcional à taxa em que as linhas de fluxo são interrompidas (Lei de Faraday, Capítulo 13), e sua polaridade depende da direção em que os lados da bobina se movem pelo campo. Como a taxa dos fluxos cortados varia com o tempo, a tensão resultante também irá variar com o tempo. Em (a), por exemplo, como os lados da bobina se descolam paralelamente para o campo, não há corte das linhas de fluxo, e a tensão induzida nesse instante (e, portanto, a corrente) é zero. (Isso é definido como a posição em 0° da bobina.) À medida que a bobina gira e sai da posição em 0°, os lados *AA'* e *BB'* cruzam as linhas de fluxo. Dessa forma, gera-se tensão, atingindo um pico quando o fluxo é interrompido a uma taxa máxima na posição em 90°, como em (b). Observe a polaridade da tensão e a direção da corrente. À medida que a bobina girar mais, a tensão irá diminuir, atingindo o zero na posição em 180°, quando os lados da bobina se movem novamente paralelamente ao campo, como em (c). Nessa altura, a bobina já completou meia-volta.

Durante a segunda meia-volta, os lados da bobina interrompem o fluxo nas direções opostas às da primeira meia-volta. Sendo assim, a polaridade da tensão induzida é invertida. Como mencionado em (d), a tensão atinge o pico no ponto em 270°. A polaridade da tensão mudou, então a direção da corrente também sofreu alteração. Quando a bobina atinge a posição em 360°, a tensão passa a ser novamente zero, e o ciclo recomeça. A Figura 15-7 mostra um ciclo da forma de onda resultante. Já que a bobina gira continuamente, a tensão gerada será uma forma de onda repetitiva e periódica, como mostrado na Figura 15-2(b). A corrente também será periódica.

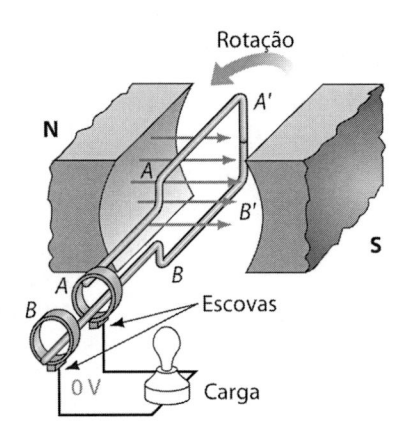

468 Análise de Circuitos • Conceitos Fundamentais de AC

(a) Posição em 0°: os lados da bobina movem-se paralelos às linhas de fluxo. Como nenhum fluxo está sendo interrompido, a tensão induzida é zero.

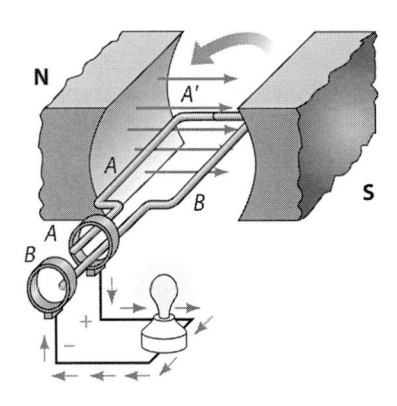

(b) Posição em 90°: a extremidade da bobina A é positiva em relação à B. A direção da corrente aponta para fora do anel deslizante A.

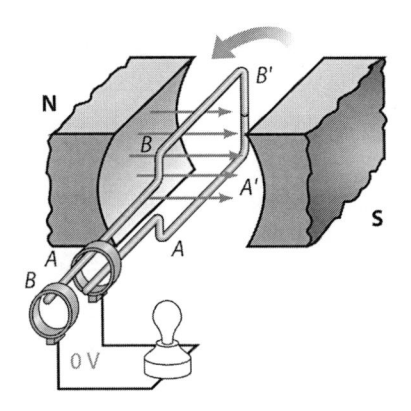

(c) Posição em 180°: novamente, bobina não interrompe fluxo algum. A tensão induzida é zero.

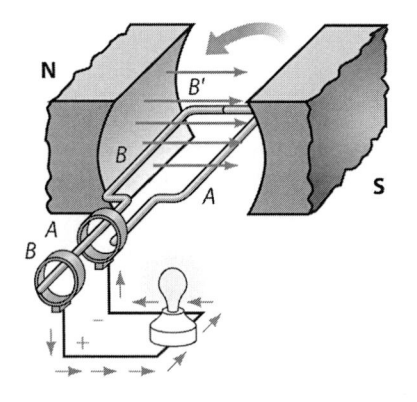

(d) Posição em 270°: a polaridade da tensão foi invertida; portanto, a direção da corrente também foi invertida.

Figura 15-6 Geração de uma tensão AC. Define-se a posição 0° da bobina como (a) onde os lados da bobina se movem paralelos às linhas de fluxo. Na prática, as rotações são tão rápidas que não há tempo para a luz apagar, dando a impressão de que ela permanece ligada.

NOTAS...

Na prática, a bobina da Figura 15-6 é composta de várias espiras enroladas em um núcleo de ferro. A bobina, o núcleo e os anéis giram juntos.

Na Figura 15-6, o campo magnético é fixo e a bobina gira. Os geradores pequenos são construídos dessa forma, ao passo que os grandes geradores AC, em geral, são fabricados de maneira oposta, ou seja, as bobinas são fixas e o campo magnético gira. Além disso, grandes geradores AC são normalmente construídos como máquinas trifásicas e três bobinas em vez de uma. Veremos isso no Capítulo 24 (volume 2). Embora os detalhes estejam simplificados, o gerador da Figura 15-6 fornece uma representação fidedigna da tensão gerada por um gerador AC real.

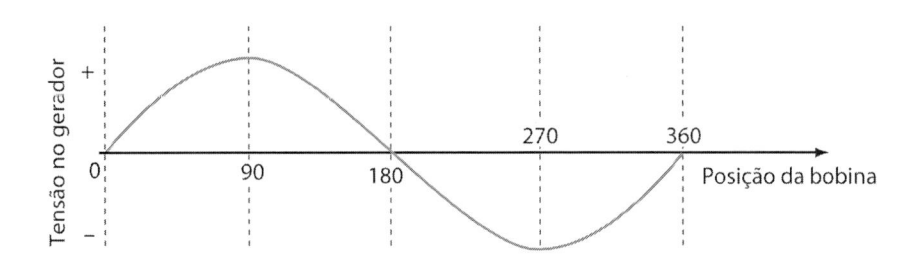

Figura 15-7 Tensão na bobina *versus* posição angular.

Escalas de Tempo

O eixo horizontal da Figura 15-7 está com a escala em graus. Geralmente, é necessário que ele esteja escalonado no tempo. O tempo necessário para gerar um ciclo depende da velocidade rotacional. Suponha que a bobina gire 600 rpm (rotações por minuto). Seiscentas rotações em um minuto equivalem a 600 rot/60 s = 10 rotações em um segundo. A 10 rotações por segundo, o tempo para uma rotação é um décimo de segundo, ou seja, 100 ms. Como um ciclo equivale a 100 ms, meio-ciclo é 50 ms, um quarto de ciclo é igual a 25 ms, e assim sucessivamente. A Figura 15-8 mostra a forma de onda escalonada no tempo.

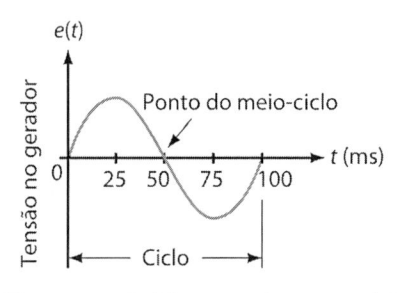

Figura 15-8 O ciclo na escala temporal. A 600 rpm, a duração do ciclo é de 100 ms.

Valor Instantâneo

Como mostra a Figura 15-8, a tensão na bobina varia de instante em instante. O valor da tensão em qualquer ponto da forma de onda é chamado de **valor instantâneo**. Isso está ilustrado na Figura 15-9. A Figura 15-9(a) mostra a fotografia de uma forma de onda real, e (b) traz um desenho dela, com os valores escalonados a partir da foto. Para esse exemplo, a tensão tem um valor de pico de 40 volts e um tempo de ciclo de 6 ms. Do gráfico, vemos que em $t = 0$ ms a tensão é zero. Em $t = 0,5$ ms, ela é 20 V. Em $t = 2$ ms, é 35 V. Em $t = 3,5$ ms a tensão é -20 V, e assim por diante.

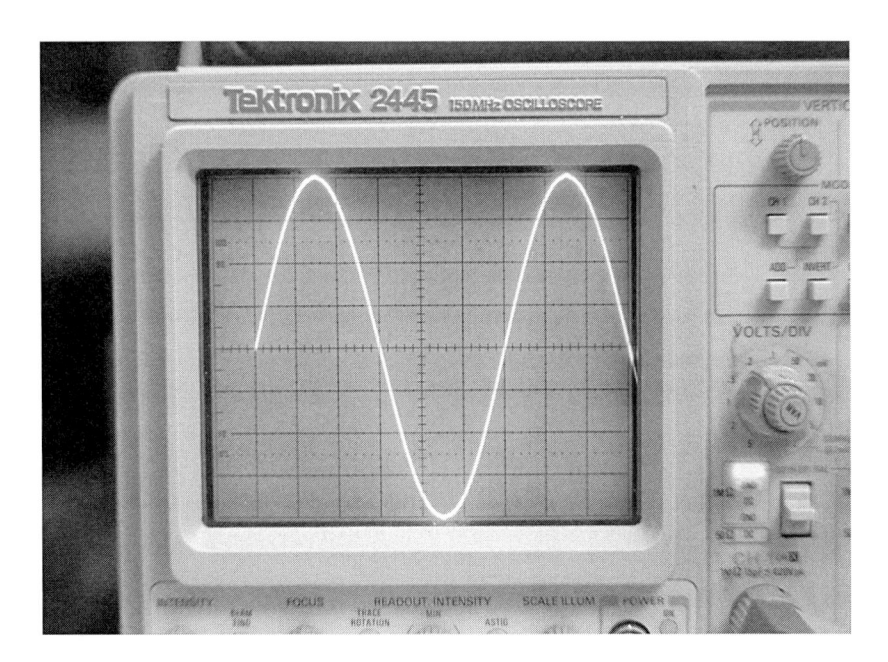

(a) Tensão senoidal

(b) Valores escalonados a partir da fotografia

Figura 15-9 Valores instantâneos.

Geradores de Sinais Eletrônicos

As formas de onda AC também podem ser geradas eletronicamente, com o uso de geradores de sinais. Na verdade, com os geradores de sinais, não ficamos restritos à AC senoidal. Por exemplo, o gerador de sinal de uso geral para laboratório, mostrado na Figura 15-10, pode gerar formas de onda com frequências variadas, incluindo a senoidal, a onda quadrada, triangular etc. É comum usarem formas de onda como essas para testar equipamentos eletrônicos.

(a) Um típico gerador de sinal

(b) Formas de onda

Onda senoidal

Onda quadrada

Onda triangular

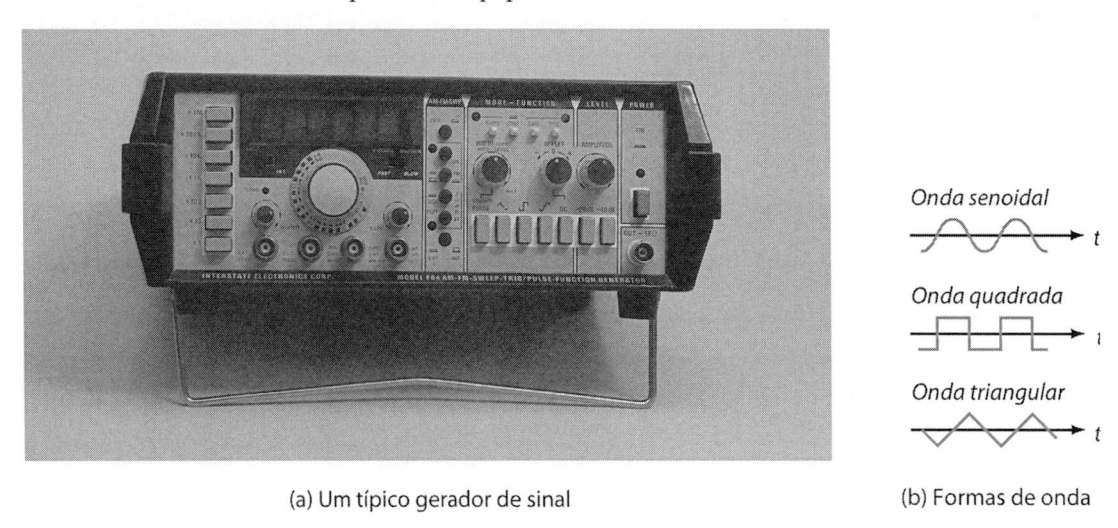

Figura 15-10 Geradores de sinal eletrônico geram formas de onda com formatos diferentes.

15.3 Convenções para Tensão e Corrente em AC

Na Seção 15.1, examinamos brevemente as polaridades da tensão e as direções da corrente. Nela, usamos diagramas separados para cada meio-ciclo (Figura 15-4). No entanto, isso é desnecessário; só precisamos de um diagrama e um conjunto de referências, como ilustrado na Figura 15-11. Primeiro, assinalamos as polaridades de referência para a fonte e a direção para a corrente. Usamos a seguinte convenção: *quando e tem um valor positivo, a polaridade real é a mesma da polaridade de referência; e quando e tem um valor negativo, sua polaridade real é oposta à de referência.* Para a corrente, usamos a seguinte convenção: *quando i tem um valor positivo, a direção real é igual à da seta de referência; e quando i tem um valor negativo, a direção real é oposta à de referência.*

(a) Referências para a tensão e corrente

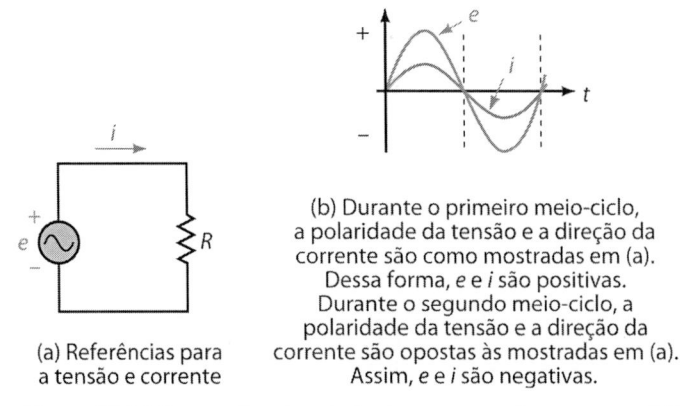

(b) Durante o primeiro meio-ciclo, a polaridade da tensão e a direção da corrente são como mostradas em (a). Dessa forma, e e i são positivas. Durante o segundo meio-ciclo, a polaridade da tensão e a direção da corrente são opostas às mostradas em (a). Assim, e e i são negativas.

Figura 15-11 Convenções de referência para a tensão e corrente AC.

Como ilustração, considere a Figura 15-12. [As partes (b) e (c) mostram o circuito em dois momentos.] No tempo t_1, e tem um valor de 10 volts. Isso significa que nesse instante a tensão na fonte é 10 volts, e a extremidade superior é positiva em relação à extremidade inferior, como indicado em (b). Com uma tensão de 10 V e uma resistência de 5 Ω, o valor instantâneo da corrente é $i = e/R = 10$ V/5 Ω = 2 A. Como i é positivo, a corrente está na direção da seta de referência.

(a)

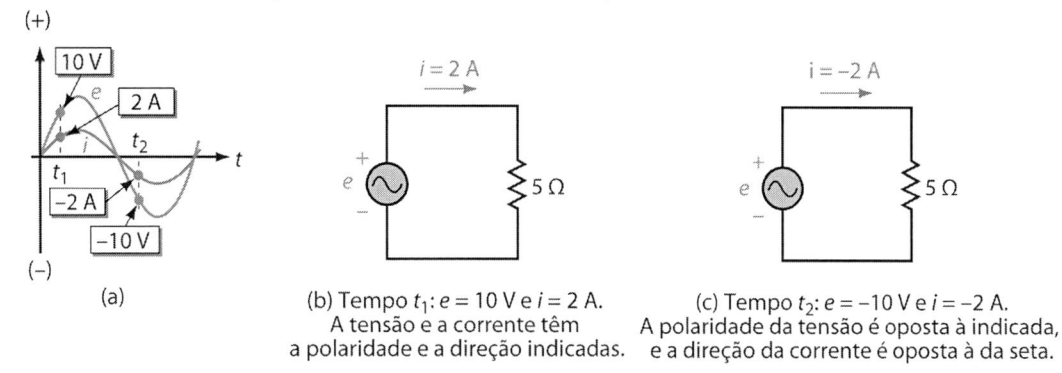

(b) Tempo t_1: $e = 10$ V e $i = 2$ A. A tensão e a corrente têm a polaridade e a direção indicadas.

(c) Tempo t_2: $e = -10$ V e $i = -2$ A. A polaridade da tensão é oposta à indicada, e a direção da corrente é oposta à da seta.

Figura 15-12 Ilustração da convenção para a tensão e corrente AC.

Agora considere o t_2. Nele, $e = -10$ V. Isso significa que a tensão na fonte é novamente 10 V, mas agora sua extremidade superior é negativa em relação à inferior. Aplicando mais uma vez a lei de Ohm, obtemos $i = e/R = -10$ V/5 Ω = −2 A. Como i é negativa, a direção da corrente é, na verdade, oposta à seta de referência. Isso está indicado em (c).

Esse conceito é válido para qualquer sinal AC, independentemente da forma de onda.

Exemplo 15-1

A Figura 15-13 (b) mostra um ciclo de uma onda triangular para a tensão. Determine a corrente e sua direção em $t = 0, 1, 2, 3, 4, 5, 6, 7, 8, 9, 10, 11$ e 12 µs e faça um desenho.

Solução: Aplique a lei de Ohm em cada ponto no tempo. Em $t = 0$ µs, $e = 0$ V, então $i = e/R = 0$V/20 kΩ = 0 mA. Em $t = 1$ µs, $e = 30$ V. Assim, $i = e/R = 30$ V/20 kΩ = 1,5 mA. Em $t = 2$ µs, $e = 60$ V. Assim, $i = e/R = 60$ V/20 kΩ = 3 mA. Dando continuidade a esse procedimento, obtemos os valores mostrados na Tabela 15-1. A forma de onda está representada na Figura 15-13(c).

Tabela 15-1 Valores para o Exemplo 15-1

t(µs)	e(V)	i (mA)
0	0	0
1	30	1,5
2	60	3,0
3	90	4,5
4	60	3,0
5	30	1,5
6	0	0
7	−30	−1,5
8	−60	−3,0
9	−90	−4,5
10	−60	−3,0
11	−30	−1,5
12	0	0

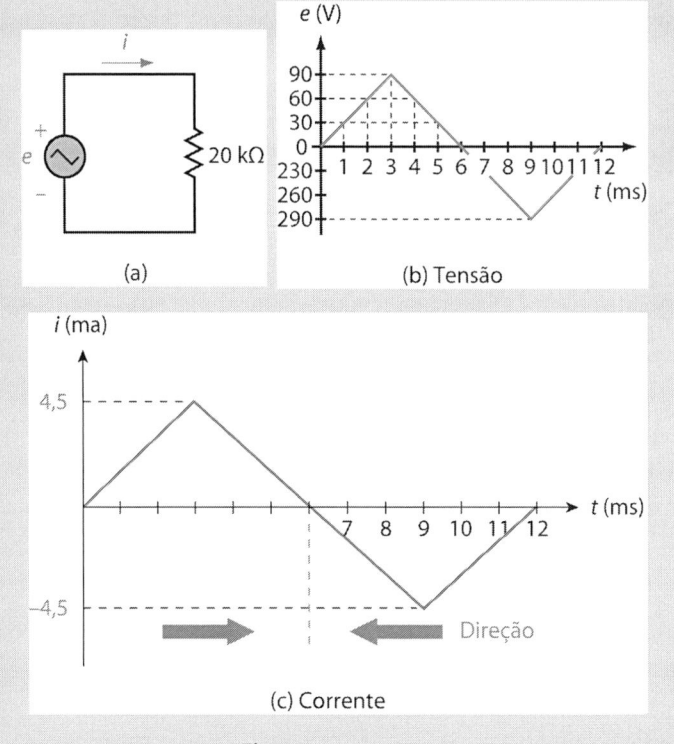

Figura 15-13

472 Análise de Circuitos • Conceitos Fundamentais de AC

PROBLEMAS PRÁTICOS 1

1. Suponha que a tensão na fonte da Figura 15-11 seja a forma de onda da Figura 15-9. Sendo $R = 2,5$ kΩ, determine a corrente em $t = 0$; 0,5; 1; 1,5; 3; 4,5 e 5,25 ms.
2. Para a Figura 15-13, sendo $R = 180$ Ω, determine a corrente em $t = 1,5$; 3; 7,5 e 9 μs.

   Respostas

1. 0, 8, 14, 16, 0, −16, −11,2 (todos mA)
2. 0,25; 0,5; −0,25; −0,5 (todos A)

15.4 Frequência, Período, Amplitude e Valor de Pico

As formas de onda periódicas (isto é, as formas de onda que se repetem em intervalos regulares), independentemente do formato, podem ser descritas por um grupo de atributos, como a frequência, o período, a amplitude, o valor de pico etc.

Frequência

O número de ciclos de uma forma de onda por segundo é definido como a **frequência**. Na Figura 15-14(a), um ciclo ocorre em um segundo; então, a frequência é de um ciclo por segundo. De modo semelhante, a frequência de (b) é de dois ciclos por segundo e a de (c) é de 60 ciclos por segundo. A frequência é designada pela letra minúscula f. No sistema SI, a unidade da frequência é o **hertz** (Hz, em homenagem ao pesquisador pioneiro Heinrich Hertz, 1857-1894). Por definição,

$$1 \text{ Hz} = 1 \text{ ciclo por segundo} \tag{15-1}$$

Assim, os exemplos descritos na Figura 15-14 representam 1 Hz, 2 Hz e 60 Hz, respectivamente.

(a) 1 ciclo por segundo = 1 Hz   (b) 2 ciclos por segundo = 2 Hz   (c) 60 ciclos por segundo = 60 Hz

Figura 15-14 A frequência é medida em hertz (Hz).

A variação da frequência é enorme. As frequências das linhas de energia, por exemplo, são 60 Hz em muitas partes do mundo (como nos Estados Unidos e Canadá)* e 50 Hz em outras. A faixa frequência dos sons audíveis varia de 20 Hz a aproximadamente 20 kHz. As bandas-padrão de rádio AM ocupam de 550 kHz a 1,6 MHz, enquanto as bandas FM variam de 88 MHz para 108 MHz. As transmissões de TV ocupam algumas bandas na faixa entre 54 MHz e 890 MHz. Acima de 300 GHz estão as frequências óticas e as frequências de raio X.

Período

O **período**, T, de uma forma de onda (Figura 15-15) é a duração de um ciclo. Ele é o inverso da frequência. Considere novamente a Figura 15-14. Em (a), a frequência é de 1 ciclo por segundo; assim, a duração de cada ciclo é $T = 1$ s. Em (b), a frequência é de dois ciclos por segundo; portanto, a duração de cada ciclo é $T = 1/2$ s, e assim por diante. Em geral,

$$T = \frac{1}{f} \text{ (s)} \tag{15-2}$$

e

$$f = \frac{1}{T} \text{ (Hz)} \tag{15-3}$$

Observe que essas definições independem do formato da onda.

---
* No Brasil, a frequência das linhas de energia também é 60 Hz.(N.R.T.)

Exemplo 15-2

a. Qual é o período de uma tensão de 50 Hz?
b. Qual é o período de uma corrente de 1 MHz?

Solução:

a. $T = \dfrac{1}{f} = \dfrac{1}{50 \text{ Hz}} = 20 \text{ ms}$

b. $T = \dfrac{1}{f} = \dfrac{1}{1 \times 10^6 \text{ Hz}} = 1 \text{ µs}$

Exemplo 15-3

A Figura 15-16 mostra traços do osciloscópio de uma onda quadrada. Cada divisão horizontal representa 50 µs. Determine a frequência.

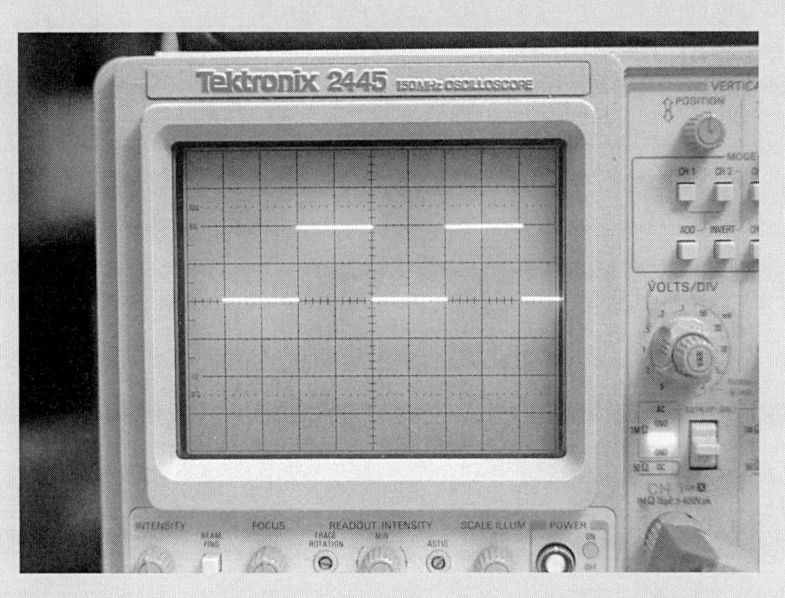

Figura 15-16 Os conceitos de frequência e período aplicam-se também a formas de onda não-senoidal.
Aqui, $T = 4 \text{ div} \times 50 \text{ µs/div} = 200 \text{ µs}$.

Solução: Como a onda se repete a cada 200 µs, o período é igual a 200 µs e

$$f = \dfrac{1}{200 \times 10^{-6} \text{ s}} = 5 \text{ kHz}$$

É possível medir o período de uma forma de onda entre quaisquer dois pontos correspondentes (Figura 15-17). Geralmente, o período é medido entre os pontos zero e os de pico porque eles são fáceis de serem determinados em um traço do osciloscópio.

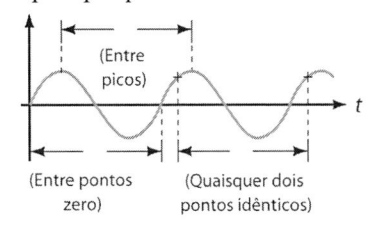

Figura 15-17 Pode-se medir o período em quaisquer dois pontos correspondentes.

Exemplo 15-4

Determine o período e a frequência da forma de onda da Figura 15-18.

Solução: O intervalo de tempo T_1 não representa um período, já que ele não é medido entre os pontos correspondentes. No entanto, o intervalo T_2 representa.

$$f = \frac{1}{T} = \frac{1}{10 \times 10^{-3} \text{ s}} = 100 \text{ Hz}$$

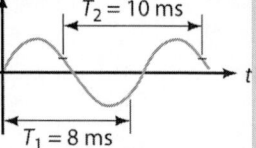

Figura 15-18

Amplitude e Valor de Pico a Pico

A **amplitude** de uma onda senoidal é a distância entre o valor médio e o de pico. Assim, a amplitude da tensão nas Figuras 15-19(a) e (b) é E_m.

A Figura 15-19(a) também indica a **tensão de pico a pico**, que é medida entre os picos mínimo e máximo. Neste livro, as tensões de pico a pico são designadas como $E_{p\text{-}p}$ ou $V_{p\text{-}p}$. De modo semelhante, as correntes de pico a pico são designadas como $I_{p\text{-}p}$. Como ilustração, considere a Figura 15-9. A amplitude dessa tensão é $E_m = 40$ V, e a tensão de pico a pico é $E_{p\text{-}p} = 80$ V.

Valor de Pico

O **valor de pico** da tensão ou da corrente é o seu valor máximo em relação a zero. Considere a Figura 15-19(b). Uma onda senoidal é superposta a um sinal DC, gerando um pico que é a soma da tensão DC com a amplitude da forma de onda AC. Para o caso indicado, a tensão de pico é $E + E_m$.

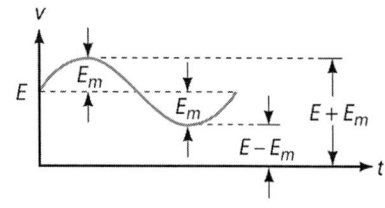

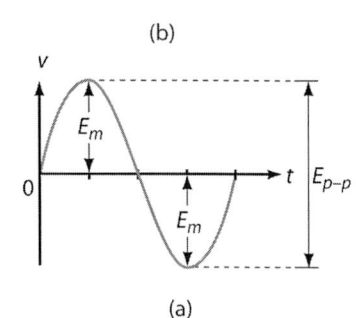

Figura 15-19 Definições.

VERIFICAÇÃO DO PROCESSO DE APRENDIZAGEM 1

(*As respostas encontram-se no final do capítulo.*)

1. Qual é o período de um sistema de potência AC cuja frequência é 60 Hz?
2. Se duplicarmos a velocidade rotacional de um gerador AC, o que acontecerá com a frequência e com o período da forma de onda?
3. Se o gerador da Figura 15-6 girar a 3.000 rpm, quais serão o período e a frequência da tensão resultante? Desenhe quatro ciclos e escalone o eixo horizontal em unidades de tempo.
4. Para a forma de onda da Figura 15-9, liste todos os valores do tempo em que $e = 20$ V e $e = -35$ V. As ondas senoidais são simétricas.
5. Quais pares das formas de onda da Figura 15-20 são combinações válidas? Por quê?

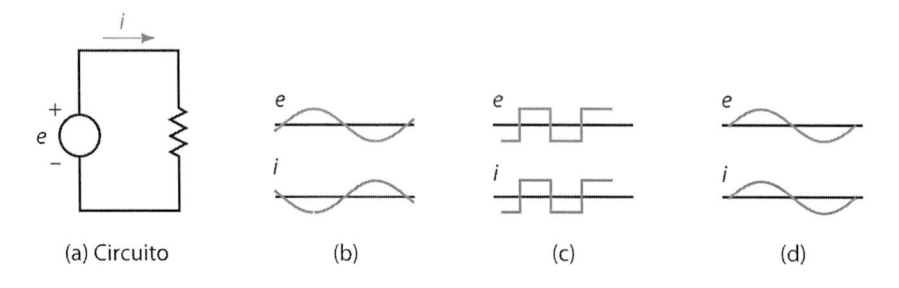

(a) Circuito   (b)   (c)   (d)

Figura 15-20 Quais pares das formas de onda são válidos?

6. Para a forma de onda na Figura 15-21, determine a frequência.

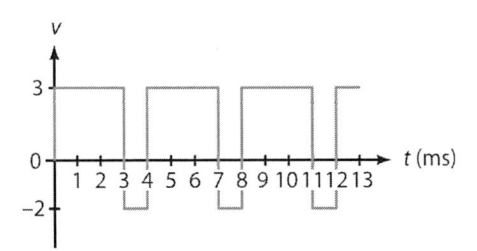

Figura 15-21

7. Duas formas de onda têm o período de $T_1 = 10$ ms e $T_2 = 30$ ms, respectivamente. Qual das duas possui a frequência mais alta? Calcule as frequências das duas formas de onda.

8. Duas fontes apresentam as frequências f_1 e f_2, respectivamente. Sendo $f_2 = 20 f_1$ e $T_2 = 1$ μs, qual é o valor de f_1? E de f_2?

9. Considere a Figura 15-22. Qual é a frequência da forma de onda?

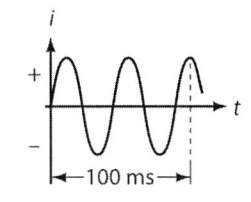

Figura 15-22

10. Na Figura 15-11, sendo $f = 20$ Hz, qual é a direção da corrente em $t = 12$ ms, 37 ms e 60 ms? Sugestão: desenhe a forma de onda e escalone o eixo horizontal em ms.

11. Uma corrente senoidal de 10 Hz tem um valor de 5 amperes em $t = 25$ ms. Qual será o valor em $t = 75$ ms? Veja a sugestão do Problema 10.

15.5 Relações Angular e Gráfica para Ondas Senoidais

A Equação Básica da Onda Senoidal

Considere novamente o gerador da Figura 15-6, reorientado e redesenhado na Figura 15-23. À medida que a bobina gira, a tensão gerada é

$$e = E_m \operatorname{sen} \alpha \tag{15-4}$$

onde E_m é a tensão máxima na bobina e α é a posição angular instantânea da bobina — ver a Nota. (Para um dado gerador e determinada velocidade rotacional, E_m é constante.) Observe que α = 0° representa a posição horizontal da bobina e que um ciclo completo corresponde a 360°. A Equação 15-4 postula que é possível encontrar a tensão em qualquer ponto da onda senoidal multiplicando E_m vezes o seno do ângulo naquele ponto.

NOTA...

É possível encontrar a dedução da Equação 15-4 em livros de física avançada.

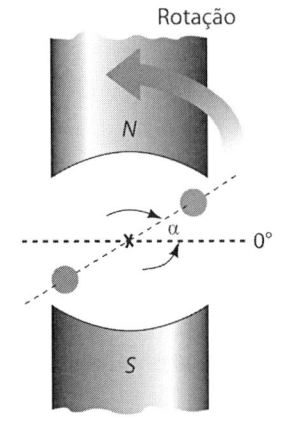

(a) Visão de cima, que mostra a posição da bobina

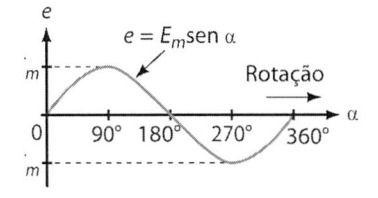

(b) Forma de onda da tensão

Figura 15-23 Tensão na bobina *versus* posição angular.

Exemplo 15-5

Sendo a amplitude da forma de onda da Figura 15-23(b) $E_m = 100$ V, determine a tensão na bobina em 30° e em 330°.

Solução: Em $\alpha = 30°$, $e = E_m \text{ sen } \alpha = 100 \text{ sen } 30° = 50$ V. Em 330°, $e = 100 \text{ sen } 330° = -50$ V. O gráfico da Figura 15-24 mostra esses resultados.

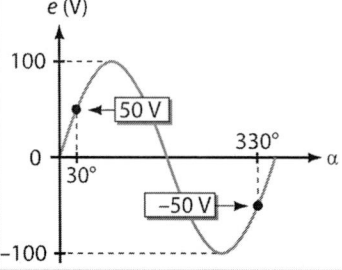

Figura 15-24

PROBLEMAS PRÁTICOS 2

A Tabela 15-2 mostra uma tabulação da tensão *versus* o ângulo calculado a partir de $e = 100 \text{ sen } \alpha$. Use a calculadora para checar cada valor, e depois represente o resultado em um papel milimetrado. A forma de onda resultante deve ser parecida com a da Figura 15-24.

Tabela 15-2 Dados para a Representação Gráfica de $e = 100 \text{ sen } \alpha$

Ângulo α	Tensão α
0	0
30	50
60	86,6
90	100
120	86,6
150	50
180	0
210	−50
240	−86,6
270	−100
300	−86,6
330	−50
360	0

Velocidade Angular, ω

A velocidade com que a bobina do gerador gira é chamada de **velocidade angular**. Se a bobina gira em um ângulo de 30° em um segundo, por exemplo, sua velocidade angular é de 30° por segundo. A velocidade angular é designada pela letra grega ω (ômega). Para o caso citado, ω = 30°/s. (Normalmente, a velocidade angular é expressa em radianos por segundo em vez de graus por segundo. Em breve, faremos essa mudança — ver a Nota). Quando se sabe a velocidade angular de uma bobina e a duração de seu giro, é possível calcular o ângulo de acordo com o tempo em que ela girou. Por exemplo, uma bobina girando a 30°/s rotaciona em um ângulo de 30° em um segundo, 60° em dois segundos, 90° em três segundos, e assim sucessivamente. Em geral,

$$\alpha = \omega t \qquad (15\text{-}5)$$

Agora, podemos obter as expressões para t e ω. São elas

$$t = \frac{\alpha}{\omega} \text{ (s)} \qquad (15\text{-}6)$$

$$\omega = \frac{\alpha}{t} \qquad (15\text{-}7)$$

NOTA...

Observe que as Equações 15-5 a 15-7 também são válidas quando α é expresso em radianos e ω em radianos/s. Na verdade, na maioria das vezes usamos essas equações com a medida em radianos, como veremos em breve.

Exemplo 15-6

Se a bobina da Figura 15-23 girar a 300°/s, quanto tempo levará para completar uma rotação?

Solução: Uma volta é 360°. Logo,

$$t = \frac{\alpha}{\omega} = \frac{360 \text{ graus}}{300 \frac{\text{graus}}{\text{s}}} = 1,2 \text{ s}$$

Como isso equivale a um período, devemos usar o símbolo T. Assim, $T = 1,2$ s, conforme mostra a Figura 15-25.

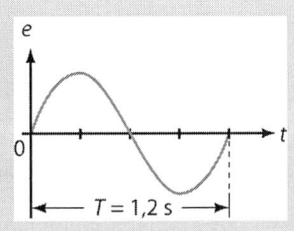

Figura 15-25

PROBLEMAS PRÁTICOS 3

Se a bobina da Figura 15-23 gira a 3.600 rpm, determine sua velocidade angular, ω, em graus por segundo.

Resposta

21.600 graus/s

Medida em Radiano

Na prática, ω geralmente é expresso em radianos por segundo, em que o radiano e o grau estão relacionados pela identidade

$$2\pi \text{ radianos} = 360° \qquad (15\text{-}8)$$

Um radiano, portanto, é igual a $360°/2\pi = 57,296°$. Um círculo completo, como o mostrado na Figura 15-26(a), pode ser designado como 360° ou como 2π radianos. Igualmente, o comprimento do ciclo de uma senoide, mostrado na Figura 15-26(b), pode ser apresentado como 360° ou 2π radianos; o de meio-ciclo como 180° ou π radianos, e assim por diante.

(a) 360° = 2π radianos

(b) Comprimento do ciclo escalonado em graus e radianos

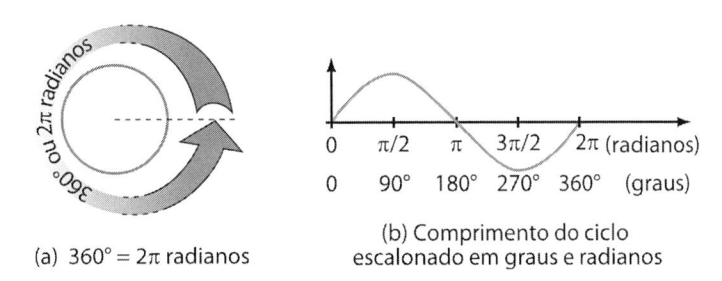

Figura 15-26 Medida em radiano.

Para converter graus em radianos, multiplique o ângulo em graus por $\pi/180$; para converter radianos em graus, multiplique por $180/\pi$.

$$\alpha_{\text{radianos}} = \pi; \alpha_{\text{graus}} \qquad (15\text{-}9)$$

$$\alpha_{\text{graus}} = \pi, \alpha_{\text{radianos}} \qquad (15\text{-}10)$$

A Tabela 15-3 mostra alguns ângulos nas duas medidas.

Exemplo 15-7

a. Converta 315° em radianos.
b. Converta 5π/4 em graus.

Solução:

a. $\alpha_{radianos} = (\pi/180°)(315°) = 5{,}5$ rad
b. $\alpha_{graus} = (180°/\pi)(5\pi/4) = 225°$

Tabela 15-3 Ângulos Selecionados em Graus e em Radianos

Graus	Radianos
30	π/6
45	π/4
60	π/3
90	π/2
180	π
270	3π/2
360	2π

As calculadoras científicas fazem essas conversões diretamente, e seu uso é mais conveniente do que essas fórmulas.

Representação Gráfica das Ondas Senoidais

Uma forma de onda pode ser representada graficamente com eixo horizontal escalonado em graus, radianos, ou no tempo. Quando ele é escalonado em graus ou radianos, um ciclo é sempre igual a 360° ou 2π radianos (ver a Figura 15-27); quando é escalonado no tempo, depende da frequência, já que a duração de um ciclo depende da velocidade rotacional da bobina, como vimos na Figura 15-8. No entanto, se o eixo é escalonado em termos do período T em vez de em segundos, a forma de onda independe da frequência, já que um ciclo é sempre T, como mostra a Figura 15-27(c).

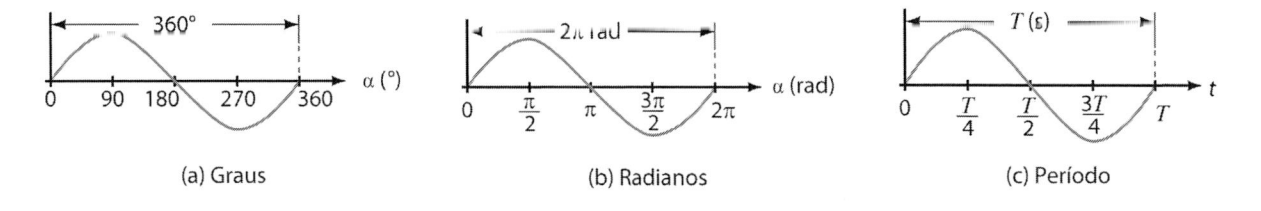

(a) Graus (b) Radianos (c) Período

Figura 15-27 Comparação entre várias escalas horizontais. A duração do ciclo pode ser escalonada em graus, radianos ou período. Cada um deles independe da frequência.

Quando desenhamos uma forma de onda, não precisamos representar muitos pontos para obtermos um bom esboço. Normalmente, o adequado é representar valores a cada 45° (um oitavo de um ciclo) – Tabela 15-4. Em geral, é possível simplesmente fazer um esboço da curva, como ilustra o Exemplo 15-8 a seguir.

Tabela 15-4 Valores para um Esboço Rápido da Forma de Onda

α (graus)	α (rad)	t (T)	Valor de sen α
0	0	0	0,0
45	π/4	T/8	0,707
90	π/2	T/4	1,0
135	3π/4	3T/8	0,707
180	π	T/2	0,0
225	5π/4	5T/8	−0,707
270	3π/2	3T/4	−1,0
315	7π/4	7T/8	−0,707
360	2π	T	0,0

Exemplo 15-8

Represente a forma de onda para a corrente senoidal de 25 kHz que tem uma amplitude de 4 mA. Escalone o eixo em segundos.

Solução: Para essa forma de onda, $T = 1/25$ kHz = 40 µs. Assim,

1. Trace o eixo do tempo e marque o final do ciclo como 40 µs, o meio-ciclo como 20 µs, o quarto de ciclo como 10 µs, e assim sucessivamente (Figura 15-28).

2. O valor de pico (ou seja, 4 mA) ocorre no ponto de um quarto de ciclo, que é 10 µs na forma de onda. Igualmente, −4 mA ocorrem em 30 µs. Agora faça o desenho.

3. Se necessário, os valores em outros pontos no eixo do tempo podem ser facilmente determinados. Por exemplo, o valor de 5 µs pode ser calculado ao notarmos que 5 µs equivale a um oitavo de ciclo, ou 45°. Assim, $i = 4$ sen 45° mA = 2,83 mA. De maneira alternativa, a partir da Tabela 15-4, em $T/8$, $i = (4$ mA$)(0,707) = 2,83$ mA. Não importa o número de pontos necessários, todos podem ser calculados e representados dessa maneira.

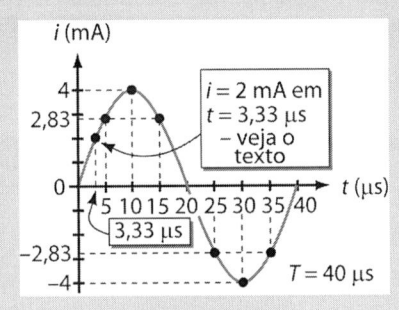

Figura 15-28

4. Os valores em ângulos específicos também podem ser calculados com facilidade. Por exemplo, se quisermos um valor em 30°, o valor necessário será $i = 4$ sen 30° mA = 2,0 mA. Para localizar esse ponto no gráfico, observe que 30° é um doze avos de ciclo ou $T/12 = (40$ µs$)/12 = 3,33$ µs. A Figura 15-28 mostra o ponto.

É provável que o procedimento que mostramos aqui seja exagerado, já que raramente precisamos de tanto detalhamento, ou seja, podemos esboçar a curva como nos primeiros dois passos.

15.6 Tensões e Correntes como Funções do Tempo

Relação entre ω, T e f

Anteriormente, você aprendeu que podemos representar um ciclo de uma forma de onda como $\alpha = 2\pi$ radianos ou $t = T$ s, Figura 15-27. Substituindo em $\alpha = \omega t$ (Equação 15-5), obtemos $2\pi = \omega T$. Transpondo essa relação, obtemos

$$\omega T = 2\pi \text{ (rad)} \tag{15-11}$$

Logo

$$\omega = \frac{2\pi}{T} \text{ (rad/s)} \tag{15-12}$$

Lembre-se, $f = 1/T$ Hz. Substituindo essa relação na Equação 15-12, obtemos

$$\omega = 2\pi f \tag{15-13}$$

Exemplo 15-9

Em algumas regiões do mundo, a frequência do sistema de potência é igual a 60 Hz; em outras, é de 50 Hz. Determine ω para cada.

Solução: Para 60 Hz, $\omega = 2\pi f = 2\pi(60) = 377$ rad/s. Para 50 Hz, $\omega = 2\pi f = 2\pi(50) = 314,2$ rad/s.

PROBLEMAS PRÁTICOS 4

1. Sendo $\omega = 240$ rad/s, quais são os valores de T e f? Quantos ciclos ocorrem em 27 s?
2. Se 56.000 ciclos ocorrem em 3,5 s, qual é o valor de ω?

Respostas
1. 26,18 ms, 38,2 Hz, 1.031 ciclos
2. $100,5 \times 10^3$ rad/s

Tensões e Correntes Senoidais como Funções do Tempo

Da Equação 15-4, lembre-se de que $e = E_m$ sen α, e da Equação 15-5, $\alpha = \omega t$.
Combinando essas equações, obtemos

$$e = E_m \text{ sen } \omega t \tag{15-14a}$$

De modo semelhante,

$$v = V_m \text{ sen } \omega t \tag{15-14b}$$

$$i = I_m \text{ sen } \omega t \tag{15-14c}$$

Exemplo 15-10

Uma fonte de tensão senoidal de 100 Hz tem uma amplitude de 150 volts. Escreva a equação para e como uma função do tempo.

Solução: $\omega = 2\pi f = 2\pi(100) = 628$ rad/s e $E_m = 150$ V. Dessa forma, $e = E_m$ sen $\omega t = 150$ sen $628t$ V.

As Equações 15-14 podem ser usadas para calcular as tensões e correntes em qualquer instante no tempo. Geralmente, ω está em radianos por segundo e, portanto, ωt está em radianos. É possível trabalhar diretamente com radianos, ou fazer a conversão para graus. Por exemplo, suponha que queira saber a tensão em $t = 1,25$ ms para $e = 150$ sen $628t$ V.

Usando radianos Com a calculadora no modo RAD, $e = 150$ sen $(628)(1,25 \times 10^{-3}) = 150$ sen $0,785$ rad $= 106$ V.

Usando graus 0,785 rad $= 45°$. Assim, $e = 150$ sen $45° = 106$ V, igual ao resultado anterior.

Exemplo 15-11

Para $v = 170$ sen $2.450t$, determine v em $t = 3,65$ ms e mostre o ponto na forma de onda de v.

Solução: $\omega = 2.450$ rad/s. Dessa forma, $\omega t = (2.450)(3,65 \times 10^{-3}) = 8,943$ rad $= 512,4°$. Logo, $v = 170$ sen $512,4° = 78,8$ V. Alternativamente, $v = 170$ sen $8,943$ rad $= 78,8$ V. O ponto está representado na forma de onda da Figura 15-29.

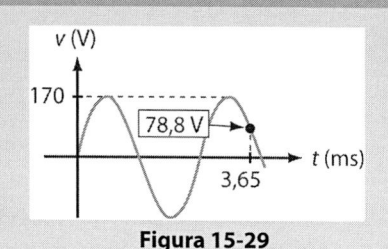

Figura 15-29

PROBLEMAS PRÁTICOS 5

Uma corrente senoidal tem uma amplitude de pico de 10 amperes e um período de 120 ms.

a. Determine a equação como uma função do tempo usando a Equação 15-14c.

b. Usando a mesma equação, calcule uma tabela de valores com intervalos de 10 ms e plote um ciclo da forma de onda escalonado em segundos.

c. Desenhe um ciclo da forma de onda usando o procedimento do Exemplo 15-8. (Observe que esse procedimento é bem menos trabalhoso.)

Respostas

a. $i = 10$ sen $52,36t$ A

c. Marque o fim do ciclo como sendo 120 ms, 1/2 ciclo como 60 ms, 1/4 de ciclo como 30 ms etc. Desenhe a onda senoidal de modo que ela seja igual a zero em $t = 0$; 10 A em 30 ms; 0 A em 60 ms; −10 A em 90 ms; e termina em $t = 120$ ms (ver a Figura 15-30).

Determinação de Quando Ocorre um Valor Específico

Às vezes, é necessário saber quando ocorre um valor específico para a tensão ou corrente. Dado $v = V_m$ sen α, reescreva essa relação da seguinte forma: sen $\alpha = v/V_m$. Assim,

$$\alpha = \sin^{-1}\frac{v}{V_m} \tag{15-15}$$

Usando a função inversa do seno na calculadora, calcule o ângulo α no qual o valor desejado ocorre, e depois determine o tempo a partir de

$$t = \alpha/\omega$$

Exemplo 15-12

Uma corrente senoidal tem uma amplitude de 10 A e um período de 0,120 s. Determine os tempos nos quais

a. $i = 5,0$ A,

b. $i = -5$ A.

Solução:

a. Considere a Figura 15-30. Como se pode ver, há dois pontos na forma de onda onde $i = 5$ A. Sendo os pontos designados respectivamente por t_1 e t_2, em primeiro lugar, determine ω:

$$\omega = \frac{2\pi}{T} = \frac{2\pi}{0,120 \text{ s}} = 52,36 \text{ rad/s}$$

Seja $i = 10$ sen α A. Agora, encontre o ângulo α_1 no qual $i = 5$ A:

$$\alpha_1 = \sin^{-1}\frac{i}{I_m} = \sin^{-1}\frac{5 \text{ A}}{10 \text{ A}} = \sin^{-1} 0,5 = 30° = 0,5236 \text{ rad}$$

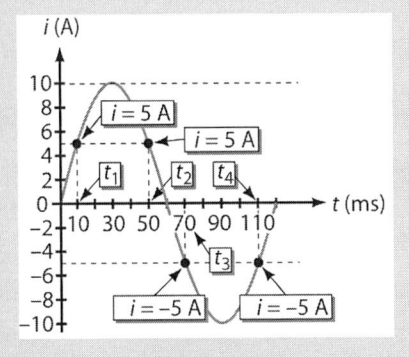

Figura 15-30

Assim, $t_1 = \alpha_1/\omega = (0,5236 \text{ rad})/(52,36 \text{ rad/s}) = 0,01 \text{ s} = 10$ ms. Isso está indicado na Figura 15-30. Agora considere t_2. Por uma questão de simetria, a distância entre t_2 e o ponto do meio-ciclo é igual à distância entre t_1 e o início do ciclo. Dessa forma, $t_2 = 60$ ms $-$ 10 ms $= 50$ ms.

b. De modo semelhante, t_3 (o primeiro ponto no qual $i = -5$ A ocorre) fica 10 ms após o ponto médio, enquanto t_4 fica 10 ms antes do fim do ciclo. Logo, $t_3 = 70$ ms e $t_4 = 110$ ms.

PROBLEMAS PRÁTICOS 6

Dado $v = 10$ sen $52{,}36t$, determine as duas ocorrências de $-8{,}66$ V.

Resposta

80 ms, 100 ms

Tensões e Correntes com Deslocamento de Fase

Se uma onda senoidal não passar pelo zero em $t = 0$ s como na Figura 15-30, ela apresenta um **deslocamento de fase**. As formas de onda podem se deslocar para a esquerda e para a direita (ver a Figura 15-31). Para a forma de onda deslocada para a esquerda, como em (a),

$$v = V_m \operatorname{sen}(\omega t + \theta) \qquad (15\text{-}16a)$$

já para uma forma de onda deslocada para a direita, como em (b),

$$v = V_m \operatorname{sen}(\omega t - \theta) \qquad (15\text{-}16b)$$

(a) $v = V_m \sin(\omega t + \theta)$

(b) $v = V_m \sin(\omega t - \theta)$

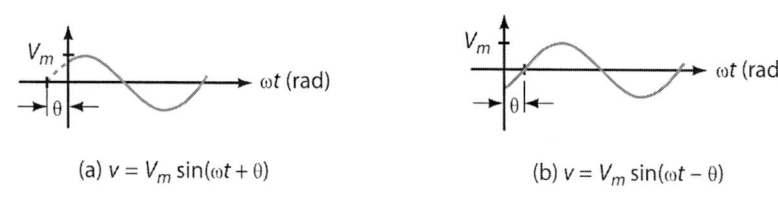

Figura 15-31 Formas de onda com deslocamento de fase. O ângulo θ normalmente é medido em graus, o que gera uma mistura de unidades angulares (ver as Notas).

NOTAS...

Nas Equações do tipo 15-16(a) e (b), é comum expressarmos ωt em radianos e θ em graus, o que gera uma mistura de unidades angulares (como nos Exemplos seguintes). Embora isso seja aceitável quando as equações são escritas na forma simbólica, antes de realizar qualquer cálculo numérico é necessário converter ambos os ângulos em uma mesma unidade (ou graus ou radianos).

Exemplo 15-13

Demonstre que $v = 20$ sen $(\omega t - 60°)$, onde $\omega = \pi/6$ rad/s (isto é, $= 30°/\text{s}$), gera a forma de onda deslocada mostrada na Figura 15-32.

Solução:

1. Como ambos ωt e $60°$ são ângulos, $(\omega t - 60°)$ também é um ângulo. Iremos defini-lo como x. Então, $v = 20$ sen x, o que significa que a onda deslocada também é senoidal.

2. Considere $v = \operatorname{sen}(\omega t - 60°)$. Em $t = 0$ s, $v = 20$ sen $(0 - 60°) = 20$ sen $(-60°) = -17{,}3$ V, como indicado na Figura 15-32.

3. Como $\omega = 30°/\text{s}$, ωt leva 2 s para alcançar $60°$. Dessa forma, em $t = 2$ s, $v = 20$ sen $(60° - 60°) = 0$ V, e a forma de onda passa pelo zero em $t = 2$ s, como indicado.

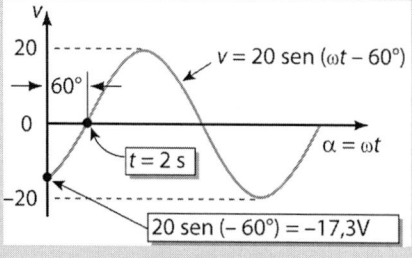

Figura 15-32

Como você pode ver, esse exemplo confirma que sen $(\omega t - \theta)$ descreve o formato da onda da Figura 15-31(b).

Exemplo 15-14

a. Determine a equação para a forma de onda da Figura 15-33(a), dado $f = 60$ Hz. Calcule a corrente em $t = 4$ ms.
b. Repita (a) para a Figura 15-33(b).

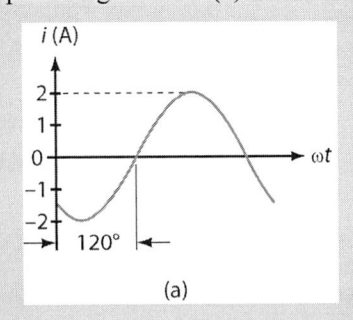

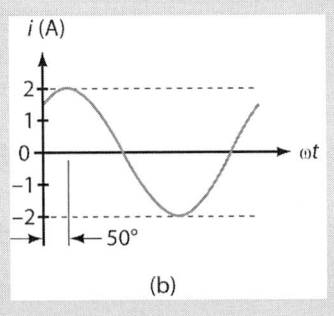

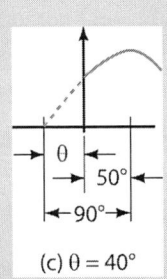

Figura 15-33

Solução:

a. $I_m = 2$ A e $\omega = 2\pi(60) = 377$ rad/s. Essa forma de onda corresponde à da Figura 15-31 (b) com $\theta = 120°$. Logo,

$$i = I_m \text{ sen } (\omega t - \theta) = 2 \text{ sen}(377t - 120°) \text{ A}$$

Em $t = 4$ ms, a corrente é

$i = 2 \text{ sen}(377 \times 4 \text{ ms} - 120°) = 2 \text{ sen}(1{,}508 \text{ rad} - 120°)$

$= 2 \text{ sen}(86{,}4° - 120°) = 2 \text{ sen}(-33{,}64°) = -1{,}11$ A.

b. Essa forma de onda corresponde à da Figura 15-31(a) se retrocedermos 90° a partir do pico, como em (c). Observe que $\theta = 40°$. Assim,

$$i = 2 \text{ sen}(377t + 40°) \text{ A}$$

Em $t = 4$ ms, a corrente é

$i = 2 \text{ sen}(377t \times 4 \text{ ms} + 40°) = 2 \text{ sen}(126{,}4°)$

$= 1{,}61$ A.

PROBLEMAS PRÁTICOS 7

1. Dado $i = 2 \text{ sen}(377t + 60°)$, calcule a corrente em $t = 3$ ms.
2. Desenhe as formas de onda para cada uma das tensões e correntes a seguir:
   a. $v = 10 \text{ sen}(\omega t + 20°)$ V.
   b. $i = 80 \text{ sen}(\omega t - 50°)$ A.
   c. $i = 50 \text{ sen}(\omega t + 90°)$ A.
   d. $v = 5 \text{ sen}(\omega t + 180°)$ V.
3. Dado $i = 2 \text{ sen}(377t + 60°)$, determine em que tempo $i = 1{,}8$ A.

Respostas

1. 1,64 A
2. a. Igual à forma de onda da Figura 15-31(a) com $V_m = 10$ V, $\theta = 20°$.
   b. Igual à forma de onda da Figura 15-31(b) com $I_m = 80$ A, $\theta = 50°$.
   c. Igual à forma de onda da Figura 15-39(b); porém use $I_m = 50$ A em vez de V_m.
   d. Uma forma de onda negativa com a magnitude de 5 V.
3. 0,193 ms

   Provavelmente, a maneira mais fácil de lidar com formas de onda deslocadas é usar fasores. A seguir, apresentaremos esse conceito.

15.7 Introdução aos Fasores

Um **fasor** é um vetor girante, cuja projeção em um eixo vertical pode ser usada para representar grandezas que variam senoidalmente. Para compreender como isso funciona, considere a linha cinza de comprimento V_m mostrada na Figura 15-34(a). (Ela é o fasor.) A projeção vertical dessa linha (pontilhada em cinza) é V_m sen α. Agora, suponha que o fasor gire a uma velocidade angular de ω rad/s, no sentido anti-horário. Assim, α = ωt, e sua projeção vertical é V_m sen ωt. Se designarmos essa projeção (altura) como v, a projeção vertical será v = V_m sen ωt, que é a conhecida equação da tensão senoidal.

Se desenharmos um gráfico dessa projeção *versus* α, obteremos a forma de onda da Figura 15-34(b). A Figura 15-35 ilustra o processo da representação gráfica. Ela mostra sequências instantâneas do fasor e a forma de onda em evolução em vários instantes para um fasor com a magnitude de V_m = 100 V girando a ω = 30°/s. Por exemplo, considere t = 0; 1; 2 e 3 s.

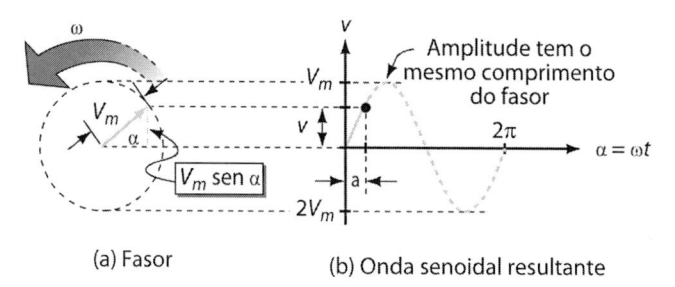

Figura 15-34 Como o fasor gira em torno da origem, sua projeção vertical gera uma onda senoidal (a Figura 15-35 ilustra esse processo).

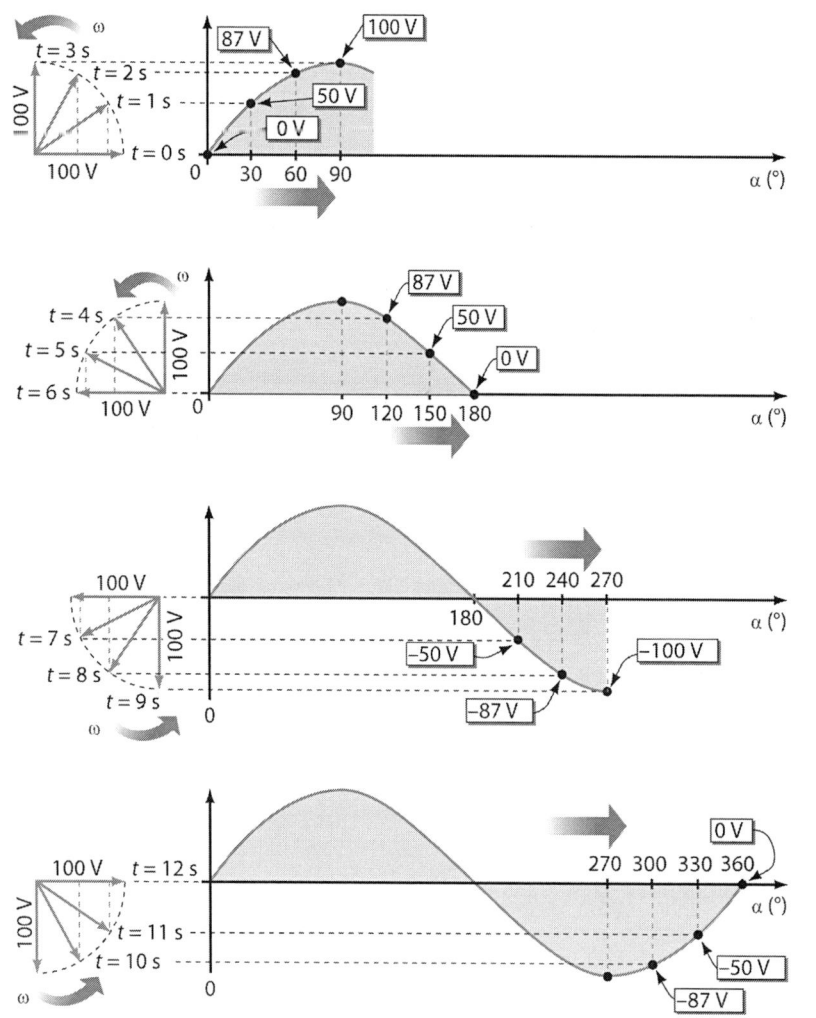

Figura 15-35 Evolução da onda senoidal da Figura 15-34.

NOTA...

1. Embora tenhamos indicado a rotação do fasor na Figura 15-35 por meio de uma série de sequências instantâneas, esse procedimento é muito trabalhoso; na prática, mostramos o fasor apenas quando ele está na posição t = 0 s (referência), e, em vez de ser mostrada, a rotação ficará implícita.

2. Embora aqui estejamos usando os valores máximos (E_m e I_m), em geral, os fasores são desenhados em termos de valores eficazes (RMS) (que serão abordados na Seção 15.9). Por enquanto, continuaremos a usar os valores máximos. No Capítulo 16, a seguir, mudaremos para RMS.

1. Em $t = 0$ s, $\alpha = 0$, o fasor está na posição $0°$, e sua projeção vertical é $v = V_m \text{sen } \omega t = 100 \text{ sen } 0° = 0$ V. O ponto está na origem.

2. Em $t = 1$ s, o fasor já girou $30°$ e sua projeção vertical é $v = 100 \text{ sen } 30° = 50$ V. Esse ponto está representado em $\alpha = 30°$ no eixo horizontal.

3. Em $t = 2$ s, $\alpha = 60°$ e $v = 100 \text{ sen } 60° = 87$ V, que é representado em $\alpha = 60°$ no eixo horizontal. De modo semelhante, em $t = 3$ s, $\alpha = 90°$ e $v = 100$ V. Prosseguindo dessa maneira, obtém-se a forma de onda completa.

Do que foi mostrado, concluímos que *uma forma de onda senoidal pode ser gerada pela representação gráfica da projeção vertical de um fasor que gira no sentido anti-horário a uma velocidade angular constante ω. Caso o fasor tenha o comprimento V_m, a forma de onda representará a tensão; se tiver o comprimento I_m, representará a corrente*. Observe com cuidado: **os fasores aplicam-se apenas a formas de onda senoidal**.

Exemplo 15-15

Desenhe o fasor e a forma de onda para a corrente $i = 25 \text{ sen } \omega t$ mA para $f = 100$ Hz.

Solução: O fasor tem o comprimento de 25 mA e está representado na posição $t = 0$ s, que é zero grau, como indica a Figura 15-36. Como $f = 100$ Hz, o período é $T = 1/f = 10$ ms.

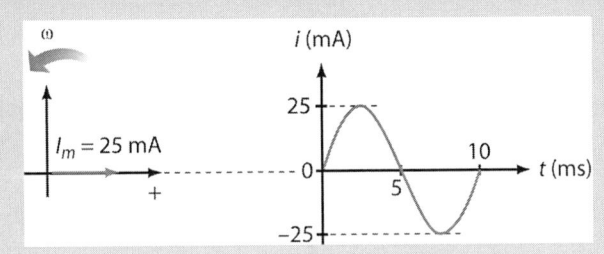

Figura 15-36 A posição de referência para o fasor é a de $t = 0$ s.

Ondas Senoidais Deslocadas

Os fasores podem ser usados para representar as formas de onda deslocadas, $v = V_m \text{sen}(\omega t \pm \theta)$ ou $i = I_m \text{sen}(\omega t \pm \theta)$, conforme indica a Figura 15-37. O ângulo θ é a posição do fasor em $t = 0$ s.

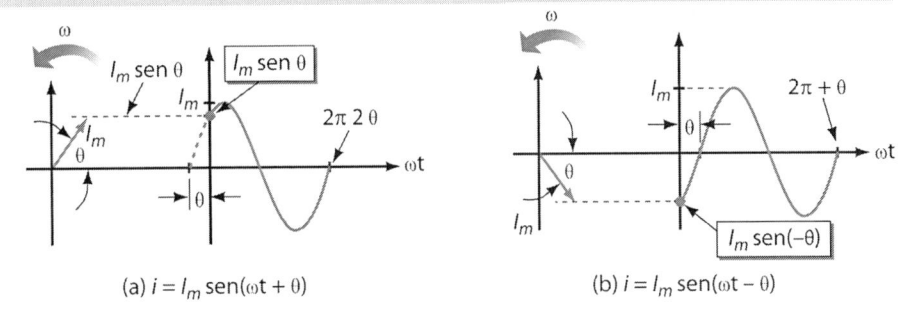

(a) $i = I_m \text{sen}(\omega t + \theta)$

(b) $i = I_m \text{sen}(\omega t - \theta)$

Figura 15-37 Fasores para formas de onda deslocadas. O ângulo θ é a posição do fasor em $t = 0$ s.

Exemplo 15-16

Considere $v = 20 \text{ sen}(\omega t - 60°)$, onde $\omega = \pi/6$ rad/s (ou seja, $30°$/s). Mostre que o fasor da Figura 15-38(a) representa essa forma de onda.

Solução: O fasor tem o comprimento de 20 V, e em $t = 0$ está em $-60°$, como indicado em (a). À medida que gira, o fasor gera uma forma de onda senoidal, oscilando entre ± 20 V, como indicado em (b). Repare que o ponto de cruzamento em zero ocorre em $t = 2$ ms, uma vez que são necessários 2 segundos para o fasor girar de $-60°$ para $0°$ a 30 graus/s. Agora compare a forma de onda de (b) com a da Figura 15-32, Exemplo 15-13. Elas são idênticas. Então, o fasor de (a) representa a forma de onda deslocada $v = 20 \text{ sen}(\omega t - 60°)$.

(a) Fasor

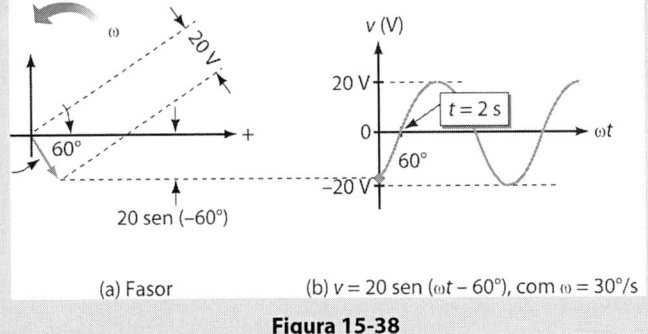

(b) $v = 20 \text{ sen}(\omega t - 60°)$, com $\omega = 30°$/s

Figura 15-38

Exemplo 15-17

Com a ajuda de um fasor, plote a forma de onda para $v = V_m \operatorname{sen}(\omega t + 90°)$.

Solução: Coloque o fasor em 90°, como na Figura 15-39(a). Observe que a forma de onda resultante (b) é uma forma de onda cossenoidal, ou seja, $v = V_m \cos \omega t$. A partir disso, concluímos que

$$\operatorname{sen}(\omega t + 90°) = \cos \omega t$$

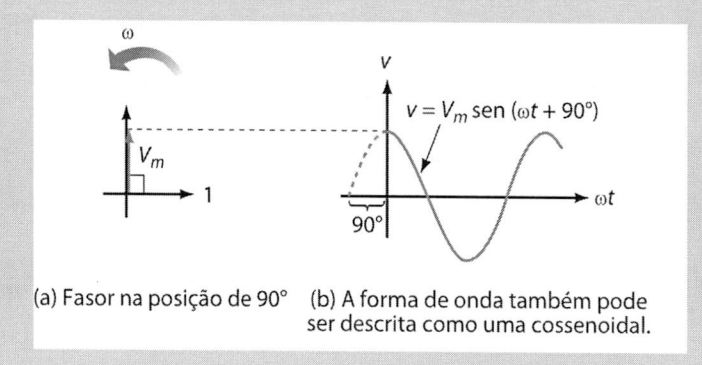

(a) Fasor na posição de 90°   (b) A forma de onda também pode ser descrita como uma cossenoidal.

Figura 15-39 Demonstração de que $\operatorname{sen}(\omega t + 90°) = \cos \omega t$.

PROBLEMAS PRÁTICOS 8

Com o auxílio dos fasores, mostre que

a. $\operatorname{sen}(\omega t - 90°) = \cos \omega t$;

b. $\operatorname{sen}(\omega t \pm 180°) = -\operatorname{sen} \omega t$.

Diferença de Fase

A **diferença de fase** refere-se ao deslocamento angular entre as diferentes formas de onda para a mesma frequência. Considere a Figura 15-40. Sendo o deslocamento angular em (a) igual a 0°, diz-se que as formas de onda estão **em fase**; caso contrário, elas estão **fora de fase**. Quando for descrever a diferença de fase, selecione uma forma de onda como referência. Outras formas de onda estão adiantadas, atrasadas ou em fase em relação a essa referência. Por exemplo, em (b), por razões que serão discutidas no próximo parágrafo, diz-se que a forma de onda da corrente está adiantada em relação à da tensão, enquanto em (c) a mesma está atrasada.

Os termos **adiantado** e **atrasado** podem ser compreendidos em relação aos fasores. Se observarmos os fasores girando como na Figura 15-41(a), o que vemos passando primeiro é o que está adiantado, e o outro está atrasado. Por definição, *a forma de onda gerada pelo fasor adiantado está adiantada em relação à forma de onda gerada pelo fasor atrasado e vice-versa*. Na Figura 15-41, o fasor I_m está adiantado em relação ao fasor V_m; assim, a corrente $i(t)$ está adiantada em relação à tensão $v(t)$.

(a) Em fase   (b) A corrente está adiantada   A corrente está atrasada

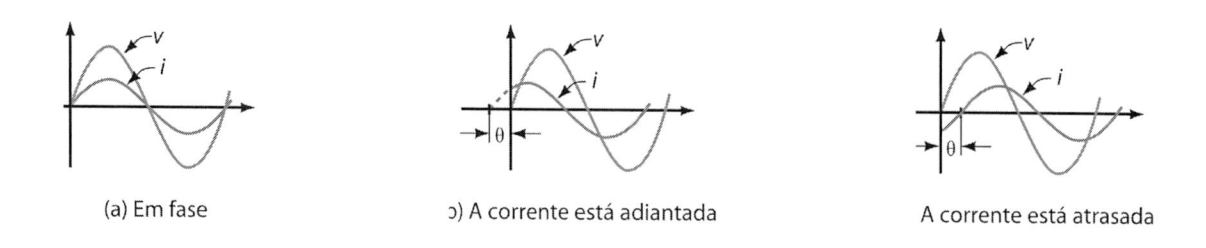

Figura 15-40 Ilustração da diferença de fase. Nesses exemplos, a tensão é tomada como referência.

Capítulo 15 • Fundamentos de AC **487**

(a) I_m está adiantado em relação à V_m

(b) Logo, $i(t)$ está adiantada em relação à $v(t)$

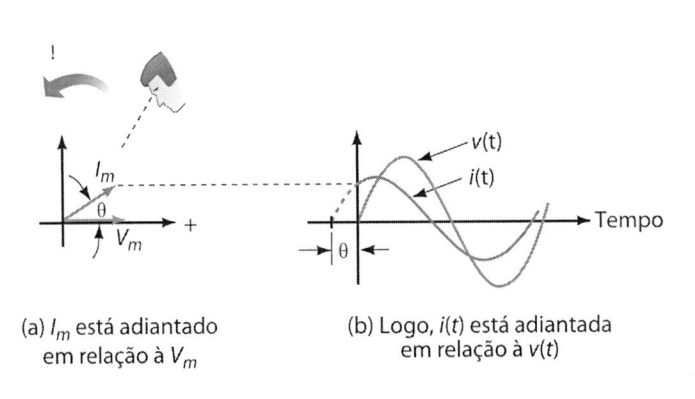

Figura 15-41 Definição de adiantamento e atraso.

> **NOTA...**
>
> 1. Para determinar qual forma de onda está adiantada e qual está atrasada, faça um esboço de seus fasores e a resposta ficará evidente. Observe também que os termos *adiantamento* e *atraso* são relativos. Na Figura 15-41, dissemos que a corrente está adiantada em relação à tensão, mas também é correto dizer que a tensão está atrasada em relação à corrente.
>
> 2. Quando representar graficamente os dois fasores como na Figura 15-43(a), o ângulo entre eles será a diferença de fase.

Exemplo 15-18

A tensão e a corrente estão fora de fase por uma diferença de 40°, e a tensão está atrasada. Usando a corrente como referência, desenhe o diagrama para o fasor e as formas de onda correspondentes.

Solução: Como a corrente é a referência, coloque seu fasor na posição de 0° e o fasor da tensão na de −40°. A Figura 15-42 mostra os fasores e as formas de onda correspondentes.

$v(t) = V_m \operatorname{sen}(\omega t - 40°)$
$i(t) = V_m \operatorname{sen} \omega t$
$V_m \operatorname{sen}(-40°)$

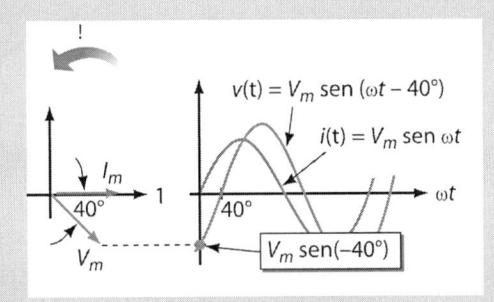

Figura 15-42

Exemplo 15-19

Dado $v = 20 \operatorname{sen}(\omega t + 30°)$ e $i = 18 \operatorname{sen}(\omega t - 40°)$, faça um diagrama fasorial, determine as relações de fase, e plote as formas de onda.

Solução: A Figura 15-43(a) mostra as formas de onda. A partir delas, vemos que v está adiantada de 70° em relação a i. As formas de onda estão ilustradas em (b).

$V_m = 20$ V
$I_m = 18$ A
$v = 20 \operatorname{sen}(\omega t + 30°)$
$i = 18 \operatorname{sen}(\omega t - 40°)$

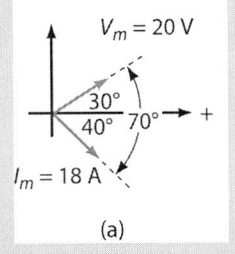

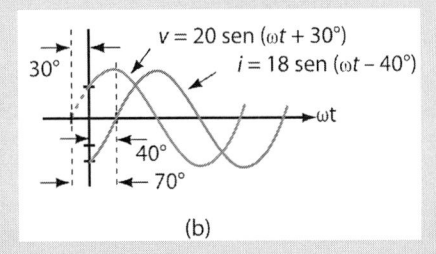

(a)   (b)

Figura 15-43

488 Análise de Circuitos • Conceitos Fundamentais de AC

Exemplo 15-20

A Figura 15-44 mostra um par de formas de onda v_1 e v_2 em um osciloscópio. Cada divisão vertical grande representa 20 V e cada divisão grande na escala horizontal (tempo) representa 20 μs. A tensão v_1 está adiantada. Prepare um diagrama fasorial usando v_1 como referência. Determine as equações para ambas as tensões.

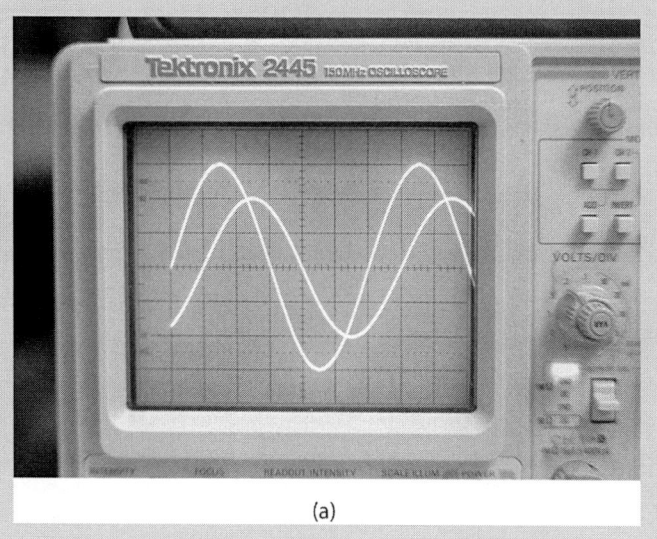

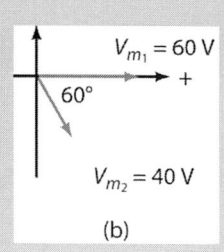

Figura 15-44

Solução: A partir da fotografia, a magnitude de v_1 é V_{m1} = 3 div × 20 V/div = 60 V. De modo semelhante, V_{m2} = 40 V. A duração do ciclo é T = 6 × 20 μs = 120 μs, e o deslocamento entre as formas de onda é 20 μs, o que representa 1/6 de um ciclo (ou seja, 60°). Selecionando v_1 como referência e observando que v_2 está atrasada, obtêm-se os fasores mostrados em (b). A frequência angular é $\omega = 2\pi/T = 2\pi/(120 \times 10^{-6} \text{ s}) = 52{,}36 \times 10^3$ rad/s. Assim, $v_1 = V_{m1} \text{sen } \omega t = 60 \text{ sen}(52{,}36 \times 10^3 t)$ V e $v_2 = 40 \text{ sen}(52{,}36 \times 10^3 t - 60°)$ V.

Às vezes, as tensões e correntes são expressas em termos de cos ωt em vez de sen ωt. Como mostra o Exemplo 15-17, uma onda cossenoidal é uma onda senoidal deslocada em +90°, ou alternativamente, uma onda senoidal é uma onda cossenoidal deslocada em −90°. Para os senos ou cossenos com um ângulo, as seguintes fórmulas são aplicáveis:

$$\cos(\omega t + \theta) = \text{sen}(\omega t + \theta + 90°) \tag{15-17a}$$

$$\text{sen}(\omega t + \theta) = \cos(\omega t + \theta - 90°) \tag{15-17b}$$

Como ilustração, considere $\cos(\omega t + 30°)$. Da Equação 15-17(a), $\cos(\omega t + 30°) = \text{sen}(\omega t + 30° + 90°) = \text{sen}(\omega t + 120°)$. A Figura 15-45 ilustra essa relação graficamente. O fasor escuro em (a) gera cos ωt, como foi mostrado no Exemplo 15-17. Dessa forma, o fasor claro gera uma forma de onda que está adiantada de 30° em relação à forma de onda do fasor escuro, isto é, $\cos(\omega t + 30°)$. Para (b), o fasor escuro gera sen ωt, e o claro gera uma forma de onda que está adiantada de 120° em relação à do escuro, ou seja, $\text{sen}(\omega t + 120°)$. Como o fasor claro é o mesmo nos dois casos, vemos que $\cos(\omega t + 30°) = \text{sen}(\omega t + 120°)$. Talvez você considere esse processo mais fácil do que memorizar as Equações 15-17(a) e (b).

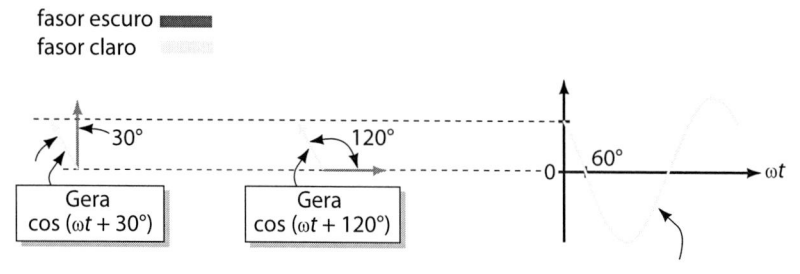

Figura 15-45 Usando fasores para mostrar que $\cos(\omega t + 30°) = \text{sen}(\omega t + 120°)$.

Exemplo 15-21

Determine o ângulo de fase entre $v = 30 \cos(\omega t + 20°)$ e $i = 25 \operatorname{sen}(\omega t + 70°)$.

Solução: $i = 25 \operatorname{sen}(\omega t + 70°)$ pode ser representado por um fasor em 70°, e $v = 30 \cos(\omega t + 20°)$ por um fasor em $(90° + 20°) = 110°$, Figura 15-46(a). Assim, v está 40° adiantada em relação a i. As formas de onda estão ilustradas em (b).

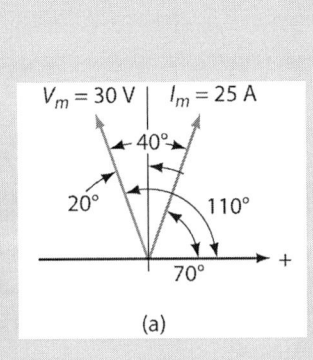

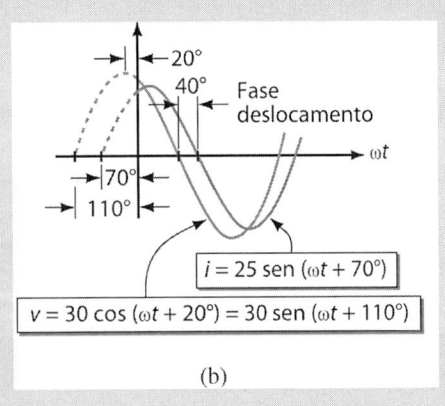

Figura 15-46

Algumas vezes, encontramos formas de onda negativas, como $i = -I_m \operatorname{sen} \omega t$. Para saber como lidar com esse caso, consulte a Figura 15-36, que mostra a forma de onda e o fasor para $i = I_m \operatorname{sen} \omega t$. Se multiplicarmos essa forma de onda por −1, teremos a forma de onda invertida $-I_m \operatorname{sen} \omega t$ da Figura 15-47 (a), com o fasor correspondente (b). Observe que o fasor é o mesmo do original, com a exceção de que ele foi rotacionado em 180°. É sempre verdade, portanto, que quando multiplicamos uma forma de onda por −1, o fasor para a nova forma de onda está a 180° do fasor original, independentemente do ângulo do fasor original.

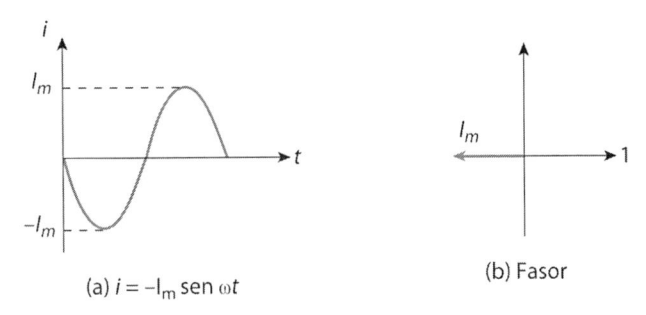

Figura 15-47 Para uma onda senoidal negativa, o fasor está em 180°.

Exemplo 15-22

Encontre a relação de fase entre $i = -4 \operatorname{sen}(\omega t + 50°)$ e $v = 120 \operatorname{sen}(\omega t - 60°)$.

Solução: $i = -4 \operatorname{sen}(\omega t + 50°)$ é representada por um fasor em $(50° - 180°) = -130°$ e $v = 120 \operatorname{sen}(\omega t - 60°)$ por um fasor em −60°, Figura 15-48. A diferença de fase é de 70° e a tensão está adiantada. A partir disso, vemos que i também pode ser escrita como $i = 4 \operatorname{sen}(\omega t - 130°)$.

Alternativamente, podemos adicionar 180°, em vez de subtraí-lo. Isso resulta em $50° + 180° = 230°$, que é igual ao −130° que obtivemos acima.

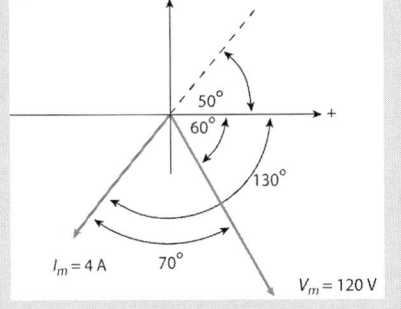

Figura 15-48

Os fasores são muito importantes para a análise de circuitos AC. O leitor verá que eles são uma das principais ferramentas para a representação de conceitos e solução de problemas. Iremos deixá-los de lado por ora, mas voltaremos a abordá-los no Capítulo 16.

VERIFICAÇÃO DO PROCESSO DE APRENDIZAGEM 2

(*As respostas encontram-se no final do capítulo.*)

1. Com $i = 15$ sen α, calcule a corrente em $\alpha = 0°$, $45°$, $90°$, $135°$, $180°$, $225°$, $270°$, $315°$ e $360°$.
2. Converta os seguintes ângulos em radianos:
    a. 20°
    b. 50°
    c. 120°
    d. 250°
3. Se uma bobina gira a $\omega = \pi/60$ radianos por milissegundo, quantos graus ela gira em 10 ms? Em 40 ms? Em 150 ms?
4. Uma corrente tem uma amplitude de 50 mA e $\omega = 0{,}2\pi$ rad/s. Desenhe a forma de onda com o eixo horizontal escalonado em
    a. graus
    b. radianos
    c. segundos
5. Se 2.400 ciclos de uma forma de onda ocorrem em 10 ms, qual é o valor de ω em radianos por segundo?
6. Uma corrente senoidal tem um período de 40 ms e uma amplitude de 8 A. Escreva a equação na forma $i = I_m$ sen ωt, com os valores numéricos para I_m e ω.
7. Uma corrente $i = I_m$ sen ωt tem um período de 90 ms. Sendo $i = 3$ A em $t = 7{,}5$ ms, qual é a equação para ela?
8. Escreva as equações para cada uma das formas de onda na Figura 15-49 com o ângulo de fase θ expresso em graus e ω em rad/s.

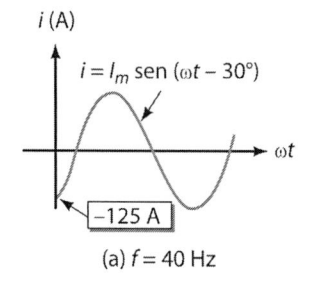

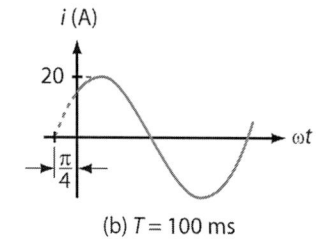

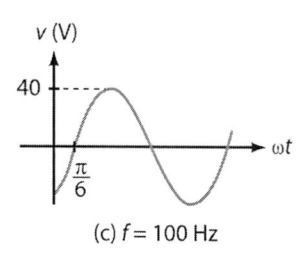

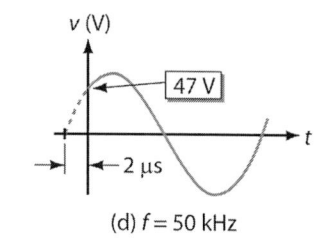

Figura 15-49

(a) $f = 40$ Hz — $i = I_m$ sen $(\omega t - 30°)$, -125 A
(b) $T = 100$ ms — i (A), 20, $\frac{\pi}{4}$
(c) $f = 100$ Hz — v (V), 40, $\frac{\pi}{6}$
(d) $f = 50$ kHz — v (V), 47 V, 2 μs

9. Dado $i = 10$ sen ωt, onde $f = 50$ Hz, encontre as ocorrências de
    a. $i = 8$ A entre $t = 0$ e $t = 40$ ms
    b. $i = -5$ A entre $t = 0$ e $t = 40$ ms
10. Desenhe as seguintes formas de onda com o eixo horizontal escalonado em graus:
    a. $v_1 = 80$ sen$(\omega t + 45°)$ V
    b. $v_2 = 40$ sen$(\omega t - 80°)$ V
    c. $i_1 = 10$ cos ωt mA
    d. $i_2 = 5$ cos$(\omega t - 20°)$ mA
11. Dado $\omega = \pi/3$ rad/s, determine quando a tensão cruza o zero para
    a. $v_1 = 80$ sen$(\omega t + 45°)$ V
    b. $v_2 = 40$ sen$(\omega t - 80°)$ V
12. Considere as tensões da Questão 10.
    a. Desenhe os fasores para v_1 e v_2.

b. Qual é a diferença de fase entre v_1 e v_2?

c. Determine qual tensão está adiantada e qual está atrasada.

13. Repita a Questão 12 para as correntes da Questão 10.

15.8 Formas de Onda AC e Valor Médio

Embora possamos descrever as grandezas AC em termos da frequência, do período, do valor instantâneo etc., ainda não há uma maneira de atribuir um valor significativo para uma corrente ou tensão AC no mesmo sentido em que podemos dizer que uma bateria automotiva tem uma tensão de 12 volts. Isso acontece porque as grandezas AC variam constantemente e, portanto, não há um valor numérico único que de fato represente uma forma de onda durante seu ciclo completo. Por essa razão, as grandezas AC são, em geral, descritas por um grupo de características, incluindo os valores instantâneo, de pico, médio e eficaz. Os dois primeiros já foram vistos. Nesta seção, examinaremos os valores médios; na Seção 15.9 consideraremos os valores eficazes.

Valores Médios

Muitas grandezas são medidas por sua média, por exemplo, a pontuação de provas e exames. Para achar a média de uma série de notas, elas são somadas e depois divididas pelo número de itens somados. Em termos conceituais, o processo é o mesmo para uma forma de onda. Por exemplo, para achar a média de uma forma de onda, é possível somar os valores instantâneos durante um ciclo completo e depois dividir essa soma pelo número de pontos usados. O problema em relação a esse método é que as formas de onda não são compostas de valores discretos.

Média em Termos da Área sob uma Curva

Um método mais apropriado para as formas de onda é achar a área sob a curva e depois dividir esse valor pelo comprimento da base da curva. Para compreender a ideia, podemos fazer uma analogia. Considere novamente a técnica para calcular a média de uma série de números. Suponhamos que você tenha tirado as notas 80; 60; 60; 95 e 75 nas provas. A sua nota média é, portanto,

$$\text{média} = (80 + 60 + 60 + 95 + 75)/5 = 74$$

Uma maneira alternativa de ver essas notas é em um gráfico como o da Figura 15-50. A área sob essa curva pode ser calculada como

$$\text{área} = (80 \times 1) + (60 \times 2) + (95 \times 1) + (75 \times 1)$$

Agora divida essa soma pelo comprimento da base, ou seja, 5. Assim,

$$\frac{(80 \times 1) + (60 \times 2) + (95 \times 1) + (75 \times 1)}{5} = 74$$

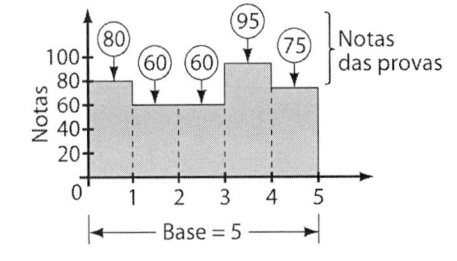

Figura 15-50 Determinando a média pela área.

que é exatamente o resultado obtido anteriormente. Ou seja,

$$\text{média} = \frac{\text{área sob a curva}}{\text{comprimento da base}} \tag{15-18}$$

Em geral, esse resultado é verdadeiro. Logo, *para encontrar o valor médio de uma forma de onda, divida a área sob ela pelo comprimento da base. As áreas acima do eixo são consideradas positivas e as abaixo dele são consideradas negativas.* Essa abordagem é válida independentemente do formato da onda.

Os valores médios são chamados de **valores DC**, porque os medidores DC indicam valores médios em vez de instantâneos. Assim, se medirmos uma grandeza não-DC com um medidor DC, a leitura deste será a da média da forma de onda, isto é, o valor calculado de acordo com a Equação 15-18.

Exemplo 15-23

a. Calcule a média para a forma de onda da corrente na Figura 15-51.

b. Se a parte negativa da Figura 15-51 é −3 A em vez de −1,5 A, qual é a média?

c. Se a corrente for medida por um amperímetro DC, qual será a indicação no instrumento para cada caso?

Solução:

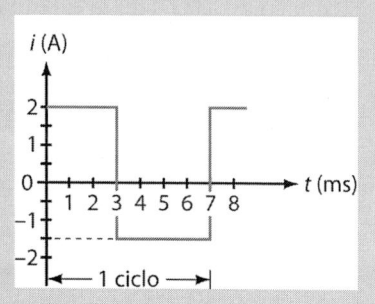

a.
$$I_{avg} = \frac{(2\text{ A} \times 3\text{ ms}) - (1{,}5\text{ A} \times 4\text{ ms})}{7\text{ ms}} = \frac{6-6}{7} = 0\text{ A}$$

b. $I_{avg} = \dfrac{(2\text{ A} \times 3\text{ ms}) - (1{,}5\text{ A} \times 4\text{ ms})}{7\text{ ms}} = \dfrac{-6\text{ A}}{7} = -0{,}857\text{ A}$

Figura 15-51

c. Um amperímetro DC medindo (a) indicará zero, enquanto para (b) indicará −0,857 A.

Exemplo 15-24

Calcule o valor médio para as formas de onda das Figuras 15-52(a) e (c). Plote as médias para cada uma delas.

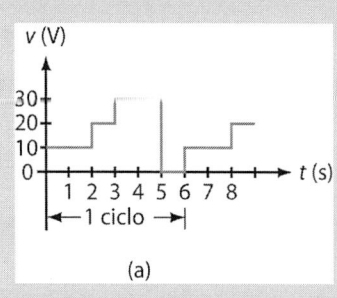

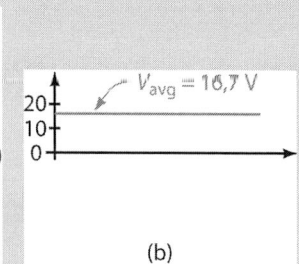

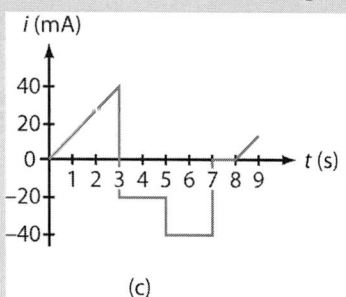

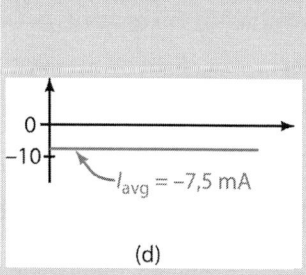

Figura 15-52

Solução: Para a forma de onda de (a), $T = 6$ s. Assim,

$$V_{avg} = \frac{(10\text{ V} \times 2\text{s}) + (10\text{ V} \times 1\text{s}) + (30\text{ V} \times 2\text{s}) + (0\text{ V} \times 1\text{s})}{6\text{ s}} = \frac{100\text{ V}-\text{s}}{6\text{ s}} = 16{,}7\text{ V}$$

A média é mostrada em (b). Um voltímetro DC indicaria 16,7 C. Para a forma de onda de (c), $T = 8$ s e

$$i_{avg} = \frac{\frac{1}{2}(40\text{ mA} \times 3\text{s}) - (20\text{ mA} \times 2\text{s}) - (40\text{ mA} \times 2\text{s})}{8\text{ s}} = \frac{-60}{8}\text{ mA} = 7{,}5\text{ mA}$$

Nesse caso, um amperímetro DC indicaria −7,5 mA.

PROBLEMAS PRÁTICOS 9

Determine as médias para as Figuras 15-53(a) e (b).

Respostas

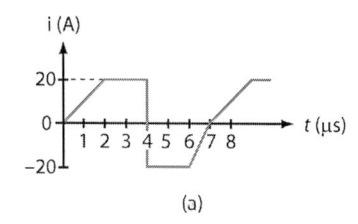

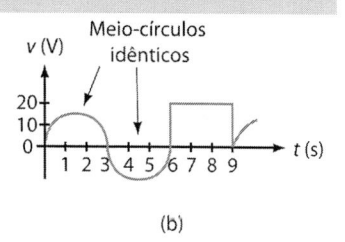

a. 1,43 A; **b.** 6,67 V

Figura 15-53

Médias da Onda Senoidal

Como uma onda senoidal é simétrica, a área abaixo do eixo horizontal é igual à área acima dele; portanto, durante um ciclo completo, a área total é zero, independentemente da frequência e do ângulo de fase. Dessa forma, a média de sen ωt, (sen $\omega t \pm \theta$), sen $2\omega t$, cos($\omega t \pm \theta$), cos $2\omega t$ etc. é zero. A média da metade de uma onda senoidal, entretanto, não é zero. Considere a Figura 15-54. Usando cálculo, é possível determinar a área sob o meio-ciclo da seguinte maneira:

$$\text{área} = \int_0^\pi I_m \operatorname{sen}\alpha \, d\alpha = [-I_m \cos \alpha]_0^\pi = 2\,I_m \qquad (15\text{-}19)$$

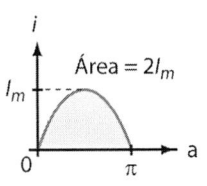

Figura 15-54 Área sob um meio-ciclo.

De modo semelhante, a área sob um meio-ciclo da tensão é $2V_m$. (Se você ainda não estudou cálculo, é possível aproximar o valor para a área usando os métodos numéricos descritos previamente, nesta seção.)

Há dois casos importantes em eletrônica: as médias da onda completa e da meia-onda. A Figura 15-55 ilustra o caso da onda completa. A área de 0 a 2π é $2(2I_m)$ e a base é 2π. Portanto, a média é

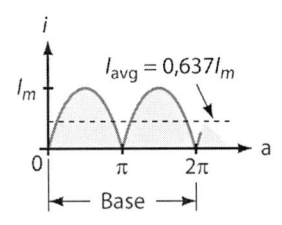

$$I_{avg} = \frac{2\,(2\,I_m)}{2\,\pi} = \frac{2\,I_m}{\pi} = 0{,}637\,I_m$$

Figura 15-55 Média da onda completa.

Para o caso da meia-onda (Figura 15-56),

$$I_{avg} = \frac{2\,I_m}{2\,\pi} = \frac{I_m}{\pi} = 0{,}318\,I_m$$

As expressões correspondentes para a tensão são

$$V_{méd} = 0{,}637\,V_m \text{ (onda completa)}$$

$$V_{méd} = 0{,}318\,V_m \text{ (meia-onda)}$$

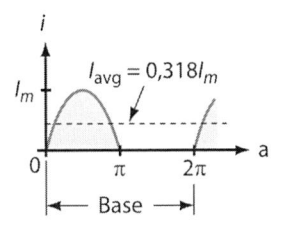

Figura 15-56 Média da meia-onda.

Métodos Numéricos

Se a área sob uma curva não puder ser calculada com exatidão, ela poderá ser aproximada. Uma maneira de se fazer isso é aproximar a curva com segmentos de linha reta, como na Figura 15-57. (Se as linhas retas estiverem bem próximas à curva, isso significa que a precisão é muito boa. Cada elemento da área é um trapezoide (b) cuja área é o produto da altura pela base. Assim, $A_1 = 1/2(y_0 + y_1)\Delta x$, $A_2 = 1/2(y_1 + y_2)\Delta x$ etc. A área total é $A_1 + A_2 + ... + A_k = 1/2(y_0 + y_1) + 1/2(y_1 + y_2) +...$ etc. Combinando esses termos, obtém-se

$$\text{área} = \left(\frac{y_0}{2} + y_1 + y_2 + ... + y_{k-1} + \frac{y_k}{2}\right)\Delta x \qquad (15\text{-}20)$$

Este resultado é conhecido como a **regra trapezoidal**. O Exemplo 15-25 ilustra o uso dessa regra.

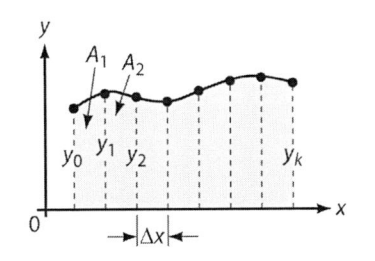

(a) Aproximação da curva

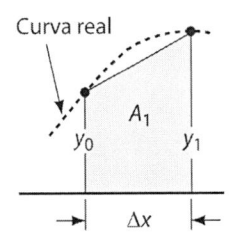

(b) Elemento da área

Figura 15-57 Determinação da área usando a regra trapezoidal.

494 Análise de Circuitos • Conceitos Fundamentais de AC

Exemplo 15-25

Aproxime a área sob $y = \text{sen}(\omega t - 30°)$, Figura 15-58. Use um incremento de $\pi/6$ rad, ou seja, 30°.

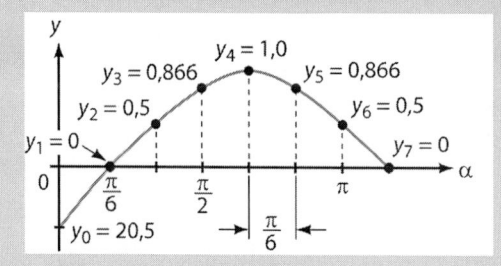

Figura 15-58

Valores dos pontos indicados na figura:
- $y_0 = 20{,}5$ (indicado como $-0{,}5$ na curva)
- $y_1 = 0$
- $y_2 = 0{,}5$
- $y_3 = 0{,}866$
- $y_4 = 1{,}0$
- $y_5 = 0{,}866$
- $y_6 = 0{,}5$
- $y_7 = 0$

Solução: Os pontos na curva sen($\omega t - 30°$) foram obtidos pela calculadora e estão representados graficamente na Figura 15-58. Substituindo esses valores na Equação 15-20, obtemos

$$\text{área} = \left(\frac{1}{2}(-0{,}5) + 0 + 0{,}5 + 0{,}866 + 1{,}0 + 0{,}866 + 0{,}5 + \frac{1}{2}(0)\right)\left(\frac{\pi}{6}\right) = 1{,}823$$

A área exata (encontrada com o auxílio de cálculo) é 1,866; portanto, a aproximação do Exemplo 15-25 apresenta um erro de 2,3%.

PROBLEMAS PRÁTICOS 10

1. Repita o Exemplo 15-25 usando um incremento de $\pi/12$ rad. Qual é o erro em porcentagem?
2. Aproxime a área sob $v = 50 \text{ sen}(\omega t - 30°)$ de $\omega t = 0°$ para $\omega t = 210°$. Use um incremento de $\pi/12$ rad.

Respostas

1. 1,855; 0,59%

2. 67,9 (exatos 68,3; erro = 0,6%)

AC e DC Superpostas

Às vezes, AC e DC são usadas no mesmo circuito. Por exemplo, os amplificadores são alimentados por DC, mas amplificam sinais AC. A Figura 15-59 mostra um circuito simples com AC e DC combinadas.

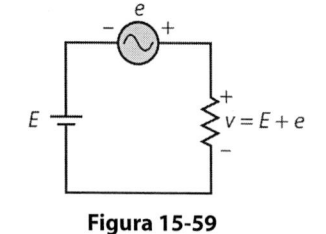

A Figura 15-60(c) mostra AC e DC superpostas. Como sabemos que a média de uma onda senoidal é zero, o valor médio da forma de onda combinada será seu componente DC, E. No entanto, as tensões de pico dependem de ambos os componentes, como ilustrado em (c). Observe no caso ilustrado que, embora a forma de onda varie senoidalmente, ela não alterna a polaridade, já que nunca muda a polaridade para se tornar negativa.

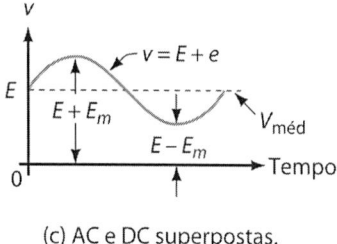

Figura 15-59

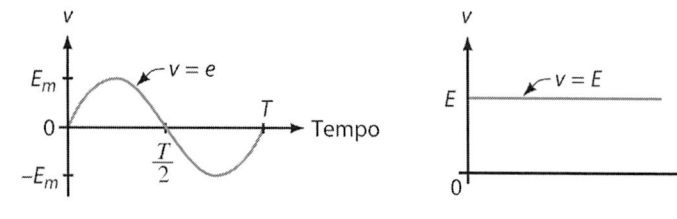

(a) Somente AC. $E = 0$ V. $V_{méd} = 0$ V

(b) Somente DC. $e = 0$ V. $V_{méd} = E$

(c) AC e DC superpostas. $V_{méd} = E$

Figura 15-60 AC e DC superpostas.

Exemplo 15-26

Plote a forma de onda para a tensão v no circuito da Figura 15-61(a). Determine as tensões média, de pico e mínima.

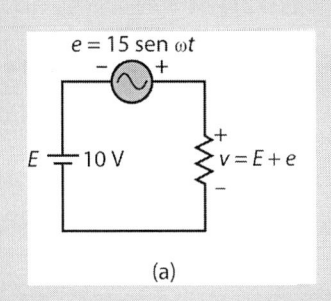

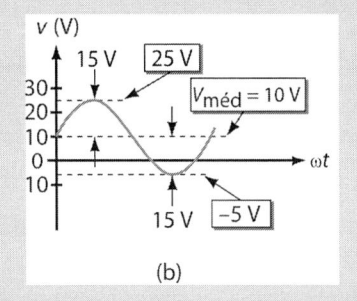

Figura 15-61 $v = 10 + 15$ sen ωt.

Solução: A forma de onda é composta por um valor DC de 10 V com 15 V AC somada a ela. A tensão média é o valor DC, $V_{méd} = 10$ V. A tensão de pico é $10 + 15 = 25$ V, e a tensão mínima é $10 - 15 = -5$ V. Essa forma de onda alterna a polaridade, embora não simetricamente (como no caso em que não há componente DC).

PROBLEMAS PRÁTICOS 11

Repita o Exemplo 15-26 se a fonte DC da Figura 15-61 for $E = -5$ V.

Respostas

$V_{méd} = -5$ V; pico positivo $= 10$ V; pico negativo $= -20$ V

15.9 Valores Eficazes (RMS)

Ainda que os valores instantâneos, médios e de pico forneçam informações úteis sobre uma forma de onda, nenhum deles representa de fato o que uma forma de onda é capaz de fazer. Nesta seção, veremos uma representação que dá conta disso, chamada de **valor eficaz** da forma de onda. O conceito de valor eficaz é importante; na prática, a maioria das tensões e correntes AC é expressa em valores eficazes. Os valores eficazes também são chamados de **valores RMS**, por razões que serão discutidas em breve.

O que é um Valor Eficaz?

O valor eficaz é um valor equivalente DC: ele indica DC em volts ou amperes que equivale à forma de onda variável no tempo quanto à capacidade de gerar potência média. Os valores eficazes dependem da forma de onda. Um exemplo conhecido de tal valor é o da tensão nas tomadas em nossas casas. Na América do Norte, o valor é de 120 VAC*. Isso significa que uma tensão senoidal nas tomadas das casas é capaz de gerar a mesma potência média que 120 volts da DC estacionária.

Valores Eficazes para Ondas Senoidais

É possível determinar o valor eficaz de uma forma de onda usando os circuitos da Figura 15-62. Considere uma corrente que varia senoidalmente, $i(t)$. Por definição, o valor eficaz de i é o valor da corrente DC que gera a mesma potência média. Considere (b).

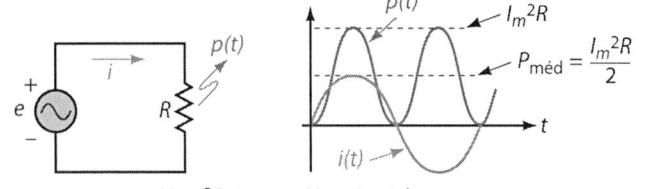

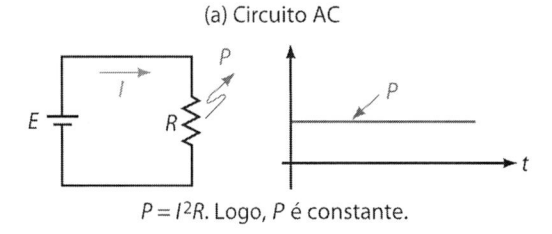

Figura 15-62 Determinando o valor eficaz da senoidal AC.

Deixe que a fonte DC seja ajustada até que sua potência média seja igual à potência média em (a). A corrente DC resultante é, então, o valor eficaz da corrente de (a). Para obter esse valor, determine a potência média para ambos os casos e depois as iguale.

---

* No Brasil, a tensão nas tomadas é de 110 VAC e 220 VAC. (N.R.T.)

Em primeiro lugar, considere o caso DC. Já que a corrente e a potência são constantes, a potência média é

$$P_{méd} = P = I^2 R \qquad (15\text{-}21)$$

Agora considere o caso AC. A potência no resistor em qualquer valor no tempo é $p(t) = i^2 R$, onde i é o valor instantâneo da corrente. A Figura 15-62(a) mostra uma representação gráfica de DC obtida pela elevação ao quadrado dos valores da corrente em vários pontos ao longo do eixo, e depois da multiplicação por R. A potência média é aquela de $p(t)$. Como $i = I_m \operatorname{sen} \omega t$,

$$\begin{aligned} p(t) &= i^2 R \\ &= (I_m \operatorname{sen} \omega t)^2 R = I_m^2 R \operatorname{sen}^2 \omega t \\ &= I_m^2 R \left[\frac{1}{2}(1 - \cos 2\omega t) \right] \end{aligned} \qquad (15\text{-}22)$$

onde usamos a identidade trigonométrica $\operatorname{sen}^2 \omega t = 1/2(1 - \cos 2\omega t)$ das tabelas matemáticas no final do livro. Assim,

$$p(t) = \frac{I_m^2 R}{2} - \frac{I_m^2 R}{2} \cos 2\omega t \qquad (15\text{-}23)$$

Para obter a média de $p(t)$, observe que a média do $\cos 2\omega t$ é zero e, portanto, o último termo da Equação 15-23 é eliminado, restando

$$P_{méd} = \text{média de } p(t) = \frac{I_m^2 R}{2} \qquad (15\text{-}24)$$

Agora iguale as Equações 15-21 e 15-24, e depois cancele R.

$$I^2 = \frac{I_m^2}{2}$$

Agora extraia a raiz quadrada de ambos os lados. Assim,

$$I = \sqrt{\frac{I_m^2}{2}} = \frac{I_m}{\sqrt{2}} = 0{,}707\, I_m$$

A corrente I é o valor que nos interessa; tal é o valor eficaz da corrente i. Para enfatizar que ele é um valor eficaz, inicialmente usaremos a notação subscrita I_{ef}. Assim,

$$I_{eff} = \frac{I_m}{\sqrt{2}} = 0{,}707\, I_m \qquad (15\text{-}25)$$

Os valores eficazes para a tensão são encontrados da mesma forma:

$$E_{eff} = \frac{E_m}{\sqrt{2}} = 0{,}707\, E_m \qquad (15\text{-}26a)$$

$$V_{eff} = \frac{V_m}{\sqrt{2}} = 0{,}707\, V_m \qquad (15\text{-}26b)$$

Como se vê, *os valores eficazes para as formas de onda senoidal dependem somente da magnitude.*

NOTA...

Como as correntes AC alternam a direção, a expectativa é a de que a potência média seja zero, com a potência durante o meio-ciclo negativo igual e oposta à potência durante o meio-ciclo positivo, fazendo com que elas se cancelem. No entanto, isso não é verdade. Como mostra a Equação 15-22, a corrente é elevada ao quadrado e, portanto, a potência nunca será negativa. Em relação à dissipação da potência, a direção da corrente em um resistor não é relevante (Figura 15-63).

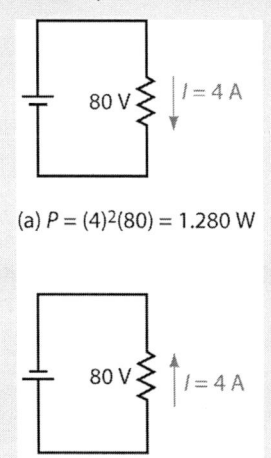

(a) $P = (4)^2(80) = 1.280$ W

(b) $P = (4)^2(80) = 1.280$ W

Figura 15-63 Como a potência depende apenas da magnitude da corrente, ela é igual para ambas as direções da corrente.

Exemplo 15-27

Determine os valores eficazes de
a. $i = 10 \operatorname{sen} \omega t$ A

(continua)

Exemplo 15-27 (continuação)

b. $i = 50 \, \text{sen}(\omega t + 20°) \, \text{mA}$

c. $v = 100 \cos 2\omega t \, \text{V}$

Solução: Como os valores eficazes dependem apenas da magnitude,

a. $I_{ef} = (0{,}707)(10 \, \text{A}) = 7{,}07 \, \text{A}$

b. $I_{ef} = (0{,}707)(50 \, \text{mA}) = 35{,}35 \, \text{mA}$

c. $V_{ef} = (0{,}707)(100 \, \text{V}) = 70{,}7 \, \text{V}$

Para obter os valores de pico a partir dos valores eficazes, reescreva as Equações 15-25 e 15-26. Assim,

$$I_m = \sqrt{2} I_{\text{eff}} = 1{,}414 I_{ef} \tag{15-27}$$

$$E_m = \sqrt{2} E_{\text{eff}} = 1{,}414 V_{ef} \tag{15-28a}$$

$$V_m = \sqrt{2} V_{\text{eff}} = 1{,}414 V_{ef} \tag{15-28b}$$

É importante observar que essas relações servem somente para as formas de onda senoidal. No entanto, o conceito de valor eficaz aplica-se a todas as formas de onda, como veremos em breve.

Considere novamente a tensão AC na tomada das casas. Como $E_{ef} = 120 \, \text{V}$, $E_m = (\sqrt{2})(120 \, \text{V}) = 170 \, \text{V}$. Isso significa que uma tensão senoidal alternando entre $\pm 170 \, \text{V}$ gera a mesma potência média em um circuito resistivo que $120 \, \text{V}$ do estado estacionário (Figura 15-64).

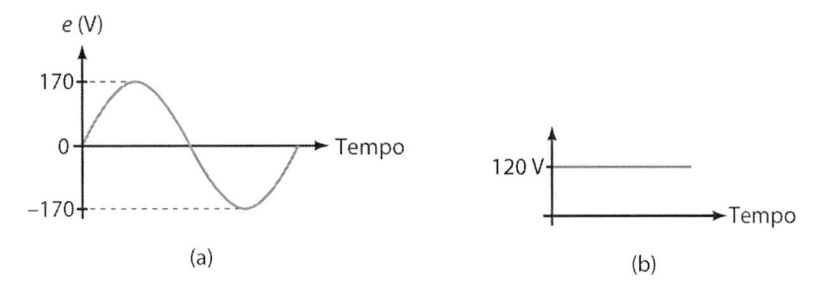

Figura 15-64 120 V do estacionário DC são capazes de gerar a mesma potência média da senoidal AC com $E_m = 170 \, \text{V}$.

Equação Geral para Valores Eficazes

A relação $\sqrt{2}$ se aplica somente a formas de onda senoidal. Para outras formas de onda, é necessária uma fórmula mais geral. Usando cálculo, podemos mostrar que, para qualquer forma de onda,

$$I_{\text{eff}} = \sqrt{\frac{1}{T} \int_0^T i^2 \, dt} \tag{15-29}$$

A equação é similar para a tensão, e pode ser usada para calcular valores eficazes para qualquer forma de onda, incluindo a senoidal. Além disso, ela possibilita um método gráfico para determinarmos os valores eficazes. Na Equação 15-29, a integral de i^2 representa a área sob a forma de onda i^2. Portanto,

$$I_{\text{eff}} = \sqrt{\frac{\text{área sob a curva de } i^2}{\text{base}}} \tag{15-30}$$

Para calcular os valores eficazes usando essa equação, prossiga da seguinte maneira:

1º Passo: eleve ao quadrado a curva da corrente (ou tensão).

2º Passo: encontre a área sob a curva elevada ao quadrado.

3º Passo: divida a área pelo comprimento da curva.

4º Passo: determine a raiz quadrada do valor do 3º Passo.

Esse processo é facilmente posto em prática em formas de onda retangulares, uma vez que a área sob as curvas quadradas é fácil de ser calculada. Para outras formas de onda, é necessário utilizar cálculo ou aproximar a área usando métodos numéricos, como no Problema 62 ao final do capítulo. Para o caso especial de AC e DC superpostas (Figura 15-60), a Equação 15-29 acarreta a seguinte fórmula:

$$I_{\text{eff}} = \sqrt{I_{\text{dc}}^2 + I_{\text{ac}}^2} \qquad (15\text{-}31)$$

onde I_{DC} é o valor da corrente DC, I_{AC} é o valor eficaz do componente AC, e I_{ef} é o valor eficaz das correntes AC e DC combinadas. As Equações 15-30 e 15-31 também servem para a tensão quando substituímos I por V.

Valores RMS

Considere novamente a Equação 15-30. Para usá-la, calculamos a raiz média quadrática para obter o valor eficaz. Por essa razão, os valores eficazes são chamados **raiz média quadrática (RMS)***, e **os termos *eficaz* e *RMS* são sinônimos.** Já que na prática as grandezas senoidais AC são quase sempre expressas em valores RMS, devemos assumir a partir de agora, salvo indicação em contrário, que *todas as tensões e correntes senoidais AC são valores RMS*.

Exemplo 15-28

A Figura 15-65(a) mostra um ciclo de uma forma de onda da tensão. Determine seu valor eficaz (RMS).

(a) Forma de onda da tensão

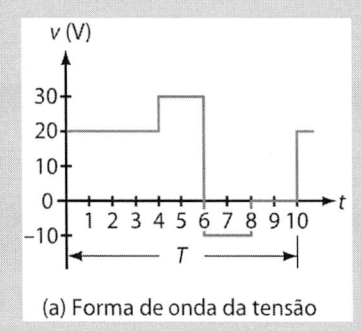

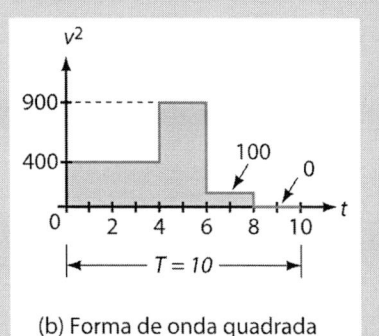

(b) Forma de onda quadrada

Figura 15-65

Solução Eleve a forma de onda da tensão ao quadrado, ponto por ponto, e a represente como em (b). Aplique a Equação 15-30:

$$I_{\text{eff}} = \sqrt{\frac{(400 \times 4) + (900 \times 2) + (100 \times 2) + (0 \times 2)}{10}}$$

$$= \sqrt{\frac{3.600}{10}} = 19 \text{ V}$$

Logo, a forma de onda da Figura 15-65(a) tem o mesmo valor eficaz de 19 V do DC estacionário.

---

* Para a raiz média quadrática, é comum usarmos a sigla RMS oriunda da expressão em inglês *root mean square*. (N.R.T.)

Exemplo 15-29

Determine o valor eficaz (RMS) da forma de onda da Figura 15-66(a).

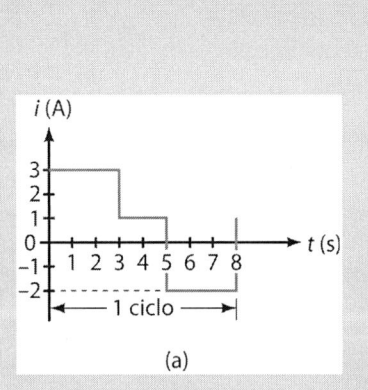

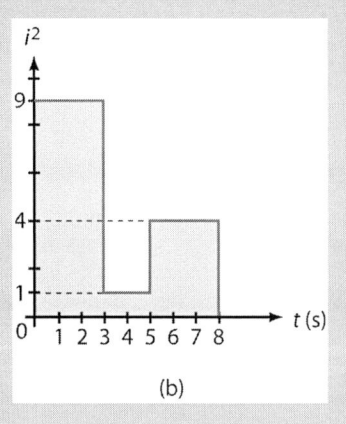

Figura 15-66

Solução: Eleve a curva ao quadrado, e depois aplique a Equação 15-30. Portanto,

$$I_{\text{ef}} = \sqrt{\frac{(9 \times 3) + (1 \times 2) + (4 \times 3)}{8}}$$

$$= \sqrt{\frac{41}{8}} = 2,26 \text{ A}$$

Exemplo 15-30

Calcule o valor RMS da forma de onda da Figura 15-61(b).

Solução: Use a Equação 15-31 (com a substituição de I por V). Primeiro, calcule o valor RMS do componente AC. $V_{AC} = 0,707 \times 15 = 10,61$ V. Agora, substituta esse valor na Equação 15-31. Assim,

$$V_{\text{rms}} = \sqrt{V_{\text{dc}}^2 + V_{\text{ac}}^2} = \sqrt{(10)^2 + (10,61)^2} = 14,6 \text{ V}$$

PROBLEMAS PRÁTICOS 2

1. Determine o valor RMS da corrente da Figura 15-51.
2. Repita o procedimento para a tensão plotada na Figura 15-52(a).

Respostas

1. 1,73 A;   **2.** 20 V

Eliminação das Notações *ef* e *RMS*

Na prática, os subscritos ***ef*** e ***RMS*** não são usados. Uma vez conhecido o conceito, eles não serão mais usados. De agora em diante, estarão implícitos.

15.10 Taxa de Variação de uma Onda Senoidal (Derivada)

Como veremos posteriormente, alguns efeitos importantes no circuito dependem da variação das grandezas senoidais. A taxa de variação de uma grandeza é a inclinação (ou seja, a derivada) da forma de onda *versus* o tempo. Considere a forma de onda da Figura 15-67. Como indicado, a inclinação é máxima positiva no início do ciclo, zero em ambos os picos, máxima negativa no ponto de cruzamento do meio-ciclo e máxima positiva no final do ciclo. Essa inclinação está representada na Figura 15-68. Observe que ela também é senoidal, mas está 90° adiantada em relação à forma de onda original. Logo, se A é uma onda senoidal, B é uma onda cossenoidal – ver a Nota. (Esse resultado será importante para o Capítulo 16, a seguir.)

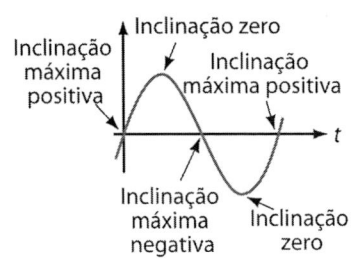

Figura 15-67 Inclinação em vários pontos para uma onda senoidal.

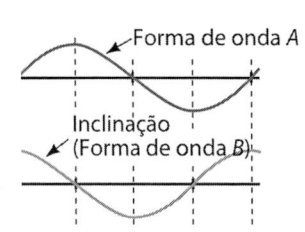

Figura 15-68 Demonstração do deslocamento de fase de 90°.

> **NOTA...**
>
> **A Derivada de uma Onda Senoidal**
>
> O resultado desenvolvido intuitivamente aqui pode ser facilmente comprovado com o uso de cálculo. Como ilustração, considere a forma de onda sen ωt mostrada na Figura 15-67. A inclinação dessa função é a sua derivada. Logo,
>
> Inclinação = $\frac{d}{dt}$ sen $\omega t = \omega \cos \omega t$
>
> Dessa forma, a inclinação de uma onda senoidal é uma onda cossenoidal, como representado na Figura 15-68.

15.11 Medição da Tensão e Corrente AC

O multímetro e o osciloscópio são dois dos instrumentos mais importantes para medir as grandezas AC e DC. Os multímetros fazem a leitura da tensão e da corrente AC e, às vezes, da frequência. Os osciloscópios mostram a forma de onda e o período e permitem determinar a frequência, a diferença de fase etc.

Instrumentos para Medir a Tensão e Corrente

Há duas categorias básicas de medidores de AC: uma delas mede corretamente o valor RMS só para as formas de onda senoidal (chamados de instrumentos de "resposta média"), a outra mede corretamente o valor RMS, independentemente da forma de onda [chamados de medidores do valor RMS verdadeiro ("true RMS")].

Medidores de Resposta Média

Os medidores de resposta média usam um circuito retificador para converter a AC de entrada em DC. Elas, então, respondem ao valor médio da entrada retificada, que, conforme mostra a Figura 15-55, é $0{,}637V_m$ para uma onda senoidal "completa" retificada. Contudo, o valor RMS de uma onda senoidal é $0{,}707V_m$. Assim, para que o medidor mostre a leitura diretamente em RMS, a escala é modificada pelo fator de $0{,}707V_m/0{,}637V_m = 1{,}11$. Outros medidores usam um circuito de "meia-onda", que gera a forma de onda da Figura 15-56. Nesse caso, a média é $0{,}318\ V_m$, gerando um fator de escala de $0{,}707V_m/0{,}318\ V_m = 2{,}22$. Como esses medidores só são calibrados para senoidais AC, as leituras apresentadas por eles são inexpressivas para as outras formas de onda. A Figura 15-69 mostra um MMD de resposta média.

Figura 15-69 Um MMD de resposta média. Além de medir a tensão, a corrente e a resistência como todos os outros MMDs, esse também pode medir a frequência.

Medição do valor RMS verdadeiro (True RMS)

Caso precise medir o valor RMS de uma forma de onda não-senoidal, será necessário usar um medidor do valor RMS verdadeiro. Tal tipo de medidor indica as tensões e correntes RMS verdadeiras, independentemente da forma de onda. Por exemplo, para a forma de onda da Figura 15-64(a), qualquer medidor AC fará corretamente a leitura de 120 V (já que ela é uma onda senoidal). Para a forma de onda considerada no Exemplo 15-30, um medidor do valor RMS verdadeiro apresentará corretamente a leitura de 14,6 V; porém, um medidor de resposta média mostrará um valor insignificante. Os instrumentos do valor RMS verdadeiro são mais caros do que os medidores-padrão, e, na prática, não são encontrados com frequência.

Osciloscópios

Os osciloscópios (Figura 15-70) são usados para medições no domínio do tempo, ou seja, para formas de onda, frequência, período, diferença de fase etc. Geralmente escalonamos os valores na tela, embora alguns modelos mais caros calculem e mostrem o resultado em um mostrador digital.

Os osciloscópios medem a tensão. Para medir a corrente, é necessário um conversor corrente-tensão. Há um tipo de conversor que é um dispositivo semelhante a uma garra, conhecido como canhão de corrente, que fixa um condutor de corrente e monitora seu campo magnético. (Isso só funciona com correntes variáveis no tempo.) O campo magnético variante induz uma tensão que é depois mostrada na tela. Com tal dispositivo, é possível monitorar os formatos de onda da corrente e fazer medições relacionadas a ela. Alternativamente, pode-se colocar um resistor pequeno no caminho da corrente, medir a tensão nele com um osciloscópio e depois usar a lei de Ohm para determinar a corrente.

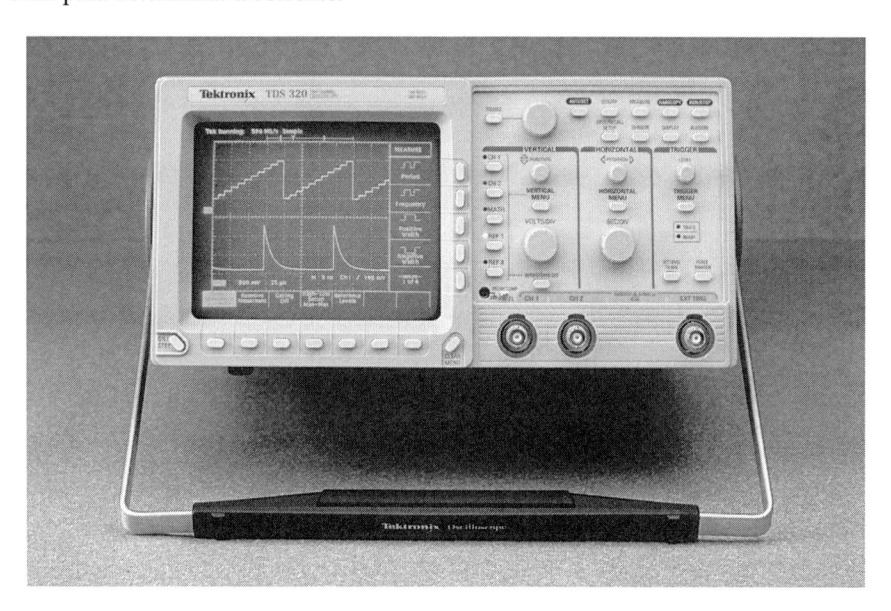

Figura 15-70 O osciloscópio pode ser usado para a análise das formas de onda.

Considerações sobre a Frequência do Medidor

Os medidores AC analisam a tensão e corrente somente em uma faixa de frequência limitada, normalmente de 50 Hz a até alguns kHz, embora alguns funcionem até a faixa de 100 kHz. Observe, entretanto, que a precisão pode ser afetada pela frequência (consulte o manual do instrumento). Os osciloscópios, por outro lado, medem frequências muito altas; mesmo osciloscópios com preços moderados funcionam em frequências de até centenas de MHz.

15.12 Análise de Circuitos Usando Computador

O Multisim e o PSpice oferecem uma maneira conveniente de estudar as relações de fase abordadas neste capítulo, uma vez que ambos incorporam recursos gráficos fáceis de serem utilizados. É só ajustar as fontes com a magnitude desejada e os valores da fase, e instruir o software para calcular os valores e plotar os resultados. Como ilustração, representaremos graficamente $e_1 = 100$ sen ωt e $e_2 = 80$ sen $(\omega t + 60°)$. Use a frequência de 500 Hz. Para o Multisim, posicione os pontos de junção nas extremidades do fio para gerar nós.

Multisim

Crie o circuito da Figura 15-71 usando a fonte AC encontrada na caixa de componentes Signal Source Components – ver a Nota 1. Clique duas vezes em Source 1 e, quando a caixa de diálogo aparecer, ajuste a Voltage Amplitude para 100 V, a Phase para 0 deg e a Frequency para 500 Hz. De maneira semelhante, ajuste a Source 2 para 80 V, 60 deg (ver a Nota 2) e 500 Hz. Clique em *Simulate* e selecione *Transient Analysis*. Na caixa de diálogo que se abrirá, ajuste TSTOP para 0,002 (para rodar a solução até 2 ms de modo a visualizar o ciclo completo) e *Minimum number of type points* para 200 (ver a Nota 3). Clique na guia *Output* e selecione os nós que serão plotados durante a simulação. Depois, clique em *Simulate*. Após a simulação, aparecerão os gráficos de v_1 e v_2.

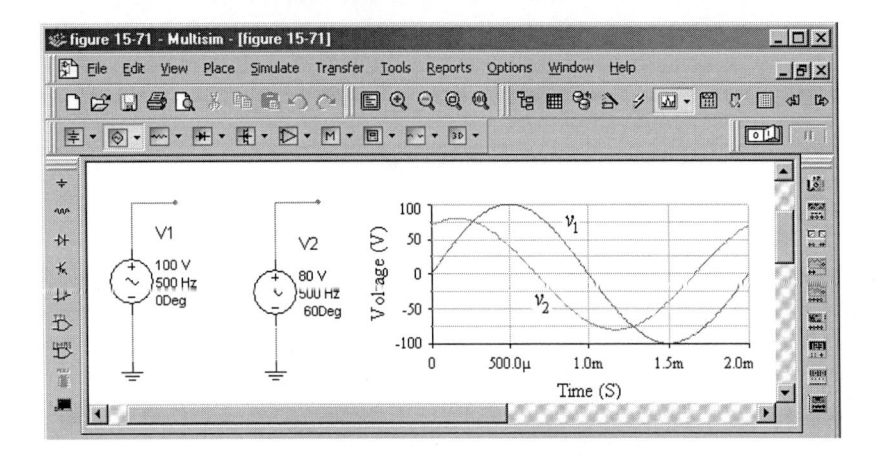

Figura 15-71 Para algumas versões do Multisim, talvez seja necessário inserir o sinal negativo do ângulo desejado – por exemplo, talvez você tenha de inserir v_2 como –60°. Observe que as formas de onda aparecerão em um fundo preto. Se desejar, você poderá trocar a cor do fundo para branco clicando no ícone Reverse Colors. Adicionamos também as grades e desativamos os marcadores de seleção.

É possível checar o ângulo entre as formas de onda usando os cursores. Primeiro, observe que o período $T = 2$ ms $= 2.000$ μs. (Isso corresponde a 360°.) Amplie o gráfico para visualizá-lo em tela cheia, clique no ícone *Grid* e depois no ícone *Cursors*. Usando os cursores, meça o tempo entre os pontos de cruzamento, como indica a Figura 15-72. O resultado obtido deve ser igual a 333 μs. Isso gera um deslocamento angular de

$$\theta = \frac{333 \text{ μs}}{2.000 \text{ μs}} \times 360° = 60°$$

como esperado.

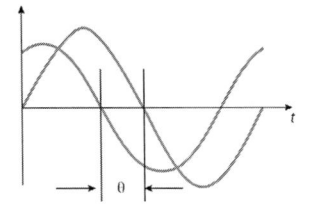

Figura 15-72

NOTA...

Multisim

1. É possível usar as fontes de tensão AC tanto da caixa Signal Source Components como da caixa Power Source. Se selecionarmos a fonte da caixa Signal Source Components, será necessário digitar os valores de pico da tensão; se selecionarmos a caixa Power Source, teremos de digitar os valores RMS. Também serão necessários os pontos de junção, como indicado.

2. Algumas versões do Multisim (por Exemplo, algumas versões do Multisim 8, 9 e 2001) não gerenciam bem os ângulos como o esperado. Caso tenha uma dessas versões, você perceberá que o programa muda o sinal do ângulo inserido. É preciso, então, inserir o sinal negativo. Dessa forma, se quisermos um ângulo de 60°, deveremos digitar –60°. Além disso, alguns lançamentos do Multisim 2001 não aceitam ângulos negativos; caso tenha uma dessas versões, será necessário digitar 300° (que é o mesmo que –60°) para obter um ângulo de 60°.

3. O Multisim gera automaticamente os intervalos de tempo quando plota as formas de onda. No entanto, às vezes, ele não gera o suficiente, e a curva fica dentada. Caso isso aconteça, clique em *Minimum number of time points* e digite um número maior (digamos, 200).

PSpice

Para esse problema, deve haver uma fonte de tensão senoidal variante no tempo. Use *VSIN* (encontrado na biblioteca *SOURCE*). Para VSIN, é preciso especificar a magnitude, a fase e a frequência da fonte, assim como a tensão média da senoide. Monte o circuito na tela, como apresenta a Figura 15-73. Observe nas caixas vazias dos parâmetros ao lado de cada fonte. Clique duas vezes em cada, e para a Source 1, digite 0V para a tensão média da senoide, 100V para a amplitude e 500Hz para a frequência. De modo semelhante, digite os valores para a Source 2. Agora clique duas vezes no símbolo da fonte V2 e na janela do Property editor, procure até encontrar uma célula intitulada PHASE, e depois digite 60deg. Clique em Apply e feche. (Não é preciso realizar esse procedimento para a Source 1, já que o PSpice automaticamente usará o valor-padrão de zero grau.) Clique no ícone *New Simulation* e digite o nome do arquivo. Quando a caixa de diálogo abrir, selecione *Time Domain*, ajuste *TSTOP* para 2 ms (de modo a exibir um ciclo completo), e depois clique em OK. Selecione os marcadores da barra de ferramentas e posicione-os de maneira a plotar os traços automaticamente. Rode a simulação. Quando a simulação estiver completa, aparecerão as formas de onda mostradas na Figura.

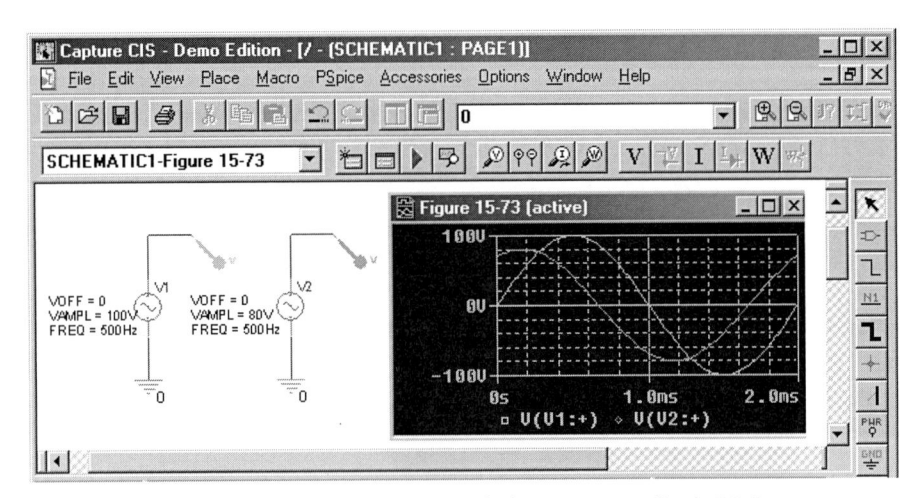

Figura 15-73 Estudo das relações de fase com o auxílio do PSpice.

É possível confirmar o ângulo entre as formas de onda usando os cursores. Primeiro, observe que o período $T = 2$ ms $= 2.000$ μs. (Isso corresponde a 360°.) Agora, usando os cursores, meça o tempo entre os pontos de cruzamento, como indicado na Figura 15-72. O resultado obtido deve ser 333 μs. Isso gera um deslocamento angular de

$$\theta = \frac{333 \text{ μs}}{2.000 \text{ μs}} \times 360° = 60°$$

o que está de acordo com as fontes dadas.

PROBLEMAS

15.1 Introdução

1. O que significa dizer "tensão AC"? E "corrente AC"?

15.2 Geração de Tensão AC

2. A forma de onda da Figura 15-8 é criada por um gerador de 600 rpm. Se a velocidade do gerador variar de modo que o seu tempo de ciclo seja igual a 50 ms, qual será a nova velocidade?

3. a. O que é valor instantâneo?

b. Para a Figura 15-74, determine as tensões instantâneas em $t = 0$; 1; 2; 3; 4; 5; 6; 7 e 8 ms.

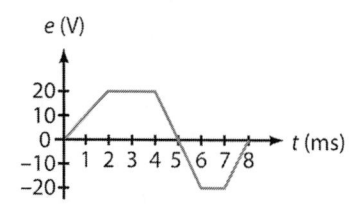

Figura 15-74

15.3 Convenções para Tensão e Corrente em AC

4. Para a Figura 15-75, qual é o valor de I quando a chave está na posição 1? E na posição 2? Inclua o sinal.

5. A fonte da Figura 15-76 tem a forma de onda da Figura 15-74. Determine a corrente em $t = 0$; 1; 2; 3; 4; 5; 6; 7 e 8 ms. Inclua o sinal.

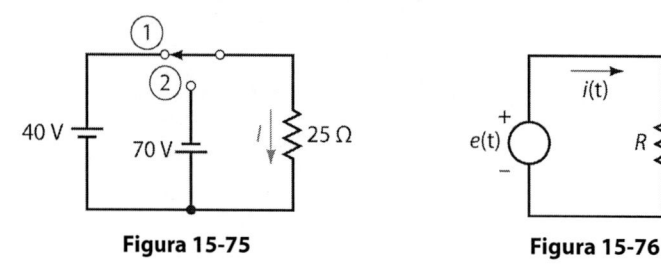

Figura 15-75

Figura 15-76

15.4 Frequência, Período, Amplitude e Valor de Pico

6. Para cada um dos itens a seguir, determine o período:
   a. $f = 100$ Hz
   b. $f = 40$ kHz
   c. $f = 200$ MHz

7. Para cada um dos itens a seguir, determine a frequência:
   a. $T = 0,5$ s
   b. $T = 100$ ms
   c. $5T = 80$ µs

8. Para uma onda triangular, $f = 1,25$ MHz, qual é o período? Quanto tempo leva para passar por 8×10^7 ciclos?

9. Determine o período e a frequência para a forma de onda da Figura 15-77.

10. Determine o período e a frequência para a forma de onda da Figura 15-78. Quantos ciclos são mostrados?

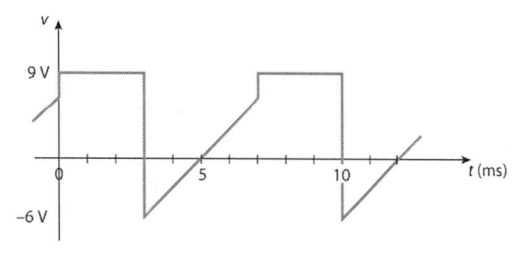

Figura 15-77

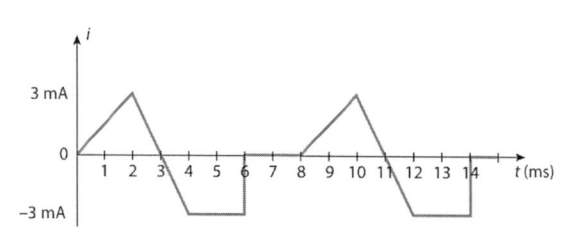

Figura 15-78

11. Qual é a tensão de pico a pico para a Figura 15-77? Qual é a corrente de pico a pico para a Figura 15-78?

12. Para determinada forma de onda, $625T = 12,5$ ms. Quais são o período e a frequência da forma de onda?

13. Uma onda quadrada com a frequência de 847 Hz passa por quantos ciclos em 2 minutos e 57 segundos.

14. Para a forma de onda da Figura 15-79, determine
    a. o período
    b. a frequência
    c. o valor de pico a pico

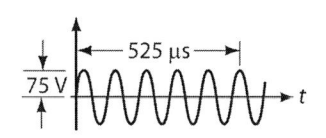

Figura 15-79

15. Duas formas de onda apresentam respectivamente os períodos T_1 e T_2. Se $T_1 = 0{,}25\ T_2$ e $f_1 = 10$ kHz, quais são os valores de T_1, T_2 e f_2?

16. Duas formas de onda apresentam respectivamente as frequências f_1 e f_2. Se $T_1 = 4\ T_2$ e a forma de onda 1 é igual à mostrada na Figura 15-77, qual é o valor de f_2?

15.5 Relações Angular e Gráfica para Ondas Senoidais

17. Dada a tensão $v = V_m$ sen α, se $V_m = 240$ V, qual é o valor de v em α = 37°?

18. Para a forma de onda senoidal da Figura 15-80,
    a. determine a equação para i;
    b. determine a corrente em todos os pontos marcados.

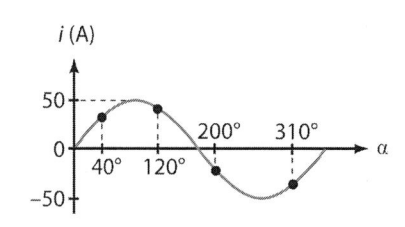

Figura 15-80

19. Uma tensão senoidal tem o valor de 50 V em α = 150°. Qual é o valor de V_m?

20. Faça a conversão dos seguintes ângulos em radianos para graus:
    a. π/12
    b. π/1,5
    c. 3π/2
    d. 1,43
    e. 17
    f. 32π

21. Converta os seguintes ângulos de graus para radianos:
    a. 10°
    b. 25°
    c. 80°
    d. 150°
    e. 350°
    f. 620°

22. Uma onda senoidal de 50 KHz tem uma amplitude de 150 V. Desenhe a forma de onda com o eixo horizontal escalonado em microssegundos.

23. Sendo o período da forma de onda na Figura 15-80 igual a 180 ms, calcule a corrente em $t = 30$, 75, 140 e 315 ms.

24. Uma forma de onda senoidal tem um período de 60 μs e $V_m = 80$ V. Desenhe a forma de onda. Qual é o valor da tensão em 4 μs?

25. Uma onda senoidal de 20 kHz tem um valor de 50 V em $t = 5$ μs. Determine V_m e desenhe a forma de onda.

26. Para a forma de onda da Figura 15-81, determine v_2.

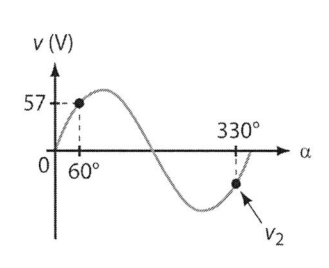

Figura 15-81

15.6 Tensões e Correntes como Funções do Tempo

27. Calcule ω em radianos por segundo para cada um dos itens a seguir
    a. $T = 100$ ns
    b. $f = 30$ Hz
    c. 100 ciclos em 4 s
    d. período = 20 ms
    e. 5 períodos em 20 ms

28. Para cada um dos valores de ω a seguir, calcule f e T:
    a. 100 rad/s
    b. 40 rad em 20 ms
    c. 34×10^3 rad/s

29. Determine as equações para as ondas senoidais com:
    a. $V_m = 170$ V, $f = 60$ Hz
    b. $I_m = 40$ µA, $T = 10$ ms
    c. $T = 120$ µs, $v = 10$ V em $t = 12$ µs

30. Determine f, T e a amplitude para cada um dos itens a seguir:
    a. $v = 75$ sen $200\pi t$
    b. $i = 8$ sen $300t$

31. Uma onda senoidal tem uma tensão de pico a pico de 40 V e $T = 50$ ms. Determine sua equação.

32. Desenhe as seguintes formas de onda com o eixo horizontal escalonado em graus, radianos e segundos:
    a. $v = 100$ sen $200\pi t$ V
    b. $i = 90$ sen ωt mA, $T = 80$ µs

33. Dado $i = 47$ sen $8.260t$ mA, determine a corrente em $t = 0$ s, 80 µs, 410 µs e 1.200 µs.

34. Dado $v = 100$ sen α, desenhe um ciclo.
    a. Determine quais os dois ângulos em que $v = 86,6$ V.
    b. Sendo $\omega = 100\pi/60$ rad/s, em quais tempos eles ocorrem?

35. Escreva as equações para as formas de onda da Figura 15-82. Expresse o ângulo de fase em graus.

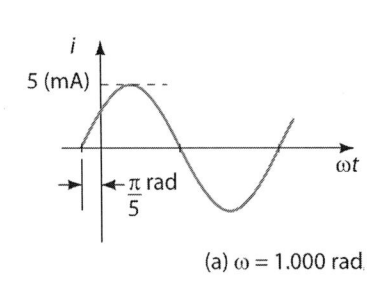

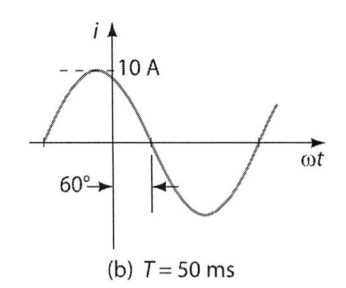

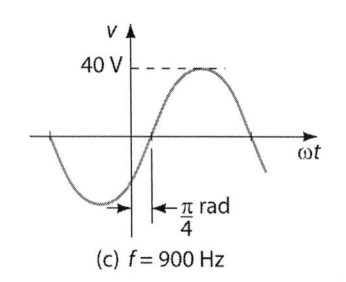

(a) $\omega = 1.000$ rad
(b) $T = 50$ ms
(c) $f = 900$ Hz

Figura 15-82

36. Desenhe as seguintes formas de onda com o eixo horizontal escalonado em graus e em segundos:
    a. $v = 100$ sen$(232,7t + 40°)$ V
    b. $i = 20$ sen$(\omega t - 60°)$ mA, $f = 200$ Hz

37. Dado $v = 5\,\text{sen}(\omega t + 45°)$, se $\omega = 20\pi$ rad/s, qual é o valor de v em $t = 20$, 75 e 90 ms?

38. Repita o Problema 35 para as formas de onda da Figura 15-83.

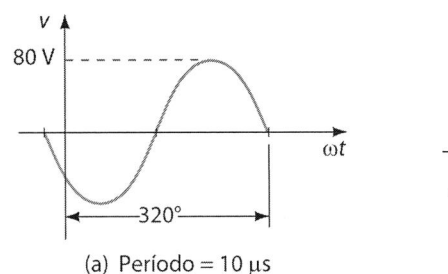

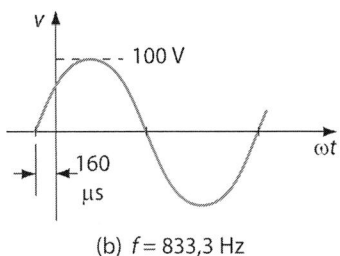

(a) Período = 10 μs

(b) $f = 833,3$ Hz

Figura 15-83

39. Determine a equação para a forma de onda mostrada na Figura 15-84.

40. Para a forma de onda da Figura 15-85, determine i_2.

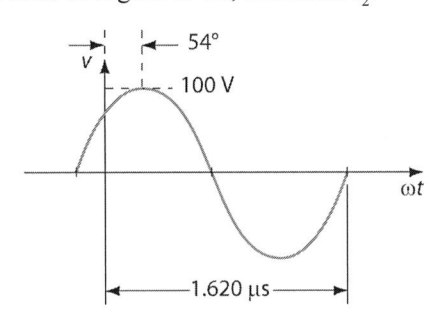

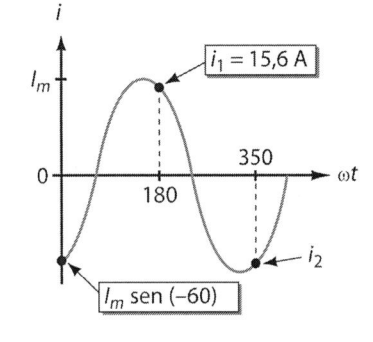

Figura 15-84

Figura 15-85

41. Dado $v = 30\,\text{sen}(\omega t - 45°)$, onde $\omega = 40\pi$ rad/s, desenhe a forma de onda. Em qual tempo v atinge 0 V? Em qual tempo ela alcança 23 V e −23 V?

15.7 Introdução aos Fasores

42. Para cada fasor da Figura 15-86, determine a equação para $v(t)$ ou $i(t)$, conforme o caso, e desenhe a forma de onda.

(a)

(b)

(c)

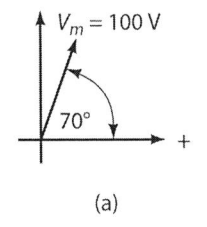

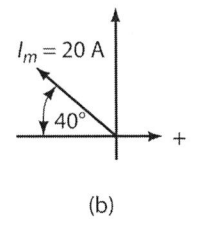

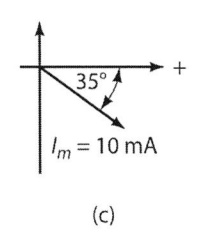

Figura 15-86

43. Com o auxílio dos fasores, desenhe as formas de onda para cada item a seguir e determine a diferença de fase e qual forma de onda está adiantada:

a. $v = 100\,\text{sen}\,\omega t$
   $i = 80\,\text{sen}(\omega t + 20°)$

b. $v_1 = 200\,\text{sen}(\omega t - 30°)$
   $v_2 = 150\,\text{sen}(\omega t - 30°)$

c. $i_1 = 40\,\text{sen}(\omega t + 30°)$
   $i_2 = 50\,\text{sen}(\omega t - 20°)$

d. $v = 100\,\text{sen}(\omega t + 140°)$
   $i = 80\,\text{sen}(\omega t - 160°)$

44. Repita o Problema 43 para os itens a seguir

   a. $i = 40 \text{ sen}(\omega t + 80°)$
   $v = -30 \text{ sen}(\omega t - 70°)$

   b. $v = 20 \cos(\omega t + 10°)$
   $i = 15 \text{ sen}(\omega t - 10°)$

   c. $v = 20 \cos(\omega t + 10°)$
   $i = 15 \text{ sen}(\omega t + 120°)$

   d. $v = 80 \cos(\omega t + 30°)$
   $i = 10 \cos(\omega t - 15°)$

45. Para as formas de onda da Figura 15-87, determine as diferenças de fase. Qual forma de onda está adiantada?

46. Desenhe os fasores para as formas de onda da Figura 15-87.

15.8 Formas de Onda AC e Valor Médio

47. Qual é o valor médio para cada um dos valores a seguir em um número inteiro de ciclos?

   a. $i = 5 \text{ sen } \omega t$
   b. $i = 40 \cos \omega t$
   c. $v = 400 \text{ sen}(\omega t + 30°)$
   d. $v = 20 \cos 2\omega t$

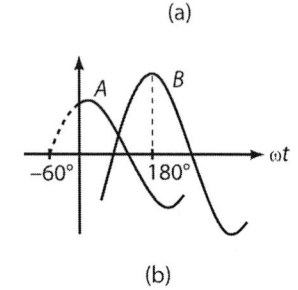

Figura 15-87

48. Usando a Equação 15-20, calcule a área sob o meio-ciclo da Figura 15-54 utilizando incrementos de $\pi/12$ rad.

49. Calcule $I_{méd}$ ou $V_{méd}$ para as formas de onda da Figura 15-88.

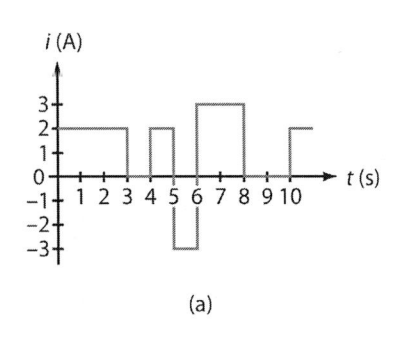

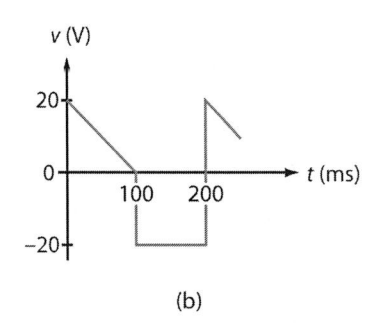

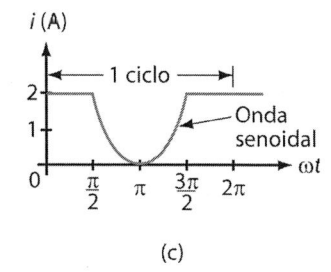

Figura 15-88

50. Para a forma de onda da Figura 15-89, calcule I_m.

51. Para o circuito da Figura 15-90, $e = 25 \text{ sen } \omega t$ V e o período é $T = 120$ ms.

   a. Desenhe a tensão $v(t)$ com o eixo escalonado em milissegundos.
   b. Determine as tensões de pico e mínima.
   c. Calcule v em $t = 10$; 20; 70 e 100 ms.
   d. Determine $V_{méd}$.

Figura 15-89

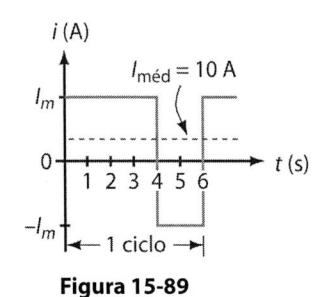

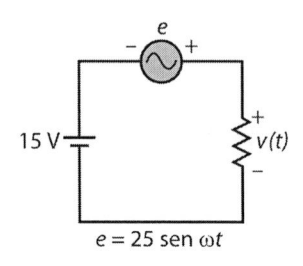

Figura 15-90

52. Usando os métodos numéricos para a parte curvada da forma de onda (com um incremento de $\Delta t = 0,25$ s), determine a área e o valor médio para a forma de onda da Figura 15-91.

53. **J** Usando cálculo, determine o valor médio para a Figura 15-91.

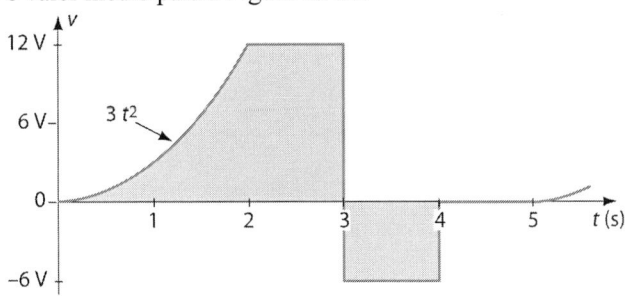

Figura 15-91

15.9 Valores Eficazes (RMS)

54. Determine os valores eficazes para cada um dos itens a seguir:

   a. $v = 100$ sen ωt V

   b. $i = 8$ sen $377t$ A

   c. $v = 40$ sen$(\omega t + 40°)$ V

   d. $i = 120$ cos ωt mA

55. Determine os valores RMS para os itens a seguir:

   a. Uma bateria de 12 V

   b. $i = -24$ sen$(\omega t + 73°)$ mA

   c. $10 + 24$ sen ωt V

   d. $45 - 27 \cos 2\omega t$ V

56. Para uma onda senoidal, $V_{ef} = 9$ V. Qual é a sua amplitude?

57. Determine os valores da raiz média quadrática para

   a. $i = 3 + \sqrt{2}$ (4) sen$(\omega t + 44°)$ mA

   b. A tensão v da Figura 15-92 com $e = 25$ sen ωt V

58. Calcule os valores RMS para as Figuras 15-88(a) e 15-89. Para a Figura 15-89, $I_m = 30$ A.

59. Calcule os valores RMS para as formas de onda da Figura 15-92.

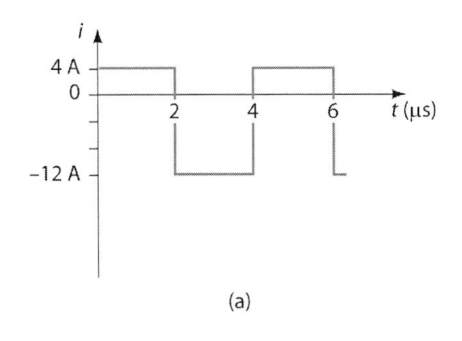

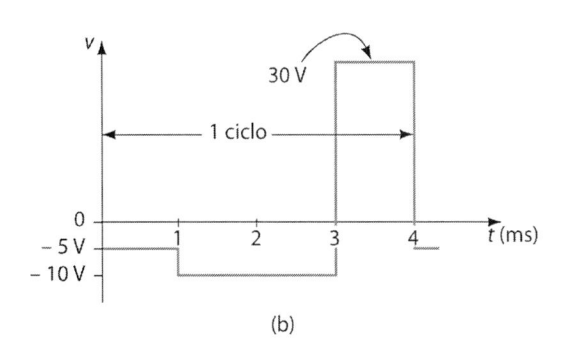

Figura 15-92

60. Calcule o valor eficaz para a Figura 15-93.

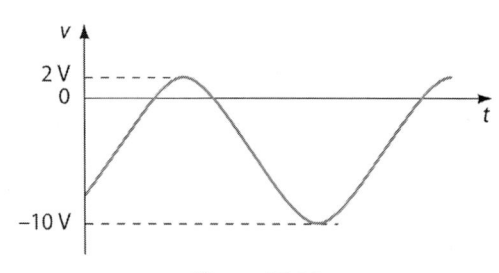

Figura 15-93

61. Determine o valor RMS da forma de onda da Figura 15-94. Por que o valor é igual ao de uma bateria de 24 V?

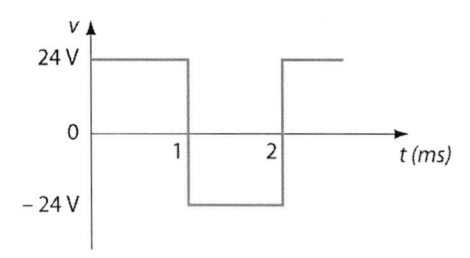

Figura 15-94

62. Calcule os valores RMS da forma de onda da Figura 15-52(c). Para manipular a parte triangular, use a Equação 15-20. Use um intervalo de tempo de $\Delta t = 1$ s.

63. Repita o Problema 62 utilizando o cálculo para manipular a porção triangular.

15.11 Medição da Tensão e Corrente AC

64. Determine a leitura em um medidor AC de resposta média para cada caso a seguir. (Atenção: conforme o caso, a resposta "inexpressiva" é válida.) Suponha que a frequência esteja dentro da classificação do instrumento.

   a. $v = 153$ sen ωt V
   b. $v = \sqrt{2}$ (120) sen($\omega t + 30°$) V
   c. A forma de onda da Figura 15-61.
   d. $v = 597$ cos ωt V

65. Repita o Problema 64 usando o medidor do valor RMS verdadeiro.

15.12 Análise de Circuitos Usando Computador

Utilize o Multisim ou o Pspice para os problemas a seguir.

66. Plote a forma de onda do Problema 37 e, usando o cursor, determine a tensão nos tempos indicados. Não se esqueça de converter a frequência em Hz.

67. Plote a forma de onda do Problema 41. Usando o cursor, determine os tempos nos quais v atinge 0 V, 23 V e −23 V.

68. Suponha que as equações do Problema 43 representem as tensões. Para cada caso, represente graficamente as formas de onda, e depois use o cursor para determinar a diferença de fase entre as formas de onda.

RESPOSTAS DOS PROBLEMAS PARA VERIFICAÇÃO DO PROCESSO DE APRENDIZAGEM

Verificação do Processo de Aprendizagem 1

1. 16,7 ms
2. A frequência dobra, o período se reduz à metade.

3. 50 Hz; 20 ms

4. 20 V; 0,5 ms e 2,5 ms; −35 V; 4 ms e 5 ms

5. (c) e (d); Como a corrente é diretamente proporcional à tensão, elas terão o mesmo formato de onda.

6. 250 Hz

7. $f_1 = 100$ Hz; $f_2 = 33,3$ Hz

8. 50 kHz e 1 MHz

9. 22,5 Hz

10. Em 12 ms, direção →; em 37 ms, direção ←; em 60 ms, →

11. Em 75 ms, $i = -5$ A

Verificação do Processo de Aprendizagem 2

1.

α (grau)	0	45	90	135	180	225	270	315	360
i(mA)	0	10,6	15	10,6	0	−10,6	−15	−10,6	0

2. **a.** 0,349

   b. 0,873

   c. 2,09

   d. 4,36

3. 30°; 120°; 450°

4. Igual à Figura 15-27 com $T = 10$ s e amplitude = 50 mA.

5. $1,508 \times 10^6$ rad/s

6. $i = 8$ sen $157t$ A

7. $i = 6$ sen $69,81t$ A

8. **a.** $i = 250$ sen$(251t - 30°)$ A

   b. $i = 20$ sen$(62,8t + 45°)$ A

   c. $v = 40$ sen$(628t - 30°)$ V

   d. $v = 80$ sen$(314 \times 10^3 t + 36°)$ V

9. **a.** 2,95 ms; 7,05 ms; 22,95 ms; 27,05 ms

   b. 11,67 ms; 18,33 ms; 31,67 ms; 38,33 ms

10.

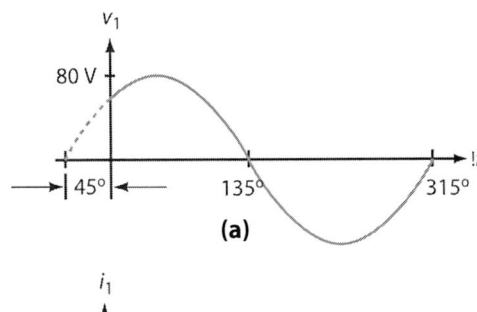

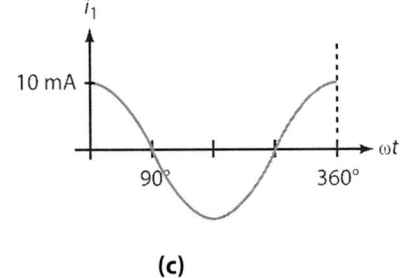

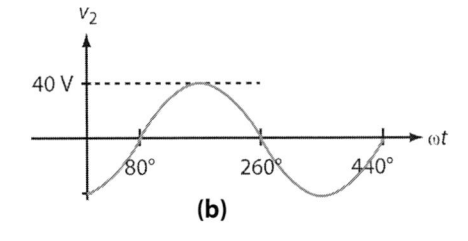

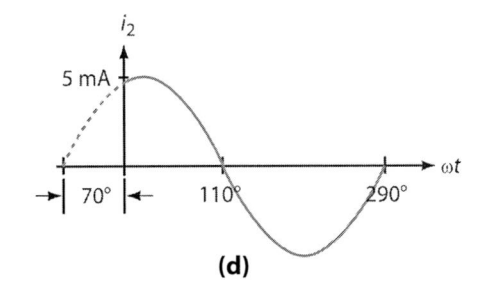

11. a. 2,25 s

   b. 1,33 s

12. a.

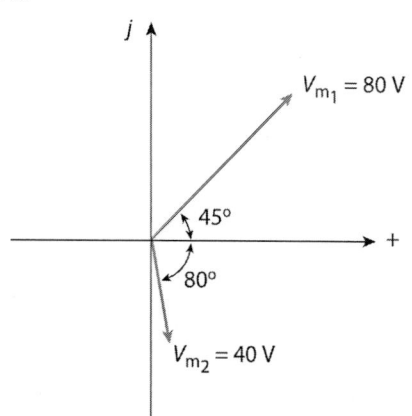

   b. 125°

   c. v_1 está adiantada

13. a.

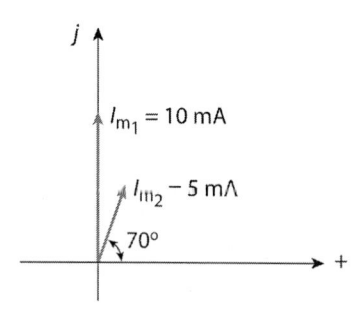

   b. 20°

   c. i_1 está adiantada

• TERMOS-CHAVE

Reatância Capacitiva; Número Complexo; Conjugado; Imaginário; Impedância; Reatância Indutiva; $j = \sqrt{-1}$; Domínio Fasorial; Forma Polar; Forma Retangular; Domínio do Tempo.

• TÓPICOS

Revisão de Números Complexos; Números Complexos na Análise de Circuitos AC; Circuitos R, L e C com Excitação Senoidal; Resistência e AC Senoidal; Indutância e AC Senoidal; Capacitância e AC Senoidal; O Conceito de Impedância; Análise Computacional de Circuitos AC

• OBJETIVOS

Após estudar este capítulo, você será capaz de:

- expressar números complexos nas formas retangular e polar;
- representar os fasores da tensão e corrente AC como números complexos;
- representar fontes AC na forma transformada;
- somar e subtrair as correntes e tensões usando fasores;
- calcular a reatância capacitiva e indutiva;
- determinar as tensões e correntes em circuitos AC simples;
- explicar o conceito de impedância;
- determinar a impedância para os elementos R, L e C;
- determinar as tensões e correntes em circuitos AC simples usando o conceito de impedância;
- usar o Multisim e o PSpice para calcular os problemas de circuitos AC simples.

Elementos *R*, *L* e *C* e o Conceito de Impedância

16

Apresentação Prévia do Capítulo

No Capítulo 15, você aprendeu a analisar alguns circuitos AC simples no domínio do tempo usando as tensões e correntes como funções do tempo. No entanto, esse método não é muito prático. Uma abordagem mais eficiente é representar as tensões e correntes AC como fasores, os elementos dos circuitos como impedâncias, e analisar os circuitos no domínio fasorial usando a álgebra complexa. Com esse procedimento, a análise de circuitos AC é conduzida de maneira muito semelhante à de circuitos DC, e todos os teoremas e relações básicas – lei de Ohm, leis de Kirchhoff, análises de malha e nodal, superposição e assim por diante – se aplicam. A principal diferença é que as grandezas em AC são complexas em vez de reais como em DC. Embora esse fato complique os detalhes de cálculo, ele não altera os princípios básicos de circuito. Na prática, é o método utilizado. As ideias básicas serão desenvolvidas neste capítulo.

Como a análise fasorial e o conceito de impedância exigem certa familiaridade com números complexos, começaremos com uma breve revisão.

Colocando em Perspectiva

Charles Proteus Steinmetz

Charles Proteus Steinmetz nasceu em Breslau, Alemanha, em 1865 e emigrou para os Estados Unidos em 1889. Em 1892, começou a trabalhar para a General Electric Company, em Schenectady, Nova York, onde permaneceu até sua morte em 1923. Foi lá que seu trabalho revolucionou a análise de circuitos AC. Antes, a esta era feita com o uso de cálculo, um processo difícil e demorado. Em 1893, entretanto, Steinmetz reduziu a teoria extremamente complexa da corrente alternada para, segundo suas próprias palavras, "um problema algébrico simples". O conceito-chave nessa simplificação foi o fasor — uma representação baseada em números complexos. Representando as tensões e correntes como fasores, Steinmetz pôde definir uma grandeza denominada **impedância** e depois usá-la para determinar a magnitude da tensão e da corrente e as relações de fase em uma operação algébrica.

Steinmetz escreveu um livro importante em análise AC baseado nesse método; todavia, na época em que o apresentou, dizia-se que ele era praticamente a única pessoa que compreendia o livro. Hoje, contudo, o livro é conhecido por todos, e os métodos criados por Steinmetz são a base para praticamente todas as técnicas de análise de circuitos AC usadas atualmente. Neste capítulo, aprenderemos o método e mostraremos sua aplicação para resolver problemas básicos de circuitos AC.

Além de trabalhar para a GE, Charles Steinmetz foi professor de engenharia elétrica (entre 1902 e 1913) e de eletrofísica na Union University (hoje Union College), em Schenectady.

16.1 Revisão de Números Complexos

O **número complexo** é um número na forma $C = a + jb$, onde a e b são números reais e $j = \sqrt{-1}$. O número a é chamado de parte **real** de C e b é denominado parte **imaginária**. (Na teoria de circuitos, j é usado no lugar de i para designar o componente imaginário, de modo a evitar a confusão com a corrente i.)

Representação Geométrica

Os números complexos podem ser representados geometricamente, ou na forma retangular ou na polar, como pontos em um plano bidimensional denominado **plano complexo** (Figura 16-1). O número complexo $C = 6 + j8$, por exemplo, representa um ponto cuja coordenada no eixo real é 6 e cuja coordenada no eixo imaginário é 8. Essa forma de representação é chamada de **forma retangular***.

Os números complexos também podem ser representados na **forma polar**, pela magnitude e pelo ângulo. Logo, $C = 10 \angle 53,13°$ (Figura 16-2) é um número complexo com a magnitude de 10 e o ângulo de 53,13°. Essa representação da magnitude e do ângulo é apenas uma maneira alternativa de especificar a localização do ponto representado por $C = a + jb$.

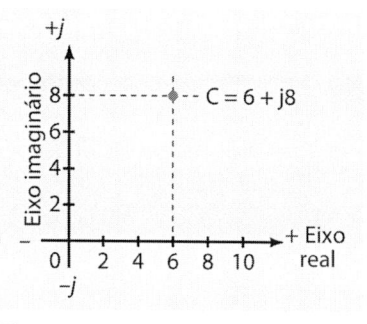

Figura 16-1 Um número complexo na forma retangular.

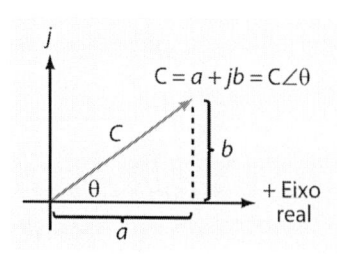

Figura 16-3 Equivalência polar e retangular.

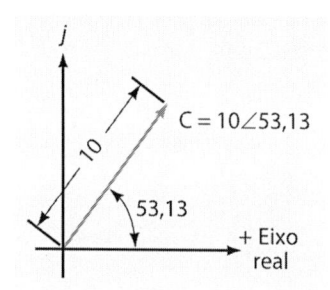

Figura 16-2 Um número complexo na forma polar.

---

*A forma retangular também pode ser chamada de forma cartesiana (N.R.T.)

Capítulo 16 • Elementos R, L e C e o Conceito de Impedância **517**

Conversão entre as Formas Retangular e Polar

Para fazer a conversão entre as formas, observe a Figura 16-3 que

$$\mathbf{C} = a + jb \text{ (forma retangular)} \qquad (16\text{-}1)$$

$$\mathbf{C} = C \angle \theta \text{ (forma polar)} \qquad (16\text{-}2)$$

onde C é a magnitude de **C**. A partir da geometria do triângulo,

$$a = C \cos \theta \qquad (16\text{-}3a)$$

$$b = C \operatorname{sen} \theta \qquad (16\text{-}3b)$$

onde

$$C = \sqrt{a^2 + b^2} \qquad (16\text{-}4a)$$

e

$$\theta = \tan^{-1} \frac{b}{s} \qquad (16\text{-}4b)$$

As Equações 16-3 e 16-4 permitem a conversão entre as formas. Quando usar a Equação 16-4b, no entanto, tome cuidado se o número a ser convertido estiver no segundo ou terceiro quadrante, já que o ângulo obtido é o complementar em vez do real nesses dois quadrantes. Isso está ilustrado no Exemplo 16-1 para o número complexo **W**.

Exemplo 16-1

Determine as formas retangular e polar para os números complexos **C**, **D**, **V** e **W** da Figura 16-4(a).

Solução: *Ponto C*: Parte real = 4; parte imaginária = 3. Logo, C = 4 + j3. Na forma polar, C = $\sqrt{4^2 + 3^2}$ = 5 e θC = tg–1(3/4) = 36,87°. Portanto, C = 5 ∠ 36,87°, como indicado em (b).

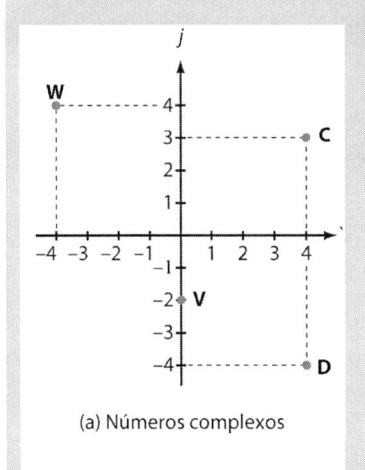

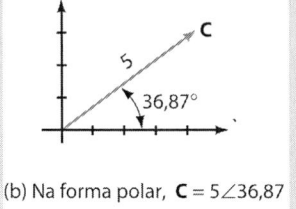

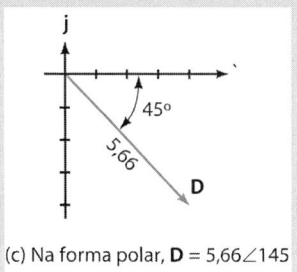

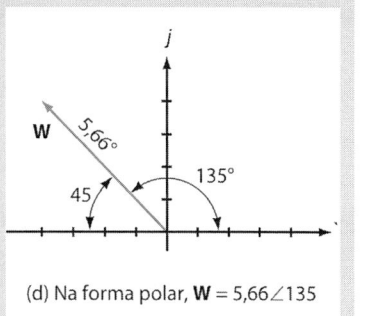

(a) Números complexos (b) Na forma polar, **C** = 5∠36,87 (c) Na forma polar, **D** = 5,66∠145 (d) Na forma polar, **W** = 5,66∠135

Figura 16-4

Ponto D: na forma retangular, **D** = 4 – j4. Logo, D = $\sqrt{4^2 + 4^2}$ = 5,66 e θD = tg–1(–4/4) = –45°. Dessa forma, **D** = 5,66 ∠ –45°, como mostrado em (c).

Ponto V: Na forma retangular, **V** = –j2. Na forma polar, **V** = 2 ∠ –90°.

Ponto W: Na forma retangular, **W** = – 4 + j4. Logo, W = $\sqrt{4^2 + 4^2}$ = 5,66 e tg–1(–4/4) = –45°. A inspeção da Figura 16-4(d) mostra, no entanto, que esse ângulo de 45° é o complementar. O ângulo real (medido a partir do eixo horizontal positivo) é de 135°. Logo, **W** = 5,66 ∠ 135°.

Na prática (em virtude da grande quantidade de números complexos com que temos de lidar), precisamos de um processo de conversão mais eficiente do que o descrito. Como será discutido ainda nesta seção, há calculadoras baratas que realizam essas conversões diretamente — é só inserir os componentes do número complexo e pressionar a tecla de conversão. Com isso, não há problema em determinar ângulos para números como **W** no Exemplo 16-1; é só digitar $-4 + j4$ e a calculadora fornecerá $5,66 \angle 135°$.

Potências de j

Geralmente, precisamos das potências de j nos cálculos. Eis algumas potências úteis:

$$j^{-1} (\sqrt{-1})(\sqrt{-1}) = -1$$
$$j^3 = j^2 j = -j$$
$$j^4 = j^2 j^2 = (-1)(-1) = 1$$
$$(-j)j = 1$$
$$\frac{1}{j} = \frac{1}{j} \times \frac{j}{j} = \frac{j}{j^2} = -j$$

(16-5)

Adição e Subtração de Números Complexos

Podemos somar ou subtrair números complexos analítica ou graficamente. A adição e a subtração analíticas são ilustradas com mais facilidade na forma retangular, enquanto a adição e a subtração gráficas o são na forma polar. Para a adição analítica, some as partes real e a imaginária separadamente. Faça o mesmo na subtração. Para a adição gráfica, some vetorialmente, como na Figura 16-5(a); para a subtração, modifique o sinal do subtraendo e depois some, como na Figura 16-5(b).

Exemplo 16-2

Dados $\mathbf{A} = 2 + j1$ e $\mathbf{B} = 1 + j3$, determine analítica e graficamente a soma e a diferença.

Solução:

$\mathbf{A} + \mathbf{B} = (2 + j1) + (1 + j3) = (2 + 1) + j(1 + 3) = 3 + j4.$

$\mathbf{A} - \mathbf{B} = (2 + j1) - (1 + j3) = (2 - 1) = j(1 - 3) = 1 - j2.$

A Figura 16-5 mostra a adição e a subtração gráficas.

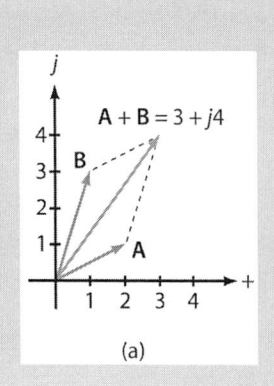

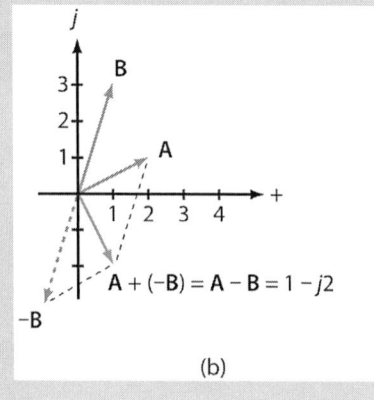

Figura 16-5

Multiplicação e Divisão de Números Complexos

Essas operações geralmente são realizadas na forma polar. Para a multiplicação, multiplique as magnitudes e some os ângulos algebricamente. Para a divisão, divida a magnitude do denominador pela do numerador, e depois subtraia algebricamente o ângulo do denominador do ângulo do numerador. Dessa forma, dados $\mathbf{A} = A \angle \theta_A$ e $\mathbf{B} = B \angle \theta_A$

$$\mathbf{A} \cdot \mathbf{B} = AB \angle \theta_A + \theta_B \tag{16-6}$$

$$\mathbf{A} / \mathbf{B} = AB \angle \theta_A - \theta_B \tag{16-7}$$

Exemplo 16-3

Dados $\mathbf{A} = 3 \angle 35°$ e $\mathbf{B} = 2 \angle -20°$, determine o produto de $\mathbf{A} \cdot \mathbf{B}$ e o quociente de $\mathbf{A}/\mathbf{B}$.

Solução

$\mathbf{A} \cdot \mathbf{B} = (3 \angle 35°)(2 \angle -20°) = (3)(2) \angle 35° - 20° = 6 \angle 15°$

$\dfrac{\mathbf{A}}{\mathbf{B}} = \dfrac{(3 \angle 35°)}{(2 \angle -20°)} = \dfrac{3}{2} \angle 35° - (-20°) = 1{,}5 \angle 55°$

Exemplo 16-4

Para cálculos envolvendo números puramente reais ou imaginários, ou números inteiros pequenos, às vezes é mais fácil multiplicar diretamente na forma retangular do que converter em polar. Calcule diretamente os itens a seguir:

a. $(-j3)(2 + j4)$.

b. $(2 + j3)(1 + j5)$.

Solução

a. $(-j3)(2 + j4) = (-j3)(2) + (-j3)(j4) = -j6 - j^2 12 = 12 - j6$

b. $(2 + j3)(1 + j5) = (2)(1) + (2)(j5) + (j3)(1) + (j3)(j5)$

$= 2 + j10 + j3 + j^2 15 = 2 + j13 - 15 = -13 + j13$

PROBLEMAS PRÁTICOS 1

1. Podemos somar ou subtrair diretamente os números polares com o mesmo ângulo sem converter na forma retangular. Por exemplo, a soma de $6 \angle 36{,}87°$ e $4 \angle 36{,}87°$ é $10 \angle 36{,}87°$, enquanto a diferença é $6 \angle 36{,}87° - 4 \angle 36{,}87° = 2 \angle 36{,}87°$. Por meios gráficos, indique por que esse procedimento é válido.

2. Para comparar os métodos de multiplicação com os valores inteiros pequenos, converta os números do Exemplo 16-4 na forma polar, multiplique-os e converta as respostas novamente na forma retangular.

   Respostas

   Como os números possuem o mesmo ângulo, a soma deles também apresenta o mesmo ângulo e, portanto, as magnitudes podem simplesmente ser somadas (ou subtraídas).

Recíprocos

Na forma polar, o inverso de um número complexo $\mathbf{C} = C \angle \theta$ é

$$\dfrac{1}{C \angle \theta} = \dfrac{1}{C} \angle -\theta \tag{16-8}$$

Logo,
$$\dfrac{1}{20 \angle 30°} = 0{,}05 \angle -30°$$

Quando trabalhamos na forma retangular, devemos ser bastante cautelosos — ver as Notas ao lado.

Complexos Conjugados

O **conjugado** de um número complexo (designado por um asterisco *) é um número complexo com a mesma parte real, mas a parte imaginária oposta. Assim, o conjugado de $\mathbf{C} = C \angle \theta = a + jb$ é $\mathbf{C}^* = C \angle -\theta = a - jb$. Por exemplo, se $\mathbf{C} = 3 + j4 = 5 \angle 53{,}13°$, então $\mathbf{C}^* = 3 - j4 = 5 \angle -53{,}13°$.

Calculadoras para Análise AC

A análise de circuitos AC envolve uma quantidade considerável de números aritméticos complexos; portanto, será necessária uma calculadora que funcione facilmente nas formas triangular e polar, e (de preferência) mostre os resultados na notação-padrão (ou quase-padrão), como na Figura 16-6. (Há várias calculadoras disponíveis no mercado, portanto, antes de comprar, consulte seu professor para determinar a marca e o modelo recomendados para sua instituição de ensino. Para fins ilustrativos, neste livro usamos a TI-86. Caso não tenha esta, consulte o manual de instruções de sua calculadora e siga pelos exemplos. Embora alguns detalhes sejam diferentes, em geral, os conceitos são os mesmos.) Os cálculos a serem feitos variam de simples conversões entre formas (como ilustrado no Exemplo 16-5) a cálculos complexos (como mostrado no Exemplo 16-6).

NOTAS...

Um erro comum que cometemos quando determinamos os recíprocos na forma retangular é escrever o recíproco de $a + jb$ como

$$\frac{1}{a+jb} = \frac{1}{a} + \frac{1}{jb}$$

Isso não está correto. Para ilustrar, considere $\mathbf{C} = 3 + j4$. Para encontrar seu recíproco, digite $3 + j4$ na calculadora (veja a seção intitulada *Calculadoras para Análise AC*, a seguir) e pressione a tecla referente à função inversa. O resultado é

$$\frac{1}{\mathbf{C}} = \frac{1}{3+j4} = 0{,}12 - j0{,}16$$

Claramente, o resultado não é igual a

$$\frac{1}{3} + \frac{1}{j4} = 0{,}333 - j0{,}25$$

Exemplo 16-5

Usando a TI-86 no modo complexo,

a. determine a forma polar de $\mathbf{W} = -4 - j4$, Figura 16-4;

b. determine o inverso de $3 + j4$ e dê a resposta na forma retangular.

Solução: Leia as notas na caixa *Dicas para o uso da calculadora*, ajuste a calculadora para degrees (graus), de acordo com a Nota 1, e para o modo complex (complexo), como na Nota 2, e prossiga da seguinte forma:

a. Digite (−4, −4), pressione a tecla F2 para selecionar polar no visor e depois pressione Enter. No visor, deveria aparecer $5{,}66 \angle -135°$, como ilustra a Figura 16-6.

b. Digite (3, 4), pressione a 2ª tecla, seguida pela tecla x^{-1}; pressione F1 e depois a tecla Enter. O resultado obtido deverá ser (0,12, − 0,16), que representa $0{,}12 - j0{,}16$, conforme a Figura 16-6.

Figura 16-6 Visualização de números complexos na TI-86. Observe que os resultados polares são mostrados na notação-padrão e os retangulares não.

Embora todas as calculadoras que tenham como recurso os números complexos possam realizar com facilidade cálculos como esses, elas diferem bastante quanto ao grau de facilidade com que manipulam os números complexos como os mostrados no Exemplo 16-6. De um lado, estão as calculadoras que exigem que se façam todas as conversões intermediárias mostradas em (a), e no outro extremo estão as que permitem resolver o problema em uma única etapa, como ilustrado em (b).

> **Dica para o uso da calculadora TI-86:** Quando montamos um problema com números complexos, geralmente há algumas maneiras de proceder. À medida que adquirir experiência, o leitor irá desenvolver o método que preferir. Nesse meio-tempo, os passos a seguir serão o ponto de partida. Para a maioria dos problemas, usamos números com 2 ou 3 casas decimais na tela e trabalhamos com os ângulos em graus. (O número de casas decimais que aparece no visor não afeta a precisão dos cálculos.) Observe o seguinte:
>
> 1. Para trabalhar com os ângulos em grau, pressione a 2ª tecla de função e depois a tecla MORE (MAIS). Mude o cursor para Degree, pressione Enter e depois Exit.
>
> 2. Para selecionar o modo complex, pressione a 2ª tecla e a tecla CPLX; depois a tecla MORE. (Deve aparecer ▶ Rec e ▶ Pol na parte inferior da tela.) Agora o modo complexo está ativado.
>
> 3. Os números complexos devem ser inseridos entre parênteses.
>
> 4. Certifique-se de usar a tecla (-) quando inserir os números negativos, e não a tecla de subtração (−).
>
> 5. Para digitar um número na forma polar, insira a magnitude, pressione a 2ª tecla, e depois a tecla com o símbolo ∠ do ângulo em cima, seguida do valor do ângulo. Por exemplo, para inserir 5 ∠ 45°, a sequência de teclas é (5 2ª ∠ 45).
>
> 6. A tecla F1 mostra os resultados na forma retangular, e a tecla F2 os exibe na forma polar.

Exemplo 16-6

Reduza a expressão a seguir para a forma polar.

$$(6 + j5) + \frac{(3 - j4)(10 \angle 40°)}{6 + 30 \angle 53{,}13°}$$

Solução:

a. O uso de uma calculadora com recursos básicos exige uma série de passos intermediários, alguns dos quais são mostrados a seguir.

b. resposta $= (6 + j5) + \dfrac{(5\angle -53{,}13)(10 \angle 40)}{6 + (18 + j24)}$

$= (6 + j5) + \dfrac{(5\angle -53{,}13)(10 \angle 40)}{24 + j24}$

$= (6 + j5) + \dfrac{(5\angle -53{,}13)(10 \angle 40)}{33{,}94 \angle 45}$

$= (6 + j5) + 1{,}473 \angle -58{,}13 = (6 + j5) + (0{,}778 - j1{,}251)$

$= 6{,}778 + j3{,}749 = 7{,}75 \angle 28{,}95°$

c. A calculadora TI-86 permite que esse problema seja resolvido em apenas uma etapa (Figura 16-5). Certifique-se de que o modo complexo está ativado (conforme a Nota 2) e insira os números polares, de acordo com a Nota 5. Para a etapa final da conversão polar, use a mesma sequência de teclas do Exemplo 16-5.

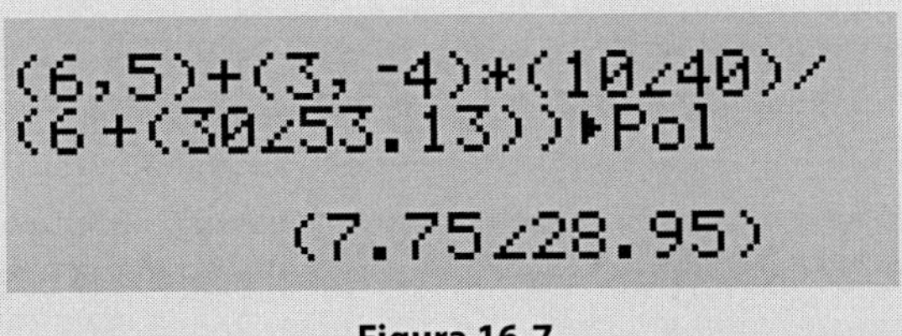

```
(6,5)+(3,-4)*(10∠40)/
(6+(30∠53.13))▶Pol
                (7.75∠28.95)
```

Figura 16-7

16.2 Números Complexos na Análise de Circuitos AC

Representação das Tensões e Correntes AC com Números Complexos

Como você aprendeu no Capítulo 15, as tensões e correntes AC podem ser representadas como fasores (ver a Nota). Como os fasores possuem a magnitude e o ângulo, eles podem ser vistos como números complexos. Para compreender a ideia, considere a fonte de tensão da Figura 16-8(a). O equivalente fasorial (b) tem a magnitude E_m e o ângulo θ. Ela pode, portanto, ser vista como um número complexo.

$$\mathbf{E} = E_m \angle \theta \quad (16\text{-}9)$$

NOTAS...

A definição básica de um fasor é vetor do raio girante com o comprimento igual ao da amplitude (E_m ou I_m) da tensão ou corrente que ele representa. No entanto, para fins de análise, o fasor geralmente é definido em termos de seu valor RMS. Faremos essa mudança na página 546 deste volume, no Capítulo 17. Por enquanto, usaremos a definição básica para algumas ideias a serem exploradas.

(a) $e(t) = E_m \operatorname{sen}(\omega t + \theta)$

(b) $\mathbf{E} = E_m \angle \theta$

Figura 16-8 Representação da fonte de tensão senoidal como um número complexo.

Desse ponto de vista, a tensão senoidal $e(t) = 200 \operatorname{sen}(\omega t + 40°)$ da Figura 16-9(a) e (b) pode ser representada pelo seu equivalente fasorial, $\mathbf{E} = 200\text{ V} \angle 40°$, como em (c).

(a) $e = 200 \operatorname{sen}(\omega t + 40°)$ V

(b) Forma de onda

(c) Equivalente fasorial

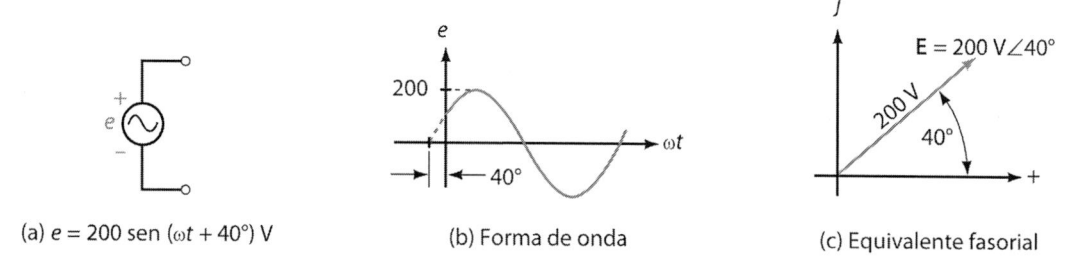

Figura 16-9 Transformando $e = 200 \operatorname{sen}(\omega t + 40°)$ V em $\mathbf{E} = 220\text{ V} \angle 40°$.

Podemos tirar proveito dessa equivalência. *Em vez de mostrarmos uma fonte como uma tensão variante no tempo e(t), que em seguida convertemos em um fasor, podemos desde o início representar a fonte por meio de seu fasor equivalente.* A Figura 16-10 mostra esse ponto de vista. Como $\mathbf{E} = 220\text{ V} \angle 40°$, essa representação contém toda a informação original da Figura 16-9, porque a variação senoidal no tempo e o seu ângulo, conforme mostrado na Figura 16-9(b), estão implícitos na definição de fasor.

$\mathbf{E} = 200\text{ V} \angle 40°$

Fonte transformada

Figura 16-10 Transformação direta da fonte.

A ideia ilustrada na Figura 16-10 é de suma importância para a teoria de circuitos. *Substituindo a função do tempo e(t) pelo seu equivalente fasorial $\mathbf{E}$, transformamos a fonte do domínio do tempo para o domínio fasorial.* A importância dessa abordagem será mostrada a seguir.

Antes de prosseguirmos, devemos assinalar que as leis de Kirchhoff das tensões e das correntes se aplicam ao domínio do tempo (ou seja, quando as tensões e correntes são expressas como funções do tempo) e ao domínio fasorial (ou seja, quando as tensões e correntes são representadas como fasores). Por exemplo, $e = v_1 + v_2$ no domínio do tempo pode ser transformada em $\mathbf{E} = \mathbf{V}_1 + \mathbf{V}_2$ no domínio fasorial e vice-versa. O mesmo é válido para as correntes. (Embora tenhamos apresentado o resultado acima sem provas, ele pode ser rigorosamente comprovado – como vemos em alguns livros de teoria avançada de circuitos.)

Capítulo 16 • Elementos R, L e C e o Conceito de Impedância **523**

(a) $e_1 = 10$ sen ωt
$e_2 = 15$ sen $(\omega t + 60°)$

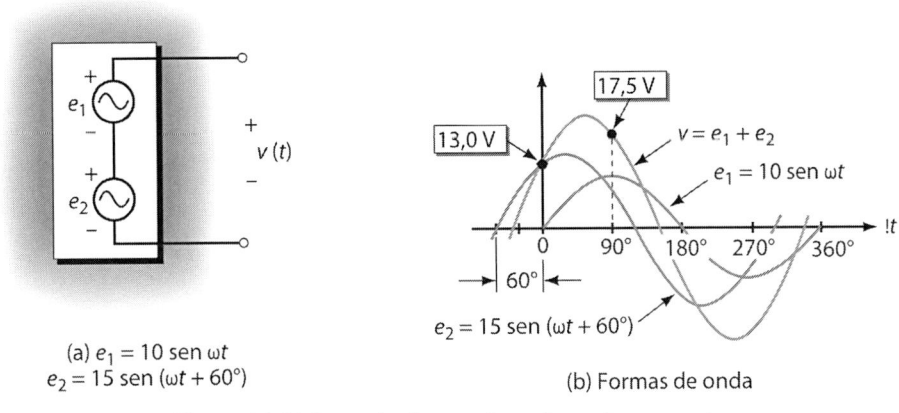

(b) Formas de onda

Figura 16-11 Soma das formas de onda ponto por ponto.

Soma das Tensões e Correntes AC

Às vezes, as grandezas senoidais devem ser somadas ou subtraídas, como na Figura 16-11. No caso ilustrado, queremos a soma de e_1 e e_2, onde $e_1 = 10$ sen ωt e $e_2 = 15$ sen $(\omega t + 60°)$. Somando as formas de onda, ponto por ponto, como em (b), podemos achar a soma de e_1 e e_2. Por exemplo, em $\omega t = 0°$, $e_1 = 10$ sen $0°$ e $e_2 = 15$ sen$(0° + 60°) = 13$ V, e a soma delas é 13 V. De modo semelhante, $\omega t = 90°$, $e_1 = 10$ sen $90° = 10$ V e $e_2 = 15$ sen$(90° + 60°) = 15$ sen $150° = 7,5$, e a soma delas é 17,5 V. Prosseguindo dessa forma, obtém-se a soma de $e_1 + e_2$ (a forma de onda de cor verde).

Como se pode ver, o processo é entediante e não fornece expressão analítica alguma para a tensão resultante. A melhor maneira de transformar as fontes é usar números complexos para efetuar a soma. A Figura 16-12 mostra esse procedimento. Aqui, substituímos as tensões e_1 e e_2 pelos seus equivalentes fasoriais, $\mathbf{E}_1$ e $\mathbf{E}_2$, e v pelo seu equivalente fasorial $\mathbf{V}$. Uma vez que $v = e_1 + e_2$, substituindo v, e_1 e e_2 pelos seus equivalentes fasoriais, obtemos $\mathbf{V} = \mathbf{E}_1 + \mathbf{E}_2$. Agora podemos encontrar $\mathbf{V}$ somando $\mathbf{E}_1$ e $\mathbf{E}_2$ como números complexos. Conhecendo $\mathbf{V}$, podemos determinar a equação e a forma de onda correspondentes.

(a) Rede original.
$v(t) = e_1(t) + e_2(t)$

(b) Rede transformada.
$\mathbf{V} = \mathbf{E}_1 + \mathbf{E}_2$

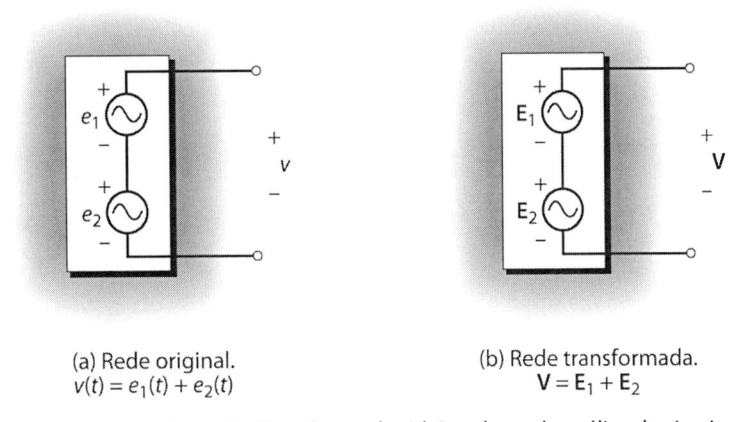

Figura 16-12 Circuito transformado. Essa é uma das ideias-chave da análise de circuitos senoidais.

Exemplo 16-7

Dadas $e_1 = 10$ sen ωt V e $e_2 = 15$ sen $(\omega t + 60°)$ V, como anteriormente, determine v e represente-a graficamente.

Solução:

$e_1 = 10$ sen ωt V. Assim, $\mathbf{E}_1 = 10$ V $\angle 0°$.

$e_2 = 15$ sen $(\omega t + 60°)$ V. Portanto, $\mathbf{E}_2 = 15$ V $\angle 60°$.

A Figura 16-13(a) mostra as fontes transformadas e os fasores em (b).

(continua)

Exemplo 16-7 (continuação)

$$V = E_1 + E_2 = 10 \angle 0° + 15 \angle 60° = (10 + j0) + (7,5 + j13)$$
$$= (17,5 + j13) = 21,8 \text{ V} \angle 36,6°$$

Logo, $v = 21,8 \text{ sen}(\omega t + 36,6°)$ V

As formas de onda são mostradas em (c). (Para confirmar que esse procedimento gera o mesmo resultado obtido com a soma das formas de onda ponto por ponto, ver o Problema Prático 2.)

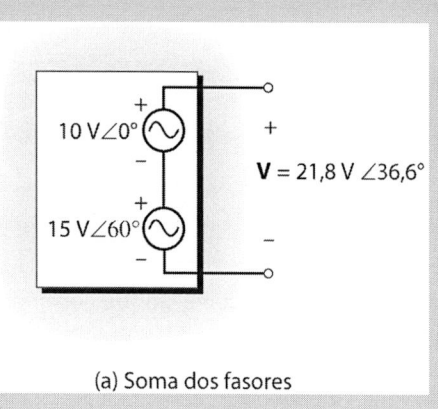

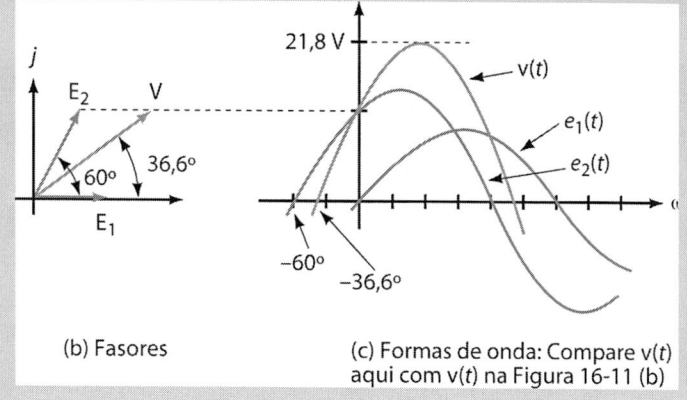

(a) Soma dos fasores

(b) Fasores

(c) Formas de onda: Compare v(t) aqui com v(t) na Figura 16-11 (b)

Figura 16-13 Observe que v(t), determinada pelo fasor **V**, gera o mesmo resultado que obtivemos com a soma de e_1 e e_2 ponto por ponto.

PROBLEMAS PRÁTICOS 2

Comprove pela substituição direta que $v = 21,8 \text{ sen}(\omega t + 36,6°)$ V, como na Figura 16-13, é a soma de e_1 e e_2. Para isso, calcule e_1 e e_2 em um ponto, some-as e compare com a soma $21,8 \text{ sen}(\omega t + 36,6°)$ V, calculada no mesmo ponto. Efetue esse cálculo em intervalos de $\omega t = 30°$ ao longo do ciclo completo, para provar que o resultado é verdadeiro em qualquer ponto. (Por exemplo, em $\omega t = 0°$, $v = 21,8 \text{ sen}(\omega t + 36,6°) = 21,8 \text{ sen}(36,6°) = 13$ V, como vimos na Figura 16-11.)

Respostas

Eis os pontos no gráfico em intervalos de 30°:

ωt	0°	30°	60°	90°	120°	150°	180°	210°	240°	270°	300°	330°	360°
v	13	20	21,7	17,5	8,66	−2,5	−13	−20	−21,7	−17,5	−8,66	−2,5	13

NOTAS IMPORTANTES...

1. Até aqui, usamos valores de pico como V_m e I_m para representar as magnitudes das tensões e correntes fasoriais, já que eram mais convenientes para o nosso propósito. Na prática, no entanto, usam-se os valores RMS.

Assim, agora mudaremos para RMS. Dessa forma, daqui em diante, o Fasor **V** = 120 V $\angle$ 0° passará a significar uma tensão de 120 volts RMS em um ângulo de 0°. Caso haja necessidade de converter essa expressão em uma função do tempo, primeiro multiplique o valor RMS por $\sqrt{2}$, e depois siga o procedimento normal. Assim, $v = \sqrt{2} \,(120) \text{ sen } \omega t = 170 \text{ sen } \omega t$.

2. Para somar ou subtrair tensões ou correntes senoidais, siga os três passos descritos no Exemplo 16-7; ou seja,

  • converta as ondas senoidais em fasores e expresse-as na forma de números complexos;

  • some ou subtraia os números complexos;

  • converta de novo em uma função do tempo, se desejar.

(continua)

Capítulo 16 • Elementos R, L e C e o Conceito de Impedância **525**

NOTAS IMPORTANTES... *(continuação)*

3. Embora usemos os fasores para representar formas de onda senoidal, deve-se enfatizar que as ondas senoidais e os fasores não são a mesma coisa. As tensões e correntes senoidais são reais – elas são grandezas reais medidas por instrumentos de medição, e cujas formas de onda podem ser vistas em um osciloscópio. *Por outro lado, os fasores são abstrações matemáticas que usamos para ajudar a visualizar as relações e resolver problemas.*

4. Diz-se que as grandezas expressas como funções do tempo estão no **domínio do tempo**, enquanto as grandezas expressas como fasores estão no **domínio fasorial (ou da frequência)**. Assim, $v = 170 \operatorname{sen} \omega t$ V está no domínio do tempo, enquanto $\mathbf{V} = 120$ V $\angle 0°$ é o seu equivalente no domínio fasorial.

Exemplo 16-8

Expresse a tensão e a corrente da Figura 16-14 nos domínios fasorial e do tempo.

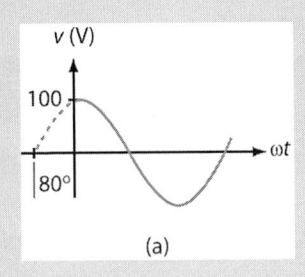

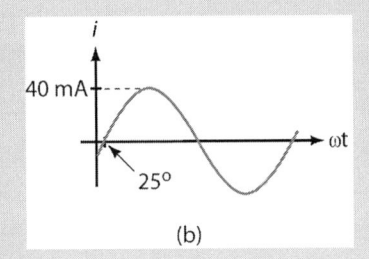

Figura 16-14

Solução:

a. Domínio do tempo: $v = 100 \operatorname{sen}(\omega t + 80°)$ volts.

Domínio fasorial: $\mathbf{V} = (0{,}707)(100 \text{ V} \angle 80°) = 70{,}7$ V $\angle 80°$ (RMS).

b. Domínio do tempo: $i = 40 \operatorname{sen}(\omega t - 25°)$ mA.

Domínio fasorial: $\mathbf{I} = (0{,}707)(40 \text{ mA} \angle -25°) = 28{,}3$ mA $\angle -25°$ (RMS).

Exemplo 16-9

Sendo $i_1 = 14{,}4 \operatorname{sen}(\omega t - 55°)$ A e $i_2 = 4 \operatorname{sen}(\omega t + 15°)$ A, determine a soma delas, i.

Trabalhe com valores RMS.

Solução:

$\mathbf{I}_1 = (0{,}707)(14{,}14 \text{ A}) \angle -55° = 10 \text{ A} \angle -55°$

$\mathbf{I}_2 = (0{,}707)(4 \text{ A}) \angle 15° = 2{,}828 \text{ A} \angle 15°$

$\mathbf{I} = \mathbf{I}_1 + \mathbf{I}_2 = 10 \text{ A} \angle -55° + 2{,}828 \text{ A} \angle 15°$

$= (5{,}74 \text{ A} - j8{,}19 \text{ A}) + (2{,}73 \text{ A} + j0{,}732 \text{ A})$

$= 8{,}47 \text{ A} - j7{,}46 \text{ A} = 11{,}3 \text{ A} \angle -41{,}4$

$i(t) = \sqrt{2}\,(11{,}3) \operatorname{sen}(\omega t - 41{,}4°) = 16 \operatorname{sen}(\omega t - 41{,}4°)$ A

526 Análise de Circuitos • Conceitos Fundamentais de AC

Embora pareça bobagem converter valores de pico em RMS e depois converter os valores RMS de novo em valores de pico, como fizemos no Exemplo 16-9, há uma razão para isso: muito em breve deixaremos completamente de trabalhar no domínio do tempo e passaremos a usar apenas os fasores. A solução estará completa assim que obtivermos a resposta na forma $\mathbf{I} = 11{,}3 \angle -41{,}4°$. [Para ajudar você a se concentrar no valor RMS, as tensões e correntes nos próximos dois exemplos (e nos outros subsequentes) serão expressas como um valor RMS vezes $\sqrt{2}$.]

Exemplo 16-10

Para a Figura 16-15, $v_1 = \sqrt{2}\,(16)\,\text{sen}\,\omega t$ V, $v_2 = \sqrt{2}\,(24)\,\text{sen}(\omega t + 90°)$ e $v_3 = \sqrt{2}\,(15)\,\text{sen}(\omega t - 90°)$ V. Determine a fonte de tensão e.

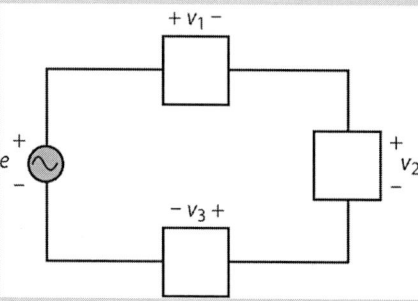

Figura 16-15

Solução: A resposta pode ser obtida pela KVL. Primeiro, converta as tensões em fasores. Assim, $\mathbf{V}_1 = 16$ V $\angle 0°$, $\mathbf{V}_2 = 24$ V $\angle 90°$ e $\mathbf{V}_3 = 15$ V $\angle -90°$. A KVL propicia $\mathbf{E} = \mathbf{V}_1 + \mathbf{V}_2 + \mathbf{V}_3 = 16$ V $\angle 0° + 24$ V $\angle 90° + 15$ V $\angle -90° = 18{,}4$ V $\angle 29{,}4°$. Convertendo de volta em uma função do tempo, obtemos $e = \sqrt{2}\,(18{,}4)\,\text{sen}(\omega t + 29{,}4°)$ V.

Exemplo 16-11

Para a Figura 16-16, $i_1 = \sqrt{2}\,(23)\,\text{sen}\,\omega t$ mA, $i_2 = \sqrt{2}\,(0{,}29)\,\text{sen}(\omega t + 63°)$ A e $i_3 = \sqrt{2}\,(127) \times 10^{-3}\,\text{sen}(\omega t - 72°)$. Determine a corrente i_T.

Solução: Converta as correntes em fasores. Assim, $\mathbf{I}_1 = 23$ mA $\angle 0°$, $\mathbf{I}_2 = 0{,}29$ A $\angle 63°$ e $\mathbf{I}_3 = 127 \times 10^{-3}$ A $\angle -72°$. A KCL gera $\mathbf{I}_T = \mathbf{I}_1 + \mathbf{I}_2 + \mathbf{I}_3 = 23$ mA $\angle 0° + 290$ mA $\angle 63° + 127$ mA $\angle -72° = 238$ mA $\angle 35{,}4°$. Convertendo de volta em uma função do tempo, temos $i_T = \sqrt{2}\,(238)\,\text{sen}(\omega t + 35{,}4°)$ mA.

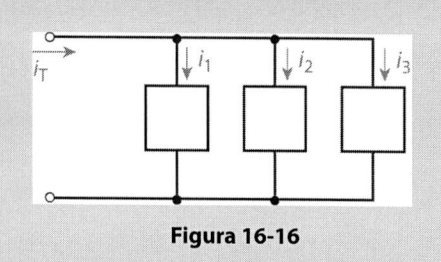

Figura 16-16

PROBLEMAS PRÁTICOS 3

1. Converta os itens a seguir em funções do tempo. Os valores são RMS.
   a. $\mathbf{E} = 500$ mV $\angle -20°$ b. $\mathbf{I} = 80$ A $\angle 40°$

2. Para o circuito da Figura 16-17, determine a tensão e_1.

Respostas

1. a. $e = 707\,\text{sen}(\omega t - 20°)$ mV   b. $i = 113\,\text{sen}(\omega t + 40°)$ A
2. b. $e_1 = 221\,\text{sen}(\omega t - 99{,}8°)$ V

$e_2 = 141{,}4\,\text{sen}(\omega t + 30°)$ V

$v = 170\,\text{sen}(\omega t - 60°)$ V

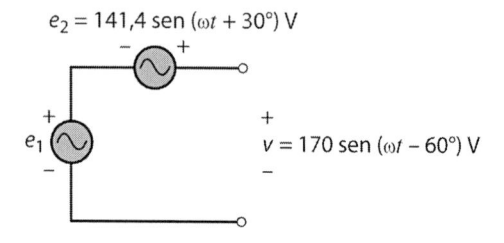

Figura 16-17

Capítulo 16 • Elementos R, L e C e o Conceito de Impedância

VERIFICAÇÃO DO PROCESSO DE APRENDIZAGEM 1

(*As respostas encontram-se no final do capítulo.*)

1. Converta os itens a seguir em forma polar:
   a. $j6$ b. $-j4$ c. $3+j3$ d. $4-j6$ e. $-5+j8$ f. $1-j2$ g. $-2-j3$

2. Converta os itens a seguir em forma retangular:
   a. $4 \angle 90°$ b. $3 \angle 0°$ c. $2 \angle -90°$ d. $5 \angle 40°$ e. $6 \angle 120°$ f. $2,5 \angle -20°$ g. $1,75 \angle -160°$

3. Sendo $-\mathbf{C} = 12 \angle -140°$, qual é o valor de $\mathbf{C}$?

4. Dados $\mathbf{C}_1 = 36 + j4$ e $\mathbf{C}_2 = 52 - j_{11}$, determine $\mathbf{C}_1 + \mathbf{C}_2$, $\mathbf{C}_1 - \mathbf{C}_2$, $1/(\mathbf{C}_1 + \mathbf{C}_2)$ e $1/(\mathbf{C}_1 - \mathbf{C}_2)$. Expresse na forma retangular.

5. Dados $\mathbf{C}_1 = 24 \angle 25°$ e $\mathbf{C}_2 = 12 \angle -125°$, determine $\mathbf{C}_1 \cdot \mathbf{C}_2$ e $\mathbf{C}_1/\mathbf{C}_2$.

6. Calcule os itens a seguir e expresse as respostas na forma retangular:

   a. $\dfrac{6+j4}{10 \angle 20°} + (14 + j2)$

   b. $(1 + j6) + \left[2 + \dfrac{(12 \angle 0°)(14 + j2)}{6 - (10 \angle 20°)(2\angle -10°)} \right]$

Figura 16-18

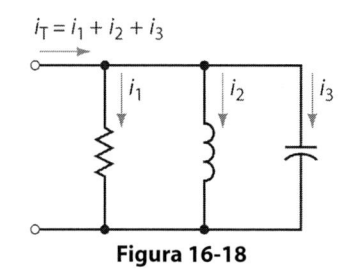

$i_T = i_1 + i_2 + i_3$

7. Para a Figura 16-18, determine i_T, onde $i_1 = 10$ sen ωt, $i_2 = 20$ sen $(\omega t - 90°)$ e $i_3 = 5$ sen$(\omega t + 90°)$.

16.3 Circuitos R, L e C com Excitação Senoidal

Cada um dos elementos R, L e C do circuito tem propriedades elétricas bem diferentes. A resistência, por exemplo, opõe-se à corrente, enquanto a indutância se opõe às variações na corrente, e a capacitância, às variações na tensão. Essas diferenças resultam em relações tensão-corrente bem distintas do que vimos anteriormente. Agora investigaremos essas relações para o caso da AC senoidal. As ondas senoidais apresentam algumas características importantes que você descobrirá a partir desta investigação:

1. Quando um circuito composto por elementos lineares R, L, C é ligado a uma fonte senoidal, todas as suas correntes e tensões serão senoidais.
2. Essas ondas senoidais apresentam a mesma frequência da fonte e diferem dela quanto às magnitudes e aos ângulos de fase.

16.4 Resistência e AC Senoidal

Começamos com um circuito puramente resistivo. Nesse caso, a lei de Ohm aplica-se e, portanto, a corrente é diretamente proporcional à tensão. Assim, as variações na corrente seguem as variações na tensão, alcançando o pico quando a tensão atinge seu pico, mudando de direção quando a polaridade da tensão muda etc. (Figura 16-19). A partir disso, conclui-se que, *para um circuito puramente resistivo, a corrente e a tensão estão em fase*. Como as formas de onda da tensão e da corrente coincidem, seus fasores também coincidem (Figura 16-20).

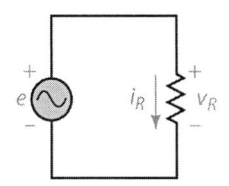

(a) Fonte de tensão é uma onda senoidal Portanto, v_R é uma onda senoidal

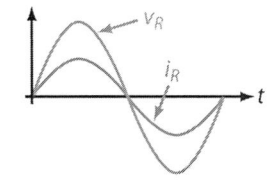

(b) $i_R = v_R/R$. Assim, i_R também é uma onda senoidal

Figura 16-19 A lei de Ohm se aplica. Observe que a corrente e a tensão estão em fase.

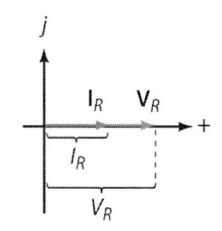

Figura 16-20 Para um resistor, os fasores da tensão e corrente estão em fase.

As relações ilustradas na Figura 16-19 podem ser matematicamente formuladas como

$$i_R = \frac{v_R}{R} = \frac{V_m \operatorname{sen} \omega t}{R} = \frac{V_m}{R} \operatorname{sen} \omega t = I_m \operatorname{sen} \omega t \qquad (16\text{-}10)$$

onde

$$I_m = V_m/R \qquad (16\text{-}11)$$

Fazendo a transposição,

$$V_m = I_m R \qquad (16\text{-}12)$$

A relação em fase é verdadeira independentemente da referência. Dessa forma, sendo $v_R = V_m \operatorname{sen}(\omega t + \theta)$, então $i_R = I_m \operatorname{sen}(\omega t + \theta)$.

Exemplo 16-12

Para o circuito da Figura 16-19(a), sendo $R = 5\ \Omega$ e $i_R = 12 \operatorname{sen}(\omega t - 18°)$ A, determine v_R.

Solução: $v_R = Ri_R = 5 \times 12 \operatorname{sen}(\omega t - 18°) = 60 \operatorname{sen}(\omega t - 18°)$ V. A Figura 16-21 mostra as formas de onda.

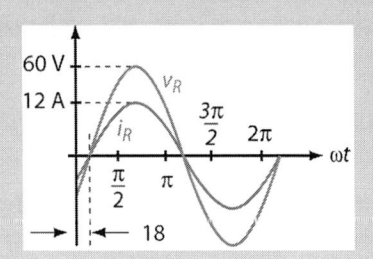

Figura 16-21

PROBLEMAS PRÁTICOS 4

1. Sendo $v_R = 150 \cos \omega t$ V e $R = 25$ kΩ, determine i_R e desenhe as duas formas de onda.
2. Sendo $v_R = 100 \operatorname{sen}(\omega t + 30°)$ V e $R = 0{,}2$ MΩ, determine i_R e faça um esboço das duas formas de onda.

Respostas

1. $i_R = 6 \cos \omega t$ mA. v_R e i_R estão em fase.
2. $i_R = 0{,}5 \operatorname{sen}(\omega t + 30°)$ mA. v_R e i_R estão em fase.

16.5 Indutância e AC Senoidal

Atraso de Fase em um Circuito Indutivo

Como vimos no Capítulo 13, para um indutor ideal, a tensão v_L é proporcional à taxa de variação da corrente. Por esse motivo, a tensão e a corrente não estão em fase como estavam em um circuito resistivo. É possível demonstrar isso com um pouco de cálculo. Da Figura 16-22, $v_L = L di_L/dt$. Para uma onda senoidal da corrente, quando diferenciamos, obtemos

$$v_L = L \frac{di_L}{dt} = L \frac{d}{dt}(I_m \operatorname{sen} \omega t) = \omega L I_m \cos \omega t = V_m \cos \omega t$$

Utilizando a identidade trigonométrica cos ωt = sen(ωt + 90°), podemos escrever essa equação da seguinte maneira

$$vL = V_m \text{sen}(\omega t + 90°) \tag{16-13}$$

onde

$$V_m = \omega L I_m \tag{16-14}$$

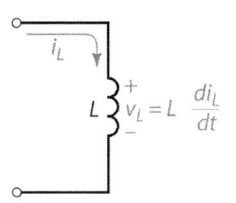

Figura 16-22 A tensão v_L é proporcional à taxa de variação da corrente i_L.

A Figura 16-23 mostra as formas de onda da tensão e corrente, e a Figura 16-24 expõe os fasores delas. Como se pode ver, *para um circuito puramente indutivo, a corrente está 90° atrasada em relação à tensão* (ou seja, 1/4 de ciclo). Por outro lado, pode-se dizer que a tensão está 90° adiantada em relação à corrente.

Ainda que tenhamos mostrado que a corrente está atrasada de 90° para o caso da Figura 16-23, em geral essa relação é verdadeira para todos os casos, ou seja, a corrente sempre está 90° atrasada, independentemente da escolha da referência. Isso está ilustrado na Figura 16-25. Nela, $\mathbf{V}_L$ está em 0° e $\mathbf{I}_L$ está em −90°; portanto, a tensão v_L será uma onda senoidal e a corrente i_L será uma onda co-senoidal negativa, ou seja, $i_L = -I_m \cos \omega t$. Como i_L é uma onda cossenoidal negativa, também pode ser expressa como $i_L = I_m \text{sen}(\omega t - 90°)$. As formas de onda estão mostradas em (b).

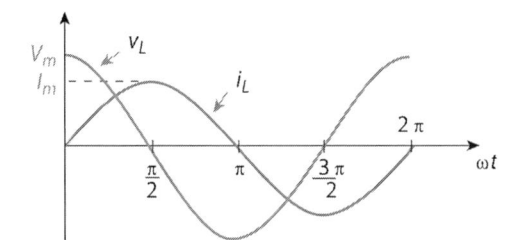

Figura 16-23 Para a indutância, a corrente está 90° atrasada em relação à tensão. Aqui, i_L é a referência.

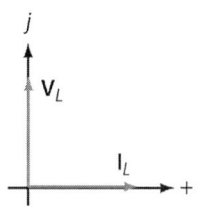

Figura 16-24 Os fasores para as formas de onda da Figura 16-23 que mostram o atraso de 90° da corrente.

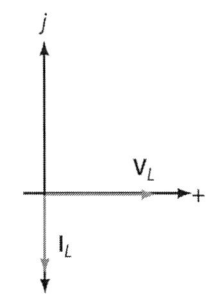

(a) A corrente $\mathbf{I}_L$ sempre está atrasada de 90° em relação à tensão $\mathbf{V}_L$

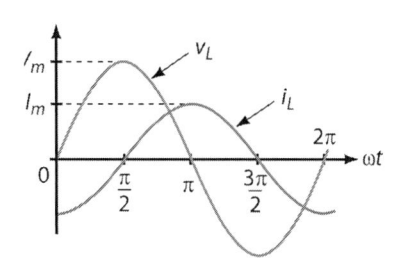

(b) Formas de onda

Figura 16-25 Os fasores e as formas de onda quando $\mathbf{V}L$ é usado como referência.

Como a corrente está sempre 90° atrasada em relação à tensão para uma indutância pura, é possível determinar a fase da corrente se soubermos a fase da tensão e vice-versa. Logo, sendo v_L conhecida, i_L deve estar 90° atrasada, e se i_L for conhecida, v_L deve estar 90° adiantada.

Reatância Indutiva

Da Equação 16-15, vemos que a razão entre V_m e I_m é

$$\frac{V_m}{I_m} = \omega L \qquad (16\text{-}15)$$

Essa relação é chamada de **reatância indutiva**, e é representada pelo símbolo X_L. Já que a razão entre volts e amperes é o ohm, a unidade da reatância é o ohm. Assim,

$$X_L = \frac{V_m}{I_m} \; (\Omega) \qquad (16\text{-}16)$$

Combinando as Equações 16-15 e 16-16, temos

$$X_L = \omega L \; (\Omega) \qquad (16\text{-}17)$$

onde ω está em radianos por segundo e L está em henry. *A reatância X_L representa a oposição que a indutância faz à passagem de corrente para o caso da AC senoidal.*

Agora dispomos de tudo o que é necessário para resolver circuitos indutivos simples com excitação senoidal; ou seja, sabemos que a corrente está atrasada de 90° em relação à tensão, e suas amplitudes estão relacionadas da seguinte maneira:

$$I_m = \frac{V_m}{X_L} \qquad (16\text{-}18)$$

e

$$V_m = I_m X_L \qquad (16\text{-}19)$$

Exemplo 16-13

A tensão em uma indutância de 0,2 H é $v_L = 100\,\text{sen}\,(400t + 70°)$ V. Determine i_L e faça um desenho dela.

Solução: $\omega = 400$ rad/s. Dessa forma, $X_L = \omega L = (400)(0{,}2) = 80\,\Omega$.

$$I_m = \frac{V_m}{X_L} = \frac{100\,\text{V}}{80\,\Omega} = 1{,}25\,\text{A}$$

A corrente está 90° atrasada em relação à tensão. Assim, $i_L = 1{,}25\,\text{sen}(400t - 20°)$ A, como indicado na Figura 16-26.

NOTAS...

De agora em diante, lembre-se de mostrar os fasores como valores RMS. As formas de onda, entretanto, são desenhadas usando-se amplitudes de pico – V_m e I_m etc.

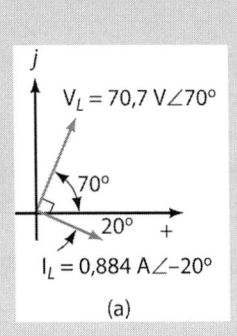

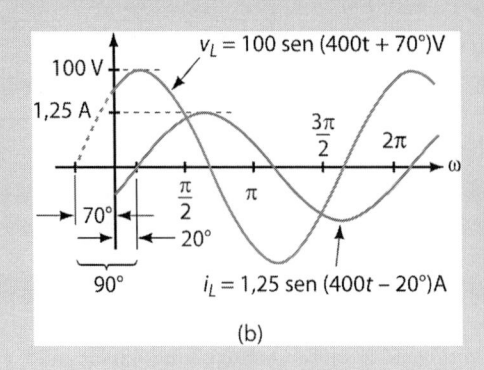

Figura 16-26 Com a tensão V_L em 70°, a corrente I_L estará 90° depois em −20°.

Capítulo 16 • Elementos R, L e C e o Conceito de Impedância

Exemplo 16-14

A corrente através de uma indutância de 0,01 H é $i_L = -20$ sen$(\omega t - 50°)$ A e $f = 60$ Hz. Determine v_L.

Solução:

$\omega = 2\pi f = 2\pi(60) = 377$ rad/s

$X_L = \omega L = (377)(0,01) = 3,77$ Ω

$V_m = I_m X_L = (20$ A$)(3,77$ Ω$) = 75,4$ V

A tensão está adiantada em 90° em relação à corrente. Logo, $v_L = 75,4$ sen$(377t + 40°)$ V, como mostra a Figura 16-27.

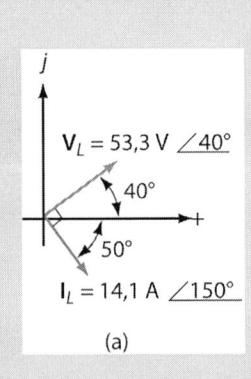

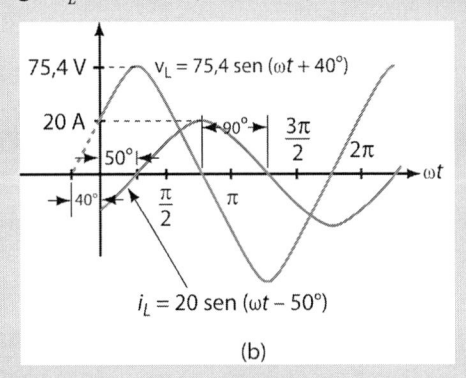

Figura 16-27

PROBLEMAS PRÁTICOS 5

1. Duas indutâncias estão ligadas em série (Figura 16-28). Sendo $e = 100$ sen ωt e $f = 10$ kHz, determine a corrente. Desenhe as formas de onda para a tensão e corrente.
2. A corrente através de uma indutância de 0,5 H é $i_L = 100$ sen$(2.400t + 45°)$ mA. Determine v_L e desenhe os fasores e as formas de onda da tensão e corrente.

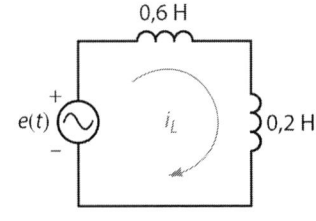

Figura 16-28

Respostas

1. $i_L = 1,99$ sen$(\omega t - 90°)$ mA. As formas de onda são iguais às da Figura 16-25.
2. $v_L = 120$ sen$(2.400t + 135°$ V$)$. Veja as formas de onda no desenho a seguir.

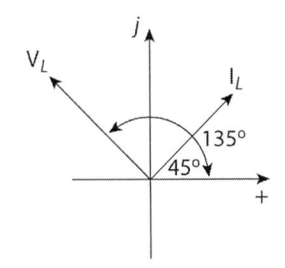

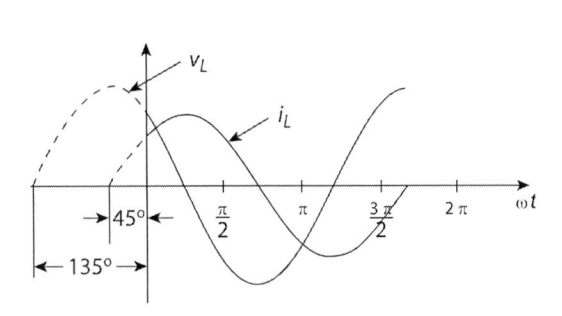

Variação da Reatância Indutiva de Acordo com a Frequência

Já que $X_L = \omega L = 2\pi f L$, a reatância indutiva é diretamente proporcional à frequência (Figura 16-29). Dessa forma, se a frequência for duplicada, a reatância irá duplicar, se a frequência for reduzida à metade, a reatância também o será, e assim por diante. Além disso, X_L é diretamente proporcional à indutância. Assim, se a indutância for duplicada, X_L também será duplicada etc. Observe também que em $f = 0$, $X_L = 0$ Ω. Isso significa que a indutância se assemelha a um curto-circuito para DC. (Já chegamos a essa conclusão no Capítulo 13.)

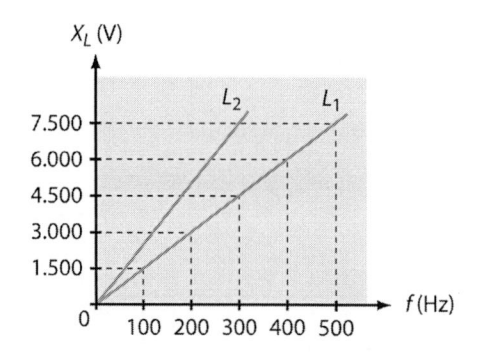

Figura 16-29 Variação de X_L de acordo com a frequência. Observe que $L_2 > L_1$.

PROBLEMAS PRÁTICOS 6

Uma bobina apresenta uma reatância indutiva de 50 ohms. Se a resistência e a freqüência forem duplicadas, qual será o novo valor de X_L?

Resposta

200 Ω

16.6 Capacitância e AC Senoidal

Adiantamento de Fase em um Circuito Capacitivo

Para a capacitância, a corrente é proporcional à taxa de variação da tensão, ou seja, $i_C = C\, dv_C/dt$ [Figura 16-30(a)]. Logo, sendo v_C uma onda senoidal, pela substituição, temos

$$i_C = C\frac{dv_C}{dt} = C\frac{d}{dt}(V_m\, \text{sen}\, \omega t) = \omega CV_m \cos \omega t = I_m \cos \omega t$$

Usando a identidade trigonométrica adequada, essa expressão pode ser escrita na forma de

$$i_C = I_m \,\text{sen}(\omega t + 90°) \tag{16-20}$$

onde

$$I_m = \omega CV_m \tag{16-21}$$

As formas de onda estão mostradas na Figura 16-30(b), e os fasores, em (c). Como mencionado, *para um circuito puramente capacitivo, a corrente está 90° adiantada em relação à tensão* ou, de modo alternativo, a tensão está 90° atrasada em relação à corrente. Essa relação é verdadeira independentemente da referência. Então, conhecendo-se a tensão, a corrente deve estar 90° adiantada. Por outro lado, conhecendo-se a corrente, a tensão deve estar 90° atrasada. Por exemplo, se $\mathbf{I}_C$ está em 60° como em (d), $\mathbf{V}_C$ deve estar em −30°.

(a) $i_C = C\dfrac{dv_C}{dt}$

(b) Formas de onda com v_C como referência

(c) $\mathbf{V}_C$ at 0°

(d) $\mathbf{V}_C$ at −30°

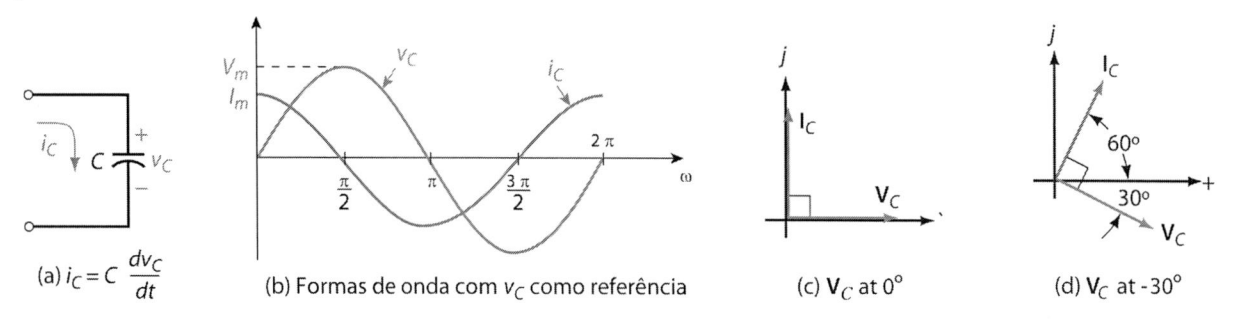

Figura 16-30 Para a capacitância, a corrente sempre está adiantada de 90° em relação à tensão.

PROBLEMAS PRÁTICOS 7

1. A corrente da Figura 16-31(a) é uma onda senoidal. Desenhe os fasores e a tensão v_C no capacitor.

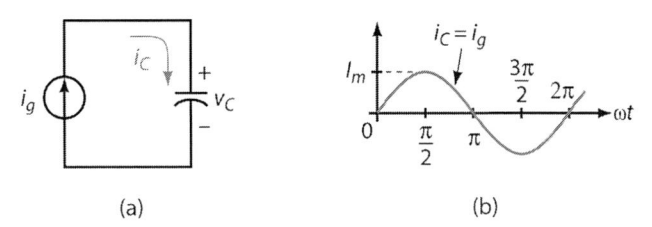

Figura 16-31

2. Observe o circuito da Figura 16-32(a).

   a. Desenhe os fasores.

   b. Desenhe a corrente iC no capacitor.

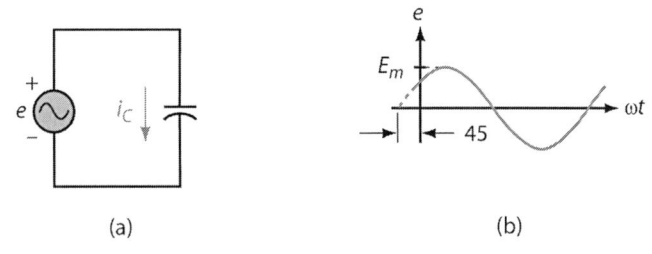

Figura 16-32

Respostas

1. I_C está em 0°; V_C está em −90°; v_C é uma onda cossenoidal negativa.

2. **a.** V_C está em 45° e I_C está em 135°.

   b. As formas de onda são iguais às da Questão 2 dos Problemas Práticos 5, com exceção de que as formas de onda para a tensão e a corrente estão trocadas.

Reatância Capacitiva

Agora, considere a relação entre as magnitudes da tensão máxima no capacitor e da corrente. Como vimos na Equação 16-21, elas estão relacionadas por $I_m = \omega C V_m$. Reorganizando, temos $V_m/I_m = 1/\omega C$. A razão entre V_m e I_m é definida como **reatância capacitiva** e é fornecida pelo símbolo X_C; ou seja,

$$X_C = \frac{V_m}{I_m} \quad (\Omega)$$

Como $Vm/Im = 1/\omega C$, também obtemos

$$X_C = \frac{1}{\omega C} \quad (\Omega) \tag{16-22}$$

onde ω está em radianos por segundo e C está em farads. *A reatância X_C representa a oposição que a capacitância faz à passagem de corrente para o caso da AC senoidal.* A unidade é o ohm.

Agora dispomos de tudo que precisamos para solucionar circuitos capacitivos simples com excitação senoidal, ou seja, sabemos que a corrente está 90° adiantada em relação à tensão, e que

$$I_m = \frac{V_m}{X_C} \quad (\Omega) \tag{16-23}$$

$$V_m = I_m X_C \tag{16-24}$$

Exemplo 16-15

A tensão em uma capacitância de 10 μF é $v_C = 100\,\text{sen}(\omega t - 40°)$ V e $f = 1.000$ Hz. Determine i_C e desenhe a forma de onda correspondente.

Solução:

$$\omega = 2\pi f = 2\pi (1.000\,\text{Hz}) = 6.283\,\text{rad/s}$$

$$X_C = \frac{1}{\omega C} = \frac{1}{(6.283)(10 \times 10^{-6})} = 15,92\,\Omega$$

$$I_m = \frac{V_m}{XC} = \frac{100\,\text{V}}{15,92\,\Omega} = 6,28\,\text{A}$$

Como a corrente está 90° adiantada em relação à tensão, $i_C = 6,28\,\text{sen}(6.283t + 50°)$ A, como indicado na Figura 16-33.

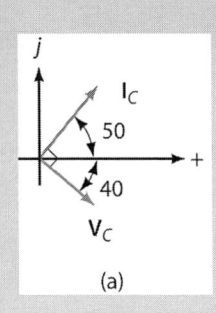

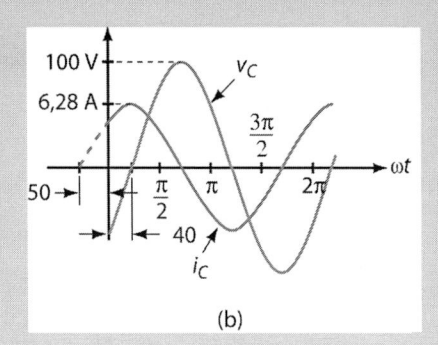

Figura 16-33 Os fasores não estão em escala com as formas de onda.

Exemplo 16-16

A corrente através de uma capacitância de 0,1 μF é $i_C = 5\,\text{sen}(1.000t + 120°)$ mA. Determine v_C.

Solução:

$$X_C = \frac{1}{\omega C} = \frac{1}{(1.000\,\text{rad/s})(0,1\times 10^{-6}\,F)} = 10\,\text{k}\Omega$$

Assim, $V_m = I_m X_C = (5\,\text{mA})(10\,\text{k}\Omega) = 50$ V. Como a tensão está atrasada de 90° em relação à corrente, $v_C = 50\,\text{sen}(1.000t + 30°)$ V. A Figura 16-34 mostra as formas de onda e os fasores.

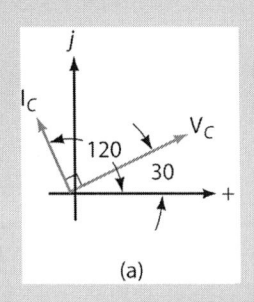

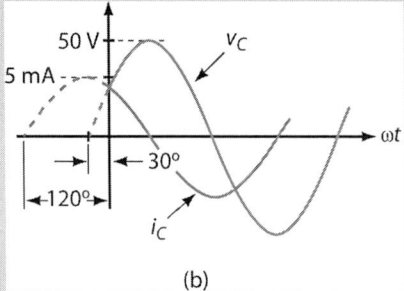

Figura 16-34 Os fasores não estão em escala com as formas de onda.

PROBLEMAS PRÁTICOS 8

Duas capacitâncias estão ligadas em paralelo (Figura 16-35). Sendo $e = 100\,\text{sen}\,\omega t$ V e $f = 10$ Hz, determine a corrente na fonte. Desenhe os fasores e as formas de onda da tensão e da corrente.

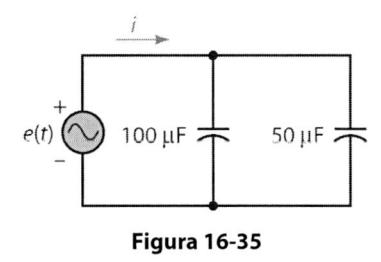

Capítulo 16 • Elementos R, L e C e o Conceito de Impedância **535**

Figura 16-35

Resposta: $i = 0{,}942 \, \text{sen}(62{,}8t + 90°) = 0{,}942 \cos 62{,}8t$ A

Ver a Figura 16-30(b) e (c).

Variação da Reatância Capacitiva de Acordo com a Frequência

Já que $X_C = 1\omega C = 1/2\pi fC$, a oposição que a capacitância apresenta varia de maneira inversamente proporcional à frequência. Isso significa que, quanto maior a frequência, menor será a reatância, e vice-versa (Figura 16-36). Em $f = 0$ (ou seja, em DC), a reatância capacitiva é infinita. Isso significa que a capacitância se comporta como um circuito aberto para DC. (Já chegamos a essa conclusão no Capítulo 10.) Observe que X_C também é inversamente proporcional à capacitância: se esta for duplicada, X_C será reduzida à metade, e assim por diante.

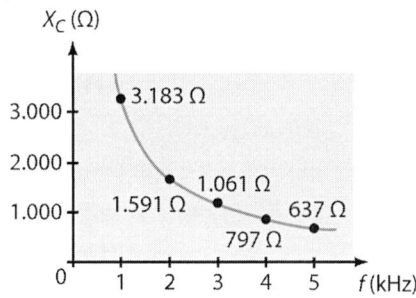

Figura 16-36 X_C varia de maneira inversamente proporcional à frequência. Os valores mostrados são para $C = 0{,}05$ μF.

VERIFICAÇÃO DO PROCESSO DE APRENDIZAGEM 2

(*As respostas encontram-se no final do capítulo.*)

1. Para um resistência pura, $v_R = 100 \, \text{sen}(\omega t + 30°)$ V. Se $R = 2 \, \Omega$, qual será a expressão para i_R?
2. Para uma indutância pura, $v_L = 100 \, \text{sen}(\omega t + 30°)$ V. Se $X_L = 2 \, \Omega$, qual será a expressão para i_L?
3. Para a capacitância pura, $v_C = 100 \, \text{sen}(\omega t + 30°)$ V. Se $X_C = 2 \, \Omega$, qual será a expressão para i_C?
4. Sendo $f = 100$ Hz e $X_L = 400 \, \Omega$, qual será o valor de L?
5. Sendo $f = 100$ Hz e $X_C = 400 \, \Omega$, qual será o valor de C?
6. Para cada par de fasores da Figura 16-37, identifique se o circuito é resistivo, indutivo ou capacitivo. Justifique sua resposta.

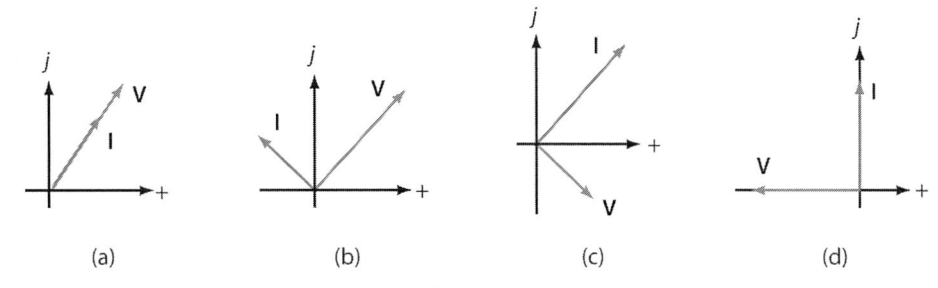

(a)   (b)   (c)   (d)

Figura 16-37

16.7 O Conceito de Impedância

Durante o processo de aprendizagem das Seções 16.5 e 16.6, lidamos separadamente com a magnitude e a análise de fase, mas não é o procedimento normal. Na prática, representamos os elementos do circuito por meio de sua impedância e determinamos a magnitude e as relações de fase em uma única etapa. Antes de fazermos isso, é necessário aprender como representar os elementos do circuito como impedâncias.

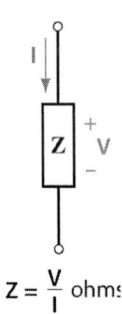

Impedância

A **impedância** é a oposição que um elemento do circuito apresenta à passagem da corrente no domínio fasorial. A impedância do elemento da Figura 16-38, por exemplo, é a razão entre o fasor da tensão e o fasor da corrente. A impedância é designada pela letra maiúscula **Z** em negrito. Logo,

$$\mathbf{Z} = \frac{\mathbf{V}}{\mathbf{I}} \quad (\text{ohms}) \tag{16-25}$$

$Z = \frac{V}{I}$ ohms

Figura 16-38 O conceito de impedância.

(Às vezes, essa equação é chamada de lei de Ohm para circuitos AC.)

Como as tensões e correntes do fasor são complexas, **Z** também é complexo, ou seja,

$$\mathbf{Z} = \frac{\mathbf{V}}{\mathbf{I}} = \frac{V}{I} \angle \theta \tag{16-26}$$

onde V e I são as magnitudes RMS de **V** e **I**, respectivamente, e θ é o ângulo entre elas. Da Equação 16-26,

$$\mathbf{Z} = Z \angle \theta \tag{16-27}$$

onde $Z = V/I$. Já que $V = 0{,}707 V_m$ e $I = 0{,}707 I_m$, Z também pode ser expressa como V_m/I_m. Uma vez conhecida a impedância do circuito, a corrente e a tensão podem ser determinadas usando

$$\mathbf{I} = \frac{\mathbf{V}}{\mathbf{Z}} \tag{16-28}$$

e

$$\mathbf{V} = \mathbf{IZ} \tag{16-29}$$

Agora determinaremos a impedância para os elementos básicos R, L, C do circuito.

> **NOTAS...**
>
> Ainda que seja um número complexo, **Z** não é um fasor. Os fasores são números complexos usados para representar senoidalmente as grandezas variáveis, como a tensão e a corrente. No entanto, **Z** não representa algo que varie com o tempo – logo, ele não é um fasor.

Resistência

Para uma resistência pura (Figura 16-39), a tensão e a corrente estão em fase. Assim, se a tensão tiver um ângulo de θ, a corrente terá o mesmo ângulo. Por exemplo, se $\mathbf{V}_R = V_R \angle \theta$, então, $\mathbf{I} = I \angle \theta$. Substituindo essa relação na Equação 16-25, temos:

$$\mathbf{Z}_R = \frac{\mathbf{V}_R}{\mathbf{I}} = \frac{V_R \angle \theta}{I \angle \theta} = \frac{V_R}{I} \angle 0° = R \angle 0° = R$$

A impedância de um resistor é exatamente a sua resistência, ou seja,

$$\mathbf{Z}_R = R \tag{16-30}$$

Isso está de acordo com o que sabemos sobre circuitos resistivos, ou seja, a razão entre a tensão e a corrente é R, e o ângulo entre elas é $0°$.

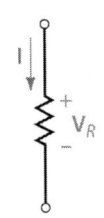

(a) Tensão e corrente

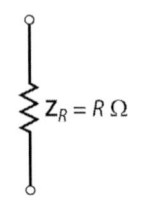

(b) Impedância $Z_R = R\,\Omega$

Figura 16-39 Impedância de uma resistência pura.

Indutância

Para uma indutância pura, a corrente está atrasada de 90° em relação à tensão. Pressupondo um ângulo de 0° para a tensão (é possível assumir qualquer referência, já que estamos interessados somente no ângulo entre $\mathbf{V}_L$ e $\mathbf{I}$), podemos escrever $\mathbf{V}_L = V_L \angle 0°$ e $\mathbf{I} = I \angle -90°$. A impedância de uma indutância pura (Figura 16-40) é, portanto,

$$\mathbf{Z}_L = \frac{\mathbf{V}_L}{\mathbf{I}} = \frac{V_L \angle 0°}{I \angle -90°} = \frac{V_L}{I} \angle 90° = \omega L \angle 90° = j\omega L$$

onde usamos a relação $V_L/I_L = \omega L$. Assim,

$$\mathbf{Z}_L = j\omega L = jX_L \tag{16-31}$$

já que ωL é igual a X_L.

(a) Tensão e corrente (b) Impedância

Figura 16-40 Impedância de uma indutância pura.

Exemplo 16-17

Considere novamente o Exemplo 16-13. Dadas $vL = 100\,\text{sen}(400t + 70°)$ e $L = 0,2$ H, determine iL usando o conceito de impedância.

Solução: Veja a Figura 16-41. Use valores RMS. Dessa forma,

$\mathbf{V}L = 70,7\,\text{V} \angle 70°$ e $\omega = 400\,\text{rad/s}$

$\mathbf{Z}L = j\omega L = j(400)(0,2) = j80\,\Omega$

$$\mathbf{Z}_L = \frac{\mathbf{V}_L}{\mathbf{I}_L} = \frac{70,7 \angle 70°}{j80} = \frac{70,7 \angle 70°}{80 \angle 90°} = 0,884\,\text{A} \angle -20°$$

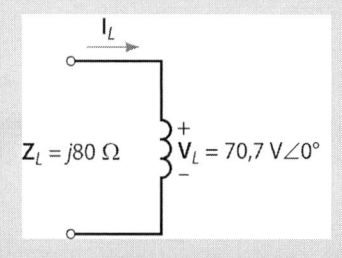

Figura 16-41

No domínio do tempo, $iL = \sqrt{2}\,(0,884)\,\text{sen}(400t - 20°) = 1,25\,\text{sen}(400t - 20°)$ A, o que está de acordo com a nossa solução anterior.

Capacitância

Para uma capacitância pura, a corrente está 90° adiantada em relação à tensão. A impedância (Figura 16-42) é, portanto,

$$\mathbf{Z}_C = \frac{\mathbf{V}_C}{\mathbf{I}} = \frac{V_C \angle 0°}{I \angle 90°} = \frac{V_C}{I} \angle -90° = \frac{1}{\omega C} \angle -90° = -j\frac{1}{\omega C} \quad \text{(ohms)}$$

Dessa forma,

$$\mathbf{Z}_C = -j\frac{1}{\omega C} = -jX_C \quad \text{(ohms)} \tag{16-32}$$

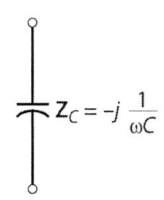

Figura 16-42 Impedância de uma capacitância pura.

já que $1/\omega C$ é igual a XC.

Exemplo 16-18

Dadas $v_C = 100\,\text{sen}(\omega t - 40°)$ V, $f = 1.000$ Hz, e $C = 10\,\mu\text{F}$, determine i_C na Figura 16-43.

Solução:

$\omega = 2\pi f = 2\pi(1.000\,\text{Hz}) = 6.283$ rad/s

$\mathbf{V}_C = 70{,}7\,\text{V} \angle -40°$

$$\mathbf{Z}_C = -j\frac{1}{\omega C} = -j\left(\frac{1}{6{,}283 \times 10 \times 10^{-6}}\right) = -j15{,}92\,\Omega.$$

$$\mathbf{I}_C = \frac{\mathbf{V}_C}{\mathbf{Z}_C} = \frac{70{,}7 \angle -40°}{-j15{,}92} = \frac{70{,}7 \angle -40°}{15{,}92 \angle -90°} = 4{,}442\,\text{A} \angle 50°$$

Figura 16-43

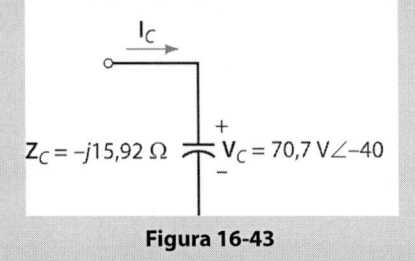

No domínio do tempo, $i_C = \sqrt{2}\,(4{,}442)\,\text{sen}(6.283t + 50°) = 6{,}28\,\text{sen}(6.283t + 50°)$ A, o que está de acordo com a nossa solução anterior, no Exemplo 16-15.

PROBLEMAS PRÁTICOS 9

1. Sendo $\mathbf{I}_L = 5\,\text{mA} \angle -60°$, $L = 2$ mH e $f = 10$ kHZ, qual é o valor de $\mathbf{V}_L$?
2. Um capacitor tem uma reatância de 50 Ω em 1.200 Hz. Sendo $v_C = 80\,\text{sen}\,800t$ V, qual é o valor de i_C?

Respostas

1. $628\,\text{mV} \angle 30°$
2. $0{,}170\,\text{sen}(800t + 90°)$ A

Um Olhar à Frente

O verdadeiro poder do método da impedância só se torna evidente quando consideramos circuitos complexos com elementos em série, paralelo etc. Faremos isso depois, iniciando no Capítulo 18 no volume 2. Antes, porém, há algumas ideias sobre potência que serão necessárias, e serão abordadas no Capítulo 17 (o último deste volume).

16.8 Análise Computacional de Circuitos AC

Usaremos agora o Multisim e o PSpice para confirmar a afirmação de que $v(t) = 21{,}8\,\text{sen}(\omega t + 36{,}6°)$ é a soma de $e_1(t) = 10\,\text{sen}\,\omega t$ e $e_2(t) = 15\,\text{sen}(\omega t + 60°)$. Para isso, montaremos dois circuitos na tela, um para gerar a soma de $e_1(t) + e_2(t)$ e outro para gerar a tensão equivalente $v(t)\,21{,}8\,\text{sen}(\omega t + 36{,}6°)$, e depois iremos comparar as formas de onda. Como o processo independe da frequência, é possível escolher qualquer valor para ela, por exemplo, 500 Hz.

Multisim

Reveja as notas do Multisim e crie na tela os circuitos da Figura 16-44. (Use as fontes da caixa Signal Source Components e insira os pontos de junção, de modo a criar nós nas extremidades do fio, como mostrado.) Clique duas vezes em cada fonte e ajuste seus valores. Clique em Options, Sheet Properties, e em Net Names, selecione Show All para os números dos nós aparecerem na tela, e clique em OK. (Daqui em diante, pressupomos que tenha os mesmos números dos nós mostrados na Figura 16-44, e que as instruções a seguir estejam especificadas de forma adequada.) Clique em Simulate, Analyses e Transient Analysis. Na caixa de diálogo, ajuste TSTOP para 0,002 e Minimum number of time points para 200. Clique na guia Output e adicione os Nodes 1 e 3 na janela da direita, e depois clique em Simulate. Dois gráficos aparecerão. Clique em View e Reverse Colors para colocar o fundo da tela branco. Igualmente, clique em View para adicionar a grade e desative os Select Marks.

Resultados: os dois traços vistos na tela são e_1 e a soma $e_1 + e_2$. (Observe que o Multisim designa as tensões na fonte como v em vez de e.) Agora clique em Simulate, Analyses e Transient Analysis novamente, e depois clique na guia Output para adicionar o

Node 2 à janela da direita. (Na janela, devem constar os Nodes 1, 2 e 3.) Clique em Simulate. Observe que, embora o leitor tenha adicionado o Node 2, não surgiu um terceiro traço; em vez disso, o traço que representa a "soma" mudou de cor. Todavia, na verdade, há três traços no gráfico, mas como as tensões nos Nodes 2 e 3 são idênticas, elas são plotadas uma por cima da outra, fazendo que a cor do traço mude. Como as formas de onda são idênticas, comprovamos nossa afirmação.

NOTAS...

Multisim

Como assinalado no Capítulo 15, Seção 15.12, algumas versões do Multisim não lidam com os ângulos de fase da fonte como esperado. Caso tenha uma dessas versões, você terá de proceder como descrito anteriormente – por exemplo, talvez seja necessário -60° para obter um ângulo de fase de +60°.

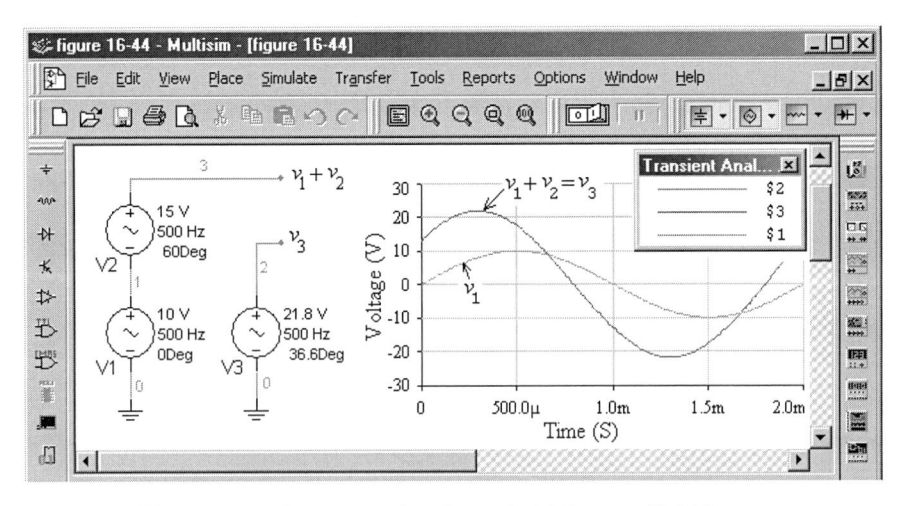

Figura 16-44 Comprovando o Exemplo 16-7 com o Multisim.

PSpice

Crie os circuitos da Figura 16-45 usando a fonte VSIN. Clique duas vezes em cada fonte e ajuste a tensão e a frequência, como mostrado na Figura 16-45. Agora clique duas vezes no símbolo da fonte V2, e na janela do Property Editor, procure a célula intitulada PHASE, digite **60deg**, clique em Apply e depois feche a janela do Property Editor. Igualmente, ajuste o ângulo de fase da fonte 3 para **36,6deg**. Clique no ícone New Simulation Profile, selecione Transient, ajuste TSTOP para 2ms, e clique em OK. Adicione os marcadores M1 e M2 da tensão (mas ainda não adicione o M3) e, então, rode a simulação. Dois gráficos aparecerão.

Resultados: na Figura 16-45, o traço vermelho é a tensão e_1 na fonte e o outro traço (cuja cor provavelmente é verde) é a soma $e_1 + e_2$. Agora adicione o marcador M3. Observe que, quando adicionamos o M3, não aparece um terceiro traço; em vez disso, o outro traço sem ser o vermelho muda de cor. No entanto, na verdade, há três traços no gráfico, mas como as tensões nos marcadores M2 e M3 são idênticas, elas são plotadas uma por cima da outra, fazendo que a cor do traço mude. Como as formas de onda nos Markers 2 e 3 são idênticas, comprovamos nossa afirmação.

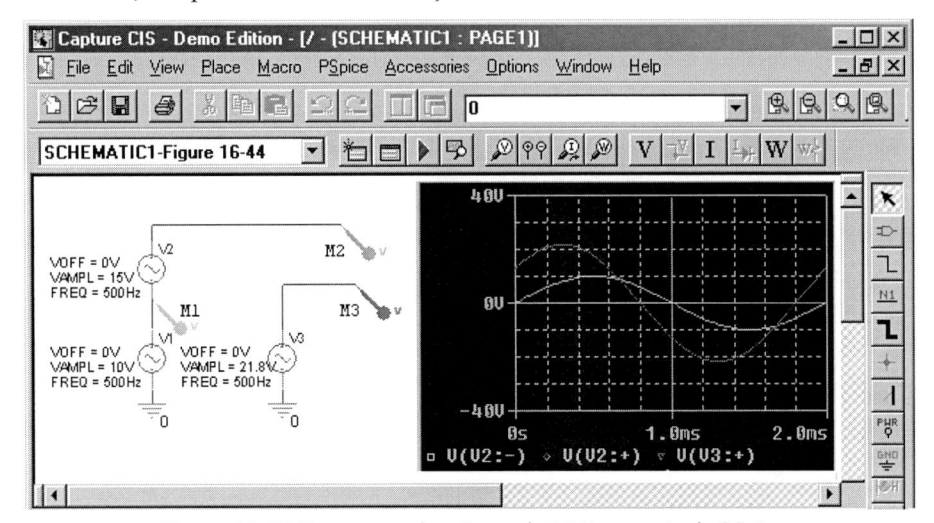

Figura 16-45 Comprovando o Exemplo 16-7 por meio do PSpice.

Outro Exemplo

O PSpice facilita o estudo das respostas do circuito ao longo de uma faixa de frequências. Isso está ilustrado no Exemplo 16-19.

Exemplo 16-19

Calcule e plote a reatância de um capacitor de 12 μF ao longo de uma faixa entre 10 Hz e 1.000 Hz.

Solução No PSpice, não há comando para calcular a reatância; contudo, podemos calcular a tensão e a corrente ao longo da faixa de frequência desejada, e depois plotar a razão entre elas. Isso gera a reatância. Procedimento: crie o circuito da Figura 16-46 na tela. (Nesse exemplo, use a fonte VAC, uma vez que ela é utilizada em análises fasoriais.) Preste atenção no padrão de 0V. Clique duas vezes no valor-padrão (e não no símbolo), e, na caixa de diálogo digite **120V**, e depois clique em OK. Clique no ícone New Simulation Profile, digite um nome e depois, na caixa de diálogo que irá abrir, selecione AC Sweep/Noise. Para a frequência inicial, digite **10Hz** em Start frequency, e para a frequência final, digite **1kHz** em End Frequency; ajuste o AC Sweep Type para Logarithmic, selecione Decade e digite **100** na caixa Pts/Decade (pontos por década). Rode a simulação e um par de eixos vazios aparecerá. Clique em Trace, Add Trace, e, na caixa de diálogo, clique em **V1(C1)**, pressione a tecla / do teclado, e clique em **I(C1)** para gerar a razão V1(C1)/I(C1) (que é a reatância do capacitor). Clique em OK, e o PSpice irá calcular e representar graficamente a reatância do capacitor *versus* a frequência. Compare o formato da onda com o da Figura 16-36. Use o cursor para calcular alguns valores da tela e confirmar cada ponto usando $X_C = 1/\omega C$.

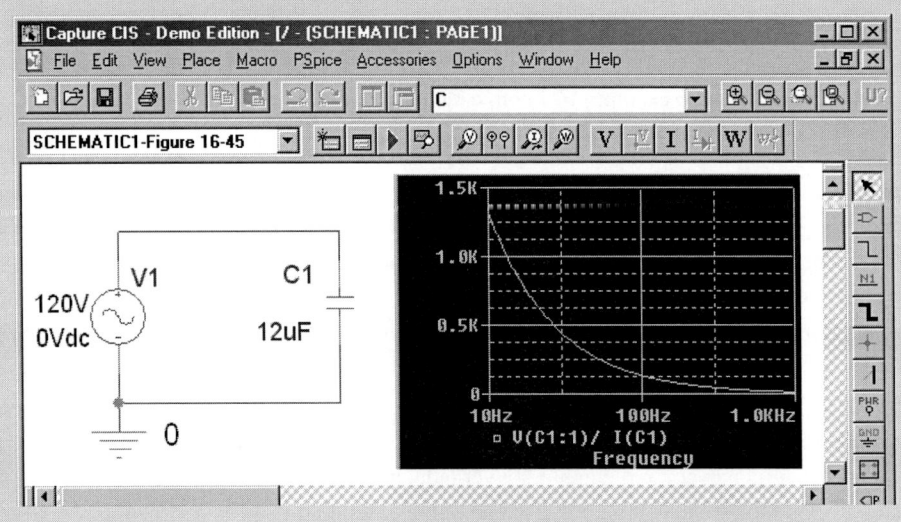

Figura 16-46 Cálculo da reatância *versus* a frequência para uma capacitor de 12 μF com auxílio do PSpice.

Análise Fasorial

Como um último exemplo, demonstraremos como usar o PSpice para realizar a análise fasorial — ou seja, para resolver problemas com tensões e correntes expressas na forma de fasores. Para ilustrar esse caso, considere novamente o Exemplo 16-18. Lembre-se: $\mathbf{V}_C = 70{,}7\text{ V} \angle -40°$, $C = 10$ μF e $f = 1.000$ Hz. Procedimento: crie o circuito na tela (Figura 16-47) usando a fonte VAC e o componente IPRINT (Nota 1). Clique duas vezes no símbolo de VAC e no Property Editor, ajuste ACMAG para **70,7V** e ACPHASE para **−40deg** (ver a Nota 2). Clique duas vezes em IPRINT, e no Property Editor, digite **yes** nas células AC, MAG e PHASE. Clique em Apply e feche o editor. Clique no ícone New Simulation Profile, selecione AC Sweep/Noise, ajuste ambas as Start Frequency e End Frequency para **1.000Hz** e Total Points para **1**. Rode a simulação. Quando a janela da simulação abrir, clique em View, Output File, e procure até encontrar as respostas (ver a Nota 3). O primeiro número é a frequência (1.000 Hz), o segundo número (IM)

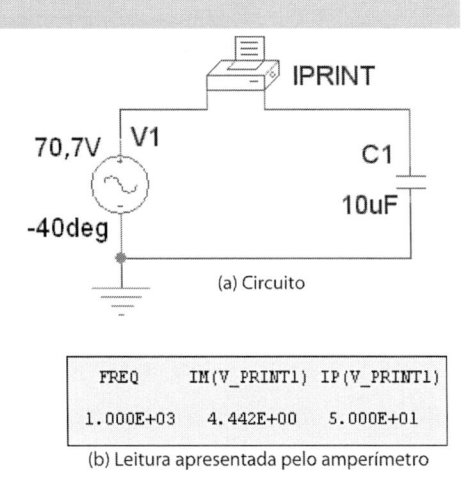

Figura 16-47 Análise fasorial com o PSpice. O componente IPRINT é um amperímetro do software.

(a) Circuito

FREQ	IM(V_PRINT1)	IP(V_PRINT1)
1.000E+03	4.442E+00	5.000E+01

(b) Leitura apresentada pelo amperímetro

é a magnitude da corrente (4,442 A), e o terceiro (IP) é a fase (50 graus). Assim, I_C = 4,442 A $\angle$ 50°, como determinamos anteriormente no Exemplo 16-18.

PROBLEMAS PRÁTICOS 10

Modifique o Exemplo 16-19 de modo a representar no mesmo gráfico a corrente e a reatância no capacitor. Será necessário adicionar um segundo eixo Y para a corrente no capacitor. (Caso necessite de ajuda, consulte o Apêndice A.)

PROBLEMAS

16.1 Revisão de Números Complexos

1. Converta cada um dos itens a seguir na forma polar:
   a. $5 + j12$
   b. $9 - j6$
   c. $-8 + j15$
   d. $-10 - j4$

2. Converta cada um dos itens a seguir na forma retangular:
   a. $6 \angle 30°$
   b. $14 \angle 90°$
   c. $16 \angle 0°$
   d. $6 \angle 150°$
   e. $20 \angle -140°$
   f. $-12 \angle 30°$
   g. $-15 \angle -150°$

3. Plote cada um dos itens a seguir no plano complexo:
   a. $4 + j6$
   b. $j4$
   c. $6 \angle -90°$
   d. $10 \angle 135°$

4. Simplifique os itens a seguir usando potências de j:
   a. $j(1 - j1)$
   b. $(-j)(2 + j5)$
   c. $j[j(1 + j6)]$
   d. $(j4)(-j2 + 4)$
   e. $(2 + j3)(3 - j4)$

5. Expresse as respostas na forma retangular:
   a. $(4 + j8) + (3 - j2)$
   b. $(4 + j8) - (3 - j2)$
   c. $(4,1 - j7,6) + 12 \angle 20°$
   d. $2,9 \angle 25° - 7,3 \angle -5°$
   e. $9,2 \angle -120° - (2,6 + j4,1)$
   f. $\dfrac{1}{3 + j4} + \dfrac{1}{8 - j6}$

6. Expresse as respostas na forma polar:
   a. $(37 + j9,8)(3,6 - j12,3)$
   b. $(41,9 - 80°)(16 + j2)$
   c. $\dfrac{42 + j18,6}{19,1 - j4,8}$
   d. $\dfrac{42,6 + j187,5}{11,2 \angle 38°}$

7. Reduza cada um dos itens a seguir para a forma polar:
   a. $15 - j6 - \left[\dfrac{18 \angle 40° + (12 + j8)}{11 + j11} \right]$
   b. $\dfrac{21 \angle 20° - j41}{36 \angle 0° + (1 + j12) - 11 \angle 40°}$
   c. $\dfrac{18 \angle 40° - 18 \angle -40°}{7 + j12} - \dfrac{16 + j17 + 21 \angle -60°}{4}$

NOTAS...

1. O componente IPRINT é um amperímetro do software encontrado na biblioteca SPECIAL. Nesse exemplo, configuramos o componente para exibir a corrente AC nos formatos da magnitude e do ângulo de fase. Certifique-se de que ele está conectado de acordo com o que mostra a Figura 16-47, pois, se o componente for invertido, o ângulo de fase da corrente medida apresentará um erro de 180°.

2. Caso queira mostrar a fase da tensão da fonte no esquemático, como apresenta a Figura 16-47, clique duas vezes no símbolo da fonte, e, no Property Editor, clique em ACPHASE, Display, e selecione Value Only.

3. Os resultados exibidos pelo IPRINT são expressos na forma exponencial. Assim, a frequência é exibida da seguinte maneira: 1.000E+03, que é $1,000 \times 10^3 = 1.000$ Hz etc.

16.2 Números Complexos na Análise de Circuitos AC

8. Nos moldes da Figura 16-10, represente cada um dos itens a seguir como fontes transformadas:

    a. $e = 100 \text{ sen}(\omega t + 30°)$ V
    b. $e = 15 \text{ sen}(\omega t - 20°)$ V
    c. $e = 50 \text{ sen}(\omega t + 90°)$ V
    d. $e = 50 \cos \omega t$ V
    e. $e = 40 \text{ sen}(\omega t + 120°)$ V
    f. $e = 80 \text{ sen}(\omega t - 70°)$ V

> **NOTAS...**
>
> Para as respostas dos Problemas 8 a 11, supõe-se que você não use os valores RMS, uma vez que só passamos a usar tais valores mais adiante no capítulo.

9. Determine a equivalente senoidal para cada fonte transformada da Figura 16-48.

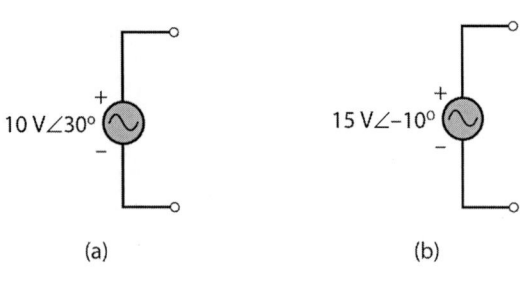

Figura 16-48

10. Dadas $e_1 = 10 \text{ sen}(\omega t + 30°)$ V e $e_2 = 15 \text{ sen}(\omega t - 20°)$ V, determine a soma $v = e_1 + e_2$ utilizando o mesmo procedimento do Exemplo 16-7, ou seja:

    a. Converta e_1 e e_2 em uma forma fasorial.
    b. Determine $\mathbf{V} = \mathbf{E}_1 + \mathbf{E}_2$.
    c. Converta $\mathbf{V}$ no domínio do tempo.
    d. Desenhe e_1, e_2 e v de acordo com a Figura 16-13.

11. Repita o Problema 10 para $v = e_1 - e_2$.

    Atenção: para os próximos problemas neste capítulo e no restante do livro, expresse as grandezas fasoriais como valores RMS em vez de valores de pico.

12. Expresse as tensões e correntes da Figura 16-49 como grandezas do domínio do tempo e fasorial.

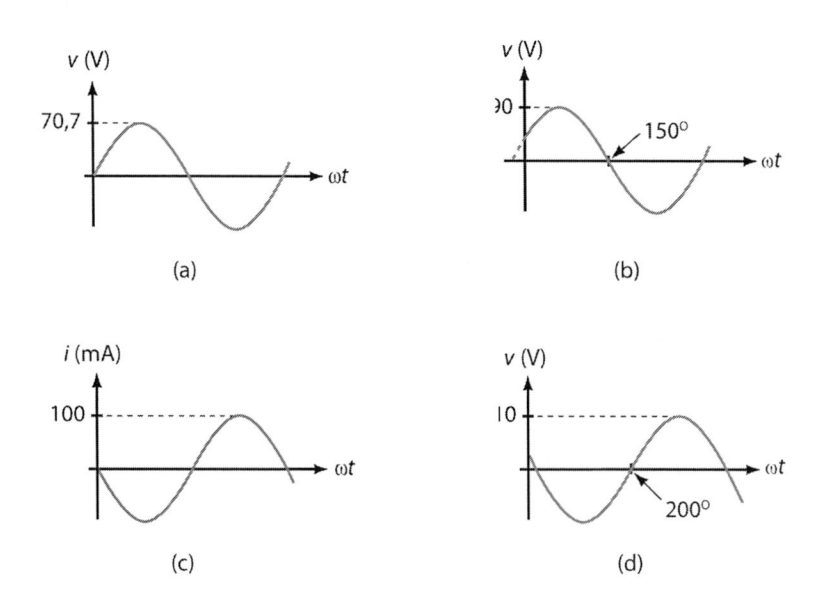

Figura 16-49

13. Para a Figura 16-50, $i_1 = 25$ sen $(\omega t + 36°)$ mA e $i_2 = 40 \cos(\omega t - 10°)$ mA.

    a. Determine os fasores $\mathbf{I}_1$, $\mathbf{I}_2$, e $\mathbf{I}_T$.

    b. Determine a equação para i_T no domínio do tempo.

14. Para a Figura 16-50, $i_T = 50$ sen$(\omega t + 60°)$ A e $i_2 = 20$ sen$(\omega t - 30°)$ A.

    a. Determine os fasores $\mathbf{I}_T$ e $\mathbf{I}_2$.

    b. Determine $\mathbf{I}_1$.

    c. A partir de (b), determine a equação para i_1.

15. Para a Figura 16-18, $i_1 = 7$ sen ωt mA, $i_2 = 4$ sen$(\omega t - 90°)$ mA e $i_3 = 6$ sen$(\omega t + 90°)$ mA.

    a. Determine os fasores $\mathbf{I}_1$, $\mathbf{I}_2$, $\mathbf{I}_3$ e $\mathbf{I}_T$.

    b. Determine a equação para i_T no domínio do tempo.

16. Para a Figura 16-51, $i_T = 38,08$ sen$(\omega t - 21,8°)$ A, $i_1 = 35,36$ sen ωt A e $i_3 = 28,28$ sen$(\omega t - 90°)$ A. Determine a equação para i_2.

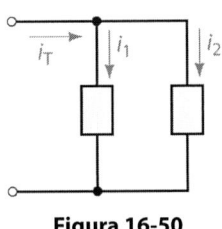

Figura 16-50

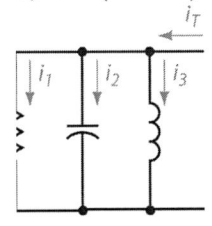

Figura 16-51

16.4 a 16.6

17. Para a Figura 16-52, $R = 12\ \Omega$. Para cada um dos itens a seguir, determine a corrente ou a tensão e represente-a graficamente.

    a. $v = 120$ sen ωt V, $i = $ ....

    b. $v = 120$ sen$(\omega t + 27°)$ V, $i = $ ....

    c. $i = 17$ sen$(\omega t - 56°)$ mA, $v = $ ....

    d. $i = -17 \cos(\omega t - 67°)$ µA, $v = $ ....

18. Sendo $v = 120$ sen $(\omega t + 52°)$ V e $i = 15$ sen $(\omega t + 52°)$ mA, qual é o valor de R?

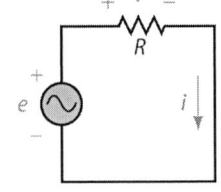

Figura 16-52

19. Dois resistores, $R_1 = 10$ kΩ e $R_2 = 12,5$ kΩ, estão em série. Sendo $i = 14,7$ sen $(\omega t + 39°)$ mA,

    a. quais são os valores de v_{R_1} e v_{R_2}?

    b. calcule $v_T = v_{R1} + v_{R2}$ e compare a v_T calculada a partir de $v_T = i_{RT}$.

20. A tensão em um determinado componente é $v = 120$ sen$(\omega t + 55°)$ V e sua corrente é $-18 \cos(\omega t + 145°)$ mA. Mostre que o componente é um resistor e determine seu valor.

21. Para a Figura 16-53, $V_m = 10$ V e $I_m = 5$ A. Para cada um dos itens a seguir, determine a grandeza que está faltando:

    a. $v_L = 10$ sen$(\omega t + 60°)$ V, $i_L = $ ....

    b. $v_L = 10$ sen$(\omega t - 15°)$ V, $i_L = $ ....

    c. $i_L = 5 \cos(\omega t - 60°)$ A, $v_L = $ ....

    d. $i_L = 5$ sen$(\omega t - 67°)$ A, $v_L = $ ....

22. Qual é a reatância de um indutor de 0,5 H em

    a. 60 Hz   b. 1.000 Hz   c. 500 rad/s

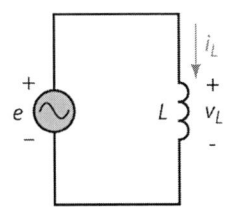

Figura 16-53

23. Para a Figura 16-53, $e = 100$ sen ωt e $L = 0,5$ H. Determine i_L em

    a. 60 Hz   b. 1.000 Hz   c. 500 rad/s

24. Para a Figura 16-53, imaginemos que $L = 200$ mH.
    a. Sendo $v_L = 100$ sen$377t$ V, qual é o valor de i_L?
    b. Sendo $i_L = 10$ sen$(2\pi \times 400t - 60°)$ mA, qual é o valor de v_L?

25. Para a Figura 16-53, se
    a. $v_L = 40$ sen$(\omega t + 30°)$ V, $i_L = 364$ sen$(\omega t - 60°)$ mA e $L = 2$ mH, qual será o valor de f?
    b. $i_L = 250$ sen$(\omega t + 40°)$ µA, $v_L = 40$ sen$(\omega t + \theta)$ V e $f = 500$ kHz, quais são os valores de L e θ?

26. Repita o Problema 21 se as tensões e correntes fornecidas forem para um capacitor em vez de um indutor.

27. Qual é a reatância de um capacitor de 5 µF em
    a. 60 Hz
    b. 1.000 Hz
    c. 500 rad/s

28. Para a Figura 16-54, $e = 100$ sen ωt e $C = 5$ µF. Determine i_C em
    a. 60 Hz
    b. 1.000 Hz
    c. 500 rad/s

Figura 16-54

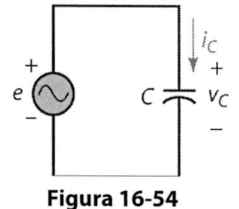

29. Para a Figura 16-54, suponha $C = 50$ µF.
    a. Sendo $v_C = 100$ sen$377t$ V, qual é o valor de i_C?
    b. Sendo $i_c = 10$ sen$(2\pi \times 400t - 60°)$ mA, qual é o valor de v_c?

30. Para a Figura 16-54, se
    a. $v_C = 362$ sen$(\omega t - 33°)$ V, $i_C = 94$ sen$(\omega t + 57°)$ mA e $C = 2{,}2$ µF, qual será o valor de f?
    b. $i_C = 550$ sen$(\omega t + 40°)$ mA, $v_L = 3{,}6$ sen$(\omega t + \theta)$ V e $f = 12$ kHz, quais são os valores de C e θ?

16.7 O Conceito de Impedância

31. Determine a impedância de cada elemento do circuito da Figura 16-55.

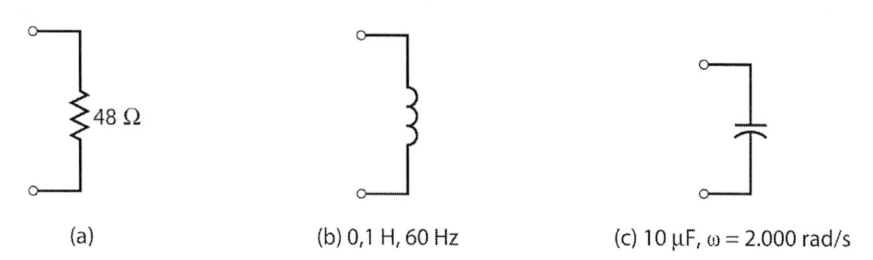

    (a) 48 Ω   (b) 0,1 H, 60 Hz   (c) 10 µF, $\omega = 2.000$ rad/s

Figura 16-55

32. Sendo $\mathbf{E} = 100$ V $\angle 0°$ aplicada em cada elemento do circuito da Figura 16-56,
    a. determine cada corrente na forma fasorial;
    b. expresse cada corrente no domínio do tempo.

33. Se a corrente por cada elemento do circuito da Figura 16-56 for 0,5 A $\angle 0°$,
    a. determine cada tensão sob a forma fasorial;
    b. expresse cada tensão no domínio do tempo.

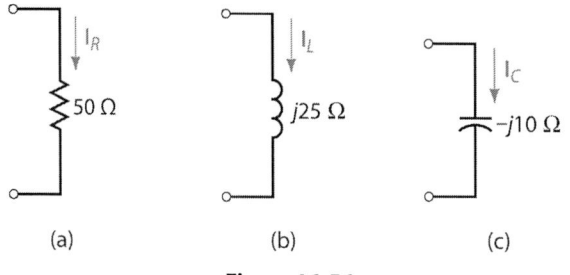

    (a) 50 Ω   (b) $j25$ Ω   (c) $-j10$ Ω

Figura 16-56

34. Para cada item a seguir, determine a impedância do elemento do circuito, e diga se ele é resistivo, indutivo ou capacitivo.
   a. **V** = 240 V ∠ −30°, **I** = 4 A ∠ −30°.
   b. **V** = 40 V ∠ 30°, **I** = 4 A ∠ −60°.
   c. **V** = 60 V ∠ −30°, **I** = 4 A ∠ 60°.
   d. **V** = 140 V ∠ −30°, **I** = 14 mA ∠ −120°.

35. Para o circuito da Figura 16-57, determine a grandeza desconhecida.

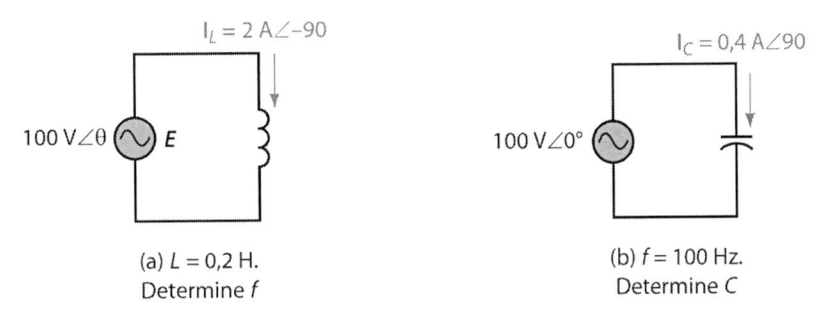

I_L = 2 A∠−90

I_C = 0,4 A∠90

100 V∠θ E

100 V∠0°

(a) L = 0,2 H.
Determine f

(b) f = 100 Hz.
Determine C

Figura 15-57

36. a. Se V_L = 120 V ∠ 67°, L = 600 μH e f = 10 kHz, qual é o valor de I_L?
   b. Se I_L = 48 mA ∠ −43°, L = 550 mH e f = 700 Hz, qual é o valor de V_L?
   c. Se V_C = 50 V ∠ −36°, C = 390 pF e f = 470 kHz, qual é o valor de I_C?
   d. Se I_C = 95 mA ∠ 87°, C = 6,5 nF e f = 1,2 MHz, qual é o valor de V_C?

16.8 Análise Computacional de Circuitos AC

37. Crie na tela o circuito da Figura 16-58. (Use a fonte AC da caixa Source Parts e o amperímetro da caixa Indicators Parts.) Clique duas vezes no símbolo do amperímetro e ajuste Mode para AC. Clique na chave ON/OFF para alimentar o circuito. Compare a leitura fornecida pelo medidor com o valor hipotético.

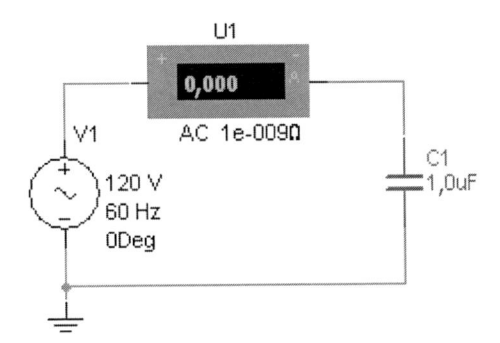

U1
0,000
V1   AC 1e-009Ω
120 V   C1
60 Hz   1,0uF
0Deg

Figura 16-58

38. Substitua o capacitor da Figura 16-58 por um indutor de 200 mH e repita o Problema 37.

39. Crie na tela o circuito da Figura 16-53. Use uma fonte de 100 ∠ 0°, L = 0,2 H e f = 50 Hz. Calcule a corrente I_L (magnitude e ângulo). Ver a nota a seguir.

40. Plote a reatância *versus* a frequência de um indutor de 2,387 em uma faixa de 1 Hz a 500 Hz e compare com a Figura 16-29. Mude a escala do eixo x para linear.

41. Para o circuito do Problema 39, plote a magnitude da corrente *versus* a frequência de f = 1 Hz para f = 20 Hz. Meça a corrente em 10 Hz e confirme o resultado na calculadora.

   Nota: o PSpice não permite malhas na fonte ou no indutor. Para contornar esse fato, adicione um resistor com um valor bem pequeno em série, por exemplo, R = 0,00001 Ω.

RESPOSTAS DOS PROBLEMAS PARA VERIFICAÇÃO DO PROCESSO DE APRENDIZAGEM

Verificação do Processo de Aprendizagem 1

1. a. $6 \angle 90°$ b. $4 \angle -90°$
   c. $4{,}24 \angle 45°$ d. $7{,}21 \angle -56{,}3°$
   e. $9{,}43 \angle 122{,}0°$ f. $2{,}24 \angle -63{,}4°$
   g. $3{,}61 \angle -123{,}7°$

2. a. $j4$ b. $3 + j0$
   c. $-j2$ d. $3{,}83 + j3{,}21$
   e. $-3 + j5{,}20$ f. $2{,}35 - j0{,}855$
   g. $-1{,}64 - j0{,}599$

3. $12 \angle 40°$

4. $88 - j7$; $-16 + j15$; $0{,}0113 + j0{,}0009$; $-0{,}0333 - j\,0{,}0312$

5. $288 \angle -100°$; $2 \angle 150°$

6. a. $14{,}70 + j2{,}17$
   b. $-8{,}94 + j7{,}28$

7. $18{,}0\,\text{sen}(\omega t - 56{,}3°)$

Verificação do Processo de Aprendizagem 2

1. $50\,\text{sen}(\omega t + 30°)$ A
2. $50\,\text{sen}(\omega t - 60°)$ A
3. $50\,\text{sen}(\omega t + 120°)$ A
4. $0{,}637$ H
5. $3{,}98$ μF
6. a. A tensão e a corrente estão em fase; portanto, R.
   b. A corrente está adiantada de 90°; portanto, C.
   c. A corrente está adiantada de 90°; portanto, C.
   d. A corrente está atrasada de 90°; portanto, L.

• TERMOS-CHAVE

Potência Ativa; Potência Aparente; Potência Média; Perdas por Corrente Parasita; Corrente Parasita; Resistência Efetiva; F_p; Potência Instantânea; Fator de Potência (F_p); Ângulo do Fator de Potência; Correção do Fator de Potência; Triângulo de Potência; Q; Resistência de Radiação; Potência Reativa; S; Efeito de Superfície; Fator de Potência Unitário; VAR; Volts-ampères (VA); Wattímetro.

• TÓPICOS

Introdução; Potência em uma Carga Resistiva; Potência em uma Carga Indutiva; Potência em uma Carga Capacitiva; Potência em Circuitos mais Complexos; Potência Aparente; A Relação entre P, Q e S; Fator de Potência; Medição da Potência AC; Resistência Efetiva; Relações de Energia em AC; Análise de Circuitos Usando Computador

• OBJETIVOS

Após estudar este capítulo, você será capaz de:

- explicar o que significa potência ativa, reativa e aparente;
- calcular a potência ativa em uma carga;
- calcular a potência reativa em uma carga;
- calcular a potência aparente em uma carga;
- construir e usar o triângulo de potência para analisar a potência em cargas complexas;
- calcular o fator de potência;
- explicar por que os equipamentos são classificados em VA em vez de watts;
- medir a potência em circuitos monofásicos;
- descrever por que a resistência efetiva difere da resistência geométrica;
- descrever as relações de energia em circuitos AC;
- usar o PSpice para estudar a potência instantânea.

Potência em Circuitos AC

17

Apresentação Prévia do Capítulo

No Capítulo 4, estudamos a potência em circuitos DC. Neste capítulo, o nosso foco será a potência em circuitos AC. Nos circuitos AC, há algumas considerações adicionais a serem feitas em comparação com os circuitos DC. Nos circuitos DC, por exemplo, a única relação de potência encontrada é $P = VI$ watts ou suas formas alternativas $P = I^2R$ e $P = V^2/R$. Essa potência é chamada de *potência real* ou *ativa* e é a que realiza trabalhos úteis, como acender uma lâmpada, ligar um aquecedor, operar um motor, e assim por diante.

Em circuitos AC, também é possível encontrar esse tipo de potência, mas para os que contêm elementos reativos (ou seja, a indutância ou a capacitância), existe também um segundo componente da potência. Esse componente, chamado de *potência reativa*, representa a energia que oscila para frente e para trás ao longo de todo o sistema. Por exemplo, durante o aumento de corrente em uma indutância, a energia flui da fonte de potência para a indutância de modo a expandir o campo magnético. Quando o campo magnético entra em colapso, essa energia retorna ao circuito. O movimento de energia que entra e sai da indutância constitui o fluxo de potência. Todavia, como ela circula primeiro em uma direção e depois em outra, não contribui para o fluxo médio de potência da fonte para a carga. Por isso, às vezes a potência reativa é chamada de *potência virtual ou passiva*. (Uma situação parecida ocorre com o fluxo de potência de entrada e saída do campo elétrico de um capacitor.)

Para um circuito que contenha elementos tanto resistivos quanto reativos, alguma energia é dissipada, enquanto o restante dela circula entre os elementos reativos descritos; dessa forma, ambos os componentes ativo e reativo da potência estão presentes. Essa combinação da potência real e reativa é denominada *potência aparente*.

Neste capítulo, veremos os três componentes da potência. Entre as novas ideias, estão o conceito de fator de potência, o triângulo de potência, a medição da potência em circuitos AC e o conceito de resistência efetiva.

Colocando em Perspectiva

Henry Cavendish

Cavendish, um químico e físico inglês nascido em 1731, é aqui mencionado não pelo que fez em relação ao desenvolvimento do campo elétrico, mas pelo que não fez. Um homem brilhante, Cavendish estava 50 anos à frente de seu tempo, e seus experimentos em eletricidade precederam e anteciparam quase todas as grandes descobertas que se deram no meio século seguinte (por exemplo, ele descobriu a lei de Coulomb antes mesmo de Coulomb). No entanto, Cavendish estava interessado na pesquisa e no conhecimento apenas para usufruto próprio e nunca se importou em publicar a maior parte do que havia aprendido, privando o mundo, portanto, de suas descobertas e impedindo durante muitos anos o desenvolvimento do campo da eletricidade. O trabalho de Cavendish permaneceu desconhecido durante quase um século, até um outro grande cientista, James Clerk Maxwell, publicá-lo. Hoje, Cavendish é mais conhecido pelo seu trabalho no campo gravitacional do que no campo elétrico. Uma das coisas incríveis que ele fez foi determinar a massa da Terra usando a tecnologia um tanto primitiva de sua época.

17.1 Introdução

Em qualquer dado instante, a potência em uma carga é igual ao produto da tensão pela corrente (Figura 17-1). Isso significa que, se a tensão e a corrente variarem com o tempo, a potência também irá variar. Essa potência variante no tempo é chamada de **potência instantânea** e é designada pelo símbolo $p(t)$ ou simplesmente p. Assim,

$$p = vi \text{ (watts)} \tag{17-1}$$

Agora considere o caso da AC senoidal. Como durante seus ciclos a tensão e a corrente são positivas em tempos variados e negativas em outros, a potência instantânea também pode ser positiva em alguns momentos e negativa em outros. Isso está ilustrado na Figura 17-2, onde multiplicamos a tensão e a corrente ponto por ponto para obtermos a forma de onda da potência. Por exemplo, de $t = 0$ s a $t = t_1$, v e i são positivas; portanto, a potência é positiva. Em $t = t_1$, $v = 0$ V; então, $p = 0$ W. De t_1 a t_2, i é positiva e v é negativa; logo, a potência é negativa. De t_2 a t_3, v e i são negativas; logo, a potência é positiva, e assim por diante. Como discutido no Capítulo 4, um valor positivo para p indica que a transferência de potência está no sentido da direção da seta de referência, enquanto o valor negativo indica que ela está na direção oposta. Dessa forma, durante os intervalos positivos do ciclo da potência, a potência flui da fonte para a carga, e nos intervalos negativos, ela sai da carga e retorna ao circuito.

A forma de onda da Figura 17-2 é a forma de onda real da potência. Agora mostraremos que os aspectos-chave do fluxo de potência representados por essa forma de onda podem ser descritos em termos das potências ativa, reativa e aparente.

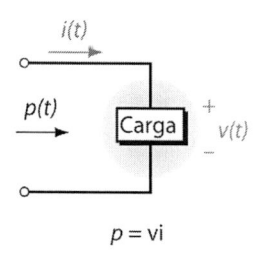

Figura 17-1 Referências para a tensão, corrente e potência. Quando p é positiva, o sentido dela aponta para a direção da seta de referência.

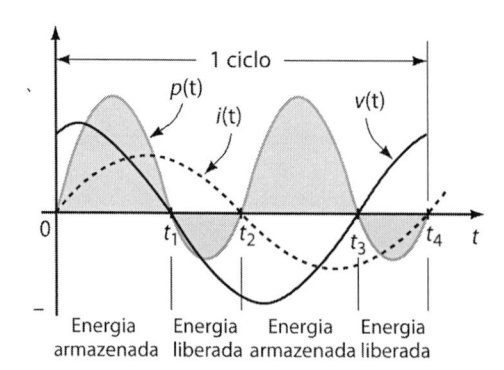

Figura 17-2 Potência instantânea em um circuito AC. A p positiva representa a potência que entra em uma carga; a p negativa representa a potência que sai da mesma.

Potência Ativa

Como p na Figura 17-2 representa o fluxo da potência em direção à carga, sua média será a **potência média** em uma carga. Assinale essa média com a letra P. Se P for positiva, então, em média, uma maior quantidade de potência fluirá para a fonte do que sair dela. (Se P for igual a zero, toda a potência transmitida à carga irá retornar.) Assim, se P tiver um valor positivo, ela representará a potência realmente dissipada pela carga. Por esse motivo, P é chamada de **potência real**. Na terminologia moderna, a potência real também é chamada de **potência ativa**. Logo, *a potência ativa é o valor médio da potência instantânea, e os termos potência real, potência ativa e potência média são sinônimos.* (Em geral, a chamamos simplesmente de potência.) Neste livro, intercalamos os termos.

Potência Reativa

Considere novamente a Figura 17-2. Durante os intervalos em que p é negativa, a potência está retornando da carga. (Isso só pode ocorrer se a carga apresentar elementos reativos: L ou C.) A parte da potência que chega à carga e depois sai dela é chamada de **potência reativa**. Como ela flui primeiro em uma direção e depois em outra, *seu valor médio é zero*; dessa forma, a potência reativa em nada contribui para a potência média em uma carga.

Ainda que a potência reativa não realize trabalho útil, ela não pode ser ignorada. Para gerar a potência reativa, é necessário haver corrente extra, que, por sua vez, pode ser fornecida pela fonte. Isso significa também que condutores, disjuntores, chaves, transformadores e outros equipamentos devem ser fabricados em um tamanho maior para suportar a corrente extra, e esse procedimento eleva o custo de um sistema.

Como mencionado, a forma de onda da Figura 17-2 representa ambos os aspectos real e reativo da potência. Neste capítulo, aprenderemos como separá-las para análise e medição. Começaremos por examinar mais de perto a potência em elementos dos circuitos resistivo, indutivo e capacitivo.

17.2 Potência em uma Carga Resistiva

Em primeiro lugar, considere a potência em uma carga puramente resistiva (Figura 17-3). Nesse caso, a corrente está em fase com a tensão. Suponha que $i = I_m \text{sen } \omega t$ e $v = V_m \text{sen } \omega t$. Então,

$$p = vi = (V_m \text{sen } \omega t)(I_m \text{sen } \omega t) = V_m I_m \text{sen}^2 \omega t$$

Logo,

$$p = \frac{V_m I_m}{2}(1 - \cos 2\omega t) \tag{17-2}$$

onde usamos a relação trigonométrica $\text{sen}^2 \omega t = 1/2(1 - \cos 2\omega t)$ apresentada no final do livro.

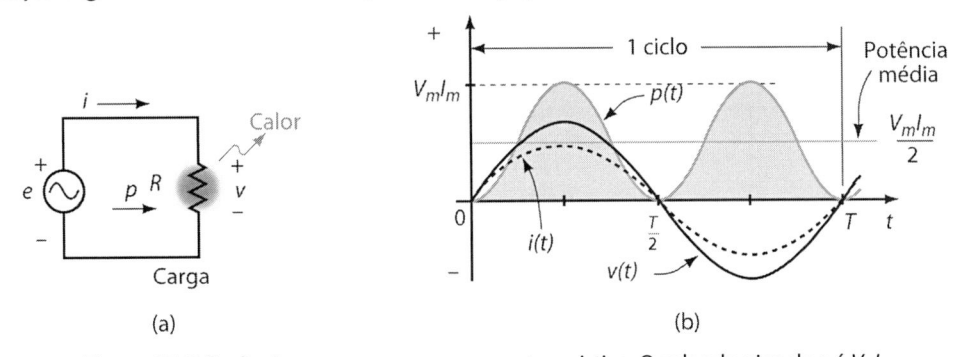

Figura 17-3 Potência em uma carga puramente resistiva. O valor de pico de p é $V_m I_m$.

Em (b), há um esboço de p *versus* tempo. Repare que p é sempre positiva (exceto onde ela é momentaneamente zero). Isso significa que a potência flui apenas da fonte para a carga. Toda a potência fornecida pela fonte é absorvida pela carga, pois não há retorno de potência. Concluímos, então, que *a potência em um circuito puramente resistivo consiste apenas de potência ativa.*

Observe também que a frequência da forma de onda da potência é duas vezes maior do que a das formas de onda da tensão e da corrente. (Isso é comprovado por 2ω presente na Equação 17-2.)

Potência Média

A análise da forma de onda da Figura 17-3 mostra que o seu valor médio fica na metade entre o zero e o valor de pico de $V_m I_m$; ou seja,

$$P = V_m I_m / 2$$

(É possível obter o mesmo resultado tirando a média da Equação 17-2, como fizemos no Capítulo 15.) Como V (a magnitude do valor RMS da tensão) é $V_m/\sqrt{2}$ e I (a magnitude do valor RMS da corrente) é $I_m/\sqrt{2}$, essa relação pode ser escrita como $P = VI$. Assim, a potência média em uma carga puramente resistiva é

$$P = VI \text{ (watts)} \tag{17-3}$$

Obtêm-se algumas formas alternativas com a substituição de $V = IR$ e $I = V/R$ na Equação 17-3. São elas

$$P = I^2 R \text{ (watts)} \tag{17-4}$$

$$P = V^2/R \text{ (watts)} \tag{17-5}$$

Logo, as relações da potência ativa para circuitos resistivos são iguais para AC e DC.

17.3 Potência em uma Carga Indutiva

Para uma carga puramente indutiva como na Figura 17-4(a), a corrente está 90° atrasada em relação à tensão. Se escolhermos a corrente como referência, $i = I_m \text{sen }\omega t$ e $v = V_m \text{sen}(\omega t + 90°)$. O esboço de p versus tempo (obtido de v vezes i) fica parecido com o mostrado em (b). Observe que durante o primeiro quarto de ciclo p é positiva; portanto, a potência flui em direção à indutância. Já durante o segundo quarto de ciclo, p é negativa, e toda a potência transferida para a indutância durante o primeiro quarto de ciclo flui de volta. Ocorre algo semelhante para os terceiro e quarto quartos de ciclo. Assim, *a potência média em uma indutância durante um ciclo completo é zero*, ou seja, não há perda de potência associada à indutância pura. Consequentemente, $P_L = 0$ W, e a única potência fluindo no circuito é a potência reativa. Em geral, isso é verdadeiro, ou seja, *a potência que entra em uma indutância pura e sai dela é somente a potência reativa*.

(a) Seja $i = I_m \text{ sen }\omega t$
$v = V_m \text{ sen }(\omega t + 90)$

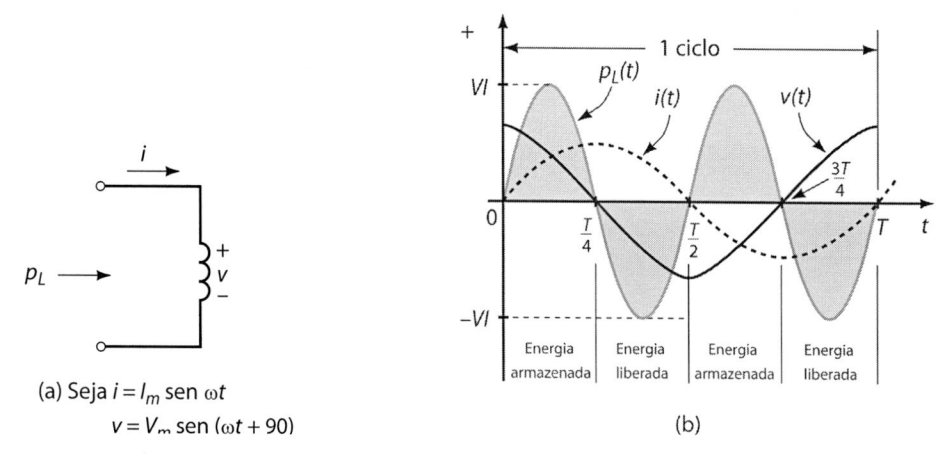

Figura 17-4 Potência em uma carga puramente indutiva. A energia armazenada durante cada quarto de ciclo é devolvida durante o ciclo seguinte. A potência média é zero.

Para determinar essa potência, considere novamente a Equação 17-1.

Com $v = V_m \text{sen}(\omega t + 90°)$ e $i = I_m \text{sen }\omega t$, $p_L = vi$ passa a ser

$$p_L = V_m I_m \text{sen}(\omega t + 90°) \text{ sen }\omega t$$

Após alguma manipulação trigonométrica, a expressão fica reduzida a

$$p_L = VI \operatorname{sen} 2\omega t \tag{17-6}$$

onde V e I são as magnitudes dos valores RMS da tensão e da corrente, respectivamente.

O produto de VI na Equação 17-6 é definido como **potência reativa** e é designado pelo símbolo Q_L. Como ela representa a "potência" que alternadamente entra em uma indutância e sai dela, Q_L não contribui para a potência média em uma carga e, como observado anteriormente, às vezes ela é chamada de potência virtual ou passiva. No entanto, a potência reativa é de suma importância na operação de sistemas elétricos de potência, como você verá em breve.

Já que Q_L é o produto da tensão vezes a corrente, sua unidade é apresentada em volts-ampères (VA). Para indicar que Q_L representa o volt-ampère reativo, acrescenta-se um "R" para gerar a nova unidade, o **VAR** (*o volt-ampère reativo*). Assim,

$$Q_L = VI \text{ (VAR)} \tag{17-7}$$

Substituindo $V = IX_L$ e $I = V/X_L$, obtemos a seguinte forma alternativa:

$$Q_L = I^2 X_L = \frac{V^2}{X_L} \quad \text{(VAR)} \tag{17-8}$$

Por convenção, considera-se Q_L positiva. Assim, se $I = 4$ A e $X_L = 2\,\Omega$, $Q_L = (4\,\text{A})^2(2\,\Omega) = +32$ VAR. Observe que VAR (assim como o watt) é uma grandeza escalar que apresenta apenas a magnitude e não o ângulo.

17.4 Potência em uma Carga Capacitiva

Para uma carga puramente capacitiva, a corrente está 90° adiantada em relação à tensão. Escolhendo a corrente como referência, $i = I_m \operatorname{sen} \omega t$ e $V_m \operatorname{sen}(\omega t - 90°)$. Multiplicando v por i, obtém-se a curva da potência da Figura 17-5. Observe que os ciclos positivos e negativos da onda da potência são idênticos; portanto, durante um ciclo, a potência devolvida pela capacitância ao circuito é exatamente igual à fornecida a ela pela fonte. Isso significa que *a potência média em uma capacitância durante um ciclo completo é zero, ou seja, não há perda de potência associada à capacitância pura*. Consequentemente, $P_C = 0$ W, e apenas a potência reativa circula no circuito. Em geral, isso é verdadeiro: a potência que entra em uma capacitância pura e sai dela é somente a reativa. A potência reativa é obtida da seguinte maneira:

$$p_C = vi = V_m I_m \operatorname{sen} \omega t \operatorname{sen}(\omega t - 90°)$$

que pode ser reduzida a

$$p_C = -VI \operatorname{sen} 2\omega t \tag{17-9}$$

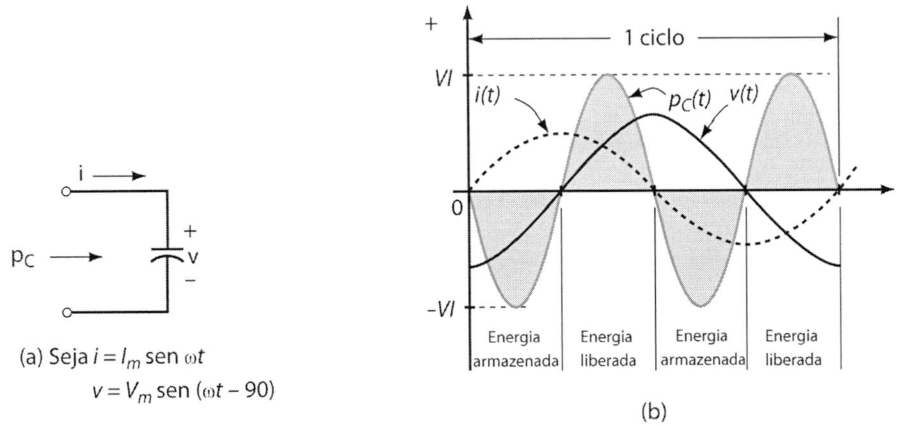

Figura 17-5 Potência em uma carga capacitiva. A potência média é zero.

onde V e I são as magnitudes dos valores RMS da tensão e da corrente, respectivamente. Agora definimos o produto VI como Q_C. Esse produto representa a potência reativa; ou seja,

$$Q_C = VI \text{ (VAR)} \tag{17-10}$$

554 Análise de Circuitos • Conceitos Fundamentais de AC

Como $V = IX_C$ e $I = V/X_C$, Q_C também pode ser expressa na forma

$$Q_C = I^2 X_C = \frac{V^2}{X_C} \quad \text{(VAR)} \tag{17-11}$$

Por convenção, define-se como negativa a potência reativa em uma capacitância. Dessa forma, sendo $I = 4$ A e $X_C = 2\,\Omega$, então $I^2 X_C = (4\text{ A})^2(2\,\Omega) = 32$ VAR. Podemos mostrar o sinal negativo como em $Q_C = -32$ VAR ou deixá-lo implícito ao declararmos que Q representa vars capacitivos, ou seja, $Q_C = 32$ VARs (cap.).

Exemplo 17-1

Para cada circuito da Figura 17-6, determine a potência real e a reativa.

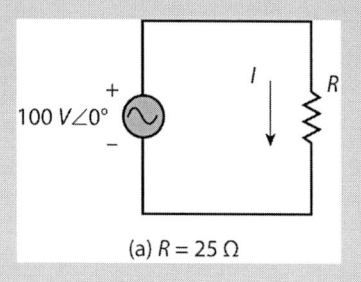

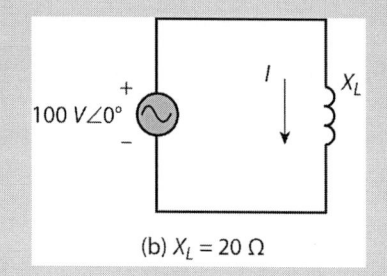

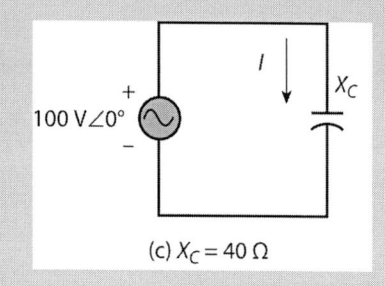

(a) $R = 25\,\Omega$ **(b)** $X_L = 20\,\Omega$ **(c)** $X_C = 40\,\Omega$

Figura 17-6

Solução: Só são necessárias as magnitudes da tensão e da corrente.

a. $I = 100$ V/$25\,\Omega = 4$ A. $P = VI = (100\text{ V})(4\text{ A}) = 400$ W. $Q = 0$ VAR

b. $I = 100$ V/$20\,\Omega = 5$ A. $Q = VI = (100\text{ V})(5\text{ A}) = 500$ VAR (ind.). $P = 0$ W

c. $I = 100$ V/$40\,\Omega = 2{,}5$ A. $Q = VI = (100\text{ V})(2{,}5\text{ A}) = 250$ VAR (cap.).

d. $P = 0$ W

A resposta para (c) também pode ser expressa como $Q = -250$ VAR.

PROBLEMAS PRÁTICOS 1

1. Se a potência em algum instante na Figura 17-1 é $p = -27$ W, em qual direção ela está naquele instante?

2. Para uma carga puramente resistiva, v e i estão em fase. Dadas $v = 10$ sen ωt V e $i = 5$ sen ωt, use um papel milimetrado para plotar v e i cuidadosamente, em intervalos de 30°. Agora multiplique os valores de v e i nesses pontos e represente a potência graficamente. [O resultado do gráfico deve ser parecido com o da Figura 17-3(b)].

    a. Do gráfico, determine a potência de pico e a potência média.

    b. Calcule a potência usando $P = VI$ e compare com o valor médio determinado em (a).

3. Repita o Exemplo 17-1 usando as equações 17-4, 17-5, 17-8 e 17-11.

Respostas

1. Da carga para a fonte.

2. a. 50 W; 25 W

   b. Os valores são iguais.

17.5 Potência em Circuitos mais Complexos

Essas relações descritas foram desenvolvidas usando a carga da Figura 17-1. No entanto, tais relações são verdadeiras para qualquer elemento em um circuito, não importando quão complexo seja o circuito ou a maneira como os elementos estão interligados. Além disso, em qualquer circuito, obtém-se a potência real total P_T pela soma da potência reativa em todos os seus elementos, levando-se em conta que Q indutiva é positiva e Q capacitiva é negativa.

Às vezes, é conveniente mostrar simbolicamente a potência nos elementos do circuito, como no próximo exemplo.

Exemplo 17-2

Para o circuito RL da Figura 17-7(a), $I = 5$ A. Determine P e Q.

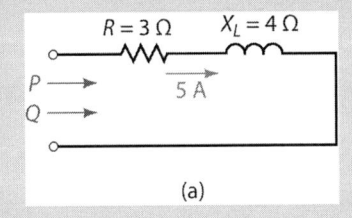

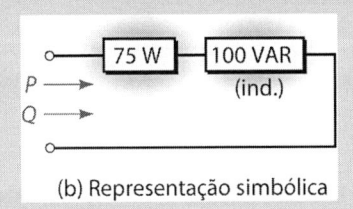

Figura 17-7 Partindo dos terminais, P e Q são iguais para (a) e (b).

Solução:

$P = I^2R = (5\text{ A})^2(3\text{ }\Omega) = 75$ W

$Q = Q_L = I^2X_L = (5\text{ A})^2(4\text{ }\Omega) = 100$ VAR (ind.)

Estes resultados podem ser representados graficamente, como mostra a Figura 17-7(b).

Exemplo 17-3

Para o circuito RC da Figura 17-8(a), determine P e Q.

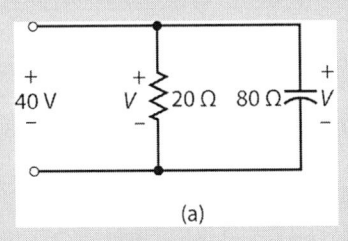

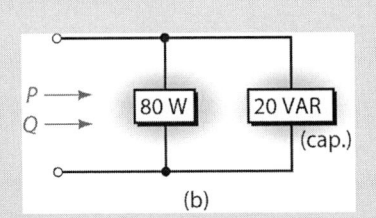

Figura 17-8 Partindo dos terminais, P e Q são iguais para (a) e (b).

Solução:

$P = V^2/R = (40\text{ V})^2/(20\text{ }\Omega) = 80$ W

$Q = Q_C = V^2/X_C = (40\text{ V})^2/(80\text{ }\Omega) = 20$ VAR (cap.)

Estes resultados podem ser representados simbolicamente como na Figura 17-8(b).

Em relação à determinação de P e Q totais, não importa como o circuito ou o sistema está ligado ou que elementos elétricos ele contém. Os elementos podem ser ligados em série, em paralelo ou em série-paralelo, por exemplo, e o sistema pode conter motores elétricos e afins que a P total ainda será obtida pela soma da potência individual dos elementos, enquanto a Q total é encontrada pela soma algébrica das potências reativas.

Exemplo 17-4

a. Para a Figura 17-9(a), calcule P_T e Q_T.
b. Reduza o circuito para sua forma mais simples.

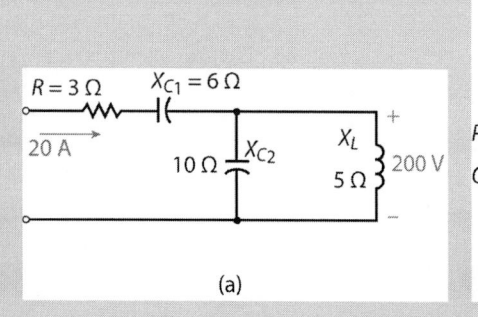

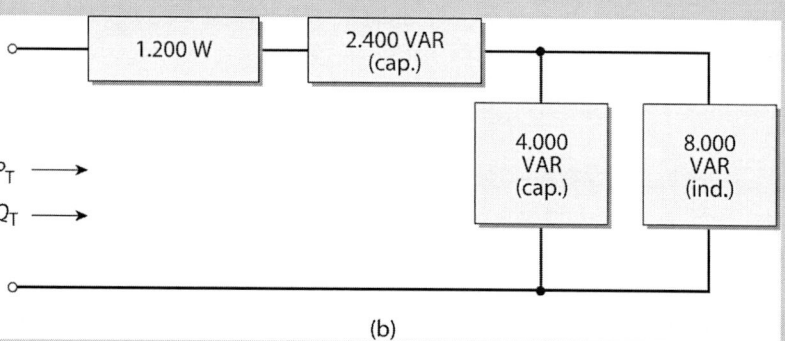

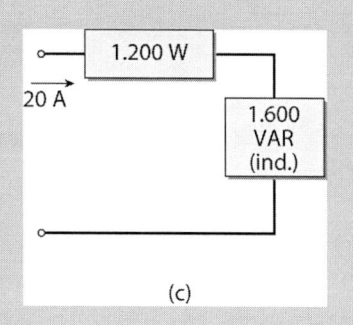

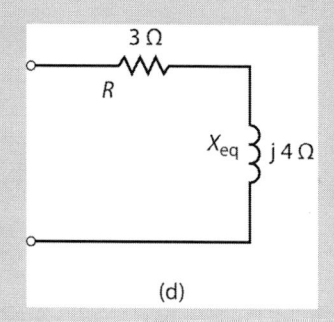

Figura 17-9

Solução:

a. $P = I^2 R = (20 \text{ A})^2 (3 \text{ }\Omega) = 1.200 \text{ W}$

$Q_{C_1} = I^2 X_{C_1} = (20 \text{ A})^2 (6 \text{ }\Omega) = 2.400 \text{ VAR (cap.)}$

$Q_{C_2} = \dfrac{V_2^2}{X_{C_1}} = \dfrac{(200 \text{ V})^2}{(10 \text{ }\Omega)} = 4.000 \text{ VAR (cap.)}$

$Q_L = \dfrac{V_2^2}{X_L} = \dfrac{(200 \text{ V})^2}{5 \text{ }\Omega} = 8.000 \text{ VAR (ind.)}$

Esses resultados estão simbolicamente representados na parte (b). $P_T = 1.200$ W e $Q_T = -2.400$ VAR $-$ 4.000 VAR $+$ 8.000 VAR $=$ 1.600 VAR. Assim, a carga é puramente indutiva, como mostrado em (c).

b. $Q_T = I^2 X_{eq}$. Logo, $X_{eq} = Q_T/I^2 = (1.600 \text{ VAR})/(20 \text{ A})^2 = 4 \text{ }\Omega$. A resistência do circuito permanece inalterada. Dessa forma, o equivalente é apresentado conforme (d).

PROBLEMAS PRÁTICOS 2

Para o circuito da Figura 17-10, $P_T = 1,9$ kW e $Q_T = 900$ VAR (ind.). Determine P_2 e Q_2.

Resposta
300 W, 400 VAR (cap.)

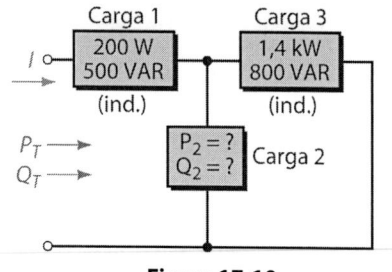

Figura 17-10

17.6 Potência Aparente

Quando a carga apresenta uma tensão V e uma corrente I, como na Figura 17-11, a potência que parece fluir para ela é VI. No entanto, se a carga tiver a resistência e a reatância, esse produto não representará nem a potência real nem a reativa. Como VI parece representar a potência, ele é chamado de **potência aparente**. A potência aparente é representada pelo símbolo S e sua unidade é o **volt-ampere (VA)**. Assim,

$$S = VI \text{ (VA)} \quad (17\text{-}12)$$

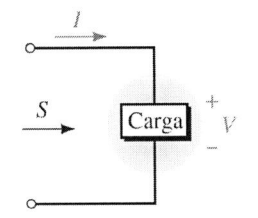

Figura 17-11 Potência aparente $S = VI$.

onde V e I são as magnitudes da tensão e corrente RMS, respectivamente. Como $V = IZ$ e $I = V/Z$, S também pode ser escrito como

$$S = I^2 Z = V^2/Z \quad \text{(VA)} \quad (17\text{-}13)$$

Para equipamentos pequenos (como os encontrados em eletrônica), VA é uma unidade conveniente. Todavia, para equipamentos de potência pesados (Figura 17-12), o valor de VA é muito pequeno; por isso geralmente usamos o kVA (quilovolt-ampère), onde

$$S = \frac{VI}{1.000} \text{ (kVA)} \quad (17\text{-}14)$$

Além da especificação em VA, é de praxe definir o equipamento elétrico em termos de sua tensão de operação. Uma vez conhecidas ambas as especificações, fica fácil determinar a corrente especificada. Por exemplo, uma parte do equipamento com a classificação de 250 kVA, 4,16 kV apresenta uma corrente especificada de $I = S/V = (250 \times 10^3 \text{ VA})/(4,16 \times 10^3 \text{ V}) = 60,1$ A.

Figura 17-12 O equipamento de potência é especificado quanto à potência aparente. O transformador mostrado é uma unidade de 167 kVA. (*Cortesia de Carte International Ltd.*)

17.7 A Relação entre P, Q e S

Até agora, tratamos da potência real, da reativa e da aparente de forma separada. No entanto, elas estão relacionadas por uma expressão muito simples por meio do triângulo de potência.

O Triângulo de Potência

Considere o circuito série da Figura 17-13(a). Suponha que a corrente no circuito é $\mathbf{I} = I \angle 0°$, com a representação fasorial (b). As tensões no resistor e a indutância são $\mathbf{V}_R$ e $\mathbf{V}_L$, respectivamente. Como assinalado no Capítulo 16, $\mathbf{V}_R$ está em fase com $\mathbf{I}$, enquanto $\mathbf{V}_L$ está 90° adiantado em relação a $\mathbf{I}$. A lei de Kirchhoff das tensões aplica-se às tensões AC na forma fasorial. Assim, $\mathbf{V} = \mathbf{V}_R + \mathbf{V}_L$, como indicado em (c).

O triângulo da tensão em (c) pode ser redesenhado como mostra a Figura 17-14(a), com as magnitudes de $\mathbf{V}_R$ e $\mathbf{V}_L$ substituídas por IR e IX_L, respectivamente. Agora multiplique todas as grandezas por I, o que gera os lados para I^2R, I^2X_L e a hipotenusa VI, como indicado em (b). Observe que esses lados representam P, Q e S, respectivamente, como indicado em (c). Isso é chamado de **triângulo de potência**. A partir da geometria desse triângulo, vemos que

$$S = \sqrt{P^2 + Q_L^2} \tag{17-15}$$

Alternativamente, a relação entre P, Q, e S pode ser expressa como um número complexo:

$$\mathbf{S} = P + jQ_L \tag{17-16a}$$

ou

$$\mathbf{S} = S \angle \theta \tag{17-16b}$$

Se o circuito for capacitivo em vez de indutivo, a Equação 17-16a passa a ser

$$\mathbf{S} = P - jQ_C \tag{17-17}$$

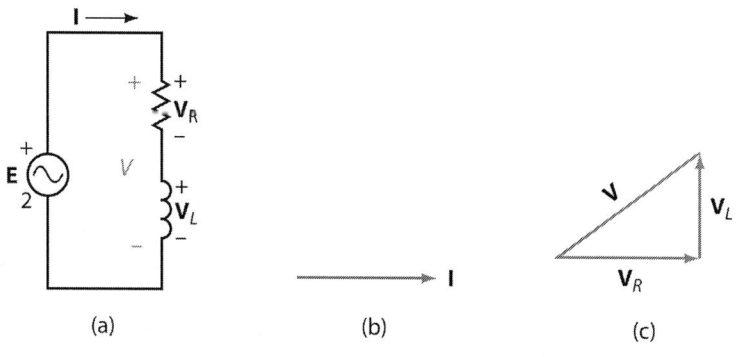

Figura 17-13 Etapas no desenvolvimento do triângulo de potência.

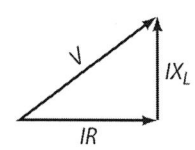

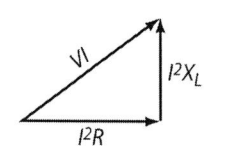

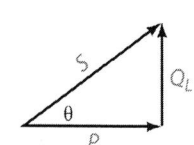

(a) Exibição apenas das magnitudes. (b) Multiplicado por I (c) Triângulo de potência resultante

Figura 17-14 Continuação das etapas no desenvolvimento do triângulo de potência.

Nesse caso, o triângulo de potência tem uma parte imaginária negativa, como indicado na Figura 17-15.

As relações de potência podem ser escritas em formas generalizadas, como:

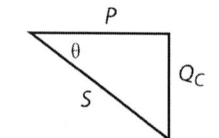

$$\mathbf{S} = \mathbf{P} + \mathbf{Q} \tag{17-18}$$

e

$$\mathbf{S} = \mathbf{VI}^* \tag{17-19}$$

Figura 17-15 Triângulo de potência para o caso capacitivo.

onde $\mathbf{P} = P \angle 0°$, $\mathbf{Q}_L = jQ_L$, $\mathbf{Q}_C = -jQ_C$, $\mathbf{I}^*$ é o conjugado da corrente $\mathbf{I}$ – ver a Nota. Essas relações são verdadeiras para todas as redes, independentemente do que elas contenham ou de como estejam conFiguradas.

Quando resolver problemas que envolvam potência, lembre-se de que os valores de P podem ser somados para se obter a P_T, e os valores de Q para obter Q_T (onde Q é positiva para elementos indutivos e negativa para os capacitivos). Todavia, não podemos somar os valores da potência aparente para obtermos S_T, ou seja, $S_T \neq S_1 + S_2 + ... + S_N$. Em vez disso, devemos determinar P_T e Q_T e depois usar o triângulo de potência para obter S_T.

> **NOTAS...**
>
> Consulte o Capítulo, 16 neste volume, Seção 16.1, para a discussão sobre os complexos conjugados.

Exemplo 17-5

A Figura 17-16(a) mostra os valores P e Q para um circuito.

a. Determine o triângulo de potência.

b. Determine a magnitude da corrente fornecida pela fonte.

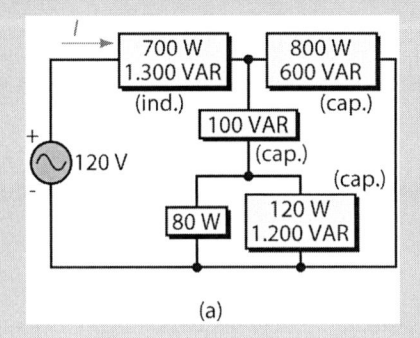

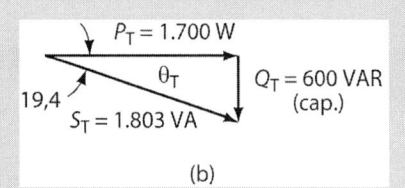

Figura 17-16

Solução:

a. $P_T = 700 + 800 + 80 + 120 = 1.700$ W

$Q_T = 1.300 - 600 - 100 - 1.200 = -600$ VAR $= 600$ VAR (cap.)

$S_T = P_T + jQ_T = 1.700 - j600 = 1.803 \angle -19,4°$ VA

O triângulo de potência é mostrado. A carga é puramente capacitiva.

b. $I = S_T/E = 1.803$ VA$/120$ V $= 15,0$ A

Exemplo 17-6

Um gerador fornece potência para um aquecedor elétrico, um elemento indutivo e um capacitor, como na Figura 17-17(a).

a. Encontre P e Q para cada carga.

b. Encontre as potências ativa e reativa totais fornecidas pelo gerador.

c. Desenhe o triângulo de potência para as cargas combinadas e determine a potência aparente total.

d. Determine a corrente fornecida pelo gerador.

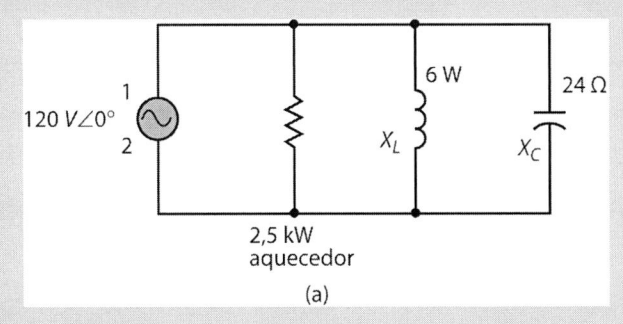

Figura 17-17

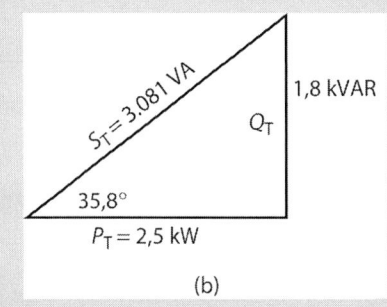

(continua)

Exemplo 17-6 (continuação)

Solução:

a. Os componentes de potência são os seguintes:

Aquecedor: $P_A = 2{,}5$ kW $\quad Q_A = 0$ VAR

Indutor: $P_L = 0$ W $\quad Q_L = \dfrac{V^2}{X_C} = \dfrac{(120\text{ V})^2}{6\ \Omega} = 2{,}4$ kVAR (ind.)

Capacitor: $Pc = 0$ W $\quad Q_C = \dfrac{V^2}{X_C} = \dfrac{(120\text{ V})^2}{24\ \Omega} = 600$ VAR (cap.)

b. $P_T = 2{,}5$ kW $+ 0$ W $+ 0$ W $= 2{,}5$ kW

$Q_T = 0$ VAR $+ 2{,}4$ kVAR $- 600$ VAR $= 1{,}8$ kVAR (ind.)

c. Desenha-se o triângulo de potência conforme a Figura 17-7(b). Tanto a hipotenusa quanto o ângulo podem ser obtidos com facilidade, pela conversão da forma retangular para a polar. $\mathbf{S}_T = P_T + jQ_T = 2.500 + j1.800 = 3.081\ \angle\ 35{,}8°$. Logo, a potência aparente é $S_T = 3.081$ VA.

d. $I\ \dfrac{S_T}{E} = \dfrac{3.081\text{ VA}}{120\text{ V}} = 25{,}7$ A

Equação das Potências Reais e das Potências Reativas

Uma análise do triângulo de potência das Figuras 17-14 e 17-15 mostra que P e Q podem ser expressos respectivamente como

$$P = VI \cos \theta = S \cos \theta \quad \text{(W)} \tag{17-20}$$

e

$$Q = VI \operatorname{sen} \theta = S \operatorname{sen} \theta \quad \text{(VAR)} \tag{17-21}$$

onde V e I são as magnitudes dos valores RMS da tensão e corrente, respectivamente, e θ é o ângulo entre elas. P é sempre positiva, enquanto Q é positiva para circuitos indutivos e negativa para os capacitivos. Assim, com $V = 120$ volts, $I = 50$ A e $\theta = 30°$, $P = (120)(50)\cos 30° = 5.196$ W e $Q = (120)(50) \operatorname{sen} 30° = 3.000$ VAR.

PROBLEMAS PRÁTICOS 3

Um gerador de 208 V fornece potência para alimentar um grupo de três cargas. A carga 1 apresenta uma potência aparente de 500 VA com $\theta = 36{,}87°$ (ou seja, é puramente indutiva). A carga 2 apresenta uma potência aparente de 1.000 VA e é puramente capacitiva com um ângulo do triângulo de potência de $-53{,}13°$. A carga 3 é puramente resistiva com a potência $P_3 = 200$ W. Determine o triângulo de potência para as cargas combinadas e a corrente no gerador.

Respostas

$S_T = 1.300$ VA, $\theta_T = -22{,}6°$, $I = 6{,}25$ A

17.8 Fator de Potência

A grandeza $\cos \theta$ na Equação 17-20 é definida como o **fator de potência**, que é fornecido pelo símbolo F_p. Logo,

$$F_p = \cos \theta \tag{17-22}$$

Da Equação 17-20, vemos que F_p pode ser calculado como a razão entre a potência real e a aparente. Assim,

$$\cos \theta = P/S \tag{17-23}$$

O fator de potência é expresso em números ou em porcentagem. Da Equação 17-23, fica evidente que o fator de potência não pode ultrapassar 1,0 (ou 100%, se expresso em porcentagem).

O **ângulo do fator de potência** θ é de interesse, e pode ser obtido com

$$\theta = \cos^{-1}(P/S) \qquad (17\text{-}24)$$

O ângulo θ é o ângulo entre a tensão e a corrente. Para uma resistência pura, portanto, $\theta = 0°$. Para uma indutância pura, $\theta = 90°$; para uma capacitância pura, $\theta = -90°$. Para um circuito contendo tanto a resistência quanto a indutância, θ ficará compreendido entre 0° e 90°; para um circuito contendo a resistência e a capacitância, o valor de θ ficará entre 0° e −90°.

Fator de Potência Unitário, Atrasado e Adiantado

Como indicado pela Equação 17-23, o fator de potência da carga mostra o quanto de sua potência aparente é, na verdade, potência real. Por exemplo, para um circuito puramente resistivo, $\theta = 0°$ e $F_p = \cos 0° = 1,0$. Portanto, $P = VI$ (watts) e toda a potência aparente da carga é a potência real. Esse caso ($F_p = 1$) é chamado de fator de potência *unitário*.

Para uma carga contendo apenas a resistência e a indutância, a corrente na carga está atrasada em relação à tensão. Nesse caso, o fator de potência é descrito como *atrasado*. Por outro lado, para uma carga que contém apenas a resistência e a capacitância, a corrente está adiantada em relação à tensão, e o fator de potência é definido como *adiantado*. Dessa forma, *um circuito indutivo apresenta um fator de potência atrasado, enquanto um circuito capacitivo apresenta um fator de potência adiantado.*

Uma carga com fator de potência baixo pode drenar uma corrente excessiva. Isso será discutido a seguir.

Por que os Equipamentos são Especificados em VA?

Como visto, os equipamentos são especificados em VA em vez de watts. Agora mostraremos o porquê. Considere a Figura 17-18. Suponha que um gerador tenha a especificação 600 V com uma potência de 120 kVA. Isso significa que ele é capaz de fornecer $I = 120$ kVA/600 V $= 200$ A. Em (a), o gerador está fornecendo 120 kW para uma carga puramente resistiva. Como $S = P$ para uma carga puramente resistiva, $S = 120$ kVA, e o gerador está fornecendo sua corrente especificada. Em (b), o gerador está alimentando uma fonte com $P = 120$ kW, como antes, mas com $Q = 160$ kVAR. Sua potência aparente é, portanto, $S = 200$ kVA, o que significa que a corrente no gerador é $I = 200$ kVA/600 V $= 333,3$ A. Ainda que ele esteja fornecendo a mesma potência que em (a), o gerador agora está consideravelmente sobrecarregado, podendo ser danificado, como indicado em (b).

Esse exemplo ilustra de maneira bem clara que especificar uma carga ou um aparelho quanto à potência é uma escolha equivocada, já que a capacidade dela ou dele de conduzir corrente pode ser consideravelmente ultrapassada (embora a especificação para a potência não o seja). Logo, *a classificação dos equipamentos elétricos (geradores, fios conectores, transformadores etc.) necessários para alimentar uma carga é regulamentada não em termos da potência da carga, mas sim quanto ao VA.*

Correção do Fator de Potência

O problema mostrado na Figura 17-18 pode ser amenizado se cancelarmos alguns dos componentes reativos de potência adicionando a reatância do tipo oposto ao circuito. Esse procedimento é chamado de **correção do fator de potência**. Se cancelarmos os componentes reativos por completo, o ângulo do fator de potência será 0° e $F_p = 1$. Isso é chamado de **correção do fator de potência unitário**.

Na prática, quase todas as cargas, sejam elas residenciais, industriais ou comerciais, são indutivas (em razão da presença de motores, reatores de lâmpadas fluorescentes e afins); logo, é muito provável que você nunca encontre uma carga capacitiva que necessite de correção. O resultado disso é que praticamente toda correção do fator de potência consiste em adicionar um capacitor com o objetivo de cancelar os efeitos indutivos. Como será mostrado a seguir, essa capacitância é colocada paralelamente à carga.

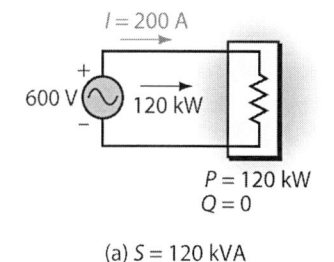

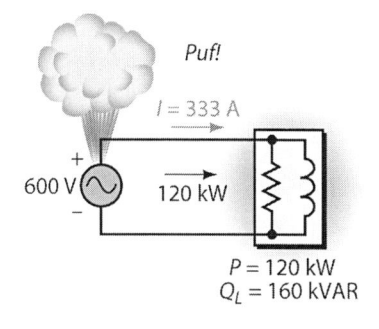

(a) $S = 120$ kVA

(b) $S = \sqrt{(120)^2 + (160)^2} = 200$ kVA
O gerador está sobrecarregado

Figura 17-18 Ilustração do motivo pelo qual se usa VA no lugar de watts para classificar os equipamentos elétricos. Ambas as cargas dissipam 120 kW, mas a taxa da corrente no gerador (b) é excedente por causa do fator de potência da carga.

Exemplo 17-7

Para o problema do gerador sobrecarregado da Figura 17-18(b), adiciona-se uma capacitância de $Q_C = 160$ kVAR em paralelo à carga, como mostra a Figura 17-19(a). Determine a corrente I no gerador.

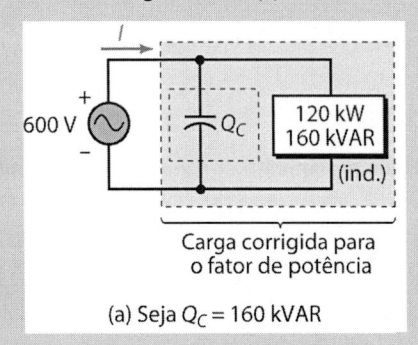

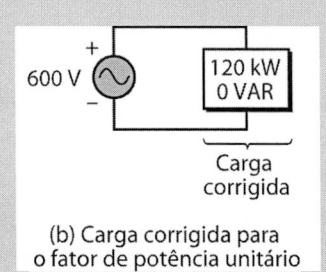

Figura 17-19 Correção do fator de potência. O capacitor em paralelo reduz a fonte de corrente de maneira significativa.

(a) Seja $Q_C = 160$ kVAR

(b) Carga corrigida para o fator de potência unitário

Solução: $Q_T = 160$ kVAR $-$ 160 kVAR $= 0$. Logo, $\mathbf{S}_T = 120$ kW $+ j0$ kVAR. Assim, $S_T = 120$ kVA, e a corrente cai de 333 A para $I = 120$ kVA/600 V $= 200$ A. Logo, o gerador não está mais sobrecarregado.

Os clientes residenciais não são diretamente cobrados pelo consumo em VARs, ou seja, eles pagam as contas de luz com base exclusivamente no número de quilowatts-hora que consomem, porque todos apresentam essencialmente o mesmo fator de potência, e o efeito do fator de potência é incorporado às taxas que pagam. Por outro lado, os clientes industriais geralmente apresentam os fatores de potência muito diferentes, e as concessionárias de energia talvez tenham de monitorar seus valores em VAR (ou o fator de potência), assim como o valor em watts, para determinar uma tarifa adequada.

Como ilustração, suponha que as cargas das Figuras 17-18(a) e (b) representem duas pequenas usinas industriais. Se a tarifa das concessionárias de energia fosse calculada com base apenas na potência, ambos os consumidores pagariam a mesma quantia. No entanto, é mais dispendioso para a usina alimentar o consumidor (b), já que são necessários maiores condutores, transformadores, dispositivos de manobra etc. para suportar uma corrente maior. Por essa razão, os clientes industriais podem pagar uma multa caso o fator de potência atinja um valor abaixo do prescrito pela concessionária.

Exemplo 17-8

Cobra-se uma multa do cliente industrial quando o fator de potência da usina atinge um valor abaixo de 0,85. A Figura 17-20 mostra as cargas da usina equivalentes. A frequência é 60 Hz.

Iluminação 12 kW
Forno elétrico $2,4 + j3,2\,\Omega$
Cargas do motor 80 kW $0,8\,F_p$ (atraso)

Cargas da usina

(a)

(b) Triângulo de potência para o motor
$P_m = 80$ kW

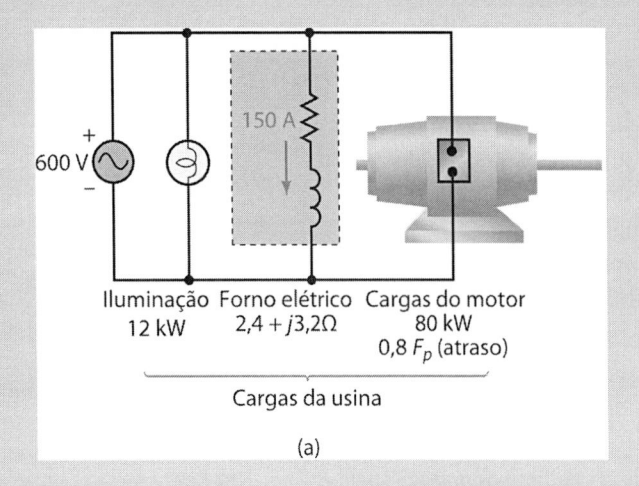

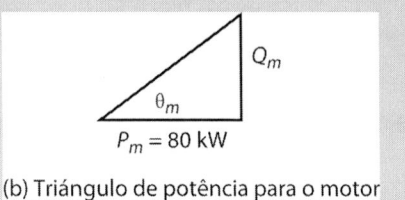

Figura 17-20

(continua)

Exemplo 17-8 *(continuação)*

a. Determine P_T e Q_T.

b. Determine o valor da capacitância (em microfarads) necessário para elevar o fator de potência até 0,85.

c. Determine a corrente no gerador antes e depois da correção.

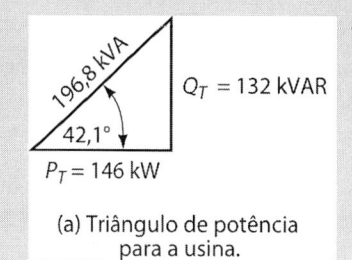

Solução:

a. Os componentes da potência são os seguintes:

Iluminação: $P = 12$ kW, $Q = 0$ kVAR

Forno: $P = I^2R = (150)^2(2,4) = 54$ kW

$Q = I^2X = (150)^2(3,2) = 72$ kVAR (ind.)

Motor: $\theta_m = \cos^{-1}(0,8) = 36,9°$. Assim, a partir do triângulo de potência,

$Q_m = P_m \text{tg } \theta_m = 80 \text{ tg } 36,9° = 60$ kVAR (ind.)

Total: $P_T = 12$ kW + 54 kW + 80 kW = 146 kW

$Q_T = 0 + 72$ kVAR + 60 kVAR = 132 kVAR (ind.)

(a) Triângulo de potência para a usina.

$Q_T = 132$ kVAR
196,8 kVA
42,1°
$P_T = 146$ kW

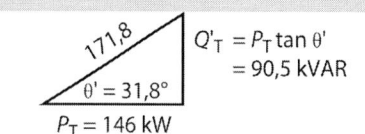

(b) Triângulo de potência após a correção

171,8
$\theta' = 31,8°$
$P_T = 146$ kW
$Q'_T = P_T \tan \theta' = 90,5$ kVAR

Figura 17-21 Triângulos de potência inicial e final. Observe que P_T não varia quando o fator de potência é corrigido, já que, para o capacitor, $P = 0$ W.

b. A Figura 17-21(a) mostra o triângulo de potência para a usina. No entanto, devemos corrigir o fator de potência para 0,85. Logo, $\theta' = \cos^{-1}(0,85) = 31,8°$ é necessário, onde θ' é o ângulo do fator de potência para a carga corrigida, como indicado na Figura 17-21 (b). A potência reativa máxima tolerada é, portanto, $Q'_T = P_T \text{ tg } \theta' = 146 \text{ tg } 31,8° = 90,5$ kVAR.

Agora considere a Figura 17-22. $Q'_T = Q_C + 132$ kVAR, onde $Q'_T = 90,5$ kVAR. Dessa forma, $Q_C = -41,5$ kVAR = 41,5 kVAR (cap.). Mas $Q_C = V^2/X_C$. Assim, $X_C = V^2/Q_C = (600)^2/41,5$ kVAR = 8,67 Ω. Mas $X_C = 1/\omega C$. Portanto, um capacitor fornecerá a correção necessária.

$$C = \frac{1}{\omega X_C} = \frac{1}{(2\pi)(60)(8,67)} = 306 \text{ μF}$$

c. Para o circuito original da Figura 17-21(a), $S_T = 196,8$ kVA. Assim,

$$I = \frac{S_T}{E} = \frac{196,8 \text{ kVA}}{600 \text{ V}} = 328 \text{ A}$$

Para o circuito corrigido da Figura 17-21(b), $S_T = 171,8$ kVA e

$$I = \frac{171,8 \text{ kVA}}{600 \text{ V}} = 286 \text{ A}$$

Portanto, a correção do fator de potência diminui a corrente na fonte em 42 A.

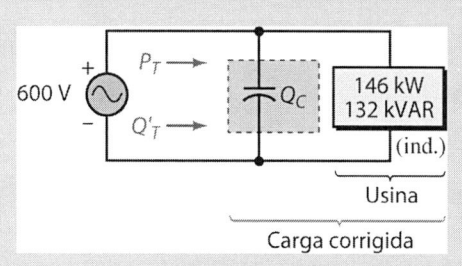

Figura 17-22

PROBLEMAS PRÁTICOS 4

1. Em quantos ampères a corrente no motor da Figura 17-20 foi reduzida pela correção do fator de potência?
2. Repita o Exemplo 17-8, mas corrija o fator de potência para unitário.
3. Em decorrência da expansão da usina, 102 kW de uma carga puramente resistiva são acrescentados à usina da Figura 17-20. Determine se a correção do fator de potência é necessária para corrigir a usina ampliada para 0,85 F_p ou mais.

Respostas

1. Zero — não há variação na corrente do motor.
2. 973 µF, 243 A. As outras respostas permanecem as mesmas.
3. F_p = 0,88. Não há necessidade de correção.

VERIFICAÇÃO DO PROCESSO DE APRENDIZAGEM 1

(*As respostas encontram-se no final do capítulo.*)

1. Esboce um triângulo potencial para a Figura 17-9(c). Utilizando esse triângulo, determine a magnitude da voltagem aplicada.
2. Para a Figura 17-10, assuma a fonte de E = 240 volts, P2 = 300 W, e Q_2 = 400 VAR (cap.). Qual é a magnitude da corrente I da fonte?
3. Qual é o fator de potência para cada um dos circuitos das Figuras 17-7, 17-8 e 17-9? Indique qual deles é adiantado ou atrasado.
4. Considere o circuito da Figura 17-18(b). Se P = 100kW e Q_L = 80kVAR, estaria a fonte sobrecarregada, assumindo que ela é capaz de suportar uma carga de 120 kVA?

17.9 Medição da Potência AC

Para medir a potência em um circuito AC, é necessário um wattímetro. O wattímetro é um aparelho que monitora a corrente e a tensão e, a partir delas, determina a potência. A maioria das unidades modernas é digital. Para os aparelhos digitais, Figura 17-23, a potência é exibida em um visor numérico, enquanto nos instrumentos analógicos (ver a nota ao lado), é indicada por um ponteiro em uma escala muita parecida com os medidores analógicos mostrados no Capítulo 2. Observe, no entanto, que embora os aparelhos digitais e analógicos apresentem alguns aspectos diferentes, o modo de uso e a conexão a um circuito são os mesmos – logo, as técnicas de medição descritas aqui se aplicam a ambos os instrumentos.

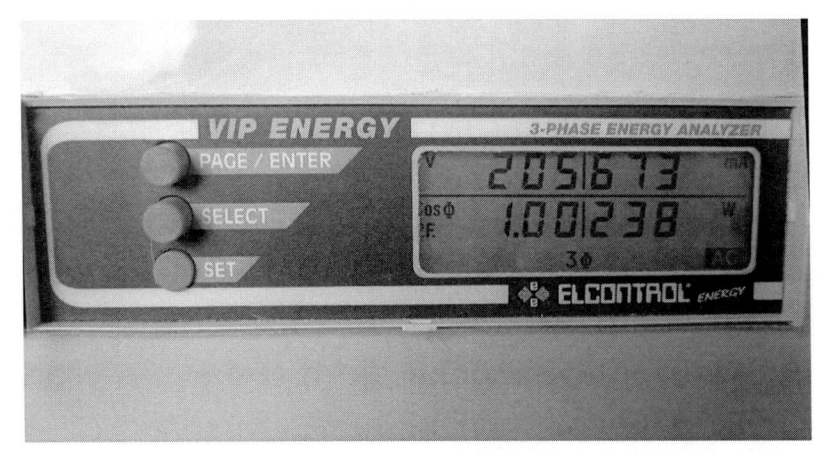

Figura 17-23 Medidor multifuncional (potência/energia). Ele pode medir a potência ativa (W), a potência reativa (VARs), a potência aparente (VA), o fator de potência, a energia e mais.

NOTAS...

Os wattímetros antigos, chamados de eletrodinamômetros, ainda podem ser encontrados na prática. Eles são aparelhos eletromecânicos que utilizam tanto uma bobina fixa ligada em série com a carga (a bobina de corrente) quanto uma bobina móvel (a bobina de potencial) ligada em paralelo a uma carga. A interação dos campos magnéticos dessas duas bobinas provoca um torque, e o ponteiro, fixo à bobina móvel, toma a posição na escala que corresponde à potência média.

Como auxílio para compreender o conceito de medição da potência, considere a Figura 17-1. A potência instantânea da carga é o produto entre a tensão na carga e a corrente nela; e a potência média é a média desse produto. Uma forma de executar a medição de potência é, portanto, criar um medidor com um circuito sensor de corrente, um de tensão, um circuito multiplicador e um circuito que tira a média. A Figura 17-24 mostra uma representação simbólica simplificada de um instrumento desse tipo. A corrente passa pela bobina de corrente (BC) para gerar um campo elétrico proporcional à corrente, e um circuito de estado sólido ligado paralelamente à tensão da carga reage com esse campo para provocar uma tensão de saída proporcional ao produto da tensão e da corrente instantâneas (ou seja, proporcional à potência instantânea). Um circuito apropriado tira a média da tensão e impulsiona o mostrador a indicar a potência média. (O esquema usado pelo medidor da Figura 17-23 é, na verdade, muito mais sofisticado do que o mostrado, uma vez que ele mede muitas outras grandezas além da potência, por exemplo, mede VARs, VA, energia etc. No entanto, a ideia básica está conceitualmente correta.)

NOTAS...

Deve-se saber bem o ângulo usado para determinar uma leitura no wattímetro. O ângulo a ser usado é o que fica entre a tensão na bobina de tensão e a corrente na bobina de corrente, de acordo com as referências descritas na Figura 17-24.

Figura 17-24 Representação conceitual de um wattímetro eletrônico.

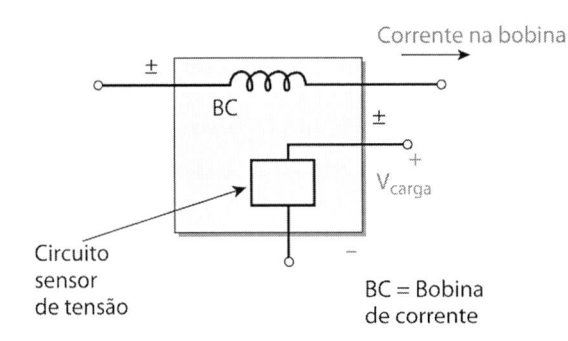

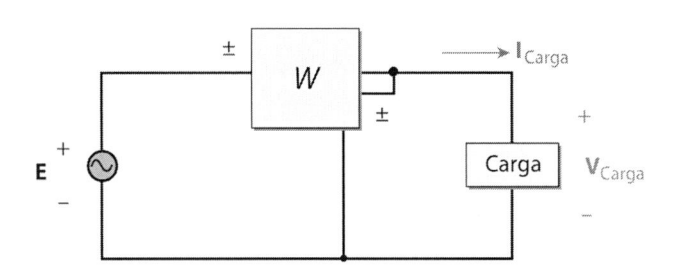

Figura 17-25 Conexão de um wattímetro.

A Figura 17-25 mostra como conectar um wattímetro a um circuito. A corrente da carga passa pelo circuito da bobina de corrente, e a tensão na carga é impressa no circuito sensor de tensão. Com essa conexão, o wattímetro calcula e mostra o produto da magnitude da tensão e da corrente na carga e o cosseno do ângulo entre elas, ou seja, $V_{carga} \cdot I_{carga} \cdot \cos \theta_{carga}$ – ver as Notas. Assim, ele mede a potência da carga. Observe na indicação ± nos terminais. O medidor é conectado de modo que a corrente na carga entre no terminal de corrente ± e a extremidade da carga com potencial mais alto seja conectada ao terminal de tensão ±. (Em muitos medidores, o terminal de tensão ± é internamente conectado de forma que apenas três terminais sejam mostrados, como na Figura 17-26.)

Quando a potência é medida em um circuito com fator de potência baixo, deve-se usar um wattímetro também com o fator de potência baixo, pois, para cargas com esse tipo de fator de potência, a corrente pode ser muito alta mesmo se a potência for baixa. Assim, é fácil exceder a especificação para a corrente de um wattímetro-padrão e, consequentemente, danificá-lo, ainda que a indicação da potência no medidor seja pequena.

Exemplo 17-9

Para o circuito da Figura 17-25, qual é a indicação do wattímetro se
a. $V_{carga} = 100$ V $\angle 0°$ e $I_{carga} = 15$ A $\angle 60°$,
b. $V_{carga} = 100$ V $\angle 10°$ e $I_{carga} = 15$ A $\angle 30°$?

Solução:
a. $\theta_{carga} = 60°$. Portanto, $P = (100)(15)\cos 60° = 750$ W,
b. $\theta_{carga} = 10° - 30° = -20°$. Portanto, $P = (100)(15)\cos(-20°) = 1.410$ W.
Observação: em (b), como $\cos(-20°) = \cos(+20°)$, não importa se incluímos ou não o sinal negativo.

Exemplo 17-10

Para a Figura 17-26, determine a leitura no wattímetro.

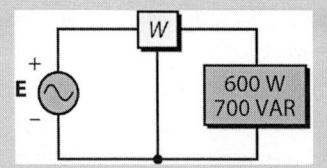

Figura 17-26 Esse wattímetro tem os terminais ± do lado da tensão conectados internamente.

Solução: Um wattímetro faz a leitura apenas da potência ativa. Portanto, ele indica 600 W.

Deve-se ressaltar que o wattímetro faz a leitura da potência apenas nos elementos do circuito localizados no lado da carga do medidor. Além disso, se a carga consistir de vários elementos, o instrumento fará a leitura da potência total.

PROBLEMAS PRÁTICOS 5

Determine a leitura no wattímetro da Figura 17-27.

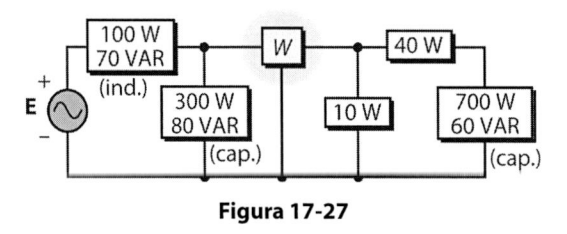

Figura 17-27

Resposta
750 W

17-10 Resistência Efetiva

Até agora, supomos que a resistência era constante e independente da frequência. No entanto, isso não é inteiramente verdade. Por uma série de razões, a resistência de um circuito em AC é maior do que a resistência de um circuito em DC. Ainda que esse efeito seja muito pequeno em baixas frequências, é muito evidente nas altas. A resistência AC é conhecida como **resistência efetiva**.

Antes de examinarmos por que a resistência AC é maior do que a DC, precisamos reavaliar o conceito de resistência. O leitor deve se recordar de que, no Capítulo 3, a resistência foi inicialmente definida como a oposição à corrente, ou seja, $R = V/I$. (Esta é a resistência ôhmica.) A partir desse conceito, você aprendeu no Capítulo 4 que $P = I^2R$. É essa última observação que nos permite definir a resistência AC, ou seja, determinamos a resistência AC ou efetiva da seguinte maneira:

$$R_{\text{eff}} = \frac{P}{I^2} \quad (\Omega) \tag{17-25}$$

onde P é a potência dissipada (determinada por um wattímetro). Então, podemos perceber que qualquer coisa que afete a potência dissipada afeta a resistência. Para DC e AC de baixa frequência, ambas as definições para R, isto é, $R = V/I$ e $R = P/I^2$ geram o mesmo valor. No entanto, à medida que a frequência aumenta, outros fatores provocam um aumento na resistência. Agora consideraremos alguns deles.

Correntes Parasitas e Histerese

O campo magnético ao redor de uma bobina ou outro circuito condutor de corrente AC varia com o tempo e, portanto, induz tensões nos materiais condutores vizinhos, como gabinetes de equipamentos, núcleos de transformadores etc. As correntes resultantes (chamadas de **correntes parasitas**) são indesejáveis e geram perdas de potência chamadas de **perdas por corrente**

parasita. Como a fonte deve fornecer mais potência para compensar essas perdas, P na Equação 17-25 aumenta, elevando, assim, a resistência efetiva da bobina.

Se houver também a presença de material ferromagnético, ocorrerá mais perda de potência por causa do efeito de histerese provocado pelo campo magnético que magnetiza alternadamente um material em uma direção e depois na outra. A histerese e as perdas por corrente parasita são importantes até em baixas frequências, como a de 60 Hz do sistema de potência. Isso será discutido no Capítulo 23 (volume 2).

Efeito de Superfície

As correntes AC geram um campo magnético variante no tempo ao redor de um condutor, Figura 17-28(a). Esse campo variante, por sua vez, induz tensão no condutor, a qual é de tal natureza que conduz elétrons livres do centro do fio para sua periferia [ver a Figura 17-28(b)], resultando em uma distribuição desuniforme da corrente, com a densidade da corrente maior perto da periferia e menor no centro. Esse fenômeno é chamado de **efeito de superfície**. Como o centro do fio carrega pequena quantidade de corrente, a área da seção transversal dele é bastante reduzida, aumentando a resistência. O efeito de superfície geralmente é desprezível nas frequências das linhas de potência (exceto para condutores maiores do que algumas centenas de milhar de mils circulares); porém, é tão significativo nas frequências de micro-ondas que o centro do fio conduz quase nenhuma corrente. Por isso, em geral se usam condutores ocos no lugar dos maciços, como mostra a Figura 17-28(c).

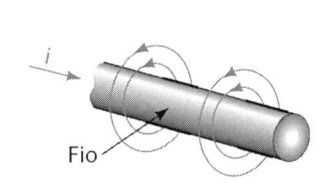

(a) O campo magnético variante induz a tensão no condutor

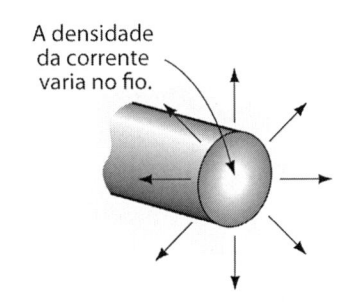

(b) Essa tensão conduz elétrons livres em direção à periferia, deixando alguns elétrons no centro.

(c) Em altas frequências, o efeito é tão significativo que condutores ocos devem ser usados

Figura 17-28 Efeito de superfície em circuitos AC.

Resistência de Radiação

Em altas frequências, parte da energia fornecida a um circuito escapa como energia radiada. Por exemplo, um transmissor de rádio fornece potência para uma antena, onde ela é convertida em ondas de rádio e radiada no espaço. Esse efeito de resistência é chamado de **resistência de radiação**. Tal resistência é muito mais alta do que a resistência DC. Por exemplo, uma antena transmissora de TV pode ter uma resistência de uma fração de ohm em DC, mas uma resistência efetiva de algumas centenas de ohms em sua frequência de operação.

NOTAS...

1. A resistência medida por um ohmímetro é a resistência DC.
2. Muitos dos efeitos descritos serão tratados em detalhes em vários cursos de eletrônica. Não os abordaremos mais aqui.

17.11 Relações de Energia em AC

Lembre-se, a potência e a energia estão relacionadas pela equação $p = dw/dt$. Assim, pode-se achar a energia pela integral, na forma de

$$W = \int p\,dt = \int vi\,dt \qquad (17\text{-}26)$$

Indutância

Para uma indutância, $v = Ldi/dt$. Substituindo na Equação 17-26, cancelando dt e reorganizando os termos, temos

$$W_L = \int \left(L \frac{di}{dt} \right) idt = L \int idi \quad (17\text{-}27)$$

Lembre-se de que na Figura 17-4(b) a energia flui para um condutor durante um intervalo de tempo de 0 a $T/4$ e é liberada durante um intervalo de tempo de $T/4$ para $T/2$. O processo então se repete. A energia armazenada (e liberada em seguida) pode ser encontrada integrando-se a potência de $t = 0$ para $t = T/4$. A corrente em $t = 0$ é 0, e a corrente em $t = T/4$ é I_m. Usando-os como nossos limites da integral, encontramos (ver a Nota)

$$W_L = L \int_0^{I_m} idi = \frac{1}{2} L I_m^2 = LI^2 \quad (\text{J}) \quad (17\text{-}28)$$

onde usamos $I = I_m/\sqrt{2}$ para expressar a energia em termos da corrente efetiva.

NOTAS...

A ideia de energia armazenada já apareceu antes; por Exemplo, a Equação 17-28 aparece no Capítulo 13 como a Equação 13-11, e a Equação 17-30 aparece no Capítulo 10 como a Equação 10-22.

Capacitância

Para a capacitância, $i = Cdv/dt$. Substituindo isso na Equação 17-26, temos

$$W_C = \int v \left(C \frac{dv}{dt} \right) dt = C \int vdv \quad (17\text{-}29)$$

Considere a Figura 17-5(b). A energia armazenada pode ser obtida integrando a potência de $T/4$ para $T/2$. Os limites correspondentes para a tensão são de 0 a V_m. Assim,

$$W_C = C \int_0^{V_m} vdv = \frac{1}{2} C V_m^2 = CV^2 \quad (\text{J}) \quad (17\text{-}30)$$

onde usamos $V = V_m/\sqrt{2}$. Você usará essas relações posteriormente.

17.12 Análise de Circuitos Usando Computador

As relações variantes no tempo entre tensão, corrente e potência já descritas neste capítulo podem ser facilmente investigadas no PSpice. Como ilustração, considere a Figura 17-3 com $v = 1,2$ sen ωt, $R = 0,8$ Ω e $f = 1.000$ Hz. Monte o circuito na tela, incluindo os marcadores de tensão e corrente, como na Figura 17-29.

NOTAS...

Quando este livro foi escrito, o Multisim não apresentava uma maneira simples para plotar a potência. Por isso, não incluímos Exemplos do Multisim.

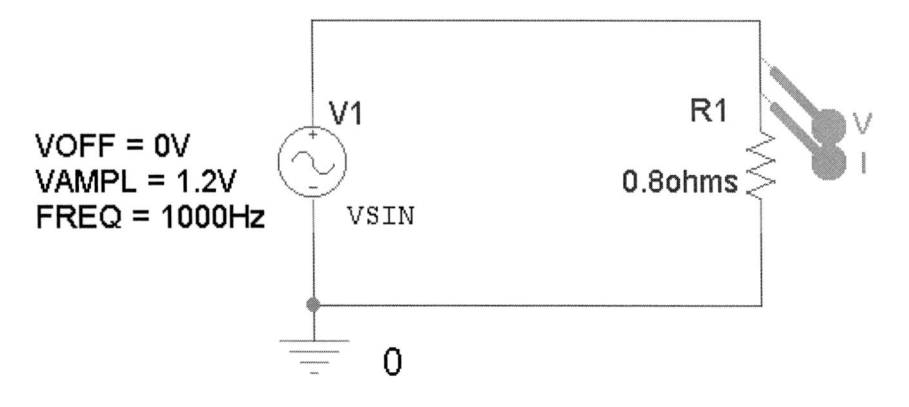

Figura 17-29 Circuito no PSpice.

Observe nas caixas vazias dos parâmetros ao lado da fonte. Clique duas vezes em cada uma delas e digite os valores como mostrado. Clique no ícone New Simulation Profile, digite um nome, escolha Transient, ajuste TSTOP para **1ms** e clique em OK. Rode a simulação; as formas de onda da tensão e da corrente devem aparecer. Para representar graficamente a potência (ou seja, o produto de *vi*), clique em Trace, Add Trace, e quando a caixa de diálogo abrir, use um asterisco para gerar o produto V(R1:1)*I(R1) e, em seguida, clique em OK. A curva da potência indicada na figura 17-30 deve aparecer. Compare essa curva à da Figura 17-3. Observe que as curvas são exatamente iguais.

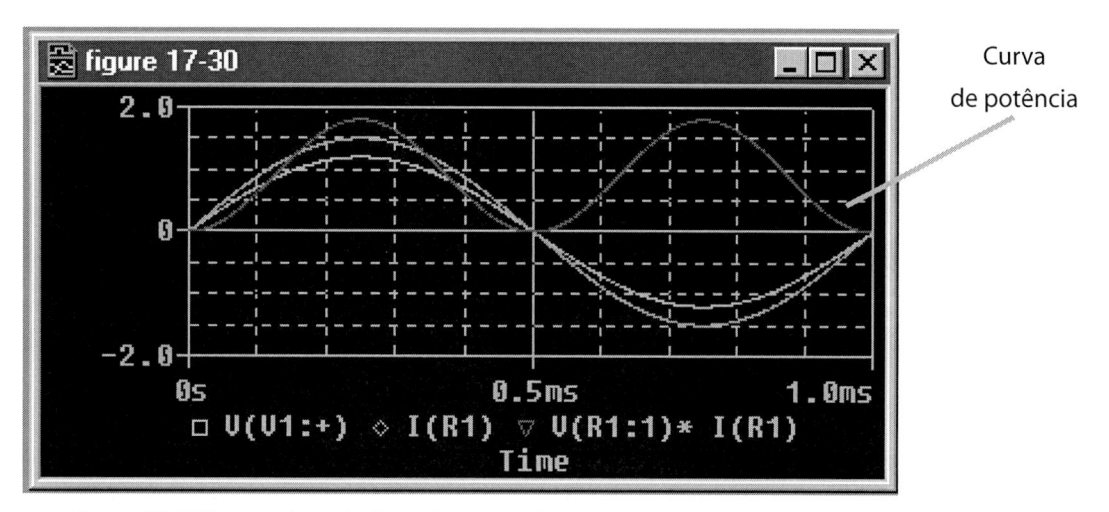

Figura 17-30 Formas de onda da potência, tensão e corrente para a Figura 17-29.

PROBLEMAS

17.1-17.5

1. Observe que a curva da potência da Figura 17-4 é às vezes positiva, outras vezes negativa. O que isso significa? Entre $t = T/4$ e $t = T/2$, qual é a direção do fluxo de potência?

2. O que é potência real? O que é potência reativa? Que potência, real ou reativa, tem um valor médio igual a zero?

3. A Figura 17-31 mostra um par de elementos do aquecedor elétrico.
   a. Determine as potências ativa e reativa para cada.
   b. Determine as potências ativa e reativa fornecidas pela fonte.

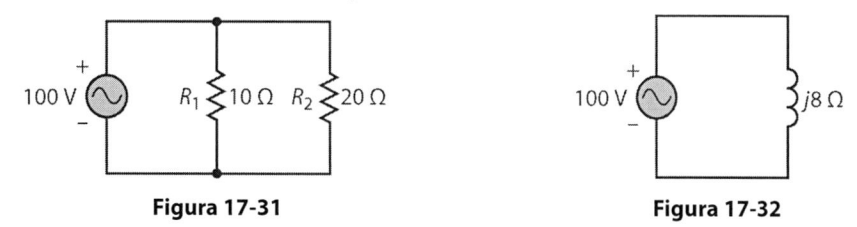

Figura 17-31

Figura 17-32

4. Para o circuito da Figura 17-32, determine as potências ativa e reativa do indutor.

5. Se o indutor da Figura 17-32 for substituído por um capacitor de 40 µF e a frequência da fonte for 60 Hz, qual será o valor de Q_C?

6. Determine R e X_L para a Figura 17-33.

Figura 17-33

7. Para o circuito da Figura 17-34, $f = 100$ Hz. Encontre
   a. R b. X_C c. C

8. Para o circuito da Figura 17-35, $f = 10$ Hz. Encontre
   a. P b. X_L c. L

Figura 17-34

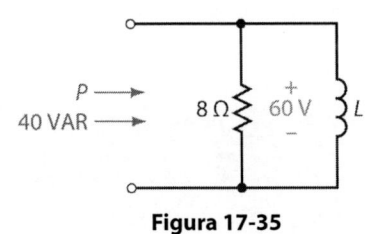

5 A, 250 W, 150 VAR; R, C

Figura 17-35

40 VAR, P; 8 Ω, 60 V, L

9. Para a Figura 17-36, Encontre X_C.

10. Para a Figura 17-37, $X_C = 42,5$ Ω. Encontre R, P e Q.

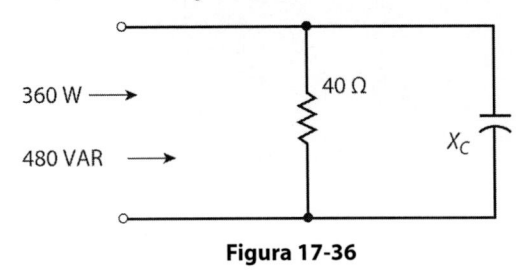

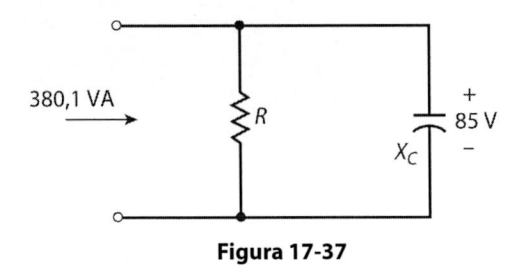

Figura 17-36

360 W, 480 VAR; 40 Ω, X_C

Figura 17-37

380,1 VA; R, X_C, 85 V

11. Determine a potência média e a potência reativa total fornecida pela fonte da Figura 17-38.

12. Se a fonte da Figura 17-38 for invertida, qual será o valor de P_T e Q_T? A que conclusão chegamos?

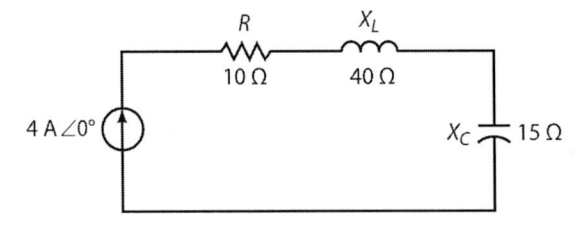

Figura 17-38

4 A ∠0°, $R = 10$ Ω, $X_L = 40$ Ω, $X_C = 15$ Ω

13. Observe a Figura 17-39. Encontre P_2 e Q_3. O elemento na Carga 3 é indutivo ou capacitivo?

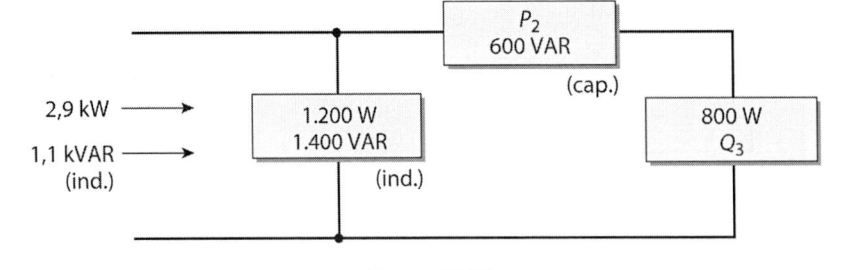

Figura 17-39

2,9 kW, 1,1 kVAR (ind.); 1.200 W, 1.400 VAR (ind.); P_2 600 VAR (cap.); 800 W, Q_3

14. Para a Figura 17-40, determine P_T e Q_T.

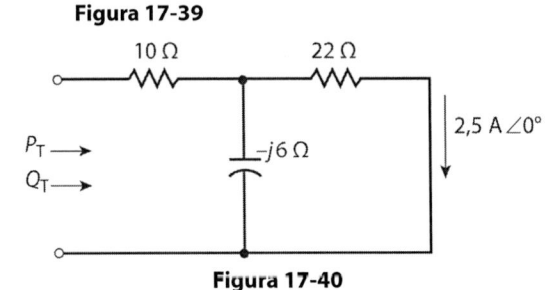

Figura 17-40

10 Ω, 22 Ω, $-j6$ Ω, 2,5 A ∠0°, P_T, Q_T

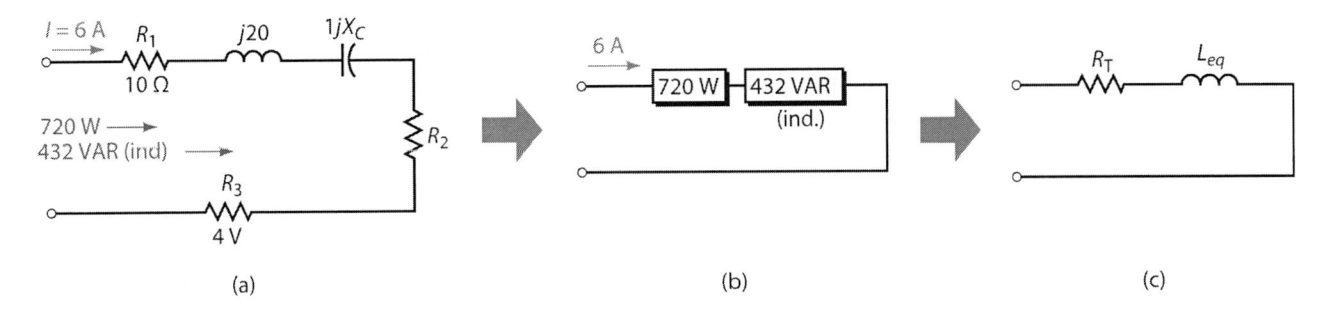

Figura 17-41

15. Para a Figura 17-41, $\omega = 10$ rad/s. Determine
    a. R_T b. R_2 c. X_C d. L_{eq}

16. Para a Figura 17-42, determine P_T e Q_T totais.

Figura 17-42

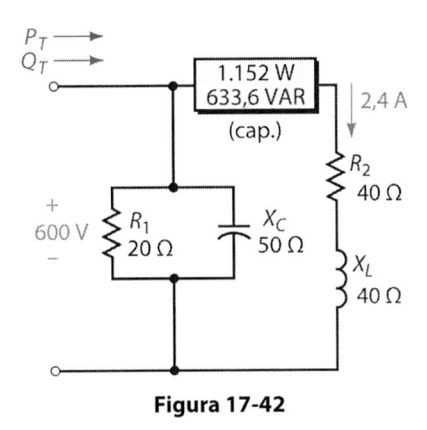

17.7 A Relação entre P, Q e S

17. Para o circuito da Figura 17-7, desenhe o triângulo de potência e determine a potência aparente.

18. Repita o Problema 17 para a Figura 17-8.

19. Ignorando o wattímetro da Figura 17-27, determine o triângulo de potência para o circuito "visto" a partir da fonte.

20. Para o circuito da Figura 17-43, qual é a corrente na fonte?

21. Para a Figura 17-44, o gerador fornece 30 A. Qual é o valor de R?

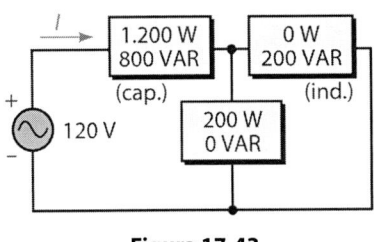

Figura 17-43

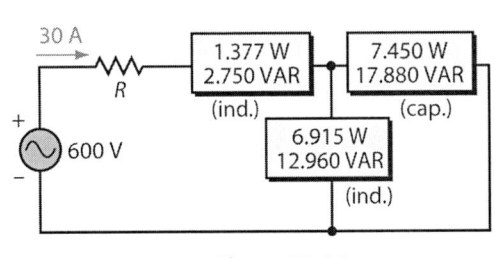

Figura 17-44

22. Suponha que $\mathbf{V} = 100$ V $\angle\, 60°$ e $\mathbf{I} = 10$ A $\angle\, 40°$:
    a. Qual é o valor de θ (o ângulo entre $\mathbf{V}$ e $\mathbf{I}$)?
    b. Determine P a partir de $P = VI \cos\theta$.
    c. Determine Q a partir de $Q = VI \,\text{sen}\, \theta$.

d. Faça um esboço do triângulo de potência e, a partir dele, determine **S**.

e. Mostre que $S = VI^*$ resulta na mesma resposta de (d).

23. Para a Figura 17-45, S_{ger} = 4.835 VA. Qual é o valor de *R*?

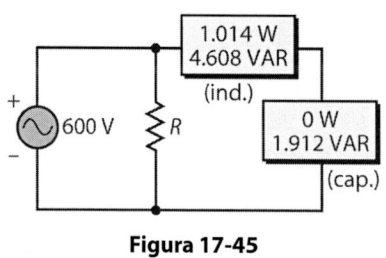

Figura 17-45

24. Observe o circuito da Figura 17-16.

    a. Determine a potência aparente para cada caixa.

    b. Some as potências aparentes recém-calculadas. Por que a soma não é igual a S_T = 1.803 VA, como obtida no Exemplo 17-5?

17.8 Fator de Potência

25. Observe o circuito da Figura 17-46.

    a. Determine P_T, Q_T e S_T.

    b. Determine se o fusível irá queimar.

26. Um motor com eficiência de 87% fornece 10 hp para uma carga (Figura 17-47).

    O fator de potência dele é de 0,65 (atrasado).

    a. Qual é a potência de entrada no motor?

    b. Qual é a potência reativa no motor?

    c. Desenhe o triângulo de potência do motor.

27. Para corrigir o fator de potência do circuito da Figura 17-47 para unitário, adiciona-se um capacitor para correção do fator de potência.

    a. Mostre onde o capacitor está conectado.

    b. Determine o valor dele em microfarads.

28. Considere a Figura 17-20. O motor é substituído por uma nova unidade que requer $S_m = (120 + j35)$ kVA. Todo o restante permanece o mesmo. Determine:

    a. P_T b. Q_T c. S_T

    d. Determine o quanto de correção capacitiva kVAR será necessário para corrigir para F_p unitário.

29. Uma pequena concessionária elétrica tem uma capacidade de 600 V, 300 kVA. Ela abastece uma fábrica (Figura 17-48) com o triângulo de potência mostrado em (b). Ele carrega completamente a concessionária. Se um capacitor para correção do fator de potência corrige a carga para o fator de potência unitário, qual é a quantidade de potência (em fator de potência unitário) que a instalação poderá vender a outros clientes?

17.9 Medição da Potência AC

30. a. Por que o wattímetro da Figura 17-49 indica apenas 1.200 watts?

    b. Onde o wattímetro teria de ser colocado de modo a medir a potência fornecida pela fonte? Desenhe o circuito modificado.

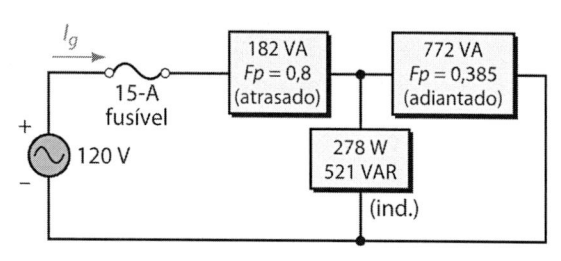

Figura 17-46

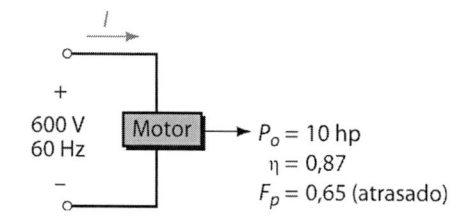

Figura 17-47

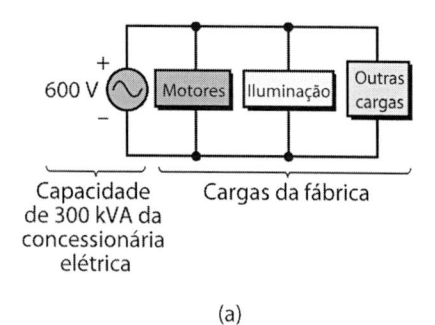

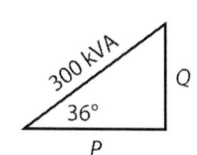

(a)

(b) Triângulo de potência da fábrica

Figura 17-48

c. Qual seria a indicação do wattímetro em (b)?

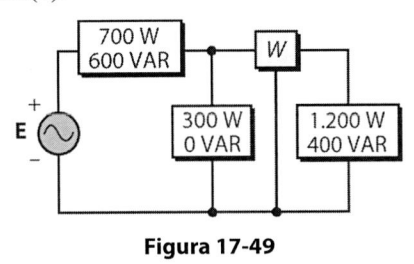

Figura 17-49

31. Determine a leitura no wattímetro para a Figura 17-50.

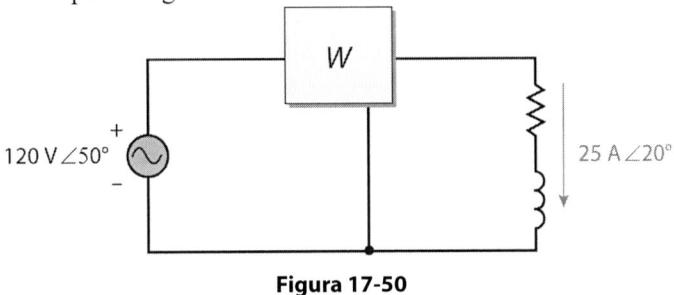

Figura 17-50

32. Determine a leitura do wattímetro para a Figura 17-51.

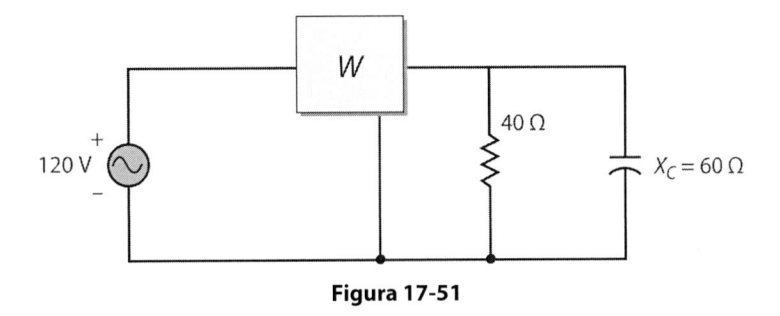

Figura 17-51

17.10 Resistência Efetiva

33. Medições em uma bobina solenoide com núcleo de ferro geram os seguintes valores: $V = 80$ V, $I = 400$ mA, $P = 25,6$ W e $R = 140$ Ω. (A última medição foi feita com o ohmímetro). Qual é a resistência da bobina solenoide?

17.12 Análise de Circuitos Usando Computador

34. Uma indutância $L = 1$ mH tem uma corrente de 4 sen $(2\pi \times 1.000)t$. Use o PSpice para investigar a forma de onda da potência e compare-a com a da Figura 17-4. Use a fonte de corrente ISIN (ver a Nota).

35. Um capacitor de 10 μF tem uma tensão de $v = 10$ sen$(\omega t - 90°)$ V. Use o PSpice para investigar a forma de onda da potência e compare com a da Figura 17-5. Use a fonte de tensão VSIN com $f = 1.000$ Hz.

36. A forma de onda da Figura 17-52 é aplicada a um capacitor de 200 μF.

    a. Usando a calculadora e os princípios do Capítulo 10, determine a corrente no capacitor e represente-a graficamente. (Desenhe também a forma de onda da tensão.) Multiplique as duas formas de onda de modo a obter a representação gráfica de $p(t)$. Calcule a potência nos pontos máximo e mínimo.

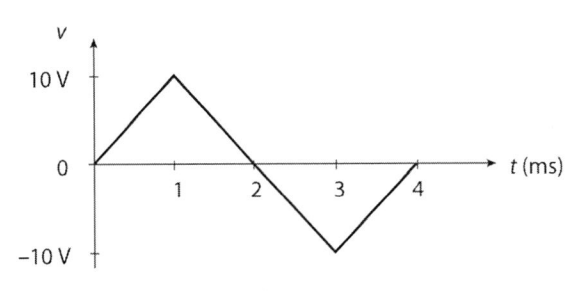

Figura 17-52

b. Use o PSpice para verificar os resultados. Use a fonte de tensão VPWL. Você terá de definir a forma de onda da fonte. Ela tem um valor de 0 V em $t = 0$; 10 V em $t = 1$ ms; -10 V em $t = 3$ ms; e 0 V em $t = 4$ ms. Para estabelecer esses valores, clique duas vezes no símbolo da fonte e digite os valores por meio do Property editor da seguinte maneira:

0 para T1; **0V** para V1; **1ms** para T2; **10V** para V2 etc. Rode a simulação e plote a tensão, a corrente e a potência com o mesmo procedimento usado para gerar a Figura 17-30. Os resultados devem estar de acordo com os de a.

37. Repita a Questão 36 para a forma de onda da corrente idêntica à da Figura 17-52, com a exceção de que a corrente oscila entre 2 A e -2 A aplicada a um indutor de 2 mH. Use a fonte de corrente IPWL (ver a Nota).

> **NOTAS...**
>
> O PSpice representa a corrente que entra nos dispositivos. Assim, quando clicamos duas vezes no símbolo da fonte da corrente (ISIN, IPWL etc.) e especificamos a forma de onda da corrente, estamos especificando a corrente que *entra* na fonte. É preciso considerar isso quando configuramos as fontes de corrente.

RESPOSTAS DOS PROBLEMAS PARA VERIFICAÇÃO DO PROCESSO DE APRENDIZAGEM

Verificação do Processo de Aprendizagem 1

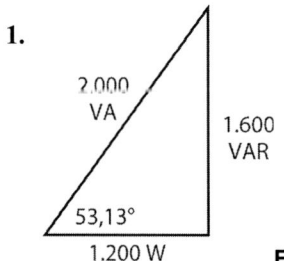

1. (Triângulo de potência: 2.000 VA, 1.600 VAR, 1.200 W, 53,13°)

Figura 17-53

2. 8,76 A
3. Fig. 17-7: 0,6 (atrasado); Fig. 17-8: 0,97 (adiantado); Fig. 17-9: 0,6 (atrasado)
4. Sim. ($S = 128$ kVA)

Respostas dos Problemas de Número Ímpar — Apêndice

CAPÍTULO 1

1. a. 1.620 s   c. 7.427 s   e. 2,45 hp
   b. 2.880 s   d. 26.110 W   f. 8.280°
3. a. 0,84 m²   c. 0,02 m³
   b. 0,0625 m²   d. 0,0686 m³
5. 4.500 partes/h
7. 11,5 km/l
9. 150 rpm
11. 8,33 mi
13. 0,508 m/s
15. 7,45 km
17. 20,4 milhas
19. Máquina 1: $ 25,80/h; Máquina 2: $ 25,00/h; Máquina 2
21. a. $8,675 \times 10^3$ d. $3,72 \times 10^{-1}$ g. $1,47 \times 10^1$
    b. $8,72 \times 10^{-3}$ e. $3,48 \times 10^2$
    c. $1,24 \times 10^3$ f. $2,15 \times 10^{-7}$
23. a. $1,25 \times 10^{-1}$ c. $2,0 \times 10^{-2}$
    b. 8×10^7 d. $2,05 \times 10^4$
25. a. 10   c. $3,6 \times 10^3$ e. 212,0
    b. 10   d. 15×10^4
27. 1,179; 4,450; O cálculo direto é menos trabalhoso para esses exemplos.
29. $6,24 \times 10^{18}$
31. $62,6 \times 10^{21}$
33. 1,16 s
35. $13,4 \times 10^{10}$ l/h
37. a. quilo, k   c. giga, G   e. mili, m
    b. mega, M   d. micro, μ   f. pico, p
39. a. 1,5 ms   b. 27 ms   c. 350 ns
41. a. 150, 0,15   b. 0,33, 33
43. a. 680 V   b. 162,7 W
45. 1,5 kW
47. 187 A
49. 39 pF
51. Sinal de rádio, 16,68 ms; Sinal de telefone, 33,33 ms; O sinal de rádio chega 16,65 ms antes.
53. a. 2,083 kΩ
    b. O valor real de R reside em torno de 2,07 kΩ e 2,10 kΩ.

CAPÍTULO 2

1. a. 10^{29} b. $10,4 \times 10^{23}$
3. Aumenta por um fator de 24.
5. a. O fato de ele ter muitos elétrons livres (ou seja, elétrons na camada de valência).
   b. Ele é barato e facilmente transformado em fios.
   c. O fato de a camada de valência estar completa. Dessa forma, não há elétrons livres.
   d. A força elétrica intensa arranca os elétrons da órbita.
7. a. 630 N (se repelem)
   b. 20 N (se atraem)
   c. $1,6 \times 10^{-14}$ N (se repelem)
   d. $8,22 \times 10^{-8}$ N (se atraem)
   e. O nêutron está sem carga, portanto, $F = 0$
9. 2 μC; (Atração)
11. 0,333 μC, 1,67 μC; ambas (+) ou ambas (−)
13. 30,4 mC
15. 27,7 mC (+)
17. 24 V
19. 2.400 V
21. 4,25 mJ
23. 4,75 C
25. 50 mA
27. 334 mC
29. 3 mA
31. 80 A
33. 18 V; 0,966 A
35. a. 4,66 V   b. 1,50 V
37. 50 h
39. 11,7 h

41. 267 h

43. (c) Os dois.

45. O voltímetro e o amperímetro são intercambiáveis.

47. Se excedermos a classificação para a tensão no fusível, ele poderá gerar centelha e "queimar".

CAPÍTULO 3

1. a. 3,6 Ω c. 36,0 kΩ
   b. 0,90 Ω d. 36,0 mΩ

3. 0,407 polegada

5. 300 m = 986 pés

7. 982×10^{-8} Ω · m (A resistividade é menor do que a fornecida para o carbono.)

9. $2,26 \times 10^{-8}$ Ω m (Esta liga metálica não é tão boa condutora quanto o cobre.)

11. AWG 22: 4,86 Ω
    AWG 19: 2,42 Ω
    O diâmetro de 19 AWG é 1,42 vez maior do que o diâmetro de 22 AWG. A resistência de 19 AWG é a metade da resistência de um condutor de 22 AWG com comprimento igual.

13. O fio de 19 AWG deveria conduzir 4 A.
    O fio de 30 AWG deveria conduzir 0,30 A.

15. 405 metros

17. a. 256 MC b. 6.200 MC c. 1.910 MMC

19. a. 16,2 Ω b. 0,668 Ω c. $2,17 \times 10^{-3}$ Ω

21. a. 4.148 MC 53.260 mil quadrados b. 0,0644 polegada

23. a. 1.600 MC 51.260 mil quadrados b. 1.930 pés

25. $R_{-30°C}$ 5 40,2 Ω $R_{0°C}$ = 46,1 Ω $R_{200°C}$ = 85,2 Ω

27. a. Coeficiente de temperatura positivo
    b. 0,00385 (°C)$^{-1}$
    c. $R_{0°C}$ = 18,5 Ω $R_{100°C}$ = 26,2 Ω

29. 16,8 Ω

31. $T = -260°C$

33. a. R_{ab} = 10 kΩ R_{bc} = 0 Ω
    b. R_{ab} = 8 kΩ R_{bc} = 2 kΩ
    c. R_{ab} = 2 kΩ R_{bc} = 8 kΩ
    d. R_{ab} = 0 kΩ R_{bc} = 10 kΩ

35. a. 150 kΩ ± 10%
    b. 2,8 Ω ± 5% com uma confiabilidade de 0,001%
    c. 47 MΩ ± 5%
    d. 39 Ω ± 5% com uma confiabilidade de 0,1%

37. Conecte o ohmímetro entre os dois terminais da lâmpada elétrica. Se o ohmímetro indicar um circuito aberto, significa que a lâmpada elétrica está queimada.

39. Uma bobina de 24 AWG tem uma resistência de 25,7 Ω/1.000 pés. Meça a resistência entre as duas extremidades e calcule o comprimento como

$$\ell = \frac{R}{0,0257 \text{ Ω/pés}}$$

41. a. 380 Ω
    b. 180 Ω
    c. Coeficiente de temperatura negativo. A resistência diminui à medida que a temperatura aumenta.

43. a. 4,0 S c. 4,0 μS
    b. 2,0 mS d. 0,08 μS

45. 2,93 mS

CAPÍTULO 4

1. a. 2 A c. 5 mA e. 3 mA
   b. 7,0 A d. 4 μA f. 6 mA

3. a. 40 V c. 400 V
   b. 0,3 V d. 0,36 V

5. 96 Ω

7. 28 V

9. 6 A

11. Vermelho, Vermelho, Vermelho

13. 22 V

15. a. 2,31 A b. 2,14 A

17. 2,88 V

19. 4 Ω

21. 400 V

23. 3,78 mA

25. a. + 45 V − c. − 90 V +
    b. 4 A (→) d. 7 A (←)

27. 3,19 J/s; 3,19 W

29. 36 W

31. 14,1 A

33. 47,5 V

35. 50 V, 5 mA

37. 37,9 A

39. 2.656 W

41. 23,2 V; 86,1 mA

43. 361 W → 441 W

45. a. 48 W (→) c. 128 W (←)
    b. 30 W (←) d. 240 W (→)

47. a. $1,296 \times 10^6$ J b. 360 Wh c. 2,88 centavos de dólar

49. 26 centavos de dólar

51. $ 5.256

53. 5 centavos de dólar

55. 51,5 kW

57. 82,7%

59. 2,15 hp

61. 8,8 hp

63. 1,97 hp

65. $ 137,45

67. a. 10 Ω   b. 13,3 Ω

CAPÍTULO 5

1. a. +30 V   b. –90 V
3. a. +45 V   b. –60 V
    c. +90 V   d. –105 V
5. a. 7 V   b. $V_2 = 4$ V   c. $V_1 = 4$ V
7. $V_3 = 12$ V $V_4 = 2$ V
9. a. 10 kΩ   b. 2,94 MΩ   c. 23,4 kΩ
11. Circuito 1: 1.650 Ω, 6,06 mA   Circuito 2: 18,15 kΩ, 16,5 mA
13. a. 10 mA
    b. 13 kΩ
    c. 5 kΩ
    d. $V_{3-kΩ} = 30$ V $V_{4-kΩ} = 40$ V $V_{1-kΩ} = 10$ V $V_R = 50$ V
    e. $P_{1-kΩ} = 100$ mW $P_{3-kΩ} = 300$ mW $P_{4-kΩ} = 400$ mW
       $P_R = 500$ mW
15. a. 40 mA   b. $V_{R_1} = 12$ V $V_{R_3} = 10$ V   c. 26 V
17. a. $V_{R_2} = 4,81$ V $V_{R_3} = 3,69$ V
    b. 1,02 mA   c. 7,32 kΩ
19. a. 457 Ω
    b. 78,8 mA
    c. $V_1 = 9,45$ V $V_2 = 3,07$ V $V_3 = 6,14$ V
       $V_4 = 17,33$ V
    d. $V_T = 36$ V
    e. $P_1 = 0,745$ W $P_2 = 0,242$ W $P_3 = 0,484$ W
       $P_4 = 1,365$ W
    f. R_1: 1 W R_2: 1/4 W R_3: 1/2 W R_4: 2 W
    g. 2,836 W
21. a. 0,15 A   b. 0,115 mA
23. Circuito 1: $V_{6-Ω} = 6$ V $V_{3-Ω} = 3$ V $V_{5-Ω} = 5$ V $V_{8-Ω} = 8$ V
       $V_{2-Ω} = 2$ V $V_T = 24$ V
    Circuito 2: $V_{4,3-kΩ} = 21,6$ V $V_{2,7-kΩ} = 13,6$ V
       $V_{7,8-kΩ} = 39,2$ kΩ $V_{9,1-kΩ} = 45,7$ V $V_T = 120$ V

25. Circuito 1:
    a. $R_1 = 0,104$ kΩ $R_2 = 0,365$ kΩ $R_3 = 0,730$ kΩ
    b. $V_1 = 2,09$ V $V_2 = 7,30$ V $V_3 = 14,61$ V
    c. $P_1 = 41,7$ mW $P_2 = 146,1$ mW $P_3 = 292,2$ mW
    Circuito 2:
    a. $R_1 = 977$ Ω $R_2 = 244$ Ω $R_3 = 732$ Ω
    b. $V_1 = 25,0$ V $V_2 = 6,25$ V $V_3 = 18,75$ V
    c. $P_1 = 640$ mW $P_2 = 160$ mW $P_3 = 480$ mW
27. a. 0,2 A
    b. 5,0 V
    c. 1 W
    d. $R_T = 550$ Ω $I = 0,218$ A $V = 5,45$ V $P = 1,19$ W
    e. A expectativa de duração diminui.
29. Circuito 1: $V_{ab} = 9,39$ V $V_{bc} = 14,61$ V
    Circuito 2: $V_{ab} = 125,0$ V $V_{bc} = 16,25$ V
31. Circuito 1:
    $V_{3k-Ω} = 9$ V $V_{9k-Ω} = 27$ V $V_{6k-Ω} = 18$ V $V_a = 45$ V
    Circuito 2: $V_{330-Ω} = 2,97$ V $V_{670-Ω} = 6,03$ V $V_a = 3,03$ V
33. a. 109 V   b. 9,20 Ω
35. Circuito 1:
    $I_{real} = 0,375$ mA $I_{medida} = 0,3745$ mA
    erro de carga = 0,125%
    Circuito 2:
    $I_{real} = 0,375$ mA $I_{medida} = 0,3333$ mA
    erro de carga = 11,1%
37. Circuito 1:
    a. 1 A
    b. $V_{6-Ω} = 6$ V $V_{3-Ω} = 3$ V $V_{5-Ω} = 5$ V $V_{8-Ω} = 8$ V
       $V_{2-Ω} = 2$ V
    Circuito 2:
    a. 5,06 mA
    b. $V_{4,3-kΩ} = 21,7$ V $V_{2,7-kΩ} = 13,6$ V $V_{7,8-kΩ} = 39,1$ V
       $V_{9,1-kΩ} = 45,6$ V
39. a. 78,8 mA
    b. $V_1 = 9,45$ V $V_2 = 3,07$ V $V_3 = 6,14$ V
       $V_4 = 17,33$ V

CAPÍTULO 6

1. a. A e B estão em série; D e E estão em série
      C e F são paralelos
   b. B, C e D são paralelos
   c. A e B são paralelos

D e F são paralelos

C e E estão em série

d. A, B, C e D são paralelos

5. a. $I_1 = 3$ A $I_2 = -1$ A

   b. $I_1 = 7$ A $I_2 = 2$ A $I_3 = -7$ A

   c. $I_1 = 4$ mA $I_2 = 20$ mA

7. a. $I_1 = 1,25$ A $I_2 = 0,0833$ A $I_3 = 1,167$ A

   $I_4 = 1,25$ A

   b. $R_3 = 4,29$ Ω

9. a. $I_1 = 200$ mA $I_2 = 500$ mA $I_3 = 150$ mA

   $I_4 = 200$ mA

   b. 2,5 V

   c. $R_1 = 12,5$ Ω $R_3 = 16,7$ Ω $R_4 = 50$ Ω

11. a. $R_T = 2,4$ Ω $G_T = 0,417$ S

    b. $R_T = 32$ kΩ $G_T = 31,25$ μS

    c. $R_T = 4,04$ kΩ $G_T = 247,6$ μS

13. a. 2,0 MΩ   b. 450 V

15. a. $R_1 = 1.250$ V $R_2 = 5$ kΩ $R_3 = 250$ V

    b. $I_{R1} = 0,40$ A $I_{R2} = 0,10$ A

    c. 2,5 A

17. a. 900 mV   b. 4,5 mA

19. a. 240 V   b. 9,392 kΩ   c. 1,2 kΩ

21. $I_1 = 0,235$ mA $I_2 = 0,706$ mA $I_3 = 1,059$ mA

    $R_1 = 136$ kΩ $R_2 = 45,3$ kΩ $R_3 = 30,2$ kΩ

23. a. 12,5 kΩ   b. 0   c. 75 V

25. $R_T \cong 15$ Ω

27. $I = 0,2$ A I_1 5 0,1 A = I_2

29. a. $I_1 = 2$ A $I_2 = 8$ A

    b. $I_1 = 4$ mA $I_2 = 12$ mA

31. a. $I_1 = 6,48$ mA $I_2 = 9,23$ mA $I_3 = 30,45$ mA

    $I_4 = 13,84$ mA

    b. $I_1 = 60$ mA $I_2 = 30$ mA $I_3 = 20$ mA $I_4 = 40$ mA

    $I_5 = 110$ mA

33. 12 Ω

35. a. 8 Ω

    b. 1,50 A

    c. $I_1 = 0,50$ A $I_2 = 0,25$ A $I_3 = 0,75$ A

    d. $\sum I_i = \sum I_o = 1,50$ A

37. a. 25 Ω $I = 9,60$ A

    b. $I_1 = 4,0$ A $I_2 = 2,40$ A $I_3 = 3,20$ A $I_4 = 5,60$ A

    c. $\sum I_i = \sum I_o = 9,60$ A

    d. $P_1 = 960$ W $P_2 = 576$ W $P_3 = 768$ W

    $P_T = 2.304$ W = $P_1 + P_2 + P_3$

39. a. $I_1 = 1,00$ A $I_2 = 2,00$ A $I_3 = 5,00$ A $I_4 = 4,00$ A

    b. 12,00 A

    c. $P_1 = 20$ W $P_2 = 40$ W $P_3 = 100$ W $P_4 = 80$ W

41. a. $R_1 = 2$ kΩ $R_2 = 8$ kΩ $R_3 = 4$ kΩ $R_4 = 6$ kΩ

    b. $I_{R_1} = 24$ mA $I_{R_2} = 6$ mA $I_{R_4} = 8$ mA

    c. $I_1 = 20$ mA $I_2 = 50$ mA

    d. $P_2 = 288$ mW $P_3 = 576$ mW $P_4 = 384$ mW

43. $I_1 = 8,33$ A $I_2 = 5,00$ A $I_3 = 2,50$ A $I_4 = 7,50$ A

    $I_T = 15,83$ A

    A corrente especificada para o fusível será ultrapassada. O fusível irá "queimar".

45. a. $V_{medida} = 20$ V

    b. efeito de carga = 33,3%

47. 25,2 V

49. $I_1 = 4,0$ A $I_2 = 2,4$ A $I_3 = 3,2$ A

51. 20 V

53. $I_1 = 4,0$ A $I_2 = 2,4$ A $I_3 = 3,2$ A

CAPÍTULO 7

1. a. $R_T = R_1 + R_5 + [(R_2 + R_3) \| R_4]$

   b. $R_T = (R_1 \| R_2) + (R_3 \| R_4)$

3. a. $R_{T1} + R_1 + [(R_3 + R_4) \| R_2] + R_5$ $R_{T2} = R_5$

   b. $R_{T1} = R_1 + (R_2 \| R_3 \| R_5)$ $R_{T2} = R_5 \| R_3 \| R_2$

7. a. 1.500 Ω   b. 2,33 kΩ

9. $R_{ab} = 140$ V $R_{cd} = 8,89$ V

11. a. $R_T = 314$ Ω

    b. $I_T = 63,7$ mA $I_1 = 19,2$ mA $I_2 = 44,5$ mA

    $I_3 = 34,1$ mA $I_4 = 10,4$ mA

    c. $V_{ab} = 13,6$ V $V_{bc} = 22,9$ V

13. a. $I_1 = 5,19$ mA $I_2 = 2,70$ mA $I_3 = 1,081$ mA

    $I_4 = 2,49$ mA $I_5 = 1,621$ mA $I_6 = 2,70$ mA

    b. $V_{ab} = 12,43$ V $V_{cd} = 9,73$ V

    c. $P_T = 145,3$ mW $P_1 = 26,9$ mW $P_2 = 7,3$ mW

    $P_3 = 3,5$ mW $P_4 = 30,9$ mW $P_5 = 15,8$ mW

    $P_6 = 7,0$ mW $P_7 = 53,9$ mW

15. Circuito (a):

    a. $I_1 = 4,5$ mA $I_2 = 4,5$ mA $I_3 = 1,5$ mA

    b. $V_{ab} = 29,0$ V

    c. $P_T = 162$ mW $P_{6-kΩ} = 13,5$ mW $P_{3-kΩ} = 27,0$ mW

    $P_{2-kΩ} = 40,5$ mW $P_{4-kΩ} = 81,0$ mW

Circuito (b):

    a. $I_1 = 0,571$ A $I_2 = 0,365$ A $I_3 = 0,122$ A $I_4 = 0,449$ A

    b. $V_{ab} = -1,827$ V

c. $P_T = 5{,}14$ W $P_{10\text{-}\Omega} = 3{,}26$ W $P_{16\text{-}\Omega} = 0{,}68$ W

$P_{5\text{-}\Omega} = 0{,}67$ W $P_{6\text{-}\Omega} = 0{,}36$ W $P_{8\text{-}\Omega} = 0{,}12$ W

$P_{4\text{-}\Omega} = 0{,}06$ W

17. $I_1 = 93{,}3$ mA $I_2 = 52{,}9$ mA $I_Z - 40{,}4$ mA $V_1 = 14$ V
    $V_2 = 2{,}06$ V $V_3 = 7{,}94$ V $P_T = 2.240$ mW
    $P_1 = 1.307$ mW $P_2 = 109$ mW $P_3 = 420$ mW
    $P_Z = 404$ mW

19. $R = 31{,}1\ \Omega \rightarrow 3.900\ \Omega$

21. $I_C = 1{,}70$ mA $V_B = -1{,}97$ V $V_{CE} = -8{,}10$ V

23. a. $I_D = 3{,}6$ mA   b. $R_S = 556\ \Omega$ c. $V_{DS} = 7{,}6$ V

25. $I_C \cong 3{,}25$ mA $V_{CE} \cong -8{,}90$ mV

27. a. $V_L = 0 \rightarrow 7{,}2$ V   b. $V_L = 2{,}44$ V   c. $V_{ab} = 9{,}0$ V

29. $V_{bc} = 7{,}45$ V $V_{ab} = 16{,}55$ V

31. a. $V_{o(min)} = 0$ V $V_{o(máx)} = 40$ V
    b. $R_2 = 3{,}82$ kΩ

33. 0 V, 8,33 V, 9,09 V

35. a. 11,33 V   c. 44,1%
    b. 8,95 V   d. 1,333 V

37. a. Interrompa o circuito entre o resistor de 5,6 Ω e a fonte de tensão. Insira o amperímetro na interrupção conectando a ponta de prova vermelha (+) do amperímetro ao terminal positivo da fonte de tensão e a ponta de prova preta (−) no resistor de 5,6 Ω.

    b. $I_{1(\text{carregada})} = 19{,}84$ mA $I_{2(\text{carregada})} = 7{,}40$ mA
    $I_{3(\text{carregada})} = 12{,}22$ mA

    c. efeito de carga $(I_1) = 19{,}9\%$
    efeito de carga $(I_2) = 18{,}0\%$
    efeito de carga $(I_3) = 22{,}3\%$

39. 12,0 V, 30,0 V, 5,00 A, 3,00 A, 2,00 A

41. 14,1 V

43. 12,0 V, 30,0 V, 5,00 A, 3,00 A, 2,00 A

CAPÍTULO 8

1. 38 V

3. a. 12 mA   b. $V_S = 4{,}4$ V $V_1 = 2{,}0$ V

5. $I_1 = 400$ µA $I_2 = 500$ µA

7. $P_T = 7{,}5$ mW $P_{50\text{-k}\Omega} = 4{,}5$ mW $P_{150\text{-k}\Omega} = 1{,}5$ mW
   $P_{\text{fonte de corrente}} = 1{,}5$ mW

   Observação: A fonte de tensão está recebendo energia do circuito em vez de estar fornecendo energia.

9. Circuito (a)

   Uma fonte de 0,25 A em paralelo com um resistor de 20 Ω.

   Circuito (b)

   Uma fonte de 12,5 mA em paralelo com um resistor de 2 kΩ.

11. a. 7,2 A b. $E = 3.600$ V $I_L = 7{,}2$ A

13. a. 21,45 V   b. 6,06 mA   c. 0,606 V

15. $V_2 = 280$ V $I_1 = 226{,}7$ mA

17. $V_{ab} = 27{,}52$ V $I_3 = 0{,}133$ mA

19. $I_1 = 0{,}467$ A $I_2 = 0{,}167$ A $I_3 = 0{,}300$ A

21. $I_2 = -0{,}931$ A

23. a. $(8\ \Omega)I_1 + 0\ I_2 - (10\ \Omega)I_3 = 24$ V
    $0\ I_1 + (4\ \Omega)I_2 + (10\ \Omega)I_3 = 16$ V
    $I_1 - I_2 + I_3 = 0$

    b. $I = 3{,}26$ A
    c. $V_{ab} = -13{,}89$ V

25. $I_1 = 0{,}467$ A $I_2 = 0{,}300$ A

27. $I_2 = -0{,}931$ A

29. $I_1 = -19{,}23$ mA $V_{ab} = 2{,}77$ V

31. $I_1 = 0{,}495$ A $I_2 = 1{,}879$ A $I_3 = 1{,}512$ A

33. $V_1 = 26{,}73$ V $V_2 = 1{,}45$ V

35. $V_1 = 26$ V $V_2 = 20$ V

37. $V_{6\Omega} = 6{,}10$ V

39. Rede (a): $R_1 = 6{,}92\ \Omega$ $R_2 = 20{,}77\ \Omega$ $R_3 = 62{,}33\ \Omega$
    Rede (b): $R_1 = 1{,}45$ kΩ $R_2 = 2{,}41$ kΩ $R_3 = 2{,}03$ kΩ

41. Rede (a): $R_A = 110\ \Omega$ $R_B = 36{,}7\ \Omega$ $R_C = 55\ \Omega$
    Rede (b): $R_A = 793$ kΩ $R_B = 1693$ kΩ $R_C = 955$ kΩ

43. $I = 6{,}67$ mA

45. $I = 0{,}149$ A

47. a. A ponte não está equilibrada.
    b. $(18\ \Omega)I_1 - (12\ \Omega)I_2 - (6\ \Omega)I_3 = 15$ V
    $-(12\ \Omega)I_1 - (54\ \Omega)I_2 - (24\ \Omega)I_3 = 0$
    $-(6\ \Omega)I_1 - (24\ \Omega)I_2 - (36\ \Omega)I_3 = 0$
    c. $I = 38{,}5$ mA
    d. $V_{R_5} = 0{,}923$ V

49. $I_{R_5} = 0$ $I_{RS} = 60$ mA $I_{R_1} = I_{R_3} = 45$ mA
    $I_{R_2} = I_{R_4} = 15$ mA

51. $I_{R_1} = 0{,}495$ A $I_{R_2} = 1{,}384$ A $I_{R_3} = 1{,}879$ A
    $I_{R_4} = 1{,}017$ A $I_{R_5} = 0{,}367$ A

53. $I_{R_1} = 6{,}67$ mA $I_{R_2} = 0$ $I_{R_3} = 6{,}67$ mA
    $I_{R_4} = 6{,}67$ mA $I_{R_5} = 6{,}67$ mA $I_{R_6} = 13{,}33$ mA

CAPÍTULO 9

1. $I_{R_1} = 75$ mA (para cima) $I_{R_2} = 75$ mA (para a direita)
   $I_{R_3} = 87{,}5$ mA (para baixo) $I_{R_4} = 12{,}5$ mA (para a direita)

3. $V_a = 23{,}11$ V $I_1 = 0{,}1889$ A

5. $E = 30$ V $I_L(1) = 2{,}18$ mA $I_L(2) = 2{,}82$ mA

7. $R_{Th} = 20\ \Omega$ $E_{Th} = 10$ V $V_{ab} = 6{,}0$ V

9. $R_{Th} = 2{,}02$ kΩ $E_{Th} = 1{,}20$ V $V_{ab} = 20{,}511$ V

11. a. $R_{Th} = 16$ Ω $E_{Th} = 5{,}6$ V
    b. Quando $R_L = 20$ Ω: $V_{ab} = 3{,}11$ V
       Quando $R_L = 50$ Ω: $V_{ab} = 4.24$ V

13. a. $E_{Th} = 75$ V $R_{Th} = 50$ Ω
    b. $I = 0{,}75$ A

15. a. $E_{Th} = 50$ V $R_{Th} = 3{,}8$ kΩ
    b. $I = 13{,}21$ mA

17. a. $R_{Th} = 60$ kΩ $E_{Th} = 25$ V
    b. $R_L = 0$: $I = -0{,}417$ mA
       $R_L = 10$ kΩ: $I = -0{,}357$ mA
       $R_L = 50$ kΩ: $I = -0{,}227$ mA

19. a. $E_{Th} = 28{,}8$ V, $R_{Th} = 16$ kΩ
    b. $R_L = 0$: $I = 1{,}800$ mA
       $R_L = 10$ kΩ: $I = 1{,}108$ mA
       $R_L = 50$ kΩ: $I = 0{,}436$ mA

21. $E_{Th} = 4{,}56$ V $R_{Th} = 7{,}2$ Ω

23. a. $E_{Th} = 8$ V $R_{Th} = 200$ Ω
    b. $I = 22{,}2$ mA (para cima)

25. $I_N = 0{,}5$ A, $R_N = 20$ Ω, $I_L = 0{,}2$ A

27. $I_N = 0{,}594$ mA, $R_N = 2{,}02$ kΩ, $I_L = 0{,}341$ mA

29. a. $I_N = 0{,}35$ A, $R_N = 16$ Ω
    b. $R_L = 20$ Ω: $I_L = 0{,}156$ A
       $R_L = 50$ Ω: $I_L = 0{,}085$ A

31. a. $I_N = 1{,}50$ A, $R_N = 50$ Ω
    b. $I_N = 1{,}50$ A, $R_N = 50$ Ω

33. a. $I_N = 0{,}417$ mA, $R_N = 60$ kΩ
    b. $I_N = 0{,}417$ mA, $R_N = 60$ kΩ

35. a. $I_N = 0{,}633$ A, $R_N = 7{,}2$ Ω
    b. $I_N = 0{,}633$ A, $R_N = 7{,}2$ Ω

37. a. 60 kΩ b. 2,60 mW

39. a. 31,58 Ω b. 7,81 mW

41. a. $R_1 = 0$ Ω b. 19,5 mW

43. $E = 1{,}5625$ V

45. $I = 0{,}054$ A, $P_L = 0{,}073$ W

47. $I = 0{,}284$ mA, $P_L = 0{,}807$ W

49. a. $I = 0{,}24$ A
    b. $I = 0{,}24$ A
    c. A reciprocidade aplica-se.

51. a. $V = 22{,}5$ V
    b. A reciprocidade aplica-se.

53. $E_{Th} = 10$ V, $R_{Th} = 20$ Ω
    $I_N = 0{,}5$ A, $R_N = 20$ Ω

55. $R_L = 2{,}02$ kΩ para a potência máxima.

CAPÍTULO 10

1. a. 800 µC   c. 100 µC   e. 150 V
   b. 2 µF   d. 30 V   f. 1.5 µF

3. 200 V

5. 420 µC

7. 73 pF

9. $5{,}65 \times 10^{-4}$ m^2

11. 117 V

13. a. $2{,}25 \times 10^{12}$ N/C
    b. $0{,}562 \times 10^{12}$ N/C

15. 4,5 kV

17. 3,33 kV

19. a. pontos   b. esferas   c. pontos

21. 24,8 µF

23. 77 µF

25. 3,86 µF

27. a. 9,6 µF   c. 3,6 µF
    b. 13 µF   d. 0,5 µF

29. 9 µF

31. 60 µF;   30 µF

33. 81,2 µF;   1,61 µF

35. O capacitor de l0 µF está em paralelo com uma combinação série dos capacitores de 1 µF e 1,5 µF

37. a. $V_1 = 60$ V; $V_2 = V_3 = 40$ V
    b. $V_1 = 50$ V; $V_2 = V_3 = 25$ V; $V_4 = 25$ V;
       $V_5 = 8{,}3$ V; $V_6 = 16{,}7$ V

39. 14,4 V;   36 V;   9,6 V

41. 800 mF

43. −50 mA de 0 a 1 ms; 50 mA de 1 ms a 4 ms; 0 mA de 4 ms a 6 ms; 50 mA de 6 ms a 7 ms.

45. $-23{,}5\, e^{-0{,}05t}$ µA

47. 0 mJ, 0,25 mJ, 1,0 mJ, 1.0 mJ, 2,25 mJ, 0 mJ

49. a. C_3 curto-circuitado
    b. C_2 aberto
    c. C_2 curto-circuitado

CAPÍTULO 11

1. a. 0 V; 5 A   b. 20 V; 0 A

3. a. Curto-circuito   b. Fonte de tensão   c. Circuito aberto
   d. $i(0^-)$ = a corrente logo antes de $t = 0$ s; $i(0^+)$ = a corrente logo depois de $t = 0$ s

5. 15,1 V

7. a. $45(1 - e^{-80t})$ V   b. $90e^{-80t}$ mA

   c.
t (ms)	v_C (V)	i_C (mA)
0	0	90
20	35,9	18,2
40	43,2	3,67
60	44,6	0,741
80	44,93	0,150
100	44,98	0,030

9. $40(1 - e^{-t/39\,ms})$ V $10,3e^{-t/39\,ms}$ mA   28,9 V   2,86 mA

11. 40 μs;   200 μs

13. v_C: 0, 12,6, 17,3, 19,0, 19,6, 19,9 (tudo V)

    i_C: 5, 1,84, 0,675, 0,249, 0,092, 0,034 (tudo A)

15. 25 kΩ;   8 μF

17. 45 V;   4,5 kΩ;   0,222 μF

19. 2,5 A

21. a. $20 + 10e^{-25.000t}$ V

    b. $-2,5e^{-25.000t}$ A

    c. v_C começa em 30 V e cai exponencialmente para 20 V em 200 μs. i_C está em 0 A em $t = 0$, $-2,5$ A em $t = 0^+$, e cai exponencialmente para zero em 200 μs.

23. a. $50e^{-2t}$ V

    b. $-2e^{-2t}$ mA

    c. 0,5 s

    d. v_C: 50 V, 18,4 V, 6,77 V, 2,49 V, 0,916 V, 0,337 V

    i_C: -2 mA, $-0,736$ mA, $-0,271$ mA, $-0,0996$ mA, $-0,0366$ mA, $-0,0135$ mA

25. 14,4 V

27. a. 200 V; $-12,5$ mA

    b. 8 ms

    c. $200e^{-125t}$ V, $-12,5e^{-125t}$ mA

29. $45(1 - e^{-t/0,1857})$ V,   28,4 V (igual)

31. a. $60(1 - e^{-500t})$ V   b. $1,5e^{-500t}$ A

33. 90 V;   15 kΩ;   100 μF

35. $V_{C1} = 65$ V; $V_{C2} = 10$ V; $V_{C3} = 55$ V; $I_T = 0,5$ A

37. 14,0 μF

39. a. 5 μs   b. 40%   c. 200.000 pulsos/s

41. 0,8 μs;   0,8 μs;   4 μs

43. 6,6 ns

45. 217,8 V (hipotético)

47. a. 51,9 V   b. 203 mA

49. Ponto de confirmação: Em $t = 20$ ms, $-17,8$ V e 20,179 A

51. 29,3 V, 0,227 mA

CAPÍTULO 12

1. a. A_1

   b. 1,4 T

3. 0,50 T

5. $1,23 \times 10^{-3}$ Wb

7. 1 T;

9. 264 μWb;   738 μWb;   807 μWb

11. 1.061 At/m

13. $N_1 I_1 = H_1 \ell_1 + H_2 \ell_2$; $N_2 I_2 = H_2 \ell_2 - H_3 \ell_3$

15. 0,47 A

17. 0,88 A

19. 0,58 A

21. 0,53 A

23. 0,86 A

25. 3,7 A

27. $4,4 \times 10^{-4}$ Wb

29. $1,06 \times 10^{-4}$ Wb

CAPÍTULO 13

1. 225 V

3. 6,0 V

5. 150 mV

7. 0,111 s

9. 79,0 μH

11.
$$L = \frac{N\Phi}{I} = \frac{N(B_g A_g)}{I} = \frac{N(\mu_0 H_g)A_g}{I}$$
$$= \frac{N\mu_0 \left(\frac{N I}{\ell_g}\right) A_g}{I} = \frac{\mu_0 N^2 A_g}{\ell_g}$$

13. 4 H

15. a. 4 H   c. 5 A

17. 84 mH

19. 4,39 mH

21. a. 21 H   d. 4 H

    b. 2 H   e. 4 mH

    c. 20 H

23. 9 mH

25. Circuito (a): 6 H;   1,5 H

    Circuito (b): 2 H;   8 H

27. 1,6 H, está em série com 6 H∥4 H

29. 1,2 H está em série com 8 H∥12 H

31. a. 1 H está em série com 3 μF

    b. 2 H está em série com 10 μF

    c. 10 Ω, 10 H, e 25 μF estão em série

    d. 10 Ω em série com 40 Ω ∥ (50 H em série com 20 μF)

33. 0,32 J

35. O caminho que contém L_1 e L_2 está aberto.

CAPÍTULO 14

1. a. circuito aberto

    b. Circuito (a): 1,6 A

    Circuito (b): 6 A; 60 V

    Circuito (c): 0 A; E

    Circuito (d): 2 A; 30 V

3. v_{R_1} = 180 V; v_{R_2} = 120 V; v_{R_3} = 60 V; v_{R_4} = 32 V
    v_{R_5} = 28 V; v_{R_6} = 0 V; i_T = 21 A; i_1 = 18 A
    i_2 = 3 A; i_3 = 1 A; $i_4 = i_5$ = 2A; i_6 = 0 A

5. a. 50 ms

    b. 250 ms

    c. $3(1 - e^{-20t})$ A; $180e^{-20t}$ V

    d.
t	i_L (A)	v_L (V)
0	0	180
τ	1,90	66,2
2τ	2,59	24,4
3τ	2,85	8,96
4τ	2,95	3,30
5τ	2,98	1,21

7. a. 0,2 s

    b. 1 s

    c. $20e^{-5t}$ V; $(1-e^{-5t})$ A

    d. vL: 20, 7.36, 2,71, 0,996, 0,366, 0,135 (tudo V)

    i_L: 0, 0,632, 0,865, 0,950, 0,982, 0,993 (tudo A)

9. $-182(1 - e^{-393t})$ mA; $-40e^{-393t}$ V; -134 mA; $-10,5$ V

11. 80 V; 20Ω; 2 H

13. 40 V; 4 kΩ; 2 H

15. a. 2 ms

    b. $5e^{-500t}$ A; $-1.250e^{-500t}$ V

    c.
t	iL (A)	vL (V)
0	5	−1.250
τ	1,84	−460
2τ	0,677	−169
3τ	0,249	−62,2
4τ	0,092	−22,9
5τ	0,034	8,42

17. −365 V

19. R_1 = 20 V; R_2 = 30 Ω

21. 5,19 A

23. a. 8,89 ms

    b. $-203e^{-t/8,89\mu s}$ V; $5e^{-t/8,89\mu s}$ mA

    c. −27,3 V; 0,675 mA

25. a. 10 ms

    b. $90(1 - e^{-t/10\,ms})$ mA; $36e^{-t/10\,ms}$ V

    c. 2,96 V   82,6 mA

27. 103,3 mA; 3,69 V

29. 33,1 V

31. 4,61 A

33. $i_L(25$ ms$)$ = 126 mA; $i_L(50$ ms$)$ = 173 mA

CAPÍTULO 15

1. A tensão AC é a tensão cuja polaridade oscila periodicamente entre o positivo e negativo. A corrente AC é a corrente cuja direção varia periodicamente.

3. a. A magnitude de uma forma de onda (como a da tensão ou da corrente) em qualquer instante do tempo.

   b. 0;10; 20; 20; 20; 0; −20, −20, 0 (tudo V)

5. 0 mA, 2,5 mA, 5 mA, 5 mA, 5 mA, 0 mA, −5 mA, −5 mA, 0 mA

7. a. 2 Hz b. 10 Hz   c. 62.5 kHz

9. 7 ms; 142,9 Hz

11. 15 V; 6 mA

13. 149.919 ciclos

15. 100 μs; 400 μs; 2.500 Hz

17. 144,4 V

19. 100 V

21. a. 0,1745   c. 1,3963   e. 6,1087

    b. 0,4363   d. 2,618   f. 10,821

23. 43,3 A; 25 A; −49,2 A; −50 A

25. A forma de onda é parecida com a da Figura 15-25, com exceção de que T = 5 μs. V_m = 85,1 V.

27. a. 62,83 × 106 rad/s   c. 157,1 rad/s   e. 1.571 rad/s

    b. 188,5 rad/s   d. 314,2 rad/s

29. a. $v = 170$ sen $377t$ V

    b. $i = 40$ sen $628t$ μA

    c. $v = 17$ sen $52,4 \times 10^3 t$ V

31. $v = 20$ sen $125,7t$ V

33. 0, 28,8, −11,4, −22 (tudo mA)

35. a. 5 sen$(1000t + 36°)$ mA

    b. 10 sen$(407\pi t + 120°)$ A

c. 4 sen(1800 π t − 45°) V

37. 4,46 V;   23,54 V;   0,782 V

39. v = 100 sen(3.491t + 36°) V

41. 6,25 ms;   13,2 ms;   38,2 ms

43. a. 20°;   i está adiantada
    b. em fase
    c. 50°; i_1 está adiantada
    d. 60°; i_1 está adiantada

45. a. A está 90° adiantada
    b. A está 150° adiantada

47. Zero para cada

49. a. 1,1 A b. 25 V   c. 1,36 A

51. a. Gráfico parecido com o da Figura 15-61(b), com exceção de que o pico positivo está em 40 V e o negativo está em −10 V, e $V_{méd}$ = 15 V. T = 120 ms.
    b. 40 V;   210 V
    c. 27,5 V;   36,7 V;   2,5 V;   26,65 V
    d. 15 V

53. 2,80 V

55. a. 12 V c. 19,7 V
    b. 17,0 mA d. 48,9 V

57. a. 5 mA   b. 23,2 V

59. a. 8,94 A   b. 16,8 A

61. 24 V; Sua magnitude é sempre 24 V; portanto, ela fornece a potência média para um resistor igual à de uma bateria de 24 V.

63. 26,5 mA

65. a. 108 V   c. 14,6 V
    b. 120 V   d. 422 V

67. 6,25 ms; 13,2 ms; 38,2 ms

CAPÍTULO 16

1. a. 13<67,4°   c. 17<118,1°
   b. 10,8<−33,78 d. 10,8<−158,2°

5. a. 7 + j6   d. −4,64 + j1,86
   b. 1 + j10   e. −7,2 − j12,1
   c. 15,4 − j3,50   f. 0,2 − j0,1

7. a. 14,2<−23,8° b. 1,35<−69,5°   c. 5,31<167,7°

9. a. 10 sen(ωt + 30°) V   b. 15 sen(ωt − 10°) V

11. a. 10 V<30°,   15 V<−20°
    b. 11,5 V<118,2°
    c. 11,5 sen(ωt + 118,2°) V

13. a. 17,7 mA <36°;   28,3 mA <80°;   42,8 mA <63,3°
    b. 60,5 sen(ωt + 63,3°) mA

15. a. 4,95 mA <0°;   2,83 mA <290°;   4,2 mA <90°;
       5,15 mA <15,9°
    b. 7,28 sen(ωt + 15,9°) mA

17. a. 10 sen ωt A
    b. 10 sen(ωt + 27°) A
    c. 204 sen(ωt −56°)mV
    d. 204 sen(ωt − 157°) μV

19. a. 147 sen(ωt + 39°) V; 183,8 sen(ωt + 39°) V
    b. 330,8 sen(ωt + 39°) V; Idênticas

21. a. 5 sen(ωt − 30°) A
    b. 5 sen(ωt − 105°) A
    c. 10 sen(ωt + 120°) V
    d. 10 sen(ωt + 100°) V

23. a. 0,531 sen(377t − 90°) A
    b. 31,8 sen(6283t − 90°) mA
    c. 0,4 sen(500t − 90°) A

25. a. 8,74 kHz;   b. 50,9 mH;   1308

27. a. 530,5 Ω   b. 31,83 Ω   c. 400 Ω

29. a. 1,89 sen(377t + 90°) A
    b. 79,6 sen(2π × 400t − 150°) mV

31. a. 48 Ω<0°   b. j37,7 Ω   c. −j50 Ω

33. a. V_R = 25 Ω<08; V_L = 12,5 Ω<908; V_C = 5 Ω<−908
    b. v_R = 35,4 sen ωt V; v_L = 17,7 sen(ωt + 90°) V;
       v_C = 7,07 sen(ωt − 90°) V

35. a. 39,8 Hz   b. 6,37 μF

37. Valor hipotético: 45,2 mA

39. 1,59 A<−908

CAPÍTULO 17

1. Quando p é +, a potência flui da fonte para a carga. Quando p é −, a potência sai da carga. Para fora da carga.

3. a. 1.000 W e 0 VAR; 500 W e 0 VAR
   b. 1.500 W e 0 VAR

5. 151 VAR (cap.)

7. a. 10 Ω b. 6 Ω   c. 265 μF

9. 30 Ω

11. 160 W; 400 VAR (ind.) = (ind.)

13. 900 W; 300 VAR (ind.) = (ind.)

15. a. 20 Ω c. 8 Ω
    b. 6 Ω   d. 1,2 H

17. 125 VA

19. 1.150 W; 70 VAR (cap.); 1.152 VA; θ = −3,48°

21. 2,36 Ω

23. 120 Ω

25. a. 721 W; 82,3 VAR (cap.); 726 VA
    b. I = 6,05 A; Não

27. a. Na carga   b. 73,9 μF

29. 57,3 kW

31. 2.598 W

33. 160 Ω

35. Igual à da Figura 17-5, com um valor de pico de p = 3,14 W.

37. Uma onda dente-de-serra oscilando entre 8 W e −8 W.

Glossário

AC Abreviação de corrente alternada; usada para denotar grandezas que variam periodicamente, como a corrente AC, a tensão AC etc.

admitância (Y) Uma grandeza vetorial (medida em Siemens) que é recíproca da impedância. $Y = 1/Z$.

American Wire Gauge (AWG) Padrão norte-americano para a classificação de fios e cabos.

ampere (A) Unidade do SI para a corrente elétrica, que é equivalente à taxa de fluxo de um Coulomb de carga por segundo.

ampere-hora (Ah) Medida da capacidade de armazenamento de uma bateria.

amperímetro Instrumento que mede a corrente.

amplificador operacional Amplificador eletrônico caracterizado como tendo um ganho muito alto em malha aberta, uma impedância de entrada muito alta e uma impedância de saída muito baixa.

analisador de espectro Instrumento que exibe a amplitude de um sinal como a função da frequência.

atenuação O grau de diminuição de um sinal à medida que ele passa por um sistema. A atenuação geralmente é medida em decibéis, dB.

aterramento (1) Ligação elétrica com a terra. (2) Um nó de referência (*Ver* nó de referência). (3) Um curto para a terra, tal como uma conexão indevida para a terra.

átomo Constituinte básico da matéria. No modelo de Bohr, um átomo é composto de um núcleo com prótons de carga positiva e nêutrons sem carga, rodeado de elétrons com carga negativa em órbita. Normalmente, um átomo é composto de um número igual de elétrons e prótons, portanto, não tem carga.

autotransformador Tipo de transformador cujos enrolamentos primário e secundário coincidem parcialmente. Parte de sua energia é transferida magneticamente e parte, condutivamente.

bobina Termo normalmente utilizado para designar indutores ou enrolamentos nos transformadores.

camada de valência É a camada mais externa (a última ocupada) de um átomo.

campo Região no espaço onde uma força é sentida, portanto, um campo de força. Por exemplo, os campos magnéticos existem ao redor dos ímãs e os campos elétricos existem ao redor das cargas elétricas.

capacitância Medida da capacidade de armazenamento de carga, por exemplo, de um capacitor. Um circuito com capacitância opõe-se à variação da tensão. A unidade é o farad (F).

capacitor Um dispositivo que armazena cargas elétricas em "placas" condutoras separadas por um material isolante chamado dielétrico.

carga (1) A propriedade elétrica de elétrons e prótons que provoca uma força entre eles. Os elétrons possuem carga negativa e os prótons, carga positiva. A carga é designada por Q e é definida pela lei de Coulomb. (2) Um excesso ou deficiência de elétrons em um corpo. (3) Para armazenar a carga elétrica, como carregar um capacitor ou uma bateria.

carga (1) O dispositivo que está sendo conduzido por um circuito. Logo, a lâmpada em uma lanterna de mão é uma carga. (2) A corrente é drenada por uma carga.

carga adiantada Carga na qual a corrente está adiantada em relação à tensão (*e.g.*, uma carga capacitiva).

carga atrasada Carga na qual a corrente está atrasada em relação à tensão (por exemplo, carga indutiva).

carga em delta Configuração dos componentes de um circuito ligados no formato de um Δ (letra grega delta). Às vezes é chamada de carga em pi (π).

carga Y Configuração dos componentes do circuito ligados no formato de um Y. Às vezes são chamados de carga estrela ou T.

cascata Diz-se que dois estágios de um circuito estão em uma cascata quando a saída de um estágio está ligada à saída do estágio seguinte.

choke Um outro nome para indutor.

ciclo ativo A razão expressa em porcentagem entre um tempo específico e a duração de um pulso da forma de onda.

ciclo Uma variação completa de uma forma de onda.

circuito Sistema de componentes interligados, como resistores, capacitores, indutores, fontes de tensão etc.

circuito aberto Circuito descontínuo; logo, não fornece um caminho completo para a corrente.

circuito com condição inicial Em análise transiente, refere-se à representação do comportamento do circuito logo após um distúrbio, por exemplo, o chaveamento. Em tal circuito, os capacitores carregados são representados por fontes de tensão, os indutores condutores de corrente o são pelas fontes de corrente; os capacitores descarregados são representados por curtos-circuitos; e os indutores não-condutores de corrente, pelos circuitos abertos.

circuito linear Circuito no qual as relações são proporcionais. Em um circuito linear, a corrente é proporcional à carga.

circuito série Uma malha fechada de elementos onde dois deles têm apenas um terminal em comum. Em um circuito série, há apenas um caminho para a corrente, e todos os elementos série apresentam a mesma corrente.

circuito tanque Circuito composto de um indutor e um capacitor ligados em paralelo. Um circuito LC desse tipo é usado em osciladores e receptores para fornecer o sinal máximo na frequência ressonante (*Ver* seletividade).

coeficiente de acoplamento (k) Medida do fluxo acoplado entre circuitos como a bobina. Sendo $k = 0$, não há acoplamento; sendo $k = 1$, todo o fluxo gerado por uma bobina passa inteiramente pela outra. A indutância mútua M entre as bobinas está relacionada a k por $M = k$, onde L_1 e L_2 são as autoindutâncias das bobinas.

coeficiente de temperatura (1) Taxa na qual a resistência varia de acordo com a temperatura. Um material terá o coeficiente de temperatura positivo se a resistência aumentar com a diminuição da temperatura. Por outro lado, o coeficiente de temperatura negativo indica que a resistência diminui à medida que a temperatura aumenta. (2) O mesmo ocorre com a capacitância. A variação da capacitância é ocasionada pelas mudanças das características do dielétrico de acordo com a temperatura.

condutância (G) O recíproco da resistência. A unidade é o siemens (S).

condutor Material pelo qual a carga circula facilmente. O cobre é o condutor metálico mais comum.

constante de tempo (τ) Medida da duração de um transiente. Por exemplo, durante o processo de carga, a tensão no capacitor varia 63,2% em uma constante de tempo. Para fins práticos, o capacitor carrega totalmente em cinco constantes de tempo. Para um circuito RC, $\tau = RC$ segundos, e para um circuito RL, $\tau = L/R$ segundos.

constante dielétrica ($\in$) Nome popular para permissividade.

constante dielétrica relativa ($\in_r$) Razão entre a constante dielétrica de um material e a do vácuo.

continuidade da corrente Referência ao fato de que a corrente não pode variar de maneira abrupta (ou seja, ela deve variar gradualmente) de um valor a outro em uma indutância isolada (isto é, não acoplada).

corrente (I ou i) Taxa de fluxo das cargas elétricas em um circuito medida em ampères.

corrente alternada (AC) Corrente que periodicamente tem sua direção invertida; normalmente chamada de corrente AC.

corrente contínua (DC) Corrente unidirecional, como a corrente na bateria.

corrente nos ramos Corrente em um ramo do circuito.

corrente parasita Uma pequena corrente circulante. Geralmente, refere-se à corrente indesejada induzida no núcleo de um indutor ou transformador quando há a variação do fluxo no núcleo.

coulomb (C) Unidade do SI para a carga elétrica, equivalente à carga carregada por $6,24 \times 10^{18}$ elétrons.

curto-circuito Um curto-circuito ocorre quando dois terminais de um elemento ou ramo são ligados por um condutor de baixa resistência. Quando acontece um curto-circuito, correntes muito grandes podem resultar em centelhas ou fogo, principalmente quando o circuito não está protegido por um fusível ou disjuntor.

curva(s) característica(s) Relação entre a corrente de saída e a tensão de saída de um dispositivo semicondutor. As curvas características também podem mostrar como a saída varia como uma função de algum outro parâmetro, como a corrente de entrada, a tensão de entrada e a temperatura.

década Uma variação de dez vezes na frequência.

decibel (dB) Unidade logarítmica usada para representar um aumento (ou diminuição) nos níveis de potência ou na intensidade do som.

degrau Variação abrupta da tensão ou da corrente, por exemplo, quando uma chave é fechada para ligar uma bateria a um resistor.

delta (Δ) Uma pequena variação (incremento ou decremento) em uma variável. Por exemplo, se uma corrente sofrer uma pequena variação de i_1 a i_2, seu incremento será de $\Delta i = i_2 - i_1$; se o tempo sofrer uma pequena variação de t_1 a t_2, seu incremento será de $\Delta t = t_2 - t_1$.

densidade do fluxo magnético (B) Número de linhas de fluxo magnético por unidade de área. A densidade é medida em tesla (T) no sistema SI, onde $1\ T = 1\ Wb/m^2$.

derivada Taxa de variação instantânea de uma função. É a inclinação da tangente da curva no ponto de interesse.

deslocamento de fase A diferença angular pela qual uma forma de onda está adiantada ou atrasada em relação à outra. É, portanto, o deslocamento relativo entre as formas de onda variáveis no tempo.

diagrama de Bode Uma aproximação em linha reta que mostra como o ganho de tensão de um circuito varia com a frequência.

diagrama esquemático Diagrama de circuito que usa símbolos para representar os componentes físicos.

dielétrico Material isolante. O termo geralmente é usado em referência ao material isolante entre as placas de um capacitor.

diferenciador Circuito cuja saída é proporcional à derivada de sua entrada.

diodo Componente de dois terminais feito de material semicondutor que permite o fluxo da corrente em uma direção e impede o fluxo na direção oposta.

diodo varactor (ou varicap, epicap ou diodo de sintonização) Diodo que se comporta como um capacitor variável com a tensão.

diodo zener Um diodo que normalmente opera em sua região inversa e é usado para manter uma tensão de saída constante.

disjuntor Um dispositivo de chaveamento reajustável, utilizado como circuito de proteção, que desarma um conjunto de contatos para abrir o circuito quando a corrente alcança um valor predefinido.

efeito de superfície Em altas frequências, é a tendência que a corrente possui de percorrer uma fina camada perto da superfície de um condutor.

eficiência (η) A razão entre a potência de saída e a de entrada, geralmente expressa em porcentagem. $\eta = P_o/P_i \times 100\%$.

elétron livre Elétron fracamente atraído ao seu átomo de origem, sendo, portanto, facilmente desprendido. Para materiais como o cobre, há bilhões de elétrons livres por centímetro cúbico em temperatura ambiente. Como esses elétrons podem ser removidos e vagar de um átomo a outro, constituem a base da corrente elétrica.

elétron Partícula atômica com carga negativa. *Ver* átomo.

energia (W) Capacidade de realizar trabalho. Sua unidade no sistema SI é o joule; a energia elétrica também é medida em quilowatts-horas (kWh).

enrolamento secundário Enrolamento de saída de um transformador.

equilibrado (1) Para o circuito ponte, a tensão entre os pontos centrais dos ramos é zero. (2) Em um sistema trifásico, um sistema (ou uma carga) idêntico para as três fases.

estado estacionário Condição de operação de um circuito após o decaimento dos transientes.

farad (F) Unidade do SI para a capacitância, cujo nome é em homenagem a Michael Faraday.

fasor Uma forma de representar a magnitude e o ângulo de uma onda senoidal por gráficos ou números complexos. A magnitude do fasor representa o valor RMS da grandeza AC, e seu ângulo representa a fase da forma de onda.

fator de potência A razão entre a potência ativa e a aparente, equivalente a cos θ, onde θ é o ângulo entre a tensão e a corrente.

fator de qualidade (Q) (1) Representação. Para uma bobina, Q é a razão entre a potência reativa e a real. Quanto maior for Q, o mais próximo do ideal a bobina se aproximará. (2) Medida da seletividade de um circuito ressonante. Quanto maior for Q, mais estreita será a largura de banda.

ferrite Material magnético feito de óxido ferroso em pó. Proporciona um bom caminho para o fluxo magnético e tem uma perda de corrente parasita baixa, o que faz que seja usado como material do núcleo de indutores e transformadores de alta frequência.

filtro Circuito que deixa passar algumas frequências e rejeita outras.

filtro passa-alta Circuito que permite a passagem de frequências acima daquelas de corte da entrada do circuito para a saída dele, enquanto diminui os sinais com frequências abaixo da frequência de corte (*Ver* frequência de corte).

filtro passa-baixa Circuito que permite a passagem de frequências abaixo daquelas de corte da entrada para a saída do circuito, enquanto diminui as frequências acima da frequência de corte (*Ver* frequência de corte).

filtro passa-faixa Circuito que permite que sinais dentro de determinada faixa de frequência atravessem o circuito. Os sinais de todas as outras frequências são impedidos de passar pelo circuito.

filtro rejeita-faixa (ou filtro *notch*) Circuito projetado para prevenir que sinais dentro de determinada faixa de frequência passem por um circuito. Os sinais de todas as outras frequências passam livremente pelo circuito.

fluxo Maneira de representar e visualizar campos de força pelo desenho de linhas que mostram a intensidade e a direção de um campo em todos os pontos no espaço. Normalmente utilizado para representar os campos elétricos e magnéticos.

fonte de corrente Fonte de corrente prática que pode ser modelada para uma fonte de corrente ideal em paralelo com uma impedância interna.

fonte de corrente ideal Fonte de corrente com a impedância *shunt* (paralela) infinita. Uma fonte de corrente ideal é capaz de fornecer a mesma corrente para todas as cargas (exceto para um circuito aberto). A tensão na fonte de corrente é determinada pelo valor da impedância de carga.

fonte de tensão ideal Fonte de tensão sem impedância série. Uma fonte de tensão ideal é capaz de fornecer a mesma tensão em todas as cargas (exceto para um curto-circuito). A corrente através da fonte de tensão é determinada pelo valor da impedância de carga.

fonte de tensão Uma fonte de tensão prática pode ser modelada como uma fonte de tensão ideal em série com uma impedância interna.

força magnetomotriz (fmm) a capacidade de uma bobina de gerar fluxo. No sistema SI, a fmm de uma bobina de N espiras com uma corrente I é NI ampères-espiras.

forma de onda A variação *versus* o tempo de um sinal variável no tempo. Possui, portanto, o formato de um sinal.

frequência (f) O número de vezes que um ciclo se repete a cada segundo. A unidade do SI é o hertz (Hz).

frequência angular (ω) Frequência de uma forma de onda AC em radianos/s. $\omega = 2\pi f$, onde f é a frequência em hertz.

frequência de áudio Frequência na faixa da audição humana, que varia em torno de 15 Hz a 20 kHz.

frequência de corte, f_c ou ω_c. A frequência na qual a potência de saída de um circuito é reduzida à metade da potência máxima de saída. A frequência de corte pode ser medida tanto em hertz (Hz) quanto em radianos por segundo (rad/s).

ganho A razão entre a tensão, a corrente e a potência de saída e as de entrada. O ganho de potência para um amplificador é definido como a razão entre a potência de saída AC e a potência de entrada AC, $A_p = P_o/P_i$. O ganho também pode ser expresso em decibéis. No caso do ganho de potência, $A_p(dB) = 10 \log P_o/P_i$.

gauss Unidade da densidade do fluxo magnético no sistema CSG.

giga (G) Prefixo com valor de 10^9.

harmônicos Múltiplos inteiros de uma frequência.

henry (H) Unidade do SI para a indutância, cujo nome é em homenagem a Joseph Henry.

hertz (Hz) Unidade do SI para a frequência, cujo nome é em homenagem a Heinrich Hertz. Um Hz equivale a um ciclo por segundo.

impedância (Z) A oposição total que um elemento do circuito apresenta à AC senoidal no domínio fasorial. **Z** = **V/I** ohms, onde **V** e **I** são os fasores da tensão e da corrente, respectivamente. A impedância é uma grandeza com a magnitude e o ângulo.

impedância interna Impedância que existe dentro de um dispositivo como a fonte de tensão.

indutância (L) Propriedade de uma bobina (ou de outro condutor de corrente) que se opõe à variação da corrente. A unidade do SI para a indutância é o henry.

indutância mútua (M) Indutância entre os circuitos (como a bobina) medida em henries. A tensão induzida em um circuito decorrente da variação da corrente no outro circuito é igual a M vezes a taxa de variação da corrente no primeiro circuito.

indutor Elemento do circuito projetado para possuir a indutância, por exemplo, uma bobina de enrolamento para aumentar sua indutância.

integrador Circuito cuja saída é proporcional à integral de sua entrada.

intensidade do campo A força de um campo.

íon Um átomo que se torna carregado. Se ele tiver um excesso de elétrons, é um íon negativo, mas se tiver uma deficiência, será positivo.

isolante Material como o vidro, a borracha, a baquelita etc. que não conduz eletricidade.

joule (J) Unidade do SI para a energia que equivale a um newton-metro.

largura de banda (BW) Diferença entre as frequências de meia-potência para qualquer circuito ressonante, filtro passa-faixa ou filtro rejeita-faixa. A largura de banda pode ser expressa tanto em hertz quanto em radianos por segundo.

largura de pulso Duração de um pulso. Para pulsos não-ideais, é medida no ponto da amplitude equivalente a 50%.

laser Fonte de luz que emite uma luz monocromática (que apresenta uma só cor) muito intensa e coerente (em fase). O termo é um acrônimo de Light Amplification through Stimulated Emission of Radiation (Amplificação da Luz por Emissão Estimulada de Radiação).

lei de Coulomb Lei experimental que afirma que a força (em Newtons) entre as partículas carregadas é $F = Q_1Q_2/4\pi r^2$, onde Q_1 e Q_2 são as cargas (em Coulomb), r é a distância em metros entre seus centros e é a permissividade do meio. Para o ar, $= 8,854 \times 10^{-12}$ F/m.

lei de Kirchhoff das correntes Lei experimental que postula que a soma das correntes que entram nos nós é igual à soma que sai deles.

lei de Kirchhoff das tensões Lei experimental que postula que a soma algébrica das tensões ao redor de um caminho fechado em um circuito é igual a zero.

maxwell (Mx) Unidade do CGS para o fluxo magnético Φ.

média de uma forma de onda Valor médio de uma forma de onda obtido pela soma algébrica das áreas acima e abaixo do eixo zero da forma de onda e pela divisão dessa soma pelo comprimento do ciclo da forma de onda. É igual ao valor DC da forma de onda quando medimos com um amperímetro ou um voltímetro.

mega (M) Prefixo com o valor de 10^6.

micro (μ) Prefixo com o valor de 10^{-6}.

mil circular (MC) Unidade usada para especificar a área da seção transversal de um cabo ou fio. O mil circular é definido como sendo a área contida em um círculo com um diâmetro de 1 mil (0,001 polegada).

mili (m) Prefixo com o valor de 10^{-3}.

MMD Multímetro digital que exibe os resultados em um mostrador numérico. Além da tensão, corrente e resistência, alguns MMDs medem outras grandezas, como a frequência e a capacitância.

modelo de transistor Circuito elétrico que simula a operação de um amplificador de transistor.

multímetro Medidor multifuncional usado para medir uma série de grandezas elétricas, como a tensão, a corrente e a resistência. Seleciona-se sua função e classificação por uma chave (*Ver também* MMD).

nano (n) Prefixo com o valor de 10^{-9}.

nêutron Partícula atômica sem carga (*Ver* átomo).

nó Ponto de encontro entre dois ou mais componentes em um circuito.

nó de referência Ponto de referência em um circuito elétrico de onde as tensões são medidas.

notação de engenharia Método de representação de algumas potências de 10 mediante prefixos-padrão — por exemplo, 0,125 A é representado como 125 mA.

núcleo Forma ou estrutura ao redor da qual um indutor ou as bobinas de um transformador estão enrolados.

ohm (Ω) Unidade do SI para a resistência. Unidade também usada para a reatância e a impedância.

ohmímetro Instrumento que mede a resistência.

oitava O dobro do aumento (ou da diminuição) da frequência.

onda senoidal Forma de onda periódica descrita pela função senoidal. É a forma de onda principal usada nos sistemas AC.

oscilador controlado por tensão Proporciona uma frequência de saída diretamente proporcional à magnitude da tensão de entrada aplicada.

osciloscópio Instrumento que exibe eletronicamente as formas de onda em uma tela. A tela é regulada com uma grade com escala para permitir a medição das características das formas de onda.

paralelo Diz-se que os elementos ou ramos estão em uma ligação paralela quando têm exatamente dois nós em comum. A tensão em todos os elementos ou ramos paralelos é exatamente a mesma.

perda de cobre Perda da potência I^2R em um condutor decorrente da sua resistência; por exemplo, a perda de potência nos enrolamentos de um transformador.

perda de núcleo Perda de potência no núcleo de um transformador ou indutor decorrente da histerese ou das correntes parasitas.

perda por histerese Perda de potência em um material ferromagnético provocada pela inversão dos domínios magnéticos em um campo magnético variável no tempo.

periódico Que repete em intervalos regulares.

período (*T*) Tempo necessário para uma forma de onda completar um ciclo. $T = 1/f$, onde f é a frequência em Hz.

Permeabilidade (μ) Medida da facilidade de se magnetizar um material. $B = \mu H$, onde B é a densidade do fluxo resultante e H é a força magnetizante que gera o fluxo.

permissividade (∈) Medida da facilidade de se estabelecer fluxo elétrico em um material (*Ver também* constante dielétrica relativa e lei de Coulomb).

pico (p) Prefixo com o valor de 10^{-12}.

pico a pico A magnitude da diferença entre os valores máximo e mínimo de uma forma de onda.

pico Valor instantâneo máximo (positivo ou negativo) da forma de onda.

potência (*P*, *p*) Taxa da realização do trabalho com unidades em watts, onde um watt é igual a um joule por segundo. Também chamada de potência real ou ativa.

potência aparente (*S*) Potência que aparentemente flui em um circuito AC. Ela tem os componentes das potências real e reativa, que são relacionados pelo triângulo de potência. A magnitude da potência aparente é igual ao produto da tensão efetiva pela corrente efetiva. A unidade é em VA (volt-ampère).

potência reativa Um componente da potência que flui alternadamente para dentro e para fora de um elemento reativo. É medida em VARs (volts-ampères reativos). A potência reativa tem o valor médio de zero e às vezes é chamada de potência "virtual" ou "passiva".

potenciômetro Um resistor de três terminais que consiste em uma resistência fixa entre os dois terminais das extremidades e um terceiro terminal que é ligado ao ramo do contato deslizante. Quando os terminais das extremidades são ligados a uma fonte de tensão, a tensão entre o contato deslizante e qualquer um dos outros terminais é ajustável.

primário O enrolamento de um transformador no qual conectamos a fonte.

próton Partícula atômica com carga positiva (*Ver* átomo).

quilo Prefixo com o valor de 10^3.

quilowatt-hora (kWh) Unidade de energia equivalente a 1.000 W vezes um watt-hora, normalmente usada pelas concessionárias de energia elétrica.

ramo Porção entre os dois nós (ou terminais) de um circuito.

reatância (X) A oposição que um elemento reativo (a capacitância ou a indutância) apresenta à AC senoidal. A reatância é medida em ohms.

reator Outro nome para um indutor.

regulação A variação da tensão de um estado sem carga para um estado com carga completa. Essa variação é expressa como a porcentagem da tensão da carga completa.

regulador de tensão Dispositivo que mantém a tensão de saída constante em uma carga independentemente da tensão de entrada ou da quantidade de corrente de saída.

relação de espiras (a) Razão entre as espiras primária e secundária; $a = N_p/N_s$.

relé Um dispositivo de comutação que é aberto ou fechado por um sinal elétrico. Pode ser eletromecânico ou eletrônico.

relutância A oposição de um circuito magnético ao estabelecimento do fluxo.

reostato Resistor variável conectado de modo que a corrente no circuito seja controlada pela posição do contato deslizante.

resistência (R) Oposição à corrente que resulta em uma dissipação de potência. Assim, $R = P/I^2$ ohms. Para um circuito DC, $R = V/I$, enquanto para um circuito AC contendo elementos reativos, $R = V_R/I$, onde V_R é o componente da tensão em uma parte resistiva do circuito.

resistência efetiva Resistência definida por $R = P/I^2$. Para AC, a resistência efetiva é maior do que a resistência DC por causa do efeito de superfície e de outros efeitos, como as perdas de potência.

resistor Componente de um circuito projetado para possuir a resistência.

ressonância, frequência ressonante A frequência na qual a potência de saída de um circuito *RLC* está em um nível máximo.

retificador Um circuito geralmente composto de um diodo que permite a passagem da corrente em apenas uma direção.

retificador controlado de silício Um tiristor que permite a corrente em apenas uma direção quando uma porta adequada de sinal está presente.

saturação Condição de um material ferromagnético em que ele está completamente magnetizado. Assim, se a força magnetizante (a corrente em uma bobina, por exemplo) for aumentada, não há um aumento significativo do fluxo.

seguidor (*buffer*) Amplificador com um ganho de tensão unitário ($A_v = 1$), uma impedância de entrada muito alta e uma impedância de saída muito baixa. Um circuito seguidor (*buffer*) é usado para prevenir os efeitos de carga.

seletividade Capacidade que um filtro tem para passar por uma frequência particular, enquanto rejeita todos os outros componentes da frequência.

semicondutor Material (tal como o silício) do qual os transistores, diodos e afins são feitos.

siemens (S) Unidade de medida para a condutância, admitância e a suscetância. O siemens é o recíproco do ohm.

sinal de modo comum Sinal que aparece nas duas entradas de um amplificador diferencial.

sistema CGS Sistema de unidades baseado em centímetros, gramas e segundos.

Sistema SI O sistema internacional de unidades usado na ciência e na engenharia. É um sistema métrico e inclui as unidades-padrão para o comprimento, a massa e o tempo (por exemplo, metros, quilogramas e segundos), assim como as unidades elétricas (por exemplo, volts, ampères, ohms etc.)

supercondutor Condutor que não apresenta resistência interna. A corrente continuará a circular livremente pelo supercondutor mesmo que não haja externamente a tensão aplicada ou a fonte de corrente.

suscetância O recíproco da reatância. A unidade é representada em siemens.

temperatura crítica A temperatura abaixo da qual um material torna-se supercondutor.

tempo de descida (t_d) Tempo necessário para um pulso ou degrau variar do valor de 90% para o valor de 10%.

tempo de subida (t_s) O tempo necessário para um pulso ou um degrau variar de seu valor de 10% para o de 90%.

tensão (*V*, *v*, *E*, *e*) Diferença de potencial gerada quando as cargas são separadas, por exemplo, por meios químicos em uma bateria. Se um joule de trabalho for necessário para movimentar uma carga de um coulomb de um ponto a outro, a diferença de potencial entre os pontos será de um volt.

tensão alternada Tensão cuja polaridade varia periodicamente; em geral, chamada de tensão AC. A tensão AC mais comum é a onda senoidal.

tensão induzida Tensão gerada pela variação dos fluxos magnéticos acoplados.

tesla (T) Unidade do SI para a densidade do fluxo magnético. Um $T = 1$ Wb/m^2.

trabalho (W) É o produto da força pela distância. No sistema SI, é medido em joules, onde um joule equivale a um newton-metro.

transformador Dispositivo com duas ou mais bobinas nas quais a energia é transferida de um enrolamento para o outro pela ação eletromagnética.

transformador ideal Transformador que não apresenta perdas e que é caracterizado pela relação de suas espiras $a = N_p/N_s$. Para a tensão $\mathbf{E}_p/\mathbf{E}_s = a$, enquanto para a corrente, $\mathbf{I}_p/\mathbf{I}_s = 1/a$.

transiente Tensão ou corrente temporária ou transicional.

TRIAC Tiristor que permite a corrente em qualquer direção quando uma porta adequada de sinal está presente.

triângulo de potência Uma maneira de representar a relação entre as potências real, reativa e aparente usando um triângulo.

valor eficaz Um valor equivalente a DC de uma forma de onda variável no tempo; portanto, é o valor de DC que tem o mesmo efeito de aquecimento da forma de onda dada. Também chamado de valor *RMS* (raiz média quadrática). Para a corrente senoidal, $I_{ef} = 0,707\ I_m$, onde I_m é a amplitude da forma de onda AC.

valor instantâneo O valor de uma grandeza (como a tensão ou a corrente) em algum instante no tempo.

valor RMS Valor da raiz média quadrática de uma forma de onda variável no tempo (*Ver* valor eficaz).

volt A unidade de tensão no sistema SI.

watt (W) Unidade do SI para a potência ativa. A potência é a taxa do trabalho realizado; um watt equivale a um joule/s.

watt-hora (Wh) Unidade de energia equivalente a um watt vezes uma hora. Um Wh = 3.600 joules.

weber (Wb) A unidade do SI para o fluxo magnético.

Índice Remissivo

Absorção, dielétrica, 329
AC e DC superpostas, 494-495
AC senoidal, Veja também Ondas senoidais; formas de onda, AC
    capacitância, 532-535
    corrente, definição, 467
    indutância, 528-523
    resistência, 527-528
    tensão, definição, 466
Adaptadores AC, 40
Adiantamento
    baterias de chumbo-ácido, 37
    fasores, 486-487, 532-535
Adição
    números complexos, 518, 523-527
    potências de 10, 10
American Wire Gauge (AWG), 54-58
Ampère, André Marie, 276
Ampere, definição, 34
Amperes-espiras, 394-395
Amperímetros
    carga dos, 134-135
    carga dos, problemas, 146
    efeitos de carga dos, 146, 204-205
    panorama, 40-43
Amplitude, AC, 474, 504
Análise computacional
    circuitos complexos, 261-262, 272
    circuitos paralelos, 171-173, 184
    circuitos série, 116-118, 135-138, 148
    circuitos série-paralelo, 189-194, 206-211
    corrente nos ramos, 231-235
    fasores, 540-541
    números complexos, 538-541, 545
    panorama, 15-17, 101-106
    potência, 568-569, 573-574
    problemas, 111, 219
    tensão AC, 501-503, 510, 573-574
    teoremas, 302-307, 314
    transientes indutivos, 454-457, 461
    transientes, 371-376, 381-382
Análise nodal, 242-248, 269
Análise da corrente nos ramos, 231-235, 267-268
Análise de circuitos série-paralelo, 189-194, 213
    teoremas, 303-305, 314
    transientes, 381-382
Análise da malha (malha fechada), 235-241, 268
Ângulo, fator de potência, 561
Aplicações, teoria de circuitos, 4-6
Arco elétrico, 445
Área
    sob a curva, 491-492
    efeito na capacitância, 322
Aterramento
    definição, 127
    do chassi, 127
    subscritos de tensão, 128-132
Átomos, 26-28
Atração, magnética, 387
Atraso
    fasores, 486-488, 528-529
    fator de potência, 561
    núcleos laminados, 392-393, 409
Auto-indutância, 419, 420-422, 430-431
Autopolaridade, MMDs, 41
AWG (American Wire Gauge), 54-57

Barramentos, resistência, 54
Base, definição, 9
Baterias
    capacidade, 37
    DC, primeira, 1
    definição, 33
    símbolos, 33
    tensão, 31-33, 36-38

teorema de Thévenin, 279-285
tipos, 36-37

Baterias
    alcalinas, 36
    de células secas, 36
    de lítio, 36
    NiCad, 37
    níquel-cádmio, 37
    primárias, 36
    secundárias, 36

Bilateral, definição, 223

Cabos trançados, resistência, 55
Cabos, resistência, 54-57
Cadeia de conversões, 8
Cadence Design Systems, Inc., 16

Calculadoras
    análise da corrente nos ramos, 231-235
    análise de circuitos, 15-16
    análise nodal, 242
    gráficas, 16
    indutância, 420-422
    números complexos, 520-521
    resistência, circuitos paralelos, 158

Calor, resistores, 94
Camadas, átomos, 26

Campo
    intensidade, magnético, 395-397, 409-410
    magnético, 386-388

Campo elétrico
    linhas, definição, 325
    panorama, 325-327
    problemas, 340-341

Capacidade, baterias, 37

Capacitância
    AC senoidal, 538-541
    adiantamento de fase, 538-541
    campos elétricos, 325-327
    capacitores em paralelo, 333
    capacitores em série, 334-335
    carga capacitiva, potência em uma, 553-554
    carga, circuitos RC, 372
    coeficiente de temperatura, 329
    definição, 321
    dielétricos, panorama, 323-324, 327-328
    efeitos não-ideais, 329, 342

energia, fórmulas, 568
farad, definição, 320, 321
fator de potência, 555
fatores que afetam a, 322-324
impedância, 537-538
indutância, dualidade, 438
indutores, parasitas, 427
panorama, 320-322
parasita, 371, 426
problemas, 340-345
reatância, 533-535
ruptura de tensão, 328
tipos de capacitor, 329-332

Capacitor
    ajustável/Padder, 332
    ajustável/Trimmer, 332
    com placas paralelas, 320, 323, 326-327

Capacitores
    carga, análise computacional, 371-376
    carga, circuitos complexos, 359-366
    carga, circuitos RC, 365-366, 366-368, 368-371
    carga, fórmulas, 351-356
    carga, panorama, 348-351
    carga, problemas, 376-383
    carga, tensão inicial, 357-358
    circuitos RC, estado estacionário DC, 365-366
    classificação da tensão, 328
    corrente de tensão, 336-339
    definição, 319-320
    descarga, fórmulas, 358-359
    descarga, panorama, 350
    efeitos não-ideais, 329
    energia armazenada, 339
    falhas, 339-340
    em paralelo, 333
    problemas, 340-345
    série, 334-335
    solução do defeito, 339-340
    tensão, 336-339
    tipos, 329-332

Capacitores de cerâmica, 331-332
Capacitores de filme plástico, 330
Capacitores de lâmina/filme, 330
Capacitores de mica, 330
Capacitores eletrolíticos, 331
Capacitores fixos, 329-330

Capacitores para montagem em superfície, 331-332

Capacitores tubulares, 329

Capacitores variáveis, 332

Carga
    capacitância, circuitos RC, 369
    capacitância, panorama, 320-322
    capacitor, análise computacional, 371-376
    capacitor, circuitos complexos, 359-361
    capacitor, equações, 351-356
    capacitor, panorama, 348-351
    capacitor, problemas, 376-382
    capacitor, tensão inicial, 357-358
    corrente, definição, 34
    corrente, panorama, 33-35
    Coulomb, definição, 30
    direção da potência, 552-553
    do amperímetro, 134-135
    do amperímetro, problemas, 146
    indutiva, potência em uma, 552-553
    resistiva, potência em uma, 551-552
    saída com, 200
    tensão, símbolo para, 88
    teoria atômica, 26-30
    voltímetro, 169-171
    voltímetro, problemas, 183

Cavalo-vapor, 7-8

Cavendish, Henry, 550

Células
    definição, 31
    em série e em paralelo, 38
    fotocondutoras, 72, 80
    símbolos, 33-44
    solares, 39
    tensão, 36-40
    teorema de Thévenin, 308

Células fotocondutoras, 72, 80

Células solares, 39

Centralização a laser, 5-6

Chaves, 43, 47-48
    de polo simples, 43
    SPDT, 43
    SPST, 43

Chokes, definição, 415

Ciclo ativo, largura de pulso, 368

Ciclo, forma de onda AC, 466

Circuito
    carga do, 200, 201
    diagramas, esquemáticos, 14
    disjuntores, 44, 47
    teoria, 3, 4-6, 26

Circuitos
    AC (Veja Circuitos AC)
    com condição inicial, 440
    com diodo zener, 199-200
    com uma única fonte de tensão, teorema da reciprocidade, 300-302
    DC (Veja Circuitos DC)
    de polarização, 196-198
    integrados, resistores, 64-65
    paralelos (Veja Circuitos paralelos)
    polarização universal, 198
    ponte, 194-195, 254-260, 263, 271
    R, excitação senoidal, 527
    regulador de tensão, 199
    série (Circuitos série)
    transistorizados, 196-198

Circuitos abertos
    indutância, 439
    lei de Ohm, 87-89

Circuitos AC
    amplitude, 474
    análise computacional, 501-503
    ângulo, 475-479
    carga capacitiva, potência em uma, 553-554
    carga indutiva, potência em uma, 552-553
    carga resistiva, potência em uma, 551-552
    DC superposta, 494-495
    derivada, onda senoidal, 500
    deslocamento de fase, 482-483
    fasores, 484-491
    fator de potência, 560-564
    fórmula, 475
    fórmulas para a energia, 567-568
    frequência, 472
    medida em radianos, 477-478
    multímetros, 500-501
    panorama, 466
    período, 472-474
    potência aparente, 557
    potência ativa, 551
    potência instantânea, 550
    potência reativa, 551

potência, análise computacional, 568-569
potência, circuitos complexos, 555-556
potência, problemas, 569-574
problemas, 503-510
representação gráfica, 478-479
resistência efetiva, 566-567
tensão de pico a pico, 474
triângulo de potência, 558-560
valor de pico, 474
valores eficazes, 495-499
valores médios, 491-495
valores RMS, 495-499
tempo, 479-483
wattímetro, 564-566
Circuitos C, excitação senoidal, 527
Circuitos DC
    série, lei de Kirchhoff das tensões, 118-119
    conversão delta-Y, 248-253, 270-271
    abertos, indutância, 439
    terra, definição, 127
    complexos, carga do capacitor, 358-359
    condição inicial, 440
    Delta, 248-251, 270
    diagramas, 13-15, 22
    magnéticos, com excitação DC, 394-395
    magnéticos, curvas de magnetização, 397
    magnéticos, entreferro, 392-393
    magnéticos, franja, 392-393
    magnéticos, intensidade do campo, 395-397
    magnéticos, lei de Ampère de circuito, 397-398
    magnéticos, magnetização, 407-408
    magnéticos, núcleos laminados, 392-393
    magnéticos, panorama, 391-392
    magnéticos, paralelos, 393-394
    magnéticos, problemas, 408-412
    magnéticos, série, 393-394, 399-402, 404-405
    magnéticos, série-paralelo, 403
    apresentação prévia, 25
    paralelo, fontes de tensão em, 161-162
    paralelos, carga do voltímetro, 169-171
    paralelos, combinações série, análise computacional, 206-211
    paralelos, combinações série, aplicações, 194-200, 215-217
    paralelos, combinações série, efeitos de carga do instrumento, 202-206
    paralelos, combinações série, panorama, 152-153, 189-194
    paralelos, combinações série, potenciômetros, 200-202
    paralelos, combinações série, problemas, 211-219
    paralelos, lei de Kirchhoff das correntes, 153-156
    paralelos, panorama, 152-153, 167-168, 171-174
    paralelos, problemas, 174-184
    paralelos, regra do divisor de corrente, 162-167
    paralelos, resistores, 156-161
    RC, aplicação de temporização. 366-368
    RC, estado estacionário DC, 365-366
    RC, problemas, 380-381
    RC, resposta ao pulso, 368-371
    série, terra, 127
    série, carga do amperímetro, 134-135
    série, combinações paralelas, análise computacional, 206-211
    série, combinações paralelas, aplicações, 194-200, 215-217
    série, combinações paralelas, efeitos de carga do instrumento, 202-206
    série, combinações paralelas, panorama, 152-153, 188-194
    série, combinações paralelas, potenciômetros, 200-202
    série, combinações paralelas, problemas, 211-219
    série, definição, 116
    série, fontes de tensão, 122-123, 132-134
    série, intercambiando componentes, 123-124
    série, Multisim, 135-136
    série, panorama, 117-118, 135-138
    série, problemas, 138-147
    série, PSpice, 137-138
    série, regra do divisor de tensão, 124-126
    série, resistores em, 120-122
    série, subscritos de tensão, 128-132
    T, 248-253, 270-271
    transientes indutivos durante a descarga, 447-449, 458-459
    Y, 248-253, 270-271
Circuitos L, com excitação senoidal, 527
Circuitos magnéticos,
    curvas de magnetização, 397
    entreferro, 392-393
    excitação DC, 394-395
    franja, 392
    intensidade do campo, 395-397
    lei de Ampère de circuito, 397-402
    núcleos laminados, 392-393
    panorama, 391-392
    paralelos, 393-394
    problemas, 408-412
    série, 393-394, 399-402, 410-411
    série-paralelo, 403
Circuitos paralelos,
    carga do voltímetro, 169-171

combinações série, análise computacional, 206-211
combinações série, aplicações, 194-200, 215-217
combinações série, efeitos de carga do instrumento, 202-206
combinações série, panorama, 152-153, 188-211
combinações série, potenciômetros, 200-202
combinações série, problemas, 211-219
fontes de tensão, 161-162
lei de Kirchhoff das correntes, 153-156
magnéticos, 393-394 409
magnéticos, série, 403
panorama, 152-163, 167-168, 171-174
problemas, 174-184
regra do divisor de corrente, 162-167
resistência, 156-161

Circuitos RC
aplicação de temporização, 366-368, 376
estado estacionário DC, 365
problemas, 380-381
resposta ao pulso, 368-371

Circuitos série
terra, 127
carga do amperímetro, 134-135
combinações paralelas, 211-219
combinações paralelas, análise computacional, 206-211
combinações paralelas, aplicações, 194-200, 215-217
combinações paralelas, efeitos de carga do instrumento, 202-206
combinações paralelas, panorama, 152-153, 188-211
combinações paralelas, potenciômetros, 200-202
definição, 116
fontes de tensão, 122-123, 132-134
intercâmbio de componentes, 123-124
lei de Kirchhoff das tensões, 118-119
magnéticos, 394-395, 399-402, 404-405
magnéticos, paralelos, 403
magnéticos, problemas, 408-412
Multisim, 135-136
panorama, 116-119, 135-137
problemas, 138-147
PSpice, 137
regra do divisor de tensão, 124-126
resistores, 120-122
subscritos de tensão, 128-132

Cobre
fio, resistência, 54-58

Código de cores
pontas de prova, voltímetros, 42
resistores, 67-68, 80

Coeficiente
de temperatura negativo, 61, 329
de temperatura nulo, 329
de temperatura positivo, 61, 329
temperatura, 61-63

Componentes queimados, 94

Condutância
circuitos paralelos, 157-158, 176-179
efeito de superfície, 567
mútua, 245
panorama, 75
problemas, 80-81

Condutância mútua, definição, 245

Condutores
AWG, 58-61
células fotocondutoras, 72, 80
código de cores dos resistores, 67-68, 80
condutância, 75, 80-81 (Veja também Condutância)
definição, 29
fio, 77
mil circular (MC) 58-61
ohmímetro, 69-71, 80
resistência não-linear, 73-75
resistência, 52-54, 77-78
supercondutores, 76-77
temperatura, 61-63, 79
termistores, 71-72, 80
tipos de resistor, 64-67, 79
varistores, 74-75

Conjugados, números complexos, 520

Conservação de energia, lei de, 97, 191

Constante dielétrica
absoluta, 323-324
relativa, 323

Construção empilhada de um capacitor, 330

Continuidade da corrente para a indutância, 439

Conversão
problemas, 17-18
unidades de, 6-8
Δ-T, 248-253, 270-272
Δ-Y, 248-253, 270-272

Conversões
T-Δ, 251-253
fonte de corrente, 226-229, 265-266

Correção, fator de potência, 561-563
Corrente
    análise de malha, 235-241, 268-269
    análise de malha fechada, 235-241, 268-269
    análise nodal, 242-248, 269
    análise nos ramos, 231-235, 266-268
    canhão, 501
    capacitores, 336-339, 344
    carga do capacitor, circuitos complexos, 359-366
    carga do capacitor, equações, 351-356
    carga do capacitor, panorama, 348-351
    carga do capacitor, problemas, 376-382
    constante, fontes, 224-226, 263-264
    conversão Δ-T, 248-253, 270-271
    conversão Δ-Y, 248-253, 270-271
    conversões de fonte, 226-229, 265-266
    descarga do capacitor, equações, 358-359
    deslocamento de fase das ondas senoidais, 485-486
    direção, 89-91, 94-95, 107-108
    fontes, paralelas, 229-231, 266
    fontes, série, 229-231, 266
    fórmula, 33-34
    fuga, capacitores, 329
    lei de Kirchhoff das correntes, 153-156
    lei de Ohm, 84-89
    medição, 40-43, 47
    panorama, 33-35
    potência, fórmula, 91-94
    problemas, 46
    regra do divisor, 162-167, 180-181
    representação, 91
    teorema da reciprocidade, 300-302
    teorema da substituição, 297-298, 313
    teorema da superposição, 276-279, 307
    teorema de Norton, 285-292, 311-312
    teorema de Thévenin, 279-285
    transientes com acúmulo, 441-444, 458
    transientes indutivos durante a descarga, 447-449
    transientes indutivos, interrupção, 445-447
    transientes indutivos, panorama, 438-440
    wattímetros, 564-566
Corrente alternada (AC)
    convenções, 470-472
    definição, 35
    multímetros, 500-501
    números complexos, 522-527
    problemas, 503-510
    tempo, 479-483
Correntes parasitas, 566-567
Cosseno
    ondas, 488
Coulomb, Charles, 28
Coulombs, 30, 45
Curto-circuito, definição, 70-71
Curva
    de magnetização normal, 407
    para a constante universal do tempo, 356
Curvas universais para a constante de tempo, 356, 443-444
DC
    AC superposta, 494-495
    excitação, circuitos magnéticos, 394-395
    tensão, 1, 36-40, 46-47
Densidade, fluxo elétrico, 325-326, 389-391
Descarga, capacitores, 350, 358-359, 377-378
Desmagnetização, 408
Diagramas
    circuito, 13-15, 22
    em bloco, 14
    pictoriais, 14
Dielétricos
    absorção de, 329
    constante, absoluta, 323-324
    definição, 320
    efeito na capacitância, 323-324
    intensidade, 328
    panorama, 327-328
    problemas, 341-342
    ruptura de, 325
Diferença de potencial, 30, 32
Dígitos significativos, 12
Diodo
    diretamente polarizado, 73
    inversamente polarizado, 73
Diodos, 73-74, 199
Direção
    convencional da corrente, 35
    da corrente, 35, 89-91, 94-95, 107-108
    da corrente negativa, 89-91, 94-95, 117-118
    da corrente positiva, 89-91, 94-95, 117-118
    da potência, 94-95, 109
    da potência negativa, 94-95

da potência positiva, 94-95
Dispositivo ôhmico, definição, 73
Dispositivos não-ôhmicos, 73-74
Distorção, carregamento capacitivo, 371
Divisão
    números complexos, 519
    potências de dez, 9-11
Divisor
    polarização, tensão, 198-199
    regra, corrente, 162-167, 180-181
    regra, tensão, 124-126, 144-145
Dois resistores em paralelo, resistência, 159-160
Domínios, magnéticos, 407-408
Drenar, capacidade da bateria, 37
Dualidade, indutância, 437
Edison, Thomas Alva, 466
Efeito
    de carga dos instrumentos, 202-206, 218-219
    de superfície, 567
    Hall, 408
Efeitos não-ideais nos capacitores, 329, 342
Eficiência
    panorama, 97-99
    problemas, 110
Electronics Workbench, 16
Elementos, paralelos, definição 152
Eletrodinamômetros, 564
Eletromagnetismo, 386, 388-389, 409. Veja também Magnetismo.
Elétrons, 26-30, 35
    livres, 28-29
Em fase, 486
Energia
    armazenada, capacitores, 339
    armazenada, capacitores, problemas, 345
    conservação de, lei, 97, 191-192
    conversão, 91-94
    equação, 568
    equações para a capacitância, 568
    equações para a indutância, 568
    indutância, armazenada, 429-430, 434
    panorama, 96-97
    potencial, 32
    problemas, 109
    resistência de radiação, 567
    transferência de, fórmula, 92-93
Entrada, eficiência, 97-99
Entreferros, circuitos magnéticos, 392-408
Equações. Veja Fórmulas
Espaço, capacitância, 322
Esquemático
    captura de, 101
    diagrama, 14-15
    símbolos (Veja Símbolos)
Estado estacionário
    capacitores, 349, 365-366
    indutância, 427-428, 434
Estrutura, átomos, 26-30
Excitação senoidal, 527
Expoente, definição, 10
Exponenciais, carga do capacitor, 351
Extensômetro, 263
Faixas, código de cores dos resistores, 67-68
Falhas
    capacitores, problemas, 339-340, 345
    indutores, 430, 434
Farad, definição, 321
Faraday, Michael, 320, 386, 416
Fase
    adiantamento de, 532-535
    atraso de, 528-529
    deslocamentos de, 482-483
    diferença de, 486-490
    sistemas de, três (Veja Geração de tensão trifásica)
Fasores, 484-491, 507-508, 522, 540-541
Fator
    de empilhamento, laminações, 393
    de potência, 560-564, 572
    de potência unitário, 561
Filme
    capacitores de, 330
    de carbono dos resistores, 64
    resistores de, 64-65
    metálico, resistores, 64
    metalizado, capacitores, 330
Fio maciço, resistência, 55-57
Fios
    AWG, 55-57
    resistência dos, 55-57

trançados, resistência, 55
Fluxo
    elétrico, definição, 325
    elétrico, densidade, 325-326
    espira, bobina, 419
    força magnetomotriz, 394
    linhas, fórmula, 325-327
    magnético, definição, 386
    magnético, densidade, 390-391
    magnético, problemas, 408-409
Fontes
    de alimentação eletrônica, 38-39
    de corrente constante, 224-226, 263-264
    pontuais, 132
Fora de fase, 486
Força
    contra-eletromotriz, 418
    eletroimã, 406
Forma gráfica, lei de Ohm, 87
Formas de onda,
    AC (Ver Formas de onda, AC)
    periódica, 472
    pulso, circuitos RC, 368-371
Formas de onda, AC
    amplitude da, 474
    análise computacional, 501-503
    ângulo, 475-479
    carga capacitiva, potência na, 553-554
    carga indutiva, potência na, 552-553
    carga resistiva, potência na, 551-552
    DC superposta, 494-495
    derivada, onda senoidal, 500
    deslocamentos de fase, 482-483
    fasores, 484-491
    fator de potência, 561
    fórmula, 475
    fórmulas para a energia, 567-568
    frequência, 472
    medida em radianos, 477-478
    multímetros, 500-501
    panorama, 466-467
    período, 472-474
    potência aparente, 557
    potência ativa, 551
    potência instantânea, 550, 551
    potência, análise computacional, 568-569
    potência, circuitos complexos, 555-556
    potência, problemas, 569-574
    problemas, 503-510
    representação gráfica das, 478-479
    resistência efetiva, onda senoidal, 566-567
    tempo, 479-483
    tensão de pico a pico, 474
    triângulo de potência, 557-560
    valor de pico, 474
    valores eficazes, 495-499
    valores médios, 491-495
    valores RMS, 495-499
    wattímetro, 564-566
Formas
    polares, conversão de, 517-518
    retangulares, conversão, 517-518
Fórmulas
    AC senoidal, indutância, 528-532
    AC senoidal, resistência, 527-528
    adiantamento de fase, circuito capacitivo, 532-533
    análise nodal, 242
    auto-indução, 420-422
    capacidade da bateria, 37
    capacitância, 321-322
    capacitor com placas paralelas, 323, 326-327
    capacitores em paralelo, 333
    capacitores em série, 334-335
    carga do amperímetro, 134-135
    carga do capacitor, 351-356
    carga do capacitor, problemas, 376-378
    carga do capacitor, tensão inicial, 357-358
    carga do voltímetro, 170
    carga indutiva, potência na, 547
    carga resistiva, potência na, 552-553
    circuito aberto, lei de Ohm, 88
    circuitos magnéticos, 404-405
    circuitos ponte, 254-255
    circuitos RC, resposta ao pulso, 366-371
    condutância, 75
    constante de tempo, 355
    constante dielétrica absoluta, 323
    conversão da fonte de corrente, 226-227
    conversões Ω-Y, 248-250
    conversões Ω-Y, 251-252
    corrente, 33-34
    corrente, senoidal, tempo, 480-481
    densidade de fluxo, 389-391

densidade do fluxo elétrico, 325-326
derivada, onda senoidal, 500
divisão, números complexos, 519
dois resistores em paralelo, resistência, 159-160
eficiência, 97-99
energia armazenada pelo capacitor, 339
energia, 96-97, 567
equações das malhas, 240-241
fasores, 522
fator de potência, 560-561
fluxo elétrico, 325
força provocada por eletroimã, 406
força magnetomotriz, 394
forma polar, conversão, 516
forma retangular, conversão, 516
impedância, 536
indutância em paralelo, 424
indutância em série, 424
indutância, energia armazenada, 429-430
intensidade do campo magnético, 395
intensidade do campo, 325
lei de Ampère de circuito, 397-398
lei de Coulomb, 28
lei de Kirchhoff das correntes, 153-156
lei de Ohm, 84-89
lei de Ohm, circuitos magnéticos, 394-395
malha fechada, 118
médias da onda senoidal, 493
medida em radianos, 478
mil circular (MC), 58-61
multiplicação, números complexos, 519
n resistores iguais em paralelo, resistência, 158-159
onda senoidal, 475
onda senoidal, tempo, 480-481
período AC, 472-474
potência aparente, 557
potência instantânea, 550
potência, 92-93
potências de j, 518
reatância capacitiva, 533-535
reatância, indutiva, 530-531
recíprocos, números complexos, 519-520
regra do divisor de corrente, 162-164
regra do divisor de tensão, 124-126
regra trapezoidal, 493
relutância, 394
resistência efetiva, 566-567
resistência, 52-54, 100

resistência, circuitos paralelos, 156-157
resistores variáveis, 65-67
subscritos de tensão, 128-132
supercondutores, 76-77
temperatura, resistência, 62
tensão induzida, 417-420
tensão, 32-33
tensão, lei de Ohm, 88-89
tensão, senoidal, tempo, 480-481
teorema da máxima transferência de potência, 292-296
teorema da substituição, 297-298
teorema de Millman, 298-300
teorema de Norton, 285-292
teoria de circuitos, panorama, 26
transientes indutivos durante a descarga, 447-449
transientes, acúmulo de corrente, 441-444
transientes, constante de tempo, 443-444
transientes, tensão no circuito, 442-443
três resistores em paralelo, resistência, 161
triângulo de potência, 558-560
valores eficazes, 495-499
variação de tensão no capacitor, 337
velocidade angular, 476-477

Franja, 392-393, 409

Franklin, Benjamin, 188

Frequência, AC
   definição, 472
   medidores, 501
   problemas, 504
   reatância capacitiva, 533-535
   reatância indutiva, 530-531

Fuga
   de corrente, 329

Fusíveis, 44, 47-48

Galvani, Luigi, 152

Galvanômetro, definição, 152

Gauge, American Wire (AWG), 54, 58

Gaussímetros, efeito Hall, 408

Geração de tensão AC, 467-470

Geradores de sinal, 470

Grandezas instantâneas, definição, 337

Henry, Joseph, 416

Henry, unidade, 415

Hertz, Heinrich, 386

Hertz, unidade, 472

Iluminação, células fotocondutoras, 72
Impedância
   panorama, 536-538
   problemas, 544-545
Indutância. Veja também Indutores
   AC senoidal, 528-532
   auto-indutância, 419, 420-422
   carga, potência na, 552-553
   definição, 415
   em série, 424-425
   energia armazenada, 429-430
   energia, fórmulas, 567-568
   estado estacionário DC, 427-428
   fator de potência, 560-564
   força contra-eletromotriz, 418
   núcleo de ar, 418-420
   núcleo de ferro, 418-420
   paralela, 424-425
   parasita, 426
   problemas, 430-434
   reatância indutiva, 530-531
   reatância, 530-531
   salto, 445
   tensão de retorno, 418
   tensão induzida, 417-420
   tensão, cálculo, 422-424
   tipos de núcleo, 425
   transientes com acúmulo de corrente, 441-444
   transientes durante a descarga, 447-449
   transientes, análise computacional, 454-457
   transientes, circuitos complexos, 449-453
   transientes, constante de tempo, 443-444
   transientes, dualidade, 438
   transientes, interrupção da corrente, 445-447
   transientes, panorama, 438-440
   transientes, problemas, 457-461
   transientes, tensões no circuito, 442-443
Indutores, Veja também Indutância
   capacitância parasita, 426
   com núcleo de ar, 418-420
   com núcleo de ferro, 418-420
   defeitos, 430
   definição, 415
   Henry, unidade, 415
   problemas, 430-434
   resistência da bobina, 421426
   símbolos, 426

tensão, transientes, 434-435
tipos de núcleo, 425
variáveis, 425
Instrumentos, efeito de carga dos, 202-206
Intensidade
   dielétrica, 328
   do campo, 325
Intercâmbio de componentes série, 123-124, 143
Interrupção da corrente, transientes indutivos, 445-447
Interseção, temperatura, 61-62
Íons
   negativos, 29
   positivos, 29
Isolantes, definição, 29

J, potências de, 518
Joule, definição, 7

Kirchhoff, Gustav Robert, 116
kWh, definição, 96

Laço de histerese, 407, 566-567
Lei de Ampère de circuito, 397-399, 410
Lei de conservação de energia, 97,191
Lei de Coulomb, 28
Lei de Farad, 416-417
Lei de Kirchhoff das correntes
   panorama, 153-156
   problemas, 175-176
Lei de Kirchhoff das tensões
   panorama, 118-119
   problemas, 139-140
   resistores em série, 120-122
Lei de Lenz, 417
Lei de Ohm
   em circuitos magnéticos, 394-395
   panorama, 84-89
   representação gráfica da, 105-106
   problemas, 106-111
Ligação, série, panorama, 116-118
Linguagens de programação, 15
Linhas de força, fluxo, 386

Magnetismo
   campo magnético, panorama, 386-388
   circuitos (Veja Circuitos magnéticos)

corrente magnetizante, transformador, 396
curvas de magnetização, 397, 407-408, 410
densidade de fluxo, 389-391
dcsmagnetização, 408
efeito Hall, 408
eletromagnetismo, 388-389
entreferro, 392-393
fluxo magnético, 4-5, 386-387, 389-391, 408-409
fluxo, definição, 386-387
fonte do fluxo magnético (FMM), 394
força magnetizante, 395-396
franja, 392-393
indutância, 415, 416-417 (Veja também Indutância)
linhas de fluxo, definição, 386
materiais ferromagnéticos, 387-388
materiais, 407-408
núcleos laminados, 392-393
problemas, 408-412
relutância, 394
residual, 407
transformadores (Veja Transformadores)

Malha
    análise de corrente na, 235-241, 268
    fechada, 118-119, 120-122

Matemática
    notação de engenharia, 11-13
    notação de potência de dez, 9-11
    números complexos, 516-521, 541-545
    precisão numérica, 12
    problemas, 17-22
    software, 15-16
    unidades de conversão, 8-9

Materiais
    constante dielétrica relativa dos, 323
    dos capacitores, 329-332
    ferromagnéticos, 387-388, 407-408
    indutores dos, 425
    intensidade dielétrica dos, 328
    magnéticos, 387-388, 407-408
    resistência dos, 52-54, 60
    supercondutores, 76-77
    temperatura dos, 61-63
    termistores dos, 71-72

Mathcad, análise de circuitos, 15-16
Mathsoft Engineering and Education Inc., 16
Matlab, análise de circuitos, 15-16

Maxwell, James Clerk, 386
Medida em radiano, 477-478
Medidor de watt-hora, 97, 564-566, 572-573
Medidores. Veja também medidores individuais
    carga do amperímetro, 134-135
    carga do amperímetro, problemas, 146
    carga do voltímetro, 169-171
    definição, 7-8
    efeitos de carga, 202-206
    gaussímetros, efeito Hall, 408
    multímetros, tensão AC, 500-501
    panorama, 40-43
    problemas, 47
    watt-hora, 97

Mil circular (MC), 58-61
Mil quadrado, 58
MMDs, 40-41, 340
Modelo de Bohr, 27
Multímetros, 40-43, 202-203, 500-501
Multiplicação
    de números complexos, 519
    de potências de 10

Multisim
    análise de circuitos, 16, 101-102, 111
    carga do capacitor, análise transiente, 372-373
    circuitos complexos, 261-272
    circuitos paralelos, 171-172, 182, 184
    circuitos série, 135-136, 147
    tensão AC, 501-502, 510
    tensão AC, números complexos, 538-539, 545
    transientes indutivos, 454, 461

N resistores iguais em paralelo, resistência, 158-159
National Instruments, 16
Newton, definição, 7-8
Nós, definição, 152-153
Notação
    de AWG, 54-58
    de engenharia, 11-13, 19-21
    de potência de dez, 9-11, 18-19
    problemas, 18-21
Notação científica,
    de engenharia, 11-13, 19-21
    de potência de dez, 9-11, 18-19
    problemas, 18-21

Núcleo
  tipos, indutores, 425
Número
  imaginário, 516
  real, 516
Números
  aproximados, 12
  exatos, 12
Números complexos
  panorama, 516-521
  problemas, 541-545
  tensão AC, 522-527

Oersted, Hans Christian, 386
Ohm, Georg Simon, 1, 52, 84
Ohmímetros, 69-71
  diodos, 73-74
  problemas, 79
  provadores de capacitor, 340
Ohms, símbolo, 51
Onda quadrada, pulso, 368
Ondas senoidais. Veja também Formas de onda, AC
  definição, 466
  derivadas, 500
  deslocadas, 485-486
  deslocamentos de fase, 482-483
  diferença de fase, 486-491
  fasores, 484-491
  fórmula das, 475
  gráfico das, 479
  médias das, 493
  problemas, 505
  resistência, 527-528
  valores eficazes, 495-499
Onnes, Heike Kamerlingh, 76
ORCAD, análise de circuitos, 16-17
Osciloscópio
  Multisim, transientes indutivos, 454-455
  tensão AC, 501
Osciloscópios, tensão AC, 501
Óxido metálico, resistores, 64-65

Paralelo
  capacitores em, 333, 342-344
  células em, 38
  circuitos em (Veja Circuitos paralelos)
  fontes de corrente em, 229-231, 266
  fontes em, teorema de Millman, 298-300
  indutância em, 424-425, 432-433
Período,
  AC, 472-474, 504-505
  pulso, 368-369
Permissividade
  relativa, 323
Pilhas de zinco-carbono, 36
Placa
  área da, 322
  espaço da, 322
Plano complexo, 516
Polaridade, tensão
  circuitos série, 116-118, 122-123
  determinação, 10-11
  panorama, 89-91
  problemas, 107-108
Polarização
  análise do ponto de, 102, 197-199
  circuitos de, 197-199
Polarização, átomos, dielétricos, 327
Polos, linhas do fluxo magnético, 386
Pontas de prova, código de cores, voltímetros, 42
Ponte
  digital, 254
  equilibrada, 254-255
Pontes desequilibradas, 254-255
Potência
  análise computacional, 568-569
  aparente, 557-560
  ativa, 551
  circuitos complexos, 555-557
  direção da, 94-95, 109
  eficiência, 97-99
  em uma carga capacitiva, 553-555
  energia armazenada pelo capacitor, 339
  energia, fórmulas, 567-568
  fator de, 560-564
  fontes de corrente constante, 224-226
  indutância, energia armazenada, 429-430
  instantânea, 550
  média, 551
  na carga indutiva, 552-553
  na carga resistiva, 551-552

panorama, 91-94
problemas, 108-109, 569-574
real, 551, 554, 557-560
reativa, 551, 553, 557-560
resistência efetiva, 566-567
teorema da máxima transferência de potência, 292-296
triângulo de, 558-560
wattímetros, 564-566
Potências, 9-11, 18-19, 518
de j, 518
Potenciômetros, 66, 200-202, 217-218
Precisão numérica, 12
Prefixos, potências, 11-12, 19-21
Prótons, 26-30
Provadores, capacitores, 340
Psi, 325
PSpice
análise de circuitos série-paralelo, 208-211, 219
análise de circuitos, 16, 102-105, 111
carga do capacitor, análise transiente, 374-376
circuitos complexos, 261-263, 272
circuitos paralelos, 172-173, 184
circuitos série, 137, 138
potência, 568-569, 573-574
tensão AC, 503
tensão AC, números complexos, 539-541, 545
tensão AC, problemas, 510
teoremas, 305-307, 314
transientes indutivos, 455-457, 461
transientes, problemas, 381-382
Pulso
definição, 368
frequência de repetição do, 368
largura de, 368, 369-371
problemas, 380-381
resposta ao, circuitos RC, 368-371
taxa de repetição do, 368
trem de, 368

Quilowatts-horas, definição, 96

Raiz média quadrática. Veja valores RMS
Raízes, 11
Ramos
definição, 188
paralelos, definição 152
teorema da substituição, 297-298

Reatância
capacitiva, 533-535
indutiva, 530-531
Reatores, definição, 415
Recíprocos, números complexos, 519-520
Redes. Veja Circuitos
Redes lineares bilaterais,
definição, 223
teorema de Norton, 285-292
teorema de Thévenin, 279-285
Regra da mão direita, 388
Regra do divisor de corrente (RDC)
panorama, 162-167
Regra trapezoidal, 493
Relés, eletroímãs, 406
Relutância, 394
Reostatos, resistores, 66
Representação gráfica da lei de Ohm, 105-106
Repulsão magnética, 387
Resistência
AWG, 54-58
células fotocondutoras, 72, 80
circuitos paralelos, 156-161, 177-179
circuitos ponte, 254
circuitos série-paralelo, análise, 189-194
circuitos série-paralelo, panorama, 188-189
código de cores dos resistores, 67-68, 80
condutância, 75, 80-81
condutores, problemas, 77-78
de radiação, 567
definição, 51
dinâmica, 100, 110-111
diodos, 73
direção da potência, 94-95
efetiva, 566-567, 573
extensômetros, 263
fio, problemas, 78
impedância, 536
indutores, bobina, 425-426
interna, fontes de tensão, 132-134, 145-146
lei de Ohm, 84-88
mil circular (MC), 58-61
mútua, termos, 239-240
não-linear, 73-75, 100, 110-111
ohmímetros, 69-71, 80
panorama, 52-54

regra do divisor de corrente, 162-167
regra do divisor de tensão, 124-126
resistores em série, 120-122
série, problemas, 140-143
shunt, fontes de corrente, 226
shunt infinita, 226
supercondutores, 76-77
temperatura, 61-63, 79
teorema da máxima transferência de potência, 292-296
teorema de Norton, 285-292
teorema de Thévenin, 279-285
termistores, 71-72, 80
tipos de resistor, 64-67, 79
varistores, 74-75

Resistores
  circuitos série-paralelo, panorama, 188-189
  circuitos paralelos, 156-161, 177-179
  circuitos série, 120-122, 140-143
  circuitos série-paralelo, análise, 189-194
  classificação da potência nos, 94
  código de cores, 67-68, 80
  de carbono moldado, 64
  de fio, 64-65
  de núcleo de carbono, 64-65
  definição, 51
  dinâmicos, 100
  extensômetros, 263
  fixos, 64-65
  não lineares, 100
  polaridade da tensão, 89-91
  regra do divisor da tensão, 124-126
  regra do divisor de corrente, 162-167
  tipos de, 64-67, 79
  variáveis, 65-67

RLCs, 340

Ruptura, dielétrica, 328

Saída
  eficiência, 97-99
  com carga, 200
  sem carga, 200

Salto, indutivo, 445

Saturação, magnética, 407

Seções transversais, fio, 58-61

Semicondutores, definição, 29

Série
  capacitores em, 334-335, 342-344

células em, 38
circuitos em (Veja Circuitos série)
fontes de corrente em, 229-231, 266
indutância em, 424-424, 432-433

Símbolos
  aterramento, 127
  capacitor, 320, 331
  corrente no capacitor variável no tempo, 337
  diagramas esquemáticos, 14-15
  eficiência, 97-99
  fonte de tensão AC, 467
  fontes de tensão DC, 33, 88
  indutor, 415, 426
  intensidade do campo, 325
  malha fechada, 119
  medidores, 42
  ohms, 51
  polaridade da tensão, 89-91
  potência, 91-92, 555-557
  psi, 325
  tensão nas cargas, 88-89
  tensão no capacitor variável no tempo, 337

Simulation Program with Integrated Circuit Emphasis, análise de circuitos, 16

Sistema de home theater, 4-5

Sistema de Unidades SI
  conversão de unidades, 6-8
  definição, 3
  dimensão relativa das unidades, 7-8
  panorama, 6-8

Sistemas em cascata, eficiência, 98

Software, 15-16. Veja também Análise computacional de simulação, análise de circuitos, 15

Solução do defeito
  dos capacitores, problemas, 339-340, 345
  dos indutores, 430, 434

Steinmetz, Charles Proteus, 516

Subscritos
  duplos, 128-130
  únicos, 131
  tensão, 128-132, 145

Subsistemas, eficiência, 98

Subtração
  de números complexos, 518
  de potências de 10, 10

Sugestões para resolução de problemas, 4

Supercondutores, 76-77

Taxa do fluxo da carga, 34

Temperatura
    absoluta inferida, 62
    crítica, supercondutores, 76
    coeficiente de, capacitância, 329
    problemas, 79
    resistência, 61-63
    supercondutores, 76-77
    termistores, 71-72

Tempo
    de carga do capacitor, 356
    constante de, 356, 356, 362
    escalas de, tensão AC, 469
    análise transiente, 351, 355-356

Tempos
    de descida, pulso, 368
    de elevação, pulso, 368

Tensão
    AC (Veja Tensão, AC)
    DC (Veja Tensão, DC)
    de operação, definição, 328
    de pico a pico, AC, 474
    de retorno, 418
    descontínua no capacitor, 348
    terminal, 133

Tensão, AC
    amplitude, 474
    análise computacional, 501-503
    ângulo, 475-479
    carga capacitiva, potência em uma, 553-554
    carga indutiva, potência em uma, 552-553
    carga resistiva, potência em uma, 551-552
    convenções para a corrente, 470-472
    convenções para a, 470-472
    DC superposta, 494-495
    de pico a pico, 474
    derivada, onda senoidal, 500
    deslocamentos de fase, 482-483
    fasores, 484-491
    fator de potência, 560-564
    fonte, símbolo, 467
    fórmula, 475
    fórmulas para a energia, 567-568
    frequência, 472
    geração, 467-470
    impedância, 536-538
    indutância, 528-532
    medida em radianos, 477-478
    multímetros, 500-501
    números complexos, 522-527, 542-543
    panorama, 466-467
    período, 472-474
    potência aparente, 557
    potência ativa, 551
    potência instantânea, 550
    potência reativa, 551
    potência, circuitos complexos, 555-556
    potência, problemas, 569-574
    problemas, 503-510
    representação gráfica das ondas senoidais, 478-479
    resistência efetiva, 566-567
    resistência, 527-528
    tempo, 479-483
    triângulo de potência, 558-560
    valor de pico, 474
    valores eficazes, 495-499
    valores médios, 491-495
    valores RMS, 495-499
    wattímetro, 564-566

Tensão, DC
    auto-indutância, 419, 420-422
    capacitor, classificação, 328
    capacitor, problemas, 344
    capacitores, 336-339
    carga do capacitor, circuitos complexos, 359-366
    carga do capacitor, fórmulas, 351-356
    carga do capacitor, inicial, 357-358
    carga do capacitor, panorama, 348-349
    carga do capacitor, problemas, 376-382
    circuitos série-paralelo, análise, 189-194
    conversões de fonte de corrente, 226-229
    de retorno, 418
    de ruptura, 328
    definição, 31
    descarga do capacitor, equações de, 358-359
    direção da corrente, 89-91
    fontes de corrente constante, 224-226
    fontes de, 31, 33, 36-40, 122-123
    fontes de, circuitos em paralelo, 161-162
    fontes de, circuitos em paralelo, problemas, 180
    fontes de, resistência interna, 132-134
    fontes de, resistência interna, problemas, 145-146

força contra-eletromotriz, 418
fórmula, 32-33
indutor, transientes, 439
induzida, 416-417, 417-420
induzida, cálculo, 422-424
induzida, problemas, 430-432
lei de Kirchhoff das tensões, 118-119
lei de Ohm, 84-89
medição, 40-43
medição, problemas, 47
polaridade da, 89-91, 117-118, 130
polaridade da, problemas, 107-108
polarização com divisor, 198-199
problemas, 144-145
problemas, 46
regra do divisor (RDT), 124-126
regra do divisor, capacitores série, 336-337
regulação de, diodo zener, 199
símbolos, 33, 88-89
subscritos de, 128-132
subscritos de, problemas, 145
teorema da reciprocidade, 300-302
teorema da substituição, 297-298
teorema da superposição, 276-279
teorema de Millman, 298-300
teorema de Thévenin, 279-285
terminal, 33, 133
transientes indutivos durante a descarga, 447-449
transientes indutivos, panorama, 438-440
transientes, circuito, 442-443
transientes, indutivo, interrupção de corrente, 445-447

Teorema
    análise computacional, 302-307, 314
    da máxima transferência de potência, 292-296, 312
    da reciprocidade, 300-307, 313-314
    da substituição, 297-298, 313
    da superposição, 276-279, 307
    de Millman, 298-300, 313
    de Norton, 285-292, 311-312
    de Thévenin, 279-285, 308-311

Teoria
    atômica, 26-30, 45
    de circuitos, 3, 4-6, 26

Terminais, multímetro, 41
Termistores, 71-72, 80
Termos da resistência mútua, 239-240
Terra, 127

Tesla, Nikola, 389, 466
Tesla, unidade, 390
Trabalho, taxa de realização de, 92
Transdutores, 71-72
Transferência de energia, fórmula, 92

Transientes
    capacitivos, análise computacional, 371-376
    capacitivos, análise computacional, problemas, 381-382
    capacitivos, análise, tempo, 351, 355-356
    indutivos, aumento de corrente, 441
    indutivos, circuitos complexos, 449-453
    indutivos, constante de tempo, 443-444
    indutivos, correspondência, 438
    indutivos, descarga, 447-449
    indutivos, interrupção de corrente, 445-447
    indutivos no chaveamento, 447
    indutivos, panorama, 438-440
    indutivos, problemas, 457-461
    indutivos, tensão no circuito, 442-443
    panorama, 348
    RL, dualidade, 437

Três resistores em paralelo, resistência, 161
Triângulo, potência, 557-560, 572

Unidades
    conversão de, 7-9
    coulomb, 30
    definição, 7
    henry, 415
    hertz, 472
    magnéticas, tabela de conversão, 391-392

Unidades do SI
    conversão, 8-9
    definição, 3
    dimensão relativa, 7-8
    panorama, 4-6

Unidades métricas, 7

Valência,
    camadas de, 26
    elétrons de, 26

Valores
    eficazes, 495-499, 509-510
    instantâneos, tensão AC, 469
    médios, formas de onda AC, 491-495
    RMS, 495-499, 500-501

Varistores, 74-75

Velocidade angular, 476-477
Verificação óptica, 5-6
Volt, definição, 32-33
Volta, Alessandro, 1
Voltímetros, 40-43, 169-171, 183, 203-205
VOMs, 40

Watts,
    classificação da potência nos resistores, 94

    definição, 7-8
Weber, unidade, 389
Weber, Wilhem Eduard, 389
Westinghouse, George, 466
WVDC, 328

Zero absoluto, 62

Símbolos, Unidades e Abreviações

Grandeza	Símbolo	Unidade	Abreviação
frequência angular	ω	radiano/segundo	rad/s
capacitância	C	farad	F
carga	Q, q	coulomb	C
corrente	I, i	ampere	A
intensidade de campo elétrico	$\mathscr{E}$	volts/metro	V/m
		ou newtons/coulomb	N/C
energia, trabalho	W, w	joule	J
densidade de fluxo	B	tesla	T
frequência	f	hertz	Hz
impedância	$\mathbf{Z}$	ohm	Ω
indutância	L	henry	H
fluxo magnético	Φ	weber	Wb
fmm	$\mathscr{F}e$	ampere-espiras	At
período	T	segundo	s
potência	P, p	watt	W
reatância	X	ohm	Ω
relutância	R	ampere-espiras/weber	
resistência	R	ohm	Ω
tempo	t	segundo	s
tensão	V, v, E, e	volt	V

Fatores de Conversão

1 polegada (pol) = 2,540 cm
1 pé = 0,3048 m
1 jarda (jd) = 0,914 m
1 milha (mi) = 1,609 km
1 metro (m) = 39,37 pol
1 metro (m) = 3,281 pés
1 centímetro (cm) = 0,01 m = 1×10^{-2} m
1 quilômetro (km) = 0,6215 mi
1 pol^2 = 6,452 cm^2
1 m^2 = 10,76 pés^2
1 US-galão = $3,7854 \times 10^{-3}$ m^3
1 litro (l) = 1×10^{-3} m^3
1 horsepower (hp) $\approx$ 746 watts
1 watt = 1 joule/segundo (J/s)
1 kWh = 3,6 megajoules (M J)
1 newton (N) = 0,2248 libra (lb)
1 lb = 4,448 N
1 kg = 2,2046 lb
1 tesla = 10^4 gauss
1 weber = 10^8 linhas
$H_g = 7,96 \times 10^5 \, B_g$
1 Coulomb = $6,24 \times 10^{18}$ elétrons

Tabela 3-1 Resistividade de Materiais, ρ

Material	Resistividade, ρ, a 20 °C (Ω-m)
Prata	$1,645 \times 10^{-8}$
Cobre	$1,723 \times 10^{-8}$
Ouro	$2,443 \times 10^{-8}$
Alumínio	$2,825 \times 10^{-8}$
Tungstênio	$5,485 \times 10^{-8}$
Ferro	$12,30 \times 10^{-8}$
Chumbo	22×10^{-8}
Mercúrio	$95,8 \times 10^{-8}$
Nicromo	$99,72 \times 10^{-8}$
Carbono	3.500×10^{-8}
Germânio	20-2.300*
Silício	$\cong 500$*
Madeira	10^8–10^{14}
Vidro	10^{10}–10^{14}
Mica	10^{11}–10^{15}
Ebonite	10^{13}–10^{16}
Âmbar	5×10^{14}
Enxofre	1×10^{15}
Teflon	1×10^{16}

*A resistividade desses materiais depende das impurezas contidas neles.

Prefixos

Prefixo	Símbolo	Múltiplo
giga	G	10^9
mega	M	10^6
quilo	k	10^3
mili	m	10^{-3}
micro	μ	10^{-6}
nano	n	10^{-9}
pico	p	10^{-12}

Constantes

Permeabilidade do vácuo	$\mu_o = 4\pi \times 10^{-7}$ Wb/A-m
Permissividade do vácuo	$\in_o = 8,854 \times 10^{-12}$ F/m
Carga do elétron	$Qe = 1,602 \times 10^{-19}$ C
Velocidade da luz	$c = 299\,792\,458$ m/s

O Alfabeto Grego

Alfa	A	α	Beta	B	β	Gama	Γ	γ
Delta	Δ	δ	Épsilon	E	ε	Zeta	Z	ζ
Eta	H	η	Teta	Θ	θ	Iota	I	ι
Capa	K	κ	Lambda	Λ	λ	Mi	M	μ
Ni	N	ν	Csi	Ξ	ξ	Ômicron	O	o
Pi	Π	π	Rô	P	ρ	Sigma	Σ	σ
Tau	T	τ	Ípsilon	Y	υ	Fi	Φ	φ
Qui	X	χ	Psi	Ψ	ψ	Ômega	Ω	ω

Linha Reta

$y = mx + b$, onde m = inclinação = $\Delta y/\Delta x$. Δy representa o quanto y varia em relação à variação de x por Δx.

Equações Quadráticas

As raízes de $ax^2 + bx + c = 0$ são

$$x_{1,2} = \frac{-b \pm \sqrt{b^2 - 4a}}{2a}$$

Se $(b^2 - 4ac) \geq 0$, as raízes são reais; se $(b^2 - 4ac) < 0$, as raízes são conjugados complexos.

Identidades Trigonométricas

$\text{sen}(-\alpha) = -\text{sen }\alpha \qquad \cos(-\alpha) = \cos \alpha$

$\text{sen}(\omega t \pm 90°) = \pm \cos \omega t \qquad \text{sen}(\omega t \pm 180°) = -\text{sen }\omega t$

$\cos(\omega t \pm 90°) = \pm \text{sen }\omega t \qquad \cos(\omega t \pm 180°) = -\cos \omega t$

$\text{sen}^2 \omega t = \frac{1}{2}(1 - \cos 2\omega t)$

Logaritmos Naturais

Dado $e^x = y$, pode-se achar x com $\ln e^x = x$.

Por exemplo, se $e^{-5t} = 0{,}7788$, logo:

$\ln e^{-5t} = \ln 0{,}7788$

$-5t = -0{,}25$

$t = 0{,}05$ s

Potências de j

$j = \sqrt{-1}$

$j^2 = -1$

$j^3 = -j$

$\dfrac{1}{j} = -j$

Cálculo

$\dfrac{d}{dx}(ax) = a \qquad \dfrac{d}{dx}(\text{sen}\, ax) = \cos x$

$\dfrac{d}{dx}(e^{ax}) = ae^{ax} \qquad \dfrac{d}{dx}(\cos ax) = \text{sen}\, ax$

$\dfrac{d}{dx}(uv) = u\dfrac{dv}{dx} + v\dfrac{du}{dx}$

$\int x\, dx = \dfrac{x^2}{2} \qquad \int \text{seno}\, x\, dx = -\dfrac{1}{a}\cos ax$

$\int \dfrac{dx}{x} = \ln x \qquad \int \cos x\, dx = -\dfrac{1}{a}\text{sen}\, ax$

Outro

$\dfrac{1}{1+x} \approx 1 - x \quad (x \ll 1)$

Impressão e acabamento